Bernd Hirschl

Erneuerbare Energien-Politik

VS RESEARCH

Energiepolitik und Klimaschutz

Herausgegeben von
PD Dr. Lutz Mez, Freie Universität Berlin

Bernd Hirschl

Erneuerbare Energien-Politik

Eine Multi-Level Policy-Analyse
mit Fokus auf den deutschen
Strommarkt

Mit einem Geleitwort von PD Dr. Lutz Mez

VS RESEARCH

Bibliografische Information Der Deutschen Nationalbibliothek
Die Deutsche Nationalbibliothek verzeichnet diese Publikation in der
Deutschen Nationalbibliografie; detaillierte bibliografische Daten sind im Internet über
<http://dnb.d-nb.de> abrufbar.

Dissertation Freie Universität Berlin, 2007

Diese Arbeit wurde vom Bundesministerium für Bildung und Forschung im Rahmen
des Förderschwerpunkts Sozial-ökologische Forschung gefördert

 Bundesministerium
für Bildung
und Forschung

SÖF  Sozial-
ökologische
Forschung

1. Auflage 2008

Alle Rechte vorbehalten
© VS Verlag für Sozialwissenschaften | GWV Fachverlage GmbH, Wiesbaden 2008

Lektorat: Christina M. Brian / Britta Göhrisch-Radmacher

Der VS Verlag für Sozialwissenschaften ist ein Unternehmen von Springer Science+Business Media.
www.vs-verlag.de

Umschlaggestaltung: KünkelLopka Medienentwicklung, Heidelberg
Gedruckt auf säurefreiem und chlorfrei gebleichtem Papier
Printed in Germany

ISBN 978-3-8350-7024-0

Geleitwort

Mit einem Anteil der erneuerbaren Energien (EE) von 12 Prozent an der Stromerzeugung ist Deutschland in relativ kurzer Zeit zu einem industriepolitisch bedeutenden Akteur auf diesem Gebiet geworden. Über 200.000 Arbeitsplätze sowie ein Umsatz von rd. 23 Mrd. Euro wurden der neuen Branche der Energiewirtschaft im Jahr 2006 zugerechnet. Bei der Stromerzeugung überholte die Windenergie 2005 die Wasserkraft und erreichte 2006 mit einem Anteil von 4,8 Prozent am gesamten Stromverbrauch den ersten Platz bei den erneuerbaren Energien. Und bei der Fotovoltaik zog die Bundesrepublik im Jahr 2005 am weltweiten Spitzenreiter Japan vorbei und baute diese Position in 2006 und 2007 systematisch aus. Inzwischen sind im Freistaat Bayern schon mehr PV-Systeme zur Solarstromerzeugung installiert als in Japan und den USA - die weltweit Rang zwei und drei einnehmen - zusammen.

Bei diesem im Weltvergleich bemerkenswerten Output ist die Politikwissenschaft gefragt, die wesentlichen Faktoren für die effektive Umsetzung der Politik zu ergründen. Oder setzt sich ein industriepolitischer Megatrend durch, der aufgrund der volatilen Preise bei Öl, Gas und Kohle ohnehin stattfindet? Und welche Rolle haben staatliche und para-staatliche Akteure bei dieser dynamischen Entwicklung gespielt?

Bernd Hirschl untersucht in seiner Dissertation diesen Politikprozess mit einem politikwissenschaftlichen Instrumentarium. Im Zentrum der Arbeit steht die nationale EE-Politik im Strombereich in Deutschland. Dabei kann er auf Insiderwissen zurückgreifen, das er als Gutachter für den Erfahrungsbericht zum Erneuerbaren-Energien-Gesetz (EEG) und bei weiteren Studien zur Umsetzung der deutschen Förderpolitik für erneuerbare Energie gewonnen hat.

Da die nationale EE-Politik von energiepolitischen Akteuren auf Bundes-, Länder- und kommunaler Ebene in einem Mehrebenensystem vorangetragen wird, wobei auch supra- und internationale Akteure der EU sowie des UN-Systems aktiv sind, hat Bernd Hirschl seine Arbeit als Multi-Level Policy-Analyse angelegt. Dabei geht es ihm um einen differenzierteren Blick auf komplexe Akteure und die Identifikation zentraler Akteure innerhalb einer Advocacy-Koalition sowie eines Policy Prozesses. Der Hauptkonflikt auf der nationalen, aber auch auf den internationalen Ebenen, betraf die Art und den Umfang der Förderung erneuerbarer Energien. Die Advocacy-Koalitionen wurden und werden auf der einen Seite durch die EE-Branche und auf der einen Seite durch die konventionelle Energiewirtschaft geprägt. Als eine maßgebliche Ursache für Konflikte identifiziert der Autor zudem die zentrale versus die dezentrale Versorgungsstrategie.

Bernd Hirschl hat die vielfältigen Einflussfaktoren im Multi-Level Governance System in überzeugender Weise herausgearbeitet. Obwohl die deutsche EE-Politik zunehmend von Entwicklungen auf der inter- und supranationalen Ebene beeinflusst wird, finden die Innovationen nach wie vor auf nationaler Ebene statt. Allerdings zeigt das deutsche Beispiel der konsequenten Einführung erneuerbarer Energien im Strommarkt auch, dass durch die Schaffung eines einheimischen Lead-Marktes und unterstützende, aktive Maßnahmen zur Schaffung von Auslandsmärkten die Vorinvestitionen durch die First-Mover-Vorteile mehr als aufgewogen werden können.

Dieses empirisch sehr fundierte Werk kann aufgrund seiner Systematik und der Detailkenntnisse des Autors als voll gelungen bezeichnet werden. Der gewählte Methoden-Mix verknüpft Theorie und Praxis in einer vorbildlichen Art und Weise. Ich freue mich, dass diese mit Auszeichnung bewertete Arbeit von Bernd Hirschl die Reihe zur Energie- und Klimapolitik eröffnet.

PD Dr. Lutz Mez
Geschäftsführer der Forschungsstelle für Umweltpolitik
Freie Universität Berlin

Vorwort

Die erneuerbaren Energien haben eine beeindruckende Entwicklung in Deutschland hinter sich. Dies gilt insbesondere im Strombereich, seit dem durch das Stromeinspeisungsgesetz und mehr noch durch das spätere Erneuerbare-Energien-Gesetz (EEG) eine Wachstumsentwicklung angestoßen wurde, aus der heute mehrere international wettbewerbsfähige Branchen hervorgegangen sind. Selbst ohne eine tiefere Kenntnis der großen Widerstände und konfliktbehafteten Auseinandersetzungen, die es um die Förderung erneuerbarer Energien in der Energiewirtschaft und in der Politik gab und immer noch gibt, ist bereits die Analyse des „Erfolgsbeispiels EEG" eine relevante politikwissenschaftliche Fragestellung.

Als ich mich zu Beginn meiner beruflichen Auseinandersetzung beim Institut für ökologische Wirtschaftsforschung (IÖW) im Jahr 1998 mit erneuerbaren Energien befasste, gab es das EEG noch nicht, doch schon damals tobte ein Konflikt über den vermeintlich zu großen Zubau, insbesondere im Bereich der Windenergie, dem man damals mit einer Deckelungsregelung begegnete. Kaum vorstellbar war damals, dass zwei Jahre später, im April 2000, ein Gesetz verabschiedet werden würde, das die bis dato erreichten Wachstumswirkungen deutlich und in Bezug auf internationale Vergleiche in beispielloser Art und Weise übertreffen würde. Mit der Erarbeitung des Gutachtens für den ersten EEG-Erfahrungsbericht zwischen den Jahren 2000 und 2002 stieg mein persönliches Interesse an der Entstehungsgeschichte und der Wirkung dieses erfolgreichen Gesetzes, gleichzeitig hatte ich die Möglichkeit, erste interessante Innenansichten eines Policy-Prozesses zu erhalten. Seit dieser Zeit erwuchs die Idee und Motivation für die vorliegende Arbeit. Dass diese letztlich im Rahmen meiner Tätigkeit beim Institut für ökologische Wirtschaftsforschung möglich wurde, ist einer Vielzahl von unterstützenden Faktoren und Personen zu verdanken.

Im Jahr 2002 konnte ich die Bearbeitung der Forschungsidee im Rahmen eines gemeinsamen Projektes beim Bundesministerium für Bildung und Forschung (BMBF) im Förderschwerpunkt „Sozial-ökologische Forschung" (SÖF) erfolgreich beantragen. Für die finanzielle Zuwendung und die Möglichkeit, mit meinen Kollegen von der Freien Universität Berlin und der Technischen Universität Berlin das Projekt „Global Governance und Klimawandel" (www.globalgovernance.de) durchzuführen und gleichzeitig im Rahmen dieses Vorhabens zu promovieren, möchte ich mich herzlich bedanken. Das Gesamtprojekt befasste sich mit einer Mehrebenenanalyse der Klimapolitik, wodurch diese Perspektive auch in der vorliegenden Dissertation einen zentralen Stellenwert eingenommen hat. In den vielen Diskussionen der letzten fünf Jahre, in denen mich das Projekt begleitet hat, waren Achim Brunnengräber, Heike Walk, Kristina Dietz und Melanie Weber wichtige Gesprächspartner.

Mein Dank geht vor allem auch an Lutz Mez und Danyel Reiche von der Forschungsstelle für Umweltpolitik (FFU) an der FU Berlin, die die Begleitung und schriftliche Begutachtung dieser Dissertation übernommen haben. Beide Kollegen forschen und publizieren selbst seit vielen Jahren zu diesem Thema und standen mir als kompetente und inspirierende Gesprächspartner zur Verfügung.

Im Zeitraum der Erstellung der Arbeit haben mir darüber hinaus eine Reihe von Kolleginnen, Kollegen und Freunden ihre fachliche Expertise zur Verfügung gestellt und mich unterstützt, entweder in Gesprächen, durch die Kommentierung von Kapitelentwürfen oder durch Mitwirkung bei der Empirie im Rahmen des Gesamtprojekts. Dafür möchte ich an dieser Stelle besonders den folgenden Personen danken (in alphabetischer Reihenfolge): Astrid Aretz, Michael Dammann, Jan Grothmann-Höfling, Volkmar Lauber, Uwe Leprich, Rainer Hinrichs-Rahlwes, Ulrich Petschow, Philipp Ruta, Karin Vogelpohl, Julika Weiß und Björn Zapfel. Darüber hinaus haben mir eine Reihe von Interview- und Gesprächspartnern zur Verfügung gestanden, ohne deren bereitwillige Auskunft diese Arbeit nicht hätte erstellt werden können. Und nicht zuletzt gilt ein besonderer Dank meinem Arbeitgeber, dem Institut für ökologische Wirtschaftsforschung (IÖW), und meinen Kolleginnen und Kollegen des Forschungsfelds Nachhaltige Energiewirtschaft und Klimaschutz, die mich insbesondere in der Schlussphase der Arbeit sehr entlastet haben.

Der vorliegende Text ist eine leicht korrigierte Fassung der am 26.7.2007 am Fachbereich Politik- und Sozialwissenschaften der Freien Universität Berlin einge reichten Dissertation. In der Arbeit wurde im Regelfall aus Gründen der Lesbarkeit bei Substantiven auf die männliche Darstellungsweise zurückgegriffen, wodurch sich jedoch niemand diskriminiert fühlen möge.

Abschließend möchte ich meiner Frau Aline einen ganz besonderen Dank aussprechen, ohne deren Unterstützung und vielfältige Entlastung diese Arbeit sicher noch eine halbe Ewigkeit länger gedauert hätte. Ihr ist dieses Buch gewidmet.

Bernd Hirschl

Inhaltsübersicht

Inhaltsverzeichnis

1 Einleitung

1.1 Ausgangslage und Fragestellung

Erneuerbare Energien erfahren in Deutschland seit einigen Jahren einen bemerkenswerten Boom.[1] Diese Entwicklung kann in hohem Maße auf die Einführung des so genannten *Erneuerbare-Energien-Gesetzes* (EEG 2000) zurückgeführt werden, das auf dem Strommarkt zu einem signifikanten und differenzierten Ausbau insbesondere von Windkraft-, Biomasse- und Photovoltaikanlagen, zur Stabilisierung und leichten Steigerung der Wasserkraftnutzung, und zur verstärkten Erforschung und beginnenden kommerziellen Nutzung der geothermischen Stromerzeugung geführt hat. Diese im internationalen Vergleich wie auch im Vergleich zu anderen Wirtschaftssektoren bemerkenswerte Wachstumsentwicklung führte im Jahr 2006 zu einem Anteil von 12 % an der Bruttostromerzeugung, wodurch der Anteil zu Beginn des Gesetzes im Jahr 2000 in etwa verdoppelt wurde (BMU 2007b: 14). Der EE-Gesamtbranche werden für das Jahr 2006 insgesamt etwa 210.000 Arbeitsplätze zugerechnet, mehr als die Hälfte davon sind durch das EEG entstanden (BMU 2007b: 22). Damit ist die Beschäftigung seit 1999 um den Faktor 3,5 angewachsen (vgl. Staiß 2000). Der Umsatz der Gesamtbranche lag in 2006 bei ca. 23. Mrd. Euro (BMU 2007b: 21f). Und die Exportquote des mittlerweile etabliertesten EE-Industriezweigs, der Windenergie, lag im Jahr 2006 bereits bei etwa 70 % (ebda.).

Eine solche dynamische, politisch induzierte Entwicklung von der Nische zu einer international erfolgreichen Industrie wirft zunächst die *grundsätzliche Frage* auf, wie es zu diesem, in Bezug auf die Schaffung eines deutschen Leitmarktes äußerst erfolgreichen Gesetzes kam.[2] Das EEG war als eines der zentralen politischen Vorhaben im Jahr 2000 von der damaligen rot-grünen Bundesregierung verabschiedet worden. Es basiert jedoch in Form und Inhalt bereits auf einem Vorläufergesetz, dem Stromeinspeisungsgesetz (StrEG) von 1990, das in der konservativ-liberalen Regierungszeit entstanden war. Das EEG wurde schließlich auch im Anschluss an die zweite rot-grüne Regierung, nach ihrer Wahlniederlage 2005, von

---

[1]   Der Begriff „erneuerbare Energien" steht vereinfachend sowohl für die regenerierbaren Energiequellen als auch für Technologien zur Nutzung dieser Energiequellen. In dieser Arbeit wird außerdem bei zusammengesetzten Begriffen die Abkürzung „EE" verwendet. Zum Spektrum der Energiequellen und EE-Technologien siehe ausführlicher Abschnitt 3.1.

[2]   Der Begriff Leit- bzw. Lead-Markt steht für regionale bzw. in der Regel nationale Märkte, die aufgrund bestimmter Eigenschaften (Lead-Markt Faktoren) bestimmte Innovationen früher als andere Länder nutzen, und die aufgrund ihrer Aktivitäten bzw. Vorbildwirkung auch Auswirkungen auf die Verbreitung dieser Innovation in anderen Ländern/Regionen haben. Zur Lead-Markt-Forschung siehe Beise et al. (2005) sowie Edler et al. (2007).

der seit dieser Zeit regierenden großen Koalition aus CDU/CSU und SPD fortgeführt und blieb bis dato in den wesentlichen Grundzügen erhalten (siehe Koalitionsvertrag CDU/CSU/SPD 2005). Bereits diese kurze Darstellung der Policy-Entwicklung offenbart, dass das *Zustandekommen des EEG* und sein Erfolg offensichtlich *auf mehr Faktoren, Akteure und Ereignisse zurückgeführt werden muss*, als den Regierungswechsel zu Rot-Grün im Jahr 1998.

Eine breite und umfangreiche Einführung erneuerbarer Energien steht mit der Erkenntnis in Übereinstimmung, welche die Enquete-Kommission „Nachhaltige Energieversorgung unter den Bedingungen der Globalisierung und der Liberalisierung" 2002 ihrem Schlussbericht als „wichtigstes Ergebnis" voran gestellt hat: „*Das gegenwärtige Energiesystem ist nicht nachhaltig*" (Enquete-Kommission 2002: 25). Die energiebedingten CO_2-Emissionen sind in Deutschland mit 87 % hauptsächlich für den von Menschen verursachten Treibhauseffekt verantwortlich (Stand 2004, BMU 2004e: 4). Damit geht unser heutiger Energieverbrauch auch zu Lasten künftiger Generationen, die mit den Folgen des Klimawandels konfrontiert werden (IPCC 2007a), ebenso wie durch nukleare Altlasten, welche durch die Nutzung der Kernenergie entstehen (vgl. BMU 2004e). Die fehlende Nachhaltigkeit des etablierten, konventionellen Energiesystems, das überwiegend aus mit fossilen Brennstoffen betriebenen Großkraftwerken sowie Atomkraftwerken besteht, wird außerdem durch eine Reihe weiterer Aspekte gesteigert: Hierzu zählen weitere ökologische und gesundheitliche Probleme durch Luftschadstoffe, eine Vielzahl von Risiken u.a. bei der Beschaffung der Rohstoffe (Transport, Sicherung der Versorgung bei hoher Importabhängigkeit etc.) oder dem Betrieb von Atomkraftwerken, sowie die tendenziell weiter zunehmenden politischen und zivilen Konflikte inklusive militärischer Auseinandersetzungen um die knapper werdenden fossilen Energieträger.

Einen Ausweg aus dieser Vielzahl von Problemen bieten erneuerbare Energiequellen, die im Vergleich deutlich umwelt- und klimafreundlicher, überall verfügbar und daher weniger konfliktanfällig sind (Kaltschmitt et al. 2003; Europäisches Parlament 2004a; BMU 2006a). Insbesondere in einem in Bezug auf die Rohstoffe äußert importabhängigen Land wie Deutschland erscheint vor diesem Hintergrund ein gesteigerter EE-Ausbau mit dem Ziel einer möglichst schnellen Vollversorgung vorteilhaft (ebda.). Die Bedeutung des oben dargestellten Ausbauerfolgs erneuerbarer Energien relativiert sich allerdings deutlich, wenn man nicht den Anteil an der Bruttostromerzeugung, sondern am Primärenergieverbrauch angibt. Dieser betrug in 2006 lediglich 4,7 % (BMU 2007a: 1) - mit anderen Worten entfielen über 95 % nach wie vor auf die auf fossilen und nuklearen Brennstoffen basierende konventionelle Energieversorgung.[3] Der deutlich niedrigere Anteil am Primärenergie-

---

[3]   Dieser Wert ergibt sich durch die Bestimmung mit der so genannten Substitutionsmethode, bei der als Primärenergieäquivalent für Strom aus Wasserkraft, Windenergie und Fotovoltaik der Brennstoff angenommen wird, der durch die Stromerzeugung des jeweiligen Energieträgers in konventionellen Kraftwerken substituiert würde (BMU 2007c: 40). Bei Verwendung der in der Energiewirt-

verbrauch dokumentiert im Vergleich zum Anteil von 12 % am Endverbrauch auf der einen Seite die hohen Verluste, die durch die Bereitstellung in den zentralen Großkraftwerken des konventionellen Energiesystems entstehen. Auf der anderen Seite zeigt das Verhältnis jedoch auch auf, das *gegenwärtig noch nicht von einer Transformation der Energiewirtschaft gesprochen werden kann*. Der überragend hohe Anteil der fossil-atomaren Energiewirtschaft zeigt gleichzeitig ihre nach wie vor vorhandene hohe ökonomische Bedeutung in Deutschland auf. Dabei wird der konventionelle Strommarkt in Deutschland von mittlerweile vier großen Energiekonzernen dominiert, deren Marktmacht sich nach der von der EU angestoßenen Liberalisierung durch massive Konzentrationsprozesse stark vergrößert hat (Monopolkommission 2004c; Hennicke/ Müller 2005).

An der Entwicklung der erneuerbaren Energien bzw. einer Transformation in diese Richtung ist die konventionelle Energiewirtschaft jedoch bisher kaum beteiligt. Der Aufbau der EE-Branchen erfolgte maßgeblich durch neue, vorwiegend kleinere Marktakteure, während die großen EVU nur vereinzelt z.B. große Biomasseanlagen oder einige Wasserkraftanlagen betreiben, die sich bereits in ihrem Besitz befanden; in der Zukunft werden voraussichtlich Offshore-Windparks sowie einzelne große Biogasanlagen hinzukommen (Hirschl et al. 2002; Schönwandt 2004; RWE 2006a; E.ON 2006a). Dies zeigt, dass die Überschneidungen auf das Großanlagensegment beschränkt waren und voraussichtlich auch in Zukunft bleiben werden, und dass kleinere, dezentrale Anlagen nach wie vor vorrangig von den neuen EE-Marktakteuren produziert, installiert und betrieben werden. Dieser Zusammenhang verweist auf eine *grundsätzliche Konkurrenzsituation* zwischen den eher dezentralen erneuerbaren Energien bzw. der EE-Branche mit dem auf zentralen Kraftwerken basierenden, konventionellen Energiesystem. Diese Konkurrenzsituation wird durch die erforderliche *Erneuerung des Kraftwerksparks* zusätzlich verstärkt. Mehrere Studien prognostizieren die Notwendigkeit einer Erneuerung von etwa der Hälfte aller Kraftwerke bis 2040 (beispielhaft Ziesing/ Matthes 2003b), woraus sich nicht nur ein gewaltiges Investitionsvolumen ableitet, sondern auch die strategische Bedeutung dieser hohen Investitionen für die zukünftige Struktur des Energiesystems.

Auch die zunehmende Bedeutung des Themas *Klimaschutz* begünstigt tendenziell die Bedeutung erneuerbarer Energien. Allerdings konkurriert der Ausbau erneuerbarer Energien mit einer Vielzahl anderer Klimaschutzmaßnahmen, die andere Wirtschaftssektoren oder Energietechnologien betreffen. Diesbezüglich werden seitens der konventionellen Energiewirtschaft beispielsweise der Ersatz alter, fossiler durch effizientere neue Großkraftwerke sowie die Laufzeitverlänge-

---

schaft üblicheren Wirkungsgradmethode, bei der eine erzeugte kWh der oben genannten EE-Technologien mit einer verbrauchten kWh Primärenergieäquivalent gleichgesetzt wird (ebda.), reduziert sich der Anteil erneuerbarer Energien auf lediglich 2,5 % (BMU 2007a: 1), der Marktanteil der fossilen Brennstoffe liegt demzufolge bei 97,5 %.

rung von Atomkraftwerken gefordert (vgl. z.B. Bohnenschäfer et al. 2005; VDEW 2007b). Als eine zentrale Zukunftsstrategie wird von den großen Kraftwerksbetreibern sowie der Kohleindustrie außerdem die CO_2-Abscheidung und -Speicherung (Carbon Capture and Storage – CCS) gefordert und auch entwickelt (RWE 2006a; E.ON 2006a; Höhn 2007), durch die in etwa einem Jahrzehnt ein CO_2-armer Betrieb von Kohlekraftwerken möglich werden soll. Während die großtechnische Machbarkeit und Wirtschaftlichkeit dieser „End-of-Pipe"-Lösung noch unklar und eine Reihe ökologischer und geologischer Risiken gegeben ist (IPCC 2005; Radgen et al. 2006), forcieren mittlerweile alle großen, fossilen Kraftwerksbetreiber ihre CCS-Aktivitäten mit zunehmender staatlicher Unterstützung. Dies verdeutlicht, dass hier nicht nur eine ökonomische Konkurrenzbeziehung vorliegt, sondern dass auch bezüglich der Klimaschutzstrategien erneuerbare Energien nicht die einzige, und aus Sicht der konventionellen Energiewirtschaft nicht die erste Wahl sind.

Aus den aufgezeigten Konkurrenzbeziehungen zwischen den erneuerbaren Energien und dem konventionellen Energiesystem lässt sich ableiten, dass die Entwicklung erneuerbarer Energien und der EE-politische Prozess somit nicht als eigenständig und unabhängig aufzufassen sind, sondern mit den anderen energie- und klimapolitischen Entwicklungen und Entscheidungen in enger Verbindung stehen. Dabei wird insbesondere die *Klimapolitik* seit der Klimarahmenkonvention (1992) und der Verabschiedung des Kyoto-Protokolls (1997) maßgeblich durch *internationale Prozesse und Verhandlungen* geprägt (Oberthür/ Ott 2000; Klöppel 2003; Brunnengräber 2007b). Aber auch die deutsche *Energiepolitik*, die traditionell und nach wie vor überwiegend als nationale, hoheitliche Aufgabe aufgefasst wird, erfährt unter dem Aspekt der Sicherung der Versorgung mit fossilen Rohstoffen eine zunehmende Internationalisierung, sowohl im EU-Rahmen als auch auf internationaler Ebene, z.B. im Rahmen der G8 (ebda.).

Und schließlich ist auch die nationale EE-Politik direkt beeinflusst von internationalen Entwicklungen. Diesbezüglich ist vorrangig die *EU-Ebene* zu nennen, auf der beispielsweise im Jahr 2001 eine Richtlinie zur Förderung erneuerbarer Energien im Strombereich verabschiedet wurde – ein Jahr nach dem das deutsche EEG in Kraft getreten war. Im Unterschied zur Energie- und Klimapolitik sind die erneuerbaren Energien allerdings noch nicht Bestandteil eines institutionalisieren, „harten" politischen Prozesses auf internationaler Ebene. Es gibt keine bedeutende internationale Institution, die mit der Internationalen Energieagentur (IEA) oder der Internationalen Atomenergieorganisation (IAEO) vergleichbar wäre, ebenso gibt es keine bindenden internationalen Abkommen oder Ziele zum Ausbau erneuerbarer Energien. Mit der internationalen *Regierungskonferenz renewables* im Jahr 2004 in Bonn startete die Bundesregierung erstmalig einen weichen, spezifischen Politikprozess, der auf freiwilliger Basis die Förderung erneuerbarer Energien voranbringen sollte. Es ist davon auszugehen, dass mit der Initiierung und Organisation dieses internationalen Prozesses besondere Gestaltungsmöglichkeiten für die deutsche Regierung und die Befürworter erneuerbarer Energien verbunden waren. Die dargestellten Entwicklungen und Zusammenhänge verdeutlichen, dass sich die *nationale EE-Politik sowie die Entwicklung erneuerbarer Energien in einem Mehrebenensystem* befinden: Einerseits sind sie auf nationaler Ebene mit anderen politischen Bereichen – vorrangig mit der Energie- und Klimapolitik - horizontal bzw. funktional verbunden, und somit mit den diesbezüglichen Interessen, Konflikten und politischen Entwicklungen konfrontiert. Andererseits ist die nationale Politik vertikal in ein politisch-räumliches Mehrebenensystem von der lokalen bis zur globalen Ebene eingebettet. Die Bezüge, Interdependenzen und Wechselwirkungen zwischen den beschriebenen Ebenen sind bei der Analyse von nationalen Politikprozessen insbesondere dann mit besonderer Aufmerksamkeit zu berücksichtigen, wenn es sich – wie im vorliegenden Fall - um eng verflochtene politische Ebenen, Entscheidungen und Akteure handelt. Vor diesem Hintergrund wird zur Beantwortung der eingangs gestellten Frage nach dem Zustandekommen und der Entwicklung der deutschen EE-Policy im Strombereich in dieser Arbeit eine *Multi-Level Policy-Analyse* durchgeführt.

1.2   Fragen, Thesen und Untersuchungsansatz

Bei einer *Policy-Analyse* wird im Wesentlichen den Fragen nachgegangen, wie das Zustandekommen, die Entwicklung und (ggf.) der Erfolg einer Policy zu erklären ist. Anders ausgedrückt befasst sie sich „mit den konkreten Inhalten, Determinanten und Wirkungen politischen Handelns" (Schubert/ Bandelow 2003: 3). Zur Beantwortung dieser Fragen sind die wesentlichen Akteure, Ereignisse und Einflussfaktoren zu ermitteln. Vor dem Hintergrund der obigen Ausführungen wird diese grundsätzliche Fragestellung einer Policy-Analyse für die deutsche erneuerbare Energien-Politik im Strombereich um die explizite Berücksichtigung der Interdependenzen und Wechselwirkungen mit dem politisch relevanten Mehrebenensystem erweitert.

Das politisch relevante Mehrebenensystem spannt sich dabei wie oben skizziert auf der einen Seite entlang der vertikalen, politisch-räumlichen Bezüge zu den sub- und supranationalen Ebenen auf[4], auf der anderen Seite entlang horizontal und funktional eng verflochtener Politikbereiche wie im Falle der EE- und der Energiepolitik.

---

[4]   Die Begriffe sub- und supranational dienen hier nur der Veranschaulichung der damit angesprochenen politisch-räumlichen Ebenen von der lokalen (z.B. Kommunen) bis zur globalen Ebene (z.B. UN-System). Eine Hierarchisierung der Ebenen ist damit allerdings nicht per se impliziert, da weder die Bundesländer immer dem Bund untergeordnet (Beispiel Bundesrat), noch die EU immer den Nationalstaaten übergeordnet (Beispiel Vetorechte der Staaten) sind.

Erstens wird von der *These eines Bedeutungswandels der politisch-räumlichen Ebenen* für den vorliegenden Fall der deutschen EE-Politik ausgegangen: Während zur Zeit des StrEG die Einführung und Entwicklung der EE-Policy im Wechselspiel zwischen der subnationalen und nationalen Ebene stattfand, war die Einführung des EEG 2000 ein deutlich von der nationalen Ebene geprägter Vorgang. Nach dessen Einführung nahm die Bedeutung der internationalen Ebenen signifikant und kontinuierlich zu.

Mit Blick auf die funktionalen Verknüpfungen wird davon ausgegangen, dass die engsten und bedeutendsten Wechselwirkungen und Beziehungen der EE-Politik in erster Linie mit der Energie- und in zweiter Linie mit der Klimapolitik bestehen. In Anlehnung an die aufgezeigten großen ökonomischen und ökologischen Konkurrenzbeziehungen zwischen den erneuerbaren Energien und dem konventionellen Energiesystem wird als *zweite These* aufgestellt, dass es sich bei der Einführung der erneuerbaren Energien – sowohl auf dem Strommarkt als auch in der Politik – *nicht um einen evolutorischen Prozess einer Transformation des Energiesystems handelt*, sondern dass dieser Prozess im Gegenteil mit *starken und grundsätzlichen Konflikten* behaftet ist, die seit Beginn bis heute Bestand haben und auch in Zukunft eine zentrale Rolle spielen werden. Damit steht diese These auch für die Annahme eines im Grundsatz konfliktbehafteten Policy-Prozesses, beim dem nicht nur rationale Argumente der Auseinandersetzung z.B. bezüglich der Frage der Effizienz der politischen Instrumente oder der favorisierten Technologien eine Rolle gespielt haben. Nach Staffan Jacobsson und Volkmar Lauber handelt es sich demzufolge beim Policy-making nicht um einen „'rational' technocratic process", sondern eher um einen Prozess „that appears to be based on such things as visions and values, the relative strengths of various pressure groups, perhaps on beliefs of 'how things work' and on deeper historical and cultural influences" (Jacobsson/ Lauber 2006: 257).

Mit der Berücksichtigung der *Wechselwirkungen und Bezüge zum Mehrebenensystem* erweitern sich die analytischen Schwerpunkte und Fragestellungen einer Policy-Analyse, die ihren Fokus traditionell auf nationalstaatliche Prozesse richtet (vgl. Windhoff-Héritier 1987; Schubert/ Bandelow 2003). Beim Blick über den nationalen Tellerrand sind relevante Akteure anderer Ebenen einzubeziehen, ebenso sind gegebenenfalls Aktivitäten nationaler Akteure auf anderen Ebenen zu berücksichtigen. Ein Mehrebenensystem kann den unterlegenen Akteuren auf der nationalen Ebene die Möglichkeit geben, ihre Interessen von der für sie blockierten auf eine andere Ebene zu verlagern, um dadurch letztlich wiederum Einfluss auf eine nationale Policy nehmen zu können. In diesem Zusammenhang wird als *dritte These* - in Anlehnung an Grande (2000) sowie Eising (2004) – formuliert, dass sich mit der Existenz von Mehrebenensystemen und den darin gegebenen Verflechtungen politischer Arenen für staatliche, aber auch für nicht-staatliche Akteure *neue strategische Möglichkeiten der Einflussnahme und Interessenvertretung* eröffnen – die allerdings in

Abhängigkeit von Ressourcen und Kapazitäten nicht von allen gleichermaßen genutzt werden können.[5]

Durch die Berücksichtigung der Wechselwirkungen im Mehrebenensystem kann ein *differenzierteres Bild der Einflussfaktoren* eines Policy-Prozesses gezeichnet werden, so dass sich seine Entwicklung, ein Policy-Wandel, aber auch die Akteurs-konstellation besser erklären lassen. Bei der Betrachtung eines längeren Zeitraums – der in dieser Arbeit relevante Zeitraum erstreckt sich über mehr als 20 Jahre – werden u.U. *mehrere Policy-Zyklen vollständig oder teilweise durchlaufen* (Windhoff-Héritier 1987; Sabatier 1993), wie dies von der Entstehung des StrEG zum EEG 2000 und zur EEG-Novelle 2004 der Fall war. Außerdem können bei eng miteinander ver-flochtenen Policy-Prozessen auf verschiedenen Ebenen *unterschiedliche Phasen mitein-ander in Beziehung stehen* und aufeinander wirken (ebda.), wie im Beispiel des EEG 2000 und der EG-Richtlinie 2001.

Im Rahmen einer Mehrebenenanalyse über einen längeren Zeitraum kann die Anzahl an zu betrachtenden, relevanten Akteuren sehr groß werden. Daher ist es methodisch sinnvoll, die dadurch entstehende Komplexität wieder zu reduzieren, indem im Rahmen der Bestimmung der Akteurskonstellation eine Zuordnung zu geeigneten Gruppen, Netzwerke oder Koalitionen erfolgt. Hierbei sind *kurzfristige interessen- und ereignisbasierte Koalitionen* von *dauerhafteren Gruppierungen*, die auf der Basis tiefergehender Überzeugungen zusammen agieren, zu unterscheiden.[6] Die Mehr-ebenenanalyse ermöglicht darüber hinaus möglicherweise einen *differenzierteren Blick auf komplexere Akteure* sowie die *Identifikation zentraler Akteure* innerhalb einer Advo-cacy-Koalition sowie eines Policy-Prozesses.

Im Kapitel 2 erfolgt eine tiefer gehende Auseinandersetzung mit Ansätzen, die für die theoretische Fundierung und analytische Konzeption dieser Arbeit Beiträge und vertiefende Thesen liefern können. Vor dem Hintergrund der hier relevanten Fragen und Ausführungen in diesem Abschnitt sind dies neben der allgemeinen *Policy-Analyse*, die den grundsätzlichen Rahmen der Prozessanalyse für diese Arbeit bietet, der *Advocacy-Koalitionsansatz* sowie neuere *Multi-Level Governance-Ansätze*, die sich explizit mit politischen Mehrebenensystemen befassen.

---

5   Marks und Hooghe nennen diese Eigenschaft von Mehrebenensystemen auch „scale flexibility" (Marks/ Hooghe 2004: 29); siehe ausführlicher in Abschnitt 2.3.

6   Diese können nach Sabatier (1987; 1993) als *Advocacy-Koalitionen* bezeichnet werden; siehe ausführli-cher in Abschnitt 2.2.

1.3   Architektur des Mehrebenensystems

1.3.1   Zum Forschungsbedarf

Die Analyse von politischen Mehrebenenzusammenhängen wird in vielen Teildisziplinen der Politikwissenschaft traditionell bereits seit vielen Jahren durchgeführt
(Benz 2004b), und auch im energiepolitischen Kontext ist dieser Ansatz nicht
grundlegend neu. In einer Reihe von Untersuchungen werden, ausgehend von den
Entwicklungen auf der nationalen Ebene, Akteure und Policies auf anderen Ebenen
(z.B. Bundesländer und EU) einbezogen. Beispielsweise berücksichtigt Felix Matthes (2000b) in seiner Analyse der Transformation des Elektrizitätssektors in Ost-
Deutschland auch den Einfluss der Kommunen und der Europäischen Union auf
diesen Prozess. In Jochen Monstadts (2004) Untersuchung der Bedingungen regionaler Energie- und Klimapolitik im Kontext der Liberalisierung- und Privatisierung
spielen die nationalen und europäischen Kontextbedingungen für die Untersuchungsebene eine wichtige Rolle. In einem Sammelband von Mischa Bechberger
und Danyel Reiche (2006b) finden sich mehrere Arbeiten, die sich mit Energiepolitik im Mehrebenensystem und dem Zusammenhang zur ökologischen Transformation der Energiewirtschaft befassen. Und eine Reihe von Arbeiten befassen sich
insbesondere seit der Liberalisierung der Energiemärkte in der EU mit den Auswirkungen auf die nationale Ebene (z.B. Mez 1997; Finon/ Midttun 2004).
    Darüber hinaus liegen mit Blick auf die hier im Zentrum stehende deutsche
erneuerbare Energien-Politik bereits einige Untersuchungen vor, in denen vereinzelt
Mehrebenenaspekte im Sinne von Rahmen- oder Kontextbedingungen behandelt
werden und die damit wichtige Sekundärmaterialien für diese Arbeit darstellen.
Beispielhaft seien an dieser Stelle die Arbeiten von Danyel Reiche (2004a; 2005c),
Mischa Bechberger (2001; Bechberger/ Reiche 2006a), Udo Kords (1993), Volkmar
Lauber mit Lutz Mez (2004b) sowie mit Dieter Pesendörfer (2004) genannt. Dabei
berücksichtigen viele dieser Arbeiten bereits Einflüsse von z.B. energie- oder EU-
politischen Entwicklungen auf den nationalen EE-Policyprozess. Eine explizite
Mehrebenenanalyse, welche die *Wechselwirkungen* zwischen den Ebenen und Akteuren in der hier aufgezeigten Weise berücksichtigt, und damit z.B. auch die aktive
Rolle der EE-Akteure in den jeweils verknüpften Arenen im Mehrebenensystem
untersucht, ist dem Autor bislang jedoch noch nicht bekannt. Vor dem Hintergrund
der geschilderten Ausgangssituation und speziell der Konflikte in diesem Mehrebe-
nesystem wird jedoch gerade für den ausgewählten Anwendungsbereich der erneuerbaren Energien ein Forschungsbedarf gesehen, da sich die EE-Policy in besonderer Weise im Spannungsfeld zwischen Eigenständigkeit und Abhängigkeit, zwischen
nationaler politischer „Autonomie" und engen Verflechtungen mit „seinem" spezifischen Mehrebenensystem befindet.

1.3.2 Konzeption des Mehrebenensystems und Auswahl von Policies

Nationale EE-Policy – Status quo Analyse (Kapitel 3)

Im Zentrum dieser Arbeit – und somit im Zentrum des hier relevanten Mehrebenensystems – steht die *nationale erneuerbare Energien-Politik im Strombereich in Deutschland*. Daher wird als erstes eine überwiegend literaturbasierte Policy-Analyse der EE-politischen Entwicklungen auf der nationalen Ebene durchgeführt (Kapitel 3). Die Analyse bezieht die ersten Entwicklungen der 1970er Jahre mit ein, fokussiert aber im Wesentlichen auf die Policy-Prozesse des StrEG, EEG 2000 und der EEG-Novelle 2004, bis zu den gegenwärtigen Vorbereitungen für die nächste Novelle (Stand Mitte 2007). Im Rahmen dieser Analyse fließen die in der Literatur bereits bekannten und in der Regel als externe Faktoren berücksichtigten Ereignisse und Zusammenhänge aus dem Mehrebenensystem mit ein. An dieser Stelle wird auch die Annahme der in Bezug auf die funktionalen Verknüpfungen besondere Relevanz der Energie- und Klimapolitik überprüft, indem auch die wesentlichen anderen Politikbereiche, mit denen Bezüge bestehen, untersucht werden. Darüber hinaus wird im Rahmen der Policy-Analyse von Kapitel 3 auch die Rolle und Bedeutung der subnationalen Ebenen und Akteure berücksichtigt, wobei einige grundlegende Faktoren sowie die Veränderung der Bedeutung über die Zeit gesondert im Abschnitt 3.4 herausgearbeitet werden. Das Ergebnis dieser nationalen Policy-Analyse bildet somit den Status quo der Analyse der deutschen EE-Politik im Strombereich ab. Es werden die maßgeblichen Ereignisse, Einflussfaktoren und Akteurskonstellationen bzw. Koalitionen identifiziert.

Funktionale Verflechtung – Policy-Analyse EnWG-Novelle (Kapitel 4)

Gemäß der oben formulierten zweiten These wird bereits in Kapitel 3 auch der Rolle und Bedeutung der konventionellen Energiewirtschaft besondere Aufmerksamkeit gewidmet. Aufgrund der großen technologischen und ökonomischen Konkurrenzbeziehung zwischen der EE- und der konventionellen Energiebranche sind darüber hinaus aber auch die allgemeinen energiepolitischen Entwicklungen von großer Bedeutung. Die zentrale gesetzliche Regelung, die alle Akteure in der Energiewirtschaft maßgeblich betrifft, ist die Liberalisierung des Strommarkts und die damit zusammenhängende Regulierung (Schneider 1999; Eising/ Jabko 2001; Enquete-Kommission 2002; Monstadt 2004; Schmidt 2006). Mit der ersten Novelle des Energiewirtschaftsgesetzes (EnWG) wurden 1998 nach Vorgabe einer EG-Richtlinie die seit 1935 geltenden Gebietsmonopole aufgehoben und Wettbewerb grundsätzlich zugelassen. De facto hatten die ersten Jahre dieses Liberalisierungsprozesses jedoch zu einer massiven Konzentration und Stärkung der Großkonzerne zu Lasten des Wettbewerbs geführt, so dass eine neue EnWG-Novelle notwendig wurde (s.o., Monstadt 2004; Schmidt 2006).

Zu den inhaltlichen Zusammenhängen formulierte Uwe Leprich: „Das Erneuerbare-Energien-Gesetz und das Kraft-Wärme-Kopplung-Modernisierungsgesetz (KWKG) bleiben Nischengesetze, wenn es nicht gelingt, den … Paradigmenwechsel in den grundsätzlichen Rahmenbedingungen der Stromwirtschaft zu
verankern. [...] Die derzeitige Novellierung des Energiewirtschaftsgesetz ist seit
1935 der erste realistische Versuch in Deutschland, ein wirkliches Grundgesetz für
diesen Schlüsselbereich der Volkswirtschaft zu schaffen" (Leprich 2005: 17f).
Ähnlich auch der Bundesverband Windenergie (BWE): „Obwohl das EEG … das
Recht der Erneuerbaren Energien im Elektrizitätssektor in wesentlichen Teilen
regelt, hat die Ausgestaltung des EnWG keine geringere Bedeutung für den weiteren Ausbau der EE" (BWE 2004a: 1).

Neben dieser allgemeinen Bedeutung sind darüber hinaus eine Reihe von
zentralen Regelungen der EnWG-Novelle von direkter Relevanz für die erneuerbare
Energien-Branche, wie eine Reduzierung überhöhter Netzkosten, die Beseitigung
von Diskriminierungstatbeständen beim Netzzugang, aber auch „weiche" Regelungsaspekte wie die Einführung einer Stromkennzeichnung. Und nicht zuletzt
verlief der politische Prozess zur Novellierung des Energiewirtschaftsgesetzes in
weiten Teilen parallel zur EEG-Novellierung, weshalb Verknüpfungen zwischen
beiden Policy-Prozessen vermutet werden können, die für die Erklärung der Policy-
Ergebnisse jeweils von Bedeutung sind. Vor diesem Hintergrund erfolgt im Kapitel
4 eine Analyse des Policy-Prozesses zur zweiten EnWG-Novelle, bei der die Bezüge
und Wechselwirkungen zwischen den politischen Vorgängen und Akteuren aus der
EE- und der energiepolitischen Arena im Vordergrund stehen.

Policy-Analyse der EG-Richtlinie (Kapitel 5)

Mit Blick auf die vertikalen, politisch räumlichen Bezüge ist als erstes die stetig
bedeutsamer werdende Ebene der Europäischen Union bzw. mit Blick auf die
Wirtschaftsbeziehungen die *Europäische Gemeinschaft* zu nennen (Marks et al. 1996;
Benz 1998; Grande 2000; Hooghe/ Marks 2001; Eising 2004). Auch wenn die EU
zwar nach wie vor wenig Einfluss auf die grundsätzliche energiepolitische Ausrichtung der Nationalstaaten hat (Brummer/ Weiss 2007), so hat sie doch eine Reihe
von Regelungen mit direkter Wirkung für die nationalen Energiemärkte erlassen.
Neben dem oben genannten Beispiel der Liberalisierungsrichtlinie für die Energie-
binnenmärkte im Strom- und Gasbereich, ist für den hier relevanten Kontext die
Richtlinie zur Förderung erneuerbarer Energien im Strombereich (2001/77/EG) von zentraler Bedeutung. Die ohnehin gegebenen Wechselwirkungen zwischen einer europäischen Richtlinie und der nationalen Umsetzung werden im Fall der EE-Richtlinie
aus deutscher Sicht insbesondere dadurch verstärkt, dass Deutschland mit dem
Stromeinspeisegesetz (StrEG) bereits eine Förderregelung hatte und sich hieraus ein
Instrumentenstreit um Kompetenzen, rechtliche Zulässigkeit und europäische

Harmonisierung ergeben hat (Oschmann 2002). Außerdem fand zur Zeit der langen europäischen Richtliniendebatten (ebda.) in Deutschland der Regierungswechsel zu rot-grün und in der Folge die Einführung des EEG statt. Insofern wird im Kapitel 5 eine Analyse des Policy Prozesses der EE-Richtlinie durchgeführt, mit dem Fokus auf die Bezüge und Wechselwirkungen zwischen den politischen Vorgängen und Akteuren aus der nationalen und der europäischen EE-politischen Arena.[7]

Analyse internationaler Bezüge und Wechselwirkungen (Kapitel 6)

Jenseits der EU-Ebene gibt es noch eine Reihe weiterer internationaler Prozesse, die einen Einfluss auf die Entwicklung erneuerbarer Energien und der EE-Politik haben bzw. haben können. Eine fest institutionalisierte *internationale Politik zur Förderung erneuerbarer Energien*, die z.B. auf UN- oder OECD-Ebene verankert ist wie die internationale Klimapolitik oder die Atompolitik, gibt es nicht. Seit der von der Bundesregierung im Jahr 2002 auf dem Weltgipfel in Johannesburg angekündigten und im 2004 durchgeführten renewables-Konferenz begann jedoch ein erster, weicher Institutionalisierungsprozess auf internationaler Ebene. Da anzunehmen ist, dass dieser internationale Prozess, der zur Zeit der rot-grünen Regierung angestoßen wurde, auch zur Unterstützung der nationalen Policy und EE-Entwicklung dienen sollte, wird der „*renewables-Prozess*" und seine Bedeutung für die nationale EE-Politik im Kapitel 6 ausführlicher analysiert.

Wie eingangs aufgezeigt, sind die engsten funktionalen Verflechtungen der EE-Politik gewissermaßen „naturgemäß" mit der Energie- und Klimapolitik gegeben. Die *Klimapolitik* erfolgt seit Anfang der 1990er Jahre in institutionalisierter Form auf UN-Ebene, und die dort verhandelten Entscheidungen und Reduktionsziele haben großen Einfluss auf die Klimaschutzpolitik der EU und Deutschlands. Eine besondere Bedeutung haben die 1997 im Kyoto-Protokoll festgelegten so genannten flexiblen Mechanismen bekommen. Diese zielen auf die geringstmögliche ökonomische Belastung für die zur Reduktion verpflichteten Staaten bzw. Akteure, ohne die Art der Maßnahme bzw. der Technologie vorzuschreiben. Mit Blick auf diese Entwicklungen in der Klimapolitik ist erstens zu fragen, welche Rolle erneuerbare Energien im politischen Prozess der internationalen Klimaverhandlungen gespielt haben, und zweitens welche Auswirkungen die Kyoto-Mechanismen auf die Entwicklung erneuerbarer Energien haben. Dies gilt auch für den von der EU beschlossenen Emissionshandel, der als eine Maßnahme zur Erfüllung der Reduktionsverpflichtungen im Jahr 2005 von den Mitgliedsstaaten eingeführt wurde.

---

[7] Für die Policy-Analyse der EE-Richtlinie kann dabei bereits auf einige Untersuchungen zurückgegriffen werden, die unter verschiedenen Blickwinkeln und Fragestellungen ihr Zustandekommen untersucht haben (z.B. Piria 2000; Lauber 2001; Oschmann 2002).

In diesem Zusammenhang ist auch zu fragen, ob es in Bezug auf die Förderung bzw. Entwicklung erneuerbarer Energien andere energiepolitisch relevante Entscheidungen auf internationaler Ebene gegeben hat. Auch wenn *Energiepolitik* in den meisten Industriestaaten und so auch in Deutschland nach wie vor als hoheitliche Aufgabe angesehen wird, so gibt es eine Reihe institutioneller energiepolitischer und energiewirtschaftlicher Strukturen auf internationaler Ebene. Hierzu zählen die oben genannte Energieagentur (IEA) und Atomenergieorganisation (IAEO), aber auch regelmäßige Verhandlungen im Rahmen der OECD oder der G8. Insbesondere die G8 hat das Thema Energie in den letzten Jahren verstärkt auf die Agenda gesetzt, weshalb im Rahmen von Kapitel 6 auch diese Entwicklungen und ihre Bedeutung für erneuerbare Energien untersucht werden.

1.3.3   Untersuchungsdesign

Das Untersuchungsdesign der hier durchgeführten Multi-Level Policy-Analyse der erneuerbare Energien-Politik im Strombereich stellt sich auf der Basis der vorherigen Ausführungen wie in Abbildung 1gezeigt dar. Die nationale Ebene steht im Zentrum der Untersuchung. Mit Blick auf die Wechselwirkungen mit den anderen Ebenen, bzw. den dort stattfindenden, eng verknüpften politischen Prozessen und handelnden Akteuren, sind in analytischer Hinsicht, wie durch die Pfeile angedeutet, zwei Richtungen zu unterscheiden: Zum einen geht es um (externe) Einflüsse, die in Richtung der nationalen Ebene wirken, zum zweiten wirken nationale Akteure und Institutionen auf Policies im Mehrebenensystem ein, was auf die nationale Entwicklung zurückwirken kann.

Wie oben dargestellt, werden die *einzelnen Analysen auf den jeweiligen Ebenen* separat durchgeführt, um *in sich konsistente Darstellungen* zu ermöglichen. Da ein explizites Ziel der Arbeit die Identifikation von relevanten Wechselwirkungen und Bezügen von Ereignissen und Entwicklungen auf den verschiedenen Ebenen ist, sind bei der Erstellung der einzelnen Analysen gewisse Redundanzen in der Darstellung nicht zu vermeiden. In der Regel erfolgen Verweise auf die Abschnitte, an denen ein ebenenübergreifend wichtiges Ereignis ausführlicher beschrieben steht.

Durch die einzelnen Analysen auf den verschiedenen Ebenen wird es möglich, die Entwicklungen, Politikformen oder die Akteurskonstellation miteinander zu vergleichen. Da jedoch der Forschungsfokus auf die Analyse einer spezifischen, in diesem Fall der EE-Policy-Entwicklung gelegt ist, handelt es sich gleichzeitig im engeren Sinne um eine Einzelfallstudie. Damit kann eine derartig konzipierte Multi-Level Policy-Analyse als ein analytischer Hybrid bezeichnet werden, der sowohl eine Einzelfallstudie darstellt, in dem jedoch auch einzelnen Vergleiche zwischen den Vorgängen auf verschiedenen Ebenen vorgenommen werden können.[8]

---

[8]   Zu Eigenschaften von Einzelfalluntersuchungen und Abgrenzungen zur vergleichenden Policy-

Abbildung 1: Schematische Darstellung des Untersuchungsdesigns der Multi-Level Policy-Analyse der deutschen EE-Politik im Strombereich

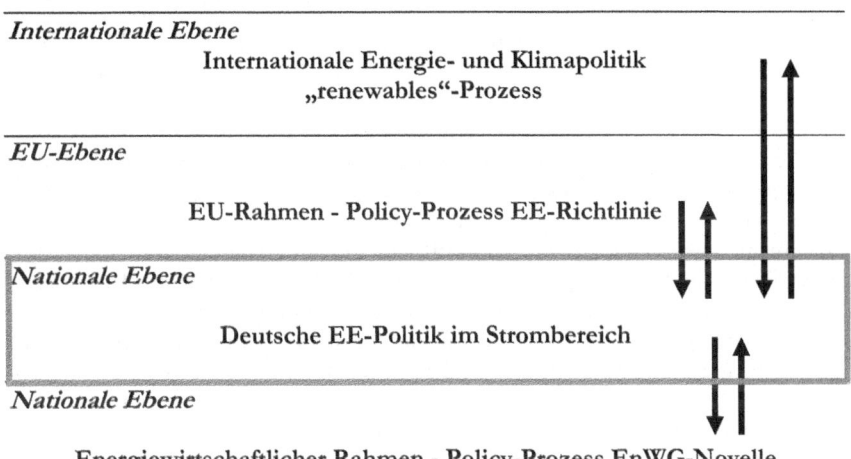

Internationale Ebene

Internationale Energie- und Klimapolitik
„renewables"-Prozess

EU-Ebene

EU-Rahmen - Policy-Prozess EE-Richtlinie

Nationale Ebene

Deutsche EE-Politik im Strombereich

Nationale Ebene

Energiewirtschaftlicher Rahmen - Policy-Prozess EnWG-Novelle

Zu Beginn des Kapitels 3 erfolgt eine Einführung in das Thema erneuerbare Energien im Strombereich sowie eine Darstellung der wesentlichen funktionalen Bezüge zu relevanten politisch-ökonomischen Rahmenbedingungen. Auch in allen anderen Kapiteln werden eingangs die zentrale Ausgangslage bzw. zentrale Rahmenbedingungen und Daten beschrieben. Nach den jeweiligen Analysen der politischen Prozesse erfolgen in jedem Kapitel die Ermittlung der Akteurskonstellation sowie ein Fazit der wesentlichen Aspekte. Im Rahmen der Kapitelfazits werden auch bereits einzelne Fragen und Thesen dieser Arbeit behandelt. Den Abschluss der Arbeit bildet in Kapitel 7 ein Gesamtfazit, in dem vor dem Hintergrund der Ergebnisse der Multi-Level Policy-Analyse eine Zusammenstellung der zentralen Faktoren erfolgt, die für das Zustandekommen der nationalen EE-Politik verantwortlich sind. Aufbauend darauf werden eine Bewertung des Befundes und ein Ausblick auf die weitere Entwicklung der EE-Politik gegeben. Darüber hinaus erfolgen eine Prüfung der aufgestellten Thesen und eine Diskussion zur Frage des Mehrwerts des durchgeführten Ansatzes.

Analyse siehe Maria Behrens (2003).

1.4   Methoden und Datenquellen

Bei der Analyse wurde zur Gewinnung von Informationen zum einen auf umfangreiches Sekundärmaterial und Literatur zurückgegriffen, zum anderen insbesondere
für die Kapitel 4 bis 6 empirisches Primärmaterial generiert. Alle Informationen
wurden in qualitativer Weise ausgewertet. Da zu den in dieser Arbeit behandelten
politischen Vorgängen bislang zum Teil nur sehr wenige politikwissenschaftliche
Arbeiten vorliegen, musste in größerem Umfang auf Originaldokumente zurückgegriffen werden, von denen eine Inhaltsanalyse vorgenommen wurde. Zu diesen
Dokumenten gehören offizielle und inoffizielle Entwürfe von Gesetzen und Richtlinien, Plenar- und Sitzungsprotokolle, Berichte von Anhörungen und Konferenzen,
Stellungnahmen, Pressemitteilungen etc. Zusätzlich wurden nicht-öffentliche Dokumente und Quellen in die Analyse miteinbezogen, die von Interviewpartnern zur
Verfügung gestellt wurden und zur weiteren Klärung der Policy Prozesse beitragen
konnten.
       Die Dokumentenanalyse, Literaturauswertung und Auswertung vorhandener
Policy-Analysen wurde um 20 leitfadengestützte Interviews mit zentralen Akteuren
aus den einzelnen Policy-Prozessen sowie einer Reihe kürzerer Expertengespräche
ergänzt. Dabei wurde ein Teil der Interviews im Vorfeld der Analysen durchgeführt,
um einen Überblick über die wesentlichen Ereignisse und Akteure zu erhalten. Der
zweite Teil der Interviews diente zur Klärung offener Punkte, zur Einschätzung der
Fragen und Thesen der Arbeit sowie zur Validierung von bis dato vorhandenen
Ergebnissen. Die Auswahl der Interviewpartner erfolgte im ersten Schritt nach der
Grundkenntnis des Prozesses und der zentralen Akteure. Es wurden zum einen
Schlüsselakteure im Policy-Prozess, z.B. beteiligte Abgeordnete, Ministeriumsmitar-
beiter, Verbandsvertreter etc. befragt, zum anderen (möglichst direkt beteiligte)
Experten aus der Wissenschaft und Wirtschaft. Weitere wichtige Interviewpartner
konnten auf Basis der Erkenntnisse der ersten Gespräche bzw. nach Hinweisen der
ersten Interviewpartner ermittelt werden.[9]
       Ein methodisches Problem bei Interviews für diese Art der politik- bzw. so-
zialwissenschaftlichen Forschung ergibt sich aus der Gefahr von „strategischen
Antworten" der Befragten, wenn diese beispielsweise ihre „hidden agenda" bzw.
ihre eigentliche Intention und Strategie ihres Handelns nicht zu erkennen geben.[10]

---

[9]   Nicht alle Interviewpartner waren mit der Veröffentlichung ihrer Angaben einverstanden. Insofern
        finden sich im Text zum Teil Zitate unter Angabe von Interviewpartnern, gelegentlich wurden auch
        Aussagen aufgenommen, bei denen ohne Namensnennung lediglich darauf hingewiesen wird, dass
        dies auf der Aussage von Interviewpartnern basiert.
[10]   Maria Behrends (2003: 230) formuliert die „Gefahr der Instrumentalisierung des Forschungsvorha-
        bens durch die kollektiven, strategischen Akteure" wie folgt: „Für Verbände, Unternehmen und
        Parteien ist konstituierend, dass sie ihre politischen Interessen durchsetzen wollen und zu diesem
        Zweck ein Forschungsprojekt durch die Weitergabe selektiver Informationen zu nutzen versucht

Diesbezüglich wurde einerseits versucht, durch Aussagen verschiedener Akteure und durch ergänzendes Material ein objektiveres, klareres Bild zu erzielen. Andererseits wird davon ausgegangen, dass zentrale kollektive, aber auch einzelne Akteure wie z.B. Politiker ihre wesentlichen politischen Strategien und Einstellungen im Regelfall in einer erkennbaren Form (z.B. in Stellungnahmen, Positionspapieren, politischen Programmen etc.) äußern, so dass hieraus beispielsweise auch in sinnvoller Weise Zuordnungen zu Advocacy-Koalitionen erfolgen können (vgl. hierzu auch Sabatier 1993: 131, 133).

sein können".

2 Multi-Level Policy-Analyse - Theoretisch-konzeptionelle Bezüge

Die Frage nach dem Zustandekommen und der Weiterentwicklung einer politischen Maßnahme führt zur Anwendung der Policy-Analyse als konzeptionelles Gerüst dieser Arbeit. Aus der Vielzahl der Ansätze, die unter der Überschrift *Policy-Analyse* Anwendung finden, kommen zur Bearbeitung der hier im Vordergrund stehenden Themenstellung und Fragen solche in Betracht, bei denen die Analyse komplexer Akteursstrukturen unter Berücksichtigung institutioneller Rahmenbedingungen und weiterer Faktoren im Mehrebenensystem behandelt wird. Vor diesem Hintergrund werden hier zwei Ansätze herangezogen, die in der Folge zu einer Multi-Level Policy-Analyse kombiniert werden: Zum einen der *Advocacy-Koalitionsansatz*, der einen expliziten Fokus auf das Zusammenspiel von Akteuren und die Erklärung von Policy-Wandel über einen Zeitraum hat, der aber auch explizit Einflüsse aus dem Mehrebenensystem konzeptionell berücksichtigt. Um den in dieser Arbeit zentralen Aspekt der Mehrebenenthematik besonders zu berücksichtigen, wird als zweites auf die neuere Forschung zu *Multi-Level Governance* zurückgegriffen, wenngleich sich diese gegenwärtig noch sehr heterogen und wenig ausdifferenziert darstellt.[11] In diesem Kapitel werden wesentliche Grundzüge der Policy-Analyse, des Advocacy-Koalitionsansatzes sowie von Multi-Level Governance dargestellt und mit Blick auf die eingangs skizzierten Fragen und Grundthesen beleuchtet. Dabei werden einige tiefer gehende Aspekte, die von den Ansätzen bzw. den diesbezüglichen Debatten zur Verfügung gestellt werden, herausgearbeitet und zu einer Reihe von Fragen und Thesen der Multi-Level Policy-Analyse verdichtet.

---

[11]   In der Literatur werden die beiden Ansätze häufig auch bereits als Theorien bezeichnet, gleichzeitig wird über ihren „theoretischen Gehalt" bzw. die grundsätzliche Theoriefähigkeit gestritten (vgl. hierzu auch die Ausführungen in den nachfolgenden Abschnitten). Nach Fritz Scharpf (2000a: 75f) liefern *Ansätze* Hinweise für die Suche nach Erklärungen, während durch *Theorien* aufwändige Empirie durch theoretisch begründete Annahmen ersetzt werden kann. Scharpf folgert daraus, dass die Policy-Forschung deutlich stärker auf Empirie angewiesen ist und weniger sinnvoll mit abstrahierenden Annahmen operieren kann. Nach Schubert und Bandelow (2003: 7ff) ist zudem zwischen einer *Theorie* als einem auf Annahmen basierenden, logisch zusammenhängenden Set von Beziehungen zwischen Variablen, einem *Modell* als einer i.d.R. mathematischen Verdichtung einer realen, konkreten Situation, in die theoretisch basierte Annahmen einfließen, und dem *analytischen Rahmen*, welcher eine Vorgabe für die zu untersuchenden Variablen und ihren Beziehungen darstellt, zu unterscheiden.

2.1   Policy-Analyse als konzeptionelle Ausgangsbasis

Die Policy-Analyse befasst sich als Teildisziplin der Politikwissenschaft „mit den konkreten Inhalten, Determinanten und Wirkungen politischen Handelns" (Schubert/ Bandelow 2003: 3). Mit Blick auf die konzeptionelle Differenzierung in die drei Dimensionen des Politikbegriffs steht *Policy* somit für die Fokussierung auf einen konkreten politischen Inhalt, der sich in politischen Aufgaben, Zielen und letztlich in Maßnahmen äußert, wohingegen sich Polity auf das politische System als solches konzentriert (Verfassung, Normen, Institutionen), und Politics den (mehr oder weniger konfliktbehafteten) politischen Prozess in den Vordergrund rückt (Böhret et al. 1988; Schubert 1991). De facto beinhaltet die empirische Analyse von Policies jedoch ebenfalls den gegebenen politischen Rahmen sowie die relevanten Prozesse und Konflikte im Verlauf des Policy-making (Faust/ Vogt 2002; Schubert/ Bandelow 2003). Während die Policy-Analyse früher als Bestandteil des politischen Systemvergleichs bzw. der vergleichenden Regierungslehre stark auf die Analyse nationaler Policies beschränkt war, wird sie heute teilweise auch auf anderen politischen Ebenen angewandt (Windhoff-Héritier 1987; Faust/ Vogt 2002). Dies gilt insbesondere für die zunehmend an Bedeutung gewinnenden suprastaatlichen Ebenen bzw. die wachsende internationale Interdependenz, weshalb die Policy-Analyse als Forschungsgegenstand auch an Bedeutung in den Internationalen Beziehungen oder der Europaforschung gewinnt (Grande/ Risse 2000; Faust/ Vogt 2002).

Übersetzt man Policy-Analyse in gängiger Weise mit Politikfeldanalyse (vgl. bei Windhoff-Héritier 1987; Schubert/ Bandelow 2003)[12], so ergibt sich mit Blick auf den hier vorliegenden Untersuchungsgegenstand – die erneuerbare Energien-Politik, bzw. das spezielle Segment im Strombereich – zunächst ein konzeptionelles bzw. begriffliches Problem. Einerseits sind die erneuerbaren Energien infrastrukturell, und damit auch hinsichtlich regulativer, ökonomischer und technischer Rahmenbedingungen eingebettet in das allgemeine Energiesystem – und damit auch in den energiepolitischen Kontext, der üblicherweise als *Politikfeld* bezeichnet wird. Andererseits weist der Bereich der erneuerbaren Energien durchaus die relevanten Abgrenzungseigenschaften auf, die beispielsweise von Adrienne Windhoff-Héritiér als definitorischer Zugang für inhaltliche Politikfelder benannt werden, nämlich Grenzen, die „durch bestimmte institutionelle Zuständigkeiten und eine sachliche Zusammengehörigkeit gezogen werden"(Windhoff-Héritier 1987: 22).[13] Da der Bereich der erneuerbaren Energien damit zwar durchaus in definitorischer Hinsicht

---

[12]   Andere verwendete Übersetzungen sind: Politikinhalt, sektorale Politik, oder nur Politik, häufig wird jedoch auf eine Übersetzung verzichtet (Windhoff-Héritier 1987: 17).

[13]   Der Gebrauch des Begriffs „Politikfeld" ist zwar nicht abschließend und eindeutig definiert, bezieht sich jedoch in der Regel auf „übergeordnete" Politikbereiche wie Sozial-, Ausländer- oder Energiepolitik (Windhoff-Héritier 1987: 21f).

Eigenschaften eines eigenständigen Politikfeldes aufweist[14], gleichzeitig aber in das Politikfeld Energie und das technologisch-infrastrukturelle Energiesystem eingebettet ist, erfolgt in dieser Arbeit keine diesbezügliche begriffliche Gleichstellung. Instruktiver ist hier die begriffliche Gleichstellung (und gleichzeitig konzeptionelle Unterscheidung) der erneuerbare Energien- und der allgemeinen Energie- und Klimapolitik über den Begriff der *Policy-Arena*. Beim Konzept der Arena werden insbesondere der politische Prozess, die Konflikte und Arrangements bis zur Politikformulierung fokussiert (siehe bei Prittwitz 1994: 36ff; Windhoff-Héritier 1987: 47ff und 84). Arenen unterscheiden sich durch spezifische regulative und institutionelle Bedingungen. Insbesondere Grande hat den Arenenbegriff auch für die politikwissenschaftliche Mehrebenenanalyse aufgegriffen, in dem er Mehrebenensysteme als „interdependente Politikarenen" beschreibt: „Ein Mehrebenensystem ... konstituiert sich aus formal unabhängigen, aber funktional interdependenten politischen Akteuren und Politikarenen" (Grande 2000: 14). Damit wird auch die horizontale Politikverflechtung, die auf einer politisch-räumlichen Ebene angesiedelt ist, zum Bestandteil des Mehrebenensystems.

Mit der Konzeptionalisierung von Arenen rücken *Policy-Akteure* und ihre Beziehungen im Kontext von Konflikt und Konsensus in den Mittelpunkt der Analyse. Eingebettet in institutionelle Strukturen und ausgestattet mit mehr oder weniger Informationen, Macht und Zugang zu politischen Entscheidern und Entscheidungssituationen formen und prägen die politischen Akteure die Arena und den Policy-Prozess (Windhoff-Héritier 1987). Die Beziehungen der Akteure können dabei durch institutionelle, traditionelle oder inhaltliche Aspekte gegeben sein, wobei Letzteres sich auf politische Interessen, Positionen und Präferenzen bezieht. Mit der Akteursorientierung ist gleichzeitig die - in analytischer und empirischer Hinsicht relevante - Erkenntnis verbunden, dass öffentliche Politik nicht mehr nur als Entscheidung eines singulären Akteurs wie dem Staat, der Regierung etc. aufzufassen ist, sondern in der Regel aus der Interaktion vieler Akteure entsteht (Mayntz/ Scharpf 1995b; Mayntz 2001, 2004, 2005; Schneider 2003; Howlett/ Ramesh 2003). Dies rückt die Rolle der nicht-staatlichen Akteure in den Vordergrund, die ebenso wie die staatlichen Akteure den politischen Prozess gestalten und Einfluss auf die Policy-Entwicklung nehmen.

Der Begriff Akteur lässt sich zunächst als eine „an politischen Entscheidungen beteiligte Person oder Organisation" (Schubert/ Bandelow 2003: 7) definieren. Relevante Einzelpersonen sind Politiker, Verbandsvertreter, Journalisten, Wissenschafter bzw. Experten etc. Diese sind wiederum in der Regel in organisationale Kontexte eingebunden: ihre Parteien, staatliche Institutionen wie Regierung, Parlament, Ministerien, sowie privatwirtschaftliche Einrichtungen wie Verbände und

---

[14] In diesem Sinne benennt beispielsweise Danyel Reiche den Bereich erneuerbare Energien als Politikfeld (Reiche 2004: 85).

Unternehmen, Gewerkschaften etc. Wenn über eine Form des Informationsaustausches ein gemeinsames und organisiertes Handeln von Individuen entsteht, z.B. in Bewegungen, Allianzen etc., spricht man von *kollektiven Akteuren* (Schneider 2003: 109). Wenn einzelne Akteure eine gemeinsame Organisation mit einer überindividuellen Rechtsperson schaffen, die befugt ist, auch eigenständige Entscheidungen zu treffen, handelt es sich um einen *korporativen Akteur* (ebda.). Hierbei handelt es sich um Unternehmerverbände, Gewerkschaften, AGs, Parteien sowie Organisationen des öffentlichen Bereichs wie Parlament, Regierung und Verwaltung. Mit der Delegation von Aufgaben und Befugnissen von den Mitgliedern an eine sie vertretende Organisation wird die Komplexität in gesellschaftlichen Aushandlungsprozessen reduziert. Auch die kollektiven und korporativen Akteure werden letztlich von Individuen geprägt und repräsentiert, wenn gleich häufig davon ausgegangen wird, dass die Bedeutung der Privatpersonen im politischen Prozess in der „Organisationsgesellschaft" bzw. „organisierten Demokratie" (ebda.: 112) gegenüber der Rolle von Funktionsträgern von Organisationen vergleichsweise gering ist.[15]

Im Zusammenhang einer Definition des Akteurbegriffs ist auch der Begriff der *Institutionen* zu klären, der sehr unterschiedlich verwendet wird. Während er von einigen Autoren sowie umgangssprachlich häufig ähnlich wie der Begriff der Organisation verwendet wird, weisen Mayntz und Scharpf dem Begriff eine andere Aussage zu: Demnach handelt es sich bei Institutionen um Regelsysteme, die das Akteurshandeln strukturieren und beeinflussen, nicht jedoch determinieren. Dies umfasst nicht nur formale rechtliche Regeln, sondern auch soziale Normen (Mayntz/ Scharpf 1995a). Während Mayntz und Scharpf ihren Institutionenbegriff abgrenzen von „sozialen Entitäten" wie Organisationen bzw. korporativen Akteuren (siehe bei Scharpf 2000a: 77), wird hier der Begriff der Institution als Oberbegriff für Regeln und Normen (z.B. internationale Abkommen), netzwerkartige Zusammenschlüsse, die stabile Verhaltensmuster erzeugen (z.B. Regime) sowie formale Organisationen (z.B. Parlament, Regierung, EU-Kommission, EuGH etc.) verwendet (analog siehe Zürn 1998: 174).[16]

Ein wichtiger Aspekt bei der Akteursanalyse stellt zudem die *differenzierte Betrachtung von komplexen kollektiven und korporativen Akteuren* dar. Diese sprechen zwar nach interner Entscheidung in der Regel mit einer Stimme, wenn jedoch Erklärungen zum Policy Wandel getroffen werden sollen, ist es bei komplexeren Schlüsselakteuren, die eine wichtige Rolle im Policy-Prozess spielen, ratsam, innere Widersprüche und unterschiedliche Positionen zu erfassen. Dies kann beispielsweise bei

---

[15] „Agenten im Auftrag und Interesse ihrer Prinzipale", wie Volker Schneider (2003: 112) dies in Anlehnung an die Prinzipal-Agent-Theorie ausdrückt.

[16] Eine hybride Sonderrolle nimmt nach dieser Definition der Europäische Rat ein, der einerseits als Regelsystem bzw. intergouvernementales Verhandlungssystem bezeichnet werden kann, dem aber auch aufgrund von z.B. „Eigendynamiken" der Ratssitzungen durchaus der Charakter einer Institution im Sinne eines korporativen Akteurs zugeschrieben werden kann.

kollektiven Akteuren „höherer Ordnung" wie z.b. Dachverbänden oder inter- und supranationalen Organisationen (z.b. EU-Ministerrat), bei Volksparteien und Ministerien oder bei der EU-Kommission notwendig sein (Sabatier 1993: 142; Schneider 2003: 111). Je spezialisierter ein Akteur ist, wie dies z.b. bei Interessenverbänden oder Behörden der Fall sein kann, umso geringer kann die Differenzierung von Positionen ausfallen. Je geringer die Spezialisierung, um so eher können Interessens- und Zielkonflikte auftreten (Beispiel EU-Kommission).

Verschiedene *akteurbasierte Ansätze* in der Policy-Forschung zielen darauf ab, die relevanten Akteure und ihre Interaktionen bzw. Beziehungen, sowie ihren Einfluss auf die Resultate öffentlicher Politik zu identifizieren. Ein diesbezüglich verbreiteter Ansatz ist der von Fritz W. Scharpf und Renate Mayntz entwickelte akteurzentrierte Institutionalismus, bei dem akteurzentrierte und institutionelle Herangehensweisen in einem Ansatz verknüpft werden. Der Ansatz hebt die Akteure hervor, die von einem Policy-Problem besonders betroffen oder tangiert werden, zudem werden die institutionellen Kontexte, in denen sich die Akteure bewegen, ihre Positionen, Handlungsorientierungen und Interaktionsformen analysiert (Scharpf 2000a; Mayntz/ Scharpf 1995a).[17]

Ein Problem beim akteurzentrierten Institutionalismus - welches von den Begründern Fritz Scharpf und Renate Mayntz selbst benannt wird – ist der so genannte „Problemlösungsbias" (z.B. in Mayntz 2001; Scharpf 2000a). Danach wird grundsätzlich allen Akteuren die konstruktive Suche nach einer Problemlösung unterstellt, wodurch z.b. systematischer, grundsätzlicher Machterhalt als Motivation ausgeblendet bleibt. In der Folge wird beim akteurzentrierten Institutionalismus versucht, eine „Bestimmung der Problemlösungsfähigkeit unterschiedlicher Interaktionssysteme" (Scharpf 2000a: 93) vorzunehmen und Aussagen zur „Problemlösungseffektivität" (ebda.: 91) zu treffen. Ein solcher Ansatz blendet dabei aus, dass hinter einem vordergründig ausgetragenen Interessenstreit um verschiedene Maßnahmenvorschläge andere strategische Interessen der Akteure stehen können. Außerdem können z.B. hierarchische Modi auch von nicht-staatlichen Interessengruppen gefordert oder sogar initiiert sein, wohingegen der Modus an sich vergleichsweise autonomes bzw. hierarchisches (Staats-)Handeln suggeriert. Darüber hinaus bilden sich in Mehrebenensystemen eine Reihe neuer, informeller bzw. „lose gekoppelter" (Benz 1998, 2004b) Beziehungen zwischen Verhandlungsarenen heraus, die dennoch zu „unerwarteter Kooperation" und positiven Ergebnissen

---

[17]   Die „Interaktionssysteme" ergeben sich nach Scharpf (2000a: 91) aus Interaktionsformen (einseitiges Handeln, Verhandlung, Mehrheitsentscheidung und hierarchische Steuerung) sowie dem institutionellen Kontext (anarchische Bereiche und minimale Institutionen; Netzwerke, Regime und Zwangsverhandlungssysteme; Verbände und repräsentative Versammlungen sowie hierarchische Organisationen).

führen können und nicht zwangsweise in einer „Politikverflechtungsfalle" (Begriff nach Scharpf 1985) enden müssen (Wagner 2005).[18]

Ein wichtiger analytischer Ansatz zur Beschreibung und Erfassung des Policy-Prozesses ist die Unterteilung in Phasen des so genannten Policy-Zyklus. Dieser wird in der Politikwissenschaft in unterschiedlichem Detaillierungsgrad und mit unterschiedlichen Bezeichnungen verwendet, beinhaltet jedoch in der Regel immer die drei grundlegenden Phasen der Thematisierung, Formulierung und Implementation einer Policy (vgl. u.a. bei Schneider 2003: 117; Howlett/ Ramesh 2003). Ein differenzierteres Modell liefern Jänicke et al. (2003: 39ff) mit den Phasen: 1) Problemwahrnehmung, 2) Thematisierung (agenda setting), 3) Politikformulierung, 4) Entscheidung, 5) Politik- und Verwaltungsvollzug (Implementation), 6) Ergebnisbewertung (Evaluation: Effektivität, Effizienz, Wirkungsanalyse) und schließlich 7) Politikneuformulierung, -reformulierung oder –beendigung (Termination). Diese Phasen kommen in der politischen Realität jedoch nicht immer vor und sind oft nicht klar voneinander zu trennen, zudem können, wie im vorliegenden Fall der deutschen EE-Politik, deutlich kürzere, unvollständige Zyklen aufeinander folgen (hierzu auch Windhoff-Héritier 1987). Die Vorstellung einer linearen, statischen Phasenabfolge war u.a. einer der Ausgangspunkte für die Entwicklung des nachfolgenden Advocacy-Koalitionsansatzes. Für die vorliegende Arbeit liefert die Phaseneinteilung dennoch eine brauchbare Orientierung für die Beschreibung der betrachteten Policy-Prozesse.

2.2 Advocacy-Koalitionsansatz im Mehrebenenkontext

Beim von Paul Sabatier zusammen mit Hank Jenkins-Smith und anderen seit 1987 entwickelten Advocacy-Koalitionsansatz[19] (beispielhaft: Sabatier 1987, 1993; Sabatier/ Jenkins-Smith 1993; Sabatier 2000, 1998) steht nicht so sehr die Analyse eines

---

[18] Aufgrund der genannten Kritikpunkte und der Tatsache, dass beim akteurzentrierten Institutionalismus letztlich der überwiegend spieltheoretisch modellierte Vergleich sowie die Effizienzbewertung von Formen der Interaktion im Vordergrund steht (Klenk 2005), wird der Ansatz in dieser Arbeit nicht verfolgt. Er weist dennoch in Bezug auf den analytischen Rahmen – die Akteursanalyse und die Berücksichtigung des institutionellen Kontexts – Parallelen zum nachfolgend ausgewählten Advocacy-Koalitionsansatz und letztlich zum Vorgehen in dieser Arbeit auf.

[19] Als deutsche Übersetzung wird gelegentlich der Begriff der „Unterstützungskoalition" verwendet (z.B. bei Grande 2000: 19). Aufgrund der vergleichsweise seltenen Verwendung wird nachfolgend der (etablierte) Begriff der Advocacy-Koalitionen beibehalten.

singulären Policy-Ereignisses im Vordergrund.[20] Der Ansatz nimmt vielmehr einen längeren Zeitraum - ein Jahrzehnt oder länger - in den Blick, um *Policy-Wandel* unter Berücksichtigung einer Reihe von historischen und kontextbezogenen Einflüssen zu analysieren, der wesentlich durch zentrale, im Policy-Prozess involvierte Akteursgruppen (Advocacy-Koalitionen) beeinflusst wird. Hintergrund für diese verlängerte analytische Zeitperspektive ist die empirisch begründete Annahme, dass „eine Policy-Entwicklung oft mehrere Zyklen involviert" (Sabatier 1993: 119). Sabatier nimmt mit seinem Ansatz einen expliziten Mehrebenenfokus ein, in dem er fordert: „Anstatt den Fokus auf einen einzelnen Zyklus zu legen, der durch eine bestimmte politische Ebene (gewöhnlich die Bundesebene) initiiert wird, würde ein angemesseneres Modell den Schwerpunkt auf mehrere interagierende Zyklen, die verschiedene politische Ebenen umfassen, setzen" (ebda.: 119).[21]

Als zentrale Untersuchungsebene wird beim Advocacy-Koalitionsansatz das *Policy-Subsystem* eingeführt, und somit der Blick vom Policy-Zyklus als zeitlicher Einheit der Analyse weggeführt und stärker zu einem der Policy-Arena verwandten Konstrukt mit den darin beteiligten Akteuren hingeführt. Ein Policy-Subsystem beschreibt dabei – vergleichbar dem Arenakonzept - diejenigen öffentlichen wie privaten Akteure verschiedener Institutionen, „die aktiv mit einem Policy-Problem oder Policy-Fragen [...] befasst sind", sowie den Interaktionen zwischen ihnen (ebda.: 120). Bei der Konzeption der Policy-Subsysteme wird dabei insbesondere auf die mögliche Bedeutung von nicht-staatlichen Akteuren sowie die Berücksichtigung von Akteuren anderer politisch-räumlicher und inhaltlicher Kontext-Ebenen hingewiesen (Sabatier 1998: 103). In den späteren Arbeiten wird zusätzlich unterschieden zwischen etablierten (mature) und entstehenden (nascent) Subsystemen (Sabatier 1998: 111ff).

Damit steht die *Hypothese* im Zusammenhang, dass innerhalb etablierter Subsysteme bei zentralen Kontroversen die *Anordnung von Verbündeten und Gegnern relativ stabil über rund eine Dekade* bleibt. Demgegenüber sieht Sabatier bei neueren Subsystemen tendenziell geringere Konfliktpotenziale, die sich ebenso wie die Koalitionen

---

[20] Über die Jahre haben die Hauptautoren des Ansatzes, allen voran Sabatier selbst, Überarbeitungen und Präzisierungen des Ansatzes vorgenommen; so stellt beispielsweise die hier genannte Veröffentlichung von 1998 eine „Revision" der Vorläufer-Versionen des Ansatzes aus den Jahren 1993 bzw. 1987 dar. Aufgrund des Erklärungsmodells für Policy-Wandel und der entwickelten Hypothesen wird dem Advocacy-Koalitionsansatz von einigen Policy-Forschern ein für die Analyse von Policy-Prozessen hoher theoretischer Wert zugemessen. Keith Dowding formulierte hierzu: „Together with institutional rational choice the advocacy coalition framework may prove one of the most useful theories of the policy process" (Dowding 1995: 150).

[21] Sabatier und andere Vertreter verweisen daher auch explizit darauf, dass der Advocacy-Koalitionsansatz als „alternative Konzeptualisierung des Policy-Prozesses" zur bis dato dominierenden Phasenheuristik der Policy-Zyklen entwickelt wurde, da diese keine Kausalmodell und keine prüfbaren Hypothesen biete, zudem eine in der Regel unrealistische, weil statische Abfolge und Zeitlichkeit impliziere, und eine staatszentrierte „top-down" Interpretation politischer Vorgänge begünstige (Sabatier 1993: 116ff).

selbst erst noch über die Zeit entwickeln (Sabatier 1998: 114). Die Unterscheidung in jüngere und ältere Subsysteme erscheint grundsätzlich auch für die Bereiche der konventionellen Energiewirtschaft auf der einen und der erneuerbaren Energien auf der anderen Seite instruktiv. Und auch die These des wachsenden Konfliktpotenzials mit zunehmendem Alter eines Subsystems ist korrespondiert mit der eingangs formulierten These zum Konflikt zwischen der EE-Branche und der konventionellen Energiewirtschaft.

Zentraler Bestandteil der Akteursanalyse und Suche nach Erklärungen für die politischen Entwicklungen in einem Subsystem ist die Einteilung der Akteure nach ihren zentralen Wertvorstellungen und Strategien in *Advocacy-Koalitionen*. Hierdurch werden die im Prozess relevanten Akteure „in schmalere und theoretisch zweckmäßigere Kategorien" aggregiert (Sabatier 1993: 127). Dabei vermutet Sabatier einen Zusammenhang zwischen der Konfliktintensität und der Anzahl der identifizierbaren Advocacy-Koalitionen, wobei er von in der Regel zwei bis vier Koalitionen ausgeht, mit dem Ausnahmefall von nur einer Koalition in einem „ruhigen" oder neuen Subsystem (ebda.). Zudem geht er vom Regelfall einer dominierenden Koalition aus, deren Überzeugungen letztlich stärker in der konkreten Policy widergespiegelt werden (ebda.: 128-131).[22] Formale Institutionen (zum Begriff siehe vorherigen Abschnitt) können ebenso Mitglieder einer solchen Advocacy-Koalition sein. Sie verfügen im Gegensatz zu anderen Mitgliedern über „kritische Ressourcen", z.B. „das Recht, bestimmte verbindliche Entscheidungen für die Mitglieder einer Koalition zu fällen" (Sabatier 1993: 128).

Beim Advocacy Koalitionsansatz wird zudem davon ausgegangen, dass häufig für das Zustandekommen eines Policy-Ergebnisses so genannte *Policy-Vermittler* (Broker) neben den Koalitionen eine Rolle spielen, die zwischen den konfligierenden Strategien verschiedener Koalitionen einen Kompromiss suchen und somit auch zu einer Reduktion der Konfliktintensität beitragen. Die Identifikation der relevanten Akteure erfolgt ähnlich wie bei Netzwerkansätzen unter Berücksichtigung von staatlichen und nicht-staatlichen Akteuren, die funktional verbunden und nicht auf eine politisch-räumliche Ebene begrenzt sind (Sabatier 1993: 126).[23]

---

[22]   Die dominierenden Advocacy-Koalitionen weisen eine Nähe zu so genannten Diskurskoalitionen auf. Nach Hajer (1993) werden diese von Akteuren aus verschiedenen sozialen Zusammenhängen gebildet und sind in der Lage, ihre Definition bzw. Sichtweise eines Problems (oder einen politischen Lösungsansatz für das Problem) gegenüber anderen Problembeschreibungen durchsetzen und damit den Policy-Prozess und das –Ergebnis zu dominieren.

[23]   Zu funktionalen bzw. „Issue" Netzwerken siehe auch Hugh Heclo (1978). Beim Netzwerkbegriff ist zwischen seiner analytischen Verwendung und seiner steuerungs- bzw. governance-theoretischen Bedeutung zu unterscheiden (Pappi 1993). Bei der (stark soziologisch geprägten) Policy-Netzwerkanalyse wird das Ziel verfolgt, die Akteure und ihre Beziehungen zu erfassen und die daraus erkennbaren Strukturen zu klassifizieren (Waarden 1992; Pappi 1993). Davon zu unterscheiden ist nach Pappi (1993) die Diskussion um die Rolle von Politiknetzwerken als besondere Erscheinungsform der Interessenvertretung oder der Politiksteuerung, wie sie Heclo für die USA angestoßen und in der europäischen Politikwissenschaft der 1990er Jahre umfangreich geführt wurde (vgl.

Eine zentrale Prämisse für die Herausbildung von Advocacy-Koalitionen ist, dass die Akteure sich im politischen Prozess eines Policy-Subsystems engagieren, um ihre spezifischen handlungsleitenden Orientierungen in öffentliche Maßnahmen umzusetzen. Diese handlungsleitenden Orientierungen sind stark geprägt durch Wertvorstellungen und grundlegende Kausalannahmen über gesellschaftliche Zusammenhänge, Probleme, Zielerreichungen, Wirksamkeit von Policy- Instrumenten etc., und werden von Sabatier als *belief systems* bezeichnet. Übereinstimmende belief systems, und damit gemeinsame normative und kausale Vorstellungen, sowie eine vergleichsweise häufige Koordination sind die Grundlage für die Aggregation in Advocacy-Koalitionen (ebda.: 121).

Die belief systems sind als hierarchisches Modell mit drei Schichten konzeptualisiert (vgl. Sabatier 1993: 131ff; 1998: 103, 108ff): Der stabilste Kern oder Hauptkern („deep core") entspricht den grundsätzlichen Werthaltungen, die sich über das Subsystem hinaus erstrecken und die über die Zeit vergleichsweise stabil bleiben. Sabatier benennt diesbezüglich als Beispiele grundlegende Eigenschaften und übliche Einteilungen von z.b. politischen Lagern in konservativ vs. liberal, rechts vs. links, aber auch grundlegende Einstellungen zur Verteilungsgerechtigkeit. Konkret auf die Problemlage innerhalb des Subsystems bezogen, verfügen die Akteure über fundamentale Policy-Positionen bzw. –Strategien, um ihre Wertvorstellungen innerhalb des Subsystems zu realisieren. Zu dieser als Policy-Kern („policy core") bezeichneten Ebene zählt Sabatier die grundsätzlichen Einstellungen und Präferenzen zu beispielsweise Liberalisierungsprozessen oder Policy-Instrumententypen. Der Policy Kern ist zwar ebenfalls vergleichsweise stabil, dennoch veränderbar, wenn die Erfahrungen hier Anpassungen (z.B. aufgrund grundsätzlich und auf längere Frist undurchsetzbarer Positionen) erforderlich machen. Die flexibelste bzw. veränderlichste Schicht stellt die operative Ebene der so genannten Sekundäraspekte („secondary aspects") dar, die für die konkreten instrumentellen Entscheidungen steht. Die Koalitionen suchen nach Informationen und geeigneten Instrumenten, um für ein konkretes Problem, eine konkrete Verhandlungssituation o.ä. ihre tieferen Überzeugungen, den Policy-Kern, durchzusetzen.

Im Advocacy-Koalitionsansatz wird *Policy-Wandel* zum einen erklärt durch die Bestrebungen der Koalitionen innerhalb des Subsystems ihre Wert- und Policybezogenen Vorstellungen in politische Maßnahmen umzusetzen. Veränderungen bei einzelnen oder auch mehreren Koalitionen werden als Policy- bzw. *policy-orientiertes*

---

u.a. Marin/ Mayntz 1991). Dirk Messner entwickelte in seiner Dissertationsarbeit „die Netzwerkgesellschaft" schließlich ein Verständnis von Netzwerksteuerung, welche er als Antwort auf die einerseits abnehmende Souveränität des Staates (abnehmende Bedeutung der hierarchischen Steuerungsform, „Entzauberung des Staates") und andererseits „auf die Luhmannsche Komplexitätsproblematik", nach der die Steuerungsfähigkeit von Gesellschaften grundsätzlich in Frage gestellt wird, konzipiert (Messner 1995).

Lernen bezeichnet.[24] Zum zweiten basiert der Wandel auf externen Störungen und Einflüssen, da jedes politische Subsystem durch eine Vielfalt von sozialen, rechtlichen, ressourcenbezogenen etc. Aspekten beeinflusst wird, in die es eingebettet ist.[25] Bei diesen *externen Faktoren* werden zum einen die für die Akteure im Subsystem eher schwer veränderbaren und über längere Zeit stabilen Faktoren sowie zum anderen eher dynamischen Faktoren, die selbst einem häufigeren Wandel unterworfen sind und somit auch als „Stimuli" für Veränderungen im Policy-Subsystem wirken können, unterschieden (Sabatier 1993: 123ff; 1998: 118ff).

Zu den stabilen Parametern zählen wesentliche Eigenschaften des Problembereichs bzw. des „Gutes" (Teilbarkeit, Messbarkeit, öffentliche Güter etc.), der grundlegende Rechtsrahmen, kulturelle Wertvorstellungen, soziale Strukturen, sowie die grundlegende Verteilung natürlicher Ressourcen. Demnach zählen auch Pfadabhängigkeiten, wie sie beispielsweise im Energiesystem durch bestehende Infrastrukturen und Großkraftwerksstrukturen zum Teil gegeben sind, zu den vergleichsweise stabilen Parametern.[26] Die zweite Kategorie externer Systemereignisse ist demgegenüber vergleichsweise dynamischen Veränderungen innerhalb eines Jahrzehnts oder weniger Jahre unterworfen. Dazu zählen Veränderungen in den Regierungskoalitionen, Wandel der ökonomischen Bedingungen (Konjunktur), bei technologischen Entwicklungen (durch Innovationen) oder der öffentlichen Meinung. Wichtig sind hier zudem – insbesondere mit Blick auf die hier im Vordergrund stehenden Mehrebenenzusammenhänge – die Einflüsse von Policy-Entscheidungen und -Wirkungen aus anderen Subsystemen, die mit dem betrachteten Subsystem verbunden sind.

---

[24]   Der Aspekt des policy-orientierten Lernens nimmt im Advocacy-Koalitionsansatz eine wichtige Rolle ein. Hierzu werden verschiedene Hypothesen aufgestellt, die das Lernen, seine Voraussetzungen und Eintrittswahrscheinlichkeit innerhalb einer Koalition sowie über die handlungsleitenden Orientierungen verschiedener Koalitionen hinweg beschreiben (Sabatier 1993; siehe auch Bandelow 2003). Im Rahmen dieser Arbeit spielt Policy-Lernen im Sinne der Erfassung und Analyse relevanter Strategiewechsel bedeutender Akteure und Koalitionen ebenfalls eine wichtige Rolle, es erfolgt jedoch keine tiefer gehende Auseinandersetzung mit der Policy-Lerntheorie.

[25]   Hier weist der Ansatz eine Nähe zu den Arbeiten von Campell, Hollingsworth, Lindberg und anderen auf (Campell et al. 1991b), die zu Beginn der 90er Jahre die „Governance-Transformationen" in amerikanischen Sektoren untersucht haben. Ihr Ansatz, der der politischen Ökonomie, Institutionenökonomie oder der ökonomischen Governance-Forschung zugeordnet werden kann, berücksichtigt ebenfalls einen längeren Zeitraum, um z.B. Pfadabhängigkeiten, umfassende Sektorprobleme, die einen Wandel verursachen können („pressure of change") und sich neu herausbildende „governance-regimes" erfassen zu können (Campell et al. 1991a). In ihren „historical case studies" werden „political, economic, technological, and other structural conditions that contributed to these [governance] transformations as well as the perceptions, preferences, and struggles of the actors involved" berücksichtigt (ebda.: 31f).

[26]   Sabatier führt hierzu als Beispiele die energiepolitischen, strategischen Wechsel-Entscheidungen in den 70er Jahren in den USA von Öl zu Kohle und in Frankreich zur Nuklearenergie an (Sabatier 1993: 124). Die Pfadabhängigkeiten der deutschen Energiepolitik bzw. Energiewirtschaft hat Danyel Reiche (2004a: 13, 29ff) in einer auf die Energieträger bezogenen Zusammenstellung skizziert.

Im Rahmen des Ansatzes werden folgende zentrale *Hypothesen zum Policy-Wandel* formuliert (Sabatier 1998: 106): Erstens, dass ein politisches Programm nicht signifikant verändert wird, so lange die dominierende Koalition an der Macht bleibt, es sei denn, der Wandel wird ihr durch eine übergeordnete politische Einheit aufgezwungen. Zweitens erfolgen Änderungen von Kernelementen eines politischen Handlungsprogramms in der Regel aufgrund bedeutsamer externer Ereignisse bzw. Störungen von außerhalb des Subsystems, die allerdings von relevanten Akteuren - in der Regel der bzw. einer (vorherigen) Minderheitskoalition - genutzt werden müssen. Im Vergleich dazu wird ein weit reichender Wandel (im Sinne von Veränderungen von Kernüberzeugungen) durch policy-orientiertes Lernen der Akteure bzw. Koalitionen als weniger wahrscheinlich eingestuft (Sabatier 1993: 123). Lernen führe primär zur Veränderung der sekundären Aspekte, d.h. beispielsweise von Instrumentenpräferenzen. Im Rahmen des Ansatzes wird angenommen, dass Lernen bei solchen Problemen wahrscheinlicher sei, für die „akzeptierte quantitative Erfolgsfaktoren existieren" (Sabatier 1993: 141), im Gegensatz zu eher qualitativen und subjektiven Bewertungsmaßstäben.

Mit Blick auf die *Eignung des Advocacy-Koalitionsansatzes für die Untersuchung von Mehrebenenproblemen* ist neben den bereits aufgezeigten Bezügen zu konstatieren, dass Sabatier et al. ihre empirischen Studien, die zunächst auf die Vereinigten Staaten bezogen waren, explizit als Mehrebenenkonzept mit übergreifenden Akteuren, Institutionen und Wechselbezügen zwischen Subsystemen und Policies konzipiert haben.[27] Mehrebenensysteme erweitern die strategischen Optionen für Akteure, die auf verschiedenen Ebenen agieren bzw. auf die Ebene, die für sie am aussichtsreichsten scheint, wechseln können: „In an intergovernmental system, they [coalitions] have a multitude of possible venues, including agencies, courts, and legislatures at all levels of government" (Sabatier 1998: 117).

In späteren Arbeiten wurde die Perspektive und Anwendbarkeit für den Europäischen Kontext thematisiert (Sabatier 1993, 1998) und der Ansatz schließlich auch in mehreren Studien angewendet (vgl. hierzu eine Auflistung bei Sabatier 1998: 100f). In einer empirischen Untersuchung zum Nutzen des Ansatzes im Mehrebenensystem Bundesländer, Bund und EU hat Nils Bandelow (1996) seine grundsätzliche Eignung bestätigt und als Voraussetzungen für eine sinnvolle Anwendung einen vergleichsweise hohen Verflechtungsgrad zwischen den politischen-räumlichen Ebenen sowie eine relevante Kontroverse bzw. ein vergleichsweise hohes Konfliktpotential benannt. Mit Blick auf strategische Ebenenwechsel stellt Bandelow heraus, dass nicht nur die oppositionelle, unterlegene Koalition die Möglichkeit zum Ebenenwechsel nutzt, sondern auch dominante Koalitionen unter bestimmten Bedingungen andere Ebenen wählen, und dass Ebenenwechsel nicht

---

[27]   „The Advocacy Coalition Framework explicitly assumes that most coalitions include actors from
       multiple levels of government" (Jenkins-Smith/ Sabatier 1994: 189).

nur politisch-inhaltliche Gründe haben, sondern oft durch institutionelle Interessen der Ausweitung eigener Kompetenzen motiviert sind (ebda.: 34). Der Blick auf die Durchsetzungsmacht von Koalitionen verhindere auch, vom Regelfall einer Top-down-Politik auszugehen, da insbesondere im EU-Mehrebenensystem die höchste Ebene häufig nur über mangelnde Sanktionsmöglichkeiten zur Durchsetzung verfügt (ebda.).

Damit eignet sich der Advocacy-Koalitionsansatz grundsätzlich zur Analyse politischer Prozesse, die durch Mehrebenensysteme und die darin agierenden Akteure geprägt sind. Die Identifikation von stabileren, langfristigeren „Überzeugungskoalitionen" ermöglicht gleichzeitig die Abgrenzung von vergleichsweise kurzfristigeren, Policy-spezifischen Interessenkoalitionen zu unterscheiden. Dabei ging Sabatier in einer weiteren *These* davon aus, dass die *längerfristige Policy-Entwicklung maßgeblich durch Advocacy-Koalitionen beeinflusst* wird, und nicht durch wechselnde „coalitions of convenience", die auf kurzfristigen Eigeninteressen beruhen (Sabatier 1993: 130).

2.3   Multi-Level Governance

Während die Analyse von politischen Mehrebenensystemen bereits seit längerer Zeit beispielsweise in der Föderalismus- und Implementationsforschung, den Forschungen zur Europäischen Integration oder den Theorien der Internationalen Politik erfolgt, nahm die Multi-Level Governance-Forschung ihren Ausgangspunkt mit speziellen Arbeiten zum Europäischen Kontext (Marks 1993).[28] Hintergrund hierfür war, dass die beobachteten Prozesse und Strukturen in der EU sich nicht mehr in geeigneter Weise mit den herkömmlichen innerstaatlichen oder internationalen Politikansätzen beschreiben und erklären ließen. Gary Marks hob in seiner Konzeption mit dem Begriff Multi-Level Governance einerseits die zunehmende Abhängigkeit der Regierungen von unterschiedlichen politisch-räumlichen Ebenen („multi-level") und andererseits die in diesem Zusammenhang stärker zu berücksichtigende Rolle von nicht-staatlichen Akteuren („Governance") hervor. Er definierte Multi-Level Governance als „a system of continuous negotiation among nested governments at several territorial tiers" (Marks 1993: 392). Die Akteure können dabei netzwerkartig über verschiedene Ebenen miteinander verbunden sein.

Durch die bislang überwiegende Fokussierung auf die EU-Ebene sind viele Arbeiten zu Multi-Level Governance auch mit dem institutionellen Rahmen, den spezifischen Konstellationen und Problemen der Europäischen Union verbunden. Hier setzt auch ein zentraler Kritikpunkt an, da die meisten Forschungen zum EU-

---

[28]   Eine Übersicht unterschiedlicher Forschungslinien politischer Mehrebenensysteme in politikwissenschaftlichen Teildisziplinen siehe bei Benz (2004b: 127ff).

Kontext erstens Einflüsse und Wechselwirkungen mit der internationalen Ebene (z.B. UN- oder WTO-System) nicht berücksichtigen und zweitens die internationale Ebene bisher erst selten behandelt wurde (Jordan 2001; George 2004). Damit stellt sich die grundsätzliche Frage, inwieweit es sich bei Multi-Level Governance um einen spezifisch europäischen oder einen übertragbaren und verallgemeinerbaren Forschungsansatz handelt, und welches Verständnis und welche *Definition von Mehrebenensystemen* dahinter steht. Bache und Flinders (2004b) verweisen diesbezüglich auf jüngere Arbeiten, welche die internationale Ebene explizit adressieren bzw. berücksichtigen (beispielhaft: Welch/ Kennedy-Pipe 2004) und fordern die Entwicklung von Multi-Level Governance als ein verallgemeinerbares Konzept.[29] Benz hebt in diesem Zusammenhang hervor, dass „anders als mit den Kategorien der Föderalismusforschung (Bundesstaat, Staatenbund, Staatenverbund) [...] sich mit dem Governance-Begriff Mehrebenenstrukturen unterschiedlichster Art erfassen und Probleme innerstaatlicher Ebenenbeziehungen mit jenen der europäischen und internationalen Politik vergleichen" lassen (Benz 2004a: 24).

Vor diesem Hintergrund ist mit Blick auf eine definitorische Annäherung zunächst festzuhalten, dass nicht von einem einzigen, einheitlichen bzw. verallgemeinerbaren politischen Mehrebenensystem gesprochen werden kann, sondern dass es eine Reihe unterschiedlichster Ausprägungsformen gibt. In Anlehnung an Edgar Grande (2000: 14) können politische Mehrebenensysteme durch zwei grundsätzliche Merkmale beschrieben werden: Zum einen sind sie in *institutioneller* Hinsicht durch verschiedene *politisch-räumliche Ebenen* konstituiert. Diese Betrachtung hebt auf die Ebenen staatlichen Handelns sowie die formale Verfasstheit und Abgegrenztheit von (in der Regel dauerhaften) Institutionen ab. In der Analyse von zwei oder mehreren institutionellen Handlungsebenen steht diesbezüglich in analytischer Hinsicht beispielsweise der spezifische Beitrag je Ebene zu einer politischen Entscheidung bzw. ihrer Implementation im Vordergrund. Für die föderale Bundesrepublik Deutschland sind die wesentlichen institutionellen Ebenen die internationale Ebene (z.B. UN-System, G8, diverse Regime), die Europäische Union, die nationalstaatliche Ebene, die Bundesländer, Kreise und Kommunen (Städte und Gemeinden).

Das zweite Merkmal rückt den problem- bzw. policy-spezifischen, nach Grande den *funktionalen Kontext* (Grande 2000: 14) in den Vordergrund. Die funktionale Dimension eines politischen Mehrebenensystems beschreibt damit einen inhaltlichen bzw. problemorientierten Zugang. Das funktionale Verständnis ver-

---

[29] Die Autoren führen eine Reihe von alternativen Konzeptentwicklungen auf, die parallel zu Multi-Level governance entwickelt wurden (wie z.B. James Rosenaus (2004) „spheres of authority"), die jedoch nach Ansicht der Autoren keine vergleichbare Bedeutung und Verbreitung erfahren haben: „To date, however, none of these alternative conceptualisations has captured the imagination and thus seeped across academic boundaries in the way that multi-level governance has begun to do" (Bache/ Flinders 2004b: 4).

weist zudem auf die Governance-Dimension: über den formalen, institutionellen Zusammenhang hinaus werden – problemspezifisch - alle am politischen Entscheidungsprozess in relevanter Weise beteiligten und betroffenen privaten bzw. nichtstaatlichen sowie staatlichen Akteure berücksichtigt. In diesem Sinne – und in Abgrenzung zum rein institutionellen Verständnis – definiert Grande, dass funktionale Mehrebenensysteme „sich aus formal unabhängigen, aber funktional interdependenten politischen Akteuren und Politikarenen" konstituieren (ebda.). Damit rücken neben den vertikalen Prozessen und Ebenen (die durch die institutionelle Analyse fokussiert werden) auch Formen der horizontalen Politikverflechtung auf einer räumlichen Handlungsebene mit in den Blick.

Mit der Verwendung des Begriffs *Governance* im Mehrebenensystem sind jedoch einige Unschärfen verbunden.[30] Der englische Begriff Governance wurde in der Politikwissenschaft häufig im engeren und zumeist normativen Sinne als Gegenbegriff bzw. –konzept zur hierarchischen, staatlichen Steuerung (governmental action) verwendet, und bezeichnet oft netzwerkartige Strukturen des Zusammenwirkens staatlicher und privater Akteure (vgl. u.a. bei Mayntz 2005; Benz 2004a).[31] Dieser Ansatz begründet sich einerseits durch eine Perspektivenverschiebung weg von einer staatszentrierten Vorstellung eines unitarisch steuernden Staates, andererseits durch häufig fehlende staatliche und hierarchische Strukturen auf den suprastaatlichen Ebenen. Neben diesem engeren und stärker normativen Verständnis mit dem Fokus auf kooperative Governance-Formen wird der Begriff jedoch in einem breiteren Sinne ebenso als „Oberbegriff aller Formen sozialer Handlungskoordination" verstanden und umfasst damit „das Gesamt aller nebeneinander bestehenden Formen der kollektiven Regelung gesellschaftlicher Sachverhalte: von der institutionalisierten zivilgesellschaftlichen Selbstregelung über verschiedene Formen des Zusammenwirkens staatlicher und privater Akteure bis hin zu hoheitlichem Handeln staatlicher Akteure" (Mayntz 2004: 66).

Diese unterschiedlichen Verwendungen spielen auch im Kontext von Multi-Level Governance eine Rolle. Bache und Flinders unterscheiden zwischen einer normativen und einer analytischen Sichtweise (Bache/ Flinders 2004a). Die analyti-

---

[30] Der Begriff selbst stammt aus den Wirtschaftswissenschaften und wurde dort von Oliver E. Williamson (1979) im Rahmen der Transaktionskostenökonomie für die Kooperationsformen von Unternehmen (Firmen-Hierarchien, die zur Senkung von Transaktionskosten führen) als Erweiterung des reinen Marktmechanismus eingeführt. Mit der Weiterentwicklung zur neuen Institutionenökonomik spielte auch der Staat als Rahmen bzw. Regeln setzender Akteur eine zunehmend wichtige Rolle. (Zur disziplinär unterschiedlichen Verwendung des Begriffs siehe Brunnengräber et al. 2004b).

[31] Diese engere Begriffsverwendung findet sich bei Vertretern wie Rod A. W. Rhodes und James N. Rosenau (z.B. Rhodes 1996; Rosenau 1992) oder den sozialwissenschaftlich geprägten Konzepten von Jan Kooiman (z.B. Kooiman 2002). Ein Beispiel für eine weit reichende normative Verwendung in der Praxis ist das „Good Governance"-Konzept der Weltbank, welches Entwicklungsbzw. Empfängerländern Prinzipien für „gute Regierungsführung" bzw. für die Reform des öffentlichen Sektors vorgibt (Weltbank 1992).

sche Sichtweise nimmt den objektiveren, breiteren Blick ein, während bei der normativen Verwendung Multi-Level Governance als „superior mode of allocating authority" gesehen wird (ebda.: 196). Allerdings existiert bislang noch *keine konsistente Theorie*, nach der man derartige Mehrebenenpolitiken oder Multi-Level Governance-Formen systematisch benennen, identifizieren und auf beliebige Politikbereiche übertragen bzw. anwenden könnte (so auch Bache/ Flinders 2004b; Benz 2004b; Grande 2000; Jessop 2004; Jordan 2001; Knodt/ Große-Hüttmann 2005). Zwar erfahren die Begriffe Multi-Level Governance und Mehrebenensystem nach Grande „einen inflationären Gebrauch", die Begriffe selbst seien jedoch wenig mehr als eine „deskriptive Metapher" (Grande 2000: 12) Sie hätten allerdings bereits zum gegenwärtigen Zeitpunkt einen „immensen Beitrag" zur empirischen Forschung geleistet (ebda.).

Die *Schwerpunkte der Forschungsarbeiten* liegen – trotz aller Kritik (vgl. u.a. bei Knodt/ Große-Hüttmann 2005) - nach wie vor im Bereich der Europaforschung, aber mittlerweile auch zunehmend im Bereich der Internationalen Politik, wo sich der Begriff nach Benz (2004b: 127) ebenfalls im Lauf der Zeit durchgesetzt hat. In der Europaforschung sind bislang vor allem die Ausdifferenzierung der EU durch die zunehmende Beteiligung der Regionen im Vordergrund gewesen, mit Blick auf die internationale Politik interessieren z.B. die Wechselbeziehungen zwischen nationaler und internationaler Ebene, auch unter Berücksichtigung privater und transnationaler gesellschaftlicher Akteure. Für Bache und Flinders (2004a) ist die schnelle Verbreitung des Konzepts der Multi-Level Governance in anderen politikwissenschaftlichen Disziplinen bedingt durch die enormen Kontextveränderungen durch die zunehmende Komplexität, neue Zuständigkeiten, die zunehmende Bedeutung nicht-staatlicher Akteure und die Herausbildung neuer Steuerungsmechanismen.

Kritiker des Ansatzes wie Jordan (2001) bemängelten, dass sich die Arbeiten bislang auf Bereiche der „low politics", d.h. Politikbereiche wie Umwelt oder Gender, konzentrieren und der Ansatz folglich für „high politics", z.B. Verhandlungen im Rahmen von Regierungskonferenzen, Sicherheits- und Verteidigungspolitik, keine Relevanz oder Anwendbarkeit aufweise. Mittlerweile gibt es jedoch auch high Politics-Analysen, die zeigen, „dass Regierungskonferenzen nicht nur intergouvernemental geprägt sind, und Vertragsänderungen nicht ausreichend erklärt werden können, wenn man sie allein als „Zwei-Ebenen-Spiel" konzeptionalisiert – auch subnationale und supranationale Akteure wie Länder, Regionen und die Kommission bestimmen in wichtigen Phasen von Vertragsänderungen die Art und den Verlauf der Regierungskonferenzen" (Knodt/ Große-Hüttmann 2005: 244f).[32]

---

[32] Die Aussage bezieht sich dabei explizit auf einen Vergleich zum Liberalen Intergouvernementalismus von Moravcsik (1998), der sich seinerseits auf die Analyse von high politics beschränkt (Jordan 2001).

Als *Vorteil des Multi-Level Governance-Ansatzes* wird gesehen, dass er einen anderen analytischen Zugriff auf Mehrebenensysteme ermöglicht als staatszentrierte, z.B. intergouvernementalistische Ansätze. Es wird der Blick geweitet von den staatlichen Akteuren und ihren Interessen hin zu einer empirischen Komplexität, welche die Konkurrenz von staatlichen zu ökonomischen, gesellschaftlichen und auch supranationalen Akteuren explizit berücksichtigt (Marks et al. 1996: 343ff). Die in der Föderalismusdiskussion vielfach negativ bewertete Politikverflechtung (Begriff nach Scharpf 1985) stellt somit ein wesentliches Merkmal von Multi-Level Governance dar (Benz 2004b).

Die *konzeptionellen und analytischen Schwerpunkte von Multi-Level Governance* werden in der Literatur sehr unterschiedlich beschrieben.[33] Auf der einen Seite betonen Marks und andere, dass *Akteure* – und nicht Institutionen - im Vordergrund des analytischen Interesses stehen: „Our starting point ... is to make a clear distinction between institutions and actors, i.e. between the state (and the EU) as sets of rules and the particular individuals, groups, and organizations which act within those institutions" (Marks et al. 1996: 348). Mit einem solchen *akteurzentrierten Ansatz* soll vermieden werden, dass „abstrakte Annahmen über nationale Interessen und Präferenzen von Staaten" (Knodt/ Große-Hüttmann 2005: 231) zu Fehlschlüssen führen. Damit wird gleichzeitig die Analyse von Entscheidungsprozessen in den Vordergrund gestellt, die bei Marks et al. unter Berücksichtigung von verschiedenen Policy-Phasen erfolgt.[34] Diesem Verständnis folgend weist die Multi-Level Governance-Analyse eine hohe Nähe zur Policy-Analyse sowie zum Advocacy-Koalitionsansatz oder netzwerkanalytischen Ansätzen auf (ebda.: 237).

Demgegenüber verweist Benz darauf, dass bei Multi-Level Governance neben dem Gebietsbezug und dem Verflechtungsaspekt insbesondere die Analyse spezifischer *institutioneller Konstellationen,* die sich aus der Verbindung inter- und intragouvernementaler Politik ergeben, im Vordergrund stehe (Benz 2004a: 24). Wenngleich hier unterschiedliche Auffassungen des Institutionenbegriffs (vgl. hierzu Abschnitt 2.1) die Ursache für die verschiedenen Definitionsansätze und Hervorhebungen sein können, so zeigen die Unterschiede dennoch, dass es einerseits prozess- und andererseits strukturbezogene Analyseschwerpunkte und Theo-

---

[33]   Rainer Eising führt dies darauf zurück, dass verschiedene Autoren unterschiedliche Schwerpunkte untersuchen und Blickwinkel einnehmen. Er unterteilt die wesentlichen Unterschiede und zentrale Autoren wie folgt: „Some authors emphasize that national institutions must now share important powers with EU institutions and have lost some of their autonomy (Marks and Hooghe), others point out that a multitude of public and private actors are involved in the process of governing (Jachtenfuchs and Kohler-Koch), some authors refer to the complexity of the networklike configuration (Ansell), and still others highlight the like institutional patterns in EU policy making (Scharpf)" (Eising 2004: 214).

[34]   Hierbei wird der Policy-Prozess für das EU-System nach Marks et al. (1996) in vier Phasen unterteilt: Die Phase der Problemwahrnehmung (initiation), der Politikformulierung und Entscheidung (decision-making), der Implementierung (implementation) und der Rechtsprechung (adjudication).

rieentwicklungen unter dem gleichen begrifflichen Dach gibt. Nach Renate Mayntz bezieht sich der Begriff Governance zwar grundsätzlich auf beides, d.h. auf eine „Handeln regelnde Struktur" und „auf den Prozess der Regelung", dennoch stünden mittlerweile häufig die Modi institutionalisierter Regelung von Entscheidungsprozessen (d.h. Strukturen bzw. Governance-Formen) sowie deren Wirkung und Effizienz im Vordergrund (Mayntz 2005: 143; auch Benz 2004b).

Im Rahmen der Debatte um strukturelle bzw. institutionelle Eigenschaften (Formen) von Mehrebenensystemen können Beiträge zu spezifischen Interaktionsformen in Mehrebenensystemen sowie zur generellen Typenbildung von Mehrebenensystemen unterschieden werden. Scharpf geht von einer Abhängigkeit zwischen den möglichen Interaktionsformen von Akteuren und ihren institutionellen Kontexten aus. Er definiert verschiedene Typen von Mehrebeneninteraktionen, die zwar mit Blick auf das EU-System entwickelt werden, jedoch in der Form auch außerhalb der Europaforschung anwendbar sein sollen: wechselseitige Anpassung, intergouvernementale Verhandlungen, Politikverflechtung und hierarchische Steuerung (Scharpf 2000b).[35] Die gewählten Interaktionsformen strukturieren bzw. typisieren zwar den Prozess der Interaktion, sie fokussieren jedoch konzeptionell primär auf Interaktionen zwischen staatlichen (inklusive sub- und suprastaatlichen) Akteuren; die Rolle von nicht-staatlichen bzw. privaten Akteuren wird durch diese Art der Typenbildung nicht abgebildet. Dies verweist auf einen grundsätzlichen Kritikpunkt an bisherigen Multi-Level Governance-Arbeiten: nach Peters und Pierre (2004: 77) haben „most approaches to multi-level governance a paradoxical focus on government rather than on governance".

Beim zweiten konzeptionellen Strang geht es um die Identifikation von verallgemeinerbaren Multi-Level Governance-Formen bzw. spezifischen Formen von politischen Mehrebenensystemen. Neben dem allgemeinen Spektrum von Governance-Formen - in Anlehnung an die breitere, analytische Auffassung (s.o.) werden hierunter verschiedene Formen der Kooperation zwischen staatlichen und nicht-staatlichen Akteuren inklusive rein hierarchischer sowie marktlicher Formen und diverser Hybride verstanden - werden darüber hinaus gegenwärtig erste grobe Typenunterscheidungen in der Literatur diskutiert. Hervorzuheben sind hierbei zum einen die von Benz als „eng" und „lose gekoppelt" bezeichneten Mehrebenensysteme, die er am Beispiel der Gesetzgebung im deutschen Bundesstaat (eng gekoppelt) und der EU-Strukturpolitik (lose gekoppelt) beschreibt (Benz 2004b). Auch

---

[35]   Benz (2004b: 134) definiert in ähnlicher Weise so genannte „Funktionslogiken der Politik", die er, in leichter Abweichung zu Scharpf, wie folgt differenziert: einseitige Machtausübung (bzgl. Vetoverhalten relevant), Verhandlung, Wettbewerb und wechselseitige Anpassung. Grande (2000: 22) verweist in diesem Zusammenhang zusätzlich auf positive Interaktionseffekte, die durch Diffusion von Politiken, sowohl vertikal zwischen den Ebenen als auch horizontal zwischen Mitgliedstaaten und Regionen entstehen können. Ein solcher Diffusionseffekt ist beispielsweise bezüglich der Verbreitung von Einspeisemodellen zur Förderung von erneuerbaren Energien in Europa zu beobachten (vgl. Bechberger/ Reiche 2006a).

Marks und Hooghes entwerfen zwei grundsätzliche Typen von Multi-Level Governance (Hooghe/ Marks 2003; Marks/ Hooghe 2004): Typ I steht für z.b. föderalistische Systeme, bei denen die formalen Zuständigkeiten („jurisdictions") je Ebene klar definiert, in der Regel funktionsübergreifend und auf geringe Stellen verteilt sind. Der zweite Typ ist gekennzeichnet durch Aufgaben- bzw. funktionsspezifische Zuständigkeiten, die weniger klar geregelt und eher flexibel als dauerhaft sind. Einen weiteren Ansatz bietet die Unterscheidung von Regulierungstypen in Mehrebenensystemen von Kristine Kern (2000: 45), nach dem sie zentrale (hierarchische top-down-Politik durch eine Bundesregierung) und dezentrale Regulierungen (in ihrem Beispielfall durch die Einzelstaaten der USA, in Deutschland durch die Bundesländer) von einer Mehrebenenregulierung unterscheidet. Bei letzterer wird die Selbstkoordination von substaatlichen Ebenen mit hierarchischer Koordination kombiniert.

Bei allen dargestellten Typenbildungen stehen Fragen nach der grundsätzlichen Struktur und Vergleichbarkeit institutioneller Arrangements sowie ihrer Effizienz im Vordergrund, um, wie Benz es formuliert, „herauszufinden, welche Strukturen von Governance welche Folgen auslösen" (Benz 2004b: 143). Diese – beginnende – strukturelle Debatte erweitert die bisherige analytische Fokussierung, die nach Peters und Pierre nahezu ausschließlich auf den Prozess und das Policy-Ergebnis abzielt.[36]

Als ein grundsätzliches Problem der Politik in Mehrebenensystemen und den darin möglichen „Flexibilitäten" werden häufig demokratische Defizite bzw. „Probleme der demokratischen Legitimation des Regierens" (Grande 2000: 22) genannt. Gleichzeitig wird von mehreren Autoren bemängelt, dass diese Problematik in bisherigen Arbeiten zu wenig systematische Beachtung gefunden habe. Peters und Pierre (2004) weisen darauf hin, das Multi-Level Governance deshalb ein so beliebtes Erklärungsmodell zwischenstaatlicher Beziehungen sei, weil es als vergleichsweise konsensualer Prozess erscheint. Demgegenüber sei die Realität häufig konfliktbehafteter und von massiven Interessen einzelner Lobbygruppen geprägt. Die Governance-Prozesse werden häufig von einigen wenigen Akteuren dominiert, die je nach Ressourcenlage ihren Einfluss geltend machen können. Konzepte von Multi-Level Governance könnten sich als „faustischer Pakt" (Peters/ Pierre 2004: 75) herausstellen, in dem die Grundwerte demokratischer Regierungen geopfert würden für Einigung, Konsens und zunehmende Effektivität. Peters and Pierre stellen daher die Frage nach den Auswirkungen von Multi-Level Governance auf demokratische Legitimität und Verantwortlichkeit in den Vordergrund und verwei-

---

[36] Peters und Pierre (2004: 84) sehen hier sogar ein grundsätzliches, inhärentes Merkmal von Multi-Level Governance, welches allerdings mit ihrem eher normativ geprägten Governance-Verständnis zusammenhängen dürfte: Multi-Level Governance „is a model of governing which largely defies, or ignores, structure. As in most other accounts of governance, the focus is clearly on process and outcomes."

sen in diesem Zusammenhang auf die Bedeutung von formalen und rechtlich festgeschriebenen Vereinbarungen zur Stärkung schwächerer Akteure und gegen bestehende Dominanzverhältnisse.

Demgegenüber sehen andere Autoren demokratische Elemente durch Multi-Level Governance gestärkt: „Der auf Partizipation und Inklusion zusätzlicher und vor allem auch nichtstaatlicher Akteure – etwa durch die Wiederentdeckung der Zivilgesellschaft – angelegte Multi-Level Governance-Ansatz bietet, so das normative Argument seiner Vertreter, ein demokratischeres Gegenmodell zum intergouvernemental geprägten Verhandeln hinter verschlossenen Türen" (Knodt/ Große-Hüttmann 2005: 239). Damit sei der Ansatz auch „für die praktische Politik interessant" (ebda.).

Die oben stehende Darstellung der verschiedenen Interpretationen und Schwerpunkte von Multi-Level Governance zeigen damit auf, dass gegenwärtig weder ein einheitliches Grundverständnis z.b. hinsichtlich der Frage eines normativen oder analytischen Ansatzes besteht, und infolgedessen auch kein einheitliches Konzept vorhanden ist. Die bisherige Forschung bedient sich eklektisch bei anderen Ansätzen und Theorien, so dass eine eigenständige Konzept- und Theorieentwicklung als beginnender und offener Prozess zu bezeichnen ist.[37]

Dennoch können ausgehend von den obigen Ausführungen einige *grundlegende Eigenschaften von Multi-Level Governance* identifiziert werden, die zu den nachfolgenden *definitorischen Elementen* verdichtet werden: Multi-Level Governance findet in einem (spezifischen) politischen Mehrebenensystem statt, welches sich in institutioneller Hinsicht durch die vertikalen, politisch-räumlichen Ebenen und in funktionaler Hinsicht durch alle relevanten, am Policy-Problem formal und informal beteiligten staatlichen und nicht-staatlichen Akteure konstituiert. Die Kompetenzen bzw. Zuständigkeiten können auf verschiedene Ebenen verteilt sein und von mehreren Akteuren ausgeübt werden. Multi-Level Governance steht für netzwerkartige Akteurszusammenhänge in mehreren (mindestens zwei) politisch-räumlichen Ebenen und berücksichtigt in analytischer Hinsicht die besondere Rolle von nichtstaatlichen Akteuren im Rahmen von politischen Entscheidungsprozessen.

Als Erweiterung dieser allgemeinen Definitionsbasis werden weitergehende Eigenschaften von Multi-Level Governance, wie sie in der Literatur häufig untersucht bzw. diskutiert werden, und die im Rahmen dieser Arbeit von Interesse sind, in Form von allgemeinen *Hypothesen* formuliert.[38] Die erste *Hypothese* bezieht sich dabei auf die Erweiterung des Handlungsspielraums für politische Akteure: „*Mehr-*

---

[37] Dies wird auch von neueren Forschungen zu Multi-Level-Governance in einem Sammelband herausgegeben von Achim Brunnengräber und Heike Walk bestätigt (Brunnengräber/ Walk 2007).

[38] Hierbei erwiesen sich die von Edgar Grande (2000: 18ff) formulierten Aspekte, die „dafür verantwortlich sind, dass das Regieren in Mehrebenensystemen sich tatsächlich von jenem in unitarischen Nationalstaaten, ja selbst von der Regierungspraxis in föderativen Systemen unterscheidet", als hilfreiche Grundlage.

ebenensysteme eröffnen den politischen Akteuren zusätzliche strategische Möglichkeiten, um ihre Ziele zu erreichen, oder vom Verfehlen ihrer Ziele abzulenken" (Grande 2000: 19). Diese Eigenschaft wird von Marks und Hooghe als Hauptvorteil des Multi-Level Governance-Konzepts benannt und mit dem Begriff der „scale flexibility" beschrieben (Marks/ Hooghe 2004: 29).

Mit dem Blick auf die dadurch möglichen Veränderungen auf der nationalstaatlichen Ebene führt, so eine weitere *Hypothese*, Multi-Level Governance zu einer „*Transformation von Staatlichkeit*" bzw. zur Transformation der Rolle des Staates. Diese Transformation impliziert die Veränderung von Government- hin zu Governnance-Formen, bei der nicht-staatliche Akteure zunehmendes Gewicht bekommen. Die zweite Implikation bezieht sich jedoch auf die erweiterten Handlungsebenen (siehe erste Hypothese), die letztlich zu einer Ausweitung der Handlungsmöglichkeiten oder zum vieldiskutierten „Souveränitätsverlust" des Staates führen können.[39] Marks et al. (1996) zeigen am Beispiel der Regional- und Strukturpolitik in der EU auf, dass einerseits subnationale Akteure im Sinne eines „bypassing the nation state" (Keating/ Hooghe 1996) eigenmächtig auf der EU-Ebene agieren können, andererseits den suprastaatlichen EU-Institutionen eine große Bedeutung beim Policy-making im Sinne eines Machttransfers auf die europäische Ebene zukommt. Demgegenüber sehen Bache und Flinders auch Möglichkeiten für eine Stärkung der staatlichen Durchsetzungsmöglichkeiten durch Multi-Level Governance: "[…] the role of the state is being transformed as state actors develop new strategies of coordination, steering, and networking to protect and, in some cases, enhance state autonomy" (Bache/ Flinders 2004a: 197). Der Staat behalte hier im Sinne eines „Gatekeepers" die Kontrolle darüber, welche Zuständigkeiten und Kompetenzen wohin abgegeben, welche Ressourcenzuteilungen erfolgen und welche Policies letztlich in welcher Form implementiert werden. So können Formen von Multi-Level Governance entstehen, die Bache und Flinders als "Multi-Level Governance in the shadow of governmental hierarchy" bezeichnen, "but a hierarchy, where authority is vertically layered" (ebda.: 200; hierzu auch Jessop 2004). Diese unterschiedlichen Ergebnisse und Schlussfolgerungen können auf Besonderheiten in den verschiedenen Policy-Bereichen zurückgeführt werden; sie bestätigen jedoch insgesamt eine Transformation der nationalstaatlichen Rolle und die erweiterten Möglichkeiten im Mehrebenensystem.

Die Bedingungen für die Wahrnehmung der *scale flexibility* sind in politischen Mehrebenensystemen nicht für alle Akteure gleich. Insbesondere für viele nicht-staatliche Akteure sind die Bedingungen für die wirkungsvolle Wahrnehmung oder die Erarbeitung von Zugangschancen in Mehrebenensystemen eher sehr voraussetzungsvoll. Dies führt zur nächsten *Hypothese*, nach der „die Chancen der *Interessenver-*

---

[39] Dieser Souveränitätsverlust wurde insbesondere im Kontext der Globalisierung und im Rahmen von Global Governance diskutiert (beispielhaft: Rosenau/ Czempiel 1992; Zürn 1998)

tretung im Mehrebenensystem noch asymmetrischer (zugunsten *ressourcenstarker Interessen*) verteilt" sein können, „als dies in den nationalen politischen Systemen der Fall ist" (Grande 2000: 21; siehe auch Eising 2004).

Damit sind die demokratischen Problemstellungen bzw. Herausforderungen angesprochen, die durch Multi-Level Governance gegeben sein können. Dieser Zusammenhang wird hier nicht als Hypothese, sondern als analytisch zu berücksichtigender Aspekt im Sinne von Bache und Flinders (2004a: 197) gefasst: „[...] the nature of democratic accountability has been challenged and need to be rethought or at least reviewed". Die Qualität der Partizipation wird nicht allein und per se durch die Integration nicht-staatlicher Akteure oder durch spezifische Aushandlungsprozesse, an denen diese beteiligt werden, determiniert, denn hierbei kann es sich auch um nicht legitimierte Partikularinteressen handeln, die ihren Zugangs- und Ressourcenvorteil gewinnbringend nutzen können.

Mit der Frage der Beteiligung an politischen Prozessen, demokratischer Legitimation, Repräsentanz und Kontrolle ist somit die Frage nach Macht und Herrschaft, nach der Stärke des Einflusses von Interessengruppen auf einen politischen Prozess und eine Entscheidung verbunden. Nach Renate Mayntz haben die Governance-Ansätze diesbezüglich den so genannten Problemlösungsbias von der Steuerungstheorie geerbt. Durch die vordergründige Behandlung des Erfolgs, Misserfolgs oder der Effizienz einer Regelung werden wichtige herrschaftssoziologische Aspekte und „das so eminent politische Motiv des Machterwerbs und Machterhalt um seiner selbst willen" ausgeblendet (Mayntz 2004: 74). Das unterstellte Interesse an einer „konstruktiven" Lösung führt häufig zu einer analytischen Verlagerung auf Aspekte wie die „Problemlösungseffektivität" von Prozessen und Strukturen (Scharpf 2000a: 90); ein Fokus, der (s.o.) auch bei der Analyse von Multi-Level Governance-Prozessen eine prominente Rolle spielt (Bache/ Flinders 2004a). Mit der expliziten Berücksichtigung der Rolle von nicht-staatlichen Akteuren, die für Multi-Level Governance-Analysen im Gegensatz zu anderen staatszentrierten Ansätzen fundamental sind (Knodt/ Große-Hüttmann 2005: 246), können auch solche Macht- und Herrschaftsaspekte in die Analyse politischer Prozesse – wenngleich empirisch schwer operationalisierbar – zumindest qualitativ berücksichtigt werden.

2.4 Integration der Ansätze und Thesen

Durch die Verknüpfung von Elementen des Advocacy-Koalitionsansatzes mit Multi-Level Governance-Ansätzen werden ihre spezifischen Fokussierungen für die Multi-Level Policy-Analyse nutzbar. Zunächst kann konstatiert werden, dass die Ansätze aufgrund ihrer vorrangigen Auseinandersetzung mit Policy-Prozessen, Akteuren und Mehrebenensystemen eine hohe allgemeine Kompatibilität aufweisen.

Auch berücksichtigen beide Ansätze die Flexibilitäten und zusätzlichen Möglichkeiten, die politische Mehrebenensysteme für Akteure bieten. Zudem spielen nichtstaatliche Akteure und ebenenübergreifende Netzwerke und Koalitionen eine wichtige Rolle. Während durch den Koalitionsansatz spezifische Schwerpunkte auf die Analyse längerfristigen Policy-Wandels, seiner Bedingungen und Ursachen sowie relevanter Akteure und Koalitionen im Mehrebenensystem gesetzt werden, fokussiert Multi-Level Governance auf die Wechselwirkungen und Interdependenzen zwischen den politisch-räumlichen Ebenen und den darin agierenden und miteinander verflochtenen Akteuren und Institutionen. Damit erscheinen beide Ansätze grundsätzlich für die Untersuchung der in Kapitel 1 aufgeworfenen Fragen und Thesen dieser Arbeit geeignet. So wird aus ihrer Kombination in Ergänzung zu dem in Kapitel 1 formulierten Ansatz das Grundgerüst des analytischen Rahmens dieser Arbeit erstellt, darüber hinaus bieten der Advocacy-Koalitionsansatz sowie die Forschung zu Multi-Level Governance eine Reihe von vertiefenden Thesen und Fragen, die hier beantwortet bzw. geprüft werden können.

Für die ebenenspezifischen Analysen dienen die *Phasen des Politik-Zyklus* zur Untergliederung des Prozesses, wobei hier nicht von einem statischen Zyklusmodell ausgegangen wird. Außerdem folgen beispielsweise bei der Analyse des nationalen EE-Policy-Prozesses mehrere Zyklen bzw. Teilzyklen aufeinander. Dabei werden allerdings nur die Phasen berücksichtigt, die einen signifikanten Einfluss auf den Policy-Prozess hatten. Dies beinhaltet in der Regel auch die (deskriptive) Darstellung der Wirkung einer Maßnahme, allerdings ohne eine explizite (theoriegeleitete) Wirkungsanalyse vorzunehmen.

Die Multi-Level Policy-Analyse wird als ein explizit akteursbezogener Ansatz konzipiert, der sich auch auf die Konzeption des Akteursbegriffs bzw. die Berücksichtigung von Akteuren in der Analyse auswirkt. Während bei „One-level Analysen" externe Akteure häufig als homogene Einheit angenommen werden, ermöglichen differenziertere, parallele Policy-Analysen auf mehreren Ebenen auch eine *differenzierte Betrachtung heterogener, komplexer Akteure.* Hierbei ist die Annahme, dass durch die Differenzierung und das tiefere Verständnis von solchen kollektiven Akteuren sowohl eine präzisere Zuordnung zu Netzwerken und Koalitionen erfolgen, als auch eine bessere Interpretation für Policy Lernen und Policy-Wandel gegeben werden kann.

Für die *Analyse von Policy-Wandel* und die *Identifikation von Advocacy-Koalitionen* setzt der Ansatz von Sabatier einen längeren Analysezeitraum von mindestens einer Dekade voraus. In diesem Zeitraum, so lautet eine im Rahmen dieser Arbeit prüfbare These des Ansatzes, bleiben innerhalb etablierter Subsysteme bei zentralen Kontroversen die Koalitionsanordnungen relativ stabil. Zudem, so eine weitere These in diesem Zusammenhang, wird eine Policy nicht signifikant verändert, so lange die dominierende Koalition an der Macht bleibt, es sei denn, der Wandel wird ihr durch eine übergeordnete politische Einheit aufgezwungen. Änderungen von

Kernelementen einer Policy erfolgen in der Regel aufgrund bedeutsamer externer Ereignisse von außerhalb des Subsystems.

Einige weitere Thesen ergeben sich mit Blick auf das *Akteursverhalten in Mehrebenensystemen.* Sabatier geht davon aus, dass ein strategischer Ebenenwechsel vorrangig von der unterlegenen Koalition angestrebt wird. Verschiedene Multi-Level Governance-Arbeiten verweisen zudem darauf, dass die Möglichkeit des Ebenenwechsels von der Kapazität und den Ressourcen eines Akteurs abhängt, weshalb Mehrebenensysteme für ressourcenstarke Akteure vorteilhaft sein können. Durch die Mehrebenenanalyse können zudem zentrale Akteure in politischen Prozessen und in einer Koalition identifiziert werden, wenn sich herausstellt, dass sie z.B. aufgrund ihrer Ressourcenstärke oder ihrer institutionellen, formalen Stellung auf mehreren Ebenen ihren Einfluss geltend machen bzw. erfolgreich agieren.

Insbesondere in Multi-Level Governance-Arbeiten wird auf die *Transformation von Staatlichkeit* bzw. der Rolle des Staates durch die Existenz von Mehrebenensystemen hingewiesen. Offen ist dabei in der Literatur, ob Mehrebenensysteme zu einem Souveränitätsverlust oder –gewinn des Nationalstaats führen. Mit Blick auf den Advocacy-Koalitionsansatz wird hier davon ausgegangen, dass diese Frage für die verschiedenen staatlichen Akteure und darüber hinaus für die unterschiedlichen Koalitionen, die sich in politischen Konflikten gegenüberstehen, differenziert zu beantworten ist.

3 Erneuerbare Energien-Politik im Strombereich in Deutschland

Die Erneuerbare Energien-Politik in Deutschland führte in den letzten Jahren zu einem stetigen Wachstum, das selbst die Erwartungen der engagiertesten Befürworter und verantwortlichen politischen Akteure deutlich übertroffen hat (Kern et al. 2003; Hinrichs-Rahlwes 2007).[40] Die höchsten Wachstumsraten konnten dabei im Strombereich erzielt werden, und dies erfolgt maßgeblich seit der Einführung des Erneuerbare Energien-Gesetzes (EEG) ab dem April 2000 (vgl. Abbildung 6). Diese Entwicklung war in Deutschland keineswegs zwangsläufig zu erwarten, angesichts einer ansonsten über Jahrzehnte gewachsenen und stabilen Energieversorgung auf der Basis von fossilen Brennstoffen und Atomkraft.

Daher stellt sich aus politikwissenschaftlicher Sicht zunächst grundsätzlich die Frage, wie es zur Einführung dieses in Bezug auf die Ausbauraten äußerst erfolgreichen Instruments in Deutschland kam, und welche Faktoren und Akteure hierbei eine maßgebliche Rolle gespielt haben. Diese Frage steht somit in der Darstellung dieses Kapitels mit dem Fokus auf die Entwicklungen auf der nationalen Ebene im Vordergrund. Sie stellt sich für die Einführung des Stromeinspeisungsgesetzes (StrEG), das 1991 unter einer CDU/CSU-FDP-Regierung in Kraft trat, in gleicher Weise wie für das Erneuerbare Energien-Gesetz (EEG), das im April 2000 unter SPD und Bündnis90/Die Grünen eingeführt wurde. Diese Frage wurde in Bezug auf beide Gesetze bereits in einer Reihe von politikwissenschaftlichen Studien behandelt, auf die hier zurückgegriffen wird.[41]

Für die Erklärung des Prozesses und seiner Ergebnisse ist außerdem die Identifikation der wesentlichen nationalen Rahmenbedingungen und Kontextfaktoren erforderlich. Diese leiten sich zunächst aus einer Reihe technologischer Spezifika ab, mit denen sich erneuerbare Energien von den Technologien des bestehenden zentralen Energieversorgungssystems unterscheiden, und die als die Grundlage

---

[40]   Dies wurde auch von einer Reihe von Interviewpartnern bestätigt. Das im Vorfeld des EEG 2000 von den Gutachtern des BMU formulierte Verdopplungsziel (siehe Nitsch et al. 1999), d.h. ein EE-Stromanteil von 12,5 % bis 2010, wurde überwiegend als sehr ambitioniert eingestuft. Es wird tatsächlich aber aller Voraussicht nach bereits im Jahr 2007 erreicht (Nitsch 2007; BMU 2007a).

[41]   Für das Stromeinspeisegesetz sei hier insbesondere auf die Arbeit von Udo Kords (1993), für das EEG auf die Studien von Mischa Bechberger (2000) und Danyel Reiche (2004a) verwiesen. In einer Reihe von Artikeln wird die politische Entwicklung über die gesamte Zeit nachgezeichnet, so z.B. im Beitrag von Volkmar Lauber und Lutz Mez (2004b) sowie von Staffan Jacobsson und Volkmar Lauber (2006). Darüber hinaus finden sich Informationen zum politischen Prozess in einer großen Anzahl von Studien, in denen die politischen Entwicklungen in Deutschland mit der in anderen Ländern mit anderen oder ähnlichen politischen Instrumenten verglichen werden (z.B. Mitchell et al. 2005; Lauber/ Toke 2005; Lauber 2002; Meyer 2003; Bräuer 2002; Suck 2002; Espey 2001).

vieler Konflikte angesehen werden können (Abschnitt 3.1.1). In diesem Zusammenhang werden auch einige grundlegende Daten zum Strommarkt und zur Entwicklung erneuerbarer Energien dargestellt (Abschnitt 3.1.2). Die politisch-ökonomischen Rahmenbedingungen umfassen eine Reihe von Politikfeldern, da erneuerbare Energien in vielfältiger Weise funktional mit anderen politischen Themen verbunden sind (Abschnitt 3.2). Dabei werden insbesondere bei der Darstellung der Energiepolitik auch relevante Entwicklungen der konkurrierenden konventionellen Energietechnologien untersucht. Diese erste Analyse des energiepolitischen Kontextes und der Bezüge zur der EE-politischen Arena werden im Kapitel 4 weiter vertieft. Neben den funktionalen und horizontalen Bezügen auf der nationalen Ebene werden auch Bezüge zum politisch-räumlichen Mehrebenensystem herausgearbeitet.

Die Policy-Analyse der deutschen Politik zur Förderung erneuerbarer Energien im Strombereich beginnt in Abschnitt 3.3 mit den ersten Entwicklungen von den 1970er Jahren bis zum Stromeinspeisungsgesetz (StrEG). Nach der Einführung in diese erste Phase der nationalen EE-Politik wird auf die besondere Rolle der subnationalen Ebenen sowie wichtiger gesellschaftlicher Faktoren für die Entwicklung der erneuerbaren Energien eingegangen (Abschnitt 3.4). Daran schließen sich die Analysen der Entstehung des EEG aus dem Jahr 2000 (Abschnitt 3.3.2), die Entwicklungen bis zur Novelle 2004 (Abschnitt 3.3.3), sowie die Phase nach dem Ende der rot-grünen Regierung und dem Beginn der großen Koalition bis zur Gegenwart im Juli 2007 an (Abschnitt 3.3.4).

3.1   Technologische Faktoren und Bedeutung im Energiesystem

Wenn eine politische Entscheidung, wie im vorliegenden Fall, eng mit der Einführung einer Technologie verbunden ist, so können technologiespezifische Faktoren bei der Analyse des Policy-Prozesses nicht außer Acht gelassen werden (vgl. Sabatier 1993). Der Faktor Technologie kann dabei folgende Auswirkungen auf den Politikprozess haben: Erstens kann die Einführung neuer Technologien zu gravierenden gesellschaftlichen Konflikten führen, beispielsweise wenn sie risikobehaftet sind, wie die Atomtechnologie oder die Gentechnik. Umgekehrt kann eine hohe Akzeptanz, wie sie bei den erneuerbaren Energien überwiegend gegeben ist (vgl. hierzu Abschnitt 3.4), der Einführung einer Policy entsprechenden Nachdruck verleihen.

Zweitens können sektorbezogene Konflikte entstehen, wenn eine Technologie, die politisch gefördert werden soll, nicht von den etablierten, sondern von neuen Marktakteuren eingeführt wird. Auch diese Konfliktlage ist bei erneuerbaren Energien gegeben, da die Entrepreneure in den EE-Märkten im überwiegenden Fall neu gegründete, kleine und mittelständische Unternehmen waren (Schönwandt

2004). Demgegenüber sind die großen und etablierten Kraftwerkshersteller und Energieversorger des konventionellen Energiesystems (bis heute) überwiegend nicht in die Produktion und aktive Nutzung der neuen Technologien eingestiegen (siehe auch nachfolgende Abschnitte in diesem Kapitel). Zudem spielt die Kompatibilität neuer mit den bestehenden Technologien und Infrastrukturen, und in Verbindung damit die politisch relevante Frage, wer für die Herstellung dieser Kompatibilität verantwortlich ist, eine Rolle (siehe Abschnitt 3.1.2). Drittens können technische Innovationssprünge einen Policy-Prozess (in unvorhersehbarer Weise) beeinflussen und sind somit zu berücksichtigen (siehe folgenden Abschnitt).[42]

Nachfolgend werden die wesentlichen Technologien zur Nutzung erneuerbarer Energien einführend kurz beschrieben, bevor auf die hier angesprochenen technologischen Aspekte und Spezifika eingegangen wird. Im Anschluss daran wird die Entwicklung der Energieträger- und Energietechnologienutzung in Deutschland (Abschnitt 3.1.3), sowie die Entwicklung der erneuerbaren Energien im Strommarkt dargestellt (Abschnitt 3.1.4). In einem Zwischenfazit werden die technologischen Faktoren und ihre Bedeutung sowie der Stand der Entwicklung zusammengefasst (Abschnitt 3.1.5).

3.1.1 Erneuerbare Energien-Technologien - Spektrum und Potenziale

Mit dem sowohl umgangssprachlich als auch in der Fachsprache etablierten Begriff „erneuerbare Energien" sind regenerierbare Primärenergien gemeint, die „gemessen in menschlichen Dimensionen als unerschöpflich angesehen werden" (Kaltschmitt et al. 2003: 4).[43] Im Gegensatz zu den begrenzten, fossilen Energievorräten steht der Begriff erneuerbare Energien für kontinuierliche *Energiequellen*: Solarenergie, geothermische Energie und Gezeitenenergie (siehe nachfolgende Tabelle).

Vielfältige Energiequellen

Die von der *Sonne* eingestrahlte Energie kann direkt, z.B. durch solarthermische Kollektoren oder fotovoltaische, d.h. stromerzeugende Anlagen (Solarzellen), genutzt werden. Die Sonnenenergienutzung ist von der Sonnenscheindauer und der Strahlungsleistung abhängig, die den tages- und jahreszeitlichen Schwankungen

---

[42] Ein Innovationssprung, der zu einer weitreichenden gesellschaftlichen Veränderung geführt und damit auch Auswirkungen auf eine Vielzahl von Politikbereichen und politischen Entscheidungen hat, war beispielsweise die Erfindung und weltweite Vermarktung des Personal Computers sowie die Entwicklung kleiner und leistungsstarker digitaler Rechenmaschinen.

[43] Die Kurzform erneuerbare Energien wird dabei ebenso für die Energiequellen selbst wie für die Technologien zur Nutzung erneuerbarer Energiequellen verwendet. Nachfolgend wird bei zusammengesetzten Begriffen auch die Abkürzung „EE" für erneuerbare Energien benutzt.

ausgesetzt sind.[44] Die technische Nutzung hängt zudem von den nutzbaren Flächen und der Ausrichtung der Anlagen ab. Das theoretisch nutzbare Solarenergiepotenzial ist global, aber auch in Deutschland weitaus größer als unser gesamter Energiebedarf. Kaltschmitt et al. (2003) ermittelten ein technisch nutzbares Potenzial, dass in Abhängigkeit von den technischen Entwicklungen (Wirkungsgrade und

Tabelle 1: Übersicht über fossile Primärenergieträger und erneuerbare Energiequellen

Fossile Energieträger	Steinkohle	
	Braunkohle	
	Erdöl	
	Erdgas	
Kernbrennstoffe[45]	Uran (Kernspaltung)	
	Deuterium, Lithium (Kernfusion)	
Erneuerbare Energiequellen	Solarstrahlung (direkt / indirekt)	Solarthermie
		Fotovoltaik
		Biomasse
		Windenergie
		Wasserkraft
		Wellenenergie
		Meeresströmung
	Gezeitenenergie	
	Geothermie	

Quelle: eigene Zusammenstellung

andere kostenrelevante Faktoren) zwischen einem Anteil am Endenergieverbrauch von 6 % bis über 60 % liegen kann. Dabei sind neuere Technologien der solarthermischen Stromgewinnung noch nicht berücksichtigt.

Aus den genannten drei Quellen des regenerativen Energieangebots entstehen durch natürliche Umwandlungen innerhalb der Erdatmosphäre viele weitere nutzbare Energieströme und –träger: Die Erwärmung der Erdoberfläche und Atmosphäre durch die solare Strahlungsenergie kann auf direkte Weise durch Wärmepumpen genutzt werden. Die durch die Strahlungswärme ausgelöste Bewegung der Luftmassen kann Windkraftanlagen, und die durch den Wind entstehenden Wellenbewegungen und Meeresströmungen Wellen bzw. Strömungskraftwerke antreiben. Wind, Verdunstung und Niederschlag bilden zusammen mit einem Gefälle die Voraussetzungen für die Entstehung von Fließgewässern, in denen Wasserkraftanlagen betrieben werden können. Von diesen *Energieströmen* ist Biomas-

---

[44] Die jährliche Sonnenscheindauer beträgt in Deutschland 1.300 – 1.900 Stunden pro Jahr, wobei die jährliche mittlere Einstrahlung in den südlichen Bundesländern mit etwa 1.200 kWh/m² durchschnittlich über der Einstrahlung im Nordwesten (900 kWh/m²) liegt. Allerdings gibt es auch im Norden z.B. in Küstennähe eine Reihe guter Solarstandorte, die ebenfalls sehr hohe Werte aufweisen. (Kaltschmitt et al. 2003)

[45] Zu den Kernbrennstoffen zählen die radioaktiven Uranbrennstoffe für Atomkraftwerke sowie die Energieträger für die Kernfusion. Diese Vorräte nicht-biologischen Ursprungs werden auch – mit Blick auf ihre geologische Herkunft aus vergangenen Zeitaltern – als fossil mineralische Energievorräte bezeichnet (Kaltschmitt et al. 2003: 3-4). Aus diesem Grund können auch die Brennstoffe für Atomkraft und Fusion unter dem gemeinsamen Begriff der fossilen Brennstoffe zusammen mit den fossil biogenen Energievorräten biologischen Ursprungs (Kohle, Erdgas, Erdöl) gefasst werden.

se als *Energieträger* zu unterscheiden, die auch als gespeicherte Sonnenenergie bezeichnet wird. In ihr ist die Solarenergie photosynthetisch fixiert. Als stetig nachwachsender Rohstoff unterscheidet sich die Biomasse somit von den fossilen Energieträgern, kann jedoch als kohlenstoffbasierter Brennstoff in einem ähnlichen Verwendungsspektrum genutzt werden. Unter der Voraussetzung, dass sich die energetisch genutzte Biomasse mit neu entstehenden pflanzlichen Kohlenstoffspeichern die Waage hält, kann von einem CO_2-neutralen Brennstoff gesprochen werden.

Von den vielfältigen Formen der Solarenergie sind schließlich die *Gezeitenenergie*, die auf die Anziehung zwischen den Himmelskörpern Erde und Mond zurückzuführen ist, und die geothermische Energie, d.h. die im Erdinnern gespeicherte Wärme, zu unterscheiden. Bei der Gezeitenenergie können Tidenhub und Wellenbewegungen energetisch genutzt werden. Bei der *Geothermie* ist zunächst die oberflächennahe Geothermie, die im Wesentlichen durch die Solarstrahlung bedingt ist (s.o.), von der Tiefen-Geothermie zu differenzieren. Letztere ist auf die vor und während der Erdentstehung freigewordene Energie und auf Wärme, die infolge des Zerfalls von radioaktiven Isotopen in der Erdkruste freigesetzt wird, zurückzuführen.[46]

Vielfältige Nutzungsmöglichkeiten

Aus der Vielfalt des regenerativen Energieangebots resultiert eine erhebliche Variationsbreite an Nutzungsmöglichkeiten. Die zentralen Anwendungen sind erstens die Stromerzeugung, die im Rahmen dieser Arbeit im Vordergrund steht, zweitens die Wärme- und Kältebereitstellung und drittens der Einsatz von biogenen Kraftstoffen. Zur Wärmegewinnung werden Biomasseanlagen, Solarkollektoren sowie Wärmepumpensysteme, welche die oberflächennahe Erdwärme nutzen, eingesetzt. Wärmepumpen und Solarsysteme können dabei ebenso in Kühlsystemen eingesetzt werden. Darüber hinaus kann „erneuerbare Wärme" durch die so genannte Kraft-Wärme-Kopplung (KWK) genutzt werden, die bei der Erzeugung von Strom z.B. in Biogas- oder Geothermie-Anlagen anfällt. Bei der Biomasse ist zwischen den Aggregatformen fest (Holz, Stroh etc.), flüssig (Rapsöl, Biomasse-to-liquid (BtL) etc.) und gasförmig (Biogas, biogenes Synthesegas etc.) zu unterscheiden. Die Biomasse, zu der alle energetisch nutzbaren Stoffe organischer Herkunft inklusive der biogenen Fraktionen im Müll zählen, kann in allen Verwendungsbereichen eingesetzt werden.

---

[46] Aus der Vielzahl der mittlerweile verfügbaren Übersichtswerke zu den verschiedenen erneuerbare Energiequellen und –Technologien seien an dieser Stelle das umfangreiche, technisch-ökonomisch ausgerichtete Buch von Martin Kaltschmitt et al. (2003) sowie das populärwissenschaftlichere Buch von Sven Geitmann (2005) erwähnt.

Spektrum der Stromerzeugung

Zur *Stromproduktion* wurden regenerative Energien bereits früh in der Mitte des 19. Jahrhunderts eingesetzt, wobei die Nutzung der *Wasserkraft* hier die größte Bedeutung hatte. Wasserkraft wurde bereits vor vielen tausend Jahren beispielsweise zum Mahlen von Getreide genutzt, so dass später die Übertragung auf die Stromerzeugung nahe lag. Bis vor einigen Jahren trug die Wasserkraft den größten Teil an der EE-Stromerzeugung in Deutschland bei. Durch die politischen Rahmenbedingungen wurden viele stillgelegte Standorte wieder in Betrieb genommen und alte Anlagen mit neuer Turbinentechnik modernisiert, so dass mittlerweile ein sehr hoher Anteil des technischen Potenzials der Wasserkraft in Deutschland als erschlossen gilt.[47] Die Grenze des erschließbaren Potenzials wird allerdings auch durch ökologische Anforderungen zur naturnahen Erhaltung der Fließgewässer determiniert.[48]

Sowohl die Wasserrahmenrichtlinie (WRRL) als auch das aktuelle EEG (2004) greifen diese Problematik auf. Während dadurch bei kleineren bis mittelgroßen Anlagen in Deutschland zunehmend die Konflikte um die Nutzung der Wasserkraft entschärft werden können, bleibt die Nutzung der Großwasserkraft, die auf der Basis von großen Stauwerken oft mit weit reichenden Folgen für die Bewohner und Ökosysteme betrieben werden, heftig umstritten.[49] Aus diesem Grund stellt die Nutzung der großen Wasserkraft, und damit verbunden die Frage ihrer Einbeziehung in eine Förderpolitik oder politische Zielsetzung in der nationalen wie internationalen Debatte einen zentralen Streitpunkt dar (siehe hierzu auch die Ausführungen in den Kapiteln 5 und 6). Neue Technologien zur Stromerzeugung aus den verschiedenen Meeresenergien werden seit einigen Jahren entwickelt und gegenwärtig national und international an mehreren Standorten erprobt (BMU 2006a; Sohre 2005).[50]

---

[47]   Kaltschmitt et al. (2003) gehen davon aus, dass im Bereich der Wasserkraft derzeit etwa 80–90 % der Potenziale ausgeschöpft sind.

[48]   Die Nutzung der Wasserkraft in Fließgewässern stellt in jedem Fall einen Eingriff in das Ökosystem Fluss dar, bei dem die ökologischen Folgen des Eingriffs jeweils mit dem Nutzen durch die Gewinnung von „sauberem Strom" abzuwägen ist. Mittlerweile haben auch eine Vielzahl von ursprünglich wasserkraftkritischen Umweltverbänden Lösungsvorschläge entwickelt, unter denen eine ökologisch vertretbare Wasserkraftnutzung möglich ist und diesbezügliche Konflikte vermieden werden können (Deutsche Umwelthilfe 2006).

[49]   Insbesondere in einigen Entwicklungs- und Schwellenländern wie China, Indien und Brasilien ist die Großwasserkraftnutzung oft mit hohen gesellschaftlichen und ökologischen Folgen verbunden. Siehe hierzu beispielsweise das Informationsangebot des International Rivers Network - IRN; dort sind auch die wesentlichen Dokumente der „World Commission on Dams" zu finden, sowie eine kritische Auseinandersetzung mit den Ergebnissen dieser Kommission und aktuellen Entwicklungen (www.irn.org, 12.7.2007).

[50]   Meeresenergien umfassen erstens Gezeitenkraftwerke, die bereits seit den 1960er Jahren an verschiedenen Standorten in Betrieb sind. Dieser Kraftwerkstyp spielt vor allem für Länder wie Großbritannien eine bedeutende Rolle, in Deutschland wird das Potenzial aufgrund des geringen Tidenhubs nur als gering eingeschätzt. Zweitens werden gegenwärtig weltweit verschiedene Kraft-

In Bezug auf die erzeugten Strommengen und die diesbezügliche Wachstumsdynamik in den letzten Jahren ist die *Windenergie* die bedeutendste EE-Technologie in Deutschland geworden und hat seit einigen Jahren die Wasserkraft abgelöst. Auch die Nutzung des Windes hat eine lange Tradition, vom Antrieb für Segelschiffe bis zu den Windmühlen, die z.B. zum Mahlen von Getreide eingesetzt wurden. Nach der Elektrifizierung und der großflächigen Einführung der Dampfmaschine hat die Windkraft – die schon vor mehr als 100 Jahren zur Stromerzeugung genutzt wurde - rasch an Bedeutung verloren. Erst in den 1980er und 1990er Jahren wurde sie wieder verstärkt zur Stromerzeugung eingesetzt, zunächst übergangsweise in den USA, später in Dänemark und schließlich in Deutschland und weiteren Ländern (Körner 2005). Aus politikwissenschaftlicher Sicht ist dabei besonders interessant, dass mit Dänemark, Deutschland und später Spanien solche Länder Vorreiter in der Einführung der Windenergie wurden, die nicht über die besten Windverhältnisse verfügen (Reiche 2005c). Die großen Windunternehmen aus diesen Ländern bedienen jedoch gegenwärtig mit hohen Exportraten und Weltmarktanteilen die neu entstehenden Märkte in anderen Ländern.

Nach den vielen Jahren mit steigenden Installationszahlen an Land verlangsamt sich die Ausbaudynamik in Deutschland mittlerweile wieder, so dass eine Zubaugrenze in Sicht scheint (siehe hierzu auch Abbildung 6). Dies ist möglicherweise auch auf die sinkende Akzeptanz mit steigender Anzahl der Windenergieanlagen zurückzuführen, da diese eine Veränderung des Landschaftsbildes mit sich bringen (siehe hierzu auch Abschnitt 3.4). Die weiteren Potenziale werden im Wesentlichen im so genannten Repowering, d.h. im Ersatz abgeschriebener, kleinerer durch größere, leistungsstärkere Anlagen, sowie im Offshore-Ausbau auf See liegen (Nitsch 2007; Körner 2005). Außerdem werden mit weiter steigender Windenergieeinspeisung die Anforderungen an das Erzeugungs- und Netzmanagment steigen und auch der Einsatz von Speichertechnologien zur Glättung des Stromangebots eine zunehmende Rolle spielen (siehe auch Kaltschmitt et al. 2003). Der Offshore-Ausbau befindet sich zwar erst in der Planungs- und Entwicklungsphase, parallel erfolgen derzeit ökologische Begleituntersuchungen, und die Finanzierung der meisten möglichen Windparks auf See ist noch nicht gesichert (Lönker 2007). Allerdings geht die Bundesregierung gemeinsam mit vielen Experten nach wie vor von einem hohen Ausbaupotenzial von Windkraftanlagen im deutschen Küstenmeer aus, das über der Onshore-Windkraft liegen wird.[51]

---

werkstypen erprobt, um die Bewegungsenergie der Wellen zu nutzen. Diese Nutzungsform könnte auch für Deutschland in Betracht kommen. Drittens gibt es erste Kraftwerke in Testphase zur Nutzung der Energie von Meeresströmungen (unterhalb des Meeresspiegels). (Kaltschmitt et al. 2003; Sohre 2005)

[51] Die Bundesregierung strebt bis 2030 einen Windenergieanteil von 25 % an der der Stromerzeugung an, wobei die Offshore-Anlagen hierzu 15 % beitragen sollen (BMU/ Stiftung Offshore Windenergie 2007). Dies würde einer installierten Leistung von 20.000 bis 25.000 MW entsprechen. Ab 2008/9 sollen die ersten kommerziellen Windparks in Nord- und Ostsee entstehen. Durch das Inf-

Fotovoltaiksysteme ermöglichen es, Sonnenlicht direkt in elektrische Energie umzuwandeln. Damit können elektrische Klein- und Großgeräte sowie Inselsysteme zur Energieversorgung betrieben werden. Die Mehrzahl der PV-Anlagen in Deutschland dient jedoch der direkten Einspeisung ins Stromnetz. Dabei gibt es neben den Kleinanlagen für private Haushalte mittlerweile auch zahlreiche Großanlagen im Megawattbereich, sowohl auf Gebäuden, insbesondere aber gebäudeunabhängig auf freien Flächen (ARGE Monitoring PV-Anlagen 2006). Das gewaltige solare Strahlungspotenzial (s.o.) kann perspektivisch zu einer weit reichenden Deckung des globalen sowie des deutschen Energiebedarfs durch Solartechnologie führen. Die Frage, ob und in welcher Geschwindigkeit dies realisierbar ist, hängt im Wesentlichen von der Kostenentwicklung und dem politischen Willen ab.

Da die Fotovoltaik die mit Abstand höchste EEG-Vergütung je eingespeister kWh aufgrund ihrer gegenwärtig noch vergleichsweise hohen Stromgestehungskosten erhält, ist ihre Förderung auch am stärksten in der Kritik. Die Argumente, die sich hier gegenüberstehen, sind auf der Seite der Befürworter u.a. der höhere wirtschaftliche Wert des Solarstroms, da dieser zu Spitzenlastzeiten eingespeist wird, wenn Strom am teuersten ist, die niedrigen Netzverluste und -bedarfe, und zudem der volkswirtschaftliche und industriepolitische Zusatznutzen u.a. durch die hohen Exportchancen der deutschen Solarindustrie, die gegenwärtig die Weltmarktführerschaft innehat.[52] Auf der anderen Seite werden zu hohe EEG-Umlagekosten kritisiert, die dann überproportional ansteigen, wenn das Wachstum des Ausbaus die Degression der Vergütung übersteigt. Die Kritiker fordern in diesem Zusammenhang, mit den Mitteln andere CO_2-Vermeidungsmaßnahmen zu finanzieren (z.B. Frondel et al. 2007).[53]

In Europa weniger weit verbreitet und zudem nach wie vor in der Entwicklung befindlich sind *solarthermische Kraftwerke*, bei denen die Solarstrahlung gebündelt und damit ein Wärmeträger so stark erhitzt wird, dass dieser für den Antrieb einer Turbine und eines Generators genutzt werden kann.[54] Neben elektrischer Energie

rastrukturplanungsbeschleunigungsgesetz aus dem Jahr 2006 wurden die Netzbetreiber verpflichtet, für alle Offshore-Anlagen die Netzanbindung sicherzustellen (siehe auch Abschnitt 3.3.4).

[52] Insbesondere der letztgenannte Aspekt, der durch die gezielte Schaffung eines Lead-Marktes entsteht, kann die vergleichsweise hohen Anfangsinvestitionen in Zukunftstechnologien rechtfertigen (zur Lead-Markt-Forschung siehe Beise et al. 2005). Ähnlich argumentiert auch Olaf Hohmeyer, der solche staatlich induzierten investiven Vorleistungen für die Fotovoltaik als geeignete „Backstop-Technologie" aus ressourcenökonomischer Sicht für gerechtfertig erachtet, wenn sie im Rahmen der Ressourcenrenten der gesamten Energiewirtschaft bleiben (Hohmeyer 2002).

[53] Zur Auseinandersetzung um die Höhe der EEG-Kosten und dem unterschiedlich besetzten Begriff der Kosteneffizienz siehe ausführlicher in Abschnitt 3.3.4.

[54] Bei Solarkraftwerken, die das Sonnenlicht konzentrieren, sind Turm-Kraftwerke von großflächigen Solarfarmen mit Solarspiegeln (Parabolrinnenanlagen) zu unterscheiden. Daneben werden auch nicht konzentrierende solarthermische Anlagen entwickelt wie z.B. das Aufwindkraftwerk, bei dem unter einer sehr großen Glasfläche Luft erwärmt wird, die über einen sehr hohen Turm aufsteigt (ca. 1000 m für eine 100-200 MW-Anlage) und dabei eine Turbine antreibt.

kann die entstehende Wärme auch als Prozesswärme genutzt werden (Kaltschmitt et al. 2003). Gegenwärtig wird zwar auch ein Demonstrationsvorhaben eines solarthermischen Kraftwerks in Deutschland entwickelt, grundsätzlich ist diese Technologie jedoch aufgrund der im Vergleich zu südlicheren Ländern geringeren Sonneneinstrahlung und Wirkungsgrade für deutsche Akteure vor allem als Exporttechnologie von hohem Interesse (Christmann 2006; Ristau 2007).

Bei der Nutzung der *Bioenergie* zur Stromerzeugung haben neben den größeren Kraft- und Heizkraftwerken zur Verbrennung von Holz bzw. Festbrennstoffen in den letzten Jahren zunehmend Biogasanlagen Bedeutung erlangt. In diesen wird der aus Vergärung gewonnene Brennstoff Biogas in Blockheizkraftwerken in Strom und Wärme umgesetzt. Als Betreiber solcher Anlagen sind aufgrund der Art der benötigten Biomasse insbesondere landwirtschaftliche Betriebe geeignet, da sie über eine Vielzahl von Ernterückständen und organischen Nebenprodukten und Abfällen verfügen, und zudem Energiepflanzen gezielt anbauen können. Technisch vergleichbar sind Anlagen, die mit Klär- und Deponiegas betrieben werden. Hierbei handelt es sich um Gase, die ebenfalls aus den Vergärungsprozessen organischer Abfälle entstehen, weshalb sie definitorisch zur Biomasse gezählt werden können, wenngleich sie von den Mengen der organischen Abfallfraktionen abhängig und somit nicht nachwachsend sind.[55]

Die nach dem EEG nutzbaren Biomasseformen sind in der so genannten Biomasseverordnung geregelt (BiomasseV 2005). Aus ökologischer Sicht sind bei der Nutzung von Biomasse einige grundsätzliche Probleme zu beachten. Herkunft, Erzeugung und Emissionen bei der Verbrennung spielen eine wichtige Rolle für die ökologische Gesamtbilanz der Biomasse. Negative Aspekte der Bioenergieproduktion sind beispielsweise der übermäßige Einsatz von Pestiziden, Herbiziden und Düngemitteln oder die Abholzung von Regenwäldern. Hohe Risiken können zudem in der Nutzung gentechnisch veränderter Organismen zur Steigerung der Biomasseproduktion liegen, und Gefahren liegen in der Emission von Feinstaub (z.B. BUND 2007d; Maier/ Knauf 2006; Fritsche 2004). Außerdem kann eine stark auf biogenen Abfällen basierende Bioenergieerzeugung zur gesteigerten Nachfrage nach Abfall führen und somit das Prinzip der Vermeidung konterkarieren. Der Streit um die Nutzung von Abfall im Kontext einer EE-Förderung sowie die grundsätzliche Frage der Anforderungen an Biomasse finden sich somit auch an verschiedenen Stellen der politischen Auseinandersetzungen auf nationaler (siehe nachfolgende Abschnitte) wie internationaler Ebene wieder (Kapitel 5 und 6).

---

[55]   Gemäß EEG wird zudem noch Grubengas gefördert. Beim Grubengas handelt es sich aufgrund seines fossilen Ursprungs nicht um eine regenerierbare Ressource. Hintergrund der Berücksichtigung im EEG war, anstelle des Entweichens und Abfackelns den Energiegehalt dieses ohnehin bei Grubenarbeiten anfallenden Gases zu nutzen. Darüber hinaus kann die Aufnahme von Grubengas jedoch auch als ein Zugeständnis an die Kohleindustrie im politischen Aushandlungsprozess des EEG gesehen werden (Abschnitt 3.3.2).

Die erzeugte Biomassemenge, die für die Energieerzeugung zur Verfügung steht, hängt damit von den Anbau- und Nutzungsstrategien ab, aber auch von den nationalen und internationalen Rahmenbedingungen der Land- und Forstwirtschaft und des Außenhandels. Die Biomasseproduktion wird, beeinflusst durch diese Rahmenbedingungen, in Zukunft stark von der Nutzungskonkurrenz beeinflusst werden, die durch die verschiedenen stofflichen und energetischen Verwertungsmöglichkeiten gegeben sind. Je nach dem, ob und in welchem Verhältnis diese Nutzungskonkurrenzen beachtet werden bzw. wie die diesbezüglichen politischen Prioritäten ausfallen, ergeben sich unterschiedliche Prognosen und Szenarien bezüglich der Biomasse-Potenziale, die für die energetische Nutzung zur Verfügung stehen. Das BMU geht davon aus, dass „das langfristige Potenzial einem Anteil von rund 10 % an der Stromversorgung und rund 20 % an der Wärmebreitstellung entspricht" (BMU 2007h).

Abschließend sind an dieser Stelle *geothermische Kraftwerke* zu nennen, von denen bislang in Deutschland eines in Betrieb genommen werden konnte (Stand Mitte 2007), eine Reihe weiterer Projekte sind in der Entwicklung (Frey 2006; BMU 2007g).[56] Die Kraftwerke werden mit heißem Wasser aus tiefen Erdregionen gespeist, das seine Energie über Wärmetauscher an einen Turbinenkreislauf abgibt. Das besondere an diesen Kraftwerken ist, dass sie nicht auf vorhandenes heißes Wasser im Erdinnern (hydrothermale Quellen) angewiesen sind, da mit dem so genannten Hot-Dry-Rock-Verfahren durch Verpressen von Wasser und anschließender Förderung das im Erdinnern (überall) vorhandene heiße Gestein genutzt werden kann. Da Erdwärme rund um die Uhr vorhanden ist, stellt sie einen attraktiven Energieträger für die Grundlast-Stromerzeugung dar. Sollten die laufenden Projekte kommerziell erfolgreich reproduziert werden können, stünde in Deutschland, aber auch für den weltweiten Einsatz ein großes Potenzial zur Verfügung (BMU 2006a; Hirschl/ Zapfel 2002).[57] Ein zentrales Problem der Tiefengeothermie stellt das so genannte Fündigkeitsrisiko und dessen finanzielle Absicherung dar. Das Risiko betrifft die Frage, inwieweit die in wirtschaftlich erschließbarer Tiefe vermuteten hohen Temperaturen tatsächlich vorliegen und gehoben werden können (Hirschl/ Zapfel 2002). Hier können staatliche Akteure durch verschiedene Finanz-

---

[56]   Zum Mai 2007 waren in Deutschland rund 150 Tiefengeothermie-Projekte in der Planung. Zu den bekanntesten Kraftwerken, die als Demonstrationsvorhaben vom Bundesumweltministerium gefördert werden, zählen die Projekte in Unterhaching, Landau, Bruchsal und Groß-Schönebeck. Weltweit sind rund 9.000 MW elektrischer Leistung installiert, im Wesentlichen in Italien, USA, Philippinen, Indonesien und Mexiko. Während die geothermische Stromerzeugung in Deutschland noch am Anfang steht, werden im Wärmebereich bereits rund 2.000 GWh Wärme jährlich durch hydrothermale Quellen und rund 100.000 Wärmepumpen erzeugt. (BMU 2007g)

[57]   Aufgrund des noch zu unklaren Kenntnisstandes gehen die Potenzialschätzungen daher auch noch weit auseinander. Kaltschmitt et al. (2003) geben beispielsweise eine Anteilspanne an der jährlichen Stromerzeugung von 2-60 % an.

und Versicherungskonzepte unterstützen, zudem existieren bereits erste kommerzielle Angebote von Versicherern (Bergius 2007).

Innovationspotenzial und Entwicklung

Mit Blick auf die Versorgungssicherheit ist ein wichtiger Vorteil der Energiebereitstellung durch erneuerbare Energien die Bandbreite der nutzbaren, heimischen Energiequellen sowie die damit verbundene hohe Vielfalt der Umwandlungstechnologien. Dies gilt im Grundsatz für jedes Land der Erde, mit aufgrund der klimatisch-geografischen Bedingungen unterschiedlicher Zusammensetzung erneuerbarer Energien. Die gegenwärtig in Deutschland über das EEG geförderten Energiequellen und Technologien decken ein großes Spektrum ab. Darüber hinaus werden durch das EEG weitere Innovationen angeregt: zum einen durch den im Zeitverlauf degressiven Charakter der Vergütung, zum anderen durch einzelne Zusatzanreize wie z.b. ein so genannter „Innovationsbonus" bei der Bioenergie (§ 8 (4) EEG 2004). Der Geltungsbereich ist zudem offen für weitere, in der Entwicklung befindliche Technologien bzw. er ist diesbezüglich leicht erweiterbar. In Zukunft sollen insbesondere diese Innovationsanreize durch das EEG noch deutlich gestärkt werden (BMU 2007b).

Es gibt eine Reihe von Studien, in denen die Innovations- und Diffusionsverläufe von EE-Technologien mit Hilfe so genannter *Lernkurven* untersucht wurden. Mit Lernkurven wird auf Basis empirischer Daten die zeitliche Entwicklung einer Technik und ihrer Kostendegression analysiert (Krewitt et al. 2005). Als zeitliche Phasen des Innovationsverlaufs werden in der Regel die Forschung und Entwicklung, Erfahrungen im Produktionsprozess, das Lernen durch die Nutzung einer Technologie, und schließlich das Lernen durch den Transfer von Wissen zwischen Anwendern, Herstellern, Forschung und Politik unterteilt.[58] Für Technologien wie die Fotovoltaik, Windenergie und Bioenergie zeigte sich, dass die Entwicklung ähnlich und mit vergleichbaren Lernfaktoren verläuft, wie sie auch bei Motoren, Gasturbinen und Elektronikgütern festgestellt wurden. Bei der Windenergie und der Fotovoltaik zeigte sich zudem, dass die Phase der Technologieentwicklung vor der Kommerzialisierung einen Zeitraum von bis zu 10 Jahren und mehr umfasste (Neij et al. 2003; Schaeffer et al. 2004). Hier waren demzufolge keine Innovationssprünge zu verzeichnen, sondern die erfolgreiche Markteinführung basierte auf einer intensiven Phase der Produktentwicklung und einem anschließenden kontinuierlichen Verbesserungsprozess im Verlauf der Marktentwicklung.[59]

---

[58] Diese Phasen sind im Grundsatz vergleichbar mit solchen aus der Literatur zur Marktdiffusion von Technologien, die nach der F&E-Phase z.B. Phasen der technischen Demonstration sowie Kommerzialisierung benennen (siehe beispielhaft in Fritsche et al. 2004).

[59] Das bekannteste Beispiel für den Versuch eines Innovationssprungs bei den erneuerbaren Energien stammt aus der Windenergie. Nach dem jahrelang kleine Anlagen mit einer geringen Leistung und Nabenhöhe gebaut wurden, versuchte ein Hersteller mit dem „Growian" (Abkürzung aus Große

Im Bereich der Solarzellenentwicklung wurde bereits mehrfach ein solcher Innovationssprung, der zu einer rascheren Kostendegression führen sollte, erwartet. Diese Hoffnung steckte viele Jahre in verschiedenen Dünnschichtzellenentwicklungen, und seit einigen Jahren in organischen bzw. nanostrukturierten Zellen. Bei den Dünnschichtzellen und mittlerweile auch bei den neuen Zellarten der „dritten Generation" zeichnet sich jedoch ab, dass auch hier bis zur Marktreife die bekannten Lernkurvenverläufe stattfinden werden (Krewitt et al. 2005). Damit diese Kostendegressionen aus den neuen Zelltypen jedoch erzielt werden können, sind laut Krewitt et al. weiterhin langfristig günstige Rahmenbedingungen erforderlich, um auch hier den Schritt in die Massenproduktion und die damit verbundenen Lernprozesse zu gewährleisten (ebda.). Die weitere Entwicklung bzw. das Wachstum der deutschen Industrie – und somit weitere Kostenreduktionspotenziale – sind allerdings auch von der Entstehung zusätzlicher Auslandsmärkte und Auslandsnachfrage abhängig, auch weil sich umgekehrt der Importdruck auf dem gegenwärtig weltweit mit Abstand größten deutschen Markt deutlich erhöht. Dass die deutsche Strategie dieser Industrieförderung und Schaffung eines Lead-Marktes somit letztlich aufgeht, hängt auch von internationalen Entwicklungen ab.[60]

Die Lernkurvenanalysen zeigen somit als Erfolgsfaktoren für die bisherigen Entwicklungen eine kontinuierliche Forschungsförderung in Kombination mit günstigen Rahmenbedingungen für eine Marktentwicklung auf, die gleichzeitig Anreize für die Entwicklung marktgängiger Produkte *und* industrieller Produktionsprozesse gesetzt haben (Krewitt et al. 2005). Die Lernkurven erneuerbarer Energien und ihr Vergleich mit anderen Technologieentwicklungen zeigen auch auf, dass es als wenig Erfolg versprechend angesehen werden muss, zu versuchen, eine marktreife Technologie direkt aus dem Labor heraus zu entwickeln. Eine solche Position wurde lange Zeit von den Gegnern einer breiten Markteinführung erneuerbarer Energien und insbesondere der Fotovoltaik vertreten (beispielhaft in Bohnenschäfer et al. 2005; auch FDP o.J.).

Windenergie-Anlage) den Sprung in die Megawattklasse zu nehmen - und scheiterte (siehe auch Abschnitt 3.3.1.1). Nach diesem Versuch wurden die Anlagen von allen Herstellern kontinuierlich über mehrere Jahre vergrößert, so dass die damalige Leistung des Growian mittlerweile von den heute produzierten und installierten Anlagen erreicht und mit den neueren Entwicklungen insbesondere für den Offshorebereich sogar deutlich übertroffen wird (siehe auch Durstewitz/ Hoppe-Kilpper 2002; Neij et al. 2003).

[60]   Mit Aktivitäten wie der Renewables-Konferenz 2004 versucht die Bundesregierung derartige internationale Entwicklung in ihrem Sinne positiv zu beeinflussen (siehe Kapitel 6).

3.1.2   Technische Besonderheiten und Netzintegration

Unterschiede zum konventionellen Energiesystem

Das etablierte Stromversorgungssystem in Deutschland basiert auf einer zentralisierten Infrastruktur mit einen Stromverbundnetz und einer Energieversorgung durch Großkraftwerke, die mit fossilen Brennstoffen wie Kohle, Erdöl, Erdgas, und Uran betrieben werden. Diese über viele Jahrzehnte – insgesamt sogar über ein Jahrhundert hinweg - entwickelte Struktur unterscheidet sich deutlich von einem auf erneuerbaren Energien basierenden Energiesystem, denn „alle Strombereitstellungstechniken auf der Basis erneuerbarer Energiequellen weisen im Regelfall deutlich geringere Leistungen im Vergleich zu mit fossilen Brennstoffen befeuerten Großkraftwerken auf" (Kaltschmitt et al. 2003: 525). Dies gilt auch für die Stromerzeugung durch größere Windparks oder Solaranlagen.[61] Lediglich einzelne große Wasserkraftanlagen an Stauseen oder die große Offshore-Windparks können vergleichbare Größenordnungen von konventionellen Großkraftwerken erreichen. Aus dem gesamten Leistungsgrößenvergleich ergibt sich, dass die erneuerbaren Energien im Vergleich und in der Regel als dezentrale Technologien bezeichnet werden können.

Der Begriff der *Dezentralität* hebt dabei auch auf die ebenfalls wichtige Eigenschaft erneuerbarer Energien ab, als Inselsysteme die Energieversorgung in abgelegenen Gebieten leisten zu können, in denen weder Stromnetze vorhanden noch Brennstoffversorgungen sinnvoll oder möglich sind. In Deutschland spielt diese Eigenschaft nur eine Rolle im Bereich der Versorgung von mobilen elektrischen Geräten z.B. durch Solarzellen sowie in vereinzelten, entlegenen Gegenden ohne Stromanschluss wie Gebirgsregionen oder Kleingartengebieten. Darüber hinaus sind Inselsysteme wichtige Exporttechnologien für solche Länder und Regionen, in denen es kein oder nur ein unzureichendes Stromnetz gibt. Vor dem Hintergrund der Debatten um Klimaschutz und den in der Entwicklungspolitik angestrebten Zugang zu Energie in armen Ländern, leitet sich daraus ein großes Exportpotenzial ab (siehe auch Kapitel 6).[62]

---

[61] Mittlerweile gibt es zwar eine Reihe großer Solaranlagen im Megawattbereich, diese sind jedoch nach wie vor deutlich kleiner als konventionelle Großkraftwerke von mehreren 100 bis über 1.000 MW. Zudem weisen sie insgesamt nur einen Anteil von weniger als 10 % an der gesamten Solarstromerzeugung und damit einen Gesamtbeitrag im Promillebereich auf (ARGE Monitoring PV-Anlagen 2006). Onshore-Windparks können aus einigen wenigen bis zu über 20 Anlagen bestehen mit einer Leistung zwischen unter einem bis über 40 MW. Der Mehrzahl von über 80 % der Projekte lag nach Erhebungen des ISET bisher bei bis zu 3 Anlagen, 97 % zwischen einer und 10 Anlagen. Der niedrige Anteil von 0,6 % an Projekten mit über 20 Anlagen liegt an der ab dieser Größe einsetzenden Pflicht zur Durchführung einer vergleichsweise aufwändigeren Umweltverträglichkeitsprüfung (Durstewitz/ Hoppe-Kilpper 2005).

[62] Nach Angaben der UNO leben etwa 1,6 Mrd. Menschen ohne Stromversorgung, vorrangig in Entwicklungsländern in Afrika und Süd-Asien (UN 2005).

Aufgrund des sehr hohen Verbreitungsgrades des Stromnetzes in Deutschland spielt daher hierzulande die *netzgekoppelte Erzeugung* bei den erneuerbaren Energien die wichtigste Rolle. Aus diesem Grund gibt es eine Reihe von Konfliktlinien in der politischen Debatte, welche die Integration der erneuerbaren Energien in das bestehende Energiesystem betreffen. Dazu zählen u.a. die Frage nach dem grundsätzlichen Beitrag der erneuerbaren Energien zu einer sicheren Energieversorgung, die Frage der Stabilität des Stromnetzes, und die Probleme, die durch das fluktuierende Stromangebot einiger erneuerbarer Energien entstehen (s.u.).

Die zentrale Aufgabe der Energiewirtschaft ist es, die insgesamt benötigte Elektrizität und Wärme in entsprechender Menge bedarfsgerecht zur Verfügung zu stellen. Dabei ist der tägliche *Strombedarf* gekennzeichnet durch Grundlast, Mittellast und Spitzenlast (siehe hierzu Abbildung 2). Unter Grundlast wird die Netzbelastung verstanden, die während eines Tages im Stromnetz nicht unterschritten wird. Die Spitzenlast stellt demgegenüber die Kraftwerksleistung dar, die benötigt wird, um auch den schwankenden Stromverbrauch zu decken. Hierbei handelt es sich um kurzzeitig auftretende, hohe Energienachfragen.

Abbildung 2: Typische Lastkurve am Beispiel Deutschland (in 1000 MW netto)

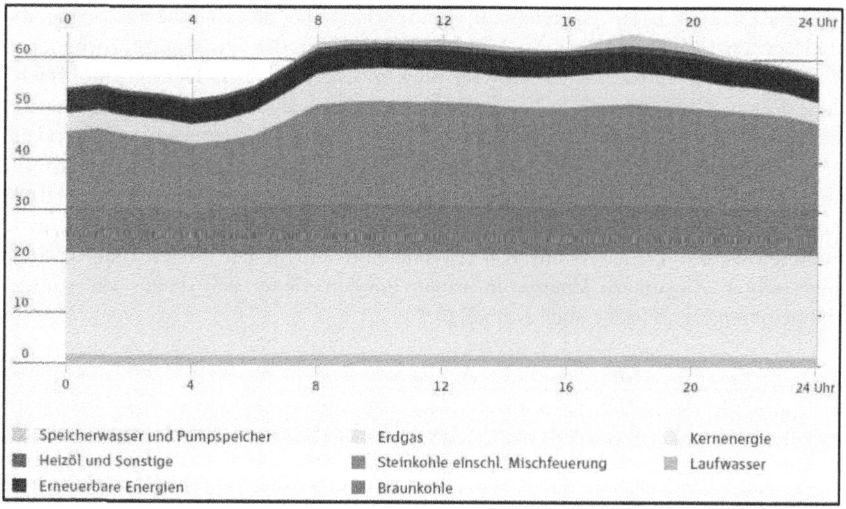

Quelle: RWE (2005: 86)

Grundlastkraftwerke produzieren den Strom in der Regel verhältnismäßig kostengünstig, sind jedoch schwer zu regeln. In Deutschland wird die Grundlast aufgrund ihrer vergleichsweise niedrigen Betriebskosten in erster Linie durch die sehr schwer regelbaren Atomkraftwerke sowie Braunkohlekraftwerke gedeckt. Aber auch die Wasserkraft gehört traditionell zu den Grundlastkraftwerken.[63] In Zukunft könnte die geothermische Stromerzeugung einen wichtigen Beitrag zur Grundlastversorgung liefern (s.o.).

Die *Mittellast* (zwischen 2.000 und 5.000 Stunden pro Jahr) wird überwiegend durch Stein- und Braunkohlekraftwerke geliefert. Für die Grund- und Mittellastversorgung können zudem mit Biomasse befeuerte Kraftwerke eingesetzt werden, da Biomasse wie fossile Brennstoffe genutzt werden kann. Aus diesem Grund wird feste Biomasse zum Teil auch in Kohlekraftwerken zugefeuert. Im Bereich der Spitzenlast müssen kurzfristig hohe Leistungen zur Verfügung gestellt werden (weniger als 2.000 Stunden pro Jahr). Hierfür werden gegenwärtig überwiegend Gasturbinenkraftwerke eingesetzt, aber auch Wasserkraftwerke, die mit Pumpspeichern oder Stauanlagen gekoppelt sind. Statt Erdgas könnte in Zukunft auch verstärkt Biogas gezielt im Spitzenlastbereich zum Einsatz kommen bzw. über die Einspeisung ins Erdgasnetz zugefeuert werden.

Bei *Windenergie und Fotovoltaik* besteht im Unterschied zu den oben genannten Kraftwerken ein *Regelbedarf*, da ihre Energieerzeugung von klimatischen Bedingungen abhängt und sie demzufolge ein schwankendes Stromangebot liefern. Auf der anderen Seite liefern insbesondere Fotovoltaik- aber auch Windenergieanlagen den meisten Strom tagsüber zu Spitzenlastzeiten (BMU 2006i). Dieser Spitzenlaststrom weist einen im Vergleich zur Grundlast grundsätzlich *höheren Wert* auf, und kann je nach Knappheit des Angebots auch deutlich teurer sein.[64] So wurde beispielsweise am 27.7.2006 an der Leipziger Strombörse der Tagespreis für Spitzenlaststrom mit einem Handelpreis von 54 Cent je kWh gehandelt und lag damit erstmals über dem Erzeugungspreis von Solarstrom, der nach dem EEG (2004) zwischen 40,6-51,8 Cent je Kilowattstunde vergütet wird (BSW 2006).[65]

Der Wert von Solarstrom und insbesondere von Windkraft wird jedoch durch die unstete Erzeugung aufgrund wechselnder Windstärken und Sonneneinstrahlung gemindert. Bei Wind- und Wasserkraftwerken kommt hinzu, dass diese im Jahresmittel aufgrund des differierenden Wind- und Wasserangebots auch deutlich unterschiedliche Gesamtstrommengen produzieren können. Demgegenüber weist die Fotovoltaik eine vergleichsweise konstante Jahresstromerzeugung auf. Diese

---

[63]   Wasserknappheit in heißen Sommermonaten betrifft dabei nicht nur die Leistung von Wasserkraftwerken, sondern noch viel mehr die großen nuklear oder fossil betriebenen Dampfkraftwerke, weil dann die Kühlung, die in der Regel mit Flusswasser erfolgt, nur noch eingeschränkt oder nicht mehr möglich ist.

[64]   Im Zeitraum zwischen 2002 und 2005 stieg der durchschnittliche Börsenpreis für Spitzenlaststrom (Phelix Peak) an der Leipziger Börse von 3 auf 5,5 Eurocent pro kWh und war damit im Schnitt kontinuierlich um mehr als einen Cent teurer als Grundlaststrom (BMU 2006i: 20).

[65]   Grund für den drastischen Anstieg an der Börse waren Kühlwasserprobleme einiger Atom- und Kohlekraftwerke sowie der gestiegene Strombedarf aufgrund des verstärkten Einsatzes von Klimaanlagen.

Fluktuationen stellen einen wichtigen Unterschied zu den mit fossilen Brennstoffen betriebenen Anlagen und zu Biomasseanlagen dar, die durch die Regulierung der Brennstoffzufuhr immer angepasst an die Nachfrage betrieben werden können (Kaltschmitt et al. 2003). Allerdings kann dieser Nachteil durch verschiedene technische Maßnahmen deutlich gemindert werden, von verbesserten Prognosetools über ein modernes Netz- und Lastmanagement, welches die diversen dezentralen Stromerzeuger und -Anbieter berücksichtigt, bis hin zur Entwicklung effizienter Stromspeicher (BMU 2006i). Aufgrund der hohen Bedeutung dieses Zusammenhangs für die politische Auseinandersetzung wird dieser Aspekt nachfolgend kurz vertieft.

Versorgungssicherheit und Netzstabilität

Insbesondere die Schwankungen bei der Windstromerzeugung nehmen aufgrund des mittlerweile erzielten Anteils von über 5 % am Stromverbrauch (BMU 2007a) – der regionale Anteil in windenergiereichen Regionen erreicht bereits deutliche höhere Anteile – einen großen Raum in der Kontroverse um die Netzintegration ein. Eine deutliche Verbesserung wird hierbei von einer Erhöhung der Prognosegenauigkeit erwartet. Liegt der Prognosefehler laut BMU bei den heute noch üblichen 48-Stunden-Vorhersagen bei etwa 8 %, so kann durch eine stundengenaue Vorhersage die Windleistung bereits mit einer Genauigkeit von etwa 97,5 % prognostiziert werden (BMU 2006i: 13). Damit verbessern sich die Möglichkeiten der Abstimmung bezüglich des Einsatzes von Regelenergie erheblich (ebda.).

Der umstrittene Zusammenhang zwischen dem unsteten Windstrom, der dafür notwendigen *Reservekapazität* bzw. dem *Regelenergieausgleich* sowie den Anforderungen an das Stromnetz wurde ausführlich in einer Studie untersucht, an der zahlreiche wissenschaftliche Experten, Energieversorger, Netzbetreiber und Windkraftunternehmen beteiligt waren (dena 2005). In dieser Studie wurde ermittelt, dass Reservekapazitäten bei zu wenig ebenso wie bei zu viel Windstrom benötigt werden - allerdings deutlich weniger als von den Gegnern der Windenergie, vielen Netzbetreibern und der Lobby der konventionellen Energiewirtschaft häufig angegeben (BMU 2006i). Darüber hinaus konnte ein zusätzlicher Regelenergie-Mehraufwand, wie bisher von den Netzbetreibern behauptet, nicht nachvollziehbar belegt werden (Schlemmermeier/ Klebsch 2005: 30).[66] Die technische Notwendigkeit der Bereit-

---

[66]   Die Belastung des Stromnetzes und der Energieversorgung durch die Windenergie betrifft in signifikanter Weise nur die regional stark betroffenen Standorte im Norden. Hier muss nach den Empfehlungen der dena-Netzstudie das bestehende Höchstspannungsübertragungsnetz an einigen Stellen verstärkt und um insgesamt 850 km erweitert werden (dena 2005). Dies erscheint vergleichsweise gering angesichts einer Gesamtlänge des Stromnetzes in Deutschland von derzeit rund 1,6 Millionen Kilometer (Angaben des VDN in BMU 2006i). Auch neue technische Standards bei Querreglern, Phasenschiebern sowie das sukzessive Repowering, d.h. der Ersatz mit moderneren Windkraftanlagen, die auch in Bezug auf die Netzsicherheit und –Stabilität über neue Komponen-

stellung von Minuten- und Stundenreserven zum Ausgleich des unsteten Windangebots wird zwar von der dena-Netzstudie festgestellt, unter der Annahme verbesserter Windprognosen bzw. Leistungsvorhersagen müssen hierfür jedoch keine zusätzlichen Kraftwerke installiert und betrieben werden (dena 2005).

Die Bereitstellung von Reserveleistungen bzw. der Ausgleich der schwankenden Energiebereitstellung kann auch auf der Basis eines verstärkten Einsatzes von *Energiespeichern* erfolgen. Durch Stromspeicherung könnte z.b. das diskontinuierliche Angebot der Windkraft bis zur Grundlastfähigkeit verstetigt werden (BINE Informationsdienst 2005). Diese technisch vergleichsweise einfache Möglichkeit hängt in der Umsetzung stark von der Kosteneffizienz der Speicher im Vergleich zu anderen Möglichkeiten des Erzeugungs- und Ausgleichsmanagements ab. Traditionell sind solche Kopplungen aus Erzeugungs- und Speicheranlagen bei der Wasserkraft mit den Pumpspeicherkraftwerken bereits seit langem als effiziente Ausgleichsanlagen im Einsatz. Für die Speicherung größerer Mengen und Leistungen sind neben den Pumpspeichern u.a. der Einsatz von Druckluftspeichern oder Drehmassenspeichern (Schwungrad) in der Diskussion und technischen Entwicklung. Die elektrolytische Produktion von Wasserstoff als Speichermedium ist eine weitere Form der Langzeitspeicherung, wobei hier noch wirtschaftliche und technisch stabile Lösungen fehlen (BINE Informationsdienst 2005).[67]

Die Entwicklung neuer und kosteneffizienter Speichertechnologien steht insofern erst am Anfang. Es bieten sich zwar eine Reihe von verschiedenen Lösungen mit unterschiedlichen Potenzialen an, jedoch liegen gegenwärtig außer den Pumpspeicherkraftwerken, deren Ausbau durch die geringe Zahl geeigneter Standorte in Deutschland begrenzt ist, noch keine marktfähigen Alternativen in größerem Maßstab vor. Da zudem die bisherigen Akteure des konventionellen, zentralen Energieversorgungssystems keine Notwendigkeit für die Entwicklung von Speichern hatten, da diese technische Herausforderung stark mit dem Zuwachs dezentraler Einspeisung verbunden ist, fordern einige Akteure wie Eurosolar oder der Solarförderverein Deutschland (SFV) bereits seit längerem die Förderung von dezentralen Energiespeichern im Rahmen des EEG (Fabeck 2006). Das BMU empfiehlt im Entwurf des Erfahrungsberichts 2007 die stärkere Integration dieses Themas im Rahmen des EEG sowie in zusätzlichen Fördermaßnahmen (BMU 2007b).

Eine weitere Möglichkeit zur Vermeidung von Regelenergie- und Speicherbedarfen ist die optimierte Erzeugung der dezentralen Technologien durch regel-

---

ten verfügen, werden zu Verbesserungen beitragen (dena 2005).

[67] Im kleineren Leistungsbereich und für die Bereitstellung von kurzfristigen Reserven, z.B. für elektrische Geräte, Inselsysteme etc., werden gängigerweise elektrochemische bzw. physikalische Speicher wie Akkumulatoren oder Kondensatoren eingesetzt (Hirschl 2002c). Hier werden seit einigen Jahren eine Reihe weiterer und leistungsstärkerer elektrischer und elektromagnetischer Systeme entwickelt (Kaltschmitt et al. 2003).

technische Koordination in so genannten *virtuellen* bzw. *integrierten Kraftwerken*.[68]
Dazu gibt es derzeit einige Pilotvorhaben, die u.a. verschiedene Technologiekombi-
nationen sowie die Kommunikationsschnittstellen zu den Abnehmern und dem
übergeordneten Netzmanagement entwickeln und erproben (beispielhaft: ISET
2005). Allerdings sind solche virtuellen Kraftwerke noch kein Schwerpunkt in
Forschung und Praxis, so dass hier ebenfalls noch ein hoher Forschungs- und
Entwicklungsbedarf zu sehen ist. Wenn in Zukunft vermehrt eine derart optimierte
dezentrale Energieerzeugung erfolgt, dann wird dies auch einen geringeren Bedarf
an Überlandleitungen und Stromtransporten zur Folge haben und kann somit im
Vergleich zur zentralen Strombereitstellung zu Kosteneinsparungen führen (Nitsch
2007: 34).

3.1.3 *Primärenergiespektrum und Kraftwerkspark*

Das *Vorkommen an fossilen Primärenergien* in Deutschland kann sowohl in Bezug auf
die Reserven als auch auf die Ressourcen insgesamt als gering bezeichnet werden
(Gerling et al. 2007).[69] Von besonderer quantitativer Bedeutung sind dabei die
Braunkohlereserven und −ressourcen, aber auch die vermuteten Steinkohlevorkommen. Die Erdgasressourcen hingegen bewegen sich lediglich in doppelter Höhe
des jährlichen Gasverbrauchs, der im Jahr 2005 bei 100 Giga-Kubikmetern (Gm³)
lag. Die Höhe der Steinkohlereserven entsprach im Jahr 2005 noch etwas mehr als
dem doppelten Jahresverbrauch in Höhe von knapp 70 Megatonnen (Mt), von
denen 25 Mt aus deutscher Produktion stammten (Daten nach Gerling et al. 2007).
Die Uranvorkommen in Deutschland sind von so geringer Bedeutung, dass seit
dem Jahr 2000 keine weiteren Bemühungen zur Erforschung der heimischen Ressourcen getätigt wurden (IAEA/ OECD 2004).
   Während die Reserven in Deutschland von Jahr zu Jahr gesunken sind, stieg
der *Primärenergieverbrauch* demgegenüber seit 1950 kontinuierlich an. Seit Beginn der
1990er Jahre liegt der Verbrauch im vereinten Deutschland annähernd gleich blei-
bend bei umgerechnet knapp 500 Mt Steinkohleeinheiten (SKE) bzw. 14.500 Peta-
joule (PJ) (Horn et al. 2007). Auf den Bruttostromverbrauch entfällt mehr als Drittel
dieses Verbrauchs, der Wert ist von 540 PJ in 1991 auf 616 PJ in 2006 angestiegen.
Dabei ist in Relation zum erwirtschafteten Bruttoinlandsprodukt die Energiepro-

---

[68]   Zum Konzept der virtuellen Kraftwerke siehe einführend Lange (2004), van der Velden und
       Dielmann (2003) oder Hennicke und Müller (2005: 171).
[69]   Bei der Erfassung der regionalen Vorkommen von Energierohstoffen unterscheidet man zwischen
       Reserven und Ressourcen. Unter Reserven wird die Menge eines Energierohstoffes verstanden, die
       mit den derzeitigen technischen Möglichkeiten gewonnen werden kann. Ressourcen dagegen sind
       nachgewiesenermaßen vorhandene oder aufgrund von geologischen Indikatoren vermutete Roh-
       stoffe, die mit den heutigen technischen Möglichkeiten nicht auf wirtschaftliche Weise gehoben
       werden können (Gerling et al. 2007).

duktivität beim gesamten Primärenergieeinsatz zwischen 1991 und 2006 jährlich im Durchschnitt um 1,6 % gestiegen, im Strombereich lag dieser Wert mit 0,6 % jedoch deutlich darunter (ebda.).

Tabelle 2: Reserven und Ressourcen fossiler Energierohstoffe in Deutschland in 2005

	Reserven	Reserven in SKE [Mt]	Ressourcen	Ressourcen in SKE [Mt]
Erdöl	47 Mt	67	20 Mt	29
Erdgas	255 Gm³	276	200 Gm³	217
Braunkohle	6.556 Mt	1.901	76.396 Mt	22.155
Steinkohle	161 Mt	164	8.384 Mt	8.518

SKE = Steinkohleeinheiten
Quelle: Gerling et al.(2007)

Der Vergleich mit den heimischen fossilen Rohstoffreserven zeigt, dass der Primärenergiebedarf überwiegend durch *Rohstoffimporte* gedeckt werden muss. Uran wird zu 100 % eingeführt, und auch der Erdöl- und Erdgasbedarf wird nahezu vollständig aus Importen gedeckt. Der Anteil der Eigenförderung bei der Steinkohle nahm in den vergangenen Jahren aufgrund der hohen Förderkosten stark ab, so dass inzwischen ebenfalls über 50 % der benötigten Menge importiert werden. Lediglich bei der Braunkohle, auf der 25 % der deutschen Stromerzeugung basieren, könnte eine längere Versorgungssicherheit gewährleistet und der Bedarf aus den heimischen Vorräten längerfristig geliefert werden (BMU/ BMWi 2006; Gerling et al. 2007).

Die Nutzung der verschiedenen Primärenergien ist eng gekoppelt mit dem technologischen Portfolio (siehe hierzu auch Abschnitt 3.1). Der *Kraftwerkspark in Deutschland* ist demzufolge gegenwärtig klar dominiert durch große Kohle- und Atomkraftwerke, gefolgt von der Erdgasnutzung in deutlich geringerem Umfang in mittelgroßen Gas- und Dampfkraftwerken (GuD) und kleineren Blockheizkraftwerken (BHKW). Die weitere Entwicklung des Kraftwerksparks wird davon beeinflusst, wie verfügbar die gegenwärtig genutzten Rohstoffe in Zukunft sind, wie hoch der Bedarf einer Erneuerung des bestehenden Kraftwerksparks ist, welche Strategien die maßgeblichen Marktakteure verfolgen und wie die politischen Rahmenbedingungen aussehen. Angesichts des als hoch konstatierten Erneuerungsbedarfs des bestehenden Kraftwerksparks (siehe z.B. in Ziesing/ Matthes 2003a) liegt gegenwärtig ein politisch wichtiges Zeitfenster vor, in dem zentrale Weichenstellungen für den zukünftigen Energiemix vorgenommen werden. Dies gilt insbesondere bei Entscheidungen für zentrale Großkraftwerke, da diese aufgrund ihrer hohen Inves-

titionen und langen Laufzeiten eine hohe Pfadabhängigkeit von den gewählten
Technologien und Ressourcen bedeuten.

**Abbildung 3: Zeitliche Entwicklung des Primärenergieverbrauchs für die Stromerzeugung in
der Bundesrepublik Deutschland zwischen 1950 und 1990 (alte Länder)**

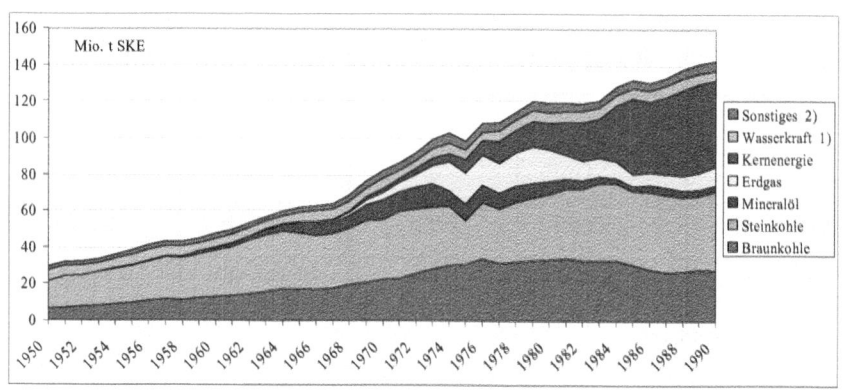

1) einschl. Außenhandelssaldo Strom, 2) Brennholz, Brenntorf, Klärschlamm, Müll u. sonstige Gase

Quelle: eigene Darstellung nach Zeitreihen der AG Energiebilanzen (www.ag-energiebilanzen.de,
12.10.2006)

**Abbildung 4: Zeitliche Entwicklung des Primärenergieverbrauchs für die Stromerzeugung in
der Bundesrepublik Deutschland zwischen 1990 und 2005**

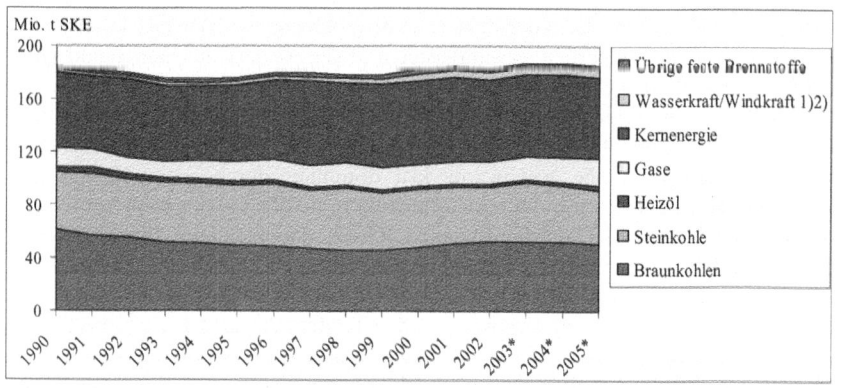

1) Berechnungen auf der Basis des Wirkungsgradansatzes, 2) Windkraft von 1995 an, Gase umfassen
Erdgas und Naturgase, * Vorläufige Angaben AGE, Stand: 21.09.2006

Quelle: eigene Darstellung nach Zeitreihen der AG Energiebilanzen (www.ag-energiebilanzen.de,
12.10.2006)

Die Zukunft des Energiesystems läuft damit kurz- und mittelfristig auf der Basis der genannten Faktoren entlang gewisser Korridore. Im Hinblick auf einen längeren Zeitraum ist jedoch je nach den weltwirtschaftlichen Entwicklungen sowie den gesellschaftlichen und politischen Präferenzen eine komplette Umgestaltung des Energiesystems – z.B. auf der Basis erneuerbarer Energien und Energieeffizienz - möglich. Für den Stromsektor existieren viele unterschiedliche *Szenarien* über die langfristige Entwicklung des Kraftwerksparks, die jeweils die unterschiedlichen Entwicklungen und politischen Zielsetzungen repräsentieren und somit eine große Streubreite aufweisen. Einen guten Überblick über ein solches Szenarienspektrum liefert der Bericht der Enquete Kommission „Nachhaltige Entwicklung unter den Bedingungen der Globalisierung und der Liberalisierung" aus dem Jahr 2002, deren grundsätzliche Varianten auch heute in der Debatte noch aktuell sind (vgl. Abbildung 5).[70]

Abbildung 5: Zusammensetzung des Kraftwerksparks der verschiedenen Szenarien im Jahr 2050

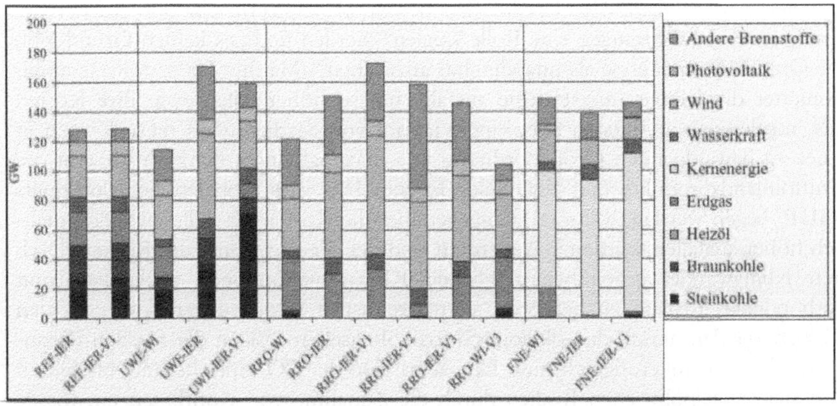

Bei den dargestellten Ergebnissen handelt es sich um vier Basisszenarien (REF - Referenzszenario, UWE - Umwandlungseffizienz-Szenario, RRO - EE- und Effizienz-Offensive, FNE - Fossil nuklearer Energiemix) in verschiedenen Varianten.

Quelle: Enquete-Kommission (2002: 711)

Angesichts des langen Zeitraums gehen die Ergebnisse der Szenarien naturgemäß weit auseinander und zeigen auch in Bezug auf erneuerbare Energien unterschiedlich hohe Beiträge. Im „PRO-Szenario", in welchem günstige Rahmenbedingungen für die Entwicklung erneuerbarer Energien angenommen wurden, erreichen sie

---

[70] Eine aktuellere Übersicht einiger Szenarien zu den Entwicklungen im Energiebereich und bei erneuerbaren Energien weltweit und in Deutschland findet sich in einem Beitrag von Ruth Brand (2005).

einen sehr hohen Anteil nahe der Vollversorgung, d.h. die Gutachter sind von entsprechend vorhandenen Potenzialen und ihrer technisch-ökonomischen Erschließbarkeit ausgegangen. Die Szenarien verdeutlichen auch, welchen hohen Einfluss die Effizienzfrage, d.h. der generelle Kraftwerksbedarf auf den Anteil der erneuerbaren Energien an der Gesamtkapazität haben wird. Je weniger Energie benötigt wird, desto eher kann eine Vollversorgung auf der Basis erneuerbarer Energien erreicht werden.

Allerdings zeigen jüngere Studien zur Reichweite und Verfügbarkeit der fossilen Ressourcen deutlich früher eintretende Versorgungsprobleme beispielsweise bei den Uranreserven, aber auch bei der Kohle auf (Winter 2007; Zittel/ Schindler 2006; Zittel 2007), die bei einer stark steigenden Nachfrage, wie von der IEA prognostiziert (OECD/ IEA 2006c), sogar noch deutlich zunehmen würden. Damit werden einige der oben dargestellten Szenarien zunehmend unplausibel und die Wahrscheinlichkeit für einen höheren EE-Anteil zu einem früheren Zeitpunkt erhöht sich. Grundsätzlich kann trotz der großen Bandbreite der Ergebnisse festgehalten werden, dass, wie Felix Matthes betont, „Energieeffizienz und erneuerbare Energien in jeder Strategie eine Rolle spielen" werden und „es keinen Grund gibt, die Option Atomenergie als unabdingbar anzusehen" (Matthes 2006: 368). Je ambitionierter die Klimaschutzstrategie ausfällt, um so höher fallen zwar ihre Kosten aus, mittlerweile bestätigen aber eine Vielzahl von Studien, dass diese Kosten in einer zu bewältigenden Größenordnung von maximal einem bis zwei Prozent des Bruttoinlandsprodukts (auf nationaler Ebene) bzw. des globalen Sozialprodukts (GDP) liegen werden, während demgegenüber die Kosten des Klimawandels deutlich höher ausfallen würden.[71] Außerdem sind bei der Abwägung der Risiken durch den Klimawandel gegenüber möglichen Klimaschutzoptionen auch die damit verbundenen Risiken zu beachten, vom Brennstoff-Versorgungsrisiko (s.o.), den Risiken der Atomkraft, den ökologisch-toxikologischen Risiken der fossilen Brennstoffe (z.B. Öltankerunglück) und Langzeitrisiken der CO_2-Speicherung, bis hin zu den sicherheitspolitischen Risiken durch die Zunahme von Konflikten um fossile und nukleare Brennstoffe.

3.1.4   Entwicklung der Erneuerbaren Energien im Strommarkt

Wie in der Abbildung 3 zu sehen ist, hatten die erneuerbaren Energien bereits im Jahr 1950 aufgrund des vergleichsweise geringeren Gesamtenergieverbrauchs einen Anteil von rund 10 % an der Stromerzeugung. Dieser Beitrag, der überwiegend durch die Wasserkraft, aber auch zu einem kleineren Anteil durch Biomassenutzung

---

[71]   Maßgebliche Beiträge zu diesem Zusammenhang lieferte der so genannte Stern-Bericht (Stern 2006b) sowie der vierte Sachstandsbericht des IPCC (2007a; IPCC 2007b), für Deutschland siehe Kemfert (2005), sowie Abschnitt 6.3.

bereitgestellt wurde, verringerte sich kontinuierlich mit dem stark ansteigenden Energieverbrauch. Eine erste Veränderung dieser Entwicklung ergab sich mit der Einführung des Stromeinspeisungsgesetzes (StrEG 1990), das im Jahr 1991 in Kraft trat. In den Folgejahren stieg der Anteil der Wasserkraft leicht, insbesondere jedoch der Anteil der Windenergie deutlich an (siehe Abbildung 6). Der zweite deutlich erkennbare Schub in der Stromerzeugung setzte ab 2000 durch das Erneuerbare-Energien-Gesetz ein (EEG 2000) ein. Danach vergrößerten sich insbesondere die Anteile der Windenergie und Biomasse signifikant, so dass seit 2004 die Windenergie den größten Beitrag an der Stromerzeugung aus dem Spektrum der erneuerbaren Energien leistet, und die Biomasse kurz davor ist, zum vergleichsweise stagnierenden Wasserkraftbereich aufzuschließen.[72] Ebenso dynamisch in Bezug auf die Wachstumsraten hat sich die Fotovoltaik entwickelt, sie leistet jedoch einen deutlich geringeren Beitrag zur Stromproduktion.

Abbildung 6: Entwicklung des erneuerbare Energien-Anteils an der Stromerzeugung in Deutschland zwischen 1990 und 2006

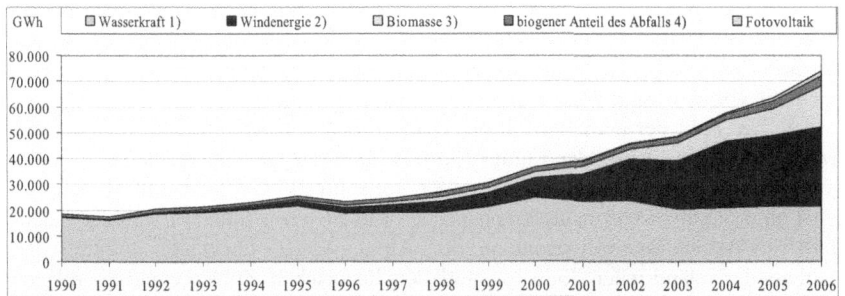

1) bei Pumpspeicherkraftwerken nur Stromerzeugung aus natürlichem Zufluss

2) für 2005 Zubau von 1.808 MW abzüglich 9 MW abgebauter Windenergieanlagen

3) ohne biogenen Anteil des Abfalls

4) Anteil des biogenen Abfalls zu 50 % angesetzt

Quelle: eigene Darstellung nach Daten BMU/ AGEE-Stat (2007: 11) sowie BMU (2007a)

Bezogen auf den gesamten Endenergieverbrauch liegt die Windenergie mittlerweile bei einem Anteil von rund 5 %, die Wasserkraft bei 3,5 %, die Biomasse bei 3 % und die Fotovoltaik bei 0,3 % (BMU/ AGEE-Stat 2007: 10). Insgesamt leisteten die erneuerbaren Energien damit im Jahr 2006 einen Beitrag von 11,8 % am gesamten Bruttostromverbrauch, was einer Produktion von rund 73 TWh entspricht. Im Jahr

---

[72] Bei den Angaben zur Biomasse wurde der biogene Anteil des Abfalls in Höhe von 50 % einberechnet (BMU/ AGEE-Stat 2007: 11).

1998, also vor dem EEG, lag der Anteil noch bei 4,8 %, und dieser Anteil war überwiegend auf die bereits vorhandene Wasserkraft zurückzuführen. Mit jedem seit dieser Zeit hinzugewonnen Anteil handelt es sich somit um neu errichtete EE-Anlagen. Das BMU gibt an, dass allein durch das EEG im Jahr 2006 etwa 44 Mio. Tonnen CO_2 vermieden wurden, der Beitrag im Strombereich beläuft sich insgesamt auf über 67 Mio. Tonnen. Alle erneuerbaren Energien haben zusammengenommen durch die Substitution anderer Energieträger 97 Mio. Tonnen vermieden (ebda.: 9). Demgegenüber haben nach Angaben der Deutschen Emissionshandelsstelle (DEHSt) die am Emissionshandel beteiligten Unternehmen im Jahr 2005 rund 9 Mio. Tonnen Kohlendioxid eingespart, in 2006 jedoch 3,6 Mio. Tonnen mehr ausgestoßen (DEHSt 2006, 2007).

Der *Anteil am Primärenergieverbrauch* liegt demgegenüber deutlich niedriger: Setzt man den Vergleich am Beginn der Wertschöpfungskette der Stromproduktion an, so beträgt der Anteil der erneuerbaren Energien an der Stromerzeugung in 2006 nur noch 2,4 % bezogen auf gesamten Primärenergieverbrauch (BMU/ AGEE-Stat 2007: 10).[73] Dies zeigt zwar auf der einen Seite, welche Verschwendung an Primärrohstoffen dem konventionellen Energiesystem immanent ist. Auf der anderen Seite offenbart diese prozentuale Verteilung aber auch die reale Wirtschaftskraft, die auf der Seite der fossilen Brennstoffwirtschaft und des konventionellen Energiesystems nach wie vor in absolut dominierendem Ausmaß vorhanden ist.

Die Zahl der dem Bereich der erneuerbaren Energien zuzurechnenden *Beschäftigten* stieg in Deutschland unter Einbeziehung des Außenhandels und vorgelagerter Wertschöpfungsstufen im Jahr 2006 auf rund 214.000 (ebda.: 6). Gegenüber 2004 sind damit 57.000 neue Arbeitsplätze (plus 36 %) geschaffen worden. Nachdem die Beschäftigungsdynamik in den Anfangsjahren überwiegend durch den Aufbau der inländischen Industrie und den heimischen Zubau von EE-Anlagen erfolgt ist, tragen in den letzten Jahren zunehmend die steigenden Exporte zum Beschäftigungsanstieg bei. Der Inlandsumsatz der gesamten Branche wurde für das Jahr 2006 auf eine Höhe von 21,6 Mrd. Euro geschätzt.

In seiner aktuellen „Leitstudie" zum Ausbau der erneuerbaren Energien skizziert das BMU in einem „Leitszenario" die möglichen Entwicklungen des Kraftwerksparks und der Strommengen bis zum Jahr 2050. Darin wird am gesetzlich verankerten Atomausstieg festgehalten, der Anteil der Kohlenutzung sinkt bis 2020 leicht und danach stark bis auf einen kleinen Restanteil in 2050 (siehe Abbildung 7). Der Anteil der Gasnutzung in Kondensationskraftwerken steigt bis 2030 an, ebenso wie der Anteil der KWK-Nutzung auf der Basis fossiler Brennstoffe. Der KWK-Anteil soll aufgrund seiner deutlich höheren Effizienz anders als die

---

[73]   Der Anteil aller erneuerbarer Energien, d.h. inklusive der Wärmenutzung und dem Kraftstoffbereich, liegt bei 7,4 % bezogen auf den gesamten Endenergieverbrauch, und bei 5,3 % bezogen auf den gesamten Primärenergieverbrauch (ebda.: 10)

Gaskraftwerke bis 2050 weiter ausgebaut werden. Kohlekraftwerke spielen nur noch eine geringe Rolle.

Abbildung 7: Struktur der Bruttostromerzeugung im BMU-Leitszenario 2006 nach Energiequellen und Kraftwerksarten

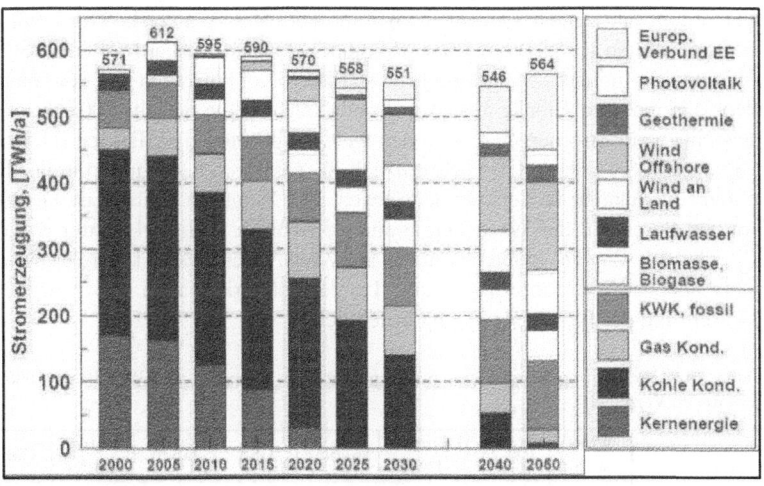

Quelle: Nitsch (2007: 34)

Der Anteil der erneuerbaren Energien an der Stromerzeugung liegt in diesem Szenario in 2050 bei 77 %. Der größte Zuwachs wird für den Wind-Offshorebereich angenommen (ca. 130 TWh), gefolgt von einem ab 2030 in nennenswertem Umfang einsetzenden Ökostromimport (über 100 TWh). Der Beitrag der Onshore-Windkraft wächst auf ca. 70 TWh. Die Fotovoltaik und Geothermie erreichen in diesem Szenario in 2050 in etwa jeweils die Größenordnung der Laufwasserkraft, die nur eine leichte Steigerung im Vergleich zur heutigen Nutzung erfährt (jeweils ca. 25 TWh). Der Beitrag der Biomasse wird in etwa doppelter Höhe, d.h. mit ca. 50 TWh, angenommen.

Während ein solches Szenario im Vergleich zu den Szenarien und Prognosen der IEA (siehe z.B. in OECD/ IEA 2006c, 2006a) bezüglich des EE-Ausbaus als sehr ambitioniert bezeichnet werden kann, gibt es auch Kritik aus der EE-Branche, die insgesamt oder für einzelne Segmente (z.B. bei der Fotovoltaik) einen höheren Anteil sehen bzw. fordern (beispielhaft BEE 2007). Der Gesamtanteil der erneuerbaren Energien hängt zudem in hohem Maße von den Energieeinsparungen und dem Effizienzgrad der zukünftigen Kraftwerke und elektrischen Verbraucher ab (s.o.). Im Leitszenario wird diesbezüglich bis 2040 von einer Reduktion bis auf 546 TWh ausgegangen, danach steigt der Verbrauch jedoch wieder an, da der Strom dann laut Szenario auch vermehrt für die Umwandlung von Wasserstoff genutzt werden soll. Bei entsprechend höheren Effizienzwerten des gesamten Stromsystems könnten dementsprechend auch höhere EE-Anteile bis hin zur Vollversorgung erreicht werden.

Die wirtschaftliche Bedeutung der deutschen EE-Branche und ihre ökonomischen Potenziale zeigen sich auch im internationalen Vergleich. Diesbezüglich geben die absoluten Installations- bzw. Produktionszahlen Auskunft über die Stärke eines nationalen Industriezweiges und die stärksten Konkurrenten auf den internationalen Märkten. Die Tabelle 3 zeigt in einer Übersicht die im Jahr 2005 installierten Leistungen zur Stromerzeugung in den weltweit größten EE-Märkten (Deutschland, Spanien, USA, Japan, China), zusätzlich die gesamten Kapazitäten in der EU-25, in den Entwicklungsländern sowie weltweit. Der Vergleich ergibt, dass Deutschland in den Bereichen der Windenergie und Fotovoltaik Weltmarktführer war und auch in der EU-25 die größten Anteile aufwies. Angesichts der vergleichsweise geringen Fließgewässervorkommen und Landesgröße sind auch die Anteile der Wasserkraft und der Biomassenutzung beachtlich.[74]

Tabelle 3: Stromerzeugungskapazitäten aus erneuerbaren Energien (in GW) Ende 2005 im internationalen Vergleich

Technologie	Welt-weit	EU-25	Deutsch-land	Spanien	USA	Japan	Entw.-länder	China
Kleinwasserkraft	66	12	1,6	1,7	3	3,5	44	38,5
Windkraft	59	40,5	18,4	10	9,2	1,2	6,3	1,3
Biomasse	44	8	1,7	0,5	7,2	>0,1	24	2
Geothermie	9,3	0,8	0	0	2,8	0,5	4,7	0
Fotovoltaik	3,1	1,7	1,5	<0,1	0,2	1,2	0	0
Solarth. Kraftwerke	0,4	0	0	0	0,4	0	0	0
Meeresströmung	0,3	0,3	0	0	0	0	0	0
EE insgesamt (ohne Großwasserkraft)	182	63	23	12	23	6	79	42
Großwasserkraft	750	115	7	17	95	45	340	80
Gesamte EE-Stromerzeugung	4.100	710	130	78	1.060	280	1.500	510

Quelle: REN21 (2006: 25)

---

[74]   Weitere Informationen zur internationalen Entwicklung befinden sich ausführlicher in Kapitel 6.

3.1.5   Zwischenfazit

Das deutsche Energiesystem ist seit Jahrzehnten geprägt von einer hohen Importabhängigkeit bei den Primärenergierohstoffen. Außer in Bezug auf Braunkohle, dem klimaschädlichsten Brennstoff, verfügt die Bundesrepublik auf ihrem Gebiet über keine nennenswerten Reserven fossiler Brennstoffe, einschließlich Uran. Lediglich bei der Steinkohle werden noch hohe Vorkommen vermutet, diese kann jedoch aufgrund der hohen Tiefen nicht zu Weltmarktpreisen gehoben werden. Die verschiedenen erneuerbaren Energiequellen können in Deutschland, wie in nahezu jedem anderen Land auf der Erde, in einem breiten Spektrum genutzt werden. Die Potenziale für eine Vollversorgung in Deutschland sind grundsätzlich vorhanden und ihre technische Integration machbar. Ihre Erschließung hängt somit vorrangig von den politisch-ökonomischen Rahmenbedingungen ab.

Die Prognosen des EE-Anteils im Strombereich wurden in den letzten Jahren kontinuierlich übertroffen. Ende 2006 lag der Anteil am Stromverbrauch bei knapp 12 %. Davon entfielen rund 5 % auf die Windenergie, auf die Wasserkraft 3,5 %, die Biomasse 3 % und die Fotovoltaik 0,3 %. EE-Strom hat in 2006 über 67 Mio. Tonnen CO_2 vermieden, demgegenüber waren die Emissionen der am Emissionshandel beteiligten Unternehmen im gleichen Jahr um 3,6 Tonnen angestiegen. Die dem gesamten EE-Bereich zuzurechnenden Arbeitsplätze beliefen sich in 2006 auf rund 214.000, der Umsatz lag bei über 21 Mrd. Euro. Insbesondere in der Windenergie und der Fotovoltaik sind deutsche Unternehmen im internationalen Vergleich mit hohen Exportraten bereits sehr gut aufgestellt und Weltmarktführer.

Die Bedeutung der EE-Branche im Strombereich relativiert sich jedoch deutlich, wenn man den Anteil bezogen auf den gesamten Primärenergieverbrauch bei der Stromerzeugung betrachtet, der in 2006 lediglich bei 2,4 % lag. Dies offenbart auf der einen Seite die reale Wirtschaftskraft und Dominanz der fossilen Brennstoffwirtschaft und der konventionellen Energieversorger im deutschen Energiesystem, auf der anderen Seite aber auch die hohen Verluste durch die zentrale Stromproduktion in Großkraftwerken.

Aus der Analyse der technischen Faktoren und Rahmenbedingungen können für die Policy-Analyse folgende wesentliche Punkte festgehalten werden. Erstens handelt es sich beim konventionellen, zentral strukturierten Energiesystem und den primär dezentralen erneuerbaren Energien um *verschiedene technische Konzepte*, woraus sich *Konflikte* und unterschiedliche Interessen der überwiegend getrennten Akteursgruppen und Branchen ableiten, mit entsprechenden Folgen für den Politikprozess.[75] Eine besondere Rolle weist in diesem Zusammenhang das Stromnetz

---

[75]   Es ist davon auszugehen, dass die Einführung der erneuerbaren Energien anders verlaufen wäre, wenn die bestehenden Energieunternehmen diese neuen Technologien selbst eingeführt hätten (vgl. hierzu auch Jacobsson/ Bergek 2004; Jacobsson/ Lauber 2006). Eine solche Marktsituation, in der

auf, die sich größtenteils im Eigentum der großen EVU befinden, wodurch sie über einen wesentlichen technischen und ökonomischen Machtfaktor verfügen. Gleichzeitig erfordert diese Situation Maßnahmen und einen Rahmen für den diskriminierungsfreien Zugang der neuen dezentralen Marktakteure. Nicht zuletzt aus diesem Zusammenhang leitet sich die große Bedeutung des Energiewirtschaftsgesetzes für die EE-Branche ab (vgl. Kapitel 4). Durch das EEG wurde den erneuerbaren Energien zwar die vorrangige Einspeisung ermöglicht. Dennoch werden Veränderungen des Stromnetzes bezüglich Aus- bzw. Umbau, Netzmanagement, Energiespeicherung etc. notwendig, um bei zunehmendem Ausbau auch die Effizienzvorteile der dezentralen Energieerzeugung erschließen zu können. Hier sind weitere Konflikte zu erwarten, da die (technisch) zuständigen Netzbetreiber und Energieversorger diesbezüglich andere Interessen als die einspeisenden erneuerbare Energien-Anbieter verfolgen.

Zweitens ist festzuhalten, dass trotz der Unterschiedlichkeit erneuerbarer Energien die Integration auch bereits mit dem heutigen Stand der Technik zu vertretbaren Verlusten erfolgen kann (dena 2005). Die von Kritikern angeführten grundsätzlichen technisch-ökonomischen Hemmnisse erneuerbarer Energien, wie z.B. ein sehr hoher *Regelenergiebedarf*, die Vorhaltung hoher *Reservekapazitäten* oder gravierende Probleme der *Netzstabilität* sind nach gegenwärtig anerkanntem Wissenstand nicht gegeben bzw. technisch lösbar (ebda.). Im Gegenteil können durch den dezentralen Ansatz Übertragungsverluste begrenzt und Überkapazitäten reduziert werden.

Als dritter Aspekt kann festgehalten werden, dass viele EE-Technologien bereits gut entwickelt sind, dass darüber hinaus jedoch ein hohes *Innovationspotenzial* bei den etablierten sowie bei einer Reihe in der Entwicklung befindlicher Technologien besteht. Die bisher marktgängigen EE-Technologien wiesen einen Innovationsverlauf auf, der vergleichbar zu vielen anderen Technologien kontinuierlich und stetig entlang einer Lernkurve verlief, die ihre besondere Dynamik aus der Massenproduktion erhielt. Sprunghafte Innovationsentwicklungen haben bisher nicht stattgefunden, die Lernkurven zeigen stattdessen typische Verläufe wie auch bei anderen, vergleichbaren Technologien auf.

---

beispielsweise die traditionellen EVU primär die Anbieter bzw. Betreiber von EE-Anlagen sind, gibt es in vielen anderen Ländern (z.B. in Großbritannien), wodurch sich andere Interessenkonflikte ergeben und andere Politikinstrumente durchsetzen können (siehe hierzu Reiche 2005c; Lauber/ Toke 2005).

3.2 Politisch-ökonomische Rahmenbedingungen

Die EE-Politik ist auf der einen Seite eine eigenständige, spezifische Policy, sie ist auf der anderen Seite jedoch mit einer Vielzahl anderer Politikfelder, politischer Maßnahmen und Strategien funktional verbunden. Bei erneuerbaren Energien handelt es sich um eine große Anzahl überwiegend neuer Technologien auf neuen Märkten, die Beiträge zur Energieversorgung, zum Umwelt- und Klimaschutz sowie zu einer nachhaltigen Entwicklung leisten. Diese Beschreibung der Bedeutung und Funktion erneuerbarer Energien zeigt auch die wesentlichen politischen Bezüge und Einbettungen in andere Politikfelder auf. Hier sind im Wesentlichen neben der allgemeinen Wirtschafts-, Technologie- und Forschungspolitik (Abschnitt 3.2.2) die Energiepolitik (Abschnitt 3.2.3), die Umwelt- und Klimapolitik (Abschnitt 3.2.4), sowie die Entwicklungs- und Nachhaltigkeitspolitik (Abschnitt 3.2.5) zu nennen.[76]

Mit diesen politischen Feldern und Querschnittsbereichen gibt es eine Reihe von direkten und indirekten, mehr oder weniger starken Berührungspunkten, die als Rahmenbedingungen und Einflussfaktoren auf die spezifische EE-Politik einwirken. Die Art der Beeinflussung kann dominierend, konterkarierend oder unterstützend sein. Es kann sich um kontinuierliche, stabile Faktoren oder um vergleichsweise dynamische Impulse bzw. Störfaktoren handeln. Nachfolgend werden die genannten Politikbereiche mit dem Schwerpunkt auf ihrer Entwicklung in Deutschland sowie ihren Bezug zur Energie- und insbesondere zur deutschen EE-Politik im Strombereich untersucht. Dabei werden auch die wesentlichen, dominanten Entwicklungspfade, zentrale Akteure und Positionen herausgearbeitet. Im Rahmen der Betrachtung der Energiepolitik werden insbesondere politische Instrumente zur Förderung nicht-erneuerbarer Technologien der konventionellen Energiewirtschaft eingehender behandelt, da solche Maßnahmen bzw. Subventionen zu Pfadabhängigkeiten und Marktverzerrungen führen, die wichtige Restriktionen für die EE-Politik darstellen. Zunächst wird jedoch einführend kurz auf einige Grundbegriffe und Strukturen des staatlichen Systems der Bundesrepublik Deutschland eingegangen, die für die hier im Vordergrund stehenden politischen Prozesse von Relevanz sind.

---

[76] Als ein weiteres Politikfeld, das verstärkt in der energie- und klimapolitischen Debatte eine Rolle spielt, ist die Außen- und Sicherheitspolitik zu nennen. Darunter wird zum einen die Sicherung von Rohstoffen im Rahmen einer „Energieaußenpolitik" verstanden (siehe hierzu auch Kapitel 6). Zum anderen werden in den politischen Debatten zunehmend auch die sicherheitspolitischen Herausforderungen, die sich aus dem Klimawandel ergeben, behandelt, wie beispielsweise in einem Gutachten des WBGU vom Mai 2007 (WBGU 2007b).

3.2.1   Staatliche Strukturen und Institutionen[77]

Die Bundesrepublik Deutschland ist ein demokratisch-parlamentarischer Bundesstaat mit den *drei administrativen Ebenen Bund, Bundesländer und Kommunen* und den Verfassungsorganen Bundespräsident, Bundesregierung, Bundestag, Bundesrat und Bundesverfassungsgericht. Die Bundesebene vertritt den Gesamtstaat Deutschland nach außen, daneben gibt es *16 teilsouveräne Länder*. Beide Ebenen verfügen über eigene Staatsorgane der Exekutive (ausführende Gewalt), Legislative (gesetzgebende Gewalt) und Judikative (rechtsprechende Gewalt).

Der *Bundestag* als das wichtigste Bundesorgan wird vom Volk gewählt. Die Mehrheit des Bundestages wählt in der Regel den *Bundeskanzler* bzw. die Bundeskanzlerin. Er (oder sie) besitzt die Richtlinienkompetenz für die Politik der Bundesregierung (Kanzlerdemokratie). Auf der Ebene der Länder leitet der Ministerpräsident, in Stadtstaaten der Bürgermeister die Exekutive. Die *Verwaltungen* des Bundes und der Länder werden jeweils durch Fachminister geleitet, sie stehen an der Spitze der Behörden. Zur Exekutive gehören in Deutschland alle verwaltungstätigen Behörden des Bundes, der Länder und der Gemeinden, zudem hauptamtliche Kreisverwaltungen (Landratsamt), Stadtverwaltungen und Gemeindeverwaltungen sowie die ehrenamtlichen Kreistage und Gemeindevertretungen.

Die *Bundesgesetzgebung* erfolgt durch den Bundestag. Dabei sind die Abgeordneten der Parlamente nach dem Grundgesetz nicht weisungsgebunden, de facto dominieren jedoch Vorentscheidungen in den Parteien und in Folge so genannte Fraktionszwänge in der Regel die Gesetzgebung. Bei einer Reihe von zustimmungspflichtigen Gesetzen muss auch der *Bundesrat* zustimmen. Der Bundesrat ist ein Verfassungsorgan des Bundes, durch das die Landesregierungen bei der Gesetzgebung des Bundes und in Angelegenheiten der Europäischen Union mitwirken. Er ist ein kontinuierliches Organ ohne Legislaturperioden, dessen parteipolitische Zusammensetzung sich bei jeder Landtagswahl verändern kann, wohingegen der Bundestag ein diskontinuierliches Organ ist, das alle vier Jahre neu gewählt wird. Der Bundesrat besteht aus Exekutiven (den Landesregierungen), ist selbst jedoch ein legislatives Organ.

Durch die Zunahme der Kompetenzen des Bundes in Länderangelegenheiten hat sich im Gegenzug der Mitspracheumfang des Bundesrates in Bundesangelegenheiten deutlich erhöht. Vor diesem Hintergrund hat sich der Bundesrat zunehmend als parteipolitisches Instrument entwickelt, und nicht wie ursprünglich ge-

---

[77]   Alle allgemeinen Informationen dieses Abschnitts zum politisch-institutionellen System (Polity) stammen, soweit nicht anders angegeben, von der Bundeszentrale für politische Bildung (www.bpd.de, 5.6.2006). An dieser Stelle werden nur die wesentlichen politischen Strukturen und Akteure auf der nationalen Ebene betrachtet. Wesentliche Akteure und institutionelle Aspekte der EU- und der internationalen Ebene, die für den vorliegenden Kontext von Bedeutung sind, sowie deren Interaktionen mit der nationalen Ebene werden in den Kapiteln 5 und 6 behandelt.

dacht als Korrektiv zur parteipolitischen Bundestagsarbeit. Unterscheiden sich die Mehrheitsverhältnisse zwischen Bundestag und Bundesrat, wie häufig der Fall, besteht die Gefahr einer gegenseitigen Blockade aus parteitaktischen Erwägungen. Diese zunehmende institutionelle Verflechtung erhöht auch die Möglichkeiten von gekoppelten Politikentscheidungen getrennter Sachverhalte. Bisherige Ansätze zu einer Föderalismusreform mit „entflechtender" Wirkung sind gescheitert. Erst die große Koalition aus CDU/CSU und SPD erreichte eine Verabschiedung dieses langjährigen Vorhabens. Die am 1.9.2006 in Kraft getretene Reform wurde von der Bundesregierung als „die größte Verfassungsreform seit dem Inkrafttreten des Grundgesetzes im Jahre 1949" bezeichnet (Bundesregierung 2006c).[78]

Wenn ein vom Bundestag angenommener Gesetzentwurf der Zustimmung des Bundesrates bedarf und dieser den Entwurf mehrheitlich ablehnt – wie häufig im Fall unterschiedlicher Mehrheitsverhältnisse in den Häusern – oder wenn der Bundesrat bei einem nicht zustimmungspflichtigen Gesetz dies verlangt, wird ein *Vermittlungsausschuss* einberufen.[79] Bei einem Zustimmungsgesetz können wiederum der Bundestag und die Bundesregierung dessen Einberufung verlangen. Die Aufgabe des Vermittlungsausschusses besteht darin, bei Uneinigkeiten im Gesetzgebungsverfahren zwischen Bundestag und Bundesrat eine Einigung z.B. in Form eines Kompromisses zu erzielen.

3.2.2   Wirtschafts-, Technologie- und Forschungspolitik

Mit der Entstehung des Bereichs bzw. der *Gesamtbranche der erneuerbaren Energien*, die aus den Einzelbranchen der Wind- und Wasserkraft, Solarenergie, Biomasse und Geothermie besteht (siehe hierzu auch Abschnitt 3.1.1), ist ein neuer Wirtschaftszweig entstanden.[80] Die EE-Branche kann somit auf der einen Seite als eigenständig

---

[78] Insgesamt wurden 25 Artikel des Grundgesetzes geändert und Zuständigkeiten neu zugeschnitten. Dadurch wurde der Anteil der zustimmungspflichtigen Gesetze von etwa 60 auf 35-40 % reduziert (Bundesregierung 2006c). Kritiker aus den Oppositionsparteien äußerten dagegen, dass keine wirkliche Reform stattgefunden habe, da die Neuregelungen in den Bereichen Bildung und Umwelt schlechter als vorher seien und „die Zahl der zustimmungspflichtigen Gesetze ... allenfalls in politisch unbedeutenden Randbereichen geringfügig sinken" werde, „in allen zentralen Fragen behalten die Länderchefs ihr Blockadepotential" (Wieland 2006).

[79] Der Ausschuss besteht aus jeweils 16 Mitgliedern des Bundestages und des Bundesrates. Die vom Bundestag entsandten Delegierten werden vom Parlament anhand der Stärke der Fraktionen für die Dauer einer Legislaturperiode gewählt, während die Delegierten des Bundesrates von den Landesregierungen entsandt werden.

[80] Als Branchen werden Wirtschaftszweige bzw. durch einen Verband zusammengeschlossene Unternehmen bezeichnet (Gabler 1988: 922), die ähnliche Produkte herstellen oder ähnliche Dienstleistungen erbringen. Während diese Definition für die einzelnen Branchen der erneuerbaren Energien wie die Windenergie, Solarenergie etc. zutrifft, sind diese jedoch kein offizieller Bestandteil der amtlichen Wirtschaftszweigsystematik, weder in Deutschland noch international. In der deutschen Systematik (WZ 2003) wird lediglich die „Elektrizitätserzeugung aus erneuerbaren Ener-

angesehen werden, auf der anderen Seite ist sie jedoch auch hochgradig verzahnt mit einer Vielzahl etablierter Wirtschaftszweige, denen insbesondere die Einzelbranchen zugeordnet werden können. Die Wind- und Wasserkraft- sowie die Biomasseanlagenproduzenten sind z.b. mittlerweile wichtige Akteure im klassischen Maschinen- und Anlagenbau, so dass der diesbezügliche Verband (VDMA)[81] seit mehreren Jahren wiederum zu einem wichtigen Vertreter der EE-Branche und gleichzeitig zu einer Brücke zur „konventionellen" Wirtschaft und den dazugehörigen Dachverbänden geworden ist. Eine ähnliche Entwicklung ist mittlerweile bei der Verankerung der erneuerbaren Energien im Handwerksbereich zu beobachten. Dies zeigt zugleich, dass die EE-Branchen auch von politischen Entwicklungen betroffen sind, die diese übergreifenden Wirtschaftsbereiche betreffen.

Aus wirtschaftspolitischer Sicht sind die folgenden Charakteristika der EE-Gesamtbranche hervorzuheben: Sie steht für die Entwicklung einer Vielzahl neuer Technologien und Innovationen, die Gründung zahlreicher, vorwiegend klein- und mittelständisch geprägter Unternehmen (KMU) und einer diesbezüglichen Marktstruktur sowie für eine ausgeprägte Exporteignung der produzierten Technologien und Dienstleistungen.

Die überwiegend *durch KMU geprägten EE-Branchen* – vom Handwerk und Ingenieurbüros über mittelständische Hersteller bis hin zu Betreibern und Ökostromhändlern – sind besonderen Problemen zum Beispiel bei der Kapitalbeschaffung oder der Internationalisierung des Wettbewerbs ausgesetzt.[82] Da die deutsche Wirtschaft insgesamt traditionell stark mittelständisch geprägt ist, gibt es eine Reihe von Unterstützungsmaßnahmen der Politik zur Förderung von KMU in Bezug auf die genannten Hemmnisse. Ein jüngeres Beispiel ist die so genannte Mittelstandsoffensive der Bundesregierung aus dem Jahr 2006, durch die insbesondere die schwie-

---

gien" erfasst (Statistisches Bundesamt 2002). Die einzelnen EE-Branchen sind gegenwärtig in disaggregierter Form den bestehenden Rubriken zugeordnet, z.B. werden die Turbinen der Wasser- und Windkraft in der dafür vorhandenen Rubrik erfasst. Dies erschwert die detaillierte Feststellung und Erhebung der Branchenentwicklung und die Ermittlung von offiziellen statistischen Kennzahlen. Aus diesem Grund hat das BMU in den letzten Jahren kontinuierlich eine Reihe von Studien zur Erfassung der Branchenentwicklung beauftragt sowie im Jahr 2004 eine spezifische „Arbeitsgruppe Erneuerbare Energien-Statistik (AGEE-Stat)" eingerichtet, um den Mangel der amtlichen Statistik auszugleichen und Vorschläge zur Verbesserung zu erarbeiten.

[81]   VDMA steht für Verband Deutscher Maschinen- und Anlagenbau, siehe auch www.vdma.org.

[82]   So schreibt beispielsweise der Bundesverband Windenergie zu dieser Problematik: „Akteure im Markt für erneuerbare Energie-Technologien sind in der Mehrzahl kleine und mittlere Unternehmen. Die chronisch dünne Eigenkapitaldecke der KMU erschwert oft den Einsatz größerer Investitionsvolumina für Auslandsprojekte. [...] Für die Zukunft gilt es, vorhandene Finanzierungsinstrumente anzupassen bzw. neue Instrumente zu entwickeln, die den besonderen Anforderungen der erneuerbaren Energien gerecht werden. Dies können Kreditprogramme sein, die an die spezifischen Projektgrößen angepasst sind, bis hin zu Kleinkrediten für Offgrid-Systeme zur ländlichen Elektrifizierung." (BWE 2006a: 3).

rige Finanzierungssituation von kleinen Unternehmen und Gründungen verbessert werden soll.[83]

Auf der anderen Seite ist die deutsche Wirtschaftspolitik – ebenso traditionell – auf eine Förderung von international wettbewerbsfähigen Großunternehmen ausgerichtet. Diese Tendenz hat sich durch die Einführung des europäischen Binnenmarktes noch verstärkt und ist insbesondere in den liberalisierten Versorgungssektoren und somit auch im Energiebereich stark ausgeprägt. Eine diesbezügliche Politik wurde unter den liberalen Wirtschaftsministern der CDU/CSU-FDP-Regierungen unter Helmut Kohl eingeführt und in der Zeit der Rot-Grünen Bundesregierung unter dem Begriff der *„Schaffung nationaler Champions"* fortgesetzt.[84] Als problematisch an dieser Politik ist dabei zu konstatieren, dass das Vorhaben, nationale Champions für den internationalen Wettbewerb aufzubauen, gleichzeitig einen massiven Eingriff in den nationalen Markt darstellt, der auch in vielen Fällen von den negativ betroffenen Marktakteuren und den zuständigen nationalen wie europäischen Einrichtungen zur Wettbewerbskontrolle stark kritisiert wurde (hierzu ausführlicher in Bezug auf die Situation auf dem deutschen Energiemarkt in Abschnitt 4.2.2.).

Sowohl bei der Unterstützung nationaler Champions als auch bei der KMU-Förderung ist eine wesentliche Motivation die Verbesserung bzw. Stabilisierung der *internationalen Wettbewerbsfähigkeit.* Deutschland ist nicht nur nach den USA und Japan die drittstärkste Volkswirtschaft, sondern auch seit mehreren Jahren im internationalen Vergleich eines der erfolgreichsten Exportländer. Nach absoluten Zahlen hatte die Bundesrepublik in den letzten Jahren mehrmals hintereinander die

---

[83] In ihrer Mittelstandsoffensive hat die Bundesregierung im Jahr 2006 zusammen mit der KfW die Förderangebote des Bundes „mittelstandsfreundlich" weiter entwickelt. So sollen zum Beispiel die Kreditinstitute bei den Kleinkreditprogrammen für Unternehmen in der Gründungsphase vollständig vom Risiko befreit und die Bearbeitungsverfahren gestrafft werden (BMWi 2006a). Auch die Deutsche Bundesbank hat sich nach eigenen Angaben in den Verhandlungen um Basel II insbesondere um die möglichen Auswirkungen der neuen Eigenkapitalregeln auf die Verfügbarkeit von Bankkrediten und auf die Kreditkonditionen für den Mittelstand gekümmert. „Angesichts der großen Bedeutung kleiner und mittlerer Unternehmen für Innovationen, für das gesamtwirtschaftliche Wachstum und für die Beschäftigung lag das Hauptaugenmerk der deutschen Verhandlungsdelegation darauf, bei der Konzeption von Basel II die Besonderheiten des Mittelstands im Vergleich zu großen Unternehmen zu berücksichtigen, um eine Benachteiligung kleiner und mittlerer Firmen auszuschließen" (Deutsche Bundesbank 2005).

[84] Siehe hierzu ausführlicher den Abschnitt 4.2.2. In der ersten rot-grünen Regierungsperiode von 1998 bis 2002 wurde das Bundesministerium für Wirtschaft (BMWi) von dem parteilosen Werner Müller geleitet, der davor und danach in der konventionellen Energiewirtschaft als leitender Manager tätig war. Ab 2002 erfolgte eine Zusammenlegung des Ressorts zum Bundesministerium für Wirtschaft und Arbeit (BMWA) unter dem SPD-Minister Wolfgang Clement, ehemaliger Ministerpräsident von Nordrhein-Westfalen und später ebenfalls mit mehreren Tätigkeiten in der konventionellen Energiewirtschaft. Seit 2005 hat das Bundesministerium für Wirtschaft unter Schwarz-Rot nun auch Teilkompetenzen in der Technologieentwicklung bekommen (BMWi) und wird Michael Glos (CSU) geleitet.

führende Position inne (bpd 2005). Damit kommt dem Export eine hohe volkswirtschaftliche Bedeutung zu, da er insbesondere in den letzten Jahren regelmäßig die schlechte Lage auf dem Binnenmarkt auffangen oder überkompensieren konnte. Vor diesem Hintergrund sind die *Außenwirtschaftspolitik* und diesbezügliche Fördermaßnahmen mit ihren institutionellen Strukturen darauf ausgerichtet, insbesondere solche Produkte, Technologien und Dienstleistungen zu fördern, die für den Export geeignet sind.[85] Ein wichtiges Instrument der Außenwirtschaftsförderung stellen die Exportkreditgarantien des Bundes dar (so genannte Hermesdeckungen), die zur Absicherung von Auslandsrisiken für Exporte deutscher mittelständischer Unternehmen in risikoreiche Märkte gewährt werden. Die bisherige Inanspruchnahme dieses Angebots ist seitens der EE-Branche jedoch noch sehr gering (EH/ PWC 2005; BMWi 2007a).

Da die Exporteignung in besonderem Maße bei den EE-Technologien und -Dienstleistungen gegeben ist, wurde von der Bundesregierung zur besseren strategischen Erschließung dieser Exporteignung seit dem Jahr 2002 zusätzlich eine spezielle Unterstützungsmaßnahme gestartet. Unter der *„Exportinitiative Erneuerbare Energien"* wurde ein Programm gestartet, das neben traditionellen Instrumenten der Exportförderung auch speziell für die EE-Branche entwickelte Unterstützungsmaßnahmen beinhaltet. Ziele dieser Exportförderung sind Netzwerkbildung und Kooperation, Schaffung von Export-know-how für deutsche Unternehmen sowie die internationale Markterschließung.[86] Da es sich beim Angebot der Exportinitiative vorrangig um weiche Maßnahmen handelt, ist ihr Beitrag zur Exportentwicklung der Branche nur schwer einzuschätzen. Die bisherigen Aktivitäten werden von den Auftraggebern und der Branche gemischt bewertet.[87]

---

[85]   Einen Überblick über die Angebote und Möglichkeiten zur Förderung von Export und Außenhandel im Allgemeinen bietet das Portal „www.ixpos.de" des Bundeswirtschaftsministeriums und der Bundesagentur für Außenwirtschaft (bfai). Daneben präsentieren sich dort auch das Auswärtige Amt und weitere Bundesministerien, die Wirtschaftsministerien und Förderungsgesellschaften der Bundesländer, Spitzenverbände der deutschen Wirtschaft, das Kammernetz sowie Organisationen aus dem Bereich der Exportfinanzierung.

[86]   Konkrete Instrumente der Exportinitiative sind das Auslandsmesseprogramm des BMWi, Kontaktveranstaltungen der bfai, das AHK-Geschäftsreiseprogramm, aber auch das Marketingpaket „renewables made in Germany" sowie die spezifische Förderung von Leuchtturmprojekten in anderen Ländern. Nähere Informationen finden sich unter www.exportinitiative.de (8.6.2007, siehe auch dena 2006).

[87]   Die Bundesregierung bewertete die Exportinitiative im Jahr 2007 rückblickend auf die Aktivitäten bis 2005 als ein „wirkungsvolles Instrument", fordert jedoch gleichzeitig eine Vielzahl von Veränderungen (Umweltausschuss 2007). Eine stärkere Bündelung und Koordinierung der Initiativen der verschiedenen Netzwerkpartner der Exportinitiative sei erforderlich, „Überschneidungen und Widersprüche" seien zu überwinden, da sich „Zersplitterung der Informationen ... vor allem für kleine und mittlere Unternehmen negativ auswirken, die sich neu auf Export orientieren" (ebda.: 3). Auch eine stärker branchenspezifische Ziellandorientierung wird gefordert sowie eine Schwerpunktsetzung auf ausgewählte OECD- sowie Schwellen- und Entwicklungsländer. Der Bericht verweist schließlich auch auf direkte Kritik seitens des Bundestages, aber auch der Branchen: „Die

Eine besondere Rolle bei der Entwicklung erneuerbarer Energien spielt die technologiepolitische Komponente durch die *Förderung von Forschung und Entwicklung* (F&E). Die ersten Aktivitäten zur gezielten Förderung erneuerbarer Energien auf nationaler Ebene gingen von den beiden Bundesministerien für Forschung und für Umwelt aus, die sich auch im Politikprozess zum Stromeinspeisungsgesetz zu wichtigen politischen Unterstützern entwickelten (siehe hierzu die Ausführungen in späteren Abschnitten sowie bei Kords 1993). Mit der Übertragung der Kompetenzen für die erneuerbaren Energien in das BMU im Jahr 2002 liegen seitdem auch die forschungspolitischen Schwerpunkte überwiegend in diesem Ressort. Allerdings findet nach wie vor auch EE-Forschung im BMBF statt, zudem liegt die Zuständigkeit für viele Fragen zur Biomasse beim BMELV[88], und die oben angesprochene Exportinitiative liegt in der Zuständigkeit des Wirtschaftsministeriums.

Betrachtet man die Ausgaben für die *staatliche Forschungsförderung im Energiebereich* so zeigt sich deutlich, dass seit den 1970er Jahren die Atomenergieforschung mit zum Teil deutlichem Abstand dauerhaft die größten Finanzmittel für Forschung und Entwicklung erhalten hat. Dabei haben sich die Ausgaben von 1974 bis 1982 auf eine Höhe von ca. 2,4 Mrd. Euro pro Jahr gesteigert, mit Anteilen von teilweise weit über 80 % des Etats für die Atomenergie. Die gesamten Forschungsausgaben sanken danach bis Mitte der 1990er Jahre deutlich und konstant unter die eine Mrd. Euro-Grenze, die Atomenergie blieb jedoch in jedem Jahr die am stärksten geförderte Technologie (vgl. Abbildung 8).[89] In einer Studie des DIW werden die Fördersummen für die Atomtechnologie zwischen 1974 und 2007 auf über 24 Mrd. Euro beziffert (Diekmann/ Horn 2007: 17, 72f). Die Forschung zur Kohletechnologie ist seit den 1980er Jahren kontinuierlich zurückgegangen, und die Forschung zu Energieeffizienz und erneuerbaren Energien hat sich seit 1980 auf einem vergleichsweise konstanten Level um 200 Mio. Euro bewegt. In der oben genannten Studie werden die Bundesausgaben für die Forschung zu erneuerbaren Energien und Energieeffizienz zusammen im gleichen Zeitraum (19974 bis 2007) auf etwa 6 Mrd. Euro beziffert (ebda.2007: 53f). Damit übersteigen die Bundesmittel für die nukleare

---

zient umzusetzen und nicht nur einige ausgewählte. Es ist wichtig, eine weitere Profilschärfung vorzunehmen, damit die Exportinitiative den Anforderungen der Zielgruppen gerecht wird und dem deutschen Exportschlager Erneuerbare Energien weitere Türen geöffnet werden." (ebda.: 4)

[88] Das Bundesministerium für Ernährung, Landwirtschaft und Verbraucherschutz (BMELV), seit 2005 unter der Leitung des CSU-Ministers Horst Seehofer, hieß zur Zeit der rot-grünen Regierung BMVEL und wurde von Renate Künast von Bündnis90/Die Grünen geleitet.

[89] Während in der Einführungsphase der Atomenergie der dominierende Teil der Mittel für die Entwicklung und den Betrieb der Kernreaktoren aufgewendet wurde, fließen seit den 1990er Jahren anteilig verstärkt auch Mittel in die Entsorgung und den Rückbau. Seit Beginn der hier dargestellten Aufzeichnung wurde zudem kontinuierlich und nahezu konstant die Kernfusionsforschung im Umfang von 100 bis 200 Mio. Euro gefördert (vgl. Abbildung 8).

Forschungs- und Technologieförderung diejenigen für erneuerbare Energien und Energieeffizienz um das Vierfache.

Abbildung 8: Ausgaben des Bundes für Wissenschaft, Forschung und Entwicklung nach Förderbereichen und Förderschwerpunkten in Mio. Euro

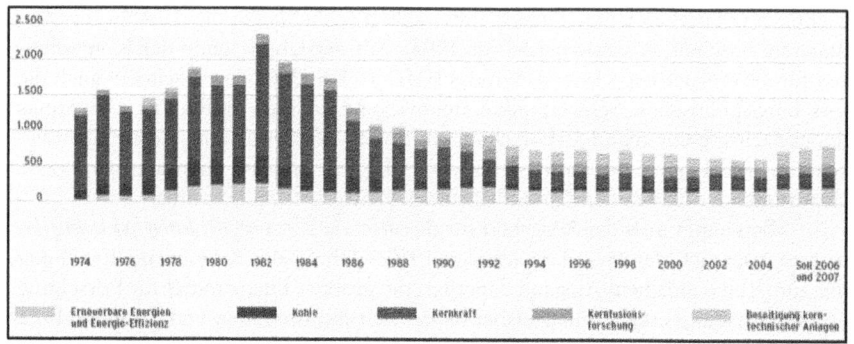

Quelle: BMU (2007f: 11)

Abbildung 9: Staatliche Forschungsförderung zwischen 1975 und 2005 in Mio. Euro

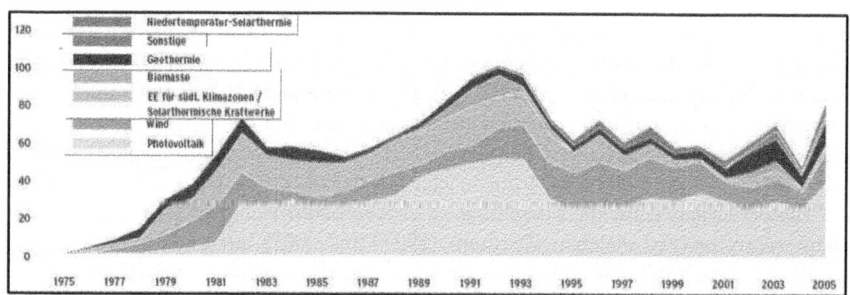

Quelle: BMU (2006d: 9)

Einen differenzierten Blick auf die öffentlichen Forschungsmittel im Bereich erneuerbarer Energien seit 1975 bis 2005 liefert die Abbildung 9. Hier erkennt man, dass die EE-Forschungsförderung zu Beginn der 1990er Jahre, also in den ersten Jahren des Stromeinspeisungsgesetzes, ihren Höhepunkt hatte und danach tendenziell rückläufig war. Diese Tendenz wurde auch nicht durch die Regierungsübernahme von SPD und Bündnis90/Die Grünen verändert. Ein Grund, weshalb die Forschungsausgaben für erneuerbare Energien gerade in der rot-grünen Regierungszeit zunächst gesunken sind und auch später nicht signifikant erhöht wurden, kann zum einen in der fast durchgängig angespannten Haushaltslage gesehen werden. Zum anderen wurden aber auch durch die effektive Marktentwicklung und den Aufbau einer EE-Industrie durch das EEG verstärkt private Forschungsmittel von der Branche selbst investiert.[90]

Den größten Anteil an den gesamten Forschungsausgaben hat über die Zeit und bis heute die nach wie vor teuerste Technologie, die Fotovoltaik erhalten, gefolgt von der Windenergie und der Geothermie. Seit Einführung des EEG wurde im Vergleich zu den Vorjahren ein breiteres Technologiespektrum bedient.

Die Debatte um die Forschungsförderung im Energiebereich wird politisch kontrovers geführt und häufig mit der Subventionsdebatte verflochten (siehe hierzu den nachfolgenden Abschnitt). Von Seiten der Befürworter erneuerbarer Energien wird dabei angeführt, dass diese angesichts ihres hohen Potenzials für die zukünftige Energieversorgung eine deutlich höhere F&E-Förderung erhalten müssen, wenn sie zukünftig und schneller einen signifikanten Beitrag zur Energieversorgung leisten sollen. Eine These ist dabei, dass dieses Ziel schon heute zu einem deutlich höheren Anteil erreicht wäre und zukünftig deutlich schneller erreichbar würde, wenn staatliche Mittel in einer Größenordnung geflossen wären wie im Fall der Atomenergie (beispielhaft: Scheer 2005).[91] Eine Forschungsförderung für erneuerbare Energien, die wie die in Abbildung 8 gezeigte Förderung der Atomkraft jährlich in Milliardenhöhe über einen längeren Zeitraum erfolgen würde, könnte zu der von der EU-Kommission geforderten „industriellen Revolution" im Energiebereich (Europäische Kommission 2007b) und deutlich schneller zu den benötigten Kostendegressionen führen.

Die Befürworter der Atomtechnik führen an, dass sich angesichts der hohen Stromproduktion der Atomkraftwerke die Forschungsmittel gelohnt hätten, da Atomstrom heute günstiger als der Marktdurchschnitt produziert werden könne und sich somit „ein volkswirtschaftlicher Nutzen" ergäbe (Jäger/ Weis 2004: 10).[92] Dabei berücksichtigen die Autoren jedoch keine volkswirtschaftlichen Belastungen aus der Atomenergie, die sich zum Beispiels aus der nicht ausreichenden Versicherung des Unfallrisikos, dem Schutz der Anlagen und Brennstofftransporte, der ungelösten Entsorgung und den damit verbundenen Kosten über Jahrtausende sowie weiteren externen ökologischen und sozialen Kosten ergeben.[93]

---

[90]   Belastbare, veröffentlichte Daten zu diesem Zusammenhang sind dem Autor nicht bekannt. Empirische Analysen zur Situation der Fotovoltaik-Industrie ergaben allerdings positive Hinweise sogar für einen überdurchschnittlichen Forschungsbeitrag der deutschen Solarindustrie im Vergleich zu allgemeinen Durchschnittswerten von vergleichbaren Branchen (Hirschl 2004, 2002a). Zu diesem Thema, das aus Sicht des Autors in eine dynamische Bewertung der Fotovoltaik-Förderung bzw. der Wirkung dieser Förderung mit einzubeziehen ist, besteht jedoch ein Forschungsbedarf.

[91]   Damit ist häufig auch die Kritik an den hohen jährlichen und insbesondere den kumulierten Forschungsausgaben für die Atomenergie verbunden.

[92]   Jäger und Weis ermitteln hier aus den eingesetzten Forschungsmitteln pro produzierter kWh Atomstrom einen Wert von rund 0,2 Cent/kWh (Stand 2002).

[93]   Zu den häufig schwer quantifizierbaren Risiken, die ebenfalls volkswirtschaftliche Relevanz haben,

3.2.3   Energiepolitik

Die Energiepolitik in Deutschland ist, wie Lutz Mez es ausdrückt, „ein altes Politikfeld" (Mez 1998: 24). Bereits diese einfache Erkenntnis erklärt, warum in der Energiepolitik sehr häufig von Traditionen und Pfadabhängigkeiten gesprochen wird
(siehe z.b. bei Reiche 2004; Kern et al. 2003), und Änderungsprozesse entweder nur
sehr schwer und langwierig erfolgten, oder durch die übergeordnete Ebene der EU
bzw. „Störgrößen" und katastrophale Ereignisse wie das Waldsterben oder der
Reaktorunfall von Tschernobyl. Die letzten beiden Beispiele kennzeichnen dabei
Ereignisse, die dazu geführt haben, dass seit Mitte der 1980er Jahre der energiepolitische Zielkanon um den Faktor Umweltschutz erweitert wurde, während es vorher
primär um die sichere Bereitstellung preisgünstiger Energie ging. Diese eng geführte
ökonomische Zielstellung wurde in der frühen Phase der Energiepolitik durch eine
explizite Kohlepolitik verfolgt, die dann durch den Siegeszug des Erdöls verdrängt
und nach den Ölpreiskrisen in den 1970er Jahren durch eine forcierte Atompolitik
ersetzt wurde (Mez 1998).

Der heutige Zielkanon besteht (in etwa seit der Diskussion um das Waldsterben 1983) in nahezu unveränderter Form aus der Trias „Wirtschaftlichkeit,
Versorgungssicherheit und Umweltverträglichkeit" (BMWi 2007d).[94] Ein Problem
dieser Trias ist die mögliche Konkurrenz der Ziele, die beispielsweise auftritt, wenn
die Erhöhung der Versorgungssicherheit – und damit der Abbau von Importen
fossiler Rohstoffe – durch die Erhöhung des EE-Anteils in Deutschland zu höheren Kosten führt. Besonders deutlich wird die Konkurrenz beim Umweltschutz, der
nach dem Willen vieler Akteure aus der konventionellen Energiewirtschaft möglichst nicht zu Lasten der anderen beiden Ziele gehen soll. Auch das BMWi verweist
darauf, dass „wirksame Klimaschutzpolitik sich nicht negativ auf die Wettbewerbs-
position unserer Unternehmen" auswirken solle, weshalb „Maßnahmen zur Emissionsminderung nicht allein national, sondern möglichst im europäischen und internationalen Verbund vorangetrieben werden" müssten (BMWi 2007d). Ein weiteres
Problem der Begriffe liegt in ihrer grundsätzlichen Unschärfe. Sowohl die Versorgungssicherheit als auch der Umweltschutz umfassen Lösungen von erneuerbaren
Energien bis zur Atomkraft, zwischen denen jedoch Konflikte und Konkurrenzen
bestehen und die von sehr unterschiedlichen Interessengruppen vertreten werden.

Die *Entwicklung erneuerbarer Energien* wird direkt durch die allgemeinen energiepolitischen Rahmenbedingungen beeinflusst, sowie indirekt durch solche politi-

---

ist ebenso das gesteigerte Proliferationsrisiko und die dadurch entstehende instabile Lage der Welt
zu zählen, deren Stabilisierung wiederum viele Ressourcen bindet. Eine Diskussion dieser Risiken
sowie der Lage und Perspektiven der Atomenergie findet sich in den Sammelbänden der Heinrich-
Böll-Stiftung (2006) sowie von BMU und FFU (2006).

[94] Mez führt in seiner Diskussion des energiepolitischen Zielkanons noch die Dimensionen der
Sozialverträglichkeit und Friedfertigkeit der Energieversorgung an (Mez 1998: 28).

sche Instrumente und Maßnahmen, die sich auf die konkurrierenden Energiequellen und Technologien beziehen. Der energiepolitische Rahmen wird durch das so genannte Energiewirtschaftsgesetz (EnWG) geprägt, das als „Grundgesetz der Energiewirtschaft" gilt. Dieses Gesetz hatte über viele Jahrzehnte seit 1935 Bestand, wodurch sich verfestigte Strukturen, Pfadabhängigkeiten und etablierte Akteurskoalitionen entwickelt haben. Erst die Binnenmarktentwicklungen auf EU-Ebene konnten eine Novelle des auf deutscher Ebene stabilen Rahmens anstoßen. Die Debatte um den diesbezüglichen Liberalisierungsprozess wurde zu der zentralen Auseinandersetzung in der Energiewirtschaft über die Neugestaltung des Energiemarktes und des Wechselspiels zwischen Staat und Marktakteuren. Vor diesem Hintergrund leitet sich auch die besondere Bedeutung dieses Gesetzes für die erneuerbaren Energien ab, weshalb seine politische Entstehung und die Wechselwirkungen ausführlich im Kapitel 4 untersucht werden.

Die Markteinführung und Wettbewerbsfähigkeit der erneuerbaren Energien auf dem Energiemarkt wird darüber hinaus in hohem Maße durch die Rahmenbedingungen, Förderungen und Subventionen beeinflusst, die anderen Energietechnologien und Brennstoffen zu Gute kommen. Solche Instrumente können eine tendenziell positive Wirkung für die Entwicklung erneuerbarer Energien entfalten, wenn sie komplementäre Technologien wie die dezentrale Kraft-Wärme-Kopplung (KWK) fördern (siehe auch Abschnitt 3.1.2). Aber auch andere umwelt- und klimapolitische Instrumente im Energiebereich – denen auch das EEG zugeordnet werden kann – können positive Wechselwirkungen entfalten (siehe Abschnitt 3.2.3.1). Die energiepolitischen Instrumente zu Gunsten konkurrierender Energietechnologien und Brennstoffe vergrößern hingegen den Abstand zur Schwelle der Wirtschaftlichkeit, wenn sie zur Senkung der durchschnittlichen Energieerzeugungskosten aus konventionellen Primärenergieträgern wie Kohle, Gas und Uran beitragen. Die Entwicklung dieser spezifischen Energie-Politiken wird im Zusammenhang mit der Darstellung der Situation des deutschen Kraftwerksparks in den Abschnitten 3.2.3.2 und 0 behandelt.

3.2.3.1 Umwelt- und klimapolitische Instrumente im Energiebereich

Als komplementäre, weil (tendenziell) ebenfalls dezentrale Technologie ist die Kraft-Wärme-Kopplung (KWK) anzusehen, bei der neben dem erzeugten Strom auch die anfallende Wärme genutzt wird. Die Verbreitung der KWK-Anlagen ist nicht nur ein Beitrag zu einer effizienteren Nutzung von fossilen Rohstoffen oder von Biomasse und somit ein wichtiger Beitrag zur Erreichung der umwelt- und klimapolitischen Ziele, sie stärken auch die Transformation hin zu dezentraler Energieversorgung. Aus diesem Grund hat die rot-grüne Regierung im Jahr 2000 das *Gesetz zur Förderung der Kraft-Wärme-Kopplung* (KWKG 2000) eingeführt, um die in der Markteinführung teureren Anlagen zu fördern. Nach anfänglicher Wirkungslosigkeit des Gesetzes und drohendem massivem Anlagenrückbau wurde es im Jahr 2002 aktualisiert (KWKModG 2002).[95]

Das Gesetz zielt dabei insbesondere auf die Förderung kleinerer, dezentraler KWK. Hierunter fallen auch Anlagen, die Biomasse oder Abfall nutzen, wenn dieser nicht bereits nach dem EEG gefördert wird.[96] Der verstärkte Ausbau solcher grundlastfähiger und regelbarer dezentraler KWK-Anlagen kann als eine wichtige Voraussetzung für die stärkere Nutzung insbesondere von solchen EE-Anlagen angesehen werden, die eine unstete Stromerzeugung aufweisen, beispielsweise durch die Zusammenschaltung in virtuellen Kraftwerken (siehe auch Abschnitt 3.1.2). Die wirtschaftlichen Bedingungen sind jedoch auch nach der Gesetzesänderung von 2002 so, dass de facto kein verstärkter KWK-Ausbau stattfindet. Bis heute fordern die KWK-Befürworter daher (bislang erfolglos) eine Verbesserung des Gesetzes, obwohl diese auch dazu beitragen würde, die Energieeffizienz im Energiesektor insgesamt zu erhöhen, so wie dies auch vom Gesetzgeber selbst als zentrale Intention benannt ist (vgl. § 1 KWKG 2002).

Ein jüngeres klima- und energiepolitisches Instrument ist der *Emissionshandel*, der eine wichtige Rolle sowohl im Kyoto-Protokoll von 1997 als auch in der EU-Klimapolitik spielt und seit 2005 in den EU-Mitgliedsstaaten eingeführt wurde. Die bisherige Bedeutung dieses Instruments für den Klimaschutz und die Transformation des Energiesystems kann vor dem Hintergrund der damit angestrebten Reduktionen als gering bezeichnet werden, ebenso die Auswirkungen auf die Entwicklung erneuerbarer Energien (siehe in Abschnitt 6.3). Von größerer Bedeutung scheint hier die politische Debatte um die Vereinheitlichung der Instrumente im Klimaschutzbereich, die als klare Konkurrenz und somit Schwächung des deutschen EEG anzusehen ist (siehe hierzu auch die Abschnitte 3.3.2 bis 3.3.4).

Ein energiepolitisches Breiteninstrument, das die rot-grüne Bundesregierung im Jahr 1999 als einen Bestandteil ihrer „Energiewende-Politik" eingeführt hat, ist die so genannte „*Ökosteuer*" (ökologische Steuerreform).[97] Mit der Ökosteuer wurden erstmalig verschiedene Energiesteuern mit dem Ziel einer ökologisch motivierten Lenkungswirkung der Energiewirtschaft eingeführt. Dabei wurde durch Steuererhöhungen in mehreren Stufen zwischen 1999 und 2003 der Faktor Energie kontinuierlich verteuert, um mit den Einnahmen gleichzeitig den Faktor Arbeit durch eine Senkung des Beitragssatzes in der Rentenversicherung zu entlasten. Dieser Zusammenhang war über die Koalitionsvereinbarung der Regierungspartner vereinbart worden.[98]

---

[95] Zur KWK-Problematik siehe ausführlicher Abschnitt 4.2.2.
[96] Eine Doppelförderung ist somit ausgeschlossen. Im EEG wiederum gibt es seit 2004 einen KWK-Bonus, der die Wärmenutzung fördern soll.
[97] Eine Policy-Analyse der Entstehung dieses Instruments wurde von Danyel Reiche und Carsten Krebs verfasst (Reiche/ Krebs 1999).
[98] Mit dieser Kopplung wurde gleichzeitig das politische Überleben der ökologischen Steuerreform

Die Ökosteuer umfasst eine Erhöhung der Mineralölsteuersätze auf Kraft-
und Heizstoffe sowie die Einführung und ebenfalls schrittweise Erhöhung der
Stromsteuer. Die vielfältige Wirkung dieser Energiesteuer wurde von der Regierung
wie folgt beschrieben (BMU 2005b: 18): Sie sei „ein wichtiger Schritt zum Abbau
umweltschädlicher Subventionen" und habe „dazu beigetragen, Energie einzuspa-
ren, die Emissionen klimaschädlicher Treibhausgase zu senken sowie die Rahmenbedingungen für mehr Beschäftigung zu verbessern. Außerdem setzt sie Anreize für
Investitionen in umweltfreundliche Zukunftstechnologien und stärkt damit die
Wettbewerbsfähigkeit der Wirtschaft. Als nationales Steuerungsinstrument hat sich
die Ökologische Steuerreform bewährt. Die gesamtwirtschaftliche Bilanz ist positiv."[99]

Damit ist auch ein wesentlicher Zusammenhang zu erneuerbaren Energien
beschrieben, denn durch die Verteuerung fossiler Brennstoffe verringern sich die
Differenzkosten der Technologien. Allerdings gilt dies nur für den Vergleich mit
ölbasierten Brennstoffen (Benzin, Diesel, Heizöl) und Erdgas, denn die Brennstoffe
Kohle und Uran wurden durch die Ökosteuer nicht erfasst. Des Weiteren waren
reine Biokraftstoffe und später Bioheizstoffe von Mineralölsteuer befreit bzw.
begünstigt, ebenso wie KWK-Anlagen. Von der Stromsteuer befreit ist zudem
Strom, der direkt von einer EE-Anlage stammt (ausgenommen Wasserkraft größer
10 MW). Durchgeleiteter Ökostrom sowie der EE-Anteil im Strommix - also der
überwiegende Teil - wird dagegen versteuert.[100] Eine direkte Förderung erneuerbarer Energien erfolgt schließlich noch dadurch, dass aus Mitteln aus dem Ökosteuer-
aufkommen das so genannte Marktanreizprogramm (MAP) mit jährlich 100 bis
über 200 Mio. Euro finanziert wurde.[101]

Hinsichtlich der ökologischen Lenkungswirkung gibt es jedoch auch Kritik
an der Ökosteuer. Eine „fehlende Orientierung der Steuersätze an den tatsächlichen

---

gesichert, die trotz massiver Kritik aus den Reihen der oppositionellen Parteien (CDU, CSU und
FDP) auch nach dem Regierungswechsel zur schwarz-roten Koalition seit 2005 nicht angetastet
wurde.

[99] Die Wirkung auf die Beiträge der Rentenversicherung wird von der Regierung wie folgt angegeben:
„Der Beitragssatz zur gesetzlichen Rentenversicherung würde ohne Ökosteuer um 1,7 Prozent-
punkte höher liegen" (Bundesregierung 2005a: 6). Zu den tatsächlichen Effekten der Energiebe-
steuerung hinsichtlich Wirtschaftswachstum und Arbeitsmarkt, Energieverbrauch und CO_2-
Emissionen sowie die Wirkungen auf die Einkommensverteilung kam eine Studie des Deutschen
Instituts für Wirtschaftsforschung (DIW) und Partnern zu „überwiegend positiven" Ergebnissen
(Bach et al. 2001). Damit kommen die Autoren der Studie auch zu dem Fazit, dass die ökologische
Steuerreform „eine tragendere Rolle im Klimaschutz spielen könnte" (ebda.: 220).

[100] Einer grundsätzlichen Stromsteuerbefreiung von Ökostrom steht die unzureichende Nachweismög-
lichkeit in vielen Fällen entgegen, insbesondere bei importiertem Strom.

[101] Das MAP ist ein auf Zuschüssen und günstigen Darlehen basierendes Programm, durch das im
Schwerpunkt Wärme erzeugende Anlagen gefördert werden (www.bafa.de). Seit 2003 werden zudem weitere Ökosteuermittel zur Finanzierung des KfW-CO₂-Gebäudesanierungprogramms verwendet (www.kfw.de).

Umweltauswirkungen" wird beispielsweise angeführt, da es Ausnahme- und Kompensationsregeln für energieintensive Unternehmen gibt und zudem der größte CO_2-emittierende Brennstoff, Kohle, überhaupt nicht berücksichtigt ist (Frondel/ Hillebrand 2004). Auch der Rat der Sachverständigen für Umweltfragen (SRU) forderte die Einbeziehung der Kohle und dass die Bemessungsgrundlage der Ökosteuer auf die CO_2-Intensität der Energieträger umgestellt wird, da die bisherige Bezugsgröße (Energiegehalt) das umweltfreundlichere Erdgas schlechter stellt als Heizöl (SRU 2004). Ein Grund, die Kohle aus der Systematik der Ökosteuer heraus zu halten, ist jedoch die Tatsache, dass die deutsche Kohleförderung staatliche Finanzmittel erhält (s.u.), daher wäre eine steuerliche Belastung bei gleichzeitiger Aufrechterhaltung der Subventionen ebenfalls zu kritisieren.

Mit der Energiesteuer-Richtlinie der EU, die seit Anfang 2004 in Kraft ist (Richtlinie 2003d), wurde es erforderlich, das deutsche Mineralölsteuerrecht grundlegend neu zu gestalten. Am 1. August 2006 trat daher das Energiesteuergesetz (EnergieStG 2006) in Kraft und löste das frühere Mineralölsteuergesetz ab, gleichzeitig wurden kleinere Änderungen im Stromsteuerrecht (StromStG 2006) vorgenommen (BMF 2007). Dabei blieb die Ausnahmeregelung für die Kohlenutzung für Stromerzeugung und Heizzwecke erhalten. Für die erneuerbaren Energien änderte sich insbesondere die Biokraftstoffbesteuerung grundlegend.[102]

In Bezug auf die direkte Wirkung der Ökosteuerregelungen auf erneuerbare Energien im Strombereich kann somit festgehalten werden, dass diese nur gering ist, da auch Ökostrom im Regelfall besteuert wird, und die hauptsächlich besteuerten Brennstoffe (Öl und Ölderivate) im Strombereich kaum eingesetzt werden bzw. beim Erdgas mit der KWK-Regelung (ökologisch motivierte) Ausnahmen gemacht wurden (so auch Staiß 2000: I-150). Direkt positiv wirkten sich die Zuschussförderungen des MAP aus, von denen auch stromerzeugende Anlagen profitiert haben. Das MAP dient jedoch primär der Förderung Warme erzeugender Anlagen, im Strombereich setzt überwiegend das EEG die ökonomischen Anreize. Indirekte, negative Wirkungen gehen jedoch von der vielfach kritisierten Nicht-Besteuerung von Kohle und Uran aus, wodurch die Wettbewerbsstellung dieser Brennstoffe im Strommarkt verbessert wird.

3.2.3.2   Erneuerung des Kraftwerksparks und die Rolle der Kohle

Eine zentrale energiewirtschaftliche Rahmenbedingung mit Auswirkung auf die mittel- und langfristige Entwicklung der erneuerbaren Energien ist mit der Erneuerung des Kraftwerksparks verbunden. Eine konkrete politische Gesamtstrategie

---

[102]   Es wurde eine progressive Steuer für reine Biokraftstoffe und Pflanzenöle eingeführt, gleichzeitig wurde durch das Biokraftstoffquotengesetz (BioKraftQuG 2006) seit dem 1.1.2007 auf eine Beimischungsquote umgestellt. Dadurch erfuhren die Reinkraftstoffe einen massiven Markteinbruch, der durch die Quote, die zudem auch durch Importe gedeckt wird, nicht aufgefangen wird (BBK 2007).

dafür gibt es bis heute nicht[103], daher werden die Entscheidungen für neu zu bauende Kraftwerke, insbesondere Großkraftwerke, zum einen durch den bestehenden politischen Rahmen bestimmt, zum anderen mit jeder Veränderung einzelner energiepolitischer Instrumente, die Auswirkungen auf die Wirtschaftlichkeit der Kraftwerkstechnologien haben. Solche Instrumente sind z.B. der Emissionshandel oder die Subventionen für die Kohle, aber auch die Debatte um die Laufzeitverlängerung und damit die Änderung des Atomgesetzes gehört dazu.

In Bezug auf den Erneuerungsbedarf des Kraftwerksparks wird von „voraussichtlich rd. 60.000 MW in den kommenden 15 Jahren" ausgegangen (Edelmann 2006: 4). Dies entspricht fast der Hälfte der gegenwärtig in Deutschland installierten Gesamtleistung des deutschen Kraftwerksparks in Höhe von 129.000 MW (Stand 2004, BMU/ BMWi 2006: 50). Die Abbildung 10 zeigt die Zusammensetzung des gegenwärtigen Kraftwerksparks sowie die „frei werdenden" Kapazitäten, die beim Auslaufen der veralteten Anlagen sowie durch den Atomausstieg über die Jahre entstehen.

Abbildung 10: Verlauf der Kraftwerksleistung des bis zum Jahr 2000 in Deutschland errichteten Kraftwerksparks bis zum Jahr 2030 ohne Erneuerung

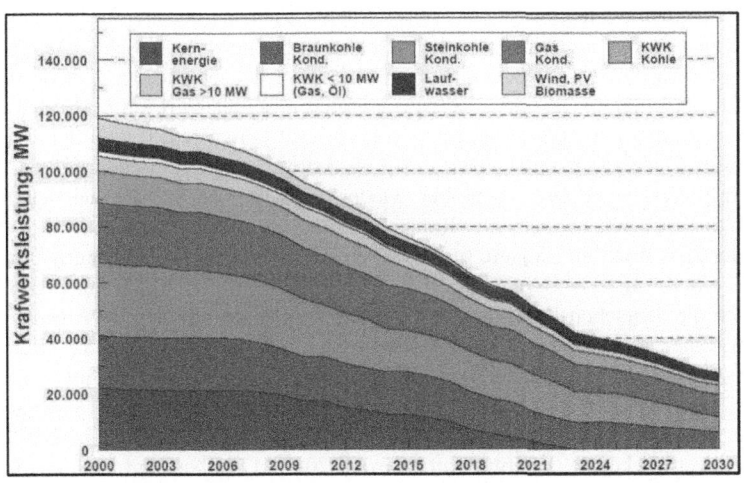

Quelle: Nitsch (2007: 35)

Zum Stand 2006 seien Kraftwerksneubauten im Umfang von 20.000-25.000 MW in Planung oder Umsetzung gewesen (BMU/ BMWi 2006: 53f). Nach Ankündigungen der Stromwirtschaft im April 2007 sollten „auf der Grundlage der jetzt vorliegenden

---

[103] Die große Koalition plant, eine solche energiepolitische Gesamtstrategie bis zum Ende des Jahres 2007 zu entwickeln (siehe auch Abschnitt 3.3.4.2).

Investitionsanreize bis 2012 neue Kraftwerke mit einer Gesamtleistung von 30.000 Megawatt neu errichtet werden" (DUH 2007b). Der BUND berichtet mit Stand Mai 2007 von 27 Kohlekraftwerken, wovon 23 konkret geplant und bis 2012 errichtet werden sollen, darunter 3 Braunkohlekraftwerke (BUND 2007a). Und mit Planungshorizont 2018 haben potenzielle Betreiber der Bundesnetzagentur insgesamt bereits 39 neue Steinkohlekraftwerke mit einer Leistung von ca. 40.000 MW, 6 Braunkohle- und weitere 22 Gaskraftwerke angekündigt (Daten nach Franken 2007).

Die Befürworter der erneuerbaren Energien führen in diesem Zusammenhang an, dass mit der Errichtung eines jeden Großkraftwerks, das auf eine Laufzeit von bis zu 40 Jahren ausgelegt ist, der Pfad dieser Technologien verlängert und somit Investitionen in andere, dezentrale Technologien verhindert werden (beispielhaft: Fell/ Pfeiffer 2006; Scheer 2005). Ein zweiter Punkt ist hierbei, dass eine auf Großkraftwerke ausgerichtete Energieversorgung deutlich schlechter an veränderte Energienachfragemengen angepasst werden und somit einer radikalen Effizienzentwicklung entgegenstehen kann. Wie die Beispiele Nachtspeicherheizungen und strombetriebene Wärmepumpen aus der Vergangenheit zeigen, sind Stromproduzenten von Großkraftwerken eher versucht, ihren Strom durch entsprechende Angebote abzusetzen.

Ein dritter, aus Sicht des Klimaschutzes hochproblematischer Aspekt ist, dass mit dem massiven Neubau von Kohlekraftwerken gerade der Kraftwerkstyp mit den höchsten spezifischen CO_2-Emissionen errichtet wird, und dies bei einer anzunehmenden Laufzeit der Anlagen von etwa 40 Jahren (z.B. DUH 2007b). Die gegenwärtig geplanten und gebauten Kohlekraftwerke spiegeln die Einschätzung der Kraftwerksbauer und –betreiber wieder, dass es sich um ein wirtschaftlich rentables Vorhaben handelt. Die Rohstoffversorgung mit Steinkohle ist nach Aussage der IEA noch auf längere Sicht (bis zu 200 Jahre) durch den internationalen Markt (z.B. in OECD/ IEA 2006c; IEA 2005b), und die Versorgung mit Braunkohle durch die deutschen Reserven (s.o.) gesichert. Allerdings sind diese Angaben zur Verfügbarkeit der Kohle bei einigen Experten mittlerweile ähnlich umstritten wie die des Öls im Rahmen der Debatte um „Peak Oil".[104] Die „Energy Watch Group" hat in einem Bericht vom März 2007 darauf hingewiesen, dass die Reichweite der Kohle deutlich überschätzt werde, und dass das Fördermaximum bereits 2025 erreicht werden könne (Energy Watch Group 2007). Dies bestätigt auch die Studie des Joint Research Center der EU-Kommission, die zu dem Ergebnis kommt, dass Kohleimporte für Europa weder breit verfügbar, noch zuverlässig und preisstabil seien (Kavalov/ Peteves 2007).

Die Wirtschaftlichkeitsberechnung der Kohleindustrie könnte sich allerdings ebenso durch einen steigenden Preis für die CO_2-Emissionen negativ verändern.

---

[104] Informationen in deutscher Sprache zu diesem Thema z.B. unter www.peakoil.de (13.6.2007).

Zwar planen die großen Energieversorger und Kohlekraftwerksbetreiber mittlerweile fast alle den Bau von so genannten „CO$_2$-armen" Kohlekraftwerken, bei denen das emittierte CO$_2$ abgeschieden und gespeichert wird (Carbon Capture and Storage - CCS-Technologie). Allerdings wird diese Technologie voraussichtlich erst ab 2015 oder 2020 technisch erprobt sein, und ihre kommerzielle und breite Anwendbarkeit ist gegenwärtig noch offen (Radgen et al. 2006; UBA 2006).[105] Somit entstehen die gegenwärtigen Kraftwerke und auch die in den nächsten Jahren geplanten noch auf Basis der konventionell verfügbaren Technik. Diese weist zwar höhere Wirkungsgrade auf, allerdings werden die neuen Anlagen aus betriebswirtschaftlichen Gründen ohnehin gebaut, der Beitrag zum Klimaschutz, der im Vergleich zu den alten Kraftwerken mit schlechteren Wirkungsgraden entsteht, ist ein Nebeneffekt und nicht auf das Instrument Emissionshandel zurückzuführen.

Nicht nur aus diesem Grund, sondern auch für den Fall eines deutlich geringeren weltweiten Kohlevorkommens, erscheint die CCS-Strategie der Kohlewirtschaft damit in einem anderen Licht, wie Werner Zittel von der Energy Watch Group beschreibt (Zittel 2007: 2): „Eine Investition in CCS bindet viel Geld und Aufmerksamkeit. Sie wird vor allem dazu dienen, den Bau neuer Kohlekraftwerke in den kommenden zehn bis 15 Jahren zu rechtfertigen. Wenn die so genannte Sequestrierung von Kohlenstoff danach marktreif sein sollte, wird dies jedoch irrelevant, weil die emittierenden Kraftwerke bereits gebaut sein werden und ein weiterer Zubau mangels Verfügbarkeit von Kohle nicht mehr erfolgen wird."

Vor diesem Hintergrund erklären sich die harten Verhandlungen der Kohleindustrie mit der Politik und anderen interessierten Akteuren um die Regeln des Emissionshandels in Deutschland im Rahmen des nationalen Allokationsplans (NAP), von der technologie- und anlagenspezifischen Zuteilung bis zur Frage der

---

[105] Die Abscheidung und Speicherung von CO$_2$ bietet die Möglichkeit der Vermeidung von Treibhausgasemissionen zum Zeitpunkt des Verbrennens, in dem das Abgas nach dem Transport entweder unterirdisch oder in den Ozean versenkt wird. Diese Option findet mittlerweile eine Vielzahl von Befürwortern bis weit in das ökologische Lager (Supersberger et al. 2006; Fischedick et al. 2007), wenngleich die großtechnische Machbarkeit und Wirtschaftlichkeit dieser „End-of-Pipe"-Lösung noch unklar und hohe ökologische und geologische Risiken gegeben sein können (IPCC 2005; Radgen et al. 2006; Hirschl 2006). Der WBGU fordert für die Lagerstätten eine Verweildauer von mindestens 10.000 Jahren (WBGU 2007a: 7), was die Auswahl von Lagern deutlich einschränken dürfte. Grundsätzlich würde jedes Lager eine ähnliche Verlagerung von Risiken und Verantwortung auf zukünftige Generationen darstellen, wie dies beim Atommüll bereits der Fall ist. In einem Gutachten kommen die Autoren bezüglich der Anwendung in Deutschland zu dem Schluss, dass aufgrund der deutlichen Mehrkosten und der Tatsache, dass die Einführung technisch erst gegen 2020 möglich sei, CCS zu teuer und zu spät komme - insbesondere im Vergleich zum Entwicklungsstand erneuerbarer Energien zu diesem Zeitpunkt (Radgen et al. 2006). Das Umweltbundesamt kommt daher zu dem Schluss, dass „die technische Abscheidung und Speicherung von CO$_2$ ... nicht nachhaltig, sondern allenfalls eine Übergangslösung" sei (UBA 2006: 2). Alfred Tacke, Vorstandsvorsitzender des fünftgrößten Stromproduzenten STEAG, drückt sich drastischer aus und spricht unter Berücksichtigung der Kosten von einer „Alibi-Technik", die sich in keinem denkbaren Modell rechnen würde (zitiert nach Höhn 2007: 779).

Versteigerung von Zertifikaten (beispielhaft: DUH 2007b; Europressedienst 2006). Dabei ist die starke Position der Kohleindustrie, die im Ergebnis aus der Sicht der Gegner über die zum NAP II vereinbarten Regeln „massive Investitionsanreize für neue Braun- und Steinkohlekraftwerke" (DUH 2007b) durchsetzen konnte, auf ihre traditionelle und starke Verankerung und Lobbyposition in der deutschen Politik zurückzuführen (s.u.).

Die deutsche Energieversorgung war bis in die 1960er Jahre überwiegend durch die Kohle dominiert, und auch heute noch beträgt der Anteil an der deutschen Stromerzeugung mehr als 50 % (siehe hierzu auch die Abbildungen 3 und 10).[106] Dabei ist die *Steinkohleförderung* ausschließlich auf die westlichen Bundesländer Nordrhein-Westfalen (NRW) und das Saarland begrenzt, die aus diesem Grund auch über viele Jahre eine hohe politische Bindung zur Kohle aufwiesen. Die Braunkohlevorkommen und die Nutzung sind maßgeblich auf die neuen Bundesländer (Brandenburg, Sachsen, Sachsen-Anhalt) sowie ebenfalls Nordrhein-Westfalen begrenzt, kleinere Vorkommen sind zudem in Niedersachsen, Hessen und Bayern. Die hohe ökonomische Bedeutung der Kohle für ein Bundesland wie Nordrhein-Westfalen und das Saarland prägte damit auch die politische Landschaft: Beide Länder galten nicht nur als Kohle-, sondern auch als klassische Arbeiterländer und wurden über lange Jahre von der SPD regiert. Demzufolge ist die Kohlepolitik in der SPD, sowie in weiten Teilen der Gewerkschaften tief verankert.[107]

In der Debatte um die Kohle ist die zentrale Argumentation der Befürworter die Nutzung heimischer Ressourcen zur Versorgungssicherheit. Damit verbunden ist gleichzeitig die zentrale Kritik, da dies mit hohen Subventionen einhergeht, insbesondere bei der deutschen Steinkohle, da diese seit vielen Jahrzehnten im Vergleich zu den Weltmarktpreisen nicht konkurrenzfähig ist. Über viele Jahre war der Erhalt des so genannten „Kernbergbaus" politisch mehrheitsfähig, es wurde ein „Jahrhundertvertrag" zur Stützung der Kohle in Deutschland geschlossen und der Kohlepfennig eingeführt.[108] Eine Änderung dieser Politik wird von Matthes (2000b) vorrangig auf drei Faktoren zurückgeführt. Erstens kippte das Bundesverfassungsgericht im Jahr 1994 den Kohlepfennig, indem es diesen als unzulässige Sonderabgabe einstufte (BVerfGE 1994a).[109] Fortan sollten die Subventionen wieder aus dem

---

[106] Zur Entwicklung der Kohlenutzung und –politik siehe auch Reiche (2005d) und Matthes (2000b).
[107] Das dies nicht nur die thematisch zuständigen Gewerkschaften wie die Industriegewerkschaft Bergbau, Chemie, Energie (IG BCE) zutrifft, zeigt das Engagement von ver.di, der vereinten Dienstleistungsgewerkschaft, deren Mitglieder in der Auseinandersetzung um den NAP II zum Schutz der Braunkohle gegen Klimaschutzauflagen demonstrierten (DNR 2007a). Gleichzeitig engagieren sich eine Reihe von Gewerkschaften jedoch auch für erneuerbare Energien (ebda., siehe auch a.a.O.).
[108] Eine ausführlichere Darstellung findet sich in Matthes (2000b).
[109] Dieses Urteil gilt zudem als richtungweisend auch für die Entwicklung neuer energie- bzw. umweltpolitischer Maßnahmen, da sich mit der Entscheidung bzw. durch die Urteilsbegründung auch die Kriterien für die Einführung von zweckgebundenen Sonderabgaben deutlich verschärft haben. Da-

Staatshaushalt getragen werden und es kam der zweite Aspekt deutlicher zum Tragen: die stetig steigende Differenz des deutschen Kohlepreises im Vergleich zum Weltmarkt. Drittens forderte die EU-Kommission bereits seit 1989 Änderungen in der deutschen Steinkohlesubventionspraxis[110], was die deutschen Regierungen auf dem Verhandlungs- und Klageweg jedoch mehrere Male verhindern konnten.

Wie Danyel Reiche (2004a: 191ff) aufzeigt, war die politische Verankerung der Kohleindustrie jedoch auch in der Zeit der rot-grünen Regierung noch sehr stark, und der Spielraum für eine schnellere Beendigung der Subventionen, wie seitens des grünen Koalitionspartners gefordert, sehr begrenzt. Reiche sieht hier innerhalb der SPD ein Koppelgeschäft zwischen dem Kohle- und dem Klimaschutz- bzw. EE-Flügel: die erneuerbaren Energien werden gefördert, wenn umgekehrt die Privilegierung der Kohle nicht angetastet wird. Mit der verlorenen Landtagswahl im SPD-Stamm- und Kohleland Nordrhein-Westfalen, das nun seit Mai 2005 von CDU und FPD regiert wird, und dem anschließenden Regierungswechsel von Rot-Grün zu Schwarz-Rot im September 2005 auf der Bundesebene, hat sich auch die Situation für die deutsche Steinkohle verschlechtert.

Bis zum Jahr 2005 erfolgte die Steinkohlenförderung auf der Grundlage des so genannten Kohlekompromisses von 1997. Die Bundesregierung, die Regierungen von Nordrhein-Westfalen und Saarland, der Steinkohlebergbau und die IG BCE hatten sich dabei auf eine schrittweise Rückführung der Subventionen von 4,7 Mrd. auf 2,7 Mrd. Euro verständigt. Laut Angaben des Bundeswirtschaftsministeriums (BMWi 2007c) trug der Bund hiervon einen Anteil von 78,3 %, und fast die gesamten Subventionen erhielt die RAG AG, die nahezu die gesamte Steinkohleförderung Deutschlands durchführt.[111] Im neuen Kohlekompromiss vom 7. Februar 2007 haben sich der Bund, vertreten durch das nun vom CSU-Politiker Michael Glos geführte Wirtschaftsministerium, das Land Nordrhein-Westfalen und das Saarland (seit 1999 bereits CDU-regiert) darauf verständigt, „die subventionierte Förderung der Steinkohle in Deutschland zum Ende des Jahres 2018 sozialverträglich zu beenden" (BMWi 2007c).

Während das Problem der deutschen Steinkohlevorkommen die zu großen Tiefen sind, kann die deutsche *Braunkohle* im Tagebau gefördert werden. Deutschland verfügt über die größten Braunkohlevorkommen der Welt und ist auch der weltweit größte Produzent. Während die Braunkohleindustrie und auch das Bun-

---

nach geht die Finanzverfassung des Grundgesetzes davon aus, dass Gemeinlasten im Regelfall aus Steuern finanziert werden, und Sonderabgaben demgegenüber eine seltene Ausnahme bleiben, die der strengen Einhaltung von Kriterien bedürfen (BVerfGE 1994a).

[110] Hierbei handelte es sich um den Vorwurf der genehmigungspflichtigen Beihilfe, der auch später im Kontext der erneuerbaren Energien-Politik erhoben wurde (siehe hierzu die nachfolgende Analyse des Policy-Prozesses sowie Kapitel 5.2).

[111] Der Vorstandsvorsitzende der RAG AG ist Werner Müller, der in der ersten rot-grünen Legislatur Bundeswirtschaftsminister und davor ebenfalls in der Energiewirtschaft bei RWE und VEBA als Manager tätig war (siehe auch Abschnitte 3.2.2 und 3.3.2).

deswirtschaftsministerium die Braunkohle als subventionsfrei bezeichnen (DEBRIV 2007; BMWi 2007b), listen Kritiker einige direkte und eine Vielzahl von indirekten, versteckten Subventionen auf, die in der offiziellen Nomenklatur des Subventions-berichts der Bundesregierung (BMF 2006) nicht aufgeführt sind (beispielhaft: Meyer 2005a). Hierbei handelt es sich um Investitionszuschüsse bei Kraftwerksneubauten und -modernisierungen, Vergünstigungen durch Nichtbesteuerung, gesetzliche Absatzverpflichtungen, Umsiedelungsförderung und fehlende Internalisierung von schwer quantifizierbaren Umweltfolgen (Lechtenböhmer et al. 2004). In der Studie wurden politisch vermeidbare Subventionen in Höhe von ca. 1 Mrd. Euro jährlich festgestellt, zudem weitere 3,5 Mrd. Euro an externen Kosten wie etwa Umwelt- und Gesundheitsschäden sowie Klimafolgen ermittelt, die politisch jedoch nur schwer adressiert werden können.[112]

3.2.3.3   Atomenergie und Erdgas

Ein weiterer stabilisierender Faktor der Kohlenutzung - der ebenfalls mit der SPD und den Gewerkschaften verbunden ist - hängt mit der *Atompolitik* zusammen. Mit dem Entschluss von SPD und Gewerkschaften Mitte der 1980er Jahr, bestärkt durch den Reaktorunfall von Tschernobyl 1986, den Atomausstieg herbeizuführen (Hennicke/ Müller 2005: 148; Matthes 2000b), wurde gleichzeitig die Bedeutung der Kohle gestärkt. Die Entscheidung zum Atomausstieg basierte auf einer breiten gesellschaftlichen Ablehnung, die, ausgehend von der Anti-Atombewegung, bereits 1979 zur Gründung der Partei der Grünen beigetragen hatte. Die Atomtechnologie, die mit massiven staatlichen Mitteln von der Politik gefördert wurde (siehe Abbildung 8, wird demgegenüber bis heute von den meisten Vertretern von CDU/CSU und FDP befürwortet, was u.a. damit erklärt werden kann, dass viele der Atom-kraftwerke bzw. der Betreiberunternehmen in traditionell konservativ regierten Ländern wie Bayern und Baden-Württemberg liegen (Matthes 2000b).

Während nach Tschernobyl (1986) an einen weiteren Ausbau der Kernener-gie in Deutschland zunächst nicht zu denken war, konnte die schwarz-gelbe Regie-rung jedoch bis 1998 den Fortbestand gegen das Ansinnen der Opposition, einen Atomausstieg zu vereinbaren, verteidigen. Die hohe politische Stabilität trotz des großen gesellschaftlichen Widerstands führen Hennicke und Müller (2005: 149) darauf zurück, dass „die Atomlobby ... eine institutionelle und strukturelle Macht entwickelt hat, die eine weitgehende Verflechtung mit der politischen Ebene einge-gangen ist." Die Möglichkeit zu dieser Netzwerkbildung und engen Verflechtung

---

[112]   Zur grundlegenden Debatte um externe Kosten siehe die Studien von Olav Hohmeyer (Hohmeyer 2002) und EXTERN-E (European Commission 2003). Ein aktuellerer, literaturbasierter Beitrag zu externen Kosten der Stromerzeugung aus erneuerbaren Energien im Vergleich zur Stromerzeugung aus fossilen Energieträgern wurde von Wolfram Krewitt und Barbara Schlomann in 2006 erarbeitet (Krewitt/ Schlomann 2006).

mit gegenseitigen Abhängigkeiten führen die Autoren auf die „milliardenschwere Förderung", aber auch auf die internationale Vernetzung und Institutionalisierung der Atomlobby zurück (ebda.). Mit dem Regierungswechsel zu Rot-Grün kamen nun die Parteien an die Macht, die gemeinsam den Atomausstieg wollten. Unter Führung des Kanzleramtes (und Ausschluss der Länder und des Parlaments) wurde mit den betroffenen Energieunternehmen im Juni 2001 der so genannte Atomkonsens über die Restlaufzeiten und Restmengen ausgehandelt, der Ende 2001 zur entsprechenden Atomgesetznovelle (Atomgesetz 2002) führte.

Die Bedeutung der Atomenergie wird von den Befürwortern im Wesentlichen auf drei Argumentationen gestützt (Informationskreis KernEnergie 2007) Erstens sei sie die günstigste Energieerzeugungstechnologie und zweitens trage sie in einem hohen Umfang zur Stromerzeugung bei, der nicht ersetzt werden könne. Insgesamt trägt sie mit ungefähr 25 % zur Grundlastversorgung im Strombereich bei, bezogen auf den gesamten Primärenergieverbrauch sind es 12,5 % (BMU 2007c). Das dritte Argument hat mit dem Erstarken der Debatten um Klimawandel und *Klimaschutz* eine neue Hochkonjunktur erhalten: der geringe CO_2-Ausstoß der Kernkraftwerke, insbesondere im Vergleich zu Kohlekraftwerken. Die Atomlobby betont in diesem Zusammenhang die völlige CO_2-Freiheit ihrer Kraftwerke, berücksichtigt dabei jedoch nur den Betrieb, nicht die Emissionen entlang der gesamten Wertschöpfungskette. Das Öko-Institut ermittelte Emissionswerte, die zwar deutlich unter denen von Kohlekraftwerken liegen, jedoch über fast allen EE-Technologien (Fritsche 2007).[113] Aber auch jede mit fossilen Brennstoffen betriebene KWK-Anlage emittiert aufgrund der Wärmenutzung weniger, während demgegenüber Atomkraftwerke ihre Wärme in die zur Kühlung benötigten Flüsse und in die Luft abgeben. Dabei berücksichtigen die Werte noch keine externen Effekte, die sich aus den Risiken der Atomenergie ergeben (ebda.: 11); diese werden bei der gegenwärtig auf den Treibhauseffekt fokussierten Debatte zumeist nicht oder nur am Rande thematisiert.[114]

Die gleiche Fokussierung auf den Betrieb erfolgt bei der ökonomischen Argumentation. Hier wird in der Regel mit den Betriebskosten abgeschriebener Anlagen argumentiert (Informationskreis KernEnergie 2007), ohne die volkswirtschaftlichen Kosten, die direkten und indirekten Subventionen der Atomenergie zu nennen. Zunächst wurde die Atomenergie über mehrere Jahrzehnte mit Forschungs-

---

[113] Dabei berücksichtigen diese Werte primär die CO_2-Emissionen und einige andere Treibhausgase, über die Informationen zur Verfügung standen. Lutz Mez verweist zudem darauf, dass bei der Kernspaltung das radioaktive Edelgas Krypton 85 entsteht, ein hochwirksames Treibhausgas, dessen Konzentration in der Erdatmosphäre in den letzten Jahren durch die Kernspaltung stark zugenommen hat – dieses spiele jedoch in den aktuellen Debatten um Klimaschutz noch keine Rolle (Mez 2007).

[114] Zur Engführung auf das Thema Klimaschutz und der Verbreitung der Behauptung der „Null-Emissionen" von Kernkraftwerken siehe die Internetseite www.klimaschuetzer.de (3.7.2007), die von den Atomkraftwerksbetreibern betrieben wird.

mitteln in Milliardenhöhe nach dem politischen Willen der damaligen Regierungen eingeführt (siehe Abschnitt 3.2.2 und Abbildung 8).

Durch die Pflicht zur Bildung von Rückstellungen aus Überschüssen, die nicht besteuert wurden, sondern im Gegenteil steuermindernd eingesetzt und für Unternehmenskäufe im In- und Ausland verwendet werden durften, räumte die Politik den Konzernen einen deutlichen Wettbewerbsvorteil ein, der jedoch im Kontext der politisch erwünschten Schaffung international erfolgreicher „nationaler Champions" gesehen werden kann (s.o.). Die Höhe dieser Rückstellungen der deutschen Kernkraftwerkbetreiber wird mit ca. 30 Mrd. Euro angegeben (Hennicke/ Müller 2005: 135). Kritiker dieser Rückstellungspraxis fordern, die Mittel in einen staatlichen Fonds zu überführen (ebda.; siehe auch Rosenkranz 2006).

Weitere indirekte Subventionstatbestände ergeben sich aus der Nichtbesteuerung von Uran im Rahmen der Energiebesteuerung (s.o.), aber auch durch die Übernahme von Kosten durch den Staat bzw. den Steuerzahler für die Sicherung des Betriebs und von Atomtransporten. Gleiches gilt für die Haftungsvorsorge, die von den Atomkraftbetreibern nur in einer Höhe von 2,5 Mrd. Euro getragen wird (Atomgesetz 2002), die jedoch etwaige Schäden bei einem Reaktorunfall nicht annähernd finanziell abdecken. Wie bei der Kohle entstehen auch bei der Atomenergie weitere externe Kosten, die jedoch schwerer zu ermitteln und zu beziffern sind. Aber auch die niedrigen Betriebskosten, die von den Betreibern angegeben werden, sind längerfristig angesichts des verknappenden Uranvorkommens bei steigender weltweiter Nutzung sehr fraglich (Zittel/ Schindler 2006).[115]

Vor dem Hintergrund der *Klima- und Energiekostendebatte* sowie einer seit November 2005 von der CDU/CSU geführten Bundesregierung erfährt die Atomenergie gegenwärtig wieder mehr politische Unterstützung. Während nur vereinzelte politische Akteure wie der hessische Ministerpräsident Roland Koch offen auch den Neubau von Atomkraftwerken thematisieren (Manager Magazin 2006), fordert die konventionelle Energiewirtschaft zusammen mit der Industrie, unterstützt von weiten Teilen der CDU/CSU und FDP eine Laufzeitverlängerung (May 2006a; tagesschau.de 2007). Da dies in der großen Koalition mit der SPD nicht durchsetzbar sein wird, verkündete Bundeskanzlerin Merkel bereits mehrmals, beispielsweise auf allen drei Energiegipfeln, den Fortbestand des Atomgesetzes und der Koalitionsvereinbarung, wenngleich auch sie eine Laufzeitverlängerung befürwortet (ebda.).

Aus dem SPD- und dem EE-Lager fordern bislang lediglich vereinzelte Stimmen eine Laufzeitverlängerung, allen voran der Vorstandsvorsitzende des Windanlagenherstellers Repower, Fritz Vahrenholt, ehemaliger SPD-Umweltsenator in Hamburg (Grosse 2006). Eine solche Position erscheint jedoch weder in der SPD

---

[115]   Ausführlichere Darstellungen zu den Kostenstrukturen und den darin enthaltenen staatlichen Leistungen siehe bei Gerd Rosenkranz (2006) und Steve Thomas (2006).

noch in der EE-Branche zukünftig mehrheitsfähig. In ihrem Eckpunktepapier vom Mai 2007 betont die SPD-Fraktion, dass „die Atomenergie keine Rolle beim Klimaschutz spielt und spielen wird. Im Gegenteil, das Festhalten an der Atomenergie behindert sogar den Umbau der Energieversorgung und verlangsamt dringend notwendige Innovationen." (SPD-Bundestagsfraktion 2007). Dafür setzt die SPD bei der Stromerzeugung auf KWK und erneuerbare Energien, auf die Modernisierung der fossilen Kraftwerke und CCS, „damit nach 2015/2020 nur noch CO_2-freie fossile Kraftwerke ans Netz gehen", was allerdings mit dem Zusatz verbunden ist, dass dies keine Vorfestlegung auf CO_2-Abscheidung als reale Option sei, zuvor müsse sich deren technische, ökologisch verträgliche und wirtschaftliche Umsetzbarkeit zeigen (ebda.: 6).

Während Öl und Ölderivate in der Stromerzeugung in Deutschland keine Rolle spielen, sieht dies beim *Erdgas* anders aus. Wie aus der Abbildung 10 hervorgeht, wird Erdgas im Strombereich gegenwärtig überwiegend in Kondensationskraftwerken mit über 20.000 MW Leistung, im Umfang von ca. 5.000 MW in größeren KWK-Anlagen (größer als 10 MW) und zu einem geringen Anteil in kleineren KWK-Anlagen (kleiner als 10 MW) eingesetzt. Der Anteil am gesamten Primärenergieverbrauch betrug im Jahr 2006 22,8 % und lag hinter Mineralöl (35,7 %) an zweiter Stelle, noch vor Steinkohle, Kernenergie und Braunkohle, die jeweils etwas über 10 % aufwiesen (Horn et al. 2007: 107). Dies unterstreicht die hohe wirtschaftliche Bedeutung des Energieträgers Erdgas, der jedoch zu über 85 % importiert wird, überwiegend aus Russland (siehe auch Abschnitt 3.1.3). Der Erdgasanteil an der gesamten Bruttostromerzeugung stieg in 2006 auf 11,6 % (Horn et al. 2007: 111).

Erdgas ist in Bezug auf die CO_2-Emissionen deutlich vorteilhafter als Kohle und Öl (Fritsche 2007), und die hohe Verfügbarkeit des Brennstoffes über Leitungsnetze machen ihn gut einsetzbar für die dezentrale Nutzung in KWK-Anlagen. Vor diesem Hintergrund ist der verstärkte Einsatz erdgasbasierter, effizienter Anlagen auch ein zentraler Bestandteil der Klimaschutzpolitik, die jedoch gerade im Bereich der dezentralen KWK-Förderung nur schlecht greift (siehe auch Abschnitt 4.2.2.). Grundsätzlich ist jedoch gerade die derzeit noch wenig entwickelte dezentrale, gasbasierte KWK-Nutzung als eine gute Ergänzung für den effizienten Einsatz fluktuierender erneuerbarer Energien anzusehen.

Obwohl die Erdgasnutzung gegenüber anderen fossilen Brennstoffen ökologische Vorteile bietet, ist sie durch einige Marktverzerrungen ökonomisch benachteiligt. Hier sind beispielsweise die oben genannten Besteuerungen durch Ökosteuer und Energiesteuergesetz zu nennen, während die Konkurrenten Kohle und Uran nicht besteuert werden. Zudem ist durch die traditionell bedingte Kopplung des Erdgaspreises an den Ölpreis eine verstärkte Substitution von ölbasierten Technologien in den Bereichen Kraftstoffen und Wärmeerzeugung nur schwer möglich. Dies wirkt sich zudem bei stark steigenden Ölpreisen wie in den letzten Jahren insbesondere im Strommarkt gegenüber den konkurrierenden Kohlekraftwerken negativ aus, da deren Wettbewerbsfähigkeit nahezu ausschließlich von den variablen Kosten abhängt (Booz Allen Hamilton 2007). Vor diesem Hintergrund ist der Ausbau der Erdgasnutzung deutlich geringer, als dies vor einigen Jahren prognostiziert wurde (ebda.). Ein Problem einer längerfristig verstärkten Erdgasnutzung liegt auch hier wieder in der Begrenztheit des Rohstoffs, dessen globale Verfügbarkeit bei gleich bleibendem Verbrauch auf 64 Jahre geschätzt wird (BMU 2006a: 11f). Sein Vorkommen ist jedoch stark auf Russland sowie instabile Regionen wie den Iran begrenzt (Gerling et al. 2007). Trotz der gegenwärtigen Errichtung der politisch ausgehandelten und mit staatlichen Mitteln geförderten Direktpipeline zwischen Russland und Deutschland ist dies jedoch nicht mit verbindlichen Lieferzusagen Russlands verbunden (siehe hierzu auch Abschnitt 6.2).

3.2.4   Umwelt- und Klimapolitik

Das Thema Umweltschutz kam verstärkt durch Probleme auf die politische Agenda, die eng mit der Energiewirtschaft verbunden waren, konkret mit der Nutzung fossiler Energiequellen und später mit der Atomenergie. Während durch die Ölpreiskrisen in den 1970er Jahren kurzfristig Themen wie das Energiesparen hochkamen, waren es erst später der „saure Regen" und damit verbunden das Waldsterben (s.o.), die zum verstärkten Einsatz umweltpolitisch motivierter Maßnahmen und in der Folge zu einer diesbezüglichen Vorreiterrolle Deutschlands seit den 1980er Jahren führten (Jänicke et al. 2002; Kern et al. 2003). Für die Energiepolitik bedeutsam waren dabei zunächst insbesondere die Luftreinhaltepolitik (Großfeuerungsanlagenverordnung) sowie die im Anschluss entstehende Klimaschutzpolitik (Mez 1998; Matthes 2000b)

3.2.4.1   Umweltpolitik

Institutionalisierung und Bedeutung für die Energiewirtschaft

Die Umweltpolitik wurde in Deutschland zur Zeit der sozial-liberalen Koalition (1969-1982) mit einem ersten Umweltprogramm im Jahr 1970, der Gründung des Rates von Sachverständigen für Umweltfragen SRU) 1971 und der Gründung des Umweltbundesamtes (UBA) 1973 in ersten Schritten institutionell eingeführt (Kern et al. 2003). Die Zuständigkeit lag damals beim Bundesinnenministerium (BMI). Viele der politischen Maßnahmen waren vom Prinzip des „Command and Control" geprägt, es handelte sich um Ge- und Verbote, und in technischer Hinsicht in der Regel um „End-of-the-pipe"-Lösungen (ebda.).

In Bezug auf den deutschen Stromsektor war in den ersten Jahren zunächst das 1974 verabschiedete Bundesimmissionsschutzgesetz von Bedeutung. Ab Ende der 1970er Jahre wurde aufgrund des Waldsterbens verstärkt und in kontroversen Debatten an einer Verordnung zur Vermeidung von Schwefeldioxid (SO_2) und Stickoxiden (NO_x) gearbeitet, die schließlich 1983 unter der konservativ-liberalen Regierung mit den europaweit strengsten Standards verabschiedet werden konnte.[116] Diese Verordnung führte bei den betroffenen Kohlekraftwerksbetreibern zwar zu hohen Kosten, wurde aber u.a. durch steuerliche Erleichterungen derart subventioniert, dass eine vergleichsweise schnelle Umsetzung und somit im Ergebnis ein umweltpolitischer Erfolg erreicht wurde (Holschumacher/ Rentz 1995). Damit wurde gleichzeitig der aus ökologischer Sicht angeschlagene Ruf der Kohle wieder verbessert (ebda.). Allerdings bereitete diese Debatte auch den Boden für den nachfolgenden Diskurs um die Treibhausgasemissionen und das Klimaproblem (Matthes 2000a: 193f). Umweltpolitik war in Bezug auf ihre energiewirtschaftlichen Maßnahmen bis dahin im Wesentlichen auf die nachsorgende Schadstoffkontrolle ausgerichtet, ohne dass die Grundstrukturen der umweltbelastenden Energieerzeugung und –nutzung verändert bzw. adressiert worden sind (Monstadt 2004: 106).

Eine wichtige institutionelle Rahmenbedingung in der Umweltpolitik - die zunehmend auch energiepolitische Bedeutung bekam - wurde die *Einrichtung des Bundesumweltministeriums* 1986 in Folge der Tschernobyl-Katastrophe. Durch diese Institutionalisierung wurde ein neuer und in wachsendem Maße einflussreicher staatlicher Akteur geschaffen, der aufgrund einer Reihe von Kompetenzen – z.B. für Emissionen, Atomaufsicht und Klimaschutz – direkten energiepolitischen Einfluss übertragen bekam. Mit Blick auf die Entwicklung erneuerbaren Energien ist hier insbesondere die Kompetenzübertragung vom Wirtschafts- auf das Umweltministerium im Jahr 2002 als Folge der zweiten Koalitionsvereinbarung von SPD und Bündnis90/Die Grünen hervorzuheben (SPD/ Bündnis 90/Die Grünen 2002a).

Dass eine solche institutionelle Komponente jedoch nicht allein für den Erfolg der Umweltpolitik in der Bundesrepublik seit 1980 verantwortlich gemacht werden kann, zeigten Jänicke und Weidner (1997) in ihrer vergleichenden Analyse der Entwicklung des bereits 15 Jahre früher (1971) gegründeten DDR-Umweltministeriums. Dieses verfügte zwar über vergleichsweise weniger Kompetenzen und Gestaltungsmöglichkeiten. Die geringen Erfolge des Ministeriums führen die Autoren jedoch wesentlich auf das Fehlen einer aktiven Umweltbewegung, kritischer Medien sowie einer innovativen Wirtschaft zurück (ebda.).[117]

---

[116] Zum politischen Prozess und den Regelungen der Großfeuerungsanlagenverordnung siehe Mez (1995) sowie Matthes (2000b: 190ff).

[117] Auch Kern et al. (2003: 9f) betonen in ihrer Bewertung der umweltpolitischen Aktivitäten der konservativ-liberalen Regierung unter Helmut Kohl und Umweltminister Töpfer die besondere Bedeutung des in dieser Zeit stark gestiegenen Umweltbewusstseins in der Bevölkerung, welches die Erweiterung der umweltpolitischen Kapazitäten und Erringung einer internationalen Vorreiterrolle Deutschlands in den 1980er bis Anfang der 1990er Jahre ermöglicht hat.

Jänicke et al. (2002) konstatieren für die deutsche Umweltpolitik nach dem Regierungswechsel 1994 einen Bedeutungsrückgang, den sie wesentlich auf die schlechteren ökonomischen Randbedingungen zurückführen (ebenso Kern et al. 2003). Ein Indikator dafür waren die im europäischen Vergleich deutlich langsameren und zum Teil nicht erfolgten Umsetzungen von EU-Vorgaben im Umweltbereich (Jänicke et al. 2002). Dieser Trend wurde von der rot-grünen Regierung ab 1998 wieder gestoppt, die insbesondere mit dem Atomausstiegsbeschluss, der Forcierung des Klimaschutzes und einer gesteigerten Förderpolitik für erneuerbare Energien starke umwelt- und gleichzeitig energiepolitische Akzente setzte (Mez 2003). Auf der anderen Seite sind auch zur Zeit von Rot-Grün eine Vielzahl von umweltpolitisch drängenden Themen nicht konsequent verfolgt worden (z.B. Flächenverbrauch und Artenverlust), wie beispielsweise der Sachverständigenrat für Umweltfragen bemängelte (SRU 2002a).

Erneuerbare Energien und Naturschutz

Mittlerweile sind die Politik für erneuerbare Energien sowie die Klimaschutzpolitik insgesamt als eigenständige Politikbereiche aufzufassen, die viele Überschneidungen, aber auch Zielkonkurrenzen mit klassischen Umweltpolitikfeldern wie z.B. dem Naturschutz aufweisen. Die Förderung erneuerbarer Energien wird nicht mehr nur als rein umwelt- und klimapolitischer Beitrag gesehen, sondern mit der Einführung des EEG und anderer klimapolitisch motivierter Maßnahmen wurden von der Bundesregierung explizit „erstmals auch technologie- und energieträgerbezogene Ziele" verfolgt (BMU 2000b: II).

Bei den bisher entstandenen bzw. wahrgenommenen *Zielkonflikten zwischen erneuerbaren Energien und Naturschutz* wurde von politisch-administrativer Seite im Verlaufe des EEG Policy Prozesses zunehmend versucht, diese aufzugreifen und Konflikte möglichst frühzeitig zu lösen. Dazu wurden eine Vielzahl von Studien in Auftrag gegeben und häufig die betroffenen Interessengruppen, d.h. sowohl Interessenverbände, als auch die unterschiedlichen Abteilungen innerhalb der Administration selbst, an den Debatten und politischen Prozessen beteiligt. Im Ergebnis bedeutete dieser Zielkonflikt bisher z.B. bei der Wasserkraft, dass der Ausbau bzw. die Erneuerung alter Standorte durch die novellierte Fassung des EEG 2004 zu Gunsten ökologischer Aspekte nahezu zum Erliegen gekommen ist. Demgegenüber brachten die Verhandlungen zwischen der Solarindustrie, welche die Aufnahme von großen Megawatt-Fotovoltaikanlagen auf der freien Fläche in das EEG forderte, und den Umweltverbänden, die dies zunächst pauschal ablehnten, eine Kompromisslösung. Danach wurde die Aufnahme der Großanlagen in die EEG-Novelle bzw. das vorgezogene Fotovoltaik-Vorschaltgesetz unter Auflagen ermöglicht.[118]

---

[118]   Bei diesem Konfliktgespräch standen sich erstmals die Umwelt- und Naturschutzverbände als
         Gegner der Solarindustrie gegenüber, was eine willkommene Situation für andere politische Gegner

Ähnliche Prozesse fanden im Zuge der Planungen für den Aufbau der Offshore-Windenergie statt. Hier haben Naturschutzaspekte und der Schutz des Landschaftsbildes zu einer deutlichen Vergrößerung des Küstenabstandes sowie einer Reihe von Auflagen geführt. Im Gegensatz zu skandinavischen und britischen Projekten werden die deutschen Projekte weit vor der Küste in bis zu 40 Meter tiefem Wasser errichtet (BWE 2006b). Das deutsche Umweltministerium finanziert ein Programm zur ökologischen Begleitforschung der Offshore-Windenergie. Darüber hinaus sind ökologische Untersuchungen Bestandteil der Genehmigungsauflagen durch das Bundesamt für Seeschifffahrt und Hydrographie (BSH).

Auch im Bereich der Bioenergienutzung gibt es eine Reihe von umweltpolitischen Zielkonflikten, die sich über Fragen des Pflanzenspektrums (z.B. Biodiversität und Gentechnik), der ökologischen Wirkungen des Anbaus insgesamt (z.B. Folgen der Intensivbewirtschaftung) bis hin zu Emissionen durch Biomasseverbrennungsanlagen (Stichwort Feinstaubproblematik bei Holzbrennstoffen) erstreckt. Die Problematik wird im Bereich der Biomasse noch durch die hohe Anzahl von Anwendungsmöglichkeiten und Nutzungskonkurrenzen verschärft.[119] Auch hier gibt es mittlerweile eine Reihe von Empfehlungen und Leitfäden zur Entschärfung einzelner Konflikte (beispielhaft: Musiol/ Kias 2006; Maier/ Knauf 2006). Es ist aber noch erheblicher Forschungsbedarf notwendig, um sozialökologische Folgen verschiedener Nutzungsoptionen zu ermitteln und zu bewerten, und um fundierte Empfehlungen für eine nachhaltige Optimierung der Biomassebereitstellung und -nutzung geben zu können.

3.2.4.2 Klimaschutzpolitik

Ein zentraler Teilbereich der Umweltpolitik, der gleichzeitig ein sektorales Querschnittsthema darstellt und zu dem die erneuerbaren Energien einen besonderen Bezug aufweisen, ist die Klimaschutzpolitik. Der anthropogen verursachte Klimawandel durch den Ausstoß von Treibhausgasen und die daraus abgeleitete Notwen-

---

der erneuerbaren Energien war und somit bei den Umweltpolitikern der rot-grünen Bundestagsfraktionen sowie im Umweltministerium für Unmut sorgte. Die Solarindustrie sah in den Freiflächenanlagen die Möglichkeit einer schnelleren und umfangreicheren Massenproduktion und Kostendegression. Die Naturschutzverbände sahen in solchen Anlagen einen zu gravierenden Eingriff in Natur und Landschaftsbild. In einem vom Autor dieser Arbeit wissenschaftlich begleiteten Prozess und moderierten Konfliktgespräch wurden schließlich Regelungen gefunden, nach denen auch die Naturschutzverbände dem Ausbau von Großanlagen auf der „Freifläche" zustimmen konnten (Fachgespräch am 30.6.2003 im BMU). Im vereinbarten Folgeprozess wurde von der Solarindustrie in Zusammenarbeit mit den Naturschutzverbänden ein gemeinsamer Kriterienkatalog für die Errichtung von Freiflächenanlagen erarbeitet (Musiol/ Kias 2006).

[119]   Verwendungsseitig sind hier in erster Linie die energetische Nutzung für Strom, Wärme und Kraftstoffe zu nennen, die stoffliche Nutzung erstreckt sich über eine Breite Palette von Produkten von Holzmöbeln bis zum Kunststoffersatz und pharmazeutischen Produkten. Anbauseitig besteht die Konkurrenz der Biomasse zur Nahrungsmittelversorgung.

digkeit zum Klimaschutz wurde erstmals in Folge der Ölpreiskrisen der 1970er Jahre national und international breiter thematisiert. Ein wichtiger wissenschaftlicher Beitrag dazu war das Buch des „Club of Rome" über „die Grenzen des Wachstums" (Meadows et al. 1972), das erstmals eindringlich vor der Endlichkeit der fossilen Rohstoffe und ihren ökologischen Implikationen warnte. Die zentralen Thesen und Forderungen des Buches bekamen durch die darauf folgenden Ölpreiskrisen eine besondere, wenn auch ungewollte Verstärkung, blieben allerdings noch ohne klimapolitische Folgen.

Der Zyklus der internationalen Klimapolitik begann Ende der 1970er Jahre, als die ersten Klimakonferenzen unter Beteiligung internationaler Organisationen stattfanden. Diese führten 1988 zur Gründung des Intergovernmental Panel on Climate Change (IPCC), einem internationalen Wissenschaftlergremium zur Erforschung des Klimawandels (Oberthür/ Ott 2000). Das IPCC bereitete mit seinen Arbeiten schließlich den Boden für den Anfang der 1990er Jahre einsetzenden internationalen politischen Prozess zum Schutze des Klimas, der in Abschnitt 6.3 eingehender behandelt wird.

In Deutschland wurde auf politischer Ebene auf der Basis der Arbeiten der Enquete-Kommission „Vorsorge zum Schutz der Erdatmosphäre" ab 1987 eine erste *nationale Klimaschutzstrategie* erarbeitet. Der Abschlußbericht „Schutz der Erde" der Kommission von 1990 enthielt weit reichende Vorschläge für internationale, EU-weite und nationale Maßnahmen zur Verminderung von CO_2-Emissionen sowie für die Ausgestaltung einer internationalen Konvention über Klima und Energie (Enquete-Kommission 1990). Die Ausformulierung des ersten deutschen Klimaschutzziels auf der Basis der Enquete-Empfehlungen übernahm das BMU, das seit 1988 offiziell für die deutsche Klimapolitik zuständig war. Das Kabinett der Regierung unter Helmut Kohl beschloss daraufhin im Jahr 1990 – kurz vor der Bundestagswahl und gegen den Widerstand der problemverursachenden Ressorts wie dem BMWi (Monstadt 2004: 124f) – ein Reduktionsziel in Höhe von 25 % bis zum Jahr 2005 auf Basis der Emissionswerte von 1987, allerdings ohne diese Ziele mit einer wirksamen regulativen Implementierung zu verbinden (BMU 2000b; Monstadt 2004).

Auf der ersten internationalen Vertragsstaatenkonferenz (Conference of the Parties – COP), die nach Unterzeichnung der Klimarahmenkonvention 1992 im Jahr 1995 in Berlin stattfand, erneuerte die Regierung ihr Ziel und erhöhte es gleichzeitig, indem unter Beibehaltung des 25 %-Ziels das Basisjahr gemäß der internationalen Vereinbarung auf 1990 verschoben wurde. Die Formulierung dieses ambitionierten Ziels kann zum einen auf die hohe mediale Aufmerksamkeit der in Deutschland stattfindenden ersten COP zurückgeführt werden, an der auch eine Vielzahl von nicht-staatlichen Akteuren wie Umweltbewegungen, Umweltverbände, ökologisch ausgerichtete wissenschaftliche Einrichtungen sowie die in dieser Zeit noch junge Branche der erneuerbaren Energien teilnahmen und das Thema Klimawandel und Klimaschutz transportierten (Monstadt 2004: 126). Zum anderen erleichterten aber auch die hohen Emissionsrückgänge, die sich durch den Rückbau alter Industrie- und Energieanlagen in diesen Jahren als so genannte „wall fall profits" beiläufig ergaben (s.u.), eine solche Entscheidung der deutschen Regierung. Gleiches gilt für die parallel formulierte *Selbstverpflichtung der deutschen Wirtschaft* unter Federführung des Bundesverbandes der Deutschen Industrie e.V. (BDI), die 1996 erweitert und im Jahr 2000 unter Bezugnahme auf die Verpflichtungen nach dem Kyoto-Protokoll erneuert wurde. Danach verpflichtete sich die deutsche Wirtschaft, ihre Emissionen aller im Kyoto-Protokoll genannten Treibhausgase auf Basis von 1990 um 35 % bis zum Jahr 2012 zu verringern und dabei eine spezifische CO_2-Einsparung von 28 % bis zum Jahr 2005 zu erreichen (BDI 2000).

Nach dem politischen Wechsel 1998 bekräftigte die neue rot-grüne Regierung trotz deutlichen Rückstands bei der Erreichung des 25 %-Reduktionsziels bis 2005 die Einsparungsziele und beschloss vor diesem Hintergrund in ihrem Klimaschutzprogramm von 2000 eine Reihe weiterer Maßnahmen, um die Einhaltung zu gewährleisten (BMU 2000b). Diese beinhalteten erstmals auch technologie- und energieträgerbezogene Ziele, wie z.B. die Verdopplung des Anteils der erneuerbaren Energien bis 2010, den Ausbau der Kraft-Wärme-Kopplung sowie die deutliche Steigerung der Energieproduktivität. Die hohe Bedeutung der angekündigten EE- und KWK-Maßnahmen zeigt sich darin, dass sie zusammen etwa 50 % des Reduktionsziels bis 2005 beitragen sollten (Lauber/ Mez 2004: 607). Zudem wurden zur Erhöhung der Verbindlichkeit den verursachenden Sektoren jeweils spezifische Minderungsvorgaben gemacht (BMU 2000b).

Das *25 %-Reduktionsziel der Bundesregierung wurde jedoch deutlich verfehlt.* Insgesamt wurden lediglich Einsparungen von 16 % erreicht, was einem Fehlbetrag von etwa 94 Mio. t CO_2 entspricht (Ziesing 2006a).[120] Die Erreichung der weniger ambitionierten Kyoto-Reduktionsziele, die sich nicht nur auf CO_2 beziehen, schien zu diesem Zeitpunkt deutlich aussichtsreicher.[121] Bis 2005 war bereits eine Einsparung von 19 – 20 % erzielt worden, und dies insbesondere durch die nun einbeziehbaren Reduktionen von Methanemissionen (CH_4) in Höhe von -48 % (ebda.).

---

[120] Die bis 2004 geleisteten CO_2-Einsparungen wurden hauptsächlich im Energiesektor (55 Mio. t, bzw. -12.5 %), in Handel, Gewerbe und Dienstleistungen (32 Mio. t, -35,7 %) und in der Industrie (50 Mio. t, -38,3 %) erzielt, wobei letztere damit einem Teil ihrer Selbstverpflichtungserklärung von 2000 nachkam (Ziesing 2006a).

[121] Die Europäische Union hat im Rahmen des Kyoto-Protokolls eine Reduktionsverpflichtung von 8 % übernommen, die in den Jahren 2008 bis 2012 gegenüber 1990 erreicht werden soll. Innerhalb der EU wurde dieses Ziel durch einen Lastenausgleich (Burden Sharing) unter Berücksichtigung der unterschiedlichen Voraussetzungen in den Mitgliedstaaten, z.B. bezüglich unterschiedlicher industrieller Strukturen und Pro-Kopf-Verbräuche, umgesetzt (Anhang 1 in Europäische Kommission 1999b). Mit der Ratifizierung des Kyoto-Protokolls wurde diese Lastenverteilung für die einzelnen Mitgliedsstaaten auch völkerrechtlich verbindlich. Für Deutschland leitet sich aus dieser Vereinbarung ein Minderungsziel von 21 % für die wichtigsten klimaschädigenden Gase ab.

Aber selbst bei dem in Bezug auf die Kyoto-Ziele erfolgreichen Ergebnis ist zu berücksichtigen, dass der Grossteil der bis dato erzielten Reduktionen auf die oben genannten Deindustrialisierungsprozesse (wall fall profits) zurückzuführen ist, insbesondere auf den Wegfall bzw. die Reduzierung der (emissionsreichen) industriellen Produktion und der Braunkohleverbrennung in den ostdeutschen Ländern. Ohne diese strukturbedingten Veränderungen, und ohne die außergewöhnlich hohen Energiepreissteigerungen wären die Emissionen in den letzten Jahren eher konstant geblieben oder angestiegen (Ziesing 2006a).[122]

Einen signifikanten Anteil an der CO_2-Reduktion hatten zu diesem Zeitpunkt bereits die verstärkt genutzten *erneuerbaren Energien*, durch die der Einsatz von fossilen Energien vermieden wurde. Studien im Auftrag des BMU ermittelten für das Jahr 2005 eine Reduktionswirkung in Höhe von rund 60 Mio. t CO_2 allein im Strombereich (BMU 2006b). Im Zusammenhang mit den oben genannten „wall fall profits" verdeutlicht auch die Reduktionswirkung der erneuerbaren Energien, dass die aktiven Klimaschutzbeiträge der Industrie und der konventionellen Energiewirtschaft insgesamt vergleichsweise gering ausfallen. In den Sektoren Verkehr und Haushalte waren zu diesem Zeitpunkt ebenfalls noch keine effektiven Reduktionen erzielt worden (BMU 2005b). Aus diesem Grund folgerte Hans-Joachim Ziesing in seiner Bestandsaufnahme der Emissionssituation bis 2005, dass „zum Nachlassen der klimapolitischen Anstrengungen kein Anlass" besteht, auch wenn die Emissionen in 2005 gesunken seien. Vielmehr seien angesichts des gesteigerten zukünftigen Reduktionsbedarfs zur Vermeidung der „befürchteten katastrophalen Wirkungen des Klimawandels ... noch wesentlich wirkungsvollere Instrumente erforderlich, als sie bisher eingesetzt werden" (Ziesing 2006a: 162).

Diese Entwicklungen hat die rot-grüne Bundesregierung in ihrer Fortschreibung des *Nationalen Klimaschutzprogramms 2005* mit Beschluss vom 13. Juli 2005, d.h. kurz vor dem Ende ihrer zweiten Regierungszeit, aufgegriffen.[123] Darin erkannte die Regierung an, dass, obwohl dem Reduktionsziel von 21 % schon sehr nahe, dieses „sicher nicht ohne weitere Maßnahmen erreicht werden kann" (BMU 2005a). Die gesetzliche Fixierung der klimapolitischen Zielsetzungen erfolgte im Rahmen der Umsetzung des europäischen Emissionshandelssystems, in dem der Gesetzgeber die allgemeinen CO_2-Reduktionsziele sowie die Verteilung auf die einzelnen Sektoren in das Zuteilungsgesetz geschrieben hat, dass auf der Basis der Aushandlungen zum Nationalen Allokationsplan entstanden war (Zuteilungsgesetz 2007).

Neben den allgemeinen Klimaschutzzielen wurden im Rahmen des Klimaschutzprogramms einzelne Subziele festgelegt. Dazu gehörte erneut eine „Vereinbarung der deutschen Wirtschaft und Energiewirtschaft mit der Bundesregierung, eine

---

[122] Siehe hierzu auch die Ausführungen in Kapitel 6.3, in dem darüber hinaus die europäischen und internationalen CO_2-Entwicklungen betrachtet werden.

[123] Dieses Programm wurde bis dato (Stand Juni 2007) von der neuen schwarz-roten Koalition noch nicht geändert und besitzt daher noch Gültigkeit.

Emissionsreduktion von insgesamt bis zu 45 Mio. t CO_2 bis zum Jahr 2010 gegenüber 1998 zu erreichen" (BMU 2005b: 6). Diese Vereinbarung enthält auch die
Zusage, den Ausbau von KWK-Anlagen voranzutreiben, was allerdings gegenwärtig
nicht bzw. nur unzureichend erfolgt (siehe Abschnitt 4.2.2). Bis 2020 soll sich laut
Klimaschutzprogramm die Energie- und Rohstoffproduktivität gegenüber 1990
verdoppeln. In Bezug auf den Ausbau erneuerbarer Energien wurden die Ziele laut
EEG bekräftigt sowie die Forderung erhoben, dass erneuerbare Energien bis Mitte
des Jahrhunderts rund die Hälfte des Energieverbrauchs decken sollen (BMU
2005b: 6). Dieser 50 %-Anteil wird in den neueren Szenarien des BMU aus dem
Jahr 2007 (Nitsch 2007) bereits deutlich übertroffen (siehe hierzu auch Abschnitt
3.1.4 und Abbildung 7).

Vorgeschlagen wird im Klimaschutzprogramm zudem, „dass die EU sich im
Rahmen der internationalen Klimaschutzverhandlungen für die zweite Verpflichtungsperiode des Kyoto-Protokolls bereit erklärt, ihre Treibhausgase bis zum Jahr
2020 um 30 Prozent (gegenüber dem Basisjahr) zu reduzieren. Unter dieser Voraussetzung wird Deutschland einen Beitrag von -40 Prozent anstreben." (BMU 2005b:
6).[124] Damit hatte die rot-grüne Bundesregierung ein Angebot unterbreitet, das von
der EU-Kommission im Januar und später vom Europäischen Rat im März 2007
zwar nicht verbindlich in dieser Höhe, dafür aber in konditionierter Form aufgegriffen wurde: Man werde 30 % bis 2020 gegenüber 1990 reduzieren, „sofern sich
andere Industrieländer zu vergleichbaren Emissionsreduzierungen und die wirtschaftlich weiter fortgeschrittenen Entwicklungsländer zu einem ihren Verantwortlichkeiten und jeweiligen Fähigkeiten angemessenen Beitrag verpflichten" (Europäischer Rat 2007: 12). Verbindlich vereinbart wurden 20 % bis 2020 (ebda.).

Damit hängt auch das deutsche Angebot einer Reduktion von 40 % an dieser Kondition der internationalen Vereinbarungen. Auf dem G8-Gipfel in Heiligendamm wurde zumindest die Möglichkeit für das Eintreten dieses Falles geschaffen,
in dem die USA und auch die großen Schwellenländer Dialogbereitschaft für die
anstehenden Post-Kyoto-Klimaverhandlungen im Rahmen der Vereinten Nationen
angekündigt haben (Bundesregierung 2007a). Bundeskanzlerin Merkel bekundete
daraufhin, dass sich die Regierung auf diesen „ehrgeizigsten Fall" vorbereite und
bereits vor der nächsten COP in Bali im Dezember 2007 ein entsprechendes Programm beschließen wolle (tagesschau.de 2007). Ob dies die Tür zu einer nationalen
Vorreiterpolitik öffnet, oder ob sich das Primat der internationalen Verhandlungs-
ergebnisse, das seit der Verabschiedung des Kyoto-Protokolls die nationale Klimapolitik dominiert, bestehen bleibt, kann erst nach den internationalen Verhandlungen zur Post-Kyoto-Periode beurteilt werden. Die bisherigen Entwicklungen in der

---

[124] Bundesumweltminister Sigmar Gabriel hat den Vorschlag einer 40 %-Reduktion bis zum Jahr 2020
am 26.4.2007 in einer Regierungserklärung im Rahmen eines 8-Punkte-Plans erneuert. Noch im
Jahr 2007 will die Bundesregierung eine erneute Aktualisierung des nationalen Klimaschutzprogramms vornehmen (BMU 2007d).

internationalen Klimapolitik und ihre Bedeutung für erneuerbare Energien werden im Kapitel 6 ausführlicher behandelt.

3.2.5   Entwicklungs- und Nachhaltigkeitspolitik

Schätzungsweise mehr als zwei Milliarden Menschen, d.h. etwa einem Drittel der gegenwärtigen Erdbevölkerung fehlt der Zugang zu „moderner" Energieversorgung (United Nations 2005; BMZ 2007).[125] Damit wird die Energieversorgung zu einem zentralen Aspekt einer weltweiten nachhaltigen Entwicklung und zu einer wichtigen Voraussetzung zur Beseitigung von Armut. Dieser Zusammenhang wird von der UN in den „Milleniumszielen für Entwicklung" (Millenium Development Goals – MDG) adressiert (United Nations 2000). Dies unterstreicht auch die enge Verbindung von Entwicklungs- und Nachhaltigkeitspolitik, wie sie insbesondere auf internationaler Ebene immer enger gesehen wird und auch im Begriff und der Forderung nach einer nachhaltigen Entwicklung zum Ausdruck kommt. Auch die Entwicklungspolitik (siehe Abschnitt 3.2.5.1) soll damit Nachhaltigkeitsziele im Bezug auf Umweltschutz, soziale Standards und wirtschaftliche Entwicklung umfassen. Gleichzeitig ist der Begriff der Nachhaltigkeit seit einigen Jahren auf nationaler Ebene als Querschnittsthema in die bestehenden Politikbereiche integriert worden (siehe Abschnitt 3.2.5.2).

3.2.5.1   Entwicklungspolitik

Die deutsche Entwicklungspolitik hat insbesondere in der rot-grünen Regierungszeit die Förderung erneuerbarer Energien in Entwicklungsländern zu einem zentralen Schwerpunkt ausgebaut. Ziel war es, in Partnerländern neue, dezentrale Energieversorgungen aufzubauen, „von Ölimporten unabhängiger zu werden", und damit „den Frieden und die Sicherheit in der Welt zu erhöhen" (BMZ 2004: 3). Auf dem Weltgipfel 2002 in Johannesburg hat die Bundesregierung das Programm „Nachhaltige Energie für Entwicklung" vorgestellt, durch welches bis 2007 500 Millionen Euro für erneuerbare Energie-Projekte und 500 Millionen Euro für Projekte zur Steigerung der Energieeffizienz bereitgestellt wurden.[126] Nach Angaben des Bundesministeriums für wirtschaftliche Zusammenarbeit und Entwicklung (BMZ) wurde diese Zusage bereits innerhalb von drei statt von fünf Jahren nach

---

[125] Der Begriff „modern" bezieht sich dabei auf den Einsatz moderner Technologie, die vergleichsweise effizient und emissionsarm Nutzenergie erzeugt, z.B. im Gegensatz zur in weiten Teilen der Entwicklungsländer verbreiteten umwelt- und gesundheitsschädlichen Holzverbrennung (BMZ 2007).

[126] Die Nichtregierungsorganisation Germanwatch kritisierte allerdings, dass diese Finanzmittel „zum Großteil keine zusätzlichen Mittel über die ohnehin für diesen Bereich bereitgestellten Summen hinaus" gewesen seien (Germanwatch 2006: 10).

der Konferenz von Johannesburg umgesetzt (BMZ 2006: 246).[127] Zusätzlich wurde auf der „renewables"-Konferenz 2004 eine Sonderfazilität für erneuerbare Energien und Energieeffizienz in Höhe von weiteren 500 Mio. Euro angekündigt, die bei der Kreditanstalt für Wiederaufbau (KfW) für den Zeitraum 2005-2009 eingerichtet wurde.[128]

Damit ergänzen die Aktivitäten und Finanzierungsleistungen der deutschen Entwicklungshilfe auch die Unterstützungsmaßnahmen der Exportinitiative der Bundesregierung (siehe Abschnitt 3.2.2). Die Bedeutung der Finanzmittel der deutschen Entwicklungszusammenarbeit, die sich über mehrere Jahre verteilen, fällt im Vergleich zum Gesamtumsatz der erneuerbare Energien-Branchen, der in 2005 bei über 16 Mrd. Euro lag (BMU 2006b), jedoch vergleichsweise gering aus. Außerdem werden die Entwicklungshilfeprojekte nicht zwingend mit deutschen Unternehmen als Lieferanten oder Dienstleistern durchgeführt. Dennoch ermöglichen die Projekte für die beteiligten Unternehmen einen finanziell und institutionell unterstützten Eintritt in neue Märkte.

Auf internationaler Ebene ist das Finanzvolumen von Entwicklungsprojekten im Bereich erneuerbarer Energien insgesamt (im Verhältnis zu den deutschen Aktivitäten) noch deutlich geringer.[129] Dies gilt für die durchaus in großer Zahl vorhandenen Aktivitäten verschiedener internationaler Organisationen, die jedoch nicht koordiniert erfolgen (Pfahl et al. 2005). Aus diesem Zusammenhang erwächst auch die Forderung nicht nur nach einer stärkeren Berücksichtigung erneuerbarer Energien in der internationalen Entwicklungspolitik, sondern auch nach einem institutionellen Rahmen oder einer Organisation, die sich speziell für die Belange der erneuerbaren Energien einsetzt und die Koordinierung übernimmt (siehe ausführlicher in Abschnitt 6.4.1).

Somit leisten die deutsche und in nur langsam steigendem Umfang auch die internationale Entwicklungspolitik Beiträge zum Aufbau einer Energieversorgung auf Basis erneuerbarer Energien in ausgewählten Projekten in besonders strukturschwachen Gebieten der Welt. In absoluten Zahlen, in Relation zum EE-Gesamtmarkt, sowie in der strategischen Bedeutung für den Aufbau von internationalen Märkten ist die Bedeutung des Beitrags aus der Entwicklungszusammenarbeit

---

[127] Im Jahr 2004 förderte das BMZ in 39 Partnerländern 157 Energieprojekte mit einem Gesamtvolumen von rund 2,3 Milliarden Euro (63 zur Verbreitung erneuerbarer Energien, 94 zur Erhöhung der Energieeffizienz in den Kooperationsländern) (BMZ 2004, Stand Mai).

[128] Die politischen Ereignisse auf dem Weltgipfel in Johannesburg 2002 und auf der renewables 2004 in Bonn werden ausführlicher in Abschnitt 6.4 behandelt.

[129] Ein Beispiel ist die in Bezug auf ihre Finanzausstattung besonders bedeutsame Weltbank bzw. die gesamte Weltbankgruppe, deren Schwerpunkt traditionell auf der Förderung von Projekten aus dem konventionellen Energiesektor liegt (Salim 2003). Diese Praxis stand lange in der Kritik, und wurde auch nach den drastischen Empfehlungen eines eigens in Auftrag gegeben Berichts (ebda.) sowie den Ankündigen auf der renewables-Konferenz 2004, die EE-Förderung deutlich steigern zu wollen, nicht grundlegend geändert (siehe hierzu auch Abschnitt 6.4.3).

für die Entwicklung erneuerbarer Energien in Deutschland jedoch eher von geringer Bedeutung. Dies könnte sich dann ändern, wenn deutlich mehr Länder eine
Entwicklungspolitik vergleichbar der Deutschlands betreiben würden, und insbesondere wenn die internationalen Finanzierungsinstitutionen ihre Förderpolitik in
diese Richtung verändern.

3.2.5.2   Nachhaltigkeitspolitik

Der seit langem aus der Forstwirtschaft bekannte *Begriff der Nachhaltigkeit* wurde
1987 durch den Bericht der Weltkommission für Umwelt und Entwicklung (wieder)
eingeführt und erreichte seitdem große internationale Bedeutung.[130] Auf der ersten
globalen UN-Konferenz über Umwelt und Entwicklung im Jahr 1992 in Rio de
Janeiro wurde das *Leitbild einer nachhaltigen Entwicklung* in verschiedenen Dokumenten, wie der Rio-Erklärung über Umwelt und Entwicklung sowie dem Konzept der
Agenda 21, aufgegriffen. Mit der Agenda 21 erklärte sich jeder der über 170 Unterzeichnerstaaten, darunter auch Deutschland, bereit, das Leitbild national in allen
Politikbereichen unter Beteiligung von Gesellschaft und Wirtschaft umzusetzen und
nationale Nachhaltigkeitsstrategien zu entwickeln. Im Kontext der internationalen
Nachhaltigkeitspolitik erlangte schließlich auch das Thema erneuerbare Energien
auf dem zweiten Weltgipfel für Umwelt und Entwicklung 2002 in Johannesburg
erstmals breitere politische Bedeutung und Aufmerksamkeit, während es demgegenüber in der internationalen Klimapolitik wenig direkte Beachtung fand (siehe
ausführlich in Abschnitt 6.4).

   Während das *Leitbild der nachhaltigen Entwicklung* insbesondere eine umwelt-
und sozialverträgliche wirtschaftliche Entwicklung in den ärmeren Ländern sowie
eine globale, partnerschaftliche Verantwortung dafür thematisiert, wird das allgemeine Konzept der Nachhaltigkeit häufig durch die drei Dimensionen (bzw. Ziele,
Säulen o.ä.) Umwelt, Wirtschaft und Soziales definiert, die bei der Entwicklung von
politischen Maßnahmen gleichermaßen Berücksichtigung finden sollen. Nachdem
dieses Konzept zunächst zu einer politischen Aufwertung der ökologischen Belange
geführt hat, bewirkte, wie der Rat von Sachverständigen für Umweltfragen in seinem Umweltgutachten 2002 feststellte, der inflationäre und beliebige Gebrauch des
Begriffs sowie seine unklare Konzeption eine Verwässerung des eigentlichen Anlie-

---

[130]   Die Weltkommission für Umwelt und Entwicklung (World Commission on Environment and
        Development - WCED) war 1983 von den Vereinten Nationen als unabhängige Sachverständigen-
        kommission gegründet worden. Sie wird nach ihrer langjährigen Vorsitzenden auch Brundtland-
        Kommission genannt. Im Abschlussbericht der Kommission „Unsere gemeinsame Zukunft" wurde
        erstmals das Leitbild einer „nachhaltigen Entwicklung" entwickelt, was in der Folge große Bedeu-
        tung für die internationale Entwicklungs- und Umweltpolitik erlangte. Die Kommission verstand
        darunter eine Entwicklung, „die den Bedürfnissen der heutigen Generation entspricht, ohne die
        Möglichkeiten künftiger Generationen zu gefährden, ihre eigenen Bedürfnisse zu befriedigen und
        ihren Lebensstil zu wählen" (WCED 1987).

gens. Durch die Vielfalt und Unterschiedlichkeit der Dimensionen und der dadurch inhärenten Zielkonflikte „verkommt das Drei-Säulen-Konzept zu einer Art Wunschzettel, in den jeder Akteur einträgt, was ihm wichtig erscheint. Das Konzept begünstigt damit zunehmend willkürliche Festlegungen. ... In diesem Sinne versteht der Umweltrat das Konzept der „dauerhaft umweltgerechten Entwicklung" als ein ökologisch fokussiertes Konzept von (im Grundsatz starker)[131] Nachhaltigkeit, bei dem soziale und ökonomische Bezüge zu berücksichtigen sind." (SRU 2002b: 21)

Auf *bundespolitischer Ebene* wurde das Konzept der Nachhaltigkeit Anfang der 1990er Jahre aufgegriffen. 1991 setzte der 12. Bundestag die erste generalistisch umweltorientierte Enquete-Kommission „Schutz des Menschen und der Umwelt – Wege zum nachhaltigen Umgang mit Stoff- und Materialströmen" ein. Die Arbeit dieser Kommission wurde in der folgenden Legislaturperiode durch die Enquete-Kommission „Schutz des Menschen und der Umwelt - Ziele und Rahmenbedingungen einer nachhaltig zukunftsverträglichen Entwicklung" fortgesetzt. Die Kommission formulierte Grundregeln für das Management von Stoffströmen und eine nachhaltige Entwicklung auf nationaler Ebene, die sich an einer integrierten Betrachtung von ökologischen, ökonomischen und sozialen Aspekten orientiert und dabei insbesondere die Endlichkeit natürlicher Ressourcen und die begrenzte Belastbarkeit der natürlichen Umwelt berücksichtigt (Enquete-Kommission 1998; ITAS 1998).

Bereits dieser Bericht aus dem Jahr 1998 schlägt konkrete Schritte für ein Nachhaltigkeitskonzept vor und regt die Gründung eines ständigen Gremiums für Fragen der Nachhaltigkeit an. Ein solches Gremium wurde schließlich im April 2001 von der rot-grünen Bundesregierung als „*Rat für Nachhaltige Entwicklung*" (RNE) einberufen. Der Rat soll die Bundesregierung in ihrer Nachhaltigkeitspolitik beraten, mit Vorschlägen zu Zielen und Indikatoren zur Nachhaltigkeitsstrategie beitragen, Projekte zur Umsetzung dieser Strategie entwickeln sowie den gesellschaftlichen Dialog zur Nachhaltigkeit fördern (RNE 2006).

Im April 2002 hat die rot-grüne Bundesregierung schließlich unter Mitwirkung des Rates eine *Strategie für Nachhaltige Entwicklung* unter dem Titel „Perspektiven für Deutschland" verabschiedet - zehn Jahre, nach dem dies in Rio vereinbart worden war (s.o.) und gleichzeitig als ein deutscher Beitrag zur zweiten Weltkonferenz für Nachhaltige Entwicklung 2002 in Johannesburg (Bundesregierung 2002). Die Nachhaltigkeitsstrategie definiert Ziele für insgesamt 21 Handlungsfelder, an

---

[131]   In der Diskussion um unterschiedliche Nachhaltigkeitskonzepte wird u.a. zwischen starker und schwacher Nachhaltigkeit unterschieden. Hierbei handelt es sich im Wesentlichen um unterschiedliche Auffassungen zur Substituierbarkeit zwischen Natur- und Sachkapital, die Kompensation von Schäden und die Diskontierung zukünftiger Ereignisse. Während beim Konzept starker Nachhaltigkeit davon ausgegangen wird, dass vorhandenes Naturkapital konstant gehalten werden muss, weil sein Verbrauch in der Regel nicht durch andere Kapitalformen wie Sach- oder Humankapital ersetzt werden kann, gehen Vertreter schwacher Nachhaltigkeitskonzepte von der prinzipiell unbegrenzten Ersetzbarkeit von Natur durch andere Güter aus (SRU 2002b).

denen der konkrete Fortschritt durch so genannte Nachhaltigkeitsindikatoren gemessen werden soll. In regelmäßigen Fortschrittsberichten soll die Bundesregierung alle zwei Jahre die Entwicklung dokumentieren und dem Parlament berichten. Im November 2004 wurde der erste Fortschrittsbericht vorgelegt (Bundesregierung 2004c), der wiederum zur Aktualisierung der Strategie im „Wegweiser Nachhaltigkeit 2005" führte, die am Ende der rot-grünen Regierungszeit vom Staatssekretärsausschuss für Nachhaltige Entwicklung, dem so genannten „Green Cabinet" erarbeitet und im August 2005 beschlossen wurde (Bundesregierung 2005b).

Im Rahmen der Nachhaltigkeitsstrategie nehmen die Themen Ressourcen- und Klimaschutz sowie explizit die *Förderung erneuerbarer Energien* als Indikatoren 1 bis 3 eine wichtige Rolle ein. Die quantitativen Zielsetzungen entsprechen dabei den verbindlich vorgegeben Zielen aus dem Kyoto-Protokoll, den EG-Richtlinien und dem EEG. Insbesondere die bisher erfolgreiche Entwicklung bei den erneuerbaren Energien führt zu einer positiven Bilanz beim Themenfeld Klimaschutz, es werden jedoch auch Probleme wie die Integration der Windenergie ins Stromnetz behandelt. Die erneuerbaren Energien übernehmen damit jedoch insgesamt eine zentrale Rolle in der Gesamtbilanz der deutschen Nachhaltigkeitsstrategie. Insofern kann die Nachhaltigkeitsstrategie als ein *stabilisierender Faktor* für die deutsche EE-Politik gesehen werden, wenn gleich es sich um eine eher symbolhafte „*soft policy*" ohne gesetzlichen bzw. sanktionierbaren Charakter handelt.

Mit dem Rat für nachhaltige Entwicklung ist zudem ein neuer Akteur in der Politiklandschaft entstanden, der im Grundsatz zu den Befürwortern eines stärkeren Ausbaus erneuerbarer Energien anzusehen ist. Allerdings sind gemäß der heterogenen Zusammensetzung des Rates auch die oben angesprochenen inhärenten Zielkonflikte der verschiedenen Nachhaltigkeitsdimensionen vertreten. Dies erklärt wohl auch, warum sich der Rat in Bezug auf energiepolitische Fragen bislang vergleichsweise salomonisch äußerte. So plädierte er beispielsweise dafür, eine „Gleichbehandlung der Energieträger unter Nachhaltigkeitsgesichtspunkten zu erreichen" (RNE 2003: 28f). Er befürwortete die Kohlenutzung in Deutschland grundsätzlich, wobei die Subventionierung für die Steinkohle weiter degressiv verlaufen solle, und bezüglich der Braunkohle, die er „als einzige wirtschaftliche und heimische Energiequelle von Bedeutung neben der Wasserkraft" bezeichnete, forderte er, für die Abbaugebiete „Nachhaltigkeitsbilanzen" zu erstellen (ebda.).

3.2.6   Zwischenfazit

In Bezug auf die allgemeinen politisch-ökonomischen Rahmenbedingungen, welche die Entwicklung erneuerbarer Energien beeinflussen, können folgende Aspekte festgehalten werden:

Für kleine und mittelständische Unternehmen, und damit auch für die überwiegend KMU-basierten Branchen der erneuerbaren Energien, gibt es eine Reihe von allgemeinen *wirtschaftspolitischen Maßnahmen*, die z.B. die Kapitalbeschaffung, Unternehmensgründung oder den Export fördern. Da der Export gerade für eine junge und kleinteilige Branche, bei der nur wenig entwickelte Auslandsmärkte existieren, eine besondere Herausforderung ist, wurde unter der Federführung des BMWi eine so genannte Exportinitiative für erneuerbare Energien eingerichtet, die EE-Unternehmen bei der Internationalisierung unterstützt. Die deutsche Entwicklungspolitik hat erneuerbare Energien seit 2002 zu einem Schwerpunkt ausgebaut, der einen (kleinen) Beitrag zum Umsatz und zur Auslandsmarkterschließung er EE-Branche leistet. Neben diesen unterstützenden Maßnahmen für die EE-Branche ist jedoch auch zu konstatieren, dass durch die deutsche Wirtschaftspolitik und insbesondere das BMWi traditionell die konventionelle Energiewirtschaft sowie die Entwicklung nationaler Champions im Energiemarkt massiv gefördert wurden. Diese Politik hat gerade im Energiebereich zu einer starken Konzentration und de facto einer Re-Monopolisierung geführt, die sich negativ für neue, kleine Marktakteure ausgewirkt hat (siehe ausführlicher in Kapitel 4).

Seit den 1980er Jahren werden erneuerbare Energien mit *staatlichen Forschungsmitteln* zwischen 60 und 100 Mio. Euro pro Jahr gefördert. Damit liegen diese Mittel zur EE-Technologieentwicklung um ein vielfaches unter den Geldern für die Atomenergie, die zwischen Mitte der 1970er und 1980er Jahre bei jährlich über einer bis zwei Milliarden Euro lagen und bis heute den größten Anteil am Forschungsetat haben. Weitere Forschungsmittel im EE-Bereich sind zur Senkung der Kosten und zur Erschließung der vielfältigen Potenziale nötig, auch um den angestrebten Beitrag zur Energieversorgung zu erreichen. Außerdem verspricht die hohe Zahl verschiedener technischer Möglichkeiten und Varianten im Bereich erneuerbarer Energien ein hohes Innovationspotenzial, das in der Summe zu einer neuen industriellen Revolution in der Energiewirtschaft entwickelt werden könnte. Dabei werden die Konflikte um die Forschungsmittel jedoch zunehmen, wenn sich die Etats für Energieforschung nicht signifikant erhöhen, da insbesondere mit der CCS-Thematik, aber auch der Fusionstechnologie teure und langfristig zu entwickelnde Konkurrenztechnologien existieren. Allerdings ist mit der Übertragung der primären Zuständigkeit für die EE-Forschung auf das BMU seit 2002 die Möglichkeit entstanden, neben der Technologieförderung auch solche Studien und Aktivitäten zu fördern, welche die politische Position erneuerbarer Energien stärken.

Eine solche institutionelle Stützung der erneuerbaren Energien ist auch vor dem Hintergrund der traditionellen Dominanz der Energieträger Kohle und Atom von hoher Bedeutung, deren energiewirtschaftliche Vertreter seit Jahrzehnten eng mit dem politisch-administrativen System auf Bundes- und Länderebene verflochten waren und zum Teil noch sind. Die *Atomenergie*, die seit über drei Jahrzehnten einen Beitrag von etwa einem Viertel des deutschen Strombedarfs leistet, wurde durch den politischen Willen der damaligen Regierungen mit vielen Milliarden Euro Subventionen eingeführt. Nachdem sich in den 1970er Jahren eine starke Anti-Atombewegung gebildet hatte, aus der 1979 die Grünen hervorgingen, forderte seit Mitte der 1980er Jahre und insbesondere seit der Reaktorkatastrophe in Tschernobyl auch die SPD den Atomausstieg. Dieser wurde 1998 bei der Regierungsübernahme beider Parteien beschlossen und in der Folge in einer Atomgesetznovelle umgesetzt, die im April 2002 in Kraft trat. Die zentralen Atomenergiebefürworter blieben bis heute die großen Energiekonzerne als Betreiber, weite Teile der Industrie sowie der überwiegende Teil von CDU/CSU und FPD. Bezeichnend ist bei der gegenwärtig stark durch Klimaschutzargumente getriebenen Debatte der Befürworter einer Laufzeitverlängerung für die Atomkraft, dass die ökologische Bilanz ebenso wie die Kosten immer auf den Betrieb verkürzt werden und volkswirtschaftliche und externe Kosten sowie die Risiken und Langzeitfolgen ausgeblendet werden. Die SPD als gegenwärtiger Garant des Atomausstiegs in der Regierung setzt neben erneuerbaren Energien und KWK große Hoffnungen in die emissionsärmere Nutzung der Kohle, was auch ihrer traditionellen Bindung an diesen Energieträger entspricht.

Die *Kohlegewinnung* hatte lange Jahre nicht nur eine hohe ökonomische Bedeutung – Steinkohle insbesondere in Nordrhein-Westfalen und im Saarland, Braunkohle neben NRW auch in der ehemaligen DDR bzw. mehreren neuen Bundesländern – sie ist auch eng und traditionell mit der SPD und den Gewerkschaften verbunden. Diese politische Verankerung prägte auch die rot-grüne Regierungszeit, und nahm erst angesichts der auslaufenden deutschen Kohleförderung und des Regierungsverlustes in den ehemaligen SPD-Kohlehochburgen ab. Mit nach wie vor etwa 50 % Anteil an der Stromerzeugung hat die Kohleindustrie in Deutschland aber auch auf Importbasis ein hohes ökonomisches Gewicht. Aus Sicht der traditionellen Energieversorger und Netzbetreiber erfolgen die bereits stattfindende sowie die anstehende Erneuerung des Kraftwerksparks aus technischer und betriebswirtschaftlicher Sicht am einfachsten in Form des Ersatzes von alten durch neue Kohle-Großkraftwerke. Neuere Studien zeigen jedoch entgegen der lange vorherrschenden Ansicht frühzeitigere Versorgungsprobleme aufgrund geringerer erschließbarer Vorkommen und durch die stark steigende Nachfrage auf, weshalb ein umfassender Neubau von Kohlekraftwerken mit oder ohne CCS auf den Prüfstand zu stellen ist.

Eine signifikante Verschiebung zum *Erdgas*, das in den letzten Jahren stärkere Bedeutung bekommen hat, ist im Zuge der bisherigen Kraftwerkspark-Erneuerung und diesbezüglichen Planungen noch nicht festzustellen, wenngleich dies eine deutliche Reduktion von Treibhausgasen bedeuten würde. Allerdings ist eine längerfristige Versorgung durch den Energieträger Erdgas aufgrund der wenigen Lieferländer aus teilweise instabilen Regionen sowie der stark wachsenden internationalen Nachfrage mit hohen Risiken behaftet.

Einen wichtigen Beitrag zur effizienten und ressourcenschonenden Energie-erzeugung und –bereitstellung können Anlagen zur gekoppelten Erzeugung von Strom und Wärme, die so genannten Kraft-Wärme-Kopplungsanlagen *(KWK-Anlagen)* leisten. Da diese auf dezentraler Ebene grundlastfähig betrieben werden, aber auch die fluktuierende Bereitstellung von z.b. Windkraftanlagen ausgleichen können, sind KWK-Anlagen eine sinnvolle Ergänzung einer Transformationsstrate-gie des Energiesektors hin zu einem effizienten, dezentralen Energiesystem. Sie können mit Erdgas, aber auch mit Biomasse bzw. Biogas als EE-Anlage betrieben werden. Um den gegenwärtig vergleichsweise niedrigen KWK-Anteil (z.B. im Vergleich zu Ländern wie Dänemark) zu erhöhen, wie dies seit Jahren mit einem wenig zielführenden KWK-Gesetz erfolglos versucht wird, sind ambitioniertere Ansätze erforderlich.

Daneben gibt es eine Reihe weiterer Instrumente, die auf eine *Steigerung der Energieeffizienz* zielen. Der Emissionshandel hat ebenso wie die Energiesteuern (ehemalige Ökosteuer) derzeit de facto wenig direkte Auswirkungen auf die erneu-erbaren Energien im Strombereich. Beide Instrumente sind jedoch aufgrund ihrer Wirkung auf die fossilen Brennstoffpreise bedeutende indirekte Einflussfaktoren.

Eine wichtige unterstützende Rolle für die Entwicklung der erneuerbaren Energien hatte die Übertragung der Zuständigkeit für erneuerbare Energien in das *BMU* im Jahr 2002. Die Bedeutung für die erneuerbaren Energien ist vergleichbar mit der Bedeutung, die das BMU seit seiner Gründung für die Entwicklung der *Umweltpolitik* in Deutschland hatte. Die Aufgaben des BMU waren von Beginn an eng mit der Regulierung der Energiewirtschaft verbunden, und mit der Übertragung der Zuständigkeit für die erneuerbaren Energien, aber auch für den Emissionshan-del wurde es zu einem wichtigen energiepolitischen Akteur neben dem BMWi. Obwohl die EE-Politik auch eine wichtige umweltpolitische Maßnahme darstellt, gibt es auch Zielkonflikte mit anderen umweltpolitischen Themen. Bisher ist es jedoch gelungen, die auftretenden Zielkonflikte insbesondere zwischen der Nutzung erneuerbarer Energien und Naturschutzaspekten, die zu den wichtigsten Akzep-tanzproblemen erneuerbarer Energien am lokalen Ort zählen, frühzeitig innerhalb des Ressorts zu behandeln und bei der Suche nach Konfliktlösungen beizutragen.

Während die Umweltpolitik als eigenständiges Politikfeld etabliert ist, ist die *Klimapolitik* ein Querschnittsthema, das viele Sektoren betrifft, und das auf nationa-ler Ebene auf viele Einzelpolitiken und Ressorts verteilt ist. Diese Situation hat bisher dazu geführt, dass die Beharrungskräfte groß und die Erfolge im Klima-schutz jenseits der Förderung erneuerbarer Energien nur mäßig sind, da die sonsti-gen CO_2-Reduktionen in Deutschland maßgeblich auf die „wall fall profits" zurück-zuführen sind. Die geringe Durchschlagskraft einer breit angelegten, nationalen Klimaschutzpolitik hat auch damit zu tun, dass die nationale Handlungsbereitschaft zunehmend an internationale Vereinbarungen geknüpft wurde – die jedoch nur langsam erfolgten und geringere Zielsetzungen aufweisen. Mit den jüngsten Klimaschutzvorschlägen Deutschlands für eine Reduktion in Höhe von 40 % bis 2020, die im Vorfeld des EU-Gipfels unterbreitet wurden, könnte wieder eine Vorreiterrolle entstehen – wenn, so die Bedingung, die wesentlichen internationalen Emittenten (im Wesentlichen die USA und China) ebenfalls ambitionierte Klimaschutzziele formulieren (siehe ausführlicher in Kapitel 6). Aber selbst das zugesicherte Reduktionsziel in Höhe von 30 % bis 2020 ist angesichts des bisher geringen klimapolitischen Erfolgs ambitioniert, und unterstützt damit tendenziell den weiteren Ausbau erneuerbarer Energien, sollten andere Reduktionsmaßnahmen nicht greifen.

3.3   Policy-Analyse

3.3.1   Entstehung des Policy-Zyklus und erstes Stromeinspeisungsgesetz

Die Geschichte der menschlichen Energienutzung war über Jahrtausende durch die Nutzung erneuerbarer Energien geprägt. Was mit der Entdeckung des Feuers vor etwa 500.000 Jahren begann, wurde später mit der Nutzung von Wind- und Wasserkraft fortentwickelt (siehe Abschnitt 3.1.1). Dieses regenerative Zeitalter wurde im Zuge der industriellen Revolution durch das fossile und im 20. Jahrhundert durch das fossil-atomare Zeitalter abgelöst (Teller 1981; Sieferle 1987). Mit der Erfindung des kommerziell nutzbaren elektrischen Stroms und der Nutzung in Elektromotoren begann Ende des 19. Jahrhunderts die Elektrifizierung in Deutschland. Die rasante Verbreitung der Stromnutzung innerhalb weniger Jahrzehnte war nachfrageseitig durch eine Vielzahl aufkommender elektrischer Geräte bedingt, angebotsseitig wurde es durch den schnellen Aufbau eines großflächigen Verteilnetzes ermöglicht (Stier 1999; Kristof 1992; Reiche 2005a). Die damaligen Energiekonzerne waren am Verkauf von öl- und stromverbrauchenden Geräten aktiv beteiligt, um somit den Aufbau und später den Erhalt dieses Energiewirtschaftssystems zu begünstigen (Zängl 1989). Dabei wurde seit Beginn des 20. Jahrhunderts verstärkt auf eine zentrale Energieversorgungs- und Netzstruktur auf der Basis von Großkraftwerken gesetzt und diese aufgebaut (Kristof 1992; Reiche 2005a). Aufgrund dieser Entwicklung wurde die Nutzung erneuerbarer Energien und dezentraler Energieanlagen weitgehend aus der Energie- und insbesondere der Stromversorgung gedrängt.

    Die jüngere politische und gesellschaftliche Debatte um erneuerbare Energien begann in Deutschland sowie in einigen anderen Industrieländern erst wieder in Folge der Ölpreiskrisen[132] in den 1970er Jahren (Lauber/ Mez 2004; Jacobsson/

---

[132]   Die erste Ölpreiskrise wurde durch eine künstliche Angebotsverknappung und damit einhergehender Preissteigerung der Erölförderländer ausgelöst. Hintergrund und Auslöser dafür bildeten der Nah-Ost-Konflikt sowie die Nationalisierungs- und Emanzipierungsbestrebungen des arabischen

Lauber 2006). Für Danyel Reiche setzt hier der aktuelle Politikzyklus der erneuerbaren Energien bzw. das „Comeback in der Moderne" ein (Reiche 2005a: 18). Allerdings führten die Ölpreiskrisen noch zu keiner Politik zur Förderung erneuerbarer Energien, im Gegenteil war die primäre politische Antwort eine Bestätigung und Verstärkung des Kohle- und Atompfades (siehe Abschnitt 3.2.3). Dennoch starteten in dieser Zeit viele gesellschaftliche Initiativen, die sich mit den Themen Atomausstieg, Klimawandel und erneuerbare Energien beschäftigten und diese voranbringen wollten, und die den Nährboden und die Voraussetzung für die spätere politische und gesellschaftliche Entwicklung bildeten (hierzu auch Abschnitt 3.4).

3.3.1.1 Die Anfänge – lokale, regionale und forschungspolitische Initiativen

Die Förderung erneuerbarer Energien auf nationaler Ebene begann seit 1974 mit einzelnen *Forschungsaktivitäten*, die durch das Forschungsministerium (BMFT) angeregt und finanziert wurden (Lauber/ Mez 2004). Wie die Abbildung 9 zeigt, stiegen die Forschungsmittel insbesondere gegen Ende der 1970er Jahre vor dem Hintergrund des gestiegenen Umwelt- und Klimaschutzbewusstseins bis zum Ende der Regierungszeit der sozial-liberalen Koalition im Jahr 1982 auf über 70 Mio. Euro an. Hintergrund dafür waren u.a. die Empfehlungen der ersten Enquete-Kommission zum Thema Klima im Jahr 1980 (Enquete-Kommission 1980) und die aufkommende gesellschaftliche Debatte. Nach dem Regierungswechsel 1982 reduzierte die christlich-liberale Koalition die Mittel wieder kontinuierlich, da sie der Förderung erneuerbarer Energien eine deutlich geringere Priorität beimaß (Lauber/ Pesendorfer 2004). Diese Reduzierung wurde durch die energiepolitischen Ereignisse des Jahres 1986 – die Reaktorkatastrophe von Tschernobyl, die erhöhte Sensibilität für das Thema Klimaschutz, die Gründung des BMU etc. – gestoppt, da nun der gesellschaftliche und politische Druck wieder zunahm (ebda.). Die Forschungsausgaben wurden in der Folge wieder verstärkt, so dass 1989 wieder das Niveau von 1982 erreicht wurde.

Die Schwerpunkte der Forschungsausgaben lagen zu dieser Zeit – und liegen bis heute - auf der Fotovoltaik, gefolgt von der Windenergie und netzfernen Entwicklungen für südliche Klimazonen sowie solarthermischen Kraftwerken. Insbesondere die Förderung der Windenergie, die in den ersten Jahren von den im Inland genutzten EE-Technologien die meisten Mittel erhalten hatte, wurde nach 1983 stark gekürzt. Der Grund hierfür lag u.a. in dem gescheiterten Versuch eines er-

---

Raums gegenüber den Industriestaaten und den internationalen Mineralölkonzernen. Folge davon war u.a. die Verstaatlichung von Mineralölgesellschaften in den Förderländern. Zu Beginn des Jahres 1974 stieg der Ölpreis um das vierfache von 3 auf 11,6 Dollar je Barrel (Hohensee 1996). Die Politik der Abgrenzung von den großen Industriestaaten, insbesondere den USA, sowie den transnationalen Energiekonzernen, wiederholt sich gegenwärtig in einigen sozialistisch regierten Ländern Südamerikas wie z.B. Venezuela und Bolivien, in denen eine Verstaatlichung des Energiesektors stattgefunden hat.

zwungenen Innovationssprungs durch den Bau der 3 MW-Testanlage „Growian".[133] Neben der F&E-Förderung wurden insbesondere in den Bereichen Fotovoltaik und Windenergie einige Demonstrationsprogramme aufgelegt (Röpcke 2006; Koenemann/ Oelker 2006). Dadurch konnten nicht nur eine Reihe von Forschungseinrichtungen gefördert und etabliert werden, sondern es entwickelten sich auch erste Unternehmen in beiden Branchen und Ansätze von Interessenvertretungen.[134]

Seit 1979 gab es zudem eine *Verbändevereinbarung* zwischen VDEW, VIK und BDI, welche die Einspeisung privater Erzeuger regelte, und nach der sich die Energieversorger verpflichteten, auch Strom aus erneuerbaren Energien, der in ihrem Versorgungsgebiet eingespeist wurde, nach einem Ansatz vermiedener Brennstoffkosten abzunehmen und zu vergüten (Lauber/ Mez 2004). De facto führte diese Regelung, die bis zur Einführung des Stromeinspeisungsgesetzes Gültigkeit hatte, jedoch zu keiner zusätzlichen Einspeisung erneuerbarer Energien jenseits der bestehenden Eigennutzung.[135] Als zentrale Gründe dafür können zum einen die auf diese Weise ermittelten zu geringen Vergütungshöhen, zum anderen aber auch die geringe Bereitschaft der Energieversorger und Netzbetreiber, die Einspeisung privater Erzeuger abzunehmen, genannt werden (Lauber/ Pesendorfer 2004).[136] Lediglich einzelne Stadtwerke förderten oder nutzten zu dieser Zeit auf lokaler Ebene erneuerbare Energien (Monstadt 2004; Jacobsson/ Lauber 2006; Röpcke 2006; Koenemann/ Oelker 2006).

Während im deutschen Bundestag nach dem Tschernobyl-Jahr 1986 und den Arbeiten der zweiten Klima-Enquete-Kommission (siehe auch Abschnitt 3.2.4) gegen Ende der 1980er Jahre die Akzeptanz für eine Förderung erneuerbarer Energien parteiübergreifend wuchs, verweigerte das zuständige Wirtschaftsministerium

---

[133] Axel Michaelowa schreibt zu den Gründen des Scheiterns (2004: 2): "This 100 m giant faced severe technological problems and was operational just about 500 hours. It failed due to an unmanageable leap-frog approach (everything in one step), half-hearted political support, resistance of utilities and the absence of interest by Germany's high tech industry. GROWIAN was unceremoniously dismantled. Nobody spoke of windpower for many years afterwards but without much publicity, small turbines coming from Denmark were adopted by some farmers."

[134] Für eine ausführlichere Darstellung hierzu siehe den Beitrag von Staffan Jacobsson und Volkmar Lauber (2006: 261ff), die diese erste Phase vor der eigentlichen Marktentwicklung als „formative phase" bezeichnen.

[135] Die Vergütungshöhen, die mit dieser Regelung erzielt werden konnten, lagen abhängig vom Strompreis und der Technologie zwischen 2 und 10 Pfennigen pro kWh, wobei letzterer Wert erst nach einer Änderung der Vereinbarung im Jahr 1988 erreicht wurde (Kords 1993: 47).

[136] Demgegenüber führte eine vergleichbare Regelung in den USA, die zur Regierungszeit Jimmy Carters eingeführt wurde, zu einem ersten Aufschwung erneuerbarer Energien in einem Industrieland (Lauber/ Pesendorfer 2004). Damit waren die USA in dieser Zeit zusammen mit Dänemark frühe Vorreiter in der Förderung erneuerbarer Energien. Während die Dänen insbesondere durch ihre Windenergiepolitik kontinuierliche Zubauraten erzielten und in der Folge zum Weltmarktführer im Windenergiemarkt aufstiegen, verließen die USA unter dem republikanischen Präsidenten Ronald Reagan den begonnenen EE-Pfad wieder nahezu vollständig (Michaelowa 2004; Körner 2005).

eine Entwicklung von Markteinführungsprogrammen auf Bundesebene (Lauber/ Pesendorfer 2004). Die ersten Unterstützungsmaßnahmen zur Markteinführung erfolgten in dieser Zeit daher von *einzelnen Bundesländern und einigen Kommunen.* Als Grund hierfür führt Andre Suck (2002: 20) in seiner Analyse an, dass insbesondere die Akteure aus der Windenergiebranche durch erste erfolgreiche Interessenvertretung die Einrichtung von Förderprogrammen in einigen Bundesländern erreichen konnten. Hervorzuheben ist dabei das ab 1987 aufgelegte nordrhein-westfälische Breitenförderprogramm für erneuerbare Energien, welches am umfangreichsten ausgestattet war und durch seine große Nachfrage bundesweit Vorbildcharakter bekam. Im Ergebnis wurde Nordrhein-Westfalen in den 1990er Jahren zum Bundesland mit den höchsten Installationszahlen in den Bereichen Windenergie, Fotovoltaik und Solarthermie (Staiß 2000: I-144). Nach Suck (2002: 21) strahlten die Ergebnisse dieses erfolgreichen Länderprogramms auch auf die Bundesebene, konkret auf das Forschungsministerium, aus.

Im Jahr 1989 startete das *Bundesforschungsministerium* für den Bereich Windenergie ein 100 MW-Programm, dass mit Beginn des späteren Stromeinspeisungsgesetzes aufgrund der großen Nachfrage auf 250 MW aufgestockt wurde (Koenemann/ Oelker 2006), im Bereich Fotovoltaik wurde das 1000-Dächer-Programm eingeführt (Röpcke 2006). Allerdings gab es zu diesem Zeitpunkt auch bereits erste Initiativen von Abgeordneten für eine gesetzliche Regelung (ausführlicher dazu im nachfolgenden Abschnitt), weshalb man die Einrichtung dieser Programme auch als ein Zugeständnis zur Vermeidung einer breiteren gesetzlichen Regelung sehen kann (vgl. hierzu Kords 1993: 63; Lauber/ Mez 2004: 601). Die Bundesprogramme wurden sehr schnell in hohem Maße genutzt, da sie ausreichende Investitions- und Kreditsicherheit für die in der vorherigen Forschungs- und Demonstrationsphase entstandenen Hersteller und Betreiber bieten konnten (Jacobsson/ Lauber 2006). Auf diese Weise gelang Deutschland im Bereich Windenergie kurzfristig der Anschluss an die Weltspitze (Dänemark), und in der Fotovoltaik wurde ein großer Schritt in Richtung Marktentwicklung getan (ebda.).

Gegen Ende der 1980er Jahre stieg der *Druck aus dem Bundestag* gegenüber dem BMWi, auf gesetzlichem Wege die erneuerbaren Energien zu fördern. Seit 1987 wurden diesbezüglich mehrere Gesetzesvorschläge sowohl von einzelnen Abgeordneten der CDU/CSU-Regierungsfraktion als auch von den oppositionellen Grünen eingebracht und es entstand - unterstützt durch die aktiven Politiker – ein zunehmendes mediales Interesse am Thema Klimaschutz und erneuerbare Energien und damit wachsender öffentlicher Druck (Jacobsson/ Lauber 2006). Das BMWi versuchte diesem Druck zunächst dadurch auszuweichen, in dem sie die Energieversorger im Jahr 1988 zu einer verbesserten Einspeiseregelung auf Basis einer veränderten Verbändevereinbarung drang. Die vereinbarten Verbesserungen reichten jedoch nicht aus, um dem EE-Markt neue Impulse zu geben (ebda.). Dieser Hintergrund begünstigte die Entstehung des ersten Einspeisegesetzes zur Förderung erneuerbarer Energien, dass in der Folge in parteiübergreifendem Konsens aus dem Bundestag - und nicht durch das zuständige BMWi - entwickelt wurde.

3.3.1.2   Der Weg zum ersten Stromeinspeisungsgesetz

Die Entstehung der ersten Aktivitäten zur Schaffung eines Stromeinspeisungsgesetzes zur Förderung erneuerbarer Energien (StrEG) ist somit eng mit zwei Faktoren verbunden: Auf der einen Seite bot die ansteigende öffentliche Wahrnehmung des Klimaproblems und der erneuerbaren Energien als Lösungsstrategie dieser Problematik eine Legitimationsgrundlage für gesellschaftliches, wirtschaftliches und politisches Engagement. Auf der anderen Seite stieg die Anzahl an Bürgern, Initiativen und Unternehmern an, die als Treiber dieser Entwicklung zunächst auf lokaler und regionaler Ebene, später auf bundespolitischer Ebene ihre Rahmenbedingungen zu verbessern versuchten (Jacobsson/ Lauber 2006; Jacobsson/ Bergek 2004; Kords 1993). Diese kamen aus dem traditionellen Bereich der Wasserkraft, aber auch zunehmend aus der Windkraft und Solarenergie, die aus der ersten Forschungs- und Demonstrationsphase entstanden waren. Nachfolgend wird ein kurzer Abriss der Entstehungsgeschichte des Stromeinspeisungsgesetzes gegeben, bei dem die wesentlichen strategischen und situativen Faktoren sowie die zentralen Akteure herausgearbeitet werden.[137]

Den Startpunkt für den Gesetzesprozess auf Bundesebene setzten zwei CDU-Abgeordnete aus dem Norden, Erich Maaß und Peter Harry Carstensen[138], die sich für die stärkere Förderung von privat erzeugtem Strom aus Windenergie einsetzten und einen ersten Gesetzesvorschlag vorlegten. Beide wurden durch die in Niedersachsen, Schleswig-Holstein und Nordrhein-Westfalen aktiven Windenergie-Unternehmen und deren Interessenvereinigungen überzeugt und bei der Ausarbeitung des Antrags unterstützt (Kords 1993; Suck 2002). Mit Unterstützung des Forschungsausschusses, dem beide angehörten, gingen die Abgeordneten im August 1987 – ohne Absprache mit der Fraktionsspitze - an die Öffentlichkeit, und gewannen so öffentlichen Rückenwind für ihr Anliegen (Kords 1993: 50ff). Dieser erste Vorstoß wurde jedoch von den Energiepolitikern in der Fraktion, dem BMWi, der Energiewirtschaft und seinem Lobbyverband VDEW gestoppt, mit dem vorrangigen Argument gegen Subventionen für Technologien, denen sie ohnehin nur geringe Marktchancen einräumten (Kords 1993; Jacobsson/ Lauber 2006).

---

[137] Eine ausführliche Policy-Analyse des StrEG-Prozesses wurde von Udo Kords (1993) erstellt, weitere policyanalytische Beiträge finden sich zudem bei Reiche (2004a) sowie Lauber und Mez (2004b). Darüber hinaus wird der politische Prozess in mehreren Beiträgen z.B. unter dem Gesichtspunkt der Transformation bzw. Evolution des Energiesystems (u.a. in Jacobsson/ Bergek 2004; Jacobsson/ Lauber 2006), dem Fokus auf das politische Instrument (z. B. in Lauber 2004; Lauber/ Toke 2005) oder im Ländervergleich (z.B. bei Suck 2002) behandelt.

[138] Peter Harry Carstensen ist seit dem 27. April 2005 Ministerpräsident des Landes Schleswig-Holstein.

Bei der Vorlage einer zweiten Fassung im Jahr 1988 wurde neben der Wind-energie auch die Wasserkraft stärker berücksichtigt, da sich der Initiative der bayeri-sche CSU-Abgeordnete, Wasserkraftbetreiber und Vorsitzender des Verbandes Deutscher Wasserkraftwerke Matthias Engelsberger angeschlossen hatte (Kords 1993). Obwohl die zweite Fassung zurückhaltender formuliert war, konnte sie sich immer noch nicht in der CDU/CSU-Fraktion durchsetzen. Seit dieser Zeit arbeite-ten die Initiatoren jedoch zunehmend erfolgreicher an der Gewinnung von Unter-stützern in den eigenen Reihen (Jacobsson/ Lauber 2006). Außerdem zeigten sich das BMFT und das BMU unterstützend und begannen die Planungen für die Ein-richtung für Wind- und Solarförderprogramme (s.o.). Im September 1988 befassten sich zudem die Wirtschaftsminister der Bundesländer mit der Nutzung erneuerbarer Energien, wiesen auf unzureichende Markteinführungshilfen hin und kritisierten die Haltung der Bundesregierung in dieser Frage (Kords 1993).

Die nächste Initiative ging schließlich vom CSU-Abgeordneten Matthias Engelsberger aus, während die anderen beiden Initiatoren sich zurückzogen. Nach Kords können hierfür zwei Gründe angeführt werden (1993: 70). Zum einen war die Wasserkraft durch die neue Verbändevereinbarung aus dem Jahr 1988 (s.o.) in besonderer Weise benachteiligt worden, gleichzeitig begünstigte die bisherige Ge-setzesinitiative jedoch vorrangig die Windenergie. Zum anderen spielten persönliche Beweggründe eine Rolle: Während die beiden CDU-Abgeordneten sich aus dem bisherigen, für sie aufwändigen Prozess zurückzogen und sich u.a. auf den bevor-stehenden Bundestagswahlkampf einstellten, wollte Engelsberg in seiner letzten Legislatur mit dem Einspeisevergütungsgesetz „seine Abgeordneten-Karriere krö-nen" (ebda.). Anders als seine CDU-Kollegen suchte Engelsberger eine breitere, fraktionsübergreifende Unterstützung. Dabei kam dem Bundestagsausschuss für Forschung und Technologie eine Schlüsselrolle zu, indem sich durch die mittlerwei-le jahrelange gemeinsame Beschäftigung mit dem Thema erneuerbare Energien sowohl Expertenwissen als auch eine interfraktionelle Übereinstimmung entwickelte (Kords 1993). Ein weiteres Bindeglied war zudem durch die Teilnahme verschiede-ner Abgeordneter an einer Eurosolar-Parlamentariergruppe gegeben (Jacobsson/ Bergek 2004: 224).

In der Folge gab es eine konkrete Zusammenarbeit zwischen dem grünen Abgeordneten Wolfgang Daniels, der sich auf der Basis eines eigenen Antrags zur Förderung kleiner Wasserkraftwerke mit dem Ausschusskollegen Engelsberger abstimmte. Nach mehreren Entwürfen wurde schließlich eine stark vereinfachte Version als Gruppenantrag von Engelsberg der Koalition und von Daniels den Oppositionsfraktionen vorgelegt. Dieser scheiterte zwar erneut – u.a. weil die Fraktionsspitzen (mit Ausnahme der Grünen) dieser interfraktionellen Initiative aus Prinzip die Gefolgschaft verweigerten. Er erreichte jedoch eine generelle Bereit-schaft auf der Seite der CDU/CSU-Regierungsfraktion, in der Sache tätig zu werden (Kords 1993: 74f).

Die folgenden Monate waren von den Aushandlungsprozessen um die Details des Entwurfs geprägt, in dem eine Vergütung in Höhe von 90 % der durchschnittlichen Stromverkaufspreise der Versorgungsunternehmen für alle erneuerbaren Energiequellen formuliert war. Das BMWi versuchte parallel erfolglos, den VDEW zu einer verbesserten Vergütung im Rahmen der Verbändevereinbarung zu bewegen (Kords 1993: 78; Jacobsson/ Lauber 2006). Nach einigen Abschwächungen, wie der Formulierung bezüglich einer Vergütung in Höhe von „mindestens 75 bis 90 % des Verkaufspreises", stimmten die Regierungsfraktionen dem Entwurf zu. Die Zustimmung der FPD führt Kords dabei darauf zurück, dass das Gesetz aus ihrer Sicht kein politisches Gewicht hatte, da sie den erneuerbaren Energien keine Bedeutung zumaßen (Kords 1993: 78). Der Entschließungsantrag wurde schließlich am 20. Juni 1990 mit der Koalitionsmehrheit angenommen, SPD und Grüne enthielten sich ihrer Stimmen (ebda.).

Bei der Ausformulierung des Gesetzes versuchte das zuständige BMWi zunächst, seinen Gestaltungsspielraum zu nutzen, um den Anwendungsbereich des Gesetzes möglichst eng zu halten. Dies stieß auf massiven Protest seitens der Initiatoren sowie des BMU und des Landwirtschaftsministeriums (BML), die z.B. auf die Einbeziehung der Biomasse drängten (Kords 1993: 85f). Für die Wind- und Sonnenenergie konnte die obere Grenze des Vergütungssatzes von 90 % des durchschnittlichen Verkauferlöses der Stromerzeuger durchgesetzt werden. Nachdem dieser Entwurf vom Kabinett gebilligt und von der Regierungskoalition eingebracht wurde, versuchten einzelne SPD-Abgeordnete im Wirtschaftsausschuss, eine zügige Verabschiedung des Gesetzes zu verhindern. Als Hintergrund hierfür identifizierte Kords die enge Verbindung zum Verband Kommunaler Unternehmen (VKU), der das Gesetz ablehnte (ebda.: 87f). Schließlich verzichtete die SPD jedoch auf die geforderte Anhörung, und das Gesetzgebungsverfahren konnte am 5. Oktober 1990 abgeschlossen werden. Im Bundesrat wurde der Gesetzesentwurf trotz Änderungswünschen des Landes Niedersachsen nicht mehr verändert und am 12. Dezember 1990 verabschiedet. So war das „Gesetz über die Einspeisung von Strom aus erneuerbaren Energien in das öffentliche Netz" letztlich im Parlament ohne Gegenstimmen angenommen worden und konnte am 1.1.1991 in Kraft treten.

Das Gesetz war zuvor auch der Europäischen Kommission zur Bewilligung vorgelegt worden, um den Tatbestand der staatlichen Beihilfe auszuschließen. Nach Lauber und Mez fiel die Reaktion der Kommission jedoch wie folgt aus: „The Commission decided not to raise any objections because of its insignificant effects and because it was in line with the policy objectives of the Community. However, it announced that it would examine the law after two years of operation." (Lauber/ Mez 2004: 602).

3.3.2   Das Erneuerbare-Energien-Gesetz (EEG) – Beginn der Industrialisierungsphase

Der politische Prozess, der zur Einführung des EEG im Jahr 2000 geführt hat, war auf nationaler Ebene durch mindestens zwei wesentliche Entwicklungen geprägt: Zum einen durch den bis zu diesem Zeitpunkt gegebenen Rahmen des Stromeinspeisungsgesetzes und die damit verbundenen Erfahrungen hinsichtlich seiner Markteinführungswirkung und seiner diesbezüglichen Defizite (Abschnitt 3.3.2.1). Zum zweiten ergab sich aus dem Regierungswechsel im Jahr 1998, als die erste rot-grüne Regierung aus SPD und Bündnis90/Die Grünen auf eine 16-jährige konservativ-liberale Regierungszeit unter Helmut Kohl folgte, ein politisches Zeitfenster für einige grundlegende Veränderungen insbesondere in der Energiepolitik (siehe hierzu auch die Abschnitte 3.2.3 und 3.2.4).

Für die neue rot-grüne Regierung hatten sich kurz vor ihrem Amtsantritt jedoch zwei grundlegende Rahmenbedingungen geändert, da von der Vorgängerregierung die erste Novelle des Energiewirtschaftsgesetzes zur Liberalisierung des Energiemarktes vorgenommen und im Zuge dessen auch das StrEG in 1998 novelliert worden war (siehe Abschnitt 3.3.2.2). Die damit verbundenen Folgen prägten die Startbedingungen nach Beginn der Amtsübernahme (Abschnitt 3.3.2.3), in der ein EEG in der Form, wie es letztlich entwickelt, politisch durchgesetzt und eingeführt wurde (Abschnitt 3.3.2.4) noch nicht absehbar war.

3.3.2.1   Die Wirkung des StrEG – Ausbauerfolge, Widerstände und Ebenenwechsel

Mit dem Stromeinspeisegesetz war seit 1991 eine Regelung eingeführt, die zwei zentrale Elemente des späteren EEG bereits beinhaltete: eine Abnahmepflicht des EE-Stroms (§ 2 StrEG) sowie zu einem gewissen Grad differenzierte Vergütungen (§ 3). Wind- und Solarstrom erhielt nach dem Gesetz 90 % des durchschnittlichen jährlichen Endkundenstrompreises, ermittelt nach der amtlichen Statistik des Bundes. Dies ergab im Jahr 1991 beispielsweise einen Wert von 16,61 Pfennigen pro kWh, im Jahr 1995 einen Höchstwert von 17,28 Pfennigen, und im letzten Jahr 2000 den niedrigsten Wert von 16,13 Pfennigen (Daten nach Staiß 2000).[139] Für Wasserkraft, Deponie- und Klärgas sowie Strom aus Biomasse wurden in den ersten Jahren 75 %, ab 1995 80 % des Endverbraucherpreises gezahlt.[140] Für die Biomas-

---

[139]   Entsprechend 8,47 Eurocent in 1991, 8,81 ct in 1994 und 8,23 ct in 2000.

[140]   Im Juli 1994 wurde das Stromeinspeisungsgesetz erstmalig geändert und der Vergütungssatz für „Wasserkraft, Deponiegas und Klärgas sowie aus Produkten oder biologischen Rest- und Abfallstoffen der Land- und Forstwirtschaft sowie der gewerblichen Be- und Verarbeitung von Holz" (§ 3 Abs. 1 Satz 1 StrEG) nach oben korrigiert. Während der Grund dafür in der nicht ausreichenden Vergütung und in der Folge zu geringen Ausbauwirkung lag (Hirschl et al. 2002), sah dies der VDEW grundlegend anders, verurteilte Mitnahmeeffekte und forderte die Abschaffung des StrEG zu Gunsten einer Wiedereinführung der aus seiner Sicht flexibleren Verbändevereinbarung (Grote-

senanlagen galt diese Vergütung bis zur Anlagenhöchstgrenze von 5 MW, bei Wasserkraft, Deponie- und Klärgasanlagen verringerte sich der Wert ab 500 kW Leistung bis zur Obergrenze von 5 MW auf 65 %.[141] Damit lagen die Vergütungssätze bei etwa 14 bis 15 Pfennigen bzw. beim reduzierten Satz von 65 % zwischen etwa 11,6 und 12,5 Pfennigen.

Das Gesetz förderte zudem im Grundsatz nur Anlagen von Privatpersonen oder privaten Unternehmen, ausgeschlossen waren Anlagen, die zu mehr als 25 % im Besitz öffentlicher Träger waren. Damit wurde es öffentlichen Trägern und Gebietskörperschaften erschwert, eine Vorreiterrolle in der Nutzung erneuerbarer Energien einzunehmen. Dies wurde erst nach der Novelle des EEG ab dem Jahr 2004 ermöglicht und bietet somit seitdem einen höheren Anreiz für Gemeinden, Städte und Regionen, sich ambitionierte Zielsetzungen für einen höheren Anteil an erneuerbaren Energien bis hin zur Vollversorgung zu setzen (siehe Abschnitt 3.4.2).

Die Vergütungssätze stellten zwar eine deutliche Verbesserung zur vorherigen Situation der Verbändevereinbarung dar, sie reichten jedoch insbesondere in den Anfangsjahren des Gesetzes für die neuen EE-Technologien noch nicht aus, um einen wirtschaftlichen Betrieb zu gewährleisten (Durstewitz/ Hoppe-Kilpper 2002). Daher waren *zusätzliche Förderungen notwendig*, um eine Marktentwicklung in Gang zu setzen. Ein signifikantes Marktwachstum gab es im Bereich der Windenergie, da sich das zuvor aufgelegte 100 bzw. 250 MW-Windprogramm nun in günstiger Weise mit dem StrEG ergänzte.[142] Somit gab es von 1991 bis 1995 einen deutlichen Zuwachs von 18 auf über 1.000 MW installierter Nennleistung, der überwiegend im Norden Deutschlands stattfand (Durstewitz/ Hoppe-Kilpper 2002). Demgegenüber erfolgte im Bereich Fotovoltaik durch die Kopplung mit dem 1000-Dächer-Programm nur eine kurzfristige Marktentwicklung auf deutlich geringerem Niveau, die nach dem Auslaufen des Programms im Jahr 1995 wieder stagnierte (Hemmelskamp 1999; Jacobsson/ Bergek 2004).

In den südlichen Bundesländern kamen die Vergütungen des StrEG vorwiegend kleinen, bereits vorhandenen Wasserkraftanlagen zu Gute, was viele EVU und ihre Lobbyverbände als Mitnahmeeffekte kritisierten (Grotelüschen/ Grave 1994). Allerdings gab es durch das StrEG auch eine leichte Ausbauwirkung durch nun rentablere Modernisierungen von Altanlagen oder Reaktivierungen von Altstandorten, die ansonsten nicht stattgefunden hätten (Bard 2002). Einen leichten Zubau gab es zudem auch bei Biogasanlagen sowie Biomasseanlagen, die mit Festbrennstoffen im KWK-Betrieb eingesetzt wurden (Staiß 2000). Letztlich konnte jedoch nur bei der Windenergie von einem kleinen „Boom" gesprochen werden, der auch

---

lüschen/ Grave 1994).

[141]   Geothermie und Grubengas wurden im StrEG noch nicht berücksichtigt.

[142]   Darüber hinaus gab es noch die Möglichkeit, zinsverbilligte Darlehen der der Kreditanstalt für Wiederaufbau (KfW) und Deutschen Ausgleichsbank (DtA, wurde später in die KfW integriert) in Anspruch zu nehmen (Staiß 2000; Durstewitz/ Hoppe-Kilpper 2002).

zu einem signifikanten Aufbau von Unternehmen, ersten Lobbystrukturen sowie zu technischem Lernen führte, und der darüber hinaus internationale Beachtung fand (Jacobsson/ Lauber 2006; Ohlhorst 2006). Aufgrund der Konzentration der *hohen Windstromeinspeisung im Norden* und der *Vergütungsbelastung durch die Wasserkraftwerke im Süden* entwickelte sich zunehmender Widerstand bei einigen der durch die Einspeisung betroffenen Energieversorgern, der durch die aus ihrer Sicht regionalen Ungleichbehandlung in einer Reihe politischer und juristischer Aktivitäten gegen das StrEG mündete.

So strebten 1995 die Energieversorger Badenwerk, Rheinfelden und Geesthacht mit Unterstützung von VDEW, BDI und VIK zivilrechtliche Musterprozesse an, mit denen sie die Frage der *Rechtmäßigkeit des Stromeinspeisungsgesetzes* vor das Bundesverfassungsgericht bringen wollten (Leuschner 1995b). Dazu kürzten sie jeweils einem ihrer EE-Stromeinspeiser die gesetzlich vorgeschriebene Vergütung auf eine aus ihrer Sicht gerechtfertigte Höhe. Dieses Vorgehen stieß parteiübergreifend auf Bundes- und Länderebene auf scharfen Protest und wurde u.a. als „Selbstjustiz der EVU" bezeichnet (ebda.). Während in einem ersten Urteil das Landgericht Freiburg für die Zahlung der Vergütung und die diesbezügliche Verfassungsmäßigkeit des StrEG entschieden hatte, kam das Landgericht Karlsruhe erstmals zum Ergebnis, das StrEG sei verfassungswidrig und verwies den Fall an das Bundesverfassungsgericht (Leuschner 1995a), das seine Anrufung jedoch aus formalen Gründen zurückwies (Leuschner 1996e).[143] Ein Jahr später verurteilte schließlich auch das Landgericht Karlsruhe das EVU zur Zahlung der Vergütung nach den Vorgaben des StrEG, ebenso wie der Bundesgerichtshof (BGH) in einem weiteren ähnlich gelagerten Fall (Leuschner 1996b).[144]

Parallel erfolgte durch einige EVU zusammen mit ihren Lobbyverbänden eine *Verlagerung ihrer politischen Strategie zur Bekämpfung des StrEG auf die EU-Ebene.* Mehrere der von der erhöhten Windenergieeinspeisung betroffenen EVU aus dem Norden, wie z.B. Preussen-Elektra und die Schleswag AG, wandten sich zusammen mit den Verbänden VDEW und BDI schriftlich an die EU-Kommission und baten Wettbewerbskommissar van Miert, sich der Angelegenheit anzunehmen (Europäi-

---

[143] Das Landgericht Karlsruhe stützte seine Argumentation dabei maßgeblich auf die Entscheidung zum Kohlepfennig aus dem Jahr 1994, der als unzulässige Sonderabgabe eingestuft worden war (BVerfGE 1994b). Die formale Zurückweisung des Bundesverfassungsgerichts erfolgte, da der Zusammenhang zum Kohlepfennig-Urteil nur unzureichend dargelegt worden war (Leuschner 1996e). Diese Entscheidung wurde zum Teil in den Medien als „Sieg der alternativen Stromerzeuger" gewertet. Der VDEW konstatierte hingegen, dass die Verfassungsmäßigkeit des StrEG weiterhin offen sei. Das Handelblatt mutmaßte, dass „die populäre Unterstützung der erneuerbaren Energien rechtspolitisch zunächst offen bleiben wird. Sollten aber die Energiemonopole beseitigt werden, dann würden auch staatliche Sonderlasten erneut in Frage gestellt; im Wettbewerb wären sie nämlich auf keinen Fall zumutbar." (Zitate aus Leuschner 1996e).

[144] Dabei rechtfertigte der BGH die Existenz des StrEG u.a. mit der monopolartigen Marktstellung der EVU. Mit der Änderung dieser Monopolsituation würden sich allerdings auch die Bedingungen für das StrEG ändern (Leuschner 1996b).

scher Bürgerbeauftragter 1998). Daraufhin forderten die Kommission und die Generaldirektion (GD) Wettbewerb von der deutschen Regierung Änderungen am Gesetz: Zum einen sahen Kommission und GD Wettbewerb die Belastung der EVU durch die Windenergie als problematisch an, zum anderen bezeichneten sie das gesamte Stromeinspeisungsgesetz als eine unerlaubte Beihilfe (Jacobs 2000). In Bezug auf den ersten Punkt forderte die Kommission eine Reduktion der Vergütung von 90 % auf 75 % für die Windkraft sowie die Einführung einer Degression und zeitlichen Befristung (Europäischer Bürgerbeauftragter 1998). Die Beihilfefrage entwickelte sich in der Folge zu einem zentralen Aspekt in der politischen Behandlung des Themas auf europäischer Ebene, da die Kommission seit Mitte der 1990er Jahre begonnen hatte, eine Richtlinie zur Förderung erneuerbarer Energien zu konzipieren (Europäische Kommission 1995, 1996). Aus diesem Grund werden die parallel beginnende Entwicklung zur Richtlinie 2001/77/EG sowie die ebenenübergreifende Auseinandersetzung zum Stromeinspeisegesetz und späteren EEG eingehender im Kapitel 5 behandelt.

3.3.2.2   Liberalisierung und StrEG-Novelle 1998

Die oben geschilderten Entwicklungen hatten eine unmittelbare Wirkung auf den Windenergiemarkt, so dass es zu einer deutlichen *Unterbrechung der Wachstumsdynamik* kam. Michael Durstewitz und Martin Hoppe-Kilpper beschreiben die Gründe dafür wie folgt: „Ausgelöst durch zunehmende Verunsicherungen am Markt, den wachsenden Widerstand von EVU gegen das StrEG, die Diskussionen im Zusammenhang mit der Liberalisierung der Strommärkte (EU Binnenmarktrichtlinie), in denen der Fortbestand des Gesetzes auch grundsätzlich in Frage gestellt wurde, und die von der damaligen Regierung angekündigten Novellierung des StrEG durchlief der Ausbau der Windenergienutzung in 1996 und 1997 eine kritische Phase" (Durstewitz/ Hoppe-Kilpper 2002: 157).

Das FDP-geführte Wirtschaftministerium, das ohnehin eine kritische Haltung gegenüber der Förderung durch das StrEG vertrat, nahm die Kritik der EVU und Industrielobby sowie der EU-Kommission auf und brachte 1997 einen dementsprechenden *Novellierungsvorschlag* ein, der insbesondere deutliche Kürzungen bei der Windenergie vorsah (Leuschner 1996c; Urbach 1997; Lauber/ Mez 2004).[145] Daraufhin kam es zu einer *Welle des Protests* sowohl bei den EE-Unternehmen und Lobbygruppen, insbesondere der Windenergiebranche und dem Bundesverband

---

[145] Diesem Entwurf war eine Initiative der Landesregierung von Schleswig-Holstein im Juni 1996 im Bundesrat vorausgegangen, nach der vom Bundesrat ein Gesetzentwurf beschlossen wurde, der das „vorgelagerte EVU" zur Übernahme der Mehrkosten verpflichtete, wenn der eingespeiste Strom beim EVU des Versorgungsgebiets, in dem der eingespeiste Strom erzeugt wurde, mehr als fünf Prozent des Stromabsatzes ausmacht (Leuschner 1996d). Damit sollte die bisher unklare Formulierung, nach der dieser Wälzungsmechanismus im Fall einer „unbilligen Härte" erfolgen konnte (§ 4 StrEG 1991), präzisiert werden.

Windenergie (BWE), aber auch parteiübergreifend bei vielen Abgeordneten (Lauber/ Toke 2005; Jacobsson/ Lauber 2006). Dem Protest, der sich in Stellungnahmen und einer Demonstration ausdrückte, schlossen sich zudem eine Reihe von Umweltverbänden, Gewerkschaften, der Industrieverband VDMA[146] sowie weitere gesellschaftliche Gruppen an (Michaelowa 2004; Lauber/ Mez 2004). Kritisiert wurde an dem Entwurf u.a., dass ein wirtschaftliches Betreiben von Windkraftanlagen nicht mehr möglich und auf diese Weise das angekündigte Verdopplungsziel der EU aus dem Grünbuch so nicht erreichbar sei (SFV/ NABU 1997). Demgegenüber wurde von einer Reihe von Akteuren die Erweiterung des StrEG auf der Basis einer kostendeckenden Vergütung für alle erneuerbaren Energien ohne eine Deckelung, sowie die Aufnahme der KWK in das Gesetz gefordert (ebda.).

Aufgrund dieses massiven Drucks auch aus den eigenen Reihen nahmen das Wirtschaftsministerium und die Regierung schließlich Abstand von einer Reduzierung der Vergütungssätze (Leuschner 1997b). Durch die bevorstehende *Liberalisierung des Strommarktes*, die seit 1996 durch eine entsprechende EG-Richtlinie (96/92/EG) gefordert und im April 1998 durch die erste Novelle des Energiewirtschaftsgesetzes (EnWG) in Deutschland umgesetzt wurde, konnte ohnehin zunächst mit sinkenden Strompreisen und damit auch mit sinkenden EE-Vergütungssätzen gerechnet werden (vgl. Kapitel 4). Der Bestand und die Eigenständigkeit des StrEG war damit zunächst abgesichert, während zuvor auch eine Abschaffung bzw. Integration in die EnWG-Novelle diskutiert worden war (ebda.). Die *StrEG-Novelle* wurde zusammen mit der EnWG-Novelle im Rahmen eines Artikelgesetzes im November 1997 vom Bundestag beschlossen und *trat am 29. April 1998 in Kraft.*

Die Proteste der konventionellen Energiewirtschaft, insbesondere der durch die Windkraft betroffenen EVU aus dem Norden, hatten schließlich Erfolg und die Regierung führte in der Novelle im Rahmen einer Härteklausel einen *doppelten 5 %-Deckel* ein (§ 4 StrEG 1998). Damit wurde zum einen die Weiterwälzung der Vergütungszahlungen vom zuerst von der Einspeisung betroffenen EVU auf den vorgelagerten Netzbetreiber geregelt, wenn beim betroffenen EVU eine Grenze von 5 % des gesamten Stromabsatzes erreicht wurde. Durch die Einführung eines zweiten Deckels in Höhe von 5 % auf der obersten Netzebene wurde zudem eine faktische Deckelung des EE-Ausbaus durch das Gesetz vorgegeben. Die Möglichkeit eines bundesweiten Ausgleichs unter den EVU, die als (konfliktvermeidender) Vorschlag von verschiedenen Akteuren bereits seit mehreren Jahren im Raum war (siehe z.B. bei Leuschner 1996a), wurde demgegenüber nicht aufgegriffen; sie wurde erst später

---

[146] Der Verband Deutscher Maschinen- und Anlagenbauer (VDMA) hatte sich im Januar 1997 öffentlich von einem Positionspapier zur Energiepolitik des Bundesverbands der Deutschen Industrie (BDI) distanziert, in dem die Abschaffung des StrEG zu Gunsten eines steuerfinanzierten Modells gefordert wurde. Dadurch seien die rund 10 000 Arbeitsplätze in der Windkraftbranche gefährdet (Leuschner 1997a).

zu einer der zentralen Regelungen im EEG. Allerdings wurde im Gesetz ein Bericht des BMWi vorgesehen, der rechtzeitig „über die Auswirkungen der Härteklausel" Auskunft geben sollte, um „vor Eintreten der Folgen", d.h. des Erreichens des Deckels, „eine andere Ausgleichsregelung" treffen zu können (§ 4 Absatz 4 StrEG 1998). Damit war seitens der Regierung auch bereits das Eingeständnis verankert, dass diese Regelung in der Novelle nur von kurzer Dauer sein würde, da der Deckel bald erreicht sein würde.[147]

Aber auch nach der Novelle blieb der grundsätzliche Widerstand der konventionellen Energiewirtschaft erhalten. Anders als bei der Einführung des StrEG suchten sie nun bereits vor Inkrafttreten die juristische Auseinandersetzung. Anfang April kündigte die Preussen-Elektra AG, deren Versorgungsbereich im Norden am meisten von den Windkrafteinspeisungen betroffen war, an, dass sie *Verfassungsbeschwerde* einlegen werde (Leuschner 1998). Dabei wurde diesmal explizit darauf abgehoben, dass es sich um eine von der EU-Kommission zu genehmigende Beihilfe handele, die bis zur Zustimmung der Kommission - die in Zweifel gezogen wurde - nicht bindend sei (ebda.). Damit wurde in der politischen Auseinandersetzung *erneut der Wechsel auf die EU-Ebene* vollzogen. Bei der zuständigen Kommission und GD Wettbewerb stieß dies auf offene Ohren: Die Kommission erhielt ebenfalls ihren Beihilfevorwurf und die Kritik an den am Strompreis ausgerichteten Vergütungen aufrecht (siehe hierzu ausführlicher Kapitel 5).

Mit der Novelle des StrEG wurde zunächst die Unsicherheit beseitigt, die durch die Vorschläge der Regierung bezüglich einer drastischen Senkung bis hin zu einer Abschaffung des StrEG diskutiert worden waren. Obwohl die rechtliche Auseinandersetzung erneut begann und auch der EU-Wettbewerbskommissar sich zum Gegner des StrEG entwickelt hatte, führte die Novelle wieder zu einem Anstieg der Ausbauzahlen, insbesondere in der Windenergie (vgl. Abbildung 11 und Abbildung 12). Über die gesamte Zeit betrachtet hatte sich die Windenergie aufgrund der auskömmlichen Vergütungshöhe und Investitionssicherheit des StrEG von der Nische zum kommerziellen Markt entwickelt, und dieses Wachstum war weltweit einzigartig und selbst von den Branchenmitgliedern und –experten so nicht erwartet worden (Staiß 2001; Durstewitz/ Hoppe-Kilpper 2002).

Die Abbildung 11 verdeutlicht außerdem, dass die Wasserkraft in dieser Zeit die mit Abstand umfangreichsten Beiträge leistete. Die Zubaueffekte durch das StrEG waren zwar sehr gering, allerdings konnte eine Stabilisierung der zuvor wirtschaftlich unrentablen kleineren Laufwasserkraftanlagen erreicht werden (BMU 2000a; Bard 2002). Einen erkennbaren Zubau gab es bei den Biomasseanlagen[148],

---

[147]   Zudem gingen die Rechtsauffassungen über die Konstruktion des Deckels auseinander. Für die Bundesregierung handelte es sich um eine in Bezug auf die Netzebenen additive Deckel-Regelung, während die Preussen-Elektra AG die Einspeisevergütungen ihrer im Netz vorgelagerten Konzerntöchter mit einbezog (Bechberger 2000: 11f).

[148]   Die Stromerzeugung aus dem biogenen Anteil des Abfalls lag 1990 in einer Größenordnung von

der allerdings noch deutlich unterhalb der Windenergie auf geringem Niveau verlief. Auch die installierte Fotovoltaikleistung wuchs stark, ihr Beitrag blieb jedoch noch in einer vernachlässigbaren Größenordnung. Bei dem sehr heterogenen Biomasse-bereich und der Fotovoltaik konnte daher bis zu diesem Zeitpunkt noch nicht von einer Markteinführung gesprochen werden.

Abbildung 11: Installierte Leistung der EE-Anlagen von 1990 bis 1999

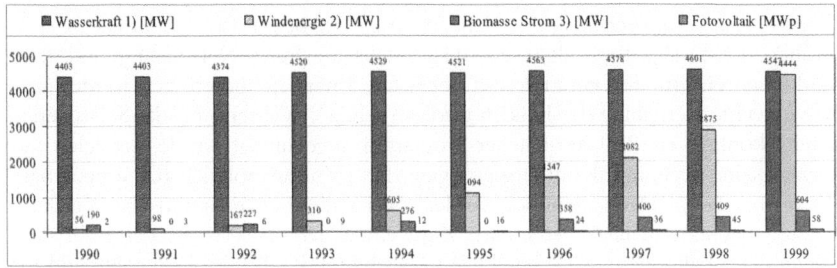

1) bei Pumpspeicherkraftwerken nur Stromerzeugung aus natürlichem Zufluss
2) für 2005 Zubau von 1.808 MW abzüglich 9 MW Rückbau
3) Anteil des biogenen Abfalls zu 50 % angesetzt

Quelle: eigene Darstellung nach Daten BMU (2007c: 12)

Abbildung 12: Stromproduktion aus erneuerbaren Energien von 1990 bis 1999 in GWh

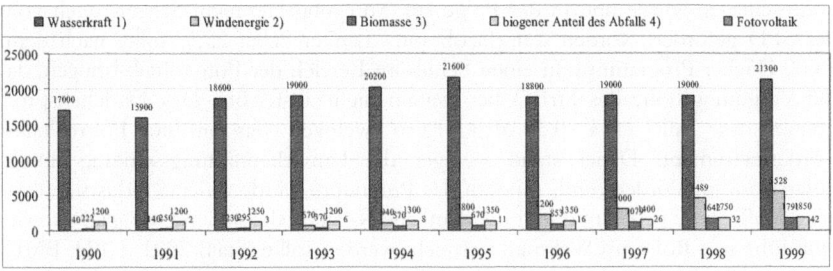

Legende siehe Abbildung 6.

Quelle: eigene Darstellung nach Daten BMU (2007c: 12)

Es gab jedoch nur wenige Monate einer isolierten Wirkung der StrEG-Novelle, denn mit den Bundestagswahlen im September 1998, die zur ersten rot-grünen Bundesregierung nach 16 Jahren unter der konservativ-liberalen Koalition unter

---

1.200 GWh, was in etwa 6,5 % der gesamten EE-Stromerzeugung entsprach. Bis ins Jahr 1999 erhöhte sich die Produktion zwar auf über 1.800 GWh, der Anteil ging jedoch auf etwa 6 % zurück.

Kanzler Helmut Kohl führten, änderten sich die politische Konstellation und auch die energiepolitischen Rahmenbedingungen grundlegend.

3.3.2.3   Regierungswechsel zu Rot-Grün – das EEG als zentrales Projekt

Die rot-grüne Koalition legte in ihrer Koalitionsvereinbarung einen Schwerpunkt auf die „ökologische Modernisierung" und eine „moderne Energiepolitik", und bereits im ersten diesbezüglichen Absatz wurde darauf verwiesen, dass *„Erneuerbare Energien und Energieeinsparung* ... dabei *Vorrang"* haben (SPD/ Bündnis 90/Die Grünen 1998: 19). Es sollten ein diskriminierungsfreier Netzzugang und faire Marktchancen „für regenerative und heimische Energien" geschaffen werden und eine gerechte Verteilung der Kosten erfolgen (ebda.). Während für die Solarenergie bereits konkret ein 100.000-Dächer-Programm angekündigt wurde, erfolgten zunächst keine weiteren Konkretisierungen der „Vorrangpolitik" für erneuerbare Energien (ebda.). Demgegenüber wurden zwei andere energiepolitische Weichenstellung bereits detailliert vereinbart: Zum einen der *Atomausstieg,* der nach dem Willen der Koalitionäre „so schnell wie möglich" (ebda.: 17) erfolgen sollte und für den ein schrittweises Verfahren festgelegt wurde, damit er innerhalb der Legislaturperiode „unumkehrbar gesetzlich geregelt" werden könne (ebda.: 19). Zum zweiten die ökologische Steuerreform (ebda.: 14f), die letztlich jedoch nur wenig unmittelbare Auswirkungen auf die Entwicklung erneuerbarer Energien im Strommarkt haben sollte.[149]

Das 100.000-Dächer-Programm (HTDP), das bereits 1993 von Eurosolar vorgeschlagen wurde und in der Folge auf Anregung Hermann Scheers auch von der SPD gefordert worden war (Jacobsson/ Lauber 2006: 265), sollte nach dem 1.000-Dächer-Programm nun einen Schub im Bereich der Fotovoltaik bringen, da die Vergütungshöhe des StrEG bei weitem nicht ausreichte. Das Darlehensprogramm war mit etwa 0,5 Mrd. Euro weltweit das größte Fotovoltaik-Förderinstrument. Dabei stand weniger die Umweltentlastungswirkung durch Solarstrom im Vordergrund, sondern das Programm wurde als eine industriepolitische Maßnahme gesehen, durch die deutliche Kostenreduktionen ermöglicht sowie eine führende Rolle am Weltmarkt erreicht werden sollte (Staiß 2001: I-122; BMU 2000a). Allerdings reichte auch das HTDP, das bereits ab Januar 1999 startete, zusammen mit der StrEG-Vergütung noch nicht für einen wirtschaftlichen Betrieb aus, so dass zwar kurzfristig auf die Erschließung einer erweiterten Zielgruppe von solarbegeisterten Privatpersonen gesetzt werden konnte, für die mittlere Sicht jedoch für den Erfolg des Programms eine Erhöhung der Vergütung erforderlich wurde (Staiß 2001; Hirschl 2002c).[150]

---

[149]   Zur allgemeinen Energiepolitik der rot-grünen Koalition sowie zur Ökosteuer siehe auch Abschnitt 3.2.3.

[150]   Insgesamt sollte durch das Programm die Installation von etwa 300 MW$_P$ Fotovoltaikleistung

Der Anstoß für eine erneute Novellierung des StrEG kam jedoch zunächst wieder durch die Windkraft, da im Norden das Erreichen des zweiten 5 %-Deckels bevorstand, wodurch ein weiterer Ausbau gestoppt worden wäre (Leuschner 1999c). Aus diesem Grund kündigte beispielsweise Michaele Hustedt, energiepolitische Sprecherin der Grünen, im Mai 1999 an, die Härtefallklausel „noch in diesem Jahr" öffnen zu wollen (Leuschner 1999b). Zum Ende des Jahres lag allerdings bereits der vollständige Entwurf für das EEG in seiner neuen Fassung vor, der deutlich mehr Regelungen zum Ausbau erneuerbarer Energien im Strombereich als die angekündigte Aufhebung des Deckels enthielt (Oschmann 2000).

Die Entwicklung vom Stromeinspeisungsgesetz zum grundlegend überarbeiteten und erweiterten EEG basierte im Wesentlichen auf den folgenden *strukturellen Defiziten des StrEG* und *Entwicklungen im Strommarkt* (vgl. auch BMU 2000a; Bechberger 2000; Lauber/ Mez 2004; Reiche 2004). Erstens führte die Kopplung der Vergütungen an den Strompreis zu teilweise starken Schwankungen, welche die *Investitionssicherheit* beeinträchtigten. Insbesondere nach der Liberalisierung des Strommarktes sanken die Preise zunächst stark (siehe auch Abschnitt 4.2.2), und somit auch die daran gekoppelten Vergütungssätze. Bei überproportional steigenden Preisen konnten Mitnahmeeffekte bei den wirtschaftlicheren Anlagen entstehen. Dies war nicht nur ein Kritikpunkt der konventionellen EVU, sondern auch des EU-Wettbewerbskommissars (s.o.). Daher wollte die Koalition weg von der Strompreiskopplung hin zu festen Vergütungssätzen, um einen kontinuierlichen Ausbau unabhängig von den Turbulenzen des - in Europa ungleichzeitig - liberalisierten Strommarktes zu gewährleisten.

Die Einführung von *festen Vergütungssätzen* sollte zweitens mit einer *stärkeren Differenzierung* verbunden werden, die sich nicht an vermiedenen Brennstoffkosten, sondern an dem tatsächlichen Stand der Kostenentwicklung der EE-Anlagen orientieren sollte, um eine breite Marktentwicklung für alle EE-Technologien zu ermöglichen. Vorschläge für die Höhe der Vergütungssätze lagen auf der Basis wissenschaftlicher Studien vor, und sollten, wie das BMU später in seiner Begründung des EEG formulierte, unter Berücksichtigung „rationeller Betriebsführung", einem „fortgeschrittenen Stand der Technik" sowie „unter den geografisch vorgegebenen natürlichen Angeboten" einen „wirtschaftlichen Betrieb der Anlagen" ermöglichen, ohne das damit jedoch eine Garantie für die Kostendeckung jeder Anlage gegeben wurde (BMU 2000a: 9).

Drittens sollte der Ausbau nicht mehr durch einen Deckel gebremst werden, gleichzeitig aber die regional einseitige Belastung einzelner EVU aufgehoben werden. Die Lösung war die Einführung eines *bundesweiten Ausgleichsmechanismus*, der zu einer gerechten Belastung aller auf dem Strommarkt tätigen EVU führen sollte. Viertens wurde es durch die erste EnWG-Novelle und die damit einhergehenden

---

angeregt werden (Hirschl 2002c).

neuen Rollen der Akteure im liberalisierten Markt erforderlich, die Adressaten der Einspeisung und die zur Vergütungszahlung verpflichteten Unternehmen neu zu definieren. Und fünftens spielte im Verlauf des Prozesses zunehmend die *EU-Politik und die Aktivitäten der EU-Kommission* eine Rolle (s.o.), die somit neben den nationalen Auseinandersetzungen ebenso Eingang in die Politikformulierung fanden.

3.3.2.4   Politikformulierungsprozess und Ergebnis

Der eigentliche Formulierungsprozess, der zum Gesetzentwurf des EEG im Dezember 1999 führte, dauerte nur wenige Monate.[151] Die Dringlichkeit des Handelns ergab sich aus dem von der Preussen-Elektra AG angekündigten Erreichen des 5 %-Deckels zum Ende des Jahres (Leuschner 1999c). Darüber hinaus waren auch die anderen Defizite des StrEG (s.o.) seit längerem in der politischen Diskussion, für die es verschiedene Lösungsvorschläge gab, die u.a. in mehreren Studien entwickelt worden waren. Während einige der Studien von dem für die Energiepolitik zuständigen BMWi beauftragt worden waren (u.a. Prognos 1999), ließ bereits kurz nach dem Regierungswechsel das für die Klimapolitik zuständige BMU im September 1998 eine Studie zum Thema „Klimaschutz durch erneuerbare Energien" erarbeiten (Nitsch et al. 1999), deren Vorschläge maßgeblich in die späteren Gesetzentwürfe der Regierungskoalition einflossen.

Der erste konkrete Schritt zu einem Gesetzentwurf basierte auf einem *Eckpunktepapier von der bündnisgrünen Fraktion*, das bereits wesentliche Vorschläge enthielt, die sich später auch durchsetzten (Bechberger 2000: 20f).[152] Das Papier hatte auch deshalb eine wichtige Funktion in der Debatte, weil es die erste konkrete Vorlage bot, mit der sich mehrere Akteure auseinandersetzten bzw. ihre Vorschläge darauf aufbauten (s.u.). Demgegenüber war das spätere Eckpunktepapier der SPD-Arbeitsgruppe Energie in seiner Ausrichtung noch sehr heterogen und enthielt u.a. Hinweise auf ein mögliches gemischtes Instrument mit Quotenelementen (Bechberger 2000: 22f). Insbesondere die grünen Politiker machten jedoch unmissverständlich klar, dass es keinen Wechsel zu einem Quoteninstrument geben werde (ebda.). Diese Auffassung, die auch aus der begleitenden Studie des BMU (Nitsch et al. 1999), und tendenziell auch aus der Prognos-Studie (1999) im Auftrag des BMWi hervorging, setzte sich schließlich auch in der SPD durch (Bechberger 2000: 23).

Interessant ist in dieser Phase, dass die EE-Verbände in ihrer vom BEE abgestimmten gemeinsamen Stellungnahme zum bündnisgrünen Papier deutlich

---

[151]   Eine ausführlichere Analyse dieses Politikformulierungsprozesses wurde von Mischa Bechberger (2000) durchgeführt.

[152]   Das Papier wurde von den Abgeordneten Michaele Hustedt und Hans-Josef Fell sowie den wissenschaftliche Mitarbeitern dieser Abgeordneten bzw. der grünen Fraktion Udo Bünnagel, Volker Oschmann, Carsten Pfeiffer und Markus Kurdziel entwickelt, die auch im gesamten Prozess auf der Seite der bündnisgrünen Fraktion die maßgebliche Rolle spielten.

zurückhaltender reagierten als das BMU, dessen zuständiger Referent Wolfhart Dürrschmidt – später Referatsleiter im Grundsatzreferat für erneuerbare Energien – in seiner Stellungnahme zum Teil über das Papier hinaus ging (Bechberger 2000: 24f). Deutlich wurde dies zum einen bei der Forderung des BEE, die strompreisbasierte prozentuale Vergütung des StrEG beizubehalten, um keine zu großen Veränderungen vornehmen zu müssen, während das BMU sich klar für differenzierte, feste Vergütungssätze sowie deren vollständige Umlage aussprach (ebda.). Ein weiteres Beispiel war die Vergütungshöhe für Fotovoltaik, die sowohl im bündnisgrünen Papier, als auch in der Stellungnahme des BEE ausgeklammert worden war, da offenbar eine möglicherweise dominierende Diskussion über Höhe und Notwendigkeit einer Solarstromförderung vermieden werden sollte (ebda.). Demgegenüber schlug das BMU gemäß der Studie von Nitsch et al. (1999) eine Vergütung von 85 Pf/kWh vor (Bechberger 2000: 27). Dieser Wert wurde schließlich in einem Positionspapier der Solarverbände erstmals auf 99 Pf/kWh erhöht, die mindestens nötig seien, um zusammen mit dem HTDP einen Marktanreiz zu schaffen, wenngleich selbst diese Höhe noch als zu gering für einen durchschnittlich wirtschaftlichen Betrieb angesehen wurde (BSE et al. 1999).[153]

Während der zuständige Bundeswirtschaftsminister Müller (parteilos)[154] zunächst den dringlichen Handlungsbedarf für eine Novelle unterstrich und sich im Oktober 1999 für eine differenzierte Vergütung ohne Strompreiskopplung aussprach (Leuschner 1999c), zeigten sich kurze Zeit später *deutliche Differenzen zwischen dem BMWi und den Koalitionsfraktionen*. Hintergrund dafür dürften nicht zuletzt die grundsätzlichen Bedenken des Ministeriums gegen Einspeisevergütungssysteme und seine Präferenz für Quotensysteme gewesen sein (Reiche 2004; Jacobsson/ Lauber 2006). Nach ersten Verständigungen über zentrale Inhalte eines Gesetzentwurfs mit den zuständigen Abgeordneten der Koalitionsfraktionen verzögerte das Ministerium zuerst den Prozess und den Informationsfluss[155], und legte schließlich einen Entwurf vor, den die beteiligten Koalitionspolitiker und andere Ressorts laut Bech-

---

[153] Dies wurde später im Gutachten zum ersten Erfahrungsbericht zum EEG in den Untersuchungen zur Wirtschaftlichkeit der Fotovoltaik bestätigt (vgl. Hirschl 2002c). Als mindestens erforderliche Höhe für einen ausreichenden wirtschaftlichen Betrieb wurden von den Verbänden 129 Pf/kWh genannt (BSE et al. 1999).

[154] Werner Müller war zuvor viele Jahre bei der RWE AG, VEBA AG und schließlich als Vorstand bei der Veba Kraftwerke Ruhr AG. Nachdem der designierte Wirtschaftsminister Jost Stollmann wegen Beschneidung der Kompetenzen des Wirtschaftsministeriums das Amt nicht annahm, benannte Bundeskanzler Schröder den ihm aus Niedersachsen gut bekannten Müller zum neuen Bundesminister für Wirtschaft und Technologie. Müller ging 2003 zurück in die Wirtschaft auf den Vorstandsposten der Ruhrkohle AG (RAG), dessen Vorstandsvorsitzender er wurde. Zudem ist er Aufsichtsratsvorsitzender der Deutschen Bahn AG sowie der Degussa GmbH. (Informationen aus http://de.wikipedia.org, 2.7.2007)

[155] Beispielhaft für die Informationspolitik des BMWi ist der von Bechberger geschilderte Vorfall, nach dem grüne Parlamentarier einen Zwischenentwurf des Ministeriums auf Anfrage von der Preussen-Elektra AG erhielten (Bechberger 2000: 30).

berger (2000: 32) als „Wortbruch zu vorangegangenen Absprachen" einstuften. Während sich hier also deutlicher Widerstand bzw. unterschiedliche Auffassungen zwischen den Befürwortern einer progressiven Neuregelung und dem BMWi, und damit Verzögerungen abzeichneten, sorgte die Verbindung zu einem anderen politischen Prozess für eine unerwartete Prozessbeschleunigung.

    Parallel zur StrEG-Novelle wurde die *zweite Stufe der Ökosteuer* verhandelt (siehe auch Abschnitt 3.2.3), nach der neue Gas- und Dampfkraftwerke (GuD) von der Erdgassteuer befreit werden sollten, um ihre Markteinführung zu begünstigen. Dagegen opponierten die Betreiber von Kohlekraftwerken sowie die gesamte Kohlelobby massiv, und der Ministerpräsident von Nordrhein-Westfalen Wolfgang Clement (SPD) machte sich traditionell - sowie verstärkt durch den beginnenden Landtagswahlkampf – im Bundesrat und in der Koalition zum Fürsprecher dieses Protests (Bechberger 2000: 33). So wurde am 22.11.1999 auf höchster politischer Regierungs- und Koalitionsebene unter Beteiligung von Clement als Zugeständnis an die Kohlefraktion in der SPD entschieden, dass die Steuerbegünstigung der GuD-Anlagen nur für höchste Wirkungsgrade und nur bis März 2003 gelten sollte, was den Spielraum für neue Anlagen deutlich eingrenzte (Bündnis 90/Die Grünen 1999). Dafür wurde dem unterlegenen Koalitionspartner gewissermaßen im *Tausch bzw. als Entschädigung* eine KWK-Regelung in Aussicht gestellt sowie die Einführung eines kostenorientierten Vergütungsansatzes bei der StrEG-Novelle, die auch die Höhe von 99 Pf/kWh für Fotovoltaikanlagen umfassen sollte (ebda.). Interessanterweise unterstützte damals sogar Wolfgang Clement diese Vergütungshöhe, da er kurz zuvor die zu dieser Zeit größte Produktionsfabrik von Shell in Gelsenkirchen eingeweiht hatte (Bechberger 2000: 34).

    Als trotz der Vereinbarung wesentliche Teile dieser sowie vorheriger Vereinbarungen nicht im neuen Entwurf des BMWi enthalten waren, entschlossen sich die verantwortlichen Abgeordneten der Regierungsfraktionen, einen *eigenen Koalitionsentwurf* vorzulegen (Bechberger 2000). Dies gelang in kurzer Zeit, so dass er bereits am 13.12.1999 einstimmig von beiden Regierungsfraktionen angenommen werden konnte (SPD/ Bündnis 90/Die Grünen 1999). Dabei griffen die Parlamentarier auf das bis dato vorhandene Gerüst des BMWi-Entwurfs zurück und änderten aus ihrer Sicht wesentliche Regelungsaspekte bezüglich des Geltungsbereichs, z.B. die Aufnahme von Geothermie und Grubengas, und nahmen Besserstellungen bei den Vergütungen z.B. für die Windenergie und Biomasse, insbesondere jedoch bei der Fotovoltaik vor (ebda.). Eine weitere wichtige Änderung war, dass in die Berichtspflicht zum Gesetz neben dem BMWi auch das BMU und das BML einbezogen werden sollten. Und schließlich wurde der spätere Kurzname des Gesetzes – Erneuerbare-Energien-Gesetz – EEG – eingeführt (ebda.).

    In einer *öffentlichen Anhörung* vor dem Wirtschaftsausschuss des Deutschen Bundestages sollten schließlich letzte Stellungnahmen zum Entwurf eingeholt und zudem rechtliche Probleme des Gesetzentwurfs geklärt werden. Aus den Äußerungen und Stellungnahmen der Teilnehmer zeichnet sich ein gutes Bild der *Positionen und Akteurskonstellation* in dieser Phase ab (Deutscher Bundestag 2000c): Auf der einen Seite traten der Vertreter der RWE AG und des BDI als strikte Gegner des Gesetzes auf, die sowohl die Vergütungshöhen als auch den Belastungsausgleich kritisierten. Am letzteren Punkt spaltete sich jedoch die ansonsten homogene Gruppe der konventionellen Energiewirtschaft, denn der Vertreter von Preussen-Elektra, als dem am meisten von der bisherigen Regelung betroffenen EVU, begrüßte die Umlageregelung und hielt sie in der Formulierung des Gesetzentwurfs für praktikabel und juristisch haltbar. Diese juristische Einschätzung wurde auch von den von Regierung und Opposition geladenen Rechtsexperten geteilt, die darüber hinaus ebenfalls einhellig einen Beihilfetatbestand im Sinne des Artikel 87 EGV verneinten. Auf der Befürworterseite des Gesetzentwurfs fanden sich nicht nur der BEE, ein Experte aus der Wissenschaft und ein Umweltverband, sondern auch der VDMA, der sich erneut demonstrativ für das EEG einsetzte und damit gegen seinen Dachverband, den BDI, stellte.

Danach erfolgte eine weitere Überarbeitung des Gesetzes durch einen Änderungsantrag der Koalitionsfraktionen und die Beratungen des zuständigen Wirtschaftsausschusses am 23.2.2000 (Deutscher Bundestag 2000a).[156] Neben der Beseitigung einiger kleinerer Schwachstellen wurde zusätzlich deutlich stärker *Bezug auf EU-Regelungen* genommen, um möglichen Kritikpunkten seitens der EU-Kommission (s.o.) proaktiv zu begegnen. Dies begann bei der Änderung des Gesetzestitels in „Gesetz für den Vorrang Erneuerbarer Energien", der damit direkt Bezug nahm auf die Liberalisierungsrichtlinie für den Strombinnenmarkt (96/92/EG), in der explizit Vorrangregelungen für erneuerbare Energien ermöglicht wurden. Ebenfalls mit Blick auf die Veränderungen im liberalisierten Strommarkt wurden die EVU voll in den Anwendungsbereich des Gesetzes aufgenommen (§ 2 EEG 2000), die damit auch einen Anreiz erhielten, selbst in erneuerbare Energien zu investieren. Demgegenüber blieb die Regelung, nach der Anlagen ausgeschlossen wurden, die zu mindestens 25 % in staatlichem Besitz waren, mit Blick auf den Beihilfevorwurf der Kommission erhalten (Lauber/ Pesendorfer 2004). Zudem wurde die von der EU angestrebte Verdopplung erneuerbarer Energien bis 2010 (Europäische Kommission 1997a) sowie der explizite Bezug zum Umwelt- und Klimaschutz in das Ziel des Gesetzes aufgenommen (§ 1 EEG 2000).[157]

Darüber hinaus wurden Fragen zum Netzanschluss deutlich zu Gunsten der Einspeiser verbessert (§ 10 EEG 2000) und das Umlageverfahren stark vereinfacht,

---

156 Eine synoptische Gegenüberstellung des StrEG von 1998, des Gesetzentwurfs vom Dezember 1999 sowie des verabschiedeten EEG 2000 siehe im Beitrag von Oschmann (2000).

157 In der späteren Begründung des Gesetzes hob das BMU diesbezüglich hervor, dass zur Erreichung dieser Ziele insbesondere ein stärkerer Ausbau der „neuen erneuerbaren Energien" (BMU 2000a: 7) sichergestellt werden müsse, was die diesbezüglichen Vergütungssätze rechtfertige.

in dem von den vorherigen Teilumlagen mit Selbstbehalt auf der Verteilnetzebene übergegangen wurde zu einem vollständigen Kosten- und Mengenausgleich auf der Ebene der Übertragungsnetzbetreiber (§ 11 EEG 2000). Durch die Ermächtigung des BMU zur Erarbeitung einer Biomasseverordnung, in der die zulässigen Stoffe, Verfahren sowie Umweltanforderungen geregelt werden sollten (§ 2 Abs. 1 EEG 2000), wurde zudem erneut die Rolle des BMU gestärkt.[158] Und für die spätere Marktentwicklung war die Aufnahme der Vergütungsgewährung für die Dauer von 20 Jahren von entscheidender Bedeutung (§ 9 Abs. 1 EEG 2000), da sie eine hohe Investitionssicherheit bedeutete.

Nachdem diese Änderungen in den zuständigen Ausschüssen mehrheitlich mit den Stimmen der rot-grünen Regierungskoalition sowie der PDS und gegen die Stimmen der CDU/CSU- und FDP-Opposition angenommen worden waren, konnte das EEG am 25.2.2000 in zweiter und dritter Lesung behandelt werden und wurde schließlich vom Deutschen Bundestag angenommen. Die Oppositionsparteien bestätigten dabei ihre insgesamt ablehnende Haltung gegenüber dem neuen Gesetz. Sie traten zwar im gesamten Prozess nur wenig nach außen in Erscheinung, in einigen Stellungnahmen hatten sie sich jedoch im Wesentlichen für die Beibehaltung der alten StrEG-Regelung und gegen eine Erhöhung der Vergütungen ausgesprochen (Bechberger 2000: 39f).

Nachdem das Gesetz im Grundsatz lange als nicht zustimmungspflichtig galt, führte ein Passus, der bereits im Entwurf vom Dezember 1999 enthalten war, und der dem Präsidenten des Oberlandesgerichts in bestimmten Streitfragen der Netzbetreiber eine Vermittlerrolle zuwies (§ 11 Abs. 5 EEG 2000), schließlich doch zur erforderlichen *Zustimmung des Bundesrats*. Obwohl hierdurch eine längerfristige Verzögerung durch die CDU-dominierte Länderkammer hätte erfolgen können, entschieden sich die Mitglieder in ihrer Sitzung am 17.3.2000 mehrheitlich, d.h. auch unter Stimmenbeteiligung von konservativ regierten Ländern, für das EEG (Bundesrat 2000), so dass das Gesetz schließlich am 1.4.2000 in Kraft treten konnte. Die ab dieser Zeit geltenden differenzierten Vergütungssätze für die Jahre 2000 bis 2002 zeigt die Tabelle 4.

---

[158] Die Biomasseverordnung trat am 21.Juni 2001 in Kraft (BiomasseV 2001). Der Grund für die mehr als einjährige Erarbeitung bis zur Verabschiedung lag u.a. in der Komplexität durch die Heterogenität der möglichen Biomassen und der Abgrenzung zu Abfallprodukten, die aus ökologischer Sicht nicht einbezogen werden sollten (Staiß 2001). Letztlich entstand für die Biomasse eine Negativliste zu der u.a. Torf, gemischte Siedlungsabfälle, stark belastetes Altholz und Tierkörper gehörten (BiomasseV 2001). Kritisiert wurde, dass die Verordnung zu wenig Anreize für konsequente KWK-Nutzung und stattdessen zu starke Anreize für große, mit belastetem Altholz betriebene Anlagen setzt – die letztlich auch in größerer Zahl, u.a. von großen EVU wie RWE, gebaut wurden (Hoffmann 2002).

Tabelle 4: Vergütungssätze nach EEG 2000 in den Jahren 2000 - 2002

	2000 [Cent/kWh]	2001 [Cent/kWh]	Jährliche Degression ab 1.1.2002	2002 [Cent/kWh]
Wasserkraft (< 500 kW)	7,67	7,67	0	7,67
Wasserkraft (> 500 kW)	6,65	6,65	0	6,65
Biomasse (< 500 kW)	10,23	10,23	- 1 %	10,1
Biomasse (< 5 MW)	9,21	9,21	- 1 %	9,1
Biomasse (> 5 MW)	8,70	8,70	- 1 %	8,6
Geothermie (< 20 MW)	8,95	8,95	0	8,95
Geothermie (> 20 MW)	7,16	7,16	0	7,16
Windkraft (< 5 Jahre)	9,10	9,10	- 1,5 %	9,0
Windkraft (> 5 Jahre)	6,19	6,19	- 1,5 %	6,1
Fotovoltaik	50,62	50,62	- 5 %	48,1

Quelle: eigene Darstellung nach EEG 2000

Ein zusätzlicher Einflussfaktor, der die Entstehung des EEG tendenziell begünstigte, kann in der *parallelen, intensiv geführten Verhandlung des Atomausstiegs* gesehen werden, die hohe personelle und zeitliche Ressourcen auf der Seite der politischen Akteure wie auch auf der Seite der Energiewirtschaft gebunden hat (Bechberger 2000: 51). Dies mag auch die besondere Gestaltungsmacht der für das Thema erneuerbare Energien zuständigen Abgeordneten den Koalitionsfraktionen erklären, die sich untereinander weitgehend einig waren. Insbesondere der geringe Widerstand in der SPD war jeodch maßgeblich auf das oben dargestellte *politische Tauschgeschäft* zwischen den Regelungen der Ökosteuer und des zukünftigen EEG bzw. zwischen den EE-Befürwortern und den Kohle-Vertretern zurückzuführen. Der zusätzliche Widerstand des BMWi und dessen Verzögerungen führte schließlich zur *Eigeninitiative der Parlamentarier*, die außerdem maßgeblich durch das BMU und die vom BMU beauftragten Studien unterstützt wurden. Und schließlich zeigte sich am Schluss im *Bundesrat*, dass trotz möglicher Zustimmungsverweigerung auch auf Seite konservativ regierter Bundesländer Befürworter des EEG vorhanden waren.

Deutlich wurde jedoch auch, dass die Entwicklung des Gesetzes eng im Zusammenhang mit der noch jungen *Liberalisierung des Strommarktes* stand (siehe Kapitel 4). Während zur Zeit der ersten StrEG-Novelle und gerichtlichen Entscheidungen viele Akteure davon ausgegangen waren, dass ein derartiges Einspeisevergütungsmodell nicht mehr haltbar sein würde, war es gelungen, die Regelungen den neuen Gegebenheiten anzupassen und zudem auf andere politische Zielsetzungen und Prioritäten wie Umwelt- und Klimaschutz zu verweisen. In diesem Zusammenhang hatten auch die *Bezüge zur EU-Ebene deutlich zugenommen* und beeinflussten den nationalen Politikprozess. Dabei stand formal der Streit um die Beihilfefrage im Vordergrund, dahinter stand jedoch auch ein grundsätzlicher Streit um die Art der Förderung erneuerbarer Energien. Die konventionelle Energiewirtschaft und die deutsche Industrie, die mehrheitlich gegen das EEG eingestellt waren, hatten ihre politischen Aktivitäten zusätzlich auf die europäische Ebene verlagert, und die gerichtliche Auseinandersetzung lag nun beim EuGH. So lange jedoch weder das deutsche *Bundesverfassungsgericht*, noch der *EuGH* über die Rechtmäßigkeit des StrEG und damit auch des EEG entschieden hatten, mussten sowohl die betroffenen EVU als auch die EU-Kommission den Status quo der Rechtmäßigkeit annehmen. Dies führte letztlich auch zum *Bruch in der Koalition der konventionellen Energiewirtschaft*, als Preussen-Elektra, das vom Umlageverfahren des StrEG hauptsächlich betroffene EVU, die Weiterentwicklung zum EEG aufgrund unternehmerischer Eigeninteressen begrüßen musste.

Damit reagierte der Gesetzgeber sowohl auf die Veränderungen, die sich aus der Liberalisierung des Strommarktes ergeben hatten, als auch auf die Kritik von der EU-Kommission. In einer Begründung des Gesetzes führte das BMU insbesondere mit Blick auf die strikten Gegner von Einspeisevergütungssystemen auf der nationalen und EU-Ebene, die sowohl die Beihilfeproblematik, als auch die fehlende Marktnähe des Instruments anführten (siehe Kapitel 5), seine Argumente aus. Dies geschah nicht nur vor dem Hintergrund, dass die EU-Kommission seit längerem parallel zum EEG-Prozess eine Richtlinie zur Förderung erneuerbarer Energien entwickelte und die Verabschiedung des EEG de facto Einfluss auf den weiteren Prozess in Brüssel hatte. Dies war auch eine Reaktion darauf, dass die Kommission im Jahr 1999 bereits ein beihilferechtliches Prüfverfahren gegen das bestehende StrEG eingeleitet hatte (Leuschner 1999a), da sich durch die im Rahmen der Ökosteuer eingeführte Stromsteuer und die damit verbundene (staatlich herbeigeführte) Erhöhung der Strompreise auch eine daran gekoppelte Erhöhung der EE-Vergütungen ergab. Auch wenn mit der Einführung des EEG dieser Begründungszusammenhang hinfällig wurde, so hatte die Kommission dennoch ihr konsequentes Handeln in Bezug auf den Beihilfevorwurf untermauert.

Das BMU wies in seiner Gesetzesbegründung daher zum einen grundsätzlich darauf hin, dass die bisherigen Erfolge bezüglich eines signifikanten Ausbaus erneuerbarer Energien sowie der Schaffung einer international erfolgreichen Industrie ausschließlich in Ländern mit Einspeisevergütungssystemen stattgefunden hatte (BMU 2000a: 6).[159] In Bezug auf die *Beihilfethematik* wurde betont, dass es sich beim EEG „nach Ansicht des Deutschen Bundestages und der Bundesregierung im

---

[159]   Dabei wurde insbesondere auf das Beispiel des Windenergiemarktes verwiesen, desses hohes Wachstum in der EU im Wesentlichen auf die Entwicklungen in Deutschland, Spanien und Dänemark, die jeweils Vergütungsinstrumente hatten, zurückzuführen war, und in denen sich eine weltweit führende Industrie entwickelt hat (BMU 2000a; siehe auch Durstewitz/ Hoppe-Kilpper 2002).

Einklang mit der ständigen Rechtsprechung des Europäischen Gerichtshofs nicht um eine staatliche oder aus staatlichen Mitteln gewährte Beihilfe im Sinne des Artikel 87 des Vertrags über die Gründung der Europäischen Gemeinschaft (EGV)" handelt (BMU 2000a: 10). Damit dokumentierte das BMU und mit ihr die Regierung, dass sie sich mit dem Gesetz und seinen intendierten Wirkungen sowohl politisch als auch rechtlich auf der richtigen und sicheren Seite sahen. Außerdem war sie mit der schnellen Einführung des Gesetzes den länger andauernden Verhandlungen in Brüssel zuvorgekommen.

3.3.3   Entwicklungen bis zur EEG-Novelle 2004

Mit der Einführung des bundesweiten Umlageausgleichs unter allen EVU sowie der degressiven Gestaltung der Vergütungssätze waren zwei wesentlichen Kritikpunkte entschärft worden, die im politischen wie auch rechtlichen Streit mit der deutschen Energiewirtschaft sowie mit der EU-Kommission aufgetreten waren. Dennoch blieben für die Marktakteure mit Blick auf die Kommission und den EuGH erhebliche Restunsicherheiten, denn die anstehende Entscheidung des EuGH hätte ebenso wie die bevorstehende EG-Richtlinie zu grundlegenden Änderungen am gerade eingeführten EEG führen können.

Doch gegen Ende 2000 senkte sich das europäische „Damoklesschwert": Im Oktober befand zunächst der Generalanwalt des Europäischen Gerichtshofs in seinem Schlussantrag, dass es sich beim StrEG (und folglich auch beim EEG) um *keine staatliche Beihilfe* aus gemeinschaftsrechtlicher Sicht handelte (Jacobs 2000). Dieser Auffassung schloss sich am 13. März 2001 der EuGH an (EuGH 2001). Damit war ein entscheidender Vorwurf, der seitens der Gegner der Einspeisevergütungssysteme stets vorgebracht worden war, beseitigt.[160] Diese Entscheidung beeinflusste auch den politischen Prozess zur Entstehung der EG-Richtlinie zur Förderung erneuerbarer Energien, der aufgrund einer Reihe weiterer Faktoren (siehe Kapitel 5) letztlich zu einer offenen Richtlinie führte, nach der ein Verdopplungsziel gefordert, jedoch keine Instrumente vorgeschrieben wurden (Richtlinie 2001).

Durch diese Rahmenbedingungen war nun der Weg frei für die Phase der Industrialisierung im Bereich der erneuerbaren Energien, die fortan in Deutschland begann. Darüber hinaus trug die dynamische Marktentwicklung in Deutschland in

---

[160]   In Bezug auf die Warenverkehrsfreiheit drückte der EuGH (ebenso wie zuvor der Generalanwalt) zwar die Bedenken aus, dass das Einspeisevergütungssystem durch seine marktabschirmende Wirkung den innergemeinschaftlichen Handel potenziell behindern könne, allerdings sah der EuGH (anders als der Generalanwalt) dies als gerechtfertigt an, so lange im Strombinnenmarkt selbst kein ausreichender Wettbewerb herrscht. Darüber hinaus können Umwelt- und Klimaschutzziele, wie sie durch diesbezügliche internationale und EU-Vereinbarungen und letztlich durch Instrumente wie das StrEG und das EEG verfolgt werden, als übergeordnete Gemeinwohlerforderungen höher bewertet werden als eventuelle Wettbewerbsbeschränkungen (EuGH 2001).

Verbindung mit der europäischen Richtlinie und Rechtsprechung dazu bei, dass das deutsche Gesetz eine hohe internationale Aufmerksamkeit und Vorbildfunktion bekam. Dies führte dazu, dass in den folgenden Jahren das EEG dutzendfach in anderen EU-Mitgliedstaaten, aber auch weltweit in anderen Ländern in mehr oder weniger veränderter Form übernommen wurde (Reiche 2005c; Bechberger/ Reiche 2006a).

3.3.3.1   Parallele Welten – Entwicklungen im EE- und Energiemarkt

Nach Inkrafttreten des EEG startete in Deutschland ein im internationalen Maßstab beispielloser Boom in mehreren EE-Märkten (siehe Abbildung 13 und Abbildung 14).[161] Einen besonders starken Zuwachs von 40-60 % bei der jährlich installierten Leistung gab es bei der Fotovoltaik (BMU 2007c: 12), deren Vergütungsbedingungen sich drastisch verbessert hatten.[162] Dies führte dazu, dass es nach einem gewaltigen Nachfrageansturm einen unmittelbaren Bearbeitungsstau bei der für das HTDP zuständigen Kreditanstalt für Wiederaufbau (KfW) gab, der erst nach Monaten abgebaut werden konnte (Hirschl 2002c). Auch im Bereich der Bioenergie setzte ein starkes Wachstum ein, insbesondere bei Biogasanlagen, die zusätzlich durch das Marktanreizprogramm (MAP) gefördert wurden, sowie bei größeren Kraftwerken, die überwiegend mit Altholz betrieben wurden (Hoffmann 2002). Die beiden EE-Märkte wiesen zwar die größte Dynamik auf, trugen jedoch nach wie vor nur kleinere Anteile zur Stromproduktion bei: Die Fotovoltaik erreichte 2005 knapp 2 % des gesamten EE-Stroms, Strom aus Biomasse (ohne Abfall) 16,5 % (BMU 2007c: 12).

Die quantitativ bedeutendste Wachstumsentwicklung erfuhr erneut die Windenergie, die jährlich im Durchschnitt bis 2005 um mehr als 2.000 MW installierter Leistung anwuchs. Die damit produzierte Strommenge übertraf 2004 erstmals den Anteil der Wasserkraft, die ein leichtes Anlagenwachstum trotz eines vergleichsweise geringen Ausbaupotenzials (Bard 2002) zu verzeichnen hatte. Im Bereich der Geothermie konnten durch das EEG in Kombination mit Forschungsmitteln aus dem so genannten Zukunftsinvestitionsprogramm (ZIP) eine Reihe von Forschungs- und Demonstrationsprojekten initiiert werden, an denen bereits neben der Wissenschaft auch Partner aus der Wirtschaft beteiligt waren (Hirschl/ Zapfel 2002).[163]

Diese Wachstumsentwicklung führte zu einem *umfangreichen Auf- und Ausbau von klein- und mittelständischen Unternehmen* auf allen Ebenen der Wertschöpfungsketten. In Marktstudien zur Windindustrie wurden beispielsweise zu Beginn des Jahres

---

[161] Zum Vergleich mit internationalen Entwicklungen siehe ausführlicher Kapitel 6.1.

[162] Dafür wurde bei der Fotovoltaik mit 5 % pro Jahr für neu in Betrieb genommene Anlagen die höchste Degression der Vergütungssätze vorgenommen (§ 8 EEG 2000).

[163] Im Jahr 2003 konnte das erste deutsche geothermische Kraftwerk in Neustadt-Glewe eingeweiht werden, bei dem jedoch bereits ein Kreislauf zur Wärmenutzung vorhanden war (BINE Informationsdienst 2003).

2001 im Rahmen einer Befragung 19 Hersteller, 63 Zulieferer, 95 Planer und 12 spezialisierte Finanzdienstleister ermittelt (Durstewitz/ Hoppe-Kilpper 2002). Im Herstellersegment waren im Jahr 2001 die Anteile der ausschließlich mittelständischen Anbieter an der gesamten in Deutschland installierten Leistung wie folgt verteilt: Enercon (28,5 %), Vestas (19,5 %), NEG Micon (11,4%), Enron (10,9%), Nordex (10,4%), AN Windenergie (8,5%), REpower Systems (5,0%), DeWind (2,7%), Fuhrländer (2,4%), Sonstige (0,8%) (Ender 2001).

Abbildung 13: Installierte Leistung der EE-Anlagen von 1999 bis 2006

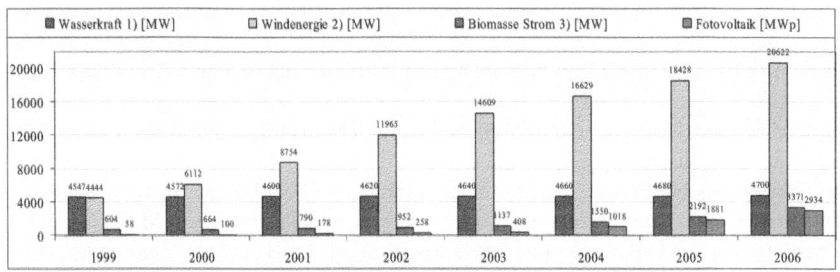

1) bei Pumpspeicherkraftwerken nur Stromerzeugung aus natürlichem Zufluss
2) für 2005 Zubau von 1.808 MW abzüglich 9 MW abgebauter Windenergieanlagen
3) Anteil des biogenen Abfalls zu 50 % angesetzt
* Werte für 2006, Fortschreibung für Wasserkraft, BWE-Daten für Windenergie, Bioenergie und Fotovoltaik berechnet nach Daten BMU (2007a)
Quelle: eigene Darstellung nach Daten BMU (2007c: 12; 2007a: 1)

Abbildung 14: Stromproduktion aus erneuerbaren Energien von 1999 bis 2006

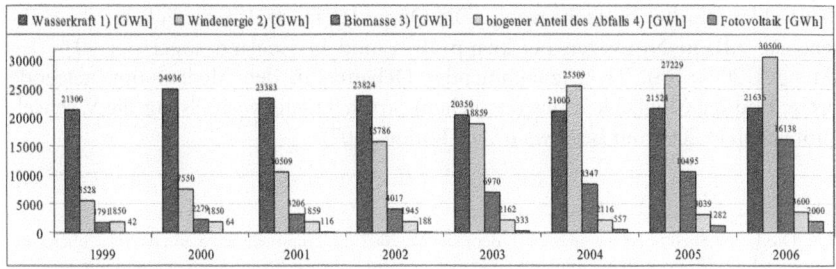

Legende siehe Abbildung 6.
Quelle: eigene Darstellung nach Daten BMU (2007c: 12; 2007a: 1)

Auch im Solarbereich entwickelte sich mit Start des EEG innerhalb weniger Jahre eine Industrie und stiegen immer mehr Handwerksbetriebe aus verschiedenen Gewerken, Planer, Architekten und weitere Dienstleister in das Solargeschäft ein. In einer Industrieanalyse aus dem Jahr 2002 wurden über 30 Hersteller von Modulen, 14 Wechselrichterhersteller, 6 Zellenhersteller und 3 Waferhersteller ermittelt (Hirschl 2002a). Auch hier handelte es sich überwiegend und kleinere und mittlere Untenehmen, häufig noch in der Gründungsphase. Mit BP und Shell waren zwei große Ölkonzerne mit global aktiven Tochterunternehmen im deutschen Solarmarkt vertreten[164], zudem eine Reihe von Elektronikkonzernen aus dem damals größten japanischen Markt (ebda.). Demgegenüber hielten sich die konventionelle Energiewirtschaft und die deutsche Großindustrie bis auf vereinzelte Ausnahmen und teilweise kurze Engagements weitgehend aus dem gesamten Markt der neuen EE-Technologien heraus.[165] Damit entwickelte sich ein weitgehend von der konventionellen Energiewirtschaft *separater, eigenständiger Markt der erneuerbaren Energien*, in dem sich neue Unternehmen, vorwiegend KMU, etablierten und vergrößerten.

Der *konventionelle Energiemarkt* erlebte in dieser Zeit hingegen eine deutlich andere Entwicklung (siehe ausführlicher in Abschnitt 4.2.2). Nach dem es zu Beginn der Liberalisierung für eine kurze Zeit Preisrückgänge und einige neue Akteure am Markt gegeben hatte, stoppte dieser anfängliche Wettbewerb in dem Maße, in dem die großen Energieversorger wieder die Kontrolle über den Markt erringen konnten (Lauber/ Pesendorfer 2004; Mez 2003). Im Ergebnis fand eine *starke Konzentration* statt, nach der vier große EVU übrig blieben, die sich im Laufe der Zeit zudem in hohem Maße an den regionalen und kommunalen EVU beteiligten und den überwiegenden Teil der Stromnetze besitzen, so dass sie insgesamt über eine besondere Machtstellung am Strommarkt verfügten und immer noch verfügen (vgl. Abschnitt 4.5).

Der geringe Wettbewerb war jedoch nicht nur auf die Marktmacht der dominierenden Unternehmen zurückzuführen, sondern auch auf die geringe Wechselbereitschaft der Stromkunden. Insbesondere die privaten Haushalte wechselten in Deutschland bisher nur sehr wenig. Die Quote lag in 2004 bei lediglich 4 %, während sie z.B. in Norwegen bei knapp 20 % und in England sogar bei 40 % lag (Menges 2004: 75). Trotz zunehmender Debatten in den Medien um steigende Preise und die Möglichkeit des (einfachen) Stromanbieterwechsels lag die Wechselquote auch in 2007 nur bei etwa 6 % (Thöring 2007).

---

[164]   Die Firma Shell Solar hat sich, nach dem sie u.a. 2002 das Unternehmen Siemens Solar übernommen hatte (Röpcke 2006), mittlerweile wieder aus dem Solarmarkt zurückgezogen und ihre Produktion an den deutschen Solarkonzern SolarWorld verkauft (SolarWorld 2006), während BP Solar nach wie vor zu den großen Solaranlagenanbietern auf dem Weltmarkt gehört (Hirschl 2004).

[165]   Mehrere der großen Konzerne besaßen durch Übernahmen alte Wasserkraftwerke (siehe z.B. in E.ON 2006a; EnBW 2006; RWE 2006a). Dazu stiegen sie in das Geschäft mit großen Biomassekraftwerken ein, verfeuerten Biomasse zusätzlich in Kohlekraftwerken, oder wurden ebenfalls durch Übernahmen zu Eigentümern oder Betreibern von einzelnen Windparks (ebda.). Die RWE AG stieg für ein paar Jahre durch eine Übernahme in die Solartechnologieproduktion ein, stieß seine Anteile jedoch nach wenigen Jahren an seinen Partner (Schott AG) ab (Schott AG 2005).

Dies hat auch Auswirkungen auf die *Nachfrage nach Ökostrom*, deren Potenzial zwar in Umfragen seit Jahren im hohen zweistelligen Bereich liegt (siehe z.B. stern 2004, 2006a), in absoluten Zahlen jedoch erst seit 2005 den Schwellenwert von einem Prozent der Kunden überschritten hat (DUH 2006).[166] Beim Ökostromhandel ist zwischen Angeboten, die EEG-Strom z.B. aus alten, abgeschriebenen Wasserkraftanlagen vermarkten und solchen, die Ökostrom mit neuen EE-Anlagen erzeugen, der ohne die Zahlung des Ökostromkunden sonst nicht erzeugt worden wäre (Kriterium der Zusätzlichkeit), zu unterscheiden. Die diesbezügliche ökologische Qualität des Ökostroms wird durch verschiedene Label wie das „Grüner Strom Label" oder „Ok-Power" gekennzeichnet (Hirschl 2002b). Im Jahr 2005 bezog über die Hälfte der Ökostromkunden Strom aus alten Wasserkraftanlagen (Wüstenhagen/ Bilharz 2006). Aufgrund breit angelegter Kampagnen mehrere Umweltverbände angesichts von Preiserhöhungen und dem Konflikt um die Nutzung der Atomenergie konnten mehrere Ökostromanbieter in 2007 deutliche Zuwächse erzielen.[167] Insgesamt war und bleibt der zusätzliche Beitrag für den Ausbau erneuerbarer Energien aus dem Ökostromhandel allerdings sehr gering, der absolut dominierende Teil des Ausbaus wird durch das EEG getragen (vgl. auch Di Nucci et al. 2007: 15ff).

Das bestätigte auch der erste *Erfahrungsbericht zum EEG*, der im Juli 2002 vom zuständigen BMWi an den deutschen Bundestag zugeleitet wurde.[168] Zentrales Ergebnis war, dass durch die Einführung des EEG in Kombination mit den anderen Maßnahmen zur Förderung erneuerbarer Energien (vorrangig das MAP, HTDP sowie weitere Kreditprogramme) in den vorangegangenen Jahren ein deutlicher Ausbau im Strombereich bewirkt wurde (BMWi 2002). Dies galt zwar „zunächst vor allem für die Windkraft, doch das EEG bietet auch den anderen erneuerbaren Energiequellen – Biomasse, Geothermie, Solarstrahlung und Wasserkraft – vorteilhafte Bedingungen dafür, ihren Anteil an der Stromproduktion zu steigern" (BMWi

---

[166] Die ermittelten 625.000 Haushaltskunden haben zusammen mit den gewerblichen Verbrauchern im Jahr 2005 über den Ökostromhandel insgesamt etwa 3,6 TWh nachgefragt (DUH 2006), was bei einem Gesamtstromverbrauch von ca. 610 TWh in Deutschland (nach AG Energiebilanzen, www.ag-energiebilanzen.de, 26.6.2007) einem Anteil von weniger als 0,6 % entspricht.

[167] Bei den Kampagnen handelt es sich z.B. um die Initiative „Atomausstieg selber machen" (www.atomausstieg-selber-machen.de, 26.6.2007), die von einer Vielzahl von Umweltverbänden getragen wird. Insbesondere der Anbieter Lichtblick gehört zu den gegenwärtig am stärksten expandierenden Unternehmen im Ökostromhandelsmarkt; im April 2007 hatte das Unternehmen mehr als eine Viertelmillion Kunden (LichtBlick 2007). Zu den Großkunden des Unternehmens zählt u.a. das BMU, und die Vertriebsstrategie baut zunehmend auf Kooperationen z.B. mit Tschibo und der Deutschen Post, über deren Filialen der Strom bezogen werden kann (www.lichtblick.de, 26.6.2007).

[168] Der Erfahrungsbericht an den Deutschen Bundestag wurde gemäß § 12 EEG (2000) in Abstimmung mit dem BMU und dem BMVEL vorgenommen. Die Langfassung des Gutachtens, das dem Bericht zu Grunde lag, wurde federführend vom Institut für ökologische Wirtschaftsforschung erarbeitet (Hirschl et al. 2002).

2002: 4). Dafür müssten allerdings weitere deutliche Kostensenkungen stattfinden, um „die Wirtschaftlichkeit erneuerbarer Energieträger unter Berücksichtigung der unterschiedlichen externen Kosten (insbesondere langfristige Umwelt- und Klimaschäden) der konventionellen und erneuerbaren Energieträger bei gleichzeitiger volkswirtschaftlicher Verträglichkeit weiter zu verbessern" (ebda.).

Der Bericht gibt die Markt- und Kostenentwicklung wieder und wirft darauf aufbauend Fragen nach einer möglichen Änderung auf, ohne diese konkret zu formulieren. So wird die Prüfung einer Absenkung der Windenergievergütung an guten Standorten vorgeschlagen, ebenso wie die Verlängerung der Sonderregelung für Offshore-Windkraft, die sich deutlich langsamer entwickelte als ursprünglich angenommen (BMWi 2002: 15). Bei der Biomasse wurde festgestellt, dass insbesondere kleinere Anlagen nicht wirtschaftlich betrieben werden können, und in diesem Zusammenhang die Frage aufgeworfen, ob „unter wirtschaftlichen Aspekten eine Konzentration auf Großanlagen oder aus agrar- und umweltpolitischen Aspekten die Nutzung einer Bandbreite von Anlagen vorzuziehen" sei (ebda.: 19).

In ähnlicher Weise wurde bei der Wasserkraft das „Spannungsfeld zwischen Wirtschaftlichkeitserwägungen einerseits und Umweltaspekten andererseits" thematisiert (ebda.: 22). Für die Fotovoltaik kam das Ministerium zu dem aus ökonomischer Sicht fragwürdigen Schluss, dass „aufgrund des in diesem und nächsten Jahr zu erwartenden weiteren massiven Marktwachstums ... zu weiteren Kosten- und Preissenkungen bei PV-Modulen kommen wird, sodass die PV-Förderung ab 2004 ausschließlich auf das EEG gestützt werden kann" (ebda.: 10).[169] Damit drückte das Ministerium seine Erwartung an die Branche aus, schneller die Kosten zu senken, außerdem wurde ein Übergang zu einer reinen EEG-Vergütung favorisiert, die allerdings nicht oder nur gering verändert werden sollte.

3.3.3.2   Zweite Amtszeit von Rot-Grün - Stärkung erneuerbarer Energien und andauernde Konflikte

Obwohl sich schnell nach der Einführung des EEG der Erfolg des Gesetzes in Bezug auf seine Ausbauwirkung zeigte (s.o.), und sich darüber hinaus der große rechtliche und politische Gegenwind von der EU-Ebene gelegt hatte, wurde bereits ab Ende 2001 wieder über eine mögliche Änderung des Gesetzes debattiert. Bereits durch die Erstellung des Erfahrungsberichts war klar, dass dessen Ergebnisse eine Gesetzesanpassung erforderlich machen konnten. Außerdem war bei der Fotovoltaik aufgrund des Auslaufens des HTDP ein Anpassungsbedarf vorgegeben.[170] Die

[169]   Zwar haben sich die Systemkosten seit Anfang der 1990er Jahre in etwa halbiert, allerdings hat sich die durchschnittliche Kostenreduktionsrate seit Einführung des EEG deutlich verlangsamt. Zum Teil sind die Marktpreise für Fotovoltaikanlagen aufgrund der starken Nachfrage bei einem vergleichsweise weniger stark wachsenden Angebot sogar angestiegen, auch wenn auf der anderen Seite die Vergütung jährlich konstant um 5 % sank. (Hirschl 2002c, 2004; Staiß 2007)
[170]   Bereits im Juni 2002 war eine Anhebung der im § 8 EEG (2000) festgelegten Ausbaugrenze in

politische Auseinandersetzung verschärfte sich jedoch insbesondere durch den Bundestagswahlkampf für die Wahlen im September 2002. In dieser Zeit wuchs der Druck seitens einiger Wirtschaftsverbände insbesondere aus energieintensiven Branchen, die auf eine Entlastungsregelung drängten, da sie eine Preissteigerung durch die EEG-Umlage aus Wettbewerbsgründen für nicht verkraftbar ansahen (s.u.).

Die *Bundestagswahl im September 2002* wurde mit knapper Mehrheit erneut von der rot-grünen Koalition gewonnen. Während die SPD Verluste hinnehmen musste, war der grüne Koalitionspartner durch die Wähler gestärkt worden. Diese Stärkung reichte zwar nicht aus, um ein zusätzliches Ministerium zu fordern, allerdings hatte die Partei eine gute Verhandlungsposition für die Koalitionsvereinbarung. Ein zentrales Ergebnis dieser Verhandlungen war die Übertragung der *Zuständigkeit für erneuerbare Energien in das BMU,* das weiterhin von Jürgen Trittin geleitet wurde (Reiche 2004: 85). Damit wurde die energiepolitische Kompetenz des BMU weiter gestärkt und neben der Zuständigkeit für Atomenergie und Klimaschutz mit den erneuerbaren Energien um ein wichtiges und populäres Zukunftsthema ergänzt. Auf der anderen Seite wurde das Wirtschaftsministerium durch die Erweiterung um das Ressort Arbeit zu einem „Superministerium" (Bundesministerium für Wirtschaft und Arbeit – BMWA) erweitert, das der sozialdemokratische Wolfgang Clement übernahm, der zuvor Ministerpräsident in Nordrhein-Westfalen war und als Befürworter neoliberaler Wirtschaftspolitik, Kritiker einer ambitionierten Klimaschutzpolitik und Freund der Kohlelobby galt (Lauber/ Mez 2004: 613).[171]

Durch den Wechsel der erneuerbaren Energien-Zuständigkeit in das BMU wurde nun zwar der direkte Zugriff auf die Entwicklung der EE-Politik für die energiewirtschaftliche Lobby schwieriger, dafür war das Wirtschaftsministerium - dessen verantwortliche Mitarbeiter wie auch die Leitungsebene sich bis dato loyal gegenüber dem EEG gezeigt hatten[172] - nun wieder freier, gegen das Instrument zu

---

Höhe von 350 MW$_p$ auf 1000 MW$_p$ als Artikelgesetz im Rahmen der Novelle des Mineralölsteuergesetzes erfolgt, mit der die Biokraftstoffe von der Mineralölsteuer befreit wurden. Die kurzfristige Anhebung des Deckels für den Ausbau der Fotovoltaik war nötig geworden, da damit gerechnet wurde, bereits in 2003 die vorherige Grenze zu erreichen (siehe Abbildung 13), wodurch gemäß der Vorgabe des § 8 ein Investitionsstopp ausgelöst worden wäre. Während die Fraktion von Bündnis 90/Die Grünen die Aufhebung des Deckels gefordert hatte, stimmte die SPD, wie Hans-Josel Fell formulierte, „Dank des Engagements der beiden SPD-Abgeordneten Hermann Scheer und Rainer Brinkmann" einer Anhebung auf 1000 MW$_p$ zu (Fell 2002).

[171] Ob die Verlagerung dieser Zuständigkeiten lediglich als Ergebnis der Koalitionsverhandlungen zu werten ist, oder ob seitens des Kanzlers auch das machtpolitische Kalkül zur Beschneidung der Kompetenzen seines Superministers für Wirtschaft und Arbeit Wolfgang Clement (SPD) eine Rolle spielten, wie Gammelin und Hamann vermuten (2005: 198), kann an dieser Stelle nicht beurteilt werden.

[172] So die Einschätzung des Autors dieser Arbeit aus der Zeit, in der er als Projektleiter für das vom BMWI beauftragte Gutachten zum ersten Erfahrungsbericht zuständig war. Diese Einschätzung wird auch durch den Tenor des vom BMWi verfassten Erfahrungsberichts bestätigt sowie durch

argumentieren. Somit entwickelten sich bald nach Beginn der neuen Legislatur und den ersten Debatten um eine EEG-Novelle politische Konflikte zwischen dem BMWA und BMU, insbesondere zwischen seinen beiden Ministern Clement und Trittin, um energiepolitische Kompetenzen im Allgemeinen sowie die Ausgestaltung der EE-Rahmenbedingungen im Speziellen (siehe beispielhaft in Vorholz 2004; Gammelin/ Hamann 2005).[173]

Die erste konkrete Diskussion zur Änderung des EEG entstand aus der Forderung der energieintensiven Industrie nach einer Entlastung von der EEG-Umlage durch eine *Härtefallregelung*. Bereits im November 2001 hatte die Aluminiumindustrie, als eine der energieintensivsten Branchen, auf der Basis eines Gutachtens des energiewirtschaftlichen Instituts der Uni Köln (EWI) ihre Forderung nach einer Entlastung von „politisch bedingten Energiepreisbelastungen" formuliert (Drasdo et al. 2001: iii). Diese Debatten wurden nun nach der Bundestagswahl intensiv weitergeführt und die Industrie verstärkte ihre Forderungen (siehe u.a. BDI 2002). Dies blieb nicht ohne Wirkung, so dass auf einer Veranstaltung im November 2002 die energiepolitischen Sprecher sowohl von der SPD, Rolf Hempelmann, als auch Michaele Hustedt von Bündnis 90/Die Grünen eine Härtefallregelung in Aussicht stellten (VIK 2002). Demgegenüber vertrat das BMU in seinem ersten Eckpunktepapier zur EEG-Novelle im Januar 2003, dass es keine Notwendigkeit für Ausnahmeregelungen sah: „Eine Sonderregelung für energieintensive Betriebe, wie derzeit von manchen gefordert, ist angesichts der realen Kosten des EEG nicht erforderlich. Es wäre auch nicht vernünftig, die Kosten für den Ausbau der erneuerbaren Energien ausschließlich den Privathaushalten und kleinen Unternehmen aufzuerlegen" (BMU 2003a: 5).

Die Lösung des Konflikts um die Härtefallregelung erfolgte jedoch schneller als erwartet, da sie in einem *energiepolitischen Gesamtpaket zusammen mit* der zu dieser Zeit ebenfalls diskutierten *Novelle des Energiewirtschaftsgesetzes* behandelt wurde. Die Verhandlungen zwischen der bündnisgrünen und der SPD-Fraktion sowie BMWA und BMU führten im März 2003 zu einem gemeinsamen Eckpunktepapier, in dem die Einführung einer Härtefallregelung vereinbart wurde, während Wirtschaftsminister Clement im Gegenzug die Einrichtung einer Regulierungsbehörde auf dem Strommarkt hinnehmen musste (SPD/ Bündnis 90/Die Grünen 2003d; 2003c, siehe auch Abschnitt 4.4.2). Diese Einigung war im Hinblick auf das EEG durchaus ein riskantes Unterfangen für die Befürworter des EEG, da zum einen – wie sich

---

das Auftreten der zuständigen Mitarbeiter im EU-politischen Kontext (siehe hierzu Kapitel 5).

[173]   Die Konflikte um die parallele EnWG-Novelle werden ausführlicher in Kapitel 4 behandelt. Daneben gab es zwischen dem Umwelt- und dem Wirtschaftsminister eine Reihe weiterer energiepolitischer Streitfälle in diesen Monaten, beispielsweise bezüglich der Höhe der Emissionsreduktionsverpflichtungen und Zertifikateausstattungen für die deutsche Industrie, der Steinkohle-Subventionen, der Sicherheitsbestimmungen für Atomkraftwerke, oder den Export der Hanauer Siemens-Atomfabrik nach China (Vorholz 2004).

später bewahrheiten sollte - ein Einfallstor für weitere Entlastungsforderungen geschaffen wurde, und zum zweiten durch die höhere Belastung der Privathaushalte die Akzeptanz des EEG in Gefahr geraten konnte. Allerdings war es den grünen Verhandlungspartnern aus Fraktion und BMU gelungen, die Härtefallregelung zunächst nur für einen kleinen Kreis an Begünstigten zu öffnen.[174]

3.3.3.3 Die große EEG-Novelle 2004

Während damit eine erste Neuregelung bereits feststand, verzögerte sich die Erstellung von Entwürfen für eine Gesamtnovelle. Ein zentraler Grund hierfür war die Formierung der neuen EE-Referate im BMU, die länger dauerte als erwartet (Reiche 2004).[175] Um den Druck aus den weiteren Verhandlungen zu nehmen wurde daher zuerst die bereits beschlossene Härtefallregelung als erstes Änderungsgesetz des EEG 2000 zeitnah zum 16. Juli 2003 umgesetzt, mit einer Befristung bis zum 1. Juli 2004 (EEG 2003a). Die Debatte um die EEG-Novelle spitzte sich dennoch im Verlauf des Jahres weiter zu, wobei insbesondere die Vergütungshöhe der Windenergie sowie die Gesamtkostenbelastung des EEG im Vordergrund standen. Die Vergütung der Windenergie wurde z.B. von CDU-Vertretern als „völlige Überförderung" (Angela Merkel zitiert in Köpke 2003) kritisiert und sowohl eine deutliche Reduktion der Sätze als auch eine Erhöhung der Degression gefordert (Franken/ Köpke 2003b). Aber auch innerhalb der SPD äußerten sich zunehmend deutlich die Windenergie-Gegner, darunter u.a. auch der damalige Ministerpräsident von NRW, Peer Steinbrück, der seit 2005 Bundesfinanzminister der großen Koalition ist (Köpke 2003).

In der Auseinandersetzung um die Höhe der EEG-Kosten wurden von mehreren Seiten Gutachten in Auftrag gegeben, die aufgrund unterschiedlicher Annahmen zu sehr unterschiedlichen Ergebnissen kamen. So wurde zum Beispiel im Sommer 2003 ein Streit um ein Gutachten des EWI (Lindenberger/ Schulz 2003) geführt, das von der Hydro Aluminium GmbH in Auftrag gegeben worden war. Dessen Zahlen zur Kostenbelastung durch das EEG waren in der politischen Debatte u.a. von Peer Steinbrück aufgenommen worden (Köpke 2003). Von Seiten der EEG-Befürworter wurde an den Ergebnissen der Studie u.a. kritisiert, dass für

---

[174] Durch die Gesetzesänderung konnten Industriebetriebe, die 100 GWh und mehr verbrauchen, ihre Mehrkosten auf 0,05 Cent/kWh begrenzen (§ 11 a EEG 2003a). Dies wurde von den Oppositionsparteien ganz im Sinne der Industrieverbände BDI, DIHK und VIK als zu geringer Ausnahmetatbestand kritisiert (hib 2003b).

[175] Von den Mitarbeitern, die vorher in einem einzigen Referat im BMWI für erneuerbare Energien zuständig waren, wechselten nur zwei in das BMU, in dem unter der Abteilungsleitung von Rainer Hinrichs-Rahlwes, einem langjährigen Wegbegleiter von Jürgen Trittin, eine Unterabteilung mit fünf Referaten eingerichtet wurde (Hinrichs-Rahlwes 2007). Auch die nachgelagerten Behörden des BMU, das Umweltbundesamt (UBA) und das Bundesamt für Naturschutz (BfN) verstärkten im Laufe der Jahre ihre Kompetenz und ihr Personal im Bereich erneuerbare Energien.

die durch Windstrom vermiedenen Kosten ein zu geringer und konstanter Wert bis 2010 angesetzt worden war, ohne tatsächliche Preise und Kostensteigerungen der konventionellen Stromerzeugung zu berücksichtigen (ebda.).[176] Als Mitte August 2003 der lang erwartete Referentenentwurf des BMU erschien, beklagte u.a. Wirtschaftsminister Wolfgang Clement, dass damit zu hohe EEG-Kosten verbunden seien. Der NABU forderte in dieser Phase der zunehmend hitzig geführten Auseinandersetzung Bundeskanzler Gerhard Schröder auf, ein „Machtwort" zur Beendigung dieser Debatte zu sprechen, die „den gesamten Wirtschaftsstandort Deutschland gefährde" (NABU 2003).[177]

Nicht zuletzt diese zum Teil heftig geführten, grundsätzlichen Auseinandersetzungen verhinderten eine schnelle Einigung in der Regierung und zwischen den Koalitionsfraktionen. So war bereits zu diesem Zeitpunkt klar, dass die von Umweltminister Trittin noch im Mai angekündigte Verabschiedung der Novelle bis zum Ende des Jahres 2003 (Franken/ Köpke 2003a) nicht mehr haltbar war. Anfang November 2003 machte eine Ressorteinigung zwischen BMWA und BMU den Weg frei für einen abgestimmten Kabinettsentwurf (BMU 2003b). Im Unterschied zum Referentenentwurf des BMU wurden dabei im Wesentlichen die Vergütungen für die Windenergie weiter gekürzt, was eine zentrale Forderung von Clement und dem BMWA war. Dabei spielte insbesondere die so genannte 65 %-Referenzertragsregelung eine wichtige Rolle, nach der Standorte, die unterhalb dieser Güte lagen, nicht mehr nach dem EEG vergütet werden sollten.[178]

Außerdem wurden für alle EE-Sparten jährliche Degressionen eingeführt, die für Geothermie und Offshore-Windkraft zunächst noch ausgesetzt wurden. Bei der Bioenergie sollten insbesondere kleine Biogasanlagen stärker gefördert werden, ebenso durch entsprechende Boni der Einsatz nachwachsender Rohstoffe und innovativer Techniken. Das BMWA setzte bei der Bioenergie die stärksten Kürzungen gegenüber den Vorstellungen des BMU durch, möglicherweise aufgrund der Konkurrenzbeziehung zwischen Biomasse- und konventionellen Kraftwerken.[179]

---

[176] In der EWI-Studie wird die Höhe der Vergütungszahlungen – in Übereinstimmungen mit Angaben des BMU – mit ca. 5 Mrd. Euro angegeben (Lindenberger/ Schulz 2003: 1). Wichtiger und umstrittener sind jedoch der „Nettobelastungswert" oder die so genannten Differenzkosten. Das EWI ermittelte durch den Abzug von vermiedenen Kosten durch die EEG-Einspeisung eine „Netto-Belastung" in Höhe von 3,3 Mrd. Euro in 2010. Das BMU gab in dieser Zeit Spannbreiten für Differenzkosten an, die in 2010 zwischen unter 1 Mrd. Euro oder bei höchstens 2,7 Mrd. Euro lagen. Dem niedrigeren Wert lag eine mögliche Entwicklung von Vollkosten typischer fossiler Kraftwerke, dem oberen Wert eine mögliche Entwicklung des Börsenpreises zu Grunde (BMU 2004a).

[177] Im Wortlaut kritisierte NABU-Präsident Olaf Tschimpke: „Es ist äußerst bedenklich, wenn ein Wirtschafts- und Arbeitsminister eine der wenigen zukunftsfähigen Wachstumsbranchen in unserem Land mit Uraltargumenten am langen Arm verhungern lassen will" (NABU 2003).

[178] Im § 7 EEG (2000) wurde (in Verbindung mit dem Anhang) im Rahmen der Vergütungsregelung für die Windkraft ein Referenzertrag eingeführt, mit dessen Hilfe eine Differenzierung nach Standortgüte erfolgte.

[179] Die Verschlechterungen waren im Wesentlichen auf die Verkürzung der Laufzeit von 20 auf 15

Außerdem verhandelte es eine weitere Ausweitung der Ausnahmeregelung der Härtefallklausel durch eine Absenkung auf einen jährlichen Energieverbrauch der Unternehmen auf 10 GWh (ebda.).

Ansonsten blieben die meisten Vorschläge des BMU in ihrer Richtung jedoch weitgehend erhalten (BMU 2003b). In die Zielsetzung des Gesetzes wurde ein Anteil erneuerbarer Energien an der Stromversorgung von 20 % bis 2020 aufgenommen. Die Bedingungen für die erst noch bevorstehende und sich verzögernde Entwicklung der Offshore-Technologie wurden verbessert. Bei der Geothermie wurde eine Erhöhung der Vergütung für kleinere Anlagen vorgeschlagen. Bei der Wasserkraft wurden in Verbindung mit der Wasserrahmenrichtlinie die ökologischen Auflagen verschärft, dafür aber der Geltungsbereich auch für große Anlagen bis 150 MW geöffnet. Die Hereinnahme großer Wasserkraftwerke ist auf den Neubau der EnBW AG in Rheinfelden zurückzuführen, der damals bereits begonnen hatte, jedoch aufgrund mangelnder Rentabilität eingestellt werden sollte (Leuschner 2005d).[180] Damit war die Regierung sowohl einem wichtigen Akteur aus dem Lager der konventionellen Energiewirtschaft als auch dem konservativ regierten Baden-Württemberg entgegen gekommen und konnte somit die politische Akzeptanz für die EEG-Novelle insgesamt erhöhen.

Bei der Fotovoltaik sollte der Wegfall des HTDP, das bereits seit Mitte des Jahres 2003 ausgelaufen bzw. ausgeschöpft war, durch eine erhöhte Vergütung kompensiert werden.[181] Darüber hinaus sollte eine Differenzierung in kleine und mittlere gebäudegebundene sowie große Freiflächenanlagen vorgenommen werden. Da letztere bei den Umweltverbänden umstritten waren, wurde ihre Errichtung an ökologische Kriterien geknüpft (siehe hierzu auch Abschnitt 3.2.4.1). Aufgrund der Dringlichkeit einer Anschlussregelung im Fotovoltaik-Bereich, dessen Investoren bereits seit Ende des HTDP auf eine Anschlussregelung warteten, entschlossen sich die Regierungsfraktionen und Ministerien zum Jahreswechsel bereits ein *Vorschaltgesetz* einzuführen. Mit dem zweiten Gesetz zur Änderung des EEG 2000 (EEG

Jahre sowie die Erhöhung der Degression von 1 % auf 2 % zurückzuführen, aber auch der gewährte Bonus für den Einsatz von nachwachsenden Rohstoffen (NaWaRo) in Höhe von 2,5 Cent/kWh war aus Sicht des Fachverbandes Biogas zu niedrig (Fachverband Biogas 2003). Der Verband forderte einen NaWaRo-Zuschlag in Höhe von 6 Cent (ebda.).

[180]   Der Bau des Wasserkraftwerks Rheinfelden wird von den EnBW-Töchtern NaturEnergie und Energiedienst durchgeführt, und wurde damals auch von der grünen Landtagsfraktion Baden-Württembergs unterstützt (Reiche 2004: 155).

[181]   Ohne die Finanzierung über das HTDP konnten Fotovoltaik-Anlagen unter den Bedingungen des EEG 2000 im Durchschnitt nicht wirtschaftlich betrieben werden (Hirschl 2002c). Nahezu alle netzgekoppelten Fotovoltaik-Anlagen wurden während der Laufzeit des 100.000-Dächer-Programms der KfW über diese Kredite finanziert. Aufgrund der Schwierigkeiten, die zum Teil durch das Programm am Markt entstanden waren (Stop and Go-Bewilligungsrhythmen, jährliche Abhängigkeit von Haushaltsverhandlungen etc.), sprachen sich die Befürworter einer weiteren Fotovoltaik-Förderung überwiegend für eine vollständige Kompensation des KfW-Programms über eine dementsprechend erhöhte EEG-Vergütung aus (ebda.).

2003b) sollte „ein drohender Fadenriss" im Fotovoltaikmarkt vermieden und der Branche die „erforderliche Investitionssicherheit" gewährt werden (BMU 2003b: 670).

Am 13.1.2004 brachten die *Koalitionsfraktionen* auf der Basis der *Kabinettsvorlage* ihren *Gesetzentwurf* in den Deutschen Bundestag ein (SPD/ Bündnis 90/Die Grünen 2004). Angesichts des Kompromisses und der vom BMWA durchgesetzten Änderungen gab es darauf harte Kritik der bündnisgrünen Fraktion sowie der Biogas-, Windkraft- und Wasserkraftlobby, die ihren weiteren Ausbau gefährdet sahen (Punkt.um 2003; Fachverband Biogas 2003). Die Biomasse- und Wasserkraftlobby wurde dabei von der CDU/CSU-Opposition unterstützt, die gleichzeitig eine noch stärkere Begrenzung der Windenergie forderte und sich gegen die Aufnahme von Langfristzielen aussprach (Paziorek 2004). Diese Ansichten der stärksten Oppositionsfraktion drückten sich auch in den Beratungen des Bundesrates aus, der zwar nicht zustimmen musste, das Gesetz aber aufhalten konnte.[182]

Als ein Gutachten des wissenschaftlichen Beirats des BMWA (Weizsäcker et al. 2004) im Januar 2004 mit der Forderung nach der Abschaffung des EEG die EE-Branche in Aufruhr brachte, zeigte die distanzierte Reaktion des BMWA gegenüber seinen Gutachtern, dass es in dieser Phase nicht beabsichtigte, mehr als die im Ressortkompromiss mit dem BMU erzielten Vereinbarungen zu fordern (Bröer 2004c).[183] Außerdem konnte sich das BMWA stärker in den parallel laufenden und ebenso umkämpften Verhandlungen zum ersten nationalen Allokationsplan (NAP I) gegenüber dem federführenden BMU durchsetzen, was nahe legt, dass auch hier Tauschbeziehungen bestanden haben (Michaelowa 2004; Mangels-Voegt 2004).

Allerdings verschärfte sich die Debatte in der Öffentlichkeit weiter, wie ein zugespitzter Leitartikel des Magazins der Spiegel dokumentierte, der offensiv gegen die Windenergie ausgerichtet war (Dohmen/ Hornig 2004), und damit wiederum

---

[182] In den Beratungen im Februar 2004 gab es 62 Änderungsanträge der Novelle, insbesondere aus dem Wirtschaftsausschuss, dessen konservativ-liberale Mehrheit u.a. die Einführung von Ausschreibungen für Windkraft und große Fotovoltaikanlagen forderte (Bröer 2004b). Diese Phase der Verhandlungen wurde von Beobachtern als „Basar" beschrieben (Köpke 2004b: 14), da entscheidende Details des Gesetzes noch unklar waren und die Gemengelage angesichts der heterogenen Einzelpositionen der Akteure zunehmend verworrener wurde.

[183] Der Beirat war im Rahmen eine Expertise zu dem Schluss gekommen, dass im Fall eines funktionierenden CO_2-Marktes das EEG zu einem „ökologisch nutzlosen, aber volkswirtschaftlich teuren Instrument" würde und folglich abgeschafft werden müsste (Weizsäcker et al. 2004: 17). Diese Folgerung basiert im Wesentlichen auf der Annahme, dass die Produktion von EEG-Strom den Erwerb von CO_2-Zertifikaten reduziere und sich somit mindernd auf die Zertifikatspreise auswirke (Weizsäcker et al. 2004). Dabei wurde in Bezug auf den Emissionshandel nicht berücksichtigt, dass die EEG-Strommengen bereits bei der Ausgabe der Zertifikate berücksichtigt werden. Darüber hinaus wurde nicht betrachtet, dass der Emissionshandel insgesamt nur einen Teil der Reduktionsverpflichtungen der Bundesregierung umfasst, und dass erneuerbare Energien auch zur Reduzierung der Importabhängigkeit beitragen (hierzu auch Bröer 2004c; BEE 2004a; Bundesregierung 2004a).

eine Welle des Protests der Windenergie-Befürworter hervorrief.[184] Und auch BMWA und BMU veröffentlichten weiter Studien, deren „konträre Ergebnisse" in den Medien u.a. als „Glaubenskrieg" und „*Schlacht der Gutachter*" tituliert wurden (Gaserow 2004). Die kritischen Stimmen aus der konventionellen Energiewirtschaft bezogen sich u.a. auf die Frage der Netzstabilität der Windenergie: So warnte beispielsweise E.ON vor einem „Blackout" und drohte mit Abschaltungen aufgrund begrenzter Leitungskapazitäten (Wille 2004). Das weite Spektrum der Positionen einer Vielzahl von Interessenvertretern und Experten aus dieser Zeit vermittelte eine öffentliche Anhörung des Umweltausschusses des Deutschen Bundestages am 8. März 2004, zu der eine große Zahl umfangreicher Stellungnahmen eingereicht wurden (Umweltausschuss 2004).

Die rot-grünen Koalitionsfraktionen verbesserten schließlich in der parlamentarischen Behandelung der Novelle mit dem Rückenwind der CDU/CSU-Fraktion die Regelungen bei der Bioenergie und der Wasserkraft, beseitigten aber gleichzeitig die 65 %-Referenzertragsregelung bei der Windenergie. Diese *Änderungen* wurden im Umweltausschuss und anschließend im Deutschen Bundestag am 2.4.2004 *mit der Koalitionsmehrheit verabschiedet* – gegen die Stimmen der Unionsfraktion und der FDP (Deutscher Bundestag 2004a).[185] Erhalten blieb als Zugeständnis an das BMWA und die ursprüngliche Ressortvereinbarung die Erweiterung der Härtefallregelung, bei der jedoch ein so genannter Umverteilungsdeckel in Höhe von maximal 10 % pro Jahr festgelegt wurde.[186] Wie erwartet, stimmte der von den Oppositionsparteien dominierte Bundesrat in seiner Sitzung am 14. Mai 2004 dem Gesetz nicht zu und rief den Vermittlungsausschuss an, was das Inkrafttreten verzögerte. Da dies kurz vor der internationalen Konferenz „renewables" erfolgte, die im Juni in Bonn stattfinden sollte (hierzu ausführlicher in Kapitel 6), kritisierte Umweltminister Trittin dieses Vorgehen als „parteitaktisches Manöver", welches das internationale Ansehen beschädige (BMU 2004h).

Im *Vermittlungsausschuss* gelang jedoch eine Einigung, in dem der von der Union, insbesondere den süddeutschen Landesregierungen geforderte Ausschluss

---

[184] Mit der Titelstory „Der Windmühlenwahn" vom 29.3.2004 kritisierte der Spiegel, wie bereits zuvor in einer Reihe von Beiträgen, die Windenergienutzung in massiver Weise. Dieser Artikel löste in der Folge eine Welle von Gegenpositionen seitens der Windbranche und Unterstützer aus (u.a. BWE 2004b; siehe auch Köpke 2004a). Infolge dieses Artikels verließen zwei Redakteure unter Protest über den „Mangel an innerer Pressefreiheit" sowie die energiepolitische Linie die Zeitschrift (Netzzeitung 2004a).

[185] Einzige Ausnahme der gesamten Opposition war der CSU-Abgeordnete Göppel. Der FDP-Abgeordnete Goldmann, der dem ersten Entwurf des EEG noch zugestimmt hatte, enthielt sich. (Köpke 2004a)

[186] Im § 16 Abs. 5 des EEG (2004) ist geregelt, dass die sich aus dem EEG ergebende Mehrbelastung der (nicht-privilegierten) Endverbraucher gegenüber dem vorherigen Kalenderjahr nicht mehr als zehn Prozent betragen darf, andernfalls ist die den Großverbrauchern nach § 16 Abs. 4 zugestandene EEG-Belastung von nur 0,05 Cent/kWh soweit anzuheben, dass dieser Grenzwert eingehalten wird.

schlechter Windstandorte durch die Einführung eines Mindestwerts von 60 % des Referenzertrags aufgenommen wurde, dafür aber im Gegenzug die Vergütungen für bessere Standorte stiegen (EEG 2004). Das Angebot der Koalitionsfraktionen an die unionsgeführten Länder im Bundesrat kann auch im Zusammenhang mit der damals noch ausstehenden Baurechtsnovelle gesehen werden, die im Gegensatz zur EEG-Novelle grundsätzlich zustimmungspflichtig war, und bei der die Union eine nächste Gelegenheit hatte, die erneuerbaren Energien und insbesondere die Windkraft zu behindern (Köpke 2004a). Dem *Kompromiss* stimmten am 17. Juni 2004 letztlich 6 der 9 unionsregierten Bundesländer zu, so dass es insgesamt eine breite Unterstützung der EEG-Novelle in der Länderkammer gab (BEE 2004c). Trotzdem verweigerte die CDU/CSU-Fraktion, ebenso wie die FDP-Fraktion, in der Schlussabstimmung am darauf folgenden Tag der Novelle ihre Zustimmung (Deutscher Bundestag 2004c). Das *neue EEG* trat schließlich am *1. August 2004 in Kraft*. Die Anzahl der Paragrafen ist von 13 auf 21 angestiegen, und der Grad der Detailregelungen hat ebenfalls deutlich zugenommen, mit der Intention, durch größere Differenzierung den Ausbau erneuerbarer Energien „noch effizienter" gestalten zu können (BMU 2004f: 1).

Die nachfolgende Tabelle zeigt die Vergütungssätze für die verschiedenen EE-Technologien, die zusätzlich in verschiedene Leistungsklassen und -bereiche sowie unterschiedliche Laufzeiten differenziert wurden. Insbesondere bei den Biomasseanlagen wurde aufgrund des unterschiedlichen Spektrums der Technologien und Einsatzstoffe sowie durch zusätzliche Anreize durch verschiedene Boni eine hohe Vergütungsdifferenzierung erreicht.

Tabelle 5: Differenzierte Vergütungen für EE-Anlagen gemäß EEG 2004

EE-Bereich	Anlagen- leistung MW	Vergü- tungs- regelung	Vergütungs- höhe ct/kWh	Leistungsbereiche	Lauf- zeit Jahre
Wasserkraft	bis 5	§ 6 Abs. 1	9,67	bis 500 kW	30
			6,65	ab 500 kW bis 5 MW	
	ab 5 bis 150	§ 6 Abs. 2	7,67	bis 500 kW	15
			6,65	ab 500 kW bis 10 MW	
			6,10	ab 10 MW bis 20 MW	
			4,56	ab 20 MW bis 50 MW	
			3,70	ab 50 MW bis 150 MW	
Deponiegas, Klärgas, Grubengas	unbegrenzt	§ 7 Abs. 1	7,67	bis 500 kW	20
			6,65	ab 500 kW bis 5 MW	
			6,65	Grubengas ab 5 MW	
	unbegrenzt	§ 7 Abs. 2	9,67	bis 500 kW	20
			8,65	ab 500 kW bis 5 MW	
			8,65	Grubengas ab 5 MW	
Biomasse *	bis 20	§ 8 Abs. 1 Satz 1	11,50	bis 150 kW	20
			9,90	ab 150 kW bis 500 kW	
			8,90	ab 500 kW bis 5 MW	

EE-Bereich	Anlagen-leistung MW	Vergü-tungs-regelung	Vergütungs-höhe ct/kWh	Leistungsbereiche	Lauf-zeit Jahre
			8,40	ab 5 MW bis 20 MW	
	bis 20	§ 8 Abs. 1 Satz 2	3,90	Bis 20 MW	20
	bis 20	§ 8 Abs. 2 Satz 1	17,50 15,90 12,90	bis 150 kW ab 150 kW bis 500 kW ab 500 kW bis 5 MW	20
	bis 20	§ 8 Abs. 2 Satz 2	17,50 15,90 11,40	bis 150 kW ab 150 kW bis 500 kW ab 500 kW bis 5 MW	20
	bis 20	§ 8 Abs. 3	13,50 11,90 10,90 10,40	bis 150 kW ab 150 kW bis 500 kW ab 500 kW bis 5 MW ab 5 MW bis 20 MW	20
	bis 20	§ 8 Abs. 4	13,50 11,90 10,90	bis 150 kW ab 150 kW bis 500 kW ab 500 kW bis 5 MW	20
Geothermie	unbegrenzt	§ 9 Abs. 1	15,00 14,00 8,95 7,16	bis 5 MW ab 5 MW bis 10 MW ab 10 MW bis 20 MW ab 20 MW	20
Windenergie Onshore		§ 10 Abs. 1	8,70 (Anfangs-verg.) 5,5 (Endvergü-tung)		20
Windenergie Offshore		§ 10 Abs. 3	9,10 (Anfangs-verg.) 6,19 (Endver-gütung)		20
Solare Strahlungs-energie	auf/an Gebäu-den bzw. Lärmschutz-wänden	§ 11 Abs. 2	57,4 54,6 54,0	bis 30 kW ab 30 kW bis 100 kW ab 100kW	20
	Fassaden-integrierte Anlagen	§ 11 Abs. 2 Satz 2	62,4 59,6 59,0	bis 30 kW ab 30 kW bis 100 kW ab 100kW	20
	sonstige Anlagen	§ 11 Abs. 1	45,7		20

* Bei Biomasse sind weitere Kombinationen nach § 8 Abs. 2 bis 4 möglich, die hier nicht dargestellt sind.

Quelle: eigene Darstellung nach BMU (2004f: 14f)

3.3.4   Etablierungsphase – Fortführung des EEG trotz Regierungswechsel

3.3.4.1   Wirkungen der EEG-Novelle und Kontroversen um volkswirtschaftliche Effekte

Nach der Verabschiedung der EEG-Novelle setzte sich das Wachstum der erneuerbaren Energien im Strombereich in der vom Gesetzgeber beabsichtigten Art und Weise fort (siehe Abbildung 13 und Abbildung 14). Einen besonderen Boom erlebten die Fotovoltaik und die Bioenergie. Der Zubau bei der *Fotovoltaik* lag in 2004 bei etwa 600 MW_p, stieg in 2005 auf fast 900 MW_p und in 2006 voraussichtlich um über 1 GW_p. Dabei ist die durchschnittliche Anlagengröße aufgrund der nun gewährten Vergütung auf für Großanlagen deutlich gestiegen, wenngleich die dominierende Anzahl der Anlagen nach wie vor kleine Einzelanlagen sind (Staiß 2007). Insgesamt wurden in 2006 rund 2 Mrd. kWh Solarstrom produziert, was einem Anteil von 3 % an der gesamten EE-Stromerzeugung und 0,3 % am gesamten Bruttostromverbrauch entspricht (BMU 2007a).

Bei der *Bioenergie* setzte ein deutliches Wachstum aufgrund der etwas längeren Planungs- und Genehmigungs- und Installationszeiten der Anlagen mit etwas Verzögerung ein. War bereits in 2004 ein Rekordwert von über 400 MW installierter Leistung hinzugekommen, so steigerte sich dies in 2005 auf über 600 MW und in 2006 auf schätzungsweise über 1,1 GW. Den größten Anteil an der Stromproduktion haben bislang die Festbrennstoffe (in 2006 mit 7.200 GWh), allerdings holen aufgrund des überdurchschnittlichen Wachstums die Biogasanlagen mit mittlerweile bereits 5.400 GWh deutlich auf. Der Rest verteilte sich in 2006 auf flüssige Brennstoffe (1.600 GWh), Klärgas (888 GWh) und Deponiegas (1.050) (BMU 2007a: 1), deren Anteile über die Jahre aufgrund begrenzter Potenziale (Hoffmann 2002) kaum zugenommen haben.

Die *Windenergie*, deren Vergütungen am stärksten reduziert worden waren, erlebte zwar den prognostizierten und befürchteten Rückgang (Köpke 2004a) von etwa 2.600 MW in 2003 auf ca. 2.000 MW in 2004 und ca. 1.800 MW in 2005. Allerdings lag der Zubau bereits 2003 niedriger als im Rekordjahr 2002 mit über 3.200 MW. In 2006 wurde der Abwärtstrend wieder gebrochen und der Zubau stieg um über 20 % auf einen Wert mehr als 2.200 MW an. Trotz des Rückgangs blieb der deutsche Zuwachs auf international hohem Niveau und Deutschland damit nach wie vor nach absoluten Zahlen stärkster Markt vor Spanien und den USA (BMU/ AGEE-Stat 2007). Die Stromerzeugung aus Windenergie betrug 2006 über 30.000 GWh, was einem Anteil von über 40 % an der gesamten EE-Stromproduktion und 5 % am gesamten Stromverbrauch entspricht (eigene Berechnungen nach Daten BMU 2007a).

Bei der *Wasserkraft* gab es wie erwartet bei den kleinen Anlagen keinen nennenswerten Zubau, der Bau der großen Anlage in Rheinfelden wurde wie angekündigt (s.o.) fortgeführt, so dass die neue 100 MW-Anlage 2010 in Betrieb gehen soll (www.naturenergie.de, 3.7.2007). Der Beitrag der Stromerzeugung schwankte seit 2004 nur gering und lag bei jährlich etwa 21.000 GWh und wies damit einen Anteil von 3,5 % am gesamten Stromverbrauch auf. Im Bereich der *geothermischen Stromerzeugung* hat sich durch die Novelle die Anzahl der Projekte und Planungen deutlich erhöht, und neben der ersten deutschen Anlage in Neustadt-Glewe sollen spätestens im Laufe des Jahres 2008 eine Reihe weiterer Anlagen hinzukommen (siehe auch Abschnitt 3.1.1).

Insbesondere in der Windenergiebranche wurden die teilweise rückläufigen Ausbauzahlen im Inland durch stark steigende Exporte überkompensiert. Laut Angaben des Windenergieverbandes BWE lag die Exportquote bereits in 2004 bei 60 % und soll in 2007 auf fast 80 % anwachsen, d.h. von den erwarteten 6 Mrd. Euro Branchenumsatz werden voraussichtlich fast 5 Mrd. Euro durch Exporte erzielt werden (www.wind-energie.de, 3.7.2007). Auch in der Solarindustrie nahmen die Exportanteile in den letzten Jahren kontinuierlich zu, obwohl der deutsche Fotovoltaikmarkt mit Abstand der weltweit größte ist (siehe Tabelle 3). Für 2006 gibt der Bundesverband Solarwirtschaft (BSW) den Branchenumsatz mit knapp 5 Mrd. Euro an, davon entfielen ca. 25 % (1,2 Mrd.) auf Exporte (www.solarbusiness.de, 3.7.2007). Um ähnliche Exportquoten wie in der Windindustrie zu erreichen, sind allerdings weitere internationale Märkte notwendig, so wie im Windbereich Spanien und USA in den letzten Jahren als tragende Märkte hinzugekommen sind. Insgesamt geht jedoch die industriepolitische Intention der rotgrünen Regierung und des BMU hinsichtlich der Schaffung einer international wettbewerbsfähigen EE-Industrie auf, und darüber hinaus sind noch weitere, nicht erschlossene Exportpotenziale neben dem Produkt- im Dienstleistungsbereich vorhanden (Hirschl et al. 2006).

Trotz dieser Entwicklungen und der damit zunehmenden Bedeutung der EE-Branche als ein bedeutender heimischer Industriezweig, der hohe Exportraten und Beschäftigtenzahlen aufweist, blieb das EEG im Inland weiterhin umstritten, wie weiter unten aufgezeigt wird. Zentrale Streitpunkte waren dabei die Gesamtkosten aus der Umlage sowie die grundsätzliche Frage der volkswirtschaftlichen Gesamtwirkung der Förderung, womit häufig die Infragestellung des EEG insgesamt verbunden war. Die grundsätzliche Infragestellung hing auch mit der Debatte um eine Harmonisierung der Fördersysteme innerhalb der EU sowie im breiteren Kontext innerhalb des Kyoto-Regimes zusammen.

Die Tabelle 6 zeigt beispielhaft für die Streubreite der Argumentationen beim Thema EEG-Mehrkosten einige Berechnungsansätze, deren Ergebnisse stark von den Annahmen abhängen, und die je nach politischem Interesse von den verschiedenen Akteuren unterschiedlich gesetzt werden. Die Ergebnisse sind dabei im Wesentlichen davon abhängig, welchen Wert man dem EEG-Strom beimisst. Seitens der konventionellen Energiewirtschaft wird in der Regel der niedrigstmögliche Strombörsenwert gewählt, was zu vergleichsweise hohen EEG-Mehrkosten führt, wohingegen unter Berücksichtigung von externen Kosten der konventionellen Stromerzeugung die volkswirtschaftlichen Mehrkosten schon heute gegen Null gehen können.

Tabelle 6: EEG-Differenzkosten entsprechend unterschiedlicher Annahmen

Annahme zum anlegbaren Wert des EEG-Stroms (Cent/kWh)	Werte für 2006	
	EEG-Mehrkosten (Mrd. Euro)	Rechnerische EEG-Umlage für Privathaushalte (Cent/kWh)
3,6 VDEW (Basis-Future-Preis)	3,6	0,82
4,4 BMU-Gutachten (Strombezugskosten EVU)	3,2	0,72
5,1 Mittl. EEX-Börsenpreis Spotmarket (Phelix Base)	2,8	0,64
10,3 Berücksichtigung externer Kosten	0	0

Datenbasis: EEG-Strommenge 53.370 GWh, mittlere EEG-Vergütung 10,4 Cent/kWh, Strombezug der nach § 16 EEG privilegierten Unternehmen: 70.100 GWh.

Als externe Kosten wurden gemäß der Studie von Krewitt und Schlomann (2006) 5,9 Cent/kWh angesetzt. Beim hier aufgeführten „BMU-Gutachten" zur Ermittlung der Strombezugskosten der EVU handelt es sich um eine Studie von Bernd Wenzel und Jochen Diekmann (2006).

Quelle: BMU (2006i: 22)

Ähnliche Kontroversen werden über die *Beschäftigungswirkung* des Ausbaus erneuerbarer Energien geführt. Während mit zunehmender Genauigkeit die Anzahl der direkt und indirekt Beschäftigten in der EE-Branche (die so genannte Bruttobeschäftigung) ermittelt werden kann, gehen die Studienergebnisse über den Nettobeschäftigungseffekt, der beispielsweise Auswirkungen von Strompreissteigerungen, Substitutions- und Budgeteffekte berücksichtigt, weit auseinander. Aufgrund der diesbezüglich häufig mit pauschalen Behauptungen geführten Debatte und einzelner Studien, die neutrale oder negative Nettobeschäftigungseffekte zum Ergebnis hatten (z.B. Pfaffenberger et al. 2003)[187], beauftragte das BMU eine breit angelegte Untersuchung, die sowohl eine genauere empirische Datenbasis liefern, als auch den Nettobeschäftigungseffekt modellgestützt untersuchen sollte (BMU 2006c).[188] In

---

[187]   Die Pfaffenberger-Studie erschien Ende 2003 in der beginnenden Phase der Auseinandersetzung um die EEG-Novelle. Die ermittelte negative Nettowirkung war darauf zurückzuführen, dass der Wert des EE-Stroms mit nur 1 Cent/kWh angesetzt und zudem mit konstanten zukünftigen Energiepreisen gerechnet wurde (Pfaffenberger et al. 2003). Die Studie wurde seitens der EE-Branche, aber auch von anderen wissenschaftlichen Einrichtungen aufgrund ihrer einseitigen Annahmen - da z.B. der Preis an der Strombörse damals bei etwa 3 Cent, und die Preise für neue Kraftwerke zwischen 6 und 9 Cent lagen (Neue Energie 2004) - sowie ihrer vereinfachten Modellbildung stark kritisiert (ebda.; ebenso BMU 2006c).

[188]   Die Studie wurde von einer Arbeitsgemeinschaft aus Zentrum für Sonnenenergie- und Wasserstoff-

der Studie wurden auf der Basis von Input-Output-Modellen die Wirkungen der zukünftigen Energiepreisänderungen auf die volkswirtschaftlichen Leistungen untersucht.[189] Im Ergebnis wurden auf Basis der empirischen Daten Bruttobeschäftigungszahlen in Höhe von 157.000 für 2004 und 170.000 für 2005 ermittelt (BMU 2006c). Die EE-Branche geht darüber hinaus für 2006 von 214.000 und für 2007 von ca. 230.000 Brutto-Beschäftigten aus (ee07 2007). Hochrechnungen aus der BMU-Studie ergaben für 2030 etwa 300.000 direkt und indirekte Beschäftigte (BMU 2006c). Im Rahmen von Szenarien wurden in der Studie positive Nettobeschäftigungseffekte ermittelte. Es ergäbe sich laut dem der Studie zugrunde liegenden Modell nur dann ein negativer Nettoeffekt, wenn „die Exporte von Technologien zur Nutzung erneuerbarer Energien praktisch zum Erliegen kommen und die Energiepreise wieder auf das Niveau der Jahre 2000 bis 2002 zurückgehen" (ebda.: 8).

Die Tabelle 7 stellt einige *Kenngrößen* der gesamten *EE-Branche* in einem Vergleich zu den zentralen Unternehmensdaten der vier großen deutschen *Energiekonzerne* RWE, E.ON, Vattenfall und EnBW dar.[190] Aus dem Vergleich wird deutlich, dass die EE-Branche bereits Umsätze und Strommengen in nennenswertem Ausmaß im deutschen Energiemarkt erzielt, und dass insbesondere die Beschäftigtenzahlen vergleichsweise hoch ausfallen, wenn man die Größenordnungen gegenüberstellt. Auf der anderen Seite zeigen die Daten, welche Dominanz und ökonomische Stärke die vier großen Energiekonzerne auf dem Energiemarkt beim Stromhandel und im Kraftwerksbetrieb aufweisen.

In welchen Investitionsgrößenordnungen die Energiekonzerne agieren, zeigt darüber hinaus beispielhaft die Übernahmeofferte von E.ON für den spanischen Energieversorger Endesa, die am Ende bei 42 Mrd. Euro lag (inkl. Schuldenübernahme bei 67 Mrd. Euro) (Spiegel online 2007b). Dieser Milliardenbetrag liegt (inkl. Schuldenübernahme) mehr als 3-fach über dem Gesamtumsatz der EE-Branche. Ein kleineres Pendant zu dieser hochdotierten Übernahmeofferte gab es Anfang des Jahres 2007 auch im Windenergiemarkt, als sich der Atomkonzern Areva und der indische Windenergiehersteller Suzlon um die Übernahme des deutschen Herstellers

---

Forschung Baden-Württemberg (ZSW), Deutsches Zentrum für Luft- und Raumfahrt (DLR), Deutsches Institut für Wirtschaftsforschung (DIW) und Gesellschaft für wirtschaftliche Strukturforschung (GWS) durchgeführt.

[189] Dabei wurden bei der Ermittlung des Nettoeffektes die Substitutionswirkung der verschiedenen Energietechnologien bzw. des Primärenergieeinsatzes sowie die Budgetwirkung der Mehr- oder Minderkosten aus der EE-Nutzung berücksichtigt, ebenso wie die Außenhandelswirkungen (BMU 2006c).

[190] Die Daten der Konzerne beinhalten zum Teil auch Werte aus Unternehmensbereichen, die nicht dem Energiebereich zuzuordnen sind. Allerdings umfassen diese nur einen geringen Anteil, nachdem sich die Konzerne in den letzten Jahren wieder auf ihr Kerngeschäft Energie zurückbesonnen haben (siehe Geschäftsberichte). Die Energiekonzerne verfügen auch über EE-Anlagen, allerdings nur in relativ geringem Ausmaß; so enthält z.B. die Kraftwerksleistung von E.ON ca. 5 % Wasserkraftleistung (E.ON 2006a).

Repower bemühten. Suzlon, die Nr. 5 auf dem Weltmarkt im Jahr 2006 hatte schließlich das höhere Angebot und übernahm Repower (Nr. 8) für 1,3 Mrd. Euro (BWE 2007). Repower ist eines von mittlerweile mehreren Dutzend börsennotierten Unternehmen aus der EE-Branche (Bettzieche 2007) Die meisten EE-Unternehmen an der Börse stammen dabei aus der Solarbranche, gefolgt von Bioenergieunternehmen und gegenwärtig (nach der Repower-Übernahme) nur noch zwei Windenergieunternehmen (ebda.).

Insgesamt zeigt die Entwicklung der Kapitalstruktur der EE-Unternehmen den Übergang zu einer „ganz normalen Industriebranche" (Iken 2007: 40), was sich auch an der Zunahme der Unternehmenstransaktionen ablesen lässt (Seiter et al. 2006). Allerdings bleibt die EE-Branche trotz der Zunahme der börsenbasierten Kapitalbeschaffung weiterhin KMU-basiert[191], wenngleich insbesondere die mittelständischen Produzenten zum Teil deutlich gewachsen sind. Zudem haben sich einige Unternehmen wie die SolarWolrd AG und Conergy AG zu international agierenden großen Konzernen entwickelt.

Tabelle 7: Kennzahlen der großen EVU und der EE-Branche aus dem Jahr 2005 im Vergleich

	RWE	E.ON	Vattenfall	EnBW	*EE-Branche*
Umsatz in Mrd. Euro	41,8	56,1	10,5	8,1	*18,1*
Mitarbeiter	85.900	79.600	20.400	17.900	*170.000*
Stromabsatz in TWh	299	258	173	107	*64*
Kraftwerksleistung in MW	43.270	27.757	16.300	14.000	*9.500 **

* Bestimmung der EE-Kraftwerksleistung aus Umrechnungsfaktoren gemäß durchschnittlicher Vollaststunden; bei Wasserkraft 4.500 h, bei Windkraft 1.700, bei Fotovoltaik 900, Biomasse- und Geothermie-Anlagen jeweils wie konventionelle Kraftwerke in Höhe von 7.500 h (Richtwerte aus Hirschl et al. 2002).

Quelle: Eigene Zusammenstellung nach Daten der Geschäftsberichte 2006 von RWE, E.ON, Vattenfall und EnBW, sowie BMU (2007c)

3.3.4.2   Regierungswechsel zur großen Koalition und aktuelle Entwicklungen

Mit der von SPD und Bündnis 90/Die Grünen verlorenen Landtagswahl in Nordrhein-Westfalen im Frühjahr 2005 war nicht nur das bevölkerungsreichste Bundesland, sondern auch ein ehemaliges SPD-Stammland aus Sicht der Regierungskoalition verloren gegangen. Zudem hatten sich die Mehrheitsverhältnisse im Bundesrat damit zu einer deutlichen Dominanz der unionsregierten Länder verschoben, so dass Bundeskanzler Schröder „die politische Grundlage für die Reformpolitik … in

---

[191]   Vgl. hierzu beispielsweise die Marktdaten bzw. die Angaben zur Unternehmensstruktur der Verbände BWE (www.wind-energie.de, 3.7.2007) und BSW (www.solarbusiness.de, 3.7.2007).

Frage gestellt" sah und für den Herbst 2005 Neuwahlen auf Bundesebene verkündete (wdr.de 2005).

Damit begann unverhoffter Weise ein *vorgezogener Wahlkampf*, in dem die Befürworter und Gegner des EEG erneut und verstärkt in die politische Arena zurückkehrten. Dabei wurden viele der oben dargestellten, unterschiedlichsten Argumentationen zu den (vermuteten) volkswirtschaftlichen Wirkungen des EEG angeführt. Aber auch das Thema Versorgungssicherheit, dass unter dem Vorzeichen der Sicherung von Primärenergieressourcen angesichts der zunehmenden politischen Konflikte und internationalen Krisen eine zunehmende politische Bedeutung erhalten hatte (siehe auch Abschnitt 6.2), wurde im Kontext der Nutzung erneuerbarer Energien diskutiert. Dabei betonten die EE-Befürworter die Erhöhung der Versorgungssicherheit durch erneuerbare Energien, während die Gegner aus der konventionellen Energiewirtschaft und Industrie von einer Vernachlässigung der Versorgungssicherheit durch falsche Schwerpunkte in der Energiepolitik der rot-grünen Koalition sprachen (Mangels-Voegt 2004). Auch die Härtefallregelung sorgte bereits seit Ende 2004 wieder für neue Forderungen der energieintensiven Industrie nach einer weiteren Ausweitung, da der 10 %-Deckel erreicht worden war und somit die spezifische Belastung der begünstigten Unternehmen wieder anstieg (VIK 2005b; Solarthemen 2005).

Insgesamt hatte sich mittlerweile insbesondere die Gegnerschaft des EEG ausdifferenziert bzw. hinzugelernt. Während nur noch wenige Akteure offen eine Abschaffung des EEG forderten, verlagerten sich die Argumentationen zunehmend in Richtung mehr oder weniger weit reichender Veränderungsvorschläge. Ein grundlegender und viel diskutierter Vorschlag war das im Juni 2005 vom VDEW vorgestellte so genannte „*Integrationsmodell*" (VDEW 2005c, 2005b). Damit wollte der VDEW angesichts des bevorstehenden Berichts der EU-Kommission über die Fördersysteme in der EU seine Position darlegen: „Der VDEW hält es für geboten, die zahlreichen unterschiedlichen Ansätze in den Mitgliedsstaaten der EU zu harmonisieren, um die besten Erzeugungsstandorte in der EU zu nutzen, eine effiziente Verwendung der Fördermittel zu erreichen und eine Beeinträchtigung des Binnenmarkts zu vermeiden" (VDEW 2005c: 1). Somit zielte der Begriff Integration vorrangig auf die Einführung eines EU-weit harmonisierten Handels von Grünstrom-Zertifikaten (ebda.). In einer Übergangszeit sollte ein freiwilliger Einstieg vom EEG in das neue System möglich sein (Opt-in), und zusätzlich aus dem Erlös für die Stromvermarktung sollte der EE-Stromanbieter einen Zuschlag (Bonus) erhalten; ähnlich wie beim KWK-Gesetz (ebda.: 5f).

Mit der Einführung eines Zertifikatehandels und eines vorgeschalteten Bonus- und Quotenmodells forderte der Verband vergleichbare Instrumente zum Emissionshandel und zum KWK-Gesetz. Diese beiden Instrumente hatten die Energiekonzerne und ihr Lobbyverband jedoch in den jeweiligen Politikformulierungsprozessen intensiv bekämpft und ihre Interessen massiv und erfolgreich eingebracht, denn nach Einführung der Instrumente konnten sie die verhandelten Spielräume derart nutzen, dass die vom Gesetzgeber gewünschten Ziele bislang de facto nicht erreicht wurden (Reimer 2005; FR 2005).[192] Kritisch anzumerken ist zudem, dass die bisherigen Erfahrungen mit quotenbasierten Instrumenten in Europa zeigten, dass diese keineswegs kosteneffizienter waren, sondern im Gegenteil z.B. in Großbritannien oder Italien zu deutlich höheren spezifischen Kosten führten als das EEG (Lauber/ Toke 2005; Janzing 2005). Nachdem der Vorstoß seitens des VDEW zunächst mit Blick auf die anstehende Harmonisierungsdebatte auf EU-Ebene formuliert und dort bereits Ende 2004 vom europäischen Dachverband Eurelectric eingebracht worden war (Eurelectric/ RECS 2004, siehe auch Abschnitt 5.2), wurde der Vorschlag nun in den nationalen Wahlkampf integriert.

Die konventionelle Stromindustrie zielte mit ihrem Vorschlag auf das konservativ-liberale Lager, das lange Zeit wie die sichere neue Regierungskoalition aussah (siehe z.B. in Forsa 2005). Dem BEE gelang es jedoch, zusammen mit den unionsgeführten Nord-Ländern Schleswig-Holstein und Niedersachsen eine Gegenposition aufzubauen (Koch 2005), und auch die Bundes-CDU schwenkte im Laufe der Wahlkampfmonate auf einen moderateren Kurs in Richtung Beibehaltung, aber Effizienzerhöhung des EEG (Krägenow 2005; Vorholz 2005).[193] Nur die FDP unterstützte die Abschaffung des EEG kontinuierlich und somit auch den Vorschlag des VDEW (ebda.), demgegenüber unterstützte die PDS das EEG vorbehaltlos als „das beste, was Rot-Grün gemacht hat" (Franken/ Methling 2005). Auf einer VDEW-Tagung im Juni 2006, auf der das Modell offiziell präsentiert und diskutiert werden sollte, gab es jedoch überwiegend ablehnende Stimmen. Insbesondere der ursprüngliche Adressat, *EU-Energiekommissar Andris Piebalgs*, dessen Bericht über die Wirkung der Instrumente in den Nationalstaaten kurz bevor stand (Europäische Kommission 2005d), stützte das EEG und wandte sich *gegen eine Harmonisierung* auf der Basis von Quotenmodellen zu diesem Zeitpunkt (May 2005).

Als das *Wahlergebnis im September 2005* und die nachfolgenden Sondierungsgespräche der Parteien schließlich auf eine *große Koalition aus CDU/CSU und SPD* unter Führung von Angela Merkel hinausliefen, intensivierte die konventionelle Energiewirtschaft bis zur Verabschiedung des Koalitionsvertrages ihre Aktivitäten nochmals und warb erneut für das Integrationsmodell (Waldermann 2005). Da jedoch zunehmend auch eine Reihe von VDEW-Mitgliedern (vorwiegend Stadtwerke) und schließlich sogar der Energiekonzern EnBW von dem Modell abrückten und sich zum EEG bekannten, spielte der Vorschlag fortan zunächst keine Rolle mehr (Waldermann 2005; EnBW 2005a). Auch die Forderung der Strom- und Industrie-

---

[192]   Zum Emissionshandel siehe auch Abschnitt 6.3, zur KWK-Regelung Abschnitt 4.2.2.
[193]   Ein wesentliches anderes Element des energiepolitischen Wahlkampfes der Union war die Forderung nach einer Laufzeitverlängerung der Atomkraftwerke (Vorholz 2005).

lobby nach Rückverlagerung der Kompetenzen für erneuerbare Energien in das Wirtschaftsministerium konnte sich nicht durchsetzen (Di Nucci et al. 2007: 6).[194]

In der *Koalitionsvereinbarung* von CDU/CSU und SPD wurde das 20 %-Ausbauziel des EEG bis 2020, das zuvor von der Union lange bekämpft wurde (s.o.), bekräftigt (CDU/CSU/ SPD 2005: 51). Das EEG solle „in seiner Grundstruktur" fortgeführt werden, „zugleich aber die wirtschaftliche Effizienz der einzelnen Vergütungen bis 2007" überprüft werden (ebda.). Bei der Windenergie solle eine Konzentration auf „die Erneuerung alter Windanlagen (Repowering) und die Offshore-Windstromerzeugung" erfolgen, dafür aber „die Rahmenbedingungen (zum Beispiel Ausbau der Stromnetze)" verbessert werden (ebda.). Zugleich kündigen die Koalitionspartner bereits erste kurzfristige Änderungen als Zugeständnis an die stromintensive Industrie an: bei der EEG-Härtefallregelung sollte „unverzüglich" der 10 %-Deckel entfallen und ihre wirtschaftliche Belastung auf 0,05 Cent pro kWh begrenzt werden (ebda.).

Dafür sollte im Gegenzug „die Berechnungsmethode zur EEG-Umlage transparent und verbindlich" gestaltet werden, so dass „die Energieverbraucher nur mit den tatsächlichen Kosten der EEG-Stromeinspeisung belastet werden" und somit die Berücksichtigung von vermiedenen Kosten nicht allein auf der Willkür der Netzbetreiber sondern auf einer Berechnungsgrundlage und der Kontrolle der Netz-Regulierungsbehörde basieren würde (ebda.). Zum dritten Mal in Folge enthielt die Koalitionsvereinbarung einer Bundesregierung außerdem das Vorhaben einer Initiierung der Gründung einer „Internationalen Agentur für erneuerbare Energien (IRENA)" (ebda.: 52). Insgesamt war damit zwar eine baldige Prüfung des EEG angekündigt, ebenso jedoch der Wille zur Fortführung geäußert. Daher begrüßten die EE-Verbände den Koalitionsvertrag auch weitgehend.[195]

Die angekündigte *kleine EEG-Novelle* zur erneuten Aufweitung der Härtefallregelung passierte schließlich nach längeren Kontroversen der beiden zuständigen Ministerien BMU und BMWi (Dow Jones Energy Weekly 2006) im September den Bundestag und im Oktober den Bundesrat, wurde am 15.11.2006 verkündet und trat am 1.12.2006 in Kraft (EEG 2006).[196] Die Einigung enthielt die angekündigten Regelungen, nach der zum einen die energieintensiven Industrien weiter zu Lasten

---

[194]   In einem Gutachten im Auftrag des BDI formulieren die Autoren: „Die Kompetenz für energiebedingte Treibhausgase sowie für regenerative Energieträger und Kraft-Wärme-Kopplung gehört in das BMWA. Nur an einer Stelle kann der notwendige Gesamtblick auf das Energiesystem als Ganzes gewährleistet und konsistente Politik formuliert werden." (Bohnenschäfer et al. 2005: 128)

[195]   Beispielhaft hierfür kann der Wirtschaftsverband Windkraftwerke (WVW) angeführt werden, dessen Vorsitzender, das CDU-Mitglied Wolfgang von Geldern, Mitglied des Bundestages von 1976 bis 1994, dem Koalitionsvertrag aus der Sicht der Windindustrie beschied, dass er die „politische Kontinuität" sichere (WVW 2005).

[196]   Seit Beginn der schwarz-roten Koalition ist Sigmar Gabriel (SPD Niedersachsen) neuer Bundesumweltminister und der CSU-Politiker Michael Glos Bundeswirtschaftsminister.

der nicht-privilegierten Verbraucher entlastet wurden.[197] Zum anderen sollte eine Regelung zur Kontrolle der Rückwälzungsprozesse durch die Bundesnetzagentur zur Entlastung aller Endverbraucher beitragen, da zuvor Marktakteure wie der Bundesverband neuer Energieanbieter (BNE) kritisiert hatten, dass die Netzbetreiber zu geringe vermiedene Netzentgelte nach nicht nachvollziehbaren und uneinheitlichen Methoden ansetzen würden (Dow Jones Energy Weekly 2006).

In dieser Zeit liefen bereits die ersten Vorarbeiten für die laut Koalitionsvereinbarung angekündigte Überprüfung des EEG bis 2007, die zu einer *Anpassung des Gesetzes* im Jahr 2008 führen könnte.[198] Ein dringlich zu lösendes und daher vorzuziehendes Problem war in dieser Zeit die mangelnde Investitionsbereitschaft bei der Offshore-Windenergie, bei der insbesondere die Netzkostenübernahme durch die Betreiber zu einem großen Hemmnis aller bisherigen Planungen geworden war, so dass sich eine Vielzahl von Interessenten bereits zurückgezogen hatten (Iken 2006; BWE 2006b; Lönker 2007). Dieses Problem wurde im Rahmen des so genannten Infrastrukturbeschleunigungsgesetzes gelöst, das allgemein die schnellere Abwicklung von Großvorhaben regelt und im Dezember 2006 in Kraft trat. In Bezug auf die geplanten Offshore-Windparks regelt das Gesetz, dass das Verlegen der Stromleitungen zu den Anlagen nun von den Netzbetreibern übernommen werden muss, die diese Kosten wiederum auf die Stromkunden umlegen können (Infrastrukturbeschleunigungsgesetz 2006).[199]

---

[197] Der 10 %-Deckel entfiel ersatzlos und die Belastung der Unternehmen wurde auf 0,05 Cent/kWh begrenzt, zudem trat die Regelung rückwirkend ab 1.1.2006 in Kraft (EEG 2006). Die zu privilegierende Strommenge erhöhte sich dadurch von etwa 60 TWh in 2005, 69 TWh in 2006 auf 72 TWh in 2007 (BMU 2007e: 3) Bezogen auf einen gesamten Bruttostromverbrauch von 615 TWh (Wert für 2006 aus BMU 2007a) ergibt sich daraus ein Anteil von etwa 12 % an privilegiertem Strom. Dieser entfällt in 2007 auf insgesamt 372 Unternehmen, davon 52 Chemieindustrie, 16 Nichteisen Metall-Industrie, 65 Papierindustrie, 29 Eisenindustrie, 42 Schienenbahnen, 25 Zementindustrie, 18 Holzgewerbe, 27 Metallindustrie, 16 Energieversorgung, 33 Ernährungsgewerbe, 49 Sonstige (Reihenfolge gemäß privilegierter Strommenge, Daten für 2007 in BMU 2007e: 4).

[198] Dabei hat nicht nur das zuständige BMU die Studie für das Gutachten zum Erfahrungsbericht in Auftrag gegeben, sondern auch Bundeswirtschaftsminister Glos ließ ein eigenes EEG-Gutachten durchführen, und zog damit die Kritik des BMU auf sich (Witt 2007b). Das im November 2006 fertig gestellte Gutachten von der Prognos AG und dem IE Leipzig enthielt allerdings – im Unterschied zu früheren Gutachten des BMWi zum EEG (s.o.) - überwiegend moderate Modifikationsvorschläge, die sich in der Regel aus der bisherigen Marktentwicklung ableiten lassen (Reichmuth et al. 2006). So wurde eine Erhöhung für kleine Biogas- und Wasserkraftanlagen, eine Verlängerung der Gewährung höherer Vergütungen für die sich verzögernden Offshore-Windkraftanlagen sowie eine Minderung der Degression bei Onshore-Windenergie empfohlen (Reichmuth et al. 2006). „Zündstoff" steckte hingegen „in den Aussagen zur Fotovoltaik" (Witt 2007b), bei der eine Absenkung der Grundvergütung in Höhe von 4 Ct/kWh sowie eine Vereinheitlichung der Degression auf 6,5 % empfohlen wurde (Reichmuth et al. 2006).

[199] Weitere Entlastungen in genehmigungsrechtlicher Hinsicht, die allen genehmigungspflichtigen EE-Anlagen nützen soll, erhofft sich die Regierung von der geplanten Vereinheitlichung des Umweltgesetzbuchs, wodurch die bisherige Vielfalt für die Zulassung einer Anlage durch eine übergreifende, integrierte Vorhabengenehmigung ersetzt werden soll (BMU 2006h).

Es ist zu erwarten, dass die Debatten um das EEG auch bei der anstehenden Novellierung ebenso intensiv geführt werden wie bei der vorherigen Novelle. In besonderer Kritik ist gegenwärtig insbesondere die Fotovoltaik, die aufgrund ihres starken Marktwachstums und der mit Abstand höchsten Vergütung auch die höchsten EEG-Umlagekosten verursacht.[200] Hierbei gehen jedoch die Ansichten über die Höhe der Mehrkosten und den volkswirtschaftlichen Nutzen entsprechend des angenommenen Werts der vermiedenen Kosten (s.o.) weit auseinander (zur diesbezüglichen Debatte siehe Schlumberger 2006). Da Fotovoltaikstrom auf der Niederspannungsebene eingespeist und zu Spitzenlastzeiten erzeugt wird, könnte ihm ein deutlich höherer Wert zugesprochen werden, als dies in den meisten Studien der Fall ist (ebda.), außerdem ist der volkswirtschaftliche Gegenwert der Branchenleistungen zu berücksichten.

Bereits festzustehen scheint außerdem eine Erhöhung der Vergütung für die Offshore-Windenergie, um die bisher aufgrund zu hoher Investitionsrisiken stockende Marktentstehung in Gang zu setzen und den Anschluss an internationale Entwicklungen zu halten (BMU 2007b). Das BMU schlägt zudem vor, die Vergütungen bei der stagnierenden kleinen Wasserkraft und der sich nur langsam entwickelnden geothermischen Stromerzeugung anzuheben (ebda.). Eine zentrale Empfehlung ist darüber hinaus die Erhöhung der Ausbauzielsetzungen im Gesetz, da das für 2010 verankerte Ziel eines 12,5 prozentigen EE-Stromanteils bereits 2007 überschritten wird: Das BMU schlägt gemäß seiner Leitstudie (Nitsch 2007) als neue Ziele für den Anteil der Erneuerbaren Energien am Stromverbrauch vor, mindestens 27 % für 2020 und mindestens 45 % für 2030 gesetzlich zu verankern (BMU 2007b: 5). Das BMU gibt an, dass sich die EEG-Differenzkosten auf Basis seiner Empfehlungen für die Novelle im Jahr 2020 um 200 bis 500 Mio. Euro erhöhen würden, allerdings ohne Berücksichtigung der positiven gesamtwirtschaftlichen Effekte (BMU 2007b: 7). Die bis 2020 weiterhin prognostizierten Differenzkosten zeigen damit auch gleichzeitig auf, dass die Kosten für erneuerbare Energien auch dann noch über den erwarteten Preisen für konventionellen Strom liegen werden, allerdings sinken sie von dem in 2015 erwarteten Maximun (5-5,6 Mrd. Euro) ab auf 3,7-4,3 Mrd. Euro in 2020 (ebda.).

So lässt sich zur Beurteilung der gegenwärtigen Situation hinsichtlich des EEG feststellen, dass *durch die große Koalition kein Frontalangriff*, sondern eher *Anpassungen im Detail* wie bei der ersten Novelle zu erwarten sind. Da erneuerbare Ener-

---

[200]   Für die Ressortberatungen zum ersten Erfahrungsbericht des EEG 2004, der Ende 2007 vorzulegen ist, schlug das BMU auf Basis seines Entwurfs eine Erhöhung der Degression für Dachanlagen von gegenwärtig 5 % pro Jahr auf 7 % ab 2009 und 8 % ab 2011, für ebenerdige Anlagen ist eine stufenweise Anhebung von gegenwärtig 6,5 % auf 9,5 % vorgesehen (BMU 2007b: 33f). Diese große Steigerung stieß erwartungsgemäß auf großen Protest der Solarlobby, die keine derartig hohen „Technologiesprünge für Kostensenkungen" in Höhe der geplanten Degression erwartet und auch die gute Stellung der deutschen Solarindustrie auf dem Weltmarkt durch eine Kürzung des deutschen Marktvolumens in Gefahr sieht (BSW 2007b).

gien in hohem Maße zur Erfüllung der Klimaschutzziele beitragen (siehe Abschnitte 3.2.4 und 6.3), wird ihre Position im energiewirtschaftlichen Mix auch nach den in 2007 von Bundeskanzlerin Merkel selbst in den internationalen Verhandlungen der EU und G8 ausgehandelten Zielsetzungen gestärkt (siehe Abschnitte 5.3 und 6.2). Vor dem Hintergrund der verstärkten Debatten um Klimawandel und Energieversorgungssicherheit in den vorausgegangenen Monaten war es auf europäischer Ebene gelungen, den Vorschlag der Kommission für ein verbindliches Ausbauziel eines Anteils erneuerbarer Energien am gesamten Energieverbrauch der EU auf 20 % im Jahr 2020 (Europäische Kommission 2007a), auf dem Europäischen Rat unter Vorsitz von Bundeskanzlerin Merkel am 9. März 2007 zu beschließen (BMU 2007b: 4). Dieses Ziel muss angesichts eines bis zum Jahr 2005 erst erreichten 6,6 %-Anteils (ebda.) als ambitioniert betrachtet werden.

Auf *nationalen Energiegipfeln,* die sie als Gesprächskreise mit der Energiewirtschaft und weiteren Stakeholdern bis dato dreimal einberufen hat, waren erstmalig – und im Unterschied zu den Energiegipfeln der rot-grünen Regierung – Vertreter aus der EE-Branche anwesend (May 2006a).[201] Die Gipfel brachten zwar keine eigenständigen politischen Entscheidungen zu Tage, sie sollten jedoch Impulse für die Erarbeitung eines nationalen Energiekonzepts liefern, das die Regierung noch im Jahr 2007 vorlegen will. Ein strittiges Nebenthema war auf allen Gipfeln die von den Energiekonzernen und weiten Teilen der CDU/CSU geforderten Laufzeitverlängerungen der Atomkraftwerke, die Angela Merkel jedoch stets mit Blick auf das geltende Gesetz und die Koalitionsvereinbarung mit der SPD ablehnte (May 2006a; tagesschau.de 2007). Die erneuerbaren Energien konnten sich medial gut positionieren, und ihr zukünftiger Ausbau wurde durch die Gipfel im Grundsatz bestätigt (ebda.).

Nach dem dritten Energiegipfel am 3. Juli 2007, der im Anschluss an die Klimabeschlüsse der EU und G8 stattfand, kündigte Kanzlerin Merkel ein *„integriertes Energieprogramm"* an, „das die Weichen in der Energie- und Klimapolitik bis zum Jahre 2020 stellt" (Bundesregierung 2007f). Mit dem Programm will die Bundesre-

---

[201]   Der erste Gipfel am 3. April 2006 wurde mit viel Medienecho und großen Erwartungen begleitet. Die federführend verantwortlichen Ministerien BMU und BMWi hatten einen Statusbericht zur „Energieversorgung in Deutschland" vorgelegt, der in Bezug den EE-Strombereich u.a. Fragen nach dem „wirtschaftlich effizienten" Ausbau und der „optimalen Integration in die Stromversorgung" stellte (BMU/ BMWi 2006). Als ein zentrales Ergebnis des ersten Gipfels wurden von der Regierung die angekündigten Investitionen der Energiewirtschaft hervorgehoben (Bundesregierung 2006d), die allerdings im Wesentlichen nur den ohnehin geplanten Summen entsprachen (May 2006a). Bemerkenswert war dabei, dass die EE-Branche Investitionen im Strombereich in Höhe von 40 Mrd. Euro, die Energiekonzerne demgegenüber 30 Mrd. Euro in Kraftwerksneubauten und Netzinfrastruktur ankündigten (May 2006a; BMU 2006f). Auf dem zweiten Gipfel am 9. Oktober 2006 wurden internationale Aspekte und Energieeffizienz diskutiert. Der Vorschlag für ein „Aktionsprogramm Energieeffizienz", den eine nach dem ersten Gipfel eingerichtete Arbeitsgruppe erarbeitet hatte, soll in der weiteren Regierungsarbeit Berücksichtigung finden (Bundesregierung 2006b).

gierung „die ambitionierten Klima-Beschlüsse, welche die EU im März unter deutschem Ratsvorsitz gefasst hatte, auf nationaler Ebene umsetzen" (ebda.). Bei dem Konzept sollen „grundlastfähige Energiequellen" einen „festen Platz" erhalten, was insbesondere auf Kohle- und Atomenergie abzielt. Zudem sollen mehr Energieeffizienz und KWK, ein weiterer Ausbau erneuerbarer Energien und „moderne Energietechnologien" wie effiziente Kohlekraftwerke und CCS berücksichtigt werden (ebda.). Damit wird jedoch nicht mehr als der gegenwärtig Status quo beschrieben. Konkret vereinbart wurde die verstärkte Förderung der CCS-Technologie mit staatlichen Mitteln sowie die Schaffung eines diesbezüglichen rechtlichen Rahmens zur Nutzung dieser Technologie (ebda.).

Die *Lobbyverbände der konventionellen Energiewirtschaft und der Industrie* kritisierten vor wie auch nach dem Gipfel die zu ambitionierten Beschlüsse zum Klimaschutz, die aus ihrer Sicht nicht erfüllbaren Effizienzanforderungen von jährlich 3 %, und forderten weiterhin einen effizienteren Ausbau erneuerbarer Energien und die Laufzeitverlängerung der Atomkraftwerke (VDEW 2007b; BDI 2007). Auch der einzige Vertreter der Gewerkschaften auf dem Gipfel, der IG-BCE-Vorsitzende Hubertus Schmoldt, betonte anschließend in seiner Interpretation der Ergebnisse seine Präferenz für die heimische Kohle und eine Förderung erneuerbarer Energien, die „sich bei den Kosten an den anderen Energieträgern messen lassen" müsse (IG BCE 2007).[202] Noch konkreter äußerte sich ein Vertreter der energieintensiven Industrie, nach dessen Ansicht „ein verstärkter Ausbau der erneuerbaren Energien die Existenz der Grundstoffindustrie in Deutschland nicht sichern" könne (Trimet Aluminium 2007). Dies wird im Wesentlichen auf die Kosten für Regelenergie und Netzausbau zurückgeführt und gefolgert, dass „eine Energie-Zukunft ohne Braunkohle, Kernkraft und Steinkohle ... das Ende der Industrieproduktion in Deutschland und damit auch das Ende des von der industriellen Wirtschaftskraft abhängenden Wohlstandes in Deutschland" bedeuten würde (ebda.).

Das BMU hat in seinem Erfahrungsbericht als Reaktion auf derartige, immer wiederkehrende pauschale Kostenvorwürfe eine (neue) *Kalkulation des ökonomischen Nutzens* entworfen, die nach den Berechnungen der Gutachter und des BMU die Kosten deutlich übersteigt (BMU 2007b: 5 und 17ff): Auf der Kostenseite wurden

---

202 In seiner Presseerklärung zum dritten Energiegipfel verkündete Schmoldt seinen Eindruck, dass nach den Gesprächen „das Thema Auswirkungen von politischen Maßnahmen auf die Wettbewerbsfähigkeit unserer Industrie wieder an Bedeutung gewonnen hat und die Kanzlerin eine Schieflage in dem von ihr beschriebenen Zieldreieck [Versorgungssicherheit, Umweltverträglichkeit und Wettbewerbsfähigkeit, eigene Einfügung] vermeiden will". Es sei richtig, sich nicht auf feste Größen bis 2020 festzulegen, denn „das birgt die Gefahr, sich auf die falschen Größen festzulegen". Er begrüßte die bis 2010 vorgesehenen jährlichen Treffen zum Thema Versorgungssicherheit. Außerdem forderte die „Entwicklung kohlendioxidfreier Kraftwerke" und die zügige Schaffung der rechtlichen Rahmenbedingungen dafür. Klimaschutz könne nur global bewältigt werden, und „wenn wir unsere Spitzentechnologie weltweit einsetzen, bringt das größere Erfolge, als wenn wir bei uns das letzte Milligramm einsparen". (IG BCE 2007)

im Jahr 2006 EEG-Differenzkosten in Höhe von 3,2 Mrd. Euro sowie lediglich 0,1 Mrd. Euro für Regelenergie ermittelt, denen als „geldwerter Nutzen" erstens eine Senkung der Großhandels-Strompreise in Höhe von rund 5 Mrd. Euro durch den eingespeisten EEG-Strom (so geannnter Merit-Order-Effekt, d.h. Preissenkungen durch Verdrängung von teurerem Strom), zweitens vermiedene Brennstoffimporte in Höhe von 0,9 Mrd. Euro und drittens vermiedene Folgeschäden durch Klimawandel und Luftschadstoffe in einer Größenordnung von 3,4 Mrd. Euro entgegenstanden. Hieraus ergibt sich als Differenz ein volkswirtschaftlicher Nutzen des EEG von rund 9,3 Mrd. Euro.[203]

Insbesondere die Kritik am Atomausstieg und an den Kosten der EE-Förderung war im Juni 2007 in einem speziellen *Länderbericht* auch von der *IEA* erhoben worden (OECD/ IEA 2007a). In Bezug auf das EEG stützte die IEA ihre Bewertung maßgeblich auf die anfallenden Vergütungskosten und rät der Bundesregierung eine Umstellung auf „flexiblere Maßnahmen, die eine Vernetzung der erneuerbaren Energieressourcen mit dem gesamten Elektrizitätsmarkt gewährleisten", da dies leichter in den europäischen Binnenmarkt integrierbar sei und auf diese Weise „die richtige Art von Anlagen an den richtigen Standorten" gebaut würden (OECD/ IEA 2007a: 6f). Damit ist explizit die Forderung nach einem EU-weiten Zertifikatemarkt angesprochen, wie er auch von der konventionellen Energiewirtschaft gefordert wird (s.o.).

Diese Forderung ist mittlerweile auch wieder aus der *EU-Kommission* zu hören, diesmal seitens des deutschen EU-Industriekommissar und SPD-Mitglied Günter Verheugen (Verheugen 2006), der sich energiepolitisch offiziell von einem Gremium aus der konventionellen Energiewirtschaft und Industrie beraten lässt (Witt 2006a; siehe auch Abschnitt 5.3). Damit bleibt der Druck der konventionellen Energiewirtschaft auch über die internationale Ebene auf das EEG erhalten. Auf der anderen Seite stützt die insbesondere seit 2001 zunehmende internationale Verbreitung das deutsche Instrument (Bechberger/ Reiche 2006a; Reiche 2005c), das in mittlerweile etwa 40 Ländern und Bundesstaaten, darunter 17 EU-Mitgliedsstaaten in ähnlicher Form eingesetzt wird (BMU 2007).

---

[203]   Das BMU betont dabei, dass „jede dieser Zahlen ... mit Ungenauigkeiten behaftet" sei, und eine direkte Saldierung von Kosten und Nutzen nicht möglich sei (BMU 2007b: 5). Dennoch zeige die Gegenüberstellung, „dass das EEG bereits heute mehr Nutzen stiftet als Kosten verursacht" (ebda.).

3.4 Gesellschaftliche Basis und die Rolle subnationaler Akteure

An dieser Stelle soll die Rolle der Gesellschaft bzw. der gesellschaftlichen Akzeptanz sowie die Rolle subnationaler Akteure näher beleuchtet werden. Die gesellschaftliche Akzeptanz ist eine wichtige Voraussetzung für die Einführung einer neuen Technologie, und insbesondere die erneuerbaren Energien wurden, wie die Analyse gezeigt hat, häufig an entscheidenden Stellen von „der Öffentlichkeit" – also der Mehrheit der Wähler - und den Medien unterstützt. Diese allgemeine Akzeptanz ist jedoch zu unterscheiden von der spezifischen Akzeptanz vor Ort, die unter Umstanden anders ausfällt und auch im Widerspruch zu den allgemeinen Einstellungen stehen kann (Abschnitt 3.4.1). Die Rolle und Bedeutung subnationler Akteure für die Entwicklung erneuerbarer Energien und den nationalen politischen Prozess hat sich verändert, wie die Analyse gezeigt hat. Diese Veränderung sowie einige grundsätzliche Kompetenzen und Interventionsmöglichkeiten der subnationalen Akteure – Kommunen und Bundesländer – wird im Anschluss in Abschnitt 3.4.2 dargestellt.

3.4.1   Hohe allgemeine Akzeptanz als politischer Rückenwind

Die Einführung erneuerbarer Energien wurde bisher durch eine *hohe gesellschaftliche Akzeptanz* unterstützt. Diese positive öffentliche Meinung hat, so die Mehrzahl der oben zitierten Analysten, die Einführung des StrEG begünstigt, in dem auch die Gegner angesichts des gesteigerten „öffentlichen" Umweltbewusstseins etwas für den Klimaschutz tun und gleichzeitig eine Alternative für die stark kritisierte Atomenergie entwickeln mussten (s.o.). Diese allgemeinen mehrheitlichen Grundhaltungen – gegen Atomkraft, für Umwelt- und Klimaschutz und explizit für den Ausbau erneuerbarer Energien – sind bis heute noch weiter angestiegen. Insbesondere „die Wahrnehmung des Klimawandels als ein zunehmend bedrohliches Problem" habe in den letzten Jahren stark zugenommen, „von Staat und Regierung wird nachdrücklich ein konsequentes Gegensteuern erwartet und es beginnt sich die Erkenntnis durchzusetzen, dass der Klimawandel auch den privaten Bereich betrifft" – so lauten die Schlussfolgerungen aus der Forschergruppe, die regelmäßig die Entwicklung des Umweltbewusstseins in Deutschland untersucht (Kuckartz et al. 2007: 1).

Unter fünf verschiedenen klimaschutzpolitischen Zielen und Aufgaben wurde die „Unabhängigkeit von Öl und Gas durch erneuerbare Energien" mit Abstand als höchstes bewertet, noch vor dem sparsameren Verbrauch von Ressourcen und der allgemeinen Verringerung von Treibhausgasen (ebda.: 2). Auf die konkrete Frage nach einem „konsequenten Umstieg auf erneuerbare Energien" antworteten insgesamt 87 % positiv, davon stimmten knapp 50 % einem solchen Umstieg „voll und ganz zu" (ebda.: 4). Zudem forderten laut dieser repräsentativen Erhebung zwei Drittel der Befragten, dass Deutschland beim Klimaschutz internationaler Vorreiter sein soll (ebda.: 2).

Auch bei technologiespezifischen Vergleichen erhalten erneuerbare Energien seit vielen Jahren die höchsten Sympathiewerte (u.a. Greenpeace Magazin 2004; Kuckarts/ Rheingans-Heintze 2004; stern 2004, 2006a; Eurobarometer 2006; Kuckartz et al. 2007; siehe hierzu auch Hirschl 2005). Bei den erneuerbaren Energien selbst erhält die Solarenergie konstant die höchste Unterstützung, gefolgt von der Windenergie (ebda.). Dabei ist hervorzuheben, dass diese hohen Sympathiewerte nicht nur im Kontext eines gestiegenen Bewusstseins für das Klimaproblem und erneuerbare Energien als Lösung zu sehen sind (s.o.), sondern auch, nach mittlerweile 7 Jahren mit stetig steigenden Zubauzahlen, vor dem Hintergrund der nun für viele Menschen ersichtlichen technischen Funktionsfähigkeit der EE-Technologien. Ebenso ersichtlich im wörtlichen Sinne ist auch das Erscheinungsbild der Technologien, das die hohe allgemeine Akzeptanz bislang nicht gemindert hat. Auch die weite Verbreitung der Windkraftanlagen, die in Bezug auf die Veränderungen des Landschaftsbildes bisher wohl zu den größten gesellschaftlichen Kontroversen geführt hat, hat noch nicht zu einer sinkenden Quote der positiven Einstellung zu erneuerbaren Energien im Allgemeinen und der Windkraft im speziellen geführt.

Erneuerbare Energien sind jedoch als dezentrale Technologien in besonderer Weise auch von lokalen, *standortbezogenen Akzeptanzhemmnissen* betroffen, da sie in deutlich höherer Zahl installiert werden als zentrale Großkraftwerke. Während die konventionellen Großkraftwerke am Standort in der Regel aufgrund ihrer Emissionen oder Betriebsrisiken in der Kritik stehen, handelt es sich bei erneuerbaren Energien primär um die Veränderung des Landschaftsbildes und Naturschutzaspekte. Ein verstärkender Faktor ist der in Literatur häufig als NIMBY („not in my backyard") bezeichnete Effekt (siehe bei Reiche 2004; Hirschl 2005), nach dem lokale Akteure, die von einer baulichen Maßnahme wie z.B. einer EE-Anlage betroffen sind, ihre allgemein positive in eine ablehnende Haltung verändern. Wenn daraus politische Auseinandersetzungen und Bürgerinitiativen entstehen, kann dies zu einem medialen Echo mit überregionaler Wirkung führen.[204] De facto hat ein solcher Widerstand jedoch bisher noch nicht zu einer signifikanten Änderung in den allgemeinen Einstellungen in der Bevölkerung geführt (s.o.). Außerdem konnte in mehreren regionalen Erhebungen in Tourismusgebieten mit einer hohen Zahl von Windkraftanlagen sowie repräsentativen Umfragen bislang widerlegt werden, dass sich die Windenergienutzung negativ auf den Tourismus auswirkt (z.B. Vogel 2005; Puhe 2005).

Erneuerbare Energien können jedoch auch in *Konflikt mit dem Naturschutz* geraten. Während die damit verbundenen politischen Zielkonflikte innerhalb des für

---

[204] Diesbezüglich hat sich insbesondere der Spiegel mehrfach engagiert, z.B. in einem umstrittenen Artikel im Jahr 2004 (Dohmen/ Hornig 2004), der mit dem Vorwurf der „Desinformation und Propaganda" gegen die Windenergie konfrontiert wurde (Netzzeitung 2004a).

beide Themen zuständigen BMU ausgehandelt werden (siehe dazu auch Abschnitt 3.2.4.1), sind an verschiedenen konkreten Standorten Naturschutzverbände oder Bürgerinitiativen bereits zu offenen Gegnern für erneuerbare Energien geworden. Da sich derartige Konflikte auch innerhalb von Umweltverbänden wie dem NABU oder BUND abspielen (Musiol 2004), haben sich diese bereits früh intensiv mit einer Reihe von Naturschutzproblemen erneuerbarer Energien auseinandergesetzt, und Kriterien für die Standortwahl und Konfliktlösungen für Streitfälle für mehrere EE-Technologien entwickelt.[205] Eine große Herausforderung stellt auch in Zukunft die verstärkte Nutzung der Biomasse dar, da die Produktion mit den klassischen, aber auch neuen ökologischen Problemen der industriellen Nutzung in der Land- und Forstwirtschaft verbunden sein kann.

Trotz aller Konflikte ist jedoch bis dato zu konstatieren, dass das bisherige Wachstum der erneuerbaren Energien in hohem Maße auf *privates und professionelles Engagement* von Bürgern und Bürgerinitiativen, Forschern sowie einer Vielzahl neuer Unternehmer (Entrepreneure)[206] zurückzuführen ist, und die vorhandenen Konflikte und Widerstände nicht überwiegen. Viele der Wind- und Solaraktivisten der ersten Jahre stammten aus der Protestbewegung gegen die Atomkraft und sahen in erneuerbaren Energien die Lösung für eine Energiewende (siehe hierzu auch Amery et al. 1978; Reiche 2001; Drücke et al. 2004; Haus & Energie 2006). Und auch eine Vielzahl lokaler Umwelt- und später Agenda21-Gruppen widmeten sich dem Thema erneuerbare Energien und sorgten später direkt oder indirekt für den Bau von Anlagen (Drücke et al. 2004). Bis heute haben viele dieser lokalen und regionalen ehrenamtlichen Initiativen eine Multiplikationsfunktion für erneuerbare Energien (ebda.).[207]

Im Solarbereich zeigt sich die Bürgernähe zudem durch die hohe Anzahl von Anlagen, die bereits errichtet sind: Bei den bis zum Ende 2006 installierten 1,3 Millionen Solarstrom- und Solarwärmeanlagen handelt es sich beim überwiegenden Teil um kleine Dachanlagen von Privatpersonen (BSW 2007c).[208] Die meisten Biogasanlagen werden von Landwirten betrieben, von denen viele ebenfalls im Bereich Solar- und Windenergie aktiv sind. Und auch viele kleine Wasserkraftanlagen gehören privaten Betreibern, die nicht originär der Energiebranche entstam-

---

[205] Hier ist beispielsweise die langjährige Auseinandersetzung des Naturschutzbund Deutschland (NABU) mit dieser Thematik hervorzuheben, aus der eine Reihe von Materialien für die naturschutzverträgliche Nutzung erneuerbarer Energien, Empfehlungen und ein Beratungsteam für Konfliktfälle entstanden sind (NABU 2007).

[206] Eine ausführliche Analyse des „Entrepreneurship" in der EE-Branche liefert Christoph Schönwandt (2004).

[207] Eine Übersicht regionaler und lokaler Solarinitiativen findet sich auf der Internetseite www.regiosolar.de (17.6.2007).

[208] Insbesondere bei den Solaranlagen, bei denen die Förderung bis zur Einführung des EEG in der Regel bei weitem nicht ausreichte, überwogen die finanziellen Eigenleistungen privater Haushalte alle staatlichen Fördermittel (Staiß 2000: I 84).

men. Je höher der Anteil, den erneuerbare Energien zusammen mit anderen dezentralen Strom und Wärme erzeugenden Anlagen wie Blockheizkraftwerken und zukünftig Brennstoffzellen haben werden, je mehr damit der private Haushalt und Kleinverbraucher selbst zum Energieerzeuger wird, um so mehr muss sich die Rolle der konventionellen Energieversorger radikal wandeln (Hirschl/ Hoffmann 2003). Auch dies erklärt die Widerstände der konventionellen Energiewirtschaft gegen eine solche „Demokratisierung" und Dezentralisierung der Energieversorgung.

Bei den Windkraftanlagen, zunehmend auch bei mittelgroßen und großen Solar- und Biomasseanlagen gibt es eine hohe Zahl an Beteiligungsmodellen in Form von so genannten Bürgeranlagen oder Fondsmodellen, bei denen Privatpersonen Anteile erwerben können. Mit zunehmendem Wachstum der EE-Unternehmen hat sich ihr Kapitalbedarf erhöht, weshalb sich viele der gewachsenen mittelständischen Unternehmen zu Aktiengesellschaften entwickelt haben, an denen sich wiederum Bürger z.b. im Rahmen von ökologisch-ethischen Anlagen oder durch direkten Aktienerwerb beteiligen können (May 2004; NetSkill 2006). Diese *bürgernahe Marktstruktur* und kleinteilige *private Kapitalbeschaffung* unterscheidet die EE-Branche einerseits deutlich von anderen Branchen, z.B. von der konventionellen Energiewirtschaft. Diese gehörte bislang nur geringfügigem Ausmaß und phasenweise zu den Investorgruppen im EE-Bereich, mit Ausnahme großer Biomasseanlagen und zukünftig voraussichtlich Offshore-Windparks (siehe auch Abschnitte 3.1 und 3.3.3). Andererseits lockt die EE-Branche mit zunehmendem Wachstum der Unternehmen und des Kapitalbedarfs auch wie jede andere erfolgreiche Branche zunehmend professionelle Investoren und Kapitalgeber, insbesondere wenn hohe Renditen erzielbar sind, wie dies phasenweise in der Wind- und Fotovoltaikbranche der Fall war (Fickel 2006; May 2004).

3.4.2   Die Rolle von Kommunen und Bundesländern

In den Jahren vor der Einführung des Stromeinspeisungsgesetzes auf Bundesebene spielte die *Förderung auf der kommunalen und Bundesländerebene* die zentrale Rolle für die frühe Phase der Markteinführung erneuerbarer Energien (s.o.). Mehrere Kommunen und einzelne Bundesländer haben entweder mit eigenen Finanzmitteln selbst Anlagen errichtet oder Förderprogramme aufgelegt. Aber auch nach Einführung des StrEG, dessen Tarife bei weitem nicht für alle EE-Technologien und Standorte ausreichend waren, spielte ergänzende kommunale oder länderbezogene Förderung eine wichtige Rolle. Häufig wurden Zuschüsse oder günstige Darlehen gewährt, um zusammen mit der Vergütung je kWh die Investition in erneuerbare Energien anzureizen.[209] Ein begünstigender Faktor dafür war die noch nicht erfolgte Liberali-

---

[209] Eine Übersicht der Förderungen in den Bundesländern für die Zeit des StrEG siehe in Staiß (2000: I 102ff).

sierung und erst teilweise durchgeführte Privatisierung des Energiemarktes, wodurch von den Kommunen und Ländern, die Zugriff auf lokale oder regionale EVU hatten, derartige Ziele leichter formuliert und durchgesetzt werden konnten.[210]

Einige Kommunen bzw. kommunale EVU entschlossen sich darüber hinaus, die gemäß § 3 StrEG (1990) zugesicherte Mindestvergütung von 65-90 % (später 80 %) des Strompreises so zu erhöhen, dass ein wirtschaftlicher Betrieb auch derjenigen Technologien möglich wurde, die eine deutlich höhere Vergütung benötigten. Diese Idee der so genannten *kostendeckenden Vergütung* wurde seit Anfang der 1990er Jahre vom Solarenergieförderverein Deutschlands (SFV), Eurosolar und anderen Solarinitiativen in Deutschland verbreitet und zielte insbesondere auf die Förderung von Solarstrom (Jacobsson/ Bergek 2004: 225), der zu dieser Zeit noch mehr als 10-mal teurer als die laut Gesetz gewährte Vergütung in Höhe von ca. 17 Pfennig pro kWh war (Hirschl 2002c). Die Idee wurde schließlich in rund 40 Kommunen in Deutschland umgesetzt (von Fabeck 2006), so dass wichtige Erfahrungen mit diesem Instrument gemacht werden konnten, das später die Vorlage für das EEG lieferte.[211] Ein wichtiger Erfolgsfaktor für die Einführung der kostendeckenden Vergütung und die Genehmigung zur Umlage der Mehrkosten war die Zustimmung der zuständigen Strompreisaufsichten in den Bundesländern. Dies war erstmalig im Aachener Fall die zuständige Strompreisaufsicht Düsseldorf, die sich gegen die Ansicht des NRW-Wirtschaftsministers durchsetzte, und deren Begründung in der Folge von anderen Bundesländern übernommen wurde (von Fabeck 2006). Nur durch die private und vereinzelte kommunale Nachfrage konnte die junge und kleine Solarbranche nach Ende des 1.000- bis zum Start des 100.000-Dächer-Programms überleben und sogar leicht wachsen (Röpcke 2006; Jacobsson/ Lauber 2006).

Neben der finanziellen Förderung, die in Zeiten der flächendeckenden bundesgesetzlichen Förderung drastisch zurückgegangen ist, haben Kommunen und Bundesländer jedoch noch eine weitere, bedeutsame Rolle: Über die *lokalen und regionalen Planungs- und Genehmigungszuständigkeiten* können die Länder und Kommunen die Implementation erneuerbarer Energien entweder erleichtern und begünstigen oder be- und verhindern. Während Anfang der 1990er Jahre zunächst einzelne Bundesländer wie Nordrhein-Westfalen und Niedersachsen die Installationsbedingungen für EE-Anlagen verbesserten, ermöglichte schließlich die Baugesetznovelle von 1996 grundsätzlich bessere Bedingungen auf Bundesebene (Suck 2002: 25f;

---

[210]   Dieser Aspekt wird von Andre Suck (2002: 17ff) in seiner vergleichenden Analyse der deutschen Situation mit der in Großbritannien besonders hervorgehoben.

[211]   Die kostendeckende Vergütung wurde in Deutschland zuerst in Aachen, dem Sitz des SFV, eingeführt, hier mit maßgeblicher Unterstützung eines CDU-Politikers, später ebenso beispielsweise in Hammelburg (Bayern) unter maßgeblicher Beteiligung von Hans-Josef Fell (von Fabeck 2006). Fell ist heute energiepolitischer Sprecher von Bündnis90/Die Grünen und war neben Hermann Scheer (SPD) einer der „Väter" des EEG.

Reiche 2004: 182f). Danach hatten die Kommunen die Möglichkeit, beispielsweise für Windenergieanlagen oder große Fotovoltaik-Anlagen geeignete Vorrangflächen auszuweisen und somit die Bebauung grundlegend zu steuern. Dieses dezentrale Planungsvorgehen kann daher vor dem Hintergrund der großen Verbreitung der erneuerbaren Energien als ein wichtiger Erfolgsfaktor eingeschätzt werden. Umgekehrt haben Bundesländer und Kommunen mit diesen Planungsinstrumenten auch die Möglichkeit, die Verbreitung erneuerbarer Energien stark einzuschränken.

Dies wird beispielsweise seit mehreren Jahren in Baden-Württemberg praktiziert, wo der Neubau und das Repowering von Windenergieanlagen behindert werden, und seit dem Wahlerfolg der konservativ-liberalen Regierung ist dies auch in Nordrhein-Westfalen der Fall (Thie/ Scheer 2006). Das Umweltbundesamt hat auf Basis einer Studie diese Entwicklung von „pauschalen Abstands- und Höhenbegrenzungen" auf Landesebene stark kritisiert, da damit auch „frühere Fehlentwicklungen" wie z.b. verstreut stehende Anlagen nicht korrigiert würden (UBA 2007b). Das UBA fordert die Kommunen stattdessen auf, durch die aktive Ausweisung geeigneter Gebiete zu einer Verbesserung der bestehenden Situation und damit auch zu einer Steigerung der Windstromproduktion beizutragen.

Weitere wichtige Faktoren für die lokale Akzeptanz sind eine Reihe ökonomischer Vorteile: Erstens entsteht durch die Errichtung von EE-Anlagen, wie auch durch die Produktion der Anlagen, *lokale Wertschöpfung*, zweitens kann durch die Kapitalbeteiligung von Anwohnern z.B. bei Bürgeranlagen (s.o.) *lokale Teilhabe* entstehen, und drittens verdienen die Kommunen selbst durch Gewerbesteuern und Pachten. Trotz dieser lokal-regionalen Vorteile, die durch die Existenz einer attraktiven Bundesregelung zunehmen, haben die Bundesländer und Kommunen ihre Förderung für erneuerbare Energien deutlich reduziert oder gänzlich eingestellt, obwohl nun mit deutlich geringeren Mitteln viel mehr erreichbar wäre. Hierauf verweist auch Danyel Reiche, der mehr *bottom-up-Maßnahmen* wie Information und Beratung von Bürgern und Landwirten sowie Vernetzung auf regionaler Ebene zur Ergänzung der *top-down-Instrumente* des Bundes vorschlägt (Reiche 2007).

Aufgrund der aufgezeigten Motive und Vorteile gibt es heute eine Reihe von *Kommunen*, die eine verstärkte oder sogar *ausschließliche Nutzung erneuerbarer Energien* praktizieren oder dies vorhaben. Oft sind hierbei wiederum Bürger und Initiativen für mehr Umwelt- und Klimaschutz die Antreiber, bis die Verantwortlichen in der Kommune schließlich einen solchen Weg einschlagen und weitere Vorteile, z.B. für den Tourismus, darin erkennen (Drücke et al. 2004; Haus & Energie 2006). Teilweise stammen die Initiativen jedoch auch aus der lokalen Administration selbst, aus der Wissenschaft, von Landwirten, oder von EE-Unternehmen (ebda.). In der Umsetzung kann es sich um Siedlungsprojekte handeln, die einen besonders hohen Anteil erneuerbarer Energien aufweisen, oder um die gesamte Energieversorgung einer Kommune.[212] Die Stadt Vellmar bei Kassel führte einen „städtebaulichen Vertrag für klima- und umweltschonendes Bauen" ein, nach dem Bauherren eine Solarquote vorgeschrieben werden kann – ein Modell, das bereits öfter kopiert wurde (Haus & Energie 2006: 59f). Ein bekanntes Beispiel für die bereits stattfindende Vollversorgung aus erneuerbaren Energien ist die Insel Pellworm, auf der bereits mehr EE-Strom erzeugt als verbraucht wird (Haus & Energie 2006: 70-77). Damit sind solche Kommunen Beispiele und Vorbilder „für eine vollständige Abkehr von fossilen und nuklearen Energien und die Vision einer Vollversorgung aus erneuerbarer Energie" (Reiche 2007: 118). Es ist jedoch davon auszugehen, dass in den meisten dieser Kommunen die Zielsetzung bzw. Umsetzung nur aufgrund der attraktiven Vergütungsregelung nach dem EEG möglich wurde.

Auf der Ebene der *Bundesländer* gibt es bislang noch *keine langfristigen Zielstellungen* einer Vollversorgung mit erneuerbaren Energien (Reiche 2007). Die Nutzung erneuerbarer Energien erfolgt in den Bundesländern aufgrund der geografisch-klimatischen Bedingungen mit sehr unterschiedlichen technologischen Schwerpunkten, woraus auch unterschiedliche politische Interessen resultieren. Die Windenergie wird überwiegend im Norden genutzt, Wasserkraft und Solarenergie vorrangig im Süden, Bioenergie in Flächenländern, und geothermische Stromerzeugung in Gegenden mit geologischen Anomalien (z.B. entlang des Oberrheingrabens). Eine positive und stabile Verankerung ist dabei insbesondere in solchen Bundesländern zu beobachten, die als strukturschwach gelten und über nur wenig Industriezweige verfügen wie die nord-östlichen Bundesländer (Behrendt 2002, siehe hierzu auch die nachfolgenden Abschnitte). Auf der anderen Seite gehen einzelne konservativ-liberale Bundesländer zum Teil vehement gegen die Windenergie vor, wie z.B. Baden-Württemberg und Nordrhein-Westfalen (s.o.).

Dennoch zeigte sich aufgrund der heterogenen Interessenlage bisher im *Bundesrat* eine *überwiegende Zustimmung* zur EE-Politik. Allerdings war der politische Einfluss des Bundesrates bei den hier im Vordergrund stehenden Bundesgesetzen vergleichsweise gering, da die Regierungen die Gesetze jeweils vom Grundsatz so konzipiert hatten, dass sie nicht zustimmungspflichtig waren (Mez 2003; Reiche 2004). Allerdings besteht grundsätzlich für den Bundesrat in solchen Fällen die Möglichkeit, Einfluss über sachfremde Themenkopplung auszuüben (siehe Abschnitt 3.2.1).

---

[212] Mehrere Beispiele finden sind in einer Spezialausgabe der Zeitschrift Haus & Energie (Haus & Energie 2006). Darunter eine Plusenergiesiedlung des Architekten Rolf Disch in Freiburg, das Projekt „50 Solarsiedlungen" in Nordrhein-Westfalen, eine Solarsiedlung in Hamburg, sowie die Landkreise Fürstenfeldbruck, Bad Tölz und die Region Hegau/Bodensee, die das Ziel einer 100 %-Energieversorgung aus erneuerbaren Energien bis 2030 verfolgen. Seit 2001 gibt es außerdem einen sportlichen Wettbewerb um die höchste kommunale Solaranlagendichte, die so genannte Solarbundesliga, an der bereits über 1.000 Kommunen teilnehmen (Stand Juni 2007, www.solarbundesliga.de).

3.4.3   Zwischenfazit

Seit einigen Jahrzehnten sind in Umfragen sehr hohe Sympathiewerte für erneuerbare Energien festzustellen, die in den letzten Jahren angesichts des steigenden Umwelt- und Klimaschutzbewusstseins und trotz des Zubaus der vielen dezentralen Anlagen noch zugenommen haben. Diese hohe allgemeine Akzeptanz in der Bevölkerung kann als ein wichtiger stabilisierender Faktor in den politischen Debatten gesehen werden, der mittlerweile nicht mehr nur auf grüne und sozialdemokratische Wählermilieus begrenzt ist. Dies gilt auch für die Solarenergie als die mit Abstand teuerste Technologie, die regelmäßig die höchsten Sympathiewerte erhält. Dennoch nehmen mit steigender Anlagenzahl auch standortbezogene Hemmnisse zu, vom NIMBY-Effekt bis hin zu Naturschutzkonflikten. Es ist davon auszugehen, dass dies zur Verlangsamung des EE-Ausbaus (z.b. bei der Windenergie) mittlerweile beiträgt, bisher überwogen aber offensichtlich die Vorteile für die Bürger oder die Kommunen z.b. in Bezug auf ökonomische Teilhabe oder die lokale Wertschöpfung am Standort. In Bezug auf die Naturschutzkonflikte wurden zudem eine Reihe von Lösungen und Kriterien zusammen mit Umweltverbänden entwickelt.

Neben der hohen allgemeinen und überwiegenden standortspezifischen Akzeptanz ist als ein besonderer Erfolgsfaktor die breite gesellschaftliche Verankerung des Themas erneuerbare Energien anzusehen. Eine Vielzahl an Bürgern, Initiativen und kleinen bis mittelgroßen regionalen Unternehmen sind als Betreiber, Hersteller, Installateure, Kapitalgeber etc. nicht nur ökonomische Branchenteilnehmer, sondern auch Informationsanbieter und Multiplikatoren. Diese Entwicklung unterscheidet sich damit fundamental von der in anderen Ländern wie z.b. Großbritannien, in der die (vergleichsweise geringe) Entwicklung erneuerbarer Energien vorwiegend durch die etablierten, konventionellen EVU erfolgt (Suck 2002; Lauber/ Toke 2005; Mitchell et al. 2005). Der durch die Nutzung erneuerbarer Energien mögliche Wechsel zu einer umweltfreundlichen Energieversorgung auf dezentraler Basis sowie der Wandel von Energieverbrauchern zu Erzeugern erklärt gleichzeitig auch die Probleme der etablierten konventionellen EVU mit einer solchen Transformation.

Die Rolle der Kommunen und Bundesländer befindet sich im Wandel. Zu Beginn der hier aufgezeigten Entwicklung erneuerbarer Energien hatten sie als Förderer und Vorbilder eine wichtige Rolle. Die politische Entwicklung bis zum StrEG kann als ein bottom-up-Prozess klassifiziert werden, bei dem lokal-regionale Akteure und substaatliche Institutionen eine zentrale Bedeutung hatten und ihr Anliegen erfolgreich auf die Bundesebene heben konnten. Demgegenüber traten sie mit Einführung der Fördergesetze auf Bundesebene mehr und mehr in den – förderpolitischen – Hintergrund. Aber auch im EE-politischen Prozess auf nationaler Ebene spielten sie nur noch eine untergeordnete Rolle.

Wichtig waren und sind sie hingegen bei der Implementation – entweder als fördernde oder hemmende Institutionen im Rahmen der Regionalplanung und Genehmigung, oder als Gebietskörperschaften, die selbst erneuerbarer Energien nutzen. Diesbezüglich ist zu konstatieren, dass es bislang noch keine überwiegende Verhinderungspraxis gibt, die die Förderwirkung der Bundesgesetze gehemmt hat, wenngleich hier zunehmende Tendenzen insbesondere im Bereich der Windkraft zu konstatieren sind. Auf der anderen Seite nimmt die Zahl der lokalen Vorreiterkommunen, die eine hohe Teil- oder Vollversorgung auf der Basis erneuerbarer Energien anstreben, zu. Diese Entwicklung war und ist jedoch wiederum maßgeblich auf die Fördermöglichkeiten durch das StrEG bzw. EEG zurückzuführen, ohne dessen ökonomischen Rahmen die überzeugten Bürger, Initiativen, Kommunen etc. sich im Regelfall nicht politisch hätten durchsetzen können. Aus den aufgezeigten Gründen treten in der nachfolgenden Betrachtung des nationalen Policy-Prozesses die subnationalen Ebenen und Akteure in den Hintergrund – ohne sie gänzlich aus den Augen zu verlieren.

3.5 Fazit – Zentrale Akteure, Koalitionen und Faktoren

Basierend auf der vorherigen Policy-Analyse der erneuerbare Energien-Politik im Strombereich in Deutschland werden mit dem Fokus auf die Entwicklungen auf der nationalen Ebene die zentralen Ereignisse, Ergebnisse und Faktoren für das Zustandekommen festgehalten. Dabei erfolgt zunächst eine komprimierte Zusammenfassung und Darstellung der wesentlichen Meilensteine des Policy-Prozesses. Darauf aufbauend wird die Akteurskonstellation mit den beiden zentralen Advocacy und Interessenkoalitionen aufgezeigt, die den Policy-Prozess maßgeblich beeinflusst und gestaltet haben. Zum Schluss werden die zentralen Faktoren herausgearbeitet, die neben dem Wirken der Akteure in einem verallgemeinerbaren Sinne zentral für das Zustandekommen der deutschen EE-Policy waren. Vor dem Hintergrund der bisherigen, auf die nationale Ebene fokussierten Analyse werden im Zuge dieses ersten Fazits auch wesentliche Verknüpfungen ins politische Mehrebenensystem identifiziert, die in den nachfolgenden Kapiteln eingehender behandelt werden.

3.5.1 Zusammenfassung des Policy-Prozesses der deutschen EE-Politik im Strombereich

Die deutsche EE-Politik im Strombereich kann in Bezug auf ihre direkten Wirkungen - den Ausbau erneuerbarer Energien, den Aufbau heimischer Industrien und Arbeitsplätze inklusive einer internationalen Spitzenstellung mit hohen Exportanteilen - als Erfolgsgeschichte bezeichnet werden, insbesondere im Vergleich zu den Entwicklungen in anderen Ländern. Dass dieser Erfolg im heutigen Ausmaß stattgefunden hat, ist dabei, wie die Analyse gezeigt hat, maßgeblich auf das EEG und sein Vorläufergesetz, das StrEG zurückzuführen.

Die Basis für diese Entwicklung bildeten die Akteure, welche die politischen Prozesse eingefordert und umgesetzt haben. Dabei nahm die politische Entwicklung ihren Ausgang bei einer Vielzahl von lokalen und regionalen Initiativen, die den Boden für die späteren politischen Aktivitäten in Kommunen, Bundesländern und schließlich auf Bundesebene bereitet haben. Seit Mitte der 1970er Jahre entwickelten sich durch die beginnende Forschungsförderung von Bund und Ländern Forschungseinrichtungen und erste Unternehmen, die zusammen mit den lokalen, regionalen und nationalen EE-Initiativen sowie Teilen der ebenfalls in dieser Zeit entstandenen Anti-Atom- und späteren Umweltbewegung zur Keimzelle der Advocacy-Koalition für den Ausbau erneuerbarer Energien wurden (ebenso Jacobsson/ Lauber 2006: 266).[213] Die EE-Akteure vernetzten sich zunehmend und es bildeten sich erste Interessengruppen. Diese *anfängliche Advocacy-Koalition* bewirkte in der Folge auch die Einführung der ersten Breitenförderungen auf der Ebene der Bundesländer (insbesondere in NRW), die Einführung von kostendeckenden Vergütungen in einzelnen Kommunen, und sie begann auch mit dem Lobbying auf nationaler Ebene bezüglich der Einführung eines Stromeinspeisegesetzes. Dieser politische bottom-up-Prozess wurde auf der Bundesebene von lokal verankerten (vorrangig forschungspolitischen) Abgeordneten, vom BMFT und BMU, von den Grünen sowie einzelnen Bundesländern getragen bzw. aktiv unterstützt.[214]

Erstes Stromeinspeisungsgesetz 1990

Dass die politische Initiative für eine Breitenförderung erneuerbarer Energien auf Bundesebene durch ein Stromeinspeisungsgesetz im Jahr 1990 letztlich erfolgreich war, lag dabei erstens am hohen *Engagement der beteiligten Abgeordneten* sowie ihrem strategisch geschickten Vorgehen, in dem sie beispielsweise durch interfraktionelle Initiativen den Druck auf die Regierungsfraktionen erhöhten. Gleichzeitig war die Mehrzahl der Parlamentarier primär bereits mit dem bevorstehenden Bundestagswahlkampf beschäftigt, so dass die Gegenwehr in der entscheidenden Phase nur gering war (Kords 1993: 70). Zweitens erhielten die Initiatoren wichtige Unterstützung durch die *Medien* und die wachsende *gesellschaftliche Aufgeschlossenheit* für die Themen Umwelt- und Klimaschutz und im Zuge dessen auch für erneuerbare Energien. Diese gesellschaftliche Entwicklung war stark durch internationale Ereig-

---

[213] Diese durch Forschung und Demonstrationsvorhaben entstandene frühe Marktentwicklung (nach Ohlhorst (2006) auch „Pionier-Phase") unterschied sich dabei maßgeblich von der in anderen Ländern wie z.B. in den Niederlanden, in denen sich trotz vergleichbaren Aufwands weniger Unternehmen in dieser Zeit gründeten bzw. etablierten (Jacobsson/ Bergek 2004: 230).

[214] Bei den Abgeordneten handelte es sich um „Hinterbänkler" (Lauber/ Mez 2004: 617), die durch strategisch geschicktes Agieren insbesondere in den Regierungsfraktionen ihre Ziele durchsetzen konnten.

nisse wie der Tschernobyl-Reaktorunfall 1986 und andere Umweltkatastrophen geprägt, die zur Stärkung von Themen wie Klimaschutz und erneuerbare Energien beitrugen.

Drittens stand den Initiatoren allerdings eine vergleichsweise *geringe Gegenwehr der politischen Gegner*, insbesondere der konventionellen Energiewirtschaft, entgegen, für die erneuerbare Energien nur eine geringe Bedeutung hatten. Außerdem waren die EVU zu dieser Zeit überwiegend durch den Übernahmeprozess der ostdeutschen Energiewirtschaft „absorbiert" (Lauber/ Mez 2004: 601). Die politischen Gegner, zu denen das BMWi, die Mehrzahl der Mitglieder der konservativ-liberalen Fraktionen, aber auch des Kohle- und EVU-nahen Flügels der SPD zu zählen sind, sahen demgegenüber angesichts der wachsenden öffentlichen Debatte um Klimaschutz einen positiven Nutzen in der Zustimmung zu einem aus ihrer Sicht wenig wirkungsvollen Instrument für einen ökonomisch wenig bedeutsamen Bereich.[215] Zur gleichen Einschätzung kam damals auch die die EU-Kommission, die das Gesetz deshalb billigte.

Insgesamt stellt sich die erste Phase der Politikentwicklung im EE-Strombereich bis zum Beginn der 1990er Jahre damit als ein Mehrebenenprozess dar, dessen Schwerpunkt auf dem Wechselspiel zwischen subnationaler und nationaler Ebene lag, während politisch-institutionelle Einflüsse von internationaler bzw. EU-Ebene nicht stattfanden. Dies änderte sich in der Implementierungs- bzw. Anwendungsphase des StrEG, als die Vergütungszahlungen für die Wasserkraftanlagen im Süden sowie die wachsende Zahl der Windkraftanlagen im Norden Deutschlands zunehmenden Widerstand bei den betroffenen EVU auslösten. Seit Mitte der 1990er Jahre gingen sie stärker gegen das StrEG vor und verlagerten ihre Aktivitäten zum einen auf eine Vielzahl gerichtlicher Auseinandersetzungen, zum anderen reichten sie Beschwerden bei der EU-Kommission ein. Hintergrund war der Vorwurf der Verfassungswidrigkeit des Gesetzes, der auch vom EU-Wettbewerbskommissar geteilt wurde.

Als der Druck der EVU und seiner Lobby sowie des EU-Kommissars bei der CDU/CSU-FDP-Regierung auf fruchtbaren Boden fiel und diese 1997 eine Änderung des Gesetzes vornehmen wollte, zeigte sich jedoch erstmals die Mobilisierungsfähigkeit der jungen Advocacy-Koalition sowie deren breite gesellschaftliche Verankerung. Zusammen mit vielen nicht-staatlichen Organisationen wie einigen Gewerkschaften, Umweltverbänden, kirchlichen Organisationen, und

---

[215]   Udo Kords zitiert diesbezüglich in seiner Arbeit z.B. den Abgeordneten Dietrich Sperling von der SPD mit dem Satz: „Das Gesetz ist eine kleine Zehenwackelei, mehr nicht" (Kords 1993: 90). An anderer Stelle beschreibt er die politische Dominanz der Gegner-Koalition und ihr zurückhaltendes Agieren auf der Basis seiner Interviews wie folgt: „Beamte der Energieabteilung, Industrievertreter und Abgeordnete waren sich im Rückblick darin einig, dass es bei rechtzeitigem und geschicktem Eingreifen möglich gewesen wäre, das Gesetz zu verhindern. Andererseits fiel es dem Wirtschaftsressort aus dem gleichen Grund [der Geringschätzung der Wirkung des Gesetzes, eigene Einfügung] dann auch wiederum leichter, doch zuzustimmen." (Kords 1993: 94)

erstmalig auch einem „konventionellen" Industrieverband (VDMA) verhinderte die junge EE-Branche starke Kürzungen bei der Vergütung. So wurde letztlich mit der Einführung eines Einspeisemengen-Deckels in der StrEG-Novelle von 1998 nur eine Übergangsregelung geschaffen, deren kurze Dauer der Gesetzgeber selbst festgelegt hatte.

Damit war eine weitere Novelle bereits vorgezeichnet, auch weil die ebenfalls 1998 eingeführte erste Novelle des Energiewirtschaftsgesetzes Anpassungen erforderte. Dass diese jedoch im April 2000 zum deutlich weitergehenden EEG führte, war in ersten Linie auf den Wechsel nach 16 Jahren konservativ-liberaler Regierung zur Koalition aus SPD und Bündnis 90/Die Grünen im September 1998 zurückzuführen. Die neue rot-grüne Koalition war mit den Leitbildern „ökologische Modernisierung" und Energiewende angetreten. In der Koalitionsvereinbarung wurden der Atomausstieg und die Einführung einer Ökosteuer festgelegt, ebenso wie die Stärkung von erneuerbaren Energien und KWK. Wesentliche Elemente einer StrEG-Novelle ergaben sich außerdem aus seinen bisherigen strukturellen Defiziten und den zentralen politisch-rechtlichen Kritikpunkten: Erstens der Ersatz der regional ungleichen Belastung der EVU durch eine bundesweite Ausgleichsregelung, zweitens die Erhöhung der Investitionssicherheit durch feste Vergütungssätze, die nicht mehr an Strompreisschwankungen gebunden waren, und drittens - eine zentrale Forderung der EU-Kommission - die Einführung degressiver Vergütungen zur Vermeidung dauerhafter Subventionen.

EEG 2000

Dass in der Folge jedoch ein Gesetz geschaffen wurde, das für alle EE-Technologien inklusive der vergleichsweise teuren Photovoltaik differenzierte kostendeckende Vergütungen beinhalten sollte, war zu Beginn des Politikformulierungsprozesses nicht absehbar. Als ein grundlegender Einflussfaktor kann auch hier, wie zuvor bereits beim StrEG, die hohe Belastung der politischen und energiewirtschaftlichen Akteure durch *parallele, prioritäre Ereignisse* angesehen werden – in diesem Fall die Verhandlungen zum Atomausstieg (ebenso Bechberger 2000: 51). Ein zweiter Faktor, der den Weg für ein ambitioniertes Gesetz frei gemacht hat, war ein *politisches Tauschgeschäft* zwischen den EE-Befürwortern in der Regierung und den Koalitionsfraktionen auf der einen und den Kohle-Vertretern in der SPD, insbesondere dem damaligen NRW-Ministerpräsident Clement auf der anderen Seite. Inhalt des Tauschs war eine Schlechterstellung von Gaskraftwerken bei der anstehenden zweiten Stufe der Ökosteuer, im Gegenzug setzten insbesondere die Grünen einige weiter gehende Forderungen für eine StrEG-Novelle wie z.B. eine höhere Förderung der Photovoltaik durch.

Dass es jedoch zu einem noch weitergehenden Entwurf eines neuen EEG kam, der dann vergleichsweise schnell verabschiedet werden konnte, lag zum einen daran, dass die *Koalitionsfraktionen* die Erstellung des Gesetzentwurfs – mit Unterstützung des BMU und dessen Studien - selbst übernahmen, nach dem das zuständige BMWi unter Minister Müller das Vorhaben blockierte. Zum zweiten brach die Einheit der *Gegner-Koalition*, da mit Preussen-Elektra eines der vom alten StrEG benachteiligten, großen EVU sich für das neue Gesetz aussprach. Zum dritten bestätigten alle am Prozess beteiligten Rechtsexperten die *Rechtmäßigkeit des Gesetzes*, auch gegenüber den Beihilfebestimmungen der EG. Und schließlich zeigte sich am Schluss im *Bundesrat*, dass trotz möglicher Zustimmungsverweigerung auch auf der Seite konservativ regierter Bundesländer einige Befürworter des EEG vorhanden waren.

Die lange Zeit von den Gegnern auf nationaler und europäischer Ebene angezweifelte Rechtmäßigkeit hinsichtlich des Beihilfetatbestands wurde schließlich durch eine *EuGH-Entscheidung* im März 2001 bestätigt. Und ebenfalls in 2001 wurde eine *EG-Richtlinie* verabschiedet, die entgegen der vorherigen Debatten keine Vorschriften gegen die Einführung von Einspeisevergütungsmodellen enthielt, sondern den Mitgliedstaaten die Wahl ihre Instrumente überließ. Dies machte den Weg frei für eine im internationalen Vergleich *herausragende Wachstumsentwicklung der erneuerbaren Energien*, insbesondere in den Bereichen Windenergie, Fotovoltaik und Bioenergie. Diese Entwicklung wurde maßgeblich getragen durch viele neue *kleine und mittelständische Unternehmen*, die in dieser Phase der Industrialisierung sich neu gründeten oder vergrößerten. Die etablierten, konventionellen EVU stiegen nur am Rande und vereinzelt in die Produktion oder den Betrieb von neuen EE-Anlagen ein (z.B. große Biomasseanlagen). Der konventionelle Strommarkt war in dieser Zeit stark von den Wirkungen der Liberalisierung geprägt. Nach anfänglicher Preissenkung und Wettbewerbszunahme erfolgte ein massiver Konzentrationsprozess, aus dem vier große Energiekonzerne hervorgingen, die den Strommarkt bis heute dominieren (siehe ausführlicher in Kapitel 4).

Auch das EEG kam wie zuvor das StrEG früh wieder in die Kritik, primär aufgrund seines Erfolges und der dadurch *wachsenden Umlagekosten*, durch die nun alle Stromverbraucher gleichermaßen belastet wurden. Dies wurde von der Industrielobby und insbesondere den energieintensiven Branchen stark kritisiert. Mit Unterstützung des BMWi forderten sie zumindest eine Entlastung durch eine *Härtefallregelung*, es wurde jedoch auch das Instrument EEG als Ganzes kritisiert.

Mit der Bundestagswahl im September 2002 und dem *erneuten Wahlsieg der rot-grünen Koalition* blieb die allgemeine politische Richtung grundsätzlich bestehen. Aufgrund der Stimmengewinne von Bündnis 90/Die Grünen gegenüber Verlusten der SPD konnten die Bündnisgrünen die Verlagerung der *Zuständigkeiten für erneuerbare Energien in das BMU* verhandeln. Dies stellte auf der einen Seite eine deutliche institutionelle Stärkung der erneuerbaren Energien dar, auf der anderen Seite verstärkte es den Konflikt mit dem Wirtschaftsministerium, dass zudem durch die Fusion mit dem Arbeitsministerium (BMWA) aufgewertet wurde, und mit dem ehemaligen NRW-Ministerpräsidenten Wolfgang Clement einen expliziten Kohle-lobbyisten und Kritiker des EEG als Minister bekam. Diese Ausgangsbedingungen prägten die Auseinandersetzungen um die anstehende Novelle, die seit dem ersten Erfahrungsbericht Mitte 2002 diskutiert wurde.

EEG-Novelle 2004

Aus der obigen Analyse lassen sich die folgenden zentralen Ereignisse und Faktoren ermitteln, welche die im August 2004 verabschiedete Novelle entscheidend geprägt haben: Erstens gab es *erneut ein energiepolitisches Tauschgeschäft* zwischen BMWA und BMU sowie den EEG-Befürwortern in beiden Koalitionsfraktionen und dem Industrieflügel der SPD, in dem eine Härtefallregelung in der EEG-Novelle sowie im Gegenzug die Einführung einer Regulierungsbehörde im Rahmen der EnWG-Novelle beschlossen wurde. Zweitens wurde mit dem *Photovoltaikvorschaltgesetz* ein zentrales Problemthema vorgezogen und damit aus der Hauptdebatte der Gesamt-novelle ausgelagert. Das Vorschaltgesetz wurde notwendig, weil das 100.000-Dächer-Programm ausgelaufen war und damit eine Anschlussregelung erforderlich wurde, die auch nach Ansicht des Wirtschaftsministeriums durch eine rein EEG-basierte Förderung ersetzt werden sollte. Im Zuge dieser Gesetzesänderung wurden erstmals auch große Freiflächenanlagen zugelassen, was im Vorfeld zu massiven Protesten der Umwelt- und Naturschutzverbände führte. Es gelang jedoch, diese Konflikte zwischen den Akteuren der Umweltverbände und der Solarindustrie, die auch *politische Zielkonflikte* ausdrückten, zu lösen, so dass die EE-Koalition Bestand hatte.

Diese *Politik der Zugeständnisse* in Detailfragen an zentrale EEG-Kritiker be-stimmte auch die letzte Phase bis zur Novellierung: Die energieintensive Industrie und das BMWA erhielten aufgrund weiterer massiver Proteste eine Ausweitung der Härtefallregelung. Die Vergütungen der von Gegnern und Medien am stärksten kritisierten Windenergie wurden am stärksten gekürzt. Die Bioenergievergütung konnte am stärksten erhöht werden, da hier die breiteste politische Unterstützung auch im oppositionellen, konservativen Lager vorhanden war. Und der Ausbau der kleinen Wasserkraft wurde als Zugeständnis an die Naturschutzvertreter stark eingeschränkt, demgegenüber wurde die große Wasserkraft erstmals in das EEG einbezogen, um ein im Bau befindliches Wasserkraftwerk einer EnBW-Tochter zu begünstigen.

Mit letzterem Zugeständnis konnte nicht nur einer der großen Energiekon-zerne für das EEG gewonnen werden, sondern auch das ansonsten ablehnende Bundesland Baden-Württemberg. Den südlichen Bundesländern wurde zudem noch das Angebot unterbreitet, schlechtere Windstandorte von der EEG-Förderung auszuschließen. Obwohl die Zustimmung des Bundesrats nicht benötigt wurde, wollten die Koalitionsfraktionen damit zum einen die Verabschiedung beschleunigen, zum anderen auch für weitere, die erneuerbaren Energien betreffende Entscheidungen (z.B. zum Baurecht) Verhandlungsbereitschaft signalisieren. Vermittlungsausschuss und Bundesrat stimmten schließlich zu, die Oppositionsfraktionen von CDU/CSU und FDP jedoch trotzdem nicht.

Entwicklungen seit 2005

Nach der Novellierung des EEG führten die neu festgelegten Vergütungsregelungen und Förderdetails zu den intendierten *Marktentwicklungen*. Insbesondere Photovoltaik- und Biogasanlagen erfuhren ein besonders starkes Wachstum, demgegenüber sank die Installation von Windkraftanlagen an Land (siehe Abbildung 14). Allerdings konnte die mittlerweile gereifte Windbranche dies durch stark steigende Exportzahlen überkompensieren, da mittlerweile einige größere Exportmärkte (im Wesentlichen Spanien, Frankreich und USA) entstanden waren. Dies zeigt, dass die industriepolitische Intention der rot-grünen Regierung bisher aufgegangen ist: In nahezu allen EE-Bereichen haben sich viele neue Unternehmen bzw. ganze Industriezweige etabliert. Mit der Wind- und der Solarindustrie sind die ersten EE-Branchen in der *Phase der Internationalisierung* und haben eine Spitzenstellung im Weltmarkt.

Diese Entwicklung hat gleichzeitig auch zu einer *regionalpolitischen und gesellschaftlichen Etablierung* der EE-Branchen beigetragen, da die überwiegend mittelständischen Herstellerunternehmen und Dienstleister oft in strukturschwachen Regionen ansässig und dort zu wichtigen Arbeitgebern und Einnahmequellen für die Kommunen und Bundesländer geworden sind. Zusammen mit den mittlerweile stark professionalisierten Lobbystrukturen (vgl. Di Nucci et al. 2007) stabilisiert diese regionale Verankerung der EE-Branche auch den Fortbestand ihrer politischen Förderung durch das EEG auf der nationalen Ebene.

Dennoch zeigte der Wahlkampf zur vorgezogenen *Bundestagswahl im September 2005*, dass weite Teile der konventionellen Energiewirtschaft und Industrie inklusive ihrer Lobbyverbände zusammen mit dem konservativen Wirtschaftsflügel und der FDP – mit Blick auf einen zunächst wahrscheinlichen konservativ-liberalen Wahlsieg - nach wie vor die Abschaffung des EEG forderten. Trotz der Niederlage von Rot-Grün und dem Beginn einer großen Koalition von CDU/CSU und SPD unter der Bundeskanzlerin Angela Merkel war jedoch der Fortbestand des EEG gesichert, da sich insbesondere in der SPD, aber auch in der CDU/CSU genügend Akteure für den Erhalt des Gesetzes einsetzten. Ein im Koalitionsvertrag vereinbarter Überprüfungsvorbehalt des Gesetzes im Jahr 2007 entspricht dem ohnehin vorgeschriebenen Erfahrungsbericht. Obgleich unter der schwarz-roten Koalition eine erneute Ausweitung der Härtefallregelung bereits stattgefunden hat, deuten die bisherigen Signale auf eine nächste EEG-Novelle, die wie die vorherige Anpassungen im Detail vornehmen wird, ohne die Grundstruktur zu ändern.

Die Hauptkritik konzentriert sich gegenwärtig auf die steigenden Belastungen aus der Photovoltaik-Umlage, denen jedoch der Mehrwert des zu Spitzenlastzeiten und im Niederspannungsnetz eingespeisten Solarstroms sowie die volkswirtschaftlichen Leistungen der Solarstrombranche entgegenstehen. Ein Wegbrechen des deutschen Solarmarktes wäre für die noch junge und stark expandierende Photovoltaikbranche gegenwärtig problematisch, da im Unterschied zur Windenergie gegenwärtig noch tragfähige Exportmärkte fehlen.[216] Gemäß der Vorschläge des BMU sollen die Vergütungen für die Offshore-Windenergie, die kleine Wasserkraft und die geothermische Stromerzeugung verbessert werden, um die bisher stagnierende oder nur zögerlich stattfindende Marktentwicklung zu beschleunigen und die Potenziale zu erschließen. Die Ziele sollen angesichts der vorzeitigen Erreichung des bisherigen Ziels von 12,5 % in 2010 bereits im Jahr 2007 nun auf 27 % für 2020 (vorher 20 %) und 45 % für 2030 erhöht werden.

Dennoch haben auch die grundsätzlichen Konflikte um das EEG auf nationaler und zunehmend internationaler Ebene nach wie vor Bestand. Wie die Debatten auf und nach den Energiegipfeln gezeigt haben, bleiben weite Teile der Energiewirtschaft und der Industrie, insbesondere die energieintensiven Branchen, grundsätzlich gegen eine weit reichende Förderung erneuerbarer Energien und das Instrument EEG eingestellt. Eine EEG-kritische Position und die Forderung nach der Einführung eines EU-weiten zertifikatebasierten Quotenmodells wird außerdem (erneut) seitens der EU-Kommission erhoben, diesmal primär durch den deutschen Industriekommissar Günther Verheugen, sowie im Rahmen des aktuellen IEA-Länderberichts.

3.5.2   *Konstellation der wesentlichen Akteure und Advocacy-Koalitionen*

Die Analyse über einen Zeitraum von mehreren Dekaden ermöglicht es, die Akteure in Bezug auf ihre Haltung gegenüber erneuerbaren Energien zu dauerhafteren Advocacy-Koalitionen oder aber kurzfristigeren Interessenkoalitionen zuzuordnen, und ihre Bedeutung für das Zustandekommen der EE-Policy in den verschiedenen Phasen zu beurteilen.[217]

---

[216] Trotz zunehmender Konkurrenz aus Asien, insbesondere aus Japan und China erweitern die deutschen Hersteller nach wie vor ihre Produktionskapazitäten in Deutschland: Im Jahr 2007 und 2008 entstehen in Deutschland nach Angaben des Solarverbands BSW 15 neue Produktionsstätten (BSW 2007a).

[217] Eine Übersicht der Akteure in der Arena der EE-Politik im Strombereich findet sich auch u.a. in Lauber und Pesendorfer (2004: 142ff und 165ff), Lauber und Mez (2004b: 612ff), Reiche (2004a: 85ff) sowie Di Nucci et al. (2007: 6ff).

Befürworter-Koalition

Auf Basis der obigen Analyse kann ein im Wesentlichen dichotomes Bild gezeichnet werden: Die *Befürworter eines verstärkten, differenzierten Ausbaus erneuerbarer Energien im Strombereich* stehen den diesbezüglichen Gegnern gegenüber.[218] In ihren *Leitargumenten* betonen die Befürworter die volkswirtschaftlichen und industriepolitischen Vorteile des EE-Ausbaus sowie ihren Beitrag zum Umwelt- und Klimaschutz und zur Verminderung externer Kosten. Auch die Forderung nach einer Internalisierung externer Kosten sowie nach einem als notwendig erachteten zukünftigen Energiemix aller erneuerbarer Energien dienen als Begründung einer technologiedifferenzierten Förderung bzw. Vergütung (beispielhaft in BMU 2000a, 2004e). Aus Sicht der Advocacy-Koalition der Befürworter lassen sich ihre zentralen Forderungen auf Basis der bisherigen Erfahrungen nur mit einem Einspeisemodell verwirklichen (ebda.).[219]

Zur Advocacy-Koalition zu zählen sind (siehe Abbildung 15): die EE-Branche und eine Vielzahl von EE-Initiativen und Interessengruppen auf lokaler, regionaler und nationaler Ebene, auf der Parteienebene Bündnis 90/Die Grünen, (mittlerweile) weite Teile der SPD und Teile von CDU/CSU, unter den exekutiven Organen vorrangig das BMU und das UBA. Ein wichtiger Industrie-Akteur in dieser Koalition ist der VDMA, der bereits früh aufgrund der wachsenden ökonomischen Bedeutung seiner neuen Mitglieder aus den EE-Branchen eine Gegenposition zu seinem Dachverband BDI einnahm.

Die großen Volksparteien können, im Unterschied zu den kleineren Parteien, aufgrund ihrer zum Teil sehr heterogenen energiepolitischen Positionen und der damit verbundenen, vielfältigen Klientelpolitik keiner Advocacy-Koalition klar

---

[218] Diese sind in weiten Teilen des politischen Systems auch identisch mit der erweiterten Koalition für erneuerbare Energien allgemein (d.h. inklusive des Wärme- und Kraftstoffbereichs). Allerdings unterscheidet sich der Strommarkt hinsichtlich der Marktakteure und Lobbygruppen deutlich vom Wärme- und Kraftstoffmarkt. Für den gesamten Bereich der erneuerbaren Energien nimmt Danyel Reiche (2004a: 139ff) ebenfalls dichotome Einteilung in eine „ökologische" und eine „ökonomische" Advocacy-Koalition vor.

[219] Danyel Reiche (2004a: 201) weist zurecht darauf hin, dass der Erfolg eines Instruments, egal ob es sich um ein Einspeisevergütungs- oder ein Quotenmodell handelt, maßgeblich von den Details seiner Ausgestaltung sowie weiteren Rahmenbedingungen abhängt. Allerdings widerspricht eine nach Technologien differenzierte Förderung dem Grundgedanken eines Quotenmodells (beispielhaft: Timpe et al. 2001; Lauber/ Toke 2005). Ein Grund dafür ist u.a., dass durch die Einführung von Teilquoten das Handelsvolumen auf den Einzelmärkten sinkt, was die Funktionsfähigkeit eines Zertifikatemarktes tendenziell beeinträchtigt (ebda.). Daher ist die Präferenz der Akteure für ein Quoteninstrument in der Regel mit einer Präferenz für eine niedrige EE-Technologiedifferenzierung verbunden. Darüber hinaus haben die bisher eingeführten Quotenmodelle in der Praxis häufig zu höheren spezifischen Vergütungen geführt, so dass sich die auf die Theorie bezogene ökonomische Vorteilhaftigkeit und größere Effizienz des Instruments bislang überwiegend nicht bewahrheitet hat (siehe hierzu u.a. Europäische Kommission 2004a; Lauber/ Toke 2005; Mitchell et al. 2005; Ragwitz 2005a, sowie ausführlicher in Abschnitt 5.1.4).

zugeordnet werden. Sowohl bei der SPD, als auch bei der CDU/CSU finden sich aufgrund der traditionellen Nähe zu den EVU, bei der SPD zudem zur Kohleindustrie und bei der CDU/CSU zur Atomwirtschaft, Vertreter unterschiedlicher energiepolitischer Advocacy-Koalitionen. Allerdings hat es in beiden Parteien in den letzten Jahren eine Zunahme der Befürworter erneuerbarer Energien gegeben. Das Entscheidungsverhalten der beiden Parteien hängt damit in hohem Maße von der politischen Gesamtkonstellation bzw. Machtverteilung in der Regierung, im Bundestag und im Bundesrat sowie den damit verbundenen Verhandlungsoptionen ab, wie in den Entscheidungsprozessen für das StrEG, das EEG und die jeweiligen Anpassungen gut zu erkennen war.

Abbildung 15: Konstellation und Koalitionen zentraler Akteure

Akteure / Akteursgruppen	Befürworter eines verstärkten, differenzierten EE-Ausbaus im Strombereich (StrEG/EEG-Koalition)			Gegner eines verstärkten, differenzierten EE-Ausbaus im Strombereich	
	Advocacy-Koalition			Advocacy-Koalition	
Parteien / Fraktionen	Grüne				FDP
	EE-Flügel	SPD		*Kohle-, EVU-, Wirtschaftsflügel*	
	EE-Flügel	CDU/CSU		*EVU-, Wirtschaftsflügel*	
Exekutive	BMU/UBA	BMZ/BMELF/BMBF			BMWi
Wirtschaftsakteure und Lobbygruppen	EE-Unternehmen (meist KMU)	EnBW	/ PreußenElektra		große EVU
	BEE und spezif. EE-Verbände				VDEW
	VDMA			BDI, VIK, Kohleindustrie	
	SFV, Eurosolar etc.				
Umweltverbände	Greenpeace, BUND etc.				
Gewerkschaften	IG Metall	ver.di			IG BCE
	Nachhaltigkeitsrat				
Subnationale Ebenen	Einzelne Kommunen, Stadtwerke			Einzelne Kommunen	
	Lokale & regionale EE-Initiativen			Lokale Gegeninitiativen	
	Hohe gesellschaftliche Akzeptanz				NIMBY
	Nord-Ost-Bundesländer / NRW / südliche Bundesländer				

Erläutung zur Grafik: Die Plazierung von Akteuren/ Akteursgruppen am linken (im Fall der EE-Koalition) bzw. rechten (im Fall der „Gegner"-Koalition) Rand signalisiert die Klarheit ihrer Zuordnung zum „harten Kern" der Koalition. Komplexe Akteure mit Mitgliedern in beiden Koalitionen sind in horizontalen Boxen eingerahmt.

Quelle: eigene Darstellung

Auch die Ministerien BMZ, BMBF (vormals BMFT) und BMELV (vormals BMVEL, BML) setzen sich seit längerem für erneuerbare Energien ein, verfolgen jedoch ebenfalls andere, zum Teil konkurrierende Schwerpunkte und Ziele, die zudem stark von der gewählten Regierung abhängen, weshalb sie nicht zur Advocacy-Koalition, sondern zur befürwortenden Interessenkoalition zu zählen sind. Ähnliches gilt für einige Bundesländer, die sich je nach der Verbreitung und ökonomischen Bedeutung für die Förderung einzelner EE-Technologien einsetzten, dabei jedoch nur selten für eine umfassende Förderung aller erneuerbarer Energien.[220] Einzelne Bundesländer wie NRW spielten in der Anfangsphase der Marktentwicklung eine wichtige Rolle, als jedoch zunehmend die Interessen der etablierten Energieindustrien beeinträchtigt wurden, änderte sich die Haltung deutlich. Als ein ebenfalls heterogener Akteur stellt sich der Nachhaltigkeitsrat dar, der sich trotz seiner Zieltrias und der heterogenen Stakeholder-Besetzung zwar klar für die stärkere Förderung erneuerbarer Energien einsetzt, auf der anderen Seite jedoch ebenso für die weitere Nutzung der heimischen Kohle plädiert.

Damit sind wesentliche Akteure bzw. Akteursgruppen der Befürworter-Koalition skizziert. Eine wichtige Bedeutung für die Stärkung dieser Koalition hatten darüber hinaus jedoch Akteure, mit denen *kurzfristige oder grundsätzliche Interessenüberschneidungen* bestanden, was gleichbedeutend mit einer Schwächung der Gegner-Koalition (s.u.) war, zu der sie eigentlich gehörten. Dies war im Entstehungsprozess des EEG die Preussen-Elektra AG, die aufgrund ihrer regionalen Belastung durch das StrEG für das EEG votierte, da es einen bundesweiten Ausgleichsmechanismus enthielt. Im Prozess zur EEG-Novelle 2004 war es die EnBW, die ein Interesse an der Einbeziehung der großen Wasserkraft hatte, und sich, nachdem dies erfüllt wurde, zu einem Befürworter des EEG wandelte.

Gegner-Koalition

Die Koalition derjenigen Akteure, die im Kern *gegen einen verstärkten, differenzierten Ausbau erneuerbarer Energien im Strombereich* eintraten, wird nachfolgend vereinfachend „*Gegner-Koalition*" genannt. Ihre Argumentation zielte hauptsächlich auf eine möglichst geringe Belastung der Wirtschaft durch die unmittelbaren Kosten (bzw. Umlagekosten) erneuerbarer Energien, und in Verbindung damit forderten sie, dass nur die günstigsten Technologien gefördert werden sollten. Demgemäß favorisierten die politischen Akteure einen quotenbasierten Zertifikatehandel und lehnten die

---

[220] Eine Unterscheidung in Akteure mit unterschiedlich tiefen Überzeugungen hinsichtlich der Förderung erneuerbarer Energien ist auch bei den Initiatoren des StrEG vorzunehmen. Während die Initiatoren der zweiten Phase (der Wasserkraft-Lobbyist Engelsberger von der CSU und Daniels von den Grünen), deren Aktivitäten letztlich zum Erfolg führten, eindeutig zur dauerhafteren und von tieferen Überzeugungen geprägten Advocacy-Koalition zu zählen sind, war bei den ersten Initiatoren, den CDU-Politikern Maaß und Carstensen, eher ein kurzfristigeres Interesse gegeben, da sie nach 1988 bereits wieder andere politische Prioritäten verfolgten.

differenzierte Vergütung mit Abnahmepflicht ab. Eine solche Position wurde und wird nach wie vor vertreten vom VDEW, den großen Energienkonzernen (mittlerweile mit Ausnahme der EnBW) inklusive der Kohleindustrie, überwiegenden Teilen der Industrie und ihrer Lobbyverbände (zentral: BDI, DIHK, VIK, Ausnahme: VDMA) insbesondere der energieintensiven Branchen, Gewerkschaften wie der IG BCE (Bergbau, Chemie, Energie), der FDP und weiten Teilen der Union, sowie traditionell aufgrund seiner Nähe zu den vorher genannten Akteuren dem Bundeswirtschaftsministerium.

Diese so skizzierte „Gegner-Koalition" entspricht in ihren wesentlichen Zügen der konventionellen Energiewirtschaft und den mit ihr eng verbundenen politischen Akteuren in den Parteien und der Exekutive sowie den großen Energienachfragern auf dem Strommarkt. Neben den Akteuren, die im politischen Prozess eine Rolle spielen, zählen an der lokal-regionalen „Basis" auch Bürgerinitiativen sowie Kommunen dazu, die sich gegen den Ausbau erneuerbarer Energien stellen. Wie oben dargestellt, haben diese Widerstände gegen erneuerbare Energien am lokalen Ort zwar angesichts der großen Anzahl der dezentralen Anlagen zugenommen, jedoch insgesamt keinen überwiegenden Einfluss auf die bisherige Entwicklung gehabt.

Auch wenn mittlerweile nahezu alle der genannten politischen Akteure der Gegner-Koalition die Bedeutung der erneuerbaren Energien betonen, so ist dies in der Regel mit der Forderung nach niedrigen direkten Umlagekosten und nach Wettbewerb mit den anderen Energieträgern verbunden. Im Ergebnis sollten demnach nur die kostengünstigsten EE-Technologien gefördert werden. Damit sprechen sie sich de facto gegen den Einsatz eines Technologie differenzierenden Instruments und für den Bau von EE-Großanlagen aus, da diese in Bezug auf die spezifischen Erzeugungskosten – ohne Berücksichtigung von vermiedenen oder externen Kosten - in der Regel am günstigsten produzieren können. Diese (betriebswirtschaftlich rationale) Argumentation dokumentiert den Willen zur Erhaltung und die Beharrungskräfte des zentralen Energieversorgungssystems. Sie erklärt auch das insgesamt geringe, primär auf den Betrieb von Großanlagen begrenzte Engagement der konventionellen EVU im EE-Markt, sowie die Präferenz für eine einheitliche Quotenregelung auf Zertifikatebasis, die ebenfalls vorrangig Großanlagen begünstigt. Zudem kann ein Zertifikatemarkt tendeziell von kapitalstarken Akteuren leichter beherrscht werden (siehe hierzu auch Abschnitt 4.5).

4 Wechselwirkungen mit der Energiepolitik – die EnWG-Novelle

4.1 Einleitung: Energiemarktliberalisierung als Multi-Level-Governance-Prozess und der Bezug zu erneuerbaren Energien

Das Energiewirtschaftsgesetz gilt als Grundgesetz der Energiewirtschaft. Über 60 Jahre sicherte die alte Regelung von 1935 die Elektrizitätsversorgung in Deutschland. Auf der Basis so genannter Demarkationsverträge war Deutschland in Versorgungsgebiete mit Versorgungspflicht eingeteilt, in denen der jeweilige Energieversorger ein Monopol hatte. Trotz einer staatlichen Genehmigung der Stromtarife (Preisaufsicht), konnten sich die Energieversorger, insbesondere die überregional aktiven, größeren Kraftwerks- und Netzbetreiber, in dieser Zeit zu stetig wachsenden Verbundunternehmen entwickeln. Insbesondere die größten acht Energieunternehmen waren bereits viele Jahre vor der Energiemarktliberalisierung finanziell in der Lage, sich in die davor liberalisierten Versorgungsmärkte (Abfall, Abwasser, Telekommunikation) durch Aufkäufe und Beteiligungen zu international bedeutenden Multi-Utility-Konzernen zu entwickeln.[221]

Trotz mehrerer Versuche gelang es in diesem Zeitraum keiner deutschen Regierung, den Schritt von den alten Gebietsmonopolen in Richtung mehr Wettbewerb zu vollziehen. Alle Versuche scheiterten u.a an der engen und traditionellen Verflechtung der Energiewirtschaft mit der Politik und weil „die von der Regulierung direkt betroffenen Wirtschaftsakteure in der Regel hieran [ihrer Monopolstellung, eigene Anmerkung] festhielten und das politische System der Bundesrepublik aufgrund der vielen Vetopunkte Reformen erschwert" (Schmidt 2006: 168). Erst die Liberalisierungsanforderungen seitens der Europäischen Union führten auch in Deutschland zu einer Änderung des außergewöhnlich lange existierenden energiewirtschaftlichen Rahmens (vgl. ebd.).

Vor diesem Hintergrund ist die energiepolitische Auseinandersetzung um das Energiewirtschaftsgesetz und dessen hier im Vordergrund stehende zweite Novellierung klar als ein *Mehrebenenprozess* zu kennzeichnen, auf den die Bezeichnung *Multi level Governance* zutrifft:[222] *Erstens* basiert die nationale Energiemarktre-

---

[221] Siehe hierzu beispielsweise die Darstellung der Konzernentwicklung von RWE bis zur Mitte der 1990er Jahre bei Mez und Osnowski (1996, insbesondere S. 75ff).

[222] Die Transformation von staatsnahen Wirtschaftssektoren im Zuge von Liberalisierungsprozessen wird bereits seit den 90er Jahren, damals vorrangig im angloamerikanischen Raum, unter dem Stichwort Governance diskutiert. In diesem Zusammenhang sind beispielsweise mehrere Arbeiten zur „governance transformation" der amerikanischen Wirtschaft von Campell, Hollingsworth und

form auf dem EU-Liberalisierungsprozess des Energiebinnenmarktes auf Basis der EG-Richtlinie 96/92/EG aus dem Jahr 1996, welche die Mitgliedsstaaten dazu verpflichtete, die Strommärkte schrittweise zu öffnen (Richtlinie 1996). Die hier im Vordergrund stehende zweite Novellierung des EnWG erfolgte zudem unter dem aktiven Druck der Europäischen Kommission und in Folge der so genannten Beschleunigungsrichtlinie 2003/54/EG (Richtlinie 2003a), die den – insbesondere in Deutschland – sich nur geringfügig entwickelnden Wettbewerb befördern sollte. *Zweitens* gab es auf der nationalen Ebene in vielen grundsätzlichen Punkten eine konfliktive Zuspitzung zwischen *Bund und Ländern*, da viele Regelungen des Energiewirtschaftsgesetzes Länderkompetenzen betrafen und somit Änderungen z.B. bezüglich einer Übertragung von Aufgaben auf die Bundesebene somit nicht ohne Zustimmung des Bundesrats möglich waren.

Drittens war der politische Prozess stark durch die *Energiewirtschaft* selbst und die großen Energieverbraucher geprägt: Die Umsetzung der Liberalisierungsrichtlinie erfolgte 1998 in Deutschland unter der damaligen konservativ-liberalen Kohl-Regierung und dem liberalen Wirtschaftsminister Rexrodt anders als in allen anderen EU-Mitgliedsstaaten. Es wurde keine zentrale Netzregulierungsbehörde zur Sicherung des freien Netzzugangs, zur Kontrolle der Netzkosten etc. eingesetzt, sondern die Regierung vertraute auf eine freiwillige Verbändevereinbarung der Energiewirtschaft mit den industriellen Energieverbrauchern über die Durchleitungsbedingungen des Stromnetzes.

Aufgrund des mangelnden Wettbewerbs nach der Umsetzung der Liberalisierungsrichtlinie in Deutschland wurde der Ruf nach einer Neufassung nicht nur aus Brüssel lauter. Von der Europäischen Ebene kamen schließlich ab 2003 die Vorgaben, die gemäß ihrer Intention für schnelleren Wettbewerb „Beschleunigungsrichtlinien" genannt wurden. Trotz massiven Drucks und Terminvorgaben zur Umsetzung aus Brüssel dauerte es aufgrund der schwierigen Diskussionsprozesse und Widerstände noch bis zum 13. Juli 2005, bis das neue Energiewirtschaftsgesetz (EnWG) in Kraft treten konnte und die Richtlinien damit in nationales Recht umgesetzt wurden.

Die große Bedeutung des Energiewirtschaftsgesetzes als Rahmen für die gesamte Energiewirtschaft legt nahe, dass sich alle energiewirtschaftlichen Akteure aktiv am politischen Prozess zur zweiten Novelle hätten beteiligen müssen. Diese These gilt im Grundsatz auch für die *erneuerbare Energien-Branche*, da - gemessen an

---

Lindberg (1991a; 1991b) zu nennen. Im europäischen Raum wird diesbezüglich zunehmend der Begriff Multi-Level Governance verwendet (s.o.). Die politikwissenschaftliche Debatte um die Form und Wirkungen der Regulierung in der deutschen Elektrizitätswirtschaft ist im Verlauf der letzten Jahre im Kontext der Liberalisierung intensiv und kontrovers geführt worden. Beispielhafte Arbeiten, die sich mit der Liberalisierung insgesamt, mit Implikationen für Teilmärkte und damit in der Regel implizit oder explizit mit Mehrebenenzusammenhängen befassten sind von Kristof (1992), Mez (1999), Matthes (2000b), Grande und Eberlein (2000), Eising und Jabko (2001), Monstadt (2004), oder der Enquete-Kommission „Nachhaltige Energieversorgung" (2002).

den vorherigen 60 Jahren – der neue energiewirtschaftliche Rahmen den Zeitraum des EEG überdauern könnte. Auch die bisherigen Erfahrungen mit dem bis dato nur ungenügenden Wettbewerb im Energiemarkt und einer Regulierung, welche die ökonomische Macht der Konzerne sowie die Konzentration im Markt deutlich gefördert hat, sowie die große Nähe der konventionellen Energiewirtschaft und ihrer Interessenvertreter zu vielen Energiepolitikern und dem Wirtschaftsministerium sind Argumente, die dies unterstreichen (zur Verstrickung von Abgeordneten und Beamten mit der Energiewirtschaft siehe Gammelin/ Hamann 2005: 195ff; BDE 2006a; Böhling/ Commerell 2007).

Uwe Leprich beschrieb den mittel- bis langfristigen Zusammenhang wie folgt: „Das Erneuerbare-Energien-Gesetz (EEG) und das Kraft-Wärme-Kopplung-Modernisierungsgesetz (KWKG) bleiben Nischengesetze, wenn es nicht gelingt, den ... Paradigmenwechsel in den grundsätzlichen Rahmenbedingungen der Stromwirtschaft zu verankern. [...] Die derzeitige Novellierung des Energiewirtschaftsgesetz ist seit 1935 der erste realistische Versuch in Deutschland, ein wirkliches Grundgesetz für diesen Schlüsselbereich der Volkswirtschaft zu schaffen" (Leprich 2005: 17f). Und auch der Bundesverband Windenergie formulierte im späteren politischen Prozess in einer Stellungnahme: „Obwohl das EEG ... das Recht der Erneuerbaren Energien im Elektrizitätssektor in wesentlichen Teilen regelt, hat die Ausgestaltung des EnWG keine geringere Bedeutung für den weiteren Ausbau der EE" (BWE 2004a: 1). Neben dieser allgemeinen Bedeutung sind darüber hinaus eine Reihe von zentralen Regelungen der EnWG-Novelle von direkter Relevanz für die erneuerbare Energien-Branche, wie eine Reduzierung überhöhter Netzkosten, die Beseitigung von Diskriminierungstatbeständen beim Netzzugang, aber auch „weiche" Regelungsaspekte wie die Einführung einer Stromkennzeichnung.

Eine erste Betrachtung des Prozesses zeigt jedoch, dass die erneuerbare Energien-Vertreter sich nur geringfügig selbst in den Prozess eingebracht haben. Wenn diese Beobachtung stimmt, worauf ist dies zurückzuführen? In welcher Art und Weise war und ist die EE-Branche vom EnWG betroffen? Welche Akteure haben den Policy-Prozess geprägt und wie stellen sich aus Sicht der erneuerbare Energien-Akteure die Interessenkoalitionen dar? Die Diskussionen um die zweite Novelle des Energiewirtschaftsgesetzes überschnitten sich zudem zeitlich mit Debatten um die zweite Novellierung des EEG, weshalb die hier möglicherweise bestehenden Interaktionen zwischen den Policy-Prozessen für die Policy-Analyse des EEG-Prozesses von hohem Interesse sind.

Vor diesem Hintergrund werden in diesem Kapitel zunächst die zentralen Rahmenbedingungen und die Ausgangslage vor Beginn des Policy-Prozesses zur zweiten EnWG-Novelle skizziert (Abschnitt 4.2). Diese beinhalten die Entwicklungen der Energiewirtschaft und Energiepolitik inklusive der ersten EU-Liberalisierungsrichtlinie für den Energiebinnenmarkt, der ersten EnWG-Novelle

1998 und enden bei der Beschleunigungsrichtlinie 2003, die den zentralen Auftakt für den vertieften Untersuchungsprozess darstellt. In Abschnitt 4.3 werden die zentralen Regelungsaspekte und Konflikte des EnWG-Prozesses dargestellt und auf die Verknüpfungen und die Relevanz für die erneuerbaren Energien hingewiesen. Eine ausführliche Behandlung des Policy-Prozesses anhand seiner wesentlichen Phasen bis zur Verabschiedung des Gesetzes erfolgt in Abschnitt 4.4. Daran schließt sich im Abschnitt 4.5 eine Darstellung der aktuelleren Ereignisse bis zur Gegenwart an (Stand Anfang 2007). Aus den vorangegangen Abschnitten wird schließlich in Abschnitt 4.6 die Akteurskonstellation herausgearbeitet, und in Abschnitt 4.7 ein Fazit zur EnWG-Analyse gezogen.

4.2   Rahmenbedingungen und Ausgangslage

4.2.1   *Die deutsche Stromwirtschaft bis zur Liberalisierung 1998*

4.2.1.1   Traditionelle Strukturen des deutschen Energiemarkts

In der Zeit des alten und über 60 Jahre währenden Energiewirtschaftsgesetzes entsprach die Ordnungsform des Strommarktes der eines natürlichen Monopols. Aspekte wie die Gewährleistung der Versorgungssicherheit, die Höhe und Langfristigkeit der Netzinvestitionen, die Abstimmung zwischen Angebot und Nachfrage wurden über Jahrzehnte hinweg als Gründe gegen einen Wettbewerb im Strommarkt angeführt (Kristof 1992; Monstadt 2004; Schmidt 2006). Im engeren Sinne entspricht jedoch nur das Leitungsnetz den Anforderungen eines natürlichen Monopols, da der parallele Betrieb mehrerer Netze im Regelfall ökonomisch nicht sinnvoll ist. Die Bereiche Erzeugung und Vertrieb sind jedoch grundsätzlich wettbewerbsfähig, doch gegen eine diesbezügliche Liberalisierung konnten sich die deutschen Verbundunternehmen jahrzehntelang bis zum Ende der 1990er Jahre erfolgreich wehren (Hennicke/ Müller 2005).

Die Gründe für das *„Beharrungsvermögen des deutschen Strommarktes"* (Leprich 2005) lassen sich auf mehrere grundsätzliche Besonderheiten des Strommarktes gegenüber anderen Versorgungsbereichen zurückführen. Zum einen ist hier eine vergleichsweise große Machtstellung der Energiewirtschaft gegenüber der Politik zu konstatieren. Der Staat selbst spielte in diesem Versorgungssektor anders als in anderen Sektoren (vgl. Schmidt 2006) nicht die wichtigste Rolle, sondern es gab traditionell eine über Jahrzehnte gewachsene, vergleichsweise *stabile Marktstruktur* von wenigen überregionalen (weniger als neun), mehreren regionalen (ca. 80) und einer Vielzahl von kommunalen (über 800) Energieversorgungsunternehmen (EVU) (Eberlein 2000). Über Demarkationsverträge waren die Versorgungsgebiete der EVU unter Wettbewerbsausschluss voneinander abgegrenzt. Um die dadurch mögliche Preiswillkür einzudämmen, unterstanden die Unternehmen der so genannten Missbrauchsaufsicht des Bundeskartellamtes. Die Preisaufsicht für Tarifkunden unterlag den Länderbehörden, die Gesamtaufsicht lag beim Bundeswirtschaftsministerium. Die ökonomische Verflechtung der kommunalen EVU mit den Kommunen ist einerseits durch die Konzessionsabgabe gegeben, welche die EVU an die Gebietskörperschaft u.a. für die Nutzung des Verkehrsraums und für die Leitungsverlegung zahlen, anderseits waren die meisten und sind nach wie vor einige Kommunen anteilige oder vollständige Eigentümer ihrer lokalen EVU. Besonders über die kommunalpolitischen Vertreter in den Bundestagsfraktionen der Volksparteien waren die Interessen der Stromwirtschaft auch im parlamentarischen System institutionell verankert (Mez/ Osnowski 1996).

Einige der zentralen *Lobbyorganisationen der Stromwirtschaft* sind zum Teil noch älter als das erste Energiewirtschaftsgesetz. Der wichtigste Verband der Energieversorger, der VDEW (Verband der Elektrizitätswirtschaft), wurde bereits 1892 gegründet und existiert somit seit über 100 Jahren. Er ist nach wie vor mit gegenwärtig etwa 750 von etwas über 900 Energieversorgern der bedeutendste Lobbyverband der Energiewirtschaft.[223] Die kommunalen EVU werden darüber hinaus traditionell durch den Verband kommunaler Unternehmen (VKU) vertreten, die regionalen EVU durch den VRE (Verband der Verbundunternehmen und Regionalen Energieversorger, früher Arbeitsgemeinschaft regionaler EVU, ARE). Die größten, überregionalen EVU sind zum einen dominierend in den Entscheidungsgremien (Präsidien und Vorstände) vertreten, treten jedoch aufgrund ihrer Größe in der Regel auch eigenständig auf. Auf der Nachfrager- bzw. Netznutzer-Seite sind die großen Stromverbraucher und Eigenstromerzeuger seit 1947 im Verband der Industriellen Energie- und Kraftwirtschaft (VIK) zusammengeschlossen, der damit der bedeutendste Verband der Industrie in Energiefragen ist.[224]

Ein zweiter wichtiger Grund für das Beharrungsvermögen des Strommarktes korrespondiert mit der skizzierten Marktstruktur, da mit der Schaffung von Infrastrukturen durch langfristige, und zu einem hohen Anteil öffentliche Investitionen auch technisch-ökonomische Pfadabhängigkeiten geschaffen wurden. Das über den langen Zeitraum des Energiewirtschaftsgesetzes gewachsene Stromsystem in Deutschland lässt sich als „*zentralistisches Großverbundsystem*" (Leprich 2005: 15) charakterisieren, in dem der Strom überwiegend, d.h. über viele Jahrzehnte zu über 80-90 % in mit Kohle oder Atomkraft betriebenen großen Kondensationskraftwerken fernab von den Verbrauchern erzeugt und über ein Hoch- und Höchstspannungsnetz zu den Verteilnetzen regionalen und kommunalen Unternehmen, die den

---

[223] Nach eigenen Angaben repräsentiert der Verband damit 95 % des deutschen Strommarktes (www.vdew.de, 23.10.2006).

[224] Nach eigenen Angaben steht der VIK für 80 Prozent des industriellen Energieeinsatzes und 90 Prozent der versorgerunabhängigen Stromerzeugung in Deutschland (www.vik-online.de, 23.10.2006).

Strom an die Endkunden liefern, transportiert wurde (ebda.). Diese zentralistische Stromproduktion erfolgt seit vielen Jahrzehnten bis heute überwiegend durch wenige große, konventionelle Energieversorger, nur ein kleiner Anteil von etwa 5 % entfiel (und entfällt) auf industrielle Eigenstromerzeugung, und in etwa gleicher Höhe auf kleinere KWK-Anlagen auf der Basis fossiler Brennstoffe, die zum Teil von kleineren EVU oder privaten Anbietern betrieben werden (Kristof 1992; Leuschner 2005b; Matthes et al. 2007). Die wesentliche dynamische Komponente in Bezug auf die Erzeuger- und Anlagenstruktur ist der seit einigen Jahren stetig wachsende Anteil der erneuerbaren Energien in Höhe von mittlerweile 12 % an der Bruttostromerzeugung, der überwiegend von unabhängigen Erzeugern produziert wird (siehe Kapitel 3).

Aufgrund dieser historisch gewachsenen Struktur im Strommarkt erklärt sich, dass es traditionell einen hohen Grad an sektoraler Selbstregelung gab, die später zum Modell der freiwilligen Selbstregulierung durch die Verbändevereinbarungen führte. Die Governance-Struktur des deutschen Elektrizitätsversorgungssystems vor der Liberalisierung kann vor diesem Hintergrund als ein *System überwiegend privater Interessenregulierung* bezeichnet werden (Streeck/ Schmitter 1996; Voß 2000).

Bereits weit vor der durch die EU angestoßenen Liberalisierung wurde in Deutschland über den Missstand der engen Verflechtung zwischen Staat und den EVU diskutiert, die dadurch mangelhafte bis fehlende Aufsicht kritisiert und Wettbewerb gefordert. Schon damals war die Monopolkommission ein wichtiger Akteur, der auf diesbezügliche Probleme hinwies: z.B. könne die auf Länderebene ausgeübte Fach- und Preisaufsicht aufgrund der Verflechtung und der länderübergreifenden Planung der Verbundunternehmen nicht wirksam sein, zudem wichen die Entscheidungen und Kriterien für Sondervertragskunden, für die das Kartellamt zuständig war, häufig von denen der Länderbehörden ab (Hauptgutachten 1974/1975 der Monopolkommission, zitiert nach Kristof 1992: 74). Dieser Kritikpunkt zielte auf die im europäischen Vergleich um mit bis zu 40 % deutlich höheren Preise (Daten der IEA nach Bonde 2001: 235), welche die Stromkunden zu zahlen hatten.[225] Kora Kristof kommt in ihrer Analyse der Wettbewerbsprobleme der Elektrizitätswirtschaft zu dem Schluss, dass die zentrale Struktur des Energiesystems insbesondere

---

[225] Während die höheren Preise von Kritikern mit fehlendem Wettbewerb sowie mangelnder Kontrolle und Transparenz begründet wurden, wurden auf der anderen Seite zur Rechtfertigung der Preisunterschiede die verschiedenen Rahmenbedingungen in den einzelnen Ländern herangezogen. Hillebrand et al. führten diesbezüglich aus (1991: 56): „Unterschiedliche organisatorische Gestaltungen der Versorgungs- und Verbundübertragungssysteme, unterschiedliche Eigentumsverhältnisse im Strombereich (staats- vs. privatwirtschaftliche Unternehmen), durch staatliche Maßnahmen hervorgerufene Differenzen in der steuerlichen und finanziellen Behandlung der Versorgungsunternehmen in der Art und Dauer der Genehmigungsverfahren für den Kraftwerksneubau, im Zugriff auf (preisgünstige) Brennstoffe sowie in den Umweltschutznormen und Sicherheitsauflagen für Kraftwerke begründen innerhalb der EG gravierende Unterschiede in den Stromerzeugungskosten und – preisen."

auf die ökonomischen Bedürfnisse von großen EVU ausgerichtet sei und durch „den rechtlichen und institutionellen Rahmen ... zementiert" werde; „offensichtlich spielte dabei Macht – sowohl auf der wirtschaftlichen als auch auf der politischen Ebene - eine maßgebliche Rolle" (Kristof 1992: 75).

4.2.1.2 Privatisierung und Liberalisierungsdebatte in Deutschland

Vor diesem Hintergrund wurde in Deutschland, aber auch auf der EU-Ebene verstärkt die Liberalisierung und Privatisierung der staatsnahen bzw. staatlichen Versorgungssektoren diskutiert. Ein ursächlicher Treiber für diese Debatten waren dabei zu hohe Kosten bzw. überhöhte Tarife in den einzelnen Sektoren, der mit dem zunehmend stärker wahrgenommener Kostendruck durch die wachsende Globalisierung einherging (Schmidt 2006). Auch die neuen technischen Möglichkeiten der Informations- und Kommunikationstechnologien machten es in vielen Versorgungssektoren möglich, über effizientere Formen von Vernetzung auch unter anderen Marktbedingungen nachzudenken bzw. diese zu entwickeln (ebda.). Parallel und in enger Verbindung zur vorherrschenden Meinung, dass die enge Verflechtung von Staat und Unternehmen zu Ineffizienzen führe (s.o.), setzte sich in den westlichen Industriestaaten in dieser Zeit die neoliberale Marktphilosophie durch, die einen vollständigen Rückzug des Staates und die Deregulierung von Märkten einforderte (Eising 2000).[226]

---

[226] Ursprünglich standen neoliberale Ansätze für die Kombination neoklassischer Ansätze mit marktliberalen Vorstellungen – und damit für eine staatliche Kontrolle von vollständig freien Märkten (Laissez-faire-Kapitalismus) immer dann, wenn die „unsichtbare Hand des Marktes" (Begriff nach Adam Smith) versagte und beispielsweise Marktverzerrungen durch Monopole oder Kartelle drohten. Damit verstanden sich Vertreter des Neoliberalismus wie Friedrich Hayek und Walter Eucken als Mittler zwischen Kapitalismus und Sozialismus. Aus diesem Umfeld heraus entstanden u.a. die Konzepte des Ordoliberalismus, aber auch der sozialen Marktwirtschaft. (Willke 2003). Heute stehen neoliberale Ansätze in der Politik in der Regel in reduzierter Weise primär für den Rückzug des Staates aus Märkten, einer über lange Zeit stark präsent war, wie z.B. in den klassischen Versorgungssektoren. Insbesondere in den 1980er Jahren wurde neoliberalen Reformen dieser Art eine höhere Problemlösungsfähigkeit angesichts von Wirtschaftskrisen und leeren öffentlichen Kassen zugesprochen als keynesianischen Modellen. Bedeutende und einflussreiche Vorbilder für die O-ECD-Staaten waren die USA unter Reagan und Großbritannien unter Thatcher, in der EU hatte der neoliberale Ansatz mit der Binnenmarktstrategie in den 1980er Jahren ebenfalls eine Verankerung gefunden (Eising 2000).
Die Kritik am Neoliberalismus entzündet sich u.a. an der Frage, wann und in welchem Ausmaß der Staat einzugreifen habe. Ein zentraler Grund für das Eingreifen des Staates ist das so genannte Marktversagen, z.B. in Bezug auf negative externe Effekte (Fritsch et al. 2005). Problematisch sind zudem Zeitpunkt und Art der Einführung neoliberaler Ansätze in Wirtschaftssystemen, wenn z.B. die kapitalstärksten Unternehmen dadurch erhebliche Marktvorteile erzielen können, wie dies im Energiesektor der Fall war. Nicht zuletzt aus diesem Grund und der häufig engen Verbindung zwischen Verfechtern und Profiteuren neoliberaler Wirtschaftsreformen werden die Entwicklungen in der EU und den Nationalstaaten sowie im Rahmen der WTO von vielen gesellschaftlichen Gruppen kritisch gesehen (siehe z.B. diverse Publikationen von WEED, www.weed-online.de). Elmar Altva-

Die Privatisierung von öffentlichen Unternehmen in Deutschland wurde insbesondere unter der seit 1982 regierenden konservativ-liberalen Regierung unter Helmut Kohl stark vorangetrieben. Insbesondere mit Beginn der 1990er Jahre wurden nahezu alle Landesbeteiligungen an Verbundunternehmen sowie viele kommunale Beteiligungen an Stadtwerken an private Versorgungsunternehmen veräußert (Monstadt 2004: 160).[227]

Über eine *Reform des deutschen Energiewirtschaftsrechts zugunsten von mehr Wettbewerb* wurde schon seit Mitte der 1960er Jahre diskutiert (Gröner 1965). Eine signifikante Veränderung zugunsten von mehr Wettbewerb war jedoch bis 1998 nicht durchsetzbar. Die deutsche Debatte zur Veränderung des Regulierungssystems wurde nach Matthes (2000b: 177ff) von zwei Seiten mit unterschiedlichen Zielrichtungen angestoßen: Zunächst wurden Vorschläge zur Entmonopolisierung der Stromwirtschaft u.a. von der Monopolkommission (1977; 1994) und der Deregulierungskommission (1991) entwickelt, die rein auf die wettbewerblichen Aspekte fokussierten. Später wurden insbesondere von der grünen Partei und der SPD verstärkt ökologisch orientierte Re-Regulierungsvorschläge zum Thema Klima- und Umweltschutz unterbreitet (hierzu auch Mez 1997). Diese waren nicht nur rein normativ geprägt, sondern basierten auch darauf, dass im Bereich der Energieerzeugung dezentrale Systeme entwickelt und seit der Einführung des Stromeinspeisegesetzes 1990 vereinzelt auch bereits eingesetzt wurden (Kristof 1992; Schmidt 2006, vgl. a.a.O.).

Ein Reformkonzept für mehr Wettbewerb und gleichzeitig mehr ökologischen Gestaltungsspielraum kam 1992 vom Bundesumweltministerium, nachdem die damals neun größten Energieversorger die Verfügungsgewalt über die Übertragungsnetze abgeben sollten (Bohne 1995) – ein Vorschlag der in der Debatte bis heute immer wieder kam, bislang jedoch keine Durchsetzungsmacht entfalten konnte. Das federführende Bundeswirtschaftsministerium vertrat im Rahmen der Debatte das so genannte Durchleitungsmodell, welches keine strukturellen und eigentumsrechtlichen Veränderungen erforderte (Cronenberg 1995), und welches später eine Grundlage für die Verbändevereinbarungen werden sollte.

Weder die Wiedervereinigung zu Beginn der 1990er Jahre noch die ersten konkreten Liberalisierungs-Vorbilder in Europa (seit 1990 in Großbritannien sowie später in den Niederlanden und Norwegen) führten zu einer regulativen Verände-

---

ter (2006: 45f) kritisiert in diesem Zusammenhang, dass beim neoliberalen (wie beim liberalen und neokonservativen) Ansatz „die Ökonomie als Rationalveranstaltung" gedeutet wird, bei der einzig die Nutzenmaximierung aller Kapitalformen (von Real- bis Humankapital) zähle (Altvater 2006: 46).

[227] Ein vollständiges Staatsmonopol wie in Frankreich oder früher in Großbritannien hat es in der (west-)deutschen Elektrizitätswirtschaft allerdings nie gegeben. Die deutsche Stromwirtschaft ist traditionell durch eine Koexistenz öffentlicher und privater Unternehmen geprägt. Erste Privatisierungen fanden bereits in den 50er und 60er Jahren statt (Monstadt 2003).

rung des Strommarkts in Deutschland.[228] Dennoch wurden in dieser Zeit als Reaktion auf die Entwicklungen auf der EU-Ebene Entwürfe für eine Reform hin zu einer Marktöffnung verstärkt diskutiert. Im Jahr 1994 gab es einen Referentenentwurf zur Liberalisierung der leitungsgebundenen Energieversorgung aus dem FDP-geführten Bundeswirtschaftsministerium, der jedoch auf zu starken Widerstand aus anderen Ressorts, der Energiewirtschaft, der SPD-Mehrheit im Bundesrat (welche insbesondere die Interessen der Kommunen vertrat), aber auch von Gewerkschaften, Umwelt- und Verbraucherschutzverbänden traf und somit nicht durchsetzungsfähig war (Mez 1997, 2003; Eising 2000). Auch die so genannten Energiekonsensgespräche im Jahr 1993 und 1995 zwischen Politik und Wirtschaft brachten keine Bewegung.

Damit beschloss die damalige Bundesregierung, ihre Aktivitäten auf EU-Ebene zu forcieren, auf der sie für eine weitgehende Liberalisierung eintrat (Mez 1997). Jochen Monstadt bewertet die folgenlosen Debatten in Deutschland wie folgt (Monstadt 2004: 175): „Obwohl der Reformbedarf von vielen Seiten bestätigt wurde, scheiterten alle Vorschläge zur Einführung von Wettbewerb in Deutschland bis Mitte der 90er Jahre an den Vetopositionen der Kommunen, der Energieversorger und ihren hoch organisierten Interessenverbänden." Aber auch das Bundeswirtschaftsministerium als verantwortliches Ressort ist differenziert zu betrachten, da sich die für Wettbewerb zuständige Abteilung gegenüber den Interessen der eher ablehnenden Energieabteilung nicht durchsetzen konnte (Eising 2000; Renz 2001). Letztlich brauchte es in der Folge in Deutschland, wie auch in den meisten anderen europäischen Ländern, den Anstoß durch die konkrete Rahmensetzung der europäischen Ebene.

4.2.1.3   EU-Binnenmarktdynamik und Liberalisierungsrichtlinie 1996

In den Gründungsjahren der EU war die europäische Energiepolitik ausschließlich auf die Kohlepolitik (Pariser Vertrag von 1952 zur Errichtung der Europäischen Gemeinschaften für Kohle und Stahl EGKS) und die Atompolitik (Römische Verträge von 1957, darin Gründung der Europäischen Atomgemeinschaft Euratom) ausgerichtet. Im Vertrag über die Gründung der Europäischen Wirtschaftsgemeinschaft (EWG) findet das Thema Energiepolitik hingegen keine explizite Erwähnung (Hillebrand et al. 1991: 26). Im Zuge der Ölpreiskrisen von 1973/74 und 1979/80 wurde jedoch neben der Gründung der Internationalen Energieagentur (IEA) auch die Koordination der EG-Mitgliedsstaaten erhöht. Im Jahr 1974 wurden

---

[228] Felix Matthes (2000b: 177) führte dies in seiner Untersuchung der Auswirkungen des deutschen Vereinigungsprozesses auf Energiewirtschaft und –politik darauf zurück, dass im Jahr 1990 die deutschen sowie die europäischen Liberalisierungspläne so wenig ausgereift waren, dass sie keinen Einfluss auf den Vereinigungsprozess und somit die Integration des ostdeutschen in den westdeutschen Energiemarkt haben konnten.

erstmals energiepolitische Ziele für die EG formuliert, welche u.a. Fragen der Preisbildung, die Versorgungssicherheit, aber auch Mittelbereitstellung für einzelne Energiebereiche beinhalteten (ebda.: 26f).

Der Beginn der Diskussionen zur Schaffung eines EU-Energiebinnenmarktes kann auf Mitte der 1980er Jahre verortet werden. Hatte die Binnenmarktstrategie der EU bis dahin die Energieversorgung ausgeklammert, wurde dies nun anders. Das Strategiepapier „Der Binnenmarkt für Energie" aus dem Jahr 1988 (Europäische Kommission 1988) sowie spätere Richtlinienentwürfe der Europäischen Kommission, die maßgebliche Initiatorin war, zeichneten bereits ein weitgehendes Bild eines liberalisierten Marktes mit Merkmalen wie z.B. Unbundling und diskriminierungsfreiem Zugang (Hillebrand et al. 1991). Zwar war mit dem Vertrag von Maastricht 1991 der Kommission auch der offizielle Auftrag zu einer Richtlinienausarbeitung für die Energieversorgung erteilt worden, jedoch scheiterte deren ambitionierter Entwurf (Europäische Kommission 1991b) 1992 im Ministerrat (Monstadt 2004). Der Entwurf wurde daraufhin mehrfach überarbeitet und mündete schließlich erst 1996 erheblich verändert in ein konsens- und somit verabschiedungsfähiges Konzept (Matthes 2000b).[229] Dass es dabei trotzdem zu einer Einigung kam, ist insofern dennoch beachtlich, da zum einen die Regulierungsmodelle in Europa sehr heterogen waren, und zum anderen die Energiepolitik traditionell von den Mitgliedstaaten als eine nationale Kernaufgabe gesehen wurde, trotz aller übergreifender Forderungen nach einer möglichst umfassenden EU-Binnenmarktpolitik (Eising 2000).

Vor dem Hintergrund der unterschiedlichen Energiesysteme in den Mitgliedsstaaten war es ein formuliertes Hauptziel der beiden Richtlinien für den Strom- und Gasmarkt, eine EU-weite Harmonisierung herbeizuführen und Voraussetzungen für einen freien Verkehr von Energie im EU-Binnenmarkt zu schaffen. Dieser sollte in Form einer schrittweise einzuführenden Liberalisierung der nationalen Energiemärkte erreicht werden. Gleichzeitig waren jedoch in den Verhandlungen viele Spielräume und Varianten in der Auslegung und Umsetzung der Richtlinie eingebaut worden, so dass die Nationalstaaten die Umsetzung gemäß ihrer Interessen vollziehen konnten. Die deutsche Regierung konne sich darüber hinaus einen Sonderstatus verhandeln, in dem die Option des „verhandelten Netzzugangs" aufgenommen wurde, die später dazu führte, dass in Deutschland als einzigem Mitgliedstaat keine Regulierungsbehörde eingeführt wurde (Eising 2000).

4.2.1.4 Die Umsetzung in Deutschland – erste EnWG-Novelle 1998

Nach der Verabschiedung der EG-Richtlinie 96/92/EG wurde das Thema in Deutschland erneut verstärkt diskutiert. In den Debatten versuchten die jeweiligen

---

[229] Zum Entscheidungsprozess auf europäischer Ebene bis zur Verabschiedung der Energiebinnenmarktrichtlinien 1996 (Strom) und 1998 (Gas) siehe Eising (2000) und Renz (2001).

Interessenvertreter die zum Teil großen Spielräume der Richtlinie für ihre Interessen zu nutzen. Großen Widerstand gab es seitens der konventionellen Energiewirtschaft, während die Industrie die Liberalisierung begrüßte und sich sinkende Preise erhoffte. Die Industrie, vertreten durch den VIK, den BDI und den Bundesverband der Energieabnehmer (VEA), befand sich zusammen mit maßgeblichen Teilen der Bundesregierung sowie dem Bundeskartellamt in einer *Interessenkoalition für die Deregulierung der Stromwirtschaft* (Bonde 2001). Auf der Seite der *Gegner* waren neben dem VDEW und den großen EVU auch die kommunalen und regionalen Unternehmen (VKU, ARE) vertreten, die wiederum von einigen Bundesländern, Kommunen und der SPD unterstützt wurden. Auch die Grünen waren gegen diese Form der Deregulierung, da sie keinerlei ökologische Zielsetzung enthielt (ebd.).

Angesichts der breiten Widerstände und der Zustimmungspflichtigkeit des Gesetzes war die Koalition der Deregulierungsgegner mit Unterstützung einiger Bundesländer in der Lage, den Gesetzentwurf stark zu ihren Gunsten zu verändern. So konnten viele zentrale Aspekte, z.B. in Bezug auf den Netzzugang, aus dem Anwendungsbereich des Gesetzes herausgehalten werden (Eising 2000; Monstadt 2004). Nach einer Reihe von Änderungen im parlamentarischen Prozess wurde das Gesetz schließlich mit den Stimmen der CDU/CSU-FDP-Regierung beschlossen und trat am 29.4.1998 in Kraft.

Somit konnte durch die EG-Richtlinie das bis dato bestehende „Regulierungsgleichgewicht, das die Regierung nicht kippen konnte" (Bonde 2001: 250) letztlich doch in Richtung Liberalisierung verändert werden. Allerdings hatte die Regierung für die deutschen EVU in Brüssel den Sonderstatus des verhandelten Netzzugangs durchsetzen können (s.o.), der ihnen weitreichende Gestaltungsmacht bei der Umsetzung der Liberalisierungsrichtlinie gab. Um diese Macht etwas einzuschränken und gleichzeitig die Verhandlungsmacht der Stromverbraucher und Einspeiser (z.B. VIK) in den Verbändevereinbarungen zu stärken, wurde in der EnWG-Novelle ein „Schatten der Hierarchie" (Begriff nach Scharpf) in Form einer Verordnungsermächtigung beigefügt, die ein staatliches Eingreifen im Falle gescheiterter Verbändevereinbarungen sicherstellte.

Das neue Energiewirtschaftsgesetz vom 24. April 1998 umfasste 19 Paragraphen und enthielt die folgenden wesentlichen Eckpunkte (EnWG 1998):[230]

Die bisher bestehenden *Gebietsmonopole wurden aufgehoben* und für wettbewerbsfähige Bereiche wie Stromerzeugung und Handel von Strom und Gas geöffnet. Dabei wurde, anders als in anderen Ländern, die von der Richtlinie vorgeschlagene schrittweise Öffnung der Märkte für die verschiedenen Kundentypen (zunächst für gewerbliche Sondervertragskunden, zuletzt für Tarifkunden wie private Haushalte) in Deutschland in einem Schritt vollzogen.

---

[230]   Zusammenstellung in Anlehnung an Monstadt (2004: 181f) und Hennicke/ Müller (2005).

Der *Betrieb der Übertragungs- und Verteilnetze* blieb natürliches Monopol, diesbezüglich sollten jedoch die Funktionsbereiche der EVU (Erzeugung, Übertragung, Verteilung und Betrieb sowie Aktivitäten außerhalb der Stromwirtschaft) *entflochten* (unbundled) werden. Die Bundesregierung folgte dabei nur den Minimalanforderungen der Richtlinie und forderte nur eine buchhalterische Trennung dieser Geschäftsbereiche, nicht jedoch die gesellschaftsrechtliche und funktionelle Entflechtung z.b. nach angloamerikanischem Muster.

Um den Zugang zum monopolisierten Stromnetz diskriminierungsfrei zu gewährleisten, sah die Binnenmarktrichtlinie der EU verschiedene Möglichkeiten vor. Die Bundesregierung hatte sich als einziges Mitgliedsland für das Modell des *verhandelten Netzzugangs* und *gegen einen Regulierer*, der den Zugang überwacht und gewährleistet, entschieden. Damit verfolgte sie eine Sonderposition, da in allen anderen Mitgliedstaaten ein Regulierer eingeführt wurde, während es in Deutschland in der Folge eine freiwillige Verbändevereinbarung gab. Somit war auch keine Möglichkeit einer frühzeitigen ex-ante-Kontrolle, sondern nur die nachgelagerte Wettbewerbskontrolle durch die kartellrechtliche Aufsicht des Bundes und der Länder gegeben. Die Regulierungszuständigkeit verblieb beim Bundeswirtschaftsministerium und den Wirtschaftsministerien der Länder (Eising 2000).

Mit Einführung des Wettbewerbs wurde auf die bis dato gegebene *staatliche Aufsicht für Investitionsentscheidungen* der EVU verzichtet. Damit ging die deutsche Bundesregierung weiter als in angloamerikanischen Modellen, die auch im Wettbewerb noch ein staatliches Mitsprache- oder Entscheidungsrecht des Staates vorsehen (Schneider 1999).

Schließlich wurde der bisherige Zielkanon des Energiewirtschaftsgesetzes, der eine sichere und preisgünstige Energieversorgung beinhaltete, um das Kriterium der *Umweltverträglichkeit* erweitert. Allerdings wurden auch hier die weitergehenden Möglichkeiten der Richtlinie, z.B. die Festlegung von Vorrangregelungen für erneuerbare Energien oder KWK-Anlagen, nicht genutzt (Schneider 1999).

Somit kann festgehalten werden, dass die Bundesregierung im Unterschied zu allen anderen EU-Mitgliedsstaaten (Europäische Kommission 2002) in der Umsetzung der Richtlinie einen *weitreichenden, neoliberalen Weg* gewählt hatte, der von dem Bild eines vollständigen Rückzugs des Staats aus der Energiewirtschaft geprägt war. Dabei wurde auf der einen Seite den etablierten Verbänden der Energiewirtschaft und Stromverbraucher in korporatistischer Weise freie Hand in der Gestaltung der Netzzugangsbedingungen ohne Kontrolle einer staatlichen Instanz gegeben. Gleichzeitig änderte das Gesetz aber auch nichts an den bestehenden Unternehmensstrukturen, indem beispielsweise auf eine eigentumsrechtliche Entflechtung der vertikal integrierten Versorgungsunternehmen verzichtet wurde. Auf der anderen Seite wurde der Energiemarkt in einem Schritt liberalisiert, und dies ohne entstehende Wettbewerbsprobleme beim Übergang durch eine befugte Instanz regulieren zu können. Damit verzichtete der Staat auf eine Steuerung bzw. eine gesteuerte Regulierung des neu entstehenden, liberalisierten Marktes.

Der verhandelte Netzzugang wurde im Rahmen der so genannten *Verbände-vereinbarung* (VV) zwischen dem VDEW, dem VIK und dem BDI umgesetzt (BDI et al. 1998). Diese sollte die Grundprinzipien für die Durchleitung und die Festsetzung von Transportentgelten regeln. Die erste Vereinbarung aus dem Jahr 1998 wurde stark kritisiert, da sie lediglich die Interessen der großen Netzbetreiber und Groß-verbraucher und zu wenig die Interessen der Kleinverbraucher, neuer Marktakteure und des Umweltschutzes berücksichtigte (Voß 2000; Schmidt 2006). Der VDEW startete daraufhin im November 1998 einen Konsultationsprozess, in dem er neben den an der Verbändevereinbarung beteiligten Verbänden (VIK, VDEW, DVG, ARE, VKU) auch Vertreter von Gewerbe- und Haushaltsverbraucherverbänden sowie Umweltverbänden einlud (Arbeitsgemeinschaft der Verbraucherverbände, Greenpeace, Deutscher Industrie- und Handelstag, Bundesverband der Energieab-nehmer) (Voß 2000). In einer neuen Fassung vom 1.1.2000 (VV2, BDI et al. 1999) und in einer zweiten Veränderung vom 13.12.2001 (VV2plus, BDI et al. 2001) wurden diesbezüglich Veränderungen vorgenommen, die jedoch nach wie vor z.B. von Verbraucherschützern kritisiert wurden (beispielhaft: BDE 2001).[231]

4.2.2   Beharrungsvermögen des deutschen Energiesystems und erneuter Druck aus Brüssel

4.2.2.1   Nach Wettbewerb folgt Konzentration

Mit der Einführung des Energiewirtschaftsgesetzes wurde in Deutschland ein radikaler Bruch vollzogen. War bis dato die Energiewirtschaft in Gebietsmonopolen geschützt und Wettbewerb als volkswirtschaftlich schädlich eingestuft, wurde dieser nun von den Befürwortern als zentrale Lösung der Probleme der Stromwirtschaft gesehen. Damit waren jedoch auch die rechtlichen Schutzräume von Stadtwerken und kommunalen Versorgern gegenüber den Stromverbundunternehmen aufgeho-ben (Hennicke/ Müller 2005: 131). Gleichzeitig wurden jedoch im Netzbereich die Monopolstellung und damit ein zentrales Wettbewerbshemmnis und zugleich eine ökonomische Machtstellung zu Gunsten der Netzbesitzer beibehalten.

Die Reform des Energiewirtschaftsgesetzes, welche die schrittweise Liberali-sierung, die in der EG-Richtlinie vorgesehen waren, nicht nachvollzog, sondern den Markt ohne Übergangsfrist auch für Endverbraucher liberalisierte, zeigte zunächst die gewünschten Wirkungen hinsichtlich einer *Zunahme des Wettbewerbs und sinkender Preise*. Es traten einige neue Stromhändler am Markt auf, die Preise für Industrie-

---

[231]   Außerdem wurde die Ermittlung des Durchleitungsentgelts durch die Einteilung in eine Zugangs-und eine Transportkomponente modifiziert. Für letzteres wurden zwei Handelszonen (Nord und Süd) geschaffen, die jedoch durch die Fusion einiger Netzbetreiber wieder in Frage gestellt und vom Bundeskartellamt und der Europäischen Kommission kritisiert wurden (Bonde 2001).

kunden konnten bis Mitte 2000 um 28 % gesenkt werden, und für Haushaltskunden sanken sie um durchschnittlich 10-15 % (Eberlein 2000: 86f).[232] Zudem wurden als weitere sichtbare Zeichen eines liberalisierten Marktes im Jahr 2000 zwei *Strombörsen* in Deutschland gegründet, die Leipzig Power Exchange (LPX) und die European Energy Exchange (EEX) in Frankfurt, die in 2002 zur EEX in Leipzig fusionierten. Mit den Strombörsen sollte sowohl der nationale, aber auch der internationale Handel mit Strom befördert werden.[233] In den ersten Jahren der Börse waren sowohl die Anzahl der Teilnehmer als auch die Handelsvolumina noch sehr begrenzt (unter 10 %), so dass von Kritikern nicht nur die Bedeutung der Börse, sondern auch ihre grundsätzliche Funktionsfähigkeit in Frage gestellt wurde (Monopolkommission 2004c). Letzteres war insofern von Bedeutung, als dass auf der einen Seite den großen Energiekonzernen und gleichzeitig bedeutendsten Kraftwerksbetreibern Absprachen zur Preisbildung vorgeworfen wurden, und auf der anderen Seite der Börsenpreis als Referenzwert auch für den außerbörslichen Stromhandel zunehmend an Bedeutung gewann.[234]

---

[232]   Vgl. hierzu auch ausführlicher in Abschnitt 4.3.4.1.

[233]   An der Strombörse wird der Strom auf dem Spotmarkt kurzfristig, auf dem Terminmarkt langfristig gehandelt. Zudem sind die Stromkategorien Grundlast (Baseload) und Spitzenlast (Peakload) sowie so genannte Stundenkontrakte zu unterscheiden. Ein Baseloadblock läuft über 24 Stunden, ein Peakloadblock über 12 Stunden, in der Zeit des erhöhten Stromverbrauchs zwischen 8-20 Uhr. Die Einzelstundenkontrakte dienen dem Ausgleich weiterer anfallender Stromverbräuche entlang der Tageslastlinie. Auf der Basis der täglichen Kauf- und Verkaufanträge wird mittels aggregierter Angebots- und Nachfragekurven der Preis ermittelt. Dieser Preis wird als „Physical electricity index" (kurz Phelix) für Baseload- und Peakloadblöcke ausgegeben (Phelix$_{base}$ und Phelix$_{peak}$). Im Laufe der Zeit hat sich der Preisindex Phelix als Referenzwert für den deutschen Stromgroßhandel etabliert. Die Handelsvolumina betrugen in 2002 am Spotmarkt ca. 50 TWh und am Terminmarkt 120 TWh, in 2005 betrugen diese bereits 86 TWh bzw. über 500 TWh. Auf dem Terminmarkt entfällt von diesem Volumen jedoch nur etwa die Hälfte auf gehandelten Strom, die andere Hälfte wird in Form bilateraler, außerbörslicher Kontrakte unter dem Dach der EEX abgewickelt (so genanntes Over the Counter (OTC)-Clearing).

[234]   Die Monopolkommission bemerkte hierzu (Monopolkommission 2004c: 82): „Die Allokations- und Risikomanagementfunktion von Stromgroßhandelmärkten, insbesondere Strombörsen, wird jedoch beeinträchtigt, wenn die Großhandelspreise durch marktmächtige Handelsteilnehmer manipuliert werden können. Stromgroßhandelsmärkte sind aufgrund der unelastischen Nachfrage sowie der in Spitzenlastzeiten ebenfalls geringen Angebotselastizität in besonderem Maße anfällig für strategisches Angebotsverhalten marktmächtiger Erzeugungsunternehmen. Selbst bei stark überhöhten Angebotspreisen muss weder mit einem großen Rückgang der nachgefragten Menge noch mit einem Verlust an Marktanteilen gerechnet werden. Daher haben in Spitzenlastzeiten selbst Anbieter mit vergleichsweise geringen Marktanteilen erhebliche Preissetzungsspielräume. [...] Hinweise auf Marktmachtprobleme und strategische Preismanipulationen auf den deutschen Stromgroßhandelsmärkten liefern die bisher allerdings nur vereinzelt aufgetretenen Preisspitzen an der deutschen Strombörse, die sich nach Ansicht von Marktteilnehmern nicht ausschließlich auf eine Änderung der Marktfundamentaldaten zurückführen lassen. Nach Einschätzung der Monopolkommission könnten sich die Wettbewerbsprobleme auf den Stromgroßhandelsmärkten durch den angekündigten Abbau von Erzeugungskapazitäten in Zukunft jedoch erheblich verschärfen. Um Marktmachtproblemen auf dem Stromgroßhandelsmarkt Rechnung zu tragen, wäre eine intensivierte wettbe-

Der Grund für die anfänglichen Wettbewerbseffekte waren jedoch nicht nur vereinzelte neue Anbieter, die Schaffung von Börsenplätzen und eine leichte Aufbruchstimmung, sondern insbesondere das *Marktverhalten der großen Energiekonzerne,* die aufgrund ihrer Finanzkraft Chancen zur Expansion sahen. Peter Becker verweist diesbezüglich insbesondere auf die wettbewerblichen Auseinandersetzungen zwischen EnBW und RWE, sowie auf einzelne Gerichtsurteile, die diesen Wettbewerb forciert haben (Becker 2005a). Erstens stufte ein Urteil des LG Mannheim im April 1999 einen langfristigen Liefervertrag des Badenwerks (EnBW AG) mit einem kleinen Stadtwerk für kartellrechtswidrig ein, woraufhin eine Reihe von Stadtwerken nun günstigere Angebote von der RWE im Netzgebiet der EnBW bekamen. Zudem hatte RWE vor, ihre Tochter Heidelberger Druckmaschinen, ebenfalls im Netzgebiet der EnBW, mit eigenem Strom zu beliefern. Dies sah die EnBW als „Kriegserklärung" an und umwarb im Gegenzug nun Stadtwerkskunden von RWE in Nordrhein-Westfalen (Becker 2005a: 110).[235]

Insbesondere die großen Verbundunternehmen fusionierten (vgl. Mez 2001; Monstadt 2004). Beispielsweise entstanden aus den beiden Energiekonzernen VEBA und VIAG im Jahr 2000 die E.ON AG, aus Preußen Elektra und dem Bayernwerk wurde die E.ON Energie AG, die in der Folge zum größten deutschen Energiekonzern aufstieg. Der ehemals größte und nun zweitgrößte Energieversorger RWE übernahm 2000 den westfälischen Konkurrenten VEW. Beide Konzerne kaufen seit dieser Zeit auch verstärkt ausländische Energieunternehmen und veräußerten auf der anderen Seite Unternehmen und Beteiligungen jenseits des „wieder entdeckten" Kerngeschäfts Energie.[236] Der schwedische Versorger Vattenfall übernahm die Hamburger HEW mit der ostdeutschen VEAG, später zudem die Berliner BEWAG, und ist nun als Vattenfall Europe AG drittgrößter Energieversorger in Deutschland. In das heute viertgrößte EVU, die Energie-Baden-Württemberg (EnBW) AG, kaufte sich der bis dato größte europäische Energiekonzern, die Electricité de France (EdF) ein. Drei Jahre nach dem Inkrafttreten des neuen Energiewirtschaftsgesetzes verblieben von acht Verbundgesellschaften somit noch vier, zudem haben einige ausländische Energiekonzerne in Deutschland inzwischen ein festes Standbein.

---

werbliche Aufsicht über die Stromgroßhandelsmärkte notwendig, die der zukünftigen Regulierungsbehörde für den Stromsektor übertragen werden könnte."

[235] Der Energiekonzern RWE stufte im Nachhinein die Phase des „Preisdumpings" als Fehler ein (ebda.).

[236] Im Jahr 2005 verkündete der E.ON-Vorstandsvorsitzende Wulf H. Bernotat dieses Ziel für seinen Konzern als erreicht: „Mit dem Verkauf von Ruhrgas Industries haben wir den Umbau von E.ON zu einem lupenreinen Energieunternehmen nahezu abgeschlossen. Wir konzentrieren unsere Kräfte und die Potenziale des Konzerns damit ganz auf das Kerngeschäft Strom und Gas, das wir im In- und Ausland weiter profitabel ausbauen." (E.ON 2005). In gleicher Weise konzentriert sich mittlerweile auch RWE auf das Kerngeschäft Energie (RWE 2006a).

Damit stand eine kleine Gruppe von *vier äußerst kapitalstarken Energiekonzernen*, die über die absolute Verfügungsgewalt der Netze sowie den überwiegenden Anteil der Erzeugungskapazitäten verfügt, einer Reihe von kleinen und mittelgroßen Energieunternehmen (Stadtwerke, kleinere Kraftwerksbetreiber etc.) gegenüber. Zusammen mit der fehlenden wirksamen Entflechtung und ohne einen Regulierer, der für einen diskriminierungsfreien Netzzugang sorgte, führte diese Situation zum Erliegen des Wettbewerbs und zum *Wiederanstieg der Preise* (Monstadt 2004; Hennicke/ Müller 2005).[237] Neben diesen Großfusionen beteiligen sich die großen Energieversorger zunehmend auch an vielen Stadtwerken, die sich bisher ausschließlich in kommunaler Hand befanden (ebda. sowie BMU 2006i).

Als eine zentrale Ursache für die zu hohen und steigenden Strompreise wurden die *erhöhten Netzentgelte* angesehen, die innerhalb Deutschlands „Spreizungen von bis zu 300 %" aufwiesen, „obwohl sie alle auf dem Kalkulationsleitfaden zur Verbändevereinbarung VVII und VVIIplus basieren sollten" (Becker 2005a: 110). Nach Untersuchungen der EU-Kommission lagen die Netzentgelte zu dieser Zeit außerdem deutlich über dem EU-Durchschnitt, und aufgrund des mit 30-40 % hohen Anteils am gesamten Strompreis wurde ein direkter Zusammenhang zum geringen Wettbewerbserfolg neuer Anbieter in Deutschland gesehen (Europäische Kommission 2002).

Die von der Bundesregierung eingesetzte Monopolkommission ging in ihrem 15. Hauptgutachten noch einen Schritt weiter und zog direkte Verbindungen zwischen den Preisanstiegen und *Absprachen zwischen den vier großen Energieversorgern* (2005: 75ff): „Der Markt wird dominiert von den vier Verbundunternehmen E.ON, RWE, Vattenfall Europe und EnBW, die über 80 % der inländischen Erzeugungskapazitäten und zahlreiche Beteiligungen an regionalen Weiterverteilern und Stadtwerken verfügen. Die Monopolkommission betrachtet die Entwicklung der Marktstrukturen in der Elektrizitätswirtschaft mit großer Sorge. Auf der Großhandelsebene haben die horizontalen Konzentrationsprozesse zu einem wettbewerbslosen Oligopol geführt. [...] Der annähernd gleichzeitig zu beobachtende Anstieg der Strompreise in Verbindung mit der Stilllegung von Erzeugungskapazitäten seit dem Jahr 2001 lässt ... darauf schließen, dass die Phase kurzfristigen Preiswettbewerbs beendet und einem abgestimmten Verhalten zwischen den Oligopolmitgliedern gewichen ist. Für diese Einschätzung spricht auch, dass sich die Verbundunternehmen darauf beschränken, ihre traditionellen Absatzgebiete zu beliefern, und auf Wettbewerbsvorstöße in das Liefergebiet der jeweils anderen Verbundunternehmen verzichten."

Die Bemühungen des Wirtschaftsministeriums zur Behebung dieser Missstände brachten keine nennenswerten Verbesserungen. So hatte beispielsweise

---

[237]   Peter Becker nennt als Begründung für die starken Konzentrationsprozesse zu Gunsten der großen Unternehmen zudem das „faktische Ausbleiben der Fusionskontrolle" (Becker 2005a: 111).

Wirtschaftsminister Müller eine „task force Netzzugang" ins Leben gerufen, die aber nur unverbindliche Empfehlungen aussprechen konnte. Hinzu kam, dass die Gruppe zur Hälfte aus Vertretern der großen Stromkonzerne bestand, wodurch Interessenkonflikte offenkundig waren.[238]

Durch die fehlende Entflechtung des Netzbetriebs von den Energiekonzernen bestand die Möglichkeit, überhöhte Netzentgelte von den durchzuleitenden Konkurrenten zu verlangen und dadurch günstigere Angebote von Wettbewerbern zu verhindern. De facto wurde aufgrund dieser Entgeltpraxis und der oben beschriebenen Marktentwicklungen der anfängliche Wettbewerb wieder gestoppt und viele neue Anbieter wieder aus dem Markt gedrängt. So haben als Ergebnis der ersten Wettbewerbsphase lediglich *massive Konzentrationsprozesse* stattgefunden, die wiederum zu den *alten Marktdominanzen* führten (Eberlein 2000; Becker 2005a). Peter Hennicke und Michael Müller warfen in diesem Zusammenhang die Frage auf, inwieweit es sich bei diesem „Geburtsfehler" der „vergessenen strukturellen Ungleichheit" um „kühles Kalkül von Strategen oder Selbsttäuschung von Marktradikalen" gehandelt habe (Hennicke/ Müller 2005: 133). Die anhaltende Kritik der Verbraucher, der Administration sowie der EU-Kommission an den Regelungen der Verbändevereinbarung und ihrer Umsetzungspraxis sowie am zu geringen Wettbewerb führte zu einem verstärkten politischen Druck im Bezug auf eine Änderung der deutschen Sonderlösung.

4.2.2.2　Parallele Regelungen stärken die Marktmacht der großen Energiekonzerne

Die Marktmacht der vier großen EVU wurde und wird nach wie vor durch weitere, parallele Regelungen gestärkt. So führt beispielsweise die *Rückstellungspraxis der Betreiber von Atomkraftwerken* – dies sind nur die vier großen Energiekonzerne – dazu, dass sie über erhebliche, zusätzliche Finanzmittel verfügen. Diese zur Innenfinanzierung bzw. offensiven Konzernexpansion genutzten, und daher häufig als „Kriegskasse" bezeichneten Mittel, stellen eine rechtliche Privilegierung gegenüber den kleineren und neuen Konkurrenten dar, die nicht nur auf dem deutschen, sondern auch auf dem europäischen Markt als wettbewerbsverzerrend anzusehen ist, da damit Dumping-Preise und Unternehmenskäufe finanziert werden können (vgl. Hennicke/ Müller 2005: 135f).

Eine weitere parallele Regelung, die zu mehr Wettbewerb und gleichzeitig mehr Energieeffizienz und Umweltschütz führen sollte, ist die *Regelung zur Markteinführung der Kraft-Wärme-Kopplung* (KWK). Da diese Technologie im Wesentlichen

---

[238] Die „task force Netzzugang" wurde schließlich im September 2003 von Wirtschaftsminister Clement aufgelöst, nachdem der Monitoring-Bericht zu den Verbändevereinbarungen Wochen vor der offiziellen Veröffentlichung durch ein Mitglied der Gruppe an E.ON weitergeleitet worden war (Reimer 2003).

dezentral ist, würde ein verstärkter Ausbau von kleineren Wärme und Strom erzeugenden Anlagen nicht nur einen Strukturwandel im Energiesektor bedeuten, sondern im Wesentlichen auch von neuen (und tendenziell kleineren) Energieversorgern bzw. Betreibern angeboten werden und somit den etablierten, zentral ausgerichteten Energieversorgern Marktanteile nehmen. Nicht zuletzt aus diesem Grund erklären sich die großen Widerstände, die bei der Debatte um die Einführung eines Gesetzes zur Markteinführung der KWK über Jahre hinweg aufrecht erhalten wurden (Töller 2005).[239]

Der Kraft-Wärme-Kopplung wurde zwar im ersten Energiewirtschaftsgesetz explizit berücksichtigt, allerdings nur im Rahmen einer freiwilligen Selbstverpflichtung der Stromwirtschaft, und da diese überwiegend kein Interesse an der KWK hatte, erfolgte auch kein weiterer Ausbau (Hennicke/ Müller 2005: 133ff). Nachdem durch den plötzlichen Preiseinbruch zu Beginn der Liberalisierung insbesondere viele kleine KWK-Anlagen wirtschaftlich betroffen waren, und in der Folge zahlreiche Anlagen stillgelegt werden mussten, deutete sich ein dringender politischer Handlungsbedarf an. Diesem kam die Bundesregierung zunächst mit einem so genannten KWK-Vorschaltgesetz nach (KWKG 2000vom 18.5.2000), welches die bestehende Kraft-Wärme-Kopplung in der allgemeinen Versorgung im Interesse von Energieeinsparung und Klimaschutz explizit vor den Auswirkungen der Energiemarktliberalisierung schützen sollte. Das Gesetz bezog sich aber nur auf den Bestandschutz öffentlicher KWK-Betreiber (EVU), Anlagen im industriellen, gewerblichen und privaten Bereich waren nicht einbezogen, und ein Ausbau war ebenfalls nicht intendiert. Beides stieß auf heftige Kritik seitens der KWK-Befürworter (beispielhaft: Gailfuß 2000).

Nachdem in der Folge zunächst eine verbindliche Quote zum Ausbau verfolgt wurde, ließ man dieses Modell nach heftigem Widerstand aus der konventionellen Energiewirtschaft, die eine Quote als nicht marktkonform bezeichnete, wieder fallen (Hennicke/ Müller 2005: 134). Verabschiedet wurde schließlich im Jahr 2001 gegen die Stimmen der Oppositionsparteien ein KWK-Gesetz, welches als „Gesetz für die Erhaltung, die Modernisierung und den Ausbau der Kraft-Wärme-Kopplung" mittels eines marktpreisbasierten Bonusmodells beitragen sollte (KWKModG 2002, seit 1.4.2002 in Kraft).[240] Durch zahlreiche Ausnahmen und letztlich zu geringe Anreize blieben eine deutliche Ausbauwirkung sowie der erhoffte Beitrag zum Klimaschutz jedoch aus, so dass das Gesetz nach wie vor stark in

---

[239] Das Ergebnis bewertet die für die Grüne Bundestagsfraktion verantwortliche Michaele Hustedt als den „gescheiterten" Versuch einer wirksamen Markteinführung, die Diskussionen beschreibt sie als „bis aufs Blut" gehend und letztlich „im Patt" endend (Jensen 2006: 105). Damit wurde eine KWK-Politik fortgeführt, die der KWK-Experte Klaus Traube bereits mehrere Jahre zuvor als „ein deutsches Trauerspiel" bezeichnete (Traube 1999).

[240] Zum Instrumtent der KWK-Förderung, der Marktwirkung und zum Policy-Prozess des Gesetzes siehe z.B. die Studien von Lutz Mez und Annette Piening (2001) sowie von Elisabeth Töller (2005).

der Kritik ist und eine Überarbeitung fortlaufend gefordert wird (Hennicke/ Müller 2005; Friege/ Geßner 2006). Auf der Basis des fehlenden Ausbaus und des Monitoringberichts kündigte die Bundesregierung im September 2006 an, einen Vorschlag für die Novellierung des KWK- Gesetzes zu unterbreiten.[241] Dies wertete der Bundesverband Kraft-Wärme-Kopplung (B.KWK) als „bemerkenswert positives Signal für den KWK-Ausbau" (BKWK 2006).[242]

4.2.2.3   Nationale Champions und Wettbewerbsdefizit

Die kurze „Wettbewerbsphase" konnte bereits ab Mitte 2000 wieder als beendet bezeichnet werden, da seit dieser Zeit die Preise wieder anstiegen (Monstadt 2004: 185f). Nach Schätzungen der Europäischen Kommission lagen die Strompreise Mitte des Jahres 2001 wieder deutlich über dem europäischen Durchschnitt, bei den Strompreisen für KMU lag Deutschland sogar an der Spitze (Europäische Kommission 2002). Ein weiterer Indikator für den fehlenden Wettbewerb waren die *unterdurchschnittlichen Wechselquoten* im Geschäftskundensegment sowie sehr geringe Wechselquoten bei den Privatkunden im EU-Vergleich (Europäische Kommission 2002, 2005b; Goerten/ Clement 2006). Des Weiteren haben sich von den *neuen Stromanbietern* nur sehr wenige am Markt halten können (Leuschner 2005c). Lediglich einige Ökostromanbieter konnten sich in einer Nische behaupten, ansonsten setzte sich lediglich der Anbieter Yellow, der als Tochter des EnBW-Konzerns mit entsprechenden Finanzmitteln ausgestattet war, bereits früh mit überregionaler Bedeutung auf dem Markt durch (Monstadt 2004).

Die Anzahl der 1998 in Deutschland ansässigen Unternehmen der öffentlichen Stromversorgung (acht große überregionale Verbundversorger, ca. 80 Regionalversorger und über 900 Stadtwerke) vergrößerte sich zu Beginn der Liberalisierung zunächst leicht auf etwa 1.100 Unternehmen. Hiervon waren etwa 150 Unternehmen der Kategorie Stromhändler zuzuordnen und 30 Ökostromanbieter (Hennicke/ Müller 2005: 137).[243] Die leicht gestiegene Anzahl spiegelt jedoch nicht den

---

[241]   Zusammen mit dem Effekt des zusätzlichen KWK-Ausbaus soll bis 2010 gegenüber 1998 eine jährliche CO_2-Minderung um 23 (mindestens 20) Mio. t erreicht werden. Da allerdings kein signifikanter, marktgetriebener Ausbau stattfindet, stellte der Bericht fest, es sei abzusehen, dass die Zielvorgabe für 2010 nicht erreicht werde. Zudem wird festgestellt, Modernisierung und Neubau von KWK- Anlagen seien nur bei Förderung wirtschaftlich darstellbar (BMWT/ BMU 2006). Der Bericht der beiden Bundesministerien für Wirtschaft und Umwelt stützt sich auf zwei Gutachten vom Bundeswirtschaftsministerium (IER Stuttgart) und Bundesumweltministerium (DIW/Ökoinstitut), die allerdings zu unterschiedlichen Ergebnissen und Empfehlungen kommen (BKWK 2006).

[242]   Angesichts der Stagnation des KWK-Ausbaus hatten zuvor der B.KWK zusammen mit der Arbeitsgemeinschaft Fernwärme AGFW, der Gewerkschaft ver.di und dem Verband kommunaler Unternehmen VKU in einer gemeinsamen Stellungnahme auf eine Novellierung mit dem Ziel eines verstärkten Ausbaus von KWK-Anlagen gedrängt (BKWK 2006).

[243]   Die neuen Stromanbieter ohne Netze haben sich im Bundesverband Neuer Energieanbieter (BNE) zusammengeschlossen. Der BNE fordert fairen Wettbewerb und bekämpft erhöhte Netzentgelte

massiven Konzentrationspro- *zess* wieder, der im Wesentlichen durch die
Fusionen und Beteiligun-
gen der verbleibenden
großen vier Energiekon-
zerne bedingt war. Die
Konzerne haben mittler-
weile über 50 Regional-
versorger im mehrheitli-
chen Besitz und verfügen
bei vielen Stadtwerken
über maßgeblichen
Einfluss (Monstadt 2004:
200ff; Hennicke/ Müller
2005: 137f).

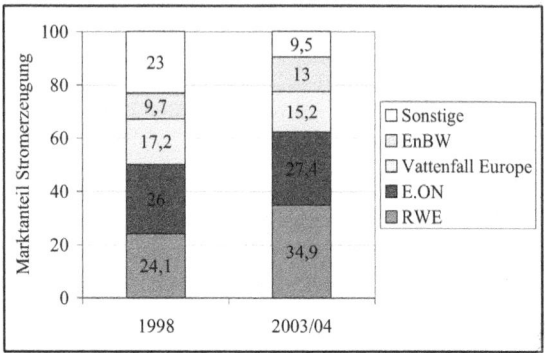

Abbildung 16: Stromerzeugungskapazitäten der großen vier Energieversorger 1998 und 2003/04 (in Prozent)

Quelle: eigene Darstellung nach (BDE 2006c)

Die Abbildung 16 zeigt die Entwicklung der zunehmenden Marktdominanz
der vier größten Stromkonzerne zwischen 1998 und 2004 (BDE 2006c).[244] Diese
verfügten im Jahr 1998 über 63 % aller Stromerzeugungskapazitäten, dieser Anteil
ist im Jahr 2004 auf 90 % gewachsen. Beim Stromabsatz kontrollierten die vier
Unternehmen 1998 41 % des Marktes und 2004 bereits 71 %.[245] Sie sind im Jahr
2004 an 74 der 100 größten Unternehmen der deutschen Stromwirtschaft mit mehr
als 25 Prozent beteiligt.

Die Liberalisierung und der darauf folgende Konzentrationsprozess hatten
nicht nur zur Folge, dass einige Überkapazitäten des Kraftwerksparks abgebaut,
sondern auch, dass *viele Tausend Mitarbeiter in der Energiewirtschaft entlassen* wurden.
Hatten sich die Beschäftigtenzahlen in der Stromversorgung bereits in den 1990er
Jahren im Zuge der ersten Privatisierungswelle drastisch um ca. 50.000 Personen
reduziert, so wurden durch die Liberalisierung zwischen 1998 und 2001 nochmals
etwa 40.000 freigesetzt (Monstadt 2004: 195; Hennicke/ Müller 2005: 142).

---

und Diskriminierungen beim Netzzugang (www.bne-online.de).

[244]   Die Daten, die der Bund der Energieverbraucher hier veröffentlichte, entstammen einer Studie des
Bremer Energieinstituts im Auftrag der MVV (Februar 2005). Eine wichtige Aussage der Studie zur
allgemeinen Datenqualität war, dass die Stromwirtschaft und ihre Verbände keine aussagekräftigen
statistischen Materialien über die Erzeugung und den Absatz der Strombranche veröffentlichen, die
diesbezüglichen Marktdaten des Dachverbandes VDEW werden von der Studie sogar als „nicht
verwertbar" eingestuft. In Verbindung mit der hohen Marktkonzentration der Branche folgt daraus,
dass nicht alle Marktteilnehmer ausreichend über Angebot und Nachfrage auf dem Strommarkt informiert sind. (BDE 2006c)

[245]   Rechnet man Beteiligungen über 50 % hinzu, so kommt man auf 79 %, legt man die Schwelle bei
über 25 %, so ergibt sich eine Summe von 83 % (BDE 2006c).

Durch die Fusionen stiegen die vier größten deutschen Energiekonzerne auch zu den umsatzstärksten deutschen Unternehmen auf. Im Jahr 2003 lag E.ON auf Platz vier, RWE auf Platz fünf hinter Daimler Chrysler, Volkswagen und Siemens (Hennicke/ Müller 2005: 139). Die Schaffung möglichst vieler international schlagkräftiger Großkonzerne – die so genannten *nationalen Champions* – wurde parallel zur Liberalisierung ebenfalls als politisches Ziel verfolgt, insbesondere vom Bundeswirtschaftsministerium und seinen jeweiligen Ministern. Dies galt für die liberalen Minister der Regierungen unter Helmut Kohl ebenso wie nach dem Regierungswechsel für den parteilosen Wirtschaftsminister Müller – der aus der Energiewirtschaft kam und nach seiner Amtszeit den Vorstandsvorsitz der RAG AG übernahm – sowie den sozialdemokratischen Wolfgang Clement, ehemals Ministerpräsident des größten Kohlelandes Nordrhein-Westfalen und ebenfalls nach seiner Amtszeit in mehrfacher Tätigkeit in der konventionellen Energiewirtschaft aktiv.[246] Die politische Förderung nationaler Champions stellt jedoch, wie oben z.B. von der Monopolkommission ausgeführt, einen klaren *Zielkonflikt zu fairem Wettbewerb* auf dem Inlandsmarkt dar. Als ein besonders umstrittener Fall ist in diesem Zusammenhang die Fusion des E.ON-Konzerns mit dem größten deutschen Gasversorger, der Ruhrgas AG zu nennen. Hier wurde nach langem Tauziehen und nach eindeutig negativem Votum des Bundeskartellamtes und der Monopolkommission per Ministererlaubnis des Wirtschaftsministers und mit Unterstützung des Kanzlers die Fusion und somit die Schaffung eines der größten und einflussreichsten europäischen Energiekonzerne durchgesetzt (Mez 2002).[247]

---

[246] Wolfgang Clement galt insbesondere in seiner Amtszeit als Superminister für Wirtschaft und Arbeit als „neoliberaler Sozialdemokrat" (FR 2006d). Diese Zuordnung bestätigte er nach seiner Amtszeit u.a. durch die Mitarbeit an der „Denkfabrik Konvent für Deutschland", die von Kritikern als neoliberal eingestuft wird (ebda.). Unmittelbar nach seiner Amtszeit übernahm der Ex-Energieminister auch einige Ämter in der Energiewirtschaft, u.a. im Aufsichtsrat von RWE Power.

[247] Mit einer Ministererlaubnis kann die Regierung eine Fusionsuntersagung durch die zuständigen Behörden aufheben, „wenn ausnahmsweise die Beschränkung des Wettbewerbs aus überwiegenden Gründen der Gesamtwirtschaft und des Gemeinwohls notwendig ist" (Mez 2002: 8). Im Fall der E.ON-Ruhrgas-Fusion hatte das Bundeswirtschaftsministerium der E.ON AG am 5. Juli 2002 die beantragte Ministererlaubnis zur Übernahme der Ruhrgas AG erteilt. Die Erlaubnis wurde durch eine Gerichtsentscheidung in Frage gestellt, die erhebliche Verfahrensfehler des Ministeriums rügte und den Vollzug der Fusion vorerst stoppte (Leuschner 2002a). Das Bundeswirtschaftsministerium verhandelte die beantragte Fusion daraufhin am 5. September 2002 erneut und genehmigte sie am 18. September ein zweites Mal unter leichter Verschärfung der Auflagen. Die Monopolkommission hatte zum 5. September in einem ergänzenden Sondergutachten ihr ablehnendes Votum vom Mai erneut bestätigt (Leuschner 2002c). Nach Ansicht der „Süddeutschen Zeitung" vom 20.9. zeigten sich im Verfahren um die Ministererlaubnis die SPD und die Union als Schutzmacht für E.ON und Ruhrgas (zitiert nach Leuschner 2002c). Das Vollzugsverbot für die geplante Fusion von E.ON und Ruhrgas blieb laut Entscheidung des Oberlandesgerichts Düsseldorf am 16. Dezember 2002 zunächst in Kraft (Leuschner 2002d). Wenige Stunden vor der Verkündung einer Entscheidung des Oberlandesgerichts Düsseldorf am 31. Januar 2003, die vermutlich zuungunsten von E.ON ausgefallen wäre, einigte sich E.ON außergerichtlich mit den neun Unternehmen, die gegen die Ministererlaubnis zur Ruhrgas-Übernahme geklagt hatten. Daraufhin zogen alle Beschwerdeführer ihre Kla-

Die großen vier deutschen Energiekonzerne haben in dieser Zeit ihre Position auch auf dem europäischen Markt durch eine Reihe von Käufen und Beteiligungen ausgedehnt (Monstadt 2004; Hennicke/ Müller 2005). In ihrer Analyse der Liberalisierungsentwicklung in den europäischen Energiemärkten kommen Finon, Midttun et al. zu dem Schluss, dass gerade in den Märkten, in denen die Reformen nur sehr langsam bis gar nicht zu Wettbewerb führten (wie in Deutschland und Frankreich), ein ideales Klima für die Entwicklung nationaler Champions vorlag: „the slowness of the reforms ... has favoured the home-based companies by protecting their market with a large captive customer base and the security of their annual cash flows for diversifying or internationalising their acitivities. Tacit or explicit industrial policies and weak competition policy have favored the promotion of one or two national champions favouring their strategies of mergers and acquisitions in the country" (Finon et al. 2004: 348).

4.2.2.4   Beschleunigungsrichtlinie 2003

Die europäische Kommission begleitete die Liberalisierungsentwicklungen in den Mitgliedsstaaten kritisch. In ihrem zweiten *Benchmarking-Bericht* über die Vollendung des Elektrizitäts- und Erdgasbinnenmarktes kritisierte sie an der deutschen Entwicklung insbesondere die Netzzugangs- und Entgeltsituation und griff damit die deutsche Sonderlösung des verhandelten Netzzugangs an. Aber auch in den anderen Ländern wurde ähnliches kritisiert, da dort z.B. einzelne Regulierer keine ausreichende Durchsetzungsmacht hatten oder die Entflechtung nicht weitreichend genug stattfand. Zudem kritisierte die Kommission den aus ihrer Sicht zu geringen grenzüberschreitenden Handel mit Strom, sowie die in vielen Ländern insgesamt zu langsame Umsetzung der Liberalisierungsvorgaben (Europäische Kommission 2002).

Neben den Ergebnissen des Benchmarkingberichts lieferten insbesondere zwei europäische Organisationen bzw. Netzwerke wichtige Inputs für die Erstellung der Richtlinie und die generelle Weiterentwicklung des Themas. Dies war zum einen das so genannte *Florence-Forum* zu Fragen des Strommarktes, in dem sich halbjährlich Vertreter der Regulierungsbehörden sowie der EU und Mitgliedsstaaten trafen.[248] Deutschland wurde hier zwar durch das Bundeswirtschaftsministerium vertreten, hatte jedoch aufgrund des fehlenden Regulierers und der privatwirtschaftlichen freiwilligen Vereinbarung eine Sonder- bzw. Nebenrolle auf den Treffen. Das zweite Gremium mit einer ähnlichen, wichtigen Beratungsfunktion für die Kommission war der *Rat der Europäischen Energie-Regulierer (CEER, Council of European Energy Regulators)*. Genoud et al. (2004) sehen hier bereits einen wichtigen Schritt in Rich-

---

gen zurück und E.ON konnte die Übernahme der Ruhrgas-Anteile der RAG noch am selben Tag vollziehen (Leuschner 2003b).

[248]   Das Pendant für den Gasmarkt ist das so genannte Madrid-Forum.

tung einer europäischen Regulierungsbehörde, da diese Organisationen gegründet seien „to facilitate consultation, coordination and cooperation among the regulatory bodies in the Member States, and between these bodies and the Commission" (ebda.: 123). Sie sehen diese von der Kommission initiierte und geförderte Technokratie und damit die Schaffung von Multi-Level Organisationen und einer faktischen Multi-Level Regulierung als einen wichtigen, wenn nicht gar zentralen Treiber hin zu einem harmonisierten EU-Energiemarkt, der ein solches Ziel eher erreichen könne als der politische Prozess aus sich selbst heraus.[249]

Vor dem Hintergrund der Entwicklungen in den Nationalstaaten hatte die Kommission bereits im März 2001 einen Vorschlag für eine neue Erdgas- und Strombinnenmarktrichtlinie erarbeitet. Ein zentrales Element dieser Richtlinie war die Nennung von verbindlichen Zeitpunkten zur Öffnung der Energiemärkte. Die Kommission favorisierte in ihrem Entwurf eine vollständige Öffnung ab dem 1. Januar 2005 für alle Kunden, eine weitgehende Entflechtung der Energiekonzerne und die verbindliche Einführung nationaler Regulierungsbehörden. Kommissionspräsident Prodi forderte die Nennung eines konkreten Stichtags zur Marktöffnung, und drohte, andernfalls die Liberalisierung über eine Direktive der EU-Kommission zu erzwingen. Gegen diese Vorschläge positionierten sich in erster Linie Frankreich und Deutschland. Aus französischer Sicht wurde eine schnellere Öffnung der Märkte kritisiert, während die deutsche Regierung sich insbesondere gegen eine verbindliche Einführung einer Regulierungsbehörde stellte (Schellenberger 2002; Monstadt 2004).

Im November 2002 konnten sich die Energieminister der Europäischen Union schließlich auf ihrer *Ratstagung* in Brüssel auf einen *gemeinsamen Standpunkt* einigen, der an das Europäische Parlament weitergeleitet wurde. Als Kompromisstermine für die Öffnung wurden der 1. Juli 2004 für die gewerblichen und der 1. Juli 2007 für die Haushaltskunden gefunden. Ferner wurde der Vorschlag der Kommission zur rechtlichen Entflechtung („legal unbundling") von Netzbetreibern und Stromlieferanten, die bisher nur buchhalterisch zu trennen waren, übernommen,

---

[249] Diese von den Autoren benannte "constitution of a multilevel technocratic regulation" wird als ein Governance- bzw. Regulierungssystem beschrieben, welches auf der Basis unabhängiger, informeller Expertengremien neben dem politischen Prozess existiert, aus nationalen wie supranationalen Akteuren besteht, die nationale wie supranationale Themen und Probleme behandeln. „The emergence of these informal institutions and processes is a functional answer to the growing need for harmonisation, a need which is itself largely created by markets dynamics and business strategies. In other words, what the political process, for structural and institutional reasons, could not deal with, for instance the issue of cross-border tariffs, was simply transferred to a new nascent informal multilevel arena" (Genoud et al. 2004: 126). Für die Autoren ordnet sich diese Entwicklung im Energiesektor in den allgemeinen europäischen und internationalen Trend der Privatisierung und Technokratisierung staatlicher Regulierungsaufgaben ein, der aus ihrer Sicht längerfristigen Charakter aufweist. Dieser Trend werfe grundsätzliche Fragen z.B. nach der „democratic accountability" solcher neuer Governance-Systeme auf sowie „how to design the most efficient, credible and accountable regulatory system" (ebda.).

mit der Ausnahme für Energieunternehmen mit weniger als 100.000 Kunden. Die *deutsche Regierung* setzte sich zunächst noch erfolgreich für einige Änderungen und Sonderregeln ein, nach denen die deutsche Sonderlösung der Verbändevereinbarung in wesentlichen Zügen de facto weiterhin hätte Bestand haben können (Leuschner 2002b). Diese Änderungen wurden jedoch später vom Europäischen Parlament wieder gestrichen, womit der Wechsel vom verhandelten zum regulierten Netzzugang auch in Deutschland vollzogen werden musste (Monstadt 2004).

Die so genannte *Beschleunigungsrichtlinie 2003/54/EG* „über gemeinsame Vorschriften für den Elektrizitätsbinnenmarkt und zur Aufhebung der Richtlinie 96/92/EG" trat schließlich am 26. Juni 2003 in Kraft (Richtlinie 2003a).[250] Sie benennt in deutlicher Weise die bis dato festgestellten Wettbewerbsdefizite als Begründungen für die formulierten Maßnahmen.[251] Damit waren in der vergleichsweise umfangreichen Novelle in 32 Artikeln eine ganze Reihe konkreter Regelungen wie z.B. die Termine zur Marktöffnung vorgegeben. Aus Sicht Deutschlands wiesen dabei die folgenden Aspekte einen besonderen Handlungsbedarf und gleichzeitig ein Konfliktpotenzial auf: die generelle Verpflichtung zum regulierten Netzzugang, die Verpflichtung zur Einrichtung einer nationalen Regulierungsbehörde, sowie die Verpflichtung für Übertragungs- und Verteilnetzbetreiber (ab 100.000 Anschlussnehmern), ein unternehmensrechtliches Unbundling (Entflechtung) vorzunehmen. Die Richtlinie sollte bis zum 1.7.2004 in nationales Recht umgesetzt werden.

4.3　Zentrale Regelungsaspekte und Konflikte der Novelle sowie Bezüge zu erneuerbaren Energien

Mit der Verabschiedung der Beschleunigungsrichtlinien wurden im Gegensatz zur ersten Richtlinie deutlich detailliertere Vorgaben für die nationale Umsetzung entwickelt, um dem erneuerten Ziel, mehr Wettbewerb in und zwischen den Energiemärkten der Mitgliedsstaaten zu erreichen, deutlich näher zu kommen. Dies führte in der Folge auch in Deutschland zu einem im Vergleich zur ersten Novelle komplexeren und umfangreicheren Regelwerk.

---

[250]　Gleichzeitig trat die entsprechende Richtlinie zur Öffnung der Gasmärkte 2003/55/EG in Kraft (Richtlinie 2003b). Zudem erließen Rat und Parlament eine Verordnung zum grenzüberschreitenden Stromhandel, um die diesbezüglich ebenfalls langsamen Entwicklungen zu beschleunigen und zentrale Hemmnisse, wie Tarifprobleme von Stromtransiten, zu regulieren (EG-Verordnung 2003).

[251]　In der Beschleunigungsrichtlinie wurde hierzu ausgeführt (Erwägungsgrund 5 und 6 Richtlinie 2003a): „(5) Die Haupthindernisse für einen voll funktionsfähigen und wettbewerbsorientierten Binnenmarkt hängen unter anderem mit dem Netzzugang, der Tarifierung und einer unterschiedlichen Marktöffnung in den verschiedenen Mitgliedstaaten zusammen. (6) Ein funktionierender Wettbewerb setzt voraus, dass der Netzzugang nichtdiskriminierend, transparent und zu angemessenen Preisen gewährleistet ist."

Für die deutsche Energiepolitik bedeutete die Umsetzung eine Ergänzung der bisherigen energiepolitischen Ziele Versorgungssicherheit, Preiswürdigkeit und Umweltverträglichkeit der leitungsgebundenen Energieversorgung um die Ziele Verbraucherfreundlichkeit und Effizienz (Kurth 2005b: 1).[252] Konkret wurde durch die Richtlinie ein *Regelungsbedarf bezüglich folgender Kernpunkte* ausgelöst: wirksamer, unternehmensrechtlicher Vollzug der Entflechtung von Netzbetrieb, Energieerzeugung und Vertrieb (Unbundling), die Einführung eines regulierten Netzgangs zur Gewährung von Diskriminierungsfreiheit, die Festlegung der Regeln zur Entgeltkalkulation und schließlich zur Erreichung und Durchsetzung dieser Aspekte die Einrichtung einer Regulierungsbehörde für Strom und Gas. Damit zielten weder die Richtlinie noch die Diskussionen um die deutsche EnWG-Novelle auf einen vollständig durchregulierten Energiemarkt. Die Regulierung zielt, wie Abbildung 17 verdeutlicht, allein auf den Netzbereich als den zentralen Zugang für Einspeiser und Stromhändler. Durch die Regulierung auf der Ebene der Übertragungs- und Verteilernetze und der damit verbundenen Kontrolle dieser „natürlichen Monopole" sollte somit mehr Wettbewerb in den Bereichen Erzeugung, Großhandel und Vertrieb ermöglicht werden.[253]

Dennoch blieb ähnlich wie bei der ersten Novelle für eine Reihe von Regelungsaspekten ein *großer Spielraum der Ausgestaltung.* Beispielsweise waren die konkrete Ermittlung der Netzentgelte oder die

Abbildung 17: Darstellung des Regulierungsgegenstands

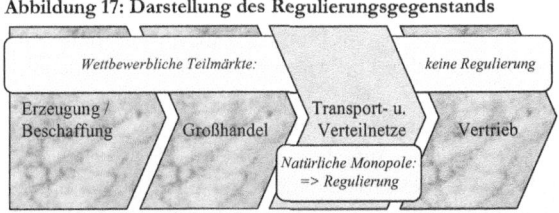

Quelle: eigene Darstellung nach Kurth (2005a: 5)

Frage nach der Durchsetzungskompetenz der Regulierungsbehörde und in Verbindung damit der Kompetenzaufteilung zwischen Bund und Ländern zu Beginn des politischen Prozesses weitgehend offen. Über das Spektrum der möglichen Ausprägungen bildeten sich eine Reihe von Konflikten zwischen verschiedenen Interessenkoalitionen heraus, die in der nachfolgenden Analyse des Policy-Prozesses im Wesentlichen wiedergegeben werden. Zuvor werden an dieser Stelle die signifikanten Regelungsaspekte, um die bzw. um deren Ausgestaltung gestritten und verhandelt wurde, wiedergegeben, um die zentralen inhaltlichen Auseinandersetzungen und Zusammenhänge einzuführen. Dabei werden zudem die Bedeutung und die Konfliktpotenziale der einzelnen Regelungsaspekte für die erneuerbaren Energien behandelt.

---

[252] Dies wurde schließlich auch in dieser Form als Zweck des Gesetzes in der Novelle des EnWG festgehalten (§1 Abs. 1 EnWG 2005).

[253] Auch die „Sicherung eines wirksamen und unverfälschten Wettbewerbs" wurde als Zweck des Gesetzes explizit aufgenommen (§1 Abs. 2 EnWG 2005).

4.3.1   Regulierter Netzzugang und Regulierungsbehörde

Die Einführung einer Regulierungsbehörde mit weit reichenden Befugnissen wurde von den meisten Kritikern des deutschen Modells eines *verhandelten Netzzugangs* als essentiell angesehen. „Die Frage, welche Freiräume es künftig zur Ausgestaltung eines zukunftsfähigen Stromsystems geben wird, hängt im Wesentlichen von der Festlegung des energierechtlichen Ordnungsrahmens und der Kompetenzzuweisung/-wahrnehmung der Regulierungsbehörde ab" (Leprich 2005: 17). Während die großen Netzbetreiber und Energieerzeuger sowie das zuständige Wirtschaftsministerium bzw. die jeweils zuständigen Wirtschaftsminister dies beharrlich für die nationale Ebene verhinderten, kam der Anstoß zur institutionellen Änderung des verhandelten Netzzugangs hin zu einer Regulierung mit kontrollierender Behörde 2003 von der EU-Ebene.

Mit der EU-Beschleunigungsrichtlinie wurden alle Mitgliedstaaten verpflichtet, „... eine oder mehrere zuständige Stellen mit der Aufgabe als Regulierungsbehörde [zu betrauen]" (Art. 1 Abs. 1 Satz 1 Richtlinie 2003a). Damit stand für Deutschland als einzigem Land ohne Regulierer eine gravierende Änderung bevor. Da jedoch auch in anderen Ländern, die eine staatliche Regulierungsbehörde eingerichtet hatten, deren Durchsetzungsmacht bzw. die Kompetenzen zu schwach ausgeprägt waren und wirkungslos blieben, wurde in der Richtlinie direkt im Nachsatz explizit gefordert: „Diese Behörden müssen von den Interessen der Elektrizitätswirtschaft vollkommen unabhängig sein" (Art. 1 Abs. 1 Satz 2 Richtlinie 2003a). Als wesentliche Aufgaben des Regulierers werden benannt: „Nichtdiskriminierung, echten Wettbewerb und ein effizientes Funktionieren des Markts sicherzustellen und ein Monitoring ... durchzuführen" (Art. 1 Abs. 1 Satz 3 Richtlinie 2003a).

Die Beschleunigungsrichtlinie legt ein Mindestmaß an *Zuständigkeiten* fest, die Mitgliedstaaten können der Regulierungsbehörde darüber hinaus noch weitere Befugnisse übertragen. Die Kernaufgaben der Behörde bzw. ihre Kompetenzbereiche werden von der Kommission in einem erläuternden Vermerk zur Richtlinie wie folgt zusammengefasst (Europäische Kommission 2004c: 3f):

–   Management und Zuweisung von Verbindungskapazitäten,

–   Mechanismen zur Behebung von Kapazitätsengpässen im nationalen Netz,

–   von Übertragungs- (Fernleitungs-) und Verteilerunternehmen benötigte Zeit für die Herstellung von Anschlüssen und für Reparaturen,

–   Veröffentlichung angemessener Informationen,

–   tatsächliche Entflechtung der Rechnungslegung zur Verhinderung von Quersubventionen und Gleichbehandlungsprogramm,

–   Anschluss neuer Erzeuger,

–   Bedingungen für den Zugang zu Speicheranlagen, Netzpufferung und anderen Hilfsdiensten,

- allgemeine Einhaltung der Bestimmungen der Richtlinie durch die Übertragungs- (Fernleitungs-) und Verteilernetzbetreiber,
- Ausmaß von Transparenz und Wettbewerb.

Ausgestattet mit diesen Kompetenzen soll die Regulierungsbehörde das Grundmodell des geregelten Netzzugangs durchsetzen können. Während eine *Unabhängigkeit der Behörde* von der Energiewirtschaft gefordert wird, ist das Verhältnis bzw. die Unabhängigkeit der Behörde von der Regierung weniger klar vorgegeben. So kann z.b. nach Vorgabe der Richtlinie die zuständige staatliche Stelle die Tarife beziehungsweise die Methoden zur Berechnung der Tarife billigen oder ablehnen (Art. 23 Abs. 3 Richtlinie 2003a). Zu diesem Punkt gab es viele Meinungsverschiedenheiten und es entzündeten sich letztlich Machtkämpfe um die Einflussnahme durch Interessengruppen auf die Behörde (s.u.). Hier kristallisierte sich insbesondere die Frage der Kompetenzaufteilung zwischen Bund und Ländern als strategischer Verhandlungsaspekt heraus. Auf der anderen Seite wurde die Frage der Unabhängigkeit der Behörde aber auch im Zusammenhang mit der Regelungstiefe des Gesetzes an sich diskutiert.

Bezüglich der Unabhängigkeit stellte sich vor allem die Frage, ob sie eigenverantwortlich die Entflechtungs-, Netzzugangs- und Entgeltvorschriften umsetzen sollte oder aber durch eine *detaillierte Gesetzgebung* auf der einen und eine enge Kontrolle durch die Regierung auf der anderen Seite eine ausführende Behörde mit wenig *Gestaltungsspielraum* sein würde. Der Verband der Elektrizitätswirtschaft (VDEW), der Verband kommunaler Unternehmen (VKU) und der Verband der Verbundunternehmen und Regionalen Energieversorger in Deutschland (VRE) sprachen sich für eine „…weitgehend normierende Regelung im Gesetz aus, um Rechts- und Planungssicherheit zu gewährleisten und die Größe der Behörde auf das Mindeste beschränken zu können" (VRE 2004a: 255). Auch eine eigenständige Umsetzung der Anreizregulierung durch die Regulierungsbehörde wurde abgelehnt (VDEW 2004: 34). Demgegenüber traten Verbraucher- und andere Industrieverbände für eine weitgehend unabhängige Regulierungsbehörde ein, deren grundsätzliche Aufgaben und Pflichten zwar in der EnWG-Novelle geregelt werden, die aber in einzelnen Regulierungsfragen frei entscheiden und damit auch flexibel regulieren sollte (Deutscher Bundestag 2004b).

Bezüglich der *Bund-Länder-Kompetenzen* befürworteten die Verbände der Verbraucherseite (z.B. VZBV) und der von der konventionellen Energiewirtschaft unabhängigen Einspeiser und Wettbewerber (z.B. VIK, BEE) aus Effizienzgründen eine einzige bundesdeutsche Regulierungsbehörde und bundeseinheitliche Regelungen. Demgegenüber votierten die Netzbetreiber für eine Aufteilung der Kompetenzen zwischen Bund und Ländern (Deutscher Bundestag 2004b). Begründet wurde dies mit der föderalen Struktur Deutschlands und dem „bei den Ländern auf Grund langjähriger Erfahrungen bestehenden Sachverstand beim Vollzug der Regulierung" (VKU 2004b: 22). Die traditionell vorhandene Nähe der Energiewirtschaft zur kommunalen Politik und den Bundesländern (siehe Abschnitt 4.2.1) kann hierbei ebenfalls als Grund gesehen werden. Die Frage nach der Bund-Länder-Kompetenzaufteilung entwickelte sich zu einer Machtfrage zwischen Bundesregierung und Bundesrat. Die Zustimmungspflicht des Bundesrates bei der Novelle des EnWG stärkte dessen Rolle, umgekehrt eröffnete die Möglichkeit einer Übertragung von Kompetenzen auf die Länderebene der Regierung Verhandlungsspielräume.

Grundsätzlich ist anzunehmen, dass ein starker Regulierer mit weitreichenden Kompetenzen und Sanktionsmöglichkeiten in hohem *Interesse der erneuerbare Energien-Vertreter* sein müsste. Mit Blick auf die vorgesehenen Kompetenzbereiche und Aufgaben des Regulierers sollte dieser beispielsweise stattfindende Diskriminierungen beim Netzzugang unterbinden, faire Netzkostenbelastungen sicherstellen und faire Wettbewerbsbedingungen auch für Ökostromanbieter herstellen, in dem er Quersubventionen der etablierten Versorger aufdeckt. In seiner Stellungnahme zur öffentlichen Anhörung des Ausschusses für Wirtschaft und Arbeit vom 29.11.2004 sprach sich der BEE zunächst für eine schlankere Formulierung des Gesetzes und mehr Befugnisse der Regulierungsbehörde aus, zudem könne den ordentlichen Gerichten die Rechtsanwendung überlassen werden (BEE 2004b: 111). Darüber hinaus hob der BEE die Notwendigkeit der Unabhängigkeit der Behörde und seiner Mitarbeiter hervor, die drei Jahre vor und nach ihrer Tätigkeit nicht in der Energiewirtschaft tätig sein bzw. gewesen sein sollen. Darüber hinaus schlug er vor, die Behörde auch für Aufsichtsbelange für den Vollzug des EEG zu nutzen (BEE 2004b: 117).

Im Zusammenhang mit den Kompetenzen der Regulierungsbehörde, bzw. ihrer ggf. nicht ausreichenden Machtstellung oder Kontrollbefugnis, wurde im Sinne der Stärkung der Verbraucherposition diskutiert, eine so genannte *Verbandsklage* einzuführen. Danach sollte ein spezielles Verbandsklagerecht bei Verstößen gegen das EnWG durch das Gesetz selbst ermöglicht werden. Ein solches Recht war zunächst auch von der Regierungskoalition in den Gesetzesentwürfen vorgesehen, obgleich dies nicht explizit in der Beschleunigungsrichtlinie gefordert war. Vor allem die Verbraucherverbände selbst, insbesondere der VZBV verlangte, unterstützt durch das Verbraucherschutzministerium, ein umfassendes Klagerecht dann, wenn der Schutz der Letztverbraucher in Gefahr sei (VZBV 2004: 2). Die Oppositionsparteien sowie die Industrie- und Energieverbände lehnten dagegen das Klagerecht für Verbraucherverbände und die ebenfalls vorgesehene Vorteilsabschöpfung kategorisch mit Verweis auf die zuständigen Behörden ab (beispielhaft VRE 2004b: 8f).

4.3.2   Unternehmensrechtliche Entflechtung des Netzbetriebs

In der fehlenden Entflechtung des Netzbetriebs von der Stromerzeugung und dem Vertrieb wurde ein entscheidender Grund für die Beharrungskräfte des Strommarktes und den fehlenden Wettbewerb in Deutschland gesehen, da die integrierten Unternehmen eine Quersubventionierung vornehmen konnten. (siehe Abschnitt 4.2.2). Nahezu alle Verteilnetzbetreiber in Deutschland sind nach wie vor integrierte Unternehmen mit einem allenfalls organisatorisch entflochtenen Vertrieb (Leprich 2005). Uwe Leprich (2005: 17) bewertete dieses Manko wie folgt: „Da die eigentumsrechtliche Trennung zwischen Transportnetz und Großstromerzeugung in Deutschland bislang an den bestehenden Machtverhältnissen gescheitert ist, bleibt dies strategisch gesehen der größte Makel der bundesdeutschen Strommarktliberalisierung. Wenn man von einer Verstaatlichung dieser „Hauptschlagader" des Stromsystems absehen will, wie sie in Dänemark unlängst durchgeführt wurde, ist hier auf eine sehr strikte Netzzugangs- und -entgeltregulierung zu achten". Dies betrifft sowohl die Formulierung von wettbewerbsförderlichen Vorschriften, aber auch die oben bereits angesprochenen Vollzugskompetenzen der Regulierungsbehörde.

In der Beschleunigungsrichtlinie sind aus diesen Gründen schärfere Vorschriften zur Entflechtung von Übertragungs- und Verteilernetzbetreibern formuliert. War in der EU-Strommarktrichtlinie von 1996 lediglich die buchhalterische Entflechtung vorgeschrieben, sieht die Beschleunigungsrichtlinie vor, dass Übertragungs- und Verteilernetzbetreiber, die zu einem integrierten Unternehmen gehören, *hinsichtlich ihrer Rechtsform, Organisation und Entscheidungsgewalt unabhängig* von den übrigen Tätigkeitsbereichen sein müssen (Art. 10 und 15 Richtlinie 2003a). Die EU Kommission veröffentlichte im Jahr 2004 einen Vermerk zur Beschleunigungsrichtlinie (Europäische Kommission 2004b), in der die rechtliche, funktionale und buchhalterische Entflechtung für Übertragungsnetz- bzw. Fernleitungsnetzbetreiber (ÜNB/FNB) und für Verteilernetzbetreiber (VNB) präzisiert wurde. Zudem wird auf die Freistellungsmöglichkeiten für Verteilernetzbetreiber hingewiesen, die abhängig von der Unternehmensgröße freigestellt werden können, wohingegen die Übertragungsnetzbetreiber zwingend entflechten müssen. Die Freistellungsmöglichkeit vom rechtlichen und funktionalen Unbundling betrifft Verteilernetzbetreiber, die weniger als 100.000 angeschlossene Kunden beliefern (*de-minimis-Grenze*).

Besonders letzterer Punkt war von hoher Wichtigkeit für die kleineren Netzbetreiber (im Wesentlichen vertreten durch den VKU), da sie befürchteten, dass das Unbundling für kommunale und regionale Unternehmen einen hohen Kostenfaktor darstellen würde und sie damit zu Übernahmekandidaten für andere Unternehmen werden könnten (VKU 2004b). Die Richtlinie gab zwar die oben genannte Grenze von 100.000 Kunden an, stellte den Mitgliedsstaaten jedoch frei, die Freistellung einzuschränken bzw. für alle VNB vorzugeben oder eine andere, niedrigere Schwelle zur Anwendung zu bringen (Europäische Kommission 2004b:

5). Die betroffenen neuen Wettbewerber, d.h. Verbände wie der Bundesverband Neuer Energieanbieter (BNE), der Bundesverband Erneuerbare Energien (BEE), aber auch Verbraucherverbände bzw. Verbände mit starken Verbraucherinteressen wie der Bundesverband der Deutschen Industrie (BDI) sprachen sich für eine schnelle Umsetzung der Entflechtung (ohne Übergangsfristen) aus und forderten, eine Ausnahme von den Unbundling-Vorschriften nur bei Unternehmen mit bis zu 25.000 Netzkunden zuzulassen (Deutscher Bundestag 2004b). Zu dieser Gruppe zählten auch die neuen Ökostromanbieter, die zum Teil im BNE organisiert waren. Demgegenüber waren die einspeisenden Betreiber von erneuerbare Energien-Anlagen durch die Vorrang- und Vergütungsregelungen des EEG geschützt und nicht von den Quersubventionen der EVU betroffen.

4.3.3   *Diskriminierungsfreier Netzanschluss und Netzzugang*

Während der Anspruch auf den Netzanschluss nach der ersten Novelle aus den kartellrechtlichen Missbrauchsvorschriften abgeleitet werden musste und daher schwerer durchzusetzen war, wurde durch die Vorgaben der Beschleunigungsrichtlinie nun eine transparente und diskriminierungsfreie Ausgestaltung gefordert (Kurth 2005b). Die Richtlinie verpflichtet die Übertragungs- und Verteilernetzbetreiber, Netzbenutzer nichtdiskriminierend zu behandeln und diesen die Informationen zur Verfügung zu stellen, die sie für einen effizienten Netzzugang benötigen (Art. 9 und 14 Richtlinie 2003a). Im Kapitel VII der Richtlinie wird zudem noch einmal explizit auf die Organisation des Netzzugangs eingegangen. Zum Zugang Dritter heißt es: „Die Mitgliedstaaten gewährleisten die Einführung eines Systems für den Zugang Dritter zu den Übertragungs- und Verteilernetzen auf der Grundlage veröffentlichter Tarife; die Zugangsregelung gilt für alle zugelassenen Kunden und wird nach objektiven Kriterien und ohne Diskriminierung zwischen den Netzbenutzern angewandt" (Art. 20 Abs. 1 Satz 1 Richtlinie 2003a).

Im Rahmen der Diskussion dieser durch die Richtlinie klar vorgegebenen allgemeinen Netzanschluss- und –zugangsvorgaben fokussierte sich der Konflikt auf die Formulierung von mehr oder weniger weitreichenden Ausnahmen, die letztlich doch zu einer „de facto"-Diskriminierung hätten führen können. Von daher war dieser Aspekt von besonderer Bedeutung für dezentrale Anlagen und für erneuerbare Energien, denn aus einer solchen EnWG-Regelung hätte auch eine *mögliche Beschränkung der Vorrangregelung des EEG* resultieren können (BEE 2004b: 109ff; Schwarz 2005). Auf der anderen Seite ermöglichte die Beschleunigungsrichtlinie den Mitgliedstaaten, den Verteilernetzbetreibern zur Auflage zu machen, dass diese „bei der Inanspruchnahme von Erzeugungsanlagen solchen den Vorrang gibt, in denen erneuerbare Energieträger oder Abfälle eingesetzt werden oder die nach dem Prinzip der Kraft-Wärme-Kopplung arbeiten" (Art. 14 Abs. 4 Richtlinie

2003a). Mit dieser Regelung war also die Möglichkeit gegeben, die bestehende Vorrangregelung nach EEG zu bestätigen bzw. zu festigen.

Die Verweigerung des Netzzugangs durch den Betreiber eines Übertragungs- oder Verteilernetzes ist laut Beschleunigungsrichtlinie dann möglich, wenn dieser „nicht über die nötige Kapazität verfügt" (Art. 20 Abs. 2 Satz 1 Richtlinie 2003a). Die Verweigerung ist „hinreichend substanziiert zu begründen", und es sind seitens des Netzbetreibers „aussagekräftige Informationen" bereitzustellen, „welche Maßnahmen zur Verstärkung des Netzes erforderlich wären" (Art. 20 Abs. 2 Satz 2 und 3 Richtlinie 2003a).[254] Die Art der Begründung bzw. die Umstände der Verweigerung – und damit das mögliche Ausmaß von Verweigerungen – standen im Zentrum der deutschen Debatte um den Netzzugang für dezentrale Erzeuger. Verbände wie der BEE, der B.KWK, aber auch VIK, BNE und VZBV traten dafür ein, dass eine (ausreichend begründete) Verweigerung nur im Falle mangelnder Netzkapazitäten möglich sein sollte (Deutscher Bundestag 2004b).[255] Demgegenüber forderten die Netzbetreiber eine breitere und offenere Formulierung von Gründen für die Zugangsverweigerung, die betriebsbedingte und sonstige Gründe neben den fehlenden Netzkapazitäten umfassen sollte (ebda.).

In Verbindung mit dem Aspekt der Vorrangstellung ergab sich die Frage, welche Anlagen in welcher *Reihenfolge im Fall eines Netzengpasses* zu bevorzugen seien. Hier zeichnete sich ein Klärungsbedarf bzw. eine Konfliktsituation zwischen der Vorrangregelung bei EE- und KWK-Anlagen ab. Der KWK-Bundesverband erläuterte die Problematik wie folgt: „Aufgrund der derzeitigen Vorrangregelung des EEG kann es dazu kommen, dass einer bereits bestehenden KWK-Anlage bei Netzengpässen die Abschaltung droht bzw. die Aufnahme des in der KWK-Anlage erzeugten Stroms nicht möglich ist, da einer – eventuell sogar später errichteten – EEG-Anlage der Vorrang eingeräumt wird. Dies führt zu einer unkalkulierbaren Beeinträchtigung der Wirtschaftlichkeit und damit einer unzumutbaren Investitionsunsicherheit für KWK-Anlagenbetreiber bzw. Investoren in solche Anlagen, die den Zielen des KWK-Gesetzes und damit des Klimaschutzes zuwiderläuft. Je nach Anlagentyp kann es zudem bei einer Abschaltung von KWK-Anlagen aufgrund des EEG-Vorrangprinzips zu Engpässen in der Wärmeversorgung kommen" (B.KWK 2004a: 4). Die Forderung des Verbandes, der sich andere Verbände wie VKU, VDEW, VIK und VCI weitgehend anschlossen, bezog sich auf die Aufhebung dieser Vorrangstellung von EEG- gegenüber KWK-Anlagen zugunsten einer nach

---

[254] Dafür kann der um Informationen ersuchenden Partei eine Gebühr in Rechnung gestellt werden (Art. 20 Abs. 2 Satz 4 Richtlinie 2003a).

[255] Darüber hinaus sprach sich der B.KWK für einen Wegfall der Antragspflicht beim Anschluss privater Klein- und Mikro-KWK-Anlagen zur Eigenerzeugung aus, da diese Antragspflicht schon im alten EnWG von den Netzbetreibern dazu benutzt worden sei, den Anschluss von Eigenanlagen für mehrere Wochen zu verzögern und dies somit ein „ernstes Hemmnis" für dezentrale Erzeuger darstelle (B.KWK 2004a: 2).

dem Zeitpunkt der Inbetriebnahme orientierten Regelung (B.KWK 2004a; Deutscher Bundestag 2004b). Dies wurde im Wesentlichen jedoch auch vom BEE unterstützt, der bereits in seiner Stellungnahme zum EnWG-Gesetzesentwurf seine Änderungsvorschläge allgemein auf dezentrale Anlagen bezog und für mehrere Passagen des Gesetzes eine explizite Berücksichtigung auch von KWK-Anlagen (neben EE-Anlagen) fordert (BEE 2004b: 109ff).

4.3.4   Netzentgeltregelungen

Die Frage der Ermittlung und Überprüfung der Entgelte für die Netznutzung war ein neuralgischer Punkt in der Debatte. Die überhöhten Netzkosten und ihr Beitrag zur Energiepreissteigerung waren ein wesentlicher Faktor der Kritik am wettbewerbsfeindlichen deutschen System (siehe hierzu Abschnitt 4.2.2). Die zu hohen und intransparent ermittelten Netz(zugangs)kosten waren für alle Wettbewerber, also auch für die dezentralen Energieerzeuger und Ökostromhändler, ein Hemmnis. Außerdem wurden seitens der konventionellen Energiewirtschaft das EEG und KWKG häufig öffentlich in Anzeigenkampagnen für die hohen und steigenden Energiepreise verantwortlich gemacht, wohingegen die tatsächlichen Netzkosten, die mit 30-40 % einen deutlich höheren Anteil ausmachten, unerwähnt blieben.[256]

Nachfolgend wird aufgrund dieser konflikthaften Debatte um die Strompreise die Preisentwicklung und -zusammensetzung dargestellt, bevor auf Detailkonflikte und Einzelaspekte der Engeltermittlung im Rahmen der EnWG-Diskussionen eingegangen wird.

4.3.4.1   Strompreisentwicklung und –zusammensetzung

Bei der Analyse der Strompreise ist zwischen zwei unterschiedlichen Kundensegmenten zu unterscheiden, die verschiedene Gesamtpreise sowie zum Teil auch in der Höhe unterschiedliche Steuern und Abgaben zahlen. Dies sind zum einen die *privaten Haushalte* und kleine gewerbliche Kunden (Tarifkunden), zum anderen die *Industrie* (Sondervertragskunden), deren Strompreise aufgrund der höheren Abnahmemengen und der in der Regel niedrigeren Staatsquote deutlich geringer sind.

Betrachtet man die *Strompreisentwicklung in Deutschland* so zeigt sich, dass die Preise inklusive aller Steuern und Abgaben insgesamt in den letzten 15 Jahren (im Zeitraum von 1991 bis 2006) für Haushaltskunden angestiegen sind, während Industriekunden gegenwärtig in etwa wieder auf dem Preisniveau von 1995 liegen (siehe Abbildung 18). Ein merklicher Preisrückgang war in beiden Segmenten ab

---

[256] Im zweiten Benchmarkingbericht der EU-Kommission werden für Deutschland Spannenwerte für die Netzentgelte von 40-75 Euro pro MWh im Bereich der Niederspannung und 15-45 Euro/MWh für Mittelspannung angegeben (Europäische Kommission 2005b: 12). Siehe hierzu auch den nachfolgenden Abschnitt.

dem Jahr 1996 zu verzeichnen, in dem die EU-Liberalisierungsrichtlinie für den Strombinnenmarkt verabschiedet wurde und eine Umsetzung in den Mitgliedsstaaten und so auch in Deutschland erwartet wurde.

Die Umsetzung durch die erste EnWG-Novelle im Jahr 1998 brachte für die Industriekunden nochmals deutliche Preisreduktionen, während sich bei den Haushaltskunden der Trend bereits wieder umkehrte. Der deutliche Preisrückgang bei den Industriekunden wurde unterstützt durch steuerliche Ausnahmeregelungen bzw. geringere Besteuerungen bei der Stromsteuer. Die Senkung der Industriepreise betrug nach Angaben des Statistischen Bundesamtes im Durchschnitt gut 27 %, inklusive der 1999 eingeführten Stromsteuer (BMWA 2003: 17). Dadurch bewegten sich die ursprünglich zu den höchsten in Europa zählenden Industriestrompreise kurzfristig im europäischen Mittelfeld.

Wie die Abbildung 18 zeigt, waren seit 1996 bis 2001 die Preise für Haushaltskunden ohne Berücksichtigung von Steuern und Abgaben ebenfalls gefallen, allerdings nur leicht. Das Bundeswirtschaftsministerium bemerkt zu den geringen Effekten im Haushaltskundensegment in seinem Monitoring-Bericht zur Situation des Energiemarkts 2003 zurückhaltend, aber unmissverständlich, dass „die bisherige Praxis der Tarifgenehmigungen bisher nicht die durch Wettbewerb stimulierten Preissenkungen hervorbringen konnte" (BMWA 2003: 32). Bis zum Herbst 2002 hatten nach Angaben des VDEW lediglich 4,3 % der Haushalte und 6,4 % der Gewerbekunden ihren Lieferanten gewechselt. Allerdings hatten rund ein Viertel der Haushaltskunden und rund die Hälfte der Gewerbekunden einen neuen Vertrag zu günstigeren Konditionen mit ihrem alten Versorger abgeschlossen (VDEW 2003). Das Bundeswirtschaftsministerium gibt als einen zentralen Grund einerseits an, dass Strom nach wie vor ein „Low-interest-Produkt" sei und die Kunden überwiegend zufrieden mit ihrem Versorger seien, verweist andererseits aber auch auf massive Probleme beim Versorgerwechsel (BMWA 2003: 27).

Zentraler Grund für die günstigere Stromerzeugung in den ersten Liberalisierungsjahren war zum einen der dynamisch einsetzende Wettbewerb, zum anderen „die zum Zeitpunkt der Marktöffnung bestehenden reichlichen Kapazitätsreserven im Kraftwerksbereich" (BMWA 2003: 32), mit anderen Worten große Überkapazitäten, die von den Betreibern strategisch genutzt werden konnten. Die Wettbewerbsdynamik war infolge dessen ab 2001 wieder beendet, als sich die etablierten, großen Energieversorger am Markt behauptet und eine große Anzahl an neuen Wettbewerbern verdrängt hatten (siehe hierzu Abschnitt 4.2.2).

Ab 2001 stiegen die Preise demzufolge wieder an, was zum einen auf höhere Erzeuger- bzw. Großhandelspreise, zum anderen aber auch auf die steigende Quote für Steuern und Abgaben zurückzuführen war (BMWA 2003).[257] Als Grund für den

---

[257] Die Steuern stiegen im Wesentlichen durch die seit 1999 eingeführte progressive Stromsteuer, die Abgaben auf deutlich niedrigerem Niveau im Wesentlichen durch den Anstieg der Umlage des seit April 2000 eingeführten EEG.

Wiederanstieg der Erzeugerpreise gaben die Kraftwerksbetreiber an, dass die niedrigen Energiepreise aus den Anfangsjahren der Liberalisierung „ein Risiko für die Versorgungssicherheit" gewesen seien (Bilek 2004: 18). Die Preise hätten auf einem Niveau der kurzfristigen Grenzkosten gelegen und verhinderten notwendige Investitionen in den Kraftwerkspark (BMWA 2003: 32). Im Zusammenhang mit der damaligen Marktentwicklung kann diese Preisentwicklung jedoch auch dahingehend interpretiert werden, dass es den großen Versorgern mit Dumpingpreisen gelungen war, die aufkommende Konkurrenz aus dem Markt zu drängen, um danach die Preise wieder zu erhöhen.

Abbildung 18: Strompreisentwicklungen von Haushalts- und Industriekunden in Deutschland von 1991 bis 2006

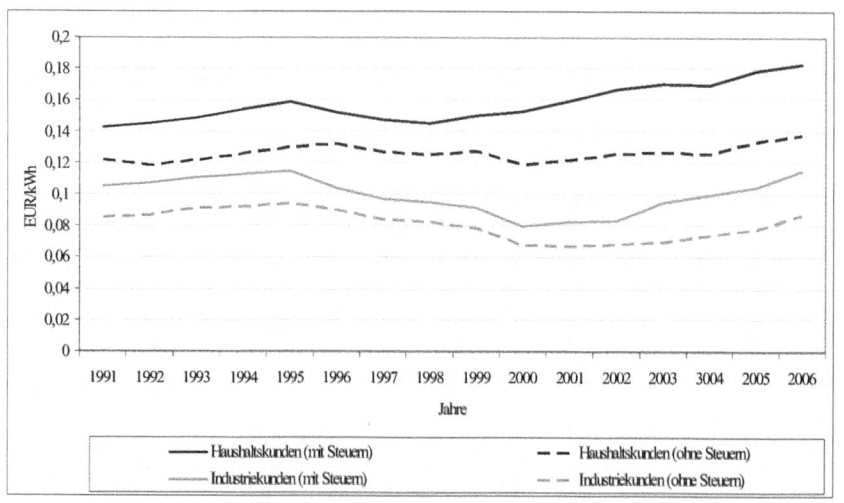

Quelle: eigene Darstellung nach Daten von Eurostat (2006b)

Die *Strompreise in Deutschland* waren auch deshalb immer wieder großer Kritik ausgesetzt, weil sie *im europäischen Vergleich zu den höchsten* zählten – und nach wie vor zählen. Die folgenden Abbildungen zeigen die Strompreisentwicklung in Deutschland im Vergleich zum europäischen Durchschnitt, jeweils mit und ohne Steuern und Abgaben im Zeitraum von 1991 bis 2006. Die Kurven verdeutlichen, dass sich seit der Liberalisierung die wesentlichen Preisentwicklungen bzw. Richtungsänderungen durchaus auf europäischer Ebene widerspiegeln, was entweder als ein Indiz für einen existierenden Binnenmarkt, zumindest aber für eine gewisse Preiskoppelung im Binnenmarkt gelten kann. Sie zeigen auch, dass die Erzeugerpreise im Haushaltskundensegment in Deutschland vergleichsweise deutlich und konstant

Abbildung 19: Strompreisentwicklung Industrie in Deutschland und EU-15 (Durchschnittswert) von 1991 bis 2006, mit und ohne Steuern und Abgaben

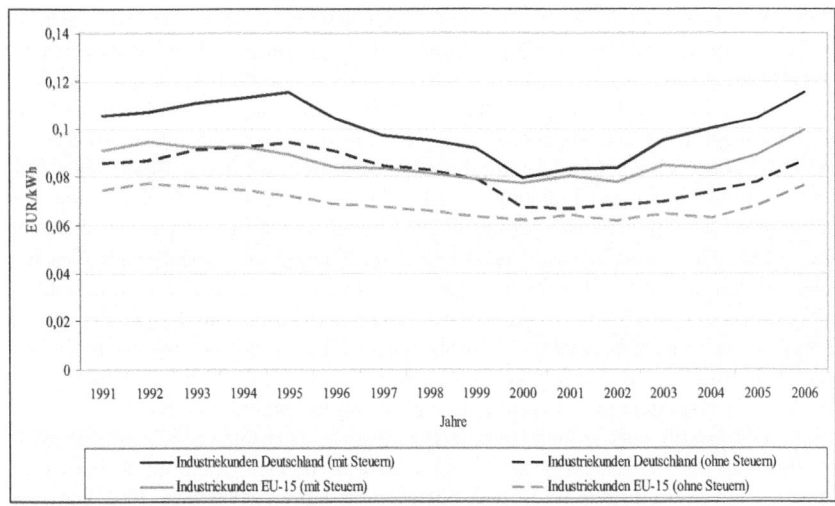

Quelle: eigene Darstellung nach Daten von Eurostat (2006b)

Abbildung 20: Strompreisentwicklung Haushalte in Deutschland und EU-15 (Durchschnittswert) von 1991 bis 2006, mit und ohne Steuern und Abgaben

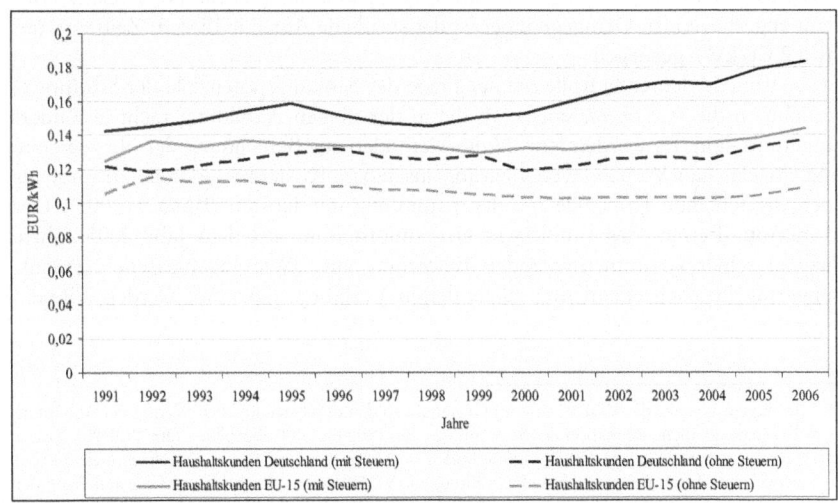

Quelle: eigene Darstellung nach Daten von Eurostat (2006b)

mehrere Eurocent über dem europäischen Durchschnitt liegen, während sich im Industriekundensegment seit der Liberalisierung eine deutliche Annäherung der Preise auf etwa 1 Ct/kWh ergeben hat. Offensichtlich existiert im Industriekundenmarkt ein deutlich höherer Wettbewerb mit Angeboten auch aus dem europäischen Raum.

Wie oben beschrieben, hat der *Anstieg der Steuern und Abgaben* durch die Politik der rot-grünen Bundesregierung zu einer Erhöhung der Staatsquote im Strompreis und zum Teil zur Minderung oder Überkompensation in der Phase sinkender Erzeugerpreise geführt. Abbildung 21 zeigt die differenzierte Aufschlüsselung der Bestandteile des Strompreises für das Fallbeispiel eines Drei-Personen-Haushalts.[258] Die Grafik zeigt, dass der staatliche Anteil durch Steuern und Abgaben im Wesentlichen in den Jahren bis 2003 angestiegen ist, dominiert durch die Steigerungsstufen der Stromsteuer, und danach vergleichsweise konstant blieb. Die Anteile der Mehrwertsteuer verändern sich relativ zum Strompreis, die Konzessionsabgaben blieben nahezu konstant, und die Anteile für die KWK- und EEG-Umlage bleiben trotz Anstiegs im dargestellten Zeitraum auf vergleichsweise niedrigem Niveau.

Die Grafik zeigt jedoch auch, dass *Erzeugung, Transport und Vertrieb* den *größten Anteil an der Strompreissteigerung* ab 2001 aufweisen. Der Anteil an Steuern und Abgaben am Gesamtpreis ist in den Niedrigpreis-Jahren 2000 und 2001 genauso hoch wie im Jahr 2006 (bei etwa 38 %). Der hier dargestellte Anstieg des Strompreises ist damit zum größeren Teil auf die Steigerung bei Erzeugung, Transport und Vertrieb zurückzuführen. Vom ersten Wiederanstiegsjahr 2001 bis zum Jahr 2006 handelt es sich um eine Steigerung um 3,3 Ct/kWh, die über die Jahre relativ konstant angestiegen ist. Demgegenüber ist der staatliche Anteil in diesem Zeitraum um etwa 2 Ct/kWh gestiegen.

Eine bedeutende Rolle bei der Frage der Senkungspotenziale der Strompreise nehmen die *Netzentgelte* ein (s.o.), die in der obigen Abbildung nicht gesondert aufgeführt sind. Es wurden sowohl die Methoden zur Berechnung der Netzentgelte und einzelne laut Verbändevereinbarung ansetzbare Kostenbestandteile kritisiert, als auch die fehlende Kontrolle bei der Ermittlung der Kosten (BMWA 2003). Der Monitoring-Bericht des Bundeswirtschaftsministerium aus dem Jahr 2003 führte dazu in seiner zusammenfassenden Bewertung aus: „Wie angemessene Netznutzungsentgelte nach einem breit akzeptierten Verfahren bestimmt werden können,

---

[258]   In diesem Beispiel der VDEW ist – im Gegensatz zu den durchschnittlichen Werten der Abbildung 18 – eine deutliche Reduktion des Strompreises von 1998 bis 2000 abgebildet. Der VDEW verweist hier auf unterschiedliche Erhebungsmethoden im Unterschied zu Eurostat, welches sich nur auf genehmigte Tarifstrompreise beziehe, während die VDEW auch „Alternativangebote außerhalb der genehmigten Tarife" einbezogen hatte (BMWA 2003: 18). Über die Repräsentativität beider Vorgehensweisen oder die methodischen Unterschiede im Detail kann an dieser Stelle keine Aussage getroffen werden.

ist bisher nicht zufrieden stellend beantwortet" (ebda.: 33). Die VV II plus sei zudem „bisher nicht geeignet, Effizienzanreize zu setzen" (ebda.).

Abbildung 21: Strompreiszusammensetzung mit Steuern und Abgaben für einen 3-Personen-Haushalt (Jahresverbrauch 3.500 kWh/a) in Cent/kWh zwischen 1998 und 2006

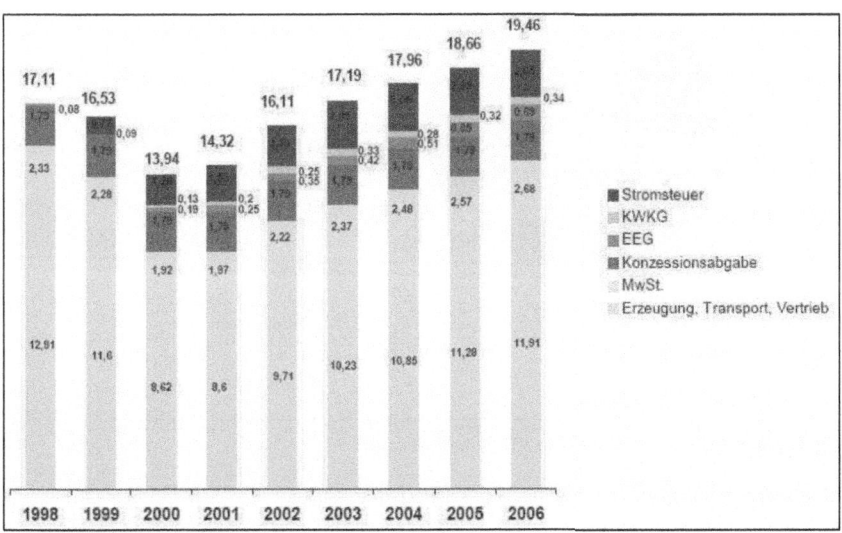

Quelle: VDEW (2006)

Die Abbildung 22 zeigt zusätzlich zu den Steuern und Abgaben auch die Differenzierung der ökonomischen Bestandteile des Strompreises beispielhaft für einen Haushaltskunden im Jahr 2005. Hierzu zählen Beschaffung, Messung und Vertrieb, sowie als größter Posten mit einem Anteil von ca. 30 % am Gesamtpreis die Netzentgelte.

Neben der Kritik an der Intransparenz der Ermittlung und der demzufolge existierenden großen und willkürlich anmutenden Streuung der Preise in Deutschland im internationalen Vergleich richtete sich die Kritik auch gegen die Höhe der Netzentgelte (s.o.). Ebenso wie im Vergleich der gesamten Strompreise lagen die Netzentgelte deutlich oberhalb des europäischen Durchschnitts; für das Jahr 2004 ermittelte die EU-Kommission in ihrem Benchmarking-Bericht sogar die Spitzenposition aller Mitgliedstaaten der EU-15 (siehe Abbildung 23).

Abbildung 22: Strompreisbestandteile für Haushaltskunden 2005

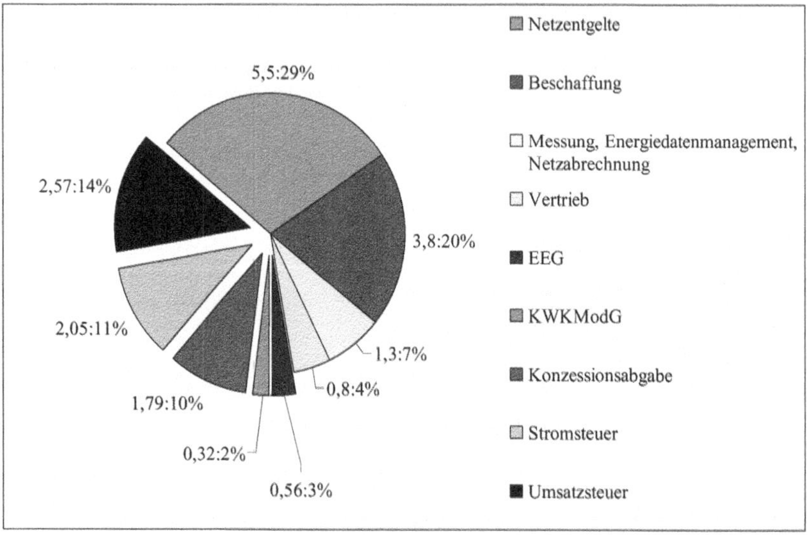

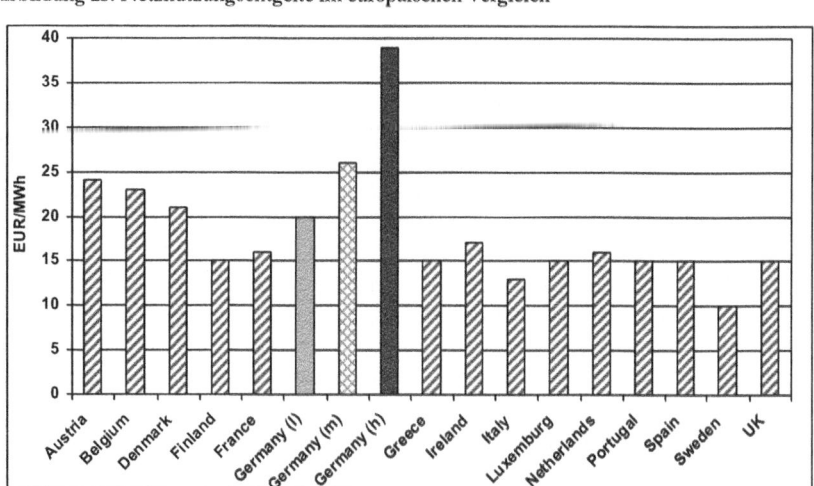

Quelle: eigene Darstellung nach Daten VDN (2006: 8).

Abbildung 23: Netznutzungsentgelte im europäischen Vergleich

Für Deutschland sind neben dem durchschnittlichen Wert (m) auch die geringsten (l) und höchsten (h) Netznutzungsentgelte aufgeführt.

Quelle: eigene Darstellung nach Daten der Europäischen Kommission (2004: 15)

4.3.4.2   Konfliktpunkte bei der Netzentgeltkalkulation und -kontrolle

Weder die EU-Stromrichtlinie von 1996 noch die im Jahr 2003 verabschiedete Beschleunigungsrichtlinie beinhalten konkrete Vorschriften über die Berechnungsmethoden beziehungsweise die Kontrolle von Netznutzungsentgelten (Richtlinie 1996; und Richtlinie 2003a). In der Beschleunigungsrichtlinie wird lediglich gefordert, dass die für die Netznutzung erhobenen Tarife (wie der Netzzugang, s.o.) „transparent und nichtdiskriminierend" sein sollen (Erwägungsgrund 13 Satz 1 Richtlinie 2003a). Für die Einhaltung dieser Anforderung sind die jeweiligen Regulierungsbehörden in den Mitgliedsstaaten verantwortlich. Die Befugnisse des Regulierers bezüglich der Netzentgelte werden wie folgt vorgeschlagen, jedoch nicht vorgeschrieben: „Die Regulierungsbehörden sollten befugt sein, die Tarife oder wenigstens die Methoden zur Berechnung der Tarife für die Übertragung und Verteilung festzulegen oder zu genehmigen. Um Unsicherheiten und Kosten und zeitaufwändige Streitigkeiten zu vermeiden, sollten diese Tarife veröffentlicht werden, bevor sie Gültigkeit erlangen" (Erwägungsgrund 15 Satz 4 und 5 Richtlinie 2003a). Die zentralen Kontroversen in der deutschen Debatte drehten sich bei den Netzentgelten um das „wann" und das „wie": zum einen um den Zeitpunkt der Netzentgeltkontrolle, zum anderen um die Art der Bestimmung der Netzentgelthöhe.

Bezüglich des Zeitpunkts wurden *ex-ante- und ex-post-Modelle* diskutiert. Das Bundeswirtschaftsministerium und der VDEW sprachen sich für die Beibehaltung der nachträglichen Genehmigung der Netznutzungsentgelte aus. Es wurde u.a. argumentiert, dass eine solche ex-post-Genehmigung effektiver als eine Vorabgenehmigung (ex-ante) sei, da letzteres für die rund 1.700 deutschen Strom- und Gas-Netzbetreiber einen zu hohen Verwaltungsaufwand darstellen würde. Die Mehrheit der Länder, Verbraucherschützer und Grüne sprachen sich dagegen für eine ex-ante-Genehmigung aus und begründeten dies mit einer besseren Kontrolle der Entgelte (dpa 2004b).

Auch bei der Frage der *Kalkulationsmethode* zur Bestimmung der Netzentgelte knüpfte die Debatte am deutschen Status quo an. In den vorangegangenen Verbändevereinbarungen, zuletzt in der „VV II plus", war die *Nettosubstanzerhaltung* als Kalkulationsmethode zur Abschreibung von Anlagen festgeschrieben (BDI et al. 2001; 2002: Anlage 3). Das bedeutete, dass die Netzbetreiber den angenommenen Wiederbeschaffungswert von Anlagen als Kosten in ihrer Preiskalkulation abschreiben konnten. Von den Netzbetreibern wurde diese Kalkulationsmethode mit der Begründung bevorzugt, dass dieses Prinzip mit den betriebswirtschaftlichen Methoden und Erkenntnissen in Einklang stehe (VDEW 2004: 33). Diese Kalkulationsmethode wurde jedoch von vielen Akteuren kritisiert, da sie es den Netzbetreibern möglich mache, Kosten abzuschreiben, welche oftmals gar nicht existierten, da es keine identische Wiederbeschaffung von Anlagen gebe „oder weil im Zuge des technischen Fortschritts alte Anlagen durch andersartige, kostengünstigere Anlagen ersetzt werden", wie die Vertreter energieintensiver Industrien in einem Positions-papier anmerkten (BDZ et al. 2004).

Der Kalkulationsmethode der Nettosubstanzerhaltung stand das Prinzip der *Realkapitalerhaltung* gegenüber. Nach diesem Ansatz kann ein Unternehmen nur Kosten abschreiben, die den tatsächlichen Anschaffungskosten einer Anlage ent-sprechen (Schlemmermeier/ von Hammerstein 2004). Gemeinsam ist beiden Kal-kulationsmethoden, dass sie kostenbasiert sind, d.h. die Entgelte werden auf Basis der Kosten eines Netzbetreibers ermittelt und auch unter diesen Gesichtspunkten von der Regulierungsbehörde überprüft. Da für die Netzbetreiber aufgrund der mangelnden Wettbewerbssituation kein Anreiz besteht, Kosten- und damit Entgelt-senkungen durchzuführen, bestehen - so die zentrale Kritik an beiden Kalkulati-onsmodellen - nur wenig Chancen auf eine dauerhafte Senkung von Netznutzungs-entgelten.

Im Zuge dieser Auseinandersetzungen entstand das Modell der so genann-ten *Anreizregulierung*, die im Verlauf des Prozesses zunächst im September 2004 durch den Bundesrat vorgeschlagen und schließlich von der Bundesregierung in ihrem darauf folgenden Entwurf übernommen wurde.[259] Im Vorfeld und in den ersten EnWG-Entwürfen waren lediglich „Anreize zur Effizienzverbesserung" vorgeschlagen worden.[260] Die Idee der Anreizregulierung beruht darauf, dass für die Netzbetreiber Anreize zur Effizienzsteigerung und Kostensenkung geschaffen werden, indem Erlös- beziehungsweise Preisobergrenzen für die Unternehmen gesetzt und somit von den (vermeintlichen) Kosten entkoppelt werden. Unterneh-men, die während dieses Regulierungszeitraums mit ihren tatsächlichen Kosten unter den Obergrenzen bleiben, können einen höheren Gewinn als ineffizientere Unternehmen erzielen. Um langfristige Anreize für die Netzbetreiber zu setzen, wurde zudem ein Vergleichsverfahren („Benchmarking") vorgeschlagen, auf dessen Grundlage die jeweiligen Preisobergrenzen ermittelt werden sollten. Effiziente Unternehmen setzen in diesem System den Maßstab, an den sich die weniger effi-zienten anpassen müssen (Wagner/ Dudenhausen 2005).

Ein weiterer wichtiger und umstrittener Punkt der Debatte um Netzentgelte, der insbesondere für die dezentralen Anlagenbetreiber (erneuerbare Energien und KWK) wichtig war, bezog sich auf die Gewährung bzw. Anrechnung *vermiedener*

---

[259]   In einer im März 2005 von Wagner und Dudenhausen veröffentlichten Untersuchung werden die Positionen der im Bundesrat vertretenen Parteien und wichtiger Verbände zur Anreizregulierung aufgezeigt (Wagner/ Dudenhausen 2005).

[260]   Zwar tauchte der Begriff der Anreizregulierung auch in Stellungnahmen von SPD-Politikern auf, nicht aber in den Gesetzesentwürfen. So heißt es beispielsweise in einem ersten BMWA-Entwurf im Februar 2004: „Die Methode zur Bestimmung der Entgelte ist so zu gestalten, dass eine ener-giewirtschaftlich rationale Betriebsführung gesichert ist und die notwendigen Investitionen in die Netze mit dem Ziel vorgenommen werden können, dass die Lebensfähigkeit der Netze gewährleis-tet ist; es sollen Anreize zur Effizienzverbesserung für den Netzbetrieb gegeben werden." (BMWA 2004a: 18)

Netznutzungsentgelte. Hier brachte sich insbesondere der B.KWK ein, der anstelle der in den Entwürfen vorgesehenen offeneren Regelungen einen klaren „Anspruch auf Erstattung der durch ihre Einspeisung beim Netzbetreiber vermiedenen Netznutzungsentgelte einschließlich Umspannung" forderte (B.KWK 2004a, Anlage: 1). Da in der Praxis bis dato nach Aussage der Verbände dezentraler Einspeiser die Erstattung von vermiedenen Netznutzungsentgelten nur unzureichend erfolgt war, waren auch in diesem Punkt die Frage der Ermittlung und der Kontrolle durch die Regulierungsbehörde neben der gesetzlichen Anspruchsformulierung wichtige Bestandteile der Forderungen (ebda.).[261]

4.3.5   Liberalisierung des Messwesens und Regelenergiemarktes

Zu dem natürlichen Monopol des Netzbetriebs wurden traditioneller Weise auch Dienstleistungen wie die Messung von Energieeinspeisung und –verbrauch sowie die Bereitstellung von Ausgleichsleistungen (Regelenergie) hinzugerechnet.[262] Da diese jedoch ebenso von unabhängigen Dienstleistern im freien Wettbewerb erbracht werden können und darüber hinaus in beiden Bereichen eine starke Überteuerung aufgrund mangelnden Wettbewerbs seitens der Verbraucher kritisiert wurde, waren für diese beiden Teilmärkte in der Beschleunigungsrichtlinie ebenfalls eine wettbewerbliche Öffnung vorgesehen.

In der Begründung der Richtlinie heißt es bezüglich der *Regelenergie*, dass es „zur Sicherstellung eines effektiven Marktzugangs für alle Marktteilnehmer, einschließlich neuer Marktteilnehmer, ... nichtdiskriminierender, kostenorientierter Ausgleichsmechanismen [bedarf]. Sobald der Elektrizitätsmarkt einen ausreichenden Liquiditätsstand erreicht hat, sollte dies durch den Aufbau transparenter Marktmechanismen für die Lieferung und den Bezug von Elektrizität zur Deckung des Ausgleichsbedarfs realisiert werden" (Erwägungsgrund 17 Richtlinie 2003a). Bis dahin sei es Aufgabe der Regulierungsbehörde, faire Bedingungen bei den Ausgleichsleistungen zu schaffen (ebda.).[263]

---

[261]   In einem vom B.KWK zusammen mit anderen Auftraggebern finanzierten Gutachten aus dem Jahr 2003 über vermiedene Netznutzungsentgelte der dezentralen Einspeisung wurde festgestellt, das die Ermittlungsregeln aus der Verbändevereinbarung VV II plus (Anlage 6) nicht sachgerecht seien und somit keine „gute fachliche Praxis" darstellen würden (Mühlstein 2003: II). Im Gutachten wurden modellhaft vermiedene Netznutzungsentgelte für Einspeisung unterhalb des Höchstspannungsnetzes in Höhe von rund 800 Mio. Euro pro Jahr ermittelt (ca. 6,5 % der gesamten Netznutzungsentgelte). Demgegenüber würden die Methoden gemäß Anlage 6 der VV II plus nur zu einer Summe von 400 bis 500 Mio. Euro führen (ebda.).

[262]   In der EnWG-Novelle werden Ausgleichsleistungen wie folgt definiert: „Dienstleistungen zur Bereitstellung von Energie, die zur Deckung von Verlusten und für den Ausgleich von Differenzen zwischen Ein- und Ausspeisung benötigt wird, zu denen insbesondere auch Regelenergie gehört" (§ 3, Abs. 1 EnWG 2005).

[263]   Hier ist auf die Differenzierung zwischen Regelenergie und Ausgleichsenergie hinzuweisen.

Das Thema Regelenergie und Regelenergiekosten war und ist von Bedeutung aufgrund des hohen Anteils an den gesamten Übertragungsnetzentgelten: in 2004 betrug dieser Anteil über 40 Prozent (Parlasca 2004: 5). Die Netzbetreiber begründeten einen höheren Regelenergiebedarf und damit einhergehende Preissteigerungen bzw. höhere Netzkosten im Wesentlichen mit der Zunahme der fluktuierenden Stromeinspeisung durch Windkraft. Insofern war die Diskussion um die Regelenergiekosten ein wichtiges Thema für die Windkraftbranche, da die Netzbetreiber oft den steigenden Windenergieanteil für eine Zunahme des Regelenergiebedarfs und somit der Netzkosten verantwortlich machten (Energieportal24 2003). Dieser Vorwurf konnte mittlerweile durch ein Gutachten unter Beteiligung der Energieversorger widerlegt werden.[264]

Ein zentraler Grund für die widersprüchlichen Darstellungen und die überhöhten Regelenergiekosten wurde auch hier vor allem in der marktbeherrschenden Stellung der vier Übertragungsnetzbetreiber in ihren Regelzonen gesehen (BNE 2004: 67f; VIK 2004: 79f; Büchner/ Türkucar 2005).[265] Die Forderungen nach mehr Wettbewerb auf dem Regelenergiemarkt bezogen sich u.a. auf eine Zusammenlegung der vier deutschen Regelzonen bzw. regelzonenübergreifende Ausschreibungen, auf die Absenkung von Mindestangebotsgrößen und transparente Ausschreibungsverfahren (Büchner/ Türkucar 2005). Die Übertragungsnetzbetreiber traten dagegen für die Beibehaltung der Regelzonen ein und begründeten dies im Wesentlichen mit Aspekten der Netzsicherheit (VDEW 2004: 48).

Regelenergie ist die von den Übertragungsnetzbetreibern eingesetzte Energie zum tatsächlichen Ausgleich der saldierten Ungleichgewichte aller Bilanzkreise. Demgegenüber bezeichnet Ausgleichsenergie die Energie zum Ausgleich von Abweichungen auf der Ebene der Bilanzkreise, die zwischen den jeweiligen Bilanzkreisverantwortlichen und dem Übertragungsnetzbetreiber verrechnet wird (Nailis 2006: 56)

[264] Der Bedarf an Regelenergie für Windenergie entsteht für den unerwartet auftretenden Mehr- oder Minderanteil in Höhe des Fehlers der prognostizierten Windleistung. Die zu erwartende Windleistung wird laut Bundesverband Windenergie 48 bis 72 Stunden mit einem Fehler von durchschnittlich acht Prozent vorhergesagt (BWE 2005). Mit der Verbesserung von Prognosetools sowie der Technik der Windkraftanlagen zum Ausgleich von Schwankungen (Erzeugungsmanagement, Sturmregelung) lässt sich der Regelenergiebedarf somit weiter verringern (ebda.). Zum tatsächlichen Regelenergiebedarf und den Kosten, sowie zum Ausbaubedarf und zur Stabilität des Netzes insgesamt wurde eine spezielle Netzstudie von der Bundesregierung in Auftrag gegeben, die gemeinsam von Netzbetreibern, Windkraft-Branche und Bundeswirtschaftsministerium erarbeitet wurde. Ein Ergebnis dieser Studie war, dass in 2015 „im Mittel rund acht bis neun Prozent der installierten Windleistung als positive Minuten- und Stundenreserve vorgehalten werden muss. […] Dazu sind keine zusätzlichen Kraftwerke zu installieren und zu betreiben" (dena 2005: 11).

[265] In einer gemeinsamen Pressekonferenz von BEE, VZBV, BDE und BNE protestierten die vier Verbände gegen die Ende 2003 angekündigten Strompreiserhöhungen. Zum Thema Regelenergie äußerte sich Johannes Lackmann, Präsident des BEE wie folgt: „Für steigende Regelenergiekosten ist nicht die Windenergie verantwortlich, sondern die Selbstbedienungsmentalität der Energiekonzerne. Wie sonst ist zu erklären, dass trotz Zubau von Windrädern die Regelenergiemenge in Deutschland nicht gestiegen ist, die Konzerne dafür aber inzwischen die doppelten Preise verlangen?" (Energieportal24 2003).

Die *Liberalisierung des Mess- und Zählwesens* war bis dato weder in der ersten Richtlinie aus dem Jahr 1996 noch von der Beschleunigungsrichtlinie erfasst bzw. gefordert worden. Nach den Regelungen der deutschen Verbändevereinbarungen waren die Netzbetreiber „im Rahmen des Netznutzungsmanagements aufgefordert, die für die Abrechnung der Netznutzer relevanten Verbrauchs bzw. Einspeisedaten zu erfassen, zu verarbeiten und an die berechtigten Stellen weiterzuleiten" (Zayer 2005: 22). Diese Praxis wurde gefestigt durch eine Entscheidung des Oberlandesgerichtes (OLG) Düsseldorf vom 17. Dezember 2003, in der das Gericht die Existenz eines eigenständigen Marktes für Messung und Verrechnung verneinte und begründete, dass diese Tätigkeiten integrale Bestandteile der vom Netzbetreiber zu erbringenden Dienstleistung ''Netznutzung'' seien (Tugendreich/ von Hammerstein 2005: 14).[266] Während der Debatten um die EnWG-Novelle beriefen sich der VDEW, der VKU und der Bundesverband der Deutschen Gas- und Wasserwirtschaft (BWG) auf das Urteil des OLG und sprachen sich gegen eine Liberalisierung des Zählwesens aus. Demgegenüber forderten Verbände wie der BNE, der BEE oder die VZBV die Einführung von Wettbewerb im Mess- und Zählwesen, da sie die von den Betreibern erhobenen Gebühren für die Stromzähler als zu hoch kritisierten (Deutscher Bundestag 2004b).[267]

4.3.6 Stromkennzeichnung – Imagegewinn für erneuerbare Energien?

Nach der EU-Beschleunigungsrichtlinie müssen Elektrizitätsversorgungsunternehmen auf ihren Rechnungen und Werbematerialien den Anteil der einzelnen Energiequellen am Gesamtenergieträgermix angeben, den der Lieferant im vorangegangenen Jahr verwendet hat (Art. 3 Abs. 6 Richtlinie 2003a). Zudem müssen Angaben zu CO_2-Emmissionen und radioaktivem Abfall gemacht werden, beziehungsweise Angaben, wo diese Informationen eingesehen werden können. Strom, der über eine Strombörse bezogen wurde, kann mit den Durchschnittszahlen des vergangenen Jahres gekennzeichnet werden (ebda.).

Die Stromkennzeichnung ist insofern relevant, als dass sie – im Falle detaillierter Informationen – dem Verbraucher aufzeigt, wie und aus welchen Energieträgern der bezogene Strom produziert wurde. Dies könnte Grundlage eines qualitativen Wettbewerbs zwischen den Stromanbietern sein. Mit diesen Argumenten traten

---

[266] Damit widersprach das OLG Düsseldorf in seiner Entscheidung dem vorhergehenden Beschluss des Bundeskartellamts vom 17. 02. 2003, welches die missbräuchliche Ausnutzung einer marktbeherrschenden Stellung und unbilliger Behinderung von Stromanbietern durch das Fordern überhöhter, netzbezogener Mess- und Verrechnungspreise durch RWE NET festgestellt und das Unternehmen zu einer sofortigen Senkung der Zählergebühren um 30 Prozent aufgefordert. RWE legte daraufhin Berufung vor dem zuständigen Oberlandesgericht ein. (Zayer 2005)

[267] Heiko von Tschischwitz, Geschäftsführer des Ökostromanbieters Lichtblick, sprach von Gebühren, die 50 % zu hoch seien (LichtBlick 2003).

Umwelt- und Verbraucherverbände für möglichst genaue Stromkennzeichnung ein. Greenpeace forderte beispielsweise eine möglichst genaue Unterscheidung nach Energieträgern, und eine Auflistung aller Länder, aus denen Strom bezogen wird. Außerdem sollte Strom, der aus dem UCTE-Verbundsnetz bezogen wird, als Strom unbekannter Herkunft klassifiziert werden (Greenpeace 2004b: 175ff).[268] Eine differenzierte Angabe der CO_2-Emissionen je Energieträger könnte zudem klar die Vorteile von erneuerbaren Energieträgern gegenüber fossilen aufzeigen, ebenso wie eine Angabe zum Anteil an Kraft-Wärme-Kopplung. Allerdings wurde das Thema Stromkennzeichnung seitens der Strom erzeugenden EE-Branche, die durch das EEG gefördert wurde, nicht als vorrangig angesehen, und daher fast ausschließlich von den Ökostromhändlern behandelt (vgl. u.a. in Deutscher Bundestag 2004b).

Industrie- und Stromverbände setzten sich dagegen für eine „schlanke" Umsetzung der EU-Vorgaben ein und damit z.B. gegen eine Aufteilung der fossilen Energieträger in Kohle und Gas, gegen eine Nennung der Umweltauswirkungen und für die Möglichkeit, den UCTE-Strommix anzugeben. Befürwortet wurde dagegen die getrennte Ausweisung der Kosten der EEG-Umlage (VKU 2004b: 28).

4.3.7   Komplexität des Gesetzes und Insiderwissen

Bereits der Umfang der Beschleunigungsrichtlinie war mit 32 zum Teil recht umfangreichen Artikeln deutlich größer als die Vorgängerrichtlinie, danach war zu erwarten, dass die erste Novelle des EnWG von 1998 mit 19 Paragraphen deutlich übertroffen werden würde. Die Steigerung der Vorgaben in der Richtlinie entsprach den Erfahrungen mit der ersten Richtlinie, die durch zu viel Freiheiten und Auslegungsspielräume letztlich mit Blick auf einen funktionierenden Wettbewerb zu keinem bzw. geringem Erfolg geführt hatte (siehe Abschnitt 4.2). Diese Erfahrung mahnten einige Experten auch für Deutschland an: „Man muss sich freimachen von dem Gedanken, der Übergang eines jahrzehntelang gewachsenen, verkrusteten Monopolsystems zu einem wettbewerblicheren System ließe sich ohne ein ausgefeiltes Regelwerk bewerkstelligen - die rudimentäre Novelle aus dem Jahr 1998 ist hier ein mahnendes Gegenbeispiel" (Leprich 2005: 18).

Auf der anderen Seite führt ein komplexes, umfangreiches Gesetzeswerk dazu, dass es für eine Vielzahl von kleineren Unternehmen in der Anwendung zu Problemen führt, und dass in der Entstehung des Gesetzes die Beteiligung am Prozess deutlich erschwert wird. Dies war in weiten Teilen des nachfolgend beschriebenen Politikprozesses auch zu beobachten: Viele kleine Verbände beschränk-

---

[268]   UCTE steht für das Verbundnetz der „Union for the Co-ordination of Transmission of Electricity". Die Union ist für die Koordinierung des Betriebes und die Erweiterung des europäischen Netzverbundes zuständig, mit dem insgesamt über 400 Millionen Verbraucher versorgt werden. Mitglieder sind 34 Übertragungsnetzbetreiber aus 23 Ländern (vgl. www.ucte.org, 27.09.2006).

ten sich auf die spezifischen Fragen und Problemkreise, die sie direkt betrafen und waren nicht in der Lage, alle Paragraphenvorschläge des Gesetzes und die entsprechenden Verordnungen im Detail zu bewerten. Die Novelle als Ganzes wurde im Wesentlichen nur von den wenigen großen Energieversorgern sowie den größeren Interessenverbänden behandelt (vgl. hierzu beispielhaft Umfang und Inhalt der Stellungnahmen in Deutscher Bundestag 2004b).

Umgekehrt kann man vermuten, dass gerade die großen Energieversorger durchaus ein Interesse an einem komplexen Gesetz haben konnten, da sie somit ihre Expertise und ihre Ressourcen bei der Formulierung mit einbringen konnten. Insbesondere RWE und E.ON nutzten ihren engen Kontakt zum Bundeswirtschaftsministerium, um ihre Vorstellungen einzubringen, und umgekehrt nutzte das Ministerium die Expertise der Netzbetreiber, die in vielen Detailfragen erforderlich war (siehe auch nachfolgenden Abschnitt).[269] Auch für die Handhabung des Gesetzes nach dessen Verabschiedung kann vermutet werden, dass die großen Energiekonzerne aufgrund ihrer Expertise und spezialisierten Rechtsabteilungen von einem komplexeren Gesetz eher profitieren können.

Nicht nur der Gesetzesumfang an sich, sondern auch die den Verbänden vom BMWA eingeräumte geringe Zeit für Stellungnahmen zu Entwürfen dürfte zudem eine Rolle im Gesetzgebungsverfahren gespielt haben. Das Ministerium hatte beispielsweise seinen Referentenentwurf der EnWG-Novelle am 26. Februar 2004 erstmalig veröffentlicht und forderte die eingeladenen Verbände auf, innerhalb von drei Wochen Stellungnahmen für eine Anhörung zu erstellen. In Einzelfällen wurden nach Angaben einzelner Interviewpartner die Verbände erst fünf Tage vor der Anhörung eingeladen. Für viele Verbände, selbst die größeren Wirtschaftsverbände, gestaltete sich eine sorgfältige und detaillierte Stellungnahmen dadurch schwierig (z.B. GEODE 2004: 2).[270]

---

[269] Gammelin und Hamann (2005: 215ff) schildern den Einfluss der Energiekonzerne auf das Wirtschaftsministerium bzw. deren enge Verflechtung an mehreren Beispielen wie folgt: „Während der Minister mit den Konzernvorständen die Energiemarktreform grundsätzlich abstimmt, „helfen" die Lobbyisten den Referenten im Wirtschaftsministerium bei der Formulierung wichtiger Paragraphen aus. […] Wenn Papiere zur Energiemarktreform, die nach offiziellen Angaben aus Einrichtungen des Bundes kommen, das Faxkennzeichen der Ruhrgas AG tragen, entsteht die Frage: Wie groß ist der Einfluss des größten deutschen Gasversorgers auf die Energierechtsnovelle? […] Viele Wochen davor [vor dem Erscheinen eines ministeriumsinternen Papiers zur Energiemarktreform; eigene Einfügung] kommentiert und kritisiert Branchenprimus E.ON die Arbeit der Staatsdiener an den Grundlagen der künftigen Energiemarktaufsicht an mehreren Stellen als „zu einseitig", „unzutreffend" oder „fraglich", und fordert Änderungen, mit Erfolg. […] In der … Verordnung über die Ermittlung der Entgelte für den Zugang zu Elektrizitätsversorgungsnetzen weist der Bearbeiter unter anderem auf die Urheber des Paragraphen 18 hin: „Vorschlag RWE", „wörtlich RWE", „fast wörtlich RWE", „Zusatz RWE klären". Besonders brisant ist daran, dass unter anderem gerade in diesem Paragraphen die künftige Ermittlung ebenjener Entgelte geregelt wird, von denen nicht nur das Bundeskartellamt annimmt, dass sie unrechtmäßig überhöht sind."

[270] Diese Kritik wurde auch in weiteren Stellungnahmen geäußert (vgl. eine Übersicht bei Rühling Anwälte 2006).

4.4   Der Policy-Prozess zur zweiten EnWG-Novelle

Mit der Diskussion und Verabschiedung der EU-Beschleunigungsrichtlinie 2003/54/EG (siehe Abschnitt 4.2.2) begannen auch in Deutschland erneut intensive Debatten einer zweiten Novellierung des EnWG in Deutschland. Daneben beeinflussten insbesondere die Strompreiserhöhung der großen Energiekonzerne und die diesbezüglich steigende öffentliche Empörung den politischen Prozess. Die Beschleunigungsrichtlinie enthielt im Vergleich zur Vorgängerrichtlinie zwar einen deutlich höheren Detaillierungsgrad, gleichwohl blieb auch hier noch eine Reihe von Ausgestaltungsmöglichkeiten für die unterschiedlichen Interessenvertreter (vgl. Abschnitt 4.3). Nachfolgend wird der Policy-Prozess zur zweiten EnWG-Novelle mit seinen wesentlichen Phasen und Akteuren wiedergegeben, wobei auch zentrale externe Ereignisse berücksichtigt werden. Eine besondere Beachtung gilt der Rolle von Wirtschaftsakteuren sowie den Bezügen zur EE-Politik.

Überträgt man das Modell des Policy-Zyklus (siehe Abschnitt 2.1) auf den EnWG-Prozess, so kann die erste Phase der *Problemdefinition* mit dem (sich abzeichnenden) Scheitern der Verbändevereinbarungen für Strom und Gas gekennzeichnet werden (siehe Abschnitt 4.2.2). Das *agenda setting* wurde maßgeblich durch die Prozesse und Vorgaben auf der EU-Ebene geprägt, die in der Beschleunigungsrichtlinie mündeten, die als externer „Anstoß" auf den deutschen Prozess wirkte (Abschnitt 4.4.1 und 4.2.2.4).[271] Daran schließt sich die relativ lange andauernde Phase der *Politikformulierung* an, die mit der Veröffentlichung eines ersten EnWG-Referentenentwurfs durch das BMWA begann und mit der Verabschiedung der EnWG-Novellierung durch Bundestag und Bundesrat endete (Abschnitte 4.4.2 bis 4.4.6).

4.4.1   *Europäischer Druck und Rettungsversuche für die deutsche Sonderlösung*

Trotz der offensichtlichen Wettbewerbsmängel und negativen Folgen für den Strommarkt und die Strompreise, die als Folge der ersten Novelle des EnWG von 1998 spätestens seit 2001 aufgetreten waren (siehe Abschnitt 4.3.4.1), verfolgte die rot-grüne Regierung in dieser Zeit keine größeren Initiativen für einen Kurswechsel. Bis es zum ersten offiziellen Referentenentwurf des Bundesministeriums für Wirtschaft und Arbeit (BMWA) im Februar 2004 kam, ging eine mehrjährige Diskussion über die Liberalisierung auf den deutschen Energiemärkten voraus, bei der sich

---

[271]   Aufgrund des Wechselspiels zwischen europäischer und bundesdeutscher Ebene ist der Begriff des externen Anstoßes im europäischen Mehrebenensystem generell unpräzise (siehe auch Kapitel 2). Mit dem Fokus auf die Entstehung der EnWG-Novelle ist die Unterscheidung zwischen internen (nationalstaatlichen) und externen Faktoren (u.a. von der EU-Ebene) aus analytischer Sicht jedoch nach wie vor sinnvoll.

neben einigen deutschen Akteuren insbesondere die EU-Kommission kritisch zum mangelnden deutschen Liberalisierungsfortschritts und des verhandelten Netzzugangs äußerte (Europäische Kommission 2002, 2005b). Die Regierung fokussierte ihre diesbezüglichen gesetzlichen Aktivitäten zunächst auf den Rückstand bei der Umsetzung der Liberalisierung des Gasmarkts sowie auf die Frage, wie die offensichtlichen Probleme der Verbändevereinbarung behoben bzw. gemindert werden konnten.

Die ersten Entwürfe einer Gesetzesnovelle des EnWG im Jahr 2001 zielten zunächst nur darauf, die Gasbinnenmarktrichtlinie aus dem Jahr 1998 umzusetzen. In einem Änderungsantrag der Bundestagsfraktionen von SPD und Bündnis 90/Die Grünen aus dem Mai 2002 wurde außerdem im Novellierungsentwurf ein Passus aufgenommen, nach dem die *Verbändevereinbarung für Strom und Gas* bis zum 31. Dezember 2003 zu guter fachlicher Praxis erklärt werden sollte, was einer *Verrechtlichung* derselben und einer Entlastung der Netzbetreiber von Missbrauchsvorwürfen gleich kam. Trotz schwerer Kritik an dem Entwurf stimmte der Bundesrat dieser Änderung nach einigen Änderungen im Vermittlungsausschuss im März 2003 zu (GESTA 2003). Änderung, das „erste Gesetz zur Änderung des Gesetzes zur Neuregelung des Energiewirtschaftsrechts" vom 20.5.2003, kam einerseits vor dem Hintergrund eines drohenden *Vertragsverletzungsverfahrens* nach Art. 226 EG zu Stande (Breuer 2004). Andererseits waren die Debatten auf der EU-Ebene spätestens seit der Ratssitzung im November 2002 bereits in einer Art voran geschritten, dass zur Zeit der Verabschiedung der Gesetzesänderung im Grunde klar war, dass eine neuerliche und zeitnahe Änderung bald erforderlich werden würde (vgl. Abschnitt 4.2.2.4).

Trotz der direkten Beteiligung des deutschen Wirtschaftsministeriums an der politischen Einigung der Energieminister auf EU-Ebene im Rat im November 2002 verteidigte der deutsche *Wirtschaftsministers Clement* jedoch noch Anfang 2003 die Verbändevereinbarungen und stellte sich vehement *gegen die Einrichtung einer Regulierungsbehörde*: „Eine von Brüssel übergestülpte Regulierungsbehörde für Strom und Gas wird es in Deutschland nicht geben! Das heißt, wir sind frei, unser liberales System der Verbändevereinbarungen fortzuführen – vorausgesetzt, es funktioniert auch!" (Handelsblatt 2003). Diese Position behielten er und sein Ministerium auch nach einer Einigung mit dem Umweltministerium und der Bundesregierung Ende März 2003 bei, in der die Einführung einer Regulierungsbehörde vereinbart wurde (dpa 2003, siehe hierzu ausführlicher nächsten Abschnitt). Am ersten April, wenige Tage nach dem Inkrafttreten des ersten Änderungsgesetzes (25.3.2003), war aus dem Wirtschaftsministerium seitens des Staatssekretärs Adamowitsch erneut zu hören, „man glaube, ohne eine eigene Regulierungsbehörde auszukommen. Eine Entscheidung über die Organisation sei noch nicht gefallen. ... Die Verbändevereinbarungen sollten demnach erhalten bleiben." Im gleichen Beitrag wird VDEW-

Präsident Brinker zitiert, dass „die Verbändevereinbarungen bisher gut funktioniert" hätten (Die Welt 2003).

Zu dieser Zeit standen auch die *Bundestagsfraktionen von CDU/CSU* zusammen mit der *FDP* auf der Seite der Gegner einer Regulierungsbehörde und Befürworter der freiwilligen Verbändevereinbarung.[272] Nach Worten der wirtschaftspolitischen Sprecherin von CDU/CSU, Dagmar Wöhrl, machten „die europäischen Vorgaben die Einrichtung einer eigenständigen Regulierungsbehörde nicht notwendig" (zitiert in Stollberger 2003). Mit den Verbändevereinbarungen sei es bisher gelungen, den Netzzugang unbürokratisch, marktnah und flexibel zu regeln (ebda.). Einer der wenigen Befürworter einer Regulierungsbehörde aus dem Kreis der konventionellen Energiewirtschaft war die *EnBW AG*, welche direkt nach der oben angesprochenen Einigung zwischen den Ministerien bzw. der Bundesregierung zur Einführung einer Regulierungsbehörde bekannt gab: „Wir begrüßen jeden Schritt, der in Richtung Neutralisierung der Netze geht. Bislang hat der Markt im Netzbereich nicht funktioniert" (ebda.).[273]

Während nun einerseits die Verbändevereinbarung einen verbindlichen Rechtsstatus bekommen hatte, wurde andererseits nach Verabschiedung des Gesetzes seitens der betroffenen Energiewirtschaft versucht, die drohende weitergehende Umsetzung der Brüsseler Richtlinienvorgaben zu beeinflussen. Auf einem *Energiegipfel im Kanzleramt* am 15. August 2003 mit Gerhard Schröder, Kanzleramtschef Steinmeier und den Vorstandsvorsitzenden von E.ON, RWE, Vattenfall und EnBW wurde auch über die Regulierung der die Strom- und Gasmärkte geredet. Während sich der Kanzler und sein Wirtschaftsminister daraufhin in Brüssel für

---

[272] Zur ablehnenden Haltung der FDP vgl. hib (2003a).

[273] Die auf den ersten Blick verwunderliche Position des viertgrößten Netzbetreibers kann zum einen damit erklärt werden, dass das Unternehmen – im Gegensatz zu den anderen drei großen Energiekonzernen - mit der EnBW-Tochtergesellschaft „Yellow Strom" über den größten neuen Stromanbieter verfügte. Zum anderen kann der Einstieg der EDF in die EnBW Anfang des Jahres 2001 und der damit verbundene Einfluss eines mächtigen ausländischen Unternehmens mit Stromabsatzabsichten auf dem deutschen Markt als Grund gesehen werden. Schumann et al. erklären die Ermöglichung des Zusammenschlusses von EDF und EnBW durch das Umschwenken der EU-Kommission, die von einem bereits eingeleiteten Fusionskontrollverfahren abgelassen hatte, wie folgt: „Diese Entscheidung kann als Koppelgeschäft zwischen EDF, EnBW und der Kommission bezeichnet werden, bei dem die beteiligten Akteure den teilweisen bzw. vollständigen Verzicht wettbewerbsrechtlicher Kompetenzen durch die Kommission an die Bereitschaft der beiden Unternehmen gekoppelt haben, die Kommission bei der Implementation der Liberalisierung der Elektrizitätsversorgung aktiv zu unterstützen" (Schumann et al. 2005: 244). Die EDF sollte einer schnelleren Umsetzung der Liberalisierung in Frankreich nicht mehr im Wege stehen, und die EnBW die Liberalisierungsentwicklung in Deutschland unterstützen. Während sich „vor dem Einstieg der EDF ... Vertreter der EnBW ebenfalls eindeutig gegen eine Regulierungsbehörde ausgesprochen hatten", erfolgte danach ein Positionswechsel, der gegen das bis dahin „gemeinsam geteilte Regelungsverständnis deutscher energiewirtschaftlicher Akteure, das von der Priorität privatwirtschaftlicher Vereinbarungen gegenüber staatlich-hierarchischer Regelungen ausgeht" (Schumann et al. 2005: 245), verstieß.

ihre „nationalen Champions" einsetzen wollten (Gammelin/ Hamann 2005: 210), drohte jedoch das im eigenen Änderungsgesetz eingebaute Monitoring der Verbändevereinbarung zu einem Stolperstein für die deutsche Sonderlösung zu werden.

Parallel zu den stattfindenden Diskussionen über das Für und Wider einer staatlichen Regulierungsaufsicht bereitete das BMWA die Veröffentlichung des *Monitoring-Berichts zu den Verbändevereinbarungen* vor, der bis zum 31. August 2003 vorzulegen war.[274] Der Bericht kam zwar zunächst zu dem Urteil, dass „durch die VV Strom II plus die Grundlagen für funktionierenden Wettbewerb im Grundsatz gelegt sind" (BMWA 2003: 34). Gleichzeitig wurde jedoch festgestellt, dass, besonders im Haushaltskundenbereich, vom gegenwärtigen Modell keine Impulse für Preissenkungen ausgingen und dass das Verfahren zur Bestimmungen der Netzentgelte nicht breit akzeptiert sei (ebda.: 32f).[275] Das BMWA schlug im Ergebnis für den Stromsektor eine weitgehende Übernahme der Regelungen aus den Verbändevereinbarungen vor. Allerdings solle das Vergleichsmarktverfahren verbessert und Maßstäbe für die Sicherstellung der Netzqualität erstellt werden (ebda.: 47ff).

Im Monitoring-Bericht sprach sich das BMWA - nun konform zur oben genannten Vereinbarung mit dem BMU und entgegen der nachträglich wiederholten Ablehnung – für die Einrichtung einer Regulierungsbehörde aus, die für die Sicherstellung des Wettbewerbs zuständig und bei der Regulierungsbehörde für Telekommunikation und Post anzusiedeln sei (BMWA 2003: 58). In manchen Fragen blieb der Bericht noch offen, so z.b. bezüglich der Einführung einer Anreizregulierung für die Strommärkte oder der genauen Spielräume der zukünftigen Regulierungsbehörde (ebda.: 48, 54). Gleiches galt für die Position der Länder zur Regulierung im Elektrizitäts- und Gasbereich, die als Anhang dem Monitoring-Bericht beigefügt wurde. Auch hier bestand Unklarheit in mehreren Fragen, beispielsweise wie Netzentgelte festgelegt werden sollten, mit welchen Rechten die Regulierungs-

---

[274] Unterstützt wurde das Ministerium dabei von den zwei Beratungsunternehmen KEMA Consulting und dem Büro für Energiewirtschaft und technische Planung GmbH (BET). Außerdem kooperierte das BMWA mit den Energieaufsichts- und Kartellbehörden der Länder, dem Bundeskartellamt und der Regulierungsbehörde für Telekommunikation und Post sowie mit anderen externen Experten und der Fachöffentlichkeit.

[275] Für den Gassektor kam der Monitoring-Bericht zu einem durchweg negativen Urteil: „Die Verbändevereinbarungen sind an der Aufgabe gescheitert, eine für alle Seiten akzeptable Alternative zu dem bisher vereinbarten transaktionspfadabhängigen Punkt-zu-Punkt-Modell zu entwickeln, das den realen Bedingungen der deutschen Gaswirtschaft (mehrere Transportnetzbetreiber, Gasbezug aus unterschiedlichen Quellen mit unterschiedlichen Qualitäten, Einspeisung der Importe aus allen Richtungen) Rechnung trägt" (BMWA 2003: 45). Dementsprechend kamen die Verfasser zu dem Schluss, dass der verhandelte Netzzugang im Gasbereich nicht länger tragbar sei und deswegen der Gesetzgeber die Grundelemente des Netzzugangs selbst definieren müsse. Ein wirksamer Wettbewerb könne insbesondere durch die Aufgabe des bisherigen Netzzugangsmodells, die Einrichtung von netzübergreifenden gaswirtschaftlichen Regelzonen und der verpflichtenden Kooperation der Netzbetreiber erreicht werden (ebda.).

behörde ausgestattet sein sollte und ob es eine Kompetenzaufteilung zwischen Bund und Länder geben müsse (BMWA 2003: Anlage 1).

Der Monitoring-Bericht war die erste öffentliche Stellungnahme des BMWA nach den hitzigen Debatten und gleichzeitig eine erste Positionierung zur anstehenden erneuten Novellierung des Energiewirtschaftsgesetzes. Insofern kann er „als Startschuss für die Diskussion im Herbst 2003 von Seiten des BMWA" sowie für den gesamten beginnenden Policy-Prozess um die zweite große EnWG-Novelle gesehen werden (Leprich 2006). Der Bericht wurde zum ersten Referenzdokument noch vor dem ersten Gesetzesentwurf Anfang 2004 und ermöglichte es den am Prozess interessierten Akteuren, sich eine Meinung zu entscheidenden Fragen in der EnWG-Novelle zu bilden und gleichzeitig die Position des BMWA einzuschätzen.

Demgegenüber verteidigten die Verbände VDEW, VRE, VKU und VDN in ihrem eigenen Gutachten den verhandelten Netzzugang und stellten Anpassungsbedarf lediglich „bei Details" fest (VDEW et al. 2003: 13). Der VIK sprach sich dagegen für „eine unabhängige und kompetente Wettbewerbsbehörde" aus, „die schlagkräftig agieren kann und möglichst kostengünstig einen minimal notwendigen Regulierungsumfang ausübt", wobei Ziele wie Versorgungssicherheit und Umweltschutz nicht zum Zielkatalog der Regulierungsbehörde gehören würden (VIK 2003b). In Abweichung zu den anderen unionsgeführten Bundesländern begann der saarländische Wirtschaftsminister Hanspeter Georgi als einer der ersten der einflussreichen CDU-Politiker, offensiv den fehlenden Wettbewerb zu kritisieren und für eine stärkere Regulierung und eine diesbezügliche Behörde einzutreten (Georgi 2003a, 2003b). Auch der Ökostromanbieter Greenpeace forderte die schnelle Einführung einer Regulierung, um weitere Netzentgeltsteigerungen zu verhindern (Greenpeace energy 2003).

Damit war die Debatte um die zweite Novelle des Energiewirtschaftsgesetzes eröffnet und wesentlichen Konfliktpunkte bereits vorgezeichnet. Als ein besonders wichtiges Ereignis stellte sich eine im März 2003 getroffene politische Vereinbarung zwischen Wirtschafts- und Umweltministerium sowie den Koalitionsfraktionen und die damit einhergehende politische Verknüpfung von EnWG und EEG-Aspekten heraus.

4.4.2   Politische Tauschgeschäfte zwischen EEG und EnWG

Mit der Übertragung der Kompetenzen für die erneuerbaren Energien in das Bundesumweltministerium unter Leitung von Jürgen Trittin (Bündnis 90/Die Grünen) nach der Wiederwahl der rot-grünen Bundesregierung im September 2002 wurde die energiepolitische Kompetenz des BMU deutlich gestärkt (siehe Abschnitt 3.6.2). Neben der EnWG-Novelle stand parallel bereits seit 2002 auch die Novelle des EEG auf der Tagesordnung (siehe Abschnitt 3.6). Im Zusammenhang mit der

EEG-Novelle forderten viele Industrievertreter mit Unterstützung des BMWA eine Entlastung von der Umlage, die so genannte Härtefallregelung (siehe Abschnitt 3.6.2). Damit wurde die Diskussion um eine Entlastungsregelung für energieintensive Betriebe zu einem wichtigen energiepolitischen Verhandlungsaspekt, der zwischen den Fraktionen der SPD und von Bündnis 90/Die Grünen und den beiden betroffenen Ministerien in einem *Gesamtpaket mit der Energierechtsnovelle* behandelt wurde (Leuschner 2003a; Benze 2006). Im Ergebnis einigten sich die Bundestagsfraktionen auf die Einführung einer Härtefallregelung im EEG für energieintensive Betriebe, im Gegenzug wurde die Einführung einer Wettbewerbsbehörde für den Energiemarkt sowie eine konsequente Umsetzung der bevorstehenden EU-Binnenmarktrichtlinie vereinbart (SPD/ Bündnis 90/Die Grünen 2003b, 2003c, 2003d).[276]

Die Reaktionen auf die Vereinbarungen der Regierungskoalition fielen erwartungsgemäß aus. Die energiepolitische Sprecherin der CDU-Fraktion Wöhrl bedauerte, mit Blick auf die beschlossene Einführung einer Regulierungsbehörde, „dass sich Clement nicht gegen Umweltminister Trittin habe durchsetzen können". Dies belege die mangelnde Durchsetzungsfähigkeit des Wirtschafts- und Arbeitsministers. (Stollberger 2003). Auch der bayrische Wirtschaftsminister Wiesheu positionierte sich zu diesem Anlass erneut gegen eine Regulierungsbehörde und verwies auf die diesbezüglich mehrheitliche Meinung der unionsgeführten Bundesländer im Bundesrat (StMWIVT 2003). Diese Kritik der CDU wurde wiederum vom damaligen EnBW-Chef Gerhard Goll als opportunistisch und als „ein Beleg für die heutige Orientierungslosigkeit der Partei in Energiefragen" bezeichnet (EnBW 2003).

Während sich in dieser Zeit die Diskussionen zur EEG- und zur EnWG-Novelle zeitlich überlagerten, fielen sie in der Folge wieder auseinander – trotz langer Verzögerungen in beiden Fällen. Als im Sommer 2004 schließlich die große EEG-Novelle beschlossen werden konnte, war die Einigung über die EnWG-Novelle noch nicht in Sicht. Auf diese Weise hatten die grünen Politiker und das

---

[276] In einem dazu am 24. März 2003 veröffentlichten Eckpunktepapier aus der gemeinsamen AG Energie heißt es (SPD/ Bündnis 90/Die Grünen 2003d: 1-2): „Nach intensiven Beratungen zwischen Vertretern des Bundesumwelt- und des Bundeswirtschaftsministeriums sowie der Koalitionsfraktionen wurde folgende Lösung beschlossen: Soweit energieintensive Unternehmen von der Umlage der Kosten durch das EEG so stark belastet werden, dass ihre internationale Wettbewerbsfähigkeit erheblich beeinträchtigt wird, kann die Belastung durch eine Einzelfallprüfung auf bis zu 0,05 Cent/kWh reduziert werden. [...] Überdies hat sich Rot-Grün darauf verständigt, durch eine verbesserte Markt- und Preistransparenz, vergleichbare Wettbewerbsbedingungen und die freie Wahl der Vertragspartner den Wettbewerb im Strom- und Gasmarkt zu verbessern und die Stromkosten zu senken. [...] Zu diesem Zweck wird spätestens zum 1. Juli 2004 ein Gesetz im Zusammenhang mit der Umsetzung der bis dahin erwarteten EU-Beschleunigungsrichtlinie zum Binnenmarkt für Strom und Gas verabschiedet. Damit sollen Netzzugang und dessen staatliche Kontrolle geregelt werden. Zu dem Zweck wird eine nationale Wettbewerbsbehörde eingerichtet. Diese Wettbewerbsbehörde soll Transparenz, Netzzugänge und einen Interessenausgleich zwischen den Akteuren durch „ex ante"- und „ex post"-Maßnahmen sicherstellen".

BMU Zeit gewonnen, sich nach der EEG-Novelle auch wieder verstärkt in den EnWG-Prozess einzubringen, wie Christof Benze von Bündnis 90/Die Grünen im Interview bestätigte (Benze 2006). Benze betont auch, dass BMWA und SPD versuchten, beide Gesetzesnovellen stärker parallel zu behandeln, um ggf. weiteren sachfremden Tauschhandel vornehmen zu können. Die grünen Politiker und das BMU bevorzugten jedoch die zeitliche und inhaltliche Trennung, um nicht durch die Überbelastung durch beide Prozesse bei der EnWG-Novelle zwangsweise auf die „grünen Randthemen" wie z.b. Stromkennzeichnung oder Biogaseinspeisung beschränkt zu sein, sondern die Novelle des energiepolitischen Rahmens insgesamt mitgestalten zu können (Benze 2006).[277]

Damit kann festgehalten werden, dass der Koalitionskompromiss zur EEG-Härtefallregelung und die frühe Verabschiedung der EEG-Novelle zwei entscheidende Faktoren für die starke Beteiligung der Grünen und des BMU an der EnWG-Novelle waren. Die energiepolitische Kompetenz der grünen Politiker und des BMU wurde zudem durch eine von Michaele Hustedt eingerichtete EnWG-Arbeitsgruppe deutlich gestärkt. Durch diese Expertise im Rücken erzielten die grünen Verhandlungsführer gegenüber dem BMWA und der SPD zum Teil sogar deutliche Kompetenzvorteile (Leprich 2006). In Ressortabstimmungen sei es „den Unterhändlern des Umweltministerium oft gelungen, die Interessen des Hauses durchzusetzen" (Gammelin/ Hamann 2005: 213).[278]

4.4.3   *Von roter zu mehr grüner Handschrift*

4.4.3.1   Referentenentwurf und erste Anhörung

Am 26. Februar 2004 veröffentlichte das BMWA den ersten Referentenentwurf einer EnWG-Novelle. Damit waren nur noch wenige Monate Zeit, um laut Vorgabe der Beschleunigungsrichtlinie bis zum 1. Juli 2004 einen Regierungsentwurf vorzulegen bzw. ein Gesetz zu verabschieden und eine wirksame Regulierung inklusive einer Behörde einzuführen. Gleichwohl war die Verabschiedung zu diesem Zeitpunkt seitens des Ministeriums bis zum 1.06.2004 angekündigt (FEE 2004).

Der Entwurf war in acht Teile gegliedert, die zum Teil Regelungen aus dem bis dato gültigen Gesetz übernahmen (BMWA 2004a). Der größte Teil des Gesetzes

---

[277] Allerdings werden in der Literatur weitere Tauschthemen zwischen EEG- und EnWG-Novelle zwischen Rot und Grün bzw. BMWA und BMU beschrieben. So hätten die Grünen in den Verhandlungen mit der SPD zur Durchsetzung besserer Konditionen bei der Netzeinspeisung für Biogas auf die ursprünglich geforderte Wettbewerbsaufsicht für Erdgasleitungen der großen Ferngasgesellschaften verzichtet (Gammelin/ Hamann 2005: 213f).

[278] Nach Angaben der gleichen Autoren würden zudem nach Berichten von Lobbyisten der Versorger „Argumente und Verhandlungtaktik des grünen Staatssekretärs Rainer Baake ... die Abgesandten aus dem Wirtschaftsministerium meist blass aussehen lassen" (Gammelin/ Hamann 2005: 213).

wurde jedoch zum einen aus Anlass der Einführung einer Regulierungsbehörde (Dritter und Siebter Teil) und zum anderen wegen der Schaffung eines neuen Rechtsweg gegen Entscheidungen der Regulierungsbehörde (Achter Teil) neu geschaffen. Weiterhin waren die Regelungen über die Entflechtung vertikal integrierter Energieversorgungsunternehmen (Unbundling), Regelungen über die Gewährleistung der Versorgungssicherheit, Regelungen zur Stärkung der Kundenrechte und – die Hauptaufgabe der Regulierungsbehörde – die Regulierung des Netzbetriebs neu. Mit letzterem ging der sog. deutsche Sonderweg hinsichtlich des Netzzugangs - der verhandelte Netzzugang im Sinne der §§ 6, 6a EnWG (1998) - zu Ende.

Der *Umfang des Entwurfs* war von 24 Paragraphen im alten EnWG auf 106 Paragraphen im Referentenentwurf angewachsen (BMWA 2004a). Diese große Steigerung und Detaillierung wurde zwar teilweise auch von den großen Wirtschafts- und Stromverbänden kritisiert, traf aber vor allem die personalschwachen kleineren Verbände, zumal das BMWA zu einer öffentlichen Anhörung am 19.03.2004 im Bundeswirtschaftsministerium eingeladen hatte, die nur drei Wochen nach der Veröffentlichung des Referentenentwurfs stattfand (siehe Abschnitt 4.3.7). Als eine der wenigen teilnehmenden Organisationen aus den Reihen der erneuerbaren Energien kritisierte die Fördergesellschaft Erneuerbare Energien (FEE), dass die Bedeutung des Gesetzentwurfs zur Neufassung des Energiewirtschaftsrechts in der Branche und in den Verbänden im Bereich regenerative Energien gegenwärtig unterschätzt werde, da nur wenig Resonanz, Fachkenntnis und Forderungen aus der Branche zu hören sei. Demgegenüber seien „die Verbände der herkömmlichen Energieversorgung ... bei der Anhörung glänzend vorbereitet gewesen, dem Anschein nach abgestimmt aufgetreten, und hätten die überwältigende Mehrheit gebildet" (FEE 2004).[279] Aus der Branche der erneuerbaren Energien seien nur wenige Verbände eingeladen gewesen und diese hätten den Referentenentwurf vergleichsweise kurzfristig erhalten (ebda.).[280]

Auch der angestrebte ambitionierte Zeitplan der Umsetzung wurde von den kleineren Verbänden kritisiert, die sich überfordert fühlten, auf den Entwurf angemessen zu reagieren (FEE 2004). Das anvisierte Umsetzungsdatum erweckte den Eindruck, dass hier ein Gesetz zum Nachteil der neuen und kleinen Akteure „im Eilverfahren" (SFV 2004) entschieden werden sollte. Zudem wurde von einer Reihe von Akteuren die Unbestimmtheit vieler Regelungen kritisiert. Für den Strombereich wurde zwar wesentlich auf der vorhandenen Verbändevereinbarung

---

[279] Ein quantitativer Beleg für diese Aussage ist der Vergleich der Stellungnahmen und Reaktionen der Interessengruppen. Während z.B. die kleineren Verbände wenn überhaupt kurze Pressemitteilungen und Reaktionen zu ausgewählten Aspekten der Anhörung veröffentlichten (beispielhaft B.KWK 2004b; BWE 2004a), umfasste die abgestimmte Stellungnahme von VDEW, VDN und VRE 59 Seiten (VDEW et al. 2004).

[280] Eine weitere Interessengruppe aus den Reihen der erneuerbaren Energien, die sich zu diesem Zeitpunkt aktiv in die kommentierende Debatte des Entwurfs einschaltete und eine vergleichbare Kritik äußerte, war der Solarenergie-Förderverein Deutschland (SFV 2004).

(VVIIplus) aufgebaut, dennoch enthielt der Entwurf viele Verordnungsermächtigungen für das BMWA sowie Subdelegationen für die Regulierungsbehörde, die wiederum unter der Fachaufsicht des Bundeswirtschaftsministeriums stehen sollte (Ortlieb 2004).[281] Weder das BMU noch das BMVEL waren im Referentenentwurf erwähnt bzw. mit Teilzuständigkeiten einbezogen, die Ausgestaltungskompetenz lag ausschließlich beim BMWA als zuständigem Ressort.

Die Kommentare der Konfliktparteien zum Entwurf kamen überwiegend von den großen Energiewirtschafts- und Industrieverbänden. Die Netzbetreiber forderten erwartungsgemäß eine stark normierende Regelung und die „weitgehende Übernahme der bewährten Regelungen der Verbändevereinbarungen Strom II plus" hinsichtlich der Stromentgeltkalkulation (VDEW et al. 2004: 3). Auch der VKU forderte eine unmittelbare Regelung im Gesetz und lehnte eine starke Bundesbehörde, ebenso wie eine Anreizregulierung und die Regelungen zum Unbundling ab. Er befürwortete hingegen den Erhalt der Regulierungszuständigkeiten der Bundesländer (VKU 2004a). Die Energieabnehmer und neuen Marktteilnehmer stellten zwar grundsätzlich eine positive Entwicklung durch den Referentenentwurf fest, sahen aber Defizite besonders bezüglich der reinen Kostenorientierung bei der Kalkulation der Netznutzungsentgelte und kritisierten das Fehlen eines funktionsfähigen Vergleichsmarktkonzepts und einer dynamischen Anreizregulierung (AFM+E et al. 2004). Der Bundesverband Kraft-Wärme-Kopplung griff einzelne für ihn wichtige Punkte heraus und forderte u.a. die Festlegung von Pflichten der Netzbetreiber gegenüber dezentralen Einspeisern und den Abbau von Hemmnissen für Contracting (B.KWK 2004b).

Aus den Reihen der *erneuerbare Energien-Branche* gab es, wie oben angedeutet, insgesamt nur wenig Reaktionen. Der SFV kritisierte beispielsweise die zu geringe Kompetenz der Regulierungsbehörde und eine fehlende Vorrangregelung für erneuerbare Energien und KWK (SFV 2004). Eine detaillierte Bewertung – auch mit Blick auf die Belange der erneuerbaren Energien – nahmen das BMU und die grüne Abgeordnete Michaele Hustedt vor, unterstützt durch die im Herbst 2003 gegründete Arbeitsgruppe unter Leitung von Prof. Uwe Leprich. In den folgenden Ressortabstimmungen, wurde auf den in der Arbeitsgruppe erarbeiteten Forderungskatalog zurückgegriffen, der Schwerpunkte auf die Sicherstellung von fairen Netzanschluss- und Zugangsregelungen sowie die Liberalisierung des Regelenergiemarktes und des Mess- und Zählwesens beinhaltete. Darüber hinaus versuchte das BMU, eigene Aufsichts- und Mitspracherechte im EnWG zu verankern und die Vorrangregelung der erneuerbaren Energien festzuschreiben (Witt 2004; Leprich 2006).

---

[281] Der Grad der Unbestimmtheit durch derartige Verordnungsermächtigungen und Subdelegationen war zwar für den Gasbereich noch deutlich höher, dennoch galt auch für den Strombereich, dass neben der Verrechtlichung des Status Quo (Verbändevereinbarung) viele neue Regelungen durch Ermächtigungsformulierungen noch offen geblieben waren (Ortlieb 2004).

4.4.3.2 Ressortabstimmungen und Regierungsentwurf

Der zwischen den Ressorts abgestimmte Kabinettsentwurf vom 28. Juli 2004 (Bundesregierung 2004e), der schließlich am 13. August 2004 als Regierungsentwurf dem Bundesrat zur Stellungnahme übermittelt wurde (Bundesregierung 2004b), trug nun in stärkerem Maße die *Handschrift des BMU*. Er enthielt eine Reihe von Änderungen, die sich insbesondere auf die erneuerbaren Energien-Branche sowie die Verbraucher bezogen.

In den Verhandlungen war es dem BMU gelungen, eigene Aufsichtsrechte zu erlangen. So wurde festgelegt, dass BMWA und BMU nur in gemeinsamer Absprache Regeln für die Sicherheit von erneuerbare Energien-Anlagen bestimmen können (§ 48 Abs. 4 EnWG-E 13.8.04, Bundesregierung 2004b). Außerdem wurde im Entwurf in mehreren Fällen (Netzanschluss und -zugang, Sanktionen, Stromkennzeichnung etc.) anstelle des für den Erlass von Rechtsordnungen allein zuständigen BMWA nun die Bundesregierung im Allgemeinen eingefügt und somit ein möglicher Einfluss des BMU oder BMVEL sichergestellt. Das BMU brachte zudem den grundsätzlichen Vorrang des EEG im Falle eines Anwendungskonflikts zwischen EEG und EnWG ein (§ 2 Abs. 2) und konkretisierte zulässige netzbezogenen Maßnahmen der Betreiber zum Beispiel bezüglich Zwangsabschaltungen (§ 13 Abs. 1).[282]

Bei der Stromkennzeichnung wurde ein Vergleich der deutschen Durchschnittswerte mit den Strommix des jeweiligen Unternehmens eingeführt (§ 42). Des Weiteren wurde eine Regelung eingebracht, die es den Verbraucherverbänden ermöglichte, einen Antrag bei der Regulierungsbehörde auf Aufnahme eines Missbrauchsverfahrens gegen einen Netzbetreiber zu stellen (§ 31 Abs. 1), sowie zusätzlich die so genannte Verbandsklage (§ 32 Abs. 2) inklusive Vorteilsabschöpfung in den Regierungsentwurf aufgenommen.[283] Verbraucher- und Umweltverbände begrüßten diese Regelung. Greenpeace beispielsweise bezeichnete die Aufnahme des Verbandsklagerechts durch unabhängige Marktteilnehmer und unabhängig von der Regulierungsbehörde als „echte Verbesserung" und sah darin „ein erhebliches Drohpotenzial gegenüber Netzbetreibern", welches zur Disziplinierung beitragen könne (Hack 2004: 64f).

---

[282] Im Entwurf des BMWA waren weitreichende Vorstellungen bezüglich einer frühzeitigen Abschaltung von EE-Anlagen vorgesehen, die durch die Intervention des BMU auf die ohnehin geltende Rechtslage reduziert werden konnten (Hinrichs-Rahlwes 2007). Angesichts derartiger Vorschläge und komplexer Regelungen, die zu Lasten der erneuerbaren Energien gehen konnten, sah sich das BMU gezwungen, weiter verstärkt entsprechende Fachkompetenz zum EnWG aufzubauen, auch da seitens der EE-Branche keine kompetente Unterstützung vorhanden war (ebda.).

[283] Neben Wirtschaftsverbänden sollten auch „qualifizierte Einrichtungen" bei Verstößen gegen das Gesetz eine Unterlassungsklage gegen Marktteilnehmer vornehmen können. In Paragraph 34 wurde zudem eine Vorteilsabschöpfung durch Verbände und Einrichtungen eingefügt, nach der diese Nutznießer der Abschöpfung eines unrechtmäßig erzielten wirtschaftlichen Vorteils werden konnten.

Hinsichtlich der grundsätzlichen Wettbewerbsregelungen gab es jedoch keine substanziellen Veränderungen (Klauer 2004: 1f). Die ex-ante-Methodenregulierung wurde nicht konkretisiert, und die Entgeltkontrolle sollte weiterhin ex-post erfolgen. In Bezug auf die Netzentgeltkalkulation enthielt der Entwurf nun verschiedene Ansätze: Zusätzlich zur rein kostenbasierten Kalkulation der Netzentgelte einschließlich der Nettosubstanzerhaltung wurde auch ein Effizienzvergleich vorgesehen und in Aussicht gestellt, durch eine Rechtsverordnung weitere Anreize zur Effizienzsteigerung einzuführen, allerdings ohne dies zu konkretisieren. Zudem hatte die Regierung immer noch nicht die Netzzugangs- und Entgeltverordnungsentwürfe veröffentlicht, was es den beteiligten Verbänden und der Opposition zusätzlich erschwerte, eine umfassende Bewertung des Novellierungsvorhabens vorzunehmen.

Zu diesem Zeitpunkt war die *Umsetzungsfrist der EG-Richtlinie* vom 1. Juli 2004 bereits überschritten. Die Bundesregierung rechnete zu diesem Zeitpunkt bereits nicht mehr damit, dass das Regelwerk vor dem Frühjahr 2005 in Kraft treten konnte (Klauer 2004). Als Gründe für diese Verzögerung ist erstens der große Diskussionsbedarf zu vielen der im Grundsatz immer noch zwischen den Interessenverbänden und Ressorts umstrittenen Punkte zu nennen. Zweitens erforderten der hohe Umfang sowie die damit angestiegene Komplexität des Regelwerks deutlich mehr Zeit der Rezeption, Reaktion und juristischen Ausformulierung. Drittens waren der kleine Koalitionspartner und das BMU aufgrund der zuvor getroffenen Absprachen deutlich stärker involviert sowie thematisch kompetent und gut vorbereitet, was die Verhandlungen verlängerte.[284] Viertens sorgten in der Folge die Bundesländer über die nun anstehenden Verhandlungen im Bundesrat für eine weitere deutliche Verzögerung des Prozesses. Einige CDU-geführte Länder griffen dabei verstärkt das Thema der Verschärfung von Wettbewerbsregeln auf, wie es auch von den industriellen Strom- und Gasverbrauchern sowie von BMU und Grünen gefordert wurde.

4.4.4   Steigende Preise und CDU-Blockade im Bundesrat

4.4.4.1   Kräftige Preisanstiege und politischer Unmut

Im Sommer 2004 wurde nach den Strompreiserhöhungen und weiteren diesbezüglichen Ankündigungen der großen Energiekonzerne eine heftige Debatte in der Öffentlichkeit geführt, die zu Veränderungen in der politischen Landschaft führen sollte und somit gravierenden Einfluss auf den Policy-Prozess hatte. Ende August

---

[284]   Gammelin und Hamann (2005: 213) zitieren diesbezüglich den Leiter der Energieabteilung des BMWA Günter Brandes, der von langen und harten Verhandlungen mit den Grünen bzw. dem BMU berichtete.

2004 kündigten E.ON, RWE, EnBW und Vattenfall eine deutliche Erhöhung ihrer Strompreise und Netznutzungsentgelte an. So plante RWE eine Netzentgelterhöhung um 9,6 Prozent, Vattenfall sah sogar eine Erhöhung um 19 Prozent vor. Auch Strompreiserhöhungen für Privatkunden um bis zu sechs Prozent wurden von den Stromkonzernen genannt. Dabei hatten E.ON und RWE schon zum ersten Januar 2004 ihre Strompreise um knapp drei Prozent erhöht (dpa 2004a).

Energieverbraucherverbände und unabhängige Stromproduzenten hatten schon länger gegen die ihrer Ansicht nach *unverhältnismäßigen Netzentgelte* protestiert und immer wieder darauf hingewiesen, dass die verzögerte Einführung der EnWG-Novelle von den Netzbetreibern dazu genutzt würde, weitere Preiserhöhungen vorzunehmen (Netzzeitung 2004b, siehe auch Abschnitt 4.3.4). Im Juli 2004 hatte zudem die Monopolkommission ihr 15. Hauptgutachten veröffentlicht, welches sie - insbesondere unter dem Eindruck der Entwicklungen auf dem Strommarkt - „Wettbewerbspolitik im Schatten Nationaler Champions" nannte (Monopolkommission 2004a). In diesem Gutachten kritisierte sie die staatliche Förderung nationaler Champions vehement und wiederholte ihre ablehnende Haltung zur Ministererlaubnis der E.ON-Ruhrgas-Fusion. Darüber hinaus identifizierte sie die „Herausbildung eines wettbewerbslosen Oligopol der Verbundunternehmen auf der Großhandelsebene", welches die „Strommärkte gegenüber dem Marktzutritt Dritter abgeschottet" und zu einem hohen Niveau der Netznutzungsentgelte geführt habe, welches „mit Hilfe des kartellrechtlichen Instrumentariums nicht wirksam in den Griff zu kriegen sei" (Monopolkommission 2004b: 7f).[285]

Angesichts der zunehmenden Bedeutung der öffentlichen Strompreisdebatte und der Proteste kündigten Kanzler Schröder und Wirtschaftsminister Clement für den September einen weiteren Energiegipfel mit den großen Stromkonzernen an. Minister Clement kritisierte in diesem Zusammenhang erstmals die Energiekonzerne in scharfer Form, in dem er die Preiserhöhungsankündigungen absolut inakzeptabel nannte und für eine harte Missbrauchskontrolle der Energieversorger durch das Bundeskartellamt plädierte. Zudem müsse das Energiewirtschaftsgesetz schnell verabschiedet und damit eine zentrale Regulierungsbehörde für die Branche geschaffen werden (Munsberg/ Schulte 2004).

Die Energiekonzerne selbst wiesen jegliche Kritik an ihrer Preispolitik zurück und verwiesen bei einem Spitzengespräch mit dem Bundesverband der Industrie darauf, dass ein wesentlicher Teil der Strompreissteigerungen der letzten Zeit auf

---

[285] Die Monopolkommission konstatiert daher das Scheitern der Verbändevereinbarung und fordert eine Anreizregulierung und ein Benchmarkingverfahren, wie es „in England mit großem Erfolg praktiziert" werde, außerdem die Zusammenlegung und Verselbständigung des Regelenergiemarktes und stärkere wettbewerbliche Aufsicht durch eine Regulierungsbehörde (Monopolkommission 2004b: 8). Gerade die Entwicklung in England wurde jedoch auch von Kritikern der Liberalisierung und Privatisierung öffentlicher Dienstleistungen aufgrund der hohen gesellschaftlichen Kosten (z.B. durch Arbeitsplatzabbau und hohe Energiepreise, durch die untere Einkommensgruppen benachteiligt werden) als Negativbeispiel angeführt (Dieckhaus/ Dietz 2004).

die steuerliche Belastung ebenso wie die hohen Einspeisevergütungen für erneuerbaren Energien zurückzuführen seien (Munsberg/ Schulte 2004). Letztlich kam der
Energiegipfel nicht zustande, da die Stromkonzerne nicht bereit waren, sich im
Vorfeld auf Kompromisse bezüglich einer Senkung der Strompreise einzulas-
sen(Netzzeitung 2004b).[286]

Nachdem die öffentliche Kritik stetig zunahm, befürworteten nun auch einige Politiker der Union sowie insbesondere einzelne unionsgeführte Bundesländer
eine stärkere Regulierung mit einer Deutlichkeit, die sie zuvor nicht gezeigt hatten
(vgl. die Abschnitte 4.4.1 und 4.4.2). Diese Entwicklung kann zum einen als Reaktion auf die Preisentwicklungen[287] sowie als eine grundsätzlich positive Haltung
gegenüber mehr Wettbewerb eines Großteils der CDU interpretiert werden, zum
anderen ist aber auch die durch die Bundesratsmehrheit gegebene Profilierungsmöglichkeit der Opposition gegenüber der Bundesregierung zu nennen (Hustedt
2005; Benze 2006; Leprich 2006). Zudem war „die angeheizte Diskussion über die
zum Teil ungerechtfertigten Preiserhöhungen Rückenwind für die Grünen Argumente, den Wettbewerb deutlicher zu verankern, als bislang vorgesehen. Vor diesem Hintergrund konnte der Gesetzesentwurf in der parlamentarischen Beratung
noch einmal wesentlich verbessert werden" (Hustedt 2005: 2).

4.4.4.2   Bundesrat für mehr Wettbewerb

Der von CDU/CSU dominierte Bundesrat nahm am 24. September 2004 Stellung
zum Gesetzesentwurf der Bundesregierung (Bundesrat 2004a). Der Unterausschuss
„Energiewirtschaft" des Wirtschaftsausschusses hatte zuvor am 2. September
ausgiebig über den Entwurf beraten und auf der Basis von etwa hundert Änderungsanträgen einen umfangreichen Katalog mit Änderungsvorschlägen erarbeitet
(Bundesrat UA Wi 2004; Bundesrat Wi 2004b).[288]

---

[286]   Auch die EnBW AG beteiligte sich an den Preiserhöhungen, trat jedoch im Unterschied zu den
anderen drei großen Energiekonzernen nach wie vor öffentlich für mehr Wettbewerb im Netzbereich, eine Anreizregulierung und eine ex-ante-Entgeltgenehmigung ein (EnBW 2004). Die EnBW
war laut eigenen Angaben auf die Einführung einer Anreizregulierung im Vergleich zu den Konkurrenten gut eingestellt (ebda.), da sie bereits nennenswerte unternehmensinterne Umschichtungen
von netzbezogenen Kostenpositionen vorgenommen hatten (ebenso Leprich 2006).

[287]   Auf einer Fachtagung zum neuen Energierecht wurde der hessische Wirtschaftsminister Alois Rhiel
wie folgt zitiert: „Das Energiewirtschaftsgesetz wäre noch vor ein paar Wochen ohne Probleme
durch den Bundesrat gegangen. Wir wurden vom Verbraucherprotest aufgeweckt" (BDE 2004a).

[288]   Der Unterausschuss, in dem die Änderungsanträge der Länder zuerst behandelt wurden, unterbrei-
tete seine Empfehlungen dem Wirtschaftsausschuss, der diese auf seiner Sitzung am 9.9.2004 be-
handelte. Die Empfehlungen aller beteiligten Bundesratsausschüsse wurden unter Federführung des
Wirtschaftsausschusses (Dokument vom 13.9.2004, Bundesrat Wi 2004a) schließlich auf der 803.
Sitzung des Bundesrats am 24.9.2004 behandelt. Auf dieser Sitzung wurden die Empfehlungen der
Ausschüsse als Stellungnahme des Bundesrates angenommen (Bundesrat 2004a).
Daneben wurde auf der gleichen Sitzung auch der Beschluss zum Entwurf der EEG-Novelle vom
13.8.2004 gefasst, in dem der Gesetzentwurf abgelehnt wurde (Bundesrat 2004b). Dies erfolgte

Ausgehend von der Zahl der Änderungsanträge war das Saarland bzw. der saarländische Wirtschaftsminister Hanspeter Georgi (CDU) mit rund 40 Vorschlägen für mehr Wettbewerb besonders aktiv (Bundesrat Wi 2004b). Darunter befand sich bereits ein Vorschlag für eine Anreizregulierung, der sich jedoch nicht durchsetzen konnte. Weitere Anträge, die abgelehnt wurden, bezogen sich auf die gesetzliche Abschaffung des Kalkulationsprinzips der Nettosubstanzerhaltung, die Verankerung der Auszahlung vermiedener Netzentgelte im Gesetz und das Bekenntnis zu einer „atmenden Regulierung", d.h. einer möglichst flexibel agierenden Regulierungsbehörde. Auch die Forderung nach einer einheitlichen Regelzone und nach strengeren Berichtspflichten der Netzbetreiber im Falle der Ablehnung des Netzausbaus fanden keine Zustimmung.

Auch das Land Hessen mit dem hessischen Wirtschaftsminister Alois Rhiel (CDU) brachte einige Änderungsanträge für mehr Wettbewerb ein; es schlug beispielsweise die in der Folge bedeutsame Änderung bezüglich der Einführung einer ex-ante-Entgeltgenehmigung vor, zudem sollte das Prinzip der Nettosubstanzerhaltung aus dem Gesetz gestrichen werden. Auch Bayern brachte eine Vielzahl von Anträgen ein, u.a. gegen die Vorteilsabschöpfung durch Verbände sowie für die Kompetenzaufteilung zwischen der Bundesregulierungsbehörde und den Länderbehörden. An letzterem Punkt zeigte sich auch, dass das Abstimmungsverhalten der Länder nicht immer nach Parteigrenzen verlief; auch das von einer rot-grünen Koalition regierte Nordrhein-Westfalen stimmte für die Aufteilung der Regulierungskompetenzen, während sich Hamburg, Thüringen (beide CDU-Regierung) und Niedersachsen (CDU/FDP-Regierung) im Sinne der Bundesregierung dagegen aussprachen (Bundesrat Wi 2004b).

Folgende wichtige Vorschläge wurden schließlich vom Bundesrat verabschiedet (Bundesrat 2004a):

– Einbeziehung der drei Elemente Kostenkalkulation, Vergleich der Netzbetreiber untereinander und Anreizregulierung bei der Regulierung der Netzentgelte,

– Streichung der Beachtung der Nettosubstanzerhaltung bei den Vorgaben für die Entgeltbildung, stattdessen Detailregelungen zu den Kalkulationsprinzipien in den Netzentgeltverordnungen,

– Aufgabe des Systems der ex-post-Kontrolle zu Gunsten einer Genehmigungspflicht für die konkreten Netznutzungsentgelte zugunsten verbesserter Planungssicherheit,

---

mit der einzigen Begründung, das im Gesetzentwurf behördliche Vollzugs- bzw. Überwachungsaufgaben für bestimmte Regelungen des EEG definiert wurden, die von der in Zukunft für die Energienetzregulierung zuständigen Bundesregulierungsbehörde übernommen werden sollten. Dies wurde sowohl sachlich (bezüglich der fehlenden Notwendigkeit) als auch prozedural (da die Schaffung der Behörde vom zu diesem Zeitpunkt noch unklaren EnWG-Gesetzesprozess abhing) zurückgewiesen (ebda.).

- Aufteilung der Regulierungsaufgaben zwischen Bund und Ländern nach Ländergrenzen,
- Abschaffung der Vorteilsabschöpfung durch die Verbände, ausschließliche Vorteilsabschöpfung durch die Regulierungsbehörde,
- Eingrenzung der Stromkennzeichnungsvorgaben auf den Wortlaut der EG-Richtlinie,
- gesetzliche Verankerung der Erstattung vermiedener Netzentgelte anhand der Vergütungsregelung in der VV II plus.

Die Vorschläge des Bundesrats bezüglich der Wettbewerbsregeln und Regulierungsfragen gingen somit in einigen wichtigen Punkten deutlich über den Regierungsentwurf hinaus. Dabei waren sowohl das *Saarland*, aber auch *Hessen* entscheidende Länder, die für schärfere Wettbewerbsregeln sorgten, während z.B. *Bayern* für mehr Länderkompetenzen bei der Regulierung eintrat. Die allgemeine energiepolitische Grundhaltung der unionsgeführten Bundesländer, die den Bundesrat dominierten, zeigte sich in einer allgemeinen Entschließung zur Energiepolitik des Bundesrats, die gleichzeitig mit der Stellungnahme auf Basis eines bayrischen Entschließungsantrags vom Juli 2004 verabschiedet wurde. Darin wurde die Bundesregierung aufgefordert, ein Gesamtkonzept für die Energiepolitik in Deutschland vorzulegen (Bundesrat 2004b). Staatliche Vorgaben sollten sich auf die Setzung von Rahmenbedingungen beschränken. Zudem forderte der Bundesrat mit Blick auf die parallel behandelte EEG-Novelle eine effizientere Förderung erneuerbarer Energien. Der heimischen Braunkohle komme eine besondere Bedeutung zu, darüber hinaus sei die weitere Nutzung der Kernenergie unverzichtbar und der Ausstieg aus der Nutzung dieser Energieart sowohl in ökonomischer als auch in ökologischer Hinsicht energiepolitisch verfehlt (ebda.).

4.4.4.3   Bundesratsforderungen sorgen für Koalitionskonflikt

Während die Bundestagsfraktion von Bündnis 90/Die Grünen und ihre energiepolitische Sprecherin Michaele Hustedt die Stellungnahme des Bundesrates in vielen Punkten begrüßte und beispielsweise ebenso für eine ex-ante-Regulierung plädierte („die Grünen sind allemal für eine Verschärfung der Regulierung", Wetzel 2004), distanzierte sich Wolfgang Clement von vielen Forderungen des Bundesrats. Dennoch war klar, dass die rot-grüne Bundesregierung dem Bundesrat insgesamt entgegen kommen, und somit insbesondere Clement und das BMWA sich bewegen mussten.

In der *Gegenäußerung* zur Stellungnahme des Bundesrats vom 27. Oktober 2004 kam die Bundesregierung den Ländern schließlich auch in einigen wichtigen Punkten entgegen (Bundesregierung 2004d). Zugestimmt wurde dem Bundesrat bezüglich der Einführung einer Anreizregulierung sowie der ex-ante-

Entgeltkontrolle.[289] Zusätzlich schlug die Regierung vor, dass Netzentgelterhöhungen, die nach dem 1. August 2004 stattgefunden hatten, nachträglich genehmigt werden sollten. In ihrer Presseerklärung zur Gegenäußerung stellt das BMWA diese Maßnahme in direkten Zusammenhang mit den zuvor angekündigten Preiserhöhungen der Energiekonzerne (BMWA 2004b): „Dieser Schritt erscheint notwendig angesichts von Ankündigungen aus der Energiewirtschaft, die Netzentgelte kurzfristig anzuheben."

Bei anderen Punkten wich die Bundesregierung jedoch vom Bundesratsvotum ab, wobei sich teilweise das BMWA bzw. die den Energiekonzernen nahe stehenden Teile der SPD-Fraktion, und teilweise die Grünen bzw. das BMU durchsetzen konnten. So wurde eine Festschreibung der Vergütung vermiedener Netzentgelte für dezentrale Erzeuger im Gesetz mit dem Verweis auf zukünftige Rechtsverordnungen abgelehnt, an der Möglichkeit der Vorteilsabschöpfung durch Verbraucherverbände und an dem im Regierungsentwurf dargelegten Konzept der Stromkennzeichnung, die vom Bundesrat gestrichen bzw. abgeschwächt worden waren, wurde weiterhin festgehalten.[290] Zudem sollte weiterhin das Kalkulationsprinzip der Nettosubstanzerhaltung erhalten bleiben, ebenso wie eine ausschließliche Zuständigkeit des Bundes in Regulierungsfragen. Insbesondere die beiden letzten Punkte bargen besonderen Konfliktstoff mit dem Bundesrat. Dies ging aus den Debatten hervor, die am 28. und 29. Oktober in der ersten Lesung zur zweiten EnWG-Novelle im Bundestag stattfanden (Deutscher Bundestag 2004e). Nach der ersten Beratung wurde die Novelle an die zuständigen Bundestagsausschüsse überwiesen. Parallel wurden vom federführenden BMWA die notwendigen Entwürfe für die Verordnungen erarbeitet.

Im nächsten Schritt lud der Bundestagsausschuss für Wirtschaft und Arbeit am 29. November 2004 zu einer *öffentlichen Anhörung*, bei der externe Sachverständige und Verbände ihre Stellungnahmen zum aktuellen Gesetzesentwurf abgeben konnten.[291] Im Gegensatz zur ersten Anhörung zur Novelle (vgl. Abschnitt 4.4.3.1) war die Einladungsliste der „anzuhörenden Verbände und Einzelsachverständigen" dieses Mal deutlich ausgewogener.[292] Allerdings war das öffentliche Interesse an

---

[289] Bei der anreizorientierten ex-ante-Regulierung wurde nach Angaben der EnBW AG in wesentlichen Teilen auf ein von diesem Unternehmen im Vorfeld der Debatte entwickeltes Modell zurückgegriffen (EnBW 2004). Auch damit stellte sich die EnBW klar gegen die drei anderen großen Energiekonzerne und Übertragungsnetzbetreiber, die den EnBW-Vorschlag einhellig kritisierten (WamS 2004).

[290] Ein Übersicht zur Entwicklung der Stromkennzeichnungspflicht bis zu diesem Zeitpunkt sowie einen Vergleich der in diesem Entwurf formulierten Regelungen mit der EU-Vorgabe liefern Tödtmann und Schauer (2005).

[291] Die schriftlichen Stellungnahmen aller Sachverständigen und Verbände sind als Materialband des Ausschusses zusammengestellt (Deutscher Bundestag 2004b). Zu wesentlichen Positionen zentraler Konfliktparteien siehe auch Abschnitt 4.3.

[292] Neben den traditionellen Interessenvertretern der Energiewirtschaft waren auch der Bundesverband Neuer Energieanbieter (BNE), das Bundeskartellamt, die Regulierungsbehörde Telekommu-

dieser Anhörung nur sehr gering; „es nahmen nur wenige Abgeordnete teil" und „kein einziges Fernsehteam war zu sehen" (BDE 2004c). Ein Grund kann darin gesehen werden, dass viele Abgeordnete nun den Konflikt um das Gesetz im Grunde für behoben ansahen. Die kritischen Positionen von vielen Akteuren wie z.b. dem Bundeskartellamt, der Monopolkommission, privaten und industriellen Energieverbrauchern u.a., die auf der Veranstaltung geäußert wurden, zeugten jedoch nach wie vor von großen Meinungsverschiedenheiten.

Beispielhaft sollen an dieser Stelle einige *zentrale Positionen* aus der schriftlichen Stellungnahme des *Bundesverbands Erneuerbare Energien* (BEE) wiedergegeben werden. Der BEE fokussierte in seiner Stellungnahme vorrangig das aus seiner Sicht zentrale Problem der weiterhin bestehenden Diskriminierung der dezentralen Energieerzeugung (BEE 2004b). Dies resultiere nach wie vor (bzw. wie vor 60 Jahren zu Zeiten des alten EnWG) aus einem zentralistischen energiewirtschaftlichen Verständnis („Top-down-Konzept"). Konkret erfolge im EnWG-Entwurf die Diskriminierung dadurch, dass ein Elektrizitätsversorgungsunternehmen „Netzanschluss, Netzzugang, Grund- und Reserveversorgung verweigern kann, wenn ihm dies aufgrund einer Eigenanlage als wirtschaftlich unzumutbar erscheint (besonders §§ 17, 20, 37). Diese Diskriminierung ist von erheblicher Bedeutung, weil die Stromerzeugung in Zukunft einen größeren Anteil an Strom aus erneuerbaren Energien und Kraft-Wärme-Kopplung auch aus kleineren Eigenanlagen aufweisen muss, die nicht von Elektrizitätsversorgungsunternehmen betrieben werden" (ebda.: 109f). Der BEE wendet sich zudem gegen den gesteigerten Umfang des EnWG-Entwurfs, das Gesetz solle vorrangig auf die notwendigen Grundsätze für die Gestaltung der leitungsgebundenen Energieversorgung und die Befugnisse der Bundesregulierungsbehörde beschränkt werden, die Vorschriften in den Verordnungen und die Rechtsanwendung solle der Regulierungsbehörde bzw. den ordentlichen Gerichten überlassen werden, die sich ohnehin in Streitfällen damit befassen müssten (ebda.: 111). In seinem Gesamtfazit schließt der BEE kritisch: Mit dem vorgelegten Entwurf sei „die Chance vertan worden, ein modernes, zukunftsweisendes Recht für die leitungsgebundenen Energien Elektrizität und Gas vorzulegen. [...] Eigentlich müsste man noch einmal von vorne anfangen" (ebda.).

Neben den Kritikern des Entwurfs, die für mehr Wettbewerb und eine wirksame Regulierung eintraten, blieben aber auch die *Energiekonzerne* nach wie vor aktiv

---

nikation und Post (Reg TP), der Deutsche Gewerkschaftsbund (DGB), aber auch die Verbraucherzentrale Bundesverband, der Bundesverband Erneuerbare Energien (BEE) und sogar Greenpeace geladen (Deutscher Bundestag 2004b). Unter den externen Sachverständigen war der Koordinator der übergreifenden, aber den Grünen eingesetzten Arbeitsgruppe Uwe Leprich. Dieser brachte neben allgemeinen Stellungnahmen zudem weitere, für die dezentralen Einspeiser und insbesondere die erneuerbaren Energien wichtige Aspekte zur Kalkulation der Netznutzungsentgelte, Regelenergie, dezentralen Einspeisung sowie zu vermiedenen Netznutzungsentgelten ein (Leprich 2004). Als zweiter Vertreter in diesem Zusammenhang trat der Rechtsanwalt Hartmut Gaßner in seiner Stellungnahme für eine verbesserte Biogaseinspeisung ein (Gaßner 2004).

und in engem Austausch mit dem BMWA und Minister Clement. Nach neuerlichen Gesprächen mit den Vorstandschefs der vier großen Energiekonzerne am 7. November 2004, in denen Clement versuchte, den Unternehmen eine Zusage für geringere Preise für einzelne energieintensive Industriezweige abzuringen (Braunberger 2004; FAS 2004), war der Minister nach Teilzusagen offenbar bereit, „einen Teil der Kritik der Unternehmen in der Novelle des Energiewirtschaftsgesetzes zu berücksichtigen" (FAZ 2004: 15).[293]

Damit waren erneute bzw. *fortgesetzte Konflikte in der Regierungskoalition* vorprogrammiert. Auch der Konflikt mit dem Bundesrat um Länderkompetenzen sorgte für weitere Verzögerungen, so dass der im November von Teilen der Regierungsfraktionen von SPD und Bündnis 90/Die Grünen angepeilte Zeitplan nicht mehr zu halten war.[294] Die Verzögerung war ein weiterer Grund für die EU-Kommission, im Oktober 2004 ein Vertragsverletzungsverfahren aufgrund der Nichteinhaltung des Umsetzungstermins der EG-Richtlinie gegen Deutschland einzuleiten (Europäische Kommission 2005e).[295]

4.4.5   *Wer regiert mit wem? Druck durch Grün-Schwarz, Vertragsverletzungsverfahren und Neuwahlen*

4.4.5.1   Rot-Grüne Koalitionskompromisse

Bis zu diesem Zeitpunkt waren bereits einige Punkte unstrittig, viele Details sowie einige grundsätzliche Aspekte jedoch immer noch umstritten. Lediglich bei der Frage des Unbundling kann von einem bestehenden Konsens gesprochen werden, denn selbst Michaele Hustedt von den Grünen formulierte dazu: „die klarste Form [des *Unbundling*, eigene Einfügung] – die eigentumsrechtliche Trennung – ist derzeit nicht durchsetzbar und wäre auch für Deutschland ein sehr weitgehender Schritt. Aber das Energiewirtschaftsgesetz schreibt eine möglichst weitgehende buchhalterische, informationelle, operationelle und vor allem gesellschaftsrechtliche Entflechtung vor" (Hustedt 2005: 2). Bei der Frage der zeitlichen Entgeltkontrolle ging die

---

[293] Das Bestreben Wolfgang Clements, einzelnen betroffenen Industrieunternehmen zu günstigeren Strompreisen zu verhelfen, ist zwar politisch erklärlich, hätte sich jedoch diskriminierend für alle anderen Stromverbraucher ausgewirkt (Braunberger 2004). Konkret ging es in den Verhandlungen um den zu dieser Zeit in wirtschaftlicher Not befindlichen Automobilkonzern Opel sowie um die energieintensive Aluminiumindustrie, die es bereits geschafft hatte, eine Härtefallregelung im EEG (siehe Abschnitte 3.6.2 und 4.4.2) zu ihren Gunsten zu bewirken.

[294] Ursprünglich hätte die zweite und dritte Lesung im Bundestag über den überarbeiteten EnWG-Entwurf im Dezember 2004 stattfinden sollen. Danach war vorgesehen, die EnWG-Novelle an den Bundesrat weiterzuleiten, der nach Anrufung des Vermittlungsausschusses das Gesetz im März 2005 verabschieden sollte (BDE 2004b, 2005a; Rühling Anwälte 2004).

[295] Neben Deutschland wurden dabei 18 weitere EU-Mitgliedsstaaten ermahnt, die EU-Vorgaben in nationales Recht umzusetzen (Europäische Kommission 2005e).

Regierung auf die Bundesratsforderungen ein, eine ex-ante Preisaufsicht einzuführen.

Auch in Punkto *Wettbewerbsbehörde* war sich die Regierung in grundsätzlichen Fragen einig, dem standen jedoch die Forderungen der Länder nach mehr Einfluss und Kompetenz der Länderbehörden bei der Regulierung entgegen. Nach Presseberichten versuchten Clement und das BMWA zu diesem Zeitpunkt, diesen für die erneut bevorstehenden Verhandlungen mit dem Bundesrat kritischen Punkt, der gleichzeitig die Verhandlungsmacht der Länder und der CDU-Opposition im Gesamtprozess ermöglichte, zu umgehen, indem ein in Teilen nicht mehr zustimmungspflichtiges Gesetz entworfen werden sollte (Wüstneck 2004). Dieses Vorhaben wurde von den vier Energiekonzernen auf einem Treffen mit Clement am 21. Januar noch deutlich unterstützt (Leuschner 2005a). Letztlich war es jedoch nicht möglich, eine ausreichende Anzahl nicht-zustimmungspflichtiger Aspekte des Gesetzes zu formulieren und abzutrennen, so dass von dem Vorhaben insgesamt Abstand genommen wurde (Benze 2006).

Ein weiterer strittiger Punkt war die *Methode der Netzentgeltbestimmung*. Hier gab es nach wie vor vehementen Widerstand der Energiekonzerne, einer neuen Methode zuzustimmen. Sie verwiesen auf die Erhöhung von Verwaltungsaufwand und Bürokratie bei einem Wechsel zur Einzelpreisgenehmigung (VDEW 2004). Aufgrund der sich abzeichnenden Abschaffung der Kalkulationsmethode der Nettosubstanzerhaltung sowie der neuen diesbezüglichen Interessenkoalition aus der grünen Regierungskoalition, der Mehrheit im Bundesrat und auch der oppositionellen CDU/CSU-Fraktion, erhöhten die Netzbetreiber ihren Druck auf die SPD und intervenierten persönlich bei Wirtschaftsminister Clement. In Folge des Treffens Anfang November 2004 legten die Vorstandsvorsitzenden von E.ON, RWE, EnBW und Vattenfall Europe Clement einen Forderungskatalog vor, der klarmachte, dass man bei unzureichender Rendite gewillt sei, Versorgungsrisiken in Kauf zu nehmen.[296] In Interviews mit am politischen Prozess Beteiligten wurde dieses Vorgehen u.a. als „schlecht getarnter Erpressungsversuch" bewertet, der allerdings

---

[296] Der Bund der Energieverbraucher zitiert aus dem „internen Grundsatzpapier" der Konzerne wie folgt (BDE 2005b): „Von den vier beteiligten Unternehmen EnBW, E.ON, RWE und Vattenfall Europe sind bis 2010 Investitionen in die Stromnetze in der Größenordnung von € 9,3 Mrd. geplant. Bei einem Drittel der Investitionen handelt es sich um Investitionen aufgrund gesetzlicher Verpflichtungen, die unabhängig von der Rentabilität durchgeführt werden müssen, beispielsweise für den Netzanschluss von Neukunden bzw. Investitionen für ausgefallene Betriebsmittel. Zwei Drittel des heutigen Investitionsvolumens sind damit disponibel und vom Rentabilitätsgrad abhängig, den das zukünftige Regulierungsregime zulässt. Bei einem Drittel dieser Investitionen handelt es sich um Modernisierungs- und Erneuerungsinvestitionen zur Erhöhung/Beibehaltung der Versorgungssicherheit, die bei unzureichender Rentabilität (verglichen mit dem vom Kapitalmarkt vorgegebenen Renditenniveau) nicht vorgenommen würden, sondern unter Inkaufnahme von Risiken für die Versorgungssicherheit gestrichen oder verschoben würden." Unklar bleibt in dem Papier jedoch, wie hoch angesichts der hohen Gewinne der Unternehmen die Rendite aus dem Netzbetrieb zu diesem Zeitpunkt war.

von Minister Clement und dem verhandlungsführenden Staatssektretär Adamowitsch in der Form aufgegriffen wurde, dass diese in den koalitionsinternen Verhandlungen das Prinzip der Nettosubstanzerhaltung für Altanlagen als nicht ver-
handelbar erklärten (Benze 2006; Leprich 2006).[297] Letztlich wurde das Prinzip von
der Koalition tatsächlich in dieser Form festgeschrieben, allerdings wurde nach
Worten von Michaele Hustedt, „diese Methodik an mehreren Stellen deutlich
transparenter gestaltet, um Missbrauchsmöglichkeiten einzudämmen" (Hustedt
2005: 3).

Parallel zum allgemeinen Druck gegen einen grundsätzlichen Methoden-
wechsel durch die Energiekonzerne versuchten diese Detailregelungen bei der
Kostenkalkulation zu ihren Gunsten zu beeinflussen. Ein hervorzuhebender Punkt,
der in dieser Phase eingebracht wurde, war die von den Energieunternehmen geford-
derte Einbeziehung der Körperschaftssteuer in die Kosten. Ein weiterer Punkt, der
parallel eingebracht wurde, und durch den die Konzerne Clement und den energieintensiven Unternehmen entgegen kommen wollten, war der Vorschlag, die Netznutzungsentgelte in einer generellen gesetzlichen Ausnahmeregelung für energieintensive Unternehmen zu halbieren (Leuschner 2005a). Während Clement den
Vorschlag befürwortete, stieß er sowohl in Teilen der SPD, insbesondere jedoch
beim grünen Koalitionspartner und der Opposition auf breite Ablehnung. Selbst die
Verbände VKU und VIK, die zum Teil von einer solchen Regelung profitiert
hätten, sprachen sich dagegen aus (ebda.).[298]

Bezüglich der Kalkulationsgrundlagen wurden Übergangsregelungen bis zum
Start der Anreizregulierung festgelegt. Energieintensive Unternehmen sollten nur
dann „verursachergerecht" eine geringere Gebühr bezahlen dürfen, wenn sie durch
ihre hohen Abnahmemengen die Netzkosten reduzieren (Hustedt 2005). Dieses
Verhandlungsergebnis der Regierung wurde erwartungsgemäß von den Energiekonzernen und dessen Lobbyorganisation VDEW kritisiert, konkret die „freie Hand der
Regulierungsbehörde bei der Festlegung der Netzpreise" und die dadurch gegebene
Rechtsunsicherheit, wenn Bundestag und Bundesrat damit nicht mehr befasst
würden (FAZ 2005). Ausnahme bildete hier wieder die EnBW AG, die die Einigung
und insbesondere die Einführung der Anreizregulierung ausdrücklich begrüßte und
sich damit „mit ihrem Modell zur Anreizregulierung durchgesetzt" habe (EnBW
2005b).

---

[297] Offiziell handelte es sich um Fraktionsverhandlungen, bei denen BMU und BMWA nur Anwesen-
heitsrecht, aber kein Stimmrecht hatten. Eine strenge Trennung zwischen den Fraktionen und ihren
Ministerien fand aber de facto in dieser Phase nicht mehr statt (Benze 2006).

[298] Beide Vorschläge zusammen hätten nach Angaben von Kritikern dieses Vorschlags im Strombereich eine Verteuerung von ca. 1,5 Milliarden Euro bewirkt und hätte vor allem die Privatkunden
und mittelständischen Betriebe belastet, die diese Subvention hätten auffangen müssen (Hustedt
2005; Leuschner 2005a).

Durch die parlamentarischen Beratungen, die in einer Nachtsitzung am 10. März 2005 in einem *Koalitionskompromiss* endeten, wurden in einer Reihe von Punkten weitere Neuerungen eingeführt, bei denen sich der Grüne Koalitionspartner zusammen mit den grünen Ressorts BMU und BMVEL teilweise erfolgreich einbringen konnte (Hustedt 2005). Dies betraf sowohl allgemeine wettbewerbliche Aspekte, die durch das Votum des Bundesrats nun leichter durchzusetzen waren, als auch eigene Punkte zu Aspekten, die erneuerbare Energien, Energieeffizienz und Verbraucherschutz betrafen (vgl. hierzu die Beschlussfassung des zuständigen Ausschuss für Wirtschaft und Arbeit 2005). Hierzu zählten die Kompetenzstärkung der Regulierungsbehörde durch erweiterte Veröffentlichungspflichten der Energieversorger und insbesondere der Netzbetreiber, sowie eine Eingriffsmöglichkeit zur Erhöhung des Wettbewerbs auf dem Regelenergiemarkt. Zudem wurde das Messund Zählwesen liberalisiert, wodurch sich dezentrale Erzeuger (erneuerbare Energien- und KWK-Anlagen) und Stromhändler wie Lichtblick deutliche Kostensenkungen erhofften (siehe Abschnitt 4.3).

Ein weiterer wichtiger Punkt für die erneuerbaren Energien und die dezentralen Erzeuger insgesamt war die Festlegung auf eine Vergütung der vermiedenen Netzentgelte, die den Anlagenbetreibern und nicht den Netzbetreibern zu Gute kommen soll. Die Stromkennzeichnungspflicht wurde durch eine feinere Aufgliederung der Stromquellen, eine Auskunftspflicht zu den Umweltauswirkungen und die Angabe zur Preiszusammensetzung erweitert. Insgesamt wurde damit ein positiver Imageeffekt durch verbesserte Information und Aufklärung der Verbraucher erhofft. Zudem war erstmalig eine Vorrangregelung für Biogas in Gasnetzen auf der Verteilnetzebene vorgesehen, wenn dieses auf Erdgasqualität aufbereitet ist. Von Bedeutung für erneuerbare Energien, insbesondere für die Windenergie, war zudem die Netzausbauplanung der Netzbetreiber. Diesbezüglich wurde eine Informationspflicht eingeführt, die eine Kontrolle ermöglichen sollte, inwieweit beispielsweise erforderliche Investitionen für den Ausbau erneuerbarer Energien unterlassen werden; gleichzeitig wurde die Regulierungsbehörde beauftragt, die Netzsicherheit zu überwachen und Anreize für notwendige Investitionen zu setzen (Kanngießer 2005).

4.4.5.2   Die Verhandlungen im Vermittlungsausschuss

Nach der Einigung der Koalitionsfraktionen wurde die EnWG-Novelle am 15. April 2005 in zweiter und dritter Lesung im Bundestag beraten und gegen die Stimmen der Fraktionen der CDU/CSU und der FDP angenommen (Deutscher Bundestag 2005a). Zuvor hatte die Regierung noch in Abstimmungsgesprächen mit den Ländern erfolglos versucht, eine Lösung der beiden zentralen Konfliktpunkte (Nettosubstanzerhaltung und Länderbeteiligung an den Regulierungsaufgaben) zu finden. Damit war es absehbar, dass der überarbeitete Regierungsentwurf in den Vermittlungsausschuss gehen würde.

Zwei äußere Faktoren beeinflussten während dieser Phase die Entscheidungsfindung beziehungsweise die Bereitschaft, sich doch noch auf ein novelliertes Energiewirtschaftsrecht zu einigen: Erstens hatte die *Europäische Kommission* am 16. März 2005 eine letzte Mahnung an Deutschland zur Umsetzung der EU-Vorgaben gerichtet und drohte mit dem *Vertragsverletzungsverfahren* vor dem Europäischen Gerichtshof, wenn Deutschland die Richtlinien nicht innerhalb von zwei Monaten durchsetzen würde (Europäische Kommission 2005e).[299] Dies beeinflusste nach Aussage eines am Prozess beteiligten Interviewpartners insbesondere die Regierung, da sie im Falle eines Verfahrens in erster Linie dafür verantwortlich gemacht worden wäre, doch auch die Opposition war nicht an einer Klage der Europäischen Kommission interessiert.[300]

Zweitens kündigte Kanzler Schröder nach den verlorenen Landtagswahlen in Nordrhein-Westfalen am 22. Mai 2005 *Neuwahlen* an. Dies erzeugte weiteren Handlungsdruck zunächst auf die Regierung, da ein neuer Bundestag das Gesetz neu hätte einbringen, diskutieren und beschließen müssen – eine andere Konstellation als Rot-Grün hätte dann aber auch voraussichtlich andere Schwerpunkte gesetzt. Da ein Scheitern im Bundesrat bzw. im Vermittlungsausschuss aber nicht nur der Regierung, sondern auch gleichermaßen den blockierenden Unionsländern und somit der CDU/CSU angelastet werden konnte, ergab sich aus der Neuwahl kein zwingender Verhandlungsvorteil der Opposition.

Auch die Energiewirtschaft selbst forderte zu diesem Zeitpunkt einen zügigen Abschluss des Verfahrens, wenngleich beispielsweise der VDEW die Verhandlungsrunde im Vermittlungsausschuss einforderte, um aus seiner Sicht unbefriedigende Elemente des Gesetzes noch zu korrigieren. (VDEW 2005d). Damit gab es Druck von innen und von außen, das Gesetz zu einem Abschluss zu bringen.

Am 29. April beriet der Bundesrat über das vom Bundestag verabschiedete Gesetz (Deutscher Bundestag 2005b) und beschloss daraufhin die Anrufung des Vermittlungsausschusses (Bundesrat 2005a). In seiner Begründung weist der Bundesrat darauf hin, dass das vorliegende Gesetz nicht der Zielsetzung genüge, einen funktionierenden Wettbewerb auf dem Strom- und Gasmarkt zu gewährleisten. Zugleich enthielte es eine Vielzahl bürokratischer Regeln, die insbesondere die

---

[299] Das Ultimatum richtete sich an neun weitere Länder, in denen die Umsetzung ebenfalls noch nicht erfolgt war. Mit dieser zweiten Stufe des Vertragsverletzungsverfahrens sandte die Kommission eine „mit Gründen versehene Stellungnahme" an die Mitgliedsstaaten (Europäische Kommission 2005e).

[300] Wenngleich die Union nach der erfolgreichen Wahl in Nordrhein-Westfalen durchaus erwogen hatte, das gesamte Gesetz scheitern zu lassen (Becker 2005a).

kleineren Energieversorgungsunternehmen stark belasten, ohne für den Wettbewerb Vorteile zu bringen.[301]

Im Zuge der nun anstehenden Verhandlungen zwischen Bundesrat und Bundestag bzw. den Regierungsfraktionen nahmen einzelne Personen besondere Stellungen ein. Für die CDU war dies der hessische Wirtschaftsminister *Alois Rhiel*, der sich bereits im Vorfeld und in den vorherigen Entscheidungen des Bundesrats als profilierter Wettbewerbspolitiker präsentiert hatte (s.o.) und der nun zudem Verhandlungsführer der B-Länder im Bundesrat war. Für eine stärkere Länderbeteiligung an der Regulierung, die für die anstehenden Verhandlungen zu einem zentralen Punkt werden sollte, setzte sich Bayerns Wirtschaftsminister Otto Wiesheu ein. Nordrhein-Westfalen hingegen, das als klassisches Energieland im Grunde eine starke Rolle hätte spielen können, war aufgrund der erst kurz zurückliegenden Wahl so gut wie handlungsunfähig. Es ist anzunehmen, dass die zurückhaltende Rolle Nordrhein-Westfalens im Bundesrat die Position des BMWA und der konventionellen Energiewirtschaft geschwächt hat.

Auf Seiten des Bundestages verhandelte der energiepolitische Sprecher der SPD-Bundestagsfraktion *Rolf Hempelmann* für die Regierungskoalition, unterstützt von seinem energiepolitischen Referenten. Über Hempelmann wurden auch die im Vermittlungsausschuss gefundenen Regelungen mit dem BMWA koordiniert. Hier gab es nach Aussagen von Interviewpartnern einige Konflikte zwischen BMWA und der SPD-Fraktion, da dem BMWA bereits der Koalitionsentwurf in Teilen zu weit gegangen war, und nun durch die Verhandlungen mit dem Bundesrat aus Sicht des BMWA weitere Verschärfungen zu erwarten waren. Für die Bundestagsfraktion von Bündnis 90/Die Grünen nahm *Michaele Hustedt* an den Gesprächen teil, wodurch indirekt auch die Interessen von BMU und BMVEL vertreten waren, wenngleich aufgrund der Verhandlungskonstellation in deutlich schwächerer Form. Die Verhandlungen spitzten sich auf das BMWA und Teile der SPD-Fraktion auf der einen und die CDU-Opposition auf der anderen Seite zu. Dazwischen befand sich SPD-Unterhändler Rolf Hempelmann, der einerseits den Regierungsentwurf vertrat, aber gleichzeitig zwischen Teilen der eigenen Partei und dem Wirtschaftsministerium vermitteln musste.

Aufgrund dieser Konstellation wurden solche Aspekte, die für die zentralen Verhandlungspartner nicht essentiell waren, vergleichsweise schnell und wenig umkämpft abgehandelt. So wurden z.B. die Bestimmungen zur Stromkennzeich-

---

[301]   Daher bedürfe es einer grundlegenden und umfassenden Überarbeitung, u. a. in folgenden Themenbereichen (zitiert nach Bundesrat 2005a): Entgeltgenehmigung „ex ante", Ausgestaltung der Anreizregulierung, Netzentgeltbildung und Kalkulationskriterien, Entflechtungsregeln (inkl. steuerliche Aspekte), Netzzugang, Berichtspflichten, Stromkennzeichnungspflicht, Finanzierung der Regulierungskosten, Liberalisierung des Zähl- und Messwesens, Systemverantwortung der Netzbetreiber, Beteiligung der Länder an der Regulierung (einschließlich der Regelung der Gebühren), Erhalt des Aufkommens der Konzessionsabgaben.

nung wieder auf die Vorgaben der EG-Richtlinie minimiert und das Verbandsklagerecht aus dem Gesetz gestrichen. Zu diesen Punkten aus dem vereinbarten Regierungsentwurf hatte die SPD zwar auch zugestimmt, die Forderungen entstammten aber klar der Feder des kleineren grünen Koalitionspartners und seiner Ministerien. Daher waren diese Punkte als Verhandlungsmasse Zugeständnisse an BMWA, Energiekonzerne und CDU gleichermaßen, die hier eine Schnittmenge bezüglich geringerer Verbraucherschutzrechte und geringerer Marktvorteile für dezentrale Energieerzeuger aufwiesen.[302] Die zentralen Konflikte liefen jedoch auf zwei Verhandlungsaspekte hinaus.

Der eine wichtige Verhandlungsaspekt betraf aus Sicht der Energiekonzerne und somit des BMWA die Frage der *Netzentgeltkalkulation*, da durch die Forderungen des Bundesrates die favorisierte Kalkulationsmethode der Nettosubstanzerhaltung wegzufallen drohte. Bezüglich der Forderung nach Einführung der Kalkulationsmethode der Realkapitalerhaltung gab es eine Allianz zwischen einigen CDU-Landesvertretern, der grünen Fraktion und dem BMU (Benze 2006). Gegen den Widerstand des BMWA und Teilen der SPD wurde in den Verhandlungen ein Kompromiss gefunden, der das Prinzip der Nettosubstanzerhaltung für Altanlagen (Stichtag 31.12.2005) vorsah, während für den Bau von Neuanlagen das Kalkulationsprinzip der Realkapitalerhaltung gelten sollte (siehe hierzu auch Abschnitt 4.3.4). Zusätzlich soll die Regulierungsbehörde die Kalkulation der Netzbetreiber bei Entgelterhöhungen (ex-ante), aber auch bezüglich angesetzter Kosten (ex-post) prüfen.

Wie sehr dieser gefundene Kompromiss im Vermittlungsausschuss entgegen den Vorstellungen der drei großen Netzbetreiber E.ON, RWE und Vattenfall war, zeigte ein nachträglich durchgeführter Interventionsversuch, der das Verhandlungsergebnis, nachdem es bereits verkündet war, noch zu Fall bringen sollte. Nach Presseberichten sollten einzelne Bundesländer (vor allem Sachsen Anhalt, aber auch Brandenburg und Hamburg) insbesondere auf Anregung von Vattenfall Europe veranlasst werden, Teile der Vereinbarungen im Bundesrat noch zu kippen bzw. die noch ausstehende formelle Zustimmung des Bundesrates zu den diesbezüglichen Verordnungen zu verhindern. Konkret ging es um die Rücknahme des Beschlusses, abgeschriebene Netzbestandteile nicht mehr in Rechnung stellen zu können (BDE

---

[302] Die CDU/CSU-Fraktion würdigte die Entfernung einer weitergehenden Stromkennzeichnung nachträglich als ihr Verdienst wie folgt: „Die Verpflichtung der Unternehmen zur Stromkennzeichnung wird auf ein vernünftiges Maß eingeschränkt. Damit werden die Stromrechnungen transparenter aber von unnötigen Informationen (wie zum Beispiel Angaben von CO_2-Emissionen in Gramm/Kilowattstunde) befreit" (CDU/CSU 2005: 7). Dabei räumte der Referent des hessischen Wirtschaftsministers Rhiel, Frank Holzapfel, ein, dass die CDU-Vertreter im Vermittlungsverfahren durchaus aufgeschlossen waren, zumindest die Strompreise näher aufzuschlüsseln, um zu zeigen, „wie viel die Ökostromförderung kostet". Allerdings sei diese Formulierung „im Verhandlungsmarathon um 1 Uhr nachts versehentlich gestrichen worden" (Gammelin 2005a: 3).

2005c, 2005d; BNE 2005; Benze 2006).[303] Das Vorhaben scheiterte letztlich aufgrund massiver Proteste aus dem Regierungs- und Oppositionslager.[304]

Der zweite wesentliche Verhandlungsaspekt betraf die *Bund-Länder-Kompetenzen* bei der Regulierung. Dieser Aspekt hatte eine besondere machtpolitische Bedeutung bei den politischen Entscheidungsträgern. Die Konfliktlinie verlief in dieser Frage im Grundsatz zwischen dem Bundesrat bzw. den Bundesländern (vgl. hierzu auch Abschnitt 4.3.1) und der Bundesregierung bzw. den verhandelnden Regierungsfraktionen. Letztlich lief alles auf ein Zugeständnis zur Beteiligung der Länder an der Regulierung hinaus, da die in dieser Frage maßgeblichen Vertreter aus Hessen, Saarland und Bayern diesen Punkt für essentiell erklärten. Der gefundene Kompromiss sah vor, dass die Länder die Regulierung für Unternehmen mit weniger als 100.000 Kunden übernehmen, diese Aufgabe jedoch auch im Rahmen einer Organleihe dem Bund übertragen können. Zugleich sicherten sich die Länder über ihre Beteiligung auch eine Mitsprache bei der Ausgestaltung der Anreizregulierung. Michaele Hustedt von den Grünen kritisierte diesen Kompromiss, der zu einer im Grunde „von allen Parteien ungewünschten Mischform" führe, die „zu deutlich mehr Bürokratie führen wird", weswegen „CDU/CSU und FDP mit ihrem Ziel „weniger Bürokratie" auf ganzer Linie gescheitert" seien (Bündnis 90/Die Grünen 2005). Gleichzeitig betonte sie, dass das übergeordnete Ziel der Verabschiedung des Gesetzes noch in dieser Legislaturperiode jedoch vorrangig gegenüber diesem Einzelpunkt war (ebda.).

Anfang Juni 2004 wurde in ersten Pressemitteilungen und Berichten der Parteien deutlich, dass sich die Bundesregierung und die Länder in der zuständigen Arbeitsgruppe des Vermittlungsausschusses in den wichtigsten Punkten verständigen konnte. Am 10. Juni gab Alois Rhiel schließlich die Einigung bekannt (IWR 2005), die dann am 15. Juni durch die Zustimmung des Vermittlungsausschusses offiziell bestätigt wurde (Vermittlungsausschuss 2005). Daraufhin nahm am 16. Juni der Bundestag die Beschlussempfehlung des Vermittlungsausschusses an, und am 17. Juni stimmte der Bundesrat dem Gesetz zu (Bundesrat 2005b: Tagesordnungspunkt 54, S. 240). Am 8. Juli wurden die Verordnungen für die Entgelte und Netzzugänge vom Bundesrat verabschiedet. Damit konnte die zweite EnWG-Novelle am 12.7. verkündet und am 13. Juli schließlich in Kraft treten (EnWG 2005). Mit

---

[303] Der Verhandlungsführer im Bundesrat, Alois Rhiel schrieb Pressemitteilungen zu Folge daraufhin am 29. Juni 2005 an seine Länderkollegen: „Es überrascht mich daher sehr, dass jetzt im Ausschuss für Innere Angelegenheiten ein Antrag des Landes Sachsen-Anhalt eingebracht wird, der den im Vermittlungsverfahren erzielten Gesamtkompromiss gefährdet" (zitiert nach Gammelin 2005b).

[304] Der energiepolitische Referent der CDU/CSU-Bundestagsfraktion, Joachim Pfeiffer beschrieb den Fall wie folgt: „Der Versuch, den bisherigen Kompromiss über die nicht zuständigen Innenminister auszuheben, ist sehr unerfreulich. Das Vorgehen ist auch vom Stil her fragwürdig. Offensichtlich reicht der lange Arm der großen Netzbetreiber nicht nur in den hintersten Winkel des Bundeswirtschaftsministeriums, sondern auch in viele Landesregierungen. Das ist nicht akzeptabel" (FTD vom 30.06.2005, zitiert nach BDE 2005c).

Einhaltung dieses engen Fahrplans konnte letztlich auch die drohende Klage durch die EU-Kommission gegen die fehlende Umsetzung der Richtlinie abgewendet werden.

4.4.6   Habemus EnWG – Ergebnis und Reaktionen305

4.4.6.1   Wesentliche Regelungen des EnWG 2005

Das Gesetz über die Elektrizitäts- und Gasversorgung, kurz Energiewirtschaftsgesetz (EnWG 2005), ist der Artikel 1 des „Zweiten Gesetzes zur Neuregelung des Energiewirtschaftsrechts" vom 7.7.2005 (Energiewirtschaftsrecht 2005). Die Novelle des Energiewirtschaftsgesetzes hat sich von 19 Paragrafen in der Fassung von 1998 auf 118 Paragraphen in deutlichem Umfang erweitert. Artikel 2 beinhaltet das Gesetz über die Bundesnetzagentur für Elektrizität, Gas, Telekommunikation, Post und Eisenbahnen mit weiteren 11 Paragrafen (Bundesnetzagenturgesetz 2005).[306] Zusätzlich zum Gesetz wurde eine Reihe von Verordnungen erlassen, zudem enthält es zahlreiche Ermächtigungen zur Regelung verschiedener Einzelfragen durch weitere Rechtsverordnungen.[307] Das Gesetz dient der Umsetzung der EU-Beschleunigungsrichtlinien Strom und Gas vom 26. Juni 2003 und kommt damit der darin enthaltenen Verpflichtung zur Umsetzung spätestens bis zum 1. Juli 2004 mit mehr als einjähriger Verspätung nach.

Das Gesetz ist in 10 Teile aufgeteilt, in denen die zentralen Inhalte gebündelt sind. Im ersten Teil der allgemeinen Vorschriften wird der in der ersten Novelle des EnWG genannte *Zweck des Gesetzes*, eine möglichst sichere, preisgünstige und umweltverträgliche leitungsgebundene Energieversorgung, um die Ziele der Verbraucherfreundlichkeit und Effizienz erweitert (§1 Abs. 1).

Die *Entflechtungsregeln (Unbundling)* sind entsprechend der Vorgabe aus der EG-Richtlinie formuliert und dienen den Zielen der Schaffung von Transparenz, Vermeidung von Diskriminierung und Verhinderung von Quersubventionen (§ 6). Dies soll durch eine rechtliche, operationelle, informatorische und rechnerische Entflechtung erreicht werden (§§ 7-10). Von der rechtlichen und operationellen Entflechtung ausgenommen sind Unternehmen mit weniger als 100.000 Netzkunden (De-minimis Regelung, §§ 7 Abs. 2 und 8 Abs. 6). „Die Entflechtungsvorschriften sehen vor, dass der Netzbetreiber in seiner Rechtsform, Organisation, Entscheidungsgewalt und Kontenführung von den anderen Tätigkeitsbereichen des Unternehmens getrennt wird. Zusätzlich soll sichergestellt werden, dass die dem Netzbetreiber vorliegenden Informationen vertraulich behandelt werden bzw. die

---

305   Der Titel „Habemus EnWG" entstammt einer dpa-Meldung vom 15.06.2005 (dpa 2005).
306   Artikel 3 enthält die Änderungen sonstiger Gesetze und Rechtsverordnungen, die durch dieses Gesetz erforderlich wurden.
307   Insgesamt können bis zu 19 Verordnungen Einzelheiten des Gesetzes regeln.

Wettbewerber des Energieversorgungsunternehmens in gleicher Weise wie der Vertrieb des Netzbetreibers auf die notwendigen Informationen zugreifen können" (Kurth 2005b).[308] Die Abtrennung des Netzbetriebs in einem eigenständigen Unternehmen meint jedoch keine eigentumsrechtliche Trennung, d.h. nach wie vor bleiben die Netzbetreiber Töchter der Energieversorger.

Im Teil 3 des Gesetzes ist die Regulierung des Netzbetriebs und damit der Übergang des bisherigen Systems des verhandelten Netzzugangs zum regulierten Netzzugang festgelegt.[309] Darin enthalten sind Aufgaben und Pflichten der Netzbetreiber, Regelungen zu Netzanschluss und Netzzugang sowie zu den Aufgaben und Befugnissen der Regulierungsbehörden und Sanktionen (Abschnitte 1 bis 4).

Der *Netzanschluss* ist als die tatsächliche und rechtliche Voraussetzung für den Netzzugang definiert und ist durch den Netzbetreiber im Grundsatz diskriminierungsfrei für alle Netzanschlusskonstellationen wie für das eigene oder assoziierte Unternehmen zu gewährleisten (§ 17 Abs. 1). Allerdings können die Betreiber von Energieversorgungsnetzen einen Netzanschluss nach § 17 Abs. 1 verweigern, soweit sie nachweisen, dass ihnen die Gewährung des Netzanschlusses aus betriebsbedingten oder sonstigen wirtschaftlichen oder technischen Gründen nicht möglich oder nicht zumutbar ist (§ 17 Abs. 2). Die allgemeine Anschlusspflicht für Letztverbraucher besteht nicht bei Anlagen zur Deckung des Eigenbedarfs (§ 18 Abs. 2 Satz 1), wobei hier Anlagen der Kraft-Wärme-Kopplung bis 150 Kilowatt elektrischer Leistung und aus erneuerbaren Energien ausgenommen sind (§ 18 Abs. 2 Satz 3).

Auch bezüglich des *Netzzugangs* gilt im Grundsatz die Diskriminierungsfreiheit (§ 20 Abs. 1), die Konditionen sind zu veröffentlichen. Die konkrete Ausgestaltung des Netzzugangs erfolgt in § 20 Abs. 1a und 1b in Verbindung mit den begleitenden Rechtsverordnungen sowie ergänzenden Festlegungen der Regulierungsbehörden. Im Strombereich wurde das so genannte transportunabhängige Punktmodell übernommen, welches bereits in der VV II plus vorgesehen war (Baumann/ Becker 2005). Auch für den Netzzugang gilt, dass die Netzbetreiber den Zugang verweigern können, soweit sie nachweisen, dass ihnen die Gewährung des Netzzugangs aus betriebsbedingten oder sonstigen Gründen nicht möglich oder nicht zumutbar ist (§ 20 Abs. 2).

Die gesetzlichen Regelungen für die *Netzzugangsentgelte*, die Netznutzer für die Gewährung des Netzzugangs an die Netzbetreiber zu zahlen haben, sind ein zentrales Kernstück des Gesetzes, da bis zu diesem Zeitpunkt die überhöhten und

---

[308] Für einen Überblick zu den Unbundling-Vorschriften siehe Gras (2005). Mittlerweile wurden gemeinsame Auslegungsbestimmungen der Regulierungsbehörden des Bundes und der Länder als Leitfaden formuliert (BNetzA/ Länderregulierungsbehörden 2006).

[309] An diesen Teil des Gesetzes schließen die folgenden Rechtsverordnungen an: Stromnetzzugangsverordnung (StromNZV), Stromnetzentgeltverordnung (StromNEV) sowie die beiden gleichnamigen Gasverordnungen.

nicht transparent ermittelten Netzkosten der Energiekonzerne massiv in der Kritik standen und zudem eine staatliche Entgeltregulierung auch von der EG-Richtlinie gefordert ist. Daher sind im Gesetz und in den korrespondierenden Entgeltverordnungen eine Reihe von Vorschriften für die Entgeltfestsetzung formuliert. Auch für die Festlegung der Entgelte gilt, dass diese angemessen, diskriminierungsfrei und transparent sein müssen und nicht ungünstiger sein dürfen, als sie von den Betreibern der Energieversorgungsnetze in vergleichbaren Fällen für Leistungen innerhalb ihres Unternehmens oder gegenüber verbundenen oder assoziierten Unternehmen angewendet und tatsächlich oder kalkulatorisch in Rechnung gestellt werden (§ 21 Abs. 1). Hier findet sich in der Folge der Kompromiss des Vermittlungsausschusses wieder, nach dem für Altanlagen das bisherige Prinzip der Nettosubstanzerhaltung weiterhin gilt, für Neuanlagen, die nach dem 1. Januar 2006 errichtet werden, ist das Prinzip der Realkapitalerhaltung anzuwenden. Zudem ist im § 23a die grundsätzliche ex-ante Genehmigungspflicht für Netzentgelte vorgesehen, die ebenso im Vermittlungsverfahren durchgesetzt wurde. Diese Neuregelung ist als eine der bedeutendsten Änderungen anzusehen, die einerseits niedrigere Preise durch erhöhte Transparenz und Kontrolle ermöglichen soll, andererseits eine Menge an Datenflüssen und Bürokratie bedeutet (Becker 2005a; Stumpf/ Gabler 2005).

Das Energiewirtschaftsgesetz sieht zudem in § 21a auch die Möglichkeit einer *Anreizregulierung* zur Bestimmung der Netznutzungsentgelte vor, durch das die Effizienz der Leistungserbringung gesteigert werden soll. Der Streit im Gesetzgebungsverfahren, ob eine solche Regulierung in den Aufgabenbereich der Behörde fallen sollte oder ob dies durch Rechtsverordnung der Bundesregierung (und damit dem Vorschlagsrecht des federführenden BMWA) vorbehalten sein sollte, wurde im Vermittlungsausschuss im Wesentlichen zugunsten der Verordnungsbefürworter entschieden (Baumann/ Becker 2005). Das Gesetz sieht vor, dass der (unbestimmte) Zeitpunkt der Einführung, die Methode und Durchführung einer Anreizregulierung durch Rechtsverordnung, die der Zustimmung des Bundesrates bedarf, erfolgen soll. Die BNetzA sollte allerdings dafür bis zum 1. Juli 2006 einen Bericht vorlegen (§ 112a Abs. 1), auf dessen Basis die Bundesregierung einen Entwurf für eine Anreizregulierung erstellen soll (siehe hierzu auch Abschnitt 4.5).

Gemäß der geplanten Entwicklung bis zur Anreizregulierung durchläuft die Entgeltregulierung damit drei Phasen. In der ersten Phase werden die Kosten kontrolliert (Kostenregulierung, § 21 Abs. 2), in der zweiten Phase werden die Kosten mit den Entgelten sowie den Kosten und Entgelten anderer Netzbetreiber verglichen (Vergleichsverfahren, § 21 Abs. 3 und 4), in der dritten Phase soll das System aus Kostenkalkulation und Vergleichsverfahren in das System der Anreizregulierung überführt werden (Stumpf/ Gabler 2005).

Neu hinzugekommen zur Entgeltkalkulation ist als Sonderregelung die *Besserstellung energieintensiver Industrien* (§ 19 Abs. 2 Satz 2 StromNEV), deren ökonomische Entlastung zu Lasten der anderen Netznutzer umgelegt werden kann. Dies wird nicht nur aus Sicht von Rechtsexperten als problematisch angesehen (Stumpf/ Gabler 2005), sondern wurde, wie bereits ausgeführt (s.o.), auch von den anderen, nicht begünstigten Marktteilnehmern und Interessengruppen kritisiert.

Mit Blick auf die Regelungen zur Netzentgeltfestlegung und -kontrolle durch die BNetzA ist zudem festzuhalten, dass die *Genehmigungspflicht für den gesamten Stromtarif* für Haushaltskunden (Tarifkunden), so wie dies vorher auf Länderebene stattgefunden hatte, ab dem 1. Juli 2007 wegfällt. Mit der Kontrolle und Genehmigung der Netzentgelte beschränkt die BNetzA bzw. die Regierung damit ihren Einfluss auf ca. ein Drittel des gesamten Strompreises.[310]

Zu den weiteren Kostenbestandteilen der Netzentgelte, die zuvor in der Kritik gestanden hatten, gehörten die Kosten für *Messdienstleistungen* sowie für die *Regel- bzw. Ausgleichsenergie*. Beide bislang monopolisierten Märkte sollen auf Basis des Gesetzes nun liberalisiert und damit dem Wettbewerb geöffnet werden. Die Liberalisierung des Mess- und Zählwesens ist in § 21b geregelt. Bezüglich der Regelenergie werden die Übertragungsnetzbetreiber gemäß § 22 dazu verpflichtet, diese gemeinsam und unter einheitlichen Bedingungen auszuschreiben. Außerdem haben sie die Pflicht, bei der Beschaffung von Ausgleichsenergie zur Senkung des Regelenergieaufwands zu kooperieren. Genaue Regelungen zur Ausschreibung von Regelenergie sind von der Bundesnetzagentur im Zusammenspiel mit den Netzbetreibern und anderen Marktteilnehmern zu erarbeiten.[311]

Die in der EnWG-Novelle festgeschriebenen Regelungen für die *Bundesnetzagentur* ergeben bezüglich ihrer Kompetenzen und ihrer Unabhängigkeit ein zwiespältiges Bild. Einerseits übernimmt sie wichtige Aufgaben bei der Kontrolle der Netzentgelte und ist mit der Ausarbeitung der Anreizregulierung betraut. Andererseits ist sie zur Kooperation mit Ländern, Wissenschaft und Wirtschaftskreisen verpflichtet worden (§ 112a). Die ministerielle Fachaufsicht liegt fast ausschließlich beim Bundeswirtschaftsministerium, nur in Einzelfragen können das Verbraucherschutzministerium (zu allgemeinen Preisen für Haushaltskunden) und das Bundesumweltministerium (zu erneuerbaren Energien) herangezogen werden. So selbstverständlich dieser Punkt aufgrund der Ressortzuständigkeiten anmutet, so sehr ist

---

[310]   „Eine Überprüfung der Endkundenpreise fällt ... nicht in den Zuständigkeitsbereich der Bundesnetzagentur. Einwände gegen überhöhte Entgelte für Endverbraucher werden weiterhin von den jeweiligen Bundesländern (Landeskartellbehörden) oder den Zivilgerichten geprüft. Dem Bundeskartellamt obliegt die Überprüfung, soweit es sich um Energiepreise von bundesweit agierenden Energieanbietern handelt. " (BNetzA 2005).

[311]   Hierzu führt die BNetzA Konsultationsprozesse durch, zu denen die Netzbetreiber eigene Konzepte zur Umsetzung vorlegen, die dann diskutiert werden. In einer ersten Konsultation hatten die vier deutschen Übertragungsnetzbetreiber der Bundesnetzagentur in einem Gespräch am 9. Dezember 2005 ihr Umsetzungskonzept für die Ausschreibung von Minutenreserve vorgestellt (BNetzA 2006b). Die Bundesnetzagentur gibt dann im Rahmen des Konsultationsprozesses allen Marktteilnehmern die Möglichkeit, zu den eingereichten Konzepten Stellung zu nehmen. Für den hier dargestellten Prozess hatte dies bis zum 20.1.2006 zu erfolgen (ebda.).

aufgrund des Einflusses der Energiewirtschaft auf das Wirtschaftsministerium die Frage der Unabhängigkeit der Behörde zu relativieren. Laut Uwe Leprich droht in dieser Konstellation die BNetzA „die verlängerte Werkband des Wirtschaftsministeriums" zu werden (Leprich 2004: 198).[312] Die Arbeitsteilung der Bundesnetzagentur mit den Landesregulierungsbehörden erfolgt gemäß der regionalen Bedeutung und Größe der EVU. Den Landesregulierungsbehörden obliegt die Regulierung der EVU, an deren Elektrizitäts- oder Gasnetz jeweils weniger als 100.000 Kunden angeschlossen sind und deren Verteilernetz nicht über das Gebiet eines Bundeslandes hinausreicht.

Schließlich wird die BNetzA nun, nachdem auch in Deutschland ein regulierter Netzzugang eingeführt wurde, in den internationalen Gremien der EU (CEER, Florence-Forum, s.o.) mitwirken und damit einerseits eng mit der Europäischen Kommission kooperieren, und sich andererseits eng mit den anderen europäischen Regulierern austauschen. Möglicherweise trägt dies zur Stärkung ihrer Stellung auf nationaler Ebene bei, wenn, wie oben dargestellt, dieses Mehrebenen-Netzwerk seine wichtige Politikberatungsfunktion für die Europäische Kommission beibehält.

Bezüglich der *Stromkennzeichnung* wurden im § 42 lediglich die Mindestvorgaben der EG-Richtlinie umgesetzt und damit die weiter gehenden Forderungen des Regierungsentwurfs zurückgenommen. Die Stromlieferanten werden verpflichtet, den Kunden Angaben zur Herkunft des Stromes zur Verfügung zu stellen, wobei sie zwischen den Energieträgern Atomkraft, fossile und sonstige Energieträger sowie erneuerbare Energien unterscheiden sollen, dabei aber nicht mehr die einzelnen fossilen oder erneuerbaren Energieträger aufschlüsseln müssen. Die Pflicht zur Deklaration von Umweltauswirkungen in Bezug auf aggregierte CO_2-Emissionen und radioaktive Abfälle war eine Forderung aus der Richtlinie, weitergehende Forderungen nach einer differenzierteren Aufschlüsselung bzw. der CO_2-Angabe in Gramm pro kWh, sind entfallen. Anstelle einer detaillierten Strompreisaufschlüsselung ist nur noch das Netzentgelt auszuweisen. Alle Angaben sind mit den Durchschnittswerten der Stromerzeugung in Deutschland zu ergänzen. Bei Strom, welcher über eine Strombörse oder von einem Unternehmen mit Sitz außerhalb der Europäischen Union bezogen wird, kann der Strommix der Strombörse oder der UCTE-Strommix angegeben werden.

Ebenso wie bei der Stromkennzeichnung wurde auch bei der Frage der *Klagemöglichkeiten für Verbraucherverbände* ein Rückzieher gemacht. Das Klagerecht der

---

[312] Uwe Leprich schlug stattdessen vor, die Bundesnetzagentur nach dem Vorbild der ehemaligen Stellung der Deutschen Bank nur einer Rechtsaufsicht zu unterstellen (Leprich 2004). Die mögliche Einflussnahme durch die Fachaufsicht des Bundeswirtschaftsministeriums erweitert sich zudem um diejenigen Landesregierungen, die ihre Regulierungsbefugnisse im Rahmen der so genannten Organleihe der Bundesnetzagentur übertragen.

Verbraucherverbände, ebenso wie die Vorteilsabschöpfung wurden nicht in das Gesetz aufgenommen.

Insgesamt gibt es nur wenige direkte *Regelungen für dezentrale Einspeiser bzw. für erneuerbare Energien*. Allerdings haben eine Reihe grundsätzlicher Regelungen, wie in Abschnitt 4.3 dargelegt, Auswirkungen auf die Wettbewerbsfähigkeit und den Marktzutritt dieser Anlagen. Insgesamt werden erneuerbare Energien 12 mal im Gesetzestext explizit erwähnt. Dabei handelt es sich an drei Stellen um Definitionen (§ 3 Begriffsbestimmungen) sowie an zwei Stellen auf Hinweise auf die Gültigkeit und Beachtung der Regelungen des EEG und KWKG. Der erste Hinweis erfolgt bereits in den zu Beginn stehenden allgemeinen Vorschriften, da zu den Aufgaben der Energieversorgungsunternehmen gemäß § 2 Abs. 2 auch die „Verpflichtungen nach dem Erneuerbare-Energien-Gesetz und nach dem Kraft-Wärme-Kopplungsgesetz" gehören, die „vorbehaltlich des § 13" unberührt bleiben. § 13 betrifft die Systemverantwortung der Betreiber von Übertragungsnetzen und befasst sich mit der Sicherheit und Zuverlässigkeit des Netzbetriebs und mit Maßnahmen zum Erhalt dieser Sicherheit. Auch hier ist wiederum ein Hinweis auf eine bevorzugte Stellung dezentraler Einspeiser eingefügt.[313] Allerdings wird hier voraussichtlich jeweils im Einzelfall abzuwägen sein, welche netzbezogenen Maßnahmen von den Netzbetreibern zu treffen sind – bzw. von ihnen getroffen wurden - wenn „die Sicherheit oder Zuverlässigkeit des Elektrizitätsversorgungssystems in der jeweiligen Regelzone gefährdet oder gestört ist" (§ 13 Abs. 1). Wie oft und in welchem Ausmaß dies zu Lasten der dezentralen Einspeiser gehen wird, wird die Praxis zeigen, und in Zweifelsfällen sicherlich erst durch entsprechende Rechtsprechung geklärt werden.

Bei der Planung des Ausbaus von Verteilernetzen haben die Betreiber dieser Netze gemäß § 14 Abs. 2 die Möglichkeiten von Energieeffizienz- und Nachfragesteuerungsmaßnahmen und dezentralen Erzeugungsanlagen zu berücksichtigen. Die Bundesregierung wird zudem ermächtigt, durch Rechtsverordnung ohne Zustimmung des Bundesrates allgemeine Grundsätze für die Berücksichtigung dieser Belange bei Planungen festzulegen.

Eine Regelung für *vermiedene Netzentgelte* ist im Gesetz im § 24 angelegt, die konkretere Ausformulierung erfolgt jedoch in der Stromnetzentgeltverordnung (StromNEV), die am 29.07.2005 in Kraft trat. Gemäß § 18 Abs. 1 StromNEV erhalten Betreiber von dezentralen Erzeugungsanlagen vom Betreiber des Elektrizitätsverteilernetzes, in dessen Netz sie einspeisen, ein Entgelt, welches den gegenüber den vorgelagerten Netz- oder Umspannebenen durch die jeweilige Einspeisung vermiedenen Netzentgelten entsprechen muss. Das Entgelt wird jedoch nicht gewährt, wenn die Stromeinspeisung entweder nach dem Erneuerbare-Energien-

---

Gesetz vergütet wird oder nach § 4 Abs. 3 Satz 1 des Kraft-Wärme-Kopplungs-gesetzes und in dieser Vergütung vermiedene Netzentgelte enthalten sind. Der Aufgabenbereich der BNetzA wird im § 35 Abs. 6 um das Monitoring über „die Bedingungen und Tarife für den Anschluss neuer Elektrizitätserzeuger unter besonderer Berücksichtigung der Kosten und der Vorteile der verschiedenen Technologien zur Elektrizitätserzeugung aus erneuerbaren Energien, der dezentralen Erzeugung und der Kraft-Wärme-Kopplung" erweitert. Damit kann die BNetzA in Zukunft das BMU beim Erfahrungsbericht zum EEG maßgeblich unterstützen und wichtige Daten zum differenzierten Einspeisevolumen, Netzkosten etc. ermitteln.

Die vom grünen Koalitionspartner zusammen mit dem BMU geforderte Vorrangregelung zur Einspeisung von Biogas ins Gasnetz wurde in § 24 Satz 2 Nr. 3a als bedingter Vorrang formuliert, der in der zugehörigen Gasnetzzugangsverordnung geregelt ist. Danach erhält Biogas nur bei freien Kapazitäten zwischen 90 und 100 Prozent der Netznutzung und bei Engpässen einen Vorrang.

4.4.6.2 Reaktionen von Beteiligten und Betroffenen

Die Reaktionen auf die zweite Novelle des EnWG fielen in der Detailbewertung erwartungsgemäß entsprechend der jeweiligen Positionen der Interessenvertreter und Parteien aus. Es gab jedoch durchaus eine *übergreifende Zufriedenheit* bei den meisten Akteuren, dass das Gesetz nach dem langen Weg überhaupt verabschiedet wurde. Dies galt nicht nur für die Regierungs- und Oppositionsparteien, die nach der Einigung im Vermittlungsausschuss ihr jeweiliges Abschneiden wie üblich als Erfolg verkauften. Auch verschiedene Unternehmen der Energiewirtschaft zeigten sich zufrieden, selbst wenn sie vordergründig negativ vom Ergebnis betroffen waren, oder wenn die Regelungen im Gesetz deutlich hinter dem zurückblieben, was erwartet worden war. So formulierte der VDEW „trotz erheblicher Kritik" Erleichterung, dass der politische Kompromiss zustande gekommen war. Er bringe „Klarheit über die künftigen Rahmenbedingungen im Strommarkt" (VDEW 2005d). Auch der Ökostromanbieter Lichtblick äußerte sich positiv zum Gesetz und den dadurch erhofften Wettbewerbswirkungen sowie zu den erwarteten Impulsen durch die Stromkennzeichnung (LichtBlick 2005), selbst wenn diese im Gesetz letztlich nur nach Mindestvorgabe der Richtlinie umgesetzt worden war. Negativ äußerten sich einige Umwelt- und Verbraucherverbände, da gerade solche Regelungen im Vermittlungskompromiss auf Drängen von CDU/CSU und FDP wieder gestrichen worden waren.[314]

---

[314] Dennoch begrüßte auch der Bund der Energieverbraucher das Vermittlungsergebnis, wenngleich mit deutlicher Ironie: „Das Gesetz komme zwar der Versorgungswirtschaft entgegen und gefährde die Versorgungssicherheit. Jedoch sei auch ein schlechtes Gesetz besser als kein Gesetz." (BDE 2005a)

Die differenziertere Bewertung der *Parteien* fiel wie folgt aus: CDU/CSU und FDP hoben besonders hervor, dass es durch ihren Beitrag einen schärferen Wettbewerb geben werde als ursprünglich von der Koalition vorgesehen. Diesbezüglich wurden insbesondere die Einführung des ex-ante-Modells sowie die Beteiligung der Länder an der Regulierung benannt. Im genauen Gegensatz zur Regierungskoalition wurde betont, dass die Länderbeteiligung „die Regulierungsbürokratie minimiere", da vorhandene Kompetenzen und Erfahrungen der Länder genutzt werden könnten (IWR 2005; CDU/CSU 2005).

Auch die Regierungskoalition aus SPD und Bündnis 90/Die Grünen zogen ein grundsätzlich positives Fazit. Der Vermittler der SPD-Fraktion Rolf Hempelmann stellte jedoch heraus, dass die SPD-Fraktion mit genau den von der CDU/CSU hervorgehobenen Punkten nicht zufrieden war, da sowohl die Regulierungsbeteiligung der Länder als auch die in dieser Form festgelegte ex-ante-Entgeltkontrolle zu mehr Bürokratie führen würden (Hempelmann 2005).[315]

Bündnis 90/Die Grünen bedauerten vor allem die Streichung von Regelungen für mehr Transparenz und Verbraucherfreundlichkeit sowie die Reduzierung der Anforderungen für die Stromkennzeichnung, standen jedoch ähnlich wie die SPD auch einer Länderregulierung und der gewählten ex-ante-Genehmigung aufgrund befürchteten bürokratischen Mehraufwands kritisch gegenüber (Bündnis 90/Die Grünen 2005; Münchenberg 2005).[316] Der Rechtsexperte Peter Becker verweist in diesem Zusammenhang jedoch auf einen möglicherweise positiven Effekt durch die Dezentralisierung des Rechtsschutzes, der durch die Einführung von Landesregulierungsbehörden entstehen könnte. Aufgrund der Vielzahl der Netzbetreiber, der Vielzahl bisheriger Prozesse um den Netzzugang, und der Erfahrungen mit der bisherigen RegTP, die ebenfalls viele Prozesse über nahezu alle Entscheidungen mit den Unternehmen Telekom und Post führen musste, könnte eine solche Dezentralisierung zur Erhöhung der Bearbeitungskapazität und damit - Geschwindigkeit beim Regulierer selbst und bei den zuständigen Gerichten führen (Becker 2005a: 114).[317]

---

[315] „Das bisher vorgesehene Zusammenspiel einer Ex-Ante-Überprüfung von geplanten Preiserhöhungen mit einer starken Preismissbrauchsaufsicht ist auf Druck der B-Seite hin durch ein deutlich aufwendigeres und bürokratischeres Ex-Ante-Genehmigungsmodell ersetzt worden." (Hempelmann 2005: 2-3).

[316] Die energiepolitische Sprecherin der Grünen, Michaele Hustedt, äußerte sich dazu wie folgt: „Ich sehe dass mit einem lachenden und einem weinenden Auge. Ich bin ja im Prinzip für eine Ex-ante-Regulierung. Aber wenn jetzt 1.700 Unternehmen ihre Preise sozusagen rüber schieben zur Genehmigung - ob da die Behörde nicht verstopft! Und dass dies dann zu dem Ergebnis führt, dass sie zu hohe Preise genehmigt und dann auch noch den Stempel der Genehmigung verteilt, dass man an diese Preise nie mehr rankommt - das wird erst die Praxis zeigen." (Zitat nach Münchenberg 2005)

[317] Zuständig für die Fälle unter Beteiligung der Regulierungsbehörde wäre das OLG Düsseldorf, welches somit nach Becker der „Flaschenhals" wäre.

Bundeswirtschaftsminister Clement hob anders als sein SPD-Fraktionssprecher sowie die Regierungs- und Oppositionsfraktionen insgesamt hervor, dass die nun im Gesetz festgelegte Regulierung keine „Preissenkungsveranstaltung" sei, da sie zum einen auf die Netzpreise und nicht auf die Endpreise ziele, zum anderen müsse „das Interesse der Netznutzer an niedrigen Netzpreisen da enden, wo unser aller Interesse an Versorgungssicherheit beginnt. Nur Unternehmen, die auch verdienen dürfen - nehmen sie dass bitte aus dem Munde eines Sozialdemokraten zur Kenntnis - die werden auch investieren." (Zitat in Münchenberg 2005). Damit unterstrich er auch nach Verabschiedung des Gesetzes nochmals, wofür und für wen er sich im Verlauf des Prozesses eingesetzt hatte.

Die *Netzbetreiber und Verbundunternehmen* begrüßten die Einigung einerseits aufgrund der damit gegebenen Planungssicherheit, die für die Branche wichtig war (s.o.). Kritisiert wurden insbesondere die Regelungen zur Netzentgeltkalkulation und -kontrolle, die durch die Verhandlungen im Vermittlungsausschuss schärfer ausgefallen und trotz aller Interventionsversuche verabschiedet worden waren. Dennoch hatten die Energieversorger, allen voran die großen Energiekonzerne, wie oben dargestellt, großen Einfluss auf die Ausgestaltung von einer Vielzahl von Regelungen; nicht zuletzt waren ohnehin viele Details aus den Verbändevereinbarungen übernommen worden. In diesem Sinne kündigten die Energieunternehmen und -verbände sogleich an, auch Einfluss auf die Ausgestaltung der Anreizregulierung nehmen zu wollen und hierfür Vorschläge zu erarbeiten (VDEW 2005a). Nachdem die ohnehin von den Positionen der anderen großen drei Energiekonzerne abweichende EnBW AG bereits im Vorfeld großen Einfluss auf die Ausformulierung der Anreizregulierung genommen hatte (s.o.), schlossen sich nun E.ON und RWE an, nachdem sie sich zuvor vehement gegen die Einführung gewehrt hatten, nun für die konkrete Umsetzung Vorlagen erarbeiten zu wollen. Bereits am Mitte Juli 2005 legte E.ON, noch bevor die Regulierungsbehörde ihre Arbeit richtig aufgenommen hatte, ein Anreizmodell für die Strom- und Gasbranche vor (SZ 2005). Nimmt man die Aktienbörse als einen Indikator, der die möglichen Auswirkungen auf die konventionelle Energiebranche widerspiegelt, so zeigte sich unmittelbar nach Verabschiedung des Gesetzes durch ansteigende Börsenkurse von E.ON und RWE eine positive Resonanz des Kapitalmarkts (BDE 2005d: 34).

Der *VKU* als *Vertreter der kleineren EVU* bemängelte die auf die Unternehmen zukommenden Kosten durch eine übermäßige Bürokratie mit umfassenden Berichts- und Dokumentationspflichten, welche die Energieversorger „erhebliches Geld und Aufwand kosten" würde (VKU 2005). Besonders die Entflechtungsregelungen und die neuen Kalkulationsgrundlagen würden die Stadtwerke stark belasten. Auch der VKU kündigte ein Mitwirken an der Ausgestaltung der Anreizregulierung an (ebda.). Für den VKU als den Vertreter kommunaler Unternehmen ist die Einbeziehung der Länder bei Regulierungsaufgaben tendenziell von Vorteil, da eine größere Nähe zu Landesorganen als zu Bundesbehörden besteht. Aufgrund der

Entflechtungsvorschriften wurden aus der Energiewirtschaft deutliche Konzentrationswirkungen bei den kleineren EVU vorhergesagt. Da frühere Synergieeffekte in den Verbundunternehmen entfallen würden, müssten sich nun voraussichtlich die entflochtenen Netzbetreiber verstärkt zusammentun bzw. werden dieses Geschäftsfeld veräußern, wenn es für sie nicht mehr rentabel betrieben werden kann (Äußerungen von VDEW-Hauptgeschäftsführer Eberhard Meller in Münchenberg 2005).

Die Reaktionen des VIK als *Verband der industriellen und gewerblichen Energiekunden* waren überwiegend positiv. Der Verband sprach von einem „erzielten Durchbruch beim neuen Energiewirtschaftsgesetz" und einer „echten Chance auf Wettbewerb bei Strom und Erdgas" (VIK 2003a). Begrüßt wurden insbesondere die Einführung von Wettbewerb im Regelenergiemarkt, der Wegfall der Körperschaftssteuer als Bestandteil der Entgelte sowie die ex-ante-Regelung. Kritisiert wurde, dass das Prinzip Nettosubstanzerhalt für die allermeisten Anlagen weiter gelte und dass die Anreizregulierung noch zu unbestimmt sei und ihre Einführung zu lang dauern würde (ebda.).

In ähnlich positiver Weise äußerten sich die *neuen Stromanbieter*. Der Vorsitzende des Bundesverbandes Neuer Energieanbieter (BNE) und gleichzeitige Geschäftsführer des Ökostromanbieters LichtBlick, Heiko von Tschischwitz, rechnete zwar nicht mit kurzfristig sinkenden Strompreisen aber doch mit wichtigen Impulsen in Hinblick auf Wettbewerb und damit die Wechselmotivation der Verbraucher (LichtBlick 2005). Nach seiner Bewertung hat insbesondere die konventionelle Energiewirtschaft starke Einbußen hinnehmen müssen: „Von dem, was die etablierte Stromwirtschaft zu Beginn des Gesetzgebungsverfahrens gefordert hatte, ist nicht viel übrig geblieben. Die normierende Regulierung ist vom Tisch, die Nettosubstanzerhaltung ist ein Auslaufmodell, die Anreizregulierung und die Liberalisierung des Zähl- und Messwesens werden kommen. [...] Das Kartenhaus aus Verbändevereinbarungen und fragwürdigen Kalkulationsmethoden beginnt zu wackeln." (ebda.)

Die *Umwelt- und Verbraucherverbände* zeigten ein überwiegend ablehnendes Echo auf das verabschiedete Gesetz, da die Wettbewerbswirkungen insgesamt als gering bis unwahrscheinlich angesehen wurden. Der Bund der Energieverbraucher begründet seine Skepsis bezüglich des „beschworenen Paradigmenwechsels" damit, dass die Regulierung sich lediglich auf die Kontrolle der Netzentgelte konzentriere, die Stromwirtschaft jedoch „ungestört von jeglicher Kontrolle die Preise für die Stromerzeugung erhöhen" könne, sei es über die Börse oder die eigene Produktion (BDE 2005d: 34). Begrüßt wurden jedoch einzelne Regelungen wie die Liberalisierung des Messwesens (ebda.). Die meisten anderen Verbände fokussierten ihre Detailkritik einerseits auf die „einkassierten Verbraucherrechte" (VZBV 2005), andererseits auf die aus ihrer Sicht unzureichende Mindestumsetzung der Stromkennzeichnung. Der NABU verweist diesbezüglich darauf, dass „den erneuerbaren Energien durch die eingeschränkte Kennzeichnungspflicht einmal mehr Stolperstei-

ne in den Weg gelegt" würden (NABU 2005). Ähnlich argumentierten auch der
BUND und Greenpeace.

Der *Bundesverband Kraft-Wärme-Kopplung* (B.KWK) kritisierte ebenfalls die wenig detaillierte Stromkennzeichnungspflicht, nach der nun auch keine Angaben zum
Anteil der Kraft-Wärme-Kopplung gemacht werden müssen. Viel schwerer wog
aber nach Interviewaussagen des Verbandes, dass in den Regelungen zu vermiedenen Netzentgelten kleinere Anlagen bis 50 kW (aufgrund einer fehlenden Leis-
tungspauschale) benachteiligt würden, und dass insgesamt Konzepte „in Richtung
virtuelle Kraftwerke" und mehr Contracting nicht ausreichend gestärkt wurden
(Golbach 2006).[318] Im Interview verwies der Geschäftsführer des Verbandes Adi
Golbach zudem darauf, dass die dezentralen Energieerzeuger untereinander, konkret die erneuerbaren Energien und die KWK-Betreiber, „sich bei Fragen des
Netzlast- und Erzeugungsmanagements nicht auseinanderdividieren lassen sollten",
da oftmals von der zentralen Energiewirtschaft versucht werde, beide Technologien
gegeneinander auszuspielen (Golbach 2006).[319]

Die *erneuerbare Energien-Verbände* äußerten sich nicht direkt öffentlich zum
Vermittlungsergebnis und dem verabschiedeten Gesetz, was ihre geringe Priorität
für das EnWG ausdrückt. Aus den geführten Interviews ging hervor, dass sie die
neu eingeführten Wettbewerbsregeln für einen Schritt in die richtige Richtung
hielten, auch wenn nur geringe Erwartungen damit verknüpft waren, eine Verbesserung der Stellung der erneuerbaren Energien zu erzielen. BEE und der BWE fühlten sich durch die Vorrangregelung des EEG ausreichend geschützt und hatten
aufgrund mangelnder Personaldecke keine Kapazitäten für eine detaillierte Befassung mit dem EnWG (Lackmann 2006; Bischof 2006). Das EEG wurde auch als
Grund genannt, weshalb es u.a. kein besonderes Engagement im Bereich der
Stromkennzeichnung gegeben habe, da diese auch bei höherer Detaillierung „keinen
Bewusstseinswandel beim Verbraucher" bewirken könne, da dieser „seine Strom-
rechnung ohnehin nicht lese" (Lackmann 2006).

Ralf Bischof, Geschäftsführer des BWE, verwies im Interview allerdings auf
eine Reihe von Regelungsaspekten des EnWG, die durchaus negative Auswirkungen auf die Branche haben könnten, und deren Wirkungen in der Praxis abzuwarten
seien. Dazu zählten die Abschaltung von Anlagen aus Gründen der Netzsicherheit
(dies könne „die Erfolge des EEG aufweichen"), eine übertriebene Priorisierung
der Kostensenkung beim Netzausbau, die zu Lasten des Windenergieausbaus gehe,

---

[318] Auf dieses grundlegende Manko, das sich auch in einem zu wirkungslosen KWK-Gesetz ausdrückt,
hatten der B.KWK zusammen mit einer Reihe von Umweltverbänden im Vorfeld der Verabschiedung des EnWG Ende April 2005 in einer gemeinsamen Pressekonferenz hingewiesen und den raschen Ausbau der Kraft-Wärme-gekoppelten Energieerzeugung gefordert (BKWK 2005).

[319] Nach den gegenwärtigen Vorgaben aus EEG und KWKG legen die Netzbetreiber die Vorrangrei-
henfolge häufig derart aus, dass sie andere dezentrale Erzeuger, in der Regel KWK-Anlagen, im Fall
von Überkapazitäten der Windenergie abschalten (Golbach 2006).

die fehlende Möglichkeit durch virtuelle Kraftwerke Regelenergie bereitzustellen sowie ein nach wie vor ungenügendes Verfahren zur Ermittlung und Vergütung vermiedener Netzengelte (Bischof 2006). Hier sei man aber bezüglich einzelner Punkte im Dialog mit der Bundesnetzagentur. Insgesamt bestünde bei vielen Regelungsaspekten der Eindruck, dass sie zwar im Grundsatz gut angelegt seien, letztlich jedoch die Umsetzungspraxis im Detail trotz des umfangreichen Gesetzes und seiner vielen Verordnungen nicht geregelt werden konnte und somit viele Spielräume bleiben, die eine Bewertung nach wie vor schwierig machen (ebda., Lackmann 2006; Schwarz 2006)– „Klarheit besteht durch das Gesetz nicht" (Lackmann 2006).[320]

Diese Ansicht wird von einer Reihe von Beobachtern des politischen Prozesses geteilt. Gammelin und Hamann (2005: 234) führen beispielsweise den großen Umfang des Gesetzes im Wesentlichen auf die Berücksichtigung einer Vielzahl von Partikularinteressen zurück. Aber auch mehrere Rechtsexperten, die den Gesetzgebungsprozess eng begleiteten bzw. das neue Gesetz kommentierten, äußerten sich kritisch zum Prozess und Ergebnis. Beispielsweise kritisierte Peter Becker (2005a) ähnlich wie die oben genannten Autoren das starke und wirkungsvolle Lobbying der Energiewirtschaft im gesamten Prozess, durch welches das Gesetz an vielen Stellen die deutliche Handschrift der Betroffenen selbst trage.[321] Stumpf und Gabler ziehen als Resümee ihrer Analyse des neuen EnWG: „Ob die Regulierung tatsächlich zu den erwünschten Ergebnissen führt, wird sich erst in der Praxis erweisen. Für die Strombranche werden in weitem Umfang etablierte Verfahren festgeschrieben, so dass die bisher erarbeiteten rechtlichen Instrumente modifiziert genutzt werden können" (Stumpf/ Gabler 2005: 3177).

Deutlich positiver sah dies naturgemäß einer der neuen Hauptakteure der Energiewirtschaft und des Energiewirtschaftsgesetzes, die neue *Bundesregulierungsbehörde*. Ab dem 13. Juli 2005 wurde die Regulierungsbehörde für Telekommunikation und Post (RegTP) mit der Übernahme der Aufgaben der Regulierung von Strom- und Gasnetzen betraut und in Bundesnetzagentur (BNetzA) umbenannt.[322] In

---

[320] Auch der Fachverband Biogas gab ein gespaltenes Echo auf die Vorrangregelung für Biogas, die insbesondere durch die Lobbyarbeit des Fachverbandes sowie die politische Verhandlung des BMU mit dem BMWA in das EnWG aufgenommen worden war (s.o. sowie Gammelin/ Hamann 2005: 213). Durch die enge Begrenzung auf nur 10 % freier Netzkapazitäten und Engpässe sei die Biogasbranche de facto „von Interesse und gutem Willen der Gasnetzbetreiber und von den Stadtwerken abhängig". Gleichzeitig hoffte die Branche, dass „dieses kleine Loch im fossilen Gasrecht für das erneuerbare Biogas schon Erfolg bringen könnte". Anlass für diese Hoffnung sowie einen Hinweis, dass der Gesetzgeber es ernst mit der Vorrangregelung für Biogas meint, sah der Verband aufgrund der prominenten Positionierung der Biogas-Vorrangregelung im Rahmen des Monitorings (§ 35) und im Evaluierungsbericht des EnWG (§ 112) gegeben. (Tentscher 2005: 39)

[321] Becker spricht in seinem Fazit von einer gelungenen „Eonisierung des EnWG" trotz der Erfolge der Opposition. Er plädiert daher für eine baldige Wiederaufnahme und Weiterentwicklung des Gesetzes. (Becker 2005a: 118)

[322] Seit dem 01. Januar 2006 hat die Bundesnetzagentur auch die Aufsicht über den Wettbewerb im

einem Interview gab der Präsident der BNetzA, Matthias Kurth, bekannt, dass seine Agentur „alle Spielräume" nutzen wolle, um für mehr Wettbewerb auf den Energiemärkten zu sorgen. Er kündigte an, „erste Konsequenzen der Regulierung würden spätestens im Mai 2006 zu spüren sein", denn dann würde die Behörde erstmals die Entgelte für die Stromnetze genehmigen. Zudem verwies Kurth darauf, dass die Branche sich keinen Gefallen damit tun würde, wenn sie statt des geforderten Unbundling „nur Scheinlösungen" anbieten würde. Für diesen Fall prophezeite er, dass dann „auf europäischer Ebene die Forderung nach eigentumsrechtlicher Trennung" aufkommen werde. (Bein/ Kramer 2005).

Die *EU-Kommission* selbst äußerte sich nicht direkt zum Ergebnis in Deutschland. Sie hatte ihre Vorstellungen jedoch sehr deutlich in der Beschleunigungsrichtlinie, in den Benchmarkingberichten zur Liberalisierungsentwicklung in den Mitgliedsstaaten sowie in den drohenden Ankündigungen eines Vertragsverletzungsverfahrens zum Ausdruck gebracht.[323] Trotz dieses angekündigten Vertragsverletzungsverfahrens, das die nationalen Akteure zur Eile und Einigung mahnte, verlief der politische Prozess zum EnWG nach Aussagen mehrerer beteiligter Interviewpartner ohne konkrete Intervention oder Einmischung durch die Kommission, die hier durch die Richtlinien den wesentlichen Rahmen gesetzt hatte.

4.5 Aktuelle Entwicklungen – Déjà vus bezüglich steigender Preise und fehlendem Wettbewerb

Mit der Verabschiedung des EnWG war zwar ein umfangreiches Gesetzeswerk zur Förderung des Wettbewerbs auf den Energiemärkten nach jahrelangen Debatten und Streitigkeiten in Kraft getreten und eine Klage vor dem Europäischen Gerichtshof verhindert worden.[324] Es entfaltete jedoch *keine unmittelbare Wirkung am Markt*, so dass die Konflikte der unterschiedlichen politischen Interessenvertreter und Marktakteure nach wie vor Bestand haben. Ein wesentlicher Grund in der fehlenden unmittelbaren Wirkung kann in der in vielen Punkten – trotz des großen

---

Bereich der Eisenbahnschienennetze übernommen und heißt seitdem Bundesnetzagentur für Elektrizität, Gas, Telekommunikation, Post und Eisenbahnen.

[323] In diesem Sinne formulierten auch Stumpf und Gabler mit Blick auf die starke Rolle der Kommission im Politikprozess ihr Fazit zum verabschiedeten EnWG (2005: 3179): „Aus europäischer Sicht wird der Erfolg der Neuregelung vor allem danach gemessen werden, ob sie mit Hilfe wirksamen Wettbewerbs dazu beiträgt, die nach wie vor nationalen Energiemärkte zu einem integrierten europäischen Energiebinnenmarkt weiterzuentwickeln. Die EU-Kommission hat keinen Zweifel daran gelassen, dass sie dieses Ziel mit Nachdruck vorantreibt."

[324] Diese von der Europäischen Kommission angekündigte Säumnisklage vor dem Europäischen Gerichtshof ereilte von den verbliebenen säumigen Mitgliedsstaaten im Juli 2005 Estland, Irland, Griechenland, Spanien und Luxemburg; Portugal wurde die nächste Stufe des Vertragsverletzungsverfahrens übersandt (Europäische Kommission 2005c).

Umfangs – hohen Unbestimmtheit des Gesetzes gesehen werden, welches eine Reihe von nicht klar definierten Begriffen und Verfahren enthält, die erst in der Praxis zu Entscheidungen bzw. Regelungen durch die BNetzA oder die Gerichte führen werden.[325]

Ein weiterer Grund für eine verzögerte Wirkung des Gesetzes in Bezug auf Wettbewerb und Preise kann auch in der erst langsam einsetzenden Kompetenzbildung und Datenerfassung der BNetzA gesehen werden. Der Systemwechsel zur Anreizregulierung, deren Ausformulierung noch offen blieb, war ohnehin erst für das Jahr 2008 oder später vorgesehen. Zudem war durch die angekündigten Neuwahlen, die im September 2005 stattfinden sollten, eine zusätzliche Unsicherheit bezüglich der weiteren Energiepolitik im Allgemeinen und somit auch der weiteren Ausgestaltung bzw. Umsetzung des Gesetzes gegeben, zumal es im Vorfeld der Wahlen den Umfragewerten zu Folge eine hohe Wahrscheinlichkeit für einen Regierungswechsel hin zu einer CDU-geführten Regierung gab.

Dass eine CDU-geführte Regierung schneller und effektiver Energiepreissenkungen würde erzielen können, wurde jedoch von den betroffenen Industrien und den Verbrauchern nicht erwartet. Der VIK reichte noch vor der Wahl im August 2005 ein Prüfungsbegehren beim Bundeskartellamt ein, welches „den Verdacht des Missbrauchs einer marktbeherrschenden Stellung der vier großen Stromunternehmen auf dem Strom- und CO$_2$-Zertifikatemarkt" untersuchen solle (VIK 2005a).[326] Hintergrund waren die *kontinuierlichen Preissteigerungen der Energieversorger*, die auch für den Jahreswechsel zum Jahr 2006 weitere Preissteigerungen ankündigten. Hier machte der hessische Wirtschaftsminister Alois Rhiel, der als Verhandlungsführer der Bundesländer im Vermittlungsausschuss bereits als starker Verfechter des Wettbewerbs aufgetreten war, einmal mehr auf sich aufmerksam, als er den hessischen Energieversorgern zum Jahreswechsel die komplette Ablehnung ihrer Anträge ankündigte. Eine Anhebung der Preise wäre „gemäß der Bundestarif-

---

[325] Diese Einschätzung wurde nach Verabschiedung des Gesetzes von einer Reihe von Rechtsexperten in geteilt. Stumpf und Gabler vermuteten (2005: 3179): „Alle Einzelheiten konnten und sollten wohl auch nicht gesetzlich fixiert werden." Peter Becker (2005b: 325) prognostizierte, dass die „eigentliche „Regulierungsbehörde" der BGH" werde.

[326] Der VIK kritisierte, dass auf dem deutschen Strommarkt die Strompreise in 2005 um etwa 30 Prozent gestiegen seien, was zu Mehrkosten bei Industrie und Gewerbe in Höhe von einer Milliarde Euro führen könne. Dabei sei der Preisanstieg in keiner Weise mit tatsächlichen Kostensteigerungen bei den Stromunternehmen durch den CO$_2$-Zertifikatehandel oder andere Kostensteigerungen zu erklären. Bezüglich der CO$_2$-Zertifikate kritisierte der Verband, dass die Unternehmen die geschenkten, und nun teuren Zertifikate einpreisen und vom Verbraucher bezahlen lassen würden (VIK 2005a). Die Beschwerde wurde ein Jahr später vom Verband wiederholt; das Emissionshandelssystem koste die Verbraucher zu Gunsten der Stromunternehmen 4 bis 5 Mrd. Euro jährlich (VIK 2006). Bis dahin gab es noch keine Entscheidung des Bundeskartellamtes und auch keine diesbezüglichen Maßnahmen der Regierung.

ordnung Elektrizität nicht zulässig, da sie durch die Kosten- und Erlössituation nicht gerechtfertigt" sei (HMWVL 2005).[327]
    Auch die BNetzA verlangte von einer Reihe von Unternehmen Kostenkürzungen bei beantragten Entgeltkalkulationen (BNetzA 2006c). Dies führte jedoch im Ergebnis nur in wenigen Fällen zu Preissenkungen für die Endkunden, da die BNetzA zwar in durchaus nennenswerter Höhe Kürzungen der Netzentgelte vornahm, jedoch auf der anderen Seite tatsächlich die Stromerzeugungs- bzw. Bezugskosten gestiegen waren.[328] Insbesondere die Energiekonzerne beklagten den „harten Einschnitt" der BNetzA und kündigten als Reaktion auf die Kürzungen Stellenabbau und Investitionsstopp an (Wetzel 2006). Begrüßt wurden die Kürzungen der BNetzA jedoch von nahezu allen politischen Parteien. Die Bundestagsfraktion von Bündnis 90/ Die Grünen befand, dass das Energiewirtschaftsgesetz zu greifen beginne (Bündnis 90/Die Grünen 2006a). Dabei hoben sie insbesondere darauf ab, dass die BNetzA „die überzogenen Kosten bei der Veredlung der Windenergie" nicht mehr anerkenne und die Konzerne hier jahrelang versteckte Gewinne zu Lasten der Kunden erzielt hätten. Die Netzbetreiber hätten in den vergangenen 10 Jahren 45 Milliarden Euro von den Stromkunden allein für Investitionen in die Netze berechnet, demgegenüber jedoch weniger als 25 Milliarden Euro investiert (ebda.).
    Eine nach wie vor kritische Haltung zu den Entwicklungen auf dem Energiemarkt behielt die Monopolkommission auch nach der Novelle des EnWG. In ihrem 16. Hauptgutachten begrüßte sie zwar einzelne eingeführte Regelungen wie die Ex-ante-Kontrolle als im Grundsatz geeignet, inwieweit das Gesetz jedoch zu mehr Wettbewerb und einem diskriminierungsfreien Zugang führen werde, bleibe jedoch abzuwarten (Monopolkommission 2006). Insbesondere die „unklaren und zum Teil widersprüchlichen gesetzlichen Maßstäbe des Energiewirtschaftgesetzes sowie der zugehörigen Rechtsverordnungen für die Kalkulation der Netzentgelte" seien problematisch und würden „aller Erfahrung nach erst langwierig auf gerichtlichem Wege beseitigt werden können und ähnlich wie im Bereich der Telekommunikation oder der Post ein erhebliches Hindernis für die Wettbewerbsentwicklung darstellen" (ebda.: 2). Für weiterhin unzureichend hält die Monopolkommission die Wettbewerbsaufsicht über die Stromgroßhandels- und Regelenergiemärkte, da diese besonders anfällig „für preisbeeinflussende Angebotsstrategien marktmächtiger Erzeugungsunternehmen" seien. Hier hätte nach Meinung der Monopolkommissi-

---

[327] Alle 50 Stromunternehmen in Hessen hatten Ende September 2005 beim zuständigen Wirtschaftsministerium Strompreissteigerungen in Höhe von rund 6 Prozent für Privathaushalte und kleine Gewerbebetriebe zum 1. Januar 2006 beantragt (HMWVL 2005).

[328] Die seit dem Jahr 2000 und so auch im Jahr 2006 kontinuierlichen Anstiege der durchschnittlichen Strompreise für Haushalts- und Industriekunden (mit und ohne Steuern und Abgaben) zeigt die Abbildung 18 in Abschnitt 4.3.4.1.

on die BNetzA mit Untersuchungs- und Sanktionskompetenzen ausgestattet werden müssen (Monopolkommission 2006: 2).

Die oben dargestellten Preisanstiege wurden von der Energiewirtschaft standardgemäß in der Regel mit den steigenden Brennstoffpreisen auf dem Weltmarkt und den steigenden Umlagekosten durch das EEG begründet. Auf der anderen Seite bilanzierten alle großen Energiekonzerne hohe Gewinne, was den Verdacht nahe legte, dass sie Abschöpfungen zu ihren Gunsten vornahmen, so lange die BNetzA noch nicht voll handlungsfähig war. Ein *strategisches Preisbildungsverhalten*, wie von der Monopolkommission unterstellt, ließ sich insbesondere aufgrund der Entwicklungen an der Strombörse vermuten, an der nach Verabschiedung der EnWG-Novelle die Preise am Spot- und Terminmarkt außergewöhnlich stark anzogen (vgl. die Abbildungen 24 und 25).

Ein wichtiger Meilenstein, an dem sich der Erfolg des Energiewirtschaftsgesetzes in Zukunft messen wird und auf dem die Hoffnungen auf signifikante Preissenkungen vieler Akteure ruhen, wird die Einführung einer *Anreizregulierung* der Strom- und Gasnetze in Deutschland sein. Dafür hatte die BNetzA gemäß § 112 a EnWG einen Bericht vorzulegen, der dem Bundeswirtschaftsministerium Ende Juni 2006 übergeben wurde (BNetzA 2006a). Die Anreizregulierung soll das jetzige System der Kostenkontrolle ab 2009 ablösen. Für die Kalkulation der Netzkosten wird dann nicht mehr die eigene Kostensituation, sondern die der effizientesten Netzbetreiber ausschlaggebend sein, die von der BNetzA über ein Vergleichsverfahren ermittelt werden sollen (ebda.).[329]

Die Kritik der Netzbetreiber und ihrer Verbände an dem Entwurf richtete sich im Kern auf eine insgesamt zu große und zu schnelle Absenkung der Erlöse; die Kunden- und Verbraucherverbände fordern hingegen eine stärkere und schnellere Absenkung (ebda.; 14).[330] Eine weitere häufige Kritik, die nicht nur von den Netzbetreibern selbst kam, sondern auch z.B. vom Bund der Energieverbraucher, war, dass der Bericht zu stark auf Kosteneinsparungen fixiert sei und demgegenüber den Aspekt der Versorgungssicherheit und -qualität vernachlässige (BDE 2006b: 1). Die Verbände der Energiewirtschaft und insbesondere die Energiekonzerne E.ON und RWE kritisierten den Entwurf scharf und griffen auch die BNetzA direkt an. Der Entwurf verkenne die gesetzgeberische Vorgabe und es mangele „im Grundsatz an der Analyse einer tatsächlichen Anreizwirkung von Regulierungsmethoden, abgeleitet aus den betriebswirtschaftlichen Gegebenheiten des Netzbetreibers"

---

[329]   In der Einführungsphase des Modells werden Obergrenzen für den Gesamterlös festgelegt (Cap-Regulierung), dabei aber noch individuelle Kosten berücksichtigt. In einem späteren System (frühestens ab 2014), sollen die Effizienzvorgaben weitgehend unabhängig von der Kostenlage erfolgen (Yardstick-Regulierung). Es werden Effizienzsteigerungsfaktoren zwischen einem und 1,5 % pro Jahre empfohlen bei gleichzeitigen Regelungen gegen Investitionshemmnisse und zur Sicherung der Versorgungsqualität. (BNetzA 2006a)

[330]   Insgesamt wurden 27 Stellungnahmen eingereicht, die alle auf der Internetseite der Agentur unter www.bundesnetzagentur.de (13.12.2006) einsehbar sind.

befanden VDEW, VDN und VRE (2006: 10). Das Vorgehen der Behörde zerstöre jedes Vertrauen in die zukünftige Regulierungspraxis, kritisierte RWE (RWE 2006b: 2), und E.ON (2006b: 2) beschwerte sich über die nur unzureichende Berücksichtigung der im Rahmen der Konsultation vorgelegten Branchenvorschläge.

Abbildung 24: Spotpreise am Stromgroßhandelsmarkt in Deutschland 2003-2005

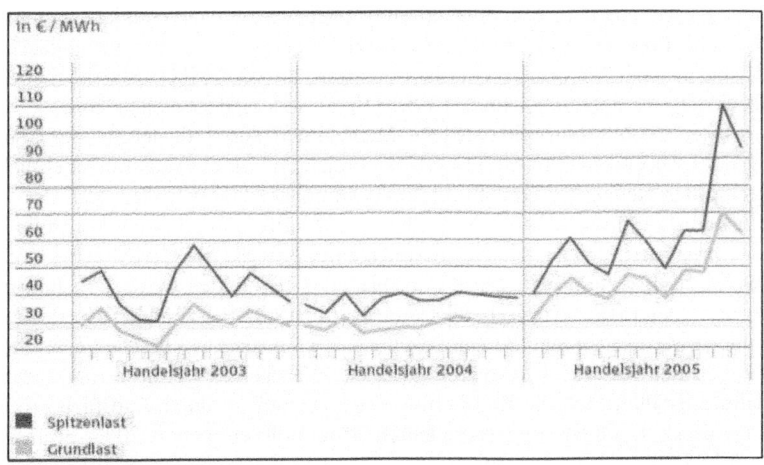

Quelle: RWE (2006a: 27)

Abbildung 25: Ein-Jahres-Terminpreise am Stromgroßhandelsmarkt in Deutschland 2003-2005

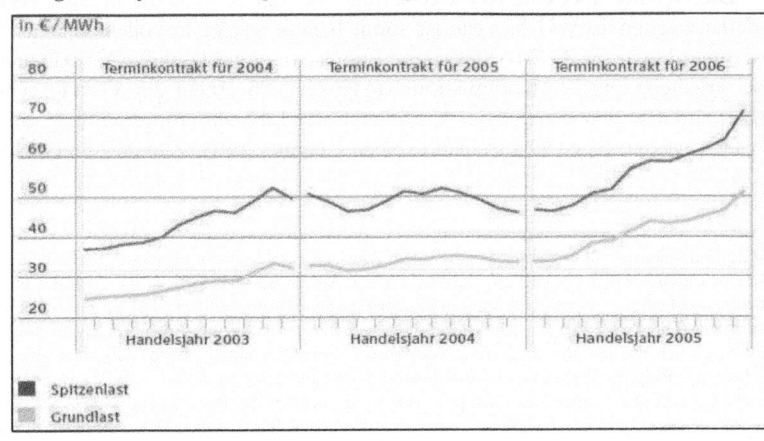

Quelle: RWE (2006a: 28)

Nun bleibt abzuwarten, inwieweit sich die Energiekonzerne bei der Ausgestaltung der Anreizregulierung mit ihren Vorschlägen und Konzepten durchsetzen können. Interessant wird dabei auch die Frage sein, ob der Entwurf der BNetzA durch die Fachaufsicht des Bundeswirtschaftsministeriums, welches den Verordnungsentwurf zu erarbeiten hat, wieder verändert wird, und welche Änderungen in der Folge das schwarz-rote Kabinett und am Ende der Bundesrat vornehmen werden. Die Entscheidung wird vor dem Hintergrund einer nach wie vor unveränderten Wettbewerbs- und Preissituation am Energiemarkt, aber auch zunehmend radikaleren Forderungen nach Marktinterventionen erfolgen, an denen die maßgeblichen Akteure aus dem Kabinett, aber auch aus dem Bundesrat wieder beteiligt sind.

Ende 2006 waren verschiedene Maßnahmen zur Reduzierung der Marktmacht der Oligopolisten im Gespräch. Diese reichten von der eigentumsrechtlichen Trennung der Netze, wie vom Bundesumweltminister Gabriel, aber auch der EU-Wettbewerbskommissarin gefordert, über eine schärfere Missbrauchskontrolle, die Bundeswirtschaftsminister Glos im Rahmen einer Novelle des Kartellrechts einführen wollte[331], bis zum Anti-Trust-Vorschlag des hessischen Wirtschaftsministers Rhiel, nach der marktbeherrschende Unternehmen zur horizontalen Entflechtung gezwungen werden können (Krawinkel 2006). Hintergrund für diese neue, schärfere Debatte ist der von vielen Akteuren geäußerte Verdacht, dass die Stromkonzerne Einnahmeausfälle durch die Regulierung der Netzentgelte durch künstlich erhöhte Erzeugerpreise kompensieren (beispielhaft Monopolkommission 2006; Krawinkel 2006; WVM 2006). Ein Mechanismus dafür ist z.B. durch die Strombörse gegeben, an der die Oligopolisten die Börsenpreise für Strom gezielt in die Höhe treiben und somit hohe Gewinne erzielen können (s.o.).[332]

Die Debatte über eine Konkretisierung oder gar Novelle der in 2005 verabschiedeten zweiten EnWG Novelle ist somit bereits wieder in vollem Gange. Sie wird darüber hinaus in 2007 wieder starke Impulse oder gar konkrete Vorgaben aus Brüssel erhalten. Die EU-Kommission hat Ende 2006 erneut ein Vertragsverletzungsverfahren wegen mangelnder Umsetzung der Liberalisierungsrichtlinie eingeleitet, auch wieder gegen Deutschland (Neue Energie 2007). Zudem untersuchten

---

331 Wirtschaftsminister Glos war seit Beginn seiner Amtszeit bemüht, nicht die sonst übliche Nähe der Ressortleitung zu den Energiekonzernen zu suchen. Als ein bewusstes Abrücken „von der Unternehmensnähe seiner Vorgänger" kann in diesem Zusammenhang auch, wie die Zeitschrift Die Zeit vermutet (Die Zeit 2006), die Entlassung des beamteten Staatssekretärs Adamowitsch im Sommer 2006 gesehen werden, der im Verlaufe des EnWG-Prozesses unter seinem Vorgänger eine entscheidende Rolle als Verhandler des Bundeswirtschaftsministeriums spielte.

332 Neben den Möglichkeiten des Oligopols, durch Absprachen die Börsenpreise steigen zu lassen, wurde der Anstieg der Börsenpreise auch durch den ebenfalls steigenden CO_2-Zertifikatepreis beeinflusst. Das DIW bewertet den diesbezüglich berechneten Zusammenhang als Hinweis, dass „eine relativ starke Überwälzung der Opportunitätskosten auf die Strompreise" stattgefunden habe (Kemfert/ Dieckmann 2006).

Brüsseler Beamte Mitte Dezember 2006 die Konzernzentralen von E.ON, RWE und EnBW wegen des Verdachts auf Marktmissbrauch (ebda.).

Darüber hinaus drängt die EU-Kommission auch auf eine insgesamt stärkere EU-weit koordinierte Energiepolitik. Dies wurde unter dem Hauptthema der drohenden Versorgungsengpässe und –risiken seit 2005 auf mehreren EU-Energiegipfeln verstärkt diskutiert.[333] Die Kommission gibt in ihrem Grünbuch vom 8.3.2006 die Situation und die Erfordernisse aus ihrer Sicht wie folgt wieder: „Diese Energielandschaft erfordert eine gemeinsame europäische Antwort. Die Staats- und Regierungschefs haben dies auf ihren Gipfeltreffen im Oktober und Dezember 2005 anerkannt und die Kommission aufgerufen, sich damit zu befassen. Die jüngsten Ereignisse haben deutlich gemacht, dass wir dieser Herausforderung begegnen müssen. Eine Vorgehensweise, die nur auf 25 einzelnen Energiepolitiken beruht, reicht nicht aus" (Europäische Kommission 2006a: 2).[334] Obwohl die Kommission zwar bereits energiepolitische Abstimmungsgespräche mit den USA oder Russland als dem wichtigsten Energielieferanten der EU führt, sieht es bisher jedoch noch nicht danach aus, als ob die EU-Mitgliedsstaaten ihre nationale Energiepolitik in signifikanter Weise auf die EU-Ebene bzw. die EU-Kommission übertragen werden (Brummer/ Weiss 2007).

Bis somit eine nationale politische Entscheidung gefällt wird, die (zum wiederholten Male) zu mehr Wettbewerb und Preissenkungen führen soll - ein nächster entscheidender Schritt wird die Einführung der Anreizregulierung ab 2009 sein - haben die Energiekonzerne erneut Zeit, weiterhin hohe Gewinne zu erzielen und ihre Marktmacht nicht nur im Inland, sondern auch im Ausland auszubauen. Der E.ON-Konzern gehört mittlerweile hinter der französischen EdF zum zweitgrößten Energie-Erzeuger (Strom und Gas), RWE steht nach der italienischen Enel und der französischen Suez auf Platz fünf (Stand Februar 2006, Angaben nach FR 2006a). Angesichts der in den letzten Jahren weiterhin hohen und deutlich steigenden Energiepreise in ganz Europa gehen Marktanalysten davon aus, dass die Fusionswelle in Europa weiter anhält und es weitere Firmenübernahmen geben wird, wobei insbesondere die deutschen Unternehmen E.ON und RWE gut aufgestellt seien (Capgemini 2005). Diese Voraussage traf zuletzt in signifikanter Weise im Februar 2006 zu, als E.ON für den spanischen Energieversorger Endesa ein erstes Kaufangebot in Höhe von knapp 30 Milliarden Euro in bar (inklusive der Übernahme der Endesa-Schulden ca. 55 Mrd. Euro, FAZ 2006) bekannt gab.[335]

---

[333] Die Europäische Kommission gibt in ihrem Grünbuch als zentrale Herausforderungen für die EU die Energieknappheit, die Importabhängigkeit und die damit verbundenen Versorgungsrisiken angesichts einer weltweit steigenden Energienachfrage, den Investitionsbedarf, den globalen Klimawandel sowie den mangelnden Wettbewerb auf den Energiemärkten an (Europäische Kommission 2006a: 1-2).

[334] Ein Vorschlag für eine Gemeinsame Europäische Energiestrategie wurde von der Kommission Anfang 2007 vorgelegt (Europäische Kommission 2007a, siehe auch Abschnitt 5.3).

[335] Die spanische Regierung erließ daraufhin eine Reihe von Auflagen, welche die Fusion erschweren

4.6   Konstellation der wichtigsten Akteure

Auf Basis der Analyse des Politikprozesses zur zweiten Novelle des Energiewirtschaftgesetzes und unter Berücksichtigung der zuvor dargestellten Entwicklungen in der Energiewirtschaft kann nun die Akteurskonstellation beschrieben werden. Der Blick auf den längeren Entwicklungspfad sowie die Kenntnis der Positionen zentraler Akteure in anderen energiepolitischen Prozessen ermöglicht die Identifikation dauerhafterer Überzeugungskoalitionen (Adovocacy Koalitionen) sowie in Abgrenzung dazu die Zuordnung zu kurzfristigeren, ggf. Policy-spezifischen Interessenkoalitionen. Nachfolgend wird zunächst die Gesamtkonstellation im Überblick dargestellt, bevor die einzelnen Koalitionen, die im Prozess erkennbar wurden, detaillierter betrachtet werden.

4.6.1   Interessen- und Advocacy-Koalitionen im Überblick

Wie die obige Analyse gezeigt hat, bewegten sich die Konflikte in der EnWG-Debatte im Grundsatz zwischen den beiden Polen mehr *Wettbewerb durch gezielte Regulierung des Energiemarktes* und *Beibehaltung des Status quo*. Die jeweiligen Gruppierungen lassen sich somit prinzipiell in *Regulierungsbefürworter* und *Regulierungsgegner* einteilen. Die Regulierungsgegner kämpften lange dafür, dass der Status quo, der verhandelte Netzzugang auf der Basis der freiwilligen Verbändevereinbarung erhalten blieb. Als diese Position nicht mehr zu halten war, verfolgte die Koalition die Strategie der größtmöglichen Erhaltung der bis dato gültigen Regelungen aus der Verbändevereinbarung, z.B. bezüglich der Netzentgeltkalkulation, gleichzeitig ging es um die geringstmögliche Regulierung.

Während die Gruppe der Regulierungsgegner bezüglich ihrer wesentlichen Forderungen und Überzeugungen als vergleichsweise homogen bezeichnet werden kann (siehe ausführlicher in Abschnitt 4.6.2), sind die Regulierungsbefürworter, wie

---

bzw. de facto verhindern sollten, was scharf von der EU-Kommission kritisiert wurde, die hierin nationalen Protektionismus sah (FR 2006c). Nachdem die EU Kommission die Übernahmepläne bereits ohne Auflagen genehmigt, die spanische Energieaufsicht CNE demgegenüber 19 Auflagen formuliert hatte, leitete die Kommission ein Verfahren wegen Verletzung des EU-Vertrages ein und drohte mit einer Klage gegen Spanien vor dem EuGH (tagesschau.de 2006c). Parallel bemühten sich auch andere spanische Großkonzerne um größere Beteiligungen an Endesa, um damit die Fusion noch zu unterbinden (n-tv.de 2006). E.ON erhöhte daraufhin sein Angebot in mehreren Schritten bis auf 42,3 Milliarden Euro Anfang 2007 (E.ON 2007). Während die spanische Regierung ihren Widerstand aufgab, formierte sich ein Anbieterkonsortium aus Enel (Italien) und Acciona (Spanien), welches das E.ON-Angebot noch leicht überbot, so dass sich E.ON schließlich von seiner Endesa-Offerte zurückzog (Spiegel online 2007b). Im Gegenzug für den Verzicht auf eine Minderheitsbeteiligung erhielt E.ON Energieaktivitäten in Spanien, Italien, Frankreich, Polen und der Türkei für zehn Milliarden Euro, der erhoffte Markteinstieg in Lateinamerika war jedoch gescheitert (ebda.).

287 Konstellation der wichtigsten Akteure

in Abbildung 26 dargestellt, hinsichtlich zentraler Zielsetzungen und Prioritäten in zwei unterschiedliche Gruppen zu differenzieren.

Die eine Gruppe verfolgte im Wesentlichen das Primat der Wettbewerbs-förderung und der Erzielung von Strompreis- bzw. Netzentgeltreduktionen (Koalition für „Preisreduktion und Wettbewerb"). Zentrale befürwortete Instrumente dieser Gruppe waren (in der späteren Phase der Debatte) u.a. die ex-ante-Entgeltkontrolle und die Anreizregulierung. Auch die Einführung einer Regulierungsbehörde zur Kontrolle und Schaffung des fairen und diskriminierungsfreien Wettbewerbs war – ebenfalls im späteren Verlauf der Debatte - unumstritten, die B-Länder forderten jedoch als Sonderpunkt die Einbeziehung der Länderbehörden und unterschieden sich bezüglich dieses Punktes von den anderen Regulierungsbe-fürwortern dieser Koalition (ausführlicher in Abschnitt 4.6.3.1).

Die zweite Teilkoalition der Regulierungsbefürworter forderte zusätzlich zu den genannten Wettbewerbselementen eine deutliche Stärkung von Umwelt- und Verbraucherschutzaspekten im Energiewirtschaftsgesetz. Dies beinhaltete beispielsweise die Sicherstellung und den Ausbau der Vorrangstellung von EE- und KWK-Anlagen, eine differenziertere Stromkennzeichnung, die Stärkung von Verbraucherrechten durch Verbandsklagen mit Vorteilsabschöpfung sowie eine Reihe von Vorschriften zur Erhöhung der Transparenz durch Offenlegungspflichten (ausführlicher in Abschnitt 4.6.3.2).

Abbildung 26: Gesamtübersicht der Interessenkoalitionen im EnWG-Prozess

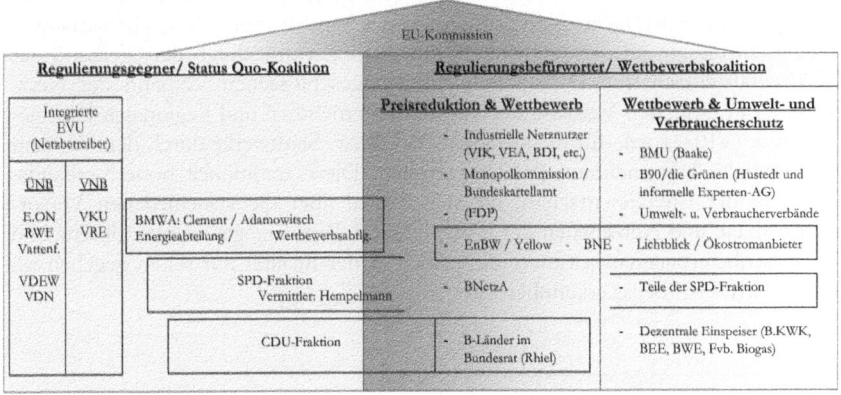

Quelle: eigene Darstellung

4.6.2   Regulierungsgegner: Status-quo-Koalition

Die Gruppe der Regulierungsgegner weist aufgrund ihrer dauerhaften Existenz und des überwiegend geschlossenen Auftretens eindeutige Züge einer *Advocacy-Koalition* auf. Die wesentlichen Akteure dieser Status-quo-Koalition sind die konventionelle Energiewirtschaft bzw. die integrierten EVU, die in der Regel alle gleichzeitig Übertragungs- und Verteilernetzbetreiber sind, das Bundeswirtschaftsministerium sowie weite Teile der SPD- und der CDU/CSU-Bundestagsfraktionen sowie einige Bundesländerregierungen.

Innerhalb der beiden großen Volksparteien SPD und CDU/CSU gibt es jeweils starke, traditionelle Verbindungen zur konventionellen Energiewirtschaft auf allen Ebenen, d.h. von den großen Energiekonzernen bis zu den kommunalen Energieversorgern. Gleiches ist für das Bundeswirtschaftsministerium zu konstatieren. Diese Zuordnung gilt im Grundsatz konstant für den gesamten betrachteten Zeitraum der Analyse. Aufgrund der stetigen Strompreiserhöhungen der Energiekonzerne und der diesbezüglich negativen öffentlichen Resonanz schwenkten die Oppositionsparteien von CDU/CSU und in der Folge auch weite Teile des EVU-nahen Flügels der SPD immer mehr in eine proaktive Haltung in Richtung Interessenkoalition für mehr Wettbewerb ein.

4.6.2.1   Integrierte EVU

Die Gruppe der *Übertragungs- und Verteilernetzbetreiber*, bei denen es sich im Regelfall um integrierte Energieversorgungsunternehmen handelt (von den großen Energiekonzernen bis hin zu den kleineren Stadtwerken), wurde durch den Verband der Elektrizitätswirtschaft (VDEW), den daran angeschlossenen Verband der Netzbetreiber (VDN), den Verband der Verbundunternehmen und Regionalen Energieversorger (VRE) sowie für die kleineren EVU bzw. Stadtwerke durch den Verband Kommunaler Unternehmen (VKU) vertreten. Diese traditionell hohe Verbandsdichte in der Energiewirtschaft, die sich formal über die verschiedenen Versorgungsgebiete und Netzebenen der EVU definiert, lässt eine gewisse Bandbreite und Interessenheterogenität erwarten, die jedoch in der Realität nur selten gegeben ist, wie im EnWG-Prozess erkennbar war.[336]

---

[336]   Auf der Ebene der Interessenvertretung der integrierten EVU hat mittlerweile eine Verschmelzung von Strom-, Gas-, Fernwärme- und Wasserversorgern stattgefunden. Am 19.6.2007 haben die Verbände BGW, VDEW, VDN und VRE die Verschmelzungsurkunde zum Bundesverband der Energie- und Wasserwirtschaft (BDEW) unterschrieben, der 1 800 Unternehmen der deutschen Energie- und Wasserwirtschaft von der lokalen bis zur überregionalen Ebene vertritt. Diese Fusion spiegele nach Aussage der Verbände die „Veränderung der Branchen und des energiewirtschaftlichen Rahmens ... im deutschen und europäischen Markt" wider (VDEW 2007a).

Die dominierende Rolle in der Status-quo-Koalition nehmen die vier Übertragungsnetzbetreiber ein, die gleichzeitig die marktbeherrschenden Stromproduzenten sind. Eine Ausnahme bildete im EnWG-Prozess der kleinste der vier großen Energiekonzerne, die EnBW AG, die sich mehrfach für eine Regulierungsbehörde und später für eine Anreizregulierung einsetzte und damit die Regulierungsgegner schwächte. Insbesondere E.ON und RWE als die beiden größten deutschen Unternehmen betrieben in massiver Weise eigenständiges Lobbying und berieten das zuständige BMWA bei dem zunehmend komplexer werdenden Gesetzesvorhaben. Die Macht der großen Energiekonzerne im gesamten Energiesektor zeigt sich auch an ihrem Einfluss auf alle Lobbyverbände der Branche, wie ein Blick auf die Besetzung der Präsidien bzw. Vorstände der wichtigsten Verbände der Energiewirtschaft zeigt.[337]

Selbst als sich im Zuge der Verhandlungen zur Beschleunigungsrichtlinie abzeichnete, dass ein Systemwechsel vom verhandelten zum regulierten Netzzugang bevorstand, versuchte die Status-quo-Koalition noch längere Zeit zusammen mit dem BMWA die Beibehaltung der deutschen Sonderlösung zu erzwingen. Nachdem später die Einführung einer staatlichen Regulierung der Stromnetze unausweichlich zu werden schien, versuchten die Regulierungsgegner, einen möglichst großen Einfluss auf die Ausgestaltung der Regulierung zu nehmen. Dementsprechend forderten sie eine „normierende Regelung", in der Fragen der Netzentgelte und des Netzzugangs vom Gesetzgeber vor Inkrafttreten bestimmt werden müssten.

Zudem favorisierte die Status-quo-Koalition eine möglichst schlanke Regulierung und eine weitgehende Übernahme der Regelungen aus den Verbändevereinbarungen. Ganz wesentlich war dabei die Forderung, das Kalkulationsprinzip der Nettosubstanzerhaltung für die Netzentgeltermittlung beizubehalten; nach Aussage des VDEW war die Entgeltfestlegung das Kernstück der Novelle (VDEW 2004: 34). Kategorisch abgelehnt wurden eine unabhängige Regulierungsbehörde mit weit reichenden Kompetenzen bei der Ausgestaltung von Methoden und Regulierungsgrundsätzen, sowie über die Auflagen der EG-Richtlinie hinausgehende Regelungen. Zudem wurden weitergehende Berichts-, Transparenz- und Kennzeichnungs-

---

[337] Die wichtigen Positionen in den Verbänden der Energiewirtschaft sind im Wesentlichen gemäß der Größe der Energieunternehmen besetzt. Im Dezember 2006 zeigte sich folgendes Bild: Im Vorstand der *VDEW* saßen u.a. Klaus Rauscher (Vorstandsvorsitzender Vattenfall Europe AG) und ein Vorstandsmitglied der Stadtwerke Düsseldorf AG, die in mehrheitlichem Besitz der EnBW AG ist. Präsident des VDEW war Werner Brinker, Vorstandsvorsitzender des fünftgrößten Energieversorgers EWE AG. Präsident des *VRE* war Klaus Rauscher von Vattenfall, zu den Mitgliedern des Präsidiums zählten die anderen der großen vier Energiekonzerne: Utz Claassen (EnBW AG), Walter Hohlefelder (E.ON Energie AG) und Werner Roos (RWE Energy AG). Präsident des *VDN* ist Hans-Otto Röth von der WEMAG AG, einem Tochterunternehmen der Vattenfall Europe AG; Stellvertreter ist Martin Fuchs von der E.ON Netz GmbH. Präsident des *VKU* als Verband der „kleineren" EVU ist Gerhard Widder, Oberbürgermeister von Mannheim und Aufsichtsratsvorsitzender der MVV Energie AG, dem sechstgrößten EVU in Deutschland.

pflichten sowie Verbraucherrechte, aber auch die Liberalisierung des Mess- und
Zählwesens u.a. mit Verweis auf die aus Sicht der Regulierungsgegner Preis treibende Wirkung abgelehnt.

Ein wichtiger spezifischer Punkt für die kleineren EVU bzw. Stadtwerke
(vertreten durch den VKU), war die Frage des Anwendungsbereichs der Entflech-
tungsregeln. Sie forderten weit reichende Ausnahmen für die kleineren Verbundun-
ternehmen, da sie durch die Entflechtung überproportionale Kosten und somit
Wettbewerbsnachteile für die kleineren Unternehmen gegeben sahen. Im Zuge der
Verhandlungen forderten sie eine Mindestgrenze von 100.000 Haushaltskunden pro
Energieversorgungsunternehmen und waren gegen eine Herabsetzung dieser „De-
Minimis"-Grenze.

4.6.2.2   Staatliche Akteure

Dem *Bundeswirtschaftsministerium* kann auf Basis der obigen Analyse eine nahezu
kontinuierlich gegebene, traditionelle Nähe zur konventionellen Energiewirtschaft
unterstellt werden. Hintergrund dafür sind die zum Teil engen Verflechtungen der
EVU über alle Ebenen mit dem politisch-administrativen System. Zur Zeit der rot-
grünen Koalition wurde die Nähe außerdem durch die beiden Minister Müller und
Clement und ihrer personellen Verflechtungen zur konventionellen Energiewirtschaft, sowie durch ihre aktive Politik zur Schaffung „nationaler Champions"
unterstrichen (Beispiel Ministererlaubnis für die E.ON-Ruhrgas-Fusion), die zudem
durch Bundeskanzler Schröder unterstützt wurde. Damit lässt sich eine vergleichsweise klare und konstante Zuordnung des Wirtschaftsministeriums auf der Seite der
Regulierungsgegner bzw. derer, die sich für die weitestgehende Erhaltung des Status
quo einsetzten, vornehmen.

Zur Zeit des Politikformulierungsprozesses war das Bundeswirtschaftsministerium (zwischen 2002 und 2005 BMWA) unter Minister Clement bis zu den parlamentarischen Beratungen die federführende Organisation im Gesetzgebungsprozess. Minister Clement stellte sich bis zum Schluss im Regelfall schützend vor die
konventionelle Energiewirtschaft und forderte noch nach Verabschiedung der
Beschleunigungsrichtlinie und auch nach der Regierungsvereinbarung zur Einführung einer Regulierungsbehörde die Beibehaltung des verhandelten Netzzugangs.
Bei den Detailverhandlungen zur EnWG-Novelle spielte Staatssekretär Adamowitsch eine zentrale Rolle, der als loyale rechte Hand von Clement galt und zuvor
u.a. für den Energieversorger VEW (heute RWE) gearbeitet hatte.

Auch im Wirtschaftsministerium und den nachgeordneten Behörden gab es
einzelne Personen, die sich offen für eine Regulierung bzw. die Schaffung von mehr
Wettbewerbselementen auf dem Energiemarkt zeigten, und die beispielsweise an
der von Michaele Hustedt initiierten Expertengruppe teilnahmen und somit für
einen wichtigen informellen interministeriellen Austausch sorgten (Leprich 2006).

Allerdings hatten solche Strömungen im BMWA gegen die federführende Energie-abteilung keine Durchsetzungsmacht.

Die Position des SPD-geführten Bundeswirtschaftsministeriums kann mit der des EVU-nahen Flügels der *SPD und der SPD-Bundestagsfraktion* gleichgesetzt werden, die aufgrund der starken traditionellen Verankerung vieler Parteipolitiker und Abgeordneter in der Energiewirtschaft sowie in zahlreichen kommunalen, regionalen und überregionalen EVU sehr ausgeprägt war und nach wie vor ist. Allerdings gab es innerhalb der SPD auch einzelne Regulierungsbefürworter und eine Reihe von Personen, die wesentliche energiepolitische Positionen des grünen Koalitionspartners teilten, und die somit den anderen Koalitionen zuzuordnen sind. Eine wichtige Sonderrolle nahm der energiepolitische Sprecher der SPD-Fraktion, Rolf Hempelmann, ein, der zwar ebenfalls eine enge Verbindung zur Energiewirt-schaft aufwies, dennoch aber sowohl SPD-intern, aber auch parteiübergreifend als Vermittler in den jeweiligen Verhandlungen anerkannt wurde.[338]

Die Position der *CDU/CSU* änderte sich im Verlauf des Prozesses gravie-rend. Während sich die Fraktion im Jahr 2003 noch grundsätzlich gegen eine Regu-lierungsbehörde stellte und stattdessen die alten Verbändevereinbarungen verteidig-te, änderte sich diese Haltung im Laufe des Jahres 2004. Trotz verschiedener Be-kenntnisse zu mehr Wettbewerb während der Debatten zur EnWG-Novelle im Bundestag, blieb die Fraktion von CDU/CSU während des gesamten Gesetzge-bungsprozesses dennoch vergleichsweise unauffällig, da sie sich in ihren wenigen öffentlichen Stellungnahmen meist auf die Kritik an einem fehlenden rot-grünen Energiekonzept bzw. an der erneuerbare Energien-Politik beschränkte (beispielhaft in Deutscher Bundestag 2004d). Der Grund für das mangelnde Profil in der Debat-te zur EnWG-Novelle könnte auch daran gelegen haben, dass die energiepolitischen Kompetenzen innerhalb der CDU-Fraktion nicht klar verteilt waren – so gab es bis März 2005 keine Energie-Arbeitsgruppe in der Fraktion, ebenso wenig wie einen offiziellen und profilierten energiepolitischen Sprecher.[339] Mehrere der für diese Studie interviewten Personen kamen zu der Einschätzung, dass die CDU zum einen aufgrund ihrer traditionell hohen mittelständischen Ausrichtung stärker als die SPD auf der Seite der Wettbewerbsbefürworter gestanden habe, und zum zweiten maß-geblich von den Parteikollegen aus den Ländern im Bundesrat und der Profilie-rungsmöglichkeit durch die dortige Mehrheit der Oppositionsparteien angetrieben wurde.

---

[338]   Rolf Hempelmann ist Präsident des Fußballvereins Rot-Weiß Essen, welcher durch Sponsoring eng mit dem Energiekonzern RWE verbunden ist und in dessen Aufsichtsrat der wichtigste Lobbyist von RWE, Volker Heck, sitzt.

[339]   In der aktuellen Legislatur ist der CDU-Abgeordnete Joachim Pfeiffer energiepolitischer Sprecher seiner Partei. Diesem wurde von Kritikern aus der Umwelt- bzw. EE-Koalition im Laufe des EnWG-Policy-Prozesses vorgeworfen, er sei gegen erneuerbare Energien eingestellt und ziele nur auf Preisreduktionen (Morris 2005).

Viele Bundesländer, insbesondere die klassischen Energie- und Kohleländer, in denen große Energiekonzerne bzw. Teile der konventionellen Energiewirtschaft ansässig sind, waren im Grundsatz lange Zeit konstant zur Status-quo-Koalition zu zählen. Im EnWG-Prozess veränderte sich diese Situation, da eine aktive Unterstützung der konventionellen Energiewirtschaft aus den Bundesländern zunehmend ausblieb. Nordrhein-Westfalen galt insbesondere im Verhandlungsjahr 2005 aufgrund der Landtagswahlen und Regierungsbildung als nahezu handlungsunfähig. Bayern positionierte sich lange als Gegner einer Regulierung und Regulierungsbehörde, schwenkte jedoch später um. Und das Saarland, als ehemals traditionelles Kohleland, war als eines der ersten Bundesländer zu einem aktiven Regulierungsbefürworter geworden.

4.6.3   Regulierungsbefürworter: Interessenkoalition für mehr Wettbewerb

Die Interessenkoalition der Regulierungsbefürworter hatte zwar bezüglich einer Reihe von Einzelregelungen und Detailfragen unterschiedliche Meinungen und Ansätze, letztlich ergab aber das übergreifende Interesse an mehr Wettbewerb eine starke Verhandlungsmacht gegenüber den Regulierungsgegnern. Auf dieser Ebene gab es ein breites Bündnis und ungewöhnliches Zusammengehen von grünen mit schwarzen Politikern sowie von industriellen Stromverbrauchern mit Umwelt- und Verbraucherschützern und dezentralen Energieerzeugern. Eine weitergehende, dauerhaftere Koalition bildete sich jedoch hier nicht heraus. Die benannten Interessengruppen und Politiker stehen nach wie vor für die beiden Teilkoalitionen bzw. Einzelinteressen, in im Prozess im Wesentlichen in Erscheinung traten und zu denen sich die Akteure zuordnen lassen

Der Erfolg der übergreifenden Wettbewerbskoalition wurde im Verlaufe des Prozesses zunehmend durch die *Medien* und den öffentlichen Druck unterstützt, die sich massiv gegen die Preispolitik der Energieversorger, insbesondere die der großen Energiekonzerne wandten. Die große Medienresonanz, die damit auch der politische Prozess um die EnWG-Novelle plötzlich erhalten hatte, war, wie oben dargelegt, auch maßgeblich für das Umschwenken der CDU/CSU und einiger konservativ regierter Bundesländer verantwortlich, die darin politische Profilierungschancen sahen.

4.6.3.1   Interessenkoalition für „Preissenkung und Wettbewerb"

Wie die Analyse des EnWG-Prozesses zeigte, hat sich im Laufe der Zeit eine Interessenkoalition für Preissenkungen und mehr Wettbewerb aus unterschiedlichsten Akteuren und Teilkoalitionen entwickelt. Dabei ist allerdings zu konstatieren, dass diese Interessenkoalition nicht aufgrund ihrer grundsätzlichen Übereinstimmung zur Wettbewerbspolitik, sondern aufgrund der sektor- bzw. branchenspezifischen, d.h. der spezifischen energiewirtschaftlichen Problemlagen zusammengefunden hat. Es ist anzunehmen, dass gerade bei so einem umstrittenen und schwer zu bewertenden Thema wie Wettbewerb – bei dem es eine brancheninterne und –externe Sichtweise gibt, die in der Regel divergieren – sich Branchenvertreter nur dann für Preissenkungen und mehr Wettbewerb aussprechen werden, wenn dies den maßgeblichen Interessen zentraler Branchenakteure nicht widerspricht.

Ein grundsätzliches Primat „für mehr Wettbewerb" ist demzufolge allenfalls bei darauf „spezialisierten" Akteuren wie z.b. der Monopolkommission oder einer kleineren Partei wie der FDP zu vermuten – wobei in beiden Beispielen wiederum grundsätzliche Unterschiede bezüglich der Frage auftraten, ob dieser Wettbewerb mit (Monopolkommission) oder ohne (FDP) Staat bzw. Regulierer gewährleistet werden kann. Die FDP kippte diesbezüglich erst sehr spät ihre Position für die privatwirtschaftliche Verbändevereinbarung und sprach sich ebenfalls für eine Regulierung aus.

Zentrale Akteure dieser Teilkoalition der Wettbewerbsbefürworter waren die betroffenen Energieverbraucher unterschiedlichster Art. Als der wichtigste initiierende Akteur und gleichzeitig treibender „externer" Faktor ist die EU-Kommission zu nennen.[340]. Eine zentrale Rolle in der Entscheidungsphase spielten insbesondere die B-Länder im Bundesrat.

EU-Kommission und EU-Energiepolitik als Rahmen und Impulsgeber

Die EU-Kommission hat eine maßgebliche initiierende und antreibende Rolle bei der Herausbildung der nationalen Wettbewerbskoalition gespielt. Seit der Einführung der Richtlinie 1996 und des daraufhin einsetzenden Liberalisierungsprozesses im Energiebinnenmarkt hat sie sich für die konsequente Umsetzung und Weiterentwicklung eingesetzt. Ein Ergebnis dieses Bemühens war die Beschleunigungsrichtlinie 2003 und die nochmals verschärften Kontrollen der Kommission, als sie mangelnde Umsetzungsfortschritte mit Vertragsverletzungsverfahren ahndete. Allerdings zeigte sich, dass die Zeitpläne, die in der Richtlinie festgesetzt worden waren, in der nationalen politischen Aushandlung letztlich kein sehr hohes Gewicht hatten, da eine einjährige Verzögerung in Kauf genommen wurde.

Der inhaltliche Rahmen der Richtlinie beinhaltete auch die Möglichkeit für die Mitgliedsstaaten, eine weitergehende Umsetzung z.B. bezüglich schärferer Umwelt- und Verbraucherschutzstandards über die formulierten Mindeststandards hinaus vorzunehmen. Gleichzeitig verfolgt die Kommission jedoch traditionell

---

[340] An dieser Stelle ist nochmals auf die Unschärfe der Zuschreibung der EU-Ebene als externer Faktor hinzuweisen. In den politischen Verhandlungen auf der EU-Ebene, die zu den beiden Liberalisierungsrichtlinien 1996 und 2003 führten, konnte eine starke deutsche Mitwirkung und Handschrift festgestellt werden. Allerdings war im späteren Politikformulierungsprozess zur zweiten EnWG-Novelle die Rolle der Kommission maßgeblich auf die Vertragsverletzungsverfahren reduziert, und die Interaktionsdichte nahm deutlich ab.

ebenso eine Politik, welche die konventionelle Energiewirtschaft stärkt, in dem sie zum einen nach wie vor auf zentrale Erzeugungskapazitäten setzt[341], und zum anderen die großen Energiekonzerne – ganz im Sinne eines europäischen Wettbewerbs – bei Unternehmenskäufen in Europa unterstützt, wenn diese auf nationalen Widerstand stoßen (Beispiel E.ON-Endesa). Dass die Kommission jedoch „die Wettbewerbsvorschriften der Gemeinschaft rigoros" durchsetzen will, das machte sie u.a. in ihrem Grünbuch für eine europäische Strategie für nachhaltige, wettbewerbsfähige und sichere Energie deutlich (Europäische Kommission 2006a: 4). Darin wird die „Vollendung der europäischen Binnenmärkte für Strom und Gas" als erster von sechs vorrangigen Bereichen für eine europäische Energiestrategie benannt (ebda.: 6ff).

Private Akteure – Industrie und neue Energieanbieter

Der Gruppe der Netzbetreiber und Verbundunternehmen standen zum einen die Verbände und Unternehmen gegenüber, die die Interessen der industriellen Netznutzer bzw. Strom- und Gasverbraucher vertraten, zum anderen die kleine Gruppe der neuen Energieanbieter, die jedoch durch die EnBW AG mit ihrer Tochter Yellow Strom über einen gewichtigen Vertreter aus den Reihen der großen Energiekonzerne verfügte.

Diese verschiedenen *Energie verbrauchenden Industrien* wurden vertreten durch den Bundesverband der Deutschen Industrie (BDI), aber auch durch Vertreter energieintensiver Industriezweige wie den Verband der Chemischen Industrie (VCI) und die Wirtschaftsvereinigung Metalle (WVM). Die umfangreichsten inhaltlichen Vorschläge kamen jedoch von den auf Energiefragen spezialisierten Interessenverbänden der Industrie, dem Verband der Industriellen Energie und Kraftwirtschaft (VIK) und dem Bundesverband der Energieabnehmer (VEA).

In der Zeit des verhandelten Netzzugangs waren der BDI und der VIK die maßgeblichen Verbände, welche die Regelungen mit der Energiewirtschaft in den Verbändevereinbarungen selbst festlegen konnten. Da dies aus ihrer Sicht zu keinem Erfolg geführt hatte, ließen die Verbände von diesem „Privileg" vollständig ab und forderten im Zuge der Diskussion zur zweiten EnWG-Novelle einhellig eine weitgehende, wettbewerbswirksame Regulierung. Die zentralen Forderungen der Verbände zielten auf niedrigere Energiepreise und Netzentgelte sowie mehr Wettbewerb in den Bereichen Erzeugung und Vertrieb. Dies sollte u.a. durch eine unabhängige und starke Regulierungsbehörde, eine Anreizregulierung und die Abschaffung des Kalkulationsprinzips der Nettosubstanzerhaltung, eine ex-ante Regulierung

---

[341] Aktuelle Beispiele für die Stärkung der traditionellen und zentralen Energiewirtschaft sind die nach wie vor gegebene starke Präferenz für Atomkraftwerke, die massiven Investitionen in effizientere Kohlekraftwerke und die CO_2-Speichertechnik sowie die hohen Investitionen für die Entwicklung von Fusionsreaktoren (Europäische Kommission 2006a).

und Wettbewerb auf dem Regelenergiemarkt erreicht werden (beispielhaft VIK 2004). Die Vertreter der energieintensiven Industrien drohten zudem damit, in Regionen mit günstigeren Strompreisen abzuwandern.

Das Primat der Preisreduktion wurde auch dazu genutzt, um die Forderungen der anderen Wettbewerbsbefürworter z. B. nach weitergehenden Stromkennzeichnungspflichten und Verbraucherschutzaspekten abzulehnen. In diesem Zusammenhang verwies beispielsweise der VIK häufig darauf, dass aus ihrer Sicht auch das EEG als Preistreiber abzuschaffen sei, im Sinne einer „dringend notwendigen Bereinigung klimapolitischer Instrumente" (Richmann 2005). Damit werden einerseits die Spannungen und Differenzen innerhalb der übergreifenden Wettbewerbskoalition deutlich, andererseits zeigt dies auch eine klare Gemeinsamkeit zwischen den Industrievertretern und der konventionellen Energiewirtschaft auf.

Bei der zweiten Gruppe der Unternehmen handelte es sich um die *neuen Energieanbieter*, vertreten durch den Bundesverband neuer Energieanbieter (BNE)[342], sowie um den Energiekonzern EnBW. Die EnBW AG vertrat zum einen die Interessen ihrer Tochter Yellow Strom, die aufgrund der starken finanziellen Unterstützung des Mutterkonzerns zum umsatzstärksten neuen Stromhändler am deutschen Markt aufgestiegen war. Zweitens entsprach das Eintreten für mehr Wettbewerb im deutschen Markt den Exportinteressen des französischen Atomkonzerns und Anteilseigners EdF, und drittens erhoffte sich das Unternehmen aufgrund geringerer Netzkostenstrukturen im Falle einer Anreizregulierung Wettbewerbsvorteile gegenüber den anderen großen Energiekonzernen (Richmann 2005: 7). Die Aktivitäten des BNE wurden außerdem stark durch den Ökostromanbieter Lichtblick geprägt. Diese höchst unterschiedlichen neuen Energieanbieter vereint das Interesse an diskriminierungsfreien und fairen Wettbewerbsbedingungen. Der BNE spielte aufgrund seiner Expertise eine bedeutende Rolle innerhalb der „grünen" Arbeitsgruppe sowie als Berater des BMU (Leprich 2006).

Staatliche Akteure – wichtige Rolle der Bundesländer

Als wichtige Akteure der Wettbewerbskoalition sind zunächst zwei Organisationen anzuführen, die keinen direkten Einfluss im politischen Entscheidungsprozess zur Novelle hatten, jedoch mit ihren Entscheidungen und Gutachten eine wichtige Legitimationsbasis und Argumentationshilfe für die hier beteiligten Akteure lieferten. Dies war zum einen die *Monopolkommission* mit ihren Sonder- und Hauptgutachten, in denen sie die fehlende Wettbewerbssituation auf den Energiemärkten scharf kritisiert und Vorschläge zur Verbesserung unterbreitet.[343] Zum anderen beaufsich-

---

342 Der Bundesverband Neuer Energieanbieter wurde am 25. September 2002 gegründet und integrierte die Vorgängerorganisationen „Initiative Pro Wettbewerb" und den Freien Energiedienstleister-Verband (FEDV).

343 Die Monopolkommission ist ein unabhängiges Beratungsgremium aus fünf Mitgliedern, dessen

tigte das *Bundeskartellamt* gemäß seiner Aufgabe die Konzentrationsprozesse auf dem Energiemarkt, untersagte beispielsweise die umstrittene Fusion von E.ON mit Ruhrgas und kritisierte die anschließende Ministererlaubnis scharf. Damit rücken auch die *Gerichte* als zunehmend „politische" Akteure in den Vordergrund, da diese nach den Erwartungen einer Reihe von Rechtsexperten eine gewichtige Rolle in der Umsetzung des EnWG haben werden. Und nicht zuletzt ist die *Bundesnetzagentur* seit ihrer Einrichtung aufgrund ihrer Aufgabenstellung per Definition ein zentraler Akteur der Wettbewerbskoalition geworden.

In der konkreten Verhandlung des Gesetzes spielte der *Bundesrat* die wichtigste Rolle in dieser Interessengruppe, genauer waren es einzelne von der CDU geführte Bundesländer *(B-Länder).* Damit war klar, dass die unionsgeführten Bundesländer im Bundesrat, die zur Zeit der Verhandlungen über eine klare Stimmenmehrheit verfügten – und somit auch die CDU-CSU insgesamt - in den Verhandlungen um das EnWG eine entscheidende Verhandlungsmacht besaßen. Dass diese Verhandlungsmacht im Sinne einer verstärkten Forderung nach mehr Wettbewerb genutzt wurde, kann auf zwei wesentliche Faktoren zurückgeführt werden. Zum einen ergab sich die bereits erwähnte politische Profilierungsmöglichkeit für die CDU aufgrund der Strompreiserhöhungsdebatte und der diesbezüglichen medialen Resonanz. Zum anderen waren die treibenden Länder jedoch vorrangig solche, die keinen Interessenkonflikt mit einem großen Energieversorger hatten.

Hier war es im fortgeschrittenen Verhandlungsstadium zwischen Bundesrat und Regierung vor allem der *hessische Wirtschaftsminister Alois Rhiel (CDU),* der als Verhandlungsführer der unionsgeführten Länder im Vermittlungsausschuss für einen stärkeren Wettbewerb auf den Energienmärkten eintrat.[344] Der saarländische Wirtschaftsminister Hanspeter Georgi (CDU) stand zwar weniger in der Öffentlichkeit als Rhiel, verfolgte dafür aber schon sehr frühzeitig die Aufhebung der Verbändevereinbarungen und die Einführung einer Regulierungsbehörde. Die bayrische Landesregierung sprach sich - wie die gesamte Bundestagsfraktion von CDU/CSU – zunächst vehement gegen eine Regulierungsbehörde aus. Seit den Strompreisdebatten im Sommer 2004 und im Zuge der konkreten politischen Verhandlungen schwenkte Bayern jedoch auf eine offenere Position um und gehörte am Ende zu den entscheidenden Ländern, die Länderbehörden forderten.

Auch wenn große *Teile der SPD* der konventionellen Energiewirtschaft sehr nahe standen, so gab es auch einzelne Akteure, die offen waren für mehr Wettbe-

---

Stellung und Aufgaben in den §§ 44 bis 47 des Gesetzes gegen Wettbewerbsbeschränkungen (GWB) geregelt sind und die eine politikberatende Funktion für die staatlichen Organe übernimmt. Durch die Berufung durch den Bundespräsidenten (für jeweils vier Jahre) entsteht jedoch eine auch politische Färbung des Gremiums, da auch der Bundespräsident wiederum in der Regel aus einer der großen Volksparteien stammt bzw. von dieser benannt wird. Aus diesen Gründen wird die Monopolkommission hier vereinfachend zu den „staatlichen" Akteuren hinzugezählt.

[344] Gleichzeitig war Rhiel auch Verhandlungsführer der Abgeordneten der Bundestagsfraktionen von CDU/CSU und FDP im Vermittlungsausschuss.

werb und eine Regulierung auf den Energiemarkt. Am prominentesten nahm diese Rolle der energiepolitische Sprecher Rolf Hempelmann ein, der daher auch als Vermittler zunehmend von den anderen Verhandlungspartnern in der Regierungskoalition, aber auch im Vermittlungsausschuss akzeptiert wurde.

Die *FDP* spielte als kleinere Oppositionspartei keine besondere Rolle in der Auseinandersetzung. Ihre Positionen wiesen im Verlaufe des Prozesses zunächst die oben genannten Widersprüche auf, später entsprachen sie am ehesten denen der industriellen Verbraucher. Die Stellungnahmen der energiepolitischen Sprecherin Gudrun Kopp zielten meist generell gegen die „ideologisch überfrachtete Energiepolitik" der rot-grünen Bundesregierung und gegen die Förderung erneuerbarer Energien (Kopp 2005). In Bezug auf die Forderung nach alleiniger Zuständigkeit einer Bundesregulierungsbehörde gab es allerdings eine Überschneidung der FDP-Bundestagsfraktion mit der Bundesregierung.[345]

4.6.3.2 Advocacy-Koalition „Wettbewerb mit mehr Umwelt- und Verbraucherschutz"

Unter den Regulierungsbefürwortern, die sich für mehr Wettbewerb, darüber hinaus aber auch für mehr Umwelt- und Verbraucherschutz einsetzten, spielten staatliche Akteure eine zentrale Rolle. Demgegenüber waren die Vertreter der dezentralen Einspeiser, aber auch Verbraucherverbände mit deutlich weniger Kapazität und Öffentlichkeitswirksamkeit im Prozess vertreten. Dies lag nach Aussagen der Interviewpartner aus diesen Verbänden allerdings auch daran, dass sie sich durch die grüne Bundestagsfraktion und das BMU gut vertreten, und durch das EEG und KWKG ausreichend geschützt fühlten. Da diese Gruppe von Akteuren nicht nur zum Thema „Wettbewerb", sondern in der Regel in Bezug auf die anderen Prioritäten „Umwelt- und Verbraucherschutz", inklusive der Förderung erneuerbarer Energien, über einen langen Zeitraum miteinander kooperierten, kann sie als *Advocacy-Koalition* klassifiziert werden.

Staatliche Akteure – „Grünes" Netzwerk mit BMU und Experten

Obwohl die Federführung für das Gesetz beim Bundeswirtschaftsministerium lag, gelang es den *grünen Politikern und dem BMU*, unterstützt von diesbezüglich aufgeschlossenen Personen in der SPD, mehr Mitsprache beim EnWG zu erhalten. Neben den normalen Ressort- und Koalitionsabstimmungen eröffnete dabei insbesondere das Zugeständnis einer Härtefallregelung beim EEG im Tausch gegen

---

[345] Hiervon wich wiederum die baden-württembergische Landesregierung mit FDP-Wirtschaftsminister Ernst Pfister ab, die im Gegensatz zur FDP-Bundestagsfraktion für eine Länderbeteiligung bei der Regulierung eintrat (Wirtschaftsministerium BaWü 2005). Grundsätzlich spielten in den Bundesratsverhandlungen aber solche Bundesländer eine zentrale Rolle, an deren Regierung die FDP nicht beteiligt war.

mehr Wettbewerbselemente und Mitsprache weitergehende Möglichkeiten (vgl. Abschnitt 4.4.2). Mit diesem Startschuss wurde infolge dessen auch im BMU begonnen, eigene Kapazitäten zum Thema aufzubauen, so dass einige Interviewpartner von „gleicher Augenhöhe" oder sogar teilweise größerer Fachkompetenz des BMU gegenüber dem BMWA sprachen.

Auf der Seite von Bündnis 90/Die Grünen war es vor allem die energiepolitische Sprecherin der Bundestagsfraktion, Michaele Hustedt, die das Thema und die Koordination mit dem BMU aktiv vorantrieb. Zudem richtete sie in 2003 eine informelle Begleitgruppe ein, die die Aufgabe hatte, über Einzelfragen im EnWG zu diskutieren und das BMU inhaltlich zu unterstützen. Organisiert und geleitet wurde diese Gruppe von Prof. Uwe Leprich. Dieser beschreibt die Zusammenarbeit zwischen Herbst 2003 bis 2005 als „unregelmäßige, aber häufige Treffen von bis zu 20 Teilnehmern" (Leprich 2006). Bedeutendster Teilnehmer und gleichzeitig Zielgruppe für die erarbeiteten Positionen war das BMU, das mit Akteuren aus der Wissenschaft und verschiedenen Verbänden diskutierte. Zeitweilig waren auch einzelne aufgeschlossene Teilnehmer aus dem BMWA bzw. nachgeordneten Behörden dabei.

Die zentrale Rolle bei den Ressortverhandlungen mit dem BMWA spielte der damalige Staatssekretär im BMU, Rainer Baake. Durch die Unterstützung der Arbeitsgruppe sowie weiterer externer Berater wurde das BMU zu einem starken Akteur in den Verhandlungen mit dem BMWA und dem Koalitionspartner SPD. An einzelnen Ressortgesprächen nahm auch das Verbraucherschutzministerium (BMVEL) teil, dieses hatte jedoch jenseits der Verbraucherfragen keinen größeren Einfluss. Es wurde allerdings als zweites grünes Ressort neben dem BMU durch dessen Expertise in dieser Sache gut vertreten.

Auch innerhalb der *SPD-Fraktion* gab es einzelne Abgeordnete, die dieser Koalition zuzurechnen sind. Neben dem bekanntesten EE-Befürworter der SPD, Hermann Scheer, gab es zunehmend weitere profilierte Politiker, die dieser Koalition zuzurechnen waren (z.B. Ulrich Kelber und Marco Bülow), die jedoch in der Auseinandersetzung um die EnWG-Novelle keine auffällige Rolle eingenommen haben.

Nicht-staatliche Akteure – dezentrale Anbieter, Ökostromhändler, Umwelt- und Verbraucherschutzverbände

Auf der Seite der nicht-staatlichen Akteure dieser Koalition sind erstens die Unternehmen und Verbände dezentraler Energieerzeuger und Ökostromanbieter zu nennen, und zweitens eine Reihe von Umwelt- und Verbraucherschutzverbänden. Unter den *dezentralen Energieerzeugern* gehörte der Bundesverband Kraft-Wärme-Kopplung (B.KWK) zu den vergleichsweise aktiven Verbänden. Dies kann dadurch erklärt werden, dass das KWK-Gesetz im Vergleich zum EEG keinen besonderen

Ausbaueffekt hatte und KWK-Anlagen somit stärker unter Marktverzerrungen und Diskriminierungen litten. Bezüglich dieses Aspekts war auch der Bundesverband der neuen Energieanbieter (BNE) aktiv, der neben konventionellen Anbietern auch die Ökostromanbieter wie z.b. Lichtblick vertritt und somit in Teilen dieser, wie auch der anderen Interessengruppe (siehe Abschnitt 4.6.3.1) unter dem gemeinsamen Dach der Wettbewerbsbefürworter zuzurechnen ist.

Mit Greenpeace war eine *Umweltorganisation* in der Debatte vertreten, die gleichzeitig wirtschaftliche Interessen ihres Ökostromunternehmens Greenpeace Energy vertrat. Daneben traten auf der Seite der Umweltverbände zeitweilig noch der BUND und der NABU in Erscheinung. Für mehr *Verbraucherschutzrechte* setzten sich insbesondere der Bundesverband der Verbraucherzentralen (VZBV) und der Bund der Energieverbraucher (BDE) ein. Allen Umwelt- und Verbraucherschutzverbänden gemeinsam war, dass sie neben allgemeinen Forderungen nach mehr Wettbewerb insbesondere eine differenziertere Stromkennzeichnung und die Stärkung der Verbraucherrechte forderten. Insbesondere letzterer Punkt hätte im Falle der Möglichkeit einer Verbandsklage mit Vorteilsabschöpfung zu einer erheblichen Stärkung der Verbände geführt. Gemessen daran war das Engagement der Verbände jedoch vergleichsweise gering.

Insbesondere die *Grünstromhändler* forderten eine detailliertere Stromkennzeichnung, da sie durch eine solche Kennzeichnung ihr Ökostromangebot am Markt stärker herausheben wollten. Für die EE-Stromerzeuger und ihre Verbände, von denen im Wesentlichen der Bundesverband erneuerbare Energien (BEE) und der Bundesverband Windenergie (BWE) aktiv waren, hatte die Stromkennzeichnung demgegenüber keine Priorität. Dies wurde in den Interviews damit begründet, dass erstens der Ökostromhandel parallel zum von den Erzeugerverbänden eindeutig favorisierten EEG läuft, und dass zweitens durch ein transparenteres Labelling zu Gunsten der erneuerbaren Energien kein signifikanter Anbieterwechsel erwartet wurde.

In den wenigen Stellungnahmen und öffentlichen Äußerungen von BEE und BWE zur EnWG-Novelle wurde im Wesentlichen der Abbau von Wettbewerbsbeschränkungen für dezentrale Erzeuger gefordert sowie die Festschreibung des Vorrangs der erneuerbaren Energien. In vielen Fragen, wie zur Entflechtung, Netzführung und Netzentgeltermittlung, sah der BEE große Übereinstimmung mit den Vorschlägen der industriellen Energieverbraucher. Für den BWE waren zudem Forderungen nach Wettbewerb und Transparenz auf dem Regelenergiemarkt wichtig, da dies ein wesentliches Hemmnis für die Windenergie darstellt. Allerdings betonte der BWE, dass eine Liberalisierung, die ausschließlich auf die Kosteneffizienz des Netzbetriebes setzt, nicht zu befürworten sei. Die Unternehmen sollten einem Effizienzdruck ausgesetzt werden, aber trotzdem Unternehmensgewinne machen können, um weiterhin in die Netze investieren zu können, um z.B. hohe Windenergieeinspeisungen aufnehmen zu können. Zudem steht ein erhöhter Kostendruck der Nutzung von Erdkabeln entgegen, die insbesondere beim Ausbau von Offshore-Anlagen aus Akzeptanzgründen und aufgrund kürzerer Planungsverfahren vom Verband favorisiert werden.

4.7 Zusammenfassung

Nachdem das deutsche Energiewirtschaftsgesetzes über 60 Jahre Bestand hatte, gelang es erst durch den *externen Anstoß von der Europäischen Ebene*, einen Novellierungsprozess in Deutschland herbeizuführen. Hintergrund und Motivation des europäischen Anstoßes war das Ziel, im Zuge der europäischen Binnenmarktpolitik auch einen liberalisierten Elektrizitätsbinnenmarkt zu schaffen. Dieses Ziel wurde in den 1990er Jahren von der damaligen konservativ-liberalen Bundesregierung mit angeregt und unterstützt, nachdem mehrere Regierungen bis dahin erfolglos versucht hatten, Wettbewerbelemente im deutschen Energiemarkt einzuführen. Der deutsche Energiemarkt war durch das damals geltende EnWG, dass auch als „Grundgesetz der Energiewirtschaft" bezeichnet wird, in Gebietsmonopole unterteilt, wodurch die Energieversorger geschützt waren. Die Einführung von mehr Wettbewerb war über Jahrzehnte am Widerstand der staatsnahen Energiebranche gescheitert, die mit ihrem breiten Einfluss von der kommunalen bis zur nationalen Ebenen kontinuierlich Veto-Koalitionen zum Erhalt des Status-quo aufrecht erhalten konnte (vgl. Monstadt 2004; Schmidt 2006).

Dies führte schließlich zu einem strategischen Ebenenwechsel der deutschen Regierung, die ihr Bemühen um mehr Wettbewerb auf die europäische Ebene verlagerte. In den Verhandlungen zur Richtlinie für den Elektrizitätsbinnenmarkt, die 1996 in Kraft trat, konnte die deutsche Regierung für ihre Zustimmung im Gegenzug den deutschen Sonderweg des verhandelten Netzzugangs durchsetzen, der wiederum ein Zugeständnis an die deutsche Energiewirtschaft war. Bereits die Entstehung der Richtlinie, wie auch die folgenden nationalen Policy-Prozesse der EnWG-Novellen waren somit von starken Wechselbeziehungen einerseits zwischen den politisch-räumlichen Ebenen, andererseits zwischen staatlichen und privatwirtschaftlichen Akteuren geprägt, weshalb hier von *Multi-Level Governance* gesprochen werden kann.

Im Rahmen der *ersten EnWG-Novellierung im Jahr 1998*, die noch unter der konservativ-liberalen Regierung erfolgte, wurde zwar auf der einen Seite im Gegensatz zu vielen anderen Ländern der Strommarkt vollständig und in einem Schritt für alle Privat- und Geschäftskunden liberalisiert. Auf der anderen Seite verzichtete die Regierung als einziger EU-Mitgliedstaat jedoch auf die Einführung einer Regulierungsbehörde und setzte auf eine freiwillige Verbändevereinbarung der Wirtschaft. Nachdem in Folge der Liberalisierung zunächst die erwünschten Wirkungen durch sinkende Preise für Industriekunden und einige neue Anbieter auf dem Markt eintraten, zeigte sich bald das *Beharrungsvermögen des Energiemarktes*, als die erwünschten Wettbewerbseffekte im Verlauf des Jahres 2000 wieder verschwanden. Als Grund hierfür ist zum einen die ungenügende Regulierung sowie zum zweiten die starke Konzentrationsentwicklung auf dem Strommarkt zu nennen, aus der insbesondere vier große Energieversorger mit marktbeherrschender Stellung hervorgingen. Die marktbeherrschende Stellung war insbesondere durch die überwiegenden Erzeugungskapazitäten sowie den Besitz maßgeblicher Teile des Stromnetzes gegeben. Als integrierte Versorger waren die EVU als gleichzeitige Netzbetreiber in der Lage, durch interne Quersubventionierung die Konkurrenz de facto vom Markt zu drängen.

Die Entwicklung in Deutschland sowie in anderen Ländern veranlasste die EU-Kommission bereits im Jahr 2001 einen Entwurf für eine neue *Richtlinie zur Beschleunigung der Wettbewerbsentwicklung* vorzulegen, wodurch sie wieder zur entscheidenden Initiatorin und Antreiberin des deutschen Policy-Prozesses wurde. Auf der Basis von Benchmarkingberichten zum Liberalisierungsfortschritt wurde insbesondere der deutsche Weg des verhandelten Netzzugangs kritisiert. Zusammen mit dem Europaparlament konnte die Kommission so großen Druck aufbauen, dass der Ministerrat, der sich in vielen Punkten uneinig war, der Verabschiedung der Beschleunigungsrichtlinie schließlich im Jahr 2003 zustimmte. Die Richtlinie forderte u.a. ein unternehmensrechtliches Unbundling, die Einführung eines regulierten Netzzugangs und einer Netzentgeltkalkulation, sowie die Einrichtung einer Regulierungsbehörde, die es bis dato in Deutschland als einzigem Land noch nicht gegeben hatte.

Trotz dieses Beschlusses, den die deutsche Bundesregierung über das zuständige *Bundesministerium für Wirtschaft und Arbeit* im November 2002 mit ausgehandelt hatte, sperrten sich das BMWA und sein Minister Clement lange gegen die Einführung einer Regulierungsbehörde sowie weiterer Forderungen z.B. zur Netzentgeltkontrolle. Damit stand das Ministerium ganz an der Seite der konventionellen Energiewirtschaft, die mehrheitlich den verhandelten Netzzugang verteidigen wollte. Trotz der im Jahr 2003 bereits absehbaren Richtliniennovelle wurde in Deutschland zunächst noch die Verbändevereinbarung, die nicht nur von der Kommission, sondern auch von den neuen Energieanbietern und der Energieverbraucherlobby stark kritisierte worden war, verrechtlicht.

Parallel bauten sich jedoch in dieser Zeit *Gegengewichte* zur Koalition aus BMWA und der konventionellen Energiewirtschaft auf. Nach der erneut von der rot-grünen Regierungskoalition gewonnenen Bundestagswahl 2002 wurde die Zuständigkeit für erneuerbare Energien vom Bundeswirtschafts- ins *Bundesumweltministerium* verlegt, ebenso wie die Zuständigkeit für den Emissionshandel, und somit insgesamt die energiepolitische Kompetenz des BMU deutlich gestärkt. Im Rahmen der damit angestiegenen energiepolitischen Ressortabstimmungen und Verhandlungen ergab sich ein Koppelgeschäft zwischen BMU und BMWA bzw. zwischen der

302 4 Wechselwirkungen mit der Energiepolitik – die EnWG-Novelle

bündnisgrünen Fraktion und dem EVU-nahen Flügel der SPD. Für die Einführung einer Härtefallregelung zu Gunsten der energieintensiven Industrie wurden die Einführung einer Regulierungsbehörde und stärkere Wettbewerbselemente verankert und somit auch die Rolle des BMU im EnWG-Prozess gestärkt. Das BMU und die bündnisgrüne Fraktion bauten darüber hinaus seit dieser Zeit massive Kompetenzen zum EnWG-Thema auf und verbesserten auch damit ihre Verhandlungsposition.

Dieses Gegengewicht wurde im Jahr 2004 schließlich entscheidend erhöht, als sich die *CDU-Opposition* sowie insbesondere einige *unionsgeführte Länder* wie das Saarland und Hessen gegen die Stromkonzerne stellten. Grund hierfür waren die mehrfachen, öffentlich stark umstrittenen Strompreiserhöhungen und Erhöhungsankündigungen, die parallel zu den laufenden politischen Verhandlungen zum EnWG stattfanden, und die ein starkes, *negatives Echo in den Medien* erhielten. Dies bot der Union die Gelegenheit, sich im Bundesrat gegenüber der Regierung und insbesondere der SPD wettbewerbspolitisch zu profilieren, und dabei zudem die öffentliche Stimmung bundespolitisch zu nutzen. Die aktivsten B-Länder waren dabei solche, die keine enge Bindung zu großen Energiekonzernen aufwiesen.

Aufgrund der weit auseinander liegenden Positionen von BMWA und den EVU-nahen Teilen der SPD gegenüber der stärker wettbewerbsorientierten Interessenkoalition aus CDU-Opposition und den Grünen, die darüber hinaus eine Reihe von Umwelt- und Verbraucherschutzzielen einbrachten, brauchte es mehrere parlamentarische Verhandlungsrunden und letztlich den *Vermittlungsausschuss*, um zu einem verabschiedungsfähigen Gesetz zu kommen. Dass dieses gelang, lag jedoch nicht nur am guten Willen der Beteiligten, sondern auch an zwei wichtigen *externen Faktoren.* Zum einen forcierte die *EU-Kommission* ihr Vertragsverletzungsverfahren und drohte im März 2005 mit einer Klage vor dem EuGH, wenn nicht bis zum Juni des Jahres 2005 die dann seit einem Jahr überfällige Umsetzung der Richtlinie erfolgt sein würde. Zum anderen hatte die SPD im Mai 2005 die Landtagswahl in NRW verloren, woraufhin Kanzler Schröder *Neuwahlen* ankündigte. Dies führte nach Aussage vieler Beteiligter dazu, dass nahezu alle EnWG-Kontrahenten ein gesteigertes Interesse daran hatten, das langwierige und komplexe Verfahren noch in der laufenden Legislatur zu einem Abschluss zu bringen, um nicht in der nächsten Legislatur unter dann möglicherweise anderen politischen Vorzeichen von vorn beginnen zu müssen.

Die Novellierung des Energiewirtschaftsgesetzes betraf grundsätzlich auch die *EE-Branchen*, wenn gleich diese durch das StrEG und später das EEG in besonderer Weise gefördert und geschützt waren. Bereits nach Maßgabe der ersten Liberalisierungsrichtlinie aus dem Jahr 1996 hätte den EE- und KWK-Anlagen ein weit reichendes Vorrangrecht eingeräumt werden können, welches die EEG-Regelung zusätzlich untermauert und abgesichert hätte. Auf der anderen Seite hätten ebenso Regelungen eingeführt werden können, welche die Vorrangregelung nach EEG unterhöhlten. Die erste Novelle von 1998 blieb diesbezüglich neutral, da sie ohnehin mit 19 Paragrafen schlank, dafür jedoch an vielen Stellen unklar ausgefallen war. In den Diskussionen zur zweiten EnWG-Novelle hatte sich gemäß der Anforderungen der Beschleunigungsrichtlinie der erforderliche Regelungsbedarf deutlich erhöht. Die meisten der zentralen Regelungsaspekte waren dabei auch von direkter oder indirekter *Bedeutung für die erneuerbaren Energien*. Die Einführung einer starken und unabhängigen Regulierungsbehörde zur Sicherung eines diskriminierungsfreien Netzzugangs, Entflechtung als Voraussetzung gegen Marktverzerrung und -beherrschung, die Liberalisierung von Teilmärkten wie dem Regelenergiemarkt und dem Mess- und Zählwesen sowie eine kontrollierte Netzentgeltermittlung mit dem Ziel der Netzentgeltsenkung sind Beispiele für solche grundsätzlichen Bedeutungen. Darüber hinaus bot es sich an, die Regulierungsbehörde auch für eine Reihe von Vollzugsproblemen im Umgang mit Netzaspekten beim EEG zu nutzen, was auch seitens der EE-Branche gefordert wurde.

Wie die Analyse gezeigt hat, war die *EE-Branche* jedoch *kaum am EnWG-Prozess beteiligt*. Lediglich einzelne Ökostromhändler, für die die Netzdurchleitungsbedingungen und die Stromkennzeichnung wichtige Aspekte waren, brachten sich stärker ein, die Mehrzahl der Branche und Branchenvertreter jedoch nicht. Die Analyse ergab vier Gründe für das geringe Engagement, die jedoch eng miteinander verknüpft sind. Erstens gab es das Vorrangrecht durch das Spezialgesetz EEG, weshalb sich die Verbände durch das EnWG-Rahmengesetz wenig bedroht sahen. Zweitens stand im gleichen Zeitraum auch die Novelle des EEG an, welche angesichts der unmittelbaren Bedeutung für die Branche klare Behandlungspriorität hatte. Da die EEG-Novelle jedoch in 2004 verabschiedet wurde, hätte im Grunde Zeit bestanden, sich anschließend intensiver dem EnWG-Prozess zu widmen. Dagegen sprachen aber drittens die hohe Komplexität und der Umfang des Gesetzes angesichts einer sehr knappen Personaldecke. Da die Verbände sich viertens von ihren politischen Vertretern aus den Reihen der Grünen und des BMU gut vertreten sahen, bestand für sie nach eigenen Aussagen auch kein zwingender Anlass für ein verstärktes Engagement.

Insbesondere in Bezug auf den Aspekt der Wettbewerbsförderung durch eine stärkere Regulierung des Energiemarktes ergab sich schließlich zusammen mit der konservativen Opposition, den industriellen Energieverbrauchern sowie den neuen Energieanbietern eine Interessengemeinschaft, die am Ende eine starke Verhandlungsmacht für ihre Kernthemen hatte. Während sich im Zuge dessen auch Ansätze in Richtung mehr Effizienz im Netzbetrieb durchsetzten, in dem zukünftig (ab 2009) eine Anreizregulierung eingeführt werden soll, waren Aspekte einer zukünftigen Transformation des Energiesektors in Richtung einer stärkeren dezentralen Energieversorgung kein Thema des Policy-Prozesses. Dies wurde zwar vereinzelt von Vertretern der dezentralen Energiewirtschaft kritisiert, allerdings gab es keinerlei ausgearbeitete Vorschläge oder Diskurse in diese Richtung.

Inwieweit es aus Sicht der Wettbewerbsbefürworter gelungen ist, mit der zweiten Novelle diesmal die gewünschten Ziele zu erreichen, kann gegenwärtig noch nicht hinreichend beurteilt werden, da auch das neue, von 19 auf 118 Paragrafen angewachsene Gesetz noch viele Interpretationsspielräume bietet, die durch die Praxis oder durch Gerichte zu klären sein werden. Die Netzzugangsregeln bestätigen zwar im Grundsatz die Vorrangregelungen nach EEG und KWKG, dennoch bleiben Ausnahmetatbestände für die Verweigerung von Netzanschluss und – zugang dezentraler Einspeiser. Diesbezüglich gab es Befürchtungen in der EE-Branche, insbesondere seitens der Windkraft, die Netzbetreiber könnten die Ausnahmetatbestände der „wirtschaftlichen Zumutbarkeit" umfänglich in Anspruch nehmen. Zum anderen können aus Gründen der Netzsicherheit Auflagen gemacht werden, und die geforderte Kosteneffizienz im Netzbetrieb könnte sich negativ auf die von Windenergieanlagen benötigten Kapazitäten oder die von der Windbranche präferierte Erdkabelnutzung auswirken.

Im Gegensatz zu den kleineren Einspeisern haben sich die *großen Energiekonzerne* und die Lobbyverbände der Energiewirtschaft intensiv am Politikformulierungsprozess beteiligt, und waren aufgrund ihrer Kapazitäten und Kompetenzen vielen anderen Akteuren, auch den gesetzgeberisch Verantwortlichen, zum Teil deutlich überlegen. Nachdem die pauschale Ablehnung einer Regulierung nicht mehr zu halten war, wirkten die großen Konzerne durch ihre guten Verbindungen ins BMWA maßgeblich mit an der Formulierung von Passagen der Novelle und Verordnungen. Inwieweit sie dabei ihre spezifischen Situationen und Bedürfnisse soweit zu ihren Gunsten einzubringen vermochten, dass dies einem stärkeren Wettbewerb entgegensteht, bleibt abzuwarten.

Allerdings zeigten die ersten Entwicklungen auf dem Strommarkt nach in Kraft treten der zweiten EnWG-Novelle (2005) bis zum gegenwärtigen Stand (Juli 2007), dass sich zunächst in Bezug auf die *Wettbewerbs- und Preisentwicklungen nicht viel geändert* hat. Dies kann zum einen darauf zurückgeführt werden, dass die Bundesnetzagentur noch nicht unmittelbar handlungsfähig war, zum anderen soll die Anreizregulierung, von der eine Netzkostensenkung erwartet wird, erst ab 2009 eingeführt werden, zum dritten sind die Beschaffungskosten gestiegen. Die Ausgestaltung der Anreizregulierung verläuft gegenwärtig in ähnlicher Weise wie der EnWG-Prozess. Nachdem die großen Energiekonzerne sich zunächst überwiegend dagegen gewehrt hatten, bringen sie nun ihr Know-how und ihren Einfluss mittels eigener Vorschläge und Kommentierungen zu Entwürfen der BNetzA ein, um die für sie bestmögliche Variante in der Umsetzung zu erreichen.

Der Strommarkt wird nach wie vor in gleicher Weise von den vier großen *Energiekonzernen* dominiert. Sie *expandieren* gegenwärtig insbesondere *international* weiter und erwirtschaften auch *im Inland hohe Gewinne*. Jenseits der ohnehin bereits dominierend hohen Erzeugungskapazitäten der Energiekonzerne ist es gegenwärtig nur das EEG, das seit einigen Jahren für eine kontinuierliche Minderung der

Markteinteile auf dem Erzeugungsmarkt sorgt (siehe Abschnitt 3.1). Damit zeigt die Entwicklung auf dem Strommarkt Ähnlichkeiten mit der in anderen, ehemals staatsnahen Sektoren auf, die liberalisiert wurden, und bei denen im Ergebnis nur wenige große Unternehmen zu Lasten vieler kleinerer profitiert haben (vgl. Schmidt 2006: 208ff). Unterstützt wurde diese Entwicklung auch durch die Förderung „nationaler Champions" durch die Bundesregierung.

5 Wechselwirkungen mit der EU-Politik – die EE-Richtlinie

Mit der Richtlinie 2001/77/EG „zur Förderung der Stromerzeugung aus erneuerbaren Energiequellen im Elektrizitätsbinnenmarkt" (Richtlinie 2001) wurde ab dem Jahr 2001 ein EU-weiter Rahmen geschaffen, der dem gezielten Ausbau erneuerbarer Energien dienen soll. Die in der Richtlinie skizzierte Ausgangslage benennt ein „derzeit nur unzureichend genutztes Potenzial", weswegen es die Gemeinschaft für erforderlich hält, „erneuerbare Energiequellen prioritär zu fördern, da deren Nutzung zum Umweltschutz und zur nachhaltigen Entwicklung beiträgt. Ferner können sich daraus auch Beschäftigungsmöglichkeiten auf lokaler Ebene ergeben, sich auf den sozialen Zusammenhalt positiv auswirken, zur Versorgungssicherheit beitragen und die Voraussetzungen dafür schaffen, dass die Zielvorgaben von Kyoto rascher erreicht werden." (Erwägungsgrund 1 in Richtlinie 2001)

Während die Richtlinie damit für viele Mitgliedsstaaten tatsächlich eine Vorgabe für ein verstärktes Engagement zur Förderung erneuerbarer Energien darstellte, sah dies im Fall Deutschlands grundlegend anders aus: Seit 1991 gab es bereits das Stromeinspeisegesetz, welches nach dem Regierungswechsel zu rot-grün im Jahr 2000 durch das EEG abgelöst wurde. Das EEG basierte wie das StrEG ebenfalls auf Einspeisevergütungen, bot jedoch deutlich bessere Konditionen mit dem Ziel eines stärkeren Ausbaueffektes. Bereits mit den Ausbauwirkungen durch das StrEG hatte Deutschland in den 1990er Jahren europaweit und international Aufmerksamkeit erregt. Dies, so zeichnete sich schnell nach Verabschiedung des EEG ab, sollte sich angesichts der Wirkungen des neuen Gesetzes noch verstärken. Somit legen sowohl die zeitlichen Überschneidungen der politischen Prozesse auf der nationalen Ebene in Deutschland und der EU-Ebene, als auch die Tatsache, dass es sich bei dem deutschen Gesetz um eines mit Vorbild- und Signalwirkung in Europa handelte, nahe, dass eine Reihe von Wechselwirkungen und Interaktionen zwischen den nationalen und Europäischen Policy-Prozessen rund um die erneuerbare Energie-Politik und zwischen den jeweiligen zentralen Akteuren zu vermuten sind.

Solche Interaktionen insbesondere zwischen den Nationalstaaten (und teilweise auch substaatlichen Ebenen) mit den EU-Institutionen bzw. den auf der EU-Ebene aktiven politischen Netzwerken sind allerdings nicht die Ausnahme, sondern eher die Regel bei europapolitischen Prozessen (Kohler-Koch 1999). Sie sind geradezu konstitutiv für die meisten politischen Vorgänge auf der EU-Ebene, weswegen die Europäische Union auch als ein klassisches politisches Mehrebenensystem gilt, dessen politische Prozesse und Strukturen deshalb auch als Multi-Level Governance bezeichnet werden (siehe Abschnitt 2.3). Aufgrund seiner Verfasstheit bietet das „Institutionensystem der EU" (Jachtenfuchs/ Kohler-Koch 2004) für Stakeholder verschiedene Hebel und Zugänge auf mehreren Ebenen, um einen politischen

Entscheidungsprozess zu beeinflussen. Während die nationalen Regierungen, die den Rat der Europäischen Union bzw. die spezifischen Ministerräte bilden, in der Regel auf nationaler Ebene beeinflusst werden, findet auf EU-Ebene ein intensives Lobbying bei der Kommission in Brüssel und zunehmend beim EU-Parlament (in Straßburg und Brüssel) statt, seit dem dieses über das Mitentscheidungsverfahren mehr Kompetenzen und Mitentscheidungsrechte erhalten hat. Über die parteipolitischen Verbindungen der Europaparlamentarier bestehen darüber hinaus weitere Mehrebenenverbindungen.

Diese Mehrebenenbezüge sind insbesondere bei solchen Policy-Prozessen gegeben, die zu europäischen Verordnungen oder Richtlinien führen, wie dies auch bei der hier im Vordergrund stehenden EE-Richtlinie der Fall war. Zu Beginn der nachfolgenden Policy-Analyse werden der allgemeine institutionelle und energiepolitische Rahmen bis zur Richtlinie sowie relevante energiepolitische Daten zum Verständnis des Hintergrunds und der Ausgangslage dargestellt. Zudem wird die zentrale Debatte um die Förderinstrumente erneuerbarer Energien in Europa eingeführt. In der darauf folgenden Analyse des Policy-Prozesses werden insbesondere die Positionen der zentralen drei EU-Organe im Zeitverlauf analysiert sowie an mehreren Stellen die besonderen Wechselwirkungen zwischen der EU-Ebene und Deutschland. Die Analyse erstreckt sich von den ersten Maßnahmen für erneuerbare Energien über das Agenda-Setting, den Politikformulierungsprozess bis hin zur Implementierung und ersten Evaluierungsphase der EE-Richtlinie, die bis 2005 reichte. Im Anschluss daran werden neuere Entwicklungen auf EU-Ebene und in Deutschland im Hinblick auf tatsächliche oder mögliche Veränderungen im weiteren Richtlinienkurs dargestellt. Den Abschluss des Kapitels bilden die Akteursanalyse und ein Fazit.

5.1   Rahmenbedingungen und Ausgangslage

Die Energiepolitik ist im Rahmen des europäischen Gemeinschaftsrechts nicht als eigenständiges, prioritäres Politikfeld verankert bzw. geregelt. Dies ist zu konstatieren, wenngleich der erste Vertrag der Europäischen Gemeinschaften von 1951 explizit der Zusammenarbeit im Bereich Kohle und Stahl diente (EGKS), und parallel zum zweiten Vertrag, der die Europäische Wirtschaftsgemeinschaft (EWG) im Jahr 1957 begründete, die Europäische Atomenergiegemeinschaft (Euratom) gegründet wurde. Dennoch war jenseits der Ressourcenverträge im EGKS und der Technologiekooperation im Rahmen von Euratom die Energiepolitik als Ganzes traditionell eine hoheitliche Aufgabe der nationalen Politik jedes einzelnen Mitgliedsstaats.

Für das Verständnis politischer Prozesse auf der EU-Ebene ist es wichtig, sich zunächst die institutionelle Struktur der Europäischen Union bzw. die unterschiedlichen Kompetenzen und Verflechtungen der im Prozess beteiligten Institutionen auf EU- und Mitgliedstaatenebene zu vergegenwärtigen. Die europäischen Gesetzgebungskompetenzen und allgemeinen institutionellen Zuständigkeiten der einzelnen Organe sind in den Gründungsverträgen der EU und deren Änderungen festgelegt. Die EU-Verträge beinhalten darüber hinaus auch Rahmenbestimmungen, die auch Auswirkungen auf die Energiepolitik der Europäischen Gemeinschaft haben. Damit sind aus juristischer wie politischer Sicht diese primärrechtlichen Vorgaben der Gemeinschaft „Prüfungs- und Gestaltungsmaßstab für das sekundäre Gemeinschaftsrecht, dem auch die Richtlinie zur Förderung aus erneuerbaren Energien zuzurechnen ist" (Oschmann 2002: 43f).[346] Für die Analyse des politischen Prozesses zur erneuerbare Energien-Richtlinie ist zudem der allgemeine energiepolitische Rahmen sowie die energiewirtschaftliche Ausgangssituation insgesamt zu betrachten.

5.1.1   Institutioneller Rahmen und europäische Gesetzgebung[347]

Bis zum Jahr des Inkrafttretens der hier im Vordergrund stehenden Richtlinie 2001/77/EG waren auf der Ebene des primären Gemeinschaftsrechts neben den Gründungsverträgen u.a. der Vertrag über die Europäische Union (auch als Vertrag von Maastricht bekannt) vom 7. Februar 1992 sowie der am 2. Oktober 1997 unterzeichnete Vertrag von Amsterdam von Relevanz.[348] Der Maastrichter Vertrag überführte die Europäische Wirtschaftsgemeinschaft in die „Europäische Gemeinschaft" (Europäische Union 1992). Es wurden neue Formen der Zusammenarbeit zwischen den Regierungen der Mitgliedstaaten in verschiedenen Bereichen festge-

---

[346]   Im juristischen Sprachgebrauch wird zwischen dem Primärrecht, dem Sekundärrecht und der Rechtsprechung unterschieden, welche zusammen den so genannten „Acquis communautaire", den gemeinschaftlichen Besitzstand der EU bilden. Das Primärrecht besteht in erster Linie aus den Verträgen und sonstigen Vereinbarungen mit einem vergleichbaren Rechtsstatus, die unmittelbar zwischen den Regierungen der Mitgliedstaaten ausgehandelt werden und von den nationalen Parlamenten ratifiziert werden müssen. Das sekundäre Gemeinschaftsrecht leitet sich formal aus den Verträgen und Vereinbarungen ab und steht für konkrete Gesetze auf EU-Ebene. Unter Sekundärrecht wird die Gesamtheit der normativen Rechtsakte verstanden, die von den europäischen Organen entsprechend den Bestimmungen der Verträge angenommen wurden. Zu diesem abgeleiteten Recht gehören die im EG-Vertrag genannten verbindlichen (Verordnungen, Richtlinien und Entscheidungen) und nicht verbindlichen (Entschließungen, Stellungnahmen) Rechtsakte sowie eine Reihe anderer Rechtsakte wie z. B. die Geschäftsordnungen der Organe oder die Aktionsprogramme der Gemeinschaft. (EUR-Lex 2006)

[347]   Die Entwicklung der Verträge und der institutionellen Zuständigkeiten in der EU finden sich auf diversen Informationsseiten der EU-Organe, so z.B. auf den Webseiten der Europäischen Union (EUROPA 2006); siehe hierzu auch beispielhafte Übersichten bei DBB (2005) sowie Wessels (2004).

[348]   Der Vertrag von Maastricht trat am 1. November 1993 in Kraft, der Vertrag von Amsterdam am 1. Mai 1999.

legt. Maßgeblich war dabei die „Schaffung eines Raumes ohne Binnengrenzen, durch … Errichtung einer Wirtschafts- und Währungsunion", aber auch eine stärkere Kooperation in den Bereichen Inneres, Justiz, Außen- und Sicherheitspolitik (Artikel B des Vertrages). Mit dem Vertrag von Amsterdam (Europäische Union 1997) wurden zum einen wesentliche institutionelle Fragen geändert bzw. präzisiert, die u.a. das Zusammenspiel und die Kompetenzen von Kommission, Rat und Parlament betrafen. Zum anderen wurden für einzelne Politikfelder neue Regelungen vereinbart oder angekündigt, so zum Beispiel eine stärkere Berücksichtigung von Umweltschutzbelangen in allen sektoralen Politiken. Der Vertrag von Amsterdam bereitete zudem bereits einige der durch die Erweiterung der Union erforderlichen Änderungen vor, die schließlich im Vertrag von Nizza am 26. Februar 2001 unterzeichnet wurden.[349]

Zu den rechtsverbindlichen Formen der EU, die sich aus den Verträgen ableiten, und die aus dem Zusammenspiel der EU-Organe entstehen, gehören *Verordnungen und Richtlinien* als sekundäre Rechtsvorschriften. Eine EU-Verordnung ist mit den Gesetzen auf nationaler Ebene vergleichbar, und nicht mit dem auf nationaler Ebene verwendeten Begriff der Verordnung, die beispielsweise in Deutschland eine Ausformulierung bzw. Konkretisierung einzelner Gesetzesregelungen beinhaltet. Eine EU-Verordnung macht konkrete Vorgaben, die in jedem Mitgliedstaat einzuhalten sind, wie z.B. für technische Normen oder die EU-Zinspolitik.

Demgegenüber sind *Richtlinien* hinsichtlich des Ziels, das die Mitgliedstaaten in einer bestimmten Frist umsetzen müssen, verbindlich. Sie überlassen den Mitgliedstaaten jedoch die Wahl der Form und der Mittel zur Erreichung dieses Ziels. Damit sind die Richtlinien „zwar mitunter anfällig für Aushöhlungen auf nationaler Ebene, gleichwohl sind die Mitgliedstaaten dazu verpflichtet, diejenigen innerstaatlichen Handlungsformen zu wählen, die für die Gewährleistung der Wirksamkeit des Gemeinschaftsrechts am besten geeignet sind" (DBB 2005: 4). Bei Nichteinhaltung des Ziels oder der fristgerechten Umsetzung kann ein Mitgliedstaat einem Vertragsverletzungsverfahren unterzogen und in Folge beim Europäischen Gerichtshof (EuGH) verklagt werden, mit der Konsequenz von Strafzahlungen.

Eine Richtlinie wird in der Regel von der *Europäischen Kommission* initiiert. Die Kommission hat für die meisten politischen Themenfelder das Initiativmonopol für den Gesetzgebungsprozess. Dieser beginnt häufig mit den so genannten Grün- und Weißbüchern, welche die Gesetzgebungsprozesse einleiten.[350] Aufgrund dieser

---

[349] Der Vertrag von Nizza trat am 1. Februar 2003 in Kraft. Sein Hauptzweck war eine institutionelle Reform, um die Union nach ihrer Erweiterung auf 25 Mitgliedstaaten funktionsfähiger zu machen.

[350] Grünbücher sind von der Kommission veröffentlichte Mitteilungen, die zur Diskussion über Maßnahmen in einem bestimmten Politikbereich dienen und sich vor allem an interessierte Dritte im Vorfeld von Konsultationen und Beratungen richten. Den Grünbüchern folgen häufig (jedoch nicht zwingend) Weißbücher, die konkretere, förmliche Vorschläge für ein Tätigwerden der Gemeinschaft für bestimmte Politikbereiche enthalten. (EUR-Lex 2006)

Kompetenzen gilt die Kommission als „Agenda-Setter" auf europäischer Ebene (Wessels 2004: 12ff). Weiterhin nimmt die Kommission Exekutivaufgaben wahr, indem sie die europäischen Verträge und die Umsetzung von Richtlinien in nationales Recht überwacht.

Die Kommission besteht derzeit (Stand Ende 2006) aus 24 Kommissaren und dem Kommissionspräsidenten. Sie trifft Entscheidungen in der Regel mit einfacher Mehrheit und vertritt diese einheitlich nach außen. Aus diesem Grund wird die Kommission auch häufig als ein klassischer korporativer Akteur aufgefasst, da es mit dem Kommissionspräsidenten eine im Innenverhältnis weisungsbefugte Führung gibt (Schumann et al. 2005: 227). Die Kommissare haben spezifische fachliche Zuständigkeiten; sie stehen jeweils den zugehörigen Generaldirektionen vor. Gegenwärtig werden alle energierelevanten Themen und Programme der Kommission durch die Generaldirektion „Energie und Verkehr" federführend behandelt (Directorate-General Energy and Transport, GD TREN). Seit 2004 ist Kommissar Andris Piebalgs für die Energiepolitik verantwortlich. Eine weitere Aufteilung der fachlichen Zuständigkeiten auf der Arbeitsebene der Kommission erfolgt durch die einzelnen Direktionen und Abteilungen innerhalb der GD TREN. Für den hier untersuchten politischen Prozess sind die Abteilungen für erneuerbare Energien und für Binnenmarktfragen hervorzuheben, die zum Teil unterschiedliche Präferenzen, Wert- und Zielvorstellungen haben. Beim Thema erneuerbare Energien sind neben der Energiekommission auch andere, insbesondere die für Umwelt- und Wettbewerbsfragen zuständigen Kommissare und GDs einbezogen.

Das *Europäische Parlament und der Rat* besitzen zwar kein Initiativrecht, können die Kommission aber durch Beschlüsse oder Stellungnahmen zum Tätigwerden in einem bestimmten Feld auffordern und damit politischen Druck auf die Kommission ausüben. Parlament und Rat sind die zentralen Akteure während des eigentlichen Gesetzgebungsverfahrens. Dies gilt insbesondere für das so genannte *Mitentscheidungsverfahren*, das mittlerweile das wichtigste unter den Legislativverfahren der Europäischen Union ist.[351] Ähnlich wie in der Kommission ergibt sich die fachliche Zuständigkeit innerhalb von Parlament und Rat durch die jeweiligen Politikfelder bzw. die politischen Themen.

Im *Europäischen Parlament* arbeiten Fachausschüsse zu den jeweiligen Themenfeldern. Im Fall der Richtlinie für erneuerbare Energien war der Ausschuss für Forschung, technologische Entwicklung und Energie für das Verfassen von Stel-

---

[351] Das Mitentscheidungsverfahren basiert auf dem Grundsatz der Gleichberechtigung zwischen dem Europäischen Parlament und dem Rat, welche die Rechtsvorschriften der EU gemeinsam und gleichrangig mit gleichen Rechte und Pflichten erlassen. Das Verfahren wurde im Jahre 1993 mit dem Vertrag von Maastricht eingeführt. Fand es damals nur auf 15 Bereiche der Gemeinschaftstätigkeit Anwendung, so liegt nach Maßgabe der Änderungsverträge die Gesamtzahl der Rechtsgrundlagen gegenwärtig bei 40. Infolgedessen hat sich das Mitentscheidungsverfahren zum wichtigsten Rechtsetzungsverfahren der Europäischen Union entwickelt. (Europäisches Parlament 2004b)

lungnahmen und Berichten federführend. Zusätzliche Stellungnahmen wurden gemäß der Geschäftsordnung des Parlaments von dem mitberatenden Ausschuss für Landwirtschaft und ländliche Entwicklung sowie dem Ausschuss für Umweltfragen, Volksgesundheit und Verbraucherschutz erstellt. Zentral für die nach dem fraktionsbezogenen Proporzsystem besetzten Ausschüsse ist die Bestimmung eines *Berichterstatters*, der verantwortlich für die Erstellung von Berichten und Stellungnahmen zu bestimmten Themen ist. Während eines Richtlinienprozesses ist der Berichterstatter nicht nur für die Koordinierung der verschiedenen Positionen innerhalb des Parlaments zuständig, sondern muss sich auch mit der Kommission und dem Rat abstimmen.

Der *Rat* ist das verfassungsgebende Organ der EU. Mit dem gemeinschaftlichen Beschluss einer Richtlinie im Rat bestimmen die Mitgliedstaaten selbst die an sie ergehenden Handlungsanweisungen, die in nationale Gesetzgebungsprozesse münden sollen. Der Rat, der immer noch das zentrale Organ der europäischen Entscheidungsfindung ist, kann damit als intergouvernementaler kollektiver Akteur klassifiziert werden (Schumann et al. 2005: 227). In den *Rat* entsenden die Mitgliedsstaaten jeweils einen Vertreter für ein zur Diskussion oder Entscheidung anstehendes Thema. Dies kann in wichtigen Fällen ein zuständiger Fachminister bzw. dessen Staatssekretär sein, im Regelfall sind es zuständige Referenten bzw. Abgesandte aus der Arbeitsebene der Ministerialbürokratie.[352] Dabei ist entscheidend, dass der Vertreter der jeweiligen Regierung befugt ist, verbindlich zu handeln. Als „Allgemeiner Rat", der die fach- und ressortübergreifenden Fragen behandelt, fungiert der „Rat der Außenminister", der gewöhnlich einmal im Monat zusammentritt. Daneben gibt es die „Fachministerräte", die etwa 80mal im Jahr tagen. Der Vorsitz im Rat wird von den Mitgliedstaaten nacheinander in einer vereinbarten Reihenfolge für jeweils sechs Monate wahrgenommen. Ihm kommt vor allem die Aufgabe zu, die Arbeiten im Rat und in den zuarbeitenden Ausschüssen zu koordinieren und vorzubereiten. Er repräsentiert in dieser Zeit jedoch auch die politische Linie der EU in der Öffentlichkeit.

Das Zusammenspiel der drei zentralen EU-Organe ist stark geprägt aus ihren in den Gründungsverträgen verankerten festgelegten Rollen und Loyalitäten. So repräsentieren der Rat und die Kommission die „institutionelle Balance" für den inhärenten Widerspruch zwischen „Subsidiarität und föderaler Balance" (Jachtenfuchs/ Kohler-Koch 2004) bzw. zwischen „Autonomieschonung und Gemein-

---

[352] Die Entscheidungen im Rat werden auf der Arbeitsebene durch den Ausschuss der Ständigen Vertreter der Regierungen der Mitgliedsstaaten vorbereitet. Insbesondere bei den Verhandlungen der Fachministerräte sind es jedoch nicht die ständigen Vertreter, die über die Positionen der Mitgliedsstaaten verhandeln, sondern entsandte Mitarbeiter der jeweiligen nationalen Fachministerien. Dies trifft auch auf die Verhandlungen zur EE-Richtlinie zu, welche von deutscher Seite federführend vom Bundeswirtschaftsministerium (BMWi) geleitet wurden. Innerhalb des BMWi war das damalige Referat III A 5 (Markteinführung erneuerbare Energien) zuständig.

schaftsverträglichkeit" (Scharpf 1993a), dem die Mitgliedstaaten im europäischen System ausgesetzt sind. Das Europäische Parlament als drittes Organ im Bunde hat nach der Einführung des Direktwahlsystems an Bedeutung gewonnen. Das Verständnis des Parlaments ist ähnlich wie das der Kommission auf das Europäische Gemeinschaftsinteresse ausgerichtet, gleichzeitig wurde seine Rolle im Gesetzgebungsprozess der des Rates angenähert. Dem Rat verbleibt die verfassungsrechtliche Kompetenz, wodurch die Mitgliedstaaten „ihren Willen unterstreichen, ihre verfassungsändernde Macht nicht an die EU-Ebene abzugeben" (Jachtenfuchs/ Kohler-Koch 2004: 84).

Neben diesen drei zentralen Institutionen des europäischen Gesetzgebungsverfahrens gibt es noch zwei weitere beratende Organe, die durch Stellungnahmen Einfluss nehmen können. Dies ist zum einen der *Europäische Wirtschafts- und Sozialausschuss* (EWSA), zum anderen der *Ausschuss der Regionen* (AdR).[353] Beide beratenden Organe haben jedoch für den hier im Vordergrund stehenden Politikprozess rund um die EE-Richtlinie keine wichtige Rolle gespielt.

5.1.2 Energiepolitischer Rahmen

Im europäischen Primärrecht, d.h. in den zentralen Gründungsverträgen und den darauf folgenden Änderungen, gibt es keine übergreifenden energiepolitischen Festlegungen oder daraus ableitbare einheitliche Vorschriften. Dies gilt auch für konkrete politische Vorgaben für die Elektrizitätserzeugung aus erneuerbaren Energien.

Dennoch startete die Europäische Gemeinschaft überhaupt erst dadurch, dass die Mitgliedsstaaten die Notwendigkeit einer energiepolitisch relevanten, strategischen Zusammenarbeit sahen. Im EGKS-Vertrag (Europäische Gemeinschaft für Kohle und Stahl) von 1951 ging es den europäischen Staaten der Nachkriegszeit vorrangig um die Kontrolle der militärisch relevanten Kohle- und Stahlindustrien; ein Motiv, dass neben der technischen Kooperation und Förderung der Atomtechnik auch beim Euratom-Vertrag von 1957 eine Rolle gespielt hat (Görlach/ Meyer-Ohlendorf 2003). Während der EGKS-Vertrag 2002 ausgelaufen ist und die Europäische Kommission die Subventionen in die Kohleindustrie zuneh-

---

[353] Der Europäische Wirtschafts- und Sozialausschuss ist eine beratende Versammlung, die bereits 1957 durch die Verträge von Rom eingesetzt wurde. Er besteht aus Vertretern der verschiedenen wirtschaftlichen und sozialen Bereiche der organisierten Zivilgesellschaft (Arbeitgeber, Gewerkschaften, Landwirte, Verbraucher o.ä. Interessengruppen) und hat die grundlegende Aufgabe, den drei zentralen Organen (Parlament, Rat und Kommission) als Ratgeber zur Seite zu stehen. (EWSA 2004) Der Ausschuss der Regionen wurde durch den Vertrag von Maastricht 1994 eingerichtet. Er setzt sich aus Vertretern von Städten und Regionen zusammen, die durch Kommission, Rat und Parlament dann konsultiert werden muss, wenn die jeweiligen Themen für die regionalen und lokalen Gebietskörperschaften relevant sind. (AdR 2004)

mend aus wettbewerbspolitischen Gründen kritisch betrachtet, ist der Euratom-Vertrag noch gültig und führt nach wie vor zu einer Sonderstellung und Stützung dieser Technologie in Europa.

Die Energiepolitik insgesamt blieb und bleibt, abgesehen von den (ehemaligen) EGKS- und Euratom-Vorschriften, in der Zuständigkeit der Mitgliedstaaten. Nach der Änderung des EG-Vertrags 1992 durch den Vertrag von Maastricht kann gemäß Artikel 3 die EU zwar auch in energiepolitischen Fragen tätig werden.[354] Aus dieser allgemeinen Bestimmung lassen sich jedoch für die europäischen Institutionen keine Kompetenzen für Maßnahmen im Energiebereich ableiten (Görlach/Meyer-Ohlendorf 2003). Allerdings können die allgemeinen Bestimmungen des EG-Vertrages auch zur Regelung des Energiesektors eingesetzt werden, da der Vertrag keine Ausnahme für bestimmte Wirtschaftsbereiche macht. Für den Energiebereich und für erneuerbare Energien sind insbesondere die Vorschriften zur Rechtsangleichung in der EU, zur Umweltkompetenz der Gemeinschaft, zur Harmonisierung, sowie zum Wettbewerb und zur Wirtschaftspolitik von Bedeutung (Schumann et al. 2005). Während Maßnahmen, die im Rahmen der beiden erstgenannten Titel durchgeführt werden, jeweils im Ministerrat bzw. im Mitentscheidungsverfahren entschieden werden und somit geringe Entscheidungsautonomie der Kommission vorliegt, hat diese mit Blick auf die Elektrizitätspolitik insbesondere hinsichtlich wettbewerbsrechtlicher Kompetenzen (Kartellaufsicht, staatliche Monopole und Beihilfen) Entscheidungskompetenzen auch ohne Einschaltung des Ministerrats (ebda.).

Aus diesen übergeordneten Regelungsbereichen der Gemeinschaft wurden eine Reihe von Vorschriften abgeleitet und entwickelt, die sich auf den Energiebereich ausgewirkt haben oder diesen direkt adressierten. Dabei spielte die Förderung erneuerbarer Energien lange Zeit keine oder nur eine untergeordnete Rolle. Vielmehr standen zu Beginn die Ziele Versorgungssicherheit, Verringerung der Abhängigkeit von Energieimporten und preisgünstige Versorgung der Bevölkerung und Wirtschaft im Vordergrund. Weitere Ziele waren ein erhöhter Wettbewerb zwischen den Energieträgern und die Förderung neuer Energieträger. Erst seit Beginn der neunziger Jahre rückten auch Themen wie Energieeffizienz und –einsparung, Umweltschutz und die Förderung erneuerbarer Energien in den Fokus der gemeinschaftlichen Politik (Oschmann 2002: 49).

Der energiepolitische Rahmen lässt sich anhand zentraler Ereignisse und Vereinbarungen in verschiedene Phasen einteilen (vgl. auch Oschmann 2002: 50ff). Die Gründung der EKGS im Jahr 1952 markiert den Beginn energiepolitisch relevanter Aktivitäten in der Gemeinschaft, die jedoch zunächst nicht über die Frage der Kohle hinausreichten. In diesen Jahren schien die Energieversorgung in Europa

---

[354]   „Die Tätigkeit der Gemeinschaft ... umfasst nach Maßgabe dieses Vertrages und der darin vorgesehenen Zeitfolge Maßnahmen in den Bereichen Energie, Katastrophenschutz und Fremdenverkehr" (Europäische Union 1992, Titel II, Art. 3 t)

langfristig gesichert, so dass keine Anreize für eine stärkere Koordinierung der gemeinschaftlichen Energiepolitik gegeben waren. Erst mit der zunehmenden Importabhängigkeit durch den stetig steigenden Mineralölverbrauch und schließlich aufgrund der Ölpreiskrisen 1973/74 sowie 1979/80 und der damit vor Augen geführten Rohstoffabhängigkeit wurde die Entwicklung von Maßnahmenvorschlägen für eine gemeinschaftliche Energiepolitik durch die Kommission vorangetrieben. Im Jahr 1974 wurde eine erste umfassende Konzeption der Energiepolitik durch die Kommission erarbeitet, die stark auf Energiesparmaßnahmen und den Ausbau der Kernenergie und anderer Energieträger setzte. Diese Richtung wurde in einer Entschließung des Rates aus dem Jahr 1980 bestätigt. Gleichzeitig lässt sich in dieser Phase auch eine wachsende Aufmerksamkeit für Umweltthemen feststellen, die international u.a. durch die UN-Umweltkonferenz 1972 und die Arbeiten des „Club of Rome" langsam auf die Agenda kamen. Diese Tendenzen wurden auch von der Kommission und dem Rat aufgegriffen, so dass in der Entschließung des Rates von 1980 erstmals auch die Förderung erneuerbarer Energiequellen aufgeführt wurde (Oschmann 2002: 52f).

Da in dieser Zeit jedoch vorrangig in den Ausbau der Kernkraft investiert wurde und sich nach den Energiepreiskrisen wieder sinkende Preise durch ein Überangebot an Energie einstellte, entfiel der unmittelbare Handlungsdruck für die Förderung erneuerbarer Energien und rationeller Energienutzung. Die Kommission formulierte zwar im Jahr 1986 eine Mitteilung, in der sie das Ziel benannte, den Anteil erneuerbarer Energien bis zum Jahr 2000 zu verdreifachen, jedoch wurde dies nicht umgesetzt. Der Rat setzte hingegen weiterhin auf Maßnahmen zur Effizienzsteigerung und den Ausbau der Nutzung von Erdgas und festen Brennstoffen. Einzelne Rechtsakte, die erneuerbare Energien betrafen, lagen vornehmlich im Bereich Forschung und Demonstration (Oschmann 2002: 56). Im Jahr 1993 wurde das fünfjährige ALTENER-Programm zur Förderung erneuerbarer Energieträger in der Gemeinschaft aufgelegt. Dieses Programm lief bis 1997 und war das erste eigenständige EU-Förderprogramm für erneuerbare Energien. Mit 40 Mio. Euro für vier Jahre „war es jedoch mit einem äußerst unzureichenden – im Vergleich zu konventionellen Energien verschwindend geringen – Fördervolumen ausgestattet" (Rothe et al. 2002: 29). Es wurde 1998 mit einer Laufzeit bis 2002 fortgeschrieben (ALTENER II) und mit 77 Mio. Euro ausgestattet.[355]

---

[355] In 1998 wurde das so genannte „Energy Framework Programme" (1998-2002) gestartet, welches neben ALTENER auch Energieeffizienzprojekte im Rahmen des SAVE-Programms umfasste. Der Haushalt für beide Programme umfasste im Zeitraum 1993-2002 insgesamt 220 Mio. Euro. In 2003 wurde das neue Dachprogramm „Intelligente Energie für Europa" eingeführt, welches nun ALTENER und SAVE-Maßnahmen umfasste, zudem Verkehrsprojekte (STEER) und Entwicklungszusammenarbeit (COOPENER). Der Haushalt für das neue Programm erreichte bis 2006 ein Volumen von 250 Mio. Euro. (Angaben nach Europäische Kommission 2004a: 27)

Die Entwicklung erneuerbarer Energien wurde außerdem seit dieser Zeit im Rahmen der Forschungsrahmenprogramme gefördert.[356] Im Vergleich zur Förderung der Atomkraft (Sicherungsmaßnahmen, Modernisierung) liegen die Etats hier jedoch ebenfalls auf einem deutlich geringeren Niveau (Rothe et al. 2002: 31). Generell beziehen sich nach OECD-Daten nur 10 % der öffentlichen FuE-Haushalte im Energiebereich auf erneuerbare Energien gegenüber mehr als 50 %, mit denen konventionelle Energietechnologien auf der Basis fossiler und nuklearer Brennstoffe gefördert werden (Europäische Kommission 2004a: 43). Darüber hinaus fließen auch Mittel aus den europäischen Strukturfonds in Maßnahmen, die im Zusammenhang mit erneuerbaren Energien stehen, in deutlich geringerem Umfang gilt dies für andere Programme wie dem Kohäsionsfond, Agrarprogrammen, Entwicklungshilfeprogrammen sowie der Industrie- und Außenhandelspolitik (Rothe et al. 2002).

Die bisher weitreichendste energiepolitische Vorgabe von europäischer E-bene, die seit dem Beginn der EG-Energiepolitik in Folge der Ölpreiskrisen entwickelt wurde, betrifft die Schaffung des Energiebinnenmarktes. Nachdem für eine Reihe von Politikbereichen die Schaffung eines liberalisierten, europäischen Binnenmarktes vereinbart worden war, wurde dieses Vorhaben mit der Richtlinie zur Liberalisierung des Energiebinnenmarktes seit 1996 auch auf den Strommarkt (1998 auf den Erdgasmarkt) ausgedehnt (vgl. Kapitel 4). Die Entwicklung eines Energiebinnenmarktes basierte auf der Strategie des Rates der drei Säulen einer gemeinschaftlichen Energiepolitik: Wettbewerbsfähigkeit, Versorgungssicherheit und Umweltschutz. Offensichtlich standen die ersten beiden Ziele bzw. Säulen dieser Strategie klar im Vordergrund, da sich die politischen Initiativen der Kommission und die Politik der Gemeinschaft insgesamt zunächst vorrangig der Schaffung eines Binnenmarkts widmeten. Das Thema Umweltschutz wurde im Wesentlichen mit dem Thema Luftreinhaltung gleichgesetzt (nachsorgender Umweltschutz), und die Lösungsansätze waren vorrangig die so genannten end-of-the-pipe Technologien. Erneuerbare Energien spielten auf der europapolitischen Agenda noch eine untergeordnete bzw. nebensächliche Rolle.

Allerdings enthält die Elektrizitätsbinnenmarkt-Richtlinie aus dem Jahr 1996 einzelne Vorschriften, die speziell den Strom aus erneuerbaren Energien betreffen. Dazu zählt die vorgesehene Möglichkeit eines Mitgliedsstaates, einen Übertragungsnetzbetreiber zu verpflichten, Strom aus erneuerbaren Energien vorrangig abzunehmen, aber auch die Einführung einer Stromkennzeichnung oder die Möglichkeit der Festlegung einer Quote für einheimische Primärenergieträger, zu denen die erneuerbaren Energien zählen. Insgesamt sind diese Möglichkeiten der Berücksichtigung von Umweltschutzaspekten jedoch vergleichsweise schwach ausgeprägt, so

---

[356] Im 6. Forschungsrahmenprogramm wurden insgesamt 810 Mio. Euro für „nachhaltige Energiesysteme" bereitgestellt (Europäische Kommission 2004a: 28). Dies entspricht bei einem Gesamtvolumen des Forschungshaushalts in Höhe von 17.500 Mio. Euro einem Anteil von 4,6 %.

dass der „Wertwiderspruch zwischen Umweltschutz und Wettbewerb" durch die Strombinnenmarkt-Richtlinie nicht gelöst (Schalast 2001) und somit eine explizite Förderpolitik für den Ausbau erneuerbarer Energien von der Kommission bis zu diesem Zeitpunkt noch nicht existierte.

5.1.3 *Entwicklung von Energiebrauch, Stromerzeugung und erneuerbaren Energien*

Der Bruttoinlandsverbrauch an *Primärenergie* ist in der EU seit der ersten Hälfte der neunziger Jahre kontinuierlich gestiegen. Im abgebildeten Zeitraum betrug der gesamte Anstieg in etwa 10 %. Dabei ist ein deutlicher Rückgang bei den festen Brennstoffen (Kohle) festzustellen (Rückgang des Anteils am Gesamtmix um 10 %), während insbesondere die Erdgasnutzung signifikant angestiegen ist (Zunahme um 7 %). Während die Nutzungen von Atomkraft und erneuerbaren Energien um jeweils 2 % angestiegen sind, blieb der bedeutendste Primärenergieträger in der EU, Mineralöl, nahezu konstant.

Abbildung 27: Bruttoinlandsverbrauch an Primärenergie nach Energieträgern in der EU-25 von 1990 bis 2003

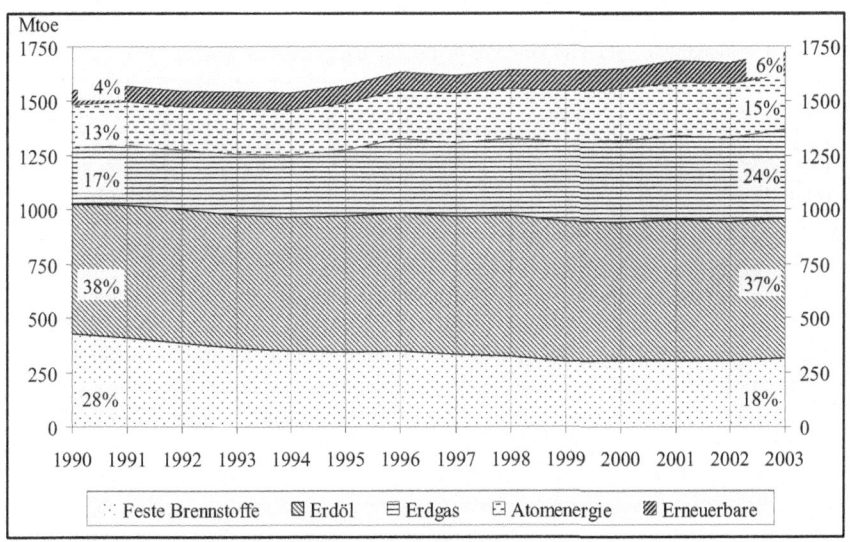

Quelle: Eigene Darstellung nach GD TREN/ Eurostat (2005: 30)

Aufgrund des hohen Anteils an fossilen Energieträgern am europäischen Energieverbrauch und den geringen innereuropäischen Ressourcen müssen die europäischen Staaten einen hohen Anteil der fossilen Rohstoffe importieren. Die Tabelle 8 zeigt die Importquoten für das Jahr 2003. Die Zahlen verdeutlichen, dass sowohl die EU-15 als auch die EU-25 in einem Umfang von etwa 50 % von Importen abhängig sind. Die Aufschlüsselung auf die zentralen Primärenergieträger verdeutlicht, dass die EU mehr als drei Viertel ihres Ölbedarfs importieren muss, und dass die neuen Mitgliedsstaaten über mehr feste Brennstoffe, dafür weniger Erdgas verfügen, weshalb sich je nach Blick auf EU-15 oder EU-25 die Quoten dementsprechend verändern. Bei weiterhin steigendem Energiebedarf und abnehmenden europäischen Reserven rechnet die Europäische Kommission mit einem Anstieg der Importabhängigkeit auf durchschnittlich 70 % bis 2030 (Lauber 2005: 39).

Die Importbilanz Deutschlands aus dem Jahr 2003 zeigt, dass hierzulande noch ca. 70 % heimische Kohle genutzt wird, während Erdgas zu etwa 80 % und Öl nahezu komplett importiert werden muss. Mit einer gesamten Importquote von über 61 % liegt Deutschland damit ca. 10 % über dem europäischen Durchschnittswert. Vor diesem Hintergrund erklären sich die lebhaften Debatten um die Subventionierung der heimischen Steinkohle und den Erhalt bzw. Ausbau der Braunkohle, die Verlängerung von Atomkraftwerkslaufzeiten, die politische Absicherung der Erdgaslieferungen sowie das Bestreben, direkte Gaspipelines aus dem zentralen Importland Russland zu errichten.

Tabelle 8: Importabhängigkeit im Jahr 2003 in der EU und in Deutschland

	Feste Brenn-stoffe	Öl	Erdgas	Gesamt
EU25	35,4 %	76,6 %	53,0 %	49,5 %
EU15	55,1 %	79,2 %	49,2 %	51,8 %
Deutschland	29,1 %	98,0 %	78,8 %	61,1 %

Quelle: GD TREN / Eurostat (2005: 31)

Auch der *Stromverbrauch in der EU* ist in den letzten Jahren deutlich angestiegen. Abbildung 28 zeigt die Entwicklung im Zeitraum zwischen 1993 und 2004. Während sich die Entwicklung in den EU-15 Staaten nahezu identisch zu der in den EU-25-Staaten darstellt, verlief der Anstieg in Deutschland deutlich geringer.

Die Tabelle 9 verdeutlicht diese Entwicklung im Vergleich noch einmal anhand ausgewählter Jahreszahlen und setzt diese zu anderen volkswirtschaftlichen Kenngrößen in Beziehung. Dabei zeigt sich, dass durch die Erweiterung der EU die durchschnittliche Stromerzeugung pro Einwohner abgesenkt wird, der allgemeine Trend der Zunahme dieses Durchschnittswertes wird jedoch nicht verändert. Im Gegensatz dazu sinkt der Stromverbrauch in Relation zur Wachstumsentwicklung gemessen am Bruttosozialprodukt seit einigen Jahren leicht. Die Zunahme der Stromerzeugung fiel in Deutschland in den hier angegebenen Zeiträumen jeweils deutlich geringer aus als im europäischen Durchschnitt – allerdings beträgt der

Abbildung 28: Bruttostromerzeugung im Vergleich EU-25, EU-15 und Deutschland

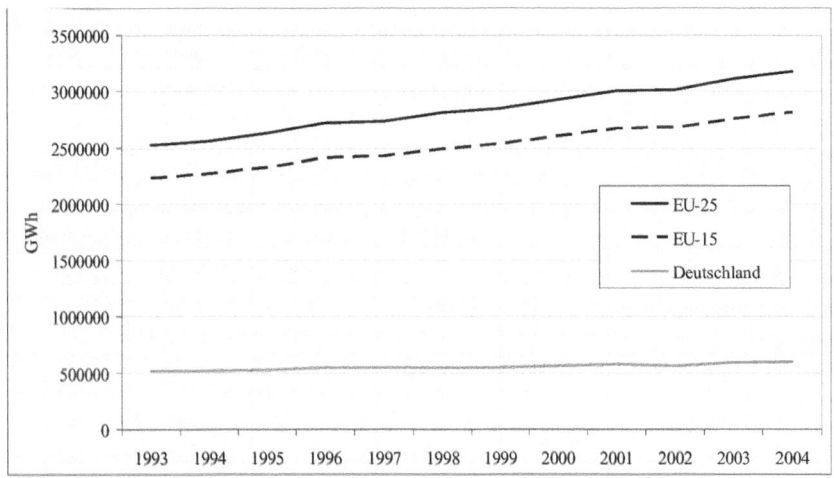

Quelle: eigene Darstellung nach Daten von Eurostat (2006a)

Anteil der deutschen Bruttostromerzeugung an der gesamten Erzeugung der EU-25 allein in etwa ein Fünftel. Die Erzeugung pro Einwohner wächst kontinuierlich und liegt auf dem Niveau des Durchschnittswerts der EU-15, jedoch über dem der EU-25.

Die Tabelle 10 zeigt die Verteilung der Primärenergieträger bei der Bruttostromerzeugung für das Jahr 2003. Dabei spielte die konventionelle Nutzung von fossilen Energieträgern im Umfang von 52 % die wichtigste Rolle in der EU-15 (knapp 55 % in der EU-25). Davon entfielen in den EU-15 Staaten 26,7 % auf den Energieträger Kohle, 20 % auf Erdgas und 5,4 % auf Erdöl. Im Umfang von 32,5 % wurde der Strom aus Atomkraftwerken gewonnen, und 13,9 % stammten aus erneuerbaren Energien. In den Staaten der EU-25 lag der Anteil der erneuerbaren Energien mit 12,8 % unter diesem Wert.

Mit steigendem Energiebedarf, steigenden Energiepreisen und Importquoten ist auch der Anteil erneuerbarer Energien in der EU-25 im Zeitraum zwischen 1990 und 2004 um rund ein Drittel gestiegen. Während bei der Stromerzeugung bereits Quoten von ca. 14 % erreicht werden (s.o.), liegt der Anteil am gesamten Primärenergieverbrauch auf einem deutlich niedrigeren Niveau: 1990 lag dieser bei 4,4 % und ist bis 2004 auf 6,3 % angestiegen (vgl. Tabelle 11).

Tabelle 9: Entwicklung der Stromerzeugung gesamt, pro Kopf und GDP in Deutschland und EU

		1993	1997	2001	2004
EU-25	GWh	2.522.951	2.740.218	3.010.773	3.179.132
Entwicklung in %	%	-	+ 8,6	+ 9,9	+ 5,6
Erzeugung pro Einwohner	kWh/Kopf	5.679	6.115	6.632	6.906
Erzeugung pro GDP	kWh/Euro		0,355	0,318	0,304
EU-15	GWh	2.230.858	2.426.730	2.674.544	2.820.466
Entwicklung in %	%	-	+ 8,8	+ 10,2	+ 5,5
Erzeugung pro Einwohner	kWh/Kopf	6.045	6.505	7.046	7.303
Erzeugung pro GDP	kWh/Euro		0,327	0,296	0,283
Deutschland	GWh	526.389	551.570	586.340	606.636
Entwicklung in %	%	-	+ 4,8	+ 6,3	+ 3,5
Erzeugung pro Einwohner	kWh/Kopf	6.486	6.723	7.120	7.351
Erzeugung pro GDP	kWh/Euro	0,3076	0,289	0,278	0,275
Anteil an EU-15-Erzeug.	%	23,6	22,7	21,9	21,5
Anteil an EU-25-Erzeug.	%	20,9	20,1	19,5	19,1

Quelle: eigene Zusammenstellung nach Daten von Eurostat (http://epp.eurostat.ec.europa.eu, 4.12.2006)

Tabelle 10: Bruttostromerzeugung nach Energieträgern 2003

	Total (TWh)	Fossile gesamt	Kohle	Öl	Erdgas	Andere	Atomenergie	Pump wasser-kraft	EE
EU-25	3121	1714	960	162	582	10	974	35	399
Anteil	100 %	54,9 %	30,8 %	5,2 %	18,6 %	0,3 %	31,2 %	1,1 %	12,8 %
EU-15	2766	1452	739	150	554	9	898	32	385
Anteil	100 %	52,5 %	26,7 %	5,4 %	22,0 %	0,3 %	32,5 %	1,1 %	13,9 %
Deutschland	599,5	382,3	306,5	4,7	65,8	5,4	165,1	5,2	47,2
Anteil	100 %	63,7 %	51,1 %	0,8 %	11,0 %	0,9 %	27,5 %	0,9 %	7,9 %

Quelle: GD TREN / Eurostat (2005: 48)

In Tabelle 12 sind schließlich die Entwicklungen der einzelnen erneuerbaren Energien für die Stromerzeugung in der EU-15 zwischen 1990 und 2004 aufgeschlüsselt. Dabei zeigt sich, dass die bisherige Wachstumsentwicklung im Bereich der erneuer-

Tabelle 11: Anteil erneuerbarer Energien am Primärenergieverbrauch in der EU in Prozent

	1990	1995	2000	2004
EU-15	4,8	5,3	5,8	6,4
EU-25	4,4	5	5,6	6,3
Deutschland	1,6	1,9	2,9	3,5

Quelle: BMU (2006b: 28)

baren Energien primär auf die Windenergie mit einem durchschnittlichen Wachstum von rund 35 % p. a. und die Biomassenutzung zur Stromerzeugung mit einem Wachstum von 10 % p. a. zurückzuführen ist (BMU 2006b: 32). Um bis zum Jahr 2010 in der EU-15 das angestrebte Ausbauziel von 22 % des gesamten Bruttostromverbrauchs durch regenerative Quellen bereitstellen zu können, sind voraussichtlich entsprechende Wachstumsraten auch in den anderen Sparten nötig.

Tabelle 12: Stromerzeugung aus erneuerbaren Energien in der EU-15 von 1990 bis 2004 in TWh

	1990	1991	1992	1993	1994	1995	1996	1997	1998	1999	2000	2001	2002	2003[1]	2004[1]
Biomasse[2]	16,6	17,3	18,0	19,4	21,2	23,6	24,4	28,0	31,5	35,0	39,3	39,5	48,4	57,2	55,1
Wasserkraft[3]	257,2	264,3	282,5	286,9	295,1	288,8	287,5	294,3	302,1	300,8	316,2	335,7	277,6	276,6	290,4
Windenergie	0,8	1,1	1,6	2,4	3,0	4,1	4,8	7,3	11,3	14,2	22,2	27,0	35,6	44,2	56,9
Geothermie	3,2	3,2	3,5	3,7	3,4	3,4	3,8	3,9	4,3	4,5	4,8	4,6	4,8	5,4	5,5
Photovoltaik	0,01	0,02	0,02	0,03	0,03	0,05	0,05	0,06	0,08	0,09	0,12	0,19	0,28	0,47	0,73
Summe	277,8	285,9	305,6	312,3	322,7	319,9	320,6	333,6	349,2	354,5	382,7	406,9	366,7	383,9	408,6
Anteil EE am Bruttostromverbrauch [%]	13,3	12,8	13,6	13,9	14,1	13,6	13,3	13,7	13,9	13,9	14,5	15,0	13,5	13,7	14,6

1) vorläufige Angaben
2) einschließlich städtischem Abfall und Biogas
3) für Pumpspeicherkraftwerke nur Erzeugung aus natürlichem Zufluss

Quelle: BMU (2006b: 32)

5.1.4 Entwicklung und Förderinstrumente in den Mitgliedsstaaten

5.1.4.1 Entwicklung erneuerbarer Energien

Die Anteile der erneuerbaren Energien am Stromverbrauch in den Mitgliedsstaaten der EU-15 sind in Abbildung 29 für die Jahre 1997 (zum Zeitpunkt des Weißbuchs) und 2003 dargestellt, zusätzlich ist der Zielwert der Richtlinie für das Jahr 2010 eingetragen. Die Abbildung zeigt, dass Länder wie Österreich, Schweden und Portugal bereits über sehr hohe Anteile verfügten, gerade diese drei Länder jedoch eine rückläufige Entwicklung zu verzeichnen hatten und somit eine Zielerreichung nur unter erhöhten Anstrengungen erreichbar sein wird. Teilweise ist dieser Rückgang auf eine tatsächliche geringere Nutzung, teilweise auf eine Steigerung des gesamten Stromverbrauchs zurückzuführen. Bis auf Dänemark, Deutschland, Spanien und Finnland, die sich auf einem guten Wachstumspfad befinden, ist für nahezu alle anderen Länder ein großer Rückstand bzw. eine nicht zielführende Entwicklung zu konstatieren.[357]

Abbildung 29: Anteil der erneuerbaren Stromerzeugung am Stromverbrauch in den EU-15 Mitgliedsstaaten (1997, 2003, 2010)

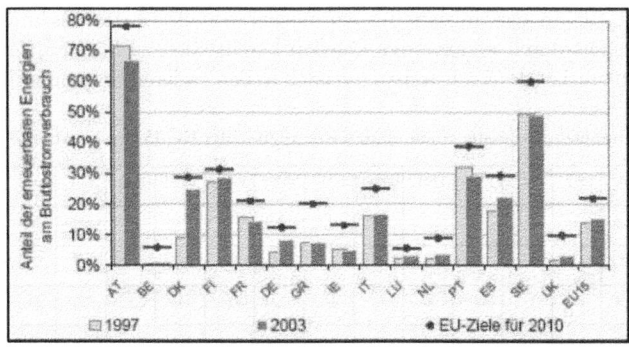

Quelle: Ragwitz (2005b: 4)

Die durch erneuerbare Energien erzeugte Endenergie in den einzelnen Mitgliedsstaaten sowie der gesamten EU zeigt die Tabelle 13 differenziert nach den verschiedenen Energieträgern im Jahr 2004. Demnach weisen die beiden traditionellen Energieträger nach wie vor die mit Abstand höchsten Anteile auf: Aus Biomasse wurde in der EU-15 im Jahr 2004 etwa 61 % der Endenergie hergestellt, aus Wasserkraft 31,5 %. Die Windenergie belegt mit 6,2 % im europäischen Maßstab noch den abgeschlagenen dritten Rang.

Dies ist in Ländern wie Deutschland, aber auch Spanien oder Dänemark, die eine aktive Förderung von neuen erneuerbaren Energietechnologien über die traditionelle Nutzung hinaus betreiben, deutlich anders. Zwar ist auch in Deutschland die Biomasse mit einem Anteil von 61,8 % im Jahr 2004 der bedeutendste erneuerbare Energieträger gewesen, an zweiter Stelle steht jedoch bereits die Nutzung der Windenergie mit 20,2 %, und dies obwohl Deutschland (im Gegensatz zu beispielsweise Dänemark) durchaus über einen nennenswerten, traditionellen Anteil an Wasserkraft verfügt.

---

[357]   Vgl. hierzu auch die Ergebnisse des Kommissionsberichts aus dem Jahr 2004 (Europäische
        Kommission 2004a), der gemäß Artikel 3 der Richtlinie zur Bewertung der Förderinstrumente in
        den Mitgliedsstaaten verfasst wurde.

Tabelle 13: Nutzung erneuerbarer Energien in der EU im Jahr 2004

	Biomasse[1]	Wasser-kraft[2]	Wind-energie	Geo-thermie[3]	Summe	Solarthermie[4]	Photo-voltaik[5]
	Endenergie [TWh]					[1000 m²]	[MW$_{th}$]	[kW$_p$]
Belgien	6,4	0,3	0,13	0,01	6,9	52	36	1.461
Dänemark	22,2	0,0	6,61	0,02	28,8	328	230	2.245
Deutschland	76,3	20,6	25,0	1,56	123,5	6.199	4.339	794.000
Finnland	74,2	14,9	0,12	-	89,3	12	9	3.702
Frankreich	119,9	59,7	0,61	1,53	181,7	793	555	20.119
Griechenland	10,7	4,6	1,04	0,01	16,4	2.827	1.979	4.544
Großbritannien	13,4	5,0	1,94	0,01	20,3	176	123	7.803
Irland	1,8	0,6	0,66	-	3,1	8	5	100
Italien	22,9	41,3	1,83	7,96	73,9	458	320	30.300
Luxemburg	0,3	0,1	0,04	-	0,4	12	8	26.000
Niederlande	5,5	0,1	1,88	-	7,5	504	353	47.740
Österreich	34,6	37,4	1,2	0,23	73,4	2.400	1.680	19.833
Portugal	30,1	9,9	0,78	0,1	40,9	109	76	2.275
Schweden	94,3	64,2	0,85	-	159,3	225	157	4.140
Spanien	49,6	31,6	14,18	0,09	95,4	440	308	38.696
EU-15	562,1	290,4	56,85	11,52	920,9	14.542	10.179	1.002.958
Estland	4,8	0,006	0,04	-	4,9	1	0	2
Lettland	11,8	2,1	0,05	-	14,0	2	1	4
Litauen	6,9	0,3	0,001	-	7,2	2	1	17
Malta	-	-	-	-	-	15	11	9
Polen	45,9	2,1	0,14	1,7	49,8	95	66	234
Slowakei	3,6	4,1	0,004	0,02	7,6	57	40	60
Slowenien	5,1	3,1	-	0,17	8,4	102	71	88
Tschech. Rep.	10,7	2,0	0,01	0,02	12,7	50	35	363
Ungarn	9,5	0,2	0,01	0,95	10,7	48	34	138
Zypern	0,1	-	-	-	0,1	450	315	190
EU-25	660,5	304,3	57,1	14,39	1.044,2[6]	15.362	10.754	1.004.063
	Endenergie [PJ]							
EU-25	2.377,9	1.095,5	205,6	51,8	3.759,0[6]			

1) Strom- und Wärmeerzeugung aus fester Biomasse, Biogas und dem biogenen Anteil des Abfalls sowie Biokraftstoffe; fehlende Werte werden durch Vorjahreswerte ersetzt.
2) Fehlende Werte für EU-Beitrittsländer durch Vorjahreswerte ersetzt; für Pumpspeicherkraftwerke nur Erzeugung aus natürlichem Zufluss.
3) Wärme- und Stromerzeugung: Stromerzeugung in Italien 5,4 TWh, Portugal 0,08 TWh, Frankreich 0,03 TWh, Österreich 0,002 TWh. In Deutschland wurde im Jahr 2003 erstmals geothermischer Strom produziert.
4) Verglaste und unverglaste Kollektoren: Konversionsfaktor 0,7 kW$_{th}$/m².
5) Fotovoltaik einschließlich Anlagen in Übersee-Departements.
6) Summe beinhaltet 7,1 TWh (25,6 PJ) aus Solarthermie und 0,73 TWh (2,6 PJ) aus Fotovoltaik.

Quelle: BMU (2006b: 29)

5.1.4.2   Förderinstrumente – Spektrum, Verbreitung und Bewertungsdebatte

Das breite Spektrum der verschiedenen *Förderinstrumente für erneuerbare Energien* kann auf unterschiedliche Weise gegliedert werden. Die Abbildung 30 zeigt eine Gruppierung in die wesentlichen Hauptkategorien nach Hirschl und Hoffmann (2005), wie sie in der ökonomischen und politikwissenschaftlichen Literatur häufig anzutreffen ist (ähnlich auch Nitsch et al. 1999).[358] Die theoretische Bewertung dieser Instrumente erfolgte in einer Vielzahl von wissenschaftlichen Studien nach unterschiedlichsten Kriterien. Das Set an Kriterien variiert dabei zum einen in Abhängigkeit von der Zielsetzung der Maßnahme, da die Reichweite und Komplexität von Zielen und Teilzielen die Art und den Umfang von Kriterien beeinflusst. Zum anderen hängen Kriteriensets häufig von der disziplinären Ausrichtung der Studie ab. So fokussieren erfahrungsgemäß politikwissenschaftliche Analysen andere Schwerpunkte als ökonomische oder rechtswissenschaftliche Studien.

Abbildung 30: Differenzierung von politischen Instrumenten

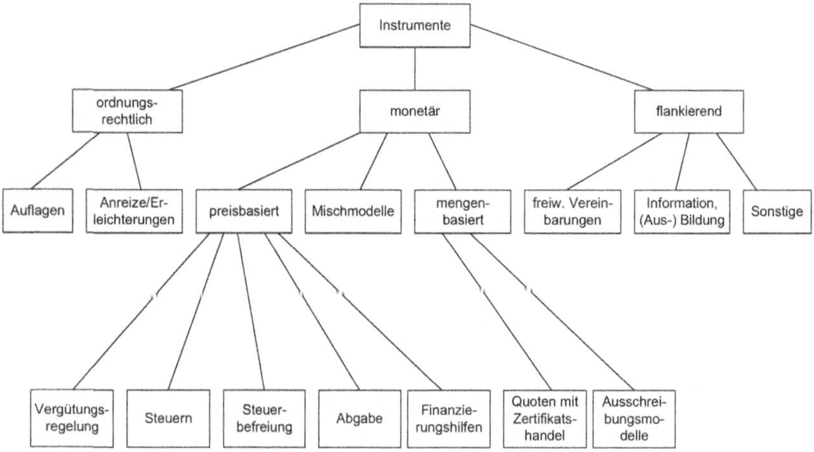

Quelle: Hirschl/ Hoffmann (2005: 221)

---

[358]   In Nitsch et al. (1999: 211ff) ist eine ausführliche Darstellung und Diskussion der verschiedenen Kategorien von Instrumenten zur Förderung der Markteinführung erneuerbarer Energien dargestellt. Teilweise werden mengensteuernde Modelle auch separat zur Gruppe der monetären Instrumente aufgeführt, da die Hauptzielrichtung nicht auf den Preis, sondern auf die Menge ausgerichtet ist (so z.B. Espey 2001; Springmann 2005), wenngleich mengensteuernde Instrumente durch ihre Vorgaben ebenfalls massiv in das Preisgefüge eines Marktes eingreifen. Eine andere Einteilung nehmen beispielsweise Haas et al. (2000: 10ff) vor, welche die verschiedenen Instrumente (im Wesentlichen die gleichen wie bei anderen Autoren) nach ihrer direkten oder indirekten Wirkung, und die direkten Instrumente wiederum in preis- und mengenwirksame unterteilen.

Nitsch et al. (1999) formulieren in ihrer Studie „Klimaschutz durch Nutzung erneuerbarer Energien" als Oberziel die „deutliche Ausweitung des Beitrags erneuerbarer Energien", was zum damaligen Zeitpunkt konkret das Verdopplungsziel bis 2010 „mit tendenziellem Erreichen der technologischen Einzelziele" meinte (ebda.: 237). Bereits die Berücksichtigung des Teilziels der technologischen Differenzierung führt zu signifikanten Unterschieden in der Bewertung von vergütungs- und mengenbasierten Modellen. Da letztere in der Regel auf die Erzielung eines möglichst niedrigen Marktpreises angelegt sind, widerspricht dies im Grunde der Einführung bzw. Berücksichtigung von Teilquoten für verschiedene Technologien mit unterschiedlichen Kostenprofilen.

Jenseits der Problematik der grundsätzlichen Vergleichbarkeit der Instrumente liegen weitere Schwierigkeiten in der Auswahl der Kriterien und schließlich in der Bewertungsmethode. Als Beispiele seien hier die Studien von Nitsch et al. (1999), TAB (2000), Simone Espey (2001), Christof Timpe et al. (2001) sowie Wolfgang Bräuer (2002) angeführt, die in der Zeit des Richtlinienprozesses entstanden sind und jeweils unterschiedliche Ansätze hinsichtlich der Bewertung von Förderinstrumenten für erneuerbare Energien verfolgen. Übereinstimmende Kriterien sind in der Regel der Zielerreichungsgrad bzw. die Effektivität, die ökonomische Effizienz, die politische Umsetzbarkeit und die Rechtskonformität. Unter diesen oder vergleichbaren Oberkategorien (mit teilweise anderer Benennung) fächern sich in der Regel eine Reihe von Subindikatoren auf, deren Auswahl und Gewichtung schließlich für das Ergebnis – oder die Erzielung eines gewünschten Ergebnisses – von großer Relevanz sind.[359]

Ein grundlegender Tenor der meisten Studien zur Instrumentenbewertung aus dieser Zeit ist jedoch trotz aller Unterschiede in der Regel folgender: Quotenmodelle in Verbindung mit Zertifikatehandel würden zu den geringsten Kosten führen, da sie „mit geringen staatlichen Kosten verbunden sind und die jeweils effizientesten Technologien angewendet werden" (Espey 2001: 96). Demgegenüber seien Einspeisemodelle vorteilhaft, wenn ein differenzierter Technologiemix eingeführt werden soll, da „die durch differenzierte Mindestpreise gegebene Investitionssicherheit eine positive Förderwirkung für die Technologieentwicklung besitzt" (Timpe et al. 2001: 102).[360]

---

[359] Da eine Bewertung für einige Indikatoren modellgestützt (und damit annahmebasiert), für die meisten jedoch in qualitativer Abschätzung erfolgt, sind entsprechende Ergebnisspielräume und -abweichungen methodisch immanent, was nicht nur Raum für Ergebnisbandbreiten und Interpretationen lässt, sondern auch für die politische Instrumentalisierung solcher Studien.

[360] Timpe et al. kamen in ihrer Studie zu dem Schluss, dass somit differenzierte Mindestpreise „in frühen Phasen der Produktentwicklung" zu bevorzugen seien, „mit fortschreitender Technologieentwicklung" solle jedoch auf eine Quotenverpflichtung umgestellt werden (Timpe et al. 2001: 102). Ein solcher Übergang ließe sich „am leichtesten auf der Basis eines zertifikatebasierten Systems realisieren" (ebda.).

Insbesondere das ökonomisch-theoretisch und auf modellgestützten Ergebnissen basierende Argument der höheren ökonomischen Effizienz von Quoten- und Zertifikatemodellen (z.b. bei Timpe et al. 2001; Bräuer 2002; Voogt/ Uyterlinde 2006) wurde häufig kritisiert, nicht nur von Befürwortern der Einspeisemodelle, sondern zunehmend auch in vergleichenden wissenschaftlichen Analysen, welche ein besonderes Augenmerk auf die vernachlässigten Aspekte bisheriger Studien legten. So kritisierten Frede Hvelplund (2001) (als einer der ersten) und Niels Meyer (2003), dass die angeblich „größere Marktkonformität" von Quoten- und Zertifikatemodellen erstens bis dato nicht empirisch untersucht worden sei und zweitens auf der Basis erster diesbezüglicher Analysen die Behauptung nicht gestützt werden könne.

Zertifikatehandelsmodelle weisen eine Reihe von Unsicherheiten für Investoren sowie in der Regel hohe Transaktionskosten auf, weshalb im Vergleich zu Einspeisemodellen – insbesondere vor dem Hintergrund von zu erreichenden Ausbau- und Marktentwicklungszielen - nicht von einer größeren Marktkonformität gesprochen werden kann (Meyer 2003: 674ff).[361] Meyer verweist zudem auf die erforderliche Langfristperspektive, die beim Aufbau eines auf erneuerbaren Energien basierenden Energiesystems benötigt wird, und die durch eine (angebliche) kurzfristige Kosteneffizienzmaxime gefährdet ist: „Decisions based on short-term profits may well block the least-cost long-term sustainable solutions and endanger long term supply security" (ebda.: 676; ebenso Lauber 2004: 1413).

Die hier angesprochenen vernachlässigten Aspekte betreffen insbesondere die Berücksichtigung des Kriteriums der dynamischen Effizienz, da in den theoretischen Erwägungen oder Modellrechnungen häufig nur die statische Effizienz betrachtet wird. Zur dynamischen Effizienz zählen Aspekte wie Innovationswirkungen und Marktentwicklungsaspekte über die kurzfristige Perspektive hinaus. Dazu gehören beispielsweise die Gewährleistung von Technologievielfalt zur Vermeidung von technologischen Einbahnstraßen (Lock-in-Effekten), oder die gezielte Schaffung von Zukunftsmärkten mit neuen Akteuren (strategisches Nischenmanagement) (Hoffmann et al. 2004; Kemfert/ Diekmann 2005).[362] In einer Studie von

---

[361]   Hvelplund (2001: 18f) verweist in seiner Arbeit darauf, dass die Risiken bei Investitionen in EE-Anlagen im Vergleich zu fossilen Kraftwerken in der Regel viel höher liegen, da es sich um deutlich höhere Fixkostenanteile bei vernachlässigbaren variablen Brennstoffkosten handelt (Ausnahme Biomasse). Außerdem liegen für erneuerbare Energien als „newcomer technologies" Marktbarrieren gegenüber den etablierten Technologien vor. Und schließlich seien die geografisch-klimatische Abhängigkeit und Dezentralität und damit höhere gesellschaftliche Akzeptanzabhängigkeit zu beachten, wenn erneuerbare Energien erfolgreich verbreitet werden sollen. Diesbezüglich weisen Zertifikatemodelle grundsätzliche Nachteile auf wie beispielsweise zu geringe Kostensenkungsanreize für Hersteller, zu hohe Markteintrittsbarrieren für private Investoren und zu hohe Preise (aufgrund eines einheitlichen Zertifikatepreises) für gute Standorte (ebda.: 22).

[362]   Volkmar Lauber (2001) kritisierte in einem Aufsatz die Vernachlässigung bzw. das falsche Verständnis der dynamischen Effizienz bei der EU-Kommission (1999a). Die Kommission hatte in einem zentralen Arbeitspapier erklärt: „In Bezug auf die statische und dynamische Effizienz haben

Mitchell et al. (2005) wurde dieser dynamische Effekt beispielsweise mit Blick auf das Risikominderungspotenzial von Fördersystemen untersucht, da angenommen wurde, dass dieses eine wichtige Bedingung für Investitionen in junge Märkte bzw. die Investitionsbereitschaft von Innovatoren darstellt. Die Autoren kommen dabei zum Ergebnis, „that risk reduction is an important criterion to evaluate support mechanisms and that, looking at both price, volume and balancing risk, a feed-in system is more likely to provide such risk reduction" (Mitchell et al. 2005: 304). Auch eine andere Studie zur Effektivität der Förderinstrumente in Europa kommt zum Ergebnis: „Nicht die erwartete Rendite ist ausschlaggebend für die Effektivität, sondern das potentielle Risiko der Investition" (Ragwitz 2005a).[363]

Somit zeigt sich, dass es mittlerweile eine Reihe von Erkenntnissen gibt, welche die pauschale Zuschreibung der höheren Kosteneffizienz und Marktkonformität von Quoten- und Zertifikatemodellen widerlegen. Dynamische Aspekte spielen offensichtlich eine wichtige, möglicherweise auch die zentrale Rolle für den Erfolg unterschiedlicher Modelle, weshalb sie in theoretischen Ansätzen, Modellen und bei Instrumentenbewertungen (egal welcher Disziplin) zu berücksichtigen sind. Insbesondere die hohe Bedeutung der Investitionssicherheit als zentraler Erfolgsfaktor wird auch durch die empirischen Beobachtungen der Realität in den EU-Mitgliedstaaten bestätigt. Die Mehrzahl der Mitgliedsstaaten hat bislang - vor und nach Einführung der Richtlinie - auf Einspeisevergütungen zurückgegriffen.[364] Dabei lagen die festgelegten Mindestpreise im Vergleich zu den Ländern, die mengensteuernde Modelle angewendet haben, wie beispielsweise Großbritannien, häufig niedriger (Ragwitz 2005b). Allerdings ist zu betonen, dass auch bei Einspeisevergü-

---

sich ... quoten- bzw. wettbewerbsorientierte Regelungen in der EU als die effektivsten erwiesen, um die Preise für Elektrizität aus erneuerbaren Energieträgern nach unten zu treiben und der Wirtschaftstheorie entsprechend infolge des Wettbewerbs die Innovation zu fördern" (ebda.: 19). Lauber zeigte auf, dass die Kommission in ihren Analysen die Innovationswirkungen nicht berücksichtigt hatte, und dass diese aber in den Ländern mit erfolgreichen Einspeisetarifen deutlich stärker ausgeprägt waren. Zudem orientierte sich die Argumentation der Kommission nur auf den Preiswettbewerb, nicht aber auf den Kostenwettbewerb und somit die Innovationswirkung, die es bei Einspeisetarifen aus Gründen der Gewinnmaximierung sehr ausgeprägt gegeben hat (Lauber 2001: 37).

[363] Neben den genannten Studien untersuchten noch eine Reihe weiterer Arbeiten ökonomische Effekte, wobei zunehmend auch dynamische Effekte beachtet wurden. So untersuchten Lauber und Toke (2005) auf Basis der real ermittelbaren Marktdaten Preis- und Kostenentwicklungen, aber auch Innovationsraten und Ausbaugeschwindigkeit in Deutschland (EEG) und Großbritannien (Renewables Obligation) im Vergleich, und kamen zu einem nahezu ausschließlich positiven Ergebnis für das Einspeisevergütungsmodell. Auch ein modelltheoretischer Beitrag von Schaller lieferte – im Vergleich und Gegensatz zu den Arbeiten von Bräuer und Kühn (2001) sowie Voß et al. (2000) - das Ergebnis, dass Einspeisevergütungssysteme höhere Innovationsanreize liefern als Quoten- und Ausschreibungsmodelle (Schaller 2005).

[364] Lediglich im Vorfeld der Richtlinie, als Quotenmodelle in der politischen Debatte und insbesondere von der Kommission stark favorisiert wurden, gab es eine leicht erhöhte Einführungsrate (Busch 2003; Reiche 2005e).

tungsmodellen die Frage der konkreten Ausgestaltung eine wichtige Rolle für den Erfolg spielt (vgl. hierzu Bechberger et al. 2003). Beispielsweise wirkt sich eine Deckelung des Ausbaus – somit ein quoten- bzw. mengenbasiertes Vergütungssystem – in der Regel ebenso als ein Investitionshemmnis aus, wie in einer Reihe von Ländern zu sehen ist (Ragwitz 2005b; Europäische Kommission 2005d).

Tabelle 14: Zentrale EE-Förderinstrumente im August 2000 im europäischen Vergleich

	Einspeise-vergütung	Aus-schrei-bung	Quote mit Zertifika-tehandel	Investiti-ons-zuschuss	Steuerver-günsti-gung	Ökostrom (freiwillig)
Belgien	●				o	
Dänemark	●		o		o	
Deutschland	●			●		o
Finnland				●	o	●
Frankreich	o	o		●		
Griechenland	●			●	o	
Großbritannien		●				o
Irland		●		●	o	
Italien	o				o	
Luxemburg	o					
Niederlande			●	●	o	o
Österreich	●	o				
Portugal	o					
Sohwedcn	o			●		o
Spanien	o				o	

● = Hauptinstrument, o = Zusatzinstrument

Quelle: Timpe et al. (2001: 27)

Bereits lange vor Inkrafttreten der Richtlinie verfügte eine Reihe von Mitgliedsstaaten über Förderinstrumente zum Ausbau erneuerbarer Energien, darunter seit 1991 die Bundesrepublik Deutschland mit dem Stromeinspeisegesetz. Ähnlich wirksame Vergütungsmodelle waren in den 1990er Jahren noch in Spanien und Dänemark eingeführt. Andere Länder wie Großbritannien, Irland, Niederlande, Italien, und später Dänemark verfügten über mengensteuernde Modelle, die eine Ausbauquote setzten. Bei den beiden erstgenannten Ländern wurde dies in Form eines Ausschreibungsverfahrens umgesetzt. Die Tabelle 14 zeigt die Förderinstrumente der Mitgliedsstaaten zum Zeitpunkt August 2000, d.h. etwa ein Jahr vor Verabschiedung der Richtlinie.

In den Folgejahren hat sich die Anzahl der Quotenmodelle noch leicht erhöht, schließlich haben sich bis heute jedoch Einspeisemodelle in der Mehrzahl
durchgesetzt. Dies wurde u.a. in dem mit Spannung erwarteten Bericht der Kommission zur Entwicklung der Förderinstrumente in den Mitgliedsländern Ende 2005
festgestellt (Europäische Kommission 2005d; siehe auch Reiche 2005c).[365]

5.2 Der Policy-Prozess zur Richtlinie 2001/77/EG

Der Verabschiedung der „Richtlinie zur Förderung der Stromerzeugung aus erneuerbaren Energiequellen im Elektrizitätsbinnenmarkt" im Oktober 2001 ging ein
mehrjähriger Prozess voraus, in dem die EU-Institutionen, die Mitgliedstaaten der
EU und zivilgesellschaftliche Akteure auf die Ziele und Ausrichtung der Richtlinie
Einfluss nahmen. Dabei erfuhren die Richtlinienvorschläge der Kommission bedeutende Änderungen, die dazu führten, dass die im September 2001 verabschiedete
Fassung in wichtigen Punkten kaum noch mit den ersten Entwürfen übereinstimm-
te.

Der Politikzyklus der erneuerbaren Energien auf europäischer Ebene begann, wie oben aufgezeigt, mit der Erwähnung der erneuerbaren Energien als
Option gegen die Verknappung des Öls, später als Option gegen den Klimawandel
und andere Umweltprobleme, die stärker ins Bewusstsein kamen (Phase der *Problemdefinition*). Die politische Agenda in Richtung einer Richtlinie wurde mit den
Diskussionspapieren der Kommission über erneuerbare Energien eingeleitet (Grün-
und Weißbuch), in denen der Handlungsbedarf aufgezeigt und erste Vorschläge für
eine EU-weite Förderstrategie unterbreitet wurden (*Agenda-Setting*). In der zweiten
Hälfte des Jahres 1998 begann die konkrete *Politikformulierung*, als erste Richtlinienentwürfe der Kommission an die Öffentlichkeit gerieten und die beteiligten Akteure
anfingen, die Inhalte einer Richtlinie zur Förderung erneuerbarer Energien auszu-
handeln. Diese mehrjährige Politikformulierungsphase endete schließlich mit der
Verabschiedung der Richtlinie im Jahr 2001.

Da die Richtlinie (wie bei vielen Richtlinien üblich) einen Harmonisierungs-
vorbehalt und eine begleitende Evaluierung der Implementation in den Mitgliedsstaaten beinhaltet, lassen sich die nachfolgenden Phasen nicht mehr idealtypisch
unterteilen. Es ist eine kontinuierliche Veränderung bzw. Fortschreibung der Richtlinie vorgesehen, die auf der Analyse der Umsetzungen und ihrer Wirkungen in den

---

[365] Eine ausführliche Übersicht über die EE-Politik und Entwicklung in den EU-Mitgliedsstaaten
liefert u.a. Reiche (2005c). Aktuellere Veränderungen der Förderpolitik und Mechanismen im internationalen Raum können in der Datenbank der IEA „Global Renewable Energy Policies and Measures Database" (unter http://www.iea.org/textbase/pamsdb/grindex.aspx) eingesehen werden.
Die Datenbank ist in Zusammenarbeit mit der Europäischen Kommission und der Johannesburg
Renewable Energy Coalition (JREC) entstanden.

Mitgliedsstaaten basiert. Demgemäß verlaufen die *Implementationsphase* und die *Evaluationsphase* parallel und kontinuierlich bis zu einer *Reformulierung* der Richtlinie. Auf Basis der Evaluationsberichte der Kommission, die auch wichtige Interaktionsmedien waren, können die wesentlichen Meilensteine in diesen Prozessphasen unterteilt werden.

In der nachfolgenden Analyse erfolgt eine Konzentration auf die umstrittensten Regelungsaspekte der Richtlinie. Als solche wurden die Frage der Fördersysteme für Strom aus erneuerbaren Energien und die damit verbundene Frage einer Harmonisierung identifiziert, gefolgt von dem Streit um die Ausbauziele für die Mitgliedsstaaten bzw. deren Verbindlichkeit sowie Definitionsaspekten von erneuerbaren Energieträgern. Diese wesentlichen Konfliktfelder hatten in den jeweiligen Phasen des Policy-Prozesses ein unterschiedliches Gewicht, führten zum Teil zu wechselnden Interessenkoalitionen und boten jeweils Verhandlungspotenziale für die Konfliktparteien.

5.2.1   Einführung erneuerbarer Energien auf der Gemeinschaftsebene

Bis zur Verabschiedung der EE-Richtlinie im Jahr 2001 waren von der Gemeinschaftsebene nur wenige Maßnahmen zur Förderung erneuerbarer Energien ausgegangen. Zwar fanden erneuerbare Energien Ende der 1980er Jahre immer mehr Beachtung, teilweise hervorgerufen durch die beiden großen Ölpreiskrisen der 1970er Jahre, die beginnende Diskussion um den Treibhauseffekt und den Reaktorunfall von Tschernobyl 1986, was sich in einzelnen offiziellen Verlautbarungen der Gemeinschaft niederschlug. Diese richteten sich jedoch, wie beispielsweise die Empfehlung des Rates der Europäischen Gemeinschaften vom 9. Juni 1988, vorrangig an die Mitgliedsstaaten; eine konkrete Entwicklung einer Gemeinschaftspolitik war damit nicht beabsichtigt (Rat der Europäischen Gemeinschaften 1988). Diese zögerliche Haltung des Rates - und damit der Mitgliedsstaaten selbst - auf europäischer Ebene Maßnahmen zur Förderung erneuerbarer Energien einzuführen, zog sich über mehrere Jahre, in denen es einige Vorschläge seitens des Parlaments und der Kommission gab, die jedoch keine Umsetzung fanden (Oschmann 2002).

Insbesondere das Europäische Parlament hatte sich mit mehreren Entschließungen seit Anfang der 1980er Jahre verstärkt für die Förderung erneuerbarer Energiequellen eingesetzt und die Kommission zu Vorschlägen und den Rat zur Umsetzung aufgefordert (hierzu auch Oschmann 2002: 58, 79ff). So beschreibt das Parlament in verschiedenen Dokumenten Wege zu einer „weniger CO_2-intensiven Energiestruktur" auf, „was insbesondere Optionen für erneuerbare Energien einschließt" (Europäisches Parlament 1993a).[366] In einer Entschließung aus dem Jahr

---

[366]   In dem angesprochenen Dokument verweist das Parlament darauf, dass „diese Elemente bereits

1993 beklagte das Parlament explizit die „Unfähigkeit von Kommission und Rat, die zu den erneuerbaren Energien gefassten Beschlüsse energisch umzusetzen" (Europäisches Parlament 1993b), woraufhin der Rat das *ALTENER-Programm* verabschiedete (Rat der Europäischen Gemeinschaften 1993). Bei diesem Programm handelte es sich um Fördermaßnahmen, die primär auf Forschungs- und Demonstrationsvorhaben in den Mitgliedsstaaten zielten (siehe auch Abschnitt 5.1.2). Im Rahmen von ALTENER wurde auch eine Reihe von Studien finanziert, die die Situation und Potenziale der erneuerbaren Energien in Europa beleuchteten sowie Politikempfehlungen gaben. So lieferte die TERES II-Studie eine wichtige Grundlage für die Bestimmung der Ausbauziele und die Strategien zu deren Erreichung im späteren Weißbuch für erneuerbare Energien von 1997.[367]

Eine erste ausführlichere Erwähnung erneuerbarer Energien in einem energiepolitischen Dokument der Kommission geht auf das Weißbuch zur Energiepolitik zurück, in dem ihre Förderung ausdrücklich als Strategie zur Verwirklichung der energiepolitischen Ziele der Gemeinschaft bezeichnet wurde (Europäische Kommission 1995). Zu einem Startpunkt in Richtung einer expliziten erneuerbare Energien-Politik auf EU-Ebene wurde jedoch das *Grünbuch* der Kommission „*Energie für die Zukunft: Erneuerbare Energiequellen*" (Europäische Kommission 1996), welches im November 1996 vorgelegt wurde und zu „zahlreichen Reaktionen" führte (Europäische Kommission 1997a: 9).

Diese Initiative der Kommission war jedoch wiederum durch das Parlament angestoßen worden, welches in mehreren Entschließungen konkrete Anstöße für einen Richtlinienvorschlag gegeben hatte (Rothe et al. 2002: 32). So forderte das *Parlament* in seiner „Entschließung zu einem gemeinschaftlichen Aktionsplan für erneuerbare Energiequellen" vom 22.07.1996 (Europäisches Parlament 1996) u.a.

Gegenstand einer Mitteilung der Kommission an den Rat waren, die im November 1989 unter dem Titel „Energie und Umwelt" vorgelegt wurde" (Europäisches Parlament 1993a). Darüber hinaus habe die Kommission in einer anderen Mitteilung („Eine Gemeinschaftsstrategie für weniger Kohlendioxidemissionen und mehr Energieeffizienz", Europäische Kommission 1991a) eine Reihe von Vorschlägen unterbreitet, die die allgemeine Unterstützung des Rates fanden, jedoch zu keinen konkreten Umsetzungen führten. In der Entschließung wurden u.a. die Einführung ökonomischer Instrumente, durch die die tatsächlichen Kosten für den Energieverbrauch an die Energieverbraucher weitergegeben werden (beispielsweise durch CO2-/Energie-Steuer), bessere Informationen, Umwelterziehung und -ausbildung für die Endverbraucher, Vereinbarungen mit der Industrie über Verhaltenskodizes und verbesserte Energieeffizienz, Normen für eine rationale Energienutzung für alle Produkt- und Anwendungsarten, Energiesparprogramme und Normen für die Wärmedämmung in Gebäuden, die weitere Untersuchung über Umweltaspekte sowie schließlich die Förderung des Einsatzes erneuerbarer Energiequellen gefordert. (Europäisches Parlament 1993a)

[367] Bereits im Jahr 1994 wurde die erste TERES-Studie („The European Renewable Energy Study") veröffentlicht (ESD et al. 1994), dieser folgte im Jahr 1997 TERES II (ESD et al. 1997). In TERES II wurde mit Hilfe unterschiedlicher Szenarien der Umfang der politischen Maßnahmen analysiert, die als notwendig angesehen wurden, um die Gemeinschaftsziele für die Entwicklung erneuerbarer Energiequellen zu erreichen. TERES II war nach Angaben der Kommission „die wichtigste analytische Grundlage für die Erstellung des Weißbuchs" (Europäische Kommission 1997b: 16).

neben der Verabschiedung eines Aktionsplans eine Reihe von Maßnahmen, die bereits die spätere Position des Parlaments zu diesem frühen Zeitpunkt skizzierten. Gefordert wurde beispielsweise ein Ausbauziel von 15 % EE-Anteil am Primärenergie-Mix in der EU bis zum Jahr 2010, „für dessen Realisierung die Gemeinschaft und die Mitgliedstaaten eine glaubwürdige marktwirtschaftliche Förderpolitik betreiben müssen, um die politischen, rechtlichen und wirtschaftlichen Rahmenbedingungen für die Wettbewerbsfähigkeit erneuerbarer Energieträger zu schaffen" (Nr. 3 der Entschließung).[368] Dies sollte unter „Beachtung des Subsidiaritätsprinzips" erfolgen (Nr. 2). Mit Blick auf die Kommission wurde eine eigenständige „Koordinierungseinheit" gefordert (Nr. 8), sowie die „Erhöhung der Haushaltsmittel der EU für die Förderung erneuerbarer Energiequellen auf mindestens 840 Mio. ECU bis 1998, was der Höhe der Haushaltsmittel zur Förderung der Kernfusion entspricht" (Nr. 10). Es wurde gefordert, „staatliche und lokale Regeln zur Vergütung der Einspeisung dezentral erzeugten Stroms in Netze durch Sonderzahlungen der Versorgungsbetriebe zu analysieren", und zwar einschließlich des Systems „Kostendeckende Vergütung" (Nr. 19); ein Vorschlag, der in dieser Form später im Grundsatz mit dem EEG in Deutschland verwirklicht wurde. Schließlich forderte das Parlament die Einbeziehung der „durch die Energiegewinnung aus konventionellen Energien verursachten externen Kosten (die auf Umweltgründe oder auf die Verwendung gefährlicher Technologien zurückzuführen sind) in die Energiepreise", um Verursachergerechtigkeit und reale Preise zur Stützung der Markteinführung erneuerbarer Energien zu erzielen. Hierfür wurden beispielsweise eine CO_2- bzw. Energiesteuer oder ein System handelbarer Kohlendioxid-Emissionszertifikate gefordert (Nr. 21).

Bis zum Grünbuch Ende 1997 gab es jenseits der engagierten Entschließungen des Parlaments keine signifikanten Aktivitäten auf europäischer Ebene, die sekundärrechtliche Wirkung für erneuerbare Energien entfalteten. Demgemäß waren auch die öffentliche Resonanz sowie das proaktive Engagement von *Interessengruppen* aus dem EE-Bereich vergleichsweise gering. Lediglich vereinzelte Stimmen aus der zu dieser Zeit noch wenig organisierten EE-Lobby waren zu vernehmen. Auf der anderen Seite hatte die konventionelle Energieindustrie politisch noch nichts zu befürchten.[369] Als einziger profilierter nicht-staatlicher Akteur konnte in dieser Phase (neben den Autoren der genannten TERES-Studie, die durch ihre Arbeit Einfluss auf das spätere Weißbuch hatten) die EE-Interessengruppe *Eurosolar*

---

[368] Das Ausbauziel von 15 % entspricht dabei in etwa dem späteren Ziel der Kommission von 10 %, welches auf der Basis einer anderen Berechnungsmethode ermittelt wurde: Das Parlament verwendete das Substitutionsprinzip, die Kommission im Weißbuch die Eurostat-Konvention (Europäische Kommission 1997a: 59).

[369] Diese Einschätzung der geringen initiativen Aktivitäten von Lobby- bzw. Stakeholdergruppen der EE- wie auch der konventionellen Energiewirtschaftslobby wurde von mehreren Interviewpartnern bestätigt, u.a. von Oliver Schäfer, der zu diesem Zeitpunkt Mitarbeiter im Büro der EP-Abgeordneten Mechthild Rothe war (Schäfer 2006).

identifiziert werden, die als „Europäische Vereinigung für Erneuerbare Energien" schon kurz nach der Entschließung des Europäischen Parlaments aus dem Jahr 1995 einen eigenen Entwurf für eine Richtlinie vorlegte (EUROSOLAR 1996). Hintergrund hierfür war ebenfalls eine Studie, welche Eurosolar für die Europäische Kommission angefertigt hatte, und deren Ergebnis der Vorschlag für eine „Richtlinie über gemeinsamen Regelungen für Einspeisevergütung für Strom aus erneuerbaren Energien" war (Wagner 1996). Zwischen den diesbezüglich engagierten Mitgliedern des Parlaments, insbesondere der inhaltlich stark befassten EP-Abgeordneten *Mechthild Rothe* (die im späteren Richtlinienprozess Berichterstatterin wurde) und Eurosolar bestanden enge Verbindungen, wodurch sich die große Nähe der damaligen Vorschläge und Argumente erklärt.[370]

Die Debatten verliefen bis zur Veröffentlichung des Grünbuchs der Kommission also vorrangig zwischen den EU-Organen. Dabei war das Parlament der klare Anwalt der erneuerbaren Energien, da es für eine europaweite und ambitionierte Förderung eintrat und dabei eine Reihe detaillierter und weitgehender Forderungen aufstellte. Der Rat blockierte bzw. verwässerte diese Anliegen zu diesem Zeitpunkt noch, während sich die Kommission langsam einzelnen grundsätzlichen Argumenten gegenüber öffnete, was in den nachfolgenden Kommissionspapieren ersichtlich wurde.

Parallel verschärfte sich in Deutschland der Konflikt um das Stromeinspeisegesetz (StrEG), der sich nach und nach auch auf die europäische Ebene verlagerte und somit die Entwicklung der Diskussionen um eine europäische Förderung beeinflusste.

5.2.2 *Verlagerung der Auseinandersetzungen um das deutsche StrEG auf die europäische Ebene*

Mit der Verabschiedung des *Stromeinspeisungsgesetzes (StrEG)* im Jahr 1991 hatte die deutsche Bundesregierung einen Gesetzesmechanismus zur Förderung erneuerbarer Energien geschaffen, der in der Folge zusammen mit spezifischen Förderprogrammen zu einem Ausbaueffekt insbesondere bei der Windenergie führte und internationale Beachtung fand (vgl. Abschnitt 3.3). Diese Entwicklung und damit auch das StrEG stießen auf zunehmenden Widerstand insbesondere bei den EVU, die durch den Umlagemechanismus für die Einspeisevergütung der Anlagen besonders betroffen waren. Mehrere dieser EVU unternahmen in der Folge juristische Schritte gegen das *StrEG vor deutschen Gerichten*, weil sie die generelle Rechtmäßigkeit des

---

[370] Mechthild Rothe ist seit 2002 Vize-Präsidentin von Eurosolar und Präsidentin von EUFORES (European Forum for Renewable Energy Sources), dem europäischen Parlamentarierforum für erneuerbare Energien. Seit Januar 2007 ist sie Vizepräsidentin des Europäischen Parlaments.

StrEG nicht gegeben sahen. Die Gerichte erklärten das StrEG jedoch ausnahmslos für verfassungsgemäß oder dessen Regelungen für nicht verfassungswidrig (ebda.).

Seit dem Jahr 1995 verlagerten daher eine Reihe deutscher EVU ihre Aktivitäten zusätzlich auf die europäische Ebene, indem sie *Beschwerden an die Kommission* im Zusammenhang mit der Förderung von Windstrom einreichten. Die Beschwerdeführer - darunter der Energieversorger PreussenElektra und der VDEW - führten an, dass die Vergütungen für Windstrom nicht länger gerechtfertigt seien, da ihnen beträchtliche Verluste entstehen würden, „sofern die Vergütung für Windstrom beibehalten und die Absicht der deutschen Länder, die Windstromkapazität bis auf 4.000 MW im Jahr 2005 auszuweiten, weiterverfolgt würde" (Europäischer Bürgerbeauftragter 1998).[371] Weitere Beschwerdegründe bezogen sich auf den Vorwurf, es handele sich bei der Regelung um eine unerlaubte Beihilfe (Lauber/ Mez 2004: 603). Die Beschwerde verfolgte das Ziel, dass der deutsche Gesetzgeber verpflichtet werden sollte, die Vergütungsregelung und damit die Kernregelung des Stromeinspeisungsgesetzes aufzuheben (Ministerium für Finanzen und Energie des Landes Schleswig-Holstein 1999: 119). Zudem übermittelte die PreussenElektra im Juli 1996 der Kommission ein Schreiben ihres schwedischen Partners Sydkraft mit dem Inhalt, dass durch das deutsche Stromeinspeisungsgesetz angesichts der Öffnung des europäischen Elektrizitätsmarktes eine Ungleichbehandlung herbeigeführt werde (ebda.).

Die Kommission bat die Bundesregierung daraufhin um eine Stellungnahme, woraufhin das Wirtschaftsministerium einen Bericht übermittelte, in dem in bestätigender Weise Probleme aufgrund der erheblichen Zunahme von Windstrom festgestellt wurden. In einer Reihe von Sitzungen im Frühjahr und Sommer 1996 teilten demgegenüber die Windstromerzeuger der Kommission mit, dass der Marktanteil erneuerbarer Energien und damit die Gesamtbelastung insgesamt noch sehr gering sei, dass andererseits die Windstromerzeuger ohne die gesicherten Vergütungszahlungen keine Existenzgrundlage hätten (Europäischer Bürgerbeauftragter 1998).

Vor diesem Hintergrund sandte *Wettbewerbskommissar Karel van Miert* am 25. Oktober 1996 ein Schreiben an den deutschen Wirtschaftsminister Rexroth, in dem er einerseits um Prüfung einer Änderung des deutschen StrEG unter Berücksichtigung beider Seiten bat, er schlug jedoch gleichzeitig als Maßnahme eine *Reduzierung der Windvergütung* von 90 % pro kWh/Stunde auf höchstens 75 % pro kWh/Stunde vor (ebda.). Zudem solle der Fördermechanismus zeitlich begrenzt und degressiv ausgestaltet werden.[372] Neben diesem Schreiben an die deutsche Bundesregierung

---

[371] Neben der Preussen-Elektra waren weitere deutsche Elektrizitätsunternehmen die Schleswag AG, Hanseatische Energieversorgung AG Rostock und die Überlandwerke Leinetal; neben dem VDEW zudem der BDI und das niedersächsische Wirtschaftsinstitut (Ministerium für Finanzen und Energie des Landes Schleswig-Holstein 1999: 119).

[372] Diese „Einmischung" des Wettbewerbskommissars van Miert wurde von den deutschen Windenergiebetreibern als unzulässig eingestuft, woraufhin sie Beschwerden beim Europäischen Bürger-

zirkulierte eine interne Stellungnahme der Generaldirektion für Wettbewerbsfragen der EU-Kommission zum Stromeinspeisungsgesetz, in der das StrEG als wettbewerbsverzerrendes Instrument eingestuft wurde (taz 1996). Akteure wie Eurosolar und der SPD-Bundestagsabgeordnete Herrmann Scheer protestierten heftig gegen diese Stellungnahme und warfen der Kommission vor, sich zum einen die Auffassung der deutschen Energieversorger zu eigen zu machen, und zum anderen die 1996 verabschiedete Richtlinie für den Strombinnenmarkt zu ignorieren, die ausdrücklich vorsehe, dass erneuerbaren Energien aus Umweltschutzgründen Vorrang eingeräumt werden könne (ebda.). Eurosolar verwies außerdem darauf, dass der Erfolg des deutschen StrEG gerade die Monopolstellung der Energieunternehmen durchbrochen und somit mehr Wettbewerb geschaffen habe (ebda.).

Die konservativ-liberale Bundesregierung bzw. das zuständige Bundeswirtschaftsministerium unter Günther Rexroth (FDP) nahm die Änderungsvorschläge und Kritik am StrEG aus Brüssel zum Anlass für einen weitreichenden eigenen Entwurf zur *Novellierung des Gesetzes* (siehe Abschnitt 3.3.2). Der Gesetzesentwurf scheiterte jedoch im Parlament, nachdem sich die EE-Verbände, unterstützt durch Bündnis 90/Die Grünen, in einem breiten Bündnis mit vielen gesellschaftlichen Gruppen erfolgreich gegen die Gesetzesänderung zur Wehr setzen konnten (ebda.).

Diese Wechselwirkungen im europäischen Mehrebenensystem führten schließlich dazu, dass sich auch die deutschen und europäischen *EE-Vertreter* stärker *auf die europäische Ebene* begaben, dort politisch intervenierten, sich stärker organisierten und Lobbyarbeit betrieben. Interviews mit am Prozess beteiligten Personen bestätigten, dass die deutsche EE-Lobby (mit Ausnahme Eurosolar) erst ab diesem Zeitpunkt begann, aktiv ihre Interessen gegenüber den europäischen Institutionen zu vertreten, nachdem erkannt wurde, dass von Brüssel eine Gefahr für das deutsche System der Einspeisetarife ausgehen könnte. Der 1996 gegründete *Bundesverband Windenergie (BWE)* nahm beispielsweise auf Basis dieser Erkenntnis die aktive Lobbyarbeit in Brüssel noch im gleichen Jahr auf (Bartelt 2006).

Der BWE versuchte zunächst, durch den Beitritt zur bereits bestehenden European Wind Energy Association (EWEA) Einfluss auf die europäische Ebene zu nehmen. Allerdings wurde schnell klar, dass die EWEA keine große Unterstützung für die Interessen des BWE - insbesondere bezüglich einer Erhaltung des deutschen Einspeisemodells - darstellte, da die EWEA zu dieser Zeit sehr stark von

beauftragten einreichten. Die Beschwerden bezogen sich dabei auf zwei Aspekte (Europäischer Bürgerbeauftragter 1998): zum einen wurde ein Verfahrensfehler angemahnt, da eine von der Kommission genehmigte Regelung wie das StrEG auch nur durch einen neuen Beschluss der Kommission kritisiert werden könne, zum zweiten habe sich die Argumentation van Mierts zu einseitig auf die Daten der Energiewirtschaft gestützt. In seinem Beschluss vom 16. Juli 1998 wies der Europäische Bürgerbeauftragte Jacob Söderman die Beschwerdevorwürfe zurück, da es sich bei dem Brief von van Miert um einen erlaubten unverbindlichen Vorschlag gehandelt habe, und die Daten, auf die sich die Empfehlungen bezogen hatten, von der Bundesregierung übermittelt worden waren (ebda.).

Großbritannien, aber auch Dänemark dominiert war (Bartelt 2006). Während Großbritannien ein anderes Modell als das deutsche verfolgte, war die dänische Windkraftindustrie die größte und damals noch überlegene Konkurrenz zur aufkommenden deutschen Windindustrie. Zudem wurde die Argumentation vertreten, dass das wahrscheinlichste zukünftige europäische System zu unterstützen sei. Aufgrund des starken Einflusses der Energieversorger in Brüssel und auf die nationalen Regierungen gingen die Entscheider innerhalb der EWEA davon aus, dass damit das deutsche oder dänische Vergütungssystem mittelfristig keine Chance haben würde (ebda.).

Darüber hinaus wurde mit einer zukünftigen Dominanz der großen EVU im Windenergiesektor gerechnet, gegen die sich eine mittelständische Industrie und kleinere Betreiber nicht behaupten könnten (Bartelt 2006). Vor diesem Hintergrund verfolgte der deutsche Windenergieverband, dem sich in der Folge viele kleinere EE-Branchen anschlossen, von diesem Zeitpunkt an eigene Interessen zur Bewahrung des deutschen Einspeisemodells. Eine weitere logische Konsequenz dieser Situation war, dass sich der BWE zusammen mit anderen EE-Verbänden aus Deutschland und anderen EU-Mitgliedsstaaten im Jahr 1999 zur European Renewables Energies Federation (EREF) zusammenschloss, um damit die Lücke in der aktiven Lobbyarbeit für Einspeisemodelle - und somit auch für das deutsche StrEG – auf europäischer Ebene zu schließen. Bis zu diesem Zeitpunkt übernahm der Verband die Arbeit jedoch selbst (ebda.).

5.2.3   Agenda-Setting im Vorfeld der Richtlinie

Dem eigentlichen Richtlinienprozess ging ein institutioneller und gleichzeitig öffentlicher Diskussionsprozess voraus, der durch Mitteilungen der Kommission, die Grün- und Weißbücher zu erneuerbaren Energien, angeregt wurde. In dieser Phase steckten einige Akteure ihrer Grundpositionen ab, andere begaben sich angesichts der angedeuteten Entwicklungen und geäußerten Positionen erst jetzt in die EU-politische Arena. Neben dem Grün- und dem Weißbuch war es vor allem ein Harmonisierungsbericht der Kommission, der Anforderungen an eine EE-Förderung bzw. Markteinführung aus Sicht des Binnenmarktes formulierte. Dieser war von den für Wettbewerbsfragen zuständigen Akteuren innerhalb der Kommission verfasst worden, die mit ihren Anforderungen und ihrer Sichtweise die Position der Kommission in den folgenden Jahren stark prägten. Dadurch zeichnete sich insbesondere in Bezug auf die Frage der Instrumentenwahl ein deutlicher Gegensatz zur Position des Parlaments, der EE-Lobby und einer Reihe von Mitgliedsstaaten, insbesondere Deutschlands, ab.

5.2.3.1 Die Diskussionspapiere der Kommission – Dominanz der Binnenmarktpolitik

Nachdem das Parlament durch seine Entschließungen in der ersten Hälfte der neunziger Jahre die Diskussion um eine stärkere europäische Förderung erneuerbarer Energien vorangetrieben hatte, war es in der Folge vor allem die Europäische Kommission, die aufgrund ihrer Kompetenzen die stärksten Akzente bzw. inhaltliche Vorlagen in der Diskussion setzte.

Der offizielle Vorlaufprozess zur Richtlinie begann mit dem *Grünbuch der Kommission* vom 20. November 1996 (Europäische Kommission 1996), durch das die Diskussion mit den beteiligten Akteuren angeregt werden sollte. Im Grünbuch legte die Kommission den Stand der Verbreitung in Europa dar, und erörterte eine Reihe von Vorteilen bzw. Motivationen für erneuerbarer Energien sowie Optionen für eine gemeinschaftliche Förderung. Als Zielgröße wurde eine Verdopplung des Anteils erneuerbarer Energien an der gesamten Energieversorgung auf 12 % bis zum Jahr 2010 formuliert. Im Dokument wurden aber auch die Internalisierung externer Kosten als ein Ziel angesprochen und Vorschläge für steuerliche Entlastungen für erneuerbare Energien gemacht, ohne dies jedoch zu konkretisieren (ebda.).

Sowohl das Grünbuch als auch das spätere Weißbuch vom November 1997 bewegten sich in ihren Aussagen zwischen zwei argumentativen Polen: Einerseits wurde an vielen Stellen die Bedeutung der erneuerbaren Energien als wichtiger Beitrag zur Lösung von Umwelt-, Klima- und Ressourcenproblemen hervorgehoben, andererseits wurde häufig ihre Rolle im Elektrizitätsbinnenmarkt betont.

Die erstgenannte Ausrichtung kann zum einen auf die vorhergehenden langjährigen Impulse und Vorlagen aus dem Europäischen Parlament zurückgeführt werden, die innerhalb der Kommission bei einzelnen Personen und Abteilungen auf fruchtbaren Boden fielen. Diese Argumentation wurde beispielsweise von der Generaldirektion Umwelt geteilt und unterstützt (Lauber 2001, 2005). Zum anderen spielten auch die damals parallel laufenden internationalen Diskussionen um die Klimaveränderungen eine unterstützende Rolle, die in 1997 zum Kyoto-Protokoll führten und für die Kommission einen gewissen klima- und energiepolitischen Handlungsdruck erzeugten (vgl. hierzu die Darstellungen im Weißbuch, Europäische Kommission 1997a: 5).

Die zweite Ausrichtung hatte mit der parallelen Einführung der Binnenmarktrichtlinie für den Strommarkt zu tun, die ebenfalls in 1996 verabschiedet wurde (vgl. ausführlicher in Abschnitt 4.2). So heißt es im Grünbuch: „The creation of an internal energy market is a key priority of the Community. It forms an integral part of the Community's efforts of creating a stronger and more competitive industrial base to face up to the globalisation of markets and fiercer international competition" (European Commission 1996: 33). Diesem Argument folgend sprach sich die Kommission langfristig für eine Quotenregelung aus, da diese in einem liberalisierten Markt den Ausbau von erneuerbaren Energien mit den geringsten Kosten erreichen könne und so Marktverzerrungen vermieden würden. Die Kommission sprach dem Quotenmodell in Verbindung mit einem Zertifikatehandel dabei das Attribut der höheren „Marktorientierung" zu (Europäische Kommission 1996: 34). Hintergrund dieser Aussage war die Annahme, dass eine Mengenregelung einen stärkeren Preiswettbewerb zwischen den (verschiedenen) Erzeugern bewirken könne und zudem eine Harmonisierung auf europäischer Ebene leichter möglich wäre, was den in dieser Zeit dominierenden Binnenmarktvorstellungen der Kommission entsprach. Somit sollte laut Grünbuch mit einem solchen Instrumenten auf die so genannten „Kräfte des Marktes" vertraut werden - die jedoch im gleichen Dokument bezüglich der ablehnenden Haltung der Energieversorger gegenüber erneuerbaren Energien kritisiert wurden (Europäische Kommission 1996: 26).

Das Grün- wie auch das folgende Weißbuch drückten damit eine starke Präferenz für Quoten- und Zertifikatemodelle aus, da diese eine größere Binnenmarktkompatibilität aufweisen würden. Diese in der Kommission dominierende Grundhaltung lässt sich in dieser Phase wesentlich auf ihre *grundsätzliche wirtschaftspolitische Ausrichtung* und Haltung zurückführen, die sich in den Liberalisierungsreformen und so auch in der Energiebinnenmarktrichtlinie manifestierten (vgl. hierzu auch Kapitel 4). Zudem lag die Verantwortung für die Diskussionspapiere innerhalb der GD Energie unter Kommissar Christos Papoutsis bei der Abteilung, die für „Binnenmarkt und Wettbewerb" zuständig und somit den grundsätzlichen Zielen dieser Marktreformen eng verbunden war. Volkmar Lauber bezeichnete in seiner Analyse des politischen Prozesses diese Wettbewerbsabteilungen innerhalb der einzelnen Generaldirektionen als von der GD Wettbewerb (nach Lauber die neoliberal geprägten „Deregulierer") „kolonisierte" Abteilungen mit klarer Präferenz für so genannte marktkonforme, möglichst gering regulierende Maßnahmen (Lauber 2001: 36).

Wie oben aufgezeigt, kümmerte sich Wettbewerbskommissar Monti in dieser Zeit bereits um die Frage der EE-Politik in Deutschland, weshalb es nahe lag, dass er seine Ansichten auch in den nun anstehenden Prozess einer Richtlinienentwicklung einbringen würde. Die starke Berücksichtigung der Binnenmarktziele im Rahmen der EE-Politik erzeugte *Zielkonflikte* und zusätzliche Anforderungen an die Einführung erneuerbarer Energien, die sich später im Streit um die Instrumente fokussierte (Piria 2000).

Die *Reaktionen auf das Grünbuch* waren dennoch überwiegend wohlwollend und zustimmend, da es einerseits eine grundsätzlich positive Grundhaltung zur Förderung der erneuerbaren Energien vermittelte und andererseits noch keine klaren und detaillierten Festlegungen für politische Maßnahmen enthielt. So begrüßte Eurosolar das Grünbuch beispielsweise in einem Memorandum ausdrücklich und hob viele positive Ansätze und Argumentationen des Dokuments hervor, die um

eigene Vorschläge ergänzt wurden (EUROSOLAR 1997a).[373] Das Europäische
Parlament forderte in seiner Entschließung zum Grünbuch (Sitzung am 15.5.1997)
eine Reihe von konkreten Maßnahmen, wie bspw. Steuern und höhere Haushaltsmittel bis hin zu technischen Standards (Europäisches Parlament 1997b). Der Rat
als maßgebliches Organ für den weiteren Prozess formulierte im Juni 1997 eine
Entschließung zu erneuerbaren Energiequellen, in der er die grundlegenden Aussagen des Grünbuches unterstrich (Rat der Europäischen Union 1997). Er wertete das
12 %-Ziel als „ehrgeizig" und „nützliche Orientierung", und stellte fest, „dass
innerhalb des Rahmens der Liberalisierung der Energiemärkte eine aktive Politik
seitens der Regierungen der Mitgliedsstaaten und – unter Berücksichtigung des
Subsidiaritätsprinzips – auf Gemeinschaftsebene erforderlich ist, um die Wettbewerbsfähigkeit von erneuerbaren Energiequellen zu verbessern" (ebda.: 2). Damit
war eine hinreichend offene Formulierung gefunden worden, um einerseits den
Rahmen der Liberalisierung als wichtige Orientierung zu betonen, andererseits die
bestehenden und künftigen Maßnahmen der Mitgliedsländer zu berücksichtigen.

Das Weißbuch, welches ca. ein Jahr später am 26. November 1997 – kurz
vor der Klimakonferenz in Kyoto - veröffentlicht wurde, berücksichtigte nach
Angaben der Kommission zahlreiche Anregungen „von den Organen der Gemeinschaft, den Regierungen ... und von zahlreichen Unternehmen und Verbänden" aus
der Debatte über das Grünbuch (Europäische Kommission 1997a: 9).[374] Im Weißbuch wurde das 12 %-Ziel als strategisches Ausbauziel bekräftigt und die Mitgliedsstaaten aufgefordert, nationale Ausbauziele zur Erreichung des Gesamtziels festzulegen. Die 12 % wurden als strategisches Gesamtziel im Sinne eines unverbindlichen, indikativen Richtwerts bezeichnet.[375] Eine genauere Unterteilung des Gesamtziels wurde „in der derzeitigen Phase" nicht vorgenommen, da die Gesamt-
energieentwicklung angesichts des bevorstehenden Kyoto-Prozesses sowie der
damals anstehenden Erweiterung der Union um neue Mitgliedsstaaten als zu unsi-
cher eingestuft wurde (Europäische Kommission 1997a: 12). Die Kommission sah
ein hohes technisches Potenzial und erkannte an, dass „der mit dem Einsatz erneu-

---

[373] U.a. wurde in dem Memorandum das 12 %-Ziel als „realistisch, wenn gleich nicht besonders
ehrgeizig" eingestuft, eine stärkere Berücksichtigung von erneuerbaren Energien neben dem Strom-
auch im Wärme- und Verkehrsbereich und eine deutliche Steigerung der Förderprogrammbudgets
gefordert, sowie institutionelle Maßnahmen wie die Einrichtung einer „task force" und einer internationalen Agentur vorgeschlagen (EUROSOLAR 1997a: 3, 5, 7).

[374] Insgesamt waren im Rahmen des Konsultationsprozesses über 70 ausführliche schriftliche Stellungnahmen eingegangen und zwei größere Konferenzen zum Thema abgehalten worden (Europäische Kommission 1997a: 9, 11).

[375] „Auf jeden Fall ist zu betonen, dass es sich bei diesem Gesamtziel um eine politische Vorgabe
handelt, die nicht rechtsverbindlich ist" (Europäische Kommission 1997a: 12). Die Verbindlichkeit
des Zielwertes wurde demgegenüber insbesondere seitens des Europäischen Parlaments gefordert
(Europäisches Parlament 1997a).

erbarer Energieträger verbundene ökologische Nutzen günstigere Finanzierungsbedingungen rechtfertigt" (Europäische Kommission 1997a: 9, 18).[376]

Auf der Basis dieser Analysen wurde neben der Gemeinschaftsstrategie im Weißbuch ein Aktionsplan entworfen, der zusammen mit der Strategie als „integriertes Ganzes" zu sehen war, durch nationale Aktionspläne ergänzt und in flexibler Weise „von Zeit zu Zeit in Anbetracht gesammelter Erfahrungen und neuer Entwicklungen … aktualisiert werden" sollte (Europäische Kommission 1997a: 16). Der Aktionsplan enthielt zum einen Vorschläge für eine Gemeinschaftsstrategie, zum anderen Anregungen zur Zusammenarbeit sowie zu Aktivitäten der Mitgliedsstaaten.[377]

Mit Blick auf die *Instrumentenfrage* wurden im Weißbuch zwar die Erfolge einzelner Mitgliedsstaaten anerkannt, die auf die Nutzung von vergütungsbasierten Instrumenten zurückzuführen waren. Zudem werden Formen von Vergütungsmodellen auf der Basis von vermiedenen Kosten und zuzüglichen Prämien aufgrund des höheren ökologischen und sozialen Nutzens diskutiert (Europäische Kommission 1997a: 18). Gleichzeitig wird aber darauf hingewiesen, dass „eventuelle grundlegende Veränderungen dieser ordnungspolitischen Strukturen" vorzunehmen seien, die allerdings „eine angemessene Weiterentwicklung" sicherstellen sollten (Europäische Kommission 1997a: 49). Dennoch erhielt das Weißbuch mit Blick auf die grundlegenden Aussagen hinsichtlich des Verdopplungsziels von 12 % und der (zumindest) kurz- bis mittelfristigen Offenheit gegenüber Vergütungsmodellen von vielen Akteuren aus der Interessenkoalition zur Förderung erneuerbarer Energien positive Resonanz, beispielsweise vom deutschen Bundesverband Windenergie, von Eurosolar und Greenpeace (EUROSOLAR 1997b; Greenpeace 1997; Schmela 1998).

---

[376] In einer „vorläufigen selektiven Kosten-Nutzen-Bewertung" kommt die Kommission zu folgender Wertschätzung erneuerbarer Energien: „Angesichts aller wichtigen Vorteile erneuerbarer Energieträger für den Arbeitsmarkt, die Reduzierung der Brennstoffeinfuhren und die Verbesserung der Versorgungssicherheit, den Export, die lokale und regionale Entwicklung usw. sowie des großen Nutzens für die Umwelt kann man davon ausgehen, dass die Gemeinschaftsstrategie und der Aktionsplan zur Förderung erneuerbarer Energieträger, die in diesem Weißbuch dargelegt sind, an der Schwelle zum 21. Jahrhundert von erheblicher Bedeutung für die Europäische Union sind" (Europäische Kommission 1997a: 15).

[377] Im Zusammenhang mit dem Aktionsplan wurde eine so genannte „Kampagne für den Durchbruch" entwickelt. Als Bestandteile dieser Kampagne wurden im Rahmen des Weißbuchs u.a. die folgenden „zentralen Aktionen" zur Förderung vorgeschlagen: Die Installierung von einer Million PV-Anlagen, von 10.000 MW aus großen Windparks, von 10.000 MW$_{th}$ aus Biomasse-Anlagen sowie 100 Gemeinde-Projekte einer hundertprozentigen Versorgung auf der Basis erneuerbarer Energien (Europäische Kommission 1997a: 32-36).

5.2.3.2 Der Harmonisierungsbericht der Kommission: Positionierung für Quotenmodelle

Beinhaltete das Weißbuch hinsichtlich der Instrumentenfrage eine Offenheit gegenüber Vergütungsmodelle, so stellte die Kommission ihre eigentliche Präferenz in klarer und deutlicher Weise in einem weiteren Bericht dar, der nur wenige Monate nach dem Weißbuch Ende März 1998 veröffentlicht wurde. Während das Weißbuch zwar unter dem Einfluss der für Wettbewerbs- und Binnenmarktfragen zuständigen Abteilungen, aber dennoch federführend aus der zuständigen GD Energie kam, zeichneten für den Harmonisierungsbericht die Generaldirektion Wettbewerb und die für Wettbewerbs- und Binnenmarktsfragen zuständige Direktion innerhalb der GD Energie verantwortlich (Lauber 2001; Piria 2000). In ihrem „Bericht an den Rat und an das Europäische Parlament über den Harmonisierungsbedarf Richtlinie 96/92/EG betreffend gemeinsame Vorschriften für den Elektrizitätsbinnenmarkt" (Europäische Kommission 1998) verdeutlichte die Kommission die aus ihrer Sicht erforderlichen Harmonisierungsanforderungen für erneuerbare Energieträger im Elektrizitätsbinnenmarkt.[378] Der Bericht war im Zusammenhang mit der Elektrizitätsbinnenmarktrichtlinie von 1996 erstellt worden und untersuchte die unterschiedlichen Fördersysteme für erneuerbare Energien in den Mitgliedsstaaten hinsichtlich der Übereinstimmung mit den Binnenmarktsregeln und einer zukünftigen Harmonisierung.

Die wesentlichen Folgerungen dieses Berichts - die für die EE-Koalition die „Freude über das Weißbuch schlagartig beendete" (Schmela 1998) - waren laut Darstellung der Kommission selbst bereits im Weißbuch vorgezeichnet: „[Es] zeichnet sich jedoch, wie bereits im Weißbuch über erneuerbare Energieträger erläutert, eindeutig die Notwendigkeit gemeinsamer Vorschriften in diesem Bereich ab. Die Tatsache, dass derzeit eine Reihe unterschiedlicher Beihilfemodelle besteht, wird aller Voraussicht nach zu Handels- und Wettbewerbsverzerrungen führen.[379] Den erneuerbaren Energieträgern in der EU wird angesichts der aus der Konferenz

---

[378] Durch die Schaffung des Energiebinnenmarktes wurden Harmonisierungsfragen im Wesentlichen in den Themenbereichen „Besteuerung von Energieerzeugnissen" und „Umweltschutz" aufgeworfen. In diesem Bericht widmete sich die Kommission dem zweiten Thema Umweltschutz. Die Frage der gemeinschaftlichen Rahmenvorschriften zur Besteuerung von Energieerzeugnissen wurde in einem separaten Bericht behandelt. Der Bericht zum Thema Umweltschutz konzentrierte sich dabei vorrangig auf „die Rolle der Elektrizitätserzeugung aus erneuerbaren Energieträgern innerhalb des Binnenmarktes", da in diesem Bereich – im Gegensatz zum Bereich Kraft-Wärme-Kopplung - eine hohe Maßnahmenvielfalt in den Mitgliedsstaaten vorlag (Europäische Kommission 1998: 1).

[379] Gemäß Artikel 87 EGV gilt jede staatliche oder aus staatlichen Mitteln gewährte Begünstigung als staatliche Beihilfe, wenn sie dem Begünstigten einen wirtschaftlichen Vorteil verschafft, nur für bestimmte Unternehmen oder Produktionszweige gewährt wird, den Wettbewerb zu verfälschen droht und den Handel zwischen Mitgliedstaaten beeinträchtigt. Die Kommission verwendet den Beihilfebegriff hier in einem sehr breiten Verständnis, welches in der Folge zu politischen Konflikten um das Beihilfeverständnis und auch einer juristischen Befassung bei verschiedenen Gerichten führte.

von Kyoto erwachsenden Verpflichtungen in den kommenden Jahren zweifellos immer mehr Bedeutung zukommen, was die potentiellen Marktverzerrungen entsprechend vergrößern wird. Noch sind die handels- und wettbewerbsverzerrenden Auswirkungen der einzelnen Beihilfemodelle für erneuerbare Energieträger angesichts des geringen Marktanteils der aus erneuerbaren Energieträgern erzeugten Elektrizität relativ begrenzt. Diese negativen Auswirkungen werden jedoch in den nächsten Jahren vermutlich beträchtlich ansteigen. Vor diesem Hintergrund empfiehlt es sich, so rasch wie möglich einige gemeinsame Vorschriften in diesem Bereich festzulegen." (Europäische Kommission 1998: 13)

Diese gemeinsamen Vorschriften sollten „sowohl aus binnenmarktbezogenen Gründen als auch zur Entwicklungsförderung der erneuerbaren Energieträger möglichst bald" in „eine Harmonisierungsrichtlinie" münden; wofür dieser Bericht „der erste Schritt zur Ausarbeitung einer solchen Richtlinie" sein sollte (Europäische Kommission 1998: 2). Die Beispiele und Konkretisierungen im Bericht sprachen dabei eine recht klare Sprache gegen das System der Einspeisetarife, welche im Falle einer EU-weiten Koexistenz mit Zertifikatssystemen die Gefahr von Doppel- und von Überförderungen in sich bergen würden. Gleichzeitig wurde die Sorge geäußert, dass der allgemeine Strompreis in einigen Ländern stärker als in anderen steigen werde, wenn der Anteil der erneuerbaren Energien an der Stromerzeugung bedingt durch hohe Förderzahlungen steige. Auch führten „zu große Unterschiede des Beihilfeumfangs zwischen den Mitgliedstaaten zu erheblichen allgemeinen Handels- und Wettbewerbsverzerrungen" (Europäische Kommission 1998: 4).

Im Harmonisierungsbericht wandte die Kommission den Begriff der Beihilfe in einem breiten Verständnis auf alle in den Mitgliedsstaaten vorhandenen Instrumente zur Förderung erneuerbarer Energien an (Europäische Kommission 1998: 6-7). Dabei wurde differenziert zwischen Beihilferegelungen für die Finanzierung von Maßnahmenkosten und Modellen zur Finanzierung der Beihilfen. Zur ersten Gruppe der Beihilferegelungen gehörten danach u.a. Abnahmegarantien zu einem garantierten Preis, Steuerbefreiungen, aber auch Förderung von FuE, Investitionsausgaben usw. Modelle zur Finanzierung oder Ergänzung der Beihilferegelungen sind nach diesem Verständnis Abgaben und Ausgleichszahlungen, Abnahmeverpflichtungen im Sinne von Quoten sowie grüne Zertifikate (ebda.).[380]

Im Bericht wurden erneuerbare Energien vor allem als Störfaktor für den Binnenmarkt betrachtet, während die Verweise auf die positiven Umwelteinwirkungen, ihre wichtige Rolle für den Klimaschutz und für Energieversorgungssicherheit

---

[380] Die Zuordnungen der Instrumente erfolgt hier aus der spezifischen Sicht ihres Beihilfecharakters. In der Literatur erfolgt die Instrumentengruppierung in der Regel in anderer Form, wenngleich je nach disziplinärem Blickwinkel und Differenzierungsansatz in verschiedenen Ausprägungen. Nach Hirschl und Hoffmann (2005; ähnlich auch Nitsch et al. 1999) können als zentrale Kategorien ordnungsrechtliche, monetäre und flankierende Instrumente unterschieden werden (siehe Abschnitt 5.1.4).

deutlich geringer und weniger gewichtig ausfallen. Hermann Scheer kritisierte zudem, dass derartige Harmonisierungsanforderungen aus reiner Wettbewerbsideologie heraus gestellt würden, während demgegenüber der gesamte Energiemarkt und insbesondere das konventionelle Energiesystem unter deutlich größeren Wettbewerbsverzerrungen leide, wovon im Wesentlichen die großen Energieanbieter profitierten (Scheer 1998: 7).

Der Tenor des Harmonisierungsberichtes und die damit einhergehende politische Präferenz zugunsten von binnenmarktkonformen Regelungen waren schließlich maßgebend für die ersten umstrittenen Entwürfe der Kommission. Insbesondere die kritische Haltung gegenüber Einspeisetarifen sowie die klare Präferenz der Kommission für Quoten- und Zertifikatssysteme sorgten für Verstimmungen mit dem Parlament und eine erhöhte Sensibilität der deutschen Akteure für das Agieren der Kommission. Dies bezog sich nicht nur auf die GD Energie, sondern auch auf die GD Wettbewerb unter Kommissar Karel van Miert, der seine Kritik am Stromeinspeisegesetz nicht aufgab und weiterhin signifikante Änderungen am deutschen Gesetz forderte. Vor diesem Hintergrund sahen viele deutsche Akteure die Entwürfe der Kommission zur EE-Richtlinie als eine Einspeisegesetz- bzw. später eine „EEG-Verhinderungsrichtlinie" (Oschmann 2006).

5.2.3.3   Reaktionen und Positionen weiterer Akteure

Während die Kommission als der zentrale Akteur dieser Phase seine Positionen durch Diskussionspapiere und Berichte äußerte, reagierten die anderen EU-Organe u.a. im Rahmen von offiziellen Entschließungen auf die Vorlagen, und die jeweiligen Interessengruppen im Rahmen von Konsultationsprozessen mit Stellungnahmen und teilweise zusätzlichen Positionspapieren.

Wie bereits beschrieben ist das *Europäische Parlament* (in seiner parlamentarischen Mehrheit) als ein zentraler Akteur der europäischen Interessenkoalition hervorzuheben, die sich für eine ambitionierte Förderung erneuerbarer Energien stark machte.[381] Das Parlament reagierte auf die Diskussionspapiere jeweils mit eigenen Berichten.[382] Der zuständige Ausschuss für Forschung, technologische

---

[381]   Seit 1995 wurden die Parlamentarier, die sich für eine verstärkte Förderung erneuerbarer Energien einsetzten, durch die unabhängige und überparteiliche Nichtregierungsorganisation EUFORES (European Forum on Renewable Energy Sources) unterstützt, die sich als Kommunikationsforum für Europäische und nationale Parlamentarier sowie andere Stakeholder aus dem Sektor versteht. Die erste Präsidentin von EUFORES war Eryl McNally (MdEP), die auf der Internetseite von EUFORES als „'mother'of the European Union Programme for the support of renewable energy and energy efficiency called ,Intelligent Energy for Europe'" bezeichnet wird (EUFORES o.J.). Ihre Nachfolgerin ist Mechthild Rothe, Vize-Präsident ist u.a. Claude Turmes, MdEP, Vize-Präsident der „Green Group" im Europäischen Parlament und ebenfalls ein wichtiger parlamentarischer Akteur im Richtlinienprozess.

[382]   Der Bericht zum Grünbuch wurde im Mai 1997 durch das Parlament angenommen (Europäisches Parlament 1997a), der Bericht zum Weißbuch im Juni 1998 (Europäisches Parlament 1998a).

Entwicklung und Energie setzte die deutsche SPD-Abgeordnete Mechthild Rothe als Berichterstatterin für beide Berichte ein, die diese Funktion auch im eigentlichen Richtlinienverfahren einnehmen sollte und damit eine der zentralen Personen im Europäischen Parlament während des gesamten Prozesses darstellte.

Das Parlament, welches im Vorfeld eine stärkere Förderung der erneuerbaren Energien gefordert hatte, unterstrich diese Position auch in seinen Berichten. Grundsätzlich wurden sowohl das Grünbuch als auch das Weißbuch als „gute Diskussionsgrundlage" (Europäisches Parlament 1997a: 12) beziehungsweise als Basis für eine „konkrete zielorientierte Gemeinschaftsstrategie für erneuerbare Energiequellen" (Europäisches Parlament 1998a: 14) begrüßt, allerdings wurden deutlich konkretere Vorschläge von der Kommission gefordert. Diesbezüglich sind zwei Aspekte hervorzuheben (vgl. Lauber 2005: 43). Zum einen forderte das Parlament die Festlegung des Verdopplungsziels als *verbindliches Mindestziel*. Gleichzeitig sollten die Mitgliedsstaaten nationale Gesamtziele und Orientierungsziele für jede Energieart entwickeln (Europäisches Parlament 1998a: 7). Zum zweiten legte sich das Parlament insbesondere in seinem Bericht zum Weißbuch demonstrativ auf die Forderung nach einer *europaweiten Einspeiseregelung* mit staatlich festgelegten Mindestvergütungen fest und forderte die Kommission auf, einen diesbezüglichen Vorschlag zu entwickeln (Europäisches Parlament 1998a: 7f).[383] Die Präferenz für eine Einspeiseregelung wurde mit der Schaffung eines stabilen Marktes begründet, der für das Erreichen von Massenproduktionen notwendig sei. Der Rothe-Bericht zum Weißbuch wurde durch eine Entschließung des Parlaments am 18. Juni 1998 angenommen, durch welche die Kommission aufgefordert wurde, bis Ende Dezember 1998 einen Vorschlag für eine europaweite Einspeiseregelung zu vorzulegen. Diese Forderung ist insbesondere als Antwort auf die im zuvor veröffentlichten Harmonisierungsbericht der Kommission geäußerte Richtung zu verstehen.

Im Vergleich zum Parlament waren die Reaktionen des *Ministerrats* auf die beiden Diskussionspapiere der Kommission äußerst zurückhaltend. In seiner Entschließung zum Weißbuch der Kommission vom 8. Juni 1998 bezeichnete der Rat das Ausbauziel von 12 % als „nützliche Richtschnur", wobei jedoch den unterschiedlichen Gegebenheiten in den Mitgliedsstaaten Rechnung zu tragen sei (Rat der Europäischen Gemeinschaften 1998: Nr. 4). Zudem vertrat der Rat die Auffassung, dass ein erhöhter Marktanteil am besten durch „markwirtschaftliche Instrumente" erreicht werden könne (ebda.: Nr. 5), und er nahm die Erkenntnisse aus

---

[383]   Dieser allgemeinen Forderung ging der Versuch des Parlaments voraus, im Rahmen der Entschließung der Kommission einen eigenen Richtlinienvorschlag mit auf den Weg zu geben. Dazu war im Vorfeld im Auftrag des Ausschusses für Forschung, technologische Entwicklung und Energie unter Federführung des SPD-Abgeordneten Rolf Linkohr ein Richtlinienvorschlag für eine Stromeinspeiserichtlinie erarbeitet worden, der in der gleichen Sitzung parallel zum Rothe-Bericht (am 16.6.1998) beraten wurde. Der Vorschlag enthielt im Wesentlichen ein Fondsmodell und stieß im Parlament u.a. aufgrund seiner zu starken Festlegung und Detaillierung auf breite und fraktionsübergreifende Ablehnung (Europäisches Parlament 1998b; Schmela 1998).

dem ersten Harmonisierungsbericht der Kommission bezüglich der Auswirkungen auf den Elektrizitätsbinnenmarkt „mit Interesse zur Kenntnis" (ebda.: Nr. 13).

Seitens der Lobbyverbände äußerte sich für die konventionelle Energiewirtschaft der Dachverband der europäischen Elektrizitätswirtschaft *Eurelectric* zu beiden Diskussionspapieren der Kommission mit Positionspapieren. Darin spricht sich Eurelectric einleitend für eine Förderung erneuerbarer Energien aus und begrüßt die Initiative der Kommission (Eurelectric 1998: 3). Im Detail wurden die positiven Auswirkungen erneuerbarer Energien jedoch stark relativiert und eine ambitionierte Förderung abgelehnt. Das Ausbauziel der Kommission von 12 % bis zum Jahr 2010 wurde als überambitioniert und mit Nachteilen behaftet bezeichnet: Eurelectric „is of the opinion that the 12 % target is optimistic in the extreme. Eurelectric fears that this overly ambitious objective could entail ... drawbacks" (ebda.). Darüber hinaus wurde die Bedeutung erneuerbarer Energien für den Klimaschutz relativiert, die Mehrkosten für Verbraucher hervorgehoben und eine enge Begrenzung der Finanzmittel gefordert (Eurelectric 1998: 3-6). Damit hatte Eurelectric sich als zentraler Akteur auf der Seite der Interessenkoalition platziert, die gegen eine breitere bzw. für eine wenig ambitionierte Einführung erneuerbarer Energien eintrat.

Naturgemäß begrüßten die *EE-Verbände* zusammen mit den etablierten und in Brüssel vertretenen *Umweltverbänden* überwiegend die Diskussionspapiere. Als einer derjenigen EE-Verbände, die Mitte der 1990-er Jahre bereits in Brüssel aktiv waren, zählte die 1990 gegründete europäische Dachvereinigung der europäischen Biomasseverbände AEBIOM (Association Européenne pour la Biomasse). Diese äußerte sich ebenfalls in Stellungnahmen zu den Diskussionspapieren, in welchen sie die grundsätzliche Richtung und insbesondere die vorgesehenen Ausbauziele lobten. Mit Blick auf die Fördermechanismen im Strommarkt wurden entweder Mindestpreisvergütungen (in Höhe von 80 % des Endkundenstrompreises), oder Ausschreibungsmodelle basierend auf Quoten empfohlen, wobei die Wahl des Instrumentes den Mitgliedsstaaten freigestellt werden sollte (AEBIOM 1998). Auch die Umweltverbände gaben unmittelbar nach der Bekanntgabe des Weißbuchs überwiegend sehr positive Pressemitteilungen heraus. Der Newsletter RENEW meldete diesbezüglich: „The White paper was enthusiastically received by environmental groups. Greenpeace EU Spokesperson Aphrodite Mourelatou commented 'It proves that the EU has the practical capacity to cut greenhouse gases by switching to solar and to other renewable technologies and shows precisely how it can be done.'" (NATTA 1998)

Die Reaktion der *deutschen erneuerbare Energien- und Umweltverbände* auf die Diskussionspapiere der Kommission fiel zunächst ebenso positiv aus: So begrüßten Eurosolar und der BWE das Weißbuch der Kommission „im vollen Umfang" (Schmela 1998). Zudem hatte die Kommission Vorschläge für das Weißbuch nicht nur aus den Reihen des Parlaments, sondern auch von den EE-Verbänden wie

Eurosolar übernommen, was deren Zuversicht und positive Haltung verstärkte (EUROSOLAR 1997b; Bartelt 2006). Diese positive Stimmung gegenüber dem Weißbuch der Kommission kippte jedoch, als die Lobbyverbände feststellen mussten, dass die Kommission ihre Binnenmarktpolitik über die EE-Förderung stellte und gegen die bis dato erfolgreichen Einspeisemodelle - wie das deutsche StrEG - vorging.

5.2.4   Der Politikformulierungsprozess 1998 bis 2001

Nach den Vorbereitungen der Kommission und den Reaktionen von Parlament, Rat und Stakeholdern bereitete die Kommission nun Entwürfe für die Richtlinie vor. Dabei traf die Kommission mit ihren Vorstellungen auf soviel Widerstand, dass es noch rund drei Jahre dauerte, bis die Richtlinie schließlich in deutlicher veränderter Form in Kraft treten konnte.

Dabei wurde die Phase des Politikformulierungsprozesses auf europäischer Ebene von mehreren „externen" Ereignissen in deutlicher Weise beeinflusst. Diesbezüglich sind zum einen der *Rechtstreit* und das StrEG und die Beihilfefrage hervorzuheben, die sich zu einer Mehrebeneninteraktion entwickelte, mit den hauptsächlichen europäischen Akteuren EuGH, Wettbewerbskommissar und seiner Generaldirektion sowie einer Vielzahl deutscher Akteure von den konventionellen Energieversorgern, der EE-Lobby bis hin zur Bundesregierung. Zum zweiten führte der *Wechsel in der Kommission* durch den kompletten Rücktritt der amtierenden Kommissare im Jahr 1999 zu einem signifikanten Politikwechsel in der Kommission und GD Energie. Zum dritten prägten die seit Beginn dieser Phase sehr aktiven und sich zunehmend europäisch vernetzenden deutschen EE-Akteure als zusätzliche Opposition gegenüber der Kommission das Bild. Unterstützt wurde dies durch den Regierungswechsel in Deutschland zu rot-grün im September 1998 und die spätere Einführung des EEG im April 2000.

Die nachfolgende Darstellung orientiert sich weitestgehend an der Chronologie der Ereignisse, in einzelnen Phasen werden jedoch wichtige parallele Ereignisse wie die Beihilfefrage sowie das Agieren der deutschen Akteure vertieft.

5.2.4.1   Erste Richtlinienentwürfe untermauern Kommissionslinie

Die inhaltliche Richtung der ersten Richtlinienentwürfe der Kommission knüpfte an den vorherigen Ausarbeitungen, insbesondere dem Harmonisierungsbericht an. Dies kann im Wesentlichen darauf zurückgeführt werden, dass die federführende Zuständigkeit für die Entwürfe in dieser Phase innerhalb der GD Energie bei der für Binnenmarkt- und Wettbewerbsfragen zuständigen Abteilung lag, während das Weißbuch noch unter der Regie der für erneuerbare Energien zuständigen Abteilung erstellt worden war (Piria 2000; Lauber 2001).

Im Verlaufe des Politikformulierungsprozesses kursierten mehrere Entwürfe der Kommission bis zum *ersten offiziellen Richtlinienvorschlag*. Ein erster interner Entwurf geriet im Oktober 1998 an die Öffentlichkeit (Schmela 1998).[384] Im Kern sahen dieser und die weiteren internen Entwürfe vor, „die in den verschiedenen Mitgliedsstaaten bestehenden Fördermodelle zu harmonisieren und dabei Modelle mit festen Einspeisevergütungen – entgegen der deutlichen Präferenz des Parlamentes und den Überlegungen im Weißbuch – mittelfristig zu beseitigen. Die Förderung erneuerbarer Energien sollte statt dessen durch die Schaffung eines geschützten Zweitmarktes für Strom aus erneuerbaren Energieträgern mit Zertifizierungsmöglichkeiten erfolgen." (Oschmann 2002: 82) Entsprechend des Vorentwurfes hätten Einspeisetarife spätestens 2006 abgeschafft werden müssen. Die Finanzierung von Forschung und Entwicklung, Kapitalzuschüsse und Energiesteuern sollten dagegen weiterhin möglich sein. Der Entwurf sah darüber hinaus weder verbindliche Ausbauziele vor, noch machte er Vorschriften für einen vorrangigen Netzanschluss.

Der inhaltliche Zuschnitt der internen Entwürfe entsprang somit mehr dem Harmonisierungsbericht als dem Weißbuch, d.h. es stand weniger die effektive Förderung erneuerbaren Energien, als das Funktionieren der Fördersysteme im Elektrizitätsbinnenmarkt an sich im Vordergrund. Dies wurde auch durch den Titel der Entwürfe deutlich, welcher nicht von Förderung oder Ausbau, sondern den „Zugang erneuerbarer Energien zum Elektrizitätsbinnenmarkt" betonte.[385] Dennoch kann nicht per se unterstellt werden, dass es den binnenmarktorientierten Vertretern durchweg um eine Verhinderung des Ausbaus erneuerbarer Energien ging, wenngleich die Praxis in den Mitgliedsstaaten dies bis zu diesem Zeitpunkt hätte nahe legen müssen.[386] Einige der interviewten Prozessbeobachter gehen davon aus, dass die in dieser Zeit federführenden Mitarbeiter der Kommission zwar klar die Zertifikate- und Quotenmodelle favorisierten, dies aber nicht mit einer pauschalen Ablehnung gegen Einspeisesysteme oder gar erneuerbare Energien per se gleichzusetzen sei (Oschmann 2006; Schäfer 2006). Allerdings kam diese Präferenz aufgrund der geringen Erfolge dieser Systeme in der Praxis und einer damit verbundenen größeren Marktmacht der etablierten EVU diesen und ihren Interessenver-

---

[384] Nach Angabe von Oschmann (2002: 82) waren es bis zum April 1999 acht interne Entwürfe. Die offizielle Vorlage eines Richtlinienentwurfs war zunächst bis zum Ende des Jahres 1998 geplant, so wie vom Europäischen Parlament im Juni 1998 gefordert (s.o.). Ein solcher interner Richtlinienentwurf sollte nach den Regeln der Kommission erst nach vollständiger Abstimmung mit allen Generaldirektionen und Kommissaren der Öffentlichkeit, dem Parlament und Ministerrat vorgelegt werden. Da jedoch „nirgendwo Geheimnisse so öffentlich sind wie in Brüssel", wo „tausende von Lobbyisten ein dichtes Netz gesponnen haben", gelangen die internen Vorentwürfe der Kommission häufig nach außen, wie auch in diesem Fall (Schmela 1998).

[385] „Directive on access of electricity from renewable energy sources to the internal market in electricity"; zitiert nach Oschmann (2002: 82).

[386] Vgl. hierzu auch die Darstellung der Entwicklung erneuerbarer Energien sowie der Förderinstrumente in den Mitgliedsstaaten in den Abschnitten 5.1.3 und 5.1.4.

tretern sehr entgegen. Daher kritisierten Akteure der EE-Koalition wie beispielsweise Hermann Scheer, dass es „in höchsten Maße bedauerlich" sei, „dass sich die EU-Kommission gegenwärtig unter wettbewerbsrechtlichen Vorwänden von den Energieversorgern einspannen lasse, gegen die erfolgreichen dänisch-deutschen Modelle" (zitiert in Bartelt 1998).

Durch die Entwürfe waren nun eine Reihe von Akteuren aus der EE-Branche sowie engagierte Politiker aus dem Europäischen Parlament und einigen nationalen Parlamenten alarmiert und riefen zu Gegenmaßnahmen und verstärktem Lobbying auf (Bartelt 1998; Schmela 1998). Im Zuge dieses Lobbying verbündeten sich mehrere internationale Umweltverbände mit EE-Verbänden, vorrangig aus dem Windenergiebereich (EWEA, FGW und BWE), und formulierten im April 1999 zehn gemeinsame Prinzipien für eine Richtlinie, die u.a. verbindliche Ausbauziele für die Mitgliedsstaaten sowie die freie Wahl der Instrumente beinhalteten (Greenpeace et al. 1999).

Dennoch gab es jenseits aller Befürchtungen auch Zuversicht, dass die Kommission umgestimmt werden könnte. Diese Zuversicht nährte sich zu dieser Zeit im Wesentlichen aus zwei Faktoren: Erstens gab es in Deutschland, als einem der gewichtigsten Mitgliedsstaaten mit Einspeisevergütung, seit September 1998 eine rot-grüne Bundesregierung, die den Ausbau erneuerbarer Energien sowie die „Energiewende" insgesamt inklusive des Atomausstiegs ganz oben auf ihre Agenda setzte. Zudem war eine Reihe von Abgeordneten in dieser Legislaturperiode in Deutschland hinzugekommen, die sich auf erneuerbare Energien spezialisiert hatten oder dies anstrebten.[387] Zweitens übernahm die deutsche Bundesregierung am 1.1.1999 die EU-Ratspräsidentschaft und konnte somit durch diese besondere Rolle die politische Tagesordnung zumindest im Ministerrat deutlicher prägen.

Um die angeheizte Debatte auf eine andere Ebene zu heben, schlug die deutsche Präsidentschaft gleich im Januar 1999 vor, auf einem Treffen der Ratsgruppe Energie am 11. Mai eine Orientierungsdebatte zu führen. Die darauf folgende Diskussion der Mitgliedsstaaten verdeutlichte, dass diese erstens keiner verbindlichen Quote zustimmen würden (mit Ausnahme von Dänemark) und zweitens auf dem Subsidiaritätsprinzip bestanden, d.h. dem Fortbestand ihrer eingeführten Regelungen. Im Zusammenhang mit dem großen Widerstand aus den Lobbygruppen der erneuerbaren Energien und den Protesten aus dem Parlament, das seine Vorgaben in wesentlichen Teilen missachtet sah, zog die Kommission schließlich ihre Entwürfe aus dem internen Kommissionsabstimmungsprozess zurück (Oschmann 2002: 82f).

---

[387] So entwickelte beispielsweise der 1998 in den deutschen Bundestag gewählte Hans-Josef Fell (MdB), Bündnis 90/Die Grünen), der in seinem Wahlkreis Hammelburg bereits die Einführung des Modells einer kostendeckenden Vergütung durchgesetzt hatte, einen eigenen Vorschlag für eine europäische Einspeiserichtlinie (Oschmann 2006).

Allerdings führte die weitere Arbeit der Kommission zum Erstaunen vieler Beteiligter nicht zu einer Umorientierung, sondern zu einer Präzisierung und Begründung ihrer bisherigen Position (Piria 2000: 26). In einem Arbeitspapier zum Thema „Elektrizität aus erneuerbaren Energieträgern und der Elektrizitätsbinnenmarkt", welches im April 1999 veröffentlicht wurde, erläuterte die Kommission ihre Präferenzen mit einer Reihe von analytischen Darstellungen und zählte eine Vielzahl an Nachteilen von Einspeisetarifsystemen auf (Europäische Kommission 1999a).[388] Aufgrund des Widerstands war es jedoch nun auch in der Kommission nicht mehr mehrheitsfähig, einen konkreten Vorschlag für eine Harmonisierung und gegen Einspeiseregelungen vorzunehmen (Oschmann 2002: 83), weshalb eine diesbezügliche Schlussfolgerung bzw. Empfehlung in dem Papier unterblieb.

In seinen Schlussfolgerungen aus der Sitzung am 11. Mai 1999 untermauerte der Rat schließlich entsprechend des heterogenen Meinungsbilds der Mitgliedsstaaten seine bisherige Position: Es solle keine festen Vorgaben für Quoten geben, sondern einen flexiblen Rahmen für den Zugang von Strom aus erneuerbaren Energien, der den Mitgliedsstaaten die Wahl der Fördermodelle überlässt (Rat der Europäischen Union 1999b). Gerade die deutsche Delegation verwies dabei auf das Subsidiaritätsprinzip (Piria 2000; Oschmann 2002).

Nach diesem ersten offiziellen Schlagabtausch zwischen der Kommission und der Allianz aus unterschiedlichen Interessengruppen - im Wesentlichen den Einspeisemodell-Befürwortern und den auf Subsidiarität bestehenden Mitgliedsstaaten – kündigte die Kommission einen nächsten Anlauf für den Herbst 1999 an. Bis dahin gab es jedoch noch einige wichtige Rahmenereignisse, die den weiteren Prozess maßgeblich beeinflussten:

– Im März 1999 erklärte Kommissionspräsident Santer den Rücktritt der gesamten Kommission aufgrund von Korruptionsvorwürfen gegen mehrere Kommissare.

– Im Juni 1999 wurde ein neues EU-Parlament gewählt. Zudem trat der am 2. Oktober 1997 unterzeichnete Vertrag von Amsterdam am 1. Mai 1999 in Kraft, wodurch die Kompetenzen des Parlaments entscheidend gestärkt und das Mitbestimmungsverfahren auch auf den Energiebereich anwendbar wurde. Das Parlament konnte im darauf folgenden Richtlinienverfahren nun „ernsthaft mitreden" (Lauber 2001: 36)

---

[388] Zu einer Kritik dieser Analysen siehe Abschnitt 5.1.4. Die Kommission kam in dem Papier zu dem Schluss, „dass ein fester Einspeisungstarif zwar als geeigneter Mechanismus betrachtet werden könnte, um einen bescheidenen Marktaufschwung zu gewährleisten, dieser jedoch mittelfristig eine Reihe großer Nachteile aufweisen könnte", weswegen die „Umstellung von einer Festtarifregelung zu einer auf handels- und wettbewerbsorientierten Regelung unvermeidbar" sei (Europäische Kommission 1999a: 18).

– Parallel zu dieser Phase des Richtlinienprozesses erfolgte die gerichtliche Auseinandersetzung um das deutsche Stromeinspeisegesetz, in die sich u.a. auch
die Kommission einschaltete (vgl. nachfolgenden Abschnitt).

Vor diesem Hintergrund kamen Manfred Nitsch et al. in ihrer Studie zu diesem
Zeitpunkt zu dem Schluss, dass „es derzeit [etwa Mitte 1999, eigene Anmerkung]
ungewiss erscheint, ob es überhaupt zu einer einheitlichen Richtlinie kommen wird"
(Nitsch et al. 1999: 125).

5.2.4.2 Das deutsche StrEG und die Beihilfefrage vor dem EuGH – zusätzlicher Unsicherheitsfaktor

Nachdem der Streit um das StrEG seit 1995 von den deutschen Energieversorgern
durch die Beschwerden bei der Kommission auf die Europäische Ebene gehoben
worden war (vgl. Abschnitt 5.2.2), folgte im Jahr 1998 diesbezüglich die zweite
Stufe. Hintergrund hierfür war die Novellierung des Stromeinspeisungsgesetzes,
welche die damalige Bundesregierung aus CDU/CSU und FDP durchgeführt hatte
(vgl. Abschnitt 3.3.2). Mit dieser Novelle reagierte die deutsche Regierung auf die
lange vorgebrachte Kritik der großen Energieversorger. Im Rahmen des novellierten StrEG wurde eine Härteklausel eingeführt (§4 StrEG 1998), welche die „doppel-
te 5 %-Deckelung" des eingespeisten Windstroms beinhaltete. Damit war für viele
Standorte im Norden Deutschlands de facto ein bald eintretender Ausbaustopp
verhängt worden (ebda.).

Die Konstruktion des „doppelten Deckels" nahmen die beiden ursprünglich
vereinten Beschwerdeführer (vgl. Abschnitt 5.2.2) - PreussenElektra und die
Schleswag AG, die sich wiederum im mehrheitlichen Besitz der PreussenElektra
befand - zum Anlass, einen Rechtsstreit über die Übernahme der Mehrkosten bei
Erreichen des 5 %-Deckels herbeizuführen. Die Schleswag hatte als regionales EVU
in Schleswig-Holstein den in ihrem Versorgungsgebiet erzeugten Strom aus erneuerbaren Energien abgenommen und vergütet und in etwa zeitgleich mit dem Inkrafttreten der StrEG-Novelle im April 1998 den 5 %-Deckel erreicht. Daraufhin
stellte die Schleswag die Mehrkosten dem vorgelagerten Netzbetreiber, der PreussenElektra in Rechnung. PreussenElektra zahlte zunächst, erhob dann jedoch vor
dem Landgericht Kiel Klage auf Rückzahlung. PreussenElektra brachte dabei u.a.
vor, dass „der der Zahlung zugrunde liegende § 4 des geänderten Stromeinspeisungsgesetzes gegen die unmittelbar anwendbaren beihilferechtlichen Vorschriften
des EG-Vertrags verstoße und daher nicht angewandt werden könne" (EuGH
2001, Ziffer 23).[389] Daraufhin fragte das Landgericht Kiel im Oktober 1998 beim

---

[389]   Als so genannte Streithelfer im gerichtlichen Verfahren waren die „Windpark Reußenköge III
GmbH" und das Land Schleswig-Holstein vertreten, zudem trat ihnen die deutsche Bundesregierung selbst zur Seite. Gemeinsam führten diese an, dass „das Ausgangsverfahren kein wirklicher,
sondern ein in jeder Hinsicht konstruierter Rechtsstreit" sei (EuGH 2001, Ziffer 31).

EuGH an, ob es sich beim neu gestalteten StrEG um eine Beihilfe handele und ob das Gesetz Handelsbeschränkungen im Binnenmarkt zur Folge habe.

Bis zur Klärung der Fragen vor dem EuGH sollten fast zweieinhalb Jahre vergehen. Während dieses Zeitraums nahmen neben den Prozessbeteiligten auch andere Akteure Einfluss auf die Arbeit des EuGH, allen voran die für Wettbewerb und Binnenmarktfragen zuständige Generaldirektion unter Karel van Miert und später unter Mario Monti. Beide vertraten die Haltung, dass es sich beim StrEG um eine staatliche Beihilfe handele. Noch bevor die Frage der staatlichen Beihilfen an den EuGH überwiesen wurde, hatte Karel van Miert am 29.7.1998 einen Brief an Bundeswirtschaftsminister Rexrodt geschickt, in dem er ihn erneut aufforderte, die Fördersätze zu senken und degressiv zu gestalten sowie eine zeitliche Förderbegrenzung für alle Anlagen einzuführen. Der Wettbewerbskommissar kritisierte insbesondere, dass die Bundesregierung keinen seiner Vorschläge seit dem Jahr 1996 (siehe Abschnitt 5.2.2) in die Novellierung des StrEG einbezogen habe und stellte eine Überförderung der Windenergie fest, deren Vergütung nach den Protesten nicht gesenkt worden war (ebda.). Stattdessen wurde eine wettbewerbskonforme Ausgestaltung der Beihilfe zur Förderung erneuerbarer Energien gefordert (van Miert 1998, Brief abgedruckt in von Fabeck 1998).

Trotz der scharfen Kritik am StrEG und dem Verhalten der Bundesregierung verzichtete van Miert darauf, seinen Kollegen in der Kommission einen förmlichen Entscheidungsvorschlag für die Aufnahme eines Beihilfekontrollverfahrens gegen Deutschland zu unterbreiten, da in diesem Zeitraum mit bedeutenden Änderungen auf dem Strommarkt in Folge der Umsetzung der Elektrizitätsbinnenmarktrichtlinie und der noch zu verabschiedenden EE-Richtlinie zu rechnen war (Ministerium für Finanzen und Energie des Landes Schleswig-Holstein 1999: 119). Die Bundesregierung wurde zu einer engeren Zusammenarbeit mit der Kommission aufgefordert. Zudem wollte van Miert ein gegebenenfalls einzuleitendes Beihilfekontrollverfahren vom Ergebnis des ab 1999 zu erstellenden Berichts des deutschen Bundesministers für Wirtschaft abhängig machen (ebda.).

In der Folge reichte die Kommission am 21. Januar 1999 eine Erklärung an den EuGH ein, aus dem in Übereinstimmung mit ihren vorherigen Veröffentlichungen hervorging, dass sie das StrEG als Beihilfe einstufte.[390] Im Sommer 1999 deutete sich schließlich an, dass die Kommission nun doch ein Beihilfeverfahren eröffnen würde, nachdem in Deutschland mittlerweile die Ökosteuer eingeführt worden war (siehe Abschnitt 3.2.3). Da die Kommission grundsätzlich davon ausging, dass es sich beim StrEG um eine genehmigungspflichtige Betriebsbeihilfe handelte, führte nun die staatlich verordnete Erhöhung des Strompreises zur Einstufung als „anmeldepflichtige Beihilfe" durch die Kommission.[391] Schließlich

---

[390] Die Kommission gehörte im EuGH-Verfahren neben den Streitparteien und den beteiligten Streithelfern zu denjenigen Akteuren, die eine schriftliche Erklärung abgaben (EuGH 2001).

[391] Aufgrund der an den Strompreis gekoppelten Vergütungsregelung führte die Stromsteuer zu einer

eröffnete die Kommission im August 1999 das Beihilfeverfahren gegen Deutschland. In der Begründung der Verfahrensaufnahme formulierte die Kommission eine Reihe grundsätzlicher Aussagen über den aus ihrer Sicht gegebenen Beihilfecharakter der Förderungen nach dem StrEG (Europäische Kommission 1999c). Damit hatten sich die Bedrohungen gegen die Einspeisevergütung und insbesondere das deutsche StrEG gravierend erweitert. Neben den Präferenzen der Kommission für Quoten- und Zertifikatemodelle aus Gründen der größeren Harmonisierungsmöglichkeiten im Binnenmarkt drohte sie nun zudem mit einem Beihilfeverfahren gegen das deutsche Gesetz. Und eben diese Beihilfefrage wurde gleichzeitig vor dem EuGH behandelt, mit ungewissem Ausgang und ungewisser Zeitdauer. Diese Bedrohungssituation führte seitens der EE-Koalition zu verstärkten europäischen Vernetzungsaktivitäten, bei der insbesondere die betroffenen deutschen Akteure eine wichtige Rolle spielten.

5.2.4.3   Zunehmende europäische Vernetzung der EE-Akteure – Multi-Level Lobbying

Durch die Entwicklungen in Brüssel bildete sich ein wachsendes Netzwerk der EE-Koalition auf europäischer Ebene. Dies umfasste zunächst im Wesentlichen einige EU- sowie nationale Parlamentarier, einige EE-Verbände auf EU-Ebene und einzelne nationale Verbände vorrangig aus dem Windenergie-Bereich sowie mehrere große Umweltverbände. Die EE-Verbände wollten aufgrund ihrer geringen Personal- und Finanzkapazitäten zum einen Synergien erschließen und Informationen austauschen, zum anderen direkt vor Ort verstärkt politische Lobbyarbeit betreiben und bei der Kommission intervenieren (Tesnière 2005; Bartelt 2006).

Aus diesem Netzwerk heraus wurden von einzelnen Akteuren (nationalen und EU-Parlamentariern, Verbänden) und zum Teil auch gemeinsam, häufig jedoch in Abstimmung oder zumindest in gegenseitiger Information eine Reihe von Stellungnahmen, Positionspapieren und Forderungen zu den Entwürfen der Kommission formuliert. Ein Beispiel hierfür ist der Vorschlag für die Richtliniengestaltung und die grundsätzliche Strategie in Form der „10 gemeinsamen Prinzipien für eine Richtlinie", der von Greenpeace, WWF, Friends of the Earth, dem Verband für

---

Erhöhung des Strompreises und in der Folge auch zur Erhöhung der Vergütungen. Die Kommission äußerte in diesem Zusammenhang „Zweifel daran, ob die Erhöhung der Beihilfe als mit dem gemeinsamen Markt vereinbar angesehen werden kann. Umweltschutzbeihilfen können grundsätzlich als vereinbar angesehen werden, wenn sie die Voraussetzungen des Gemeinschaftsrahmens für staatliche Umweltschutzbeihilfen (ABl. C 72 vom 10.3.1994) erfüllen." (Europäische Kommission 1999c: 19). Die Kommission stellte in diesem Zusammenhang gleichzeitig klar, dass sie keinen Zweifel daran habe, „dass zur Zeit für die meisten erneuerbaren Energieträger eine Unterstützung notwendig ist, da sie aufgrund der höheren Erzeugungskosten noch nicht mit herkömmlichen Energieträgern konkurrieren können." Allerdings sei die Einspeisungsvergütung als „Betriebsbeihilfe für die Erzeugung erneuerbarer Energien auf Einzelfallbasis" zu beurteilen. (ebda.)

dezentrale Kraft-Wärme-Kopplung COGEN, dem europäischen Windenergiever-band EWEA sowie den beiden deutschen Windenergieverbänden FGW und BWE formuliert wurde (Greenpeace et al. 1999). Von den großen Umweltverbänden nahmen insbesondere Greenpeace und WWF seit 1998 aktiv am politischen Prozess der Ausgestaltung der Richtlinie teil und nutzten dabei ihre etablierten Kontakte zur Presse und ihre Öffentlichkeitsarbeit (Volpi 2006).

Eine wichtige Rolle im Rahmen dieses Netzwerks übernahmen neben den etablierten großen Umweltverbänden die Vertreter der Windenergie, als die am stärksten wachsende und somit am stärksten von den diskutierten Regelungen bedrohte Industrie. Sie verfügte zu diesem Zeitpunkt über einen bereits etablierten Verband (EWEA) in Brüssel, der jedoch oft durch die Positionen aus Großbritan-nien und später aus Dänemark dominiert wurde (vgl. Abschnitt 5.2.2). Damit wurde es zunehmend wichtig für die deutsche Windindustrie, sich selbst in Brüssel zu engagieren. Diese Aufgabe übernahm vorrangig der BWE, der damit gleichzeitig die „Speerspitze" für die ansonsten noch zu ressourcenschwachen anderen EE-Verbände inklusive des Bundesverbandes Erneuerbare Energie (BEE) war.[392]

Eine wichtige Rolle übernahm der damalige BWE-Geschäftsführer Heinrich Bartelt, der schon während der Phase nach dem ersten Entwurf „unzählige Gesprä-che mit Abgeordneten und Kommissionsmitarbeitern" führte und Informations- und Vernetzungsveranstaltungen mit organisierte, um Einfluss auf die Ausgestal-tung des Entwurfes zu nehmen (Bartelt 2006). Dazu gehörte u.a. ein monatlicher Rundbrief, der Dokumente und Informationen von den „Brüsseler Kontaktleuten" enthielt und durch BEE und BWE an ihre Mitglieder verteilt wurde. Die Mitglieds-unternehmen wurden zudem mehrfach bei kritischen Ereignissen aufgefordert, sich selbst direkt an Abgeordnete im EU-Parlament und in Deutschland sowie an die Kommission zu wenden, um die Lobbyarbeit damit zu unterstützen. Diesem Aufruf sind häufig viele der Unternehmen gefolgt, „was eine sehr gute Lobbyaktion war" (Bartelt 2006).

Das Hauptaugenmerk der Lobbyarbeit richtete der BWE auf die Kommissi-on und hier insbesondere auf die gegenüber Einspeisevergütungen kritischen Mitar-beiter der GD Energie. Diesbezüglich wurde ein „unkonventionelles" und zum Teil konfrontatives Lobbying betrieben (Tesnière 2005: 37ff; Bartelt 2006).[393] Bei dieser

---

[392] Die deutsche Solarindustrie war zu diesem Zeitpunkt beispielsweise noch mit zu wenig Verbands-kapazitäten ausgestattet und in Bezug auf die Ausrichtung zu regional und national aufgestellt, so dass sich niemand um europäische Themen bzw. die politische Entwicklung auf EU-Ebene küm-merte; gleiches galt zu dieser Zeit auch für die deutsche Geothermie- und in weiten Teilen für die Bioenergie-Branche (Schmela 1998).

[393] Laut Heinrich Bartelt sei man unter Ausnutzung des „Status eines Neulings" in Brüssel häufig bei Kommissionsmitarbeitern zum Teil unangemeldet „von Tür zu Tür" gegangen (Bartelt 2006). Die-ses Vorgehen sei „zwar nicht professionell, aber effektiv" gewesen (ebda.), und entsprach einerseits den Kapazitäten des Verbandes, die z.B. für die Veranstaltung von häufigen parlamentarischen A-benden nicht ausreichten, andererseits dem damaligen Selbstverständnis des „Underdogs" gegen

Lobbyarbeit gegenüber der Kommission wurde es zunehmend wichtiger, sich in den Gesprächen durch entsprechende fachliche Experten begleiten und unterstützen zu lassen (Bartelt 2006). Insbesondere die Einbeziehung juristischer Expertise wurde bedeutsamer aufgrund der wachsenden energierechtlichen, aber auch wettbewerbsrechtlichen Fragen, die aus dem Wechselspiel zwischen EU- und nationalem Recht entstanden.[394].

Anders als bei der Kommission waren die Beziehungen zu Mitgliedern des Europäischen Parlaments (MdEP) überwiegend durch eine kooperative Atmosphäre geprägt. Dabei spielte die Fraktionszugehörigkeit der einzelnen MdEPs häufig eine untergeordnete Rolle, da es fraktionsübergreifend viele Befürworter der erneuerbaren Energien und von Einspeisemodellen gab, weshalb der BWE das Lobbying auf alle vertretenen Parteien bzw. Gruppierungen ausdehnte (Tesnière 2005: 36ff).[395] Zwar gab es auch Gegner einer Einspeiseregelung im Parlament, doch haben laut Heinrich Bartelt die Befürworter während des gesamten Prozesses überwogen (Bartelt 2006).

Eine Schlüsselfunktion in diesem Netzwerk kam der deutschen EP-Abgeordneten Mechthild Rothe zu (siehe auch Abschnitt 5.2.1), die als spätere Berichterstatterin bereits im Vorfeld eine wichtige Rolle innehatte und in engem Austausch mit den zentralen Akteuren der EE-Koalition auf europäischer Ebene stand. Darüber hinaus nutzte sie ihre engen Kontakte zu Mitarbeitern in der Kommission und zu Energiekommissar Papoutsis, arbeitete fraktionsübergreifend mit anderen aufgeschlossenen Abgeordneten des Parlaments zusammen sowie mit einer Reihe von Abgeordneten und Mitarbeitern des deutschen Bundestags, die sich in dieser Sache auf europäischer Ebene engagierten (Schäfer 2006).

Das Lobbying des BWE gegenüber dem Ministerrat war auf europäischer Ebene vergleichsweise schwach ausgeprägt, was jedoch auch daran lag, dass es einzelne deutsche Abgeordnete mit deckungsgleichen Anliegen gab, die leichteren Zugang zu den entsprechend verantwortlichen Regierungsvertretern hatten. Vereinzelt wurde versucht, über nationale Ansprechpartner im Bundeswirtschaftsministerium und Bundesumweltministerium Einfluss auf die deutsche Position im Rat zu nehmen, im Wesentlichen konzentrierte sich die Arbeit jedoch auf die Abstimmung mit den relevanten Abgeordneten des deutschen Bundestages und ihren Mitarbeitern (Bartelt 2006).[396]

---

die mächtigen Stromkonzerne (Tesnière 2005: 40).

[394]   Der BWE wurde daher seit Herbst 1998 durch die in Brüssel arbeitende Anwältin Dörte Fouquet unterstützt.

[395]   „Talking to the EP was like talking to likeminded people, in the conservative group as well as in the Green group" (Dörte Fouquet zitiert in Tesnière 2005: 43).

[396]   Hierzu diente z.B. der parlamentarische Beirat des BEE (Bartelt 2006). Von diesen Abgeordneten sind besonders Hans-Josef Fell (Grüne) und sein Mitarbeiter Volker Oschmann sowie Hermann Scheer (SPD und Eurosolar-Präsident) mit seinem Mitarbeiter Heiko Stubner zu erwähnen (Bartelt 2006; Schäfer 2006), die sich zudem eng in ihrem Vorgehen abstimmten und somit parteiübergrei-

Ein wichtiger formaler Schritt hinsichtlich der Vernetzung der EE-Vertreter war – insbesondere aus deutscher Sicht - die Gründung der European Renewable Energies Federation (EREF) mit Sitz in Brüssel. Da es innerhalb der bereits auf europäischer Ebene bestehenden European Wind Energy Association (EWEA) den oben beschriebenen Interessenkonflikt zwischen einzelnen nationalen Mitgliedsverbänden hinsichtlich der Ausgestaltung einer europäischen Förderregelung für erneuerbare Energien gab, leiteten sich hieraus Tendenzen zur Gründung einer neuen europäischen Vereinigung ab.[397] Diese sollte zudem ein Dach für alle erneuerbaren Energien bieten und aktiv für den Erhalt von Einspeisevergütungsmodellen eintreten.[398] Letzteres war nicht nur eine Forderung der deutschen Windindustrie, sondern auch andere Verbände traten dafür ein und zeigten sich unzufrieden mit der Interessenvertretung durch die EWEA in Brüssel. Der Gründung von EREF im Juli 1999 gingen vorbereitende Gespräche zwischen den verschiedenen Verbandsvertretern aus mehreren Ländern seit Herbst 1998 voraus, in denen bereits eine Abstimmung der Positionen erfolgt war.[399] Damit konnte die deutsche Lobbyarbeit fortan nicht mehr nur als ein nationales Partikularinteresse, sondern als eine europäische Position formuliert werden, was höhere Glaubwürdigkeit und Aufmerksamkeit sowie stärkeres politisches Gewicht versprach (Schäfer 2006; Tesnière 2005).

5.2.4.4 Die Haltung der deutschen Regierungen – von schwarz-gelb zu rot-grün

Nachdem das StrEG unter einer konservativ-liberalen Regierung eingeführt worden war, distanzierten sich im Laufe der 1990er Jahre zunehmend insbesondere die FDP und das von ihm geführte Wirtschaftsministerium, aber auch eine Reihe von Unions-Abgeordneten von dem Gesetz, und zwar spätestens seitdem erste Erfolge des Gesetzes und damit nachteilige Auswirkungen für die etablierten EVU erkennbar waren (siehe hierzu Abschnitt 3.3.2). Vor diesem Hintergrund war der Regierungswechsel von einer konservativ-liberalen zur ersten sozialdemokratisch-grünen

---

fend ergänzten (Oschmann 2006).

[397] Umgekehrt waren auch die Vertreter der EWEA aufgrund der Meinungsverschiedenheiten bezüglich der Instrumentenfrage nicht einverstanden mit den Aktivitäten des BWE (Michaelowa 2005b: 195)

[398] „Keimzelle" für die Gründung waren damals laut Heinrich Bartelt der deutsche Windenergieverband BWE zusammen mit der spanischen Kleinwasser- und Windkraftvereinigung (APPA - Asociación de Productores de Energías Renovables). Der erste Präsident von EREF, Joan Fages von der spanischen Kleinwasser- und Windkraftvereinigung APPA, formulierte als „klar abgesteckten Schwerpunkt bei der Lobbyarbeit: Wir wollen eine vollständige Absicherung der Mindestpreisregelungen für Strom aus erneuerbaren Energiequellen auf europäischer Ebene erreichen" (Fages zitiert in Hantsch 2000: 6). Die Leitung des EREF-Büros übernahm Dörte Fouquet.

[399] Hier waren Vertreter aus Ländern wie Dänemark, Schweden, Niederlande, Frankreich, Belgien, Portugal, Spanien, Italien und Österreich einbezogen (Bartelt 2006). Zu den Gründungsmitgliedern zählten neben der APPA und dem BWE auch etliche nationale Kleinwasserkraft-, Biogas- und Solarverbände von Schweden bis Portugal. Insgesamt repräsentierte die EREF zu Beginn etwa 10.500 Betreiber und eine Anlagenkapazität von 3.000 Megawatt (Hantsch 2000: 7).

Regierung im Herbst 1998 von großer Bedeutung, da von nun an der Ausbau erneuerbarer Energien ein erklärtes Politikziel wurde und nicht nur der Erhalt, sondern die Verbesserung und Erweiterung des StrEG angestrebt war. Dies wurde schließlich im April 2000 mit der Einführung des EEG umgesetzt (ebda.).

Wie die Analyse in Abschnitt 3.3 gezeigt hat, wurde das EEG maßgeblich von einigen rot-grünen Parlamentariern entwickelt und gegen den Willen des damals zuständigen Wirtschaftsministeriums durchgesetzt. Das BMWi war jedoch gleichzeitig das Bindeglied in Brüssel bei den Verhandlungen des Energieministerrats zur Richtlinie. Dennoch kann daraus nicht geschlussfolgert werden, dass das Bundeswirtschaftsministerium seine politischen Präferenzen, die es in Deutschland nicht umsetzen konnte, nun in Brüssel versuchte voranzutreiben. Der Wirtschaftsminister und seine zuständigen Beamten waren an die Vorgaben der Bundesregierung gebunden. Ein zentraler Antrieb für das Einbringen der Regierungsposition für erneuerbare Energien und die Einspeisevergütung lag jedoch jenseits bzw. übergeordnet zu dieser Thematik und im ureigenen Interesse des Wirtschaftsministeriums - und dies bereits vor dem Wechsel zu rot-grün: der Erhalt der nationalen Souveränität in energiepolitischen Fragen und somit die prinzipielle Forderung nach dem Subsidiaritätsprinzip bei der Gestaltung oder Beibehaltung nationaler energiepolitischer Maßnahmen (Oschmann 2006). Dies entsprach auch der Mehrheitsmeinung der anderen Staaten, was zu einem dementsprechenden Votum im Ministerrat am 11. Mai 1999 führte (siehe Abschnitt 5.2.4.1).

Damit diente das Wirtschaftsministerium dem Erhalt des deutschen Modells, brachte auf der anderen Seite jedoch keine wesentlichen Impulse in den europäischen Prozess ein, um den Anliegen der EE-Vertreter - auch denjenigen in der Regierung bzw. in den rot-grünen Koalitionsfraktionen - gerecht zu werden. Dies übernahmen die diesbezüglich engagierten Abgeordneten der Regierungsfraktionen selbst, maßgeblich: Hans-Josef Fell (Grüne) und Hermann Scheer (SPD), indem sie sich mit Abgeordneten des Europäischen Parlaments vernetzten und direkt an die Kommission Vorschläge und Beschwerden richteten (siehe Abschnitt 5.2.4.3).

Der Wechsel zur rot-grünen Regierung stärkte somit die Position der EE-Koalition sowie derjenigen Mitgliedsstaaten, die sich für die Einspeisevergütungsmodelle einsetzten (Piria 2000). Gleichzeitig verstärkte dies jedoch auf der anderen Seite die Bemühungen der Kommission, dieser Entwicklung nicht mehr nur politisch zu begegnen, sondern ihre wettbewerbs- und binnenmarktbezogenen Bedenken nun verstärkt durch die Beihilfethematik auf formal-rechtlichem Wege zu klären. Für die weitere Ausgestaltung des nun neuerlich und dringlich von Parlament und Ministerrat geforderten Richtlinienentwurfs war jedoch nicht mehr die alte Kommission bzw. Energiekommissar Christos Papoutsis zuständig, da es im Verlauf des Jahres 1999 zum vollständigen Wechsel der Kommission kam.

5.2.4.5 Kommissionswechsel, Zuständigkeitswechsel - und Politikwechsel zu offenerem Pragmatismus

Im März 1999 erklärte Kommissionspräsident Jacques Santer den Rücktritt der gesamten Kommission, nachdem mehreren Mitgliedern und Mitarbeitern der Vorwurf der Korruption gemacht worden war.[400] In der Folge wurde mit Loyola de Palacio nicht nur eine neue Kommissarin eingesetzt, sondern auch eine Umstrukturierung der Kommission vorgenommen, mit Konsequenzen für die energiepolitische Ausrichtung und die Verantwortlichkeiten in den zuständigen Generaldirektionen. Unter dem neuen Kommissionspräsidenten Romano Prodi wurden die Generaldirektionen für Energie und Transport zur GD TREN zusammengelegt. Im Rahmen dieser Umstrukturierung wurde ein eigenständiges Direktorat eingerichtet, in dem „neue und erneuerbare Energien" einen hohen und eigenständigen Stellenwert erhielten (TREN-D).

Diese formelle, administrative Stärkung der EE-Thematik kann als ein wesentlicher Schlüssel für die spätere Lösung des bis dahin harten Konflikts gesehen werden (Piria 2000). Ein weiterer wichtiger Faktor, der eine Lösung des Konflikts und eine Bewegung insbesondere der Kommissionslinie wahrscheinlicher werden ließ, war in der Besetzung des Energiekommissars selbst zu sehen: Mit Loyola de Palacio wurde eine Frau aus Spanien gewählt, einem Land, welches selbst über eine erfolgreiche Einspeisevergütung verfügte. Zudem wurde ihr Amt deutlich aufgewertet, da erstens die Generaldirektorate Energie und Verkehr zusammengelegt wurden, sie zweitens Vize-Präsidentin der Kommission wurde und ihr zusätzlich die Aufgabe „Beziehungen zum Europäischen Parlament" übertragen wurde. Letztere Aufgabe bedeutete gerade mit Blick auf die Differenzen zwischen Kommission und Parlament bei den anstehenden Richtlinienverhandlungen eine Herausforderung, die jedoch insbesondere Bewegung auf Seiten der Kommissionsposition erforderte.

Bereits in ihren Antworten auf die Fragen des Europäischen Parlaments vor ihrer Ernennung hatte de Palacio klar gemacht, dass ihrer Meinung nach die beiden Ziele „Verstärkung der Marktdurchdringung der regenerativen Energiequellen und Senkung der Preise" gleichberechtigt nebeneinander stehen müssten (Europäisches Parlament 1999: 52). Zwar nannte sie das Arbeitspapier der Kommission vom April 1999 eine gute Grundlage für die weitere Diskussion, doch gleichzeitig machte sie deutlich, dass sie es für wichtig hielt, „die letzten Bemerkungen zu diesem Arbeits-

---

[400] Der Rücktritt wurde durch den Untersuchungsbericht eines vom Europaparlament ernannten Sachverständigenrats („Rat der Weisen") ausgelöst, in dem der gesamten Kommission vorgeworfen wurde, die Kontrolle über Verwaltung und Finanzen verloren zu haben. Zudem wurden insbesondere im Forschungsressort der Kommissarin Cresson Vetternwirtschaft und mangelhafte Reaktion auf Betrügereien nachgewiesen (dpa 1999). Nachdem darauf folgenden geschlossenen Rücktritt blieben die 20 Kommissare bis zur Einsetzung der neuen Kommission noch im Amt. Im September 1999 wurde die neue Kommission vom Europäischen Parlament bestätigt.

dokument abzuwarten und insbesondere die Stellungnahme des Europäischen Parlaments zu hören" (ebda.).

Dennoch kursierten im Oktober 1999 zunächst neue Entwürfe für einen Richtlinienvorschlag, welche in etwa die gleiche Linie wie die vorherigen Entwürfe aus dem Herbst 1998 verfolgten (Piria 2000: 27). Diese kamen, noch bevor die geplante Umstrukturierung Anfang 2000 real durchgeführt wurde, von den zuvor federführend verantwortlichen Abteilungen. In diesem Vorschlag gingen die verantwortlichen Kommissionsmitarbeiter vermeintlich einen Schritt auf Einspeisevergütungssysteme zu, ließen diese jedoch nur bis zu einem Deckel von 5 % am nationalen Stromverbrauch zu. Nach Erreichen dieses Deckels sollte es zu einem vollständigen Ende der Förderung durch feste Tarife kommen, was auch bereits bestehende Anlagen betroffen hätte. Darüber hinaus war in jedem Fall ein Ende der festen Einspeisetarife im Jahr 2010 vorgesehen. Die Mitgliedsstaaten sollten zwar nationale Ausbauziele entwickeln, welche von der Kommission hinsichtlich ihrer Übereinstimmung mit dem Weißbuch für erneuerbare Energien und den Kyoto-Zielen überprüft würden, doch eine Verpflichtung zum Ausbau war nicht vorgesehen. Auch ein vorrangiger Netzzugang und unterstützende Maßnahmen wie die Einführung von vereinfachten Planungsverfahren fanden sich in dem Entwurf nicht wieder. (Piria 2000) Insbesondere der im Entwurf vorgestellte 5 %-Deckel rief „einen Sturm der Entrüstung unter den Verbänden der regenerativen Energien und in einigen Mitgliedsstaaten" hervor (Oschmann 2002: 84), der sich in einer Vielzahl von Protestschreiben an die Kommission und öffentlichen Mitteilungen äußerte, mit dem Ziel, die Einbringung des Entwurfes als offiziellen Vorschlag im Ministerrat Anfang Dezember 1999 zu verhindern.[401]

Auch auf deutscher Seite kam es zu ebenso umfangreichen Aktivitäten gegen den Vorschlag. Deutsche Abgeordnete wie Hans-Josef Fell und Michaele Hustedt von Bündnis 90/Die Grünen (Oschmann 2002) oder der grüne Umweltminister Jürgen Trittin (BMU 2001) protestierten bei allen zuständigen Kommissionsstellen gegen den Entwurf und mahnten Korrekturen an. Gleichzeitig wurden alle verfügbaren Unterstützer aus den eigenen politischen Reihen auf europäischer Ebene mobilisiert (Oschmann 2006). Auf besonderen Protest stieß aus deutscher Sicht der 5 %-Deckel, da dieser in Deutschland Stein des Anstoßes war und daher von der rot-grünen Bundesregierung im Rahmen der Novellierung bzw. Neufassung des Stromeinspeisegesetzes abgeschafft werden sollte. Aufgrund dieses Protestes sowie interner Meinungsverschiedenheiten der Kommission konnte der angestrebte

---

[401] Protestschreiben wurden etwa von Greenpeace, WWF, Climate Action Network (CAN) Europe, EWEA, sowie EREF gemeinsam mit Eurosolar verfasst. Zudem richteten aus dem Europäischen Parlament die SPD-Parlamentarier, die gesamte Grüne Fraktion sowie einige konservative und liberale Abgeordnete (insbesondere aus Spanien) Proteste und Forderungen an die Kommission. (Wagner 2000)

Termin der Präsentation, nämlich zur Ministerratssitzung am 2. Dezember 1999, nicht eingehalten werden.

Maßgeblich hierfür war neben den zahlreichen Protesten von außen auch der interne Streit zwischen den Binnenmarkt- und den Umweltpolitikern der Kommission, d.h. zwischen Wettbewerbskommissar Monti, Umweltkommissarin Wallström und nicht zuletzt der für Energie zuständigen Kommissarin de Palacio sowie deren jeweiligen Kabinetten. Wallström forderte eine stärkere Betonung des umweltpolitischen Aspekts erneuerbarer Energien und somit eine deutlichere Ausbauwirkung aus umwelt- und klimapolitischen Gründen, was eine Abkehr von der bis dato dominierenden eindimensionalen Betonung von Binnenmarktanforderungen beinhaltete (Cordes 1999). De Palacio hatte auf diese Forderung zwar bereits insofern reagiert, als dass der Titel des Entwurfs nun mittlerweile die Förderung erneuerbarer Energien in den Vordergrund stellte („Directive on the promotion of electricity from renewable energy sources in the internal electricity market"). Zudem war der umstrittene 5 %-Deckel im Entwurf gefallen. Dennoch konnte für die Ministerratssitzung kein abgestimmter Entwurf, sondern nur ein so genanntes „non-paper" vorgelegt werden (Piria 2000: 27).

Dieses „non-paper" wurde von de Palacio nun auf der Sitzung des Ministerrats dazu verwendet, eine direkte Konsultation mit dem Rat durchzuführen, um die Meinung der Energieminister einzuholen. „This unusual direct consultation at highest levels", so schreibt Rafaelle Piria, "shows the degree of sensibility reached by the protracted conflicts on the renewables directive" (Piria 2000: 27). Gleichwohl waren die meisten der Energieminister nicht erfreut, da sie ein weiter fortgeschritteneres Stadium des Entwurfs unter Berücksichtigung der Ratsposition erwartet hatten, wie bereits des öfteren gefordert worden war (Reuters 1999). Der Ministerrat „nahm die Ausführungen der Kommission sowie die Wortbeiträge der Delegationen zur Kenntnis und ersuchte die Kommission, ihren Vorschlag für eine Richtlinie über den Zugang von Strom aus erneuerbaren Energieträgern zum Elektrizitäts-Binnenmarkt sobald wie möglich vorzulegen." (Rat der Europäischen Union 1999a).[402]

Da sich das generelle Stadium dieses Papiers noch nicht wesentlich von seinen Vorläuferversionen entfernt und nach wie vor zentrale neuralgische Punkte wie die Instrumentenfrage im Grundsatz in der gleichen Art und Weise behandelte, griff

---

[402] In gleicher Weise forderte das Parlament die Kommission später in seiner Entschließung vom März 2000 ebenfalls erneut auf, einen Richtlinien-Vorschlag vorzulegen, nicht ohne wieder eine deutliche Präferenz für Einspeisetarife zu äußern (Europäisches Parlament 2000b). Weiterhin sprach sich das Parlament gegen die Behandlung der Einspeisetarifsysteme als Beihilfen aus sowie erneut für verbindliche Ausbauziele in den Mitgliedsstaaten (ebda.: 19f). Außerdem müsse es bis zum Jahr 2010 jedem Mitgliedsstaat entsprechend des Subsidiaritätsprinzips freigestellt sein, ein eigenes System zu verfolgen, wobei die Kommission nur für die Überprüfung der Ziele zuständig sein sollte, zudem sollte eine europäische Agentur zur Förderung erneuerbarer Energien eingerichtet werden (ebda.: 20f).

Kommissarin de Palacio nun aktiv in den Prozess ein. Zu Beginn des Jahres 2000 wurde zum einen die Verantwortlichkeit für die Richtlinienentwürfe offiziell von der Binnenmarktabteilung in die EE-Abteilung verlegt (Piria 2000: 28), und die Kommissarin kündigte zum anderen einen pragmatischeren Kurs und damit die stärkere Berücksichtigung der Subsidiaritätsforderung der Mitgliedsstaaten und auch der Positionen des Parlaments an (Lauber 2001: 38).

Damit wurde ein Politikwechsel vollzogen, den Piria als „true policy change from the previous line" bezeichnete (Piria 2000: 28). Auch wenn ein Grund für diese pragmatischere Haltung „das Bemühen, sich eine weitere Blamage zu ersparen" (Oschmann 2002: 86) gewesen sein mag, so war diese Haltung von der Erkenntnis geprägt, dass erstens eine Harmonisierung mit einem Quotenmodell weder im Rat noch im Parlament eine Mehrheit finden würde und zweitens die bisherige Federführung zu eindimensional und damit konfrontativ auf die Binnenmarktorientierung zugeschnitten war. Durch die strukturelle Änderung der Verantwortlichkeit innerhalb der eigenen Generaldirektion konnte damit die Position der GD Wettbewerb stärker isoliert werden, gleichzeitig hatte de Palacio durch ihre Rolle als Vize-Präsidentin eine starke Verhandlungsmacht innerhalb der Kommission (Oschmann 2006; Volpi 2006). Insofern kann die Einsetzung von de Palacio als Energiekommissarin sowie ihr Vorgehen als ein wichtiger Meilenstein im politischen Prozess zur Entstehung der Richtlinie gesehen werden.

5.2.4.6   Der offizielle Richtlinien-Vorschlag im Mai 2000 und die parallel stattfindende Diskussion um die Beihilfefrage

Nach mehr als drei Jahren langwieriger, politisch-ideologischer Diskussionen um die geeigneten Fördermodelle wurde am 10. Mai 2000 der „Vorschlag für eine Richtlinie des Europäischen Parlamentes und des Rates zur Förderung der Stromerzeugung aus erneuerbaren Energiequellen im Elektrizitätsbinnenmarkt" (Europäische Kommission 2000c) einstimmig von den Kommissaren verabschiedet. Der Weg zu diesem Entwurf wurde in den Vormonaten weiterhin durch zahlreiche Stellungnahmen der politischen Koalition, die sich für eine ambitionierte Förderung erneuerbarer Energien und den Erhalt von Vergütungssystemen einsetzte, aber auch von den Befürwortern der Quoten- und Zertifikatemodelle begleitet.

So erarbeite z.B. der neu gegründete Verband EREF Anfang 2000 einen mit seinen Mitgliedsverbänden abgestimmten Richtlinien-Vorschlag[403], Eurelectric legte eine Studie vor, welche die Vorteilhaftigkeit ihres favorisierten Zertifikatemodells beschrieb (Eurelectric 2000a), und das Europäische Parlament reagierte mit seiner Entschließung im März 2000 einerseits auf das umstrittene Arbeitspapier der Kommission aus dem April 1999, untermauerte damit gleichzeitig aber nochmals

---

[403]   Information aus dem Protokoll des EREF-Treffens am 27.1.2000 in Brüssel, zur Verfügung gestellt von Heinrich Bartelt.

seine Forderungen für eine Richtlinie (Europäisches Parlament 2000c).[404] Und nicht zuletzt wurde im April 2000 in Deutschland das EEG eingeführt, welches nicht nur ein klares Statement der neuen deutschen rot-grünen Regierung für erneuerbare Energien war, sondern auch ein Signal für andere EU-Länder für die Weiternutzung von Einspeisevergütungsmodellen trotz des Gegenwinds aus Brüssel.

Die Kommission reagierte vor dem Hintergrund dieser konfliktiven Debatten und Entwicklungen, die auch die internen Streitereien zwischen den Binnenmarktpolitikern und EE- bzw. Vergütungsmodell-Befürwortern widerspiegelten, mit einem „Minimalkonsens"-Vorschlag (Oschmann 2002: 87). Ihren Positionswandel äußerten die federführend Verantwortlichen im Entwurf selbst wie folgt: „Angesichts der derzeit in den Mitgliedstaaten angewandten Förderregelungen für EE-Strom gelangte die Kommission zu der Auffassung, dass gegenwärtig für die Einführung einer harmonisierten, gemeinschaftsweiten Förderregelung mit einer Preisbestimmung für EE-Strom durch gemeinschaftsweiten Wettbewerb zwischen den Erzeugern von Elektrizität aus erneuerbaren Energiequellen keine ausreichende Basis besteht." (Europäische Kommission 2000c: 2). Als Grund hierfür wurde angegeben, dass „wegen der relativ geringen Erfahrungen mit verschiedenen Preisstützungsregelungen auf nationaler Ebene, insbesondere in Bezug auf das innovative System der grünen Zertifikate, ... Aussagen über die zweckmäßige Gestaltung eines solchen Mechanismus schwierig" seien. „Nach den derzeit vorliegenden Erkenntnissen kann nämlich nicht entschieden werden, ob eines dieser Modelle als ausschließliche Grundlage für den EE-Strom-Binnenmarkt herangezogen werden sollte" (ebda.: 7). Aus diesem Grund sollten zu diesem Zeitpunkt noch keine Harmonisierungsvorschriften gemacht werden, es wurde allerdings angekündigt, dass sie zu einem späteren Zeitpunkt – in 5 Jahren - vorgenommen werden sollten. Die Kommission stellte für diesen zukünftigen Harmonisierungsprozess jedoch klar, dass „direkte Preisstützungsregelungen mittelfristig an die Grundsätze des Binnenmarktes angepasst werden sollten, um die Weiterentwicklung von EE-Strom durch bessere Bedingungen für Handel und Wettbewerb zu fördern, aber auch um beim Ansteigen des Anteils von EE-Strom mögliche Konflikte mit dem Gemeinschaftsrecht zu vermeiden" (ebda.).

---

[404]   Diese Entschließung basierte auf dem Entschließungsantrag auf der Basis eines Berichts (Europäisches Parlament 2000b), der federführend von Claude Turmes von der Gruppe der Grünen im Europaparlament erstellt wurde, der Berichterstatter für den zuständigen Ausschuss für Industrie, Außenhandel, Forschung und Energie war. Dieser Bericht war wiederum in enger Abstimmung zwischen den Abgeordneten und Verbänden der EE-Koalition entstanden und wurde von der EE-Lobby in Brüssel als ein wichtiger Impuls für den bevorstehenden Kommissionsentwurf betrachtet (Bartelt 2006).

Der Beihilfekonflikt

Mit dem letztgenannten Aspekt wurde ein zentraler paralleler Konfliktpunkt benannt, der im gesamten Jahr 2000 die – mittlerweile etwas entschärfte Debatte um die Richtlinie selbst – überlagerte und die Kapazitäten der Lobbygruppen und Abgeordneten maßgeblich in Anspruch nahm: die Beihilfefrage. Die Frage um die Einordnung von Einspeisevergütungsmodellen als Beihilfe und die daraus möglicherweise resultierenden Probleme mit den europäischen Wettbewerbs- und Binnenmarktvorschriften wurde gewissermaßen zur „Hintertür für die Deregulierer" aus der GD Wettbewerb (Lauber 2001: 39) bzw. für diejenigen, die aus binnenmarktideologischen Gründen, aber auch zur Verhinderung eines EE-Ausbaus für Zertifikate- und gegen Einspeisevergütungsmodelle eintraten.

Die Kontrolle staatlicher Beihilfen war im Zuge der Entwicklung des Europäischen Binnenmarkts von zunehmender Bedeutung für die Kommission mit der Begründung, Wettbewerbsverzerrungen zu vermeiden.[405] Ausnahmen des grundsätzlich geltenden Beihilfeverbots sollten nur auf der Basis besonderer Rechtfertigungsgründe (wie z.B. Umweltschutz) erlaubt sein. Für solche Ausnahmebereiche hatte die Kommission Regeln („Gemeinschaftsrahmen") über bestimmte Zeiträume formuliert. Seit Ende 1999 stand nun der hier im Zusammenhang stehende „Gemeinschaftsrahmen für staatliche Umweltschutzbeihilfen" von 1994 zur Überarbeitung an, diese wurde jedoch im Wesentlichen aufgrund der Streitereien um das Beihilfeverständnis erneuerbarer Energien mehrfach verschoben bzw. der bestehende Rahmen im Jahr 2000 mehrfach verlängert (ebda.).

Zudem wurde mit dem Gerichtsverfahren um die Zulässigkeit des StrEG die Beihilfeproblematik seit dem Oktober 1998 vor dem EuGH behandelt (s.o.), und die Verhandlungen kamen ebenfalls im Jahr 2000 in die entscheidende Phase. Somit musste sich die Lobbyarbeit in dieser Frage auf alle drei Ereignisse konzentrieren: die Entwicklung der Richtlinie und die darin enthaltenen Formulierungen zur Beihilfeproblematik, die Überarbeitung des Gemeinschaftsrahmens für Umweltschutzbeihilfen und die darin enthaltenen Regelungen zu erneuerbaren Energien und schließlich das Gerichtsverfahren vor dem EuGH.

Um seine Interessen auch direkt vor dem EuGH einbringen zu können, überzeugten die Aktiven rund um den BWE den am deutschen Rechtsstreit beteiligten Windpark (als Mitglied des BWE) sowie die ebenfalls betroffene Landesregierung von Schleswig-Holstein sich in das Verfahren einzubringen und unterstützen beide Parteien mit entsprechender Rechtsberatung (Tesnière 2005: 58; Bartelt 2006). Dies geschah insbesondere vor dem Hintergrund, dass die Gegenseite durch die

---

[405]   Gemäß Artikel 87 (vormals Artikel 92) EG-Vertrag sind „staatliche oder aus staatlichen Mitteln gewährte Beihilfen gleich welcher Art, die durch die Begünstigung bestimmter Unternehmen oder Produktionszweige den Wettbewerb verfälschen oder zu verfälschen drohen, mit dem Gemeinsamen Markt unvereinbar, soweit sie den Handel zwischen Mitgliedstaaten beeinträchtigen".

Kommission selbst sowie durch die Streitparteien PreussenElektra und Schleswag vertreten waren. Im Zuge der Debatte wurden eine Reihe von Rechtsgutachten und Berichten verfasst, die je nach Standpunkt jeweils zu unterschiedlichen Auffassungen gelangten.[406]

Die große Bedeutung, die diesem Verfahren von allen interessierten Kreisen in Deutschland und der gesamten EU für die Instrumentenfrage beigemessen wurde, beschreibt der Rechtswissenschaftler Stefan Klinski wie folgt: „Die Bundesrepublik steht auf dem Standpunkt, dass eine Beihilfe nur vorliegen kann, wenn Geldmittel staatlicher Herkunft eingesetzt werden. Demgegenüber meint die EU-Kommission, es reiche für den Beihilfecharakter aus, wenn der Staat die finanzielle Vergünstigung initiiert. Sollte der EuGH jener Auffassung folgen, wird der Bundesregierung nichts anderes übrig bleiben, als die Förderung von EE-Strom auf ein Quotenmodell umzustellen" (Klinski 2000: 28).

Mit der Einführung des EEG erhielt der Streit eine weitere Steigerung, da Wettbewerbskommissar Monti dies zum Anlass nahm - nach erneuter Aufforderung durch die deutsche EVU-Lobby - ein weiteres Beihilfeverfahren gegen das im April 2000 in Kraft getretene deutsche Einspeisegesetz (EEG) als eine nicht notifizierte Beihilfe einzuleiten.[407] Die wesentlichen Kritikpunkte der Kommission, dargelegt in einem Brief des Generaldirektors der GD Wettbewerb Alexander Schaub an das Bundesfinanzministerium vom 7. April 2000, waren die zeitlich offene Förderung für Anlagen, die angeblich nicht vorhandene Degressivität sowie die Höhe der Förderung durch das EEG (in Nagel 2000: 103). Auch gegen dieses Verfahren wurde zahlreicher Protest von deutscher Seite mobilisiert (Schmela 2000).

Am 26. Oktober 2000 verkündete Generalanwalt Jacobs in seinem Schlussantrag dem EuGH seine Ansicht, dass das deutsche Stromeinspeisungsgesetz „keine staatliche Beihilfe im Sinne von Artikel 92 Absatz 1 EG-Vertrag (jetzt Artikel 87 Absatz 1 EG)" darstelle (Jacobs 2000). Wenngleich die Schlussanträge des Generalanwalts generell nicht bindend für das Gericht sind, spielte diese Stellungnahme dennoch eine äußerst wichtige Rolle bei der Unterstützung der Einspeisevergütungsregeln und insbesondere des deutschen Modells. Dies galt nach Auffassung

---

[406] Beispielhaft für die Position der Kommission und der EVU-Lobby kann hier eine Analyse von Kai Gent (1999) genannt werden, der zu dem Schluss kommt, dass die gemeinschaftlichen Wettbewerbsregeln auf das deutsche StrEG anzuwenden seien und dieses sowohl gegen Beihilfevorschriften, als auch gegen Vorschriften des freien Warenverkehrs verstoße, was nicht aufgrund seines Umweltbezuges zu rechtfertigen sei. Für die Positionen der Gegenseite kann beispielhaft eine Analyse von Bernhard Nagel (2000) angeführt werden, welche die Untersuchung bereits mit Blick auf das EEG vornimmt und zu gegenteiliger Auffassung gelangt.

[407] Der VDEW hatte sich in einem Brief an die Kommission am 29.3.2000 über das Gesetz beschwert unter direkter Bezugnahme auf die Beihilfeproblematik und mit der Frage, „ob die Kommission ein beihilferechtliches Verfahren durchführen wird" (Brief abgedruckt in Nagel 2000: 104).

vieler Rechtsexperten nicht nur für das hier behandelte StrEG, sondern in gleicher Weise auch für das EEG (Nagel 2000; Klinski 2000).

Somit blieb der Kommission als wesentlicher Rahmen zur Verwirklichung ihrer Vorstellungen zu diesem Zeitpunkt die Schaffung eines neuen Gemeinschaftsrahmens für Umweltbeihilfen. In den Entwürfen aus dem Oktober 2000 brachte die Kommission zum Ausdruck, dass sie Umweltbeihilfen nur noch für einen kurzen Zeitraum von 5 Jahren gewähren wollte, in denen diese degressiv bis zu ihrem Auslaufen im fünften Jahr gestaltet werden müssten. Auf diese Entwürfe reagierte die betroffene Koalition wieder auf breiter Front, mit Unterstützung der Abgeordneten und zahlreicher Unternehmen, die Protestschreiben formulierten (Bartelt 2006).[408] Damit begleitete und prägte der Streit um die Beihilferegelung auch die Reaktionen der anderen EU-Organe und der Interessengruppen auf den Richtlinienentwurf vom Mai.

Reaktionen auf den Richtlinienentwurf

Der Entwurf führte aufgrund seiner abgemilderten Ausgestaltung bzw. der im Vergleich zu den Vorgängerversionen größeren Offenheit in Richtung Einspeisevergütungsmodelle zunächst zu grundsätzlich positiver Resonanz. Hans-Josef Fell sprach im Namen der grünen Bundestagsfraktion - und als ein wichtiger Akteur der EE-Koalition in diesem politischen Prozess - sogar von einem „wegweisenden Vorschlag für eine Richtlinie" und einem „Meilenstein in der europäischen Energiepolitik, auch wenn im Detail noch manche Verbesserung des Richtlinienvorschlags nötig sein wird." (Fell 2000). Neben dem oben dargelegten Beihilfeproblem befassten sich die Reaktionen der Interessengruppen und später auch die offiziellen Stellungnahmen von Parlament und Ministerrat ausführlicher mit diesen „Details".

Ein zentraler Aspekt war dabei die Frage der Verbindlichkeit nationaler Ausbauziele, welche die Kommission im Entwurf ebenfalls defensiv formulierte. Sie überließ „den Mitgliedstaaten weiterhin möglichst viel Flexibilität …, damit diese nach Maßgabe der nationalen Rahmenbedingungen selbst entscheiden können, welche Strategie am besten geeignet ist" (Europäische Kommission 2000c: 4). Die Mitgliedsstaaten sollten gemäß dem Subsidiaritätsprinzip ihre eigenen, indikativen Ausbauziele festlegen, allerdings unter Berücksichtigung der Ziele des Weißbuchs und der Kyoto-Ziele zur Verminderung der Treibhausgase. Die Kommission behielt sich vor, die nationalen Entwicklungen zu prüfen und bei nicht Erfüllung gegebenenfalls verbindliche Ziele vorzuschlagen (ebda.: 4f). Hintergrund dieser Formulierung war, dass Kommissarin de Palacio diesen Punkt, wenngleich aufgeschlossen für die Forderung des Parlaments, aufgrund der Haltung des Rates prag-

---

[408] Diesbezügliche Kommissionsdokumente und Reaktionsschreiben des Verbandes wurden vom BWE zur Verfügung gestellt.

matisch bewertete und somit eine defensive Lösung mit einer auf Kontrolle basierenden zukünftigen Interventionsoption vertrat.[409]

Andere wichtige und umstrittene Aspekte, welche die Ausbauwirkung der Richtlinie noch konterkarieren konnten, waren die Frage der *Definition erneuerbarer Energien* und ihres Netzzugangs. Bei der Definitionsfrage ging es im Wesentlichen um die große Wasserkraft sowie Müll und andere umstrittene Ressourcen, beim *Netzzugang* um die Frage der Privilegierung bzw. Sicherstellung von Anschluss und Durchleitung des EE-Stroms.[410] Und schließlich forderte die Kommission noch die Einführung von *Herkunftsnachweisen* für den Strom aus erneuerbaren Energien (Ausführungen zu Artikel 5 in Europäische Kommission 2000c), „um sicherzustellen, dass der Handel mit EE-Strom zuverlässig funktioniert und überhaupt praktikabel wird" (Europäische Kommission 2000c: 3), oder mit anderen Worten, „um die Option auf eine spätere einheitliche Förderregelung nach Art des Quotenmodells auf Gemeinschaftsebene offen zu halten und vorzubereiten" (Klinski 2000: 28).

Die *Reaktionen der Industrieverbände und der NGOs* auf den Kommissionsvorschlag spiegelten im Wesentlichen die Ansichten wider, welche schon im Rahmen des Diskussionsprozesses um Grün- und Weißbuch geäußert worden waren: Während die konventionelle Stromindustrie danach strebte, die Förderung und Unterstützung für erneuerbare Energien so gering wie möglich zu halten, argumentierten

---

[409] „Auch mir würde die Festlegung obligatorischer Ziele gefallen, aber wir müssen realistisch sein, und obwohl es mir leid tut, kann ich in der gegenwärtigen Situation diese von Ihnen aufgeworfene Frage nicht akzeptieren, weil dies von den Mitgliedstaaten automatisch abgelehnt würde. [...] Natürlich haben wir diese Möglichkeit erwogen, aber ich kann diese Änderungsanträge im Prinzip aufgrund einer Verhandlung mit der anderen Seite, dem Rat, nicht akzeptieren, obwohl ich Ihre Darlegungen verstehe und sehr große Sympathie dafür habe. Daher betone ich, dass Artikel 3 Absatz 4 absolut entscheidend ist. Wenn aus dem zu erstellenden Bericht über die Einhaltung und die Entwicklung der erneuerbaren Energien in den einzelnen Ländern hervorgeht, dass ein Land diese Ziele eindeutig nicht erfüllt, werden dem Parlament und dem Rat Vorschläge unterbreitet, um diese Situation zu korrigieren. Das werden dann eindeutig obligatorische Ziele für diesen Staat sein, damit er sie einhält, damit er auf diesem Wege diese Ziele erfüllt, die Ziele und keine Verpflichtungen sind." (Beitrag von de Palacio in der Plenardebatte am 15.11.2000 in Straßburg, Europäisches Parlament 2000d)

[410] Der Entwurf sah eine Definitionsregelung vor, nach der große Wasserkraftanlagen sowie andere EE-Anlagen größer 10 MW von der Förderwirkung der Richtlinie ausgenommen werden sollten, da diese als wettbewerbsfähig angesehen wurden. Sie verblieben jedoch im allgemeinen Definitionsrahmen und sollten somit auch Beiträge zum 12 %-Ziel liefern. (Ausführungen zu Artikel 2 in Europäische Kommission 2000c). Bezüglich der Biomasse-Definition schlug die Kommission eine vergleichsweise enge Version vor, nach der nur „land- und forstwirtschaftliche Produkte, pflanzlicher Abfall aus Landwirtschaft, Forstwirtschaft und Lebensmittelindustrie sowie unbehandelte Holz- und Korkabfälle" genutzt werden sollten (ebda.). Zum Netzzugang hieß es: „Die Mitgliedstaaten ergreifen die notwendigen Maßnahmen, um sicherzustellen, dass Betreiber der Übertragungs- und Verteilungsnetze auf ihrem Hoheitsgebiet der Übertragung und Verteilung von Elektrizität aus erneuerbaren Energiequellen vorrangigen Zugang gewähren" (Ausführungen zu Artikel 7 in Europäische Kommission 2000c).

EE- und Umweltverbände entgegengesetzt. Eurelectric wiederholte stellvertretend für die europäische konventionelle Stromindustrie seine weitestgehend mit der GD Wettbewerb übereinstimmende Position, nach der Festpreissysteme, ein vorrangiger Netzzugang für erneuerbare Energien und eine konkrete Festlegung von Ausbauzielen abgelehnt sowie eine weite EE-Definition inklusive großer Wasserkraft und Müll gefordert wurden (Eurelectric 2000b).

Neben den im allgemeinen überwiegend positiven Reaktionen aus den Reihen der EE- und Umweltverbände kritisierten diese vor allem die unverbindlichen Ausbauziele, welche dazu führen würden, dass letztlich kein nennenswerter Zubau jenseits des Status quo in der EU erzielt werden könne (beispielhaft: EREF 2000; Volpi 2000). Außerdem wurde der garantierte Förderrahmen von fünf Jahren als zu kurz erachtet und die nach wie vor enge Bindung an Binnenmarktanforderungen kritisiert.[411] EREF forderte neben der Verbindlichkeit der Ziele einen Herkunftsnachweis, der nicht nur den Strom aus erneuerbaren Energien sondern den gesamten Strommarkt umfassen müsse und kritisierte das Beihilfeverständnis der Kommission im Zusammenhang mit Einspeisetarifsystemen, welche bereits existierende Urteile von Gerichten missachte und die Souveränität der nationalen Parlamente anzweifele (EREF 2000).[412]

Der Kommissionsvorschlag wurde gemäß dem *Mitentscheidungsverfahren* (Art. 251 EGV) von Parlament, Rat, dem Europäischen Wirtschafts- und Sozialausschuss (EWSA) und dem Ausschuss der Regionen (AdR) beraten.[413] Dabei traten die wesentlichen Konfliktlinien im nun anstehenden politischen Prozess bis zur Verabschiedung zwischen Rat und Parlament auf.

Der in erster Lesung vom Europäischen Parlament im November 2000 verabschiedete Bericht, vorbereitet von Berichterstatterin Mechthild Rothe, enthielt zahlreiche Änderungsvorschläge zum Kommissionsentwurf (Europäisches Parlament 2000a). Der Rat formulierte in seiner Sitzung am 5. Dezember 2000 schließlich – für viele Insider aufgrund der bis dato großen Differenzen überraschend früh

---

[411]   „Entweder muss der Zeitraum auf mindestens 10 Jahre verlängert werden. Oder die Richtlinie muss exakt die Kriterien für die Erfolgskontrolle nach fünf Jahren definieren", forderte beispielsweise Murray Camron, Generalsekretär der European Photovoltaik Industries Association (EPIA) (zitiert in Schmela 2000).

[412]   EREF forderte dementsprechend, die Entscheidung der nationalen Parlamente zu respektieren und die Frage der Beihilfen ausschließlich anhand der Artikel 87 und 88 EGV zu behandeln, nicht aber anhand eines Gemeinschaftsrahmens für staatliche Umweltbeihilfen: „Any link to the highly-discussed community guidelines on subsidies to the environment should likewise be removed from the proposal." (EREF 2000).

[413]   Die EE-Richtlinie stützt sich auf Artikel 175, Absatz 1 des EG-Vertrages (Europäische Union 2002), womit die Richtlinie als ein Rechtsakt im Bereich „Umwelt" des EG-Vertrags gilt und dem Mitentscheidungsverfahren unterliegt (Art. 251, Europäische Union 2002). Dementsprechend kam die Verabschiedung der Richtlinie zustande durch einen Vorschlag der Kommission, durch die Anhörung des Wirtschafts- und Sozialausschusses und des Ausschusses der Regionen und die Beschlussfassungen des Europäischen Parlaments und des Rates der Europäischen Union.

(Lauber 2001: 40) – einen Gemeinamen Standpunkt (Rat der Europäischen Union 2001), in dem er auf den Kommissionsentwurf und auf den Bericht des Parlaments reagierte. Er griff darin nur in etwa ein Drittel der Forderungen des Parlaments auf (Oschmann 2002: 88). Wesentliche Unterschiede zwischen den beiden Organen lagen dabei nun nicht mehr in der Instrumentenfrage, sondern beispielsweise in der Frage der Ausbauziele und des Netzzugangs. Hinsichtlich der Diskussion um die Fördersysteme und eine mögliche Harmonisierung lagen Rat und Parlament, wenn auch aus unterschiedlichen Gründen, grundsätzlich auf derselben Linie. Beide Organe waren sich einig in dem Ziel, dass die nationalen Fördersysteme einen weit reichenden Schutz benötigten und dass sich dies auch in den Formulierungen zu einem Gemeinschaftsrahmen für staatliche Umweltbeihilfen und den Übergangsfristen für eine Harmonisierung der Systeme ausdrücken müsste.

Das *Parlament* (bzw. der Rothe-Bericht des Parlaments) drückte seine Sichtweise beispielsweise in Änderungsanträgen aus, in denen die Ersetzung von Begriffen wie „Preisstützungsregelung" in „Kompensationsleistungen für vermiedene externe Kosten und andere Wettbewerbsverzerrungen" vorgeschlagen wurde (Europäisches Parlament 2000a:15). In diesem Sinne wurde in dem Parlamentsbericht auch dafür plädiert, den Erfolg der Förderregelungen in den Mitgliedsstaaten nicht ausschließlich an der Kosteneffizienz zu messen, sondern vor allem deren Wirksamkeit beim Erreichen der Ausbauziele zu betrachten. Außerdem müsse der Bewährungszeitraum für die nationalen Fördersysteme auf 10 Jahre ausgedehnt werden, da die von der Kommission anvisierten 5 Jahre zu knapp bemessen seien (Europäisches Parlament 2000a: 29ff). Eine zentrale Forderung des Parlaments betraf die Ausbauziele: Diese wurden mit 23,5 % bis zum Jahr 2010 in der Höhe wie im Weißbuch angegeben, zudem sollten sie als verbindliche Mindestziele für die Mitgliedsstaaten formuliert werden, inklusive Sanktionsmaßnahmen bei Nichterfüllung (ebda.: 24f). Bezüglich des Netzanschlusses wurde neben einer Vorrangregelung auch die Übernahme der Netzanschlusskosten durch den Netzbetreiber gefordert (ebda.: 35f). Lediglich bei der Definition erneuerbarer Energien konnte sich das Parlament aufgrund interner Meinungsverschiedenheiten auf keine konsistente, eng gefasste Regelung einigen, da im Zuge der Kompromissfindung beispielsweise die große Wasserkraft ausgeschlossen, biologischen Haushaltsabfälle und Torf jedoch einbezogen wurden (ebda.: 21f).[414]

---

[414]   Die Wasserkraft- und Biomasse-Definitionen waren die umstrittensten Punkte in den Diskussionen um den Geltungsbereich der Richtlinie. Dieser Konflikt wurde innerhalb des Parlaments zwischen einzelnen Fraktionen und zusätzlich den Ländern ausgetragen, letztere Konfliktlinie spiegelte dabei die Auseinandersetzungen im Ministerrat wider. So gab es beispielsweise eine Reihe von konservativen Abgeordneten, die grundsätzlich für die Aufnahme von Müll plädierten, was gleichzeitig eine wichtige Forderung der Niederlande war, während für eine Reihe von (überwiegend sozialdemokratischen) Abgeordneten aus Finnland und Irland die Aufnahme von Torf wichtig war. (Schäfer 2006)

Der *Rat* begründete in seinem *Gemeinsamen Standpunkt,* dass „die Richtlinie sich hauptsächlich auf die Förderung des Anteils der erneuerbaren Energiequellen an der Stromerzeugung konzentrieren und erst in zweiter Linie auf die Schaffung eines gemeinsamen Rahmens zu diesem Zweck abstellen sollte. [...] Ferner ist aufgrund der begrenzten Harmonisierung, die sich aus der Richtlinie ergeben wird, und der Bedeutung der Umweltziele Artikel 175 Absatz 1 des Vertrags die richtige Rechtsgrundlage." (Rat der Europäischen Union 2001: 13, Begründung 6) Damit positionierte der Rat sich (aus Subsidiaritätsgründen) auch klar in der Beihilfefrage gegen die Position des Wettbewerbskommissars und schloss sich der Auffassung des Generalanwalts des EuGH (s.o.) an. Der Rat wollte zudem, wie das Parlament, einen längeren Übergangszeitraum für die Fördersysteme, forderte diesbezüglich jedoch nicht 10, sondern 7 Jahre (ebda.: 15, Begründung 14). Bezüglich des Ausbauziels blieb der Rat bei dem von der Kommission vorgeschlagenen unverbindlichen Ziel von 22,1 % (Art. 3, Abs. 4).[415] Beim Netzanschluss lehnte der Rat eine Kostenübernahme durch den Netzbetreiber ab und legte die Vorrangregelung in das Ermessen der Mitgliedstaaten (Art. 7). Und schließlich nahm der Rat sogar noch eine erweiterte Biomassedefinition in seine Stellungnahme auf und forderte zudem, Wasserkraft über 10 MW ebenfalls den erneuerbaren Energien zuzurechnen (Art. 2).

Die deutsche Position war in den Verhandlungen im Ministerrat eindeutig am seit April 2000 bestehenden EEG ausgerichtet, und die wesentlichen Positionen der deutschen EE-Akteure und der Regierung lagen hier dicht beieinander (Oschmann 2006; Schäfer 2006; Stubner 2006). Dies bedeutete neben der harten und grundsätzlichen Forderung nach Subsidiarität beispielsweise mit Blick auf die Definition erneuerbarer Energien, dass der im EEG vorhandene Geltungsbereich als Status quo verhandelt wurde. Auf diese Weise wurde z.B. Deponie- und Klärgas auch in den Gemeinsamen Standpunkt des Rates hinein- und Hausmüll und Torf herausverhandelt.[416] Beim Aspekt der Ausbauziele gab es auf der Seite der deutschen EE-Koalition durchaus unterschiedliche Meinungen, da einige Vertreter in der Forderung nach festen, verbindlichen Zielen (im Unterschied zu nach oben offenen Mindestzielen) ein mögliches Einfallstor für eine faktische Deckelung und spätere Quotenregelung sahen. Bindend für das verhandelnde Ministerium war jedoch der Beschluss des Deutschen Bundestages zur europäischen Diskussion um eine Richtlinie für erneuerbare Energien. In diesem Beschluss - der mit den Stimmen der Regierungsfraktionen von SPD und Bündnis 90/Die Grünen und gegen die Opposition aus CDU/CSU, FDP und PDS beschlossen worden war – wurde

---

[415] Der Wert von 22,1 % stellte eine Korrektur des ursprünglich im Weißbuch formulierten Zielwerts von 23,5 % dar, die aufgrund neuer Prognosen hinsichtlich des Gesamtenergieverbrauchs vorgenommen wurde (Rothe et al. 2002: 35)

[416] Demgegenüber war Grubengas, das vorrangig in deutschen Bergbaugruben vorkommt, im Ministerrat nicht durchsetzbar.

u.a. für verbindliche Ziele in Höhe des Kommissionsvorschlages von (mindestens) 22 % bis 2010 votiert und die Erfolge der Einspeisevergütung hervorgehoben (Deutscher Bundestag 2000b). Insgesamt ergaben sich bei vielen Aspekten große Schnittmengen mit den Forderungen des Europäischen Parlaments, aber auch mit der Mehrheitsmeinung des Rates.

5.2.4.7 Letzter Kommissionsentwurf im Dezember 2000 und Einigung zwischen den EU-Organen

Die Kommission reagierte auf die Stellungnahmen von Rat und Parlament noch kurz vor Jahresende am 28. Dezember 2000 mit einem geänderten Richtlinienvorschlag (Europäische Kommission 2000a). Dabei übernahm sie nur wenige Änderungsvorschläge des Parlaments, insbesondere die Forderung nach verbindlichen Ausbauzielen wurde von der Kommission abgelehnt. Der Gemeinsame Standpunkt des Rates wurde dagegen als gute Kompromissgrundlage angesehen, auch wenn die Kommission anders als der Rat eine engere Definition erneuerbarer Energien befürworte und weiterhin Art. 95 EGV als die richtige Rechtsgrundlage ansah (Oschmann 2002: 88). Insbesondere letzterer Beihilfeaspekt wurde jedoch durch die diesbezüglich parallelen Entwicklungen – die Entwicklung des Gemeinschaftsrahmens für Umweltbeihilfen und das EuGH-Urteil – zu Beginn des Jahres 2001 entschärft.

Zu diesem Zeitpunkt war bereits, wie oben erwähnt, das Votum des EuGH-Generalanwalts Jacobs gefallen, welches den ursprünglichen Plänen der GD Wettbewerb bezüglich einer Ausweitung des Beihilfebegriffs widersprach, und ebenso hatten sich Parlament und Rat in ihren Stellungnahmen eindeutig gegen diese Pläne gewandt. Vor diesem Hintergrund verabschiedete die Kommission nun ihre neue Fassung des Gemeinschaftsrahmens für staatliche Umweltschutzbeihilfen (Europäische Kommission 2001b) in einer Weise, die nun bezüglich der EE-Förderung nicht mehr auf weitere Konfrontation ausgerichtet war.[417] Die Kommission formulierte den neuen Rahmen „als Teil einer neuen, aufgrund der Bedeutung des Art. 6 EG auch den Erfordernissen des Umweltschutzes in einem besonderen Maße verpflichteten Wettbewerbspolitik" (Ebrecht 2001: 1). Dabei vertrat die Kommission nun grundsätzlich die Auffassung, „dass Maßnahmen zugunsten von Energieeinsparungen und erneuerbaren Energieträgern ebenfalls als Umweltschutzmaßnahmen einzustufen sind" (Europäische Kommission 2001b, Abschnitt B, Nr. 6), und definierte deren Zulässigkeit für eine Reihe von Fällen. Das Votum über diese Fassung des Gemeinschaftsrahmens fiel daher diesmal seitens der EE-Koalition

---

[417] Der neue Gemeinschaftsrahmen für staatliche Umweltschutzbeihilfen trat am 4.2.2001 in Kraft, hat Gültigkeit bis Ende 2007 und löste den bis zum 31.12.2000 gültigen Gemeinschaftsrahmen von 1994 ab.

überwiegend wohlwollend aus, da es die zuvor von der Kommission geschürte Beihilfeproblematik deutlich entschärfte (Lauber 2001: 41f; Ebrecht 2001: 1).[418]

Durch das Urteil des EuGH am 13. März 2001 wurde die Bedeutung dieses Gemeinschaftsrahmens für die Förderung erneuerbarer Energien schließlich weiter reduziert und zudem auch die noch offene Frage eines Verstoßes gegen die Warenverkehrsfreiheit, die der Generalanwalt aufgeworfen hatte, zu Gunsten des deutschen Gesetzes beantwortet. Zunächst folgte das Gericht der Einschätzung des Generalanwalts, dass das StrEG von 1998 keine staatliche Beihilfe darstellte. Die Frage, ob, es durch das StrEG einen Verstoß gegen den EG-Vertrag aufgrund einer verbotenen Einfuhrbeschränkung gäbe, da das Gesetz nur in Deutschland erzeugten Strom aus erneuerbaren Energien fördere, verneinte der EuGH in seinem Urteil (EuGH 2001). „Das Urteil bedeutet also einen effektiven Schutz des EEG und von ähnlich gelagerten fixen Einspeisetarifen vor zukünftigen rechtlichen Anfechtungen" (Lauber 2001: 42) und ebnete gleichzeitig den Weg für die abschließenden Verhandlungen bis zur Verabschiedung der Richtlinie.[419]

Während nun die Kommission und der Rat in grundsätzlichen Punkten übereinstimmten, waren die in vielen Punkten weiter gehenden Forderungen des Parlaments durch die anderen beiden Organe in der Mehrzahl abgelehnt worden. Dies betraf insbesondere die Verbindlichkeit und Höhe der Ausbauziele, die Definition erneuerbarer Energien und die Vorrangregelung beim Netzzugang (Bartelt 2006; Schäfer 2006). Angesichts der abweichenden Positionen fiel die Reaktion des Parlaments einerseits „kämpferisch" aus (Oschmann 2002: 88), andererseits war das Parlament bemüht, einen langwierigen formalen Vermittlungsprozess zu vermeiden und suchte daher auf informellem Wege die Verhandlungen mit dem Rat und der Kommission (ebda.). Hier spielten seitens des Parlaments insbesondere die Berichterstatterin Mechthild Rothe, seitens des Rates die Vertreter der schwedischen Ratspräsidentschaft eine wichtige Rolle (Schäfer 2006). Diese wurden gleichzeitig wieder von einer Vielzahl von Akteuren aus der EE-Koalition (Abgeordneten, Verbände wie EREF, BWE und BEE sowie zahlreichen Unternehmen) inklusive des deutschen Bundesumweltministers Trittin durch eine Vielzahl von Protestschreiben und –aktivitäten unterstützt (BMU 2001; Bartelt 2006).[420]

---

[418]   Demgegenüber fiel die Bewertung des Gemeinschaftsrahmens hinsichtlich seiner Wirkung auf die klassischen Bereiche des Umweltschutzes deutlich negativer aus, da nach Ansicht vieler hier „Wettbewerb teilweise über die Ziele des Umweltschutzes gestellt" wurden (Bündnis 90/Die Grünen 2006b) und das Subsidiaritätsprinzip in umwelt- und energiepolitischen Fragen zum Teil aufgehoben wurde (Ebrecht 2001: 1f).

[419]   Das EuGH-Urteil löste große Erleichterung in der EE-Koalition aus, es wurde als „bahnbrechende Entscheidung für den Vorrang erneuerbarer Energien" gefeiert, als Sieg des deutschen Einspeisegesetzes gegenüber den „jahrelangen Attacken deutscher Stromkonzerne" (BEE 2001).

[420]   Von einer Reihe von Akteuren wurde zudem über die Verhandlungsdetails der Richtlinie hinaus in Ergänzung dazu ein paralleler europäischer Vertrag für erneuerbare Energien gefordert, der in Analogie zum Euratom-Vertrag den Ausbau erneuerbarer Energien sicherstellen und fördern sollte

Im Bericht für die zweite Lesung im Parlament erneuerte das Parlament seine alten Forderungen nach verbindlichen Zielen, einer längeren Übergangsfrist für die nationalen Fördersysteme, vorrangigen Netzanschluss und einer engere Definition von erneuerbaren Energien (Ausschluss von Hausmüll) (Europäisches Parlament 2001a). Insbesondere in Bezug auf die Frage der Verbindlichkeit der Zielsetzung versuchte die Berichterstatterin Rothe die Verhandlungsposition des Parlaments zu stärken, auch wenn es hier bis dato breiten Widerstand im Rat gegeben hatte (Schäfer 2006). Sie erreichte, dass die deutsche Regierung sich neben dem bis dato einzigen Befürworterland Dänemark ebenfalls für verbindliche Ziele einsetzte, was allerdings letztlich ohne Erfolg blieb. Diese Position sicherte in den Verhandlungen aber zumindest eine Regelung, nach der die Kommission auf der Basis von Erfolgsberichten zu einem späteren Zeitpunkt verbindliche Ziele vorschlagen kann.

Die Frage der Definition erneuerbarer Energien blieb nach wie vor im Parlament umstritten, und es war somit eine wichtige Aufgabe für die Berichterstatterin, einen Kompromiss herbeizuführen, der gleichzeitig eine gute Verhandlungsposition gegenüber dem Rat eröffnete und den Interessen der EE-Lobby entgegenkam (Rothe et al. 2002; Schäfer 2006)[421]. Durch gemeinsame Lobbyarbeit der EE-Koalition wurde erreicht, die konservativen und liberalen Fraktionen zu spalten. In diesen Gruppen gab es auf der einen Seite „Abgeordnete, die sich hinsichtlich der Richtlinie in Totalopposition begeben hatten", auf der anderen Seite Befürworter wie bspw. bei den spanischen Konservativen und den englischen Liberalen (Turmes 2006). Dadurch konnte ein fraktionsübergreifender Kompromiss gefunden werden. Dennoch konnte sich das Parlament letztlich in der Definitionsfrage nicht durchsetzen, erreichte jedoch eine Beschränkung auf den biogenen Anteil am Hausmüll.[422] Zudem galt auch hier das Subsidiaritätsprinzip mit Blick auf engere nationale Definitionen: diese mussten nicht angepasst werden (Europäisches Parlament 2001a).

In der Frage der Mindestgeltungsdauer von Vergütungsregelungen konnte demgegenüber eine Heraufsetzung des Zeitraums erzielt werden: Nach vier Jahren sollte zwar eine Evaluierung stattfinden, die auch eine Harmonisierung zur Folge

---

(Hinsch 2000). Diese Forderung wird angesichts des nach wie vor bestehenden Euratom-Vertrages und der damit einhergehenden Privilegierung der Atomkraft von einer Reihe von Akteuren (wie z.B. Eurosolar) aufrechterhalten.

[421] Der ehemalige Mitarbeiter von Mechthild Rothe, Oliver Schäfer, kommentierte die Rolle der Berichterstatterin wie folgt: „Als Berichterstatterin konnte Frau Rothe auch gar nicht mit extremen Positionen auftreten und musste von Anfang sehen, verschiedene Interessen zu bündeln und eng mit den Schattenberichterstattern zusammenzuarbeiten. Da bringt es einfach nichts mit dem Kopf durch die Wand zu gehen; wir wollten lieber eine klare Mehrheit im Parlament haben als eine Wackelmehrheit, das war dann auch ein klares Signal gegenüber dem Rat." (Schäfer 2006)

[422] Auch im Rat gab es Befürworter für die Einbeziehung des gesamten Mülls, um die Zielvorgaben leichter zu erfüllen. Dies waren vor allem Großbritannien, Italien und die Niederlande, die sich letztlich jedoch den Argumenten aus dem Parlament und der Kommission beugten (Rothe et al. 2002: 39).

haben konnte, allerdings sollte sich die Bewertung nicht allein an der Kosteneffizienz der nationalen Maßnahmen orientieren, sondern auch nach ihrer Zielerreichung. Zudem wurde für den Fall einer Harmonisierung ein Bestandsschutz des geltenden Systems für weitere sieben Jahre vereinbart (Europäisches Parlament 2001a). Zudem wurden eine Vorrangregelung für den Netzzugang vereinbart und Regeln aufgestellt, wonach die Anschlusskosten und Durchleitungsentgelte fair, transparent und nicht diskriminierend sein müssen. Diese zentrale Forderung des Parlaments war gegen das massive Lobbying der konventionellen Stromversorger, einiger konservativer Abgeordneter und Teile des Rates durchgesetzt worden (Rothe et al. 2002: 40).

Damit stand am Ende des Politikformulierungsprozesses der Richtlinie im Gegensatz zum Beginn eine vergleichsweise „harmonische" Zusammenarbeit zwischen den drei Organen Parlament, Rat und Kommission. Nicht zuletzt durch den Wechsel an der Spitze der Verantwortlichkeiten in der Kommission hatten sich die Mehrheitsverhältnisse bezüglich zentraler Auffassungen verändert. Wettbewerbskommissar Monti war nun vergleichsweise isoliert. Mit der für Energiefragen zuständigen Kommissarin de Palacio, der Umweltkommissarin Wallström sowie mit Kommissionspräsident Prodi waren aufgeschlossene Personen im Amt, die am Ende des Prozesses eine zügige Verabschiedung im Sinne einer effektiven Förderung erneuerbarer Energien befürworteten (Turmes 2006; Schäfer 2006; Oschmann 2006).

Nachdem das Parlament den Rothe-Bericht am 4. Juli 2001 in zweiter Lesung angenommen hatte (Europäisches Parlament 2001b), konnte aufgrund der vorherigen intensiven Abstimmungen zwischen allen im Mitentscheidungsverfahren relevanten Organen die Richtlinie nun vergleichsweise zügig auch vom Rat in seiner zweiten Lesung am 7. September 2001 beschlossen werden. Die „Richtlinie des Europäischen Parlaments und des Rates zur Förderung der Stromerzeugung aus erneuerbaren Energiequellen im Elektrizitätsbinnenmarkt" datiert schließlich vom 27. September 2001 und trat mit Veröffentlichung im Amtsblatt am 27.10.2001 in Kraft (Richtlinie 2001).

Reaktionen

Aufgrund der konsens- und lösungsorientierten Entwicklungen der letzten Wochen vor Verabschiedung der Richtlinie waren die meisten der am politischen Einigungsprozess Beteiligten zufrieden mit dem Ergebnis. Dies galt insbesondere für die EE-Akteure, obwohl sich das Parlament als zentraler Akteur dieser Koalition in der Schlussphase der Verhandlungen für das Zustandekommen des Kompromisses „weit auf den Rat zu bewegen musste" (Oschmann 2002: 90). Das Ergebnis stellte jedoch aus Sicht dieser Koalition eine deutliche Verbesserung im Vergleich zu den ersten Entwürfen dar. So vertrat die Berichterstatterin und zentrale Verhandlungsführerin des Parlaments, Mechthild Rothe die Ansicht, dass die Richtlinie eine wesentliche Maßnahme sei, um die Verdopplung der erneuerbaren Energien von 1997 bis 2010 zu erreichen. „Die Zeit der Lippenbekenntnisse ist vorbei. Die Mitgliedsstaaten müssen sich festlegen, wie sie die mit der Richtlinie angestrebte Verdopplung bis 2010 erfüllen wollen" (Rothe et al. 2002: 42).

Auch der deutsche Bundestagsabgeordnete Hans-Josef Fell, der für die deutschen Akteure der EE-Koalition im Zuge des Richtlinienprozesses eine wichtige Rolle gespielt hatte, zog eine positive Bilanz: „Die Richtlinie für Erneuerbare Energien ist ein großer Erfolg für eine neue Energiepolitik in Europa. Erneuerbare Energien werden so zum zentralen Standbein der Energieversorgung in der Gemeinschaft." (Fell 2001). Das BMU hob hervor, es sei „Deutschland in den Verhandlungen zur Richtlinie für Erneuerbare Energien gelungen, diese so auszugestalten, dass das EEG – und damit auch die Biomasseverordnung - beibehalten werden können" (BMU 2001: 5).[423] Damit konnte vermieden werden, „dass der laufende gute und steigende Ausbau der Stromproduktion durch erneuerbare Energien durch Änderungen der Förderbedingungen ohne Not unterbrochen wird." Zudem setzten vergleichbare Ausbaudynamiken in den Ländern ein, „die ähnliche Vorrang- und Vergütungsregelungen eingeführt haben" (ebda.).

Dass insbesondere die Akteure aus der EE-Koalition zufrieden und erleichtert waren, lässt sich an der Vielzahl der positiven Stellungnahmen und Pressemitteilungen zur verabschiedeten Richtlinie ablesen (Neue Energie 2001). Seitens der konventionellen Stromversorger und ihre Lobbyorganisationen wurden keine spezifischen Stellungnahmen oder Pressemitteilungen veröffentlicht. Für die europäische Windindustrie formulierte EWEA-Vertreter Klaus Rave: „The Directive is a historic landmark for the wind energy industry. For the first time the EU, after having a long history of steel, coal and nuclear, acknowledges that renewable energies are a vital player in the international energy market. Now we have to create a stable investment climate for sustainable development." (zitiert in REW 2001). Peter Ahmels vom BWE lobte, dass die Richtlinie Investitionssicherheit herstelle, kritisierte aber gleichzeitig, dass sich Rat und Parlament nicht auf verbindliche Ausbauziele hatten einigen können (BWE 2001).

Ähnlich urteilte auch Heinrich Bartelt, der den gesamten Prozess für den BWE begleitet hatte: Zwar hätte es verpflichtende Ziele, einen stärkeren Abbau der Hindernisse beim Netzanschluss und eine Übernahme der Anschlusskosten durch den Netzbetreiber geben sollen, doch dies könne in Zukunft erreicht werden, da dies „alles jetzt schon grundsätzlich enthalten ist" (Bartelt 2006). Und Giulio Volpi vom WWF hob insbesondere die Erleichterung hervor, die trotz einiger Abstriche

---

[423] Deutschland habe einem Richtziel von 12,5 % für 2010 „ausdrücklich zugestimmt", was der Verdoppelung von gut 6 % im Jahr 2000 entspricht und eine Erhöhung des vorherigen Ziels in Höhe von 10 % aus dem Klimaschutzprogramm der Bundesregierung vom Oktober 2000 darstellte (BMU 2001: 3).

über das erzielte Ergebnis herrschte: „The Directive would have been much better with a stronger definition but in the end we were fine with it. [...] By the end of the day we were relieved that the directive was approved, even though it has not been implemented in a satisfactory way by the member states. Anyway, it is an important tool and a step forward towards an increasing share of renewable energy in the EU." (Volpi 2006).

Dennoch gab es auch eine Reihe von kritischen Stimmen zur Richtlinie, da sie zwar den bestehenden Kurs erfolgreicher Länder wie Deutschland nicht änderte, jedoch keine grundlegenden Änderungen bezüglich der „Voraussetzungen für den Anstieg des Anteils erneuerbarer Energiequellen an der Stromversorgung" vornahm, weshalb sie im Zuge der Beratungen von einigen Akteuren aus der EE-Koalition auch „als Nichtlinie" bezeichnet worden war (Oschmann 2002: 102).

5.2.5   Die Richtlinie im Detail

Als wichtigstes Ziel der Richtlinie kann die *Erhöhung des Anteils von EE-Strom* am Bruttostromverbrauch der EU von durchschnittlich 13,9 % im Jahr 1997 *auf rund 22 % im Jahr 2010* hervorgehoben werden (BMU 2001). Durch dieses Ziel für den Stromverbrauch soll zusammen mit den angestrebten Erhöhungen aus dem Wärme- und Kraftstoffbereich die im Weißbuch von 1997 genannte Verdoppelung des Anteils erneuerbarer Energien am gesamten Bruttoinlandsenergieverbrauch der EU auf 12 % bis 2010 erreicht werden. Die Richtlinie bezieht sich nur im einleitenden Teil (Präambel) auf alle Einsatzbereiche, ihr Regelungsinhalt bezieht sich jedoch ausschließlich auf den Strombereich.

In der einführenden Begründung zur Richtlinie heißt es, dass das Potenzial zur Nutzung erneuerbarer Energien in der Gemeinschaft nur unzureichend genutzt werde, weshalb es erforderlich sei, erneuerbare Energien prioritär zu fördern. Die nachfolgend aufgeführten Begründungsaspekte deuten nun das im Zuge der Verhandlungen herausgebildete Verhältnis zwischen der Bedeutung des Umweltschutzaspektes und des Binnenmarktes an, zudem wird die Zielsetzung in den Kontext der internationalen Klimapolitik gesetzt: „Die Gemeinschaft hält es für erforderlich, erneuerbare Energiequellen prioritär zu fördern, da deren Nutzung zum Umweltschutz und zur nachhaltigen Entwicklung beiträgt. Ferner können sich daraus auch Beschäftigungsmöglichkeiten ergeben, sich auf den sozialen Zusammenhalt positiv auswirken, zur Versorgungssicherheit beitragen und die Voraussetzungen dafür schaffen, dass die Zielvorgaben von Kyoto rascher erreicht werden. Daher ist es notwendig, für eine bessere Ausschöpfung dieses Potenzials im Rahmen des Elektrizitätsbinnenmarktes zu sorgen." (Erwägungsgrund 1, Richtlinie 2001)

Vor diesem Hintergrund wird im *Artikel 1* der *Zweck der Richtlinie* wie folgt beschrieben: Die „Steigerung des Anteils erneuerbarer Energiequellen an der Stromerzeugung im Elektrizitätsbinnenmarkt" sowie die Schaffung „einer Grundlage für einen entsprechenden künftigen Gemeinschaftsrahmen". Damit stehen die lange umstrittenen, weil möglicherweise konkurrierenden bzw. zu verschiedenen Ausbauerfolgen führenden Ziele, nebeneinander. Die Harmonisierung der Förderung erneuerbarer Energien bzw. die Schaffung eines diesbezüglichen Binnenmarktes wurde verschoben, blieb jedoch durch die Regelung, wie sich in den folgenden Jahren zeigen sollte, auf der politischen Agenda und führte zu einer Fortführung der diesbezüglichen politischen Auseinandersetzungen.

Der *Artikel 2* enthält *Begriffsbestimmungen* und definiert damit den Geltungsbereich der Richtlinie bzw. die Frage, was alles als „erneuerbare nichtfossile Energiequelle" angesehen wird. Als solche gelten gemäß Artikel 2a Wind, Sonne, Erdwärme, Wellen- und Gezeitenenergie, Wasserkraft, Biomasse, Deponiegas, Klärgas und Biogas. Der umstrittene Begriff der Biomasse wird noch einmal gesondert definiert als „der biologisch abbaubare Anteil von Erzeugnissen, Abfällen und Rückständen der Landwirtschaft (einschließlich pflanzlicher und tierischer Stoffe), der Forstwirtschaft und damit verbundener Industriezweige sowie der biologisch abbaubare Anteil von Abfällen aus Industrie und Haushalten." (Artikel 2b). Bezüglich des letzten Punkts wird auf die geltenden Abfallbestimmungen in der EU hingewiesen, um auszuschließen, dass die Verbrennung von nicht getrenntem Müll im Rahmen einer Erneuerbaren-Energien-Förderung erfolgt (Erwägungsgrund 8), dennoch wurde damit der umstrittene biogene Anteil des Hausmülls als zulässige erneuerbare Energiequelle in den Definitionsumfang der Richtlinie aufgenommen.

Ähnliches galt für die ebenso umstrittene große Wasserkraft, da diesbezüglich keine Differenzierung vorgenommen wurde. Damit können alle Länder mit traditionell großen Vorkommen an (bisher bereits wirtschaftlicher) großen Wasserkraftanlagen diese mit in die Zielerreichung einberechnen. Ob diese Anlagen gefördert werden, liegt zwar in der Hand der Mitgliedsstaaten, die Richtlinie eröffnet den Energieversorgern, die in der Regel über die großen Wasserkraftanlagen verfügen, jedoch die Möglichkeit und eine gesetzliche Basis, gegebenenfalls Druck in Richtung einer Förderung auszuüben. Gemäß Artikel 2c wird die Stromerzeugung aus Anlagen gefördert, die ausschließlich erneuerbare Energiequellen nutzen, sowie anteilig aus Hybridanlagen in Höhe ihres EE-Anteils. Durch den zweiten Punkt wurde auch die Zufeuerung von Biomasse in fossil befeuerte Anlagen förderfähig.

Im *Artikel 3* sind die indikativen *Richtziele* beschrieben sowie die möglichen Folgen bei Nichteinhaltung – und damit der mögliche „Schatten der Hierarchie" bezüglich zukünftig verbindlicher Ziele und (in Verbindung mit Artikel 4) harmonisierter Fördermechanismen. In Artikel 3 ist das „globale Richtziel" für die EU in Höhe von 12 % des Bruttoinlandsenergieverbrauchs festgelegt sowie 22,1 % für den Anteil von Strom aus erneuerbaren Energiequellen am gesamten Stromverbrauch der Gemeinschaft bis zum Jahr 2010 (Absatz 4, Satz 1). Diese Zielwerte wurden von Kritikern, so auch vom Europaparlament (s.o.), häufig als zu niedrig und zu wenig ambitioniert bezeichnet, da sie „lediglich bestehende Trends fortschreiben" (Oschmann 2002: 91).

Die Mitgliedstaaten werden aufgefordert, zur Erreichung dieser Richtwerte geeignete Maßnahmen zu ergreifen (Absatz 1) und nationale Richtwerte festzulegen, die sich an dem im Anhang zur Richtlinie angegebenen nationalen Referenzwerten orientieren (siehe Tabelle 15), in Übereinstimmung mit den Kyoto-Zielen stehen und für mindestens 10 Jahre festgelegt werden (Absatz 2). Die Festlegung der nationalen Richtziele sollte ab dem 27. Oktober 2002 und danach alle fünf Jahre in einem Bericht dargestellt werden, in dem auch die Maßnahmen zur Zielerreichung zu be-

Tabelle 15: Referenzwerte für die nationalen Richtziele 2010 der Mitgliedstaaten (Vergleichsjahr 1997)

	EE-Strom 1997	EE-Strom 1997	EE-Strom 2010
	TWh	%	%
Belgien	0,86	1,1	6,0
Dänemark	3,21	8,7	29,0
Deutschland	24,91	4,5	12,5
Griechenland	3,94	8,6	20,1
Spanien	37,15	19,9	29,4
Frankreich	66,00	15,0	21,0
Großbritannien	7,04	1,7	10,0
Irland	0,84	3,6	13,2
Italien	46,46	16,0	25,0
Luxemburg	0,14	2,1	5,7
Niederlande	3,45	3,5	9,0
Österreich	39,05	70,0	78,1
Portugal	14,30	38,5	39,0
Finnland	19,03	24,7	31,5
Schweden	72,03	49,1	60,0
Gemeinschaft	**338,41**	**13,9 %**	**22 %**

Quelle: Richtlinie (2001: 39)

schreiben sind. In einem weiteren Berichtsturnus müssen die Mitgliedstaaten zweijährig ab dem 27. Oktober 2003 einen Fortschrittsbericht zur Zielerreichung veröffentlichen. Auf Basis dieser Berichte bewertet die Kommission die nationale und globale Zielfestlegung und -erreichung und veröffentlicht ebenfalls zweijährig und erstmalig ab dem 27. Oktober 2004 ihre Schlussfolgerungen in einem Bericht, der Vorschläge an das Parlament und den Rat enthalten kann. Sollten die Mitgliedstaaten nach Auffassung der Kommission zur Erreichung des Globalziels unzureichende Ziele formuliert haben – nicht jedoch im Falle der Zielverfehlung (hierzu auch Sötebier 2003: 69f) - dann „gibt sie in diesen Vorschlägen in geeigneter Form nationale Ziele, einschließlich möglicher verbindlicher Ziele, vor." (Absatz 4, Satz 4). Die Entscheidung über die Vorschläge treffen jedoch wiederum Parlament und Rat.

Der *Artikel 4* befasst sich schließlich mit den zuvor lange umstrittenen *Fördermechanismen*, ohne - dem Kompromiss folgend - Festlegungen für die Mitgliedstaaten über deren Wahl zu treffen. Das in den Verhandlungen vereinbarte und von den Mitgliedstaaten nachdrücklich geforderte Subsidiaritätsprinzip kommt in der einleitenden Begründung der Richtlinie zum Ausdruck: „Ein wichtiges Element zur Verwirklichung des Ziels dieser Richtlinie besteht darin, das ungestörte Funktionieren ... der unterschiedlichen Systeme der Mitgliedstaaten ... zu gewährleisten, damit das Vertrauen der Investoren erhalten bleibt, bis ein Gemeinschaftsrahmen zur Anwendung gelangt ist" (Erwägungsgrund 14). Da es „für die Entscheidung über einen Gemeinschaftsrahmen für Förderregelungen ... in Anbetracht der begrenzten Erfahrung mit den einzelstaatlichen Systemen und des gegenwärtig relativ geringen Anteils subventionierten Stroms aus erneuerbaren Energiequellen in der Gemeinschaft noch zu früh" sei (Erwägungsgrund 15), soll die „Kommission die Entwicklung beobachten und ... einen Bericht über die bis dahin gewonnenen Erfahrungen bei der Anwendung einzelstaatlicher Regelungen vorlegen", da „die Förderregelungen nach einer angemessenen Übergangszeit an den sich entwickelnden Elektrizitätsbinnenmarkt angepasst werden" müssten (Erwägungsgrund 16).

Artikel 4 legt nun Details dieses Berichts und eines daraus resultierenden „Vorschlag zur Schaffung eines gemeinschaftlichen Rahmens für Regelungen zur Förderung von Strom aus erneuerbaren Energiequellen" fest. Als Datum für diesen Bericht wurde „spätestens der 27. Oktober 2005" festgelegt – ein Datum, das in der nachfolgenden Implementationsphase der Richtlinie einen weiteren Meilenstein darstellen sollte, da mit ihm das Damoklesschwert der Harmonisierung und somit eine erneute Bedrohung für Einspeisevergütungsmodelle verbunden wurde (siehe spätere Ausführungen). Sollte der Vorschlag eine Veränderung der Fördermodelle verlangen, so sollen „angemessene Übergangszeiträume von mindestens sieben Jahren für die nationalen Förderregelungen" gelten, um das Vertrauen der Investoren zu wahren. Damit hätte eine Änderung bzw. Harmonisierung der Fördersysteme auf Vorschlag der Kommission nach Maßgabe der Richtlinie frühestens ab 2012 eintreten können.

Die nachfolgenden Artikel 5 bis 7 legen „gemeinschaftsweite Mindeststandards" fest (Sötebier 2003: 71), nach dem die vorherigen beiden Artikeln die Vorgaben für die nationalen Ziele und Fördermechanismen beschrieben hat. Um den „Handel mit Strom aus erneuerbaren Energiequellen" zu fördern und „zur Verbesserung der Transparenz bei der Wahl des Verbrauchers" (Erwägungsgrund 10) soll gemäß *Artikel 5* ein *Herkunftsnachweis* für jeglichen Strom aus erneuerbaren Energien eingeführt werden. Dieses Instrument kann zwar als eine Voraussetzung für einen europaweiten Zertifikatehandel gelten, in Erwägungsgrund 11 wird jedoch explizit darauf verwiesen, dass „zwischen Herkunftsnachweisen und handelbaren grünen Zertifikaten klar zu unterscheiden" sei.

Die *Artikel 6 und 7* haben die Verbesserung der Rahmenbedingungen für erneuerbare Energien zum Inhalt. Artikel 6 schreibt vor, dass die Mitgliedsstaaten
Maßnahmen einführen, um die Genehmigungs- und Verwaltungsverfahren für
Anlagenbetreiber vereinfachen. Diese Maßnahme ist durchaus von Relevanz in
solchen Ländern, in denen die Genehmigungspraxis – teilweise trotz bestehender
nationaler Förderinstrumente – den Ausbau erneuerbarer Energien de facto verhindert. Eine ähnliche Wirkung entsteht durch den erschwerten oder verhinderten
Netzzugang, weshalb der Artikel 7 die Mitgliedstaaten verpflichtet die notwendigen
Maßnahmen zu ergreifen, „um sicherzustellen, dass die Betreiber der Übertragungs-
und Verteilungsnetze in ihrem Hoheitsgebiet die Übertragung und Verteilung von
Strom aus erneuerbaren Energiequellen gewährleisten. Sie können außerdem einen
vorrangigen Netzzugang für Strom aus erneuerbaren Energiequellen vorsehen."
(Absatz 1)

Gemäß Artikel 8 erstellt die Kommission alle fünf Jahre einen „zusammenfassenden Bericht über die Durchführung dieser Richtlinie" auf Basis der zuvor
genannten Berichte, erstmalig am 31. Dezember 2005. Die Richtlinie ist gemäß
Artikel 9 bis zum 27. Oktober 2003 in allen Mitgliedstaaten umzusetzen.

5.2.6   *Implementierung und erste Evaluationsphase: Politisierung des Damoklesschwerts Harmonisierung*

Die Verabschiedung der Richtlinie führte jedoch zu keiner Beruhigung der Debatten um die Fördersysteme erneuerbarer Energien und deren mögliche Harmonisierung in der EU. Sowohl in der Politik, bei den Lobbygruppen und in der Wissenschaft entstand kurze Zeit danach erneut eine lebhafte Debatte über die „Effizienz"
und „Effektivität" der Systeme sowie weiterer Eigenschaften (siehe hierzu auch
Abschnitt 5.1.4.2).[424] Hintergrund für diese erneute bzw. fortgesetzte Diskussion
war der Passus der Richtlinie, nach dem die Kommission im Jahr 2005 einen Evaluationsbericht zur Entwicklung der Fördersysteme in den Mitgliedstaaten vorlegen
sollte, um daraus gegebenenfalls Harmonisierungsvorschriften abzuleiten. Bereits
zuvor standen eine Reihe von Berichtspflichten der Mitgliedstaaten und der Kommission an, die zur Zielfestlegung, Zielerreichung und den Maßnahmen Hinweise

---

[424]   Demgegenüber spielte die lange geführte Beihilfedebatte nach Inkrafttreten der Richtlinie, des
EuGH-Urteils und der Verabschiedung des neuen Gemeinschaftsrahmens für Umweltbeihilfen
(s.o.) kaum noch eine Rolle - auch nicht mehr für die für Wettbewerb und Binnenmarktfragen zuständige Kommission: „Der für Wettbewerb zuständige Kommissar Mario Monti hat mit Schreiben
vom 24. Juni 2002 an Bundesminister Jürgen Trittin ausdrücklich darauf hingewiesen, dass auch die
Europäische Kommission bereits am 22. Mai 2002 zu dem Schluss gekommen ist, dass das EEG
keine Beihilfe darstellt" (BMU 2002b: 2). Die EuGH-Entscheidung war zu diesem Zeitpunkt allerdings bereits 14 Monate alt.

und Bewertungen geben sollten. Die Tabelle 16 gibt einen Überblick über zentrale Zeitpunkte der Implementierungs- und Evaluierungsphase der Richtlinie.

Tabelle 16: Daten zur Implementierung der Richtlinie und Berichterstattung

Datum	Ereignis	Akteur	Erläuterung
27.10.2001	Inkrafttreten der Richtlinie		
27.10.2002	Bericht, alle 5 Jahre	Mitgliedsstaaten	Festlegung nationaler Richtziele für die nächsten zehn Jahre Benennung von Maßnahmen zur Zielerreichung
27.10.2003	Umsetzungsfrist für die Richtlinie		
27.10.2003	Berichte Herkunftsnachweis	Mitgliedsstaaten	Zur Zielerreichung Zu Maßnahmen zum Abbau von Verwaltungshemmnissen Späteste Einführung
27.10.2004	Bericht, alle 2 Jahre	Kommission	Zur Erreichung der nationalen Ziele und des globalen Ziels
27.10.2005	Bericht	Kommission	Situation und Bewertung nationaler Fördersysteme; ggf. Vorschlag zur Harmonisierung
31.12.2005	zusammenfassender Bericht, alle 5 Jahre	Kommission	Zur Implementierung der Richtlinie insgesamt
27.10.2010	Mitgliedsstaaten müssen ihre nationalen Richtziele erreicht haben		

Quelle: eigene Zusammenstellung

Ein zweites Ereignis sorgte zudem für ein Wiedererstarken der Debatte: die Beschleunigungsrichtlinie zur Liberalisierung des Elektrizitätsbinnenmarktes 2003/54/EG (siehe Abschnitt 4.2.2), die einerseits die „alte" Binnenmarktthematik wiederbelebte, andererseits wurde von mehreren Seiten (insbesondere von den EE- bzw. Vergütungsmodell-Kritikern) eine neue rechtliche Prüfung zur Vereinbarkeit von Einspeisevergütungsmodellen mit den Anforderungen und Vorgaben der neuen Richtlinie gefordert (Klinski 2005). Ein zentrales Argument war dabei, dass mit der Beschleunigungsrichtlinie „eine neue Phase der Liberalisierung für den Strombinnenmarkt markiert" würde, so dass „national abgegrenzten Abnahme- und Vergütungssystemen ... gemeinschaftsrechtlich der Boden entzogen" sei (ebda.: 207). In einer rechtlichen Analyse für das deutsche EEG gelangte Stefan Klinski jedoch zu der Auffassung, dass dieses „mit den Bestimmungen des Gemeinschaftsrechts zur Freiheit des Binnenmarktes uneingeschränkt im Einklang" stehe (ebda.: 215).[425]

---

[425] Dies gelte im Wesentlichen, weil die Binnenmarktrichtlinie nach seiner Auffassung hier nicht gelte, sondern die Förderung erneuerbarer Energien allein der Richtlinie 2001/77/EG zugewiesen sei.

In Deutschland können als weitere Gründe für die Widerbelebung und Intensivierung der Debatte einerseits die parallel stattfindende Diskussion um die Gesetzesnovelle des Energiewirtschaftsrechts, die durch die EG-Binnenmarktrichtlinie von 2003 angestoßen worden war (vgl. Abschnitt 4.4), andererseits die in 2004 durchgeführte EEG-Novelle angeführt werden (vgl. Abschnitt 3.3.3). Die deutschen konventionellen Energieversorger, insbesondere die großen Netz- und Kraftwerksbetreiber, waren bezüglich der EnWG-Novelle politisch in der Defensive, da der Druck aus Brüssel zu verstärkten Liberalisierungsmaßnahmen hoch war. Aus diesem Grund konnten sie ein Interesse daran haben, verstärkt die EE-Konkurrenz zu bekämpfen, indem sie die Debatte um die Förderpolitik anheizten. Hierzu wurde auch der Draht nach Brüssel wieder verstärkt. Dies war – auch nach der Novelle des EEG 2004 und nach der EnWG-Novelle 2005 – noch im Bundestagswahlkampf im Sommer 2005 der Fall.

5.2.6.1   Verbreitung der Fördermodelle nach der Einführung der Richtlinie

Die zuvor beschriebenen Entwicklungen zur Entstehung der Richtlinie hatten einen direkten Einfluss auf die Verbreitung der Fördermodelle in Europa. Waren im Vorfeld der Richtlinie Einspeisevergütungsmodelle klar von den Mitgliedstaaten favorisiert worden (vgl. Tabelle 14), so nahmen im Zuge der Harmonisierungsdebatten die Befürworter von Quoten- und Zertifikatemodellen in mehreren Mitgliedstaaten, aber auch in der Wissenschaft, zu. Dabei war dies häufig weniger auf die möglichen Vorteile dieses Modelltyps zurückzuführen, sondern eher auf den Einfluss der Modellpräferenzen und des Harmonisierungswillens der Kommission, der schließlich auch in die Richtlinie aufgenommen worden war (Reiche 2005e). Vor diesem Hintergrund kamen eine Reihe von Studien aus dieser Zeit zu den – aus heutiger Sicht falschen - Vorhersagen, dass es einen „internationalen Trend zu Quotenmodellen mit Zertifikatehandel" geben würde und es dann auch „in Deutschland Zeit" werde, diesem Trend zu folgen (Bräuer 2002: 61). Andere Wissenschaftler formulierten vorsichtiger und kamen zu eher offenen Bewertungsaussagen, die jedoch ebenfalls die höhere „Binnenmarktkompatibilität" von Zertifikatemodellen unterstrichen: „Some instruments, e.g. enhanced feed-in tariffs, have already proved their effectiveness, whilst some other promising tools still have to be proven, e.g. Tradable Green Certificates (TGC). Yet, currently, TGC looks to be a promising competition-compatible instrument for reaching a specified quota." (Haas et al. 2000: 27)

Wie Peer Olof Busch in seiner Diffusionsanalyse der Förderinstrumente im Jahr (2003) und darauf aufbauend Mischa Bechberger und Danyel Reiche (2006a;

Jedoch auch im abweichenden Fall seien die „vom EEG ausgehenden handelsbeschränkenden Wirkungen" unter Aspekten des Gesundheits- und Umweltschutzes hinreichend gerechtfertigt, zudem diene das EEG dazu, die Ziele der EE-Richtlinie zu erfüllen. (Klinski 2005: 215)

auch Reiche 2005e) herausgearbeitet haben, gab es zwar in der EU ein ansteigendes Interesse und eine leichte, kontinuierliche Zunahme von Quotenmodellen seit dem Beginn der Debatten in 1998. Allerdings sind ebenfalls eingeführte Modelle wieder abgeschafft (Beispiel Niederlande) oder geplante Modelle erst gar nicht umgesetzt worden (Beispiel Dänemark), so das letztlich keine hohe Zunahme stattgefunden hat (Reiche 2005e). Mit Stand Ende 2006 waren laut Angaben der Kommission in der EU-27 fünf Quoten- und insgesamt sechs Zertifikatemodelle eingeführt (Gillett 2006).[426] Demgegenüber sind die Gesamtzahl der Einspeisevergütungsmodelle und auch deren Steigerungsrate, insbesondere nach der Einführung des EEG im Jahr 2000 und dem Urteil des EuGH, deutlich höher. Dies war bereits vor Einführung der Richtlinie so und setzte sich danach beschleunigt fort, so dass Ende 2006 nach Angaben der EU-Kommission Einspeisevergütungsmodelle in insgesamt 20 Mitgliedstaaten der EU-27 eingesetzt wurden (Gillett 2006).[427] Die

Als Gründe für das Interesse an Quotenmodellen bis zur Richtlinie können neben der Präferenz der Kommission und der Unsicherheit durch das EuGH-Verfahren auch eine höhere bzw. zukünftig mögliche Kompatibilität mit dem CO_2-Emissionshandelssystem angeführt werden (siehe auch Reiche 2005e), das seit dem Kyoto-Protokoll 1997 parallel diskutiert und dessen Einführung in Europa im Jahr 2003 beschlossen wurde (Richtlinie 2003c). Mit dem Urteil des EuGH und der Einführung der EE-Richtlinie im Jahr 2001 waren nun die nationalen Vergütungssysteme auf längere Sicht abgesichert, so dass sich in der Folge die in Bezug auf die absoluten Ausbauzahlen erfolgreicheren Modelle aus den Vorreiterstaaten Deutschland, Dänemark und Spanien international klar durchsetzen konnten. Dennoch kam es nicht zu einem Abflauen der Debatte um Fördersysteme. Insbesondere in Deutschland wurde nach kurzen Erholungsjahren anlässlich der EEG-Novelle 2004 und der parallel diskutierten EnWG-Novelle wieder intensiver über die Fördermechanismen diskutiert. Dies war auch der Hintergrund, vor dem das Bundesumweltministerium eine internationale Kooperation zur Stützung der Einspeisevergütungssysteme in Europa anstrebte.

Abbildung 31 zeigt die Aufteilung der Fördermechanismen in den Mitgliedstaaten der EU-27 zum Stand Ende 2006 mit ihren wesentlichen Instrumenten.

Als Gründe für das Interesse an Quotenmodellen bis zur Richtlinie können neben der Präferenz der Kommission und der Unsicherheit durch das EuGH-Verfahren auch eine höhere bzw. zukünftig mögliche Kompatibilität mit dem CO_2-

---

[426] In den Niederlanden ist die Zertifikatevergabe ohne eine Quote mit einem Einspeisevergütungssystem gekoppelt, in den anderen fünf Ländern (Belgien, Polen, Großbritannien, Schweden, Italien) handelt es sich um ein Quoten- und Zertifikatehandelsmodell.

[427] Hierbei ist jedoch anzumerken, dass in mehreren Ländern die Vergütungsmodelle zu keinen vergleichbaren Ausbauerfolgen wie in Deutschland oder Spanien geführt haben. Gründe dafür sind u.a. zu geringe Vergütungssätze, Hemmnisse in der Genehmigung oder beim Netzzugang. Ein Beispielland mit einem wenig erfolgreichen Vergütungsmodell ist Frankreich. (Köpke 2005a)

Emissionshandelssystem angeführt werden (siehe auch Reiche 2005e), das seit dem Kyoto-Protokoll 1997 parallel diskutiert und dessen Einführung in Europa im Jahr 2003 beschlossen wurde (Richtlinie 2003c). Mit dem Urteil des EuGH und der Einführung der EE-Richtlinie im Jahr 2001 waren nun die nationalen Vergütungssysteme auf längere Sicht abgesichert, so dass sich in der Folge die in Bezug auf die absoluten Ausbauzahlen erfolgreicheren Modelle aus den Vorreiterstaaten Deutschland, Dänemark und Spanien international klar durchsetzen konnten. Dennoch kam es nicht zu einem Abflauen der Debatte um Fördersysteme. Insbesondere in Deutschland wurde nach kurzen Erholungsjahren anlässlich der EEG-Novelle 2004 und der parallel diskutierten EnWG-Novelle wieder intensiver über die Fördermechanismen diskutiert. Dies war auch der Hintergrund, vor dem das Bundesumweltministerium eine internationale Kooperation zur Stützung der Einspeisevergütungssysteme in Europa anstrebte.

Abbildung 31: Fördermechanismen in den Mitgliedstaaten der EU-27 Ende 2006

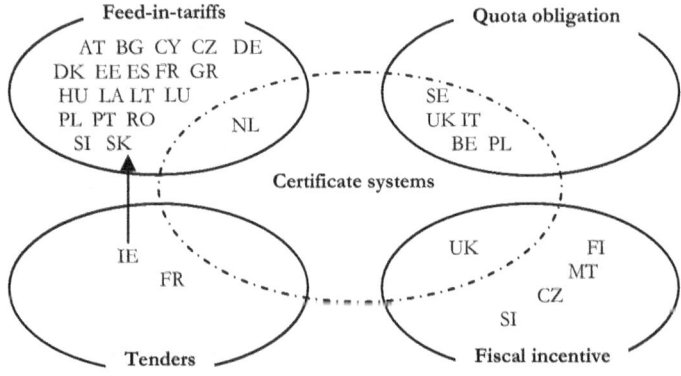

Quelle: eigene Darstellung nach Gillett (2006: 8f)

5.2.6.2   Deutschland und Spanien gründen Feed-in-Kooperation

Aufgrund der anhaltend kontroversen Auseinandersetzungen um die Fördermodelle entschlossen sich die deutsche und die spanische Regierung zu einer „internationalen Feed-in Kooperation", um sich gegen die Harmonisierungstendenzen in Richtung Quoten- und Zertifikatemodelle sowie für die internationale Verbreitung von Einspeisevergütungsmodellen zu engagieren. Dabei wurde explizit als Begründung angegeben, dass dies vor dem Hintergrund geschehe, dass „currently feed-in systems seem to be the most effective and efficient option to promote renewable energies", weshalb die "International Feed-in Cooperation aims at demonstrating the advantages of a feed-in system" (International Feed-in Cooperation o. J.). Damit wurde aus einer vorher informell existierenden Zusammenarbeit von Mitgliedstaaten, in denen Vergütungssysteme eingeführt waren, eine formale Kooperation zur politischen Unterstützung und Verbreitung dieser Modelle.

Den geeigneten Rahmen für die Gründung der Feed-in Kooperation bot die internationale Regierungskonferenz „renewables 2004" im Juni 2004 in Bonn, zu der Kanzler Schröder und die EU auf dem Weltgipfel in Johannesburg 2002 nach den dort gescheiterten Verhandlungen zum Thema erneuerbare Energien eingeladen hatten (siehe Abschnitt 6.4). Die Kooperation wurde von der deutschen und der spanischen Regierung im Rahmen des Internationalen Aktionsprogramms vereinbart (BMU 2004c).[428] Am 6. Oktober 2005 wurde die Kooperationsvereinbarung schließlich von den zuständigen Ministerien (das deutsche Bundesumweltministerium und das spanische Industrieministerium) in Madrid unterzeichnet (BMU/MITYC 2005).

Neben der *Demonstration der Vorteile des Einspeisesystems* geht es auch um die Erarbeitung von *Best Practices* und *Vergleichen der Systeme* (Ragwitz/ Huber 2005; Ragwitz et al. 2005), damit die Erfolgskriterien der Modelle anderen Ländern zugänglich gemacht werden. Zudem sollen andere Länder, die eine Einführung eines solchen Systems vornehmen oder planen, aktiv unterstützt werden. Auch soll die Frage der „Möglichkeiten zur Harmonisierung unterschiedlicher nationaler Einspeisesysteme und von Wegen, diese mit den Prinzipien des internationalen Handels zu verknüpfen" angegangen werden (BMU 2004c). Hier soll also proaktiv an diesem Thema gearbeitet werden, um der Kommission die diesbezüglichen Perspektiven unter den Bedingungen von Einspeisevergütungsmodellen aufzuzeigen.

Die Feed-in-Kooperation wird zwar stark durch die beiden Initiatorländer Deutschland und Spanien geprägt, auf den bisherigen Veranstaltungen waren jedoch auch eine Reihe internationaler Teilnehmer aus anderen EU-Staaten sowie auch von der EU-Kommission vertreten, wodurch der angestrebte internationale Informationsaustausch und die Verbreitung von „Best Practise" realisiert werden konnte.[429] Die Feed-in-Kooperation strebt explizit den Beitritt anderer Länder an. Bisher zeigte sich Slowenien diesbezüglich aufgeschlossen, weitere Länder (wie z.B. Frankreich) sollen zur Mitarbeit eingeladen werden (Stand November 2006, siehe Büsgen 2006).

---

[428] Die Initiative kann dabei laut Aussagen von Interviewpartnern sowie aufgrund der Informationen aus dem Dokument für den internationalen Aktionsprogramm (BMU 2004c) der deutschen Regierung bzw. dem BMU zugeschrieben werden

[429] Siehe hierzu die Workshopdokumentationen auf der Internetseite der Feed-in Kooperation (http://www.feed-in-cooperation.org). Zu den weiteren Themen, die sich die Feed-in Kooperation vornimmt, gehören u.a. Themenkomplexe wie die weitere Teilnehmergewinnung, die Frage der Harmonisierung von Einspeisetarifen und ihres Beitrags zu den langfristigen energiepolitischen Ziele der EU, aber auch Detailfragen wie die Einbeziehung von Speichersystemen oder von Umweltschutzaspekten bei der Biomassenutzung (Büsgen 2006).

Mit dieser Kooperation wurde in Bonn ein deutliches Signal für die Vorrei-
terländer und ihre erfolgreichen Instrumente – Einspeisevergütungssysteme –
gesetzt. Dies wurde zu dem Zeitpunkt auch bereits von der Kommission so gesehen, die ihren ersten bedeutenden Bericht zur Entwicklung der erneuerbaren Energien in der EU kurz vor der renewables-Konferenz am 26.5.2004 veröffentlichte
(Europäische Kommission 2004a).[430] Darin stellte sie den Ländern mit Einspeisevergütungssystemen ein deutlich positives Zeugnis aus und verschob ihre Prioritäten angesichts der insgesamt drohenden Zielverfehlung weg von der Instrumentenfrage hin zur Mahnung an die Mitgliedstaaten, den europäischen Rechtsrahmen mit
wirksamen Instrumenten umzusetzen.

5.2.6.3   Evaluationsberichte der Kommission – vom Damoklesschwert zum Ritterschlag für Vergütungsmodelle

Erster Bericht 2004 zur Zielerreichung

Der erste Bericht der Kommission aus dem Mai 2004 äußerte sich noch nicht
explizit zur Instrumentenfrage – jedoch implizit, da es um die Frage der Erreichung
der nationalen Richtziele sowie des globalen Ziels von 12 % EE-Anteil ging. Der
Bericht machte drei Dinge ganz klar deutlich: Erstens musste die Kommission ein
Missverhältnis zwischen dem geschaffenen Rahmen und seinen Zielsetzungen auf
der einen und den Umsetzungen in den Mitgliedstaaten auf der anderen Seite konstatieren, was zu einer *Zielverfehlung des angestrebten Globalziels* auf nur noch 10 % *sowie
des Ausbauzieles im Strombereich* (nur 18-19 % statt 22 %) in 2010 führen würde (Europäische Kommission 2004a: 14).[431]
Zweitens wurden bei der Bewertung der Mitgliedländer insbesondere die
Länder mit ambitionierten Vergütungsmodellen – Dänemark, Deutschland und
Spanien - als „auf dem richtigen Kurs" in Bezug auf den EE-Ausbau hervorgeho-

---

[430]   Mitteilung der Kommission an den Rat und das Europäische Parlament mit dem Titel „Der Anteil
         erneuerbarer Energien in der EU - Bericht der Kommission gemäß Artikel 3 der Richtlinie
         2001/77/EG, Bewertung der Auswirkung von Rechtsinstrumenten und anderen Instrumenten der
         Gemeinschaftspolitik auf die Entwicklung des Beitrags erneuerbarer Energiequellen in der EU und
         Vorschläge für konkrete Maßnahmen" (Europäische Kommission 2004a).

[431]   Das Verfehlen des Globalziels wurde im Wesentlichen auf die deutlich hinter den Erwartungen
         zurückgebliebene Ausbauentwicklung in den Bereichen Heizen und Kühlen zurückgeführt, die
         durch die Richtlinie von 2001 gar nicht adressiert worden waren. Aus diesem Grund gab es in der
         Folge – wiederum angetrieben vom Europäischen Parlament – Forderungen zur Einführung einer
         ebensolchen Richtlinie im Wärmebereich (Europäisches Parlament 2005b). Im Strombereich wur-
         den die zu geringen Ausbauentwicklungen im Wesentlichen auf die unerwartet geringere Strompro-
         duktion aus Biomasse zurückgeführt (Europäische Kommission 2004a: 15). Aus diesem Grund hat
         die Kommission in den Folgejahren einen spezifischen Biomasseaktionsplan entwickelt (siehe
         a.a.O.).

ben (ebda.: 15f).[432] Die Kommission sah einen wesentlichen Grund für den Erfolg in den vier hervorgehobenen Ländern, dass diese über „ein attraktives Fördersystem in einem stabilen und langfristig ausgelegten Rahmen" verfügten. Der Bericht bescheinigt den Ländern zudem gute Bedingungen und vergleichsweise wenig Hemmnisse bei Verwaltung und Netzzugang, im Gegensatz zu vielen anderen Mitgliedstaaten.

Drittens ließ die Kommission auf Basis dieser beiden Erkenntnisse einen Gesinnungswandel insofern erkennen, als dass sie nicht mehr von Anforderungen des Binnenmarktes und einer Harmonisierung sprach, dafür jedoch nachdrücklich auf die Notwendigkeit von zusätzlichen nationalen und gemeinschaftlichen Maßnahmen und die Umsetzung des geltenden EU-Rechtsrahmens hinwies, wenn die Ziele noch erreicht werden sollten. Dabei sei die Wahl der Mittel zweitrangig: „Zur Unterstützung erneuerbarer Energiequellen stehen den Mitgliedstaaten verschiedene Mittel zur Verfügung, z. B. Einspeisetarife, Umweltzertifikate, marktbasierte Mechanismen, Steuerbefreiungen usw. Es ist an der Zeit, dass alle Mitgliedstaaten diese Ideen in die Praxis umsetzen." (Europäische Kommission 2004a: 39) Und weiter: „Die Mitgliedstaaten müssen gleiche Wettbewerbsbedingungen im Energiebereich schaffen, indem sie externe gesamtgesellschaftliche Nutzeffekte und Kosten in ihren energiepolitischen Rahmen einbeziehen" (ebda.). In diesem Kontext forderte die Kommission auch explizit, zur Finanzierung erneuerbarer Energien auch verstärkt „die etablierten Energieversorgungsbranchen" mit einzubeziehen, da diese „in der EU-15 einen Umsatz von über 200 Mrd. Euro im Jahr" erzielen würden (ebda.).

In ihrer Analyse der Erfolgsbedingungen der vier führenden Länder hatte die Kommission die Bedeutung eines langfristig stabilen Rahmens zur Gewährung einer ausreichenden Investitionssicherheit erkannt, der einerseits durch die politischen Langfrist-Zielvorgaben, andererseits durch entsprechende Förderbedingungen gegeben wird. Aus diesem Grund zeigte sich die Kommission auch offen für die Forderung des Europäischen Parlaments nach der Erweiterung des Zielrahmens auf das Jahr 2020.[433]

Diese Positionen der Kommission änderten sich auch nicht wesentlich, als am 22. November 2004 turnusgemäß eine neue EU-Kommission unter dem neuen Präsident Barroso ihre Arbeit aufnahm. Neuer Energiekommissar und Nachfolger von de Palacio wurde der Lette Andris Piebalgs. Mit seinem Amtsantritt war –

---

[432] Dänemark hatte sein ursprüngliches Vergütungsmodell Ende 2002 zwar abgeschafft, seine bis dahin erzielten Ausbauleistungen waren jedoch im Wesentlichen auf die Erfolge der Einspeisevergütung zurückzuführen. Als viertes Land wurde in dem Bericht Finnland hervorgehoben, welches durch entsprechende fiskalische Anreize eine starke Biomassenutzung zu verzeichnen hatte (Europäische Kommission 2004a: 16).

[433] Das Europäische Parlament hatte nach einer Sitzung im April 2004 die Kommission und den Rat aufgerufen, „die notwendigen Anstrengungen zu unternehmen, um ein Ziel von 20 % für den Anteil der erneuerbaren Energien am heimischen Energieverbrauch in der EU bis 2020 zu erreichen" (Europäische Kommission 2004a: 48).

anders als zuvor bei seiner Amtsvorgängerin – keine gravierende Richtungsänderung in der EE-Politik bzw. der Ausrichtung der Richtlinie zu erwarten. Im Gegenteil hielt er - dem Ergebnis des ausstehenden Berichts vorweg greifend - jegliche Harmonisierung für den gegenwärtigen Zeitpunkt für verfrüht (Köpke 2005b). Er wurde bei seinem Amtsantritt vielfach mit den Aussagen zitiert, „er sei offen sowohl für ein Mindestpreissystem als auch für ein Quotensystem oder Zertifikatehandel und wolle den Staaten bei der Wahl freie Hand lassen" (Neue Energie 2005: 8).[434] Auch von Seiten der anderen neuen Kommissare aus den bisher in diesem Zusammenhang relevanten Ressorts Umwelt (Stavros Dimas) und Wettbewerb (Neelie Kroes) waren diesbezüglich zum Amtsantritt keine anders lautenden Aussagen zu vernehmen.

Erneut erhitzte Debatten vor dem Evaluationsbericht und im Bundestagswahlkampf 2005

Auch der Kommissionsbericht von 2004 sorgte bezüglich der Frage der Harmonisierung und damit des Streits der beiden Lager der Vergütungs- und der Quotenbefürworter nicht für Ruhe. Im Gegenteil, die Debatte erlebte im Jahr 2005 angesichts des erwarteten Kommissionsberichts, der sich nun explizit mit diesem Thema befassen sollte, eine weitere „Argumentationsschlacht" (Neue Energie 2005: 8) – insbesondere in Deutschland (Weigt 2005). Und dies, obwohl in den Monaten vor dem Berichts seitens der Kommission „keine vernehmbaren Signale" in Richtung einer Harmonisierung deuteten (Bechberger/ Reiche 2005: 15).

Zur Jahreswende 2004-2005 gab es in Fachkreisen einen Vorgeschmack auf die Debatten, als die konventionellen Energieversorger durch ihre Lobbyorganisation Eurelectric mit Blick auf den 2005 anstehenden Kommissionsbericht gemeinsam mit dem europäischen Zertifizierungssystem RECS (Renewable Energy Certificate System) die Forderung nach der Einführung „of a market-oriented system of promotion based on tradeable guarantees of origin, ultimately harmonised at EU-level" äußerten (Eurelectric/ RECS 2004: 1).[435] Die deutsche Debatte entzündete sich

---

[434] Der neue Energiekommissar erhielt auch von Seiten der EE-Koalition wohlwollende Kommentare. So lobte beispielsweise Mechthild Rothe: „Das ist ein wirklich guter Mann. Piebalgs ist sehr verlässlich und sehr engagiert für die Ökoenergien. Mit dieser Meinung stehe ich nicht alleine da. Diese Einschätzung wird von allen geteilt, die sich auf EU-Ebene für die regenerativen Energien einsetzen" (Köpke 2005a: 14). Der ursprünglich für das Thema Energie vorgesehene Kandidat, der Ungar Laszlo Kovacs, war dagegen im Vorfeld u.a. aufgrund seiner klaren Befürwortung eines Quoten- und Zertifikatemodells am Gegenvotum des Parlaments gescheitert und wurde Kommissar für Steuern und Zollunion (Lauber 2006).
[435] Dies geschah in einer gemeinsamen Erklärung im November 2004 („shared vision"), in der Eurelectric and RECS ihre gemeinsame Vision „on the main elements of how to integrate explicitly politically-prioritised Renewable Energy Sources (RES) into the competitive electricity market" veröffentlichten (Eurelectric/ RECS 2004). Beide Organisationen bezeichneten darin "the outcome of the 2005 review of the functioning of the RES Directive by the European Commission as ex-

dabei daran, dass das RECS-Modell auf der einen Seite eine Initiative der konventionellen Energieindustrie mit Teilnehmern wie E.ON, RWE, Vattenfall, EnBW, EdF, BP und Shell war, die auf wissenschaftlicher Seite vom deutschen Öko-Institut mit entwickelt wurde. Dies rief Kritiker wie Hermann Scheer und zahlreiche irritierte EE-Verbände auf den Plan, die in Artikeln und Stellungnahmen auf die politische Dimension von RECS hinwiesen (Siemer 2005). Hermann Scheer formulierte dazu: „Zwar sind nicht unbedingt alle, die sich für den Zertifikatshandel aussprechen, gegen erneuerbare Energien - aber alle, die die Einführung erneuerbarer Energien bremsen oder verhindern wollen, sind für einen Zertifikatshandel" (Scheer 2004b).

Aber auch die EE-Lobby reagierte mit erneuten Studien und Positionspapieren. So veröffentlichte beispielsweise EREF eine Studie zusammen mit dem Worldwatch Institute (Fouquet et al. 2005), in der dargestellt wurde, dass bis zu diesem Zeitpunkt die vorhandenen Mindestpreissysteme bewiesen hätten, dass sie die Einführung erneuerbarer Energien schneller und kostengünstiger erreichen würden als Quotensysteme. Zudem wurde gefordert, dass die Kommission ihren Fokus verstärkt auf die durch offene und versteckte Subventionen existierenden Marktverzerrungen auf dem konventionellen Energiemarkt richten sollte (ebda.: 3).

Der Streit erhielt in Deutschland eine weitere Steigerung mit der am 22. Mai 2005 für die rot-grüne Landesregierung verlorene Wahl in Nordrhein-Westfalen und der daraufhin von Bundeskanzler Schröder ausgerufenen Bundestagsneuwahl im September 2005. Mit der drohenden Abwahl von rot-grün auf Bundesebene begann der Wahlkampf auch in der Energiepolitik. Die Oppositionsparteien CDU/CSU und FDP äußerten zwar mittlerweile deutlich positiver gegenüber der Notwendigkeit eines EE-Ausbaus, dennoch blieben sie kritisch gegenüber dem EEG und öffneten sich verstärkt den Argumenten der konventionellen Energieindustrie (vgl. Abschnitt 3.3.4). Diese versuchte auf ihren energiepolitischen Informationsveranstaltungen auch gezielt Akteure der Kommission, insbesondere Energiekommissar Piebalgs einzubeziehen, in der Hoffnung, er äußere sich in ihrem Sinne für eine Harmonisierung auf Basis eines Quoten- und Zertifikatemodells. Auf einer VDEW-Tagung im Juni 2005 äußerte dieser sich jedoch klar gegen die diesbezügliche Forderung des VDEW: „Ich bin der Ansicht, dass Vorschläge für eine harmonisierte europäische Förderregelung - derzeit - verfrüht sind. Wir müssen zunächst die bestehenden nationalen Systeme und die Erfahrungen in den jeweiligen Mitgliedstaaten gründlich analysieren. ... Erst wenn das Gesamtbild deutlich wird, lässt sich aufzeigen, in welche Richtung eine notwendige, langfristige Strategie gehen sollte." (Piebalgs 2005: 4) Zudem stellte er fest, dass es „unverkennbar" sei, „dass

---

tremely important". Vergütungssysteme, Steuererleichterungen und direkte Subventionen wurden zwar als durchaus effektiv im Sinne der Zielerreichung gewürdigt, „however they tend to distort the functioning of the electricity market and do not always give the best incentives to cost-efficient solutions." (ebda.)

direkte Fördermaßnahmen auch in Zukunft weiter von grundlegender Bedeutung für eine ausreichende Marktdurchdringung mit Strom aus erneuerbaren Energien sein werden" (ebda.: 3).

Mit diesen Aussagen nahm er bereits ein wesentliches Ergebnis des im Oktober veröffentlichten Berichts vorweg. Dieser Bericht fiel dann bereits in die neue Legislatur, die nun von einer großen Koalition aus CDU/CSU und SPD geprägt wird, die das EEG im Wesentlichen fortführt, ebenso wie den Atomausstieg (siehe Abschnitt 3.3.4). Somit hatte sich die Basis für die deutsche Position in der EE- und Energiepolitik gegenüber Brüssel nicht signifikant verändert.

Der Bericht 2005: von Harmonisierung zu Koordinierung

Mit dem lange erwarteten Bericht, den die Kommission schließlich am 7. Dezember 2005 veröffentlichte, erfüllte diese erstens ihre Pflicht gemäß Artikel 4 der Richtlinie, den Erfolg und die Kostenwirksamkeit der verschiedenen in den Mitgliedstaaten angewendeten Instrumente zu bewerten. Zweitens enthielt der Bericht gemäß Artikel 8 zusammenfassende Angaben über administrative Hemmnisse, netzspezifische Aspekte und die Umsetzung des Herkunftsnachweises.[436]. Als dritter Zweck dieses Berichts wurde von der Kommission angegeben, er sei ein „auf zwei Säulen basierender Koordinierungsplan für die vorhandenen Regelungen, nämlich auf der Kooperation zwischen Ländern und auf der Optimierung der einzelstaatlichen Regelungen, die wohl zu einer Konvergenz der Systeme führen wird." (Europäische Kommission 2005d: 4) Damit waren neue Begriffe für die Erkenntnis gewählt worden, dass eine kurzfristige Harmonisierung „aufgrund des erheblich unterschiedlichen Potenzials und Entwicklungsstands der erneuerbaren Energien in den einzelnen Mitgliedstaaten ... äußerst schwierig zu erzielen" sei. Dennoch blieb die Kommission dabei, dass diese „mittel- bis langfristig" jedoch angestrebt werde (ebda.: 12).

Dieses neue Bild zielte nun nicht mehr auf den unmittelbaren und möglichst frühzeitigen Wettbewerb erneuerbarer Energien im Binnenmarkt, sondern auf „miteinander im Wettbewerb stehenden Regelungen auf einzelstaatlicher Ebene", was „zumindest während einer Übergangszeit als durchaus gesund angesehen werden" könne (ebda.: 18). Dieser Wettbewerb der Instrumente könne eine „größere Vielfalt von Lösungen und damit auch Nutzeffekte mit sich bringen". Zudem könnten „Vor- und Nachteile gut eingeführter Förderregelungen mit jenen erst relativ kurz bestehender Systeme" kaum verglichen werden. „Aus diesem Grund und in Anbetracht aller übrigen Erkenntnisse, zu denen die Kommission in dieser

---

[436] Der erste Bericht gemäß Artikel 4 der EE-Richtlinie hätte eigentlich „spätestens am 27. Oktober 2005" vorgelegt werden müssen. Dieser Bericht wurde jedoch mit dem zweiten Bericht, der gemäß Artikel 8 „spätestens am 31. Dezember 2005" fällig wurde, zusammen veröffentlicht.

Mitteilung gelangt, hält sie es nicht für angebracht, zu diesem Zeitpunkt ein harmonisiertes System auf europäischer Ebene vorzuschlagen" (ebda.).[437]

Aber auch mit Blick auf die mehrfach angesprochene mittel- bis längerfristige Sicht, nach der „die Vereinbarkeit der verschiedenen Regelungen für die Förderung erneuerbarer Energiequellen mit der Entwicklung eines Elektrizitätsbinnenmarkts von wesentlicher Bedeutung" sei, wurde – im Gegensatz zu früheren Aussagen - keine einseitige Präferenz geäußert, außerdem wurde die Entwicklung der erneuerbaren Energien auch im Kontext eines insgesamt funktionierenden Binnenmarkts gesehen: „Eine Reihe von Studien kommt zu dem Ergebnis, dass die Gesamtkosten für das Erreichen des bis 2010 angestrebten EE-Stromanteils durch die Harmonisierung der Systeme der grünen Zertifikate *oder* [eigene Hervorhebung] der Einspeisetarife erheblich geringer sein könnten, als wenn die bestehenden unterschiedlichen einzelstaatlichen Maßnahmen weiterverfolgt würden. Voraussetzung für diese Kosteneffizienz sind allerdings ein besser funktionierender Elektrizitätsbinnenmarkt und eine höhere Verbindungs- und Handelskapazität; außerdem sollten Marktverzerrungen durch die Förderung konventionellen Energiequellen beseitigt werden." (Europäische Kommission 2005d: 12)

Diese neue Sichtweise und die Berücksichtigung der besonderen Marktsituation erneuerbarer Energien in einem von wenig Wettbewerb gekennzeichneten Strommarkt drückten sich auch in einem differenzierteren ökonomischen Verständnis der Kommission aus. Im Anhang zur Mitteilung („Impact Assessment") erläutert sie ihr im Vergleich zu früheren Versionen (siehe Abschnitt 5.2.4.1) verändertes Verständnis von statischer und dynamischer Effizienz, welches sich nun insbesondere auch auf die bisher beobachtbaren empirischen Erfahrungen in den Mitgliedstaaten – und nicht mehr nur auf theoretisch-abstrakte Annahmen – stützt (European Commission 2005: 16): „'Static efficiency' means supporting technologies with the lowest cost. 'Dynamic efficiency' means support for economic agents to continuously lower their costs through technological progress. REFIT schemes tend to be designed with technology-specific tariff rates, while TGCs tend to do the opposite, although it has to be said that this is not a black and white case as Belgium and UK (both implementing TGCs) have introduced differentiation for different technologies.[438] There appears to be a trade-off between static and dynamic efficiency. In general, feed-in tariff schemes tend to be used to provide strategic support for innovation technologies (dynamic efficiency) much more than the other

---

[437] Mit diesem Fazit erfüllte die (neue) Kommission zum einen ihre eigenen Ankündigungen aus den vorangegangenen Monaten, zum anderen bestätigte sie die Prognosen einer Reihe von Studien und Beiträgen, die – zum Teil als Inputs für die Kommission– im Vorfeld zu ähnlichen Schlussfolgerungen gekommen waren (beispielhaft Ragwitz 2005b; Haas et al. 2005; Meyer 2005b; Bechberger/Reiche 2005; Ringel 2006; Del Rio 2005; zuvor bereits Lauber 2004).

[438] REFIT steht für Renewable feed-in tariff, TGC für Tradable Green Certificates (European Commission 2005: 11).

primary support schemes, in particular tradable green certificate schemes. On the other hand, green certificates schemes, among other technology neutral schemes, tend to be used to put more emphasis on static efficiency, to give preference to renewable energy technologies with comparatively lower costs. It can be concluded that both price- and quantity-based systems are market-oriented schemes that will thus result in overall cost-efficient outcomes if designed properly. In this respect, it is worth noting that policy makers are probably well advised to spend more time on proper policy design and implementation than on deciding which system to choose."[439]

Vor diesem Hintergrund plädierte die Kommission in ihrem Bericht für „einen koordinierten Ansatz", der „zum einen die Kooperation zwischen den einzelnen Ländern und zum anderen Optimierung der Wirkung nationaler Förderregelungen" umfasst (Europäische Kommission 2005d: 18). Bezüglich der gewünschten Kooperation verweist die Kommission explizit auf das Beispiel der von Deutschland und Spanien ins Leben gerufenen „Feed-in Kooperation" (s.o.).[440] Solche Kooperationen könnten bei Mitgliedstaaten mit „ausreichend ähnlich gestalteten Systemen" eine spätere „Teilharmonisierung" ermöglichen.

Mit dem Verweis darauf, dass instabile und ineffiziente Fördersysteme in der Regel Mehrkosten für die Verbraucher verursachen, schlägt die Kommission den

---

[439] Mit dieser positiven, anerkennenden Bewertung für die bisher feststellbare Wirkungsweise von Einspeisevergütungssystemen in einigen Mitgliedstaaten übernahm die Kommission die Ergebnisse von einer Reihe von Studien. Beispielhaft sei an dieser Stelle eine Studie des Fraunhofer ISI zusammen mit der TU Wien angeführt, welche unter Berücksichtigung der Ergebnisse mehrerer anderer Studien für die Kommission bezüglich der Bewertung der Effektivität und ökonomischen Effizienz der EE-Förderinstrumente in den EU-Mitgliedstaaten zu folgenden Ergebnissen kommt: „Neben der hohen Effektivität sind Einspeisevergütungen durch geringe Erzeugerrenten und moderate Transaktions- und Verwaltungskosten charakterisiert (statische Effizienz). Die Reduktion der Erzeugerrenten basiert auf der technologie- und ertragsspezifischen Festsetzung der Förderhöhe (hierbei ist insbesondere die ertragsabhängige Vergütung im deutschen EEG für die Windenergie hervorzuheben) sowie auf der Lernrate der verschiedenen Technologien gekoppelten jährlichen Absenkung der Tarife. Die technologiespezifische Förderung bei gleichzeitiger Degression der Tarife führt zu einer hohen dynamischen Effizienz des Instruments." (Ragwitz 2005b: 2) Demgegenüber weisen Quotensysteme in der Realität den Nachteil auf, „dass die derzeitigen Förderkosten typischerweise höher sind als in Einspeisesystemen mit gestuften Tarifen (statische Effizienz). Wesentliches Element der höheren Gesamtkosten in Quotensystemen mit Zertifikatehandel ist der von Investoren veranschlagte Risikozuschlag bei Investitionen in Märkten mit solchen Fördermodellen zur Absicherung des zukünftigen Preisrisikos für grüne Zertifikate. Dieser Risikozuschlag erhöht die beobachteten Kapitalkosten für erneuerbare Technologien. Weiterhin führt die typischerweise technologieunspezifische Förderung in Quotensystemen zu tendenziell höheren Produzentenrenten sowie zu geringerer technologischer Vielfalt mit negativen Wirkungen auf die dynamische Effizienz." (ebda.: 3)

[440] Als weiteres Beispiel wird die von Schweden und Norwegen geplante Schaffung eines gemeinsamen Zertifikathandelsmarktes genannt. Diese Kooperation ist mittlerweile jedoch gescheitert, weil „a Norwegian-Swedish green certificate market would become too expensive for the Norwegian consumers and the industry" (Norwegian Ministry of petroleum and Energy 2006).

Mitgliedstaaten einen Prozess der Optimierung vor, der die folgenden wesentlichen Punkte umfasst (ebda.: 18-20):

— Schaffung eines stabilen rechtlichen Rahmens mit möglichst geringem Investitionsrisiko (insbesondere auf dem Markt für grüne Zertifikate)

— Abbau administrativer Hemmnisse, einschließlich einer Straffung der Verwaltungsverfahren

— Regelung der netzspezifischen Fragen - z.B. (transparente) Planung des Ausbaus des Übertragungsnetzes, Kostenübernahme in der Regel durch die Netzbetreiber, Transparenz der Anschlussbedingungen unter Berücksichtigung der Vorteile integrierter Stromerzeugung

— Förderung der technologischen Vielfalt[441]

— Nutzung der Möglichkeiten von Steuerbefreiungen und –ermäßigungen.[442]

Neben diesen direkten Optimierungsvorschlägen verwies die Kommission darauf, dass darüber hinaus auch Maßnahmen zur Effizienzsteigerung beim Stromendverbrauch wichtig seien, da derzeit die erzielten Fortschritte durch den Ausbau erneuerbarer Energien „durch das übermäßige Anwachsen des Stromverbrauchs zunichte gemacht" werden (ebda.: 20). Zudem sollten die „öffentlichen Nutzeffekte" erneuerbarer Energien hinsichtlich ihrer beschäftigungs- und sozialpolitischen Effekte sowie zur ländlichen Entwicklung berücksichtigt und gefördert werden, da diese auf lokaler und regionaler Ebene Arbeitsplätze schaffen (ebda.: 19f). Und auch der Elektrizitätsbinnenmarkt wird angesprochen: Hier geht es allerdings nur noch darum, dass die EU-Mitgliedstaaten, die „sich mitten in einem Liberalisierungsprozess ihrer Energiemärkte" befinden, darauf achten sollen, „wie leicht sich eine Förderregelung in einen liberalisierten Energiemarkt integrieren lässt und wie effizient sie mit bestehenden und neuen politischen Instrumenten zusammen wirkt" (ebda.: 19).

In der Summe stärkt die Kommission damit auch mit ihren Optimierungsvorschlägen die Vergütungsmodelle, da nur diese auf effektive und effiziente Weise Aspekte wie Technologievielfalt und dezentrale Nutzung gewährleisten können (s.o.). Von unmittelbar bevorstehender Harmonisierung ist hier nicht mehr die Rede.[443] Dennoch bleibt das Thema bestehen, denn der nächste Bericht ist bereits

---

[441] „Eine gute, umfassende Förderpolitik für EE-Strom sollte vorzugsweise auf unterschiedliche Techniken zur Gewinnung von EE-Strom abgestellt sein" (Europäische Kommission 2005d: 19).

[442] Gemäß der Richtlinie 2003/96/EG über die Besteuerung von Energieerzeugnissen und elektrischem Strom (Richtlinie 2003e).

[443] Dies war auch ein zentrales Ergebnis des von der EU geförderten Projektes „Renewable Energy and Liberalisation in Selected Electricity markets–Forum (REALISE FORUM, www.realise-forum.net, Koordination durch Forschungsstelle für Umweltpolitik (FFU), Freie Universität Berlin). In diesem Projekt wurden in mehreren Ländern zahlreiche mit dem Thema befasste Experten und Stakeholder befragt und dabei festgestellt: „There is a general consensus on the rejection of

für Dezember 2007 angekündigt, und damit kurzfristiger als von vielen Experten erwartet (Witt 2005a). Wenngleich die Kommission betont, dass „umfangreiche Änderungen der Vorschriften auf Gemeinschaftsebene in nächster Zukunft nicht zu empfehlen sind, wenn die Ziele für das Jahr 2010 erreicht werden sollen" (Europäische Kommission 2005d: 20), so behält die Zielrichtung des nächsten Berichts über den Stand der Systeme den gleichen Tenor wie bisher: Der Bericht reihe sich ein „in die laufende Bewertung der Umsetzung der Ziele für das Jahr 2020 und die Ausarbeitung eines politischen Rahmens für erneuerbare Energien nach 2010. Ausgehend von den Ergebnissen dieser Bewertung wird die Kommission gegebenenfalls vorschlagen, einen anderen Ansatz zu verfolgen und einen anderen Rahmen für Förderregelungen für Strom aus erneuerbaren Energiequellen in der Europäischen Union aufzustellen, wobei die erforderlichen angemessenen Übergangsfristen und -bestimmungen zu berücksichtigen wären. Der Analyse der Vor- und Nachteile einer weitergehenden Harmonisierung wird dabei besonderes Augenmerk gelten" (ebda.). Sollten solche Änderungen vorgeschlagen werden, so gelten jedoch wieder die in der Richtlinie von 2001 genannten „angemessenen Übergangszeiträume von mindestens sieben Jahren".

Damit bleibt das Damoklesschwert Harmonisierung zwar formal erhalten. Den zentralen Ergebnissen des Berichts – und Erkenntnissen der Kommission - zufolge, sind die Einspeisevergütungsmodelle jedoch aufgrund ihres bisher größeren Erfolges hinsichtlich der Effektivität und ökonomischen Effizienz gestärkt hervor gegangen. So wurde der Bericht auch von einer Reihe von Akteuren interpretiert und stieß insbesondere bei den Vertretern der EE-Koalition auf sehr positive Resonanz. Diese sahen in den Ergebnissen des Berichts „ein Ende der Theoriedebatten", und insbesondere die deutschen Akteure eine längerfristige Stabilisierung des EEG (May 2006c). Verantwortlich für die unerwartete Forderung nach einem frühen nächsten Bericht bereits Ende 2007 war Umweltkommissar Dimas, der darauf gedrungen hatte, „das mit dem vorzeitigen Update eine Zielfestlegung bis zum Jahr 2020 verbunden wird" (ebda.: 16). Ein 2020-Ziel war bereits zuvor vom wieder einmal voran geschrittenen Europäischen Parlament gefordert worden. In seiner Entschließung über erneuerbare Energieträger vom 28. September 2005 hatte das Parlament sein im Vorjahr (am 1. April 2004) beschlossenes Ausbauziel von 20 % für 2020 deutlich auf 25 % nach oben korrigiert.[444] Zudem forderte es die

---

harmonisation of European support systems" (Di Nucci 2006: 24).

[444]   Im Punkt 19 der Entschließung heißt es dazu: Das Parlament „stellt fest, dass bei einem stärker auf Systemen beruhenden Ansatz in der Energiepolitik, durch den die großen Potenziale von Energieeinsparung, Energieeffizienz und erneuerbaren Energieträgern unter anderem mithilfe stärkerer Anreize sowohl integriert als auch stimuliert werden, ein Anteil von 25 % am EU-Gesamtenergieverbrauch bis 2020 durch erneuerbare Energieträger gedeckt werden könnte" (Europäisches Parlament 2005b). Die Entschließung enthielt außer dieser Zielforderung insgesamt 97 Punkte, in denen das Parlament eine Reihe von konkreten Verbesserungen bei der Förderung erneuerbarer Energien forderte, u.a. eine Richtlinie für den Bereich Heizen und Kühlen, Faire Markt-

Kommission auf, „ehrgeizige, aber realistische Zielvorgaben aufzustellen, die beinhalten, dass sehr CO_2-arme bzw. CO_2-freie und CO_2-neutrale Energietechnologien
als Beitrag zur Erreichung der europäischen Ziele bezüglich Klimaschutz und
Versorgungssicherheit bis 2020 60 % des Elektrizitätsbedarfs der EU decken"
(Europäisches Parlament 2005b: Nr. 4).

5.3 Aktuelle Entwicklungen und energiepolitischer Kontext

Wie die Fortschritts- bzw. Evaluationsberichte der Kommission zur EE-Richtlinie
aus den Jahren 2004 und 2005 nahe legen, ist es ihr mittlerweile ein ernsthaftes
Anliegen, die Erfüllung der angestrebten Ausbauziele für erneuerbare Energien – im
Strombereich wie insgesamt – zu erreichen. Dafür sprechen nicht nur die Empfeh-
lungen des Berichts vom Dezember 2005 und die veränderten Prioritäten zu Guns-
ten der Zielerreichung, sondern auch weitere eingeleitete Aktivitäten, wie z.B. der
Biomasse-Aktionsplan (Europäische Kommission 2005a), der als ein Ergebnis der
Erkenntnisse aus dem Fortschrittsbericht von 2004 bezüglich der spezifischen
Defizite in diesem Bereich angesehen werden kann (Europäische Kommission
2004a: 22f, 41f).

Dennoch gibt es nach wie vor kein klares und einheitliches Bild in der
Kommission bezüglich des generellen Stellenwerts der erneuerbaren Energien im
Rahmen der gesamten Energiepolitik. Zwar wird zunehmend auch im Rahmen der
politischen Leitlinien für eine gemeinsame Energiepolitik der EU die gestiegene
Bedeutung der erneuerbaren Energien zusammen mit Energieeffizienzmaßnahmen
betont. So enthält das *Grünbuch „eine europäische Strategie für nachhaltige, wettbewerbsfähige
und sichere Energie"* die Anregung, insbesondere aus Klimaschutzgründen die verstärkte Nutzung erneuerbarer Energiequellen nicht nur im Strom- sondern auch im
Wärme- und Verkehrsbereich voranzutreiben (Europäische Kommission 2006a:

bedingungen für die Stromerzeugung mit erneuerbaren Energieträgern, eine stärkere Förderung
von Biomasse, mehr Finanzmittel z.B. im Forschungsbereich und für die Finanzierung von EE-
Projekten sowie gezielte Strategien für den Export und den Einsatz in der Entwicklungszusammenarbeit. Die Entschließung basierte auf dem so genannten Turmes-Bericht; der vom Berichterstatter
des Ausschusses für Industrie, Forschung und Energie, Claude Turmes von den Grünen, federführend erstellt worden war (Europäisches Parlament 2005a).

13f).[445] Allerdings waren im Grünbuch keine klaren Zielsetzungen und Zeitpläne aufgestellt, sondern lediglich ein „Fahrplan" und „eine gründliche Folgenabschätzung" in Aussicht gestellt (ebda.: 14). Zudem enthält das Grünbuch eine Reihe anderer energiepolitischer Schwerpunkte, welche de facto auch konkurrierende Auswirkungen auf Entwicklung erneuerbarer Energien haben, wie die offene Befürwortung der weiteren Nutzung der Kernenergie und die weiterhin umfangreiche Kernkraftforschung, die Förderung so genannter CO_2-freier Kohlekraftwerke, der Kernfusionsreaktor ITER sowie gesteigerte Investitionsmittel zur Absicherung der Versorgungssicherheit mit fossilen Brennstoffen.

Dem Grünbuch folgte am 10. Januar 2007 die umfangreiche Vorstellung einer „*Energiepolitik für Europa*", in der die Kommission ihre Vorstellungen über eine europäische Energiestrategie und eine gemeinsame Energiepolitik mit einem zehn Punkte umfassenden *Energie-Aktionsplan* sowie einem ersten Maßnahmenpaket äußerte (Europäische Kommission 2007a). Diese Initiative der Kommission stellt nach dem Grünbuch auf der Basis der Konsultationsprozesse und Reaktionen eine Konkretisierung ihrer Vorstellungen für eine gemeinsame Energiepolitik dar, über die in der Folge das Parlament Stellung beziehen und der Rat entscheiden soll. Als zentrale Ausgangspunkte der europäischen Energiepolitik werden die Herausforderungen „Bekämpfung des Klimawandels, Förderung von Beschäftigung und Wachstum sowie Verringerung der durch die Abhängigkeit von Erdgas- und Erdölimporten bedingten externen Verwundbarkeit der EU" genannt (ebda.: 5).[446] Zum

---

[445] Mit dem Grünbuch griff die Kommission die Aufforderung der Staats- und Regierungschefs aus ihren Gipfeltreffen im Oktober und Dezember 2005 auf, sich mit der möglichen Ausgestaltung einer gemeinsamen EU-Energiepolitik zu befassen. Eine erste Diskussionsgrundlage dafür war von der Kommission mit ihrem vorangegangenen Grünbuch „Hin zu einer europäischen Strategie für Energieversorgungssicherheit" aus dem Jahr 2000 vorgelegt worden (Europäische Kommission 2000b). In ihrem Grünbuch von 2006 stellt die Kommission nun fest: „Die Welt ist in ein neues Energiezeitalter eingetreten" (Europäische Kommission 2006a: 3). Damit meint sie jedoch insbesondere die sich bereits seit dem vorherigen Grünbuch erkannten Versorgungsprobleme und Abhängigkeiten. „In Anbetracht der jüngsten Ereignisse auf den Energiemärkten" seien somit „neue europäische Impulse" erforderlich (ebda.: 4). „Eine Vorgehensweise, die nur auf 25 einzelnen Energiepolitiken beruht, reicht nicht aus. Die neue Energielandschaft erfordere „eine gemeinsame europäische Antwort" (ebda.). Mit dem Grünbuch stellte die Kommission Vorschläge und Optionen vor, „die die Grundlage einer neuen, umfassenden europäischen Energiepolitik bilden könnten." Die grundlegendste Frage sei zunächst, ob Einvernehmen darüber herrscht, dass eine neue, gemeinsame europäische Energiestrategie überhaupt entwickelt werden muss, „und ob Nachhaltigkeit, Wettbewerbsfähigkeit und Sicherheit die zentralen Prinzipien sein sollten, die dieser Strategie zugrunde liegen" (ebda.: 5).

[446] Insbesondere der letztgenannte Punkt der Versorgungssicherheit hatte dabei die Debatten der Vormonate angesichts der mehrfach deutlich gewordenen großen Abhängigkeit der EU von Öl- und Gaslieferungen aus Russland dominiert, als die Liefersicherheit aufgrund von politischen Streitereien Russlands mit Transitländern bedroht wurde. Hatte zur Zeit des Grünbuchs insbesondere der Gasstreit Russlands bzw. des russischen Gaskonzerns Gazprom mit der Ukraine, der zur Jahreswende 2005/2006 stattfand (tagesschau.de 2006b), den konkreten Anlass zur Sorge geboten, so war es parallel zur Veröffentlichung dieser Kommissionsstrategie der Streit um Durchleitungsge-

Hauptpfeiler der neuen Politik wurde das Ziel der „Senkung der durch den Energieverbrauch in der EU bedingten Treibhausgasemissionen um 20 % bis zum Jahr 2020" ernannt (ebda.). Das Ziel bedeute, „Europa in eine in hohem Maße energieeffiziente und CO_2-arme Energiewirtschaft umzuwandeln" und „eine neue industrielle Revolution in Gang zu setzen" (ebda.: 6).

Eine zentrale Motivation zum Handeln im EU-Rahmen dürften jedoch auch die *stetig steigenden Energiepreise* gewesen sein, wie die Abbildung 32 zeigt. Sowohl in der EU, als auch in Deutschland waren die Strompreise seit 2004 kontinuierlich angestiegen. Für Haushaltskunden betrug der Anstieg im Durchschnitt etwa zwei Eurocent in Deutschland wie in der EU, was einer Steigerung um 13 (D) bzw. 17 % (EU-25) von 2004 bis 2007 entspricht. Diese

Abbildung 32: Preisentwicklung für Haushaltsstrom zwischen 6/2004 und 6/2007 in Deutschland und EU-25

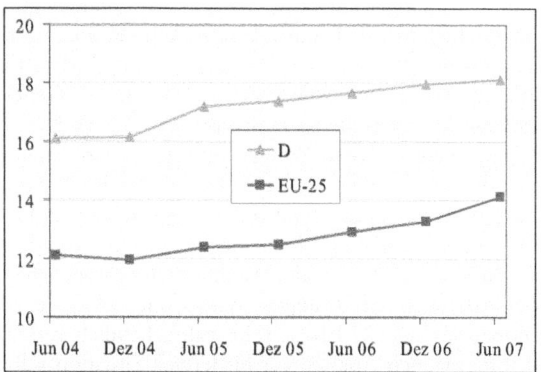

Ermittelte Kosten für Haushalte mit durchschnittlichem Jahresverbrauch 1.200 kWh, Preise ohne Steuern in Eurocent

Quelle: eigene Darstellung nach Daten Eurostat (http://epp.eurostat.ec.europa.eu, 12.7.2007)

Entwicklung ließ die Bereitschaft bei den Staats- und Regierungschefs steigen, nicht nur erneut über verstärkte Maßnahmen zur Verbesserung der Wettbewerbssituation auf dem Binnenmarkt nachzudenken (siehe Abschnitt 4.5), sondern auch beim Thema Energieversorgungssicherheit die europäischen Möglichkeiten zu nutzen. Diese Preisentwicklung verbessert jedoch auf der anderen Seite gleichzeitig die Wettbewerbssituation der erneuerbaren Energien, da die Differenzkosten zu den konventionellen Energieträgern abnehmen.

Zum Thema erneuerbare Energien präsentierte die Kommission im Rahmen ihres Aktionsplans den Vorschlag, für das Jahr 2020 ihren *Anteil am Gesamtenergiemix der EU auf 20 % bis zum Jahr 2020* zu erhöhen und dies *als verbindliches Globalziel* zu

---

bühren zwischen Russland und Weißrussland (Spiegel online 2007a). Auf dem EU-Gipfel vom 20.10.2006 im finnischen Lahti hatten die 25 EU-Staatschefs bei einem Treffen mit Russlands Präsident Putin diesen nicht zu einer Zusage langfristiger Lieferzusagen für russische Energielieferungen bewegen können (tagesschau.de 2006a). Derartige Liefergarantien wird es aufgrund der damit verbundenen strategischen Verhandlungsmacht Russlands in dessen internationalen Beziehungen voraussichtlich auch in absehbarer Zeit nicht geben.

fordern (ebda.: 15).[447] Dem verbindlichen Globalziel stehen jedoch keine Vorgaben für die Mitgliedstaaten gegenüber, da diesen „ausreichend Flexibilität" gelassen werden sollte, „damit sie diejenigen erneuerbaren Energien fördern können, die am besten ihren spezifischen Möglichkeiten und Prioritäten entsprechen" (ebda.: 16). Dies sollen die Staaten in nationalen Aktionsplänen darlegen, welche sektorale Zielvorgaben und Maßnahmen enthalten. Zudem geht die Kommission davon aus, dass das zukünftige „kohlenstoffarme Energiesystem in Europa", auf das sie bis zum 2050 umgestellt haben will, neben „einem großen Anteil von erneuerbaren Energieträgern" auch umweltfreundliche Kohle, umweltfreundliches Gas, umweltfreundlichen Wasserstoff, und „für die Mitgliedstaaten, die dies wünschen", Kernspaltungsenergieerzeugung durch Anlagen der Generation IV und Fusionsenergie umfasst (Europäische Kommission 2007a: 17f).[448]

Diese Zielvorstellungen für erneuerbare Energien wurden von vielen Vertretern der EE-Koalition als unzureichender Rückschritt bezeichnet (May 2007). Als ein zentrales Argument gilt dabei, dass die Einhaltung eines verbindlichen Ziels auf EU-Ebene rechtlich problematisch ist, da im Gegensatz zu verbindlichen nationalen Zielen keine ausreichenden Sanktionierungsmechanismen vorliegen. Zudem zeigen die bisherigen Erfahrungen, dass ohne sektorale Ziele auch das Erreichen des Globalziels auf EU-Ebene sehr wahrscheinlich verfehlt wird - wie die Kommission in ihrer eigenen Analyse zur bisherigen Situation selbst anmerkt (BUND 2007c).[449]

---

[447] Die Empfehlungen in dem energiepolitischen Strategiepapier der Kommission zur erneuerbare Energien-Politik basieren auf dem parallel entwickelten so genannten „Fahrplan für erneuerbare Energien" (renewable energy roadmap) (Europäische Kommission 2007c).

[448] Als ein Indikator für die Prioritätensetzung der Kommission bezüglich der genannten Technologien kann die Verteilung der Forschungsmittel aus dem Etat des 7. Forschungsrahmenprogramms herangezogen werden. Hier stehen dem gesamten Energieforschungsprogramm insgesamt rund 2,3 Mrd. Euro über den Zeitraum 2007 bis 2013 zur Verfügung, dem gegenüber verfügt die Nuklearforschung über das Euratom-Programm im gleichen Zeitraum über 2,8 Mrd Euro (CORDIS 2007). Zwar sind energierelevante Themen auch in einer Reihe von anderen Themenschwerpunkten neben „Energie" enthalten, allerdings handelt es sich hier in der Regel um Fragen der Energieeffizienz – ein Themenschwerpunkt, der auch im Rahmen des Energieforschungsprogramms eine bedeutende Rolle neben den erneuerbaren Energien einnimmt. Des Weiteren werden im Rahmen der Energieforschung beispielsweise auch (voraussichtlich kostspielige) Projekte zur CO2-Speicherung und den so genannten „Clean Coal" Technologies gefördert (Europäische Kommission 2006d).

[449] „Da auf EU-Ebene keine rechtlich bindenden Ziele für erneuerbare Energien festgelegt wurden, der EU-Rechtsrahmen für die Nutzung erneuerbarer Energie im Verkehrssektor relativ vage ist und für den Sektor der Wärme- und Kälteerzeugung überhaupt kein Rechtsrahmen besteht, sind die Fortschritte zu einem Großteil auf die Anstrengungen weniger engagierter Mitgliedstaaten zurückzuführen. Nur bei der Stromerzeugung konnte auf der Grundlage der 2001 verabschiedeten Richtlinie zur Förderung der Stromerzeugung aus erneuerbaren Energiequellen ein deutlicher Fortschritt erzielt werden, so dass die gesteckten Ziele nahezu erreicht werden. Die unterschiedliche Behandlung von Strom, Biokraftstoffen und der Wärme- und Kälteerzeugung auf EU-Ebene zeigt sich auch in der Entwicklung der drei Sektoren: Ein deutliches Wachstum bei der Stromerzeugung, das seit kurzem solide Wachstum der Biokraftstoffe und das langsame Wachstum bei der Wärme- und Kälteerzeugung." (Europäische Kommission 2007c: 5)

Eine solche flexible Regelung auf der Basis eines einzigen Globalziels hätte darüber hinaus zur Folge, dass das bisher geforderte Sektor-Ziel für den Strombereich aus der Richtlinie 2001/77/EG ausgehebelt, und eine Richtlinie für den Wärme- und Kältebereich, so wie vom Europaparlament mehrfach gefordert (s.o.) und vom Energiekommissar Piebalgs bisher versprochen (Witt 2007a), entfallen würde. Aus diesen Gründen, aber auch weil bei Ablehnung des verbindlichen Globalzieles durch den Rat letztlich keinerlei Verbindlichkeit und konkrete Ausbauzielsetzung übrig blieben, forderten die EE-Lobby und das EU-Parlament vehement die Einführung von verbindlichen nationalen sowie von spezifischen Sektorzielen (May 2007; Witt 2007a).

Verantwortlich für diese neue Stoßrichtung war jedoch nicht die GD Energie, sondern der Energieministerrat, wobei hier die Vertreter des deutschen Wirtschaftsministeriums „eine unrühmliche Rolle gespielt haben" sollen (May 2007: 19; Hinrichs-Rahlwes 2007). Diese hätten zum einen zusammen mit anderen Ländern wie Frankreich und Großbritannien gegen mehr Vorgaben aus Brüssel und für mehr nationale Flexibilität und Entscheidungsgewalt (und damit gegen Sektorziele) votiert und zum zweiten neben den erneuerbaren Energien auf Geheiß der „seit einigen Monaten hinter den Kulissen massiv aktiven" Atom- und Industrielobby die stärkere Berücksichtigung von Atomenergie und CO_2-freier Kohle als „clean technologies" eingefordert (ebda.). Diese Position des deutschen Wirtschaftsministeriums widersprach damit dem energiepolitischen Positionspapier des BMU für die deutsche Ratspräsidentschaft, in dem sich dieses klar für Sektorziele und eine Richtlinie zur Förderung erneuerbarer Energien im Wärme- und Kältebereich ausspricht (BMU 2006g; siehe auch Witt 2006b).

Aber auch die Einheitlichkeit innerhalb der Kommission hinsichtlich der EE-Politik ist nach wie vor nicht gegeben. War es in den früheren Jahren wie oben gezeigt insbesondere die für Wettbewerb zuständige GD und ihr jeweiliger Kommissar, die andere und aus der Sicht der EE-Koalition kontraproduktive Ziele verfolgte, so ist es heute häufig Industriekommissar Günter Verheugen, der auf Konfrontation mit der EE-Branche geht. So war er es, der mit Unterstützung des Präsidenten Barroso in der Frage der „Roadmap" gegen höhere Ausbauziele sowie gegen Sektorziele votierte (Witt 2006b, 2007a).[450] Verheugen hatte sich zu Beginn des Jahres 2006 eine neue, 26-köpfige „Hochrangige Gruppe" (High Level Group - HLG) für Wettbewerbsfähigkeit, Energie und Umwelt als Beratungsgremium zur Seite gestellt, an der weitere Kommissare (für Wettbewerb, Energie, Umwelt), vier nationale Minister (u.a. Bundeswirtschaftsminister Glos), sowie im wesentlichen Vertreter großer, energieintensiver Industrien sowie konventioneller Energieunter-

---

[450] Laut Angaben der Zeitschrift Solarthemen hatten Energiekommissar Piebalgs und Umweltkommissar Dimas sogar einen 30-prozentigen Anteil erneuerbarer Energien am europäischen Gesamtenergieverbrauch bis 2020 gefordert, dieser sei aber aufgrund der Interventionen von Verheugen und Barroso auf „mindestens 20 Prozent" reduziert worden (Witt 2007a).

nehmen zur Teilnahme eingeladen wurden (Europäische Kommission 2006b). Das Thema erneuerbare Energien war dem Repräsentanten von BP (Iain Conn, Executive director der BP Group) zugeteilt, daneben nahmen je ein Vertreter des WWF und World Business Council for Sustainable Development (WBCSD) teil.[451]

In der Folge nahm der Vize-Präsident und „starke Mann" der Kommission, „dem etwa Energiekommissar Andris Piebalgs nur wenig entgegensetzen könne" (Witt 2006a: 3), auf der Basis der Empfehlungen der HLG Einfluss auf die Ausgestaltung der Energiepolitik der Kommission. Deutlich wurde dies insbesondere in einem Brief an Kommissionspräsident Barroso vom 21. November 2006, in dem er mit Blick auf die gemeinsame Strategie der EU seine energiepolitische Sicht – und die der im Brief explizit genannten HLG – darlegte. Dieser Brief wurde von Kritikern als „Anti-Klimaschutz Brief" kritisiert (z.B. Cohn-Bendit 2006), da Verheugen einen Klimaschutz-Weg fordert, „that does not undermine the competitiveness of the European economy" (Verheugen 2006) und damit suggeriere, eine ambitionierte Umweltpolitik würde der Wirtschaft schaden (Cohn-Bendit 2006).

Bezüglich der weiteren Entwicklung der erneuerbaren Energien lauteten die Empfehlungen Verheugens (2006: 6, Annex, Nr. 8): „... given the need to make genuine progress on a much larger scale, I believe that we now have to *create a truly internal market for renewables in the EU* [Hervorhebungen im Original]. Naturally, we should not fall in the trap of attempting to „pick the winner" and we should, therefore, provide incentives, in a technology neutral fashion, based on the environmental benefits of different renewables. A promising approach would be to set a binding European target for all renewables with a sharing out amongst Member States within the context of a strong European framework. In this context, we should consider linking existing schemes such as the green and white certificates to ETS to ensure coherence." Damit nahm Verheugen die alte Kommissionslinie – und diejenige der konventionellen Energieindustrie – pro Binnenmarktorientierung und Quotenmodell mit Zertifikatehandel ein. Seine Forderungen nach einem verbindlichen EU-Ausbauziel, jedoch ohne weitere verbindliche nationale oder Sektorziele, setzte sich schließlich auch im Kommissionspapier zur gemeinsamen Energiepolitik und der Roadmap für erneuerbare Energien durch (s.o.).

Auf der Ratssitzung vom März 2007 wurde das vorgeschlagene Globalziel der Kommission in Höhe von 20 % am Gesamtenergieverbrauch der EU bis 2020 tatsächlich als verbindliches Ziel bestätigt, eine weitere Konkretisierung hinsichtlich nationaler oder sektoraler Ziele jedoch nicht vorgenommen (Europäischer Rat 2007). Damit folgte der Rat dem vorherigen Beschluss des Umweltministerrats, nicht jedoch dem Energieministerrat unter dem Vorsitz von Bundeswirtschaftsmi-

---

[451]   Die Besetzung des Gremiums stieß bei EE-Akteuren auf scharfe Kritik; sie „zeuge wieder von der Ignoranz gegenüber den erneuerbaren Energien" (Witt 2006a). Zudem hätten die eingeladenen Vertreter von WWF und WBCSD gezögert, ob sie an der Gruppe teilnehmen sollten, „sie wollten jedoch die Chance nutzen, wenigstens unter Protest wieder austreten zu können" (ebda.).

nister Glos, der eine Verbindlichkeit abgelehnt hatte (BUND 2007c: 1). Für den Beschluss des verbindlichen Ziels war jedoch eine Reihe von Zugeständnissen an einzelne Länder erforderlich, wie beispielsweise auf Drängen Frankreichs die Anerkennung von Atomenergie als erneuerbare Energie (BUND 2007c; Hinrichs-Rahlwes 2007). Damit ist zum einen die tatsächliche Ausbauwirkung dieses Globalziels zum gegenwärtigen Zeitpunkt nur schwer zu beurteilen, zum anderen bleiben die oben beschriebenen Probleme bestehen, falls in den Verhandlungen der nächsten Monate über die konkrete Ausformulierung der Energiestrategie keine sektoralen Ziele formuliert werden.

Mit der Einführung eines einzigen Globalziels wird auch die Formulierung einer gemeinsamen Richtlinie für alle Anwendungsbereiche erneuerbaren Energien wahrscheinlich. Eine spannende Frage wird sein, ob es sich dabei nur um eine formale Zusammenführung handeln wird, oder ob erneut der Druck und die Debatten um einheitliche Förderinstrumente zunehmen werden. Eine Stärkung der bisher erfolgreichen Länder und ihrer eingesetzten Instrumente ergibt sich jedoch aus dem ebenfalls vom Europäische Rat verabschiedeten, übergeordneten Klimaschutzziel: die Reduktion der Treibhausgasemissionen bis 2020 um mindestens 20 % gegenüber 1990 (Europäischer Rat 2007). Da dieses Ziel vor dem Hintergrund der bisher nur wenig reduzierten Emissionen in Europa als ambitioniert bezeichnet werden kann (siehe auch Abschnitt 6.3.6), stärkt es tendenziell die bis dato in Bezug auf ihren Beitrag zur Reduktion von Treibhausgasen erfolgreichen Energiebereiche – also insbesondere den Ausbau erneuerbarer Energien in Deutschland durch das EEG.

5.4 Konstellation der wichtigsten Akteure

Bei der Identifikation der Akteurskonstellation und relevanter Koalitionen des vorliegenden Richtlinienprozess sind Eigenschaften zu beachten, die zum einen mit den Besonderheiten des gegebenen EU-Mehrebenensystems und zum anderen mit dem hier vorliegenden speziellen EE- und energiepolitischen Kontext zu tun haben. Neben dem spezifischen Policy-Problem - der Frage, wie die Förderung erneuerbarer Energien erfolgen sollte – spielten insbesondere binnenmarktpolitische Aspekte eine wichtige Rolle bzw. ein wichtiges Handlungsmotiv für eine Reihe am Prozess beteiligter Akteure. Auf Basis der obigen Analyse können *vier Akteursgruppen* unterteilt werden, denen die folgenden *zentralen Leitmotive und Grundüberzeugungen* zugeordnet werden:

– der Erhalt des Status quo im (konventionellen) Energiemarkt bzw. keine weit reichende Einführung erneuerbarer Energien
– die Schaffung eines liberalisierten europäischen Binnenmarkts
– der Erhalt der Entscheidungsmacht der Mitgliedstaaten (Subsidiarität)

– sowie die konsequente und weit reichende Einführung erneuerbarer Energien.

Diesen zentralen Überzeugungen und Einstellungen lassen sich weitere Positionen der Akteure in *zentralen Streitfragen* zuordnen. Wie die Analyse gezeigt hat, waren dies im Wesentlichen Fragen zur Art des Fördermechanismus und in Verbindung damit zu einer möglicherweise obligatorischen Harmonisierung, zur Höhe und Verbindlichkeit der Ausbauziele und zum Definitionsumfang erneuerbarer Energien.

Die Positionen der Akteure zu diesen Fragen lagen dabei in vielen Fällen auf der Linie der zentralen Hauptüberzeugung bzw. Handlungsmotivation. In einigen Fällen lagen jedoch auch weniger konsistente, teilweise widersprüchlich anmutende Positionen innerhalb einer Gruppe vor. Dies kann dann der Fall sein, wenn eine Gruppe durch einen größeren, kollektiven Akteur geprägt wird, der heterogen zusammengesetzt ist. Dies gilt in besonderem Maße für die drei EU-Institutionen Parlament, Ministerrat und EU-Kommission. Diese Institutionen können (im Sinne von Mayntz und Scharpf, 1995a) auch als Regelsysteme aufgefasst werden, die den Handlungsrahmen für die eigentlichen Akteure – Parlamentarier und Fraktionen, Mitgliedsstaaten und ihre Vertreter, Kommissare und Mitarbeiter – vorgeben. Alle drei EU-Organe kommen zwar in der Regel über Entscheidungsprozesse dazu, mit einer (mehrheitlichen) Stimme zu sprechen. Dennoch ist gerade für das Verständnis der Veränderungen der Mehrheitsposition und der Dynamik im politischen Prozess die Berücksichtigung widersprüchlicher Positionen innerhalb eines komplexen und heterogenen Akteurs von analytischer Bedeutung. Zudem sind alle drei Institutionen einerseits (direkt oder indirekt) der Veränderung durch Wahlen unterworfen, wodurch sich mit Blick auf einen längeren Analysezeitraum die Mehrheitszusammensetzungen gravierend ändern können. Anderseits sorgt das vertragliche Gefüge in der EU und das daraus abgeleitete formale Zusammenspiel der Organe in vielen Fällen für in gewisser Weise für „stabile Verhaltensmuster" von Rat, Parlament und Kommission (vgl. hierzu Abschnitt 5.1.1).

Neben den zentralen EU-Organen spielten im politischen Prozess zur EE-Richtlinie naturgemäß die jeweiligen Interessenvertreter der EE-Branche sowie der konventionellen Energiewirtschaft eine wichtige Rolle. Des Weiteren war eine Reihe von Umweltverbänden für die erneuerbaren Energien aktiv. Wie die Analyse gezeigt hat, spielte insbesondere eine Reihe deutscher Akteure eine wichtige Rolle. Dies galt beispielsweise für die konventionellen Energieversorger, die ihren Widerstand gegen die deutsche EE-Förderung auf die EU-Ebene verlagerten, und in der Folge ebenso für die deutsche EE-Wirtschaft und weitere Akteure dieser Koalition, die darauf reagierten und ihre Lobbyarbeit auf EU-Ebene begannen.

Die Abbildung 33 zeigt die genannten vier Akteursgruppen, die sich auf der Basis ihrer über den Analysezeitraum vergleichsweise konstanten zentralen Leitmotive und Überzeugungen zuordnen lassen. Alle vier Gruppen können bezüglich der hier im Vordergrund stehenden zentralen Leitmotive als Advocacy-Koalitionen bezeichnet werden. Den Koalitionen sind ihre Positionen zu wesentlichen Aspekten und Streitfragen zur EE-Richtlinie und schließlich zentrale Akteure zugeordnet. Einige der kollektiven Akteure sind nicht eindeutig einer Koalition zuzuordnen, da sich das Spektrum der Überzeugungen und Positionen dauerhaft heterogen darstellte oder sich über die Zeit gewandelt hat. In der Abbildung sind neben dem zentralen heterogenen Akteur, der EU-Kommission, nur noch zwei weitere Akteure, die im Policy-Prozess eine Rolle gespielt haben, exemplarisch dargestellt.

Die erstgenannte Koalition derjenigen Akteure, die sich explizit oder de facto für den Erhalt des Status quo im (konventionellen) Energiemarkt bzw. gegen eine weit reichende Einführung erneuerbarer Energien einsetzten, werden nachfolgend vereinfachend und in Kontrastierung zu den ambitionierten EE-Befürwortern kurz als „Gegner-Koalition" bezeichnet.

5.4.1 Die EE-Koalition: Befürworter einer ambitionierten Richtlinie

Die Befürworter einer „ambitionierten EE-Richtlinie" (nachfolgend auch kurz EE-Koalition genannt), setzten sich für hohe und verbindliche Ausbauziele, eine enge Definition auf der Basis neuer EE-Technologien und weit reichende Netzzugangsbestimmungen ein. Naturgemäß bildeten die Vertreter der *EE-Branchen* den Kern dieser Koalition, unterstützt durch die wesentlichen *Umweltverbände* sowie *umweltorientierte Parteien* (wie z.B. die Grünen) bzw. Politiker (z.B. weite Teile der SPE bzw. SPD), die den Ausbau erneuerbarer Energien als wesentliches politisches Ziel verfolgen.

Eine Ausnahme bezüglich der ansonsten vergleichsweise einheitlichen Forderungen dieser Koalition bildete die im Verlaufe des Richtlinienprozesses zentrale Frage nach den Fördermechanismen und ihrer Harmonisierung. Hier ergaben sich im Wesentlichen Differenzen nach Nationalität, deren Tragweite letztlich zur vorübergehenden Spaltung der EE-Vertreter auf europäischer Ebene und der Neugründung des europäischen Dachverbandes *EREF* führte. Hintergrund war, dass der Europäische Windenergieverband *EWEA*, zu Beginn des Prozesses einer der wenigen etablierten EE-Verbände auf EU-Ebene, stark durch die Meinung der britischen und dänischen Mitglieder geprägt wurde. Diese befürworteten aufgrund der Fördermodelle im eigenen Land und der Präferenz der Kommission eine Harmonisierung basierend auf Quotenmodellen, während Vertreter anderer Länder wie Deutschland und Spanien für ihr Einspeisetarifsystem plädierten.

Dies hatte zur Folge, dass mit EREF durch das Engagement der Vergütungsmodell-Befürworter ein neuer EE-Verband auf europäischer Ebene entstand, der sich mit Nachdruck für diese Instrumente einsetzte und aufgrund der bis dahin schlechten Vertretung für diese Position nun mit großem Engagement Lobbyarbeit bei allen EU-Institutionen betrieb. Die Gründung von EREF ging dabei maßgeblich vom deutschen Windenergieverband *BWE* aus, der zu dieser Zeit als einer der wichtigsten und aktivsten Verbände im Prozess bezeichnet werden kann. EREF suchte früh die Kooperation und Zusammenarbeit mit den großen Umweltverbänden wie *WWF, Greenpeace, Friends of the Earth* und *CAN*, die das Thema bereits seit Mitte der 1990er Jahre auf europäischer Ebene vorangebracht hatten und zudem über deutlich mehr Erfahrungen und Kontakte sowie etablierte Pressearbeit auf EU-Ebene verfügten. In diesem Zusammenhang ist auch *Eurosolar* zu nennen, die ebenfalls bereits seit Mitte der 1990er Jahre in einer Doppelfunktion sowohl Politikberatung für die Kommission und das Parlament als auch Lobbyarbeit für eine ambitionierte Richtlinie auf der Basis von Vergütungsmodellen betrieb.

Abbildung 33: Advocacy-Koalitionen, zentrale Leitmotive, Positionen und Akteure

	Gegner-Koalition	**Bedingte Befürworter EE-Förderung**		**EE-Koalition**
Leitmotiv / Überzeugung	*Status quo / EE-Wettbewerb*	***Wettbewerb & Binnenmarkt***	***Subsidiarität***	*Umwelt / EE*
Instrument	*Quotenmodell*	*Quotenmodell*	*offen*	*Einspeisevergütung*
Ausbauziel / Verbindlichkeit	*Geringere Ziele / unverbindlich*	*Mittlere Ziele / unverbindlich*	*Mittlere Ziele / unverbindlich*	*Hohe Ziele / verbindlich*
EE-Definition	*weit, inkl. Müll, Großwasserkraft*	*eng neue EE*	*mittlere Position*	*mittlere Position*
Akteure EU-Ebene		Kommission – Kommissare/GDen Industrie, Wettb.&Binnenm., Energie		Umwelt
	– Eurelectric – Eurochambres – IFIEC	– Einzelne Staaten wie GB, DK	– Rat (Mehrzahl d. Mitgliedstaaten)	– Mehrheit des Parlaments (EUFORES) – EE-Verbände (EREF, Eurosolar etc.) – Umweltverbände (WWF, Greenpeace etc.) – Feed-in-Koop.
		EWEA		
		EuGH		
Akteure nationale Ebene Deutschland	– VDEW – EVU (PreussenElektra etc.) – BDI		– BMWi / Bundesregierung	– BMU – BWE, BEE etc. – Bündnis 90/Grüne – Teile der SPD – Bundesland S.-H.
		CDU / CSU / FDP		

Quelle: eigene Darstellung

Zum zentralen Akteur der EE-Koalition im europäischen Richtlinienprozess wurde das *Europäische Parlament*, das trotz seiner heterogenen Zusammensetzung über den betrachteten Zeitraum mit seiner fraktionsübergreifenden Mehrheit die wesentlichen Überzeugungen und Positionen dieser Koalition teilte. Bereits seit den frühen 1990er Jahren hatte sich das Parlament für die Förderung erneuerbarer Energien eingesetzt und die Kommission zum Handeln und zur Ausübung ihres Initiativrechts aufgefordert. Trotz nationaler Differenzen zwischen den einzelnen politischen Lagern und Fraktionen setzte es sich über mehrere Legislaturen mehrheitlich für hohe und verbindliche Ausbauziele und für die in der Praxis erfolgreicheren Einspeisetarifsysteme und den Schutz derselben ein. Aus diesem Grund gab es auch – trotz unterschiedlicher Motive – die grundsätzliche Überschneidung bezüglich der Subsidiaritätsforderung mit dem Rat, da diese den Erhalt von Vergütungssystemen absicherte. Bemerkbar machten sich fraktionsbezogene und insbesondere nationale Differenzen bei der Frage der Definition erneuerbarer Energien. Dieser Punkt bot jedoch gleichzeitig eine Möglichkeit zur internen Kompromissfindung, um die wesentliche Linie beizubehalten. So vertrat das Parlament bei der Definitionsfrage letztlich sicher nicht die Mehrheit der EE-Koalition, da es u.a. auch Hausmüllanteile und Torf einbeziehen wollte.

Die dauerhafte Mehrheit im Europaparlament für eine ambitionierte EE-Politik ist zum einen darauf zurückzuführen, dass sich neben den umweltorientierten grünen (Grüne/EFA) und sozialdemokratischen bzw. sozialistischen Abgeordneten (SPE-Fraktion) auch eine Reihe von konservativen und liberalen Abgeordneten dafür einsetzten. Dies betraf vor allem solche Abgeordnete, die aus Ländern mit (funktionierenden) Einspeisevergütungssystemen wie Spanien und Deutschland kamen. Die diesbezügliche Spaltung der konservativen EVP-Fraktion ist insbesondere auf die Rolle der spanischen Konservativen zurückzuführen, die der EE-Koalition zuzurechnen waren. Aus dieser Partei stammte auch die von 1999 bis 2004 amtierende Energiekommissarin Loyola de Palacio, unter deren Verantwortung die Richtlinie schließlich verabschiedet wurde. Ein anderer Grund für die mehrheitliche Linie des Parlaments lag in der engagierten Überzeugungsarbeit der zuständigen Abgeordneten bei ihren Kollegen im Ausschuss und im Parlament, allen voran der Berichterstatterin Mechthild Rothe (SPD), sowie der engagierten und gezielten Lobbyarbeit der EE-Verbände, insbesondere von EREF, BWE und deren Mitgliedern.

Dieser Aspekt verdeutlicht auch, dass die Koalition neben gemeinsamen Überzeugungen und Positionen auch über eine *gute Vernetzung* verfügte. Diese Vernetzung ermöglichte einen umfassenden Informationsaustausch über die Vorgänge auf EU-Ebene, in dem beispielsweise zügig maßgebliche, auch interne Dokumente von EU-Organen an relevante Personen und Multiplikatoren verschickt werden konnten. Zudem erweiterte die Koalition durch die Vernetzung ihre Kompetenzen (z.B. im juristischen Bereich) sowie ihre Kontakte zu den politisch wichtigen Personen und Institutionen. Dazu zählten auch zunehmend engere Verbindungen zur Kommission. Auch *einzelne Kommissare und Generaldirektionen* können der EE-

Koalition weitestgehend zugerechnet werden. Hier sind in der Zeit von 1999 bis 2004 z.b. die für Umweltfragen zuständige Kommissarin Wallström und ihre Generaldirektion zu nennen, ebenso setzte sich die deutsche Haushaltskommissarin Michaele Schreyer (Bündnis 90/Die Grünen) ein und war eine wichtige Ansprechpartnerin des grünen Koalitionspartners und des BMU in der Kommission. Ab 2000 kann schließlich auch die EE-Abteilung innerhalb der GD Energie dazugezählt werden.

Ein wichtiges Ereignis für die europäische EE-Koalition war der politische Wechsel in Deutschland zu einer *rot-grünen Bundesregierung*, die im Jahr 2000 mit dem EEG das bis dato international erfolgreichste Förderinstrument einführte. Während in den letzten Jahren der konservativ-liberalen Vorgängerregierung die EE-Förderung durch das StrEG zunehmend unter Druck geraten war, hatte die europäische EE-Koalition seit 1998 eine wichtige nationale Regierung auf ihrer Seite. Allerdings sind auch hier die unterschiedlichen Interessen innerhalb des kollektiven Akteurs „Regierung" zu differenzieren, insbesondere sind das bis 2002 für die erneuerbaren Energien zuständige *BMWi* und das danach zuständige *BMU* zu unterscheiden. Während das BMU kontinuierlich zur EE-Koalition zu zählen war und ist, stand das BMWi in der Regel aufgrund seiner Nähe zur konventionellen Energiewirtschaft eher in Opposition zu erneuerbaren Energien und der Vergütungsregelung. Dennoch trat das BMWi als das für energiepolitische Fragen zuständige Ressort in den Verhandlungen auf EU-Ebene immer für den Erhalt des EEG ein – der gemeinsame Nenner mit der EE-Koalition war die Subsidiarität, die das Ministerium sowie die gesamte deutsche Regierung in energiepolitischen Fragen grundsätzlich aufrecht erhalten wollte (siehe Abschnitt 5.4.2.2).

Neben den Regierungsmitgliedern und zuständigen Ministerien waren mehrere Abgeordnete aus den Reihen der Regierungskoalition auf europäischer Ebene aktiv, die auch bereits das deutsche StrEG gesichert oder spater das EEG konzipiert hatten. Hier sind in erster Linie Hans-Josef Fell (teilweise zusammen mit Michaele Hustedt) von den Grünen und Hermann Scheer (SPD) mit ihren Mitarbeitern zu nennen, die sich beispielsweise mit Richtlinienvorschlägen und Protestschreiben sowie vielen Vernetzungsaktivitäten in den politischen Prozess auf EU-Ebene einbrachten.

Mit der im Jahr 2004 ins Leben gerufenen „Feed-in Kooperation" zwischen Deutschland und Spanien sowie zukünftig ggf. weiteren Ländern mit Einspeisevergütungsmodellen, trug die rot-grüne Bundesregierung unter Federführung des BMU schließlich dazu bei, die zentralen Positionen der Koalition zu festigen und einen Teil der Vernetzungsaktivitäten (Informationsvermittlung, Stabilisierung und internationale Verbreitung) zu formalisieren und zu intensivieren.

5.4.2 Die bedingten Befürworter – andere Prioritäten überlagern die EE-Förderung

Als bedingte Befürworter der Förderung erneuerbarer Energien können zwei Akteursgruppen identifiziert werden, deren Gemeinsamkeit auf anderen Grundüberzeugungen basiert, aus denen sich ihre wesentlichen Positionen ableiten. Daher setzten sie andere Prioritäten als die Förderung erneuerbarer Energien, die dementsprechend anzupassen und gegebenenfalls unterzuordnen war. Im vorliegenden Fall können als die wesentlichen bedingten Befürworter zum einen die Gruppe der stark wettbewerbs- und binnenmarktorientierten Akteure und zum anderen die Verfechter der Subsidiarität unterschieden werden.

5.4.2.1 Koalition „Wettbewerb und Binnenmarkt"

Die Koalition der stark am Wettbewerb und der Schaffung eines europäischen Binnenmarkts ausgerichteten Akteure wurde im Wesentlichen durch die *Europäische Kommission* geprägt. Genauer handelte es sich hier um die gleichnamige Generaldirektion und ihre Kommissare, sowie die zunächst lange Zeit zuständige Binnenmarkt-Abteilung innerhalb der Generaldirektion Energie. So lange diese Zuständigkeit gegeben war – bis zum Wechsel zur speziellen EE-Abteilung innerhalb der GD Energie im Jahr 2000 – waren die Entwürfe der Kommission durch pauschale Kritik an Vergütungssystemen geprägt, insbesondere an den deutschen Einspeisegesetzen, sowie einer klaren Befürwortung einer Harmonisierungsvorgabe für Quoten- und Zertifikatemodelle. Dennoch kann den dabei verantwortlichen Akteuren der Kommission keine grundsätzlich ablehnende Haltung gegenüber erneuerbaren Energien unterstellt werden. Denn unabhängig von der Frage der Fördermodelle und von der federführenden Zuständigkeit trat die Kommission während des gesamten Prozesses für eine Verdopplung des Anteils der erneuerbaren Energien an der Stromerzeugung bis zum Jahr 2010 ein.

Nachdem mit der Energiekommissarin Loyola de Palacio seit 1999 ein pragmatischerer Kurs seitens der federführenden Seite der Kommission eingeschlagen wurde, verblieb schließlich zu dieser Zeit nur noch Wettbewerbskommissar Monti mit seiner Generaldirektion als treibende Kraft dieser Koalition. Nach dem Urteil des EuGH musste auch er seine Beihilfe-Vorbehalte einstellen. Neu belebt wird die Koalition gegenwärtig durch die Äußerungen des Industriekommissars Verheugen, dessen Nähe zur konventionellen Energie- und Ressourcenwirtschaft (insbesondere durch die ihn beratende High-level Group) ihn jedoch eher auf der Seite der „Gegner-Koalition" vermuten lässt.

Neben den genannten Akteuren innerhalb der Kommission können einzelne weitere Akteure dieser Koalition zugerechnet werden. So argumentierte beispielsweise der europäische Windenergie-Verband *EWEA* in ähnlicher Weise wie die Kommission für eine harmonisierte Einführung von Quoten- und Zertifikatemodellen. Zudem ist auch eine Reihe von *Wissenschaftlern* zur Koalition zu zählen, die ebenfalls die neoliberal bzw. ökonomisch-theoretisch geprägte Argumentationslinie der Kommission teilten bzw. umgekehrt zu dieser Linie beigetragen haben. Auf deutscher Seite können - gemäß ihrer häufig vorgebrachten Kritik am StrEG und EEG, aber auch durch ihre Ablehnung der Vorschläge der Regierungskoalition zur EE-Richtlinie – die FDP und weite Teile der CDU/CSU zu dieser Koalition gezählt werden, wenngleich diese im gesamten Prozess um die EE-Richtlinie nicht als zentrale Akteure im Mehrebenensystem in Erscheinung getreten sind.

5.4.2.2   Koalition „Subsidiarität"

Der Rat der europäischen Gemeinschaften ist in vielen Politikbereichen einerseits aufgrund der Heterogenität einzelner Politiken in den Mitgliedstaaten, andererseits aufgrund eines hohen Autonomie- und Souveränitätsbedürfnisses der Länder, im gemeinsamen Bedürfnis nach Subsidiarität verbunden. Dieses Bedürfnis ist daher in vielen politischen Entscheidungen des Rats eine bestimmende Überzeugung und prioritäre Handlungsmaxime, die gerade im Wechselspiel mit der Kommission und dem Parlament gestärkt wird (vgl. hierzu auch Abschnitt 5.1.1). Damit lässt sich der Rat auch als eine Koalition kennzeichnen, die in vielen Politikbereichen das Subsidi-aritätsprinzip betont und ihre nationalstaatlichen Regelungen zu schützen sucht – so auch im vorliegenden Fall. Gerade in der Energiepolitik gibt es, trotz bereits beste-hender traditioneller Abstimmungen im europäischen Rahmen in der Kohle- und Atompolitik sowie seit Einführung des Binnenmarktes nach wie vor ein überwie-gendes nationales Souveränitäts- und Protektionsbedürfnis in Energieversorgungs-fragen (Brummer/ Weiss 2007).

In den Mitgliedstaaten gibt es in der EE-Politik unterschiedliche Fördersys-teme und Meinungen darüber: auf der einen Seite vertraten Länder wie Dänemark und Großbritannien Quotenmodelle und traten aktiv für eine diesbezügliche Har-monisierung ein, auf der anderen Seite sprachen sich Länder wie Spanien und Deutschland für Einspeisetarife aus. Eine europaweite Harmonisierung hatte im Rat jedoch zu keiner Zeit eine Mehrheit. Ähnlich war es in Bezug auf die Frage verbind-licher Ausbauziele, die von der überwiegenden Mehrheit als Eingriff in die nationale Souveränität in energiepolitischen Fragen gesehen wurde. Damit wurden einerseits die erfolgreichen Vergütungsmodelle abgesichert, andererseits wurde von den Ländern kein verbindlicher Ausbau verlangt - was in der Konsequenz voraussicht-lich auch zu einem Verfehlen des Globalziels führen wird (vgl. Abschnitt 5.2.6.3).

Die deutsche Bundesregierung kann aufgrund ihrer Aktivitäten und ihres Entscheidungsverhaltens im Rat klar zu dieser Koalition gezählt werden, und dies sogar über den Regierungswechsel von schwarz-gelb zu rot-grün hinweg. Auch wenn die konservativ-liberale Koalition zum Ende ihrer Regierungszeit zunehmend gegen das StrEG eingestellt war, so suchte sie dennoch nicht den Schulterschluss

mit der Kommission, die zu dieser Zeit ebenfalls aktiv gegen das StrEG vorging.[452]
Als mit dem Wechsel zu rot-grün seit 1998 die Förderung erneuerbarer Energien
ein zentrales Thema der neuen Regierung wurde, vertrat das zuständige Bundeswirtschaftsministerium in den Verhandlungen nicht die „Maximalforderungen" der
europäischen oder deutschen EE-Koalition, sondern versuchte primär das deutsche
StrEG und später das EEG - gemäß dem Subsidiaritätsprinzip – abzusichern.[453]

5.4.3 Die Gegner-Koalition

Diese Koalition wurde maßgeblich durch die konventionelle Energieindustrie und
ihre Interessenvertreter gebildet. Als traditioneller und etablierter europäischer
Dachverband für die hier relevante Stromindustrie äußerte sich Eurelectric mehrfach in klarer Weise gegen eine zu hohe Förderung erneuerbarer Energien und
gegen die aus seiner Sicht zu hohen Ausbauziele der Kommission. Die bis dato
erfolgreichen Einspeisevergütungsmodelle wurden pauschal als ineffizient abgelehnt
und eine Harmonisierung auf der Basis von Quoten- und Zertifikatehandel gefordert. Auf der Basis dieser Forderung gab es schließlich auch große Schnittmengen
mit der Koalition der Wettbewerbs- und Binnenmarktorientierten. Dass diese
jedoch keiner gemeinsamen Koalition angehörten, zeigte sich daran, dass die für
Wettbewerb zuständigen Kommissare und die Generaldirektion in Bezug auf die
generelle Liberalisierung und Schaffung eines europäischen Energiebinnenmarkts zu
jeder Zeit auch gegen die Besitzstand wahrenden konventionellen Energieversorger
vorgingen und nach wie vor vorgehen (siehe Kapitel 4).

Dennoch nutzten die konventionellen Energieunternehmen die gemeinsamen Positionen mit der Kommission, um beispielsweise auf der Grundlage der
Beihilfefrage gegen Einspeisevergütungen vorzugehen. So waren es einige deutsche
Stromversorger zusammen mit ihrem Verband VDEW, die ihren Kampf gegen das
StrEG auf die europäische Ebene verlagerten, indem sie den Wettbewerbskommissar zum Einschreiten aufforderten. Ähnliche Positionen wie Eurelectric vertraten
im EE-Richtlinienprozess zudem zwei weitere große und einflussreiche europäische

---

[452] Die Regierung beugte sich 1997 dem großen Protest der EE-Lobby und des Bundestages auf
nationaler Ebene und folgte somit nicht den Forderungen des Wettbewerbskommissars (siehe Abschnitt 3.3.2).

[453] Dies galt für die Frage der Definition erneuerbarer Energien, in der der Geltungsbereich des StrEG
und später des EEG (z.B. inkl. Deponie- und Klärgas) eingebracht wurde, wie auch für die Frage
der Verbindlichkeit der Ziele. Auch die deutsche Regierung war gegen eine solche verbindliche
Forderung, da dies als Eingriff in nationale Entscheidungen gesehen wurde. Erst in den letzten
Monaten vor der Einigung schwenkte die deutsche Regierung auf Intervention des Europaparla-
ments um und forderte gemeinsam mit Dänemark verbindliche Ziele. Diese Forderung ist jedoch
zum einen klar als ein Entgegenkommen des Wirtschaftsministeriums an das Parlament zu sehen,
zum anderen war offensichtlich, dass diese Forderung ohnehin im Rat nicht mehrheitsfähig sein
würde (Schäfer 2006; Oschmann 2006).

Vereinigungen: zum einen der Verband der industriellen Energieverbraucher IFIEC Europe (International Federation of Industrial Energy Consumers) (IFIEC Europe 2003)[454], zum zweiten die europäische Vereinigung der Industrie- und Handelskammern Eurochambres (Association of European Chambers of Commerce and Industry) (Eurochambres 2004).

5.4.4   Vermittler und Gerichte

Während es lange Zeit danach aussah, dass die EE-Richtlinie aufgrund der deutlichen Differenzen zwischen den beteiligten vier Koalitionen nicht zustande kommen würde, bewirkten mehrere Ereignisse und Prozesse in den Jahren 1999 bis 2001, dass sie doch noch verabschiedet werden konnte. Ein wesentlicher Grund kann in der Schwächung der Wettbewerbskoalition gesehen werden, zum einen durch den Verlust der Federführung für die Richtlinie, und zum anderen durch das EuGH-Urteil. Der Verlust der Federführung ging mit der Neubesetzung der Kommission 1999 und der darauf folgenden Umstrukturierung der Generaldirektionen im Jahr 2000 einher.

Letzteres war angestoßen worden von der neuen *Energiekommissarin de Palacio*, die einen deutlich pragmatischeren und offeneren Kurs als ihr Vorgänger Papoutsis vertrat. Darüber hinaus war sie als Vizepräsidentin der Kommission einflussreich und offiziell für die Beziehungen zum Europaparlament zuständig, was in diesem speziellen Konflikt zwischen Parlament und Kommission ebenfalls von Vorteil war. Vor diesem Hintergrund kann ihr in ihrer Amtszeit bis zur Verabschiedung der Richtlinie eine Vermittlerrolle im Policy-Prozess der EE-Richtlinie zugeschrieben werden, da sie unter Berücksichtigung der bisherigen Position der Kommission mit offenen Sympathien für die Forderungen des Parlaments, und gleichzeitig mit dem Blick für das wahrscheinlich erzielbare Ergebnis im Rat agierte (ebenso Oschmann 2002: 87).

De facto hatte schließlich auch der *EuGH* eine vermittelnde Rolle, wenngleich sein Richterspruch einseitig positive Wirkung für die Akteure der EE-Koalition und der Anhänger des Subsidiaritätsprinzips hatte, da er die Einspeisevergütungsmodelle stützte und die Beihilfefrage danach im Wesentlichen zu den Akten gelegt werden konnte. Da diese Entscheidung von einer neutralen Instanz und somit nicht durch eine der beteiligten Koalitionen herbeigeführt wurde, ergab sich danach für alle Beteiligten eine neue Verhandlungsbasis, da durch die externe Lösung dieses Konfliktpunktes eine wesentliche Blockade im politischen Prozess beseitigt worden war.[455]

---

[454] Mitglied und deutscher Vertreter für die industrielle Energiewirtschaft im IFIEC Europe in Brüssel ist der VIK.

[455] Trotz der angenommenen Neutralität des Gerichts war es für die beteiligten Akteure wichtig, dem

5.5 Zusammenfassung

Die Debatten um die Förderung erneuerbarer Energien begannen auf europäischer Ebene seit Mitte der 1990er Jahre. Seit dieser Zeit überlagerten sich wesentliche Entwicklungen auf der europäischen Ebene mit denen in Deutschland zeitlich, und Ereignisse und Akteure standen in mitunter engen Wechselbeziehungen. Rund um die im September 2001 verabschiedeten Richtlinie 2001/77/EG „zur Förderung der Stromerzeugung aus erneuerbaren Energiequellen im Elektrizitätsbinnenmarkt" war ein politischer Prozess entstanden, in dem es viele Auseinandersetzungen zwischen deutschen und europäischen Akteuren um die Ausgestaltung der EE-Förderung gab und nach wie vor gibt.

Die *Förderung erneuerbarer Energien* startete *auf europäischer Ebene* ab dem Jahr 1993 mit Forschungs- und Demonstrationsprogrammen (ALTENER). Zuvor hatte es zwar seit den Ölpreiskrisen und später aufgrund des einsetzenden Klimaschutzbewusstseins erste Vorschläge für eine Gemeinschaftspolitik zur EE-Förderung seitens des Parlaments und teilweise der Kommission gegeben, der Rat hatte diese jedoch mit Verweis auf die Zuständigkeit der Mitgliedstaaten jeweils abgelehnt. Startschuss des Policy-Prozesses hin zu einer gemeinschaftlichen EE-Politik war das – ebenfalls vom Parlament eingeforderte - Grünbuch „Energie für die Zukunft: Erneuerbare Energiequellen", das die Kommission im Jahr 1996 vorlegte. In seinen vorausgehenden Entschließungen hatte das Parlament sich bereits für Modelle wie die kostendeckende Vergütung ausgesprochen, und auch vereinzelte Umweltverbände wie Eurosolar erarbeiteten Richtlinienvorschläge auf der Basis von Einspeisevergütungsmodellen. Darüber hinaus gab es zu diesem Zeitpunkt jedoch jenseits der etablierten großen Umweltverbände und des Windenergieverbandes EWEA nur wenige weitere aktive EE-Lobbyisten.

Seit Mitte der 1990er Jahre begannen auch intensivere *ebenenübergreifende Auseinandersetzungen um das deutsche StrEG* zwischen der deutschen und der europäischen Ebene. Die deutschen Energieversorger, die vom ansteigenden Ausbau der Windenergie betroffen und in Deutschland bis dato erfolglos gegen das StrEG politisch und gerichtlich vorgegangen waren, baten den EU-Wettbewerbskommissar um Hilfe. Kommissar van Miert reagierte mit einem Schreiben an die deutsche Regierung mit Bitte um Prüfung und Änderung des StrEG. Seit dieser Zeit kursierte die Einschätzung des Kommissars und seiner Generaldirektion, das deutsche Gesetz sei wettbewerbswidrig. Die deutsche konservativ-liberale Regierung reagierte und brachte im Jahr 1997 einen Novellierungsentwurf ein, der gemäß ihrer eigenen

---

Gericht ihre Positionen darzulegen. Aus diesem Grund sorgten die zunächst nur indirekt am Verfahren beteiligten Akteure der EE-Koalition dafür, dass sie mit Stellungnahmen sowie Vertretern vor Ort am Prozess teilnehmen konnten (vgl. hierzu u.a. Abschnitt 5.2.4.2). Inwieweit dies jedoch die „neutrale" Urteilsfindung des Gerichts beeinflusst hat, kann nicht beurteilt werden.

kritischen Haltung gegenüber erneuerbaren Energien starke Kürzungen der Vergütung vorsah. Als sich dadurch erstmalig ein breites gesellschaftliches Bündnis für
erneuerbare Energien formierte und protestierte, scheiterte der Gesetzentwurf im
Parlament (siehe hierzu auch Abschnitt 3.3.2). Dies war gleichzeitig der Startschuss
für einige deutsche Lobbyisten der EE-Koalition, die Arbeit in Brüssel aufzuneh-
men.

Das *Grünbuch* und das bereits 1997 – kurz vor der Klimakonferenz in Kyoto
- folgende *Weißbuch* wurden von den Akteuren der EE-Branche überwiegend positiv
bewertet, da es eine erstmalige Initiative zur EE-Förderung auf europäischer Ebene
darstellte, ein Verdopplungsziel auf 12 % an der Energieversorgung und somit die
Schaffung eines europäischen EE-Marktes versprach. Zudem waren zwar eine
Reihe von Vorschlägen enthalten, jedoch noch keine Festlegungen der Kommission
zur konkreten Umsetzung. Dennoch beinhalteten beide Diskussionspapiere bereits
eine *politische Linie der Kommission*, die in einem weiteren Papier deutlich präzisiert
wurde: Im so genannten Harmonisierungsbericht stellte die Kommission im März
1998 klar, dass sie eine *Harmonisierung* der EE-Maßnahmen in den Mitgliedstaaten
für erforderlich, sämtliche Einspeisevergütungsinstrumente für wettbewerbsverzer-
rende Beihilfen hielt, und daher *quotenbasierte Zertifikatemodelle* präferierte. Diese
Sichtweise erklärt sich dadurch, dass der Bericht aus der Feder der Generaldirektion
für Wettbewerbs- und Binnenmarktfragen stammte, die damit den Geist der Elektrizitätsbinnenmarktrichtlinie 1996 auf die erneuerbaren Energien übertrug. Dabei
sollten die erneuerbaren Energien von Beginn an einem „perfekten" Wettbewerb
ausgesetzt sein - während dies demgegenüber auf dem konventionellen Energiemarkt bis zum heutigen Tage keine Realität ist (vgl. Kapitel 4).

Diese Position wurde auch in den ersten *kommissionsinternen Richtlinienentwurf*
der GD Energie im Oktober 1998 übernommen, verantwortlich war hier die Abteilung für Wettbewerb und Binnenmarkt. Damit war eine deutliche Konfrontation
mit dem EU-Parlament und der Umweltkommissarin, mit Mitgliedstaaten wie
Deutschland und Spanien sowie mit dem überwiegenden Teil der EE- und Umwelt-
Lobby vorprogrammiert. Unterstützung erfuhr die Kommission für ihre Pläne von
der konventionellen Energiewirtschafts- und der Industrielobby, die sich ebenfalls
für Quotenmodelle aussprachen, da sie nach den bisherigen Erfahrungen mit quotenbasierten Modellen (Ausschreibungsverfahren, Zertifikatehandel) am wenigsten
Probleme hatten. Aber auch der europäische Windenergieverband EWEA sprach
sich für Quotenmodelle aus, da er maßgeblich durch Vertreter aus Großbritannien
und Dänemark geprägt wurde, die dieses Modell favorisierten und davon ausgingen,
dass sich das Harmonisierungsbestreben der Kommission letztlich durchsetzen
würde. Dies war der Grund für die deutsche EE-Lobby, maßgeblich getrieben
durch den Windenergieverband BWE, die eigenen, nationalen Lobbyaktivitäten auf
EU-Ebene drastisch zu erhöhen und mit EREF einen eigenständigen Lobbyverband zu gründen. Der BWE wurde als deutscher Vertreter damit zu einer Keimzelle

der europäischen EE-Koalition, unterstützt durch europäische Parlamentarier wie Mechthild Rothe (SPD) und Claude Turmes (Grüne), deutsche Parlamentarier wie Hans-Josef Fell (Grüne) und Hermann Scheer (SPD) und ihre Mitarbeiter und Netzwerke, sowie das BMU.

Der weitere Fortgang der Auseinandersetzung wurde jedoch von einer Reihe „externer" Ereignisse geprägt. Seit September 1998 gab es in Deutschland eine rot-grüne Bundesregierung, für die erneuerbare Energien und der Erhalt bzw. die Verbesserung des StrEG oberste Priorität hatte, und die diese Priorität mit der Einführung des später im internationalen Vergleich erfolgreichsten Einspeisevergü-tungsmodells, dem EEG untermauerten. Ab dem 1.1.1999 hatte die neue Bundes-regierung zudem den EU-Ratsvorsitz und konnte somit im Rahmen des Energiemi-nisterrats Einfluss nehmen. In diesem Rahmen unterstrich das zuständige Bundes-wirtschaftsministerium im Wesentlichen das Subsidiaritätsprinzip, nachdem die nationalen Systeme erhalten bleiben sollten. Im März 1999 erklärte Kommissions-präsident Santer den Rücktritt der gesamten Kommission aufgrund von Korrupti-onsaffären; die neue Kommission nahm ihre Arbeit im Herbst 1999 auf. Und im Mai 1999 trat der Vertrag von Amsterdam in Kraft, durch den die Kompetenzen des EU-Parlaments im Mitentscheidungsverfahren, aber auch das Subsidiaritäts-prinzip deutlich gestärkt wurden.

Während diese Ereignisse insgesamt eher positiv für die EE-Koalition wa-ren, brachte ein weiteres Ereignis zusätzliche Unsicherheit in den politischen Pro-zess. Im Rahmen einer Klage deutscher EVU gegen die Rechtmäßigkeit des StrEG rief das zuständige Landgericht Kiel den Europäischen Gerichtshof zur Klärung an. Damit wurden das deutsche StrEG, die Beihilfefrage und die Zulässigkeit von Einspeise-vergütungsmodellen generell, parallel zu den laufenden politischen Kontroversen auch vor dem EuGH verhandelt. Im Rahmen des Prozesses konnten nicht nur die Kommission und die deutschen EVU, sondern auf Drängen des BWE auch die EE-Lobby und die deutsche Regierung Stellungnahmen einbringen. Wettbewerbs-kommissar van Miert untermauerte seine Position zudem im August 1999, in dem er nach mehrfachen Ankündigungen ein Beihilfeverfahren gegen die Bundesregie-rung eröffnete. Mit Einführung der Ökosteuer fand eine staatlich verordnete Strompreissteigerung statt, die - gemäß des Beihilfeverständnisses der Kommission - zu einer „anmeldepflichtigen Beihilfe" im Rahmen des StrEG führte, da die Ver-gütungen prozentual an den Strompreis gekoppelt waren und sich damit erhöhten.

Mit dem Kommissionswechsel kam Bewegung in die sich abzeichnende Blocka-desituation zwischen Harmonisierungsbefürwortern und der EE-Koalition, die sich für Einspeisemodelle bzw. Subsidiarität aussprach. Mit Loyola de Palacio wurde eine spanische Konservative Energiekommissarin – d.h. aus einem Land mit Ein-speisevergütungsregeln und einer Partei, die diese Regeln unterstützte - die gleich-zeitig Vizepräsidentin der Kommission und für die Beziehungen mit dem Parlament zuständig war. Sie übertrug ab dem Jahr 2000 die Verantwortung für die weitere

Richtlinienformulierung einer neu geschaffenen Abteilung für erneuerbare Energien und vertrat insgesamt gegenüber Parlament und Rat einen deutlich pragmatischeren Kurs. Damit war ein *Politikwechsel* in der Kommission vollzogen, und die Verabschiedung einer Richtlinie, die bis Mitte 1999 noch als unwahrscheinlich galt, rückte näher. Im Mai 2000 konnte die Kommission schließlich ihren ersten offiziellen Entwurf vorlegen, in dem sie die Harmonisierungsentscheidung auf einen späteren Zeitpunkt verschob.

Zu dieser Zeit war gerade das deutsche EEG in Kraft getreten, was Wettbewerbskommissar Monti, nach Aufforderung der deutschen Energiewirtschaft und des VDEW, zum Anlass nahm, ein weiteres *Beihilfeverfahren* einzuleiten. Diese Bedrohung wurde schließlich durch den Schlussantrag des EuGH-Generalanwalts Jacobs im Oktober 2000 entschärft, als dieser feststellte, dass es sich beim deutschen StrEG – und in Folge dessen auch beim EEG – nicht um eine staatliche Beihilfe handelte. Wenngleich ein Schlussantrag nicht bindend für das Gericht ist, war dieses Votum bereits eine Stärkung der Harmonisierungsgegner bzw. Vergütungsmodellbefürworter. Der *EuGH* bestätigte die Einschätzung seines Generalanwalts im März 2001.

Aufgrund der Entschärfung des Richtlinienentwurfs fiel die Resonanz der EE-Koalition grundsätzlich überwiegend positiv aus. Die Auseinandersetzungen verlagerten sich dann jedoch auf die Frage der Verbindlichkeit der Ausbauziele und der Definition erneuerbarer Energien. Beide Aspekte hatten das Potenzial, die Förder-Intention der Richtlinie wieder zu untergraben. Nach einer ersten Reaktionsrunde von Parlament und Rat im Jahr 2000 näherte sich die Kommission in ihrem überarbeiteten Entwurf im Dezember 2000 überwiegend den Forderungen des Rates an. Der Rat hatte als zentrale Forderung den Erhalt der Subsidiarität aufgestellt und ansonsten viele konkrete und ambitionierte Förderaspekte wieder abgeschwächt. Auch für die Bundesregierung, die hier vom damals zuständigen BMWi repräsentiert wurde, stand vorrangig der Erhalt des EEG im Vordergrund, weshalb sie hier nicht als Vorreiter der EE-Koalition angesehen werden kann.

Das Parlament, das in vielen grundsätzlichen Punkten als Vorreiter der EE-Koalition bezeichnet werden kann, untermauerte daraufhin in seiner zweiten Lesung seine Forderungen. Trotz dieser erneuten Zuspitzung gelang es der gut vernetzten parlamentarischen Berichterstatterin Mechthild Rothe, die Positionen des Parlaments stärker in die Richtlinie einzubringen, wenngleich letztlich keine verbindlichen Ziele und keine enge Definition durchsetzbar waren. Der Energiekommissarin de Palacio fiel in dieser Phase die *Vermittlerrolle* zwischen den drei EU-Organen zu, so dass die Richtlinie am 27. September 2001 verabschiedet werden konnte. Aufgrund der für die EE-Koalition bedrohlichen Vorgeschichte gab es überwiegend positive Reaktionen, wenngleich nach Ansicht vieler in der EE-Koalition die Richtlinie in vielen Punkten zu offen, ungenau und wenig ambitioniert ausgefallen war.

Am Ende enthielt die Richtlinie die folgenden *wesentlichen Regelungsaspekte*: Es wurde ein unverbindliches Ausbauziel von 22 % EE-Anteil im Strommarkt bis 2010 formuliert, das zur angestrebten Verdopplung aller erneuerbaren Energien auf 12 % bis 2010 beitragen soll.[456] Die Unverbindlichkeit wurde mit einem angedeuteten „Schatten der Hierarchie" (Begriff nach Scharpf) versehen: sollten regelmäßige Berichte zeigen, dass die Richtziele der Mitgliedstaaten sowie das Globalziel nicht erreicht werden können, dann können verbindliche Ziele eingeführt werden - allerdings nicht ohne erneute Zustimmung des Rats. Die Definition fiel nicht sehr eng aus, da auch der biogene Müll und die große Wasserkraft enthalten sind. Die nationalen Fördermechanismen blieben gemäß dem Subsidiaritätsprinzip erhalten, eine Evaluation zum Maßnahmenerfolg wurde für 2005 vorgesehen, und eine dann beschlossene Harmonisierung sollte erst nach einem Übergangszeitraum von weiteren 7 Jahren einsetzen. Diese Regelung wurde von den meisten Akteuren der EE-Koalition begrüßt. Wichtig für die Praxis erneuerbarer Energien jenseits eines zentralen Fördermodells waren schließlich noch die Vorschriften zum Abbau von Hemmnissen z.B. bei Genehmigungsprozessen und beim Netzzugang, worüber ebenfalls regelmäßig Berichte zu erstellen sind.

Nach einer kurzen Pause von etwa zwei Jahren wurde die *Debatte um die Förderung* erneuerbarer Energien jedoch in Deutschland und in Europa bereits *wieder belebt*. Hintergrund hierfür waren zum einen die Beschleunigungsrichtlinie und in Deutschland in Folge dessen die neuerliche EnWG-Novelle (siehe Abschnitt 4.4), welche die Debatte um die Binnenmarktkompatibilität von Förderinstrumenten erneut entflammte. Zum anderen wurde im Rahmen der seit 2002 diskutierten EEG-Novellierung auch wieder grundsätzlich über die EE-Förderung diskutiert. Dabei standen sich in Deutschland im Grundsatz die gleichen Koalitionen erneut gegenüber, wenngleich sich die Anzahl derjenigen, die das EEG pauschal ablehnten, verringert hatte (siehe Abschnitt 3.3.4). Waren die Anforderungen der Beschleunigungsrichtlinie für die Gegner-Koalition neue Argumente, so waren es für die EE-Koalition die Erfolge des EEG und die zunehmende Verbreitung von Einspeisevergütungsmodellen in Europa. Diese waren bereits vor der Richtlinie weiter verbreitet als Quotenmodelle, danach wurden sie mittlerweile in der EU-27 in 20 Mitgliedstaaten eingeführt (Stand Ende 2006). In den Berichten der Kommission wurde nun auch, entgegen früherer Argumentationen, die statische wie dynamische ökonomische Effizienz der Einspeisevergütungen gelobt, außerdem erreichten die Mitgliedstaaten mit diesem Modell de facto tendenziell eher ihre Ziele.

Im Rahmen des Bundestagswahlkampfes 2005, als der Bericht über den Erfolg der Fördermechanismen der Mitgliedstaaten noch nicht erschienen war, gab es nochmals eine Hochphase in der Debatte. Zusätzliche Motivation mag für die

---

[456] Nach der Erweiterung der EU beträgt das Ziel im Strombereich nun 21 %; das Ziel des EE-Anteils am Gesamtenergieverbrauch in Höhe von 12 % bezieht sich weiterhin auf die EU-15 und ist somit nicht verändert worden (Europäische Kommission 2004a).

konventionelle Energiewirtschaft die für sie negativ ausgegangenen politischen Verhandlungen um die EEG-Novelle 2004 und die gerade verabschiedete EnWG-Novelle gewesen sein. Der VDEW präsentierte mit dem so genannten Integrationsmodell eine schrittweise Abkehr vom EEG und versuchte auf Veranstaltungen und in Gesprächen nicht nur die damals in den Umfragen führende CDU zu gewinnen, sondern auch den neuen Energiekommissar Piebalgs. Dieser gab jedoch seit seinem Amtsantritt stets bekannt, was im Dezember 2005 dann auch im Kommissionsbericht zu lesen war: *Statt Harmonisierung* favorisierte die Kommission nun eine stärkere *Koordinierung* im Sinne eines Austausches von Erfahrungen und Best Practise. Ganz in diesem Sinne hatte die deutsche Bundesregierung bzw. das BMU mit der spanischen Regierung auf der Regierungskonferenz in Bonn 2004 eine so genannte Feed-in-Kooperation gegründet, die zur Verbreitung und Verbesserung von Einspeisevergütungsmodellen dienen soll. Dies stärkt auch die EE-Koalition und ihre Anliegen insgesamt.

Dennoch ist auch mit der Entwicklung des Jahres 2005 das Thema nicht erledigt und die Kontroverse nicht beigelegt. Zum einen schreibt der Bericht selbst bereits wieder für Ende 2007 den nächsten Bericht, und damit die nächste Unruhe vor. Zum anderen legte die Kommission Anfang 2007 einen Entwurf für eine gemeinsame Energiestrategie vor, die auch eine „Renewable Energy Roadmap" enthielt. In der Energiestrategie wie in der Roadmap wird die große Bedeutung erneuerbarer Energien zum Schutz des Klimas und der heimischen Energieversorgung zwar stärker betont als je zuvor. Gleichzeitig wird jedoch von sektoralen Ausbauzielen Abstand genommen. Zukünftig solle es nur noch ein globales Ausbauziel in Höhe von 20 % am Gesamtenergieverbrauch der EU geben. Dieses verbindliche Ausbauziel wurde im März 2007 vom Europäischen Rat gebilligt, wie von vielen EE-Akteuren befürchtet ohne Sektorziele und unter einigen Zugeständnissen an mehrere Länder bezüglich Ausnahmen.

Eine vereinheitlichte Richtlinie kann sich negativ auf die Investitionssicherheit - die in mittlerweile vielen Studien und auch von der Kommission als zentraler Erfolgsfaktor gesehen wird - auswirken, wenn die Staaten sich nicht selbst auf nationaler Ebene verbindliche Sektorziele und wirksame Instrumente verordnen. Durch eine vereinheitlichte Richtlinie kann tendenziell wieder der Druck in Richtung einer Harmonisierung der EE-Förderung (auch zusammen mit anderen klimapolitischen Instrumenten) steigen, wie dies gegenwärtig erneut u.a. vom deutschen Industriekommissar Verheugen zusammen mit der konventionellen Energieindustrie gefordert wird. Das ebenfalls vom Rat beschlossene CO_2-Minderungsziel von mindestens 20 % bis 2020 (gegenüber 1990) stabilisiert demgegenüber insbesondere die gut funktionierenden Vergütungsmodelle in Europa, denn ohne den Beitrag der erneuerbareren Energien wäre die ohnehin bisher magere CO_2-Reduktionsbilanz noch schlechter ausgefallen.

6 Wechselwirkungen mit der internationalen Ebene

Mit der „renewables"-Regierungskonferenz 2004 in Bonn startete auf internationaler Ebene erstmals ein politischer Prozess, der sich explizit der Förderung erneuerbarer Energien widmete.[457] Die renewables 2004 war zwei Jahre zuvor von der deutschen Regierung auf dem zweiten UN-Weltgipfel für nachhaltige Entwicklung 2002 in Johannesburg angestoßen worden, als Reaktion auf die dort gescheiterten Verhandlungen über erneuerbaren Energien.[458] Auf dem WSSD waren die erneuerbaren Energien erstmals auf einem bedeutenden UN-Gipfel als eigenständiges politisches Thema behandelt worden. In den Jahren zuvor tauchten sie zwar häufig im Kontext von internationaler Energie-, Klima-, Umwelt-, Entwicklungs- oder Nachhaltigkeitspolitik auf, es gab jedoch bis zu diesem Zeitpunkt keinen spezifischen politischen Prozess über internationale Mechanismen zum Ausbau erneuerbarer Energien.[459]

Allerdings haben die politischen Verhandlungen in über- oder nebengeordneten Politikfeldern, insbesondere in den Bereichen der internationalen Klima- und Energiepolitik, ebenfalls Auswirkungen auf die Entwicklung erneuerbare Energien. In Bezug auf die zentralen Fragen dieser Arbeit stehen demzufolge die Art, Richtung und Reichweite dieser Auswirkungen der internationalen Energie- und Klimapolitik auf erneuerbare Energien im Vordergrund, mit besonderem Fokus auf die Bedeutung für die nationale Ebene. Mit Blick auf den „renewables-Prozess" wird zudem in Bezug auf die Frage von Wechselwirkungen zwischen nationaler und internationaler Ebene die These formuliert, dass die deutsche rot-grüne Regierung, und hier insbesondere das BMU als Hauptveranstalter der Konferenz den Prozess maßgeblich beeinflussen konnte und damit auch seine nationale Politik stabilisiert bzw. gestärkt hat. Vor dem Hintergrund dieser These wird im Rahmen der Analyse des renewables-Prozesses schließlich auch untersucht, welche Form der Institutionalisierung gewählt wurde und warum.

Der Einstieg in die Analyse erfolgt auch hier über die Betrachtung der Entwicklung und des Status quo des globalen Energiesystems, mit einer Fokussierung auf den Strombereich (Abschnitt 6.1). In diesem Zusammenhang wird auch das Thema der Subventionen im globalen Energiemarkt behandelt, um die Relation der

---

[457] Nachfolgend wird die Konferenz auch kurz „renewables 2004" genannt, und die in der Folge entstandene politische Entwicklung wird als „renewables-Prozess" bezeichnet.

[458] Nachfolgend wird für den Weltgipfel auch die Abkürzung WSSD (World Summit for Sustainable Development) verwendet.

[459] Mit internationalen Verhandlungen und Vereinbarungen ist hier die globale bzw. überregionale Ebene gemeint, nicht also die Ebene der Europäischen Union oder andere regionale Staatenbündnisse oder Wirtschaftsräume.

Förderungen für konventionelle Energiesysteme und demgegenüber für erneuerbare Energien einzuschätzen. Abschließend werden in diesem Abschnitt zentrale Szenarien und Potenzialstudien behandelt, unter Berücksichtigung der wesentlichen Annahmen sowie der Herkunft der Studien.

Die folgenden beiden Abschnitte befassen sich mit der internationalen Energie- und Klimapolitik, die bis zur Gegenwart noch überwiegend als zwei getrennte politische Bereiche behandelt wurden. Da die Energiepolitik auf internationaler Ebene bis dato über keinen expliziten, eigenständigen Prozess verfügt, werden die in diesem Zusammenhang als maßgeblich erachteten Aktivitäten der Industrie- bzw. OECD-Länder näher betrachtet, konkret die Aktivitäten der G8 sowie die zentrale Organisation IEA (Abschnitt 6.2). Die internationale Klimapolitik (Abschnitt 6.3) wird im Wesentlichen durch den Kyoto-Prozess und die flexiblen Mechanismen geprägt. Sowohl die Analyse der internationalen Energie- als auch der Klimapolitik erfolgt schließlich unter dem Blickwinkel der Bedeutung für und Auswirkungen auf erneuerbare Energien. Diese Untersuchung bildet den Referenzrahmen für die nachfolgende Analyse des EE-spezifischen Politikprozesses des WSSD in Johannesburg bis zur renewables 2004 in Bonn (Abschnitt 6.4).

Bevor die Analyse der Politikprozesse in Johannesburg und Bonn erfolgt, werden die in der Diskussion befindlichen Institutionalisierungsformen der Förderung erneuerbarer Energien auf internationaler Ebene behandelt, um das Spektrum der politischen Möglichkeiten aufzuzeigen (Abschnitt 6.4.1). Die Analyse des Johannesburg-Prozesses (Abschnitt 6.4.2) erfolgt ebenso wie die anschließende Analyse des renewables-Prozesses (Abschnitt 6.4.3) unter Berücksichtigung der relevanten Akteure und Positionen im Vorfeld und während der Verhandlungen, sowie der zentralen Ergebnisse und Reaktionen. Der Abschnitt 6.4.3 zum „renewables-Prozess" schließt mit der Betrachtung der Folgeprozesse bis zum Stand Anfang 2007. Im Anschluss erfolgen die Zusammenstellung der relevanten Akteurskonstellation auf internationaler Ebene sowie ein Fazit, jeweils unter Berücksichtigung der Eingangsthesen und Fragen dieser Arbeit, sowie ein Ausblick.

6.1   Globales Energiesystem und Entwicklung erneuerbarer Energien

6.1.1   Verbrauchsentwicklung global und im Vergleich

Während der Energieverbrauch in Deutschland seit mehreren Jahren vergleichsweise stabil geblieben ist, ist die weltweite Energienachfrage in den letzten Jahren stetig angestiegen. Nahezu alle globalen Szenarien gehen von einer Fortsetzung dieser Entwicklung aus.[460] Die Abbildung 34 zeigt den vergleichsweise kontinuierlichen

---

[460]   Dabei gehen die meisten Studien über globale Entwicklungen des Energiemarktes von den Daten

Anstieg des Welt-Primärenergieverbrauchs um jährlich 1-2 %, gelegentlich bis zu 4 %, in den Jahren 1990 bis 2004.

Abbildung 34: Anstieg des Welt-Primärenergieverbrauchs 1990-2004 in Exajoule

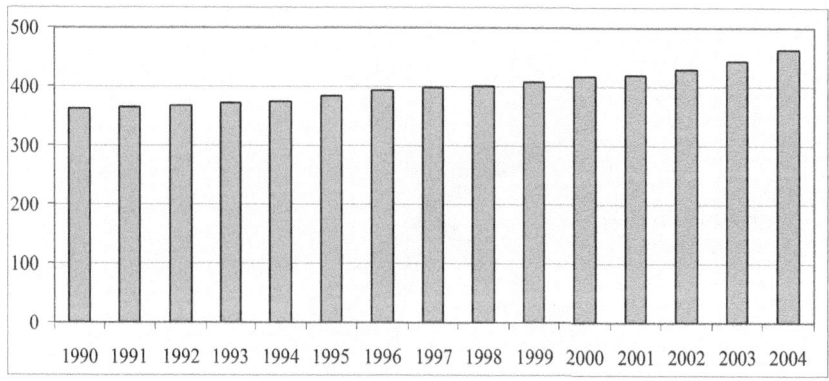

Quelle: eigene Darstellung nach Daten IEA (in BMWi 2006c)

Als Ursachen für diesen Anstieg des Verbrauchs können insbesondere die Wachstumsentwicklungen in China und anderen asiatischen Staaten sowie nach wie vor in den USA angeführt werden. Die regionalen bzw. länderspezifischen Anteile am globalen Primärenergieverbrauch verteilten sich im Jahr 2004 wie in Abbildung 35 dargestellt. Herausragendes Verbraucherland war mit über einem Fünftel (21 %) des Gesamtverbrauchs die USA. Die europäischen OECD-Staaten verbrauchten alle zusammen 17 % der globalen Primärenergien. Dahinter taucht bereits China mit 15 % auf. Die asiatischen Staaten ohne China und Indien kommen auf 11 %, die Staaten der ehemaligen Sowjetunion auf 9 %, Indien auf 5 %. Deutschland verbrauchte 3 %.

---

der IEA aus, die über Datenmaterial aus ihren Mitgliedsländern verfügt (OECD), und darüber hinaus auch für nicht-OECD-Länder Daten zusammenstellt. In Bezug auf die Datenqualität sind hierbei die Freiwilligkeit der Meldung von Daten, die unterschiedliche Erfassungsgenauigkeit der Länder, sowie möglicherweise interessengeleitete Analysen zu problematisieren. Zudem sind die Daten bei einigen Energieträgern und Technologien wenig präzise weil schwierig zu erheben. Dazu zählen die traditionelle Biomassenutzung, die Abfallnutzung sowie Pumpspeicherkraftwerke (BMU 2007c: 43).

Abbildung 35: Regionale und länderspezifische Verteilung des Welt-Primärenergieverbrauchs im Jahr 2004

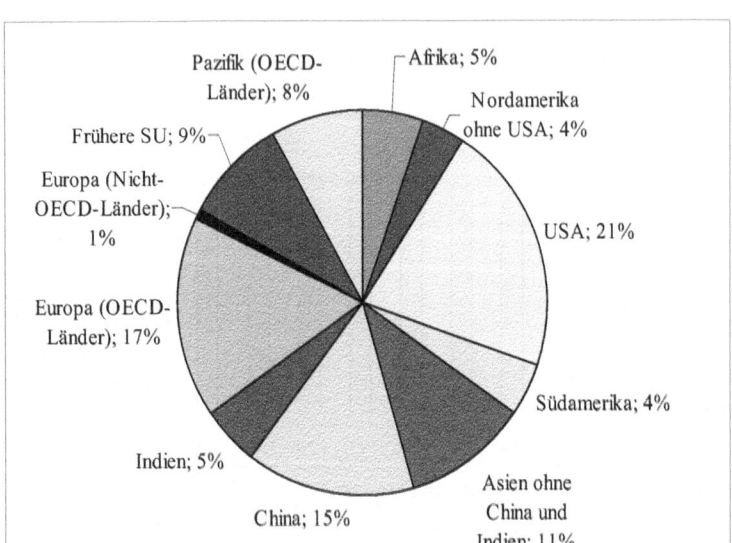

Quelle: eigene Darstellung und Berechnung nach Daten IEA (in BMWi 2006c)

Bezieht man die Verbrauchswerte der Staaten und Regionen auf ihre Bevölkerungszahl oder ihre Wirtschaftskraft, so erhält man folgende Ergebnisse: Bezüglich des Energieverbrauchs pro Kopf zeigt sich, dass die USA mit ca. 330 GigaJoule (GJ) pro Kopf mit deutlichem Abstand den höchsten Verbrauch aufweisen (vgl. Abbildung 36). Ein US-Bürger verbrauchte damit im Durchschnitt mehr als doppelt so viel Energie wie ein Europäer. Deutschland und Japan liegen bei etwa 180 GJ und somit über dem Durchschnitt der europäischen OECD-Länder und den Ländern der ehemaligen Sowjetrepubliken (ca. 150 GJ). Der durchschnittliche Einwohner Chinas verbrauchte hingegen in 2004 erst ein Sechstel des US-amerikanischen und ein Drittel des europäischen Wertes. Der Pro-Kopf-Verbrauch in Afrika und Indien lag noch unter dem chinesischen Wert bei ca. 30 bzw. 25 GJ.

Abbildung 36: Energieverbrauch pro Kopf in ausgewählten Staaten und Regionen im Jahr 2004

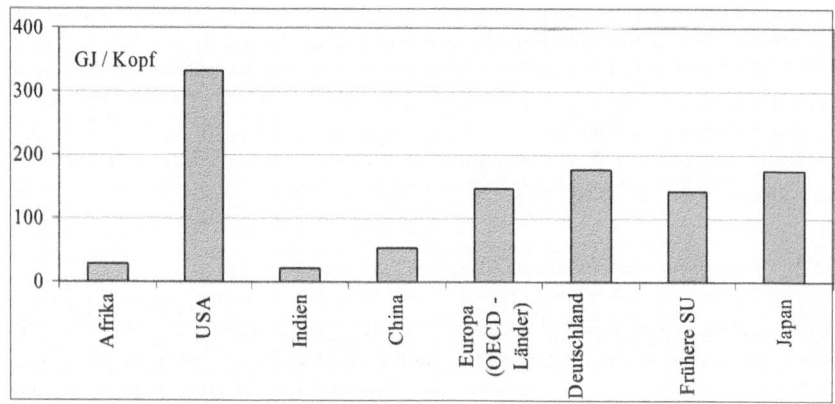

Quelle: eigene Darstellung nach Daten IEA 2006 (in BMWi 2006b)

Abbildung 37: Energieverbrauch pro Einheit Bruttoinlandsprodukt in ausgewählten Staaten und Regionen im Jahr 2004

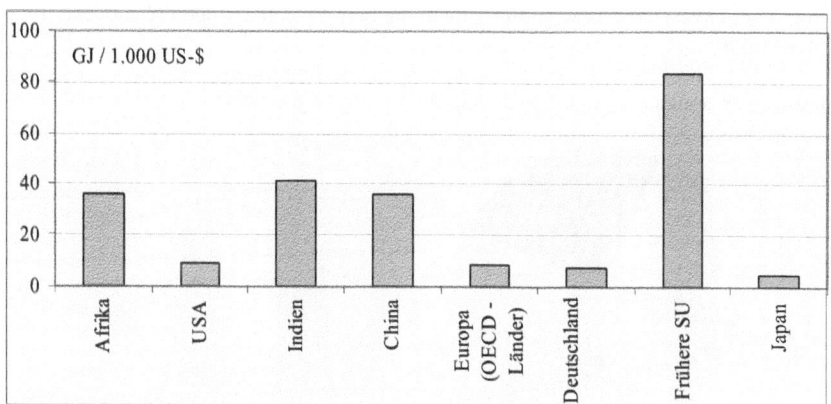

Quelle: eigene Darstellung nach Daten IEA 2006 (in BMWi 2006b)

Mit Blick auf den Energieverbrauch pro Bruttoinlandsprodukt (GJ pro 1.000 US-Dollar) dreht sich das Bild deutlich um (vgl. Abbildung 37): Hier weisen die USA, Deutschland sowie die europäischen OECD-Staaten insgesamt ähnlich niedrige spezifische Verbrauchswerte auf, den geringsten Wert hat Japan. Afrika, Indien und China liegen in etwa vierfach über diesen Werten, und (durchschnittlich) besonders energieintensive Volkswirtschaften sind die Staaten der ehemaligen Sowjetrepubliken. Der Zusammenhang beider Abbildungen verdeutlicht das hohe Konfliktpotenzial, das aus der bisherigen Verteilung bzw. Inanspruchnahme der fossilen Primärenergiequellen resultiert. Auf der einen Seite steht der hochgradig unterschiedliche Primärenergieverbrauch pro Kopf und das diesbezüglich gerechte Nachholbedürfnis der Entwicklungs-, Schwellen- und Transformationsländer. Dem steht auf der anderen Seite die Erkenntnis gegenüber, dass ein schnelles und hohes Wachstum dieser Länder auf der Basis ihres gegenwärtigen fossilen Energieverbrauchsniveaus pro Wertschöpfungseinheit zu einem deutlich schnelleren Ressourcenverbrauch und gesteigerten Klimaproblem führen würde.

6.1.2   Energieträger-Spektrum und erneuerbare Energien

Die Zusammensetzung des globalen Primärenergieverbrauchs wird klar dominiert durch die fossilen Energieträger (siehe Abbildung 38). Der Ölverbrauch lag hier in 2004 mit 34 % an der Spitze, gefolgt vom Kohleeinsatz in Höhe von 25 % und Erdgas mit knapp 21 %. Die erneuerbaren Energien werden weltweit im Umfang von etwa 13 % genutzt, demgegenüber weist die Atomenergie nur einen Anteil von 6,5 % auf. Mehr als 10 % des EE-Anteils entfiel auf Biomasse, über 2 % auf Wasserkraft, etwa 0,4 % auf den Einsatz von Geothermie, und erst in einer Größenordnung von etwas über bzw. unter einem halben Promille folgen Windkraft und Solarenergie.

Abbildung 38: Struktur des Welt-Primärenergieverbrauchs im Jahr 2004

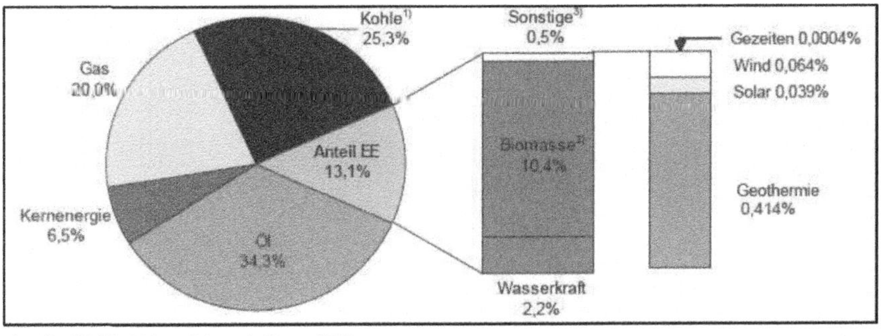

Quelle: BMU (2007c: 34) nach Daten IEA

Der hohe Anteil der Biomasse bei den erneuerbaren Energien ist im Wesentlichen auf die nach wie vor hohe traditionelle Nutzung von Biomasse zum Heizen und Kochen in Entwicklungsländern zurückzuführen. So weist der Biomasseverbrauch in Afrika (im Wesentlichen Holz) einen Anteil von knapp 50 % am gesamten Primärenergieverbrauch auf, in Asien (ohne China) sind es etwa 30 %, in Lateinamerika 20 %, und in China 15 %, demgegenüber liegt er in den OECD-Staaten im Durchschnitt bei etwa 3 % (eigene Berechnungen nach BMU 2007c: 36). Beim zweitgrößten Anteil, der Wasserkraft, handelt es sich überwiegend um Strom aus großen Wasserkraftanlagen, der häufig auf ökologisch und gesellschaftlich problematische Weise durch Staudämme erzeugt wird (siehe Abschnitt 3.1.1). Insofern handelt es sich gegenwärtig noch beim überwiegenden Teil der globalen Nutzung erneuerbarer Energien um nicht-nachhaltige Formen, erst ein kleiner Anteil steht für die Nutzung neuer EE-Anlagen: moderne Biomassenutzungen z.B. in Biogasanlagen, umweltverträgliche Fließgewässer oder Meeresenergienutzung sowie für die neueren Technologien der Wind-, Solar-, Geothermie- und Gezeitenenergienutzung.

Die Abbildung 39 zeigt jedoch auch, dass die absolute Nutzung erneuerbarer Energien in den letzten 25 Jahren zwar aufgrund verstärkter Biomassenutzung, einer Vielzahl neuer großer Wasserkraftanlagen sowie der neuen EE-Technologien zugenommen hat, der relative Anteil ist jedoch seit Mitte der 1990er Jahre aufgrund des insgesamt in größerem Ausmaß steigenden weltweiten Energieverbrauchs (vgl. Abbildung 34) von 13,8 % im Jahr 1995 auf 13.1 % in 2004 gesunken.

Abbildung 39: Entwicklung der weltweiten erneuerbaren Primärenergiebereitstellung und des Anteils erneuerbarer Energien

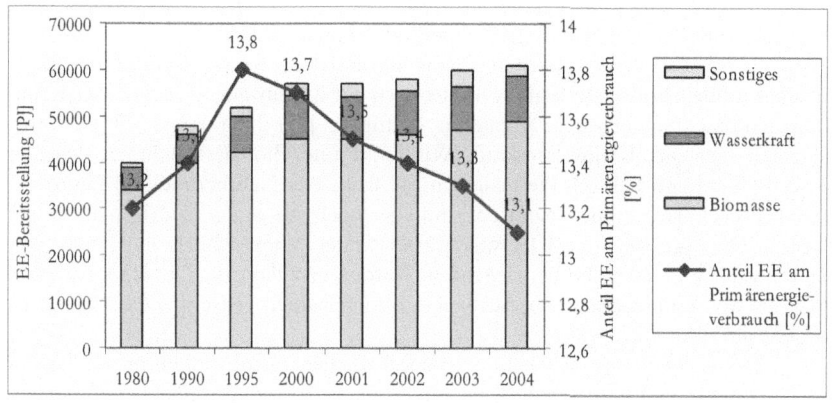

Quelle: BMU (2007c: 34) nach Daten der IEA

6.1.3 Globale Stromerzeugung und erneuerbare Energien

Auch die weltweite Stromerzeugung ist maßgeblich durch die fossilen Energieträger und ihre Wandlungstechnologien geprägt (siehe Abbildung 40, Daten aus dem Jahr 2004). Hier ist es insbesondere die Kohle, die mit etwa 40 % deutlich dominiert, gefolgt von Erdgas mit knapp 20 %. Die Kernenergie, die nahezu ausschließlich zur Stromerzeugung dient, kam auf einen Anteil von 15,7 % und lag damit hinter den erneuerbaren Energien.

Auch bei der Nutzung erneuerbarer Energien im Strombereich gab es ein leichtes absolutes Wachstum, insgesamt ist der Anteil jedoch ebenfalls aufgrund der in größerem Umfang steigenden gesamten Stromproduktion rückläufig (BMU 2007c: 37). Im Jahr 2004 betrug er knapp 18 %. Davon entfielen über 90 % auf die Wasserkraft,

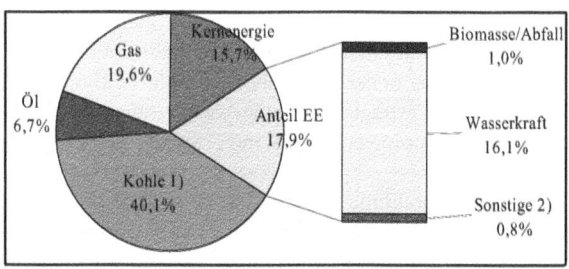

Abbildung 40: Anteile erneuerbarer Energien an der weltweiten Stromerzeugung im Jahr 2004

1) enthält nicht erneuerbaren Anteil des Abfalls (0,3 %)
2) Geothermie, Sonne, Wind, Meeresenergie

Quelle: BMU (2007c) nach Daten der IEA

die nahezu in allen Regionen der Erde zur Stromerzeugung genutzt wird (REN21 2006). In den letzten Jahren gab es insbesondere in China viele neue Großprojekte, aber auch eine Vielzahl neuer Kleinwasserkraftanlagen (ebda.).

Die weltweiten Kapazitäten von dezentralen, Strom erzeugenden EE-Anlagen (ohne Großwasserkraft) verteilen sich auf die einzelnen Technologien und Regionen bzw. Länder wie in Abbildung 41 für das Jahr 2005 dargestellt. Die Stromerzeugungen aus Kleinwasserkraft, Windkraft und Biomasse nehmen dabei in dieser Reihenfolge weltweit die bedeutendste Rolle ein. Geothermie und Photovoltaik entwickeln sich zwar dynamisch, sind aber noch auf einem niedrigen absoluten Niveau. Die Nutzung der Kleinwasserkraft findet hauptsächlich in China statt, während die Windenergie überwiegend in Europa installiert ist. Die USA haben in 2005 bei der Windenergie den Ausbaugrad von Spanien erreicht, Deutschland ist hier absolut führend.

Das gegenwärtige Wachstum erneuerbarer Energien erfolgte in den letzten Jahren überwiegend in den Industrieländern, und dort fast ausschließlich in netzgekoppelten Anlagen. Für die schätzungsweise zwei Milliarden Menschen ohne geregelte Stromversorgung in den Entwicklungsländern bieten demgegenüber netzunabhängige Inselsysteme auf der Basis erneuerbarer Energien die Chance einer autonomen Energieversorgung, ohne den Aufbau einer teuren Infrastruktur und ohne dauerhafte Abhängigkeit von Brennstoffimporten bei stetig steigenden Verbrauchskosten. Die Technologien zur Energiewandlung sind dabei im Grundsatz die Gleichen wie bei netzgekoppelten Systemen. Bei Inselsystemen spielen zusätzlich Komponenten zur Energiespeicherung und zum Energiemanagement eine Rolle. Diese werden jedoch auch in den Industrieländern in Zukunft eine stärkere Rolle spielen, wenn die Vorteile dezentraler Technologien gegenüber der zentralen Erzeugung, wie z.b. die Einsparung von Netzverlusten, zum Tragen kommen sollen. Somit kann die globale Stromversorgung der Zukunft durch einen höheren Anteil von teilautonomen, dezentralen, netzbasierten Systemen sowie von Inselsystemen geprägt sein. Für eine solche Transformation bzw. Dezentralisierung des Energiesystems sind in Zukunft verstärkt intelligente Speicher- und Regelsysteme zu entwickeln, die im einen Fall die bedarfsgerechte Stromversorgung von Inselsystemen sicherstellen, im anderen Fall gut mit der Netzinfrastruktur und dem Lastmanagement harmonieren (siehe hierzu auch Abschnitt 3.1.2).

Abbildung 41: Weltweite Kapazitäten für Strom aus erneuerbaren Energien im Jahr 2005

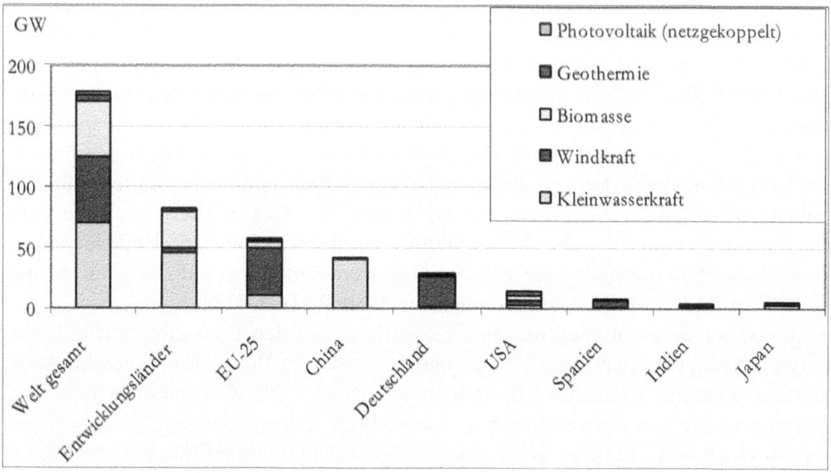

Quelle: eigene Darstellung nach Daten REN21 (2006: 5)

6.1.4   Weltweite Subventionen im Energiebereich

Obwohl sich die erneuerbaren Energien in einigen Bereichen dynamisch entwickelt haben und absolut betrachtet gewachsen sind, so zeigen die obigen Darstellungen, dass ihr Anteil aufgrund des stärker gestiegenen Energieverbrauchs relativ betrachtet abgenommen hat und somit das konventionelle Energiesystem basierend auf fossilen Energieträgern nach wie vor deutlich dominiert. Darüber hinaus beruht der Großteil der erneuerbaren Energien derzeit noch auf traditioneller Biomasse und großen Wasserkraftanlagen und damit auf überwiegend nicht-nachhaltigen Formen.

Allerdings haben sich die politischen Rahmenbedingungen für neue EE-Technologien, das allgemeine Investitionsklima und die Professionalität der EE-Branchen in einigen Ländern deutlich verbessert, und auch die zukünftigen globalen Wachstums- und Marktentwicklungsprognosen fallen dementsprechend überwiegend positiv aus (REN21 2006). Allerdings spricht die deutliche Marktdominanz der Unternehmen des konventionellen Stromversorgungssystems für ein hohes Beharrungsvermögen, das insbesondere mit den existierenden, kapitalintensiven Infrastrukturen zusammenhängt, die über Jahrzehnte zur Brennstoffherstellung, zum Transport sowie zur Stromproduktion aufgebaut wurden. Dieses System unterscheidet sich deutlich von einer dezentralen, überwiegend brennstofffreien Strombereitstellung auf der Basis erneuerbarer Energien (siehe Abschnitt 3.1).

In diesem Zusammenhang spielen Subventionen eine zentrale Rolle, da sie Verzerrungen auf Märkten ausgleichen – oder umgekehrt bewusst erzeugen – und somit gravierende Auswirkungen auf die Transformation oder auf die Stabilisierung eines Marktes haben können. Traditionell spielen Subventionen gerade im Energiebereich, als dem zentralen Versorgungssektor für die gesamte Volkswirtschaft, eine gewichtige Rolle. Auch wenn die steigenden Gewinnungskosten der fossilen Rohstoffe langfristig eindeutig für Kostenvorteile der erneuerbaren Energien sprechen, so wird diese Entwicklung durch eine Vielzahl verschiedener Subventionen überlagert und somit entweder verzögert oder forciert. Subventioniert werden dabei in unterschiedlichem Ausmaß nicht nur die Rohstoffe selbst, sondern auch die Umwandlungstechnologien, die Infrastruktur des konventionellen Energiesystems sowie die externen Effekte wie z.B. die negativen Wirkungen auf die Umwelt und die Risiken für Gesundheit und Gesellschaft (UNEP/ IEA 2002).

Neben Subventionen mit direkter Wirkung auf den Preis gibt es eine Reihe indirekter Subventionen wie z.B. Regulierungen, die ein Produkt, eine Technologie oder ein gesamtes technisches System bevorzugen.[461] Die Zusammenstellung und Quantifizierung von Subventionen ist methodisch äußerst schwierig, insbesondere bei indirekten Subventionen sowie volkswirtschaftlichen Folgewirkungen. So führen Preisstützungen bzw. -Vergünstigungen von fossilen Brennstoffen auch zu einem höheren Verbrauch und damit zur weiteren Verknappung sowie vermehrter Umweltbelastung. Derartige Folgewirkungen sind jedoch in der Regel nur schwer quantifizierbar und bleiben in aller Regel unberücksichtigt. Aus diesen Gründen ist die Vergleichbarkeit von Angaben über Subventionen aus verschiedenen Studien nur begrenzt möglich. Aufgrund der genannten Schwierigkeiten gibt es auch unterschiedliche Subventionsdefinitionen in der Debatte, weshalb der Begriff und damit in Verbindung stehende unterschiedliche Subventionstatbestände in der politischen Auseinandersetzung häufig von Interessengruppen instrumentalisiert werden.

---

[461] Gute Übersichten verschiedener Subventionsformen im Energiebereich sowie unterschiedlicher Definitionen geben die Untersuchungen von UNEP und IEA (2002), der Europäischen Umweltagentur EEA (2004), Pershing und Mackenzie (2004) sowie Kjellingbro und Skotte (2005).

Dennoch lassen sich mit Blick auf die Subventionierung des fossil-atomaren Energiesystems einige grundsätzliche Aussagen machen. Studien der Weltbank, der IEA und UNEP ermitteln für die 1990er Jahre jährliche Energie-Subventionen von 230-240 Mrd. Dollar weltweit (UNEP/ IEA 2002; Pershing/ Mackenzie 2004; Kjellingbro/ Skotte 2005). Nach Kjellingbro und Skotte (2005) handelte es sich beim überwiegenden Teil dieser Subventionen – nach ihren Angaben im Umfang von 216 Mrd. Dollar – um so genannte „perverse subsidies", die negative Effekte sowohl für die Umwelt als auch für die gesamte Ökonomie bzw. die Gesellschaft aufweisen.[462] Andre de Moor (2001) schlüsselte die jährlichen weltweiten Subventionen im Energiebereich, die er zwischen 1995 und 1998 auf jährlich 244 Mrd. US-Dollar beziffert, wie folgt auf:

- 151 Mrd. entfielen in etwa zu gleichen Teilen auf die fossilen Brennstoffe Kohle, Öl und Erdgas

- mit knapp 50 Mrd. Dollar wurde die Stromproduktion subventioniert

- 16 Mrd. entfielen auf die Atomtechnologie

- die weltweiten Subventionen wurden zu einem Drittel in den OECD-Staaten gezahlt, zwei Drittel entfielen auf nicht-OECD-Staaten

- demgegenüber wurden erneuerbare Energien zusammen mit Maßnahmen beim Endverbrauch nur mit insgesamt 9 Mrd. subventioniert, was einem Anteil von 3,7 % entspricht.

Inwieweit in diesen Studien beispielsweise auch Zölle im internationalen Warenverkehr berücksichtigt sind, ist unklar. Auch über die Festsetzung der Zölle für verschiedene Produkte erfolgen indirekte Subventionen in enormem Ausmaß (Steenblik 2005). Gegenwärtig werden hochgradig unterschiedliche Zölle für Produkte, Vorprodukte und Komponenten verschiedener Energieträger erhoben. Dabei werden beispielsweise Benzin und Diesel im Gegensatz zu Bioenergieprodukten deutlich niedriger verzollt, Windkraftanlagen werden überwiegend als Stahl deklariert und demgemäß sehr hoch verzollt (Steenblik 2005; Wortmann 2006).

Die oben genannten Subventionsdaten berücksichtigen außerdem keine externen Effekte. Diese (negativen) Externalitäten werden in der Literatur auch oft als passive, versteckte oder implizite Subventionen bezeichnet (Kent/ Myers 2001; OECD 2003). In der Studie von Kent und Myers wurden neben den ermittelbaren direkten und indirekten Energie-Subventionen (131 Mrd. Dollar) auch negative Externalitäten im Energiebereich in Höhe von 200 Mrd. Euro quantifiziert. Von den 331 Mrd. Dollar Gesamtsubventionen stuften die Autoren den überwiegenden Teil, 300 Mrd. Dollar (90 %), als „perverse subsidies" ein (Kent/ Myers 2001: 188).

Ein wichtiger Bestandteil der Subventionen und gleichzeitig Ausdruck der technologischen Präferenzen der Politik sind die finanziellen Mittel zur Unterstützung von Forschung und Entwicklung. Gerade im Energiebereich haben die Staa-

---

[462] Zum Begriff und Konzept der „perverse subsidies" siehe Myers und Kent (2001).

ten auf nationaler Ebene, aber auch die internationalen Geldgeber und Energieinstitutionen damit die Gestalt des heutigen Energiesystems – insbesondere im Strombereich - entscheidend geprägt, wie die Zahlen der IEA belegen (IEA 2004b: 54):[463]

-   Im Zeitraum zwischen 1974 (d.h. nach der ersten Ölpreiskrise) bis 2002 wurden insgesamt knapp 300 Mrd. US-Dollar für F&E-Maßnahmen ausgegeben.

-   Davon entfielen 168 Mrd. Dollar – über die Hälfte des Gesamtbudgets – auf die Förderung der Nukleartechnologie (darin 30 Mrd. für die Entwicklung der Fusionstechnologie).

-   Nur 23 Mrd. Dollar, entsprechend ca. 8 % der Gesamtausgaben in diesem Zeitraum, wurden für erneuerbare Energien aufgewendet. Dabei waren die Ausgaben gemessen am Gesamtbudget in der jüngeren Periode zwischen 1987 und 2002 mit 7,7 % sogar geringer als im Zeitraum zwischen 1974 und 1986 (8,4 %).

-   Insgesamt flossen demgemäß 267 Mrd. in die Forschung und Entwicklung nicht-erneuerbarer Technologien, und davon entfielen nur 23 Mrd. Dollar auf Forschung im Bereich der Energieeinsparung (ebda.).

Die Abbildung 42 zeigt die Entwicklung und Verteilung der jeweiligen Anteile im Zeitraum zwischen 1974 und 2003. Hier hebt sich insbesondere die Förderung der Nukleartechnologie mit deutlichem Abstand von der Förderung aller anderen Aktivitäten ab.

Diese Entwicklung erscheint in hohem Maße inkonsistent mit der mittlerweile seit vielen Jahren ausgegebenen energiepolitischen Linie der meisten OECD-Länder, wie die Autoren des IEA-Berichts selbst anmerken: „The declining share of public funding for energy RD&D allocated to renewable energy appears to be inconsistent with the political intentions of many IEA countries to increase the ohare of renewables in Total Primary Energy Supply" (IEA 2004a).

Die Veränderung der Subventionspraxis ist jedoch schwierig. Dies gilt für die nationale ebenso wie für die internationale Ebene, da auf beiden Ebenen die Vertreter des konventionellen Energiesystems in technischer und institutioneller Hinsicht fest integriert und etabliert sind. Dies wirkt sich bis hin zu den allgemeinen Strukturen der Finanzierung und Förderung aus. So vergibt beispielsweise die Weltbank, aber auch eine Reihe anderer internationaler und nationaler Kreditgeber, traditionell vorrangig Finanzmittel für Großprojekte im Energiebereich, d.h. zentrale Großkraftwerke und Infrastrukturen (Pershing/ Mackenzie 2004).[464] Mit diesen

---

[463]   Die öffentlichen Forschungsmittel im Energiebereich in Deutschland sind in Abschnitt 3.2.2 dargestellt.

[464]   Diese Schwerpunkte der Kreditvergabe der Weltbank für Projekte im Bereich Bergbau und Ölförderung standen zunehmend in der Kritik einzelner Geberländer sowie vieler Nichtregierungsorganisationen (Böll-Stiftung 2004). Aus diesem Grund beauftragte Weltbank-Präsident Wolfensohn 2002 den „Extractive Industries Review" (EIR). In diesem Bericht wurden unter der Leitung des ehemaligen indonesischen Umweltministers Emil Salim die Aktivitäten der Weltbank im Sektor

Großprojekten sind zudem administrative Expertise sowie langjährige Kontakte und Kooperationen mit Kunden und Anbietern verbunden, die einen Pfadwechsel hin zu beispielsweise Kleinkrediten für dezentrale Energieversorgungssysteme auf der Basis erneuerbarer Energien in großem Maßstab entgegenstehen (ebda.).

Abbildung 42: Staatliche F&E-Ausgaben in IEA Mitgliedstaaten zwischen 1974-2003

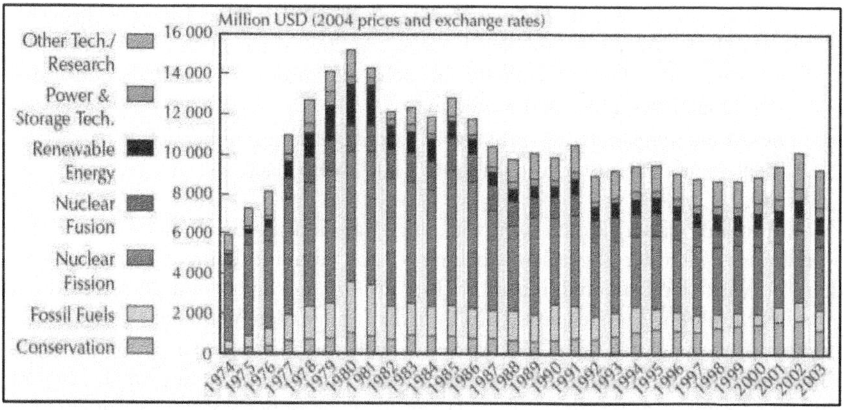

Quelle: OECD/ IEA (2006b)

Die geschilderten Subventionstatbestände und Zusammenhänge bestätigen und begründen somit die hohe Beharrungskraft des konventionellen, globalen Energiesystems. Es wird ersichtlich, dass zur Beendigung von ökologisch und volkswirtschaftlich schädlichen Subventionen, mit dem Ziel einer zunehmenden Internalisierung externer Kosten, ein vergleichsweise langer Zeitraum notwendig sein wird.

6.1.5   Energiezukünfte: Potenziale und Szenarien

Szenarien zur weltweiten Entwicklung des Energieverbrauchs und des Energiesystems beziehen sich in aller Regel auf die Ausgangsdaten und Referenzszenarien der

Rohstoffförderung untersucht. Der so genannte Salim-Bericht kritisiert die bestehenden Umwelt- und Sozialstandards der Weltbank und benennt zugleich eine Reihe von gravierenden Menschenrechtsverletzungen bei den untersuchten Projekten (Salim 2003). Der Bericht empfiehlt der Weltbank darüber hinaus, ihre Finanzierung von Ölförderaktivitäten bis 2008 auslaufen zu lassen, und stattdessen massiv in erneuerbare Energien zu investieren (ebda.). Die Reaktion der Weltbank auf den Bericht war eine Zurückweisung der Forderung eines Ausstiegs aus den fossilen Energien, begrüßt wurde jedoch – auch anlässlich der bevorstehenden renewables-Konferenz 2004 in Bonn - die Empfehlung einer Steigerung des Anteils an EE-Projekten (IFC 2004). Diese wurde jedoch de facto nur sehr geringfügig erhöht (siehe Abschnitt 6.4.3).

IEA, die über die umfangreichsten Daten der maßgeblichen nationalen Energiemärkte im OECD und nicht-OECD-Raum verfügt.[465] In ihrem *Referenzszenario* aus
dem Jahr 2006 kommt die IEA bezüglich der Entwicklungen bis 2030 zu folgenden
Schlussfolgerungen (OECD/ IEA 2006c):[466]

–   Die Nachfrage wird jährlich im Durchschnitt um 1,6 % ansteigen, davon zu
    70 % in jetzigen Entwicklungsländern und allein zu 30 % in China.

–   Zu über 80 % wird dieser Nachfrageanstieg durch fossile Energien gedeckt,
    wodurch der Anteil der fossilen Energien in 2030 sogar noch über dem heuti-
    gen Anteil liegt. Der wesentliche Zuwachs erfolgt durch Kohle, aber auch der
    Ölverbrauch steigt bis 2030 weiter an.

–   Die Atomenergienutzung geht leicht zurück, demgegenüber wächst der EE-
    Anteil zwar dynamisch, verbleibt aber auf einem nach wie vor niedrigen Ni-
    veau.

Zur Ermittlung dieser „Referenzentwicklung" hat die IEA ihre Projektion aus dem
Vorjahr bezüglich der Ölpreisentwicklung – nach zum Teil heftigen Protesten und
dem Vorwurf der Datenmanipulation (Ritz 2005) - korrigiert und geht nun doch
von einer leichten Preissteigerung aus. Mit dem steigenden Verbrauch von fossilen
Brennstoffen bis 2030 geht zwangsweise auch ein Anstieg der globalen CO_2-
Emissionen auf 40 Gigatonnen einher, was einem jährlichen Anstieg um 1,7 % und
einer insgesamten Steigerung seit 2004 um 14 Gigatonnen (55 %) entspricht (O-
ECD/ IEA 2006c: 5). Dieser Anstieg ginge zu drei Vierteln auf die ökonomisch
wachsenden Entwicklungsländer, allen voran China (39 %) und Indien, zurück,
deren Pro-Kopf-Emissionen jedoch nach wie vor unterhalb der OECD-Staaten
blieben.

Auf Basis ihres Referenzszenarios warnt die IEA: „The threat to the world´s
energy security is real and growing" (OECD/ IEA 2006c: 2). Insbesondere die
OECD-Staaten und die stark wachsenden asiatischen Länder wären aufgrund zu

---

[465]   Der jährliche „World Energy Outlook" (WEO) ist die "flagship publication" der IEA (zitiert nach
        www.worldenergyoutlook.org, 3.3.2007). Im Rahmen des WEO ist die IEA als eine der wenigen
        Organisationen aufgrund ihres Datenzugangs in der Lage, Langzeit-Studien über die globalen E-
        nergiemarktentwicklungen zu erstellen. Dabei werden nachfrage- und angebotsseitige Trends,
        Prognosen und Szenarien für die einzelnen Brennstoffe, Weltregionen sowie global erstellt. Auf der
        Basis der Szenarien gibt die IEA im Rahmen des WEO im Auftrag der OECD- und G8-Staaten
        auch Interpretationen und politische Strategieempfehlungen ab. Daneben werden Analysen zu jähr-
        lich wechselnden Schwerpunktthemen durchgeführt, die aktuelle Herausforderungen für den Ener-
        giesektor behandeln sollen. Im Rahmen des WEO 2006 sind dies u.a. politische Empfehlungen für
        ein „Alternativ-Szenario", eine Studie zur Biomassenutzung, zum Schwerpunktland Brasilien sowie
        zu den Perspektiven der Atomenergie.

[466]   Mit dem World Energy Outlook des Jahres 2006 kommt die IEA der ihr von der G8 auf dem
        Gleneagles-Treffen (siehe Abschnitt 6.2.3) übertragenen Aufgabe nach, ein Szenario zu entwerfen,
        aus dem Strategien „aimed at a clean, clever and competitive energy future" abgeleitet werden soll-
        ten (OECD/ IEA 2006c: 1). Die Energie-Vision des Referenzszenarios wird demgegenüber mit
        den Worten „under-invested, vulnerable and dirty" beschrieben (ebda.).

geringer eigener fossiler Quellen zunehmend importabhängig und damit sehr ver-
wundbar für Ölpreisschocks, ebenso allerdings auch die stark ölabhängigen ärmsten
Länder. Die weiteren Analysen der IEA, z.B. bezüglich der zukünftig benötigten
staatlichen und privaten Investitionsmittel, fokussieren im Wesentlichen auf die
Frage, wie und ob die „verwundbaren Staaten" es schaffen, den steigenden Energiebedarf im Sinne einer „sicheren" Versorgung mit fossilen Rohstoffen zu decken.

In ihrem „*Alternative Policy Scenario*", das gleichzeitig die Politikberatung für
den Gleneagles-Prozess der G8 darstellt (siehe auch Abschnitt 6.2.3), kommt die
IEA zu folgenden Ergebnissen und Empfehlungen: Durch entsprechende Ein-
sparmaßnahmen und Effizienzsteigerungen würde die Gesamtnachfrage nach
Energie in 2030 um 10 % geringer ausfallen. Dies wird im Wesentlichen erreicht
durch

- effizientere Kraftfahrzeuge bzw. geringere Kraftstoffverbräuche (36 % der
  eingesparten Emissionen im Vergleich zum Referenzszenario)
- effizientere Stromnutzung (30 %) und Energieproduktion (13 %)
- erhöhten Einsatz erneuerbarer Energien (12 %)
- und schließlich verstärkte Atomenergienutzung (10 %).

Die IEA wirbt für ihr Alternativ-Szenario damit, dass viele der Maßnahmen betriebswirtschaftlich und volkswirtschaftlich vorteilhaft seien. Allerdings erfolgen
diese Berechnungen auf einem preislichen Status quo, der nicht von wesentlichen
Änderungen in der gängigen Subventionspraxis oder der Berücksichtigung externer
Kosten (siehe Abschnitt 6.1.4) ausgeht. Ein Beispiel hierfür ist die Atomenergie:
Die IEA geht im Alternativ-Szenario unter der Bedingung von „more favourable
nuclear policies" von einer Gesamtkapazität von 519 GW in 2030 im Vergleich zu
416 GW im Referenzszenario aus. Laut IEA-Prognose könnten Nuklearanlagen
Strom zu weniger als 5 US-Cents pro kWh produzieren. Dabei wird von „reichlich
vorhandenen" [„abundant", eigene Übersetzung] und weltweit gut verteilten Uranvorkommen ausgegangen (OECD/ IEA 2006c: 8). Gerade die Endlichkeit der
Uranvorkommen wird jedoch von vielen Experten als ein wichtiges Argument
gegen den Bau neuer Atomreaktoren angeführt: Der Höhepunkt der Uranförderung
wird beispielsweise nach Aussage von Forschern der „Energy Watch Group" etwa
2035 erreicht sein, und gemäß der Ausbauempfehlungen der IEA sogar bereits 2030
(Zittel/ Schindler 2006; vgl. hierzu auch Heinrich-Böll-Stiftung 2006; WBGU
2007a).[467]

---

[467] Die Streckung der Uran-Reserven mit dem so genannten Schnellen Brüter-Konzept muss auf der
Basis der bisherigen Erfahrungen als zu teuer, technisch nicht ausgereift und folglich nicht in gro-
ßem Stile umsetzbar bewertet werden, zudem birgt sie zu große Proliferationsgefahren (Heinrich-
Böll-Stiftung 2006; Zittel/ Schindler 2006; WBGU 2007a). Insbesondere in Bezug auf den letzten
Aspekt wird von vielen Autoren darauf hingewiesen, dass alle heutigen militärischen Atommächte
mit der zivilen Nutzung bzw. der Vorgabe einer rein zivilen Nutzung gestartet sind. Aus diesem
Grund werden die zivile und die militärische Nutzung der Atomtechnologie auch oft als „siamesi-

Ein Ausbau würde demnach zu drastischen Preissprüngen führen, und käme aufgrund der langen Bauzeiten und der zu erwartenden gesellschaftlichen Widerstände in vielen Ländern nicht rechtzeitig und nicht in vollem Umfang zum Tragen. Aus diesen Gründen sind die Atomenergie-Szenarien der IEA in diesem Umfang als unrealistisch einzuschätzen. Auch der Beitrag der Atomenergie zum gesamten Klimaschutz ist weder gegenwärtig hoch, noch wäre er das in dem von der IEA skizzierten Szenario (siehe hierzu auch Abschnitt 3.2.3 sowie Matthes 2006). Die IEA wirbt jedoch bei den Regierungen für eine stärkere Nutzung dieser Atomenergie: „Nuclear power will only become more important if the governments of countries where nuclear power is acceptable play a stronger role in facilitating private investment, especially in liberalised markets" (OECD/ IEA 2006c: 8).

Mit Blick auf die *Rolle der erneuerbaren Energien* formuliert die IEA einerseits, dass diese maßgeblich zur Erreichung der Ziele des Alternativ-Szenarios beitragen – der EE-Anteil am gesamten Primärenergieverbrauch bleibt jedoch in diesem Szenario im Jahr 2030 nahezu unverändert bei 14 % (OECD/ IEA 2007b: 12). Absolut betrachtet leisten Biomasse und Großwasserkraft nach wie vor den größten Beitrag. Geothermie, Solar- und Windenergie wachsen am stärksten und leisten signifikante Beiträge in der Stromerzeugung, tragen jedoch global nur 1,7 % zur Deckung der globalen Energienachfrage bei. Der gesamte EE-Anteil in der Stromerzeugung wächst von 18 % in 2004 auf ca. 25 % in 2030 und wird damit hinter Kohle der zweitbedeutendste Bereich. In den OECD-Staaten steigt der EE-Anteil an der Stromerzeugung auf 38 %, davon entfallen 22 % auf „non-hydro-renewables", überwiegend Windenergie und Biomasse (ebda.: 13).[468]

Im Vergleich zu einer Vielzahl anderer Szenarien bleiben die oben beschriebenen der IEA deutlich hinter den möglichen Potenzialen erneuerbarer Energien zurück. So gibt beispielsweise der WBGU in einem Politikpapier von Anfang 2007 an, dass die erneuerbaren Energien in 20 Jahren – unter Berücksichtigung von Nachhaltigkeitskriterien z.B. bei der Bioenergie- und Wasserkraftnutzung - zwei Drittel der globalen Stromerzeugung übernehmen könnten (WBGU 2007a: 6). Bis 2025 könnten Biomasse mit 30 %, Windenergie mit 20 % und Wasserkraft mit 16 % zur Stromproduktion beitragen, danach setze das bis dahin kostengünstige und „praktisch unbegrenzte" Potenzial der Solarenergie ein bis zur Vollversorgung mit erneuerbaren Energien (ebda.: 7).

---

sche Zwillinge" bezeichnet (Müller-Kraenner 2007: 186).

[468] In ihren weitergehenden Szenarien bis 2050, die ebenfalls zur Unterstützung des G8-Aktionsplans erstellt wurden, liegt der Anteil erneuerbarer Energien an der Stromerzeugung zwischen 23 % (pessimistisches Szenario bezüglich der Kostensenkungen) und 35 % (so genanntes TECH Plus Szenario) (OECD/ IEA 2006a: 6).

Derartige Vollversorgungs- oder 100 %-Szenarien sind im Verlauf der letzten Jahrzehnte zahlreich für verschiedene Staaten sowie für die globale Ebene erstellt worden.[469] Während in früheren Jahren dabei von sehr ungewissen und noch nicht erprobten Rahmenbedingungen und Technologien ausgegangen werden musste, basieren die jüngeren Szenarien heute auf einer Reihe von Erfahrungen mit politischen Instrumenten, Technologien und Marktentwicklungen und basieren somit zum Teil auf Trendaussagen. So werden im oben genannten WBGU-Szenario beispielsweise überwiegend bestehende Wachstumsentwicklungen fortgeschrieben. Welche dieser Zukünfte letztlich erreicht bzw. realisiert wird, hängt nicht von

Abbildung 43: Globaler Anstieg erneuerbarer Energien im Alternativ-Szenario der IEA

	2004	2030	Zunahme um Faktor
Stromproduktion (TWh)	3.179	7.775	>2
Wasserkraft	2.810	4.903	<2
Biomasse	227	983	>4
Wind	82	1.440	18
Solar	4	238	60
Geothermie	56	185	>3
Gezeiten/Wellenkraft	<1	25	46
Biofuels (Mtoe*)	15	147	10
Industrie/Gebäude (Wärme) (Mtoe*)	272	559	2
Biomasse**	261	450	<2
Solarthermie	6,6	64	10
Geothermie	4,4	25	6

* Mio. t Rohöl-Äquivalent, ** ohne traditionelle Biomasse
Quelle: eigene Darstellung nach Daten OECD/ IEA (2007b: 12)

abstrakten oder nicht beeinflussbaren Entwicklungen ab, sondern ist, wie Hermann Scheer schreibt, „von sozialen Faktoren" wie „der Aufgeschlossenheit von Wirtschaftsunternehmen, … von politischen Konzepten und dem öffentlichen Bewusstseinsstand" abhängig (Scheer 2005: 58). Dies sieht im Grundsatz auch die IEA so (OECD/ IEA 2007b: 5): „The Reference Scenario trends described above are not set in stone. Indeed, governments may well take stronger action to steer the energy system onto a more sustainable path."

6.2 Internationale Energiepolitik

Über die stärkere Nutzung erneuerbarer Energien wurde in den letzten Jahrzehnten auf internationaler Ebene immer dann diskutiert, wenn es weltweite Energieversorgungsprobleme des dominierenden konventionellen Energiesystems gab. Dies

---

[469] Eine Auswahl siehe bei Scheer (2005: 60-61).

begann in der Nachkriegszeit erstmals im Zuge der Ölpreiskrisen der 1970er Jahre (vgl. auch die Abschnitte 3.2 und 3.3.1). Die westlichen Industrienationen reagierten auf diese Krisen jedoch im Wesentlichen mit dem Auf- bzw. Ausbau der Atomkraftnutzung, sowie mit politischen Initiativen zur Sicherung der Versorgung durch fossile Rohstoffe, insbesondere Öl. Dies erfolgte mit diplomatischen und militärischen Mitteln sowie durch die Schaffung von Organisationen wie der Internationalen Energieagentur IEA. Die Energieversorgung mit fossilen Brennstoffen inklusive der Atomtechnik war somit – anders als die erneuerbaren Energien - über Jahrzehnte ein dauerhafter und häufiger Verhandlungsgegenstand von internationalen Beziehungen auf höchster politischer Ebene.

Deutschland ist aufgrund seines hohen Energiebedarfs und der massiven Importabhängigkeit von Primärenergierrohstoffen (siehe Abschnitt 3.1.2) auf internationale Beziehungen mit rohstoffreichen Ländern und transnationalen Energiekonzernen angewiesen. Auf der anderen Seite sind deutsche Energietechnologien und -dienstleistungen bedeutende Pfeiler der deutschen Exportwirtschaft (Schrooten/ König 2006; Hirschl et al. 2006; dena 2007). Die damit verbundenen Exporterfolge sind auch auf die zunehmende Zahl liberalisierter Energiemärkte in Europa und weltweit zurückzuführen. Diese Zusammenhänge verdeutlichen, dass internationale Energiepolitik eine zunehmend wichtige Rolle für Deutschland einnimmt. Insbesondere aus Gründen der so genannten Energieversorgungssicherheit, bei der häufig primär die Versorgung mit fossilen Brennstoffen gemeint ist, hat sich die internationale Energiepolitik mittlerweile daher auch zu einem wichtigen Thema der Außenpolitik entwickelt.[470]

Eine solche *energiebezogene Außenwirtschaftspolitik* wird bei zunehmender Rohstoffknappheit und einer im Vergleich dazu nur langsamen Transformation hin zu effizienterer Energienutzung und alternativen Energiequellen stark an Bedeutung gewinnen. Dabei könne eine „Energiesicherheitspolitik auch Friedenspolitik" sein, wie Außenminister Frank-Walter Steinmeier am 16.2.2007 formulierte, wenn sie dafür sorgt, „dass Verfügbarkeit über fossile Energieressourcen nicht zur alles entscheidenden Machtwährung wird" (Steinmeier 2007). Demgegenüber ist jedoch zu konstatieren, dass mit der gleichen Motivation der Energiesicherung Kriege geführt werden und die Industriestaaten ihre wirtschaftliche Macht gegenüber den in der Regel ärmeren und politisch schwächeren Rohstoffländern ausnutzen.[471]

---

[470]   Vgl. hierzu die Internetseiten des Auswärtigen Amtes zum Thema internationale Energiepolitik unter www.auswaertiges-amt.de (23.2.2007).

[471]   Elmar Altvater verweist diesbezüglich auf die „Petrostrategie" der westlichen Industrieländer und insbesondere der USA, mit der sie sich entweder mit direkter militärischer Intervention oder indirekter Beteiligung bei Regierungsstürzen gewaltsam politischen Einfluss in ölreichen Ländern gesichert haben (Altvater 2006: 164ff). Altvater führt in diesem Zusammenhang aber auch die nichtmilitärischen Machtmittel zur Sicherung von Energiesicherheit und zur Kontrolle der Rohstoffmärkte an: Hierzu zählt er die Kontrolle von Angebot und Nachfrage und damit die Beeinflussung des Preises, die Kontrolle der Transportlogistik sowie die Bestimmung der Währung der internatio-

Energiefragen sind also schon immer ein Bestandteil, ein Grund oder Hintergrund der internationalen „high politics" gewesen – von einer eigenständigen internationalen Energiepolitik kann jedoch bisher nur sehr eingeschränkt gesprochen werden (siehe Abschnitt 6.2.1). Da die energiepolitischen Entwicklungen auf internationaler Ebene maßgeblich von den Industrieländern, ihren Institutionen und Konzernen bestimmt werden, wird darauf folgend die diesbezüglich zentrale Institution der Industrie- bzw. OECD-Staaten, die IEA, näher behandelt (Abschnitt 6.2.2). Im Anschluss daran erfolgt eine Analyse des zentralen energiepolitischen Verhandlungsgremiums auf internationaler Ebene, der G7/G8 (Abschnitt 6.2.3). Die Analyse dieses Abschnitts widmet sich dabei jeweils auch der Frage, welche Bedeutung die internationalen Institutionen und Entwicklungen für die erneuerbaren Energien gehabt haben.

6.2.1 Kein stetiger Energiepolitik-Prozess

Bislang gab es aus deutscher Sicht jenseits der EU-Politik keine stetige internationale Energiepolitik im Sinne von dauerhaften Verhandlungsrunden oder bindenden Abkommen. Dies hat im Wesentlichen mit dem traditionellen Verständnis in vielen Nationalstaaten - so auch in Deutschland - zu tun, dass es sich bei der Energieversorgung um eine hoheitliche Versorgungsaufgabe handelt und eine (substanzielle) internationale Einmischung hier abgelehnt wird (Brummer/ Weiss 2007: 10, siehe auch a.a.O.). Lediglich beim Thema Energieversorgungssicherheit gab es - insbesondere seitens der rohstoffarmen Länder (also auch Deutschland sowie die gesamte EU) seit den Ölpreiskrisen der 1970er und nun wieder seit einigen Jahren - verstärkt den Willen zu internationalen Abkommen. Zu den wenigen Beispielen für internationale Abkommen, die sich explizit mit Energiefragen befassen, zählt die so genannte Energie-Charta, die seit 1991 als politische Erklärung zur Förderung der Ost-West-Energiekooperation zwischen der Europäischen Union und den östlichen Nachbarländern formuliert wurde.[472] Die Charta wurde jedoch bis heute von dem

---

nalen Ölmärkte. Letztere wurde bisher überwiegend in US-Dollar fakturiert, trotz lang anhaltender Dollarschwäche. Altvater führt hier an, dass der Irakkrieg einen vorherigen Trend weg vom Dollar stoppen konnte, es bei anhaltender Dollarschwäche jedoch zu einem breiteren Wechsel zum Euro kommen könne, mit gravierenden Folgen für die US-Wirtschaft und damit für weite Teile der Weltwirtschaft insgesamt (ebda.: 170f). Neben der US-amerikanischen Aggression zur Sicherung ihres Rohstoffbedarfs sind jedoch auch die russischen Droh- und Verhandlungspotenziale in der internationalen Politik aufgrund ihrer steigenden Bedeutung als Energieträgerlieferant deutlich angestiegen; und auch hier nehmen diesbezügliche Aggressionen zu, wie die Konflikte mit der Ukraine und Weißrussland gezeigt haben (Müller-Kraenner 2007).

[472] Der Energiechartavertrag trat 1998 in Kraft. Er dient als Rahmen für Investitionen und grenzüberschreitenden Transit im Energiesektor. Bis 2003 unterzeichneten insgesamt 51 Staaten den Vertrag, 17 Länder und 10 internationale Organisationen sind als Beobachter beteiligt.

für die EU-Mitgliedstaaten bedeutendsten Zielland dieser Vereinbarung – Russland – nicht ratifiziert.[473]

Internationale Energiepolitik fand somit bisher in der Regel diskontinuierlich und im Kontext über- oder nebengeordneter Politikfelder bzw. politischer Themen statt (hierzu auch WBGU 2003c: 35ff). Besonders hervorzuheben sind hier die energiepolitischen Gespräche und Vereinbarungen, die im Rahmen der „Gruppe der 8" führenden Industrienationen (G8, früher G6/G7) im Kontext von Wachstum, Stabilität und Wirtschaftsbeziehungen immer wieder stattfinden. Bereits das erste Treffen der G6 im Jahr 1975 war durch die von den Ölpreiskrisen verursachte Weltwirtschaftskrise ausgelöst worden. Die politische Beeinflussung der Weltwirtschaft, die durch dieses Gremium ausgeht, kann an den von den G7-Ländern maßgeblich geprägten WTO- und GATT-Regelwerken abgelesen werden, deren Handels- und Liberalisierungsvorschriften auch Regelungen für den Energiebereich enthalten (Dieckhaus/ Dietz 2004). Ein zentraler energiepolitischer Akteur der G7/G8 sowie der OECD-Staaten insgesamt ist seit dieser Zeit die IEA. Darüber hinaus werden energiepolitische Themen im Kontext der internationalen Entwicklungs- und Nachhaltigkeitspolitik, sowie in der Klimapolitik diskutiert, und Vereinbarungen aus diesen Politikfeldern haben Einfluss auf die Energiepolitik und die Energiewirtschaft. In diesen Politikbereichen sind auf internationaler Ebene wiederum eine Reihe weiterer Organisationen aktiv, wie beispielsweise UNEP, UNDP und UNESCO.

Die energiepolitischen Präferenzen der ökonomisch bedeutenden Industrienationen spiegeln sich auch in der Förderpolitik der internationalen Finanzierungsinstitutionen (IFI) wider (siehe auch Abschnitt 6.1.4), deren stärkste Geldgeber sie sind.[474] Die IFI sind somit ebenfalls wichtige Akteure der internationalen Energiepolitik, da sie mit ihren Vorgaben und Programmgestaltungen die Entwicklung der internationalen Energiewirtschaft in den Entwicklungs- und Transformationsstaaten beeinflussen. Damit werden umgekehrt Exportmärkte für Energietechnologien und -dienstleistungen für die Geberländer geschaffen, ebenso wie durch die Liberalisierungsbestimmungen von WTO und GATT. Während die Weltbank und die anderen internationalen Finanzierungsorgane bislang jahrzehntelang massiv in das

---

[473]   Nach der erneuten klaren Absage der Charta-Unterzeichnung von Russlands Präsident Putin auf einem Treffen mit dem Europäischen Rat im Jahr 2006, gibt es mittlerweile Bemühungen, eine niedriger gehängte Vereinbarung im Sinne eines „Partnerschafts- und Kooperationsabkommens" anzustreben (Steinmeier 2007). Dabei geht es auch um so genannte „Streitschlichtungsmechanismen", um Lieferengpässe durch Konflikte Russlands mit Transitstaaten zu verhindern oder zu verkürzen (ebda.).

[474]   Zu den zentralen internationalen Finanzierungsinstitutionen zählen die Weltbank-Gruppe, die Globale Umweltfazilität (Global Environment Facility, GEF), die regionalen Entwicklungsbanken sowie die Europäische Entwicklungsbank. Daneben sind aber auch die bilateralen Exportkredite (Export Credite Agencys ECAs) und Mittel für Entwicklungshilfe (ODA) wichtige strategische Instrumente der Industrieländer zur Finanzierung von internationalen Energieprojekten.

konventionelle Energiesystem investiert haben, verblieb die Förderung erneuerbarer Energien bislang auf einem sehr niedrigen Niveau, zudem wurden unter diesem Titel vorrangig große Wasserkraftanlagen gefördert (Fritsche/ Matthes 2003, siehe auch Abschnitt 6.1.4).

6.2.2   Zentrale Organisation: IEA

Die Gründung der IEA war eine unmittelbare Reaktion der westlichen Industrienationen auf die Ölpreiskrise in den Jahren 1973/74 und die Gründung der OPEC (Scott 1994). Die Ursache für die Krise war darauf zurückzuführen, dass es in den Industriestaaten in den Jahren zuvor einen umfassenden Wechsel der Energieträger, gegeben hatte, in dem Kohle in hohem Maße durch Öl substituiert wurde. Für die Industriestaaten hatte dies zur Folge, dass sie zunehmend vom Öl abhängig wurden und damit gleichzeitig eine Stärkung des Erdöl exportierenden Anbieterkartells der OPEC-Staaten erfolgte. Als die arabischen OPEC-Staaten im Zuge des arabisch-israelischen Konflikts 1973 ein Öl-Embargo gegen die Israel unterstützenden, westlichen Staaten verhängten, führte dies zu einem dramatischen Ölpreisanstieg, der die westlichen Ökonomien und die gesamte Weltwirtschaft stark beeinträchtigte (ebda.).[475]

In Folge dieser bedeutenden Krise, die insbesondere die größten Industriestaaten traf, kam es vergleichsweise schnell unter Führung der USA zur Gründung der IEA durch die OECD-Kernstaaten. Gegenwärtig sind 26 Industriestaaten sowie die Europäische Kommission an der IEA beteiligt. Während die Hauptziele und Aufgaben zu Gründungszeiten direkt aus der Ölkrise abgeleitet waren, ist der Aspekt der Sicherung der Ölversorgung heute um weitere Aufgaben ergänzt. Die IEA selbst beschreibt ihre aktuellen Aufgaben wie folgt: „As energy markets have changed, so has the IEA. Its mandate has broadened to incorporate the "Three E's" of balanced energy policy making: energy security, economic development and environmental protection. Current work focuses on climate change policies, market reform, energy technology collaboration and outreach to the rest of the world, especially major producers and consumers of energy like China, India, Russia and the OPEC countries." (www.iea.org, 25.2.2007) Mit gegenwärtig ca. 150 Mitarbeitern erarbeitet die IEA Energiestatistiken, Politikempfehlungen und Empfehlungen zu „good practices", und sie führt ein eigenes Forschungsprogramm aus. Somit gehören auch die erneuerbaren Energien als eines von vielen Themen zum Aufgabenkanon der IEA. Sie erarbeitet Studien und erstellt Daten zum Verbreitungsstand

---

[475]   "The oil crisis of 1973-74 literally shocked the nations of the industrial world into taking action to ensure that they would never again be so vulnerable to a major disruption in oil supplies" (IEA o.J.).

der erneuerbaren Energien in ihren Mitgliedsländern sowie global, und gibt politische Handlungsempfehlungen für Forschung und Förderung.[476]

In den „Shared Goals" der IEA-Mitgliedsländer wird auch auf die Rolle erneuerbarer Energien eingegangen (IEA o.J.). In Ziel Nr. 4 heißt es: „[...] The development of economic non-fossil sources is also a priority. A number of IEA Members wish to retain and improve the nuclear option for the future, at the highest available safety standards, because nuclear energy does not emit carbon dioxide. Renewable sources will also have an increasingly important contribution to make." (ebda.: 5) Auf der Basis der Interessen und Technologien ihrer wichtigsten Mitgliedstaaten vertritt die IEA somit ein im Wesentlichen auf Großkraftwerken basierendes zentrales Energiesystem, welches unter nicht-fossilen Technologien an erster Stelle Atomenergie benennt und für die unter den erneuerbaren Energien primär die Großwasserkraft eine tragende Rolle spielt (ebda.). Diese Sichtweise drückt sich auch in den jüngsten Szenarien der IEA aus, die für die G8 entwickelt wurden (siehe Abschnitt 6.1.5).

Vor diesem Hintergrund erscheint die IEA nicht geeignet, gleichzeitig das Anliegen einer verstärkten Verbreitung dezentraler erneuerbarer Energien sowie einer Transformation des Energiesystems in diese Richtung voranzutreiben. Die IEA ist aufgrund ihrer Entstehung und ihrer zentralen und traditionellen Aufgabe eng mit dem fossil-atomaren Energiesystem verbunden und wurde zur Stabilisierung dieses Systems eingerichtet.[477] Sie nimmt als einflussreiche Interessenvertretung beratend an internationalen politischen Verhandlungen teil. Eine Systemtransformation hin zu einer stärker auf erneuerbare Energien ausgerichteten Energieversorgung ist von der IEA daher aufgrund der aufgezeigten Zielkonflikte kaum zu erwarten. Daher erscheint eine Interessenvertretung der erneuerbaren Energien auf internationaler Ebene durch die IEA in hohem Maße ungeeignet.[478]

---

[476] Das Portfolio der IEA zu erneuerbaren Energien gleicht mittlerweile dem der anderen Technologien bzw. Energieträger. Es gibt eine Vielzahl von Publikationen und Informationen zu erneuerbaren Energien, in denen die Technologien und deren internationale Verbreitung dargestellt werden. Hervorzuheben sind die aktuellen statistischen Daten zur Verbreitung und zu politischen Instrumenten, die für verschiedene Länder, Regionen und Technologien online abgerufen werden können (siehe unter www.iea.org, Stichwort „renewable energy", 1.3.2007).

[477] Die enge Verflechtung zur konventionellen Energiewirtschaft zeigt sich auch bei den zentralen Repräsentanten und Entscheidern der IEA: Beispielsweise war der seit 2003 amtierende Geschäftsführer Claude Mandill zuvor in verschiedenen Funktionen für die fossile Rohstoffindustrie und Nuklearindustrie tätig, sowohl in der Industrie selbst, als auch im französischen Industrieministerium (IEA 2007). In der Regel stammen die Vorsitzenden der verschiedenen thematischen Organe der IEA von großen Energieversorgern. So ist beispielsweise der „Chairman der Renewable Energy Working Party", eine Arbeitsgruppe des „Committee on Energy Research and Technology" (CERT), Roberto Vigotti, ein Mitarbeiter des italienischen Energiekonzerns ENEL, der zuvor viele Jahre für Eurelectric gearbeitet hat (Vigotti 2005).

[478] Eine ähnliche Argumentation findet sich bei Pfahl et al. (2005) und Steiner et al. (2004), siehe hierzu auch Abschnitt 6.4.1.

6.2.3 G8 und Energiepolitik

6.2.3.1 Energiepolitik als konstituierendes Element

Die ersten Gespräche der „Gruppe der 6" Industriestaaten starteten 1975 auf Anregung von Bundeskanzler Helmut Schmidt und Staatspräsident Valéry Giscard d'Estaing in Rambouillet (Frankreich).[479] Die Intention war, die Wirtschaftspolitiken der wichtigsten Volkswirtschaften auf internationaler Ebene abzustimmen (Auswärtiges Amt 2006).[480] Dies erfolgt seit dieser Zeit im Rahmen eines informellen Forums der Staats- und Regierungschefs, welches um Treffen von Fachministern ergänzt wurde. Die Gruppe ist keine internationale Organisation, sie besitzt weder einen eigenen Verwaltungsapparat mit ständigem Sekretariat noch eine permanente Vertretung ihrer Mitglieder. In der Selbstdarstellung der G8 heißt es zur Bedeutung der Gruppe: „Die Zusammenarbeit der G8 ist eine Erfolgsgeschichte. Gemeinsame Werte und einstimmig gefasste Beschlüsse sind die Stärke der Gemeinschaft. Sie ist ein Paradebeispiel für die Bedeutung informeller Foren in der ‚Global Governance'. [...] Die gemeinsamen Grundwerte Freiheit, Demokratie, Menschenrechte, Marktwirtschaft, Freihandel und Rechtsstaatlichkeit sind der Rahmen der gemeinsamen Beschlüsse. [...] Die G8 erwirtschaften etwa zwei Drittel des Weltsozialprodukts. Sie bestreiten knapp die Hälfte des Welthandels. Sie stellen drei Viertel der weltweiten Entwicklungshilfe. Und sie sind die größten Beitragszahler in den internationalen Organisationen." (Bundesregierung 2007b)

Anlass für die Gründung der Gruppe war der weltweite Konjunkturabschwung, ausgelöst durch den Zusammenbruch des Systems fester Wechselkurse von Bretton Woods und die erste Ölpreiskrise (Auswärtiges Amt 2006). Auch die zweite Ölpreiskrise Ende der 1970er Jahre prägte die G7-Treffen. 1979 in Tokio berieten die Staats- und Regierungschefs Strategien, den Energieverbrauch zu senken ohne das Wirtschaftswachstum zu gefährden. Die Frage der Energieversorgung hat als wichtiges Thema die Gipfel bis heute begleitet. Insbesondere in den letzten Jahren wurde das Thema Energie wieder verstärkt thematisiert.

Auf dem Gipfel von Evian in 2003 erkannte die G8, „dass Energieeffizienz ein zentrales Handlungsfeld ist" (G8 2005: 1). Vor dem Hintergrund der zuneh-

---

[479] Dabei handelte es sich um Deutschland, Frankreich, Großbritannien, Italien, Japan und die Vereinigten Staaten von Amerika. 1976 stieß Kanada hinzu (G7), und nach dem Ende des Kalten Krieges wurde Russland zur Teilnahme eingeladen und ist seit 1997 Vollmitglied (G8). Außerdem ist die Europäische Kommission vertreten.

[480] Die Abstimmung in Fragen der Wirtschaftspolitik stand somit rückblickend immer im Zentrum der Verhandlungen. Daneben hing die Agenda jedoch auch von konkreten „historischen" Ereignissen ab, für die ein koordiniertes Vorgehen beraten wurde. Dazu zählten die terroristischen Bedrohungen der 1970er und der letzten Jahre, die Kontrolle von Nuklearwaffen, das Ende des Kalten Krieges, die Konflikte im zerfallenden Jugoslawien oder die Kooperation mit Entwicklungsländern (Auswärtiges Amt 2006).

menden Probleme durch den Klimawandel und die steigende öffentliche Aufmerksamkeit erhob schließlich die britische G8-Präsidentschaft im Jahr 2005 das Thema zu einem wichtigen Schwerpunkt. In den Jahren zuvor war zwar auch bereits öfter über den Klimawandel debattiert worden, allerdings wurde dabei der Zusammenhang zur Energiepolitik und zur weltweit vorherrschenden fossilen Energieversorgungsstruktur kaum und ohne Folgen thematisiert (Klöppel 2003). In Gleneagles wurde ein Aktionsplan „Klimawandel, saubere Energie und nachhaltige Entwicklung" verabschiedet (G8 2005). Neben Maßnahmen zur Steigerung der Energieeffizienz und einer Absichtserklärung für den vermehrten Einsatz erneuerbarer Energien in den G8-Staaten wurde ebenso ein Dialog mit den großen Schwellen- und Entwicklungsländern zu diesen Fragen vereinbart. Zudem bekannten sich die G8 zur Klimarahmenkonvention und zur Fortführung der multilateralen Klimapolitik.

Auf dem nachfolgenden G8-Gipfel 2006 in St. Petersburg standen schließlich Fragen der Energieversorgungssicherheit im Zentrum der Beratungen. Der diesbezüglich verabschiedete Aktionsplan soll vor allem die Rahmenbedingungen für Handel und Investitionen im Energiebereich verbessern (G8 2006). Im Petersburger Aktionsplan ist zudem festgehalten, dass „auch in den kommenden Jahrzehnten Kohlenwasserstoffe für den Gesamtenergieverbrauch eine tragende Rolle spielen", weshalb gezielt „Technologien für die Förderung von Erdöl und Erdgas in der Tiefsee, die Gewinnung von Erdöl aus Ölsand, saubere Kohletechnologien einschließlich Kohlenstoffabscheidung und –speicherung, Gasgewinnung aus Gashydraten und die Produktion synthetischer Brennstoffe" entwickelt werden sollen, ebenso wie die Fusionstechnologie (ebda.: 15).

Und auch im Jahr 2007, dem Jahr der deutschen G8-Präsidentschaft, standen die Themen Energie und Klima wieder auf der Agenda. (Bundesregierung 2007d). Dabei sollte das Thema Energieeffizienz „als Brücke zwischen den international unterschiedlichen Ansätzen dienen" (Bundesregierung 2007e: 5).[481] Fokussiert wurde auf die Bereiche Gebäude, Verkehr und „saubere fossile Kraftwerke", zudem wurde „eine verstärkte technologische Zusammenarbeit mit den großen Schwellenländern angeregt". Angestrebt wurde insbesondere eine weltweite Anhebung der Kraftwerkswirkungsgrade und die stärkere Förderung von CCS-Technologien (ebda.). Hervorhebenswerte Ergebnisse zum Thema Energieeffizienz im Sinne von Zielen und konkreten Maßnahmen wurden auf dem Gipfel allerdings nicht erzielt (Bundesregierung 2007g; Bals 2007)[482] In seiner Analyse des Gipfels hebt Christoph

---

[481]   Mit dem Schwerpunkt auf Energieeffizienz wollte die Bundesregierung zudem die „Duplizierung" der Ergebnisse von Gleneagles und St. Petersburg (Energieversorgungssicherheit) vermeiden und der japanischen G8-Präsidentschaft im Jahr 2008, die sich explizit mit dem Gleneagles-Follow-up befassen soll, nicht vorgreifen (Bundesregierung 2007e: 5).

[482]   Zwar werden einzelne Maßnahmen angekündigt oder betont, wie z.B. ein „Sustainable Buildings Network" unter Einbeziehung der großen Schwellenländer, oder ein substantieller Ausbau der Kraft-Wärme-Kopplung, alles jedoch ohne verbindliche Zusagen oder zusätzliche Mittel (Bals 2007; Bundesregierung 2007g). Die Ankündigung einer KWK-Förderung inklusive der Schaffung

Bals hervor, dass es „sehr problematisch" sei, dass der IEA bei der Implementierung und Umsetzung verschiedener Aktivitäten im Bereich der Energieeffizienz eine tragende Rolle eingeräumt wird, da die Vorschläge der IEA bislang nicht hinreichend im Sinne der Einhaltung des Zwei-Grad-Ziels gewesen seinen und damit „der Bock zum Gärtner gemacht" würde (Bals 2007: 18).[483] Zentraler war auf diesem G8-Gipfel jedoch das Thema Klimawandel und Klimapolitik, das bereits im Vorfeld hohe mediale Aufmerksamkeit erlangte (Ausführungen hierzu siehe Abschnitt 6.3).

Somit zeigt sich mit Blick auf die energiepolitischen Aktivitäten seit Gleneagles, dass neben den Absichtserklärungen für mehr Energieeffizienz und erneuerbare Energien große Schwerpunkte auf die Sicherung und Erweiterung der fossilen Rohstoffversorgungsbasis sowie eines auf Großkraftwerken basierenden Energiesystems gelegt wurden. Wirksame Vereinbarungen sind bislang noch nicht getroffen worden, das primäre Ziel ist bisher ein verstärkter Dialog untereinander sowie mit den großen Schwellenländern. Das zentrale Umsetzungsorgan der G8 ist die IEA. Sie wurde beauftragt, als zentraler Partner und Impulsgeber den Dialog und die Vereinbarungen des Aktionsplans von Gleneagles umzusetzen. Die IEA hat dazu ein „G8 Gleneagles Programme: Climate Change, Clean Energy and Sustainable Development" entworfen (IEA 2005a), welches ausgehend von ihren vorhandenen Aktivitäten die im Aktionsplan benannten Themen bedient (zu den diesbezüglichen IEA-Szenarien siehe Abschnitt 6.1.5). Die Rolle der erneuerbaren Energien in der G8 und speziell im Rahmen der genannten Aktionspläne wird nachfolgend eingehender behandelt.

6.2.3.2 Zur Rolle der erneuerbaren Energien in der G8

Im Zusammenhang mit den Debatten um Energiesicherheit wurden neben der Frage der Sicherung von fossilen Rohstoffzugängen auch die Fragen nach alternativen Energiequellen behandelt. Erneuerbare Energien wurden hier zwar häufig genannt, es gab jedoch bis zur Jahrtausendwende keine gezielte Auseinandersetzung mit dem Thema. Ausgehend von den Ölpreiskrisen waren die Alternativstrategien der G7-Staaten vorrangig auf die Re-Substituierung mit Kohle und den Ausbau der Atomkraft gerichtet. Erneuerbare Energien spielten demgegenüber lange nur eine geringe oder keine Rolle (Kirton/ Sunderland 2005).

Erstmalig traten erneuerbare Energien im Abschlussdokument des G7-Treffens in Bonn 1978 auf.[484] Darin hieß es: "Joint or coordinated energy research

---

eines gesetzlichen Rahmens hatte es in Deutschland zudem schon mehrere Male gegeben, ohne dass ein nennenswerter Ausbau erfolgt wäre (siehe Abschnitt 3.2.3 und 4.2.2).

[483] Laut Bals habe sich diesbezüglich in der deutschen G8-Präsidentschaft die Position des Wirtschaftsministeriums durchgesetzt (Bals 2007: 18).

[484] Die nachfolgende Dokumentenauswertung in diesem Abschnitt basiert, soweit nicht anders angegeben, auf einer Zusammenstellung der „G8 Research Group" zu den energiepolitischen

and development should be carried out to hasten the development of new, including renewable, energy sources and the more efficient use of existing sources." Im Dokument des Treffens von Venedig (1980) drückte sich angesichts der erneuten Ölpreiskrise die Präferenz für Kohle und Atomkraft aus, den erneuerbaren Energien wurde eine längerfristige Rolle zugesprochen.[485] Ein Jahr später (1981, Montebello) hieß es: "We also intend to see to it that we develop to the fullest possible extent sources of renewable energy such as solar, geothermal and biomass energy. We will work for practical achievements at the forthcoming United Nations Conference on New and Renewable Sources of Energy."[486] Zehn Jahre später (1991, London) lasen sich die Vereinbarungen zu erneuerbaren Energien immer noch ähnlich, allerdings nun stärker mit dem Thema Umweltschutz und Energiesicherheit begründet.[487]

Erst weitere zehn Jahre später (2000, Okinawa) setzte ein erster spezifischer Prozess ein, in dem auf Initiative des britischen Premierministers Blair eine „Task Force" (Arbeitsgruppe) gegründet wurde, die sich explizit mit dem Thema der internationalen Verbreitung erneuerbarer Energien befassen sollte. Dabei wurde der Schwerpunkt – wie in vielen G7/G8-Debatten zuvor auch – auf den Kontext der Entwicklungszusammenarbeit gelegt, und nicht auf die generelle Transformation des konventionellen Energiesystems in den Industriestaaten. Es ging darum, sowohl Hindernisse der Nutzung von erneuerbaren Energien (insbesondere in Entwicklungsländern) als auch Maßnahmen zu ihrer Verbreitung aufzuzeigen. Teilnehmer der Arbeitsgruppe waren Vertreter aus den G8 Staaten sowie aus zwölf Nicht-G8 Staaten.[488] Auch Stakeholder waren eingeladen, ihre Anregungen einzubringen (Kirton/ Sunderland 2005: 44).

Themen der G7/G8 Treffen zwischen 1975 und 2005 (Kirton/ Sunderland 2005).

[485] "We must rely on fuels other than oil to meet the energy needs of future economic growth. [...] To this end, we will seek a large increase in the use of coal and enhanced use of nuclear power in the medium term, and a substantial increase in production of synthetic fuels, in solar energy and other sources of renewable energy over the longer term." (Kirton/ Sunderland 2005: 10)

[486] Auf der hier angesprochenen „United Nations Conference on New and Renewable Sources of Energy" 1981 in Nairobi wurde erstmalig auf UN-Ebene über die Förderung erneuerbarer Energien debattiert. Im so genannten „Nairobi Programme of Action for the Development and Utilization of New and Renewable Sources of Energy" wurde u.a. die Einrichtung einer internationalen Agentur zur Förderung erneuerbarer Energien gefordert und auf die besondere Verantwortung der Industriestaaten für die Bereitstellung von Mitteln für und den Technologietransfer in die Entwicklungsländer verwiesen („adequate institutional arrangements and additional and adequate resources") (United Nations 1981). Diesen Forderungen wurde jedoch sowohl im Rahmen des UN-Systems als auch in der weiteren Behandlung der G7 nicht nachgekommen. Vgl. hierzu auch die Ausführungen in Abschnitt 6.4.

[487] "The commercial development of renewable energy sources and their integration with general energy systems should also be encouraged, because of the advantages these sources offer for environmental protection and energy security" (Kirton/ Sunderland 2005: 21).

[488] Die beiden Co-Chairman der Arbeitsgruppe waren zum einen Corrado Clini aus dem italienischen Umweltministerium sowie zum anderen Sir Mark Moody Stuart, zu dieser Zeit im Vorstand (CEO)

Im Abschlussbericht, der im Juli 2001 erschien, kam die Arbeitsgruppe zu dem Schluss, dass es notwendig und möglich wäre, in zehn Jahren eine Milliarde Menschen mit modernen erneuerbaren Energien auf der Basis einheimischer Ressourcen zu versorgen. Den erneuerbaren Energien wurde somit das Potential eingeräumt, etwa die Hälfe der etwa zwei Milliarden Menschen ohne Energiezugang zu versorgen. Hierfür wurde eine Reihe von Maßnahmen zur Überwindung von Hemmnissen und Schaffung von Rahmenbedingungen vorgeschlagen, welche die Autoren in vier grundsätzliche Kategorien einteilten (G8 Renewable Energy Task Force 2001: 9ff): 1) Verringerung der Technologiekosten durch Erweiterung der Märkte, 2) Bildung eines starken Marktumfeldes, 3) Mobilisierung von finanziellen Mitteln und 4) Unterstützung durch marktbasierte Mechanismen.

Die Arbeitsgruppe sprach im Hinblick auf den UN-Weltgipfel für nachhaltige Entwicklung in Johannesburg im Jahr 2002 die nachdrückliche Empfehlung aus: „The Task Force believes that the G8 should give priority to efforts to trigger a step change in renewable energy markets. Concerted action is needed, particularly to benefit the more than 2 billion people in developing countries who do not have access to reliable forms of energy. G8 Leaders are invited to make a political commitment now, building on their vision in setting up the Task Force. Action has to be taken on a sustained basis with particular emphasis on the next decade. With this in mind it is particularly important that discussions to promote renewables take place in fora such as the World Summit on Sustainable Development." (G8 Renewable Energy Task Force 2001: 9)

In ihren zum Teil konkreten und umsetzungsorientierten Empfehlungen sprach sich die Arbeitsgruppe auch dafür aus, die Subventionen umweltschädlicher Energietechnologien abzuschaffen und stattdessen „market-based mechanisms" einzuführen, welche die externen Effekte berücksichtigen und auf diese Weise eine fairere Marktentwicklung erneuerbarer Energien ermöglichen würden (ebda.: 11). Die Vorschläge enthalten eine Präferenz für Zertifikatemodelle zur Förderung erneuerbarer Energien, sie verweisen auf die verstärkte Nutzung von den projektgebundenen Kyoto-Mechanismen und plädieren für eine Orientierung internationaler Kreditvergaben der G8-Länder (Export Credit Agencies, ECAs) an ökologischen Richtlinien. Bei der Vergabe der ECAs sollten zukünftig auch Energieeffizienz und die Kohlenstoffintensität berücksichtigt werden (ebda.: 10).

Der Bericht, seine Ergebnisse und Forderungen lösten bei der interessierten Öffentlichkeit – allen voran den Umweltverbänden, aber auch bei vielen Fachpolitikern – sehr positive Reaktionen aus und es wurde eine Umsetzung und Berücksichtigung in den nächsten Verhandlungen auf G8 und UN-Ebene gefordert. In einer gemeinsamen Stellungnahme lobten beispielsweise Greenpeace, WWF and ECA Watch, der Bericht sei „a key step forward in tackling climate change and world

---

der Shell Gruppe.

poverty" (Greenpeace et al. 2001). Insbesondere die Aussagen über die technische Reife der erneuerbaren Energien, ihren großen Beitrag zur Lösung der Energiekrise, die klaren Forderungen nach Streichung von Subventionen des fossil-atomaren Energiesystems und der Transfer in den Finanzierungen der global agierenden Banken hin zu erneuerbaren Energien waren positiv hervorgehobene Aspekte (ebda.).

Während die Umweltminister der G8 die Ergebnisse der Arbeitsgruppe im März 2001 noch erwarteten[489], zeigte sich, dass die Staats- und Regierungschefs, insbesondere aus den USA und Kanada, nicht gewillt waren, den Empfehlungen des Berichts nachzukommen. Sie gingen sogar noch einen Schritt weiter – und ignorierten ihre eigens eingerichtete Arbeitsgruppe und deren Bericht vollständig. Er fand keine Erwähnung im Bericht zum Genfer Treffen 2001, stattdessen wurde erneut eine allgemeine Formulierung zu erneuerbaren Energien eingebaut: "We recognise the importance of renewable energy for sustainable development, diversification of energy supply, and preservation of the environment. We will ensure that renewable energy sources are adequately considered in our national plans and encourage others to do so as well. We encourage continuing research and investment in renewable energy technology, throughout the world." (Kirton/ Sunderland 2005: 47)

Dementsprechend groß war die Enttäuschung bei den zuvor genannten interessierten Gruppen. Greenpeace kommentierte: "Without concrete action to promote a clean energy future, this Genoa G8 will be seen for what it really is – a summit of leaders of the wealthiest nations whose agenda is run by corporate power" (Greenpeace 2001). Auch Heidemarie Wieczorek-Zeul, Bundesministerin für wirtschaftliche Zusammenarbeit und Entwicklung, kritisierte das Scheitern des Berichts und hierbei insbesondere die Rolle der USA: „Leider ist der Bericht der Task Force vom G8-Gipfel in Genua im vergangenen Jahr nicht richtig gewürdigt worden, weil die USA bei den Empfehlungen zu viel Dirigismus und zu wenig Liberalismus vermuteten. Dies, obwohl einer der Vorsitzenden aus dem Vorstand von Shell kam" (Wieczorek-Zeul 2002). Mit Blick auf den bevorstehenden Johannesburg-Gipfel ergänzte sie: „Wenn die G8 jetzt Wege suchen, wie man gute Ergebnisse in Johannesburg erreichen kann, sollte man auch auf diese Empfehlungen zurückkommen und sie unterstützen" (ebda.)

Nach diesem für die EE-Koalition ernüchternden Ereignis wurde das Thema erst 2005 im Zuge des Aktionsplans von Gleneagles wieder explizit aufgegriffen. Der Aktionsplan von Gleneagles enthält zwar die allgemeine Zusage, dass die G8 „den weiteren Ausbau und die Vermarktung von erneuerbarer Energie fördern" wolle, er setzt jedoch keine eigenen Akzente, sondern beschränkte sich auf die (ideelle) Unterstützung von vorhandenen Initiativen wie beispielsweise das Interna-

---

[489]   "... We look forward to concrete recommendations from the G8 Renewable Energy Task Force established by the Heads of State and Government at the Okinawa Summit as stated in paragraph 66 of the Okinawa Communiqué" (G8 Environment Ministers 2001).

tionale Aktionsprogramm der renewables-Konferenz, REN21 und REEEP (G8 2005: 5f). Außerdem „begrüßte" die G8 „die Etablierung und Weiterentwicklung verschiedenster Durchführungsvereinbarungen der IEA im Bereich erneuerbare Energie" (ebda.).

Auch im darauf folgenden Aktionsplan zur Globalen Energiesicherheit von St. Petersburg (2006) wird die Förderung erneuerbarer Energien im Rahmen des Themas „Diversifizierung des Energiemix" wieder aufgegriffen (G8 2006: 11ff). In der Darstellung sind die erneuerbaren Energien jedoch bezeichnender Weise hinter der weiteren Nutzung „sauberer Kohle" und der verstärkten Nutzung der Kernenergie und neuer „innovativer Kernenergiesysteme" aufgeführt. Gerade die Debatte um Kernenergie erfuhr auf dem Treffen eine besondere Aufmerksamkeit und Priorität, zum einen durch das große Interesse der USA und Russlands am Ausbau sowie zum anderen aufgrund des Atomstreits mit dem Iran (FR 2006b; Bricke 2006). Inhaltlich wird im Wesentlichen der Text von Gleneagles wiederholt, mit einem Schwerpunkt auf die Biomassenutzung (G8 2006). Im Rahmen der deutschen G8-Ratspräsidentschaft ist das Thema erneuerbare Energien hinter dem Thema Energieeffizienz zurückgetreten und nur am Rande bzw. indirekt behandelt worden, z.B. im Rahmen zu allgemeinen Themen wie Handel und Technologietransfer (Bundesregierung 2007d; 2007g, siehe auch vorherigen Abschnitt).

Als *Zwischenfazit* kann mit Blick auf die Qualität und Reichweite der G8-Beschlüsse im Energiebereich festgestellt werden, dass sie den Status quo des globalen Energiesystems (und auch des deutschen) bisher nicht verändert haben und zudem über den Status von unverbindlichen Absichtserklärungen keine konkreten, zusätzlichen Maßnahmen eingeleitet wurden. Die Vereinbarungen zur Energiesicherheit bleiben wie bei den Debatten um die Energie-Charta angesichts der in dieser Frage starken Rolle Russlands vergleichsweise schwach. Bei den erneuerbaren Energien hat sich der Umfang der Sympathiebekundungen deutlich erhöht, es gehen jedoch jenseits der Unterstützung bestehender Initiativen bis dato keine spezifischen, zusätzlichen Maßnahmen oder Impulse zu ihrer Förderung aus.[490] Eine Schlüsselrolle bei der Frage der erneuerbaren Energien wird der IEA zugeschrieben, die „Strategien und Szenarien für den nachhaltigen Energieeinsatz" untersuchen und entwickeln soll (Bundesregierung 2007b). Die IEA hat aber gleichzeitig die zentrale Rolle für die Verbreitung und Weiterentwicklung der fossilen und nuklearen Großkraftwerke (Effizienzsteigerung, CCS) sowie der stärkeren Erschließung weiterer fossiler Quellen (G8 2006, 2005). Die Sicherung und Erweiterung der fossilen Rohstoffversorgungsbasis sowie die Effizienzsteigerung und Dekarbonisie-

---

[490] Die G7/G8 hat in ihrer Geschichte neben der Schaffung von Institutionen wie der IEA auch in einigen Fällen konkrete Maßnahmen und Finanzflüsse angestoßen. Solche Beispiele sind die „Kölner Schuldeninitiative", in deren Folge den hoch verschuldeten Entwicklungsländern ihre Schulden erlassen wurden oder die Schaffung eines globalen Gesundheitsfonds (Global Health Fund) in Folge der G8-Initiative in Okinawa im Jahr 2000 (Bundesregierung 2007c).

rung eines auf Großkraftwerken basierenden Energiesystems bilden auch die zentralen Schwerpunkte der letzten G8-Aktionspläne. Eine Transformation der Energiewirtschaft in Richtung mehr Dezentralität und erneuerbare Energien ist in der
Energiepolitik der G8 nicht erkennbar.

6.3   Internationale Klimapolitik

Das Thema Klimawandel hat eine beachtliche Karriere hinter sich. Im Jahr 2007 hat
es zur Zeit der Veröffentlichung des vierten IPCC-Berichts angesichts von weltweit
wahrnehmbaren Klima- und Wetterphänomenen sowie gesteigerter politischer
Aufmerksamkeit eine sehr hohe Bedeutung in den Medien: Im März 2007 sind
Klimaschutz und Klimapolitik bereits zum zweiten Mal hintereinander das Topthema in den Fernsehnachrichten (IFEM 2007). Damit gehen auch zunehmend
Berichte über die Ursachen und Verursacher des anthropogenen Klimawandels und
über Lösungen zum Klimaschutz einher. Und auch die generelle Anerkennung des
Klimawandels als ein von Menschen verursachtes Phänomen scheint in Wissenschaft und Öffentlichkeit auf einem Höhepunkt angekommen zu sein, so dass
mittlerweile selbst die US-amerikanische Regierung den Klimawandel offiziell
anerkennt.[491]

Dieser Anerkennung war jedoch eine Niederlage der US-Regierung vor dem
obersten Gerichtshof vorausgegangen, welcher der Regierung unzureichendes
Handeln im Klimaschutz vorgeworfen hatte (Waldmeir/ Luce 2007). Das Urteil
folgte auf eine Klage mehrerer Bundesstaaten und Umweltorganisationen, die eine
Regulierung der Treibhausgas-Emissionen durch die Bundesregierung gefordert
hatten. Dagegen hatte Washington argumentiert, die schädliche Wirkung von Kohlendioxid und anderen Treibhausgasen auf das Klima sei wissenschaftlich umstritten, weshalb keine dementsprechenden Bundesgesetze erlassen würden. Dieser
Auffassung widersprachen die Richter, da der Schaden durch den Klimawandel
ernst und allgemein anerkannt sei. Das Urteil wurde in amerikanischen Medien als
eine der wichtigsten umweltpolitischen Entscheidungen bezeichnet (ebda.).

Das Kernanliegen der Klimapolitik ist der Schutz des natürlichen Klimas vor
anthropogenen Emissionen, die aufgrund ihrer (zusätzlichen) Treibhausgaswirkung
zu einem Klimawandel mit negativen Folgen für Mensch und Umwelt führen.[492]

---

[491]   Im Vorfeld des G8-Gipfels in Heiligendamm unterzeichneten die USA und die EU eine Erklärung,
in der sie den Klimawandel als „globale Herausforderung an die internationale Gemeinschaft" bezeichneten und sich verpflichten, „das Bestmögliche zu tun, um die Treibhausgase auf einem Level
zu stabilisieren, um gefährliche vom Menschen ausgelöste Störungen des Klimasystems" zu verhindern (zitiert in Der Tagesspiegel 2007).

[492]   In der Klimarahmenkonvention von 1992 ist als Ziel im Artikel 2 formuliert: „Das Endziel dieses
Übereinkommens … ist es … die Stabilisierung der Treibhausgaskonzentrationen in der Atmosphäre auf einem Niveau zu erreichen, auf dem eine gefährliche anthropogene Störung des Klima-

Die zusätzliche Emission von Treibhausgasen (THG)[493], die über die natürlich gegebenen Emissionen und Konzentrationen hinaus erfolgt, wird durch verschiedene Aktivitäten des menschlichen Wirtschaftens verursacht. Zu den wesentlichen verursachenden Aktivitäten bzw. Sektoren, welche die klimarelevanten Emissionen erzeugen, gehören das Energiesystem, der Transportsektor, Industrie, Gebäude, Agrar- und Forstsektor sowie der Abfallbereich (Vereinte Nationen 1992b). Die meisten Emissionen sowohl im Energiebereich, aber auch beim Transport, der Industrie, den Gebäuden etc. sind auf die Verbrennung fossiler Rohstoffe zurückzuführen (vgl. z.B. Ziesing 2003). Demnach spielt die Frage nach der Art der Energieversorgung eine zentrale klimapolitische Rolle.

Dennoch, so lautet hier die zentrale These, spielt die Energiepolitik und die Frage nach der Transformation hin zu einem „klimafreundlichen" Energiesystem, bisher keine wesentliche Rolle in der internationalen Klimapolitik. Gleiches gilt für die erneuerbaren Energien, die als CO_2-arme oder -neutrale Technologien grundsätzlich wichtige Lösungsansätze für die Klimapolitik darstellen. Sie spielen jedoch in den Debatten der internationalen Klimapolitik bisher keine Hauptrolle, sie sind weder zentraler Gegenstand der Verhandlungen, noch der klimapolitischen Instrumente. Zur Untersuchung dieser These wird ein genauerer Blick auf die Entstehungsgeschichte der internationalen Klimapolitik geworfen unter Berücksichtigung der zentralen Akteure und Positionen sowie der relevanten politischen Instrumente (Abschnitte 6.3.1 bis 6.3.5). Im Vordergrund steht dabei der politische Prozess, der zum Kyoto-Protokoll und seinen Mechanismen geführt hat. Diese politische Entwicklung sowie ihre tatsächliche Wirkung werden in der Folge analysiert (Abschnitt 6.3.6). Im Anschluss daran wird die Rolle der erneuerbaren Energien in der internationalen Klimapolitik explizit betrachtet sowie die gegenwärtigen und möglichen Wirkungen der flexiblen Mechanismen auf ihre Entwicklung (Abschnitt 6.3.7).

6.3.1   Internationale Klimapolitik bis Kyoto

Der Beginn der internationalen Klimapolitik wird in der Regel auf die ersten internationalen Klimakonferenzen zurückgeführt, die Ende der 1970er Jahre stattfanden

---

systems verhindert wird. Ein solches Niveau sollte innerhalb eines Zeitraums erreicht werden, der ausreicht, damit sich die Ökosysteme auf natürliche Weise den Klimaänderungen anpassen können, die Nahrungsmittelerzeugung nicht bedroht wird und die wirtschaftliche Entwicklung auf nachhaltige Weise fortgeführt werden kann." (Art. 2 Vereinte Nationen 1992b)

[493] Neben Kohlendioxid zählen Methan, Lachgas, teilhalogenierte Fluorkohlenwasserstoffe, perfluorierte Kohlenwasserstoffe sowie Schwefelhexafluorid zu den THG. Dabei wird Kohlendioxid u.a. durch die Verbrennung der fossilen Brennstoffe mengenmäßig mit Abstand am häufigsten emittiert, die anderen Gase haben jedoch eine zum Teil um ein vielfaches höhere Treibhausgaswirkung (siehe hierzu auch die nachfolgenden Abschnitte). Der Nachweis des anthropogenen Klimawandels wurde Anfang 2007 erneut und aktualisiert im vierten Sachstandsbericht des IPCC dargelegt (IPCC 2007c).

und deren Erkenntnisse – wenn gleich mit einiger Verzögerung – einen späteren politischen Prozess bewirkten. Das Aufkommen des Klima-Themas in dieser Zeit kann auch als eine Folge der kritischen Auseinandersetzung mit den Ölpreiskrisen in den 1970er Jahren gesehen werden, die jedoch zu keinen expliziten umwelt- oder klimapolitisch motivierten Reaktionen geführt hatten (siehe auch Abschnitt 3.2.4 und 6.2).

Auf der Basis erster intensiverer wissenschaftlicher Arbeiten fand 1979 die erste Weltklimakonferenz in Genf statt. Nach weiteren Jahren der Forschung und alarmierender Erkenntnisse zu den möglichen Bedrohungen durch den Klimawandel, gründeten die maßgeblich am Prozess beteiligte Weltorganisation für Meteorologie (WMO) zusammen mit dem Umweltprogramm der Vereinten Nationen (UNEP) im Jahr 1988 das *Intergovernmental Panel on Climate Change (IPCC)*, ein internationales Wissenschaftlergremium, welches die komplexe Analyse über Ursachen und Folgen eines möglichen Klimawandels vorantreiben sollte (Treber et al. 2000; Oberthür/ Ott 2000). Dessen erster Sachstandsbericht war maßgeblicher Input für die zweite Weltklimakonferenz im Jahr 1990, an der bereits 137 Staaten und die Europäische Union teilnahmen, und auf der Verhandlungen über eine Konvention zum Schutz des Klimas eingefordert wurden (Houghton et al. 1990; Ott 1997).

Diese Forderung wurde schließlich 1992 auf dem ersten Weltgipfel für Umwelt und Entwicklung (United Nations Conference for Environment and Development - UNCED) in Rio de Janeiro umgesetzt. Auf diesem Gipfel wurde das „Rahmenübereinkommen der Vereinten Nationen über Klimaänderungen", die so genannte *Klimarahmenkonvention* (Framework Convention on Climate Change - UNFCCC) von über 150 Staaten unterzeichnet. In der Konvention wird im Artikel 2 das Ziel formuliert, eine „Stabilisierung der Treibhausgaskonzentrationen in der Atmosphäre" auf einem Niveau zu erreichen, das „eine gefährliche anthropogene Störung des Klimasystems verhindert" (Vereinte Nationen 1992b. 5). Nachdem die Konvention von der festgelegten Zahl von 50 Staaten jeweils von den nationalen Parlamenten ratifiziert wurde, trat sie im Jahr 1994 völkerrechtlich in Kraft. Daraufhin startete ab dem Jahr 1995 ein jährlicher Turnus internationaler Klimakonferenzen, die so genannten *Vertragsstaatenkonferenzen* (Conference of the Parties - COP).[494]

Auf der ersten Vertragsstaatenkonferenz nach Unterzeichnung der Klimarahmenkonvention, der COP 1 1995 in Berlin, wurde als wichtigstes Ergebnis das Berliner Mandat verabschiedet, welches die Verabschiedung eines Klimaschutz-Protokolls innerhalb von zwei Jahren vorsah. Diese erste COP wurde begleitet von dem zuvor veröffentlichten zweiten Sachstandsbericht des IPCC. Die rund 2.000

---

[494] Diese COPs stellen das einzige beschlussfassende Gremium innerhalb der internationalen Klimapolitik dar. Die COPs sind als multilaterale Regierungskonferenzen konzipiert, d.h. die Regierungen einzelner Nationalstaaten verhandeln miteinander. Andere Akteure wie Nichtregierungsorganisationen (NRO) oder auch Wirtschaftsverbände haben dagegen einen Beobachterstatus inne und werden vornehmlich indirekt wirksam (Treber et al. 2000; Oberthür/ Ott 2000).

Wissenschaftler und Experten aus aller Welt kamen darin zu dem Schluss, dass es einen erkennbaren Einfluss des Menschen auf das globale Klima gibt: „The balance of evidence suggests a discernable human influence on global climate" (IPCC 1995b: 22). Diese Aussage des IPCC wurde zwar seit der 2. COP 1996 in die Verhandlungstexte integriert, dies führte jedoch nicht dazu, dass der anthropogene Klimawandel von allen Akteuren als Tatsache anerkannt wurde.

Mit der Verabschiedung des „Protokolls von Kyoto zum Rahmenübereinkommen der Vereinten Nationen über Klimaänderungen" - kurz Kyoto-Protokoll - auf der COP 3 im Jahr 1997, wurde schließlich ein Regelwerk geschaffen, in dem sowohl Reduktionsziele und Zeitpläne als auch konkrete Instrumente, die so genannten Kyoto-Mechanismen, zu deren Erreichung vereinbart wurden (Kyoto-Protokoll 1997).

6.3.2 Zustandekommen des Protokolls und relevante Akteure

Wirft man einen Blick auf den Policy-Prozess der internationalen Klimaverhandlungen, die zur Verabschiedung des Kyoto-Protokolls geführt haben, so fällt zunächst die enorme Teilnehmerzahl auf: Neben den über 170 teilnehmenden Nationalstaaten bzw. ihren Regierungsdelegationen waren mehrere hundert Nichtregierungsorganisationen (Umwelt- und Entwicklungsorganisationen, Wirtschaftsverbände und Unternehmen) und eine Vielzahl internationaler Organisationen als Beobachter beteiligt (Oberthür/ Ott 2000: 39).[495] Auf der COP in Kyoto waren über 10.000 Teilnehmer anwesend. Damit war eine große Öffentlichkeit geschaffen, die insbesondere durch die zunehmend professioneller vernetzten grünen NGOs kritisch informiert wurde (Walk/ Brunnengräber 2000; Newell 2000).[496] Das zentrale Meta-Netzwerk der grünen NGOs war *CAN (Climate Action Network)*, ein 1989 gegründeter Zusammenschluss von weltweit über 300 kommunalen, nationalen und interna-

---

[495] Im Sprachgebrauch der UN werden unter dem Begriff der NGOs sowohl die umwelt- und sozial- und entwicklungspolitischen Organisationen als auch Wirtschaftsverbände geführt. Diese werden in der Literatur oftmals als „grüne" (erstere) und „graue" (letztere) NGOs unterschieden (Walk/ Brunnengräber 2000; Brunnengräber et al. 2005). In dieser Arbeit wird der Begriff der NGOs jedoch in der Regel in engerer Form für die oben genannten „grünen" Organisationen verwendet.

[496] Das Engagement und die Partizipation von nicht-staatlichen Akteuren führte somit zu einem Global Governance-Prozess (zum Begriff und Konzept siehe beispielhaft Messner/ Nuscheler 2003). Die damit einhergehenden Demokratie- und Legitimationsprobleme, die in diesen Prozessen generell und auch im Fall der internationalen Klimapolitik vorhanden sind, werden u.a. in den Arbeiten von Walk und Brunnengräber (2000), Maier (2001b), und Beisheim (2004; 2005) thematisiert. Die Autoren betonen darin die wichtige Rolle der gesellschaftlichen Interessenvertretung sowie die Schaffung von Transparenz in internationalen Verhandlungen durch NGOs, verweisen jedoch auch auf die Unausgewogenheit der Partizipation z.B. von NGOs aus dem Süden gegenüber den dominierenden NGOs aus dem Norden, sowie auf den Verlust der kritischen Distanz von NGOs, wenn diese ein (teilweise finanzierter) Bestandteil des Klimaregimes werden.

tionalen Organisationen, in dem auch die international agierenden, größeren NGOs wie Greenpeace, WWF etc. mitwirkten. Die zentralen Funktionen des Netzwerks waren - trotz der großen Heterogenität und spezifischer Interessenschwerpunkte der einzelnen beteiligten NGOs - die Abstimmung wichtiger klimapolitischer Forderungen und diesbezüglicher Medienarbeit sowie ein Informationsaustausch.

Diesem grünen Netzwerk stand auf der Seite der Wirtschaftsverbände u.a. die 1990 gegründete, US-amerikanisch dominierte *„Global Climate Coalition" (GCC)* gegenüber, die massiv gegen verbindliche Maßnahmen intervenierte und im Verlauf der Verhandlungen zur maßgeblichen Stimme der Industrie wurde (Walk/ Brunnengräber 2000; Oberthür/ Ott 2000; Levy/ Egan 2003). Die Industriezweige, die sich für mehr Klimaschutz stark machten – entweder, weil sie vom Klimawandel betroffen waren, wie die Versicherungsbranche, oder weil sie davon profitieren, wie die Klimaschutztechnologiebranche – waren zu dieser Zeit noch deutlich in der Minderzahl, wenig organisiert oder gar nicht erst vertreten. Sie verfügten zudem nicht über den politisch etablierten Einfluss wie die Wirtschaftslobby der konventionellen Energieindustrie (ebda.).[497]

Die Vielzahl der Konflikte und die Heterogenität der beteiligten Interessen, die durch die Regierungen vertreten wurden, führten im Verlauf der Verhandlungen zu einer Abschwächung der Kompromisslinie (Oberthür/ Ott 2000; Walk/ Brunnengräber 2000; Levy/ Egan 2003). Die Entscheidungen auf den COPs waren ausschließlich den Regierungen vorbehalten, weshalb das Zustandekommen und die Ausgestaltung des Protokolls maßgeblich durch die einflussreichsten Regierungen und ihre wirtschaftspolitischen Interessen geprägt wurde (Oberthür/ Ott 2000; Brunnengräber 2007b). Für die Klimaverhandlungen zum Kyoto-Protokoll können in Anlehnung an Oberthür und Ott (2000) sowie Treber et al. (2000b) die folgenden zentralen Akteure und Gruppierungen benannt werden:

– Die Industrieländer spielten in den letzten Verhandlungsrunden die zentrale Rolle, da es eine Einigung darüber gab, dass nur für ihren Kreis Verpflichtungen festgelegt werden sollten. Daher spitzte sich auch der Streit zwischen den Industrieländern zu. Hier sind im Wesentlichen zwei Gruppen zu sehen: Die Hauptakteure EU auf der einen und die USA auf der anderen Seite. Die *Länder der EU* galten im Prozess als Vorreiter für eine ambitioniertere Klimapolitik. Die informelle *JUSSCANNZ-Gruppe* der Industrieländer unter Führung der

---

[497] Eine gemeinsame, schlagkräftige Interessenvertretung von progressiven Klimaschutzbefürwortern aus der Wirtschaft gab es zu dieser Zeit nicht, wohl aber eine Reihe kleinerer Verbünde und Netzwerke, denen jedoch kein nennenswerter Einfluss auf die Verhandlungen zugesprochen werden kann. Ein Beispiel für eine solche kleinere Vereinigung, die sich zumindest Gehör im Verlauf der offenen Plenarbeiträge verschaffen konnte, war der 1996 gegründete „European Business Council for a Sustainable Energy Future" (e5), der (zusammen mit seinem US-Pendant) auf die wirtschaftlichen Chancen des Klimaschutzes aufmerksam machte und diesbezügliche Rahmenbedingungen forderte (Treber et al. 2000: 9).

USA stellte sich gegen bindende Verpflichtungen.[498] Zentrale Forderungen der damaligen US-Regierung unter Bill Clinton wie der gesamten JUSSCANNZ waren: die Einbeziehung der Entwicklungsländer und die Einführung flexibler Mechanismen.[499] Die flexiblen Mechanismen wurden ebenso von der IEA, dem zentralen energiepolitischen Beratungsorgan der OECD-Staaten auf internationaler Ebene, favorisiert und weiterentwickelt (IEA 2003).

– *Russland* als bedeutender Emittent und Rohstofflieferant nahm eine überwiegend ablehnende Haltung ein und schloss sich oft der OPEC an, wenn gleich es aufgrund der insgesamt niedrigen Effizienzstandards sowie insbesondere der in den 1990er Jahren stattfindenden Stilllegung besonders emissionsintensiver Industrien kaum Probleme mit Reduktionsverpflichtungen (mit Bezugsjahr 1990) hatte. Ähnliches galt für die meisten *osteuropäischen Transformationsstaaten*, von denen zumindest die EU-Beitrittskandidaten die Nähe zur EU-Position suchten.

– Die *Entwicklungsländer*, die ansonsten in der Regel in der „Gruppe der 77" (G77), oftmals zusammen mit China, eine gemeinsame Position gegenüber den Industrieländern suchen, waren in den Klimaverhandlungen deutlich gespalten. Auf der einen Seite standen die OPEC-Staaten, die sich an der Seite der USA gegen verbindliche Klimaschutz-Maßnahmen stellten. Auf der anderen Seite standen die AOSIS-Staaten (Allianz kleiner Inselstaaten), die direkt und existenziell vom Klimawandel betroffen waren. Gerade die einflussreicheren Länder der Gruppe wie China, Indien, Brasilien etc., stellten in den Verhandlungen die Frage der Gerechtigkeit über die Forderung von Industriestaaten wie den USA, ebenfalls einen Beitrag zum Klimaschutz zu leisten.

Auf dem Weg nach Kyoto wurde in einer Reihe von Vorverhandlungen der gemeinsame Nenner herausgearbeitet, der letztlich zu einer kontinuierlichen Reduzierung der Ziele und zu einer besonderen Berücksichtigung der Interessen der USA führte (Oberthür/ Ott 2000; Walk/ Brunnengräber 2000; Treber et al. 2000; Brunnengräber 2007b). Dass das Protokoll auf der COP 3 in Kyoto trotz dieser großen Differenzen überhaupt zustande kam, wird von vielen Analysten und Prozessbeobachtern - neben dem Faktor der Interessendurchsetzung zentraler Akteure im

---

[498] Zu dieser Gruppe wurden Japan, USA, Kanada, Australien, Schweiz, Norwegen, Neuseeland gezählt, teilweise nahmen auch Südkorea und Island an Treffen teil (Oberthür/ Ott 2000).

[499] Die einflussreiche fossil-basierte US-Energiewirtschaft und Industrie (allen voran die Automobilindustrie), aber auch große Teile der Gewerkschaften lehnten verbindliche Reduktionsverpflichtungen als schädlich für die wirtschaftliche Entwicklung ab (Oberthür/ Ott 2000; Ostermann 2005; Lohmann 2006). Durch diesen Druck sowie den großen Einfluss neoliberaler Berater in der US-Regierung wurden auf internationaler Ebene ausschließlich flexible Instrumente wie ein Emissionshandel akzeptiert, mit denen es möglich sein sollte, die Wirkungen im eigenen Land und in den betroffenen Sektoren abzumildern bzw. aufzuheben (Oberthür/ Ott 2000). Das gängigste Beispiel für die Anwendung des Emissionshandels ist die Regulierung der Schwefeldioxid-Emissionen in den USA, dessen Erfolg jedoch umstritten ist (Lohmann 2006).

Prozess - auf den großen öffentlichen Druck zu einer Einigung zu kommen (zur Rolle der Medien siehe auch Newell 2000), die gleichermaßen motivierte, vermittelnde Rolle der gastgebenden japanischen Regierung, das Geschick des argentinischen Verhandlungsleiters Raul Estrada-Oyuela sowie einer Reihe situativer Faktoren zurückgeführt.[500]

6.3.3 Zentrale Regelungen und kritische Würdigung des Protokolls

6.3.3.1 Ergebnisse und Reaktionen

Als die zentralen Ergebnisse der Verhandlungen und Inhalte des Protokolls sind die folgenden Aspekte hervorzuheben:

– Eine Reduktionsverpflichtung von mindestens 5,2 % aller Treibhausgasemissionen innerhalb des Verpflichtungszeitraums 2008 bis 2012 in Relation zum Basisjahr 1990 (Art. 3 Kyoto-Protokoll 1997).[501]

– Länderspezifische quantifizierte Emissionsbegrenzungs- und Reduktionsverpflichtungen für die 38 verpflichteten Industrieländer (Annex-B-Staaten gemäß Kyoto-Protokoll).[502] Die EU-Länder verpflichteten sich dabei auf durchschnittlich 8 % Reduktion, die USA auf 7 %, Russland auf 0 %.

– Einführung der „neuen ökonomischen Instrumente" Emissionshandel und Joint Implementation (JI), die innerhalb und zwischen verpflichteten Industrieländern, sowie Clean Development Mechanism (CDM), der zwischen verpflichteten Industrie- und (nicht verpflichteten) Entwicklungsländern durchgeführt werden kann. Außerdem wurde die Berücksichtigung von CO_2-Senken erlaubt.

---

[500] Als ein Beispiel solcher situativer Faktoren führen Oberthür und Ott (2000: 128ff) z.B. „Verhandlung durch Erschöpfung" in der letzten Verhandlungsphase an.

[501] Zu den im Kyoto-Prozess berücksichtigten Treibhausgasen zählen die folgenden 6, die in einem so genannten Korb behandelt wurden: Kohlendioxid (CO_2), Methan (CH_4), Lachgas (Distickstoffoxid N_2O), teilhalogenierte Fluorkohlenwasserstoffe (H-FKW), perfluorierte Kohlenwasserstoffe (FKW) sowie Schwefelhexafluorid (SF_6). Für fluorierte Gase kann abweichend das Bezugsjahr 1995 verwendet werden. Im Vergleich mit den Trendszenarien, die die einzelnen Staaten dem Sekretariat der Klimakonvention vorgelegt hatten, ergibt sich durch das Kyoto-Protokoll eine Minderung um etwa 30 Prozent bis 2010 im Vergleich zu 1990 (Treber et al. 2000). Dieser Darstellung widerspricht Michaelowa, der die Zielsetzung des Protokolls als nicht über das „business-as-usual" hinausgehend bezeichnet (Michaelowa 2001: 36).

[502] Die Einzelverpflichtungen können auch insgesamt von einer Gruppe von Staaten gemeinsam erfüllt werden, wobei eine interne Umverteilung vorgenommen werden kann („Bubbling"). Diese Regel ist u.a. für die EU eingeführt worden, die sie im Rahmen einer Vereinbarung zur Lastenteilung angewendet hat. Das so genannte „burden sharing agreement", in dem die unterschiedlichen Reduktionsverpflichtungen der einzelnen EU-Mitgliedstaaten festgelegt sind, wurde am 16. Juni 1998 vom Rat beschlossen (Anhang 1 in Europäische Kommission 1999b).

Die *flexiblen Mechanismen* wurden insbesondere auf Druck der US-Wirtschaft und - Delegation mit der Begründung eingeführt, eine möglichst kostengünstige Erfüllung der Verpflichtungen zu gewährleisten (Oberthür/ Ott 2000; Treber et al. 2000; Lohmann 2006; Brunnengräber 2007b). Das Grundprinzip ist dabei jeweils, dass emissionsmindernde Maßnahmen dort durchgeführt werden können, wo sie am kostengünstigsten sind. In Drittländern durchgeführte Maßnahmen können dann auf die eigenen Ziele angerechnet werden, so dass im Ergebnis eine geringere oder sogar keine Reduktion im Inland eines verpflichteten Staates erfolgen kann.

- Der *Emissionshandel*, bei dem gemäß Art. 17 des Kyoto-Protokolls von Annex-B-Staaten nicht genutzte Emissionsrechte an andere Annex-B-Staaten verkauft werden können, kann von den verpflichteten Staaten „in Ergänzung zu den im eigenen Land ergriffenen Maßnahmen zur Erfüllung der quantifizierten Emissionsbegrenzungs- und -reduktionsverpflichtungen aus Artikel 3" (ebda.) erfolgen.

- Beim *CDM* (Mechanismus für umweltverträgliche Entwicklung, Art. 12 Kyoto-Protokoll) kann sich ein verpflichtetes Land an einem emissionsmindernden Projekt in einem Entwicklungs- oder Schwellenland beteiligen bzw. dieses finanzieren (kaufen), und sich die Reduktionsgutschriften, die im Vergleich zu einer Referenzentwicklung ermittelt werden, anrechnen lassen. Die Besonderheit dieses Mechanismus liegt darin, dass die Maßnahmen die nicht verpflichteten Staaten - also die Entwicklungsländer - explizit auf ihrem Weg zu einer nachhaltigen Entwicklung unterstützen sollen. Der CDM gilt bereits in der ersten Verpflichtungsperiode, rückwirkend können auch zertifizierte Projekte ab dem Jahr 2000 berücksichtigt werden.

- Im Rahmen von *JI-Maßnahmen* („Gemeinsame Umsetzung", Art. 6 Kyoto-Protokoll) können verpflichtete Länder in anderen verpflichteten Ländern Projekte mit dem Ziel der Emissionsminderung oder Senkenprojekte durchführen und sich die eingesparten Emissionen anrechnen bzw. übertragen lassen. Dieser Mechanismus wird erst ab der zweiten Periode (2008) zum Einsatz kommen.

Der Abschluss des Kyoto-Protokolls wurde auf der einen Seite von den Unterzeichnerstaaten und vielen im Prozess involvierten Akteuren als ein bedeutendes internationales Abkommen gefeiert, welches die Tür zu einem wirksamen Klimaschutz aufgestoßen habe. Der UN-Generalsektretär bezeichnete in seinem Grußwort an die COP 4 (1998) die Annahme des Kyoto-Protokolls als „landmark event" und als „the most far-reaching agreement on environment and sustainable development ever adopted" (zitiert in Treber et al. 2000: 10). Selbst der deutsche BDI begrüßte den „Durchbruch in Kyoto", da er einen globalen Ansatz darstelle und realistische und erreichbare Ziele formuliere. Gleichzeitig wurde jedoch eine zu hohe Last Deutschlands im Rahmen des geplanten EU-burden sharings abgelehnt (BDI/ Henkel 1997).

Eine häufig vertretene Position der grünen NGOs war, das der Kyoto-Prozess, wie Germanwatch es ausdrückte „trotz der bislang unbefriedigenden Reduktionsverpflichtungen und seines langsamen Fortschreitens ... alternativlos" sei (Treber et al. 2000: 14). „Ein Scheitern des Prozesses würde einen Zeitverlust von zehn Jahren bedeuten, bis möglicherweise neue Anstrengungen auf UN-Ebene Erfolg zeitigen. Es bestünde auch die Gefahr, dass anstatt der völkerrechtlich legitimierten UN selbsternannte Gremien wie die G8 (möglicherweise unter Hinzuziehung einiger zentraler Entwicklungsländer) über die Zukunft des globalen Klimas entscheiden" (ebda.). Auf der anderen Seite gab es aber auch *fundamentale Kritik*, die sich u.a. auf den multilateralen Verhandlungsmodus generell bezog, der, wie Hermann Scheer betonte, zwangsweise zu einem unbefriedigenden und für den Klimaschutz unzureichenden Ergebnis führen müsse (Scheer 2001a). Axel Michaelowa führte an, dass das „internationale klimapolitische Regime" zwar institutionell stark, aber in Bezug auf seine Ziele sehr schwach ausgeprägt sei, da sie nicht über das „business-as-usual" hinausreichen (Michaelowa 2001).

6.3.3.2   Schlupflöcher und Kritik

Kritik gab es auch an den flexiblen Mechanismen, die einige Akteure als strategisch falsche Instrumente bezeichneten und auf ihre Unwägbarkeiten hinwiesen. Der letzte Aspekt wurde im Grundsatz auch von vielen der Befürworter des Protokolls geteilt, die sich in den folgenden Verhandlungen für ein Schließen der so genannten „*Schlupflöcher*" einsetzten. So formulierte beispielsweise Germanwatch diesbezüglich: „Damit eine ... Emissionsreduktion tatsächlich eintritt, müssen im weiteren Verlauf der Klimaverhandlungen möglichst die so genannten „Schlupflöcher" gestopft werden. Geschieht dies nicht, erfolgen die Emissionsreduktionen möglicherweise nur auf dem Papier. Dabei sind auch die so genannten „flexiblen" oder „neuen ökonomischen" Instrumente von Bedeutung." (Treber et al. 2000: 11) Wolfgang Sachs verweist darauf, dass die Schlupflöcher, die so groß „wie Scheunentore" seien, im Wesentlichen bewusst durch die US-amerikanischen Verhandlungsführer eingeführt worden waren, um von der Verantwortung der fossilen Energiewirtschaft abzulenken (Sachs 2001). Als zentrale Schlupflöcher und Umsetzungsprobleme, die von den oben genannten Autoren identifiziert wurden und die teilweise nach wie vor bestehen bzw. grundsätzlicher Natur sind, sind die folgenden zu zählen:

– Große wissenschaftliche sowie generelle Unsicherheiten bei der Bestimmung von *Kohlenstoff-Senken*.[503]

---

[503]   Die Risiken und Möglichkeiten der Senkenanrechnung wurden in einem IPCC-Gutachten untersucht (IPCC 2000). Auch der WBGU erstellte ein Sondergutachten zur Senkenproblematik und kri-

- *Unsicherheiten* bei der Bestimmung von Emissionsreduktionen (bzw. Senkenprojekten) in Drittländern durch die projektbasierten Mechanismen CDM und JI. Diesbezüglich sind die Festlegung von Referenzentwicklungen („*Baselines*") und die damit zusammenhängende Gewährleistung von zusätzlichen Emissionsminderungen durch die Maßnahmen („*Additionality*"-Kriterium), die Erfassung der Emissionen des Projekts und die grundsätzliche Einhaltung und Bewertung des Zusatzkriteriums der „nachhaltigen Entwicklung" zu nennen.

- Die „*Hot Air*"-Problematik, nach der insbesondere von den Transformationsländern wie Russland große Mengen überschüssiger Zertifikate veräußert werden können, da nach dem Basisjahr 1990 weite Teile der energieintensiven, veralteten Industriezweige stillgelegt wurden.

- Fehlende *Sanktionsmechanismen* bei Nichteinhaltung der Ziele.

- Ausklammerung des internationalen Flug- und Seeverkehrs.

Auf den folgenden COPs stand somit insbesondere die Ausformulierung der flexiblen Mechanismen auf dem Programm, und damit die Frage der Wirksamkeit der im Kyoto-Protokoll vereinbarten Regelungen. Um zu versuchen, die Schlupflöcher annähernd in den Griff zu bekommen wurde eine Fülle von Detailregelungen entwickelt. Dies führte jedoch zu einem *hohen bürokratischen Aufwand* und der Herausbildung von hochgradigem Expertenwissen, welches bei der Anwendung und Umsetzung der Mechanismen erforderlich ist. Darüber hinaus wurden zur Erzielung der Wirksamkeit der Regelungen auch eine Vielzahl von Kontrollmechanismen und -organisationen notwendig, die jedoch zum Teil nach wie vor noch nicht eingeführt sind.[504]

Eine fundamentale Kritik am System des Emissionshandels zielt jedoch nicht nur auf seine Probleme und Schwachpunkte in der Umsetzung, sondern auf seine generell fehlende Wirkung mit Blick auf die erforderliche Veränderung und *grundlegende Transformation des fossilen Energiesystems* (u.a. bei Scheer 2001a; Lohmann 2006: 101ff). Dies ist zwar nicht das explizite Ziel des Protokolls - und somit auch nicht der Kyoto-Mechanismen - allerdings wird in den klimapolitischen Debatten, und gerade in den Debatten um die Förderung erneuerbarer Energien, häufig die Vereinheitlichung aller Klimaschutzinstrumente bzw. ihre Reduzierung auf den

tisierte die diesbezüglichen Regelungen des Kyoto-Protokolls (WBGU 2003b). In dem Gutachten spricht sich der WBGU für ein gesondertes Protokoll zum Erhalt der natürlichen Kohlenstoffvorräte zur Eindämmung der Entwaldung aus. Die wichtigsten Entscheidungen zu Senken finden sich auf der UNFCCC-Internetseite, in der Rubrik „Methods and Science" unter dem Stichwort LULUCF (Land-Use, Land-Use Change and Forestry, http://unfccc.int, 24.3.2007)

[504] Hermann Scheer kommentierte diese Entwicklung wie folgt: „Damit läuft der Klimaschutz in die Falle der Totalbürokratisierung - obwohl doch Flexibilität, Kosteneffizienz und Marktwirtschaft versprochen waren. Kyoto taugt als Beschäftigungsprogramm für Statistiker und als üppige Einnahmequelle für Emissionshändler" (Scheer 2001a: 4).

Emissionshandel als alleiniges, zentrales Instrument gefordert (vgl. u.a. Abschnitt 3.3.4 und 5.3).

In Bezug auf diese grundlegende Kritik am Instrument Emissionshandel wird zum einen seine geringe Innovationswirkung kritisiert, und zum zweiten, dass sein eigentlich zentraler Vorteil, die Kosteneffizienz, in der Realität häufig nicht gegeben ist bzw. lediglich auf den Aspekt der betrieblichen, nicht jedoch der volkswirtschaftlichen Effizienz ziele. Larry Lohmann verweist auf eine Reihe von Studien, in denen diese beiden Eigenschaften – insbesondere beim häufig zitierten Paradebeispiel des US-amerikanischen SO_x-Handels – negativ bewertet wurden (Lohmann 2006: 101ff).[505] Vor diesem Hintergrund bewertet Lohmann die Eigenschaften von Emissionshandelssystemen wie folgt: „While trading schemes can in theory save participating private firms money in reducing emissions of specific substances to a particular degree over particular time periods and within a particular larger technological system, the same schemes are unlikely to be the best choice if the objective is to save money for society or industry as a whole, or attain a more general environmental improvement, or make more drastic reductions with long-term goals in mind, or bring about a change in a larger technological system" (Lohmann 2006: 118). Die fehlenden Transformationseigenschaften des Emissionshandels führt Lohmann zudem auf die "Lock-in-Effekte" und Pfadabhängigkeiten der fossilen Energieversorgungssysteme in Industrieländern zurück (ebda.: 110ff).

Die Erkenntnis, dass mit Emissionshandelssystemen keine neuen Technologien, Innovationen oder Transformationen angeregt bzw. gefördert werden, wurde auch von mehreren transnationalen Energie- und Industriekonzernen geteilt, die im Rahmen eines „Climate Change Roundtables" im Zuge des Gleneagles-Prozesses eine gemeinsame Empfehlung an die G8 formuliert hatten: „Properly designed emissions trading programs can and will induce companies to reduce their emissions of greenhouse gases. However, the primary effect of such mechanisms is to promote efficiencies in energy use or manufacturing processes; they are less likely to stimulate major technological change or breakthroughs. Therefore, a continuing emphasis on other public and private sector programs to stimulate the development

---

[505] Ein Beispiel für die vorherrschende Meinung der hohen Kosteneffizienz dieser Modelle, die in der Literatur häufig am oben genannten SO_x-Beispiel festgemacht wird, liefern Philibert und Reinaud, Mitarbeiter der IEA: „It is generally recognised that this practice [Emissionshandel, eigene Einfügung] provides considerable cost savings. A striking example is that of the SOx trading programme in the US under the 1990 Clean Air Act Amendment, which is estimated to have saved up to 50 % of the costs that would have occurred from the same environmental regulations without trading." (Philibert/ Reinaud 2004: 19) In den von Lohmann angeführten Studien wurden demgegenüber deutlich geringere Effizienzeffekte ermittelt und darüber hinaus auch die Anreiz- und Innovationswirkung des Instruments relativiert, da viele der Reduktionsmaßnahmen durch andere Faktoren bedingt gewesen seien (Lohmann 2006: 101ff). Zur Debatte um Kosteneffizienz und Innovationswirkungen bzw. um die statische und dynamische Effizienz von Quoten- und Zertifikatemodellen siehe auch die Abschnitte 3.3.4 und 5.1.4.

and commercialization of new low carbon technologies is required." (World Economic Forum 2005: 3) Und auch Experten der IEA kamen in einem Diskussionspapier zum gleichen Schluss: „It might be more appropriate to provide the necessary incentives to new technologies through other instruments" (Philibert/ Reinaud 2004: 21).

Damit kann festgehalten werden, dass erstens die pauschale Zuschreibung der im Vergleich zu anderen Instrumenten höheren Kosteneffizienz von Zertifikatehandelsmodellen deutlich zu relativieren ist, und dass sie zweitens in Bezug auf die Reduzierung volkswirtschaftlicher Kosten, die gezielte (längerfristige) Transformationen von technologischen Systemen sowie als prioritäres Instrument für die Förderung erneuerbarer Energien wenig geeignet erscheinen.

6.3.4 Krise, Wiederbelebung und Ratifizierung des Protokolls

Nach der Einigung über das Protokoll und dem Tauziehen um die Details erlitt der Prozess im Jahr 2001 einen herben Rückschlag. Nachdem die USA sich weitestgehend mit ihren Forderungen durchsetzen konnten[506], verkündete nun die neue *republikanische US-Regierung* unter George W. Bush im März 2001 den *Ausstieg aus dem Kyoto-Prozess* (Bush 2001). Begründet wurde dies mit den gleichen Argumenten, die auch schon die demokratische Vorgängerregierung unter Clinton betont hatte, nämlich dass im Protokoll die stark wachsenden Entwicklungsländer nicht einbezogen sind und dass ökonomische Nachteile für die US-amerikanische Wirtschaft nicht hinnehmbar seien (s.o.).[507] Diese Entscheidung der US-Regierung relativierte auch den bis dato vermuteten Konsens über die Dringlichkeit des anthropogenen Klimawandels, die in dem im gleichen Jahr veröffentlichten dritten Sachstandsbericht des IPCC erneut vorgebracht wurde (IPCC 2001a). Im Gegenteil förderte die Regierung Bush sowie insbesondere die fossile US-Energiewirtschaft in dieser Zeit verstärkt IPCC-kritische Institute und Skeptiker des Klimawandels.[508]

---

[506] Laut Hermann Ott gehen ca. 80 bis 90 % des Vertragstextes auf die Vorschläge der USA zurück (Ott 2004: 9).

[507] Bereits während der US-Präsidentschaft von Bill Clinton hatte ein breites und einflussreiches Bündnis aus den Gegnern des Kyoto-Protokolls (Stromwirtschaft, Automobilindustrie, weite Teile der Gewerkschaften) eine Resolution im Senat durchgesetzt (Burt-Hagel-Resolution), nach der die US-Regierung verpflichtet wurden, bei einer internationalen Klimaschutzvereinbarung die Kriterien wirtschaftliche Effizienz und Einbeziehung von Entwicklungsländern zwingend zu berücksichtigen (Müller 2004; Ostermann 2005).

[508] Diesbezügliche Berichte und Gegengutachten zu den IPCC-Studien wurden von einer Reihe so genannter Think Tanks aus dem konservativen Lager erstellt, die vor allem von konservativen Privatleuten und Großunternehmen u.a. aus der fossil-basierten Energiewirtschaft (wie Exxon) finanziert, aber auch seitens der Regierung beauftragt wurden (McCright/ Dunlap 2003; Müller 2007). Mitarbeiter dieser Think Tanks hatten als beratende Experten großen Einfluss auf die Regierungsmeinung des Weißen Hauses in Sachen Klimapolitik, umgekehrt wurden bei Anhörungen – im Ge-

Diese Entwicklung mobilisierte insbesondere die EU *und ihre Mitgliedstaaten,* in dieser Frage zusammenzustehen und voranzugehen – und somit das Kyoto-Protokoll auch ohne die USA weiterzuführen. „Für einen Moment", so schreibt Wolfgang Sachs, „zeichnete sich gar ab, dass … mit der Klimafrage ein … Umweltthema zu einem Stück europäischer Identität gegenüber Amerika verhelfen könnte" (Sachs 2001: 854f). Damit das Protokoll auch ohne die USA in Kraft treten konnte, entschied sich die EU für eine zweifache Strategie: Zum einen wurde der Emissionshandel auf europäischer Ebene auch ohne die klar absehbare Ratifizierung des Protokolls eingeführt und somit eine Vorreiterrolle signalisiert. Dafür wurden in dieser Zeit die Weichen gestellt und im Oktober 2003 schließlich eine entsprechende Richtlinie für die EU-Mitgliedsstaaten erlassen (Richtlinie 2003c). Zum zweiten wurde die Verhandlungsstrategie nun insbesondere auf Russland konzentriert, das als letztes wichtiges Land ratifizieren musste[509], sowie auf einige andere Staaten, die von vorher vereinbarten oder angenäherten Positionen abrückten (z.B. Japan und Kanada) (Treber et al. 2003).

Die *Folgekonferenzen* waren somit geprägt von den Zugeständnissen an die Länder mit neuer Verhandlungsmacht und wurden insbesondere zu einem „*Warten auf die Ratifizierung Russlands*" (Treber et al. 2003). Die Möglichkeit, nach neuen Ansätzen des internationalen Klimaschutzes und somit nach Auswegen aus der stetigen Abschwächung des Protokolls zu suchen, wurde von vielen Akteuren als sinnvoll und sogar notwendig erachtet. Laut Hermann Ott wurde dies noch auf der COP 9 in Mailand von „vielen Freunden des Kyoto-Protokolls" ernsthaft in Erwägung gezogen, da sie zum einen die Ratifizierung Russlands zu diesem Zeitpunkt noch für unrealistisch ansahen, und weil ihnen „die Komplexität der Regelungen mittlerweile unheimlich geworden ist und die zahlreichen Schlupflöcher eine realistische Einschätzung der tatsächlich erreichbaren Minderungen an Treibhausgasen sehr erschweren" (Ott 2004: 9). Auch die Klimaschutzwirkung des Protokolls, dem nun das emissionsbezogen wichtigste Land (USA) sowie ohnehin die großen Entwicklungsländer fehlten, schwand ins nahezu bedeutungslose.[510] Dennoch wurde weiter fortgefahren, denn die meisten Akteure fürchteten einen erneuten jahrelangen Verhandlungsprozess – mit ebenso ungewissem Ende. Diesen politischen „Lock-in-Effekt" führt Hermann Scheer auch auf die grundsätzliche Eigenschaft

---

gensatz zur Regierungszeit Clintons – vermehrt Skeptiker des Klimawandels eingeladen und in den US-amerikanischen Medien zitiert (McCright/ Dunlap 2003).

[509] Die Sonderstellung Russlands nach dem Ausstieg der USA kam durch die Regelung des Protokolls, nach der für das Inkrafttreten mindestens 55 Staaten ratifizieren mussten, die für mindestens 55 % der weltweiten CO_2-Emissionen der Industrieländer verantwortlich sind. Während das erste Kriterium erreicht war, fehlte für das Erreichen des zweiten noch ein Land mit einem bedeutenden Ausstoßvolumen in der Größenordnung Russlands.

[510] Nach Berechnungen von Hagem und Holtsmark (2001) lag die Wirkung des Protokolls nach dem Ausstieg der USA nur noch bei einer Reduktion von 0,9 % gegenüber einer prognostizierten Entwicklung ohne das Protokoll.

der multilateralen Weltkonferenzen zurück, als „internationale Ersatzhandlung" ein „Weiter-so" auf nationaler Ebene zu ermöglichen (Scheer 2001b: 5).

Im Oktober 2004, rechtzeitig zur COP 10 Ende 2004 in Buenos Aires, erfolgte schließlich die von den Befürwortern des Protokolls lang ersehnte Ratifizierung Russlands. Dass Russland zustimmte, kann zum einen auf weitere Zugeständnisse in den für das Land wichtigen Punkten „hot air" und Senken, zum anderen aber auch auf die Zusage einer Unterstützung der EU bei Russlands Bestrebungen einer WTO-Mitgliedschaft zurückgeführt werden (Brunnengräber et al. 2004a). Diese entscheidende nationale Ratifizierung sowie das 90 Tage spätere offizielle *in Kraft treten des Protokolls am 16.2.2005* wurde von den meisten der über lange Jahre involvierten staatlichen und nicht-staatlichen Teilnehmer des Prozesses begrüßt und gefeiert (Wille 2005).[511] So bezeichnete der WWF das in Kraft treten des Protokolls als einen „step towards containing the climate change threat at a manageable level", fügte jedoch hinzu: „However, it is only the first step" (WWF 2005: 1).

6.3.5   Politische Entwicklungen nach der Ratifizierung

Mit dem Startschuss des Protokolls begann einerseits die Phase der Umsetzung, andererseits starteten die Debatten über die Weiterverhandlungen zur *Post-Kyoto-Phase nach 2012*, da die völkerrechtliche Bindung nur bis zu diesem Zeitpunkt vereinbart wurde. Mit dieser Post-Kyoto-Periode werden viele Hoffnungen verbunden, die das Kyoto-Protokoll selbst nicht einhalten konnte: Die Hoffnung, dass zum einen die großen traditionellen Emittenten wie die USA und Australien sowie die neuen Wachstumsländer China und Indien integriert werden können, und dass zum anderen die Ziele dann so ambitioniert sein werden, wie sie nach Aussagen der Klimaforscher sein müssen, um die größten Schäden zu vermeiden.[512]

Als Reaktion auf die Ratifizierung des Kyoto-Protokolls, die für die US-Regierung als Niederlage auf der internationalen politischen Bühne gewertet werden kann (Ostermann 2005), riefen die USA kurz nach dem Inkrafttreten des Kyoto-Protokolls im Juli 2005 die *„Asia Pacific Partnership on Clean Developement and Climate"* ins Leben. Diese Partnerschaft kann als ein bewusst inszeniertes Alternativkonzept

---

[511]   Mittlerweile (Stand Februar 2007) haben 169 Staaten das Kyoto-Protokoll ratifiziert, darunter 35 zu Reduktionen verpflichtete Annex-I-Staaten. Die durch das Protokoll repräsentierte Emissionsmenge beträgt 61,6 % des weltweiten Ausstoßes (http://unfccc.int, „State of ratification", 23.3.2007).

[512]   Da erst mit der Ratifizierung des Protokolls die offiziellen Verhandlungen über die Post-Kyoto-Periode nach 2012 beginnen konnten, entwickelten sich auch erst seit dieser Zeit konkretere Vorschläge zur Weiterentwicklung, die jedoch schnell auf eine nahezu unüberschaubare Anzahl angewachsen ist. Eine Auswahl bieten die Beiträge des Expertenworkshops „Internationale Klimapolitik nach 2012: Herausforderungen für Politikberatung und Forschung" des Wuppertal Instituts vom November 2004 (www.wupperinst.org, 22.3.2007). Eine Übersicht von Studien findet sich auch in Höhne (2004) sowie Höhne et al. (2005).

bezeichnet werden, welches die wesentlichen Kritikpunkte der US-Regierung am Kyoto-Protokoll aufgriff: Die Partnerschaft gründet sich auf freiwillige Kooperation anstelle von verbindlichen Verpflichtungen, und sie umfasst die größten asiatischen Wachstumsländer.[513] Bisher haben die Aktivitäten dieser Partnerschaft jedoch noch zu keinem nennenswerten Ergebnis geführt. Zudem ist der politische Dialog mit den stark wachsenden Ländern wie China, Indien und Brasilien seit dem Treffen in Gleneagles auch auf die Ebene der G8 verlagert worden (siehe hierzu auch Abschnitt 6.2.3). Neben diesen Aktivitäten auf der Bundesebene gibt es jedoch immer mehr US-Bundesstaaten wie z.b. Kalifornien, die sich dem Thema Klimaschutz und dem Kyoto-Protokoll öffnen und selbst ambitionierte Ziele und Maßnahmen formulieren (Ostermann 2005). Mittlerweile hat auch US-Präsident Bush nach anfänglich kategorischer Ablehnung der Anerkennung eines anthropogenen Klimawandels seine Wortwahl diesbezüglich geändert (siehe hierzu auch die Einleitung zu Abschnitt 6.3), und auch die amerikanische Öffentlichkeit scheint das Thema Klimawandel stärker zu berücksichtigen.[514] Vor diesem Hintergrund gingen einige Akteure davon aus, dass bereits „mittelfristig wieder mit der Unterstützung der USA" (WBGU 2003a), d.h. mit ihrer Re-Integration in die internationale Klimapolitik zu rechnen sei.

Diese zumindest verbalen Öffnungstendenzen der US-Regierung bestätigen einen weltweiten Trend, nachdem das Thema *Klimawandel zunehmend mehr Medienpräsenz und öffentliche Aufmerksamkeit* erhält. Das Thema Klimawandel sei „im Bewusstsein" bzw. „in den Köpfen" der Menschen angekommen (Kuckartz et al. 2007), die Bedrohung durch den Klimawandel werde stärker wahrgenommen und der Handlungsbedarf als zunehmend dringlicher angesehen, zeigen repräsentative Umfragen bei den Bürgern in Deutschland (ebda.) und EU-weit (Eurobarometer 2007).[515] Auf dieser Welle einer erhöhten öffentlichen Wahrnehmung konnten auch der so ge-

---

[513]   Die Mitgliedstaaten dieser multilateralen Klimaschutz-Kooperation sind neben den USA Australien, China, Indien, Japan und Korea. Die sechs Länder repräsentieren etwa 50 % des weltweiten Bruttosozialprodukts, des Weltenergieverbrauchs und der globalen Treibhausgasemissionen sowie ca. 45 % der Weltbevölkerung (BCSE 2006). Die freiwillige Initiative soll den privaten Sektor motivieren, Klimaschutzaktivitäten zu unternehmen, sowie Forschung und Demonstrationsvorhaben zu fördern. Im Rahmen der Partnerschaft wurden acht Themenschwerpunkte und gleichnamige „task forces" festgelegt. Im Oktober 2006 wurde zu jedem Schwerpunkt ein Aktionsplan vorgelegt (siehe unter www.asiapacificpartnership.org, 22.3.2007). Ein „action plan" befasst sich dabei mit „Renewable Energy and Distributed Generation".

[514]   In diesem Zusammenhang sind auch die Aktivitäten des ehemaligen Vize-Präsidenten Al Gore zu nennen, der mit seinen Vorträgen, Kampagnen und insbesondere seinem Oscar-gekrönten Film „Eine unbequeme Wahrheit" eine weite Verbreitung des Themas Klimawandel in den USA und weltweit erreicht hat.

[515]   Diese Entwicklungen einer stärkeren öffentlichen Rezeption des Themas wurden in den letzten Jahren durch einige herausragende Medienereignisse mit bedingt, deren Erfolg umgekehrt wiederum auf den Trend einer verstärkten „Klima-Sensibilität" zurückzuführen ist. Dazu zählen der erfolgreiche Hollywoodfilm „The Day After Tomorrow" von Roland Emmerich (2004) sowie oben genannte Film von Al Gore (2006).

nannte „Stern-Bericht" (2006b), der auf die ökonomischen Folgen des Klimawandels hinweist, und der 4. Sachstandsbericht des IPCC (2007c) weltweit eine sehr breite Aufmerksamkeit erzielen.

Der *Stern-Report* war von der Blair-Regierung Großbritanniens im Rahmen des Gleneagles-Aktionsplans zum Klimaschutz (siehe Abschnitt 6.2.3) in Auftrag gegeben worden und erschien im Oktober 2006 (Stern 2006b). Der ehemalige Chefökonom der Weltbank, Sir Nikolas Stern errechnete, dass die *Kosten für den Klimaschutz* zwar hoch, aber bezahlbar seien. Um die THG-Emissionen auf einem Level von 550 ppm bis 2050 zu stabilisieren, berechnete Stern einen finanziellen jährlichen Aufwand von etwa 1 % des Weltsozialprodukts. Demgegenüber würde es aufgrund der deutlich höheren Kosten des Klimawandels weitaus teurer werden, wenn Klimaschutzmaßnahmen (in dieser finanziellen Größenordnung) verspätet eingeführt würden.[516] Die Klimaschutzmaßnahmen seien technisch machbar und bezahlbar und ihre Einführung könnte ohne signifikante Einschränkungen des weltweiten Wachstums und Wohlstands erfolgen (ebda.). Diese ökonomischen Zusammenhänge waren zwar zuvor schon in vielen anderen wissenschaftlichen Studien dargestellt und errechnet worden (für die deutsche Debatte siehe beispielhaft Kemfert 2005), durch die Popularität des Themas sowie seinen politischen Auftrag erlangte der Stern-Bericht jedoch eine hohe politische und viel zitierte wissenschaftliche Beachtung.

Gleiches galt ebenso für den *vierten Sachstandsbericht des IPCC*, dessen erster Teil Anfang 2007 veröffentlicht wurde. Die erneute und in diesem Bericht wissenschaftlich nochmals erhärtete Kernaussage des Berichts ist, dass der gegenwärtig beobachtbare *Klimawandel mit einer Wahrscheinlichkeit von über 90 %* - und damit „sehr wahrscheinlich" - *auf die menschlichen Emissionen* des Treibhausgases Kohlendioxid (gefolgt von den Gasen Methan (CH_4), Lachgas (N_2O) und weiteren) verursacht wurde (IPCC 2007c). Die Durchschnittstemperatur der erdnahen Atmosphäre ist im hundertjährigen linearen Trend zwischen 1906 und 2005 bereits um 0,74 °C angestiegen und nicht wie bis dato angenommen um 0,6 °C. Zu den gravierendsten Folgen der globalen Erwärmung gehören unter anderem die anhaltende Gletscherschmelze, das verstärkte Auftreten heftiger Niederschläge, die Verringerung der schneebedeckten Erdoberfläche um 5 % seit 1980, der in den letzten Jahren deutlich beschleunigte Rückgang des Meereises und der fortgesetzte Meeresspiegelanstieg um 3 mm jährlich seit 1993 (ebda.). Dabei scheinen diese ohnehin bereits dramatischen Ergebnisse, die bedrohlicher ausgefallen sind, als in den vorherigen IPCC-Berichten, sogar noch politisch geschönt, da es eine Reihe kritischer Stimmen insbesondere zur ausgehandelten „Zusammenfassung für politische Entscheidungs-

---

[516] Der WBGU gibt die Kosten für eine komplette, weltweite Transformation des fossilen Energiesystems hin zu einer umwelt- und klimafreundlichen Energieversorgung mit 100.000 bis 400.000 Mrd. US-Dollar, je nach Transformationsstrategie, an (WBGU 2003c). Dies entspricht dem 3,5 bis 14-fachen des gesamten Weltsozialprodukts aus dem Jahr 2000 (Massarrat 2006).

träger" gab (Bojanowski 2007). Diese sei vorrangig von Regierungsvertretern mit Unterstützung von Juristen, und nicht durch die IPCC-Wissenschaftler selbst formuliert worden.

Nicht zuletzt aufgrund der gesteigerten öffentlichen Wahrnehmung ist der Klimawandel damit in den letzten Jahren zu einem bedeutenden Thema auf der Agenda der internationalen Politik geworden. Dies gilt insbesondere für die *G8*, die sich seit Gleneagels verstärkt damit auseinandersetzt, sowie für die *EU*, die seit dem Grünbuch zur europäischen Energiestrategie (Europäische Kommission 2006a) und dem darauf folgenden Vorschlag der Kommission für „eine Energiepolitik für Europa" (Europäische Kommission 2007a) die Themen Energieversorgung und Klimaschutz nun enger verknüpft behandelt.

Die EU, die sich selbst in der klimapolitischen Vorreiterrolle sieht[517], hat im Jahr 2007 mit ihrer Energie- und Klimastrategie auch eine Vorlage für die G8-Verhandlungen in Heiligendamm geliefert. Auf dem EU-Gipfel im März 2007, der unter deutscher Ratspräsidentschaft stattfand, einigten sich die Staats- und Regierungschefs auf eine verbindliche CO_2-Reduktion um 20 % bis 2020 (Europäischer Rat 2007). Falls andere bedeutende Länder wie die USA und die großen asiatischen Staaten ähnliche Reduktionen zusagen, will die EU ihr (konditioniertes) Reduktionsziel auf 30 % erhöhen (Europäischer Rat 2007). Seitens der EU-Ratspräsidentschaft wurde dieses Ergebnis als „Durchbruch hin zu einer ehrgeizigen integrierten europäischen Klima- und Energiepolitik" (Auswärtiges Amt 2007) bezeichnet.

Auf dem G8-Gipfel in Heiligendamm erkannte US-Präsident Bush zusammen mit den anderen Staats- und Regierungschefs sowohl den Klimawandel und den 4. IPPC-Bericht, als auch die Vereinten Nationen als das legitime Organ für weitere Klimaverhandlungen an (Bundesregierung 2007g) und kehrte damit wieder an den Verhandlungstisch der internationalen Klimapolitik zurück. Die G8 riefen alle Staaten auf, sich „konstruktiv an der VN-Klimakonferenz im Dezember 2007 in Indonesien zu beteiligen mit dem Ziel, eine umfassende Übereinkunft für die Zeit nach 2012 (Kyoto-Folgeübereinkommen) zu erzielen, die alle wesentlichen Emissionsländer einbeziehen sollte" (ebda.: 3). Damit gab es zwar die vorher bereits

---

[517] Die Vorreiterrolle sowie den erforderlichen weiteren politischen Prozess auf internationaler Ebene beschrieben die Staats- und Regierungschefs der EU-Mitgliedsstaaten selbst wie folgt: „Der Europäische Rat hebt die Vorreiterrolle der EU beim internationalen Klimaschutz hervor. Er betont, dass ein kollektives Handeln auf internationaler Ebene eine ganz entscheidende Voraussetzung ist, damit den Herausforderungen des Klimawandels in dem erforderlichen Umfang mit wirksamen, effizienten und ausgewogenen Maßnahmen begegnet werden kann. Hierzu müssen auf der internationalen Klimakonferenz der Vereinten Nationen, die Ende 2007 beginnt und 2009 abgeschlossen sein soll, Verhandlungen über eine globale und umfassende Vereinbarung für die Zeit nach 2012 eingeleitet werden, die auf der Architektur des Kyoto-Protokolls aufbauen, diese erweitern und einen fairen und flexiblen Rahmen für eine möglichst breite Beteiligung bieten sollte." (Europäischer Rat 2007: 11)

angekündigte Öffnung der USA (siehe Einleitung Abschnitt 6.3), die von vielen Akteuren erhofft und im Ergebnis begrüßt wurde (u.a. Bals 2007; Germanwatch 2007), allerdings wurden keine Aussagen zu Reduktionszielen getroffen. Des Weiteren wurde mit der klaren und harten Bindung an die Einbeziehung und Beteiligung der großen Wachstumsländer wie China eine große Hürde für die nächsten internationale Klimakonferenz aufgebaut.

6.3.6 Reduktionspolitik und reale Emissionsentwicklungen - Anspruch versus Wirklichkeit

Die tatsächlichen Emissionsentwicklungen befinden sich bei genauerem Hinschauen nicht nur auf globaler Ebene, sondern auch bei der nach dem Kyoto-Protokoll verpflichteten Staatengemeinschaft sowie auf EU-Ebene in einem tendenziell ansteigenden Zustand. Besonders problematisch ist dabei, dass die partiell stattgefundenen Reduktionen primär auf externe Effekte und nicht auf gezielte Klimaschutzmaßnahmen zurückzuführen sind.

6.3.6.1 Entwicklungen in der EU und den verpflichteten Staaten

Blickt man zunächst auf die EU-Länder, die durch ihre vergleichsweise frühe Einigung auf die Einführung eines Emissionshandelssystems sowie ihren Vorreiteranspruch mit positivem Beispiel voran gehen wollten, so zeigt sich, dass bislang von den gestarteten Ländern der EU-15 nur Schweden und Großbritannien ihre Ziele auf der Basis ihrer eingeschlagenen Maßnahmen erreichen werden (EEA 2006). Sechs weitere Länder (Deutschland, Finnland, Frankreich, Griechenland, Luxemburg und Niederlande) geben an, dass sie die Ziele noch erreichen wollen, indem sie zusätzliche Maßnahmen einführen. Sieben Länder (Belgien, Dänemark, Irland, Italien, Österreich, Portugal, Spanien) gehen demgegenüber bereits davon aus, dass sie auch mit zusätzlichen Maßnahmen die Reduktionsziele nicht mehr erreichen werden. Demnach können die Ziele der EU insgesamt nur noch erreicht werden, wenn alle Staaten die angekündigten und zum Teil erhebliche weitere Maßnahmen tatsächlich umsetzen, und die Zielverfehlungen einiger Staaten durch eine substantielle Übererfüllung anderer Staaten ausgeglichen wird. Zum Zeitpunkt 2004 waren in der EU-15 von den angestrebten 8 % Reduktion im Vergleich zum Basisjahr 1990 gerade 0,9 % erreicht, zudem sind die Emissionen seit 1999 wieder angestiegen und lagen 2004 so hoch wie seit 1996 nicht mehr (EEA 2006).

Für die Annex-I-Staaten sieht die Bilanz wie folgt aus (vgl. Abbildung 44): Im Jahr 2004 wurde ein Reduktionswert von -3,3 % im Vergleich zu 1990 ermittelt, unter Berücksichtigung der anrechenbaren Senken (LULUCF) liegen die Reduktionen sogar bei -4,9 %. Damit scheint das ursprünglich angestrebte Reduktionsziel von etwa 5 % erreichbar zu sein. Ein differenzierter Blick relativiert jedoch dieses positive Gesamtergebnis deutlich. Bereits die Darstellung des Klimasekretariats

selbst zeigt beispielsweise, dass die bisher erzielten Reduktionen nahezu ausschließlich auf die Emissionsrückgänge der Transformationsstaaten Anfang bis Mitte der
1990er Jahre zurückzuführen sind (ohne Berücksichtigung der Senken). Seit 1996
steigen die Emissionen in den nicht-Transformationsländern nahezu kontinuierlich
wieder an. Dieser Anstieg wurde bislang durch den anhaltenden Emissionsrückgang
in den Transformationsstaaten gebremst, seit 2002 stiegen jedoch auch hier die
Emissionen an, so dass diese Entwicklung in der Summe damit deutlich verstärkt
wird.

Noch drastischer zeigt sich dieser „wall fall profit"-Effekt durch die industriellen Stilllegungen in den Transformationsstaaten, wenn man nur die Länder
betrachtet, die sich im Kyoto-Protokoll zu Emissionsbegrenzungen oder -
reduktionen verpflichtet hatten, und die dieses schließlich auch ratifizierten. Die
Emissionen dieser Länder waren im Jahr 2005 um 0,4 % im Vergleich zum Vorjahr
angestiegen, lagen jedoch im Vergleich zum Basisjahr 1990 insgesamt um 14 %
niedriger (Ziesing 2006b). Der Emissionsrückgang „im Zuge des Transformations-
schocks in den Ländern Mittel- und Osteuropas" (Ziesing 2006b: 485) lag zwischen
1990 bis 1998 bei minus 40 %, was in der Kyoto-Systematik daher nach wie vor zu
Buche schlägt. Inzwischen ist es hier aber zu einer deutlichen Trendwende gekommen, d.h. zu einem deutlichen Emissionsanstieg um rund 10 % zwischen 1998 bis
2005 (ebda.).

Und auch die quantitativ bedeutsamen Emissionsrückgänge der erfolgreiche-
ren EU-Staaten wie Großbritannien und Deutschland sind letztlich auf die den
Zusammenbruch veralteter, energieintensiver Industriezweige bzw. Überkapazitäten
im Kraftwerkspark zurückzuführen (Ziesing 2006b).[518] Damit gilt für die „alten"
EU-Industrieländer: ohne diese hohen stilllegungsbedingten Emissionsrückgänge in
Großbritannien und Deutschland war für die verbliebenen Länder (EU 13) ein
Anstieg von 13 % gegenüber 1990 zu konstatieren, mit weiter steigender Tendenz
(ebda.). In Deutschland selbst sind die Emissionen auch im Jahr 2006 wieder angestiegen, und zwar sowohl insgesamt (+ 0,6 %, von 872,9 auf 878,1 Mio. Tonnen
CO_2) als auch in dem Bereich, der unter den Emissionshandel fällt (+ 0,7 %, d.h.
von 473,7 auf 477,3 Mio. Tonnen CO_2) (UBA 2007a).

Weltweit, d.h. mit Berücksichtigung der USA und Australien, aber auch von
den stark wachsenden Schwellenländern wie China und Indien, sind die Emissionen
im Jahr 2005 um 2,5 % angestiegen, im Jahr 2004 waren es sogar 4,5 %. Insgesamt
lagen sie um 27 % über denen des Basisjahrs 1990 (Ziesing 2006b).

---

[518]   Frankreich kann demgegenüber seine Ziele voraussichtlich aufgrund des sehr hohen Kernenergie-
anteils einhalten (Roth 2005), und damit ebenfalls nicht durch spezifische Maßnahmen in Bereichen
wie Effizienz und erneuerbare Energien.

Abbildung 44: Entwicklung der Treibhausgasemissionen der Annex I-Staaten zwischen 1990 und 2004

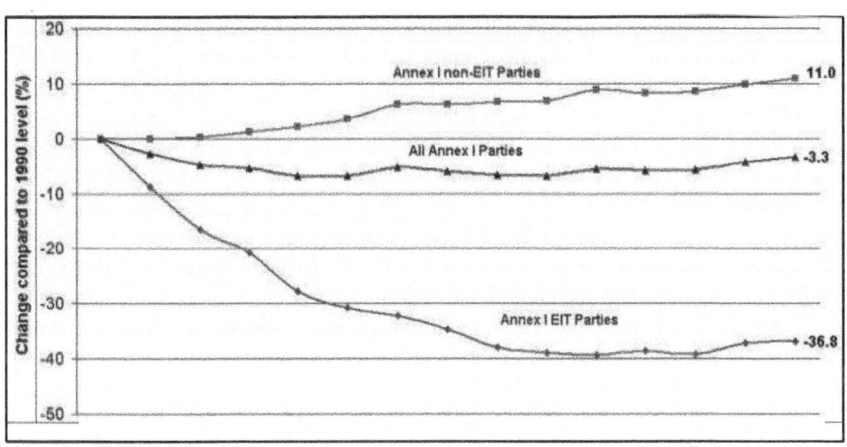

EIT: Economies in Transition

Quelle: UNFCCC (unter: http://unfccc.int/ghg_emissions_data, 24.3.2007)

Aus diesen Entwicklungen können mehrere Schlussfolgerungen gezogen werden: Zum einen ist mit Blick auf die aktuelle europäische Klimapolitik das vereinbarte Ziel einer Reduktion um 20 % deutlich weniger ambitioniert, wenn man die Entwicklungen der nun erweiterten EU-27 betrachtet, da im Vergleich zu 1990 hier mit etwa 15 % bereits drei Viertel erreicht sind (Ziesing 2006b; Luhmann/ Sterk 2007). Aus diesem Grund sprechen Kritiker des Beschlusses auch von einer „Mogelpackung" (Greenpeace 2007). In diesem Zusammenhang forderten viele politische Akteure und Experten (beispielsweise WBGU 2007a; Luhmann/ Sterk 2007) von Deutschland und der EU, das konditionierte Minderungsangebot in Höhe von 30 % für die EU - falls sich die „internationalen Partner" auch auf ambitionierte Ziele festlegen würden - von vorn herein verbindlich zu vereinbaren.[519] Derartigen, deutlich ambitionierteren Zielen steht jedoch gleichzeitig die zweite Schlussfolgerung diametral entgegen: die Tatsache, dass abzüglich der stilllegungsbedingten Reduktionen bisher de facto erst wenig aktive und erfolgreiche Klimaschutzpolitik stattgefunden hat. Zudem muss die erste Phase des EU-Emissionshandels als gescheitert bezeichnet werden (siehe ausführlicher in Abschnitt 6.3.6.2). Dieses

---

[519]   In ähnlicher Weise hatte der deutsche Bundesumweltminister Sigmar Gabriel auf der COP 12 in Nairobi stellvertretend für die deutsche Bundesregierung ebenfalls ein konditioniertes Angebot angekündigt: Wenn die EU ihre Emissionen bis 2020 um 30 % gegenüber 1990 reduziere, „wären wir in Deutschland bereit, unsere Emissionen um 40 % zu senken" (Gabriel 2006). Das Angebot gilt nur dann, wenn die Kondition der EU eintritt.

Resümee zeigt, dass Klimaschutzpolitik bereits bisher in den konkreten Politik- und Handlungsfeldern offensichtlich nur sehr schwer umsetzbar war, und dass diese Schwierigkeiten mit zunehmenden Reduktionszielen tendenziell ansteigen werden.

Damit ist die Verbindlichkeit einer jeden Klimaschutzpolitik angesprochen, die als sektorübergreifende Querschnittspolitik einem Vollzugsdilemma ausgesetzt ist. Allgemeine Vereinbarungen zum Klimaschutz können nur dann erfolgreich sein, wenn sie in den relevanten Sektoren mit gezielten Maßnahmen umgesetzt werden, und wenn auf politischer Ebene auf ihre Einhaltung geachtet, und die Nichteinhaltung sanktioniert wird. Hierzu ist festzustellen, dass sich gerade die deutschen Regierungen immer wieder auf EU-Ebene gegen konkrete und strengere Beschlüsse z.B. in den Bereichen Energieeffizienz oder CO_2-Emissionsauflagen bei Fahrzeugen eingesetzt haben.[520] Die fehlende Sanktionierung kann ein Grund dafür sein, dass die Staaten, nimmt man die bisherige Reduktionsentwicklung als Maßstab, ihren (völkerrechtlich verbindlichen) Verpflichtungen bisher offensichtlich nur eine geringe Verbindlichkeit entgegenbringen.

6.3.6.2   Die Wirkung des Emissionshandels am Beispiel des EU-Systems

Mit der Entscheidung, als eine zentrale Maßnahme zur Erfüllung der Kyoto-Reduktionsanforderung ein Emissionshandelssystem einzuführen, schaffte die EU

---

[520] Das Thema Energieeffizienz wird seit vielen Jahren auf EU-Ebene diskutiert. Nennenswerte Beschlüsse zu diesem Thema hat es jedoch bisher weder allgemein noch sektorspezifisch gegeben. Unter der deutschen Ratspräsidentschaft im ersten Halbjahr 2007, die die Themen Klimaschutz und Energieeffizienz ganz oben auf die Agenda gesetzt hat, hofften nun viele Akteure auf einen Fortschritt in Richtung verbindlicher und ambitionierter Effizienzziele. Der Beschluss der EU-Wirtschaftsminister zu diesem Thema, der auf Basis der Vorlage des deutschen Wirtschaftsministers Glos zustande kam und schließlich auch auf dem EU-Gipfel im März 2007 übernommen wurde, blieb jedoch erneut unverbindlich (Europäischer Rat 2007; kritisch dazu: BUND 2007b; BUND 2007c). Besonders deutlich wurde dieses widersprüchliche Agieren – pro ambitionierte Klimaschutzpolitik auf der einen Seite und gegen konkrete bzw. ambitionierte Maßnahmen auf der anderen Seite – im Fall der CO_2-Begrenzungen des Fahrzeugsparks. Hier unterstützte die Bundesregierung mit tatkräftiger Hilfe von Bundeskanzlerin Angela Merkel die Automobilindustrie bei der Abwendung des Reduktionsvorschlags von EU-Umweltkommissar Dimas. Dieser hatte einen maximalen Grenzwert in Höhe von 120 g/km bis 2012 gefordert, der auf erheblichen Widerspruch insbesondere der deutschen Automobilindustrie traf, die dabei zudem vom deutschen Wirtschaftsminister Glos und dem Vize-Präsidenten der EU-Kommission, Industriekommissar Verheugen, aktiv unterstützt wurde (Riegert 2007). Die europäische Automobilindustrie hatte sich im Rahmen einer Selbstverpflichtung die Erreichung eines Grenzwerts von 140 g/km bis 2008 vorgenommen, wird dieses Ziel jedoch deutlich verfehlen (Schallaböck/ Luhmann 2007). Mit der Selbstverpflichtung war die Industrie bereits 1995 einer Forderung nach einem Grenzwert von 120 g/km entgangen - der damals unter Beteiligung der deutschen Umweltministerin Angela Merkel zustande gekommen war (Riegert 2007). Kritiker bemängeln einerseits die zu geringe Höhe des Grenzwerts und fordern andererseits die stärkere Einbeziehung der Automobilindustrie in die Klimaschutzverpflichtung, da ansonsten – wie bisher – die anderen Sektoren ungerechterweise die fehlenden Reduktionen auffangen müssen (Schallaböck/ Luhmann 2007).

einen ersten größeren Emissionshandelsmarkt, der auch ohne die Kyoto-Ratifizierung Bestand hat. Seit 2005 liegen nun erste Erfahrungen mit dem System vor, nachdem es in allen Mitgliedsländern eingeführt worden ist. Nach den Erfahrungen des ersten Jahres mussten eine Reihe von Problemen und Fehlentwicklungen konstatiert werden. Ein zentrales Problem für die Funktionsweise des Marktes war, dass die tatsächlichen Emissionen der registrierten Anlagen von den vorab geschätzten und infolgedessen verteilten Zertifikatemengen abwichen. Der Umfang dieser Abweichung lag bei über 44 Millionen Tonnen CO_2 (2,4 %) der zuvor EU-weit ausgegebenen Zertifikate im Umfang von 1.829 Millionen Tonnen (Europäische Kommission 2006c). Nach der Bekanntgabe dieser Daten Anfang Mai 2006 durch die Kommission und die zuständigen nationalen Stellen brachen die CO_2-Börsenkurse drastisch zusammen, nachdem sie zuvor lange überhöht waren (Kemfert/ Diekmann 2006).[521]

Diese Entwicklungen, insbesondere der zuvor hohe Preis trotz eines massiven Überangebots an Zertifikaten, deuten darauf hin, dass einige Akteure die Preisentwicklung an der Zertifikatebörse deutlich beeinflusst – und an der Einpreisung der Zertifikatekosten zudem kräftig verdient haben (vgl. hierzu auch Abschnitt 4.5). Nicht zuletzt aus diesem Grund wurde Anfang des Jahres 2007 nach massiven Vorwürfen gegen die Energiekonzerne, Börsenmanipulationen zu betreiben, eine stärkere Börsenaufsicht und –transparenz gefordert.[522] Auf ein weiteres gewichtiges Problem in der Umsetzung des Emissionshandels weist zudem die Deutsche Umwelthilfe hin (DUH 2007a): Durch den Scheinbetrieb von Altanlagen, die aus betriebswirtschaftlicher und technischer Sicht längst stillgelegt werden sollten, können ausgegebene Zertifikate behalten und so auf einfache Weise alle Reduktionsverpflichtungen für den gesamten Kraftwerkspark eines Unternehmens erfüllt werden.

Dass die Differenz zwischen vorab geschätzten und realen Emissionen nicht maßgeblich aus Reduktionsmaßnahmen, sondern überwiegend aus einer Überschussausstattung, sowie speziell in Deutschland aus einer Reihe von Sonderregelungen resultieren, wird von der EU-Kommission und der Deutschen Emissionshandelsstelle selbst als Grund angegeben (DEHSt 2006). Der Überschuss in Deutschland lag bei 4,3 %, d.h. die zugeteilte Menge von 495 Mill. Tonnen in 2005 lag 21,3 Mill. Tonnen über den tatsächlichen Emissionen, und auch in 2006 lag diese Abweichung bei 499 Mill. ausgegebenen Emissionsberechtigungen in gleicher

---

[521]   Da an der Börse nur ein Teil der gesamten zugeteilten Zertifikate gehandelt wird, vergrößert dies die relative Bedeutung des Überschusses beträchtlich. Für 2005 wurde ein Handelsvolumen in einer Größenordnung von 18 % der ausgegebenen Zertifikate verzeichnet (DEHSt 2005).

[522]   Bundesumweltminister Gabriel forderte in diesem Zusammenhang im März 2007, dass die Europäische Zentralbank den Emissionshandel beaufsichtigen solle, um Transparenz zu schaffen und nötigenfalls auch den Zertifikatepreis zu regulieren. Sein Fazit nach den bisherigen Erfahrungen mit dem Instrument lautete: „Selbst Monopoly ist transparenter als der europäische Emissionshandel" (AP/ Reuters 2007).

Höhe (DEHSt 2007). Kemfert und Diekmann (2006: 668) machen für diese Über-ausstattung „politische Kompromisse und den Lobby-Einfluss bei der Zielfestle-gung" sowie eine unsichere Datenbasis verantwortlich. Zudem blieben in der Allo-kationsplanung die Minderungsbeiträge der erneuerbaren Energien, die nach Anga-ben des BMU für diesen Zeitraum in Höhe von 12-20 Mill. Tonnen anzurechnen gewesen wären, unberücksichtigt (ebda.). Die DEHSt bezeichnet von den 21 Ton-nen Differenz 9 Tonnen „als aktiven Klimaschutzbeitrag" der beteiligten Unter-nehmen (DEHSt 2006).

Im Vorfeld der Festlegung der nationalen Regelungen für die zweite Han-delsperiode (2. nationaler Allokationsplan - NAP II) wurde sowohl EU-weit, insbe-sondere jedoch in Deutschland, von vielen Akteuren die gemäß Richtlinie mögliche Versteigerung eines Anteils von 10 % der Zertifikate gefordert, ebenso wie eine deutlich geringere Ausgabe an Zertifikaten. Eine Versteigerung der Zertifikate wird es jedoch in Deutschland nicht geben, im Unterschied dazu beginnt z.b. Großbri-tannien damit, einen Anteil von 7,5 % zu versteigern (DNR 2007b). Die deutsche Zertifikateausstattung für die zweite Periode wurde schließlich maßgeblich auf Druck der EU-Kommission nach unten korrigiert, so dass nun (Stand Februar 2007) CO_2-Zertifikate im Umfang von 456 Mill. Tonnen jährlich in der Handelperi-ode 2008-2012 verteilt werden sollen (BMU 2007i).

Betrachtet man die Wirkung des Emissionshandels auf die Energiepreise – und somit die mögliche Lenkungswirkung durch Preissignale, wie sie auch Steuern wie z.b. die deutsche Ökosteuer intendieren – so ist gegenwärtig noch von einer nahezu vernachlässigbaren Wirkung auszugehen. Zieht man zum Vergleich die Ölpreisentwicklung auf dem Weltmarkt in den letzten Jahren heran, die durch die allgemeine Verknappung sowie die politischen Krisen im Irak, Iran und Nahen Osten geprägt war, so zeigt sich, dass diese eine deutlich größere Wirkung hatte. Bei einem angenommenen Wert von 30 US-Dollar für eine Tonne CO_2, der bisher erst selten erreicht wurde, ergeben sich nach Berechnungen von Mohssen Massarat (2006) Mehrbelastungen für die Emissionsberechtigten von ca. 1,6 US-Dollar pro Barrel. Demgegenüber standen in den letzten Jahren jedoch drastische Preiserhö-hungen des Ölpreises von 20 Dollar in 1999 bis auf 70 Dollar Anfang 2006. Vor diesem Hintergrund kann die Wirkung des Emissionshandels als vernachlässigbar bezeichnet werden.[523] Angesichts der beschriebenen Probleme des Emissionshan-dels gibt es mittlerweile auch Forderungen nach seiner völligen Abschaffung. Bei-spielsweise fordert der Ökonom Axel Ockenfels einen Wechsel zu einer Klima-schutzsteuer (zitiert in Hübner 2007). Der Emissionshandel wirke über den Zertifi-katspreis zwar im Grundsatz ebenfalls wie eine Steuer, allerdings würde dann die kostspielige Preisvolatilität entfallen. Außerdem würden Länder nicht mehr durch

---

[523]   Demgegenüber bietet die deutsche Ökosteuer mit einer Mehrbelastung von umgerechnet ca. 25 Dollar durchaus einen Lenkungseffekt, der jedoch ebenfalls noch unter dem Marktpreiseffekt bleibt (Massarrat 2006).

das künstliche Referenzjahr 1990 benachteiligt, wenn sie gegenwärtig schnell wachsen (ebda.).

6.3.7   Erneuerbare Energien in der internationalen Klimapolitik - die Geschichte einer Nebenrolle

6.3.7.1   Berücksichtigung in der Konvention, den COPs und im IPCC

Erneuerbare Energien stellen unbestreitbar neben der Energieeffizienz und – einsparung eine zentrale Säule für den Klimaschutz dar. Sie bieten gegenwärtig die einzige technisch verfügbare Option für eine nachhaltige Energieversorgung, nach dem die fossilen und nuklearen Rohstoffe verbraucht oder nicht mehr bezahlbar sein werden. Dennoch sind sie kein expliziter Bestandteil der internationalen Klimapolitik bzw. seiner zentralen Regelungen. Dies liegt in dem inhaltlichen Fokus der Vereinbarungen selbst begründet: Die Klimarahmenkonvention und das Kyoto-Protokoll beziehen sich auf die Output-Seite des Systems, die Emission von Treibhausgasen, die reduziert bzw. reguliert werden sollen, und nicht auf die Frage, wie diese erzeugt werden bzw. erzeugt werden sollten.

Während in der Klimarahmenkonvention demzufolge erneuerbare Energien gar nicht explizit erwähnt werden[524], wird im Kyoto-Protokoll im Artikel 2 Abs. 1 auf erneuerbare Energien als eine mögliche Umsetzungsoption verwiesen.[525] In den darauf folgenden Klimakonferenzen spielten sie jedoch wiederum nur eine Nebenrolle, da es vorrangig, wie oben dargestellt, um die Ausformulierung der flexiblen Mechanismen ging. Bei der späteren Präzisierung der projektbasierten Mechanismen CDM und JI wurden erneuerbare Energien erstmals explizit behandelt, da sie im Rahmen dieser Maßnahmen zum Zuge kommen können und somit eine Reihe methodischer Grundlagen für diesbezügliche Projekte zu entwickeln sind.[526]

---

[524]   Im Konventionstext wurde auf einen solchen Konkretionsgrad verzichtet. Hintergrund dafür dürfte der Druck der US-Regierung gewesen sein, der dem Energiesektor nicht die alleinige Verantwortung für den Klimawandel aufbürden wollte (s.o., ebenso Rowlands 2005). Daher werden in der Konvention sechs Sektoren aufgeführt, die als verantwortlich für die Treibhausgasemissionen gelten. An einer Stelle in der Konvention wird Energieeffizienz als eine mögliche Maßnahme erwähnt, erneuerbare Energien werden nicht genannt.

[525]   Im Wortlaut des Artikels 2 des Kyoto-Protokolls: „Um eine nachhaltige Entwicklung zu fördern, wird jede in Anlage I aufgeführte Vertragspartei bei der Erfüllung ihrer quantifizierten Emissionsbegrenzungs- und -reduktionsverpflichtungen nach Artikel 3 - a) entsprechend ihren nationalen Gegebenheiten Politiken und Maßnahmen wie die folgenden umsetzen und/oder näher ausgestalten: [...] iv) Erforschung und Förderung, Entwicklung und vermehrte Nutzung von neuen und erneuerbaren Energieformen, von Technologien zur Bindung von Kohlendioxid und von fortschrittlichen und innovativen umweltverträglichen Technologien".

[526]   Für die Durchführung bzw. Anwendung der projektbasierten Mechanismen ist bereits eine Vielzahl von Regeln und Ausführungsbestimmungen entwickelt worden. Dabei handelt es sich um einen fortlaufenden Prozess, da erstens längst noch nicht alle möglichen CDM-Maßnahmen behandelt

Wie die Analyse in den vorherigen Abschnitten gezeigt hat, war es insbesondere der Druck der US-amerikanischen Wirtschaft und Politik, der zur Einführung der flexiblen Mechanismen führte, später mit aktiver Unterstützung der IEA und auch des IPCC. Da sich das IPCC neben der Frage nach den Ursachen und Folgen des Klimawandels regelmäßig in ihren Berichten und teilweise in Sonderberichten auch mit „Mitigation-Strategies" beschäftigt, wäre im Grunde zu erwarten, dass sich das mehrere tausend Wissenschaftler umfassende Gremium auch explizit mit der Frage der Förderung und verstärkten Einführung erneuerbaren Energien befasst. In ihrem ersten, zweiten und auch dritten Bericht aus den Jahren 1990, 1995 und 2000 werden erneuerbare Energien jedoch nur am Rande bzw. nachrangig erwähnt (IPCC 1990, 1995a, 1995c, 2001b; hierzu auch Rowlands 2005: 65ff). Im Vordergrund stehen jeweils Effizienzmaßnahmen. Beim Thema Substitution fossiler Energien wird die Atomenergie als Option regelmäßig vor den erneuerbaren Energien aufgeführt. Ab dem zweiten Bericht werden zudem bereits Optionen wie die CCS-Technologie gefordert. Der Umfang der Behandlung des Themas erneuerbare Energien nimmt vom ersten bis zum dritten Bericht zu. Im dritten Bericht wird im Rahmen von Szenarien, die im Wesentlichen auf Angaben der IEA basieren, ein (begrenztes) Potenzial erneuerbarer Energien ermittelt (IPCC 2001b; Rowlands 2005).

Auch im vierten Bericht, der im Mai 2007 veröffentlicht wurde, werden in der Auflistung der gegenwärtigen sowie der nach 2030 relevanten Technologien erneuerbare Energien an mehreren Stellen hinter der Atomenergie und auch der noch in der Entwicklung befindlichen (und umstrittenen, siehe a.a.O.) CCS-Technologie aufgeführt (IPCC 2007b: 14), obwohl diese laut den Modellergebnissen des IPCC eine vergleichsweise geringere Bedeutung aufweisen wird (ebda.: 26). Bei angenommenen CO_2-Preisen von 50 US-Dollar pro Tonne sei laut Bericht ein EE Anteil von 30-35 % an der gesamten Stromproduktion in 2030 möglich (ebda.: 18). Damit liegt das IPCC 5-10 % über den Ergebnissen des „Alternativ-Szenarios" der IEA (siehe Abschnitt 6.1.5). Bemerkenswert ist, dass unter den empfohlenen „policies, measures and instruments shown to be environmentally effective" sowohl die Reduktion von „fossil fuel subsidies", die Erhebung von Steuern auf fossile Brennstoffe, als auch „feed-in tariffs for renewable energy" genannt werden, noch vor „renewable energy obligations" (IPCC 2007b: 31).

Aufgrund eines deutschen Antrags wird nun erstmals erwogen, im Rahmen des IPCC einen Sonderbericht zum Thema erneuerbare Energien zu erstellen (BMU 2006e), so wie beispielsweise in 2005 ein „Special Report" zum Thema CCS erstellt worden war (IPCC 2005). Der deutsche Antrag löste jedoch Bedenken aus, insbesondere seitens der Vertreter der USA (BMU 2006e: 330). Eine Entscheidung

---

werden konnten, und zweitens Anfragen nach neuen Projekttypen auch neue Methoden erfordern. Die diesbezüglich aktuellen Entwicklungen finden sich auf den Internetseiten des Klimasekretariats (http://cdm.unfccc.int und http://ji.unfccc.int).

darüber soll bis 2008 gefällt werden, d.h. ein solcher Bericht wäre dann frühestens 2009 oder später zu erwarten.

6.3.7.2   Erneuerbare Energien und flexible Mechanismen

Europäischer Emissionshandel

Die Bezüge zwischen dem EU-Emissionshandel und erneuerbaren Energien sind gemäß der deutschen Umsetzung im Gesetz „über den Handel mit Berechtigungen zur Emission von Treibhausgasen" (TEHG 2004) zweifach: Zum einen sollten die durch die erneuerbaren Energien erzielten Emissionseinsparungen im Rahmen der Gesamtbudgetermittlung des Emissionshandels berücksichtigt werden. Zum zweiten sind Anlagen, die nach EEG gefördert werden, im Grundsatz vom Emissionshandel ausgeschlossen, um Doppelförderungen zu vermeiden - bis auf die Ausnahme von Biomasseanlagen, die neben EEG-Brennstoffen (praktisch oder theoretisch) auch mit fossilen Brennstoffen befeuert werden könnten.

Zum ersten Punkt ist zu konstatieren, dass die Regierung zwar bei Festlegung der Emissionsmengen für den NAP I die Berücksichtigung der Einsparungen durch erneuerbare Energien vorgab, dies wurde jedoch von Experten im nachhinein hinsichtlich der Methode und des zu geringen Umfangs kritisiert (siehe hierzu auch Abschnitt 6.3.6.2). Diesbezüglich führt z.B. der Bundesverband Erneuerbare Energien (BEE) an, dass die erneuerbaren Energien im Zeitraum der ersten Handelperiode (2005-2007) jährlich 16,2 Millionen Tonnen CO_2 eingespart haben. Daher waren die Energieversorger durch den Emissionshandel de facto deutlich geringer belastet, bzw. die Minderungsanforderungen in Höhe von 10 Mio. Tonnen wurden allein durch die erneuerbaren Energien gewährleistet. Zusammen mit der deutlichen Überausstattung der Unternehmen mit Emissionsberechtigungen (s.o.) ergaben sich somit durch die Einpreisung der Zertifikatekosten erhebliche Einnahmemöglichkeiten für die verpflichteten Unternehmen.

Gleiches prognostiziert der BEE für die zweite Periode (2008-2012): Durch den weiteren Ausbau der erneuerbaren Energien rechnet der Verband bis 2012 mit jährlichen Einsparungen in Höhe von 30 Millionen Tonnen CO_2 allein im Strombereich, die bei einer gesteigerten Einführung im Wärme- und Kraftstoffbereich sowie bei Biogas auf mehr als 60 Millionen Tonnen gesteigert werden könnte (BEE 2006; auch Kortlüke/ Nitzschke 2006). Im Falle einer solchen Entwicklung wären auch die für die zweite Periode geforderten Reduktionen durch die Einsparungen der erneuerbaren Energien bereits abgedeckt.

Hohe Preise für Emissionszertifikate können den Ausbau erneuerbarer Energien begünstigen, wenn die Investitionen in erneuerbare Energien günstiger werden als andere emissionsmindernde Maßnahmen oder der Ankauf von Emissionsrechten an der Börse. Voraussetzung für eine solche Wirkung ist jedoch vor

allem eine stabile Entwicklung der Preise, um Investitionssicherheit zu gewährleisten. Nach den bisherigen Erfahrungen des Emissionshandelssystems (s.o.) sowie
den parallelen Erfahrungen mit Zertifikatesystemen bei erneuerbaren Energien (vgl.
hierzu Abschnitt 5.1.4 und 5.2.6) zeigten diese Systeme keine dem EEG vergleichbare Investitionssicherheit.

CDM

Beim CDM können eine Reihe unterschiedlicher emissionsmindernder Maßnahmen
durchgeführt werden, die in insgesamt 15 Hauptkategorien unterteilt werden (vgl.
Tabelle 17). Zu diesen Kategorien lagen mit Stand April 2007 knapp 100 bestätigte
Methoden zur Durchführung von Projekttypen vor, über 100 weitere Methoden
befinden sich in der Prüfung bzw. sind zur Prüfung eingereicht. Im April 2007
waren knapp 600 Projekte im Rahmen des CDM durch das UN-Klimasekretariat
offiziell registriert und damit genehmigt (http://cdm.unfccc.int, 5.4.2007), weitere
1.200 befanden sich in einer Vorphase (http://cd4cdm.org, 5.4.2007).[527]
    Für die zu dieser Zeit registrierten Projekte wurden vom Klimasekretariat
gemäß der methodenbasierten Berechnungen jährliche Emissionsminderungen in
Höhe von 130 Mio. Tonnen CO_2 (CERs) angegeben, bis 2012 werden aus diesen
Projekten insgesamt Reduktionen in Höhe von 840 Mio. Tonnen erwartet. Zusammen mit allen zu diesem Zeitpunkt in der Pipeline befindlichen Projekten wurden
für 2012 erwartete CERs von mehr als 1.900 Mio. Tonnen angegeben
(http://cd4cdm.org, 5.4.2007).
    EE-Projekte sind in der ersten Hauptkategorie zusammengefasst mit Projek-
ten zu „nicht-erneuerbaren Quellen" (vgl. Tabelle 17). Betrachtet man die Anzahl
an Projekten, so nimmt diese Rubrik insgesamt bislang einen bedeutenden Stellenwert ein: Das Klimasekretariat gibt an, dass von den 600 genehmigten Projekten
(Stand April 2007) knapp 50 % auf die erste Hauptkategorie entfallen, gefolgt von
Abfallprojekten im Umfang von über 20 %.
    Betrachtet man nur die tatsächlichen EE-Projekte und bezieht alle zum
Zeitpunkt April 2007 in der „CDM-Pipeline" (cd4cdm.org, 5.4.2007) befindlichen
Projekte ein, so zeigt sich eine ansteigende Tendenz, denn ihr Anteil an der Ge-
samtanzahl aller ca. 1.800 CDM-Projekte der Pipeline erhöht sich auf 60 % (siehe
Abbildung 45). Dahinter stehen etwa 370 Biomasse- und 350 Wasserkraftprojekte,
gefolgt von ca. 200 Wind- und etwa 100 Biogasprojekten. Demgegenüber werden
Geothermie-, Solar-, und Gezeitenkraftprojekte nur vereinzelt durchgeführt bzw.
beantragt. Vergegenwärtigt man sich, dass hinter den Projekten jeweils einzelne

---

[527] Der aktuelle Stand der Methodenentwicklung sowie der beantragten CDM- und JI-Projekte kann
im Internet auf der regelmäßig aktualisierten Datenbank „CDM pipeline" des von UNEP geförderten Projekts „Capacity Development for CDM" (CD4CDM) unter http://cd4cdm.org abgerufen
werden (Fenhann 2007a).

Anlagen oder Windparks stehen, dann relativiert dies die (bisherige) Bedeutung des CDM – z.B. im Vergleich zum Ausbaustand der erneuerbaren Energien in Deutschland mit z.B. knapp 19.000 Windkraftanlagen im Mai 2007 (www.wind-energie.de, 20.5.2007).

Der Schwerpunkt bezogen auf das *Investitionsvolumen des CDM* wird jedoch erst deutlich, wenn man die mit dem Instrument erzielten bzw. berechneten Minderungswirkungen, d.h. die Menge der generierten Minderungseinheiten (CER) betrachtet. Wie die Abbildung 46 zeigt, werden die überwiegenden Reduktionen mit industriellen Projekten generiert, dabei nehmen mit über 40 % Projekte zur Minderung von Fluorkohlenwasserstoffen und Lachgas den größten Anteil ein. Aber auch Projekte zur Minderung von Methangasemissionen und Emissionen in der Zement-

Tabelle 17: Projektkategorien und Anzahl der bestätigten Methoden (Stand April 2007)

1.	Energy industries (renewable / non-renewable sources)
2.	Energy distribution
3.	Energy demand
4.	Manufacturing industries
5.	Chemical industries
6.	Construction
7.	Transport
8.	Mining/mineral production
9.	Metal production
10.	Fugitive emissions from fuels (solid, oil and gas)
11.	Fugitive emissions from production and consumption of halocarbons and sulphur hexafluoride
12.	Solvent use
13.	Waste handling and disposal
14.	Afforestation and reforestation
15.	Agriculture

Quelle: http://cdm.unfccc.int (5.4.2007)

und Kohleindustrie weisen einen vergleichbaren Anteil auf wie die EE-Projekte (Abbildung 46). Bei den mit Stand April 2007 genehmigten Projekten nimmt die Hauptkategorie „HFCs, PFCs und N2O" sogar einen CER-Anteil in Höhe von knapp 70 % ein, und dies mit einer Anzahl von nur 13 HFC- und 5 N2O-Projekten; demgegenüber gingen zu diesem Zeitpunkt nur etwa 20 % der CDM-Investiti-onen in EE-Projekte (http:/ /cd4cdm.org, 5.5.2007).

Diese Entwicklung ist stark in der Kritik: „[D]ark clouds are gathering over the CDM as media, researchers and NGOs increase their criticism of lacking sustainability and additionality" (Michaelowa 2007: 1). Konkret entzündete sich die Kritik an den durch den CDM geförderten großen Industrieprojekten wie solchen zur Vermeidung bzw. Entsorgung von teilhalogenierten Kohlenwasserstoffen (HFCs) und Lachgas (N2O) in China, Indien und Brasilien (Wara 2007; Elliesen 2007). Durch die Finanzierung dieser Anlagen durch den CDM werde teilweise der weitere Bau von Anlagen, welche die schädlichen Industriegase produzieren, induziert, denn einzelne Unternehmen würden mehr Geld durch den CDM verdienen als durch den Verkauf des eigentlichen Produktes selbst, den Kühlmitteln (Wara 2007). Zudem sei das aufgewendete CDM-Finanzvolumen deutlich höher als die Kosten, die für eine Vermeidung oder Entsorgung zu zahlen wären (ebda.).

Das Beispiel verweist auf einige *grundsätzliche Probleme des CDM*, die damit verbunden sind, dass durch das Instrument *primär große und industrielle Projekte* adressiert werden. Große Projekte senken die Transaktionskosten, umgekehrt sind kleinere Projekte, gerade dezentrale EE-Projekte, in der Regel mit zu *hohen Transaktionskosten* verbunden (Bachram et al. 2003; Michaelowa 2005a; Michaelowa/ Jotzo 2005). Verbesserungsansätze zur Verringe-

Abbildung 45: Anzahl von CDM-Projekten je Kategorie

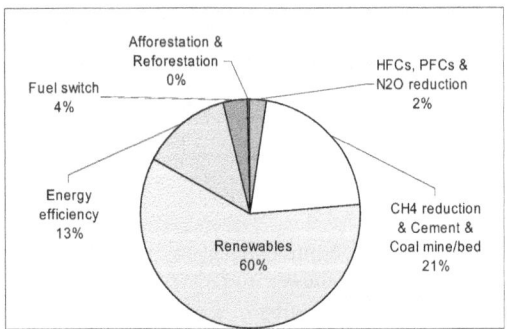

Quelle: http://cd4cdm.org (5.5.2007)

Abbildung 46: Erwartete Minderungseinheiten (CER) bis 2012 in Prozent je Kategorie

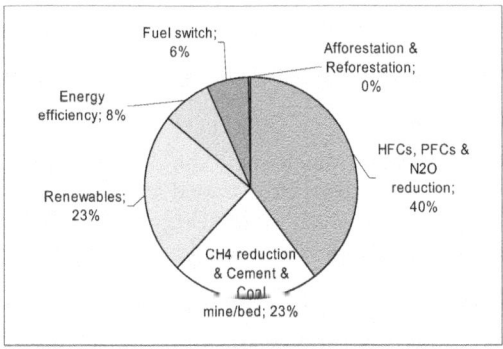

Quelle: http://cd4cdm.org (5.5.2007)

rung der Transaktionskosten für kleinere, insbesondere für EE-Projekte, werden bereits seit einigen Jahren diskutiert (siehe u.a. bei Michaelowa 2005a; Sterk 2006; Oppermann 2006). Bislang sind die finanziellen Anreize durch den CDM bei den zu niedrigen und unsteten CER-Preisen jedoch noch zu gering (Luhmann/ Sterk 2007).

Ein weiterer Nachteil von EE- und Energieeffizienzprojekten ist, dass sie durch den Korbansatz gegenüber den anderen Treibhausgasen einen deutlich geringeren Minderungseffekt erzielen als andere Kyotogas-Projekte, in denen Methan oder HFCs mit der 21-fachen bzw. 11.700-fachen Wirkung von Kohlendioxid reduziert wird. Dies ist die Folge der naturwissenschaftlichen Logik des Korbansatzes im Kyoto-Protokolls. Damit diese Rechnung in Bezug auf tatsächliche Minderungsleistungen jedoch aufgeht, kommt dem Kriterium der *Zusätzlichkeit (Additionality)* eine zentrale Bedeutung zu. Dieses Kriterium ist deshalb so zentral, weil es die reale Reduktionsleistung der flexiblen Mechanismen gravierend beeinträchtigen kann, „da die durch den Mechanismus generierten Emissionsreduktionszertifikate das Emissionsbudget erhöhen, das den Industrieländern gemäß Kyoto-Protokoll zur Verfügung steht. Ist diese Budgeterhöhung im Norden nicht durch entsprechende tatsächliche Emissionsreduktionen im Süden gedeckt, sind die globalen Emissionen höher, als wenn es den CDM nicht gäbe." (Luhmann/ Sterk 2007: 14)

Vor diesem Hintergrund erscheinen die oben genannten Bedenken gegenüber großen Industrieprojekten ein gewichtiger Kritikpunkt, der auch mit der grundsätzlichen Frage verbunden ist, inwieweit das Kriterium der Additionality in den großen Wachstumsländern wie China oder Indien überhaupt erfüllbar bzw. messbar ist.[528] Bisher fanden drei Viertel der bisherigen CDM-Projekte in den stark wachsenden Ländern Indien, Brasilien, China sowie in Mexiko statt, demgegenüber gibt es bisher kaum Projekte in Afrika und anderen ärmsten Ländern der Welt (http://cdm.unfccc.int, 5.4.2007). Der Kyoto-Ansatz führt also auch dazu, dass solche Länder bevorzugt werden, in denen ohnehin ein günstiges Investitionsklima und gute wirtschaftliche Rahmenbedingungen vorliegen. Damit ist auch die Frage verbunden, welchen Stellenwert das - im Grunde für den CDM konstitutive - Kriterium der *nachhaltigen Entwicklung* hat bzw. haben wird; in der Einführungsphase des Instruments stand es bisher nicht im Vordergrund (Friberg et al. 2006; Luhmann/ Sterk 2007).

Mit den zum Stand April 2007 registrierten CDM-Projekten entstehen bis 2012 voraussichtlich Emissionsreduktionen im Umfang von 800 Mio. CERs, zählt man die im Registrierungsprozess befindlichen Projekte hinzu, sind es bereits knapp 1 Mrd. CERs, und zusammen mit allen Projekten, die zu diesem Zeitpunkt in der CDM-Pipeline geführt wurden, könnten es ca. 1,9 Mrd. CERs bis 2012 werden (Fenhann 2007a). Für die Staaten, die das Kyoto-Protokoll ratifiziert haben (Annex-B-Staaten ohne USA und Australien), besteht die Verpflichtung, ihre Emissionen im Vergleich zu 1990 bis spätestens 2012 um 4,8 % zu senken, d.h. um 0,56 Mrd. Tonnen auf 11,12 Mrd. Tonnen CO_2-Äquivalente (Ziesing 2006b: 487; UNFCCC 2006).[529] Dies unterstreicht, dass der CDM tatsächlich eine sehr bedeutende Rolle bei der Zielerreichung der verpflichteten Staaten spielen kann (ebenso Luhmann/ Sterk 2007) – mit den oben geschilderten Risiken.

---

[528] Dies wird von Lohmann auf der Basis einer Reihe von Beispielen grundsätzlich bezweifelt: „The CDM already cannot verify how many credits its projects generate, and for just the same reason: it can't prove that its projects are not business as usual" (Lohmann 2006: 172).

[529] Mit den USA und Australien liegt der Reduktionswert bei 0,95 Mrd. Tonnen (gemäß 5,2 %) und der Zielwert bei 17,26 Mrd. Tonnen (Ziesing 2006b: 487).

JI

Projekte, die im Rahmen von Joint Implementation zwischen Industrieländern durchgeführt werden, werden erst in der zweiten Phase ab 2008 einbezogen. Aus diesem Grund ist die Anzahl der registrierten und geplanten Aktivitäten noch deutlich unter dem Niveau des CDM. Grundsätzlich sind bei den JI-Projekten ähnliche Probleme z.b. bezüglich der Ermittlung von Baseline und Additionality zu vermuten, wenngleich möglicherweise das erforderliche Know-how bei der Umsetzung und Kontrolle höher als in den Entwicklungsländern ausfallen wird.

In der „JI-Projekt-Pipeline" waren zum 1.4.2007 157 Projekte gelistet, knapp die Hälfte davon waren EE-Projekte, die jedoch auch hier weniger als 20 % aller Einheiten repräsentierten (Fenhann 2007b). Die überwiegenden JI-Investitionen fließen bislang mit Abstand in Projekte der Kategorie Methanreduktion sowie Zement- und Kohleindustrie (ca. 45 %), gefolgt von Energieeffizienz- (21 %) und EE-Projekten (19 %). Der Schwerpunkt der EE-Projekte lag wie beim CDM ebenfalls in den Bereichen Windenergie, Biomasse und Wasserkraft.

6.4   Der „renewables-Prozess" – erste spezifische Institutionalisierungsformen auf internationaler Ebene

Wie die vorherigen Ausführungen gezeigt haben, wurden die erneuerbaren Energien weder durch die großen Ölpreiskrisen der 1970er Jahre noch in den internationalen Verhandlungen um den Klimaschutz zu einem festen Bestandteil der internationalen Politik, und sie wurden auch nicht im Rahmen von „harten Beschlüssen" (internationalen Abkommen, Institutionenbildung) adressiert. Demgegenüber wurden sie häufiger im Kontext „weicherer" politischer Themen auf der internationalen Ebene wie der Umwelt-, Entwicklungs- und später der Nachhaltigkeitspolitik behandelt.[530]

Auf der ersten Umweltkonferenz in Stockholm 1972, die als der Auftakt für die internationale Umweltpolitik gesehen wird, stand in Bezug auf energiebezogene Umweltprobleme zunächst ein Bericht über die Energieressourcennutzung unter Berücksichtigung von Effizienzaspekten und ökologischen Implikationen im Vordergrund, erneuerbare Energien als Lösungsansatz spielten dabei keine explizite Rolle.[531] Erst etwa zehn Jahre später wurden erneuerbare Energien im Rahmen der

---

[530]   Eine Zusammenstellung relevanter Ereignisse zum Thema erneuerbare Energien im multilateralen politischen Prozess siehe bei ISSD (2004a: 1-3).

[531]   Im Wortlaut heißt es im „Action Plan for the Human Environment": „It is recommended that the Secretary-General take steps to ensure that a comprehensive study be promptly undertaken with the aim of submitting a first report, at the latest in 1975, on available energy sources, new technology, and consumption trends, in order to assist in providing a basis for the most effective development of the world's energy resources, with due regard to the environmental effects of energy production and use." (United Nations 1972: Recommendation 59)

internationalen Entwicklungspolitik intensiver und expliziter diskutiert. Im so genannten Nord-Süd-Bericht, der unter der Leitung von Willy Brandt im Auftrag der Vereinten Nationen entstanden war, wurde erstmals die Forderung nach einer stärkeren Nutzung erneuerbarer Energien in Entwicklungsländern sowie nach einer Einführung einer eigenständigen internationalen Organisation formuliert (Nord-Süd-Kommission 1980). Diese Forderungen wurden auf einer anschließenden UN-Konferenz 1981 in Nairobi diskutiert – der ersten EE-spezifischen politischen Konferenz auf internationaler Ebene (United Nations 1981). Auf die Konferenz folgte jedoch keinerlei Umsetzungsprozess, u.a. da sich die Energieversorgungssituation mit Bewältigung der zweiten Ölpreiskrise wieder entspannt hatte. Auch erste nationale Initiativen wie die Förderpolitik erneuerbarer Energien unter der US-Regierung von Jimmy Carter wurden in der Folge wieder eingestellt (Wortmann 2006).[532]

Mehr als zehn Jahre später auf dem ersten Weltgipfel für Umwelt und Entwicklung 1992 in Rio de Janeiro, der beide Themen unter dem Dachbegriff der nachhaltigen Entwicklung zusammenführte, spielten die erneuerbaren Energien zwar in mehreren Kontexten eine Rolle, wurden jedoch wieder nicht explizit behandelt. Die im Rahmen dieses Gipfels verabschiedete Klimarahmenkonvention betraf die erneuerbaren Energien zwar indirekt, adressierte sie jedoch nicht direkt (siehe hierzu Abschnitt 6.3.7.1). Demgegenüber wurden sie wiederum häufiger im Kontext der Entwicklungspolitik, genauer im Rahmen der Formulierungen zur Agenda 21 erwähnt (Vereinte Nationen 1992a). An verschiedenen Stellen des Dokuments wird ihr stärkerer Einsatz aus ökologischen und sozialen Gründen gefordert, auch hier gibt es jedoch kein explizites Kapitel zu Energiefragen im Allgemeinen oder zu einer Ausbaustrategie erneuerbarer Energien.[533]

Während in einigen Ländern, wie z.B. in Deutschland durch das Stromeinspeisegesetz, seit dieser Zeit eine erste spezifische Förderung einsetzte, entwickelten sich auf der internationalen Ebene keine nennenswerten und weitreichenden politischen Initiativen oder Dialoge über die strategische Bedeutung und Förderung erneuerbarer Energien.[534] Somit dauerte es weitere zehn Jahre, bis das Thema

---

[532]   In diesem Fall durch die nachfolgende Regierung unter dem Republikaner Ronald Reagan.

[533]   Zwar wurde zur Vorbereitung der Konferenz im Jahr 1991 eine UN-Arbeitsgruppe eingerichtet, die sich mit Solarenergie für Umwelt und Entwicklung befasste, diese konnte sich jedoch in den politischen Verhandlungen nicht entscheidend für erneuerbare Energien einbringen (Wortmann 2006).

[534]   In der Zwischenzeit wurden zwar einige zivilgesellschaftliche Netzwerke gegründet, wie z.B. das „internationale Netzwerk für nachhaltige Energien" oder das „Weltnetzwerk der erneuerbaren E-nergien" (WREN), diese konnten jedoch keinen politischen Einfluss entwickeln. Zu erwähnen ist zudem der von UNESCO und UNCED ausgerichtete „World Solar Summit" 1993 in Paris, in dessen Folge ein „World Solar Summit Process" entstand. Der Prozess führte 1996 zwar zur Einrichtung eines 10-jährigen Programms zur Förderung erneuerbarer Energien, aber dieses hatte keinen signifikanten Umfang und konnte keine weiteren politischen Initiativen anstoßen. Im Jahr 2000 wurde von der G8 schließlich eine „Renewable Energie Task Force" eingerichtet, die in 2001 einen viel beachteten Hintergrundbericht verfasste, der jedoch im weiteren politischen Prozess keine Rol-

schließlich auf dem zweiten Weltgipfel für Umwelt und Entwicklung in Johannesburg erstmals als eigenständiger, prominenter Tagesordnungspunkt auf die Agenda
kam. Dabei wurde die Frage behandelt, ob sich die Weltgemeinschaft auf eine
verbindliche Förderung erneuerbarer Energien einigen kann. Neben den damit
verbundenen Zielen und Zeithorizonten wurden auch Fragen der Umsetzung und
Organisation einer solchen Vereinbarung diskutiert. Der nachfolgende Abschnitt
6.4.1 behandelt daher zunächst die grundsätzlichen und diskutierten Möglichkeiten
einer Institutionalisierung auf internationaler Ebene. Im Anschluss daran wird der
Politikprozess rund um den Weltgipfel von Johannesburg in Bezug auf die Behandlung erneuerbarer Energien analysiert (Abschnitt 6.4.2), bevor in Abschnitt 6.4.3 die
EE-spezifischen politischen Entwicklungen rund um die renewables-
Regierungskonferenz untersucht werden, deren Folgewirkungen bis heute andauern.

6.4.1   Mögliche Institutionalisierungsformen

Die politische Förderung und Verbreitung erneuerbarer Energien auf internationaler Ebene kann verschieden weitreichende Institutionalisierungsformen annehmen.
Dies können beispielsweise internationale Abkommen mit bindendem oder freiwil-
ligem Charakter sein, die Schaffung einer eigenständigen Organisation, die Gründung von (festen oder losen) Netzwerken oder die Stärkung des Themas in bestehenden Organisationen.[535] Die Wahl der Form hängt einerseits von den politischen
Konstellationen ab – d.h. der Frage, wie viele Befürworter und Gegner bei einer
solchen Entscheidung einbezogen werden und welchen Einfluss diese jeweils auf
die Entscheidung haben – und andererseits von den Zielen und Aufgaben, die mit
der jeweiligen Form verbunden werden, sowie deren Verbindlichkeit und Reichweite.
      In der Debatte um die Förderung erneuerbarer Energien auf internationaler
Ebene und einer diesbezüglichen Institutionalisierung werden unterschiedliche
Aufgaben und Ziele einer solchen „Institution" thematisiert (vgl. u.a. bei Pfahl et al.
2005; Steiner et al. 2004; Scheer 2003). Auf der Ebene von Abkommen geht es um
die Forderung globaler bzw. internationaler Ziele und Maßnahmen zum Ausbau
erneuerbarer Energien, deren Einführung auch eine Umsetzungsbegleitung und
Kontrolle der Zielerreichung erfordern würde. Als weitere zentrale Aufgabe einer
internationalen Institutionalisierung werden die Stärkung und der Ausbau von
Technologietransfer und die diesbezügliche Entwicklungszusammenarbeit genannt.
Dies schließt die Frage von geeigneten Finanzierungsmechanismen und Verstetig-
ungsmaßnahmen mit ein. Darüber hinaus wird als wichtige Aufgabe ein umfassender Wissenstransfer thematisiert, der die Bereiche der allgemeinen und technologie-

le mehr spielte (siehe hierzu auch Abschnitt 6.2.3).
[535]   Zum Begriff Institutionen siehe auch Abschnitt 2.1.

spezifischen Beratung sowie Bildung und auch Forschung mit einbezieht. Dabei spielt der praktische Wissenstransfer ebenso eine wichtige Rolle wie der politische, indem beispielsweise Funktions- und Wirkungsweise von Instrumenten wie dem EEG weitergegeben werden.

In einer Untersuchung über „die internationalen institutionellen Rahmenbedingungen zur Förderung erneuerbarer Energien" im Auftrag des BMU wurden die Tätigkeitsfelder inter- bzw. supranationaler Organisationen, Netzwerke und Programme, und damit der *internationale Status quo* aus deutscher Sicht untersucht (Pfahl et al. 2005). Ein zentrales Ergebnis dieser Studie ist, dass zwar viele der oben genannten Aktivitäten bereits in der einen oder anderen Weise erfolgen bzw. adressiert werden, dass dies jedoch insgesamt in zu geringem Ausmaß und in nicht aufeinander abgestimmter Weise erfolgt, weshalb demzufolge eine mangelnde Effizienz der eingesetzten Mittel kritisiert wird. Zudem seien die Programme und Aktivitäten nur selten spezifisch auf erneuerbare Energien ausgerichtet, im Regelfall liegen übergeordnete Fördertatbestände und –ziele vor. Folglich werden von den Autoren spezifische Ziele und Strategien für den globalen Ausbau erneuerbarer Energien sowie eine stärkere Kooperation und Koordination gefordert (ebda.).

Nachfolgend werden kurz die in der Diskussion befindlichen wesentlichen Institutionalisierungsformen dargestellt. Dazu zählen internationale Abkommen als die (formal) stärkste Form, die Integration in bestehende Organisationen als die demgegenüber schwächste Form, die Gründung einer eigenständigen Organisation sowie die Schaffung eines Netzwerks.

6.4.1.1   Internationale Abkommen

In Johannesburg wurde nicht nur erstmals auf der Ebene eines politischen Weltgipfels über erneuerbare Energien debattiert, sondern es wurde gleichzeitig das wohl schwierigste politische Ziel angestrebt: die Vereinbarung eines internationalen Abkommens auf UN-Ebene, welches verbindliche quantitative EE-Ausbauziele beinhalten sollte. Das Scheitern dieses Vorhabens war angesichts der klima- und energiepolitisch bekannten Staaten-Konstellation somit im Grunde vorprogrammiert (siehe ausführlicher in Abschnitt 6.4.2). Der Erfolg eines solchen Abkommens hinge vom Niveau der Zielvereinbarung, von den Kontrollen bei der Umsetzung und Zielerreichung sowie den Sanktionsmöglichkeiten ab. Grundsätzlich könnte jedoch auch ein internationales Abkommen, welches diesem Anspruch nicht vollständig gerecht würde, eine hohe Signalwirkung entfalten. In den Unterzeichnerstaaten entstünde ein Handlungsdruck zur Umsetzung, der eine Öffentlichkeit für das Thema und Rückenwind für Befürworter, Unternehmen und Investoren erzeugen könnte.

Mit dem Scheitern in Johannesburg dürfte jedoch das Ziel eines multilateralen bzw. UN-weiten, EE-spezifischen Abkommens auf längere Sicht versperrt sein.

Zudem verfügen vergleichbare internationale Verträge für ihre Umsetzung nur über schlanke bürokratische Apparate, welche voraussichtlich der Komplexität der oben skizzierten Aufgabe nicht gerecht werden könnte (ähnlich Pfahl et al. 2005: 74f). Angesichts der geringen internationalen Bereitschaft, verbindliche Ziele einzugehen, empfahlen Steiner et al. in ihrem „background paper" im Vorfeld der renewables-Konferenz 2004 die Aushandlung eines „non-binding code of conduct", der unter Einbeziehung möglichst vieler staatlicher und nicht-staatlicher Akteure eine hohe Integrationskraft entfalten und eine Vorstufe für spätere Instrumente darstellen könne (Steiner et al. 2004: 9).

Eine andere Möglichkeit der Aufnahme erneuerbarer Energien in ein internationales Abkommen bestünde in der Angliederung an einen bestehenden, thematisch verwandten Vertrag wie z.B. die Klimarahmenkonvention bzw. das Kyoto-Protokoll oder den Energiecharta-Vertrag (Pfahl et al. 2005). Beide benannten Vertragswerke beziehen sich im Kern jedoch auf eine allgemeine und übergeordnete energiepolitische Ebene mit einem speziellen Fokus auf die fossile Energiewirtschaft bzw. deren Regulierung. Während die Energiecharta allgemeine Aspekte zur Sicherung der fossilen Ressourcen adressiert (siehe Abschnitt 6.2.1), soll mit der Klimarahmenkonvention und dem Kyoto-Protokoll der Ausstoß klimarelevanter Emissionen technologieunabhängig reguliert werden (siehe Abschnitt 6.3). Grundsätzlich wäre im Rahmen der Klimarahmenkonvention zwar die *Ergänzung eines EE-spezifischen Protokolls* denkbar. Neben der übergeordneten Ausrichtung der Konvention und des Kyoto-Protokolls spricht jedoch nach den bisherigen Erfahrungen insbesondere die politische Konstellation in den internationalen Klimaverhandlungen gegen ein Zustandekommen eines solchen Zusatz-Protokolls (ebenso Pfahl et al. 2005: 65f).

Während demnach EE-spezifische Abkommen, die nicht nur Absichtserklärungen sondern verbindliche Ziele beinhalten, auf globaler bzw. UN-weiter Ebene als äußerst unwahrscheinlich einzustufen sind, erscheint ein internationales Abkommen, welches von einer kleineren Gruppe von Vorreiterstaaten getragen würde, eine eher umsetzbare Möglichkeit. Als Vorreiterstaaten kommen solche in Frage, die selbst verbindliche Ziele verfolgen, einen weiteren Ausbau planen und zudem an einer internationalen Ausweitung der Märkte interessiert sind. Eine solche Koalition könnte z.b. durch ausgewählte EU-Staaten gebildet werden - oder durch die gesamte EU. Diese verfügt zwar bislang mit einer Richtlinie im Strombereich und der Planung einer übergeordneten Richtlinie für den gesamten EE-Bereich (siehe Kapitel 5) bereits über EE-spezifische Regulierungen für den Europäischen Wirtschaftsraum. Ein Vertragswerk, welches vom Stellenwert mit dem Euratom-Vertrag vergleichbar wäre, könnte jedoch eine deutlich höhere Wirkung und Verbindlichkeit entfalten.[536] Aus diesem Grund fordern einige Akteure die Einführung eines sol-

---

[536]   Mit dem Euroatom-Vertrag, der aufgrund seiner langen Tradition gewissermaßen einen Verfas-

chen europäischen Vertragswerkes zur Förderung erneuerbarer Energien und gleichzeitig die Abschaffung des Euratom-Vertrags.[537] Die Kritik an Euratom und die Forderungen nach einem Schwenk hin zu einem solchen „EURENEW"-Vertrag blieben jedoch bis dato folgenlos.

Eine andere Möglichkeit könnte eine kleinere Vorreiterkoalition weniger, ökonomisch bedeutender Staaten mit einer engagierten EE-Politik darstellen, die nach der Gründung offen wäre für Beitritte von weiteren Unterzeichnerstaaten. Eine solche Koalition könnte auf der Basis eines Vertrags auch eine eigenständige Organisation gründen, mit dem Ziel der gemeinsamen Erweiterung der internationalen EE-Märkte. Vorbild für einen solchen Prozess ist das Montrealer Protokoll zum Schutz der Ozonschicht (Haas 1992). Damit ein solches Abkommen zustände käme, müsste der entstehende politische, finanzielle und organisatorische Aufwand durch den Nutzen, der aus den wechselseitigen Verpflichtungen der Vertragspartner entsteht, aufgewogen werden. Pfahl et al. (2005: 66) bewerten vor diesem Hintergrund diese Option als „wenig attraktiv".

6.4.1.2   Integration in bestehende zwischenstaatliche Organisationen

Wie die Analyse von Pfahl et al. (2005) zeigt, werden erneuerbare Energien bereits in diversen inter- und supranationalen Organisationen mit behandelt und gefördert. Daher könnte es auch nahe liegen, die Förderung erneuerbarer Energien stärker im Rahmen einer dieser Organisationen zu verankern. Dies könnte beispielsweise durch die Schaffung einer größeren, eigenständigen Abteilung erfolgen, die mit entsprechendem Finanzvolumen und Kompetenzen auszustatten wäre.

Grundsätzlich können bei den zwischenstaatlichen Organisationen diejenigen des UN-Systems (wie z.B. UNIDO, UNESCO, FAO, WHO, IAEA) von solchen außerhalb des UN-Systems (wie z.B. die OECD, IEA, GEF) unterschieden werden. Formal sind von den UN-Organisationen die UN-Nebenorgane und -programme (wie UNEP und UNDP) sowie Kommissionen und Vertrags-Sekretariate (wie CSD, UNFCCC) zu unterscheiden. In vielen der hier genannten Organisationen spielen die erneuerbaren Energien bereits eine Rolle, wenn gleich nicht im Schwerpunkt.[538] Pfahl et al. kommen in ihrer Analyse bezüglich einer

---

sungsrang in der EU besitzt, sind weit reichende Privilegien für die Nuklearwirtschaft verbunden. So sichert der Vertrag die Erfüllung langjähriger Verpflichtungen in den Bereichen Kernspaltung und –fusion und somit einen direkten Zugriff auf erhebliche Haushaltsmittel, die z.B. nicht in Konkurrenz zu den ansonsten schwer umkämpften Forschungsetats stehen.

[537]   Ein solches Vertragswerk ist überwiegend mit dem Kürzel EURENEW in der Diskussion. In einer von Eurosolar in Zusammenarbeit mit der Heinrich-Böll-Stiftung am 8.-9. Mai 2003 in Berlin veranstalteten „Impulskonferenz für eine institutionelle Reform der EU-Energiepolitik" mit dem Titel „von EURATOM zu EURENEW" wurden in einer Reihe von Beiträgen solche Vertragskonzepte diskutiert (Beiträge unter www.eurosolar.de, 6.4.2007). Das Thema kam erneut auf, als der Euro-tam-Vertrag Ende März 2007 seinen 50-jährigen Geburtstag feierte (beispielhaft: Fell 2007).

[538]   Zur IEA und erneuerbaren Energien siehe ausführlicher in Abschnitt 6.2.1.

Integration bzw. Anbindung an eine bestehende Organisation zu dem Schluss: „Keine dieser Organisationen bietet sich als zentrale Koordinierungsinstitution an, da dies eine kaum zu realisierende und wenig Erfolg versprechende grundlegende thematische Umorientierung erfordern würde. Allerdings können sie in Teilbereichen durch Anpassungen ihres Tätigkeitsbereiches stärker dazu beitragen, die ... Defizite bei der internationalen Förderung von erneuerbaren Energien zu beheben." (Pfahl et al. 2005: 61) Steiner et al. kommen in dieser Frage zu einem ähnlichen Schluss und betonen: „No international agency identifies wholeheartedly with the issue of global sustainable energy (in particular energy conservation, energy efficiency, renewable and climate-friendly energy) and focuses on it – in terms of agenda setting, initiatives for international negotiation of principles, rules and standards, setting up a global, authoritative and expert stakeholder consultation process and relationship-building with all relevant actors, including the private sector. Renewable energy does not have an "international home" at present." (Steiner et al. 2004: 6)

Hieraus ist zu folgern, dass eine deutliche Stärkung des Themas erneuerbare Energien innerhalb einer bestehenden Organisation voraussichtlich aufgrund von internen Zielkonflikten in der Gesamtorganisation nur begrenzte Wirkung entfalten könnte. Zudem muss aus diesen Gründen die Eignung einer bestehenden Organisation für eine nach außen gerichtete, integrierende und koordinierende Funktion, sowie für eine „Stellvertreter"-Rolle in der internationalen Politik stark bezweifelt werden.

6.4.1.3   Eigenständige EE-Organisation

Die Diskussion um die Einrichtung einer eigenständigen internationalen Organisation zur Förderung erneuerbarer Energien ist mittlerweile schon über 25 Jahre alt. Ein erster Vorstoß erfolgte durch den Nord-Süd-Bericht unter der Leitung von Willy Brandt, in dem bereits 1980 ein „internationales UN-Institut für Erneuerbare Energien" skizziert wurde, welches auf der folgenden UN Konferenz für Erneuerbare Energien 1981 in Nairobi ausformuliert und damals besonders von den Entwicklungsländern eingefordert wurde. Die Gründung einer solchen Einrichtung wurde jedoch mit dem Argument zurückgewiesen, dass bestehende UN-Institutionen diese Aufgaben übernehmen könnten (Hein 2001). Mit der gleichen Argumentation wurde der Vorschlag ebenso im Vorfeld des Weltgipfels von Rio 1992 aus den Verhandlungen herausgehalten (Scheer 2003).

Dabei soll die Schaffung einer eigenständigen Organisation nach dem Willen der Befürworter gerade darauf abzielen, ein politisch eigenständiges Gegengewicht zu den bestehenden Organisationen wie die IEA und die IAEO zu bilden (Scheer 2004; Bundesregierung 2006a). Sowohl bezüglich der Informations- und Lobbyarbeit als auch in politischen Verhandlungen auf internationaler Ebene sollte eine solche Organisation nur für die erneuerbaren Energien sprechen und agieren können, ohne durch übergeordnete Zielkonflikte und Interessen beschränkt zu werden. Die Ziele sollen dabei nicht nur klimapolitischer Natur sein, sondern auch entwicklungs- und umweltpolitische Aspekte wie den Erhalt der endlichen Ressourcen, der natürlichen Umwelt und der menschlichen Gesundheit, der Friedenssicherung und der wirtschaftlichen Entwicklung in wenig entwickelten Ländern umfassen (Wortmann 2006). Nach Hermann Scheer sollte eine solche Organisation ein „politisches Informations-, Inspirations- und Konsultationsmedium für eine globale Energiewende" sein (Scheer 2003: 2).[539]

Dabei gehen die Befürworter nicht davon aus, dass eine solche Organisation in absehbarer Zeit im Rahmen des UN-Systems gegründet werden kann; hier herrscht die gleiche Einschätzung wie bei den internationalen Verträgen vor (s.o.).[540] Die Gründung sollte eher von einer (u.U. kleinen) Gruppe von Vorreiterstaaten ausgehen, jedoch von vornherein offen und auf Erweiterung angelegt sein. Dieses Vorgehen war auch bei der Gründung der internationalen Atomenergiebehörde gewählt worden, die von wenigen Staaten ausging, und der jetzt über 130 Staaten angehören. Am Ende eines solchen Prozesses könnte dann auch aus Sicht der Befürworter eine Eingliederung in das UN-System und eine Gleichstellung mit anderen Sonderorganisationen stehen (Wortmann 2006).

Erneut belebt wurde die Diskussion um eine solche EE-Organisation im Vorfeld der Johannesburg-Konferenz. 2001 wurde eine von Eurosolar organisierte Impulskonferenz zur Gründung einer internationalen EE-Organisation veranstaltet, die IRENA (International Renewable Energy Agency) heißen sollte (siehe Memorandum EUROSOLAR 2001b). Der Vorschlag wurde in Deutschland 2002 in die Koalitionsvereinbarung von SPD und Bündnis 90/ Die Grünen aufgenommen, 2003 wurde das Vorhaben, eine derartige Gründung auf internationaler Ebene durch die Bundesregierung aktiv voranzutreiben, mit einem Bundestagsbeschluss durch die Regierungsfraktionen bekräftigt (Wortmann 2003; SPD/ Bündnis 90/Die Grünen 2003e).

Zu den stärksten aktiven Befürwortern einer IRENA zählen Eurosolar und der Weltrat für Erneuerbare Energien - beide stark durch den SPD-Abgeordneten Hermann Scheer geprägt - sowie weitere deutsche Parlamentarier, z.B. Hans-Josef Fell von Bündnis 90/Die Grünen. Die Idee wird mittlerweile auch durch viele

---

[539] Eine detaillierte Beschreibung der möglichen Aufgaben dieser Organisation findet sich in diversen Veröffentlichungen von Hermann Scheer und Eurosolar (z.B. in EUROSOLAR 2001b) sowie in dem Beitrag von David Wortmann (2006).

[540] Diese Einschätzung liegt im Wesentlichen darin begründet, dass eine derartige internationale Organisation formal eine große Nähe zu internationalen Verträgen aufweist – und daher auch ähnliche gravierende Probleme bei der Einigung bzw. Einrichtung zu erwarten sind (hierzu auch Pfahl et al. 2005: 64).

Mitglieder des europäischen Parlaments unterstützt, diesbezügliche Impulse auf EU-Ebene kommen z.b. aus dem Parlamentarierforum EUFORES (Witt 2005b).[541]
   Bemerkenswerterweise wird die Einrichtung einer IRENA bislang nicht bzw. nicht prioritär von der EE-Wirtschaft selbst und ihren Lobbyverbänden gefordert. Im Gegenteil spielte das Thema Internationalisierung gegenüber der Sicherung des nationalen Marktes bisher nur eine nachrangige Rolle. Auch die internationalen EE-Verbände haben – mit Ausnahme von Eurosolar (s.o.) - das Thema nicht aktiv auf ihre Fahnen geschrieben.[542] So enthält beispielsweise das so genannte „White Paper", ein internationales Strategiepapier von ISES (International Solar Energy Society), lediglich den Hinweis auf die Notwendigkeit für verstärkte internationale Forschungszusammenarbeit, jedoch nicht die Schaffung von Institutionen oder Organisationen (Aitken 2003). Auch die IEA weist in einer Publikation über Strategien zur weltweiten Verbreitung erneuerbarer Energien darauf hin, dass eine stärkere internationale Kooperation in den Bereichen F&E, Mobilisierung von Investitionsmitteln, Schaffung von Märkten und Erfahrungsaustausch erforderlich sei, allerdings ohne die Institutionalisierungsform zu benennen, die dies leisten könnte (IEA 2002).
   Trotz des zur Zeit der rot-grünen Regierung geäußerten politischen Willens kam es zu keiner Umsetzung einer internationalen EE-Organisation, ebenso wenig zu ersten konkreten Schritten einer Gründungsinitiative. Insbesondere im Vorfeld der Regierungskonferenz renewables im Jahr 2004 in Bonn hatten die Befürworter darauf gehofft, dass eine solche Initiative entscheidende Impulse und Unterstützung erhalten würde. Auf der renewables wurde jedoch eine andere internationale Strategie verfolgt (ausführlicher in Abschnitt 6.4.3). Die Forderungen nach einer IRENA sind damit jedoch immer noch nicht aufgegeben. Denn auch die große Koalition aus CDU/CSU und SPD hat das Ziel der Einrichtung einer solchen EE-Organisation im Koalitionsvertrag von 2005 stehen (CDU/CSU/ SPD 2005: 52), und im Jahr 2007 haben die Regierungsfraktionen den Deutschen Bundestag aufgefordert, die Bundesregierung zu veranlassen, „zur globalen Verbreitung erneuerbarer Energien schnellstmöglich die Gründung einer Internationalen Agentur für Erneuerbare Energien zu initiieren und hierzu schnellstmöglich eine Roadmap mit zügigen Umsetzungsschritten zu entwickeln" (CDU/CSU/ SPD 2007: 7).

---

[541]   Eufores steht für „European Forum for Renewable Energy Sources", ein Forum, in dem Abgeordnete des EU-Parlaments sowie verschiedener nationaler Parlamente vertreten sind (siehe www.eufores.org).

[542]   Dies bestätigte Rainer Hinrichs-Rahlwes, ehemaliger zuständiger BMU-Abteilungsleiter und heute als internationaler Experte für den BEE tätig, im Interview: „Für die meisten nationalen, europäischen und internationalen Verbände gehört die IRENA zum selbstverständlichen Credo, auf das in Positionspapieren und Beschlüssen immer mal wieder Bezug genommen wird. Eine politische Priorität ist die Forderung nach einer IRENA aber nicht, in Brüssel weniger noch als in Deutschland." (Hinrichs-Rahlwes 2007)

6.4.1.4   Netzwerke und Partnerschaften

Im Vergleich zur Einrichtung einer formalen inter- bzw. zwischenstaatlichen Organisation mit eigener Rechtspersönlichkeit und ggf. sogar völkerrechtsverbindlicher Verhandlungsmacht können informellere Organisationen - wie z.b. Netzwerke und Partnerschaften - deutlich schneller und unkomplizierter gegründet werden, da sie durch einen unverbindlicheren Charakter und „weichere" Zielsetzungen gekennzeichnet sind.[543] Netzwerkartige Zusammenschlüsse können jedoch durchaus auch starken politischen Einfluss ausüben, wenn es mächtigen Stakeholdern zusammen mit einflussreichen Akteuren aus der Politik gelingt, politische Entscheidungsprozesse zu beeinflussen.[544]

Die ersten internationalen Netzwerke, die sich ausschließlich zum Thema erneuerbare Energien gründeten und eine größere Reichweite aufwiesen, gehen auf den Zeitraum des ersten Weltgipfels 1992 in Rio zurück.[545] Erst mit der Wiederbelebung des Themas auf dem zweiten Weltgipfel in Johannesburg erlebten auch die internationalen Netzwerke, insbesondere die zu dieser Zeit und in der Folge neu gegründeten Netzwerke, mehr Aufmerksamkeit und Bedeutung. Im Vorfeld der Johannesburg-Konferenz gründete ein Kreis um Hermann Scheer und Eurosolar-Mitgliedern im Juni 2001 das *World Council for Renewable Energy* (WCRE), „a globally operating independent organization, free of the vested interests of the present global energy system", mit dem Anspruch, „the global voice for Renewable Energy in the concert of global energy discussion" zu sein (WCRE o. J.). Auf der Basis eigener Konferenzen vor dem Johannesburg-Weltgipfel 2002 und der renewables-

---

[543] Mit dem Begriff Partnerschaften sind klassischerweise die so genannten „Public Private Partnerships" (PPP) gemeint, die seit Johannesburg auch „Typ-II-Partnerschaften" (im Unterschied zu Typ I: vereinbarte Zielvorgaben in politischen Abkommen) genannt werden. Die Abgrenzung zwischen Partnerschaften und Netzwerken verschwimmt zwar zunehmend in der Praxis, hier wird jedoch vereinfachend davon ausgegangen, dass Partnerschaften ein vergleichsweise konkreteres, praktisches Ziel wie z.B. ein gemeinsames Projekt oder eine Maßnahme verfolgen, während Netzwerke sich in der Regel allgemeineren und längerfristigen Zielen wie dem der Informationsverbreitung widmen. In diesem Sinne umfasst der allgemeinere Begriff der Netzwerke nachfolgend auch die Partnerschaften. Netzwerke weisen insbesondere im Gegensatz zu einer formalen UN-Organisation bzw. der oben skizzierten IRENA eine losere Organisationsform auf.

[544] In einem solchen Fall können derartige Politik-Netzwerke, wenn sie von längerer Dauer sind, mit einer dominierenden Advocacy-Koalition gleichgesetzt werden (siehe hierzu auch Abschnitt 2.2).

[545] Mit Inforse (International Network for Sustainable Energy) und WREN (World Renewable Energy Network) wurden zwei zivilgesellschaftliche Netzwerke gegründet, die beide bis heute existieren, jedoch keine politische Bedeutung oder wichtige Funktion für die „globale EE-Branche" erlangt haben. Inforse unterhält ein Sekretariat in Dänemark und versteht sich als Informationsdienstleister mit regionalen Schwerpunkten in Europa, Afrika und Asien sowie beim Thema Projektdurchführung und –vermittlung in Entwicklungsländern (www.inforse.dk). WREN hat seinen Sitz und Ursprung in Großbritannien, ist seit seiner Gründung eng mit der UNESCO verbunden und richtet regelmäßig den „World Renewable Energy Congress" (WREC) aus. Auch bei WREN steht die Informationsvermittlung im Vordergrund. Neben Seminaren, Newsletter etc. gibt das Netzwerk die Fachzeitschrift „Renewable Energy" heraus (www.wrenuk.co.uk).

Konferenz 2004 hat der WCRE Forderungen formuliert und Empfehlungen an die politischen Akteure gerichtet, die jedoch keinen prägenden Einfluss auf die Verhandlungen ausüben konnten (siehe hierzu Abschnitt 6.4).

Auf der *Johannesburg-Konferenz* selbst wurden zwar keine nennenswerten Beschlüsse für erneuerbare Energien im Sinne von vertraglichen Vereinbarungen gefasst, allerdings wurde in Ermangelung dieser Verbindlichkeit eine Reihe von - einfacher zu beschließenden - Netzwerken gegründet. Die wesentlichen Netzwerke waren:

- Ein globales Netzwerk zum Thema „Energie für nachhaltige Entwicklung" (GNESD - Global Network on Energy for Sustainable Development), welches unter dem Dach von UNEP zur Wissensvermittlung an Entwicklungsländer und zur Erreichung der „Millennium Development Goals" der Vereinten Nationen beitragen soll (www.gnesd.org, 15.4.2007).

- Mit ähnlichen Zielen wurde auch „the Global Village Energy Partnership – GVEP" im August 2002 gegründet, der neben UNDP und der Weltbank mittlerweile nach eigenen Angaben über 1500 Organisationen weltweit angehören, darunter auch eine Reihe von Regierungen, KMUs und NGOs aus Entwicklungsländern (www.gvep.org, 15.4.2007). Vorrangiges Ziel von GVEP ist die Energieversorgung von kleineren Wirtschaftsakteuren in ländlichen Gebieten.

- Ein weiteres Netzwerk wurde auf britische Initiative (und in Folge auch mit starker britischer Beteiligung) gegründet: „Renewable Energie and Energy Efficiency Partnership – REEEP" befasst sich mit erneuerbaren Energien und Energieeffizienz im Rahmen von Public Private Partnerships. REEEP verfolgt das grundlegende Ziel „to accelerate and expand the global market for renewable energy and energy efficiency technologies" (www.reeep.org, 15.4.2007).

- Auch auf der zivilgesellschaftlichen Ebene entstanden Netzwerke, wie z.B. das von einer Reihe grüner NGOs gegründete Netzwerk CURES (Citizens United for Renewable Energy and Sustainability). Dieses 2003 in Deutschland gegründete Netzwerk versteht sich als (kritischer) Begleiter der internationalen politischen Prozesse, formuliert Forderungen und gibt Informationen. Mittlerweile umfasst das Netzwerk weltweit 240 Organisationen (www.cures-network.org, 15.4.2007).

Neben diesen Netzwerken, die einen starken entwicklungspolitischen Hintergrund aufweisen, gibt es noch eine Reihe weiterer international aktiver Netzwerke, die entweder eine Spezialisierung in Hinblick auf eine regionale Eingrenzung oder auf eine spezifische EE-Technologie aufweisen. Beispiele hierfür sind zum einen das auf den Mittelmeerraum begrenzte „Mediterranean Renewable Energy Programme – MEDREP", das auf der Johannesburg-Konferenz von Italien als Typ-II-Aktivität eingebracht wurde (www.medrep.info, 14.4.2007). Ein jüngeres Beispiel für ein EE-Sparten-Netzwerk ist die Gründung von „GBEP - Global Bioenergy Partnership", einem internationalen Netzwerk zur Verbreitung der Bioenergienutzung, insbesondere von Biokraftstoffen in Entwicklungsländern. GBEP entstand unter Beteiligung der G8-Staaten und der großen Entwicklungs- und Schwellenländer, mit finanzieller Unterstützung der italienischen Regierung und mit Sitz bei der UN-Organisation FAO (the Food and Agriculture Organization).

Das in politischer Hinsicht wichtigste Netzwerk (vgl. Abschnitt 6.4) entstand als direkte Folge der erfolglosen multilateralen Verhandlungen zu erneuerbaren Energien in Johannesburg. In der „*Johannesburg Renewable Energy Coalition (JREC)* fanden sich auf Anregung und unter der Führung der EU neben den EU-Mitgliedsstaaten und ihren gemeinsamen Organen eine Reihe von weiteren Regierungen bereit, nach dem politischen Scheitern auf UN-Ebene durch einen kleineren Staatenkreis doch noch ein positives Signal zu setzen (siehe auch Abschnitt 6.4.2.3).[546] Während die Anhänger eines internationalen EE-Abkommens bzw. einer EE-Organisation in der JREC zunächst die erwünschte Vorreiterkoalition ambitionierter Regierungen sahen, hat sich diese Hoffnung mittlerweile stark relativiert. Die JREC-Initiative wurde hinsichtlich ihrer Bedeutung seit 2004 von den Aktivitäten und formalen Ergebnissen der renewables-Konferenz abgelöst, sie kann als ein tragender Hintergrundbestandteil des renewables-Prozesses bezeichnet werden.

Als ein zentrales Ergebnis der renewables-Konferenz 2004 entstand schließlich erstmalig ein explizites EE-Politiknetzwerk, das „*Renewable Energy Policy Network for the 21st Century*", kurz *REN21*. REN21 versteht sich als ein Stakeholder-Netzwerk, in dem neben politischen Akteuren auch zwischenstaatliche Organisationen sowie international aktive nicht-Regierungsakteure aus Wirtschaft und grünen NGOs teilnehmen können. Es wird durch ein „Steering Committee" repräsentiert, an dem 32 Individuen stellvertretend für Regierungen (von national bis lokal), NGOs und IGOs, Industrie und Finanzinstitutionen teilnehmen. Bei der Besetzung dieses Komitees wurde ähnlich wie bei UN-weiten multilateralen Verhandlungen stark auf eine breite internationale Repräsentanz gesetzt, d.h. es sind u.a. auch die USA und die Vereinigten Arabischen Emirate vertreten, ebenso die IEA und die Weltbank.

REN21 hat ein Sekretariat in Paris, welches von der deutschen GTZ und UNEP bereitgestellt wird. Das Netzwerk ähnelt in seiner Organisationsform größeren UN-Organisationen.[547] Allerdings war es den Gründern von REN21 wichtig, explizit darauf hinzuweisen, dass es sich „nur" um ein Netzwerk handelt, und keine neue Institution – also keine IRENA und auch keinen Vorläufer dazu.[548] Dennoch

---

[546] Dies waren anfangs knapp 80 Staaten, mittlerweile umfasst die nach wie vor existierende JREC fast 90 Länder (siehe http://ec.europa.eu/environment/jrec/objectives_en.htm, 12.4.2007). JREC wird gegenwärtig gemeinsam von der EU-Kommission und der Regierung von Marokko geleitet (ebda.).

[547] Das „Bureau" besteht aus dem Vorsitzenden des Komitees und seinen Stellvertretern sowie dem Leiter des Sekretariats.

[548] Auf dem ersten Treffen des „Interim Steering Committees" am 14-15 Februar 2005 in Casablanca

will sich REN21 durchaus in politische Prozesse wie CSD, G8, UNFCCC etc. als politische Stimme der erneuerbaren Energien einbringen. Darüber hinaus ist neben dem allgemeinen Wissenstransfer, die Erstellung globaler statistischer Daten eine wichtige Aufgabe. Hervorzuheben ist in diesem Zusammenhang, dass die Wahrnehmung dieser Aufgaben in Zusammenarbeit mit der IEA erfolgt, was einerseits auf die geringe personelle Ausstattung des REN21-Sekretariats zurückzuführen ist, andererseits jedoch auch die Frage der Unabhängigkeit des Netzwerks aufwirft. Im Rahmen des Netzwerks werden jedoch sowohl die Weiterentwicklung des internationalen EE-politischen Prozesses, insbesondere des renewables-Prozesses, und in diesen Zusammenhang auch die mögliche Rolle und Weiterentwicklung von REN21 offen diskutiert.[549]

Die zentralen internationalen Netzwerke und Partnerschaften, die im Umfeld der Johannesburg- und der renewables-Konferenz entstanden sind, haben sich bis heute nebeneinander behaupten können, auch wenn viele sehr ähnliche Ziele verfolgen. Neu ist eine zunehmende *Koordinierung* einiger dieser Netzwerke, indem sie z.B. gemeinsame Deklarationen und abgestimmte Positionen veröffentlichen, die sie in laufende internationale politische Prozesse einspeisen. Ein Beispiel hierfür ist der Input mehrerer der oben genannten Netzwerke in den UN-CSD-Prozess, indem sie gemeinsam auf ihre Rolle der Informationsverbreitung und des „capacity building" hinweisen, und als ein mögliches Ergebnis für die 15. CSD-Sitzung einen Katalog freiwilliger Maßnahmen vorschlagen, ähnlich dem Internationalen Aktionsprogramm der renewables-Konferenz (REN21 et al. 2006). Umgekehrt werden die Netzwerke auch stärker von der internationalen Politik als *Adressaten von Maßnahmen* genannt. Ein Beispiel ist hier neben den UN-Prozessen in der Folge von Johannesburg auch die G8, die mittlerweile regelmäßig die Stärkung der Netzwerke REEEP, REN21, GNESD etc. in ihren „Aktionsplänen" aufführt (G8 2005, 2006). Konkrete Folgen dieser Ankündigungen, z.B. im Sinne der Bereitstellung von mehr Finanzmitteln in nennenswertem Umfang oder der politischen Aufwertung dieser Netzwerke sind jedoch bisher nicht zu verzeichnen.

---

wurde von den Teilnehmern bekräftigt, dass REN21, und insbesondere das Sekretariat als der stetige Teil des Netzwerks, „should create no new institution" (REN21 Interim Steering Committee 2005a: 3). Damit entspricht das Netzwerk in seinen Grundzügen auch dem Vorschlag von Steiner et al. (2004: 9ff), der im Vorfeld der renewables-Konferenz in einem Hintergrundpapier formuliert worden war.

[549]   Zu diesen Fragen gab es einen REN21-Workshop im Dezember 2006 in Paris, an dem auch der Autor teilgenommen hat. Als Ergebnisse des Workshops wurden Empfehlungen für den weiteren internationalen EE-Politikprozess generiert, die im Wesentlichen in den UN-CSD-Prozess sowie die Vorbereitung der nächsten renewables-Regierungskonferenz 2008 in Washington eingespeist werden (REN21 2007).

6.4.2 Das Scheitern in Johannesburg – Aufbruch für einen spezifischen Politikprozess

Zehn Jahre nach dem ersten Weltgipfel für nachhaltige Entwicklung 1992 in Rio sollte auf dem zweiten „World Summit on Sustainable Development" (WSSD) 2002 in Johannesburg nicht nur Bilanz gezogen, sondern auch neue Impulse für die praktische Umsetzung des Leitbildes der nachhaltigen Entwicklung und möglichst konkrete Verpflichtungen der internationalen Staatengemeinschaft vereinbart werden. Zu diesem Zeitpunkt war bereits klar, dass viele der in Rio gesetzten Ziele nicht erreicht wurden (BMU 2002a). Die negative Entwicklung in vielen Bereichen, beispielsweise bei der Armutsbekämpfung, der Wasserversorgung sowie bei Energieversorgung und Klimaschutz hatte in der Zwischenzeit zu vielfachen neuen Zielformulierungen und internationalen Appellen geführt (ebda.).

Zentraler Meilenstein und Maßstab für viele Schwerpunktthemen des WSSD waren die Ziele der „Millenium Deklaration" („Millenium Developement Goals - MDG"), einer Resolution, die auf Anregung des damaligen UN-Generalsekretärs Kofi Annan zur Jahrtausendwende von der UN-Generalversammlung verabschiedet wurde (United Nations 2000). Obwohl sich früh abzeichnete, dass die Themen Energie und Klima aufgrund ihrer Dringlichkeit auf dem Johannesburg-Gipfel eine Rolle spielen sollten, waren die Form der Behandlung und die institutionelle Verortung zunächst unklar. Denn das Thema Energie war beispielsweise kein expliziter Bestandteil der MDGs (ebda.), das Thema Klima demgegenüber im eigenständigen UNFCCC-Prozess verortet. So wurde das Thema Energie sowie erneuerbare Energien im Rahmen der UN-Kommission für nachhaltige Entwicklung (Commission on Sustainable Development - CSD), die auch für die allgemeine Vorbereitung des Gipfels zuständig war, mit behandelt. Später wurde zusätzlich und mit Blick auf eine Fokussierung auf die zentralen Themen sowie eine Kompetenzbündelung der verschiedenen zuständigen UN-Organisationen die übergreifende WEHAB-Arbeitsgruppe gegründet.[550] WEHAB „seeks to provide focus and impetus to action in the five key thematic areas of Water, Energy, Health, Agriculture and Biodiversity that are integral to a coherent international approach to the implementation of sustainable development and that are among the issues contained in the Summit's Draft Plan of Implementation" (WEHAB Working Group 2002: 5).

Nachfolgend wird zunächst auf den politischen Prozess vor dem Gipfel eingegangen, der das Agenda-Setting beeinflusste. Anschließend wird der Verlauf der Verhandlungen auf dem Gipfel mit einem Fokus auf das Thema erneuerbare Energien sowie Energie im Allgemeinen behandelt, bevor eine kritische Würdigung der

---

[550] Gesamtvorsitzender der WEHAB-Gruppe war Luis Gomez-Echeverri (UNDP). Daneben waren eine Reihe weiterer Koordinatoren und Autoren von UNDP, UNEP, UNDESA, UNICEF, UNIDO, FAO, Weltbank, CGIAR und freie Berater beteiligt. Für das Energie-Papier waren Jarayo Gururaja (UNDESA), Susan McDade (UNDP) und Irene Freudenschuss-Reichl (UNIDO) verantwortlich. (WEHAB Working Group 2002)

Ergebnisse erfolgt. Eine Zusammenstellung wichtiger Akteure und ihrer Positionen sowie der Akteurskonstellation erfolgt integriert und wird an späterer Stelle zusammen mit der Betrachtung des renewables-Prozesses noch einmal aufgegriffen.

6.4.2.1   Vorbereitungen und Positionen im Vorfeld

Offizielle Vorbereitungen des WSSD

Auf der neunten Sitzung der *Kommission für nachhaltige Entwicklung (CSD-9)* wurden die konzeptionelle Ausrichtung und die wesentlichen Inhalte des Gipfels festgelegt.[551] Zudem waren auf der CSD-9 erstmalig Energie und Verkehr als Schwerpunktthemen gesetzt. Die Folgekonferenz (CSD-10) war gleichzeitig die Auftaktveranstaltung des Vorbereitungskomitees für den WSSD (Prepatory Commitee - PrepCom), das unter der Leitung des ehemaligen indonesischen Umweltministers Emil Salim insgesamt viermal tagte.[552] Kurz vor dem Gipfel kam schließlich die WEHAB-Gruppe zusammen, um weitere Vorschläge für die von der Gruppe ausgearbeiteten Themenschwerpunkte einzubringen. Das Ziel der Vorbereitungen war es (wie bei internationalen Verhandlungen üblich) nach einer Einigung über die zentralen Themen eine möglichst konkrete und bereits weitgehend abgestimmte Fassung eines dann auf dem Gipfel formal zu verabschiedenden Dokuments - in diesem Fall der so genannte „Plan of Implementation" - zu entwickeln.

Die Verhandlungen beim CSD-9 zum Thema Energie waren, wie Beobachter kritisierten, von den bekannten internationalen Blockadekonstellationen geprägt und führten daher zu keinen konkreten Ergebnissen (Maier 2001a; Bösl 2001). Wenngleich der Abschlusstext der CSD-9 wichtige allgemeine Feststellungen enthält wie „current patterns of energy production, distribution, and utilization are unsustainable" (CSD 2001. Decision 9/1, A.2), so folgten dieser Erkenntnis keine umsetzbaren Maßnahmen in den verschiedenen Energiebereichen. Als eine Ursache hierfür sind die aus zahlreichen anderen UN-Gremien bekannten unterschiedlichen Auffassungen in Energie- und Klimafragen, aber auch bei anderen Themen, zwischen den USA und den OPEC-Staaten auf der einen, sowie der EU auf der anderen Seite zu nennen (Maier 2001a; Bösl 2001).

Hier kam hinzu dass die G77 in Energiefragen ihre Koalition mit der EU aufgab und unter Führung der OPEC die weitere und uneingeschränkte Nutzung fossiler Brennstoffe forderte, da sie ansonsten ihre Entwicklungsmöglichkeiten behindert sahen (Bösl 2001). Dies wurde auf der CSD-Sitzung zum einen durch den

---

[551]   Die CSD-9 fand zweigeteilt am 5. Mai 2000 und 16.-27. April 2001 in New York statt.
[552]   Emil Salim war später Hauptautor des viel beachteten „Salim-Reports" aus dem Jahr 2004, der eine kritische Analyse der Energie- und Ressourcenpolitik der Weltbank sowie eine Reihe von Vorschlägen für eine nachhaltigere Förderpolitik, u.a. durch die verstärkte Nutzung erneuerbarer Energien, lieferte (siehe auch Abschnitt 6.1.4)

G77-Vorsitz des Iran verstärkt (ebda.), laut Jürgen Maier (2001a) jedoch zum anderen auch dadurch, dass die Entwicklungsländer an den Sitzungen in New York selten mit ihrem eigentlich zuständigen Personal für Umwelt- und Entwicklungsfragen präsent waren, sondern diese durch die ständigen Vertreter wahrgenommen wurden, die dann nach gewohntem Muster entschieden.[553]

Das Abschlussdokument des CSD-9 hat dennoch den weiteren Vorbereitungsprozess entscheidend strukturiert und geprägt. Als eine wichtige Zielsetzung wurde die Sicherstellung eines "adequate and affordable access to energy for present and future generations" festgehalten (CSD 2001: Decision 9/1, A.3). Und mit Blick auf die Rolle erneuerbarer Energien für eine nachhaltige Entwicklung heißt es: "The main challenge lies both for developed and developing countries in the development, utilization and dissemination of renewable energy technologies, such as solar, wind, ocean, wave, geothermal, biomass and hydro power, on a scale wide enough to significantly contribute to energy for sustainable development" (CSD 2001: Decision 9/1, A.16). Diesbezüglich wurde jedoch zu diesem Zeitpunkt nur eine Reihe von allgemeinen Empfehlungen in verschiedenen Bereichen gegeben, in denen die Regierungen aktiv werden könnten (ebda., Decision 9/1, A.17).

Auf den folgenden *PrepComs I bis IV* wurde das Thema Energie immer wieder aufgegriffen.[554] Dabei erfolgte die Zuordnung des verteilten Themas im Laufe der Zeit im Schwerpunkt unter der Überschrift „nachhaltige Produktions- und Konsummuster". Zu den Forderungen, die in den Diskussionen aufkamen, gehörten auch die Gründung einer internationalen Allianz für erneuerbare Energien, einer globalen Partnerschaft zur Finanzierung von Energie für nachhaltige Entwicklung, aber auch eine globale Initiative zur Förderung der Erdgasnutzung (IISD 2002a). Auf der vierten PrepCom, die in Bali zwischen dem 27. Mai und dem 7. Juni 2002 stattfand, sollte schließlich die Textvorlage für den „*Plan of Implementation*" (POI) erstellt werden. Doch auch auf dieser Sitzung blieb das *Energiethema ein zentraler Streitpunkt*, so dass kaum klare Einigungen erzielt werden konnten (IISD 2002b). Trotz mehrfacher Umformulierungen der Textvorlage konnten sich die Delegierten nicht auf konkrete Ziele, Programme oder Partnerschaften einigen. Hauptstreitpunkte waren der konkrete Bezug zu den Millennium Development Goals, die Formulierung von Zielen und Zeitplänen für die Schaffung eines verbesserten Zugangs zu Energie sowie Aussagen zur Rolle der fossilen Brennstoffe.

Aufgrund des teilweise grundsätzlich unterschiedlichen Verständnisses einer nachhaltigen Energieversorgung wurde um elementare Formulierungen und Begrif-

---

[553] Jürgen Maier schreibt dazu: „Diese ‚New York Mafia' funktionalisiert die CSD dazu, ritualisierte Schaugefechte aus einem Dutzend anderer UN-Gremien hier zu wiederholen, zumal diese Diplomaten von den verhandelten Themen in der Regel nicht viel Ahnung haben" (Maier 2001a: 28).

[554] Der Verhandlungsverlauf und die wesentlichen Ergebnisse der PrepComs sind in detaillierter Form im Rahmen der Reihe „Earth Negotiations Bulletin" erschienen, herausgegeben vom „International Institute for Sustainable Development – IISD" (www.iisd.ca).

fe wie „umweltfreundlich", „sauber", „fortschrittlich" oder „effizient" gestritten Am Ende einigten sich die Delegierten in einem entscheidenden Satz des Drafts auf die Formel „reliable, affordable, economically viable, socially acceptable and environmentally sound" (IISD 2002b: 5). Keine Einigung gab es jedoch zu zentralen Themen, wie zur Konkretisierung der gemeinsamen aber unterschiedlichen Verantwortlichkeiten, zu Ausbauzielen für erneuerbare Energien, zum Subventionsabbau für das konventionelle Energiesystem sowie zu Handlungsempfehlungen für Public-Private Partnerships. So musste der Verhandlungsführer Salim am Ende des vierten PrepCom-Teffens in Bali erklären, dass die Verhandlungen zu einer politischen Erklärung, die als Vorlage in den WSSD-Prozess eingehen sollte, zu keinem einheitlichen Abschluss geführt hatten. Zwar konnten 80 % des Textes verabschiedet werden, allerdings blieben zentrale Kernthemen wie Energie, aber auch Handel, Finanzen, Globalisierung sowie die Ratifizierung des Kyoto-Protokolls offen. Diese Themen, zu denen verschiedene Vorschläge in Klammern vorformuliert waren, mussten nun in Johannesburg entschieden werden (ebda.).

Letzte Vorschläge vor dem Gipfel kamen schließlich im August 2002 von der *WEHAB-Gruppe*, welche - anders als im „Draft Plan of Implementation" - die zentralen Themen Energie und Wasser gebündelt und ohne internationale Verhandlungsblockaden behandeln konnte und diesbezüglich konkretere Vorschläge entwickelte. Während sich das Energie-Papier in seiner Bestandsaufnahme und Analyse stark an die Ergebnisse des CSD-9-Berichts anlehnte, ging es in seinen Empfehlungen für den WSSD deutlich darüber hinaus, indem u.a. konkrete Ziele und Maßnahmen vorgeschlagen wurden. Thematisiert wurden vor allem der fehlende Zugang zu Elektrizität für einen großen Teil der Weltbevölkerung, die problematische Nutzung „traditioneller" Ressourcen zum Heizen und Kochen, die starke Differenz des Energieverbrauchs in Entwicklungs- und Industrieländern sowie die Treibhausgasproblematik. Als Lösungen wurden primär Energieeffizienz und erneuerbare Energien sowie fortschrittliche fossile Energiegewinnung behandelt, demgegenüber wurden umstrittene Themen wie die Atomenergie ausgeblendet (WEHAB Working Group 2002).[555]

---

[555] In Bezug auf erneuerbare Energien heben die WEHAB-Autoren ihr hohes Potenzial für die Armutsbekämpfung und den Zugang zu Energie, die Vorteile der Modularität und Dezentralität sowie die großen vorhandenen und nicht genutzten Potenziale hervor. Folglich wird eine fortschreitende Steigerung des Anteils erneuerbarer Energien im globalen Primärenergie-Mix gefordert: „Progressively increase the contribution of renewable energy in the global primary energy mix from the current base line of 2 per cent for modern renewables. For example, at the current rate of expansion, wind energy is expected to increase from the existing generating capacity of 25,000 MW to 100,000– 150,000 MW in the next decade. Targets are required to generate similar trends in other forms of renewable energy such as biomass, solar, hydro and biofuels." (WEHAB Working Group 2002: 18) Darüber hinaus schlagen die Autoren den Einsatz von erneuerbaren Energien zur energetischen Versorgung in Krankenstationen und Impfzentren, in Schulen und zur Trinkwasserversorgung jeweils mit konkreten Ausbauraten vor (ebda.: 18ff). Zudem wird auf eine fehlende internationale Institution zur Förderung erneuerbarer Energien hingewiesen: „While several international

Der Entwurfstext des POI, der von Bali nach Johannesburg geschickt wurde, enthielt insgesamt noch über 200 eingeklammerte Formulierungen. Die vorvereinbarten Texte bezogen sich überwiegend auf „weiche" Themen, die harten Themen Handel, Entschuldung und Finanzierung, die kennzeichnend für den Nord-Süd-Konflikt sind, waren weitestgehend ungelöst (Greger/ Damm 2002). In diesen Fragen gab es traditionelle Blockaden z.b. zwischen den Industrieländern wie den USA und der G77, aber auch die EU nahm beispielsweise beim Thema der Agrarsubventionen (insbesondere auf Betreiben Frankreichs) eine starre Haltung ein (ebda.). Diese Blockaden in fundamentalen Fragen beeinflussten daher auch die Energiethemen und engten zudem die Verhandlungsspielräume für progressive Lösungen in neuen Themenfeldern ein.

Positionen wichtiger Akteure

Zu den zentralen Unterstützern der Themen Energie und erneuerbare Energien gehörte im Vorfeld der Verhandlungen die *EU* mit ihren Mitgliedsstaaten und Organen. Diese vertraten die Position, dass neben der Erfüllung und Ausgestaltung der Millenium Development Goals auch eine Erweiterung in Bezug auf die Aufnahme konkreter Vereinbarungen zum Thema Energie und erneuerbare Energien notwendig sei. Im Vorfeld der Johannesburg-Konferenz waren sich die drei EU-Organe darin einig, dass es ein globales Ausbauziel geben solle, allerdings waren die Höhe und die Zeithorizonte umstritten.

In einer Mitteilung der *Europäischen Kommission* an den Rat und das Europäische Parlament im Februar 2001, die sich explizit der „Vorbereitung auf den Weltgipfel für nachhaltige Entwicklung im Jahr 2002" widmete, wurde die Vorreiterrolle der EU beim Energiethema auf UN-Ebene hervorgehoben und auf mögliche globale Zielvorgaben für erneuerbare Energien hingewiesen: „Die EU hat bei der Vereinbarung gemeinsamer Handlungsziele eine Vorreiterrolle übernommen, um allen Menschen Zugang zu sichern und zukunftsfähigen Energieträgern zu bieten. Hierfür muss sie sich noch um Unterstützung bemühen. Ferner könnte die Möglichkeit, ein quantifiziertes Ziel für den Anteil erneuerbarer Energieträger und/oder den Marktanteil alternativer Kraftstoffe für Fahrzeuge zu vereinbaren, erörtert werden" (Europäische Kommission 2001a: 20).

Das *Europäische Parlament* forderte einige Monate später in einer Entschließung zu dieser Mitteilung die EU auf, bezüglich einer internationalen Zielvorgabe eine führende Rolle zu spielen, und sich selbst als Ziel zu setzen, „dass bis 2020 25 % der Energieversorgung aus erneuerbaren Energien" erzeugt (Europäisches Parlament 2002: 12). Vom Gipfel selbst wurde gefordert, „sich zu verpflichten, die

---

organizations work in the area of renewables, there is currently no dedicated global institution that is mandated in a comprehensive way to assist developing countries and economies in transition with the development of various forms of renewable energy" (ebda.: 12).

Entwicklung erneuerbarer Energien global zu beschleunigen" und „innerhalb von 10 Jahren die erforderlichen Mittel und Infrastrukturen zur Verfügung zu stellen, damit für eine Grundversorgung mit nachhaltiger Energie für 2 Milliarden Menschen gesorgt wird, die keinen Zugang zum Netz haben, und sich auf eine internationale Initiative für eine Energieeffizienznorm mit der Einführung umweltverträglicher Systeme zu verständigen, die erneuerbaren Energien und der energieeffizienten Nutzung Vorrang geben" (ebda.). Dafür sei die Vereinbarung von „spezifischen Strategien, Zielsetzungen und Zeitplänen" erforderlich (ebda.: 28).

Der *Rat* hob schließlich in seiner Schlussfolgerung im Juni 2002 besonders den Aufbau von Partnerschaften im Rahmen einer Initiative „Bekämpfung der Armut und nachhaltige Entwicklung durch Energie" hervor, forderte zum anderen aber auch die Erreichung eines Anteils erneuerbarer Energiequellen von damals 13 % auf mindestens 15 % an der Primärenergieversorgung bis zum Jahr 2010 (Rat der Europäischen Union 2002). Die OECD-Staaten sollten sich verpflichten, ihren Anteil an nachhaltig genutzten erneuerbaren Energien jeweils um mindestens 2 Prozentpunkte bis 2010 anzuheben. Alle drei Jahre sollte ein Bericht über die erzielten Fortschritte erfolgen (BMU 2002c). Zur Erreichung dieses Ziels sollten die Partnerschaften mit interessierten Entwicklungsländern, in die auch die Zivilgesellschaft, einschließlich des privaten Sektors einbezogen werden sollten, einen zentralen Beitrag leisten. Damit war einerseits eine Zielvorgabe für die Verhandlungen formuliert, gleichzeitig jedoch mit der Priorität auf Public Private Partnerships als zentrale Maßnahme ein Angebot an die Wirtschaft und diejenigen Länder gemacht, die sich gegen weitere multilaterale Vereinbarungen sperrten. Zum Partnerschaftskonzept hieß es, dass dieses die multilateralen Vereinbarungen ergänzen und nicht etwa substantielle Verpflichtungen der Regierungen ersetzen sollte (BMU 2002a).

Die Aufnahme von neuen Zielsetzungen und neuen multilateralen Aktionsprogrammen, wie von der Bundesregierung und der EU insbesondere zu den Themen Energie und erneuerbare Energien gefordert, wurden vor allem von den USA, Kanada, Australien, Japan und der Gruppe der Entwicklungsländer (G77/China) abgelehnt, die auf dem Status quo der Entwicklungsziele aus der Millenniumserklärung beharrten und darauf verweisen, dass Johannesburg allein ein „Gipfel der Umsetzung" sei (BMU 2002a). Die *Entwicklungsländer* signalisierten, dass sie sich in Johannesburg nur dann auf anspruchsvolle Zielsetzungen einlassen würden, wenn überzeugende Aussagen zur Verbesserung des Marktzugangs durch den Abbau von umweltschädlichen und wettbewerbsverzerrenden Subventionen getroffen würden. Dies stieß jedoch bei einer Reihe von *OECD-Staaten* auf Widerstand. Bundesumweltminister Trittin versuchte zusammen mit UN-Generalsekretär Kofi Annan auf einem letzten informellen Konsultationstreffen vor dem Gipfel am 17. Juli 2002 in New York in dieser Frage zu vermitteln und Kompromisslinien aufzuzeigen, ohne jedoch Erfolg zu erzielen (ebda.).

Die Bundesregierung wurde dabei durch die Regierungsfraktionen von SPD und Bündnis 90/Die Grünen unterstützt und aufgefordert, sich für eine globale Energiestrategie, für mehr Effizienz und erneuerbare Energien und zudem für die „Gründung einer internationalen Institution für die Förderung und Beratung zur Energieeffizienz und der erneuerbaren Energiequellen" einzusetzen (SPD/ Bündnis 90/Die Grünen 2002b: 11). Die Oppositionsparteien von CDU/CSU betonten in ihrem Antrag zum Gipfel u.a. die Rolle des CDM für den Technologietransfer, bei dem auch die fossilen Energieträger und Effizienztechnologien berücksichtigt werden sollten (z.b. bei Modernisierungen von Kraftwerken), wodurch insbesondere deutsche Unternehmen profitieren könnten (CDU/CSU 2002).

Während sich im Vorfeld bereits klar abzeichnete, dass die EU in den Energiefragen zu einem progressiven Antreiber des multilateralen Verhandlungsprozesses werden würde, gab es jedoch auch herbe *Kritik von einigen grünen NGOs und EE-Lobbies*, insbesondere an dem aus ihrer Sicht zu geringen Ausbauziel für erneuerbare Energien von 15 % bis 2010, welches die EU einbringen wollte. Dies bedeute „kaum mehr als eine Stabilisierung des heutigen Anteils" (Maier 2002a: 3), der zu dieser Zeit bereits bei knapp 14 % lag (siehe Abbildung 39). Zudem waren auch große Wasserkraftwerke und damit umstrittene Staudammprojekte, sowie umweltschädliche Bioenergieerzeugungs- und -nutzungsformen nicht klar ausgeschlossen (vgl. auch Dehmer 2002).[556]

Des Weiteren kam grundsätzliche Kritik zum Gipfel und seinem multilateralen Verhandlungsansatz von Eurosolar, dem WCRE und dem Präsidenten bzw. Vorsitzenden beider Vereinigungen, Hermann Scheer. Nach Scheers Meinung war es an der Zeit, im Gegensatz zu den konsensorientierten Weltkonferenzen „nationale Eigeninitiativen zur Mobilisierung Erneuerbarer Energien" zu ergreifen (Scheer 2002: 4). Dazu sollten sich diejenigen Regierungen für eine gemeinsame Initiative zusammentun, „die mehr tun wollen als sich auf einen künftigen Weltkongress zu verlassen" (ebda.). Im Vorfeld der Johannesburg-Konferenz wurde im Juni 2002 vom WCRE ein Kongress in Berlin abgehalten, auf dem ein Aktionsplan für die globale Verbreitung erneuerbarer Energien verabschiedet wurde, der Handlungsempfehlungen für den Gipfel enthielt (WCRE 2002a). Auf dem Kongress wurde zudem ein Vorschlag verabschiedet, in dem der WCRE diejenigen Gipfelteilnehmer „that take the lead among all nations in pursuing Renewable Energy as a basic Strategy of Sustainable Development" einlädt, eine Vorreiterkoalition, die „Group of Renewable and Efficient Energy Nations (GREEN Nations)" zu bilden (WCRE 2002b). Zudem war bereits in 2001 von Eurosolar eine Impulskonferenz zur Gründung einer IRENA veranstaltet worden, auf der ein Memorandum sowie ein Sat-

---

[556] Jürgen Maier kommentierte die Rolle der EU in diesem Zusammenhang ironisch wie folgt: „Unter Blinden sind die Einäugigen Könige, und so konnte die EU in Johannesburg mit ihren Vorschlägen durchaus Punkte sammeln" (Maier 2002a: 3).

zungsentwurf für eine solche Internationale EE-Agentur präsentiert wurden (EU-ROSOLAR 2001a, 2001b).[557]

Während sich auf der Ebene der allgemeinen Aussagen große Überschneidungen zwischen nahezu allen Akteuren abzeichneten, gab es große Unterschiede bei den Umsetzungsvorstellungen und konkreten Maßnahmen sowie den daraus möglicherweise resultierenden Verpflichtungen – insbesondere für die *Wirtschaft.* Globale *Großkonzerne* sowie große internationale und nationale *Lobbyverbände* der Wirtschaft spielten bei der Vorbereitung des Gipfels eine bedeutende Rolle. Hierzu wurde im Vorfeld eigens ein spezifisches Netzwerk mit dem Namen „Business Action for Sustainable Development - BASD" von den in diesem Zusammenhang zentralen Wirtschaftsverbänden, der „International Chamber of Commerce –ICC" und dem „World Business Council for Sustainable Development – WBCSD" gegründet (http://basd.free.fr, 17.4.2007). Zu den Unterstützern des Netzwerks gehörten eine Vielzahl internationaler und nationaler Verbände der Rohstoff-, Produktions- und Energiebranchen (u.a. Eurelectric, BDI, World Nuclear Association). Die Leitung übernahm der damalige Shell-Vorstand Mark Moody-Stuart. Die BASD trat - im Ergebnis sehr erfolgreich - für die Stärkung der auf Freiwilligkeit basierenden „Partnerschaften" (PPP) ein, was von Kritikern wie der Vereinigung Corporate Watch als „Greenwashing" bezeichnet wurde, damit die Unternehmen unkontrolliert und ohne Verpflichtungen ihr „business as usual" weiterbetreiben können (Corporate Watch 2005: 7).[558]

Die Vorstellungen und Forderungen vieler Konzerne und Lobbyverbände der Wirtschaft in Bezug auf eine nachhaltige Energiepolitik und Entwicklung unterschieden sich jedoch teilweise massiv von denen oben genannter Akteure. Beispielsweise forderte die ICC - als ein maßgeblicher Impulsgeber des BASD - in ihren Empfehlungen für den Gipfel u.a. mehr Anstrengungen in den Bereichen Energieeffizienz und Zugang zu Energie, und sah hier vorrangig flexible und freiwillige Maßnahmen sowie Marktliberalisierungen und Privatisierungen als geeignete Lösungsmechanismen (ICC 2002). In Bezug auf nachhaltige Energietechnologien war die Einschätzung des ICC: „In the coming decades there are several emerging technologies likely to exert a major impact on the energy supply scene. Among these are: clean coal (combined with carbon dioxide sequestering technologies) and advanced and new nuclear reactors with further improved safety features for public

---

[557] In einem ähnlichen Vorschlag von Jürgen Maier (2001a) sprach sich dieser für eine Zusammenarbeit „gleichgesinnter Staaten …, idealerweise aus Nord und Süd" aus, die beispielsweise ein gegenseitiges Abkommen zum Subventionsabbau fossiler Brennstoffe schließen, wobei Teile der eingesparten Mittel aus den Industriestaaten für den Aufbau einer nachhaltigen Energieversorgung im Süden verwendet werden sollten.

[558] Lohmann nennt als ein Beispiel für solches Greenwashing die Kampagne des BP-Konzerns zur Namensänderung von „British Patrol" zu „Beyond Petroleum" und begründet dies wie folgt: „The firm's investment in renewable energy remains at a mere 1 per cent of the usd 8 billion it spends on fossil fuel exploration and production every year" (Lohmann 2006: 121).

acceptance and better economy, synthetic gasoline and diesel oil as well as carbon free alternatives for fuelling the transport sector" (ICC 2002: 2). Die Rolle der erneuerbaren Energien wird demgegenüber deutlich geringer bewertet und eine Förderung lediglich bei Forschung und Entwicklung empfohlen: „New renewables, although not likely to provide a significant contribution to energy supply for many decades to come, are nevertheless of great interest for the future and therefore worthy of support for research and development" (ebda.).

6.4.2.2   Die Verhandlungen in Johannesburg

Der Weltgipfel fand zwischen dem 26. August und dem 4. September 2002 mit ca. 20.000 Teilnehmern statt.[559] Im unmittelbaren Vorfeld und während des Gipfels gab es eine Reihe weiterer Veranstaltungen zum Thema, die von wissenschaftlichen Einrichtungen, NGOs oder Unternehmen und Verbänden ausgerichtet wurden.[560] Zudem gab es einige Protestaktionen und Demonstrationen, die sich zum Teil gegen die Verhandlungen richteten, zum Teil allgemeine Probleme in Entwicklungsländern oder speziell in Südafrika thematisierten. Die Themen erneuerbare Energien und Energiesubventionen, die erstmals auf einer UN-Regierungskonferenz in dieser Form behandelt wurden, gehörten - wie sich bereits im Vorfeld abgezeichnet hatte (s.o.) - neben den übergreifenden Fragen zu Handel, Finanzierung und Globalisierung zu den umstrittensten Themen des WSSD (IISD 2002h).

Zu Beginn der Verhandlungen spielte in den offiziellen Debatten und auf Nebenveranstaltungen das Kyoto-Protokoll und die Frage der Ratifizierung eine wichtige Rolle. Dabei gab es bei einigen Akteuren die Befürchtung, dass mit einer diesbezüglichen Schwerpunktsetzung in den Verhandlungen die Energiethemen in den Hintergrund geraten könnten, bzw. dass die ausstehende Ratifizierung von Staaten wie Russland zu einem Verhandlungsgegenstand zu Lasten anderer Aspekte werden könnte. Daher gab es auch eine Reihe von Akteuren, die aufgrund der bevorstehenden COP 8 im Oktober für eine generelle Ausklammerung des Klimathemas in Johannesburg plädierten (IISD 2002c: 3).

Bei den Debatten um das Thema Energie zeigte sich schnell, dass bei den strittigen Punkten zu zeitgebundenen Zielvorgaben sowie Subventionen die erwar-

---

[559] Es gab eine Reihe von Organisationen und Medien, die regelmäßig über die Ereignisse und Ergebnisse des „Summit" berichteten, darunter die offiziellen Seiten der UN und das Earth Negotiations Bulletin des IISD (ENB, Nr. 22/43 bis 22/51) (www.un.org/events/wssd, und www.iisd.ca/2002/wssd, 15.4.2007).

[560] Die größte Parallelveranstaltung der NGOs fand in 35 km Entfernung vom Verhandlungszentrum statt, während die meisten Veranstaltungen der Unternehmen direkt im abgesperrten Bereich des „Convention Centre" stattfanden, in dem auch der Gipfel selbst und die meisten hochrangig besetzten „side events" abgehalten wurden. Damit schien es einigen NGOs so, „als hätten sich die Organisatoren gegen sie verschworen" (Hirschl/ Walk 2002). (Der Autor war selbst als Beobachter ein Teilnehmer des Gipfels.)

teten großen Differenzen und Blockadepositionen ebenso wie die bekannte Akteurskonstellation bestehen blieben. Für die Einführung von *Zielvorgaben für den Ausbau erneuerbarer Energien* in einer Größenordnung von bis zu 15 % bis 2010 sprachen sich neben der EU[561] auch Norwegen, Neuseeland, die Schweiz, Island, Tuvalu (für die SIDS - Small Island Developing States) und Polen (für die osteuropäischen Staaten) aus (IISD 2002h: 7). Demgegenüber bezeichneten die USA feste Ziele als zu unflexibel, und die G77, repräsentiert durch das OPEC-Land Iran, sowie China sahen darin eine mögliche Beeinträchtigung ihrer wirtschaftlichen Entwicklung. Zudem entspräche die Maßnahme primär den Interessen der Industrieländer und lenke vom Ziel des Energiezugangs ab (ebda.).[562]

Neben diesen gefestigten Staatenkoalitionen gab es einzelne Länder, die sich jenseits dieser allgemeinen Lagerzuordnung in der Frage einer Systemtransformation und der Förderung erneuerbarer Energien progressiv hervortaten. Beispielsweise sahen einige Entwicklungs- und Schwellenländer vorrangig aus Latein- und Südamerika (z.b. Mexiko und Peru) in Zielvorgaben für den Ausbau erneuerbarer Energien Chancen für erhöhte Energieautonomie und wirtschaftliche Entwicklung, während insbesondere die durch den Klimawandel vom Untergang bedrohten kleinen Inselstaaten (SIDS) die Klimaschutzwirkung durch erneuerbare Energien betonten (IISD 2002h). Während die EU im Laufe der Verhandlungen ihren Ratsbeschluss von 15 % bis 2010 (Rat der Europäischen Union 2002) auf einen Zeithorizont bis 2015 abschwächten, stieß Brasilien als einziges Land mit der bis dato ambitioniertesten Zielforderung vor. Die brasilianische Regierung forderte einen verbindlichen Anteil erneuerbarer Energien von 10 % bis 2010 – mit dem entscheidenden Zusatz, dass dieses Ziel nur „neue erneuerbare Energien", also nicht die umstrittenen Großwasserkraft- und Biomassenutzungen, umfassen sollte (Maier 2002a; Dehmer 2002). Damit machte sich Brasilien die Forderung einiger NGOs aus dem Vorfeld des Gipfels zu eigen, die jedoch letztlich nicht einmal die EU mittragen wollte (Mertens/ Sterk 2002). Angesichts der verfahrenen Situation im gesamten Themenfeld Energie bot Marokko an, im Anschluss an den WSSD eine spezielle Konferenz zu diesem Thema auszurichten (IISD 2002d: 2).

Feste Zielsetzungen für erneuerbare Energien schienen bereits zu diesem frühen Zeitpunkt der Verhandlungen nicht mehr erreichbar, daher wurden energierelevante Textpassagen in den folgenden Verhandlungen ausgeklammert (IISD 2002e, 2002f). Schließlich forderte die Koalition aus USA und OPEC-Staaten sogar

---

[561]   Formal wird die EU auf internationalen Regierungskonferenzen durch den Ratspräsidenten bzw. die zuständigen Fachminister der jeweiligen Räte (je nach thematischer Schwerpunktsetzung der Konferenz) vertreten, die am Ende über die Verhandlungstexte abstimmen. Für die Aushandlung des abgestimmten Verhandlungstextes entsendet die EU in der Regel eine Delegation aus Kommissionsmitgliedern, die häufig von Parlamentariern (mit Beobachterstatus) begleitet wird.

[562]   Nahezu die gleiche Konstellation ergab sich bei der Frage des verbindlichen Auslaufens der Subventionen für fossile Brennstoffe.

eine Aufweichung der bisherigen Formulierung, die eine prioritäre Förderung erneuerbarer Energien vorsah, indem diese auch auf die Nutzung fossiler Energien erweitert werden sollte (IISD 2002f).

Am 2. September, als die *Staats- und Regierungschefs* zum Gipfel kamen, war somit in Bezug auf die Energiefragen (wie für eine Reihe weiterer Themen) noch keine Einigung erzielt worden. In den Statements der Staats- und Regierungschefs wurden zum Teil die zuvor gehörten Argumente erneut vorgebracht. Dabei wurden von einigen Rednern nochmals EE-spezifische Ziele gefordert, wenngleich diese bereits in den Entwürfen entfernt worden waren (IISD 2002g). Wie in den vorherigen Verhandlungen, in denen die Delegierten und Minister von BMU und BMZ versuchten, die Ziele der Bundesregierung und der EU durchzusetzen, so tat sich angesichts des Scheiterns der Verhandlungen auch im Kreis der Staats- und Regierungschefs die *deutsche Bundesregierung* hervor. Bundeskanzler Schröder lud in seiner Rede „zu einer internationalen Konferenz über erneuerbare Energien und Energieträger nach Deutschland" ein (Schröder 2002). Zudem kündigte er an, dass Deutschland die Zusammenarbeit mit den Entwicklungsländern „bei den erneuerbaren Energien … in den nächsten fünf Jahren mit 500 Millionen Euro fördern" wolle, „weitere 500 Millionen Euro wird Deutschland für die Steigerung der Energieeffizienz in dieser Zusammenarbeit zur Verfügung stellen" (ebda.). Mit dieser Ankündigung, und insbesondere seiner Einladung zu einer spezifischen Regierungskonferenz, setzte Schröder - angesichts der sich bereits abzeichnenden schwachen Ergebnisse in Bezug auf erneuerbare Energien - für viele der enttäuschten Akteure ein Zeichen der Hoffnung über den Gipfel hinaus.

6.4.2.3   Ergebnisse und Reaktionen

Das zentrale Dokument des Gipfels wurde der „*Plan of Implementation*" (POI), der Umsetzungs- bzw. „Durchführungsplan des Weltgipfels für nachhaltige Entwicklung".[563] Diesem wurde die „Politische Erklärung von Johannesburg über nachhaltige Entwicklung" vorangestellt, in der „die Vertreter der Welt" im Paragraph 1 ihr „Bekenntnis zur nachhaltigen Entwicklung" bekräftigen (Vereinte Nationen 2002: 1).

In der Erklärung stehen fundamentale Erkenntnisse, welche die Dringlichkeit entschlossenen Handelns offenbaren. Dazu gehören „die ständig wachsende Kluft zwischen den entwickelten Ländern und den Entwicklungsländern", die „eine große Bedrohung für die weltweite Prosperität, Sicherheit und Stabilität" darstellt (§ 12), sowie dass „die Schäden an der Umwelt weltweit zunehmen" (§ 13). Eindringlich richten die Staats- und Regierungschefs den Handlungsappell auch an sich selbst: „[…] [W]enn wir es unterlassen, in einer Weise zu handeln, die das Leben der

---

[563]   So übersetzt in der deutschen Fassung des Berichts über den WSSD der Vereinten Nationen (2002).

Armen auf der Welt grundlegend ändert, riskieren wir, dass sie das Vertrauen in ihre Vertreter und in die demokratischen Systeme verlieren" (§ 15). Daher „sind [wir] entschlossen, durch Entscheidungen über Zielvorgaben, Zeitpläne und Partnerschaften dafür zu sorgen, dass der Zugang zur Deckung von Grundbedürfnissen wie sauberem Wasser, Abwasserentsorgung, angemessenem Wohnraum, Energie, Gesundheitsversorgung und Ernährungssicherheit sowie der Schutz der biologischen Vielfalt rasch ausgeweitet wird" (§ 18). Und schließlich wird noch die Global Governance-Architektur skizziert, die dafür benötigt wird: „Wenn wir unsere Ziele der nachhaltigen Entwicklung erreichen wollen, benötigen wir wirksamere und demokratischere internationale und multilaterale Institutionen mit erhöhter Rechenschaftspflicht" (§ 31). „Wir bekräftigen unsere Verpflichtung auf die Grundsätze und Ziele der Charta der Vereinten Nationen und des Völkerrechts sowie auf die Stärkung des Multilateralismus. Wir unterstützen die Führungsrolle der Vereinten Nationen" (§ 32).

Damit standen der Geist und der Inhalt dieser Erklärung jedoch bereits in hohem Maße im Widerspruch zu den überwiegend wenig konkreten Ergebnissen des POI und auch dem Verhandlungsgebaren der Staatsvertreter während des Gipfels selbst. Dennoch hoben viele Akteure die (ernüchternde) analytische Klarheit der Erklärung positiv hervor, ebenso wie die Tatsache, dass ein Rückschritt gegenüber der Erklärung von 1992 – wie dies im Vorfeld zum Teil befürchtet worden war – vermieden werden konnte (Baumann 2002; Mertens/ Sterk 2002; sowie diverse Beiträge in Forum Umwelt & Entwicklung/ EE-Netz 2002).

Die entscheidenden Passagen in Bezug auf Energie und erneuerbare Energien sind im Umsetzungsplan unter der Überschrift „Beseitigung der Armut" (Kapitel II) sowie unter „Veränderung nicht nachhaltiger Konsumgewohnheiten und Produktionsweisen" (Kapitel III) formuliert. Dabei ist das Thema Armutsbekämpfung mit der Frage des Zugangs zu Energie verbunden. Dieser Zugang ist mit der Formel „access to reliable and affordable energy services for sustainable development sufficient to facilitate the achievement of the Millennium development goals" umschrieben (POI II 9, United Nations 2002: 5f). Bei den dafür in Frage kommenden Energieversorgungsmöglichkeiten soll es sich um „reliable, affordable, economically viable, socially acceptable and environmentally sound energy services and resources" handeln – worunter sich, wie beispielhaft aufgeführt, eine Reihe von unterschiedlichen Technologien verbergen können, von erneuerbaren Energien bis hin zu „cleaner liquid and gaseous fuels" (§ 9a).

Die Formulierungen zum Energiezugang enthalten noch eine Reihe von Aufforderungen und Appellen, jedoch keine verbindlichen Vorgaben oder Indikatoren, wie sie zum Teil in den Millennium Development Goals enthalten sind. Gegen solche Zielsetzungen und damit eine Erweiterung des Millennium-Katalogs hatte sich insbesondere die USA bereits im Vorfeld energisch ausgesprochen. Außerdem war im Laufe der Verhandlungen die einzige zusätzliche Zielvereinbarung des

Gipfels - die Halbierung der Anzahl von Menschen ohne Zugang zu Abwasserentsorgung bis 2015 - von den USA für die Zusage gekauft worden, dass die EU auf weitere Zielforderungen im Energiebereich verzichten würde (Dehmer 2002; Mertens/ Sterk 2002). Dies verdeutlicht den hohen Stellenwert des Energiethemas und die Sorge der USA und der OPEC-Staaten, dass es auf dem Gipfel zu einer Verpflichtung zum Ausbau erneuerbarer Energien kommen würde.

Im Kapitel III zur Veränderung der nicht nachhaltigen Konsum- und Produktionsweisen (United Nations 2002: 9ff) sind unter Paragraph 20 insgesamt 23 einzelne Umsetzungsanforderungen für den Energiebereich formuliert. Eingangs wird zunächst auf die CSD-9-Vereinbarungen verwiesen (CSD 2001, siehe auch oben). Das im Vorfeld diskutierte konkrete Ausbauziel für erneuerbare Energien wurde im POI auf einen allgemeinen Appell zum Ausbau reduziert: „With a sense of urgency, substantially increase the global share of renewable energy sources" (§ 20e). Dieser Appell umfasste jedoch nun zusätzlich zu den erneuerbaren Energien nahezu die gesamte energietechnische Bandbreite: „Develop and disseminate alternative energy technologies with the aim of giving a greater share of the energy mix to renewable energies, improving energy efficiency and greater reliance on advanced energy technologies, including cleaner fossil fuel technologies", ohne dass näher beschrieben wurde, welche erneuerbaren Energien und welche „cleaner fossil fuel technologies" gemeint sind (§ 20c). Zudem klammerte die Formulierung nach Auffassung Indiens auch die Nutzung der Atomenergie nicht aus, worauf es in der abschließenden Plenarsitzung explizit hinwies (Mertens/ Sterk 2002).

Diese umfassende Formulierung wurde in der Folge jeweils an den Stellen verwendet, an denen es zuvor um die spezifische Förderung erneuerbarer Energien gegangen war, z.B. bei der gesteigerten Inanspruchnahme von Finanzmitteln der Kreditorganisationen des UN-Systems (z.B. GEF, siehe § 20n). Das neben den erneuerbaren Energien zweite wichtige Streitthema, der Subventionsabbau für fossile bzw. umweltschädliche Energieträger, wurde wie folgt abgeschwächt: „Take action, where appropriate, to phase out subsidies in this area that inhibit sustainable development, taking fully into account the specific conditions and different levels of development of individual countries and considering their adverse effect, particularly on developing countries" (§ 20q). In diesem Zusammenhang wurde auch die Beseitigung von Marktverzerrungen durch „restructuring of taxes and the phasing out of harmful subsidies" angesprochen (§ 20p). Schließlich wurde an mehreren Stellen die Steigerung der Energieeffizienz gefordert.

Angesichts des durchweg unverbindlichen Wortlauts der energiebezogenen Formulierungen kamen viele Analysten des Gipfels und Vertreter von grünen NGOs zu einem diesbezüglich negativen Urteil. Laut Mertens und Sterk (2002: 7) ist „die Kompromissformulierung im Energiekapitel des Johannesburg-Plans ... das Papier nicht wert". Greenpeace sah im „Nichtfestschreiben von Zielen für erneuerbare Energien ... eine umweltpolitische Katastrophe und vermutlich das größte

Versäumnis des Gipfels" (Greenpeace 2002). Jochen Flasbarth nannte „das Scheitern einer klaren weltweiten Strategie für den Ausbau erneuerbarer Energien ...
desaströs" (Flasbarth 2002: 7). Die für dieses Ergebnis ausnahmslos verantwortlich
gemachte „Fundamentalopposition der USA und der OPEC-Staaten" (ebda.),
führte bei vielen Akteuren zu dem Schluss, dass konkrete Initiativen zur Reduzierung fossiler Energien bzw. diesbezüglicher Subventionen sowie zum Ausbau
erneuerbarer Energien grundsätzlich auf multilateralen UN-Konferenzen nicht
erreichbar seien.[564]

Die Rolle der Wirtschaft und von Partnerschaften

Verbindliche Ziele und konkrete Finanzzusagen wurden auf dem Gipfel – wie sich
bereits im Vorfeld und auch auf anderen multilateralen Treffen abgezeichnet hatte -
immer mehr durch die Hervorhebung der Bedeutung freiwilliger Partnerschaften
und damit die Hoffnung auf den Einsatz privaten Kapitals ersetzt. Dies war die
zentrale Position der USA, die im Vorfeld des Gipfels verkündet hatten, dass sie
keinerlei neuen Zielsetzungen jenseits der MDGs zustimmen, sondern vollständig
auf Typ-2-Partnerschaftsprojekte setzen wollten, „nach dem Motto: Taten statt
Worte" (Maier 2002c: 3). Diese Position wurde massiv unterstützt durch die auf
dem Gipfel in hoher Zahl präsenten transnationalen Konzerne und Lobbyverbände
der Wirtschaft.[565] Zudem waren die Beschlussdokumente des Gipfels stark geprägt
von den neoliberal geprägten Formeln einer weiteren globalen Marktöffnung und
Liberalisierung als Basis für nachhaltige Entwicklung. Diese Tendenz der Ökonomi-
sierung und Privatisierung im Kontext globaler nachhaltiger Entwicklung wurde
von den Analysten und zivilgesellschaftlichen Beobachtern des Gipfels sehr ambiva-
lent bewertet.[566]

Auf der einen Seite gab es die Befürworter bzw. befürwortende Argumente,
die sich darauf bezogen, dass angesichts der (absehbaren) Unwilligkeit der Staatengemeinschaft, sich auf UN-Ebene auf Ziele zu einigen, durch die Partnerschaften
zumindest sofort und unbürokratisch in einem gewissen Ausmaß gehandelt werden
könne. Auf der anderen Seite äußerten Kritiker dieser Entwicklung, dass die Analyse der Vereinten Nationen selbst, nach der die bisherigen globalen Fehlentwicklungen auf die vorherrschenden Konsum- und Produktionsweisen zurückzuführen

---

[564] Diese Koalition der Verhinderer von EE-spezifischen Ausbauzielen und Fördermaßnahmen wurde
zudem durch einige weitere Länder wie Australien, aber auch teilweise von Japan unterstützt
(Dehmer 2002).

[565] Die Präsenz großer transnationaler Konzerne und Wirtschaftsverbände erreichte in Johannesburg
ein bis dato nicht gekanntes Ausmaß. Über 700 Firmen waren vor Ort, viele davon mit der Riege
ihrer höchsten Unternehmensvertreter, davon ca. 80 Konzernchefs (Baumann 2002; Mittler 2002).

[566] Mertens und Sterk (2002: 10) sprechen davon, dass sich „der Trend der Verlagerung öffentlicher
Aufgaben auf private Akteure ...", der sich wie ein roter Faden durch die Entwicklungspolitik der
letzten Jahre zog", in Johannesburg fortsetzte.

sind, im Grundsatz gegen die weitere Verbreitung neoliberaler Marktparadigmen spreche (Mertens/ Sterk 2002: 4). Die Einführung und Förderung von Partnerschaften ersetzt jedoch keine politische Strategie. Wenn Partnerschaften einen Beitrag zu einer Strategie bzw. einer übergeordneten Zielerfüllung leisten sollen, so müssen sie gewissen Standards einer nachhaltigen Entwicklung genügen und einer Kontrolle und einem Monitoring unterliegen (Baumann 2002; Hirschl/ Walk 2002; Mertens/ Sterk 2002). Ohne solche Regeln besteht erstens die Gefahr, dass eine willkürliche Zusammenstellung von Maßnahmen erfolgt, die keinen strategischen Zusammenhang aufweisen – wie in Bezug auf die Liste der Partnerschaften, die zum WSSD in Johannesburg erstellt wurde, zu konstatieren ist.[567]

Zweitens besteht ohne Standards und Kontrollen die Gefahr, dass Projekte letztlich keinen Beitrag zu einer nachhaltigen Entwicklung leisten, weil sie z.B. ohnehin durchgeführt worden wären, oder weil sie trotz eines spezifischen ökologischen oder sozialen Nutzens im ganzheitlichen Sinne negative Wirkungen aufweisen. Zudem sind solche Unternehmen zu kritisieren, die in der Gesamtbewertung als nicht-nachhaltig zu bezeichnen sind, die jedoch durch geschicktes Marketing und Instrumentalisierung solcher Partnerschaften (und anderer Maßnahmen im Kontext von Umweltschutz und Nachhaltigkeit) von ihrem überwiegend nicht-nachhaltigen Geschäftszweck ablenken.[568] Aus diesen Gründen und aufgrund „der Omnipräsenz der Wirtschaft" stießen die Partnerschaften „bei vielen zivilgesellschaftlichen Gruppen in Johannesburg auf scharfe Ablehnung. Im Zentrum der Proteste auf den Straßen stand der Widerstand gegen die zunehmende Kommerzialisierung und Privatisierung öffentlicher Güter, insbesondere im Wasser- und Energiesektor" (Mertens/ Sterk 2002: 10). Die Vereinbarungen, die in Johannesburg bezüglich der Rolle der Privatwirtschaft und ihrer Rechte und Pflichten getroffen wurden, fanden ebenfalls ein geteiltes Echo, da sie „Spielräume in beide Richtungen eröffnet" haben (ebda.).

---

[567] Insgesamt wurden über 200 solcher Typ-2-Partnerschaften mit einem Finanzvolumen von über 200 Mio. US-Dollar in Johannesburg präsentiert.

[568] Ein viel beschriebenes Beispiel ist in diesem Zusammenhang die Selbstdarstellung von BMW auf dem Gipfel (z.B. bei Mittler 2002; Hirschl/ Walk 2002). Der deutsche Automobilkonzern präsentierte mit großem Aufwand in der Mitte des Konferenzzentrums seine Nachhaltigkeitsaktivitäten, im Wesentlichen einige soziale Maßnahmen und die Forschung an Wasserstoffautos, unter dem Slogan „Sustainability – it can be done". In ähnlicher Weise waren auch eine Reihe anderer Automobilkonzerne (z.B. Daimler-Chrysler, VW), Chemiekonzerne (z.B. Bayer) etc. präsent. Mertens und Sterk (2002: 10) sprechen in diesem Zusammenhang vom „greenwashing" der Konzerne (hierzu siehe auch oben), Maier (2002c: 4) von der „geradezu penetrant betriebenen Usurpierung des Begriffs ‚nachhaltige Entwicklung'".

Netzwerke, JREC und „renewables 2004" als Hoffnungsträger

Neben den Partnerschaften unterschiedlichster Art wurden im Rahmen des Gipfels insbesondere im Bereich Energie, eine Reihe von *Netzwerken* gegründet bzw. offiziell bekannt gemacht (siehe hierzu auch Abschnitt 6.4.1.4), die angesichts der in den zentralen Fragen gescheiterten Verhandlungen ein besonderes Gewicht in der Außendarstellung bekamen. Zu diesen zählte das von UNEP initiierte „Netzwerk Energie für eine nachhaltige Entwicklung" (Gnesd) oder das maßgeblich von Großbritannien angestoßene Netzwerk REEEP.

Eine besondere Bedeutung erlangte in Johannesburg jedoch ein Bündnis von Staaten, das sich erst als Reaktion auf die gescheiterten Verhandlungen zum Thema erneuerbare Energien gründete. Auf Initiative der Bundesrepublik und der EU wurde gegen Ende des Gipfels von der damaligen dänischen EU-Ratpräsidentschaft die *Johannesburg Renewable Energy Coalition (JREC)* im Rahmen ihrer Erklärung verkündet. Die Erklärung mit dem Titel „The Way Forward on Renewable Energy" (JREC 2002) wurde gegen Ende des Gipfels von insgesamt 66 Staaten getragen (JREC 2006). Der Text enthielt zwar ebenfalls keine konkreten Ziele und Zeitpläne, die Koalition betonte jedoch ihr „strong commitment to the promotion of renewable energy and to the increase of the share of renewable energy sources in the global total primary energy supply" (JREC 2002: § 1). Die Vereinbarungen des WSSD wurden als gute Ausgangsbasis begrüßt, jedoch wurde auch ergänzt, dass die JREC-Mitglieder beabsichtigen, „to go beyond the agreement reached in the area of renewable energy" (ebda.). Dies solle im Rahmen einer Kooperation der JREC erfolgen, „on the basis of clear and ambitious time bound targets set at the national, regional and hopefully at the global level" (§ 3). In der JREC-Erklärung wird zudem bereits auf die von Bundeskanzler Schröder angekündigte renewables-Konferenz Bezug genommen, die eine Plattform für den politischen Austausch und die weitere Ausgestaltung der Initiative bieten soll (§ 5).

Nahezu alle Analysten und insbesondere die NGOs hoben angesichts der großen Enttäuschung über den Gipfel und dessen wenig handfeste Ergebnisse die JREC-Initiative sowie die Einladung Schröders zu einer „renewables"-Regierungskonferenz als positives Signal hervor (siehe z.B. bei Dehmer 2002; Mertens/ Sterk 2002; Forum Umwelt & Entwicklung/ EE-Netz 2002; Greenpeace 2002). Dies galt nicht nur in Bezug auf den globalen Ausbau erneuerbarer Energien, sondern auch auf die Rettung bzw. die „kreative Weiterentwicklung" des Multilateralismus insgesamt (Maier 2002c: 5). Die Hoffnung war, dass derartige Vorreiterkoalitionen die Konsenszwänge des UN-Systems brechen und somit Druck auf blockierende Staaten ausüben können (Maier 2002a). Selbst Hermann Scheer war angesichts der Erklärungen der JREC und des Bundeskanzlers zufrieden darüber, dass es „erstmals ... nicht den üblichen Beschluss zu einer Folgekonferenz" gab, sondern „dass sich diejenigen Regierungen zusammentun für eine gemeinsame Initiative, die mehr tun wollen als sich auf einen künftigen Weltkongress zu verlassen" (Scheer 2002: 4). Jürgen Maier fasst den Gipfel daher wie folgt zusammen (2002c: 5): „Ironischerweise könnte das wichtigste Ergebnis von Johannesburg tatsächlich eine Art unfreiwillige, von USA und OPEC provozierte Typ-2-Initiative gewesen sein".

Die Erwartungen an die JREC und einen damit verbundenen neuen multilateralen Politikstil waren somit sehr hoch. Daher stellte sich schnell Ernüchterung ein, als in den Monaten nach dem Gipfel keine Aktivitäten der JREC erfolgten, die nach einer konsequenten Umsetzung der formulierten Agenda aussahen (Maier 2002a, 2002b). Erste JREC-Aktivitäten waren eine „high-level"-Konferenz im Juni 2003 in Brüssel, in der es einen Austausch zum regionalen Entwicklungsstand und den Potenzialen erneuerbarer Energien, sowie die Gründung einer Expertengruppe zum Thema Finanzierung (IISD 2004a) gab.[569] Politisch-strategische Überlegungen zur weiteren Ausgestaltung der JREC fanden in dieser Zeit noch nicht statt. Daher richteten sich alle Erwartungen nun auf die renewables-Konferenz.

6.4.3   Der „renewables-Prozess" – weich aber wirksam?

Mit der Einladung von Bundeskanzler Schröder zur „Internationalen Konferenz für Erneuerbare Energien", die er auf dem Weltgipfel in Johannesburg ausgesprochen hatte, startete ein spezifischer Politikprozess zur Förderung erneuerbarer Energien auf internationaler Ebene. Im Unterschied zu den bisher erfolgten internationalen Politikansätzen war hier der Fokus nicht ausschließlich auf Entwicklungsländer bzw. nachhaltige Entwicklung gelegt (wenn gleich dies auch hier ein zentraler Schwerpunkt war), sondern es ging generell um die internationale Verbreitung und diesbezügliche Maßnahmen. Obwohl mit der JREC nahezu zeitgleich mit der Ankündigung Schröders ein internationales Staatennetzwerk geschaffen wurde, das die Konferenz ebenfalls nutzen und unterstützen wollte, so fiel die zentrale Rolle der Vorbereitung und Organisation auf die Gastgeber. Daraus leitet sich ein großer Gestaltungsspielraum für die deutsche Regierung ab. Hauptveranstalter der Konferenz waren die beiden Bundesministerien für Umwelt und Entwicklungszusammenarbeit, BMU und BMZ, die durch ein Konferenzsekretariat der GTZ unterstützt wurden.

Die Konferenz sollte, so formulierten die Veranstalter, „der in Johannesburg angestoßenen Dynamik zum globalen Ausbau der Erneuerbaren Energien, wie sie im Aktionsplan ihren Ausdruck fand, weitere Impulse verleihen" (BMU/ BMZ 2004c). Dabei sollte auch die „Initiative gleichgesinnter Staaten" (JREC) weiterentwickelt werden, „um eine weltweite Koalition für den forcierten Ausbau der Erneuerbaren Energien zu schmieden" (ebda.). Diese Zielsetzung wurde im Grundsatz

[569]   Informationen zu Konferenzen und Meetings finden sich auf den Internetseiten der JREC unter http://ec.europa.eu/environment/jrec (22.4.2007).

von den meisten interessierten Akteuren geteilt – allerdings gingen die Meinungen über die Ausgestaltung und die Aufgaben einer solchen Koalition weit auseinander.

6.4.3.1   Positionen im Vorfeld

Die *deutsche Bundesregierung* verfügte als Gastgeber der Konferenz mit dem in Bezug auf den EE-Ausbau erfolgreichen EEG über ein politisches Vorzeigeinstrument, dass mittlerweile von vielen anderen Ländern in und außerhalb der EU (in unterschiedlichen Ausprägungen) kopiert worden war (vgl. auch Kapitel 3 und 5). Mit diesem „Exportschlager" beanspruchte Deutschland in Bezug auf die EE-Förderung die Vorreiterrolle innerhalb der EU, und die Bundesregierung forderte gleichzeitig die EU auf, ihrerseits im Rahmen der JREC sowie in Vorbereitung der renewables ihre internationale Vorreiterstellung zu untermauern (Trittin 2004a).

Die *Regierungsfraktionen von SPD und Bündnis 90/Die Grünen* unterstützten dies in einem Antrag an den Deutschen Bundestag. Die Abgeordneten bezeichneten „die Initiativen der Bundesregierung als konsequente Ergänzung der nationalen Fördermaßnahmen für Erneuerbare Energien, mit denen die Bundesrepublik Deutschland in den letzten Jahren hervorgetreten ist und die auf dem Weltgipfel in Johannesburg als weltweit beispielhaft bewertet worden sind" (SPD/ Bündnis 90/Die Grünen 2003a: 2). Sie forderten die Einrichtung eines internationalen Vorbereitungskomitees, eines nationalen Begleitkomitees, das Vorantreiben der JREC im Sinne einer Festlegung anspruchsvoller quantifizierter Ziele und Zeitpläne, sowie die Durchführung mehrerer paralleler Foren im Rahmen der Konferenz (ebda.).[570] Die Besetzung der Gremien sollte zwar mit breiter Partizipation erfolgen, jedoch klare Schwerpunkte auf die im EE-Bereich aktiven Stakeholder aufweisen.[571] Die Abgeordneten kündigten die parallele Ausrichtung eines „Parlamentarier-Forums für erneuerbare Energien" an, zu dem die Parlamente aller Staaten eingeladen würden (ebda.: 3). Mit der Ausrichtung dieses Forums sollte „die unverzichtbare legislative Verantwortung der Parlamente für die Schaffung geeigneter gesetzlicher Rahmenbedingungen" unterstrichen werden, so wie dies durch den Deutschen Bundestag bei der Einführung des StrEG und des EEG praktiziert worden war (ebda.).

So wie die deutsche Regierung und die Parlamentarier auf eine aktive *Rolle der EU und der JREC* bei der renewables hofften, so galt dies auch für eine Reihe von zivilgesellschaftlichen Gruppen, die nach den enttäuschenden Ergebnissen von Johannesburg nun auf eine Vorreiterkoalition setzten. Der deutsche Umweltminis-

---

[570]   Konkret sollten spezifische Foren von bzw. für NGOs, Wissenschaft, Industrie sowie zu den Themen Entwicklungszusammenarbeit und Energie stattfinden.

[571]   So sollten im internationalen Vorbereitungskomitee neben Regierungsvertretern und der EU-Kommission, sowie Vertretern von Umwelt-, Entwicklungs- und Industrieorganisationen auch Vertreter des Weltrats für erneuerbare Energien und von Organisationen der erneuerbaren Energien repräsentiert sein (SPD/ Bündnis 90/Die Grünen 2003a: 2).

ter Jürgen Trittin forderte, dass „zur renewables2004 nach Bonn ... die Botschaft getragen" werde, dass „Europa aufbauend auf die für 2010 festgelegten Ziele klare und anspruchsvolle Ausbauziele für den Anteil der erneuerbaren Energien im Jahr 2020 festlegen wird" (Trittin 2004a). Dies wurde auch von einer Vielzahl von *Umwelt- und Entwicklungsorganisationen* gefordert, die sich nach Johannesburg im Netzwerk CURES (Citizens United for Renewable Energy and Sustainability) zusammengeschlossen hatten. In einer gemeinsamen Erklärung zur renewables forderten die NGOs, dass auf der Konferenz verbindliche Beschlüsse gefasst, diese überwacht und in einen Folgeprozess überführt werden, und dass die JREC als „Koalition der gleichgesinnten Länder ... die Führungsrolle übernehmen" sollte (CURES 2003: 8). Die JREC-Teilnehmerstaaten sollten „während der Bonner Konferenz ihre nationalen Ziele präsentieren und damit ihre führende Rolle unter Beweis stellen sowie das Versprechen erfüllen, das sie zum Abschluss des WSSD gegeben hatten" (ebda.: 10). Diese Länder sollten darüber hinaus beispielhaft für alle internationalen Finanzierungsinstitutionen ihre „Finanzierungs- und Technologietransfermechanismen zugunsten der neuen erneuerbaren Energien ... reformieren" (ebda.).

Im Rahmen einer *europäischen Vorbereitungskonferenz*, die im Januar 2004 von der Europäischen Kommission in Berlin veranstaltet wurde, sollte nun die Position der EU im Hinblick auf ihre Vorreiterrolle, die JREC, und ihren konkreten Input zur renewables vorgestellt werden.[572] Im Vorfeld dieser Konferenz äußerten sich einige NGOs sehr kritisch zu den seit Johannesburg und der JREC-Erklärung erfolgten Aktivitäten der EU und bekundeten ihren Zweifel, ob die Kommission für die europäische Vorbereitungskonferenz überhaupt der richtige Veranstalter sei. Den verschiedenen energiebezogenen Initiativen der EU und der JREC fehle die strategische Bündelung, „die ein deutliches Signal an private Investoren aussendet und ein klares, finanziell untermauertes Angebot an Entwicklungsländer enthält" (Heinrich-Böll-Stiftung et al. 2004). Zudem würden die „in Johannesburg angekündigten wegweisenden Ausbauziele für erneuerbare Energien" bisher durch die zuständige Generaldirektion Energie und Verkehr und die amtierende Energiekommissarin Loyola de Palacio blockiert. Die NGOs forderten eine Verpflichtung der EU auf einen Anteil von zumindest 25 % erneuerbaren Energien am Primärenergieverbrauch im Jahr 2020 sowie eine radikale Umstellung der europäischen Entwicklungshilfe, Entwicklungsbanken und Exportkreditagenturen zu Gunsten erneuerbarer Energien sowie eine Einflussnahme auf eine diesbezügliche Förderpolitik bei der Weltbank (ebda.).

Auf der Vorbereitungskonferenz erfolgten jedoch zur Enttäuschung vieler interessierter Stakeholder noch keine konkreten Ankündigungen der EU-Vertreter.

---

[572] Neben der europäischen Vorbereitungskonferenz gab es noch eine Reihe weiterer regionaler Vorbereitungskonferenzen (siehe auch nächsten Abschnitt).

Die Kommission hielt lediglich fest, dass „die Konferenz zur Kenntnis nahm, dass in einer Reihe technischer Studien ein Ziel von mindestens 20 % des Bruttoinlandsverbrauchs 2020 für die erweiterte EU-25 vorgeschlagen wird" (Europäische Kommission 2004a: 47f). Es war erneut das Parlament, das die Kommission und den Rat kurz vor der renewables-Konferenz im April 2004 aufrief, „einen politischen Prozess zur Festlegung ehrgeiziger, mit Fristen versehener Ziele für die Steigerung des Anteils erneuerbarer Energien am Endenergieverbrauch zu beginnen und dabei den mittel- und langfristigen Zeitrahmen vor der internationalen Konferenz in Bonn zu behandeln" (Europäisches Parlament 2004a: 2). Der Anteil erneuerbarer Energien sollten „bis 2020 insgesamt 20 % des Gesamtenergieverbrauchs in der Union" betragen (ebda.).

Die Kommission folgte diesem Vorschlag jedoch nicht und formulierte in ihrer Mitteilung an den Rat und das Parlament 6 Tage vor Beginn der renewables-Konferenz, dass in Bonn „eine kraftvolle politische Erklärung verbunden mit einem ehrgeizigen internationalen Aktionsplan und ergänzt durch verschiedene Selbstverpflichtungen und Leitlinien für gute Politik" erfolgen sollte (Europäische Kommission 2004a: 46). Die Kommission hatte dazu jedoch wenig Konkretes beizutragen. Sie hielt es für erforderlich, „die Auswirkungen der erneuerbaren Energieressourcen, besonders hinsichtlich ihrer globalen wirtschaftlichen Auswirkungen, gründlicher zu analysieren, bevor über die Festlegung von Zielen über 2010 hinaus entschieden wird und bevor Stellung zu dem genannten Ziel eines Anteils der erneuerbaren Energien von 20 % im Jahr 2020 genommen werden kann" (ebda.: 48). Die Überprüfung sollte ab 2005 erfolgen, bevor im Jahr 2007 schließlich die Festlegung eines Ziels für den Zeitraum nach 2010 erfolgen könne (ebda.).

Im Vorfeld der Konferenz wurden die Inhalte der *CURES-Erklärung* (s.o.) von vielen NGOs mit unterschiedlichen Schwerpunktsetzungen wiederholt. Zentral waren dabei die Forderungen nach einer Verpflichtung auf einen höheren EE-Anteil und Maßnahmen zur Erreichung eines solchen Ziels sowie die Schaffung eines Prozesses, in dem diese Ziele und Maßnahmen überprüft und weiterentwickelt würden (Worldwatch/ Germanwatch 2004). Interessenverbände der erneuerbaren Energien forderten zudem Instrumente, die sichere Investitionsbedingungen ermöglichen sowie gleichzeitig ein Abbau von Hemmnissen auf den Energiemärkten (EWEA/ Greenpeace 2004).

In Deutschland trat im September 2003 ein *Aktionsbündnis Erneuerbare Energien* aus diversen gesellschaftlichen Gruppen und EE-Vertretern mit einem „Aufruf zur Energiewende" an die Öffentlichkeit (Aufruf in AEE 2004).[573] Dieses Aktions-

---

[573] Darunter befanden sich neben einer Vielzahl von EE-Verbänden (BEE, Eurosolar etc.) eine Reihe kirchlicher und gewerkschaftlicher Vereinigungen, Natur- und Umweltschutzverbände sowie der Bundesverband mittelständische Wirtschaft (BVMW). Das Bündnis wurde gefördert durch die Deutsche Umwelthilfe und die Unternehmensvereinigung Solarwirtschaft, und bezeichnet sich selbst als „nicht institutionalisiert", d.h. es wurde keine eigenständig handelnde Organisation ge-

bündnis veröffentlichte ebenfalls Positionen zur Weltkonferenz, in denen auch auf die Bedeutung des parallelen Internationalen Parlamentarier-Forums (IPF-renewables) und des unmittelbar vorher stattfindenden Treffens des Weltrats (WCRE) hingewiesen wurde. Eine breitere internationale Diskussion und die Er-greifung strategischer Maßnahmen zur weltweiten Verbreitung erneuerbarer Ener-gien seien längst überfällig, da „die großen Nachhaltigkeitsgipfel von Rio de Janeiro bis Johannesburg es bislang versäumt haben, die Energiewende als zentrale Heraus-forderung einer nachhaltigen Entwicklung konsequent anzugehen" (AEE 2004: 6).

Das Bündnis machte sich dabei die im Rahmen der Debatte in institutionel-ler Hinsicht am weitesten gehenden Forderungen zu eigen, die bis dato überwie-gend von Eurosolar und dem WCRE sowie von deren Leitfigur Hermann Scheer geäußert wurden. Dazu gehörte die Einrichtung einer IRENA (siehe Abschnitt 6.4.1.3) „für eine institutionelle Gleichberechtigung der erneuerbaren Energien zur IEA und zur IAEA" , die Verabschiedung eines „EE-Verbreitungsvertrages" von den Vertragsstaaten des nuklearen Nicht-Verbreitungsvertrages (NPT), den Wegfall von Zöllen für EE-Technologien im Rahmen der WTO sowie auf EU-Ebene die „Abschaffung des anachronistischen EURATOM-Vertrages" und stattdessen die Einführung eines „europäischen Gemeinschaftsvertrages zur Verbreitung Erneuer-barer Energien (EURENEW)" (AEE 2004: 7ff). Hermann Scheer selbst hatte nach der Ankündigung von Bundeskanzler Schröder in Johannesburg die Hoffnung geäußert, dass die internationale Regierungskonferenz die Gelegenheit sei, „die IRENA aus der Taufe zu heben - die seit 1990 von Eurosolar verfochtene und ausgearbeitete Initiative" (Scheer 2002: 4).

Ein spezifisches Politikpapier zur renewables-Konferenz brachte der *Wissen-schaftliche Beirat der Bundesregierung für Globale Umweltfragen (WBGU)* heraus, in dem nicht nur Forderungen aufgestellt, sondern ein konzeptioneller Vorschlag für das politische Design der Konferenz und eines Nachfolgeprozesses enthalten war (WBGU 2004). Der Beirat hatte bereits im Jahr zuvor im Hauptgutachten „Ener-giewende zur Nachhaltigkeit" gefordert, dass eine Weltenergiecharta, ein multilate-rales Abkommen zum Abbau von Energiesubventionen, feste EE-Ausbauquoten, eine globale Agentur für nachhaltige Energie sowie eine Politikberatungsorganisati-on eingeführt werden müssten, und dies durch eine Vorreiterkoalition unter Füh-rung der EU erfolgen sollte (WBGU 2003c). In seinem Politikpapier zur renewables bezweifelte der Beirat allerdings, dass das aus seiner Sicht für den Folgeprozess der Konferenz benötigte „Koordinations- und Steuerungsgremium" aus dem JREC-Sekretariat hervorgehen könne, da dieses „durch die EU gesteuert wird und institu-tionell an die Europäische Kommission angebunden ist" (WBGU 2004: 17). Dies würde es erschweren, „neue Staaten an die Gruppe heranzuführen"(ebda.).

---

schaffen, sondern die Positionen werden einzeln von allen Mitgliedern des Bündnisses abgestimmt (AEE 2004: 5).

Abbildung 47: WBGU-Modell für eine stufenweise Stärkung der institutionellen Verankerung globaler Energiepolitik

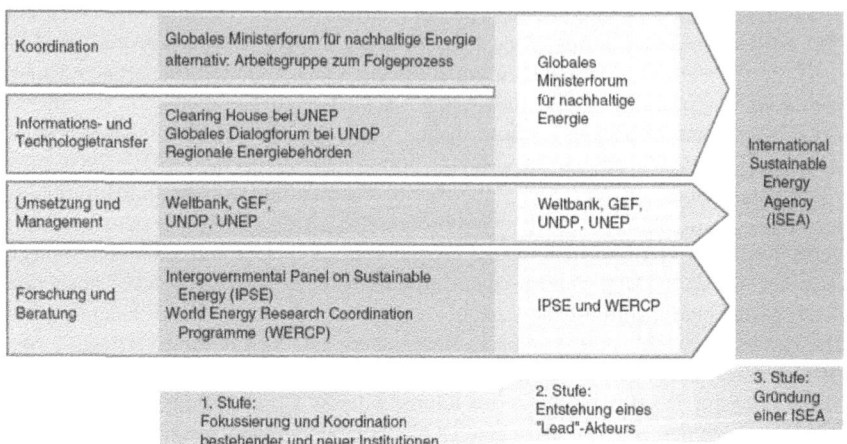

Quelle: WBGU (2004: 18)

Aus diesem Grund plädierte der Beirat für die Einführung eines „Globalen Ministerforums für nachhaltige Energie", das zuständig wäre für eine „stufenweise institutionelle Stärkung globaler Energiepolitik auf der Grundlage einer Weltenergiecharta" (ebda.). Das Sekretariat dieses Forums sollte die Fortschrittsberichte der nationalen Ausbauziele und Strategien auswerten, als „Clearing House" fungieren, „Best Practices" verbreiten und die Entwicklung von „Leuchtturmprojekten" fördern. Als einfachere Alternative zu einem solchen Ministerforum wurde eine informelle Arbeitsgruppe vorgeschlagen, der die Gründung einer internationalen Agentur für nachhaltige Energie (International Sustainable Energy Agency – ISEA) folgen sollte, die nicht nur für erneuerbare Energien sondern für einen Reformprozess der „Gesamtheit der Energiesysteme" zuständig wäre (ebda.). Die erste Forderung des WBGU war jedoch, gleichlautend der vieler NGOs und EE-Vertreter, nach dem Beschluss verbindlicher Ausbauziele: „Fortschrittswillige Länder sollten sich auf der Konferenz auf quantitative Ziele für den nationalen Ausbau erneuerbarer Energien verpflichten" (WBGU 2004: 20).

Die Forderungen der Stakeholder sollten nach dem Willen der Veranstalter neben den Verhandlungen der Regierungsvertreter auf der Konferenz ebenfalls Berücksichtigung finden. Dafür wurde als Rahmen ein so genannter „Multi-Stakeholder-Dialog" (MSD) vorgesehen, auf dem die verschiedenen Stakeholder-Gruppen eine gemeinsame Position finden sollten, die dann in die Regierungskonferenz eingespeist werden sollte. Um einen solchen Konsens zu erzielen wurde im Vorfeld bei insgesamt 12 unterschiedlichen Stakeholdern eine Auswertung ihrer

Positionspapiere zur Konferenz durchgeführt, um „konvergente und divergente Punkte" herauszuarbeiten (Stakeholder Forum 2004).[574] Wie zu erwarten ergab die Analyse im Wesentlichen die Reproduktion des bereits aus Johannesburg bekannten Meinungsbildes. So sprachen sich beispielsweise die befragten Industrievertreter für ein Offenhalten „aller Energieoptionen" und gegen verbindliche Ausbauziele aus, da diese zu „Marktverzerrungen" führen würden (Stakeholder Forum 2004: 5, 9).

6.4.3.2 Offizielle Vorbereitungen

Die Bundesregierung bzw. die veranstaltenden Ministerien BMU und BMZ beriefen zur Vorbereitung der Konferenz einen internationalen Lenkungsausschuss (International Steering Committee, ISC) und einen Nationalen Begleitkreis (NBK), regten eine Reihe regionaler Vorbereitungskonferenzen an und gründeten ein Organisationskomitee und ein Konferenzsekretariat (IISD 2004a: 3). Das Organisationskomitee, das die Vorbereitungen koordinierte, bestand aus Vertretern von BMU und BMZ (gemeinsamer Vorsitz), dem Auswärtigen Amt, dem Konferenzsekretariat, welches durch die GTZ gestellt wurde, und Vertretern der ausrichtenden Stadt Bonn.[575] Bei den regionalen Vorbereitungskonferenzen wurden die jeweiligen Anforderungen und Erwartungen an die Konferenz diskutiert und formuliert.[576] Die Vertreter der Länder bzw. Regionen brachten diese Inputs im Rahmen ihrer Mitarbeit im ISC in den Prozess ein. Zudem dienten die Konferenzen auch zur Erörterung der Beiträge der Länder und Regionen zum Aktionsplan der renewables und zur weltweiten Werbung für die Konferenz und das Thema erneuerbare Energien.

Der Internationale Lenkungsausschuss sollte die Veranstalter „im Hinblick auf Themen, Struktur und angestrebte Ergebnisse der Konferenz" beraten, während der nationale Begleitkreis die Funktion eines Forums „der deutschen Akteure im Bereich erneuerbare Energien und Entwicklungszusammenarbeit" hatte (BMU/ BMZ 2004e). Während der internationale Lenkungsausschuss mit Blick auf die Gesamtkonferenz ein höheres Gewicht hatte, tagte der nationale Begleitkreis jedoch regelmäßig vor dem ISC, so dass durch die Diskussionsbeiträge früher Einfluss auf

---

[574] Zu den 12 befragten Verbänden gehörten u.a. eine Entwicklungsorganisation, die Internationale Handelskammer und der Weltenergierat, Consumers International, der Internationale Bauernverband, CURES, der Internationale Bund freier Gewerkschaften und die Internationale Gesellschaft für Sonnenenergie.

[575] Den Vorsitz führten Norbert Gorißen (BMU) und Manfred Konukiewitz (BMZ). Siehe hierzu auch www.renewables.de (25.4.2007).

[576] Solche Konferenzen fanden in (und für) Lateinamerika und Karibik, Afrika, Europa (s.o.), Asien, Mittlerer Osten, Indien und Dänemark statt (Berichte und Dokumentationen dazu unter www.renewables.de, 25.4.2007).

die Veranstalter und den Entwicklungsverlauf der Konferenz genommen werden konnte. Beide Gremien tagten bis zur Konferenz insgesamt dreimal.[577]

Dennoch zeigte sich, dass die Grundausrichtung der Konferenz in den Händen der Veranstalter lag, und dass diese in grundsätzlichen Fragen nur wenig Verhandlungsspielraum zuließen. So wurde in der ersten Sitzung des *nationalen Begleitkreises* kontrovers darüber diskutiert, ob – im Sinne einer Vorreiterkoalition – eine Begrenzung der Einladung auf bestimmte Staaten erfolgen solle, um eine Abschwächung der Ergebnisse durch weniger engagierte Staaten zu vermeiden. Im Protokoll dieser Sitzung heißt es dazu: „Die Bundesregierung machte deutlich, dass alle Mitgliedsstaaten der Vereinten Nationen eingeladen werden und der Wunsch besteht, dass möglichst viele Staaten teilnehmen. Allerdings sollte allen Staaten entsprechend ihren Möglichkeiten die Gelegenheit gegeben werden, ihre Vorstellungen umzusetzen." (BMU/ BMZ 2003c: 2)

Damit war das Prinzip, zumindest mit der Einladungspolitik den Charakter einer UN-Konferenz anzustreben, ebenso festgelegt, wie ein zentraler Ergebnisbestandteil, der aus freiwilligen, länderspezifischen Ankündigungen bestehen sollte. Hintergrund dafür war aus Sicht des BMU zum einen die offen ausgesprochene Einladung von Kanzler Schröder in Johannesburg, nach der zunächst niemand aktiv ausgeschlossen werden konnte, zum zweiten aber auch der Anspruch, dass es eine „erfolgreiche Regierungskonferenz" werden sollte, was im Umkehrschluss ebenfalls die breite Beteiligung der großen und bedeutenden Länder wie USA, China etc. bedingte (Hinrichs-Rahlwes 2007).[578]

Der nationale Begleitkreis schlug zudem als mögliche Konferenzergebnisse die folgenden vor (BMU/ BMZ 2003c: 2f):

– Entwicklung von Strategien für die verstärkte Nutzung erneuerbarer Energien

– regional bzw. national differenzierte Strategien und Ausbauziele

– Festlegung von konkreten Aktionsplänen und Umsetzungsmaßnahmen

– bilaterale Übereinkommen, Schaffung von internationalen Netzwerken

– Folgeprozess zur Verstetigung und Institutionalisierung der Konferenzergebnisse.

Das Prinzip der breiten Partizipation wurde auch bei der Besetzung des *internationalen Lenkungsausschusses* gewählt. Dieser wurde „nach Regionen und Funktionen (Führungs- und Entscheidungsverantwortliche aus Regierungen, internationale

---

[577] Die Ergebnisse der Treffen sind jeweils in Konferenzprotokollen wiedergegeben (www.renewables.de, 25.4.2007).

[578] Der damals zuständige Abteilungsleiter im BMU, Rainer Hinrichs-Rahlwes, erläuterte im Interview dazu, dass „mit der Einladung von Bundeskanzler Schröder zu einer internationalen Regierungskonferenz auf einem UN-Weltgipfel im Grunde bereits klar war, dass es keine exklusive Einladungspolitik geben konnte. Selbst wenn man nur Vorreiter eingeladen hätte, so hätte man niemanden, der sich selbst als solcher sieht, ausschließen können. Das war alternativlos." (Hinrichs-Rahlwes 2007)

Organisationen, Zivilgesellschaft und Privatwirtschaft)" mit rund 50 Mitgliedern laut den Veranstaltern „ausgewogen besetzt", und die Mitglieder „von der Bundesregierung ‚ad personam' als Vertreterinnen und Vertreter wichtiger Stakeholder eingeladen" (BMU/ BMZ 2004e). Bezüglich der Auswahl der Ländervertreter wurde dabei nicht auf einen exklusiven Zugang beispielsweise nach der Zugehörigkeit zur JREC geachtet. Unter den insgesamt 26 teilnehmenden Staaten waren auch China, Indien, Russland, Iran und die USA (BMU/ BMZ 2004d). Unter den Stakeholderorganisationen waren u.a. einige EE- und Umweltverbände wie EREC, EREF, WCRE, Eurosolar und Greenpeace, aber auch Verbände und Unternehmen der konventionellen Wirtschaft wie das „European Business Council for a Sustainable Energy Future", der Weltenergierat, Shell und Sharp. Dazu war eine Reihe von internationalen Organisationen vertreten, von der IEA über die Weltbank und GEF bis hin zu UNDESA, UNDP, UNEP, UNFCCC und UNIDO. Damit war zwar in der Besetzung ein klarer Schwerpunkt auf Akteure gesetzt, die sich im Vorfeld aufgeschlossen für eine stärkere Förderung erneuerbarer Energien gezeigt hatten, allerdings waren auch diejenigen Akteure wieder mit dabei, die in Johannesburg diesbezügliche Beschlüsse verhindert hatten (siehe Abschnitt 6.4.2).

Auf dem *ersten Treffen des internationalen Lenkungsausschusses* vom 10. bis zum 12. Juni 2003 in Bonn ging es wie beim Treffen des nationalen Kreises zuvor um eine Auswahl relevanter Themen und möglicher Ergebnisse. Die ISC-Mitglieder grenzten die große Vielfalt an möglichen Themen auf die Punkte Finanzierung, Hemmnisbeseitigung, „Capacity building" und politische Maßnahmen ein. Als mögliche Konferenzergebnisse wurden Ziele, die Festlegung eines Nachfolgeprozesses sowie ein Aktionsplan benannt (BMU/ BMZ 2003a: 1). Dabei war die Diskussion um die Ziele kontrovers.[579]

Von vielen Teilnehmern des ISC wurde die renewables 2004 als Chance angesehen, um zu „differenzierten" Vereinbarungen zu gelangen, „as this will not be a UN conference" (ebda.: 2). Der zentrale Unterschied wurde darin gesehen, dass Staaten oder Institutionen individuelle Ziele im Sinne eines „bottom-up"-Ansatzes einbringen könnten, was Erfolg versprechender sei als der im UN-Rahmen übliche Versuch, „top-down"-Vereinbarungen zu erzielen. Daher sollte von vorn herein darauf verzichtet werden, ein globales Ziel zu verfolgen, um kein Scheitern der Konferenz zu riskieren. Die Konferenz sollte eine „platform for leaders" im Bereich erneuerbare Energien werden, also für solche Staaten und Akteure, die bisher bereits aktiv und erfolgreich waren (ebda.). Darüber hinaus wurde die große Kommunikationswirkung der Konferenz betont, weshalb das Thema auch aus ökonomischer Sicht dargestellt werden sollte („so that the conference attracts the attention

---

[579] Im Protokoll heißt es dazu: "Members expressed their diverse views about targets" (BMU/ BMZ 2003a: 4).

of ministers for economy"), sowie mit seinen Bezügen zum Thema Klimawandel, Energieversorgungssicherheit und nachhaltige Entwicklung (ebda.: 3).

Bereits bei den *zweiten Treffen* beider Gremien, die im Dezember 2003 stattfanden, standen die Struktur, zentrale Themen und erwartete Ergebnisse der Konferenz im Wesentlichen fest. Es wurden drei zentrale Abschlussdokumente angestrebt (BMU/ BMZ 2003d: 3):

–   eine politische Erklärung, „die den Minimalkonsens der teilnehmenden Regierungen beschreibt" und die keine bindenden Ausbauziele beinhalten sollte, damit „sich alle Teilnehmer hinter diese Deklaration stellen" können

–   ein Internationaler Aktionsplan auf der Basis „freiwilliger Verpflichtungen", der in einem „follow-up Prozess nachgehalten" werden soll

–   sowie Politikempfehlungen für erneuerbare Energien.

Eine zentrale Rolle zur Vorbereitung der Konferenz spielte ein politisches „Konferenzthemenpapier" (Conference Issue Paper), „das die Diskussionen auf der Konferenz leiten und auch implizit als „Messlatte" für die Konferenzergebnisse fungieren" sollte (BMU/ BMZ 2003d: 3). Dieses „zentrale Eingangsdokument" wurde „in Verantwortung der Veranstalter von einer Redaktionsgruppe im Konferenzsekretariat entwickelt" (ebda.). Das Papier sollte somit die Schwerpunktthemen mit ihren wesentlichen Aspekten enthalten und die Ergebnisse vorzeichnen, tiefere Analysen zu Einzelthemen wurden in insgesamt 12 Hintergrundpapieren vorgelegt.

Einzelne Mitglieder des NBK forderten auf der zweiten Sitzung einen größeren Raum für die Debatte um eine „Verstärkung der internationalen institutionellen Verankerung des Themas erneuerbare Energien", da dies nach den Planungen bis dato zu kurz komme. Dazu betonten die Veranstalter, dass sie diesbezüglich „nicht zu viel vorgeben und eher ergebnisoffen vorgehen" wollten (BMU/ BMZ 2003d: 1). Dieser Zusammenhang wurde auch auf dem zweiten ISC-Treffen diskutiert. Hier gab es neben dem Vorschlag zur Einführung einer IRENA auch Forderungen nach zwischenstaatlichen Foren „on the highest political level" sowie nach „more innovative institutional arrangements", womit die Schaffung von Netzwerken gemeint war (BMU/ BMZ 2003b: 4). Auch die Frage einer exklusiven versus einer offenen Teilnahme von Staaten und Akteuren wurde erneut diskutiert. Auch wenn wiederholt zum Ausdruck gebracht wurde, dass die Konferenz keinen UN-typischen Charakter haben sollte, so sprachen sich doch viele Teilnehmer für eine breite Partizipation aus, „including all relevant players, even if there are different levels of engagement that different actors are willing to commit to" (ebda.: 5). Kontrovers blieb, ob auch explizite „Skeptiker" erneuerbarer Energien eingeladen werden sollten, da einige auf die Verbreiterung der Unterstützerbasis zielten, andere darin eine Gefahr für das Erreichen der Konferenzziele sahen.

Auch bei den Empfehlungen schwankte das Gremium zwischen Ansätzen für eine ambitionierte und einer auf einen breiten Konsens angelegten Deklaration (ebda.). Damit überhaupt eine Einigung erzielt werden könne, empfahl das ISC, vorab einen Entwurf zirkulieren zulassen, um das Papier auf der Konferenz möglichst ohne lange Diskussionen verabschieden zu können. Gleichzeitig zeigten jedoch die Debatten im ISC selbst bereits, dass aufgrund der breiten Einladungspolitik eine zu ambitionierte und konkrete Vorlage wohl keine Chance auf eine Verabschiedung haben würde. In Bezug auf den vorgesehenen Aktionsplan wurden für die dritte Sitzung Fragen nach der Verbindlichkeit, der Zusätzlichkeit und des Monitoring der dort eingebrachten Aktivitäten aufgeworfen.

Auf den jeweiligen *dritten Treffen* der beiden Gremien standen schließlich die Diskussionen über die Entwürfe der Abschlussdokumente und das konkrete Konferenzprogramm auf der Agenda. Bezüglich des Gesamtprogramms spielten Fragen der Sicherstellung der Teilnahme von Stakeholdern aus Entwicklungsländern und der Auswahl bzw. Vergabe von Side-Events eine Rolle. Im Rahmen des Multi-Stakeholder-Prozesses war ein weiteres internationales Beratergremium (International Advisory Group - IAG) gegründet worden, das als Vertreter der im MSD versammelten Stakeholdergruppen als Schnittstelle zum ISC fungieren sollte. Die IAG sollte dazu beitragen, auf dem für zwei Tage angesetzten Stakeholder-Dialog auf der renewables-Konferenz eine gemeinsame Position als Input für die Regierungskonferenz zu erarbeiten (BMU/ BMZ 2004f: 2).

Die Entwürfe für die politische Deklaration und die „Empfehlungen für gute Politik" lagen erst zum dritten Treffen des ISC vor, auf welchem zentrale Passagen festgelegt werden sollten. Im Bezug auf die Planungen der Veranstalter zur politischen Deklaration gab es im Vorfeld sowohl aus dem deutschen Begleitkreis als auch später aus dem ISC erneut kritische Stimmen gegenüber einer zu breiten und unverbindlichen Konsensfassung, die darauf abziele, möglichst die Zustimmung aller Teilnehmer zu erhalten; diese Strategie wurde von den Veranstaltern jedoch verteidigt (BMU/ BMZ 2004a, 2004f). Auch wurden von einigen Akteuren aus beiden Gremien längerfristige Ziele und „Visionen" gefordert, während andere betonten, „that any type of quantified target or objective would not be acceptable" (BMU/ BMZ 2004a: 3).

Die Diskussionen um den Follow-up Prozess konnten ebenfalls nicht konkretisiert werden, da die Bundesregierung sich noch keine abschließende Meinung dazu gebildet hatte, unter anderem, weil sie noch auf ein Gutachten zur Bestandsaufnahme aller für die erneuerbaren Energien relevanten internationalen Organisationen wartete, das bis zur Konferenz fertig gestellt sein sollte.[580] Die Bundesregierung prüfte zu dieser Zeit laut eigenen Angaben noch verschiedene Optionen, die sich im Wesentlichen eng an den Vorschlägen des WBGU orientierten: von der Einrichtung eines globalen Ministerforums für erneuerbare Energien,

---

[580] Es handelte sich um die Studie zu den „internationalen institutionellen Rahmenbedingungen" von Stefanie Pfahl et al. (2005).

eines zwischenstaatlichen Ausschusses bis hin zur Durchführung von Folgekonferenzen v.a. in Entwicklungsländern (BMU/ BMZ 2004f: 4). Die Entscheidung über die weitere institutionelle Ausgestaltung müsse auf der Konferenz fallen, dies gelte auch für die Frage nach der Einrichtung einer IRENA (ebda.). Auf dem dritten Treffen des ISC wurde der Frage des Folgeprozesses schließlich eine Richtung verliehen, die später von Bedeutung sein sollte. Zum einen wurde die mögliche Rolle der renewables-Konferenz sowie einer Folgekonferenz als spezifischer Input für den bevorstehenden UN-CSD-Prozess erörtert. Zum anderen wurden zwei Netzwerke als Folgeorganisationen vorgeschlagen, eines, das sich aus dem ISC selbst entwickeln, und ein „International Political Ministerial Dialogue Forum for Sustainable Energy", das als ein „global public policy network" fungieren könne. Dabei bezog sich das ISC, gemäß der Bandbreite seiner Vertreter, nicht ausschließlich auf spezifische Netzwerke für erneuerbare Energien, sondern auf den weniger präzisen und umfassenderen Begriff „nachhaltige Energie" (BMU/ BMZ 2004a: 4).

Bezüglich des Aktionsplans gab es ähnliche Debatten wie zur politischen Erklärung, die sich mit der Frage des Anspruchs an die Beiträge auseinandersetzten. Die Veranstalter betonten, dass es sich nicht um eine unverbindliche Liste handeln solle (BMU/ BMZ 2004f: 3). Allerdings konnte es aus Sicht des BMU nicht zur Bedingung der Aufnahme der einzelnen Verpflichtungen in das IAP gemacht werden, dass diese in jedem Fall konkrete Zielaussagen enthielten, „da dies zwangsläufig dazu geführt hätte, dass auch substantielle Beiträge mit klaren quantifizierbaren Zielaussagen von wichtigen Akteuren wie USA, Japan und wohl auch China nicht eingebracht worden wären" (Hinrichs-Rahlwes 2007).[581] Aus dem ISC gab es zudem die Empfehlungen, mehr Aktivitäten aus der Wirtschaft zu akquirieren, die Aktivitäten frühzeitig zu veröffentlichen und in einem Folgeprozess zu begleiten sowie den Aktionsplan in „Internationales Aktionsprogramm" umzubenennen (BMU/ BMZ 2004a: 2).[582]

Direkt am Eröffnungstag wurde schließlich vom deutschen Umweltminister Jürgen Trittin noch ein mögliches Ziel der Konferenz, welches im Rahmen der politischen Erklärung verabschiedet werden sollte, benannt: „Das gemeinsame Ziel wird voraussichtlich lauten", so kündigte Trittin an: „Bis zum Jahr 2015 solle eine

---

[581]   „Japan, die USA und verschiedene andere haben nie einen Zweifel an ihrer Ablehnung von quantifizierbaren Ausbauzielen für erneuerbare Energien gelassen. Für sie war klar, dass sie eigene Verpflichtungen nur einbringen würden, wenn diese keinem förmlichen Überprüfungsprozess nach sich ziehen würden. Eine Konzentration auf quantitative Ausbauziele und einen Überprüfungsmechanismus hätte also unmittelbar dazu geführt, dass eine große Zahl von Akteuren keine Beiträge zum IAP eingereicht hätten - darunter viele, die ernsthafte und überprüfbare Vorschläge eingebracht haben. Diesen Weg konnten wir im Interesse einer erfolgreichen Konferenz nicht gehen." (Hinrichs-Rahlwes 2007)

[582]   Hintergrund für die Umbenennung war Kritik an zu vielen existierenden „Aktionsplänen", die nicht umgesetzt würden; zudem stehe der Begriff zu eng mit dem UN-Kontext in Verbindung, die renewables sei aber keine UN-Konferenz (BMU/ BMZ 2004a: 2).

Milliarde Menschen mit Energie aus erneuerbaren Quellen versorgt werden" (BMU 2004d). Einige Tage zuvor hatte auch Bundesentwicklungsministerin Heidemarie Wieczorek-Zeul die „Verständigung auf eine gemeinsame Vision für sehr wichtig" gehalten, wobei sie als Beispiel einen Anteil von 50 % erneuerbarer Energien im Jahr 2050 nannte (Wieczorek-Zeul 2004: 2).

Die Analyse des Vorbereitungsprozesses zeigt somit, dass die mit großem Aufwand betriebenen Beteiligungsprozesse zwar durchaus in dem Sinne erfolgreich waren, dass viele Stakeholder weltweit einbezogen werden konnten und diese wiederum als Multiplikatoren des Themas wirkten. Die wesentliche Richtung der Konferenz wurde jedoch von den Veranstaltern selbst, also der Bundesregierung und hier insbesondere durch das BMU und das BMZ geprägt. Die Beratungsgremien gaben jeweils Feedback zu den in der Regel bereits weit vorangeschrittenen Entwürfen und Vorstellungen der beiden Ministerien. Jedoch war insbesondere das internationale „Lenkungsgremium" aufgrund seiner breiten und heterogenen Zusammensetzung häufig zu keinem klaren bzw. nur zu einem „konsensorienterten" Feedback in der Lage, so dass auch diese Situation den Gestaltungsspielraum der Veranstalter vergrößerte.

6.4.3.3   Konferenz und Verhandlungsverlauf

Die internationale Konferenz für erneuerbare Energien - renewables 2004 - die vom 1. bis zum 4. Juni in Bonn stattfand, sollte zwar keinen expliziten UN-Charakter haben, ihr Aufbau ähnelte allerdings dennoch in weiten Teilen den bekannten multilateralen Veranstaltungen.[583] Allerdings fanden an den ersten beiden Tagen mit dem Multi-Stakeholder-Dialog und dem parallel stattfindenden Parlamentarier-Forum partizipative Elemente statt, da deren Ergebnisse in das „Ministerial Segment" des dritten und vierten Tages einfließen sollten, auf dem die offiziellen Konferenzergebnisse beschlossen wurden. Am zweiten Tag gab es außerdem noch eine Plenarsitzung, auf der über ausgewählte „Best Practices" und Erfolgsbeispiele berichtet wurde. Neben den Plenarsitzungen fanden eine Vielzahl von „side-events", „related events", Exkursionen etc. statt, die von Stakeholdern und staatlichen Akteuren eigenverantwortlich ausgerichtet wurden. Parallel gab es ein „Business Forum" außerhalb des Konferenzzentrums, auf dem Unternehmen aus verschiedenen Branchen ihre Aktivitäten im Bereich erneuerbarer Energien ausstellen konnten.

---

[583]   Die Konferenz wurde von mehreren Akteuren dokumentiert, u.a. von den Veranstaltern selbst (www.renewables2004.de, 25.4.2007) sowie vom International Institute for Sustainable Development, das einen täglichen „renewables 2004 Bulletin" herausgab (auf den Internetseiten der Konferenz erhältlich und unter www.iisd.ca, 25.4.2007). Zudem verfolgten eine Reihe von NGOs die Konferenz und veröffentlichten die Geschehnisse zeitnah, wie z.B. der Bund der Energieverbraucher (www.energieverbraucher.de, 25.4.2007).

Mit dem „Conference Issue Paper" war im Vorfeld ein *Hintergrundpapier* an alle Teilnehmer verschickt worden, um sie auf die zentralen Themen und zu diskutierenden Fragen einzustimmen. Ebenso waren die Entwürfe für die Abschlussdokumente, die „politische Deklaration" und die „Politikempfehlungen für Erneuerbare Energien" verschickt worden. Das zentrale Ergebnis sollte jedoch das „Internationale Aktionsprogramm" sein, eine Zusammenstellung von konkreten Maßnahmen und freiwilligen Verpflichtungen bzw. Zielen zum Ausbau erneuerbarer Energien, die seitens der Regierungen, internationalen Organisationen und Stakeholdern aus der Privatwirtschaft und Zivilgesellschaft eingebracht werden sollten. Dazu war ebenfalls im Vorfeld von den Veranstaltern zusammen mit der Einladung von Bundeskanzler Schröder eine Anfrage nach solchen Programmbeiträgen verschickt worden („Call for Action and Commitments"). Die Anfrage wurde mit einer Liste von Beispielen sowie der Anforderung versehen, dass die Beiträge signifikant, neu oder zusätzlich und für eine Überprüfung geeignet sein sollten, allerdings ohne dies genauer auszuführen bzw. diesbezüglich konkrete Auflagen oder Kriterien vorzugeben (BMU 2004b; siehe auch Fritsche/ Kristensen 2005: 27ff). Zu Beginn der Tagung waren knapp 70 Beiträge für das Aktionsprogramm angemeldet.

An der Konferenz nahmen ca. 3.600 Personen teil, darunter waren zu Beginn laut Angaben der Veranstalter „fünf Premier- und Vize-Premierminister, 98 Minister, 32 Vize-Minister aus insgesamt 154 Länderdelegationen, dazu 33 Internationale Delegationen und mehr als 350 internationale Parlamentarier" (BMU 2004d).[584] Die Konferenz wurde von Mohamed El-Ashry geleitet, einem erfahrenen UN-Repräsentanten, der zuvor Geschäftsführer und Vorsitzender der Globalen Umweltfazilität (GEF) war.

Im *Mittelpunkt der Konferenz* stand die Frage, wie der Anteil erneuerbarer E nergien in Industrie- und Entwicklungsländern grundlegend gesteigert und ihre Vorteile und Potenziale besser genutzt werden können (BMU/ BMZ 2004b; Fritsche/ Kristensen 2005). Als Herausforderung und zentrale Frage wurde im vorbereitenden „Conference Issue Paper" zudem benannt, „how to change to a sustainable energy system in an active and timely manner, while allowing for the social and economic development of both industrialised and developing countries and taking into account divergent and specific national conditions" (BMU/ BMZ 2004b: 7). Als die drei zentralen Themenschwerpunkte der Konferenz waren in dem Vorbereitungspapier die folgenden aufgeführt (BMU/ BMZ 2004b):

– die politischen Rahmenbedingungen zur Förderung erneuerbarer Energien
– die Frage der staatlichen und privaten Finanzierungsmöglichkeiten zur Erreichung einer signifikanten Nachfragesteigerung

---

[584] Der Autor selbst hat als Observer teilgenommen und war zudem Mitveranstalter eines Side-Events zum Thema „Promotion of renewable energies for heating & cooling - innovative instruments in industrialised countries and initiatives in the EU", welches vom Institut für ökologische Wirtschaftsforschung zusammen mit dem BEE und EREF am 1. Juni ausgerichtet wurde.

– der Sammelbegriff „Developing Capacity for Energy Market Transformation". Hinter letzterem Begriff verbargen sich Information, Bildung, Ausbildung etc. („human capacity"), die Frage der institutionellen Entwicklung zur Förderung erneuerbarer Energien sowie Forschung und Entwicklung.

Die zuvor umstrittene Frage, welches *Technologiespektrum* auf der Konferenz behandelt werden sollte, wurde dahin gehend gelöst, dass der Schwerpunkt klar auf erneuerbaren Energien lag, dass jedoch Bezüge zum Thema Energieeffizienz und die generelle Bedeutung dieser „günstigsten Energiequelle" erwähnt wurden (BMU/ BMZ 2004b: 12). Das Themenpapier enthielt keine Aufweitung in Richtung „cleaner fossil technologies", so wie dies in Johannesburg am Ende erfolgt war. Das Spektrum der erneuerbaren Energien umfasste alle Formen der Solarenergie, die Windenergie, die geothermische Energie und weitere Formen wie die Ozeanenergienutzung. Die Bioenergie umfasste auch die Nutzung von Abfallfraktionen. Die traditionelle Nutzung von Biomasse wurde mit dem Zusatz versehen: „only if it is provided and used in a sustainable manner" (ebda.: 9). Bei der Wasserkraft waren auch große Anlagen zugelassen. Das Papier enthält diesbezüglich den Hinweis: "The World Commission on Dams and a stakeholder dialogue … have addressed issues concerning the sustainable use of large hydropower systems". Allerdings wurde hieraus keine zwingende Anforderung abgeleitet (ebda.).

Zum Auftakt der Konferenz wurden von vielen beteiligten Stakeholdern noch einmal ihre Forderungen an die Regierungsvertreter präzisiert. Das Worldwatch-Institut, Germanwatch und der Vorsitzende des IPCC, Rajendra Pachauri, formulierten auf einer gemeinsamen Pressekonferenz die aus ihrer Sicht zentralen Fragen, „an denen sich der Erfolg der Konferenz werde messen lassen" (Worldwatch et al. 2004). Diese drehten sich um verbindliche Zusagen von Regierungen für das Aktionsprogramm zur Steigerung erneuerbarer Energien, um die Entwicklung eines belastbaren und glaubwürdigen Nachfolgeprozesses, die Einbindung von großen Märkten wie China, Brasilien und Indien, die Änderung der Finanzierungspolitik der internationalen Finanzinstitutionen wie der Weltbank zu Gunsten erneuerbarer Energien und die Generierung weiterer finanzieller und politischer Mittel (ebda.). Der WWF sah vor allem die EU in der Pflicht und forderte die Bekanntgabe eines ambitionierten Langfristziels zum Ausbau erneuerbarer Energien: „Sie müsse ihrer Vorreiterrolle gerecht werden und bis 2020 den Anteil der regenerativen Energien bei der Stromerzeugung auf mindestens 25 Prozent ausbauen" (WWF 2004).

Viele NGOs und auch die Medien nahmen zudem Bezug auf die in den Vormonaten der Konferenz stark angestiegenen Ölpreise und die damit verbundene Debatte um den Beitrag erneuerbarer Energien zur Energieversorgungssicherheit, ebenso wie auf die bevorstehende Ratifizierung des Kyoto-Protokolls durch Russland und die Bedeutung erneuerbarer Energien für den Klimaschutz (siehe z.B. in CURES 2004; Worldwatch et al. 2004). Die Konferenz erhielt damit medialen

Rückenwind und wurde als eine Veranstaltung wahrgenommen, auf der Alternativen zu fossilen Brennstoffen aufgezeigt wurden.[585]

Am *ersten Tag der renewables* stand nach der offiziellen Eröffnung im Plenum der Multi-Stakeholder Dialog im Vordergrund. Auf diesem wurden von ausgewählten Stakeholdern Stellungnahmen und Forderungen zu den drei Themenschwerpunkten vorgetragen, die von den Teilnehmern und Regierungsvertretern kommentiert und ergänzt wurden. In der Diskussion wurde von einigen Entwicklungsländern (vorrangig aus Afrika) die Einrichtung eines Internationalen Fonds sowie ein stärkerer EE-Technologietransfer gefordert, Pakistan forderte eine EE-Entwicklungsbank, und Mauritius ein spezifisches Protokoll oder eine Konvention (IISD 2004b). Demgegenüber brachten die OPEC-Länder Iran und Saudi-Arabien die Stärkung von „clean fossil fuel technologies" ein, obwohl dieses Thema ausgeklammert werden sollte, und die USA thematisierten in ihrem Statement eine Energieeffizienzstrategie, die vergleichsweise weniger koste (IISD 2004b; BDE 2004d). Aus den Reihen der Industrievertreter wurde die Festlegung globaler Ziele erneut abgelehnt. Damit waren gleich zu Beginn der Konferenz, trotz überwiegend wohlwollender Worte der meisten Akteure, mit Blick auf die Statements aus den USA und einzelner OPEC-Staaten sowie aus der Industrie, die altbekannten Konstellationen untermauert. Demgegenüber berichtete aus den Reihen der Stakeholder ein Vertreter aus den USA über die Initiativen von 12 Bundesstaaten (u.a. Kalifornien) die sich die verstärkte Förderung erneuerbarer Energien zum Ziel gesetzt haben (IISD 2004b; BDE 2004d).

Am zweiten Tag fanden die bedeutenden Ereignisse jenseits des Plenarsaals statt. Zum einen fand ein „Senior Officials Meeting" statt, auf dem die *Regierungsdelegationen* unter der Leitung des Konferenzmoderators el-Ashry über den Entwurf der politischen Deklaration kontrovers debattierten. Hierbei brachten mehrere Entwicklungslander ihre Sorge zum Ausdruck, dass sie bei einer Ausweitung erneuerbarer Energien durch verschiedene Ziele und Maßnahmen stärker von den Industrieländern bzw. „foreign-owned technologies" abhängig würden (IISD 2004c: 2). In Bezug auf den umstrittenen Aspekt der Ziele gab es die bekannten Pro-Argumente einiger Industrieländer, die damit weiter als im „Johannesburg Plan of Implementation" gehen wollten, andere waren pauschal gegen Ziele. Insbesondere die USA, Japan, Brasilien und Frankreich sperrten sich gegen die zu dieser Zeit vorhandene Fassung der Erklärung, wobei die Gründe im Fall der USA von grundsätzlichen Erwägungen geprägt waren, bei Frankreich und Brasilien hingegen durch ihre Interessen bezüglich Atomkraft bzw. Großwasserkraft (Dobelmann 2004).

Zum anderen fand parallel an diesem Tag – wenngleich mit deutlich weniger öffentlicher Aufmerksamkeit - auf Einladung des Deutschen Bundestages und mit

---

[585]   Siehe hierzu auch die „Medienschau" auf den Konferenzseiten (www.renewables2004.de, 26.4.2007).

Unterstützung der weltweiten Parlamentarierorganisation IPU das *Internationale Parlamentarier-Forum Erneuerbare Energien* im nahe gelegenen Bonner Wasserwerk statt. An diesem Forum nahmen mehr als 300 Delegierte aus über 70 Ländern und Institutionen teil (IPF 2004). Die Parlamentarier forderten von ihren Regierungen die Festlegung von Mindeststandards und festen Steigerungsraten und sprachen sich für die Einrichtung einer Internationalen Agentur für erneuerbare Energien mit der Aufgabe, den internationalen Technologie- und Wissenstransfer voranzutreiben, aus. Zudem wurde die hohe Bedeutung parlamentarischer Initiativen zur Förderung erneuerbarer Energien hervorgehoben und eine Resolution, basierend auf den zentralen Forderungen, mehrheitlich verabschiedet (IPF 2004). Der Vorsitzende des Forums, Hermann Scheer (SPD), präsentierte die Resolution am Folgetag im Plenum der renewables.

Die dritte bedeutende Parallelveranstaltung des zweiten Tages war das side-event „China-Day". Auf dieser Veranstaltung kündigte die *chinesische Regierung* an, dass sie bis zum Jahr 2020 einen EE-Anteil von 20 % anstrebe, und dies mit einem dem deutschen EEG nachempfundenen Instrument erreichen wolle. Damit hatte China die bislang gewichtigste und weitreichendste Aussage zum internationalen Aktionsprogramm eingebracht und wurde so zum Hoffnungsträger für weitere ambitionierte Beiträge. Bis zu diesem Zeitpunkt waren laut den Veranstaltern offiziell 123 freiwillige Aktionen und Verpflichtungen von Regierungen und anderen Stakeholdern eingereicht (IISD 2004c).

Am dritten Tag spitzten sich die Debatten um die politische Deklaration zu. An diesem zentralen Tag der Verhandlungen traten eine Reihe ranghoher Regierungsvertreter auf, u.a. sandte der britische Premierminister Tony Blair per Videokonferenz eine Botschaft und Bundeskanzler Schröder hielt als Gastgeber seine mit Spannung erwartete Rede. Zudem sprachen mehrere Verantwortliche von UN-Organisationen, darunter Klaus Töpfer von UNEP und Peter Woicke von der Weltbank. Viele Akteure hofften auf verbindliche Ankündigungen der Staats- und Regierungschefs sowie der hochrangigen Vertreter der internationalen Organisationen.

Der Premierminister von Niger, Hama Amadou, betonte im Namen der Entwicklungsländer die Bedrohung durch hohe Energiepreise für die Staatshaushalte der am wenigsten entwickelten Länder und mahnte eindringlich Unterstützung beim Ausbau erneuerbarer Energien durch die Industrieländer an (IISD 2004d; BDE 2004d). Der Vertreter der Weltbank, auf die sich viele Hoffnungen bezüglich eines Wechsels in der internationalen Finanzierung im Energiebereich richteten, kündigte anschließend eine jährliche Steigerung der Ausgaben für erneuerbare Energien und Energieeffizienz um 20 % in den nächsten 5 Jahren an (siehe auch IFC 2004: 2). Dies entspricht zwar einer hohen Steigerungsrate, da diese jedoch auf einem absolut betrachtet äußerst geringen Niveau basiert, wurde diese Zusage von vielen Akteuren im Nachhinein als „Mogelpackung" kritisiert.[586]

Bundeskanzler Schröder hob in seiner Rede die zentrale Bedeutung von E-nergieeffizienz und erneuerbaren Energien für eine nachhaltige Entwicklung und zur Armutsbekämpfung hervor. Dies sei „die Doppelstrategie für eine weltweit nachhaltige Energieversorgung" und gleichzeitig „die wichtigste Antwort, die wir auf gestiegene Ölpreise geben können" (Schröder 2004). Schröder verwies darauf, dass es kein einheitliches Rezept für den Ausbau erneuerbarer Energien gäbe, woraus sich die unterschiedlichen Beiträge zum Aktionsprogramm ableiten. Er kritisierte, dass die erneuerbaren Energien „in den Vereinten Nationen bisher eine immer noch untergeordnete Rolle spielen" und forderte einen „globalen Impulsgeber, der die gemeinsame Sache kontinuierlich voranbringt", ebenso, wie dies vom Parlamentarier-Forum gefordert worden sei. Dabei wies er auf die noch offene Frage der Gestalt und Rechtsform hin (ebda.). Für Deutschlands Entwicklungszusammenarbeit kündigte Schröder zusätzlich zu den in Johannesburg zugesagten jeweils 500 Millionen Euro für erneuerbare Energien und Energieeffizienz die Einrichtung einer Sonderfazilität mit einem Volumen von bis zu 500 Millionen Euro an, und setzte damit ein Zeichen für andere Länder, ebenfalls vergleichbare Zusagen abzugeben.[587]

Die EU, vertreten durch die Umweltkommissarin Margot Wallström, konnte demgegenüber lediglich über die bestehenden Ziele bis 2010 berichten, sowie darüber, dass über längerfristige Ziele – die zuvor von vielen NGOs und dem EU-Parlament gefordert worden waren (s.o.) – nachgedacht werde (IISD 2004d).

Zunächst wurden in den weiteren Beiträgen viele der Forderungen und Statements positiv aufgenommen. So unterstützten Pakistan und auch der Iran die Forderung nach einer internationalen Organisation, Pakistan erneuerte zudem seinen Vorschlag zur Einrichtung einer spezifischen Förderbank (IISD 2004d). Bei der späteren Debatte um die politische Deklaration rückten jedoch die alten Fronten wieder in den Vordergrund und es wiederholte sich der Streit zwischen denjenigen, denen die Deklaration zu weit ging und denen, für die sie zu unverbindlich war. Zudem waren mehrere Begriffe und Textpassagen umstritten, z.B. ob erneuerbare Energien „eine wichtige" oder „die wichtigste Energiequelle der Zukunft" sind (BDE 2004d). Mehrere Länder, darunter Südafrika, Brasilien und China, forderten

---

[586]   Bei einem Finanzvolumen von etwa 200 Mio. Dollar für erneuerbare Energien in 2003, was etwa einem Prozent des damaligen Gesamtetats der Weltbank entsprach, bedeutete eine jährliche Steigerung um 20 % nur in etwa eine Verdoppelung der Summe und damit eine Steigerung auf insgesamt 2 % (Forum-UE/ EE-Netz 2004; BDE 2004d). Da zudem das Jahr 2003 ein im Vergleich zu einigen Vorjahren außergewöhnlich niedriges Finanzvolumen für erneuerbare Energien aufwies, handelte es sich also in den ersten Jahren um keine Steigerung, sondern lediglich um eine Angleichung auf das vorherige Finanzierungsniveau (May 2006b).

[587]   Zudem forderte er „insbesondere Russland, aber auch andere Länder" auf, das Kyoto-Protokoll bald zu ratifizieren (Schröder 2004).

die explizite Berücksichtigung der großen Wasserkraft (IISD 2004d). Iran, Indien und Saudi Arabien forderten die Streichung einer Formulierung zur „Internalisierung externer Kosten" und die Aufnahme von „cleaner fossil fuels" als eine Option. Dem widersprachen Dänemark und die EU-Vertreter. Saudi Arabien wollte zudem die Bezüge der Konferenz zum CSD-Prozess aufheben. Die USA waren gegen jegliche Formulierungen, die sich auf eine verbindliche Steigerung des ODA-Finanzvolumens bezogen (ebda.).

Angesichts der kontroversen Debatten um die Deklaration konnten im Anschluss daran das Internationale Aktionsprogramm, dass zu diesem Zeitpunkt etwa 150 Beiträge umfasste, nur noch kurz vorgestellt und die politischen Empfehlungen gar nicht mehr diskutiert werden.[588] Moderator el-Ashry kündigte an, eine Überarbeitung der Deklaration zu erstellen, die den „anspruchsvollen Erwartungen" gerecht werde (BDE 2004d).

Am *vierten und letzten Tag* fanden zu Beginn noch zwei Minister-Panels statt, die sich mit dem Beitrag von erneuerbaren Energien zu den Millenium-Zielen sowie ihrer Rolle beim Klimaschutz befassten. Daran schloss sich die abschließende Debatte um die Ergebnisse der Konferenz an – in der schließlich jedoch keine Diskussionen mehr zugelassen wurden. Der Moderator Mohamed el-Ashry präsentierte die drei Ergebnisdokumente der Konferenz, und die Texte wurden jeweils per Akklamation angenommen, ohne dass weitere Wortmeldungen aufgerufen wurden (BDE 2004d; IISD 2004d). Der Aktionsplan enthielt zu diesem Zeitpunkt 165 freiwillige Beiträge, die nach dem Willen der Veranstalter durch den CSD-Prozess einem Monitoring unterworfen werden sollten. Zudem wurde eine Nachfolgekonferenz angekündigt (IISD 2004d). Die Veranstalter lobten die Ergebnisse der Konferenz als „vollen Erfolg" (BMU 2004g). Jürgen Trittin hob in seiner Abschlussrede hervor: „Wir haben gemeinsam erreicht: Die erneuerbaren Energien sind weltweit unübersehbar." Und: „Das Zeitalter der erneuerbaren Energien hat begonnen" (Trittin 2004b).

6.4.3.4   Ergebnisse und Reaktionen

Deklaration und Aktionsprogramm

Von den drei Konferenzergebnissen, die am Freitag, den 4. Juni 2004, von den Delegierten der renewables 2004 verabschiedet wurden – die politische Deklaration,

---

[588] Die kontroversen Auseinandersetzungen fanden auch außerhalb der offiziellen Debatten der Regierungsdelegationen z.B. zwischen den beteiligten Stakeholdergruppen statt. In einer Pressemitteilung wies beispielsweise BDI-Präsident Rogowski darauf hin, dass „erneuerbare Energien kein Wundermittel" seien und forderte, sich „im Hinblick auf die vorgesehene „Deklaration von Bonn" … den Realitäten zu stellen" (BDI 2004). Dazu gehörten „die ökonomischen Bedingungen für den Einsatz der erneuerbaren Energien, eine vorurteilsfreie Energieforschung und rationale Innovationspolitik" (ebda.).

das Internationale Aktionsprogramm, und die politischen Empfehlungen – wurde von vielen Teilnehmern und Analysten das Aktionsprogramm als das wichtigste und innovative Ergebnis bezeichnet (beispielhaft Fritsche/ Kristensen 2005: 5). Das während der Konferenz deutlich umstrittenere und daher politisch brisantere Dokument war jedoch die *politische Deklaration*. Hier setzten sich auf der einen Seite die engagierteren Regierungsvertreter für verbindliche Aussagen zur Förderung ein - beispielsweise einen verbindlichen Anteil an der Energieversorgung der Armen bis zum Jahr 2015, oder eine verbindliche Steigerung des Anteils bei internationalen Finanzierungseinrichtungen – was auf der anderen Seite von den Vertretern aus den USA und den OPEC-Staaten, aber auch von anderen Staaten verhindert wurde.

Die Auseinandersetzungen wurden zudem um die Frage der Definition bzw. der Nutzungsbedingungen erneuerbarer Energien ergänzt. Besondere Streitpunkte waren dabei die große Wasserkraft (Staudammkraftwerke) sowie Anbau und Nutzung der Biomasse und die damit verbundenen ökologischen und gesundheitlichen Gefahren. Diesbezüglich übernahm die brasilianische Delegation im Unterschied zum WSSD in Johannesburg (s.o.) auf der renewables „die Rolle des Hauptbremsers" (Maier 2004), da sie sich bedingungslos für Großwasserkraft und Bioenergie einsetzte und ihre Zustimmung zur diesbezüglich unbestimmt gehaltenen Deklaration bis zum Schluss offen ließ.[589]

Die politische Deklaration wurde zwar nicht per Abstimmung, sondern per Akklamation angenommen, wodurch die Gefahr einer erneuten Debatte und eines weiteren Aufweichens des Textes umgangen wurde. Allerdings enthielt die Fassung, die von den teilnehmenden Ministern und Regierungsvertretern aus 154 Ländern damit letztlich angenommen wurde, keine konkreten Formulierungen, durch welche sich die Staaten zu etwas verpflichtet hätten, was über den Status quo oder über Absichtserklärungen hinausginge. Im ersten Paragraph der Erklärung erkennen die Minister und Regierungsvertreter an, „dass erneuerbare Energien, kombiniert mit einer gesteigerten Energieeffizienz, wesentlich dazu beitragen können, eine nachhaltige Entwicklung zu verwirklichen, Zugang zu Energie zu verschaffen, insbesondere für die Armen, den Ausstoß von Treibhausgasen zu senken, die Emission von Luftschadstoffen zu verringern und so neue ökonomische Chancen zu eröffnen und durch intensive Zusammenarbeit die Energiesicherheit auszubauen" (§ 1, renewables 2004b).

Die Ankündigung von Johannesburg „weltweit mit hoher Dringlichkeit den Anteil der erneuerbaren Energien an der Gesamtenergieversorgung erheblich zu erhöhen", wird erneut bekräftigt (§ 2). Der Beitrag erneuerbarer Energien für die Energieversorgung in Entwicklungsländern zur Beseitigung von Armut wurde

---

[589] Dabei wurde die brasilianische Delegation massiv von der Lobby der großen Wasserkraft- und Staudammanlagen unterstützt (Unmüßig 2004; Maier 2004). Demgegenüber blieb laut Jürgen Maier „die kleine, niedrigrangige Delegation der Bush-Regierung ... in Bonn weitgehend unauffällig" (Maier 2004).

lediglich angedeutet, nicht jedoch mit einem expliziten Ziel verbunden (§ 3): „Zur Verwirklichung dieser Ziele muss in den Entwicklungsländern der Zugang zu Energie wesentlich verbessert werden. Nach Schätzungen können durch den Einsatz erneuerbarer Energien bis zu einer Milliarde Menschen Zugang zur Energieversorgung erhalten, sofern die Märkte und die Finanzierungsmodalitäten, wie in dem von der Konferenz verabschiedeten Internationalen Aktionsprogramm vorgesehen, erweitert werden können." Das Thema *Ziele* wurde dahingehend abgeschwächt, dass die Minister und Regierungsvertreter lediglich „Kenntnis von Ländern, die konkrete Ziele für die Erhöhung des Anteils der erneuerbaren Energieträger" nahmen. Die ebenfalls verabschiedeten Politikempfehlungen für erneuerbare Energien wurden „mit Genugtuung zur Kenntnis" genommen (§ 4).

Schließlich gab es mit Blick auf den *Folgeprozess* und die weitere Institutionalisierung des politischen Prozesses auf internationaler Ebene drei Ankündigungen. Erstens verpflichteten sich die Minister und Regierungsvertreter, der Kommission für nachhaltige Entwicklung (CSD) über „messbare Schritte Bericht zu erstatten" (§ 8). Zweitens verpflichteten sie sich, „in einem *'globalen Politiknetzwerk'* mit Vertretern von Parlamenten, kommunalen und regionalen Behörden, Wissenschaft, Privatwirtschaft, internationalen Institutionen, internationalen Wirtschaftsverbänden, Verbrauchern, Gruppen der bürgerlichen Gesellschaft, Frauenverbänden und mit den betreffenden Partnerschaften weltweit zusammenzuarbeiten" (§ 9). Dieses „informelle Netzwerk" soll die bestehenden Partnerschaften berücksichtigen und einen offenen Meinungs- und Erfahrungsaustausch fördern (ebda.). Drittens äußerten sich die Minister und Regierungsvertreter „entschlossen, auf den Sitzungen der CSD 14 und 15 spürbare Fortschritte und einen substanziellen Folgeprozess zu erreichen, und beschließen eine Fortsetzung des in Bonn begonnenen hochrangigen politischen Dialogs" (§ 10).

Im *Internationalen Aktionsprogramm (IAP)* wurden konkrete Maßnahmen und freiwillige Verpflichtungen oder Ziele zum Ausbau erneuerbarer Energien zusammengestellt, die seitens der Regierungen, internationalen Organisationen und Stakeholdern aus der Privatwirtschaft und Zivilgesellschaft vorgeschlagen wurden. Die überarbeitete Fassung des IAP vom 30. August 2004 enthält insgesamt 197 Beiträge.[590] Mit 61 % stammte dabei der größte Anteil dieser Beiträge von Regierungen. Die drei zentralen Themen der Konferenz wurden wie folgt adressiert: 39 % der Aktionen bezogen sich auf politische Rahmenbedingungen, insgesamt wurden 29 nationale oder regionale Ziele eingebracht. 42 % der Aktivitäten bezogen sich auf „capacity development" sowie Forschung und Entwicklung, weitere 9 % auf Finanzierungsmechanismen. 10 % der Beiträge waren themenübergreifend bzw. adressierten mehrere dieser Aspekte. Die Beiträge kamen zu 45 % aus Europa, zu 20 % aus

---

[590] Die nachfolgenden Daten dieses Absatzes entstammen der Inhaltsanalyse des Aktionsprogramms von Uwe R. Fritsche und Sidse Kristensen, die im Auftrag von BMU und BMZ im Anschluss an die Konferenz die Beiträge ausgewertet haben (Fritsche/ Kristensen 2005).

Afrika und zu 9 % aus Süd- und Zentralamerika. 25 % aller Maßnahmen zielten auf eine Implementierung in einem anderen Land als dem Herkunftsland.

Insgesamt sollen durch das IAP 163 GW_{el} Erzeugungskapazität aus erneuerbaren Energien bis 2015 zusätzlich angestoßen und im Jahr 2015 eine CO_2-Reduktion von schätzungsweise 1,2 Mrd. Tonnen erreicht werden. Unter der Voraussetzung, dass diesen freiwilligen Ankündigungen nachgekommen wird, werden die Aktivitäten von China, Mexiko, Deutschland, der Europäischen Investitionsbank und den USA die größten Auswirkungen haben. An der angestrebten Verbesserung des Zugangs zu Energie in Entwicklungsländern hätten die Beiträge aus China, der „Global Market Initiative"[591], aus den Philippinen, Südafrika und Ägypten die größten Anteile.

Reaktionen

Während die Veranstalter BMU und BMZ ihr überschwänglich positives Votum über die Konferenz bereits unmittelbar nach Beendigung der renewables gaben, entwickelte sich in den Tagen nach der Konferenz ein im Detail zwar überwiegend kritisches, insgesamt aber durchaus wohlwollendes Bild. Das Spektrum der Gesamtbewertungen reichte von einem „vollen Erfolg" seitens der Veranstalter (BMU 2004g), zu einem „insgesamt sehr erfolgreichen Vorgehen" (Milke/ Bals 2004), einem Erfolg „unter dem Strich" (Maier 2004), über einen „kleinen Fortschritt für den Klimaschutz" (Greenpeace 2004a) bis hin zum „Versagen" der gesamten Konferenz (Scheer 2004a). Klaus Milke und Christoph Bals bewerteten den Ansatz der Konferenz als einen möglichen „Bypass für Kyoto ... bei dem alle Partner gewinnen können" (Milke/ Bals 2004).

Ein häufiger Erklärungszusammenhang der positiven Gesamtbewertung vieler Berichterstatter, Analysten und beteiligten Stakeholder war, dass „die Konferenz selbst ... ein Ereignis von großem Gewicht" war (BDE 2004d), da sie ein wichtiges „Signal für den Ausbau Erneuerbarer Energien" setzen konnte (Milke/ Bals 2004). Dabei wurde die *Öffentlichkeitswirkung der Konferenz* durch externe Ereignisse wie die Ölpreissteigerung im Vorfeld (am Vortag der Konferenzeröffnung durchbrach der Ölpreis die Grenze von 40 Dollar) und politische Krisen in Öl-fördernden Staaten unterstützt - Themen, die in dieser Zeit eine hohe Medienpräsenz hatten. Die Öffentlichkeitswirksamkeit wurde zudem auch durch das Gesamtkonzept der Konferenz unterstützt, indem „auf vielen Veranstaltungen im Vor- und Umfeld ... die Träger einer Wende zu den erneuerbaren Energien" mobilisiert (Bröer 2004a) und Stakeholder zudem in großer Zahl in einem partizipativen Prozess im Rahmen

---

[591] Die „Global Market Initiative for Concentrating Solar Power" ist ein Zusammenschluss mehrerer europäischer und nordafrikanischer Regierungen (Algerien, Ägypten, Deutschland, Israel, Italien, Jordanien, Marokko, Spanien) zur Förderung, Schaffung von Marktbedingungen und Implementation von Solarkraftwerken im Umfang von 5.000 MW_{el} bis 2015 (renewables 2004a: 15).

der Konferenz einbezogen wurden. Somit konnte die Konferenz „einen ganz entscheidenden Beitrag für die öffentliche und politische Wahrnehmung" leisten und zeigen „dass es zur Erdölförderung- und -abhängigkeit sehr wohl Alternativen gibt, die dringlichst politisch eingeleitet und finanziert werden müssen" (Unmüßig 2004: 2).

Die Detailkritik richtete sich in der Regel auf die beiden zentralen Abschlussdokumente, die Erklärung und das Aktionsprogramm, aber auch auf das Verhalten einzelner Akteure. Die *Kritik an der politischen Erklärung* entzündete sich an ihrem erneut unverbindlichen Charakter, und daran, dass die Veranstalter für das Zustandekommen das Konsensprinzip verfolgt hatten. Jürgen Maier bezeichnete die Erklärung als „inhaltsleer" (Maier 2004), Greenpeace kritisierte, dass die „Konsens-Strategie der Bundesregierung" einen Durchbruch für ein weiter reichendes Ergebnis verhindert hätte (Greenpeace 2004a), und Hermann Scheer sprach in einem Kommentar generell von der „Lähmung globaler ökologischer Konsensstrategien" (Scheer 2004a).

Die Kritiker waren sich jedoch in der Mehrzahl auch einig, dass das *Internationale Aktionsprogramm* das wichtigere Ergebnis war, mit dem „endlich ein Ausweg aus den selbst blockierenden Riten der UN-Verhandlungsprozesse gefunden werden" sollte (Unmüßig 2004: 2), in dem auf Freiwilligkeit bei den Verpflichtungen zu Maßnahmen und Zielen gesetzt wurde. Aber: „Diese unbestrittene Stärke der Konferenz war auch gleichzeitig ihre Schwäche" (ebda.), da die eingereichten Aktivitäten von sehr unterschiedlicher Qualität waren.[592] Laut einer Durchsicht des Aktionsprogramms seitens einiger NGOs waren „letztlich ganze 20 Aktionsvorschläge wirklich relevant, indem sie messbare Ausbauziele formulieren oder finanzielle Beiträge zur Förderung erneuerbarer Energien bereit stellen" (Unmüßig 2004:3). Hermann Scheer kritisierte das IAP als „Aktionsliste", in die „alle teilnehmenden Länder und Organisationen … ihre ohnehin laufenden oder geplanten Vorhaben" beitragen konnten; dies sei eine „Vergewaltigung des Begriffs Programm" (Scheer 2004a: 7).

Jenseits dieser allgemeinen Kritik wurden jedoch unisono als wichtigste Beiträge des Aktionsprogramms die „beachtenswerten Ankündigungen" (Scheer 2004a: 7) einiger Entwicklungs- und Schwellenländer hervorgehoben. Hier stach insbesondere *Chinas Ankündigung* heraus, bis 2010 ca. 10 % und bis 2020 12 % der Stromversorgung durch erneuerbare Energien zu decken, 2020 sollten es zusammen mit den Anteilen im Wärme und Biokraftstoffbereich insgesamt 17 % EE-Anteil am gesamten Energieverbrauch sein (renewables 2004a: 43).[593] An zweiter Stelle ist das Enga-

---

[592] Barbara Unmüßig (Heinrich-Böll-Stiftung) kritisierte: „Die meisten Vorschläge sind vage, führen bereits laufende Projekte auf oder suchen noch Finanzierung" (Unmüßig 2004: 2). Ähnlich auch Angelika Zahrnt (BUND): Das Aktionsprogramm sei „eine ziemlich bunte Mischung aus sehr ambitionierten Programmen, alten Hüten und Luftblasen" (zitiert in Frey 2004).

[593] Dabei nannte die chinesische Regierung auch konkrete Zahlen für Einzelziele: bis 2010 sollten 60

gement der philippinischen Regierung hervorzuheben, welche die Erzeugungskapazität erneuerbarer Energien auf 4.700 MW verdoppeln will, „enabling the Philippi-
nes to be the largest geothermal energy producer in the world, the leading wind
energy producer in Southeast Asia and to double its hydro capacity by 2013" (renewables 2004a: 108).

Weitere Ankündigungen aus den Reihen der Entwicklungsländer gab es u.a.
aus Ägypten, der Dominikanischen Republik und dem Jemen, und Länder wie
Marokko und Tunesien beteiligten sich konstruktiv an Kooperationen.[594] Jürgen
Maier bewertete das Agieren sowie die eingereichten Aktivitäten einiger Entwicklungsländer als ein Aufbrechen der bisherigen energiepolitischen Hegemonialstel-
lung der arabischen Ölstaaten in der G77: „Wenn Bonn einen spürbaren Beitrag
dazu geleistet hat, den bisherigen eisernen Griff der OPEC um die G77 zu lockern,
war die Konferenz allein schon aus diesem Grund viel wert" (Maier 2004).

Demgegenüber stand neben den OPEC-Staaten und den USA diesmal insbesondere die EU in der Kritik. Die für die EU-Delegation verantwortliche *EU-
Kommission* war „*ohne wegweisendes Ziel*" (Unmüßig 2004: 2), welches über den Status
quo hinausging, nach Bonn angereist. Im Vorfeld hatten viele Befürworter einer
Vorreiterinitiative durch die JREC, darunter auch das EU-Parlament, für ein Voran-
schreiten der EU plädiert. Entsprechend groß war die Enttäuschung über die in
Bonn verlorene „Vorreiterrolle in der Klima- und Energiepolitik" (Unmüßig 2004:
3; ebenso Bröer 2004d; Greenpeace 2004a; Milke/ Bals 2004). Aber auch die *internationalen Finanzierungsinstitutionen* standen in der Kritik, wenig Substantielles beigetragen zu haben. Hier wurde insbesondere das Angebot der Weltbank kritisiert, ihr
Fördervolumen für erneuerbare Energien in Höhe von gegenwärtig einem Prozent
innerhalb von 5 Jahren lediglich auf zwei Prozent steigern zu wollen (s.o.).

Bemerkenswert war auf der renewables die *geringe politische Bedeutung der EE-
Unternehmen* und ihrer Lobbyverbände – mit Ausnahme der Großwasserkraft (s.o.).
Die Unternehmen und ihre Verbände äußerten selbst keine konkreten Forderungen
oder Vorstellungen bezüglich der internationalen institutionellen Entwicklung
erneuerbarer Energien; dieses Feld überließen sie nahezu vollständig den NGOs.
Im eigens für die EE-Wirtschaft geschaffenen „Business-Forum", dem Ausstel-
lungsgelände der Konferenz, nahmen insgesamt nur 30 Unternehmen teil (GTZ/
dena 2004), und wie in Johannesburg waren es hier vor allem die Großkonzerne
(u.a. Eon, EnBW, Daimler-Chrysler, Sharp, Shell, VW), die mit ihren EE-
Aktivitäten im Vordergrund standen.

GW EE-Stromkapazitäten installiert sein, davon 50 GW durch kleine Wasserkraft, 6 GW durch
Biomasse, 4 GW durch Windkraft und 450 MW durch Photovoltaik. Bis 2020 sollte der Gesamtbeitrag auf 121 GW ansteigen (renewables 2004a: 43).

[594] Marokko übernahm zudem in (und seit) Bonn eine führende Rolle im Rahmen der JREC (Co-
Vorsitz).

Mit der renewables wurde somit zwar auf der einen Seite mit der offenen, nicht an Voraussetzungen gebundenen Einladungspolitik und dem Zustandekommen der politischen Deklaration das viel kritisierte multilaterale Konsensprinzip des UN-Systems wiederholt. Auf der anderen Seite wurde mit der breiten Beteiligung von Stakeholdern sowohl an der gesamten Konferenz als auch am Aktionsprogramm politisches Neuland betreten. Der Ansatz einer „weltweiten Beteiligung unterschiedlichster Betroffenengruppen auf einer internationalen Regierungskonferenz" wurde von vielen der teilnehmenden Stakeholder positiv bewertet und z.B. als „gelungenes Experiment" bezeichnet (Energiedepesche 2004: 10). Die vielen regionalen Vorbereitungstreffen und die breite Beteiligung verschiedener Akteure sorgten für eine Verbreitung des Themas und brachten Impulse für die auf der renewables diskutierten Dokumente.

Allerdings hatten die Veranstalter bei der Frage der Beteiligung den gleichen Ansatz gewählt wie bei der Frage der einzuladenden Regierungen – es wurde explizit nicht zwischen Vorreitern, Befürwortern und Verhinderern unterschieden. Somit war im eigens geschaffenen Multi-Stakeholder-Forum ein Spektrum von EE-Verbänden und NGOs bis hin zu konventionellen Industrieverbänden vertreten, und diese *heterogenen zivilgesellschaftlichen Vertreter* wurden ebenfalls in die Pflicht genommen, ihre Empfehlungen für die *Deklaration im Konsens* zu verfassen. Wenngleich es ein quantitatives Übergewicht an Teilnehmern im Forum gab, die einen verstärkten EE-Ausbau befürworteten bzw. dafür aufgeschlossen waren, so konnte auch die Konsensfassung des Stakeholder-Forums keine klaren Akzente für die Konferenz setzen (hierzu auch Scheer 2004a: 8). Dies wäre jedoch ohnehin nur begrenzt möglich gewesen, da die entscheidenden Debatten über die zentralen Ergebnisse der Konferenz wie üblich bei den Regierungsdelegationen lagen. Den größten Einfluss auf den Schlusstext der Deklaration hatten daher die Veranstalter, zusammen mit dem Moderator der Konferenz El-Ashri. Die Endfassung der Deklaration, der kontroverse Debatten vorausgegangen waren, wurde am Schlusstag nicht mehr formal mit einer Abstimmung, sondern nach dem Willen der Veranstalter nur per Akklamation angenommen.

Im Einklang mit der oben aufgezeigten überwiegend positiven Grundbewertung der Konferenz und der gleichzeitig zum Teil fundamentalen Kritik an ihren zentralen Ergebnissen, richteten sich nun – ähnlich wie nach dem WSSD in Johannesburg – erneut die *Hoffnungen auf die angekündigten Folgeaktivitäten*, den Follow Up-Prozess. Damit war zum einen ein Monitoring-Prozess gemeint, der in einer erklärten Berichtspflicht über den Fortschritt der Aktivitäten des Aktionsprogramms gegenüber dem UN-CSD bestand. Zum anderen sollte diese UN-Kommission auch der Ort sein (konkret CSD-14 und -15, die sich ohnehin mit Energiefragen befasste), wo über „spürbare Fortschritte und einen substanziellen Folgeprozess" diskutiert werden sollte (§ 10, renewables 2004b). Damit war eine schnelle Rück-

Einbettung in den offiziellen UN-Prozess angekündigt, ohne dass ein spezifischer renewables-Nachfolgeprozess klar skizziert worden war.[595]

Da die Entwicklung des politischen Konzepts der renewables 2004 federführend in den Händen von BMU und BMZ gelegen hatte, ist von einer *klaren Präferenz für diesen multilateralen Ansatz* bei dem verantwortlichen Minister bzw. der Ministerin, wahrscheinlich in Abstimmung mit dem Kabinett bzw. dem Kanzler, auszugehen. Zudem wurde dieser Prozess in den nationalen und internationalen Vorbereitungsgremien im Ergebnis eher gestützt, wenngleich es immer wieder Diskussionen zur Frage „Konsens versus Vorreiterkonzept" gegeben hatte (s.o.). Dies kann auf die heterogene Besetzung der Gremien zurückgeführt werden, die ebenfalls keine Beschlussfassung in Richtung einer exklusiven Vorreiterpolitik zugelassen hätte. Aber selbst außerhalb dieser Gremien kamen aus den Reihen derjenigen Stakeholder, die einem Vorreiterkonzept grundsätzlich aufgeschlossen gegenüberstanden, z.b. seitens der EE-Wirtschaft und der Mehrzahl der NGOs, keine konkreten Vorschläge oder Forderungen in Richtung eines solchen Konzepts zur institutionellen Ausgestaltung der Förderung erneuerbarer Energien auf internationaler Ebene.[596]

Der konkreteste Vorschlag zur internationalen Institutionalisierung war die Jahrzehnte alte *Forderung nach der Einrichtung einer IRENA* (siehe hierzu Abschnitt 6.4.1.3), die auf dem parallelen Parlamentarier-Forum sowie auf der vorausgegangenen WCRE-Konferenz erneut bekräftigt und damit auch in die renewables eingebracht wurde. Dieser Vorschlag wurde zwar von Kanzler Schröder in seiner Rede aufgegriffen (s.o.), war jedoch in den Verhandlungen selbst kein Thema. Das IRENA-Konzept sei laut Hermann Scheer „schon im Vorfeld der Konferenz ... auf Betreiben des deutschen Umweltministers verworfen" worden, obgleich es mehrfache diesbezügliche Beschlüsse seitens der Regierungsparteien und des Deutschen Bundestages gab (Scheer 2004a: 8).[597] Laut Oberthür et al. findet „die Einrichtung einer solchen Organisation ... derzeit international kaum politische Unterstützung",

---

[595] Hermann Scheer kommentierte diesen Schritt wie folgt: „Und schließlich wird die auslösende Idee zu dieser Konferenz, die aus dem konsensualen Mustopf der Entwicklungs- und Umweltdiplomatie herausführen sollte, in diesen wieder eingetaucht" (Scheer 2004a: 7).

[596] Milke und Bals kritisieren dieses Manko wie folgt: „Dass sich mehr nicht durchsetzen ließ, lag auch daran, dass die Zivilgesellschaft kein gemeinsames Konzept hatte, wie der institutionellen Zersplitterung [der EE-Förderung und –Behandlung auf internationaler Ebene; eigene Einfügung] zu begegnen ist. Hier liegt eine der Hausaufgaben für NGOs und EE-Verbände" (Milke/ Bals 2004: 2). Hermann Scheer kritisiert in diesem Zusammenhang die Rolle der NGOs in der internationalen Umweltpolitik grundsätzlich und wirft ihnen vor, im „selbstreferentiellen System internationaler Umweltkonferenzen ... wohl integriert" zu sein und „dabei ihre treibende Rolle eingebüßt" zu haben (Scheer 2004a: 8).

[597] Als Grund benennt Scheer „das Kleben an einem durchgängigen multilateralen Ansatz. Der Gedanke, dass es – so wie es internationale Sicherheits- und Wirtschaftsallianzen mit gemeinsamen Institutionen gibt – für die forcierte Lösung globaler Umweltfragen auch internationale Organisationen einer Gruppe von Ländern geben muss, erscheint demzufolge als abwegig." (Scheer 2004a: 8)

selbst die meisten Staaten, die eine entschiedene EE-Förderung befürworten, stünden der Einrichtung einer solchen Organisation ablehnend gegenüber (Oberthür et al. 2004: 11).

Die beschlossene *Einrichtung eines informellen, globalen Politiknetzwerks* stieß vor diesem Hintergrund auf ein gemischtes Echo. Auch hier kamen in der Regel Enttäuschung und Hoffnung zusammen. Die Enttäuschung bezog sich in der Regel darauf, dass das Netzwerk einerseits als informelles und unverbindliches Diskussionsgremium gegründet und andererseits so breit angelegt worden war, dass es ebenfalls der Gefahr einer „Konsenslähmung" unterlag.[598] Die Hoffnung bezog sich darauf, dass das Netzwerk „eine Brückenfunktion übernehmen" könne hin zu „einem effizienteren und durchsetzungsfähigeren institutionellen Mechanismus" (Unmüßig 2004), „wenn diejenigen, die in Bonn und dem Vorbereitungsprozess daran mitgearbeitet haben, am Ball bleiben" (Maier 2004). Auch Oberthür et al. zeigten wie zuvor bereits der WBGU (2003b; 2004, siehe Abschnitt 6.4.3.1) auf, dass aus einem solchen Netzwerk „auf längere Sicht eine eigenständige internationale Organisation entstehen" könnte (Oberthür et al. 2004: 11). Allerdings schränken sie gleichzeitig ein, dass insbesondere „die Übernahme einer Koordinations- und Leitungsfunktion ... auf erhebliche politische Widerstände" treffen könnte, insbesondere bei Ländern „mit einflussreichen Kohle- und Ölinteressen". Vor diesem Hintergrund kommen sie letztlich zur Empfehlung, dass „Fortschritte unter den gegebenen Umständen möglicherweise wiederum am ehesten durch eine Vorreiterkoalition gleich gesinnter Staaten zu erreichen" wären (ebda.).

6.4.3.5   Nachfolgeprozess und aktuelle Entwicklungen

6.4.3.6   Folgekonferenzen BIREC und WIREC

Auf der renewables wurde in der Deklaration beschlossen, dass es „eine Fortsetzung des in Bonn begonnenen hochrangigen politischen Dialogs" geben solle (§ 10, renewables 2004b). Angesichts der bedeutenden Rolle, die China auf der renewables gespielt hatte, wurde die geplante Nachfolgekonferenz folgerichtig dort ausgerichtet. Die Beijing International Renewable Energy Conference (BIREC) fand am 7. und 8. November 2005 statt. Sie wurde von der chinesischen Regierung ausgerichtet, mit Unterstützung der deutschen renewables-Veranstalter BMU und BMZ, der EU-Kommission und der UNDESA. Mit 78 Delegationen, die zum Teil nur mit wenigen Personen besetzt waren, und insgesamt etwa 1.200 Teilnehmern hatte die Konferenz ein deutlich geringeres Ausmaß als die renewables 2004. Wieder war das

---

[598] Laut Barbara Unmüßig konnten sich die Akteure deshalb nicht auf „mehr als ein informelles „global policy network" ...einigen", weil „die Furcht vor mehr Konzentration und Bündelung, sie würde denn auch die Abgabe von Entscheidungsmacht und Finanzmitteln an eine neue institutionelle Einheit durch die verschiedenen Akteure bedeuten, zu groß war" (Unmüßig 2004).

Konzept auf eine breite Beteiligung von Stakeholdern ausgelegt. Allerdings traten diesmal einige Industrieunternehmen, darunter GE Energy, BP (China) sowie mehrere chinesische Unternehmen als Sponsoren auf, da nicht ausreichend staatliches Geld zur Verfügung stand. Nach Aussagen von Teilnehmern war die Industrie auf der BIREC „zwar präsent, aber nicht dominant, und die Sponsoren hielten sich sogar fast völlig zurück" (Maier 2005). Wichtig war aus Sicht der NGOs zudem ihre erneute Teilnahme in einem Land wie China, und dabei insbesondere die Präsenz und Redefreiheit chinesischer NGOs, da dies „ein Novum für China" darstellte (ebda.).

Das einzige offizielle Ergebnis der BIREC war die „*Beijing Declaration on Renewable Energy for Sustainable Development*" (BIREC 2005).[599] So kurz nach der Bonner Konferenz sollten in Beijing keine neuen Aktionsprogramme verkündet werden, sondern stand die Frage des Monitoring und des weiteren Prozesses im Vordergrund. Allerdings war es erneut die chinesische Regierung, die mit einer Erweiterung ihrer in Bonn angekündigten Zielsetzung auch einen Beitrag zu konkreten Aktionen und nationalen Zielsetzungen leistete: das nationale Ausbauziel für Windenergie von 20.000 Megawatt bis 2020 wurde auf 30.000 Megawatt aufgestockt.

Da das Konferenzkonzept in gleicher Weise wie bei der renewables 2004 einen breiten multilateralen Dialog vorsah, konnte mit der Deklaration - wie bereits in Bonn - keine größere Konkretisierung oder Verbindlichkeit erzielt werden. Allerdings wurden in der Erklärung einige Begründungszusammenhänge für den Ausbau erneuerbarer Energien ausgeführt. Beispielsweise wird auf die negativen Folgen steigender Ölpreise für Importländer hingewiesen und demgegenüber auf die diesbezüglich positiven Wirkungen eines EE-Ausbaus auf der lokalen Ebene verwiesen (§ 5, BIREC 2005). Zudem wird - im Unterschied zur renewables-Deklaration - das Thema ODA *und die Rolle der internationalen Finanzinstitutionen* nicht ausgeklammert: „We emphasize the catalytic role that financial incentives and higher shares of ODA can play and we urge International Financial Institutions (IFIs), including the World Bank, the Regional Development Banks, and the GEF, as well as individual governments to significantly expand their investments in renewable energy technologies. We also urge IFIs and other actors to design improved instruments and products to ensure effective blending of public and private financing which should help buying down the risks associated with renewable energy technologies." (§ 9, BIREC 2005)

Auch der durch die renewables 2004 gewählte institutionelle Ansatz wird durch die Beijing Deklaration gestärkt. Zum einen wird die wichtige Rolle des UN-Systems bei technischer Beratung angesprochen und eine *stärkere UN-interne Kooperation* eingefordert „to avoid fragmentation of effort" (§ 11). Zum zweiten sollten

---

[599] Die Leitung der Konferenz und insbesondere des politischen Verhandlungsprozesses hatte erneut Mohammed El-Ashry.

Multi-Stakeholder-Netzwerke eine zentrale Rolle beim Informations- und Wissenstransfer in Entwicklungsländer einnehmen (ebda.). Drittens wird schließlich die UN-Kommission für nachhaltige Entwicklung (CSD) erneut „eingeladen", sich des Themas anzunehmen: „We invite the Commission to consider an effective arrangement to review and assess progress towards substantially increasing the global share of renewable energy as foreseen in paragraph 20(e) of Johannesburg's Plan of Implementation" (§ 12). Im Unterschied zur Bonner Erklärung konnte nicht verhindert werden, dass sich die Deklaration nicht ausschließlich auf die Förderung erneuerbarer Energien beschränkt, da nun auch „saubere fossile Energien" mit aufgenommen wurden.[600]

Wie zuvor bei der renewables 2004 lobten auch hier die Veranstalter und Mitveranstalter den Erfolg der BIREC 2005 (beispielhaft Trittin 2005; REN21 2005). Laut REN21 sollte die BIREC den globalen politischen „Schwung" („global political momentum") der renewables 2004 erhalten und auf die Entwicklungsländer ausdehnen (REN21 2005). Auch aus der Sicht einiger NGOs war die Konferenz erfolgreich, da es, wie Jürgen Meier vom Forum Umwelt und Entwicklung formulierte, „bei manchen Konferenzen weniger darauf ankommt, was dort genau besprochen wird, sondern wo sie stattfinden und wer daran teilnimmt" (Maier 2005). Allerdings konnte die Konferenz nicht die Erwartungen erfüllen, die seitens der 52 zivilgesellschaftlichen Organisationen im Vorfeld der BIREC formuliert worden waren. In einer gemeinsamen Erklärung forderten die NGOs die Regierungsvertreter auf, die Ziele der Bonner Konferenz deutlich zu übertreffen und den Ausbau erneuerbarer Energien mit konkreten Maßnahmen sicherzustellen (siehe "Joint Declaration" in IKEE 2005). Es gab jedoch auch Stimmen, die, wie bereits nach der renewables 2004, die Unbestimmtheit der BIREC-Deklaration kritisierten (WCRE 2005) und als Resultat der angestoßenen Prozesse „keine echte, internationale Aufbruchstimmung" erkennen konnten (Wortmann 2006: 154).

Ein wichtiger Nebeneffekt der Konferenz war, dass sich erneut die Gelegenheit bot, auf die deutschen Erfolge bezüglich des Ausbaus von EE-Anlagen und -Industrie und das dafür verantwortliche politische Instrument, das EEG, hinzuweisen (IKEE 2005). Dieser politische Marketingeffekt wurde dadurch unterstützt, dass die chinesische Regierung die Einführung eines EEG-ähnlichen Förderinstruments angekündigt hatte und darüber hinaus eine zunehmende Anzahl von Staaten in Europa und international auf Einspeisevergütungssysteme setzte (vgl. u.a. Abschnitt 5.2.6).

Aufgrund der Beschlüsse der renewables 2004 sowie der BIREC 2005, den Folgeprozess zunächst in die Hände der CSD zu legen, gab es in Beijing keine

---

[600]   Konkret heißt es im § 10 (6) der Deklaration: "We further emphasize the need for enhanced international co-operation for capacity building in developing countries for: [...] (6) combining the increased use of renewable energy, energy efficiency, and greater application of cleaner fossil fuel technologies."

Entscheidung über eine dritte „renewables"-Konferenz. Während die Diskussionen auf der BIREC sich noch um ein arabisches Land als möglichen nächsten Austragungsstandort für eine solche dritte Konferenz drehten (Maier 2005), fiel die Entscheidung letztlich auf die USA. Vom 1.-7. März 2008 soll die „Washington International Renewable Energy Conference - *WIREC 2008*" stattfinden, organisiert durch ACORE (The American Council On Renewable Energy) und federführend geleitet durch die US-Regierung.[601] Bedingung der US-Regierung für die Austragung war, dass die Konferenz einerseits komplett durch private Mittel finanziert wird, und dass andererseits „the governmental integrity of the meeting would need to be protected as the first priority" (ACORE 2007: 5).[602]

WIREC 2008 soll in Bezug auf das inhaltliche und politische Konzept an die Vorgängerkonferenzen anknüpfen, wobei die Veranstalter dabei besonders die Freiwilligkeit der Maßnahmen hervorheben: „The event will follow the precedent of the Bonn 2004 and Beijing 2005 international renewable energy conferences and continue the traditions established in those two successful meetings: independent national actions plans, respect for sovereignty, lack of any effort at global governance, and encouragement of voluntary collaboration." (ACORE 2007: 2). Deutlich stärker soll sich diesmal die EE-Industrie auf einer eigenen Konferenz und Ausstellung einbringen, zudem erhält die US-Industrie die Gelegenheit, ihre Technologien auf einem eigenen „Host County Day" zu präsentieren. Parallel soll auch wieder ein Parlamentarier-Forum stattfinden.[603]

6.4.3.7   Das Politiknetzwerk REN21

Mit dem „Renewable Energy Policy Network for the 21st Century" (REN21) wurde in Bonn ein Stakeholder-Netzwerk initiiert (§ 9 der Deklaration), das in seiner Struktur und Mitgliederbesetzung als Nachfolger des internationalen Lenkungsausschusses (ISC) bezeichnet werden kann, der zur Vorbereitung der renewables eingesetzt worden war.[604] Die Einrichtung eines solchen Netzwerks war im Vorfeld der renewables von mehreren Experten als einzig gangbarer Weg im Sinne eines

---

[601] Allgemeine Informationen zur WIREC 2008 siehe unter www.acore.org sowie unter www.ren21.net.

[602] Diesbezüglich wurde folgende Übereinkunft zwischen der US-Regierung und ACORE getroffen: „An understanding has been reached, that, if WIREC 2008 is held, the U.S. Government will be completely in charge of it. The private sector will provide the funds to pay the cost of the meeting, including international travel of delegations from the developing countries, and it will manage the conference planning and execution." (ACORE 2007: 5)

[603] In Beijing konnte das Parlamentarier-Forum nicht stattfinden - „because of logistical issues" (ACORE 2007: 17) – und wurde daher unter Federführung des WCRE am 29. November 2005 in Bonn nachgeholt. Davor hatte im Juni 2005 bereits auf Einladung der japanischen Regierung eine Asien-Pazifik-Parlamentarier-Konferenz stattgefunden, und im Oktober 2005 hatten Eufores und Eurosolar in Edinburgh (Großbritannien) eine Europäische Parlamentarierkonferenz veranstaltet.

[604] Siehe zu REN21 auch Abschnitt 6.4.1.4, zum ISC Abschnitt 6.4.3.2ff.

weichen Institutionalisierungspfades vorgeschlagen worden (Steiner et al. 2004; Pfahl et al. 2005).[605] Das BMU, das zusammen mit dem BMZ hauptverantwortlicher Veranstalter und Konzeptentwickler der renewables war, bereitete mit der Besetzung des ISC sowie der Entwurfsfassung für die Deklaration den Boden für das Netzwerk.

Im Anschluss an die renewables 2004 gab es einen Stakeholder-Konsultationsprozess zum angekündigten Netzwerk (Organizing Committee REGPN 2004)[606], und darauf aufbauend nahmen etwa 40 Stakeholder im Oktober 2004 an einem *Vorbereitungstreffen zur Gründung* des Netzwerks in Berlin teil (Organizing Committee REGPN 2005). Die Besetzungsliste war dabei ähnlich wie die des ISC der renewables-Konferenz, d.h. unter Beteiligung von konventioneller und EE-Industrie, NGOs und Instituten, einzelnen Staaten wie Brasilien und den USA, und internationalen Organisationen wie Weltbank, UNEP und IEA. Als ein Ergebnis dieses Treffens wurde die deutsche Bundesregierung gebeten, ein „Interim Steering Committee" ins Leben zu rufen, welches die Gründung des Netzwerks sowie seine zentrale Ausrichtung festlegen sollte (Organizing Committee REGPN 2005). Dieses Übergangskomitee traf sich im Februar 2005 erstmalig in Casablanca (Marokko) unter dem Vorsitz von BMU und BMZ.[607]

Bereits auf diesem Treffen wurde die wesentliche Struktur von REN21 festgelegt: ein schlankes Sekretariat unter Beteiligung von UNEP, GTZ und IEA sowie einer weiteren zu benennenden Organisation „aus dem Süden" (und damit explizit keine Schaffung einer neuen Organisation), sowie die inhaltliche Verantwortung eines Steuerungsgremiums.[608] Auch zentrale inhaltliche Arbeiten, wie ein regelmäßig

---

[605] Das Gutachten von Steiner et al. (2004) wurde von den Veranstaltern der renewables (BMU, BMZ) als eine der 12 thematischen Hintergrundstudien erarbeitet, die Studie von Pfahl et al. (2005) wurde im Auftrag des BMU erstellt.

[606] Im September und Oktober 2004 wurden insgesamt ca. 70 Stakeholdergruppen angeschrieben, von denen 42 Organisationen in unterschiedlichem Umfang zu ihren Vorstellungen bezüglich der Struktur und Aufgaben eines solchen Netzwerks antworteten (Organizing Committee REGPN 2004). Nur wenige der Befragten äußerten sich gegen die Gründung eines solchen neuen Netzwerks, die meisten plädierten aber für Zusammenarbeit mit existierenden Netzwerken wir REEEP (ebda.). Der Prozess der Netzwerkgründung wurde von einem Organisationskomitee aus Mitgliedern von BMU, BMZ, GTZ und dem Wordwatch Institute durchgeführt (eine Liste der beteiligten Akteure sehe in: Organizing Committee REGPN 2005).

[607] Den Vorsitz führten für das BMU Rainer Hinrichs-Rahlwes und für das BMZ Michael Hofmann, die zusammen zuvor auch den Vorsitz des International Steering Committee der renewables 2004 sowie der Konferenz selbst innehatten (REN21 Interim Steering Committee 2005b).

[608] Der Sitz des Sekretariats war zwischen BMU und BMZ kontrovers diskutiert worden. Während das BMZ das Netzwerk bei der GTZ in Deutschland ansiedeln wollte, sprach sich das BMU für UNEP mit Standort Paris und gegen einen Standort in Deutschland aus (Hinrichs-Rahlwes 2007). Zwischenzeitlich gab es noch das Angebot seitens der EE-Lobby, REN21 in Brüssel bei den EE-Verbänden anzusiedeln: „There was also an offer from EREC for hosting" (REN21 Interim Steering Committee 2005a: 3). Allerdings hätte EREC wohl nicht den finanziellen Eigenbeitrag, den GTZ und UNEP leisten, erbringen können (Hinrichs-Rahlwes 2007).

zu erstellender „Global Status Report" wurden hier bereits vereinbart (REN21 Interim Steering Committee 2005b). Aus dem Interimsgremium wurde nach geringfügiger Erweiterung in der Folge der zentrale *Lenkungsausschuss des Netzwerks* (Steering Committee), der sich vom 2. bis 3. Juni in Kopenhagen traf und dort die offizielle *Gründung von REN21* bekannt gab (REN21 Steering Committee 2005) - gut ein Jahr nach der renewables 2004 und noch vor der BIREC 2005.

Im Vorfeld der BIREC traf sich das Steuerungskomitee im November 2005 und konkretisierte die Aufgabenagenda von REN21 in den kommenden Jahren. Auf der BIREC selbst wurde erstmalig der „Globale Statusbericht 2005 Erneuerbare Energien" vorgestellt, in dem neben der weltweiten Verbreitung, Markt- und Investitionsentwicklung auch die eingesetzten politischen Instrumente dargestellt wurden (REN21/ Worldwatch Institute 2005). Im Februar 2006 bezog das REN21-Sekretariat schließlich eigene Räume in Paris, *finanziert durch Mittel von GTZ und UNEP sowie personell unterstützt durch die IEA.*[609]

Im Mai 2006 folgte das nächste Treffen des Lenkungsausschusses während der 14. CSD-Sitzung in New York. Hier wurde u.a. beschlossen, sich mit der „renewable energy task force" der USA-geführten Asien-Pazifik-Partnerschaft auszutauschen „to seek to ensure that renewable energies receive high recognition", und den Vorschlag seitens ACORE und der US-Regierung zur Durchführung der WIREC 2008 zu unterstützen (REN21 Steering Committee 2006: 4). Auf dieser Sitzung wurde zudem Mohamed El-Ashry als Vorsitzender des Lenkungsausschusses gewählt, der das Ausschussmitglied Rajendra Pachauri, den Vorsitzenden des IPCC, ablöste.

Auf dem fünften Treffen vom 31. Januar bis 1. Februar 2007, das parallel zur „European Renewable Energy Policy Conference" in Brüssel stattfand, standen als zentrale Themen die WIREC 2008 sowie die bevorstehende 15. CSD Sitzung im Vordergrund. Nachdem die US-Regierung die Ausrichtung der WIREC bestätigt hatte, unterstützte der Lenkungsausschuss von REN21 die Konferenz und bot sich an, wie bei der renewables 2004 die Basis für ein internationales Lenkungs- und Multi-Stakeholder-Gremium der WIREC zu bilden (REN21 Secretariat 2007). Darüber hinaus wurde diskutiert, eine neue Runde freiwilliger Verpflichtungen im Sinne eines neuen bzw. fortgeschriebenen IAP auszurufen, die jedoch dieses mal in Konsistenz mit einem Vorschlag der US-Regierung auch Maßnahmen zur Energieeffizienz und zur Erhöhung des Zugangs zu Energie umfassen sollte (ebda.: 8). In Verbindung damit sollte ein „Global Review Arrangement" für die Entwicklung erneuerbarer Energien auf UN-Ebene im Rahmen des CSD geschaffen werden, wodurch dauerhaft die institutionelle Überprüfung der Entwicklung sichergestellt werden soll. Der Lenkungsausschuss verwies in diesem Zusammenhang auf die

---

[609]   Mittlerweile ist REN21 im Pariser Gebäude der UNEP untergebracht.

Rolle und den Beitrag von REN21 sowie seiner Partner, explizit der IEA, im Rahmen einer solchen Review-Initiative (ebda.).

Vor dem Hintergrund der bisherigen Entwicklung und der Aktivitäten von REN21 kann festgehalten werden, dass es sich als „Multi-Stakeholder-Netzwerk der Netzwerke" (REN21 Secretariat 2007: 8) mittlerweile neben anderen Netzwerken wie REEEP etabliert hat. Durch seine zentralen Produkte wie die Globalen Statusberichte und eine Reihe anderer Studien hat REN21 bereits wichtige Informationen für die internationale EE-Gemeinschaft zur Verfügung gestellt. In seiner Gründungsphase hat es einen starken Einfluss der deutschen Regierung gegeben, so wie auch andere Netzwerke von ihren jeweiligen Initiatorländern geprägt sind (Beispiel REEEP und Großbritannien).

Wie von seinen Initiatoren – allen voran das BMU - intendiert, hat sich REN21 in Bezug auf seine Struktur, seine bestimmenden Akteure im Lenkungsausschuss sowie seine politischen Aktivitäten als ein *UN-nahes und -kompatibles Netzwerk* entwickelt. Dafür sprechen nicht nur die Akteure aus UN-Organisationen in verantwortlicher Position, sondern auch die zentrale politische Ausrichtung des Netzwerks auf UN-Prozesse und Organisationen wie die CSD. Der Status als Netzwerk ist dabei Voraussetzung für die breite Stakeholder- und Staatenbeteiligung, da viele der teilnehmenden Akteure die Gründung einer eigenständigen Organisation abgelehnt hatten. Die hohe Kompatibilität mit dem UN-System ist zudem Voraussetzung dafür, am Rande der offiziellen UN-Prozesse agieren zu können und von dort Empfehlungen in die offiziellen Verhandlungen einzubringen. Dies mag umso besser gelingen, je mehr Akteure aus den an UN-Prozessen beteiligten Organisationen auch in REN21 aktiv sind.

Allerdings determiniert die gewählte Struktur und Zusammensetzung des Netzwerks und seines Steuerungsgremiums auch die Reichweite der Forderungen und Aktivitäten. Sowohl der Netzwerkstatus als auch die Nähe zum UN-System verhindern die Formulierung ambitionierter und unabhängiger Positionen „von außen". Dies ist nicht nur darauf zurückzuführen, dass viele der Vorschläge, die im Lenkungsausschuss debattiert werden z.B. von der IEA, der Weltbank etc. stammen[610], sondern auch die Kenntnis der verantwortlichen Akteure von den geringen Fortschritten und Spielräumen in den UN-Verhandlungen sorgen für tendenziell sehr zurückhaltende Formulierungen (beispielhaft: REN21 Secretariat 2007: 8f). Vor diesem Hintergrund ist daher davon auszugehen, dass auch die WIREC 2008 nicht zu einer Konferenz wird, die konkretere Ergebnisse als die Vorgängerkonferenzen hervorbringen wird. Dennoch kann die WIREC etwas bewegen, wenn sie beispielsweise eine ähnliche internationale Öffentlichkeitswirksamkeit wie die renewables 2004 erzielt.

---

[610]   Viele der Berichte, die als Grundlage für Diskussionen im Lenkungsausschuss dienen, stammen u.a. von der IEA und ähnlichen Organisationen (siehe beispielhaft in REN21 Steering Committee 2006).

Die Frage der zukünftigen Rolle und Entwicklung des Netzwerks ist gegenwärtig offen. REN21 sieht seine politische Aufgabe selbst primär und weiterhin als Impulsgeber in internationale politische Prozesse des UN-Systems oder der G8 (s.o.). Viele NGOs sind mit dieser Rolle und der bisherigen Arbeit des Netzwerks zufrieden und werten die Erstellung der bisherigen „interessanten Dokumente" des Netzwerks, wie den Globalen Statusbericht oder die Bewertung des IAPs, als „positiv" und „erfolgreich" (z.B. Knauf 2006: 5).

Demgegenüber steht jedoch nach wie vor die Forderung nach einer eigenständigen internationalen EE-Organisation im Raum. Diese wurde auch von der neuen schwarz-roten Regierung in ihren Koalitionsvertrag übernommen, und in der Antwort zu einer kleinen Anfrage der Fraktion von Bündnis 90/Die Grünen bestätigte die Regierung im Mai 2006, dass sie weiterhin das Ziel verfolge, „die Gründung einer Internationalen Agentur für erneuerbare Energien (IRENA) zu initiieren" (Bundesregierung 2006a: 1). Sie habe dazu bereits „erste konkrete Schritte eingeleitet", die zwar nicht konkreter benannt wurden, bei denen es sich jedoch gemäß der Ausführungen in der Antwort um Konzeptentwicklung und Konsultationen gehandelt hat (Bundesregierung 2006a). Die IRENA-Initiative wird „als Ergänzung zu anderen in diesem Bereich tätigen Initiativen und Einrichtungen verstanden", wobei sich die Frage explizit auf die Zusammenarbeit mit REN21 bezogen hatte (Frage 12, Bundesregierung 2006a: 3).

Bundesumweltminister Sigmar Gabriel (SPD), der sich in einer Rede auf einer Konferenz von Eurosolar und WCRE bezüglich der IRENA die Argumentation seines „politischen und persönlichen Freundes Hermann Scheer" (Gabriel 2005: 6) zu eigen gemacht hatte, betonte demgegenüber, dass REN21 „der Nukleus" sein müsse, „um in möglichst kurzer Zeit Bündnispartner für die Bildung der IRENA zu finden" (Gabriel 2005: 5). Tatsächlich lässt sich ein Schwenk in der polilitischen Linie des BMU in Richtung einer IRENA-Gründung nicht erkennen, ebenso wenig eine Initiative zur Transformation von REN21. Zudem ist das Netzwerk bzw. sind seine zentralen Organe (der Lenkungsausschuss und dessen Vorsitzende sowie das Sekretariat) mittlerweile deutlich näher an die internationalen Organisationen UNEP und IEA angebunden, und der Einfluss des BMU deutlich geringer.

6.4.3.8   Internationales Aktionsprogramm IAP

Als das „wichtigste politische Ergebnis" (BMU 2005c: 414) und gleichzeitig ein neuer Politikansatz als Ausweg aus der Konsensfalle galt das Internationale Aktionsprogramm der renewables 2004 in Bonn. Das Konzept eines IAP war vor dem Hintergrund von den Veranstaltern BMU und BMZ entwickelt worden, dass nach den unverbindlichen Konferenzergebnissen von Johannesburg nun für die angekündigte renewables 2004 konkretere Beschlüsse erforderlich sein würden, ohne dass allerdings eine Aussicht auf eine internationale Einigung auf Ziele bestand.

„These were the core terms-of-reference for the designers of what was to become the IAP, which put it in contrast to the JPOI on the one side and to binding targets to the other side" (REN21 Secretariat 2006a: 3). Allerdings ist diese Zustandsbeschreibung gleichzeitig mit der Setzung verbunden, einen breiten, möglichst UN-weiten internationalen Prozess anzuregen, ohne Vorgaben aus der Sicht von „Vorreitern" zu formulieren.

Das IAP umfasste nach Abschluss der renewables 2004 schließlich insgesamt 197 Beiträge und Verpflichtungen (Fritsche/ Kristensen 2005).[611] Im Vorfeld der BIREC war entschieden worden, dass das Programm zunächst nicht erweitert, dafür aber der Fortschritt der eingereichten Aktivitäten untersucht werden sollte. Verantwortlich für die Durchführung des „Monitorings" ist REN21, dessen Sekretariat mittlerweile mehrere Berichte zum Fortschritt der Umsetzung erstellt hat. Die Berichterstattung basiert dabei, wie die gemeldeten Aktionen selbst, auf dem Prinzip der Freiwilligkeit, d.h. die 197 verantwortlichen Akteure der eingereichten Beiträge wurden gebeten, ein standardisiertes, zweiseitiges Formblatt auszufüllen (REN21 Secretariat 2006a).

Im abschließenden Bericht zum Stand der Umsetzung des IAP vom November 2006 meldete REN21 einen Rücklauf von 135 Projekten (69 %). Zu diesem Zeitpunkt waren von den gemeldeten Aktionen 21 vollendet, 86 angefangen, 22 in der Vorbereitung, 2 noch nicht begonnen und 4 abgebrochen worden (REN21 Secretariat 2006b: 4).[612] Das REN21-Sekretariat zieht damit insgesamt ein positives Fazit für diesen politischen Ansatz: "The broad follow-up obtained from Partners and the significant progress reported with regard to Action implementation show that voluntary commitment schemes such as the IAP are absolutely viable. They can be an effective way to achieve real policy advancement through a bottom-up approach, especially when internationally binding agreements are hard to reach". (ebda.: 18)

Das REN21-Sekretariat hat darüber hinaus eine Reihe von Vorteilen dieses „bottom up"-Ansatzes – im Unterschied zu den in der Regel „top down"-basierten internationalen Vereinbarungen – herausgearbeitet. Trotz der Freiwilligkeit gäbe es einen informellen Druck auf die Teilnehmer, einen Beitrag abzuliefern; aufgrund der Offenlegung der Beiträge sei ein gewisser Druck vorhanden, die Ankündigungen auch ohne rechtliche Bindung einzuhalten; man verzichte auf langwierige

---

[611]   Siehe hierzu auch die Ausführungen in Abschnitt 6.4.3.4.

[612]   Zudem wurden Auswertungen nach Art der Beiträge, Regionen, Akteuren etc. vorgenommen, die auch in der IAP-online-Datenbank nachvollzogen werden können (siehe unter www.ren21.net/iap/iap.asp, 3.5.2007). Hier zeigte sich beispielsweise, dass Aktionen in Afrika und Europa vergleichsweise weiter vorangeschritten waren, dass Aktionen mit internationalem Fokus schleppender verlaufen als andere, oder dass Regierungen ihre Ankündigungen besser umsetzen als Wirtschaftsakteure, multilaterale Kooperationen und NGOs. Zusätzlich zu diesem Umsetzungsbericht wurde noch ein Bericht über die Wirkungen (z.B. bzgl. Treibhausgasen) angekündigt (REN21 Secretariat 2006b).

Verhandlungen, und die Organisation und das Monitoring wiesen nur geringe Kosten auf (REN21 Secretariat 2006a: 5ff). Darüber hinaus wird betont, dass das IAP – bei aller diesbezüglicher Kritik (s.o.) – „much more than a sum of random pieces" sei (ebda.: 7), da die einzelnen Beiträge alle zum übergeordneten Ziel des Ausbaus erneuerbarer Energien beitragen und die Bedeutung der Beiträge sehr relevant sei: Laut Inhaltsanalyse des IAP könnte, wenn alle Maßnahmen umgesetzt würden, insgesamt eine zusätzliche Kapazität von 163 MW EE-Ausbau angestoßen werden (Fritsche/ Kristensen 2005), bei einem Stand von weltweit knapp 180 GW in 2005 (ohne Großwasserkraft) (REN21 2006).

Diese Bewertung bezieht sich jedoch ausschließlich auf den Referenzfall einer multilateralen Zielvereinbarung auf UN-Ebene.[613] Außerdem vernachlässigt die Bewertung einen wichtigen Aspekt, den die Autoren als „too complex" bezeichnen und der nicht mehr ex post überprüft werden könne (REN21 Secretariat 2006a: 8): die Klärung der Zusätzlichkeit (Additionality) der Beiträge. Das Problem ist aus dem Emissionshandel und den projektbasierten Mechanismen bekannt und führt dort zu umfassenden Berichtspflichten – und trotzdem hält die Kritik an, dass dieses Kriterium grundsätzlich nur schwer erfüllbar sei (siehe hierzu Abschnitt 6.3.7.2). Wenn die eingereichten Maßnahmen nur den Status quo der vorhandenen Aktivitäten und Planungen darstellen, dann wären durch eine solche Konferenz und „Aktionsprogramm" nicht mehr gewonnen als eine erhöhte Sichtbarkeit der Maßnahmen und des Themas. Es bliebe die Hoffnung, dass einzelne Teilnehmer, die bislang noch keine und geringfügige Aktivitäten unternommen haben, durch den oben angesprochenen informellen Druck zum Handeln angeregt werden.

Darüber hinaus ist jedoch ein weiterer Aspekt von Bedeutung, der in Analogie zu den negativen Aspekten der „Flexibilität" des Emissionshandels zu erwähnen ist (vgl. hierzu Abschnitt 6.3): Durch die freiwillige und damit willkürliche Nennung von „bottom-up"-Maßnahmen ist *keine gezielte Steuerung von Entwicklungen möglich*, wie beispielsweise eine Transformation von Energiesystemen hin zu erneuerbaren Energien, oder das auf der renewables häufig formulierte Ziel, bis 2015 eine Mrd. Menschen mit Energie zu versorgen. Und auch die Erschließung von Synergien zwischen den Maßnahmen bleibt dem Zufall überlassen.

Zu problematisieren ist auch das *Monitoring eines solches Programms*. Folgt die freiwillige Berichterstattung keinen Standards und kann nur in ungenügender Weise kontrolliert bzw. nachvollzogen werden, so sinkt die Aussagekraft und Glaubwürdigkeit des gesamten Programms. Neben der einheitlichen Erhebung von Daten und Anwendung von Methoden spielt auch das Problem eine Rolle, dass quantitati-

---

[613] "[I]t is pertinent to clarify that the IAP was initiated and designed as an alternative to a multilateral agreement on targets, which - with the experience from the WSSD in 2002 - was considered unachievable. In other words: At the time the IAP was assembled, the first choice of internationally binding quantitative commitments of governments to renewable energy was not available." (REN21 Secretariat 2006a: 7)

ve Daten häufig wenig über die qualitative Entwicklung z.b. bezüglich *Nachhaltig-keitskriterien* aussagen. Ein Beispiel für diese Probleme liefern die Zahlen der Welt-bank, die in ihrem Jahresbericht 2004/2005 bekanntgaben, dass sie ihre Ankündi-gungen auf der renewables, jährlich 20 % mehr Mittel für erneuerbare Energien in Entwicklungsländern auszugeben, weit übertroffen habe, da insgesamt 748 Mio. US-Dollar ausgegeben worden seien (Daten nach May 2006b; siehe auch World Bank 2005). Darunter waren jedoch 450 Mio. Dollar für die große Wasserkraft, darunter viele umstrittene Staudammprojekte (May 2006b). Weitere 87 Mio. entfie-len auf Energieeffizienz-Projekte. Von den verbliebenen 212 Mio. Dollar entfielen 145 Mio. Dollar auf Projekte in China (ebda.), so dass in keiner Weise von einer breiten Förderpolitik erneuerbarer Energien in Entwicklungsländern gesprochen werden kann.

Inwieweit solche Aspekte von einem IAP basierend auf freiwilligen Beiträ-gen und Berichterstattungen ausreichend bzw. angemessen berücksichtigt werden können, muss bezweifelt werden. Dennoch wäre es wichtig, solche Aspekte bei einem erneuten „Call for Actions" im Rahmen des CSD oder der WIREC 2008, sowie bei einer Standardisierung des Monitoringprozesses solcher freiwilligen Verpflichtungen, wie es im Rahmen von REN21 und der CSD debattiert wird, zu berücksichtigen.

6.5 Konstellation der wichtigsten Akteure

Die Identifikation der wichtigsten Akteure und ihrer Konstellationen erfolgt auf der Basis der vorhergehenden Analyse in zwei Schritten. Den Ausgangspunkt und gewissermaßen Status quo bildet die Situation in der internationalen Klimapolitik. Hier haben sich in den Verhandlungen zur Klimarahmenkonvention, zum Kyoto-Protokoll und im späteren Prozess der COPs die energiepolitischen Präferenzen und die umweltpolitische Rolle der beteiligten Regierungen sowie auch die grund-sätzliche Machtkonstellation in der internationalen Politik widergespiegelt. Wie sich bei den späteren Verhandlungen und Konferenzen zum Thema erneuerbare Ener-gien gezeigt hat, setzte sich diese Konstellation in ihren Grundzügen fort. Allerdings ergaben sich aufgrund der Verflechtungen des Themas erneuerbare Energien mit anderen Politikfeldern, wie z.B. der Energie-, Entwicklungs- und Handelspolitik, sowie aufgrund der spezifischen Dynamik der jeweiligen Verhandlungen bzw. Konferenzen einige Abweichungen, auf die daher gesondert im zweiten Schritt eingegangen wird.

6.5.1   Kyoto-Politikprozess

Die Grundkonstellation des Kyoto-Prozesses sowie die zentralen Positionen beschreibt die Abbildung 48 in groben Zügen. Als zentrale Unterscheidungsmerkmale
der Akteure werden gemäß der Analyse in Abschnitt 6.3 die Positionen zur grundsätzlichen Einstellung bezüglich einer Verpflichtung zum Klimaschutz, zur Frage
der Instrumentenwahl und zur Rolle der großen Entwicklungs- und Schwellenländer herangezogen.

Abbildung 48: Koalitionen, zentrale Positionen und Akteure in der internationalen Klimapolitik

Zentrale Aspekte	Koalition „verbindlicher Klimaschutz"	Entwicklungs-/ Schwellen-/ Transformations-länder	Koalition „freiwilliger Klimaschutz"
verbindliche Verpflichtungen zum Klimaschutz	dafür	neutral	dagegen
flexible Mechanismen	neutral, später dafür	neutral	erforderlich
Einbeziehung (großer) Entwicklungs- / Schwellenländer	dagegen („Gerechtigkeit")	dagegen („Gerechtigkeit")	erforderlich
Hauptakteure: verpflichtete Industrieländer	**EU**		**USA** **JUSSCANNZ**
	AOSIS	**G77**/China	OPEC
		Russland Transformationsländer	
			IEA

Quelle: eigene Darstellung

Da die Verpflichtung zum Klimaschutz zunächst nur auf die Industriestaaten
abzielte, waren zentrale Akteure und Konfliktpartner in den Verhandlungen auf der
einen Seite die USA und auf der anderen Seite die EU. Die USA waren – damals
wie heute - im Kern gegen verbindliche Verpflichtungen. Sie wollten sich nur dann
auf eine Verpflichtung einlassen, wenn diese größtmögliche Flexibilität ermöglichte,
und wenn, durch ein entsprechendes Instrumentarium, kein Schaden für die eigene
Wirtschaft entstünde. Die Erfüllung dieser Bedingung konnten sich die US-
Vertreter am ehesten mit den flexiblen Mechanismen vorstellen und erhoben diese
somit in den Verhandlungen zu einer zentralen Forderung. Den Auffassungen der
USA schlossen sich die Länder der so genannten JUSSCANNZ-Gruppe an, darunter Japan, Australien und Kanada. Unterstützt wurden diese Positionen zudem
durch die IEA. Die Kernanliegen dieser „Interessenkoalition für freiwilligen Klima-

schutz" waren dementsprechend Freiwilligkeit und Flexibilität sowie die breite Verteilung von Verantwortlichkeiten möglichst auch auf die Entwicklungsländer. Die zurückhaltende bis ablehnende Haltung der USA führte mit dem Amtsantritt der Bush-Regierung schließlich zur völligen Absage an das Kyoto-Protokoll und seine Vereinbarungen – obwohl sich die USA in den Verhandlungen weitgehend durchgesetzt hatten.

Während vor allem die USA die Einbeziehung der Entwicklungsländer in die Vereinbarungen forderten, lehnten diese mit Unterstützung der EU jegliche Verpflichtungen ab. Die OPEC-Staaten, die häufig als Sprecher der G77 fungierten, waren grundsätzlich gegen Maßnahmen, welche die fossilen Energieträger und ihre wirtschaftliche Entwicklung behinderten – eine Argumentation, der sich im Kern die gesamte G77 anschloss. Einige der vom Klimawandel besonders betroffenen Länder, insbesondere die AOSIS-Staaten, bildeten diesbezüglich in der G77 eine Ausnahme, sie hatten jedoch keine Durchsetzungskraft.

Eine besondere und sich ändernde Rolle hatten im Verlauf des Prozesses Russland und die Transformationsstaaten. Während diese Länder zunächst eine gegenüber Klimaschutzmaßnahmen überwiegend ablehnende Haltung einnahmen, änderte sich dies nach dem Ausstieg der USA, aber auch mit Fortschreiten der Integration der osteuropäischen Staaten in die EU. Russland konnte einerseits durch die „hot air"-Regelung im Protokoll eher auf wirtschaftliche Vorteile hoffen, zudem wurde die Ratifizierungszusage mit anderen politischen Forderungen (WTO-Beitritt) verknüpft und half in Bezug auf die angestrebte weltpolitische Aufwertung gegenüber den USA. Und viele der osteuropäischen Transformationsländer orientierten sich zunehmend an der Politik der EU, weshalb sie im Verlauf der Zeit der EU-geführten Interessenkoalition zugerechnet werden konnten.

6.5.2 Internationaler EE-Politikprozess

Vor diesem Hintergrund waren die Verhandlungen zum Thema erneuerbare Energien in Johannesburg und später in Bonn zum einen von den thematisch verwandten, bestehenden Konstellationen und Entwicklungen in der klimapolitischen Arena geprägt. Zum anderen waren aber auch neben- und übergeordnete internationale Themen wie Handel, Entschuldung, internationale Finanzierung, Subventionen etc. Teil einer entweder verborgenen Agenda, offener Forderungen oder paralleler Verhandlungen. Zusammen mit der Tatsache, dass mit dem Thema erneuerbare Energien unterschiedliche und teilweise konträre Auffassungen und Forderungen verbunden waren (z.B. bezüglich der Definition oder Anlagengröße), erschwert dies eine genaue Zuordnung von Akteuren zu gemeinsamen Gruppen. Dennoch lässt sich gemäß der Analyse mit Blick auf einige zentrale Aspekte eine vereinfachte

Konstellation feststellen, die sowohl den Johannesburg-Prozess, als auch den späteren renewables-Prozess umfasst.

Zur Identifikation der beiden sich gegenüberstehenden Koalitionen kann die zentrale Frage des WSSD, die letztlich zur unverbindlichen Abschlusserklärung geführt hat, herangezogen werden (vgl. Abbildung 49): Die Frage nach festen bzw. verbindlichen Ausbauzielen für die Förderung erneuerbarer Energien auf internationaler Ebene. Auf der einen Seite befanden sich die *Gegner solcher Ziele*, allen voran die USA zusammen mit den OPEC-Staaten, die sich auch gegen die alleinige, spezifische Behandlung erneuerbarer Energien aussprachen und diese u.a. für „cleaner fossil fuels" öffnen wollten. Da sich die USA in Johannesburg generell auch gegen die Konkretisierung der bereits existierenden Milleniumsziele wehrten, wurden die neuen Forderungen der EU und anderer Staaten nach Energiezielen zum Verhandlungsspielraum für einen Fortschritt bei den vorhandenen MDGs. So wurde letztlich die Konkretisierung eines Ziels im Bereich Abwasser erreicht, im Gegenzug wurden dafür die Forderungen nach Energiezielen aufgegeben.

Abbildung 49: Koalitionen, zentrale Positionen und Akteure beim WSSD- und renewables-Politikprozess

Zentrale Aspekte	Befürworterkoalitionen		Gegnerkoalition
	„exklusive Vorreiterinitiative"	UN-Kompatibilität	
Ziele für EE-Ausbau	*verbindlich*	*freiwillig*	*nein*
Rolle von PPP	*ergänzend*	*ergänzend*	*ausschließlich*
Vorreiterinitiative	*exklusives Konzept*	*UN-Rahmen*	*nein*
Spezifischer Fokus nur auf EE	*ja enge Definition*	*ja weitere Definition*	*nein*
Akteure internationale Ebene	Parlament	**EU** Kommission/ Rat JREC	**USA** Australien, Kanada, Japan
	SIDS	**G77** Brasilien / China	OPEC
	WCRE / Eurosolar	REN21 div. UN-Organisationen	IEA Weltbank BASD WBCSD
Nationale Ebene	Fraktionen SPD/Grüne WBGU	BMU / BMZ EE-Wirtschaft, div. NGOs	EVU, BDI

Quelle: eigene Darstellung

Diese Grundkonstellation zog sich von den Vorbereitungen des WSSD über die Verhandlungen in Johannesburg bis zur renewables in Bonn durch. Die hier in Bezug auf die Ziele als „Gegnerkoalition" bezeichnete Gruppe forderte statt Zielen, allen voran die USA, die ausschließliche Nutzung von freiwilligen Maßnahmen, konkret von Public Private Partnerships. Zudem wurde von USA und OPEC-Staaten gemeinsam – selbst bei der ausschließlich EE-spezifischen renewables-Konferenz – stets gefordert, eine Erweiterung der Thematik zu Gunsten der fossilen Energiequellen und ihrer Technologien in Bezug auf Effizienz und „saubere Brennstoffe" vorzunehmen. Ein ausschließlicher Fokus auf erneuerbare Energien wurde u.a. als zu unflexibel abgelehnt. Gleichzeitig wurden Forderungen nach einer Reduzierung von Subventionen fossiler Brennstoffe bzw. des konventionellen Energiesystems zurückgewiesen. Auf der renewables-Konferenz, auf der nach den Erfahrungen von Johannesburg eine Debatte über Ausbauziele unterblieb, wehrten die USA sich gegen verbindliche Steigerungen des ODA-Finanzvolumens zu Gunsten erneuerbarer Energien. Diese Positionen wurden von der konventionellen Energiewirtschaft und Industrie unterstützt, die durch eine Vielzahl globaler Großkonzerne und internationaler Wirtschaftsverbände sowie anlassbezogen gegründete Gremien (BASD, WBCSD) auf den Konferenzen mit hochrangigen Vertretern präsent waren.

Auf der *Befürworterseite* ist zum einen in Bezug auf einige grundsätzliche Positionen, zum anderen mit Blick auf die zeitliche Entwicklung eine Differenzierung vorzunehmen. Ein entscheidender Unterschied, der sich nach Johannesburg entwickelte und der die Debatten rund um die renewables-Konferenz prägte, war die Frage, ob angesichts der Nicht-Erreichbarkeit von EE-Zielen auf UN-Ebene eine explizite Vorreiterinitiative entwickelt werden sollte, und wenn ja, wie diese institutionalisiert werden könnte. Mit der *JREC* entstand als unmittelbare Folge der Entwicklungen in Johannesburg eine Staatengemeinschaft unter Führung der EU, die weiter kommen wollte, als dies auf dem WSSD möglich gewesen war. Allerdings konnten sich die in der JREC vereinten Staaten bislang nicht auf einen Vorreiterstatus einigen, der beispielsweise die Setzung verbindlicher Ziele oder konkreter Maßnahmen beinhaltet.[614] Mit Beginn des renewables-Prozesses verlor die JREC zudem an Bedeutung, insbesondere weil die bis dato treibende EU in dieser Phase selbst keine neuen Ziele formuliert hatte. Diesbezüglich sind allerdings die *Organe der EU* zu unterscheiden, da das EU-Parlament stetig ambitioniertere Ausbauziele sowie ein stärkeres internationales Engagement wie z.B. die Einrichtung einer internationalen Organisation forderte.

Damit war das Parlament in vielen Fragen den Forderungen des WCRE, Eurosolar und einer Reihe weiterer nationaler Parlamentarier sehr nahe, die sich eine

[614] Jenseits der EU-Staaten befinden sich überwiegend kleinere Mitglieder in der JREC, überwiegend Entwicklungsländer, die angeben, Ziele oder Maßnahmen einführen zu wollen, dies aber noch nicht getan haben (http://ec.europa.eu/environment/jrec/index_en.htm, 20.7.2007).

exklusive Vorreiterinitiative z.B. durch die JREC auf der Basis verbindlicher Ziele wünschten. Ausgehend von einer solchen Vorreiterinitiative sollte eine internationale EE-Organisation gegründet werden. Solche Positionen wurden vor der renewables-Konferenz auch von einer Reihe von NGOs und EE-Vertretern sowie UN-Repräsentanten (z.B. aus der WEHAB-Gruppe, an der eine Vielzahl von UN-Organisationen beteiligt war) geteilt. Die meisten dieser Akteure akzeptierten jedoch später im Grundsatz den von den Veranstaltern (BMU/BMZ) verfolgten UN-weiten Partizipationsansatz von Regierungen und Stakeholdern. Sie forderten fortan keine exklusive, verbindliche Vorreiterinitiative mehr, sondern akzeptierten den Status quo. Da die Befürworter einer exklusiven Vorreiterinitiative gleichzeitig starke Kritiker des gewählten UN-kompatiblen Weges waren, wird eine diesbezügliche Differenzierung der Befürworterkoalition vorgenommen. Demgegenüber soll die *Weiterentwicklung der internationalen EE-Politik* nach dem Willen der anderen Befürworterkoalition *UN-kompatibel* sein, was gleichzeitig den Verzicht auf verbindliche Ziele und Anforderungen bedeutet. Diese Koalition setzt auf Freiwilligkeit und Sichtbarkeit von Maßnahmen und auf Multiplikationseffekte. Diesem Zweck dient auch das gegründete Netzwerk REN21.

Während die *G77-Länder* sich in den Klimaverhandlungen bisher - mit Ausnahme der vom Klimawandel betroffenen kleinen Inselstaaten – weitgehend geschlossen hinter der Position der OPEC bzw. der großen Wachstumsländer China, Indien und Brasilien versammelten, zeigten sich in Johannesburg eine Reihe von Regierungen, vorrangig aus Süd- und Mittelamerika (z.B. Mexiko und Peru) aufgeschlossen gegenüber einem stärkeren Engagement bezüglich erneuerbarer Energien. Auf der renewables-Konferenz äußerte sich auch der Iran positiv gegenüber einer internationalen EE-Organisation, stand allerdings ansonsten in seinen Äußerungen und Verhandlungspositionen klar auf der Seite der „Gegnerkoalition". Von größerer Bedeutung waren die Beiträge Brasiliens und insbesondere Chinas. Während Brasilien in Johannesburg zu den Befürwortern gehörte und mit seinem Vorschlag zur Förderung der erneuerbaren Energien sogar die EU überflügelte, blockierte die brasilianische Regierung auf der renewables-Konferenz die Verhandlungen, um kritische Beschlüsse gegen die große Wasserkraft, die dort eine große Rolle spielt, zu verhindern. Demgegenüber gehörte China in Johannesburg noch zur Koalition der Gegner von verbindlichen Regelungen, mit der Begründung möglicher Beeinträchtigungen ihrer wirtschaftlichen Entwicklung. Auf der renewables 2004 und der anschließenden BIREC war es jedoch insbesondere China mit seinen nationalen Ausbauzielen, das die wirtschaftlichen Potenziale auch für Entwicklungsländer unterstrich und mit seinem quantitativ hohen Beitrag maßgeblich die Bedeutung der Konferenz und des IAP aufwertete.

6.5.3   Starre Koalitionen und strategische Ebenenwechsel

Die Analyse der internationalen Energie-, Klima- und EE-Politik zeigt in Bezug auf die Akteurskonstellationen hohe Übereinstimmungen. Grundsätzliche Positionen wie z.b. bezüglich der (vermuteten) Auswirkungen auf die wirtschaftliche Entwicklung blieben in der Regel in den drei Themenfeldern gleich und führten somit zu ähnlichen Interessenkoalitionen. Da diese über einen Zeitraum von (weit) mehr als einer Dekade stabil blieben und zudem im Regelfall auch von wechselnden Regierungen in ähnlicher Weise vertreten wurden, weisen diese Koalitionen in Bezug auf ihren dauerhaften energie- und klimapolitischen Präferenzen *Züge von Advocacy-Koalitionen* auf - wenngleich bei den in diesen Fragen häufig ähnlich agierenden USA und den OPEC-Staaten sicher nicht von einer Wertegemeinschaft zu sprechen ist. Rückblickend konnten die wesentlichen Konturen der Koalitionen im UN-System bereits in den 1970er Jahren identifiziert werden, sie zeigten sich vor dem renewables-Prozess auf dem WSSD in Johannesburg, und sie zeigten sich auch nach dem politischen Prozess der renewables z.b. auf der 15. CSD-Sitzung im Mai 2007 (vgl. Abschnitt 7.2.3).

Da mit der gegebenen Akteurskonstellation im UN-Rahmen des WSSD in Johannesburg keine gezielte Politik zur Förderung erneuerbarer Energien auf internationaler Ebene möglich war, erwog die *unterlegene „Befürworterkoalition"* einen *strategischen Ebenenwechsel,* indem sie einen EE-spezifischen Prozess außerhalb des UN-Systems organisierte. Mit der Einladung durch Bundeskanzler Schröder zu einer Regierungskonferenz waren bei diesem Prozess zwei Aspekte gesetzt: Zum ersten war dadurch, dass die Einladung auf einer UN-Weltkonferenz ausgesprochen worden war, ein diplomatischer Zwang gegeben, alle Regierungen weltweit einzuladen - unabhängig von ihrer Einstellung zu erneuerbaren Energien.

Zum zweiten war durch die Einladung die federführende und *maßgebliche Rolle des Gastgebers* gegeben, der den Prozess zur renewables zwar partizipativ gestaltete, aber dennoch die zentralen konzeptionellen Fäden in der Hand hielt. Damit war gleichzeitig auch mit Blick auf die angestrebten Ergebnisse einer solchen politischen Veranstaltung sichergestellt, dass die führende Regierung dieser Koalition maßgeblichen Einfluss auf den politischen Prozess nehmen konnte. Der deutschen, rot-grünen Regierung, vertreten durch das BMU wurde (in Abstimmung mit dem BMZ) damit zudem die Gelegenheit geboten, gleichzeitig ihre eigene Politik positiv zu präsentieren und für eine internationale Verbreitung des EEG zu werben. Dies bestätigt die These, dass politische Mehrebenensysteme zentralen Akteuren strategische Möglichkeiten zur Stärkung ihrer Positionen bieten, wenn sie über ausreichende Ressourcen verfügen. Umgekehrt zeigt der Prozess auch, welche herausragende Rolle das deutsche BMU in der deutschen - und internationalen - EE-Koalition eingenommen hat.

6.6   Zusammenfassung

Auf der Ebene der internationalen Politik waren es ursprünglich insbesondere die
Energie- und Klimapolitik, die eine direkte oder indirekte Wirkung auf die Entwicklung erneuerbarer Energien hatten. Seit dem WSSD in Johannesburg hat sich zusätzlich ein eigenständiger internationaler EE-Politikprozess entwickelt, bei dem die
deutsche Regierung eine initiierende und maßgeblich gestaltende Rolle eingenommen hat. Nachfolgend werden auf der Basis der Analysen dieses Kapitels die zentralen Ausgangsbedingungen und Konflikte (Abschnitt 6.6.1) sowie die Bedeutung der
Energie- und Klimapolitik (Abschnitt 6.6.2) und des EE-spezifischen Politikprozesses unter Berücksichtigung der Wechselwirkungen mit der deutschen EE-Politik
zusammengefasst und bewertet (Abschnitt 6.6.3).

6.6.1   Ausgangslage und Konfliktsituation

Die Ausgangslage der *Nutzung und des Anteils erneuerbarer Energien* stellt sich auf
globaler Ebene wie folgt dar: Erneuerbare Energien werden gegenwärtig mit einem
Anteil von ca. 14 % am gesamten Primärenergieverbrauch genutzt, wobei es sich
hierbei jedoch vorrangig um die traditionelle Nutzung der Biomasse (ca. 10 %)
sowie die Großwasserkraft (über 2 %), und damit überwiegend um nicht-
nachhaltige Formen handelt. Mit über 80 % dominieren Energieerzeugungstechno-
logien auf der Basis fossiler Brennstoffe, die Atomkraft hat einen Anteil von 6,5 %.
Das Wachstum der erneuerbaren Energien wird nach den Prognosen vieler Branchenvertreter und Experten zwar weiterhin dynamisch zunehmen, ihr Anteil wird
jedoch gemäß Referenzszenario der IEA aufgrund des prognostizierten, stärker
steigenden Energieverbrauchs in Ländern wie China, Indien, aber auch den USA
nur konstant bleiben oder sogar leicht sinken – wenn die politischen Rahmenbedingungen sich nicht signifikant ändern.

Im *Strombereich* weisen die erneuerbaren Energien einen Primärenergieanteil
von 18 % auf und liegen damit hinter dem mit über 40 % dominierenden Brennstoff Kohle sowie Erdgas (20 %), jedoch noch vor der Atomenergie mit knapp
16 % (Stand 2004). Die EE-Stromproduktion wird wiederum durch große Wasserkraftanlagen, häufig mit Staudämmen, dominiert (über 16 %), 1 % entfallen auf
Biomasse und Abfall, der Rest verteilt sich auf „neue" EE-Technologien, wie
Windkraft, Biogas- oder Photovoltaikanlagen. Ohne Berücksichtigung der Großwasserkraft verteilten sich die weltweiten Erzeugungskapazitäten im Strombereich
maßgeblich auf die Windenergie (vorrangig in der EU), Kleinwasserkraft (vorrangig
in China) und Biomasse (vorrangig in Entwicklungsländern).

Einen besonders wichtigen Kontextfaktor für die Beurteilung dieses Status
quo und der zukünftigen Entwicklung des globalen Energiesystems stellen *Subventi-*

onen dar, die in den Nationalstaaten, aber auch durch internationale Organisationen zum Aufbau oder zur Stabilisierung von Energietechnologien, -Infrastrukturen und Brennstoffen gewährt werden. Von den in einigen Studien ermittelten jährlichen Subventionen im Energiebereich in Höhe von etwa 240 Mrd. US-Dollar werden über 200 Mrd. als so genannte „perverse subsidies" eingestuft, die negative Effekte sowohl für die Umwelt als auch für die gesamte Ökonomie bzw. die Gesellschaft aufweisen. Insgesamt fiel mit weniger als 4 % nur ein kleiner Teil auf EE-Technologien und Effizienzmaßnahmen. Und auch die weltweiten Ausgaben für Forschung und Entwicklung für erneuerbare Energien liegen in den OECD-Ländern bei nur 8 % aller F&E-Ausgaben – mit sinkender Tendenz in den letzten Jahren. Der höchste Teil der Mittel fließt nach wie vor in die Atomenergieforschung.

Diese Entwicklung wurde bisher maßgeblich durch die Energie- und Außenhandelspolitik der Industrieländer, sowie durch die Aktivitäten der IEA und der internationalen Finanzierungseinrichtungen wie der Weltbank bedingt bzw. gestützt. Die IEA, als die zentrale energiepolitische Beratungsorganisation für die OECD- und G8-Länder sowie für diverse UN-Organisationen, formulierte auch in ihrem für den Gleneagles-Prozess der G8 erstellten „Alternativ-Szenario" eine weiterhin dominierende Rolle für die fossilen Energien. Zudem fordert sie einen gesteigerten Anteil der Atomenergie. Der EE-Anteil im Strombereich wächst in diesem Szenario auf einen Anteil von weltweit 25 % bis 2030 – ausgehend von 18 % in 2004.

Dieser Hintergrund zeigt zum einen die hohe *gegenwärtige und prognostizierte Dominanz der fossilen Energiewirtschaft* auf den globalen Energiemärkten auf – und die vergleichsweise geringe Rolle, die seitens der für die globale Energiepolitik und das globale Energiesystem bislang verantwortlichen Institutionen und Akteure für erneuerbare Energien vorgesehen ist. Zum anderen entsteht aus der bisherigen Verteilung bzw. Inanspruchnahme der fossilen Primärenergiequellen ein *hohes Konfliktpotenzial*. Auf der einen Seite steht der hochgradig unterschiedliche Primärenergieverbrauch pro Kopf und das diesbezüglich gerechte Nachholbedürfnis der Entwicklungs-, Schwellen- und Transformationsländer. Dem steht auf der anderen Seite die Erkenntnis gegenüber, dass ein schnelles und hohes Wachstum dieser Länder auf der Basis ihres gegenwärtigen fossilen Energieverbrauchsniveaus pro Wertschöpfungseinheit zu einem deutlich schnelleren Ressourcenverbrauch und gesteigerten Klimaproblem führen würde. Diese Konfliktkonstellation spiegelt sich in den energie- und klimapolitischen Verhandlungen auf internationaler Ebene wider und überlagert somit auch die bisherigen EE-politischen Entwicklungen.

6.6.2   Bedeutung der Energie- und Klimapolitik für erneuerbare Energien

Die Analyse der *internationalen Energiepolitik* hat gezeigt, dass es sich hierbei um keinen stetigen Politikprozess, wie z.b. bei der Klimapolitik, handelt, sondern dass das Thema insbesondere in Krisenzeiten (wie den verschiedenen Ölpreiskrisen) verstärkt zu internationalen politischen Aktivitäten geführt hat. Als zentrale Beispiele institutionalisierter Energiepolitik auf internationaler Ebene sind die G7/G8-Treffen sowie der Energiecharta-Vertrag hervorzuheben. Bei beiden steht der Aspekt der Energiesicherheit im Sinne der Sicherung der Energieversorgung bzw. der Rohstoffquellen im Vordergrund. Dies ist expliziter Zweck der Energiecharta, aber auch die G7/G8-Diskussionen drehen sich im Kern primär um diese Fragen. In den letzten Jahren, insbesondere seit dem Gipfel von Gleneagles 2005, haben auch die Themen Klimaschutz, Energieeffizienz und erneuerbare Energien wieder an Bedeutung gewonnen. Allerdings sind aus dem Gleneagles-Aktionsplan (und seinen Nachfolgern) bisher noch keine signifikanten Beschlüsse oder Aktivitäten hervorgegangen, die zu einer unmittelbaren Veränderung des Status quo des internationalen Energiesystems beigetragen haben.

Dies gilt auch für die erneuerbaren Energien, die zwar verbal seit einigen Jahren stärker behandelt werden, es wird jedoch lediglich eine Unterstützung bestehender Netzwerke (wie REN21, REEEP etc.) und Aktivitäten (z.B. bei der Forschungszusammenarbeit) angekündigt, ohne dies mit zusätzlichen finanziellen Mitteln oder konkreten Zielen zu untersetzen. Eine zentrale Rolle kommt sowohl bei der energiepolitischen Beratung als auch bei der Umsetzung der G8-Aktionspläne der IEA zu, die damit für das Thema erneuerbare Energien genauso zuständig ist, wie traditionell für die fossilen Großkraftwerke, Atomenergie und die stärkere Erschließung zusätzlicher fossiler Quellen. Eine wirksame Veränderung in Richtung der verstärkten Nutzung erneuerbarer Energien mit dem Ziel einer Transformation der Energiewirtschaft ist somit in der Energiepolitik der G8 nicht erkennbar.

Das gleiche Ergebnis ist für den Zusammenhang zwischen der *internationalen Klimapolitik* bzw. den zentralen Klimaschutzinstrumenten und erneuerbaren Energien zu konstatieren. Die Klimarahmenkonvention wird zwar nach wie vor von fast allen Regierungen befürwortet, aber die meisten der Staaten erreichen ihre vorgesehenen Reduktionsziele nicht, und mit den USA hat sich der größte Treibhausgasemittent seit 2001 aus dem Kyoto-Prozess zurückgezogen. Dass das Kyoto-Protokoll trotzdem in Kraft trat bzw. ratifiziert wurde, kann zwar als klimapolitischer Erfolg insbesondere für die EU und als Niederlage der USA gewertet werden. Allerdings werden die Ziele des *Kyoto-Protokolls* bislang nur ungenügend eingehalten. Außerdem sind die bisherigen CO_2-Reduktionen auf internationaler Ebene überwiegend auf die „wall fall profits", d.h. den Zusammenbruch veralteter, energieintensiver Industriezweige (vorrangig in Deutschland und den Transformationsländern) bzw. den Abbau von Überkapazitäten im Kraftwerkspark (vorrangig in Großbritannien und Deutschland) zurückzuführen. Die diesbezüglich bereinigten Zahlen zeigen, dass es in den letzten Jahren tendenziell ansteigende CO_2-Entwicklungen sowohl in Deutschland und den meisten EU-15-Staaten gab, aber auch - und in deutlich größerem Ausmaß - in den USA, China und anderen großen Wachstumsländern. An den Entwicklungen in den USA und China änderte bislang auch die klimapolitische Gegeninitiative der USA, die Asien-Pazifik-Partnerschaft mit China, Indien, Australien u.a., nichts. Hierbei handelt es sich um eine auf freiwilligen Maßnahmen basierende Partnerschaft, die als unmittelbare Reaktion auf die Ratifizierung des Kyoto-Protokolls im Jahr 2005 ins Leben gerufen wurde.

Ein zentraler Kritikpunkt am Kyoto-Protokoll bezieht sich auf die *zu geringen Reduktionsziele*, die insbesondere nach dem Austritt der USA und anderer großer Emittenten den Beitrag und somit die Bedeutung des Protokolls zum globalen Klimaschutz stark reduzieren. Andererseits sind aber auch die grundlegenden Eigenschaften der zentralen Politikinstrumente, der *flexiblen Mechanismen* (Emissionshandel und projektbasierte Mechanismen) in der Kritik - die in dieser Form insbesondere von den USA gefordert worden waren. Das Konzept beinhaltet eine Reihe von „Schlupflöchern", die immanent oder durch Sonderregelungen entstanden sind, und die somit entweder gar nicht oder nur durch aufwändige Detailregelungen mit hohem Kontrollaufwand verhindert bzw. gemindert werden können.

Beim in der EU eingeführten Emissionshandelssystem, das ein wesentliches Instrument zur Erfüllung der Kyoto-Ziele der EU sein soll, zeigten sich in der Praxis zudem eine Reihe von Mängeln, die zum einen der ersten Testphase geschuldet sind (beispielsweise Überausstattung mit Zertifikaten aufgrund ungenügender Datenbasis). Zum anderen werden jedoch auch hier voraussichtlich einige grundsätzliche Probleme bestehen bleiben und die Effizienz des Instruments mindern. Dazu gehören u.a. die hohe Volatilität des Zertifikatepreises, aber auch die Frage seiner ökologischen Steuerungswirkung auf Basis der Ausstattungsregeln – gegenwärtig werden in Deutschland eine Vielzahl von neuen Kohlekraftwerken gebaut oder geplant (siehe Abschnitt 3.2.3). Im Vergleich dazu ermöglichen erneuerbare Energien CO_2-Reduktionen, die in Deutschland den bisherigen, und in der Prognose auch den zukünftigen Beitrag des Emissionshandels weit übersteigen. Auch ein Instrument wie eine Energiesteuer erscheint im Vergleich zum komplexen Emissionshandel bzw. den flexiblen Mechanismen deutlich leichter handhabbar und in Bezug auf die erzielbare Treibhausgasreduktionswirkung und ökologische Lenkungswirkung berechenbarer.

Die flexiblen Kyoto-Mechanismen können direkte sowie indirekte *Auswirkungen auf den Ausbau erneuerbarer Energien* haben. Bisher ist dies jedoch nur in geringem Ausmaß der Fall. Grundsätzlich war eine größere oder gar tragende Rolle erneuerbarer Energien in der internationalen Klimapolitik nicht vorgesehen, da es sich um einen emissionsseitigen, outputorientierten Ansatz handelt, der primär auf

Einsparungen und Effizienzerhöhung bei den bestehenden fossilen Technologien zielt. Demgemäß wurden erneuerbare Energien weder in der Klimarahmenkonvention noch im Kyoto-Protokoll explizit erwähnt, aber auch für das IPCC waren sie bisher kein explizites Thema. Bei steigenden CO_2-Preisen können Investitionen in erneuerbare Energien zwar tendenziell begünstigt werden, nach den bisherigen Erfahrungen im Emissionshandelsmarkt sowie auch in anderen EE-Zertifikatemärkten (siehe hierzu auch Kapitel 5) reicht die Stabilität der Preisentwicklung jedoch nicht aus, um – im Unterschied zu Einspeisevergütungsregelungen – genügend Investitionssicherheit und damit Investitionsanreize für den Bau von Anlagen bzw. den Aufbau von EE-Industrien zu bieten.

Konkretere Bezüge bzw. direkte Investitionsmöglichkeiten bieten die *projektbasierten Mechanismen CDM und JI*, in deren Rahmen EE-Projekte durchführbar sind. Diese Mechanismen können eine zusätzliche Finanzierungsmöglichkeit für EE-Projekte in Entwicklungs- und Schwellenländern darstellen. Allerdings werden sie in der EE-Branche erst vereinzelt genutzt und ihr Potenzial erscheint angesichts einiger grundsätzlicher Hemmnisse eher begrenzt. Gegenwärtig dominieren beim CDM in ökonomischer Hinsicht zum Teil umstrittene Großprojekte zur Minderung von Fluorkohlenwasserstoffen, Lachgas und Methangasemissionen in Wachstumsländern wie China. Diese Treibhausgase haben deutlich höhere CO_2-Äquivalente und sind somit wirtschaftlich attraktiver als CO_2-basierte Projekte. Insbesondere die kleinteiligen, dezentralen EE-Projekte weisen vergleichsweise hohe Transaktionskosten auf, weshalb hier weniger investiert wird. Bei CDM-Projekten spielt grundsätzlich das Kriterium der Zusätzlichkeit (Additionality) eine zentrale Rolle, da durch die in Drittländern generierten Zertifikate das Emissionsbudget in den Industrieländern erhöht wird. Die Nachprüfbarkeit dieser Additionality im Vergleich zu einem angenommenen Status quo ist jedoch umstritten, sowohl in Bezug auf einige Methoden, als auch grundsätzlich, insbesondere in stark wachsenden Schwellenländern. Ist die Zusätzlichkeit nicht erfüllt, dann können die Industrieländer mit den vergleichsweise günstigen Zertifikaten ihre Verpflichtungen reduzieren, im Ergebnis findet jedoch kein Klimaschutz statt. Das eigentliche Hauptanliegen des CDM, die nachhaltige Entwicklung, ist gegenwärtig noch kein hartes Kriterium, weder bei den industriellen Großprojekten, noch in Bezug auf das Problem, dass bisher die ärmsten Staaten nicht zum Zuge kommen.

Damit ist zu bezweifeln, dass der *Emissionshandel* (ergänzt um projektbasierte Mechanismen) die Kriterien eines zentralen, maßgeblichen Klimaschutzinstruments – so wie es von vielen Vertretern der konventionellen Energiewirtschaft und der Industrie häufig gefordert wird (vgl. u.a. Abschnitt 5.3) – erfüllen kann. Aufgrund seiner primären Zielrichtung und Funktionsweise kann er *nur sehr begrenzt zu einer gezielten Transformation des Energiesystems beitragen.* Er weist sowohl Defizite bei der mikro- und makroökonomischen Effizienz als auch bei seiner Innovationswirkung in Bezug auf mittel- bis längerfristig rentable Technologien auf. Damit erscheint der

Emissionshandel auch ungeeignet, neue Technologien wie erneuerbare Energien in den Markt zu führen.

6.6.3   Erster EE-Institutionalisierungsprozess - zwischen Vorreiter- und Symbolpolitik

Nachdem die erneuerbaren Energien im Kontext der internationalen Energie- und Klimapolitik nicht explizit bzw. nur am Rande behandelt wurden, kamen sie erstmals seit vielen Jahren auf dem zweiten *Weltgipfel für nachhaltige Entwicklung 2002 in Johannesburg* auf die Agenda. Da jedoch sowohl der vorbereitende CSD-Prozess als auch der WSSD selbst in dieser Frage im Wesentlichen von den in der Klimapolitik bekannten Blöcke und Positionen geprägt waren, scheiterten die Verhandlungen zu EE-Ausbauzielen.

Ein zentrales Ergebnis des WSSD war, dass nahezu *ausschließlich* auf *freiwillige Maßnahmen* gesetzt wurde, möglichst unter Beteiligung der Privatwirtschaft, aber auch weiterer gesellschaftlicher Akteure. Diese Richtung war durch den massiven Druck der USA und der in großem Ausmaß präsenten transnationalen Konzerne und internationalen Wirtschaftsverbände, aber auch mit Unterstützung der EU zustande gekommen. Somit wurden auch bezüglich erneuerbarer Energien keine Ziele und Strategien verabschiedet, sondern überwiegend eine Reihe freiwilliger Partnerschaften und Netzwerke, die sich jedoch nur schwer operationalisieren, kontrollieren und zu einer Gesamtstrategie bündeln lassen. Die Abschlussresolution des Gipfels zum Thema nachhaltige Entwicklung war überwiegend vom wirtschaftsliberalen Credo einer weitergehenden globalen Marktöffnung und Liberalisierung geprägt.

Nach den gescheiterten Verhandlungen zu den EE-Zielen gründete sich aus der „*Befürworterkoalition für den Ausbau erneuerbarer Energien*" (siehe Abschnitt 6.5) mit der JREC eine Initiative von Staaten, die von vielen nicht-staatlichen Akteuren dieser Koalition als die erhoffte Vorreitergruppe gesehen wurde. Die JREC-Gründung sowie die gleichzeitige Ankündigung des deutschen Bundeskanzlers Gerhard Schröder, eine internationale Regierungskonferenz - die renewables 2004 in Bonn - abzuhalten, wurden zu den Hoffnungsträgern angesichts der ansonsten überwiegend negativen Beurteilung der Gipfelergebnisse. Zu dieser Zeit schien für viele Kritiker, insbesondere aus den Reihen der NGOs, offensichtlich, dass konkrete Initiativen zum EE-Ausbau sowie zur Reduzierung fossiler Energien und ihrer Subventionierung auf multilateralen UN-Konferenzen grundsätzlich nicht erreichbar sind. Mit der JREC wurde die Hoffnung verbunden, dass sie als Vorreiterkoalition die Konsenszwänge des UN-Systems brechen und somit Druck auf blockierende Staaten ausüben könne.

Mit der *renewables 2004 in Bonn* wurde erstmalig eine hochrangig besetzte Regierungskonferenz ausschließlich zum Thema erneuerbare Energien abgehalten.

Aufgrund der hohen Ölpreise, die unmittelbar im Vorfeld der Konferenz neue Höchstwerte erreichten, sowie einer *gesteigerten Medienresonanz* in dieser Zeit für die Themen Energieversorgungssicherheit und Klimaschutz, bekam die Konferenz zusätzliche Aufmerksamkeit. Damit kann als ein zentraler Erfolg jenseits der politischen Ergebnisse die mediale Wirkung bzw. die Verbreitung des Themas genannt werden. Dies wurde zudem durch die breite Einbeziehung von Akteuren und eine Reihe von regionalen Vorbereitungskonferenzen unterstützt.

Die *politischen Ergebnisse* wurden demgegenüber von vielen Akteuren *weniger positiv bewertet.* Es wurde zum einen eine politische Deklaration verabschiedet, die in ähnlichen Akteurskonstellationen und mit ähnlichen Positionen wie in Johannesburg debattiert wurde und die letztlich ebenfalls keine konkreten Ziele oder Maßnahmen beinhaltete. Das zweite offizielle und wichtigere Ergebnis der Konferenz war das Internationale Aktionsprogramm, in dem die Teilnehmer, staatliche wie nicht-staatliche, diverse Beiträge zur Förderung erneuerbarer Energien einbringen konnten, egal ob es sich um politische Ausbauziele, finanzielle Mittel oder Informationskampagnen handelte. Das dritte formale Ergebnis war die Gründung eines weiteren Netzwerks, das sich erstmalig explizit auch politischen Fragen widmen und politische Anliegen auf der internationalen Ebene begleiten und vorantreiben sollte (REN21).

Die *Kritik an den Ergebnissen* entzündete sich im Kern an der Grundfrage, ob die gesamte Konferenz von vornherein stärker als Vorreiterinitiative hätte gestaltet werden müssen, um verbindlichere Ergebnisse zu erzielen, oder ob mit der UN-weiten Einladungspolitik ein größerer Effekt erzielt werden könne. Durch den UN-Ansatz waren auch solche Staaten und Organisationen involviert, die sich im Vorfeld gegen verbindliche Ziele ausgesprochen hatten wie die USA, OPEC und eine Reihe von Akteuren aus Energiewirtschaft und Industrie. Entlang dieser entscheidenden Frage spaltete sich die Gruppe der Befürworter.

Mit der Entscheidung der Veranstalter, die Konferenz mit der *Einladungspolitik einer UN-Konferenz* durchzuführen, wurde der Rahmen gesetzt, in den sich die Teilnehmer und auch die Reichweite der Ergebnisse fügen mussten. Diese Entscheidung war im Grundsatz bereits auf die Einladung Schröders auf dem UN-Weltgipfel zurückzuführen. Die Ausgestaltung der Konferenz wies zudem hohe Übereinstimmung mit den Empfehlungen einiger Studien des BMU auf, die den Spielraum für exklusive Vorreiterkoalitionen und die Gründung einer internationalen EE-Organisation als gering einstuften. In den verantwortlichen Gremien zur Vorbereitung der Konferenz gab es zwar mehrfach Auseinandersetzungen in dieser Frage, letztlich stützten jedoch auch sie das Vorgehen der Veranstalter, obwohl hier viele NGOs und EE-Vertreter beteiligt waren, die nach Johannesburg im Grunde einen anderen multilateralen Prozess gefordert hatten.

Als Konsequenz dieser Beteiligungspolitik wurde bereits im Vorfeld entschieden, nicht über Ziele (im Sinne einer top-down-Politik) zu debattieren und die

Deklaration unbestimmt zu belassen. Demgegenüber wurde mit dem *Internationalen Aktionsprogramm* bestehend aus freiwilligen Beiträgen (bottom-up-Ansatz) politisches Neuland betreten. In diesem Programm waren einzelne umfassendere Maßnahmen und Ziele enthalten (z.b. aus China, den Philippinen, Deutschland), die eine besondere öffentliche Aufmerksamkeit und somit positive symbolische Wirkung erhielten. Insgesamt wiesen jedoch nur wenige der 197 Beiträge des IAP konkrete Ziele oder finanzielle Maßnahmen auf. Auch die Zusammenstellung der Beiträge erfolgte nicht unter strategischen Gesichtspunkten, und der Aspekt der „Additionality" wurde nicht als harte Anforderung erhoben. Von den eingereichten Beiträgen standen nach Angaben mehrerer NGOs die meisten im Verdacht, keine zusätzlichen Maßnahmen zu sein, außerdem stellten sich Beiträge, wie der der Weltbank, im Nachhinein als marginal heraus.

Wenngleich also der „Ebenenwechsel" aus dem formalen UN-System heraus letztlich doch sehr an den UN-Rahmen angelehnt erfolgte, ermöglichten die vorhandenen Freiheitsgrade zumindest einige *symbolisch und medial wichtige Akzente*. Das Thema selbst bot einigen Akteuren bzw. Regierungen die Gelegenheit, sich entgegen ihrer sonstigen Positionen in der Energie- und Klimapolitik nicht „koalitionskonform" zu verhalten. So brachten einige G77-Staaten, allen voran China, progressive Beiträge ein, die hohe politische und öffentliche Resonanz fanden. Die chinesische Regierung wurde mit ambitionierten Zielen und einem dem EEG ähnlichen Förderinstrument zu einem wichtigen Treiber und Vorbild im weiteren EE-spezifischen Prozess – allerdings ohne dass sie auf der UN-Ebene in der Energie- und Klimapolitik ihr Verhalten grundsätzlich geändert hat, wie sich in den späteren Verhandlungen z.B. der CSD-15 zeigte (siehe Abschnitt 7.2.3). Demgegenüber verlor die JREC im renewables-Prozess an Bedeutung bzw. trat in den Hintergrund. Ein Grund dafür war, dass die EU bzw. die EU-Kommission ohne weitere EE-Zielsetzungen nach Bonn angereist war, und dass es darüber hinaus keine weiteren wichtigen und aktiven Vorreiter in der JREC gibt.

Somit endete die Konferenz zwar trotz aller Kritik insgesamt mit einer positiven Grundstimmung, wie in Johannesburg richtete sich jedoch auch hier die Hoffnung auf die Fortführung des Prozesses. Auf der Nachfolgekonferenz *BIREC 2005* war angesichts der kurzen Zeit seit der renewables kein neues Aktionsprogramm vorgesehen, sondern es wurde über das Monitoring des IAP diskutiert. Es gab erneut eine unverbindliche Deklaration, sowie den Beschluss, den weiteren Prozess in die UN-Kommission für nachhaltige Entwicklung (CSD) hineinzutragen, da auf der CSD-14 und -15 im Schwerpunkt ohnehin über Energiefragen debattiert werden sollte.

Das in Bonn vereinbarte *Politik-Netzwerk REN21* wurde 2005 offiziell gegründet, wobei Gründungsprozess und –Struktur wie zuvor die Konferenz ebenfalls maßgeblich von BMU und BMZ gestaltet wurden. Der internationale Lenkungsausschuss der renewables-Konferenz wurde zum zentralen Steuerungsgremium von

REN21 weiterentwickelt. Die weitere Besetzung des Netzwerks sowie zentraler Leitungspositionen erfolgte zum einen wieder mit einem UN-weitem Partizipationsansatz, zum anderen entschieden sich die deutschen Organisatoren für eine Anbindung an bestehende UN-Organisationen. Somit entstand, da die EE-Branche selbst zu wenige Kapazitäten hatte bzw. Interesse zeigte, eine Anbindung an UNEP und die IEA. Das Netzwerk leistet mittlerweile mit seinen globalen Statusberichten und anderen Sonderveröffentlichungen wichtige Informationsbeiträge, ist jedoch aufgrund der engen UN- und IEA-Anbindung ein nur bedingt handlungsfähiger Antreiber einer internationalen EE-Politik.

So lässt sich resümieren, dass es der deutschen Regierung und hier insbesondere dem federführenden BMU zusammen mit dem BMZ gelungen ist, in einem günstigen Zeitfenster einen politischen Prozess zu initiieren und maßgeblich zu prägen, der erneuerbare Energien international sichtbarer gemacht hat.[615] Die deutsche Regierung hat sich damit auch eine zusätzliche Möglichkeit geschaffen, ihre nationalen Interessen und ihre EE-Politik auch auf internationaler Ebene einzubringen und damit zu stärken. Gleichzeitig war ihr Spielraum so groß, weil die anderen Akteure keine wesentlichen Anteile an der Prozessgestaltung für sich beanspruchten. Wesentliche Gründe hierfür waren die fehlenden Kapazitäten z.B. seitens der EE-Branche, aber auch die fehlende Positionierung zu Gestaltung einer internationalen EE-Politik seitens der Befürworterkoalition.

Mit dem renewables-Prozess und seinen wesentlichen politisch-institutionellen Elementen (IAP, Nachfolgekonferenzen, REN21), die neben dem UN-System stehen, aber eng mit diesem gekoppelt sind, setzten BMU und BMZ auf eine medial wirksame Symbolpolitik und nicht auf die Bildung einer exklusiven Vorreiterkoalition. Inwieweit der renewables-Prozess und seine Strukturen bisher zur internationalen Verbreitung erneuerbarer Energien, z.B. durch die Diffusion erfolgreicher Politik-Instrumente, beigetragen haben, lässt sich nur schwer einschätzen. Auf das UN-System und die darin stattfindenden energie- und klimapolitischen Verhandlungen hatte der Prozess bisher de facto noch keine bzw. nur sehr geringe Auswirkungen (siehe auch nachfolgenden Abschnitt). Dies bestätigt wiederum die These, dass sich die politische Agenda nicht wesentlich verändert, wenn sich die Machtkonstellationen, repräsentiert durch die wesentlichen Advocacy-Koalitionen, nicht ändern oder keine übergeordnete politische Institution oder externe Ereignisse dies erzwingen.

---

[615]   In der Bewertung des renewables-Prozesses wurde diesbezüglich häufig von einem „Momentum" gesprochen, das erzeugt wurde. Rainer Hinrichs-Rahlwes bezeichnete den Prozess als „ein Momentum, das die Vorreiter nutzen konnten, hinterher noch ein bisschen schneller zu reiten, und möglicherweise nach dem Schwungradprinzip dabei den ein oder anderen Akteur mitzunehmen" (Hinrichs-Rahlwes 2007).

7 Gesamtfazit und Ausblick

Als im April 2000 das Erneuerbare-Energien-Gesetz (EEG) eingeführt wurde, ahnten nicht einmal die stärksten Befürworter, welchen Ausbaueffekt es haben würde. Bereits unter dem Vorläufergesetz, dem Stromeinspeisungsgesetz (StrEG), gab es seit 1991 erste kontinuierliche Wachstumsentwicklungen insbesondere bei der Windkraft, aber auch bei der Biomasse. Mit dem Beginn des EEG setzte dann ein Boom ein, der zu einem international viel beachteten Wachstum in mehreren EE-Bereichen, sowie zur Schaffung von Lead-Märkten und international erfolgreichen Industriezweigen führte.

Die Windenergie erlebte dabei den quantitativ größten Anstieg. Bis 1999 waren über 4.000 MW Leistung installiert, die Strom im Umfang von ca. 0,8 % des gesamten Bruttostromverbrauchs erzeugten, Ende 2006 waren es bereits über 20.000 MW und ein Anteil von 4,5 %. Die Kapazitäten im Bereich Biomasse haben sich seit 1999 auf über 16.000 MW knapp verzehnfacht (ohne Berücksichtigung des biogenen Abfalls). Das größte Wachstum wies die Photovoltaik auf, die 1999 etwa 40 GWh Strom in das Netz einspeiste, 2006 war es mit rund 2.000 GWh 50mal so viel, bei jährlichen Wachstumsraten von 50 % bis 150 %. Insgesamt liegt der Anteil der Photovoltaik am Bruttostromverbrauch jedoch erst bei 0,2 %. Demgegenüber weist die Wasserkraft einen vergleichsweise hohen und konstanten Anteil zwischen 3,5 und 4 % auf, sie konnte seit Einführung des StrEG stabilisiert und leicht ausgebaut werden.

Insgesamt beträgt der Anteil des EE-Stroms gegenwärtig etwa 12 % am gesamten Bruttostromverbrauch. Damit wurde der Anteil nicht nur seit 1999 mehr als verdoppelt, sondern auch das im EEG formulierte Ausbauziel für 2010 deutlich früher erreicht. Die Leistungen der deutschen EE-Branche wurden 2006 von über 210.000 Beschäftigten erbracht, wovon etwa 120.000 Arbeitsplätze auf das EEG zurückgeführt werden können (BMU 2007b). Der Gesamtumsatz der EE-Branche lag bei ca. 23 Mrd. Euro, wovon etwa drei Viertel mit dem EEG verbunden sind (BMU 2007b). Die errechnete CO_2-Vermeidung betrug im Strombereich etwa 68 Mio. t CO_2 (BMU 2007a).

Wie die Analyse gezeigt hat, ist das EEG damit seit vielen Jahren das einzig nennenswerte dynamische Element, das einen Gegentrend auf dem Strommarkt setzt, der seit der Liberalisierung einen starken Konzentrationsprozess erlebte. Dabei zeigte sich, dass die EE-Branche und ihre Interessenvertreter weitgehend getrennt von der konventionellen Energiewirtschaft waren und bis heute sind. Die Überschneidungen begrenzen sich im Wesentlichen auf das Großanlagensegment bei der Wasserkraft und Biomasse, sowie in Zukunft voraussichtlich bei Offshore-Windparks. Vor dem Hintergrund dieser Marktstruktur und der Analyse der verschiedenen Policy-Prozesse kann die eingangs formulierte Konfliktthese bestätigt werden, nach der es sich bei der Einführung und Verbreitung erneuerbarer Energien nicht um einen evolutorischen Prozess einer Transformation des Energiesystems handelt. Im Gegenteil, es handelt sich von den Akteuren bis zu den technologischen Konzepten - zentrale versus dezentrale Versorgung - um eine grundlegende Konkurrenzbeziehung, deren ökonomische Komponente sich angesichts der „Wachstumsgarantie" durch das EEG und der anstehenden milliardenschweren Investitionsentscheidungen für die Modernisierung des Kraftwerksparks noch verstärkt.

Obwohl erneuerbare Energien durch das EEG besonders geschützt sind und gefördert werden, unterliegen sie dem gleichen „Grundgesetz der Energiewirtschaft" wie alle Strommarktteilnehmer. Aus diesem Grund wurde in Kapitel 4 eine Analyse des Policy-Prozesses der Novelle des Energiewirtschaftsgesetzes vorgenommen, die lange Zeit parallel zum EE-Prozess verlief. Im Rahmen dieser Analyse wurde auch die Rolle dieses Gesetzes für die EE-Branche analysiert, das eine zentrale langfristige energiewirtschaftliche und -politische Kontextbedingung für die erneuerbaren Energien darstellt. Gleichzeitig konnte anhand dieses Prozesses die Machstellung der konventionellen Energiewirtschaft als der zentrale Konfliktpartner - deutlich erkennbarer als im Policy-Prozess des EEG - aufgezeigt werden.

Neben den Konflikten auf dem Strommarkt wurde der deutsche EE-Policy-Prozess außerdem von einer Reihe weiterer Einflussfaktoren, Akteure und Ereignisse aus dem politisch-räumlichen Mehrebenensystem beeinflusst. Dazu zählen Aktivitäten auf subnationaler Ebene von Kommunen und Gemeinden, die im Rahmen des föderalen Systems oder indirekt auf den nationalen Prozess wirkten. Dies wurde zusammen mit gesellschaftlichen Faktoren im Rahmen der Analyse des nationalen Policy Prozesses (Kapitel 3) untersucht. Mit der EG-Richtlinie zur Förderung erneuerbarer Energien und dem damit verbundenen Policy-Prozess entstand ein Multi-Level Governance-Prozess mit der EU-Ebene, der bereits seit der ersten Novelle des StrEG parallel zum nationalen Prozess verlief (Kapitel 5).

Darüber hinaus werden die Energie- und EE-Politik in den letzten Jahren zunehmend von internationalen Entwicklungen und Politikprozessen beeinflusst. Das Jahr 2007 bot mit zahlreichen Energie- und Klimagipfeln sowie der hohen medialen Aufmerksamkeit für das Thema Klimawandel ein beeindruckendes Beispiel dafür. Inwieweit die internationale Energie- und Klimapolitik über die Jahre die Entwicklung erneuerbarer Energien beeinflusst hat, wurde in Kapitel 6 untersucht. Seit dem 2. UN-Weltgipfel zur nachhaltigen Entwicklung von Johannesburg 2002 hat außerdem erstmalig auf internationaler Ebene ein spezifischer Politikprozess zur Förderung erneuerbarer Energien begonnen, der maßgeblich von der deutschen Regierung initiiert und gestaltet wurde. Daher wird diese jüngste Entwicklung im EE-politischen Mehrebenensystem ebenfalls im Stile einer Policy-Analyse untersucht (Kapitel 6).

Bei der in dieser Arbeit durchgeführten Multi-Level Policy-Analyse der deutschen EE-Politik im Strombereich erfolgte die Untersuchung der Frage nach dem Zustandekommen und der Entwicklung dieser Politik explizit unter Berücksichtigung der Wechselwirkungen und Interdependenzen mit dem Mehrebenensystem. Die Ermittlung der relevanten Ereignisse, Akteure und Einflussfaktoren erfolgte in der Regel durch jeweils in sich geschlossene, empirisch gestützte Policy-Analysen unter Berücksichtigung der Policy-Phasen sowie Darstellung der jeweiligen Rahmenbedingungen. Zur Verdichtung und Auswertung der Policy-Analysen wurde darüber hinaus der Advocacy-Koalitionsansatz verwendet. Mit Blick auf die theoretisch-konzeptionellen Bezüge der Multi-Level Policy-Analyse (vgl. Kapitel 2) wurden schließlich einige Thesen des Advocacy-Koalitionsansatzes sowie der Multi-Level Governance-Forschung auf der Basis der einzelnen Analyseergebnisse überprüft.

In diesem Gesamtfazit werden nun die Einzelergebnisse zu einem vollständigen Bild zusammengeführt. Dies beinhaltet sowohl ein rückblickendes Fazit (Abschnitte 7.1 und 7.2) als auch einen Bewertung der Ergebnisse und einen Ausblick (Abschnitt 7.3). Im Anschluss daran wird in Abschnitt 7.4 der Mehrwert des hier gewählten analytischen Rahmens diskutiert sowie die ausgewählten Thesen zu den Eigenschaften von politischen Mehrebenensystemen und Advocacy-Koalitionen überprüft.

7.1   Zentrale Einflussfaktoren und Koalitionen - Fokus nationale Ebene

Aus der primär nationalstaatlich fokussierten Analyse des Kapitels 3 lassen sich zentrale Einflussfaktoren und Akteure identifizieren, die für das Zustandekommen und zur Weiterentwicklung der deutschen EE-Policy im Strombereich sowie zur Wachstumsentwicklung des EE-Marktes maßgeblich beigetragen haben. Nachfolgend werden die zentralen Faktoren zusammengetragen, die sich auf Basis der Analyse als begünstigend oder hemmend für die Einführung der Policy und die Verbreitung der erneuerbaren Energien herausgestellt haben. Außerdem werden die relevanten Advocacy-Koalitionen skizziert und in den Kontext der Faktoren eingeordnet.[616]

---

[616]   Vgl. hierzu auch die Restriktionsanalyse von Danyel Reiche (2004a). Eine ähnliche Kategorisierung von Faktoren nimmt auch Martin Jänicke (2002) in Anlehnung an Sabatier und Jenkins-Smith (1993) für seine Analyse zur Erklärung von „evironmental policy outcomes" vor.

7.1.1   Begünstigende Faktoren

Heimische Verfügbarkeit, Vielfalt und gesellschaftliche Verankerung

Ein grundsätzlicher Vorteil erneuerbarer Energien und somit ein erster grundlegender, unterstützender Faktor ist ihre *heimische Verfügbarkeit und Vielfalt*, die mit einem breiten Technologiespektrum verbunden ist (vgl. Abschnitt 3.1), sowie ihre im Vergleich zum konventionellen Energiesystem *geringe Umweltbelastung* (vgl. u.a. die Abschnitte 3.2.3 und 3.2.4). Dieser Vorteil wird verstärkt durch die hohe Importabhängigkeit und wachsende Verknappung der gegenwärtig dominierenden fossilen und nuklearen Brennstoffe.[617] In diesem Zusammenhang spielen bei der ökonomischen oder politischen Entscheidung für oder gegen einen Energieträger oder eine Technologie auch die Verfügbarkeit und der Preis der einzelnen Primärenergieträger eine wichtige Rolle.[618]

Eine Grundkonstante über den gesamten Policy-Prozess hinweg war die *hohe gesellschaftliche Zustimmung und Akzeptanz*, die erneuerbare Energien allgemein sowie im Vergleich zu den fossilen Energieträgern und der Atomkraft genießen. Diese Akzeptanz wurde seit den 1970er Jahren durch die ansteigende Bedeutung des Umweltbewusstseins und Klimawandels, durch die Anti-Atomenergiebewegung, durch Energiepreissteigerungen und das Thema Energieversorgungssicherheit begünstigt. Sie spiegelte sich darüber hinaus auch überwiegend in den Medien wider. Trotz einer Reihe standortspezifischer Akzeptanzhemmnisse (z.B. NIMBY-Effekt, vgl. Abschnitt 3.4.1), die aufgrund der Kleinteiligkeit und Dezentralität der EE-Technologien häufiger auftreten, hat die allgemeine Zustimmung für erneuerbare Energien bisher überwogen und stellte für die meisten der untersuchten Policy-Entscheidungen einen wichtigen und über die betrachtete Zeit stabilen Unterstützungsfaktor dar. Dies gilt insbesondere für die Photovoltaik, die als teuerste der EE-Technologien seit Einführung des EEG bezüglich ihrer Kostenbelastung zunehmend in der Kritik steht, die jedoch kontinuierlich die höchsten Zustimmungswerte aufweist.

Diese hohe Zustimmung hängt auch mit der *Vielzahl der Energiequellen und Technologien* zusammen, die gleichzeitig verschiedene gesellschaftliche Gruppen anspricht bzw. einbezieht. Nicht nur professionelle Energieversorger und -händler, sondern auch private Haushalte, Landwirte, Waldbesitzer, Kommunen und viele andere Akteure können durch erneuerbare Energien zu Energieversorgern werden,

---

[617]   Siehe hierzu auch Abschnitt 3.1.3 sowie bei Reiche (2004a; Reiche 2005b).

[618]   Allerdings ist die Verfügbarkeit eine unscharfe - und somit oft interessenpolitisch interpretierbare - Größe, teilweise aufgrund sehr ungenauer Datengrundlagen zu den vorhandenen oder vermuteten Ressourcen, aber auch weil die Höhe der (erschließbaren) Reserven in hohem Maße vom politischen Willen zur Erschließung der Ressourcen abhängt. Ebenso sind die Marktpreise zu einem großen Teil durch Steuern und Abgaben sowie durch Marktverzerrungen geprägt, was die hohe Bedeutung der energiepolitischen Auseinandersetzung unterstreicht.

der überwiegend klein- und mittelständisch geprägte Maschinen- und Anlagenbau profitiert in hohem Maße von den EE-Wachstumsbranchen. Auch viele zivilgesell-schaftliche Gruppen und soziale Bewegungen identifizieren sich mit dem Thema und werden Betreiber, Investoren oder Multiplikatoren. Damit ist als ein weiterer zentraler Erfolgsfaktor - neben der Akzeptanz - das *gesellschaftliche Engagement* zu nennen, aus dem ein neuer Wirtschaftszweig parallel zur etablierten Energie- und Kraftwerkswirtschaft entstanden ist (vgl. auch Schönwandt 2004), und das bis heute für eine hohe gesellschaftliche Verankerung des Themas, aber auch für eine ver-gleichsweise hohe private Kapitalquote sorgt. Die Vielzahl der Energiequellen ermöglicht unterschiedliche regionale Nutzungsschwerpunkte, je nach Wind-, Fließwasser-, Solarstrahlungs- oder Biomasseangebot. Zusammen mit der gesell-schaftlichen Verankerung führte dies bislang auch dazu, dass in der Regel die *Mehr-zahl der Bundesländer* bisher der EE-Policy zugestimmt hat.

Wirksamer institutioneller Rahmen

Diese gesellschaftlichen Voraussetzungen trafen in den 1980er Jahren auf eine wirksame F&E-Politik inklusive Demonstrationsprogrammen des Bundes und einiger Länder, mit denen es gelang, erste Unternehmen, Forschungseinrichtungen und in der Folge Interessengruppen dauerhaft ins Leben zu rufen.[619] Die Schaffung eines *wirksamen institutionellen Rahmens* zur Förderung erneuerbarer Energien ist daher ein weiterer zentraler Erfolgsfaktor. Die erfolgreiche Rahmensetzung begann im vorliegenden Fall mit einer wirksamen *Bund-Länder-Forschungsförderung,* deren Erfolg gleichzeitig eine Legitimation für die Förderung ergab (vgl. auch Jacobsson/ Lauber 2006). Sie setzte sich mit der Schaffung eines *im Sinne der Zielerreichung effektiven Bundesgesetzes* fort. Sowohl das StrEG – trotz seiner Mängel – und mehr noch das spätere EEG, zeichneten dabei einige grundsätzliche Erfolgselemente aus, die das umfassende Wachstum ermöglicht haben. Zum einen eine *differenzierte Förderung,* durch die mehrere Technologien einbezogen wurden, was u.a. zur breiteren gesell-schaftlichen Verankerung beigetragen hat. Zweitens boten die Gesetze durch die *langfristige Zielsetzung und Vergütungsgarantie* eine *Investitionssicherheit,* die nicht nur den signifikanten Zubau neuer EE-Anlagen, sondern auch den Aufbau neuer Unter-nehmen und in der Folge international wettbewerbsfähiger und marktführender Industriezweige ermöglichte (vgl. hierzu u.a. Abschnitte 5.1.4 und 5.2.6).[620]

---

[619] Dass es sich dabei in dieser frühen Phase der Marktentwicklung um einen entscheidenden Erfolgs-faktor handelte, zeigten Jacobsson und Bergek (2004) im Unterschied zu anderen europäischen Märkten auf (z.B. Niederlande), in denen ähnliche Programme deutlich geringere Effekte hatten. Jacobsson und Lauber (2006: 259) betonen insbesondere die Förderung neuer Marktakteure und ihre Rolle für einen Transformationsprozess, denn „each new entrant brings knowledge, capital and other resources into the industry".

[620] Die hohe Bedeutung der Investitionssicherheit für die Effektivität eines Instruments wurde mittlerweile in vielen Studien bestätigt (u.a. Jacobsson/ Bergek 2004; Europäische Kommission

Dabei ist anzumerken, dass die *Wirksamkeit eines Förderinstruments* - egal welcher Art - wesentlich von seiner grundsätzlichen Zielsetzung und vielen Details in der Ausgestaltung und späteren Umsetzung abhängt (vgl. Di Nucci et al. 2007), beispielsweise davon, wie hoch die Ziele sind, ob es Deckelkonstruktionen gibt, oder ob Implementierungshemmnisse die Wirkung eines Basisinstruments entscheidend hemmen können. Die bisherigen empirischen Befunde der Praxis der im EE-Bereich angewendeten Instrumente zeigen jedoch eindeutige Tendenzen auf. Erfolgreich im Sinne eines umfassenden und vergleichsweise kosteneffizienten EE-Ausbaus, der Schaffung einer heimischen Industrie und der Anregung von Innovationen zur Kostendegression waren bislang in der Mehrzahl Einspeisevergütungsmodelle. Demgegenüber schnitten die meisten (der bisher deutlich weniger häufig angewandten) Quotenmodelle in Bezug auf die genannten Aspekte schlechter ab (vgl. u.a. Bechberger et al. 2003; Europäische Kommission 2004a; Ragwitz 2005a; Lauber/ Toke 2005; Bechberger/ Reiche 2006a, siehe auch Abschnitte 5.1.4 und 5.2.6).

Als ein weiterer wichtiger institutioneller Erfolgsfaktor ist die *Übertragung der Zuständigkeit* für das Policy-Thema *auf einen einflussreichen Akteur* im politischen Prozess anzusehen. Im vorliegenden Fall handelte es sich dabei um die Übertragung vom wenig engagierten BMWi auf einen Schlüsselakteur der EE-Advocacy-Koalition, das BMU. Hatte das BMU bereits in den frühesten Phasen die Förderung erneuerbarer Energien unterstützt, so wurde es jetzt möglich, die eingeführte Policy durch massiven Kapazitätsaufbau zu stabilisieren und weiterzuentwickeln. Dabei übernahm das BMU auch eine führende Rolle in solchen Prozessen, für welche die EE-Branche selbst keine Kapazitäten hatte, wie das Beispiel der EnWG-Novelle gezeigt hat. Außerdem konnte durch eine Vielzahl von beauftragten Studien sowie eine gesteigerte Öffentlichkeitsarbeit und Informationspolitik eine Machtposition im Diskurs gegen die Negativdarstellungen seitens der Gegnerkoalition aufgebaut werden.[621]

Politische Rahmenfaktoren

Darüber hinaus hat eine Reihe vorlaufender sowie paralleler *politischer Rahmenbedingungen* und Entwicklungen sowohl das Zustandekommen der EEG-Policy ermög-

---

2004a; Lauber/ Toke 2005; Ragwitz 2005a; Mitchell et al. 2005; Bechberger/ Reiche 2006a; Jacobsson/ Lauber 2006; Di Nucci et al. 2007)

[621] Jänicke und Weidner (1997) verwiesen in einer Untersuchung der deutschen Umweltpolitik auf die große Bedeutung der institutionellen Stärkung durch die Schaffung eines spezifisch zuständigen Ministeriums in der Bundesrepublik (Gründung des BMU 1986). Dabei zeigten sie im Vergleich mit dem bereits 1971 in der DDR gegründeten Umweltministerium auf, dass für eine erfolgreiche Umweltpolitik neben dieser institutionellen Komponente einige weitere Faktoren wie eine aktive Umweltbewegung, kritische Medien sowie eine innovative Wirtschaft vorhanden sein müssen (ebda.). Dieser Befund wird durch die hier ermittelten Faktoren ausdrücklich bestätigt und erweitert.

licht bzw. stark beeinflusst, als auch den anschließenden Erfolg des Gesetzes. Bei diesem Faktorenbündel sind allgemeine von funktional mit erneuerbaren Energien verbundenen politischen Rahmenbedingungen zu unterscheiden. Als ein allgemeiner Faktor ist zunächst der *Regierungswechsel zur rot-grünen Koalition* 1998 zu nennen, wodurch maßgebliche Akteure der EE-Koalition erstmalig an der Regierung beteiligt waren und dadurch das EEG ermöglicht wurde.[622] In der zweiten Legislaturperiode (2002) war der grüne Koalitionspartner gestärkt aus der Wahl hervorgegangen, wodurch der Zuständigkeitswechsel ins BMU ausgehandelt werden konnte.[623]

Begünstigend und stabilisierend wirken sich zudem anspruchsvolle *übergeordnete politische Zielsetzungen* in solchen Politikbereichen aus, zu denen ein speziell regulierter Teilbereich einen signifikanten Beitrag leistet. Für das Beispiel der erneuerbaren Energien gilt, dass diese einen wichtigen Beitrag zu übergeordneten Umwelt- und Klimaschutzzielen leisten, weshalb derartige Rahmensetzungen ihre Förderung und eine diesbezügliche Policy begünstigen bzw. stabilisieren.[624] Beispielsweise betrug im Klimaschutzprogramm der Bundesregierung von 2000 der Beitrag von erneuerbaren Energien und KWK-Anlagen 50 % (BMU 2000b), was die Existenz eines funktionierenden Förderinstruments voraussetzte bzw. begünstigte. Die stabilisierende Wirkung wird dann verstärkt, wenn in anderen Bereichen, die ebenfalls Beiträge zur Zielerreichung leisten sollen, weniger oder weniger wirksame Maßnahmen durchgeführt werden.

Eine positive Wirkung in der Umsetzung haben zudem *unterstützende Rahmenbedingungen aus anderen Politikbereichen*. Im Fall der erneuerbaren Energien ist dies hauptsächlich eine Entwicklungspolitik, die zur Verbreitung erneuerbarer Energien beiträgt, und die gezielte Exportförderung für die überwiegend KMU-geprägte EE-Branche, die aufgrund von wenigen bzw. wenig entwickelten Auslandsmärkten mit einer Reihe von Hemmnissen konfrontiert ist.

---

[622] Dabei ist jedoch darauf hinzuweisen, dass das Vorgängergesetz StrEG unter einer konservativ-liberalen Regierung eingeführt worden war, und die noch junge EE-Koalition das Gesetz bereits im Jahr 1997 erfolgreich verteidigen konnte (siehe Abschnitt 3.3.2). Die Einführung des StrEG wurde maßgeblich durch situative Faktoren begünstigt, die weiter unten behandelt werden.

[623] Zu den allgemeinen politisch-ökonomischen Rahmenbedingungen zählt auch die konjunkturelle Lage. Sowohl im Politikformulierungsprozess des StrEG (1989/1990), als auch beim EEG (1999/2000) und der Novelle 2004 gab es eine im Vergleich zu den jeweiligen Vorjahren wachsende wirtschaftliche Entwicklung (Wirtschaftswachstum gemessen am Bruttoinlandsprodukt, Statistisches Bundesamt 2007: 6), was die jeweiligen Policy-Prozesse aus konjunktureller Sicht begünstigt haben könnte. Demgegenüber gab es ab 1992 und 2001 deutliche konjunkturelle Einbrüche in Deutschland (ebda.), was - zumindest zeitlich - mit dem ansteigenden Widerstand aus der Energiewirtschaft und Industrie korrespondierte. Über die tatsächlichen Bezüge zwischen diesen konjunkturellen Ereignissen und den Motiven der Akteure kann jedoch auf der Basis der vorliegenden Analyse keine Aussage getroffen werden.

[624] Auch Nachhaltigkeitsziele wirken tendenziell stabilisierend bzw. förderlich auf eine EE-Policy, wie die bisherigen Nachhaltigkeitsberichte der Bundesregierung dokumentieren (Bundesregierung 2004c, 2005b), wenngleich diese keinen harten politischen Charakter aufweisen.

Schließlich wird die EE-Policy sowie die Entwicklung erneuerbarer Energien von den *energiepolitischen Rahmenbedingungen für komplementäre oder konkurrierende Technologien* beeinflusst, beispielsweise wenn die direkten oder indirekten Subventionen für konventionelle Großkraftwerke verändert werden. Die Förderung von KWK-Anlagen begünstigt tendenziell auch die Verbreitung von EE-Anlagen, da der Aufbau einer dezentralen, grundlastfähigen Versorgung gestärkt wird. Nicht zuletzt ist die Gestaltung des allgemeinen energiepolitischen Rahmens, der die Netzzugangs- und Wettbewerbsbedingungen auf dem Energiemarkt regelt (Energiewirtschaftsgesetz) ein zentraler Faktor. Durch diesen Rahmen und seine vielen Detailregelungen kann die Entwicklung erneuerbarer Energien, wie die Analyse in Kapitel 4 gezeigt hat, trotz eines sie schützenden Spezialgesetzes beeinflusst werden. Hier ist vor allem anzuführen, dass die Umsetzung der Richtlinie in Deutschland bislang de facto zu einer starken Konzentration und deutlichen Vergrößerung der Machtstellung der größten Energiekonzerne - die außerdem über wesentliche Teile des Stromnetzes verfügen - zu Lasten des Wettbewerbs geführt hat.[625]

EU-Ebene und Rechtsprechung

Bereits die Analyse in Kapitel 3 hat deutlich gezeigt, dass es sich um einen Mehrebenenprozess handelte, bei dem auch die *EU-Ebene* eine *maßgebliche Rolle* gespielt hat. Die Richtlinie 2001/77/EG stützte im Ergebnis die deutschen Ziele und den Policy-Ansatz, während zuvor die EU-Kommission massiv versuchte, das deutsche StrEG zu Fall zu bringen. In der dahinter stehenden beihilferechtlichen Auseinandersetzung war es letztlich der EuGH, der diesbezüglich Klarheit brachte und StrEG und EEG für rechtmäßig erklärte. Die Analyse zeigte eine große *Bedeutung der Rechtsprechung* in den untersuchten Policy-Prozessen, auf nationaler wie auf europäischer Ebene, allerdings haben viele Policy-Akteure in den Phasen unklarer Rechtslage ihre Positionen in der Regel durch entsprechende (unterschiedliche) Rechtsgutachten unterlegt.[626] Die *EU-Ebene* spielte aber auch *als Diffusionsraum* eine wichtige Rolle, da sich insbesondere nach der Verabschiedung der Richtlinie und der EuGH-Entscheidung das EEG als Vorbild für Vergütungsmodelle in vielen anderen Mitgliedstaaten in ähnlicher Form durchsetzte, was als ein stabilisierender Faktor für die heimische Policy bewertet werden kann (vgl. Busch 2003; Bechberger/ Reiche 2006a).

---

[625]   Dies wurde darüber hinaus durch die Politik zur Förderung „nationaler Champions" unterstützt (siehe auch Abschnitte 3.2.2 und 4.2.2).

[626]   Auf die hohe Bedeutung rechtlicher Aspekte sowie der Rechtsprechung in Policy-Prozessen im Mehrebenensystem verweisen u.a. Marks und Hooghe (Marks 1993; Marks/ Hooghe 2004), ebenso Sabatier (1998).

Situative Faktoren

Das konkrete Zustandekommen der analysierten Policies hing jedoch nicht zuletzt von mehreren situativen Faktoren ab, genauer von der *situationsbedingten Ausnutzung günstiger Zeit- bzw. Gelegenheitsfenster* durch zentrale Akteure der Advocacy-Koalitionen im politischen Prozess.[627] Ein Beispiel hierfür ist die Reaktorkatastrophe von Tschernobyl 1986, die zur Gründung des BMU beigetragen hat. Die Entstehung dieser Zeit- und Gelegenheitsfenster für Policy-Akteure ist zum einen durch *Ereignisse* bedingt, die *mit hoher gesellschaftlicher und medialer Aufmerksamkeit* verbunden sind, wie Unfälle oder Katastrophen. Ein weiteres Beispiel hierfür lieferten die Abgeordneten, welche die Einführung des StrEG 1990 vorangebracht haben, als sie die öffentliche Unterstützung nutzten – gleichzeitig profitierten sie jedoch auch von der Geringschätzung sowie der geringen Aufmerksamkeit ihrer Parlamentskollegen und der konventionellen Energiewirtschaft gegenüber erneuerbaren Energien.

Zum anderen können solche Gelegenheitsfenster aber auch entstehen, wenn sich durch parallel laufende politische Ereignisse – deren Parallelität in der Regel nur bedingt beeinflussbar ist – übergreifende, funktional gekoppelte, aber auch sachfremde *Verhandlungsmöglichkeiten (Tausch- bzw. Koppelgeschäfte)* ergeben, wodurch eine politische Blockade gelöst oder ein wenig aussichtsreiches Anliegen gestärkt werden kann.[628] Derartige Tauschbeziehungen spielten an mehreren Stellen des Policy-Prozesses eine entscheidende Rolle. Beispielsweise wurden vorteilhafte Ökosteuerregelungen für die Kohleindustrie gegen einen weitergehenden EEG-Entwurf ausgehandelt (1999, vgl. Abschnitt 3.3.2), später wurde die Einführung einer EEG-Härtefallregelung an die Zusage zur Schaffung einer Regulierungsbehörde im Energiemarkt gekoppelt (2003, vgl. Abschnitte 3.3.3 und 4.4.2). Voraussetzung für solche Verhandlungslösungen sind auf der einen Seite eine hinreichende Verhandlungsmacht der Partner und auf der anderen Seite eine ausreichende Attraktivität der jeweiligen Angebote.

7.1.2 Advocacy-Koalitionen und Thesenprüfung

Damit sind die treibenden und gestaltenden Kräfte des Policy-Prozesses angesprochen, die Advocacy-Koalitionen. Auf der einen Seite stand die *Advocacy-Koalition der*

---

[627]   Martin Jänicke (2002: 6) spricht diesbezüglich von „situative contexts", meint jedoch in seinen Beispielen ebenfalls Ereignisse, wie z.B. Unfälle oder Katastrophen, „that offered sudden situative opportunities for proponents of environmental protection" (ebda., vgl. auch Sabatier/ Jenkins-Smith 1993).

[628]   Zur Verhandlungstheorie und zu Verhandlungslösungen durch Koppelgeschäfte und Paketlösungen siehe beispielhaft Benz et al. (1992). Zu Koppelgeschäften zwischen dem politisch-administrativen System und Großunternehmen am Beispiel der europäischen Elektrizitätspolitik vgl. Schumann et al. (2005).

Befürworter eines verstärkten und differenzierten EE-Ausbaus im Strombereich, die durch die breite gesellschaftliche Verankerung und viele neue EE-Unternehmen gekennzeichnet ist. Diese wurde und wird auf der nationalen Policy-Ebene maßgeblich durch die grüne Partei, weite Teile der SPD, das BMU, die EE-Lobby sowie eine Vielzahl von weiteren Unterstützern (wie z.b. Umweltverbände) geprägt. Aus dem Lager der Wirtschaftslobby ist insbesondere der VDMA hervorzuheben, der bereits früh dieser Koalition angehörte und damit in Opposition zu seinem Dachverband BDI gegangen ist. Mittlerweile können auch einige Akteure aus dem konservativen oder liberalen politischen Lager hinzugerechnet werden, allerdings entschieden die jeweiligen Parteien bzw. Fraktionen bisher mehrheitlich andere Positionen.

Die *Koalition der Gegner eines verstärkten, differenzierten EE-Ausbaus* entspricht in ihren wesentlichen Zügen der konventionellen Energiewirtschaft und den mit ihr eng verbundenen politischen Akteuren in den Parteien und der Exekutive sowie den großen Energieverbraucher auf dem Strommarkt. Eine besonders enge Verbindung besteht traditionell zwischen der konventionellen Energiewirtschaft und dem BMWi, aber auch mit Teilen der SPD, der CDU/CSU und FDP.

Mit Blick auf die eingangs formulierten *Thesen* zu den Eigenschaften und zur *Bedeutung von Advocacy-Koalitionen* im Policy-Prozess kann bis dato folgendes konstatiert werden: Erstens zeigte sich, dass sich die hier dargestellten *Koalitionen über einen langen Zeitraum* von mittlerweile mehreren Dekaden entwickelt haben und in Bezug auf die wesentlichen Akteure und ihre Kernüberzeugungen - trotz Regierungswechseln - Bestand hatten. Dabei ist die Advocacy-Koalition der EE-Befürworter deutlich angewachsen: Sie verfügt mittlerweile über Akteure in allen politischen Lagern und ist durch den Wechsel der Zuständigkeiten zum BMU innerhalb der Regierung gestärkt worden. Die wirtschaftliche Bedeutung der EE-Branche ist stark gestiegen, ebenso die Professionalität der Lobbyverbände und Interessengruppen. Auf der Seite der Gegner haben sich die Formulierungen und die Vorgehensweise geändert, die grundsätzlichen Forderungen bzw. ihre Implikationen sowie die wesentlichen Akteure sind jedoch im Kern gleich geblieben.

Zweitens zeigt sich auch ein kontinuierlicher *Fortbestand des Grundkonflikts*, der in den nach wie vor unterschiedlichen energiewirtschaftlichen und damit energiepolitischen Interessen der zentralen Akteure besteht, und der sich mit dem kontinuierlichen Wachstum der erneuerbaren Energien und der anstehenden Erneuerung des Kraftwerksparks noch deutlich verschärft hat.[629] Die zunehmende Einspeisung erneuerbarer Energien durch das EEG ist jedoch nicht gleichbedeutend mit einer Transformation des Energiesystems. Dafür sind u.a. auch Anpassungen im Stromnetz und im Erzeugungsmanagement vorzunehmen (siehe auch

---

[629]   Beim Kampf um Anteile auf dem Strommarkt wurde den konventionellen Stromversorgern durch das EEG in den letzten Jahren im Durchschnitt jährlich ein Prozent Marktanteil genommen (BMU/ AGEE-Stat 2007).

Abschnitt 3.1), die andere Strategien und Konzepte erfordern, als sie gegenwärtig von den dominierenden konventionellen EVU praktiziert werden.

Drittens kann zwar bestätigt werden, dass die *längerfristige Policy-Entwicklung* im EE-Strombereich *maßgeblich von den skizzierten Advocacy-Koalitionen beeinflusst* wurde, für das Zustandekommen und die Fortentwicklung der Policy waren jedoch, wie hier aufgezeigt, noch eine Reihe anderer Einflussfaktoren, Rahmenbedingungen und Ereignisse erforderlich, die nicht oder nur begrenzt von den beteiligten Koalitionen beeinflussbar waren. Bei der Einführung des Stromeinspeisungsgesetzes konnte sich die noch junge EE-Koalition durchsetzen. Dies wurde möglich, da dem Gesetz von der damals dominierenden Koalition keine große ökonomische Bedeutung zugesprochen wurde, sie damit jedoch den wachsenden gesellschaftlichen Forderungen nach mehr Umweltschutzpolitik gerecht werden konnte. Als das Gesetz schließlich doch Wirkung zeigte, begannen die Gegner dieser Entwicklung zu reagieren und schalteten sich stärker in den politischen Prozess ein.

Um ihre Einflussmöglichkeiten zu erhöhen, nahm die in Bezug auf die Einführung des StrEG unterlegene Koalition der Gegner an mehreren Stellen des Policy-Prozesses *strategische Ebenenwechsel* vor, um auf diese Weise die nationale EE-Policy zu ihren Gunsten zu verändern bzw. wieder abzuschaffen. Hierbei handelte es sich im Wesentlichen um die Einschaltung der EU-Kommission sowie die Ausweitung der politischen auf die gerichtliche Auseinandersetzung durch mehrere EVU, Energie- und Industrieverbände.

7.1.3   Hemmende Faktoren

Ebenso wie die oben aufgezeigten Faktoren die Aktivitäten der Befürworterkoalition maßgeblich beeinflusst oder gestärkt haben, so korrespondieren die Aktivitäten der hier skizzierten Gegnerkoalition mit eine Reihe von Faktoren und Rahmenbedingungen, die sich, wie die Analyse gezeigt hat, hemmend und destabilisierend auswirkten.

Lokale Akzeptanzprobleme und Kostendiskurs

Die gesellschaftliche Akzeptanz für erneuerbare Energien wird nicht nur durch die Debatten um Klima- und Umweltschutz beeinflusst, sondern auch durch die *Konflikte um den Begriff der Kosteneffizienz* oder die (zum Teil damit verbundene) Diskussion um die technische Machbarkeit einer stärkeren Integration in das heutige Energiesystem. Es ist davon auszugehen, dass eine verstärkte Debatte um eine steigende unmittelbare Kostenbelastung durch erneuerbare Energien (steigende Umlagekosten) ihre Akzeptanz tendenziell mindert, wenn sie nicht in den breiteren Kontext der volkswirtschaftlichen und externen Kosten eingebettet wird. Werden beispielsweise die Einsparungen durch den EEG-Strom in Börsenpreisen bewertet und externe Kosten berücksichtigt, so liegt der ökonomische Nutzen bereits heute mehrere Milliarden über den Kosten der EEG-Umlage (BMU 2007b).[630] In diesem Zusammenhang ist auch die steigende Bedeutung von Experten und Studien anzuführen, die von Befürwortern und Gegnern in Auftrag gegeben werden und die den *öffentlichen Diskurs* beeinflussen. Mit dem Zuständigkeitswechsel in das BMU und der deutlichen Ausweitung der Kapazitäten für erneuerbare Energien hat sich für die EE-Koalition auch die Möglichkeit der Wissensgenerierung und -verbreitung deutlich verbessert. So konnten beispielsweise Vorwürfe einer negativen Nettobeschäftigungswirkung durch das EEG entkräftet werden (BMU 2006c).

Fehlende lokale oder regionale Akzeptanz von Bürgern (z.B. aufgrund von NIMBY-Effekten oder Naturschutzkonflikten) kann sich auch in verstärkten *administrativen Hemmnissen in Kommunen oder Bundesländern* ausdrücken. Beispiele hierfür sind Probleme oder Verzögerungen bei der Genehmigung von Anlagen oder grundsätzlich hemmende Abstands- und Höhenbegrenzungen, wie sie derzeit das Repowering (Erneuerung) alter Windenergieanlagen in einigen Bundesländern verhindert (UBA 2007b). Die Bundesländer und Kommunen haben weit reichende Gestaltungsmöglichkeiten bei der Ausweisung von Flächen für EE-Anlagen, bisher ist die Behinderung des Ausbaus jedoch auf einzelne lokale und regionale Gebiete begrenzt und noch kein flächendeckendes Problem. Dieser Aspekt nimmt jedoch laut einer Studie des Umweltbundesamtes zu (UBA 2007b) und vergrößert damit auch tendenziell den Einflussbereich der subnationalen Ebenen auf die Implementation, und damit möglicherweise auch auf den nationalen Policy-Prozess.

Politische Rahmenfaktoren

In Bezug auf die *allgemeinen politischen Rahmenbedingungen* könnten erneuerbare Energien dann stärker unter Druck geraten, wenn die Gegner-Koalition einen stärkeren Einfluss auf die Regierung bzw. das Regierungshandeln erhält. Dies wäre beispielsweise bei einem Wechsel zu einer konservativ-liberalen Regierung zu erwarten. Aber auch ohne Regierungswechsel kann es beispielsweise durch Lobbyaktivitäten zu energie- und klimapolitischen Maßnahmen kommen, die den Ausbau erneuerbarer Energien behindern. Ein grundsätzliches Hemmnis im energiepolitischen Kontext ist diesbezüglich die nach wie vor gegebene Nähe der Kohle- und Atomwirtschaft

---

[630] Im Vergleich dauerte auch die Einführung und die Amortisationszeit der Atomenergie mehrere Jahrzehnte und kostete jährlich Beträge weit über einer Milliarde Euro (siehe Abschnitt 3.2). Das Ziel, ab 2020 einen EE-Anteil am Gesamtstrom in Höhe von 27 % zu erreichen, entspricht in etwa der Größenordnung des heutigen Anteils der Atomkraft. Dieser Anteil würde jedoch bis 2030 mit den vom BMU geplanten Anteil von 45 % deutlich übertroffen. Nach Jacobsson und Lauber ist die politisch-gesellschaftlich motivierte Investition in erneuerbare Energien eine Entscheidung „that will be amortised within a time span that is not unusual for major infrastructure investments" (Jacobsson/ Lauber 2006: 272).

zum politisch-administrativen System sowie ihre große Dominanz auf dem Strommarkt.

Hinsichtlich der konkreten energiepolitischen Rahmenbedingungen sind die größten Hemmnisse die bestehenden *direkten und indirekten Subventionen* sowie die *fehlende Internalisierung externer Kosten.*[631] Hohe Forschungsinvestitionen für Atomtechnologie und zukünftig erneut für CO_2-ärmere Kohlekraftwerke, Förderungen bei Kraftwerksbauten, Nicht-Besteuerungen von Energieträgern wie Kohle und Uran, Versicherungen von nuklearen Unfällen bzw. Risiken durch den Staat, sowie die Kosten für Umsiedelung und Schäden durch den Braunkohleabbau sind Beispiele für verschiedene Subventionstatbestände auf der Seite der konventionellen Energieträger, die zusätzlich zur nicht Berücksichtigung von externen Kosten (z.B. Schäden durch den Klimawandel) zu Kostenvorteilen gegenüber erneuerbaren Energien führen. Die Schwerpunktsetzung der großen Energiekonzerne sowie der Strom- und Kohlelobby auf die CCS-Option als zentrale Klimaschutzmaßnahme führt nicht nur zu einer verstärkten Konkurrenz um Förder- und Forschungsmittel, sondern zeigt auch bereits politische Wirkung, wie die jüngsten Erklärungen auf nationaler Ebene (Beispiel Energiegipfel, siehe Abschnitt 3.3.4) und auf internationaler Ebene (Beispiel G8-Treffen in Heiligendamm, siehe Abschnitt 6.2 und 6.3) dokumentieren.

Damit weist die gegenwärtige *klimapolitische Entwicklung* mit Blick auf die Entwicklung der erneuerbaren Energien ambivalente Züge auf: Auf der einen Seite sind ambitionierte Klimaschutzziele grundsätzlich förderlich, auf der anderen Seite haben gegenwärtig wieder Strategien zum Erhalt des zentralen Energieversorgungssystems (effizientere Großkraftwerke und CCS, Laufzeitverlängerung und Neubau von Atomkraftwerken) stark an Bedeutung hinzugewonnen. Mit ansteigenden Klimaschutzzielen nimmt außerdem tendenziell der Druck der Industrie und der konventionellen Energiewirtschaft in Bezug auf eine Vereinheitlichung und Harmonisierung von Förderinstrumenten durch die Einführung einer zertifikatebasierten Quotenregelung zu.

Strategische Ebenenwechsel

Da den Gegnern des EEG auf nationaler Ebene bisher die politische Durchsetzungskraft zu einem Systemwechsel der deutschen EE-Policy fehlte, ist perspektivisch auch eine *Bedeutungszunahme von weiteren strategischen Ebenenwechseln* der Akteure der Gegner-Koalition anzunehmen. Dies entspricht auch der generellen Bedeutungszunahme der internationalen Ebenen in der Energie- und Klimaschutzpolitik, wie die letzten klimapolitischen Entscheidungen des Jahres 2007 bei den EU- und G8-Verhandlungen zeigten. Während zur Zeit des Kyoto-Protokolls noch eigenständige nationale Klimaschutzziele existierten, erfolgte die Formulierung der

---

[631] Vgl. Abschnitt 3.2.3, zu Subventionen im globalen Energiesystem auch Abschnitt 6.1.4.

gegenwärtigen nationalen Ziele in Abhängigkeit von den Entscheidungen auf der Ebene der EU und der internationalen Klimaverhandlungen (siehe auch nachfolgenden Abschnitt 7.2).

7.2   Wechselwirkungen und Interdependenzen im Mehrebenensystem

An dieser Stelle werden nun die in dieser Arbeit vorgenommen Policy-Analysen im Mehrebenensystem in Bezug auf ihre relevanten Wechselwirkungen mit den nationalen Policy-Prozessen ausgewertet und ergänzende oder differenzierende Aspekte zu den oben dargestellten Einflussfaktoren und Akteurskonstellationen herausgearbeitet.

7.2.1   Policy-Prozess EnWG-Novelle

Mehrebenenprozess für mehr Wettbewerb contra Beharrungskraft des deutschen Strommarkts

Mit der Verabschiedung der Novelle des Energiewirtschaftsgesetzes im Juni 2005 ging ein langjähriger Verhandlungsprozess zu Ende, der bereits zuvor im Zuge der ersten Novelle 1998 von einem *intensiven politischen Mehrebenenprozess* geprägt war. Neben den EU-Organen spielten hier auch die Bundesländer eine zentrale Rolle, da der Bundesrat bei diesem grundlegenden Gesetz zustimmen musste. Die erste EnWG-Novelle war durch eine EG-Richtlinie aus dem Jahr 1996 angestoßen worden, welche damals maßgeblich mit Unterstützung der deutschen Bundesregierung zustande gekommen war. Die damalige konservativ-liberale Bundesregierung unterstützte diesen externen Anstoß von der EU-Ebene, da sie sich auf nationaler Ebene einer Veto-Koalition der Energiebranche gegenüber sah, die von der kommunalen bis zur nationalen Ebene eng mit dem politisch-administrativen System verflochten war. Diese Koalition wehrte sich erfolgreich gegen eine Änderung des 60 Jahre alten gesetzlichen Status quo und der damit verbundenen geschützten Gebietsmonopole. Als Zugeständnis an die deutsche Energiewirtschaft setzte die Regierung in Brüssel den deutschen Sonderstatus des verhandelten Netzzugangs durch, der den Akteuren die Kontrolle durch eine Regulierungsbehörde, wie sie in allen anderen EU-Ländern eingeführt wurde, ersparte. Stattdessen vereinbarten sie eine freiwillige Vereinbarung mit der Industrie.

Auf die erste EnWG-Novelle im Jahr 1998 folgte nur eine kurze Phase des Wettbewerbs und der Preisrückgänge, danach kam der Wettbewerb aufgrund von massiven Konzentrationsprozessen zum erliegen und die Preise stiegen wieder. Seit dieser Zeit ist ein neuer Status quo am Strommarkt eingetreten, der nun maßgeblich durch die vier großen Energiekonzerne E.ON, RWE, Vattenfall Europe und EnBW dominiert wird. Diese verfügen über 80 % der Erzeugungskapazitäten (vorwiegend große Kohle-, Atom- und Erdgaskraftwerke) sowie über sämtliche Übertragungsnetze und einen Großteil der Verteilernetze. Genau diese Marktdominanz weniger Anbieter sowie ihre Netzkontrolle führten schließlich auch zu massiven Vorwürfen der Preismanipulation sowohl in Bezug auf die Netzentgelte als auch auf die Entwicklungen an der Strombörse (vgl. Abschnitte 4.2.2, 4.3.4 und 4.5).

Der mangelnde Wettbewerb in Deutschland als wichtigstem europäischem Energiemarkt, aber auch in anderen Ländern, veranlasste die EU-Kommission, mit einer Richtliniennovelle diese Defizite zu beheben. In der Beschleunigungsrichtlinie aus dem Jahr 2003 wurde u.a. die verbindliche Einführung einer Regulierungsbehörde gefordert, deren Kompetenzen detailliert vorgegeben wurden. Das BMWi als zuständiges Ressort mit Minister Clement kämpfte jedoch trotz dieser Richtlinie lange zusammen mit der Energiewirtschaft gegen eine „von Brüssel übergestülpte Regulierungsbehörde" (Handelsblatt 2003). Durch diese Widerstände verzögerte sich die Entwicklung der Novelle, und die Konflikte blieben lange Zeit bestehen. Eine Änderung dieser Situation kam im Wesentlichen durch die folgenden Faktoren:

– Die zunehmende energiepolitische Bedeutung und Kompetenz des BMU und des bündnisgrünen Koalitionspartners, die dadurch Verhandlungsmacht gewinnen konnten

– ein Koppelgeschäft, nachdem das BMWi erstmals der Einführung einer Regulierungsbehörde zustimmte

– stetige Preiserhöhungen bzw. diesbezügliche Ankündigungen der Energiekonzerne, die auf starken öffentlichen Protest stießen

– in Verbindung damit ein Schwenk der konservativen Opposition in Richtung stärkerer Wettbewerbsforderungen, die durch die Mehrheit konservativ geführter Länder im Bundesrat über Verhandlungsmacht verfügten

– erneuten Druck aus Brüssel in Form eines Vertragsverletzungsverfahrens

– sowie schließlich die vorgezogene Bundestagswahl nach der Wahlniederlage von Rot-Grün in NRW und der damit verbundene Wille der Mehrzahl der Beteiligten, die Novelle zu verabschieden.

In Folge der zweiten EnWG-Novelle wurde nun die Bundesnetzagentur eingerichtet, die als Regulierer auf faire Wettbewerbs- und Netzzugangsbedingungen achten soll und die darüber hinaus eine Anreizregulierung für den Betrieb der Stromnetze entwickelt, die allerdings erst ab 2009 eine Rolle spielen wird. De facto hat sich allerdings auf dem Strommarkt in Bezug auf Wettbewerb und Preisentwicklung bis heute nicht viel verändert. Die Vorwürfe gegen die großen Konzerne hinsichtlich einer marktbeherrschenden Stellung, Preisabsprachen und intransparenter Netzentgeltermittlung werden beispielsweise von der Monopolkommission, aber auch von der EU-Kommission nach wie vor erhoben. Wie die Analyse gezeigt hat, hatten die

Konzerne einen maßgeblichen Einfluss auf die Erstellung der komplexen Gesetzes-details. Dies kann dazu beigetragen haben, dass sie trotz der politischen Niederlage (in Bezug auf den von ihnen lange abgelehnten Behörde sowie einer Reihe weiterer Regelungen) seit der Implementierung der Novelle in ihrer Position am Markt gestärkt wurden.

Bedeutung der EnWG-Novelle für die EE-Branche

Bereits diese Zustandbeschreibung verdeutlicht die grundsätzliche *Bedeutung der EnWG-Novelle* für alle am Energiemarkt beteiligten Akteure, so auch *für die EE-Branche*. Die hohe Marktdominanz und die marktbeherrschende Stellung der Kon-zerne ist als ein wichtiges Hemmnis - nicht nur für den Wettbewerb, sondern auch für die weitere Entwicklung erneuerbarer Energien - zu werten, da die Rolle des konventionellen, zentralistischen Energiesystems beispielsweise bei der Frage der Erneuerung des Kraftwerksparks gestärkt wird. Die EE-Branche ist aber auch durch eine Reihe von Regelungen des EnWG-Rahmens direkt betroffen, auch wenn sie durch das Spezialgesetz EEG in vergleichsweise geschütztem Rahmen gefördert wird. Hier sind als Beispiele das Interesse an einem möglichst starken Regulierer (der auch Streitfragen zum EEG klärt), die Sicherstellung eines diskriminierungs-freien Netzzugangs, Entflechtung als Voraussetzung gegen Marktbeherrschung, die Liberalisierung von Teilmärkten wie dem Regelenergiemarkt sowie eine kontrollierte Netzentgeltermittlung mit dem Ziel der Entgeltsenkung zu nennen.

Die Analyse hat jedoch ergeben, dass die *EE-Branche* bis auf einzelne Öko-stromhändler *kaum am EnWG-Prozess beteiligt* war. Zentraler Grund hierfür war, dass die Branche sich durch das EEG ausreichend geschützt sah und gleichzeitig zu wenig Kapazitäten hatte, die komplexe EnWG-Novelle neben der EEG-Novelle zu verfolgen. Mit dem BMU und der bündnisgrünen Fraktion brachten sich zudem kompetente Vertreter aus der EE-Koalition ein, denen vertraut wurde.

Durchsetzung der Interessenkoalition für mehr Wettbewerb

Das Zustandekommen der EnWG-Novelle war nach den langen Kontroversen letztlich dadurch möglich geworden, dass sich eine breite *Interessenkoalition von Wettbewerbs- und Regulierungsbefürwortern* zusammenfand, die sonst überwiegend deut-lich gegensätzliche Auffassungen vertritt. Diese Koalition umfasste die oben skiz-zierte EE-Advocacy-Koalition (inklusive der Verbraucherverbände), aber auch die konservative Opposition bzw. konservativ regierte Bundesländer und die industriel-len Energieverbraucher (z.B. VIK, BDI), die sich im EEG-Policy-Prozess in der Regel mit widerstreitenden Interessen gegenüberstanden. Im Bundesrat waren insbesondere diejenigen B-Länder aktiv, die keine engen Verbindungen zur konven-tionellen Energiewirtschaft aufwiesen. Eine besondere Rolle spielte in dieser Koali-tion auch die EnBW (zusammen mit ihrer Tochter Yellow bzw. dem BNE), die sich

- entgegen der ansonsten im Regelfall geschlossenen Position der konventionellen Energiewirtschaft - für einen Regulierer und eine Anreizregulierung aussprach. Diese Schwächung der Koalition der Regulierungsgegner weist damit Parallelen zur Situation im Jahr 1999 auf, als PreussenElektra, das durch die StrEG-Kostenwälzung hauptbenachteiligte EVU, die Einführung des EEG begrüßte und damit kurzzeitig die Koalition der konventionellen Energiewirtschaft verließ.

Der Policy-Prozess war in diesem Fall also nicht nur durch sich gegenüberstehende Advocacy-Koalitionen geprägt, sondern hier bildete eine heterogene und tendenziell kurzlebigere Interessenkoalition aus Regulierungsbefürwortern den Gegenpart zur Advocacy-Koalition der Regulierungsgegner bzw. der konventionellen Energiewirtschaft. Diese Interessenkoalition wird voraussichtlich bestehen bleiben, so lange das gemeinsame Problem des fehlenden Wettbewerbs existiert. Ein zentraler Akteur dieser Interessenkoalition war die EU-Kommission, die den Liberalisierungsprozess in Gang setzte, weiterentwickelte und die nationale Umsetzung massiv einforderte. Die Legitimation für dieses Vorgehen der EU bzw. der Kommission war ursprünglich u.a. von der deutschen Regierung eingefordert worden, die sich auf der nationalen Ebene gegen die dominierende Koalition der Regulierungsgegner über Jahrzehnte nicht hatte durchsetzen können. Dies bestätigt auch die These von Sabatier, dass ein solcher Ebenenwechsel vorrangig von der unterlegenen Koalition vorgenommen wird. In der Folge hat die EU-Ebene als „externer Faktor" eine bedeutende Rolle für den Policy-Wandel zu einem regulierten Energiemarkt in Deutschland eingenommen.

Versäumnisse der EE-Branche

Vor dem Hintergrund der ersten zwei Jahre nach Inkrafttreten der EnWG-Novelle kommen erneut Zweifel auf, ob die angestrebten Ziele erreicht werden. Neue Anpassungen werden bereits gefordert, um dem weiter steigenden Strompreisen zu begegnen und den Wettbewerb zu fördern. Angesichts des großen Beharrungsvermögens des konventionellen Strommarkts, der weiteren Konzentration und Stärkung der Energiekonzerne - und damit des zentralistischen Energiesystems - muss das geringe Engagement der EE-Branche im Nachhinein als ein Versäumnis eingestuft werden. Die EnWG-Novelle höhlt zwar, wie eingangs befürchtet worden war, nach gegenwärtigen Erkenntnissen die Vorrangregelungen des EEG nicht aus, wobei diesbezüglich angesichts fehlender Praxiserfahrungen noch kein abschließendes Urteil gefällt werden kann.

Schwerer wiegt möglicherweise jedoch das Versäumnis, das EnWG nicht stärker auf die Förderung dezentraler Strukturen (integrierte Erzeugung, Energiemanagementsysteme, Speicher etc.) ausgerichtet, sondern lediglich den Status quo der Einspeisung durch das EEG (und das KWKG) gesichert zu haben. Ebenso kann sich im Nachhinein auch das Koppelgeschäft zwischen der EnWG- und der

EEG-Novelle, wodurch die EEG-Härtefallregelung eingeführt wurde, als eine Risikostrategie herausstellen. Während auf der einen Seite die Regulierungsbehörde im Grunde ohnehin durch die Beschleunigungsrichtlinie vorgegeben war und im Ergebnis der Novelle keine Wettbewerbszunahme eingetreten ist, wurde auf der anderen Seite die Härtefallregelung bereits zweimal ausgeweitet, zuletzt unter der schwarz-roten Koalition im Jahr 2006. Dadurch besteht die Gefahr der Akzeptanz-erosion seitens der Kleinverbraucher, die höher belastet werden, gleichzeitig weckt die Regelung Begehrlichkeiten weiterer Industriezweige nach einer Entlastung.

7.2.2   Policy-Prozess EG-Richtlinie

Beim Policy-Prozess der im September 2001 verabschiedeten Richtlinie 2001/77/EG „zur Förderung der Stromerzeugung aus erneuerbaren Energiequellen im Elektrizitätsbinnenmarkt" handelte es sich um einen Mehrebenenprozess, bei dem im Wesentlichen die EU- und die nationale Ebene involviert waren. Wie die Analyse bestätigte, waren es insbesondere die Auseinandersetzungen zwischen der Kommission und den deutschen Akteuren bzw. um die deutsche Förderstrategie, welche die beiden Policy-Prozesse auf der EU-Ebene und in Deutschland eng miteinander verflochten haben.

Dominanz der Binnenmarktpolitik

Die Debatten um eine stärkere Förderung erneuerbarer Energien durch die EU begannen Mitte der 1990er Jahre, als es in Deutschland bereits das StrEG gab, das zu ersten Ausbauerfolgen bei Wind- und Wasserkraft geführt hatte. Diese Erfolge waren dafür verantwortlich, dass einzelne deutsche EVU und Energieverbände die EU-Kommission einschalteten, um gegen das StrEG vorzugehen.

Die Kommission, genauer der Wettbewerbskommissar und seine Generaldirektion (GD), nahm sich der Aufgabe an, und seit dieser Zeit prägte der Konflikt um die Rechtmäßigkeit und die Beihilfefrage auch die Frage der Richtlinienentwicklung, da die ersten Entwürfe von den für Wettbewerb und Binnenmarktfragen zuständigen Akteuren in der GD Energie erarbeitet wurden. Diese präferierten mit Blick auf den zu schaffenden Energiebinnenmarkt quotenbasierte Zertifikatemodelle und lehnten Einspeisemodelle als ineffizient (und aus ihrer Sicht rechtswidrig) ab. Demgegenüber bildete die Mehrheit des EU-Parlaments bereits früh und kontinuierlich ein Gegengewicht, da diese nicht nur eine ambitionierte Förderung erneuerbarer Energien forderte, sondern dabei primär auf Vergütungsmodelle setzte.

Zentrale Faktoren und Koalitionen

Wie die Analyse gezeigt hat, wurde seitens der Kommission großer Druck auf die deutsche Regierung ausgeübt, das StrEG zu ändern bzw. die Vergütungsregelung abzuschaffen. Angesichts dieser Drohungen, deren Konsequenzen sich auch in der Richtlinie niederzuschlagen drohten, begaben sich einige der deutschen Akteure aus der EE-Koalition erstmals auf die EU-Ebene, gründeten eine europäische Lobbyorganisation (EREF) und ein breites Unterstützernetzwerk. Als im April 2000 das EEG in Deutschland von der rot-grünen Bundesregierung eingeführt wurde, stand die Richtlinie immer noch nicht fest. Allerdings war 1999 die Kommission vorzeitig geschlossen zurückgetreten, wodurch sich aufgrund von Personal- und Zuständigkeitswechsel in der Folge ein pragmatischerer Kurs in der Instrumentenfrage einstellte.

Entscheidend für das Zustandekommen der Richtlinie, die im Ergebnis das EEG bestätigte, waren jedoch weitere Faktoren: Zunächst wurde durch den Vertrag von Amsterdam seit 1999 das Mitentscheidungsverfahren gestärkt und somit die Rolle des Parlaments im Richtlinienprozess deutlich aufgewertet. Im Oktober 2000 verkündete der Generalanwalt des EuGH seine Entscheidung, wonach das StrEG keine Beihilfe darstellte, weshalb die Kommission und die deutschen EVU ihre Position aufgeben mussten. Schließlich zeichnete sich ab, dass der Rat aus grundsätzlichen Erwägungen am Subsidiaritätsprinzip festhalten würde, weshalb eine EUweit harmonisierte Regelung, so wie von der Kommission in Bezug auf einen europäischen Zertifikatehandel gefordert, nicht mehrheitsfähig war.

Die Analyse hat ergeben, dass insgesamt vier Koalitionen zu unterscheiden sind, die letztlich zum Zustandekommen der Richtlinie beigetragen haben und die über den betrachteten Zeitraum Bestand hatten. Die EE-Advocacy-Koalition, die für eine stärkere Förderung erneuerbarer Energien auf der Basis ambitionierter Ziele eintrat und überwiegend Vergütungsmodelle favorisierte, wurde auf europäischer Ebene maßgeblich durch die Mehrheit des EU-Parlaments sowie einzelne EE-Verbände und Umweltorganisationen geprägt. Diese Koalition trat zudem gemeinsam mit dem Rat für das Subsidiaritätsprinzip (Subsidiaritäts-Koalition) gegen die stark binnenmarktpolitisch geprägte Harmonisierungsforderung der Kommission (Binnenmarkt-Koalition) ein. Auf der Gegenseite stand die konventionelle Energiewirtschaft zusammen mit Industrieverbänden. Die Vertreter der Subsidiaritäts- und der Binnenmarkt-Koalition können als „bedingte Befürworter" der Förderung erneuerbarer Energien bezeichnet werden, da sie die Förderung an für sie jeweils prioritäre Bedingungen geknüpft haben. Zur Gegnerkoalition, die vorwiegend am Erhalt des Status quo interessiert war und überwiegend für Quotenmodelle eintrat, zählten auf europäischer Ebene u.a. der Verband Eurelectric sowie mehrere Industrieverbände, aber auch mehrere deutsche EVU spielten eine aktive Rolle.

Anhaltende Konflikte versus stützende Politikziele

Zu dieser Koalition sind auch Teile der Kommission zu zählen, z.B. der Industrie-kommissar - gegenwärtig interessanterweise der deutsche SPD-Politiker Verheugen - der sich mittlerweile mehrfach für einen harmonisierten Zertifikatehandel und gegen sektorspezifische EE-Ausbauziele geäußert hat. Auf diese Weise bleibt die Debatte um eine Harmonisierung und gegen Einspeisemodelle nach wie vor leben-dig, auch wenn die offizielle Linie der Kommission auf der Basis ihrer Evaluations-berichte gegenwärtig „Koordinierung statt Harmonisierung" lautet (Europäische Kommission 2005d, vgl. Abschnitt 5.2.6). Diese Evaluierungen haben die Einspei-severgütungsmodelle gestärkt, da die Mitgliedstaaten, die über funktionierende Modelle verfügen, am ehesten ihre Ziele erreichen, und dies zu vergleichsweise geringen Kosten (ebda.). Dennoch bleibt die weitere Entwicklung offen und wird auch davon abhängen, welche Durchsetzungsfähigkeit einzelne Kommissare und damit ihre Positionen (bzw. die zentraler Lobbygruppen) innerhalb der Kommissi-on haben werden.

Eine weitere Stützung erfahren insbesondere die erfolgreichen EE-Instrumente wie das EEG jedoch durch die von der EU im März 2007 beschlosse-nen übergeordneten Ziele: Zum einen das verbindliche Globalziel zum EE-Ausbau in Höhe von 20 % am Gesamtenergieverbrauch der EU, zum anderen das CO_2-Minderungsziel von mindestens 20 % bis 2020 (gegenüber 1990). Da die bisherigen Ziele sowohl beim EE-Globalziel als auch bei der CO_2-Minderung voraussichtlich nicht erreicht werden (vgl. Abschnitte 5.2.6 bzw. 6.3.6), kann dies die Bedeutung von bisher erfolgreichen Instrumenten, die zudem eine Wachstumsentwicklung angestoßen haben wie das deutsche EEG, stärken. Dies verweist auch auf den Zusammenhang zur internationalen Klimapolitik.

7.2.3 Internationale Energie- und Klimapolitik

Untergeordnete Rolle erneuerbarer Energien

In der internationalen Klimapolitik, aber auch der internationalen Energiepolitik, spielten erneuerbare Energien bisher nur eine vergleichsweise geringe Rolle. Welt-weit betrug der Anteil der erneuerbaren Energien an der globalen Stromerzeugung zwar etwa 18 % (Stand 2004), davon entfielen aber über 16 % auf die Großwasser-kraft, 1 % auf Biomasse und Abfall, und lediglich der Rest verteilte sich auf die neuen EE-Technologien wie Windkraft- oder Photovoltaikanlagen. Dominiert wird die globale Stromproduktion überwiegend von Kohle (40 %) und Erdgas (20 %), gefolgt von Atomkraft mit 16 %. Die Dominanz des fossil-atomaren Energiesys-tems und der zum Teil ökologisch problematischen Großwasserkraft wird seit Jahrzehnten durch massive Subventionen gewährleistet, die in den Staaten, aber auch durch internationale Organisationen zum Aufbau oder zur Stabilisierung von Energietechnologien, -Infrastrukturen und Brennstoffen gewährt werden (vgl. Abschnitt 6.1.4). Demgegenüber entfielen in den letzten Jahren zusammen weniger als 4 % auf EE-Technologien und Effizienzmaßnahmen, im F&E-Bereich waren es in den OECD-Ländern 8 % aller diesbezüglichen Ausgaben, mit sinkender Tendenz in den letzten Jahren. Demgegenüber fließt bis heute der höchste Teil in die Atomenergieforschung.

Das globale Energiesystem wurde maßgeblich durch die Energie- und Außenhandelspolitik der Industrieländer, sowie durch die Aktivitäten der IEA und der internationalen Finanzierungseinrichtungen wie der Weltbank aufgebaut und gestützt. Gleichzeitig ist die IEA die zentrale energiepolitische Beratungsorganisation für die OECD- und G8-Länder sowie für diverse UN-Organisationen. Nach dem Willen der G8, die in den letzten Jahren angesichts der steigenden Bedeutung der Energieversorgungssicherheit auch das Thema erneuerbare Energien wiederentdeckt hat, soll die IEA nun auch für dieses Thema die maßgebliche Politikberatung für die Industrieländer übernehmen. Andere, spezifische finanzielle oder institutionelle Förderungen erneuerbarer Energien sind bisher aus den G8-Beschlüssen nicht hervorgegangen. Eine wirksame Veränderung in Richtung einer verstärkten Nutzung erneuerbarer Energien mit dem Ziel einer Transformation der Energiewirtschaft ist somit in der Energiepolitik der G8 nicht erkennbar.

Ein ähnliches Fazit ist im Grundsatz auch für die internationale Klimapolitik und die Wirkung ihrer zentralen Instrumente zu ziehen. Am Ende eines langwierigen Prozesses der Klimaverhandlungen konnten im Rahmen des Kyoto-Protokolls nur niedrige Reduktionsziele vereinbart werden, deren Bedeutung für den Klimaschutz sich nach dem Austritt der USA - als dem größten Treibhausgasemittenten - aus dem Prozess noch weiter vermindert hat (vgl. Abschnitt 6.3). Als zentrale Klimaschutzinstrumente waren insbesondere auf Druck der USA und der Energiewirtschaft die flexiblen Mechanismen eingeführt worden (Emissionshandel, CDM, JI), durch die eine kosteneffiziente Treibhausgasminderung durch einen internationalen Zertifikatehandel möglich werden sollte, um die heimische Wirtschaft möglichst wenig zu belasten.

Geringe Bedeutung der flexiblen Mechanismen für Klimaschutz und erneuerbare Energien

Das bisherige Fazit bezüglich der Umsetzung des Protokolls lautet, dass selbst die geringen Minderungsziele von den meisten der verpflichteten Staaten voraussichtlich nicht eingehalten werden, und dass die bisherigen Erfolge überwiegend auf die „wall fall profits", d.h. den Zusammenbruch veralteter, energieintensiver Industriezweige (vorrangig in Deutschland und den Transformationsländern) bzw. den Abbau von Überkapazitäten (vorrangig in Großbritannien und Deutschland) zurückzuführen sind. Auch die neuen Klimaschutzmechanismen greifen noch nicht wirksam. Zum einen handelt es sich dabei um Probleme, die mit der Neuheit des Instruments sowie mit fehlenden Daten und Erfahrungen verbunden sind. Die Instrumente weisen jedoch auch einige grundsätzliche Probleme auf, die ihre Funktionalität sowie ihren Beitrag zur Zielerreichung fraglich erscheinen lassen. Dazu gehören beim Emissionshandel u.a. die hohe Volatilität des Zertifikatepreises aber auch die Frage seiner ökologischen Steuerungswirkung, wenn im Ergebnis - wie das Beispiel des europäischen Emissionshandels in Deutschland zeigt - voraussichtlich dennoch fossile Großkraftwerke in hohem Ausmaß gebaut werden (siehe Abschnitt 3.2.3). Demgegenüber erscheint ein Instrument wie die Energiesteuer im Vergleich deutlich weniger komplex, leichter handhabbar und in Bezug auf die ökologische Lenkungswirkung berechenbarer.

Eine größere oder gar tragende Rolle erneuerbarer Energien war in der internationalen Klimapolitik von vornherein nicht vorgesehen, da man sich früh auf einen emissionsseitigen, outputorientierten Ansatz geeinigt hatte, der primär auf Einsparungen und Effizienzerhöhung bei den bestehenden fossilen Technologien zielt. Die flexiblen Mechanismen als die zentralen Instrumente können direkte sowie indirekte *Auswirkungen auf den Ausbau erneuerbarer Energien* haben. Beim CDM und JI können direkt EE-Projekte durchgeführt werden, allerdings benachteiligen die vergleichsweise hohen Transaktionskosten derartige Projekte gegenwärtig und voraussichtlich auch längerfristig. Bei steigenden CO_2-Preisen können Investitionen in erneuerbare Energien zwar tendenziell indirekt begünstigt werden, nach den bisherigen Erfahrungen im Emissionshandelsmarkt sowie auch in anderen EE-Zertifikatemärkten reicht die Stabilität der Preisentwicklung jedoch nicht aus, um - im Unterschied zu Einspeisevergütungsregelungen - genügend Investitionssicherheit und damit Investitionsanreize für den Bau von Anlagen bzw. den Aufbau von EE-Industrien zu bieten.

Diese Erkenntnisse zu grundsätzlichen Defiziten der flexiblen Mechanismen (siehe hierzu ausführlicher Abschnitt 6.3) sind vor dem Hintergrund bedeutsam, dass von vielen Vertretern der konventionellen Energiewirtschaft und der Industrie gefordert wird, dass zukünftig der Emissionshandel bzw. die flexiblen Mechanismen das zentrale, einheitliche Klimaschutzinstrument darstellen soll (vgl. u.a. Abschnitt 5.3). Aufgrund der primären Zielrichtung und Funktionsweise und der *Defizite* z.B. *bei der dynamischen Effizienz sowie Innovationswirkung* in Bezug auf mittel- bis längerfristig rentable Technologien können solche Instrumente jedoch nur einen sehr begrenzten Beitrag zu einer differenzierten Förderung erneuerbarer Energien und einer gezielten Transformation des Energiesystems leisten.

7.2.4 „Renewables"-Prozess

Ein erster spezifischer Politikprozess zur Förderung erneuerbarer Energien setzte mit dem *WSSD 2002 in Johannesburg* ein, auf dem das Thema erstmals auf der internationalen Agenda des UN-Systems stand. Nachdem die Forderungen der EU und einiger Entwicklungsländer nach internationalen EE-Ausbauzielen im Wesentlichen an der aus der Klimapolitik bekannten Koalition aus USA und OPEC-Staaten scheiterten, gründete sich in der Folge unter der Führung der EU eine Staatenkoalition (JREC) zu dem Thema, und Bundeskanzler Schröder lud in Johannesburg zur ersten Regierungskonferenz für erneuerbare Energien 2004 nach Bonn ein. Zu dieser Zeit war für viele Kritiker der WSSD-Ergebnisse offensichtlich, dass konkrete Initiativen zum EE-Ausbau sowie zur Reduzierung fossiler Energien und ihrer Subventionierung auf multilateralen UN-Konferenzen grundsätzlich nicht erreichbar sind.

Mit der *renewables 2004 in Bonn* wurde eine hochrangig besetzte Regierungskonferenz ausgetragen, die in Zeiten hoher Ölpreise eine große *Medienresonanz* erhielt. Sie war zwar explizit keine UN-Konferenz, wurde jedoch gemäß der Ankündigung in Johannesburg auf der Basis einer UN-weiten Einladungspolitik ausgetragen. Darüber hinaus gab es einen breit angelegten Partizipationsprozess, in dem eine Vielzahl gesellschaftlicher Akteure - von der EE-Branche bis hin zur Industrie - sowohl in Deutschland, wie auch auf mehreren regionalen Vorbereitungskonferenzen, einbezogen waren. Damit setzten die Veranstalter auf breite Beteiligung und erhofften dadurch eine Verbreitung des Themas. Kritiker sahen darin eine Absage an einen Vorreiterprozess, da nicht nur USA und OPEC-Staaten teilnahmen, sondern auch eine Reihe von Akteuren aus Wirtschaft und Energiewirtschaft, die nicht zu den Befürwortern eines verstärkten EE-Ausbaus zu zählen waren.

Ein zentrales Ergebnis war das Internationale Aktionsprogramm, in dem eine Vielzahl unterschiedlicher Beiträge zur Förderung erneuerbarer Energien zusammengestellt wurde, die von Staaten und nicht-staatlichen Akteuren eingebracht worden waren. Zudem wurde im Anschluss ein Politik-Netzwerk gegründet (REN21), welches ebenfalls dem UN-weiten Partizipationsansatz entspricht, von UNEP und GTZ finanziert wird und eng mit der IEA kooperiert.

Ein wichtiger positiver Effekt der Konferenz war, dass der freiwillige Rahmen es einzelnen Ländern ermöglichte, sich entgegen ihrer sonstigen Positionen in der Energie- und Klimapolitik nicht „koalitionskonform" zu verhalten. So brachten einige G77-Staaten, allen voran China, Beiträge ein, die eine wichtige Signalfunktion hatten. China hatte ambitionierte EE-Ausbauziele angekündigt und wollte diese mit einem EEG-ähnlichen Förderinstrument umsetzen. Aufgrund dieser Ankündigungen und seiner wichtigen Rolle als größtes Wachstumsland, war China auch Austragungsland der bisher einzigen Nachfolgekonferenz 2005. Der renewables-Prozess bot eine geeignete Plattform zur Präsentation der chinesischen EE-Politik, während sie im Kontext der internationalen Energie- und Klimapolitik auf UN-Ebene nach wie vor gegen jegliche Verpflichtungen und Zusagen votiert, wie die jüngsten Verhandlungen beim CSD-15 gezeigt haben.

Aus deutscher Sicht lässt sich resümieren, dass es den Veranstaltern BMU und BMZ gelungen ist, zumindest für eine gewisse Zeit einen internationalen EE-Politikprozess zu initiieren, der das Thema erneuerbare Energien – aber auch die deutsche EE-Politik als Vorbild - international sichtbarer gemacht und möglicherweise einige Länder zu gesteigerten Aktivitäten motiviert hat. Aufgrund des gewählten UN-nahen und breit angelegten, partizipativen Prozesses fielen allerdings auch die formalen Ergebnisse wenig ambitioniert und unverbindlich aus. Auch das gegründete Netzwerk REN21 ist von diesen Zwängen geprägt. Es liefert zwar wertvolle globale Informationsberichte, aber es ist keine eigenständige, politisch treibende Kraft. REN21 sowie JREC haben sich politisch bisher ausschließlich auf den UN-Prozess konzentriert, was angesichts der gescheiterten CSD-15 Verhandlungen als Risikostrategie zu bewerten ist. Gegenwärtig richten sich die Hoffnungen auf die WIREC 2008, die in den USA unter Federführung der US-Regierung stattfinden wird. Das BMU selbst hat mittlerweile keine tragende Rolle mehr im renewables-Prozess und im Netzwerk REN21.

7.3   Bewertung und Ausblick

Damit stellt sich die bisherige Entwicklung der deutschen EE-Policy im Strombereich als ein Prozess dar, der nicht nur von vielen Einflussfaktoren auf der nationalen Ebene, sondern auch durch die EU-Ebene und internationale Entwicklungen geprägt war. Die Analyse bestätigte in der Tendenz den in der Eingangsthese formulierten Bedeutungswandel der politisch räumlichen Ebenen, nachdem die Bedeutung der subnationalen Ebenen ab- und die der internationalen Ebenen zugenommen hat. Allerdings zeigte sich im Detail, dass die EU-Ebene schon früh sowohl im StrEG- als auch im EnWG-Prozess eine wichtige Rolle gespielt hat, und dass gegenwärtig mit zunehmendem EE-Ausbau die an der Implementierung beteiligten subnationalen Akteure wieder an Bedeutung gewinnen. Insgesamt kann der Bedeutungswandel der politisch-räumlichen Ebenen jedoch – bei einer anhaltend hohen Bedeutung der nationalen Ebene – bestätigt werden.

Auf der nationalen, aber auch auf den internationalen Ebenen, bestand der Hauptkonflikt um die Art und den Umfang einer Förderung erneuerbarer Energien im Kern zwischen der EE-Branche auf der einen Seite und der konventionellen Energiewirtschaft auf der anderen Seite. Obwohl es zwischen diesen Akteursgruppen einzelne Schnittmengen gibt – vorrangig im Großanlagensegment – standen sie sich auf allen analysierten Ebenen in gegensätzlichen Advocacy-Koalitionen gegenüber. Eine Ursache für diesen Konflikt kann auf sozio-technologische Faktoren

zurückgeführt werden: Die konventionellen EVU hatten sich auf ihre jahrzehntelang gewachsenen, auf zentrale Großkraftwerke ausgerichteten Infrastrukturen
festgelegt, demgegenüber entstand, unterstützt durch die hohe gesellschaftlichen
Verankerung der dezentralen Technologien, eine weitgehend neue Branche mit
neuen Akteuren.[632]

Grundkonflikt zentrale versus dezentrale Versorgung

Der grundsätzliche Konflikt zwischen dem zentralistischen Energiesystem der
traditionellen Konzerne und einem dezentralen Energiesystem wird auch durch die
Entwicklungen im Bereich dezentraler KWK bestätigt.[633] Dies bekräftigt zum einen
die starke Position der konventionellen Energiewirtschaft im politischen Prozess,
die sich nicht nur in den politischen Verhandlungsprozessen zeigte, sondern insbesondere bei den Beratungen im Vorfeld, da sie aufgrund ihrer Marktmacht und ihres
Wissens über die oftmals komplexe technische und rechtliche Sachlage bei der
konkreten Ausgestaltung der Regulierungen (Beispiel EnWG-Novelle) eine wichtige
Rolle gespielt haben. Dadurch waren die Konzerne bislang in der Lage, trotz zunehmender Regulierungsdichte ihre Marktstellung und den Status quo zu behaupten.

Es ist davon auszugehen, dass sich auch angesichts der erst ab 2009 einsetzenden Anreizregulierung - die gegenwärtig ebenfalls wieder unter starker Beteiligung der Konzerne entwickelt wird - dieser Status quo nicht grundlegend verändern
wird. Daran würde voraussichtlich auch eine eigentumsrechtliche Entflechtung des
Netzbetriebs von den integrierten EVU, wie sie gegenwärtig nicht nur von der EU-
Kommission, Umweltminister Gabriel oder dem hessischen CDU-
Wirtschaftsminister Rhiel, sondern auch Bundeswirtschaftsminister Glos (CDU)
gefordert werden, nichts ändern (vgl. Abschnitt 4.5). Eine solche Trennung des
Netzbetriebs, aber auch eine Verstaatlichung oder die Zusammenführung unter
einem privatwirtschaftlichen Dach sind keine Garanten für mehr Wettbewerb auf
dem Strommarkt, wenn andere Rahmenbedingungen bestehen bleiben. Es ist
zudem anzunehmen, dass eine Zwangstrennung nicht zum ökonomischen Nachteil
der jetzigen Netzbetreiber erfolgen würde. Außerdem bleiben ihnen aufgrund der
großen Marktdominanz gegenüber dem Verbraucher und an der Strombörse nach
wie vor umfangreiche Preisgestaltungsmöglichkeiten. Und nicht zuletzt steigt ihr
politischer Einfluss in der Energiepolitik mit zunehmender Internationalisierung

---

[632]   In anderen Ländern, wie z.B. in Großbritannien, erfolgte der EE-Ausbau im Gegensatz dazu
        vorrangig durch die etablierten EVU, wohingegen es wenig gesellschaftliche EE-Initiativen bzw.
        „bottom-up" Unternehmensgründungen gab (Suck 2002; Lauber/ Toke 2005).
[633]   Den Akteuren der konventionellen Energiewirtschaft ist es trotz zweier spezifischer Fördergesetze
        gelungen, bis heute den politisch angestrebten KWK-Ausbau zu verhindern (vgl. Mez 2003; Töller
        2005, siehe auch Abschnitte 3.2.4 und 4.2.2).

auch auf europäischer und internationaler Ebene, was mit wachsender Bedeutung der übergeordneten Ebenen auch auf die nationale Politik zurückwirkt.

In ähnlicher Weise wie das KWKG und das EnWG hat bisher auch der E-missionshandel den betroffenen Unternehmen weder unternehmensstrategisch noch ökonomisch geschadet. Hierfür waren zwar im Wesentlichen die kostenlos und weitgehend bedarfsgerecht verteilten Zertifikate verantwortlich, darüber hinaus stand der CO_2-Zertifikatehandelsmarkt aber auch - wie die Strombörse - unter dem Verdacht der Preisabsprachen bzw. der Manipulierbarkeit. Dies zeigt auch, dass die konventionelle Energiewirtschaft bislang de facto durch Quoten- und Zertifikate-modelle in der Praxis kaum Nachteile erfahren hat, was als eine wichtige Erklärung für ihre klare Präferenz dieser Instrumente im EE-Markt angesehen werden kann.[634]

Die Marktmacht auf der einen und die vergleichsweise wirkungslosen Kli-maschutzinstrumente auf der anderen Seite bieten den konventionellen EVU gute Ausgangsbedingungen für die gegenwärtig bereits stattfindende sowie die anstehen-de Modernisierung des Kraftwerksparks. Nach gegenwärtigen Schätzungen findet dieser Neubau zusammen mit den Planungen für Kohlekraftwerke bereits in einem Ausmaß statt, mit dem die angekündigten deutschen Reduktionsziele in Höhe von 30 % oder gar 40 % bis 2020 voraussichtlich nicht erreichbar sein werden (Franken 2007).[635] Unabhängig vom Zertifikatehandel ist dabei aufgrund der maßgeblichen variablen Brennstoffkosten davon auszugehen, dass in jedem Fall aus ökonomi-schen Gründen die effizienteste Technik verwendet wird.

Das Leitszenario des BMU weist bis 2020 einen EE-Anteil von über 27 % aus, in 2050 sollen die erneuerbaren Energien mit einem Anteil von 77 % die Brut-tostromerzeugung dominieren (Nitsch 2007).[636] Um dieses Ziel zu erreichen sind angesichts der langen Investitionszeiträume von Großkraftwerken bereits heute entscheidende Weichenstellungen vorzunehmen. Dies betrifft auch die wirksame

---

[634] Dass es sich dabei um keine grundsätzliche Präferenz aus Überzeugung bezüglich der Überlegen-heit des Modells handelt, wird u.a. durch die Tatsache verdeutlicht, dass die Instrumentenfrage im KWK-Markt genau gegenläufig verlief. Hier bekämpften die konventionellen EVU massiv einen Quotenmodellvorschlag und befürworteten demgegenüber ein Bonusmodell, da dieses letztlich un-ter ihrem starken Einfluss so ausgestaltet werden konnte, dass es weitgehend wirkungslos blieb (Mez 2003; Töller 2005).

[635] Matthes et al. formulieren diesbezüglich: „Sofern die notwendigen Umstrukturierungsprozesse im Stromsektor … nicht umfassend angegangen oder die entsprechenden CO_2-Preissignale für den entsprechenden Zeitraum deutlich abgedämpft werden, steht die Erreichbarkeit insbesondere der langfristigen Klimaschutzziele klar in Frage" (Matthes et al. 2007: 51).

[636] Demgegenüber fordern eine Reihe von EE-Akteuren, aber auch der WBGU deutlich höhere Ziele. Der WBGU schlägt vor, bis 2020 Anteile von 40 % bei der Stromerzeugung verbindlich und sek-torspezifisch zu vereinbaren (WBGU 2007a). Darüber hinaus fordert er die Beibehaltung des Kern-energieausstiegs, da sich erstens aufgrund der begrenzten Uranvorräte und Risiken der Kernenergie kein substantieller Beitrag zum Klimaschutz erzielen lasse, zweitens die Aufbereitung des Urans durch die Brütertechnologie nach wie vor unausgereift sei und drittens ein Einstieg in die Plutoni-umwirtschaft mit massiv steigenden Proliferationsgefahren einhergehen würde (ebda.).

Förderung der dezentralen KWK, die im Leitszenario 2050 einen Anteil von 18 % aufweisen soll, sowie weiterer Technologien, die für eine sichere Energieversorgung auf der Basis erneuerbarer Energien nötig sein werden, von Energiespeichern bis zu entsprechenden Managementsystemen zur integrierten Bereitstellung (z.B. durch virtuelle bzw. Kombi-Kraftwerke). Um die Treibhausgasreduktionsziele zu erreichen – insbesondere das von der Bundesregierung angekündigte 40 %-Ziel bis 2020, das nach dem EU-Gipfel vom März 2007 dann eintritt, wenn die internationale Staatengemeinschaft sich ebenfalls auf signifikante Klimaschutzmaßnahmen einlässt – sind jedoch außerdem deutliche Energieeinsparungen und Effizienzerhöhungen zu realisieren.[637]

Mit jeder Entscheidung für konventionelle Großkraftwerke - seien es fossile Kraftwerke oder die diskutierte Laufzeitverlängerung für Atomkraftwerke – wird der Pfad des fossil-atomaren Energiesystems aufgrund des vergleichsweise langlebigen Kapitalstocks auf längere Sicht stabilisiert und Investitionen in alternative Technologien werden aufgeschoben bzw. blockiert. Umgekehrt gefährdet ein dynamisch wachsender dezentraler Markt mit erneuerbare Energieanlagen die gegenwärtige Rentabilität konventioneller Großkraftwerke und auch die zukünftige Investitionssicherheit in solche Anlagen. Dies erklärt die ökonomische Dimension des Konflikts dezentraler versus zentraler Energiebereitstellung.

Zur Erprobung, Anwendung und Stärkung dezentraler Systeme könnten in Zukunft Stadtwerke und Kommunen wieder eine stärkere Bedeutung erhalten. Eine Reihe von Kommunen hat sich bereits eine Vollversorgung auf der Basis erneuerbarer Energien zum Ziel gesetzt (vgl. Abschnitt 3.4); in Kooperation mit lokalen EVU bzw. Stadtwerken könnten – wie dies bereits in Ansätzen erfolgt – verstärkt dezentrale Energiekonzepte entwickelt werden, die Effizienz- und Nachhaltigkeitsaspekte im regionalen Wirtschaftsraum berücksichtigen und zu einer deutlichen Übererfüllung der nationalen und internationalen EE-Ausbauziele führen.

Weiche Globalziele und Vollzugsdefizite

Die Analyse der vorherigen Kapitel sowie die in diesem Abschnitt aufgezeigten Entwicklungen zeigen an mehreren Stellen ein Missverhältnis zwischen der Festlegung von übergeordneten, mitunter ambitionierten Politikzielen und ihrer Umsetzung in konkreten Anwendungsbereichen bzw. Politikfeldern auf. Ein Beispiel hierfür ist das Verdopplungsziel der Richtlinie zur Förderung erneuerbarer Energien, aber auch die Treibhausgasminderungsziele des Kyoto-Protokolls, die voraussichtlich weder von der EU, noch von den meisten Mitgliedstaaten erreicht werden. Als ein Grund hierfür können die fehlenden Verbindlichkeiten in der Umsetzung angesehen werden, die wiederum mit fehlenden Sanktionsmöglichkeiten in Verbin-

---

[637] Diesen stehen jedoch eine Vielzahl von Effizienzpotenzialen gegenüber, wie in der Studie von Matthes et al. (2007) aufgezeigt wird.

dung stehen. Ein solches Sanktionsdefizit ist zum einen auf der EU-Ebene zu konstatieren, in deutlich höherem Maße jedoch auf der UN-Ebene. Das Verbindlichkeits- und Sanktionsdefizit nimmt tendenziell zu, je globaler die Ziele sind, da sich dann der Adressaten- bzw. Verpflichtetenkreis der Ziele erhöht, was die Zuordnung der Verantwortlichkeit bei Nichterfüllung der Ziele erschwert. Dieses grundsätzliche Manko könnte durch den Nationalstaat ausgeglichen werden, wenn er die übergeordneten Ziele durch entsprechende spezifische, z.b. sektorale Vorschriften entsprechend konkretisiert und ihrer Einhaltung in der Umsetzung Nachdruck verleiht.

Die aufgezeigten Zusammenhänge erklären jedoch umgekehrt auch die steigende Attraktivität der internationalen Ebenen im Bereich der Klima- und EE-Politik für die Akteure, die sich von entsprechenden Regelungen negativ betroffen fühlen. Durch die Verlagerung von der nationalen auf die internationale Ebene kann, wie im Fall der internationalen Klimapolitik gegeben, der Prozess deutlich in die Länge gezogen und ein Beschluss (in diesem Fall die Minderungsziele) abgemildert werden. Zusammen mit dem oben konstatierten Vollzugs- und Sanktionsdefiziten verdeutlicht dies die Attraktivität eines strategischen Ebenenwechsels der Problembehandlung auf die politisch übergeordnete Ebene für eine auf nationaler Ebene unterlegene Advocacy-Koalition.

Die bisherigen Erfahrungen der internationalen Energie- und Klimapolitik bestätigen diesen Befund und lassen nicht darauf schließen, dass aus den Verhandlungen auf UN-und G8-Ebene in absehbarer Zeit im Konsens Ergebnisse entstehen, die den Anforderungen einer ehrgeizigen Klimapolitik zur Eindämmung des Klimawandels gerecht werden. Auf dem G8-Gipfel im Juni 2007 in Heiligendamm wurde zwar die Grundvoraussetzung für einen weiteren multilateralen Dialog zum Klimaschutz geschaffen, da die USA angekündigt haben, wieder an den UN-Verhandlungstisch zurückzukehren. Allerdings könnte dabei auch die Wiederholung der langen Suche nach einem kleinsten gemeinsamen Nenner stattfinden, wie sie in den Verhandlungen seit 1992 bis zum Ausstieg der USA 2001 erfolgt war. Ein Indikator dafür, dass die Verhandlungsbedingungen sehr voraussetzungsvoll sind, ist die mehrfache Betonung in der G8-Erklärung, dass auch die großen Wachstumsländer einbezogen werden müssen (Bundesregierung 2007g). Hierbei handelt es sich seit Beginn des Klimapolitikprozesses um eine beständige Forderung der USA, weshalb das Gipfelergebnis im Grunde - bis auf die öffentliche Anerkennung des Klimawandels durch alle Gipfelteilnehmer - keine neue Position enthält.

Risikostrategien: Primäre Multilateralität und Brennstoffsicherung

Vor dem Hintergrund der eindringlichen Mahnung des vierten IPCC-Berichts und der bisherigen Erfahrungen mit der internationalen Klimapolitik muss es demzufolge als eine Risikostrategie bewertet werden, sich primär auf multilaterale Verhandlungsprozesse zu stützen. Da es sich beim Klimawandel nicht um ein rein globales, sondern sowohl in Bezug auf seine Entstehung als auch auf seine Folgen um ein Mehrebenenproblem handelt, sind demzufolge auch viele parallele Klimaschutzinitiativen auf lokaler, regionaler, nationaler und internationaler Ebene notwendig. Werden Ziele, deren Einhaltung zur Lösung des Problems geeignet ist, auf der UN- oder EU-Ebene vereinbart, so ist ihre verbindliche Implementierung auf nationaler Ebene ein entscheidender Erfolgsfaktor. Hieraus leitet sich ab, dass für die Umsetzung der im März 2007 vereinbarten „verbindlichen" EU-Globalziele für den EE-Ausbau in Höhe von 20 % bis 2020 ebenfalls eine verbindliche und sektorspezifische Umsetzung auf nationaler Ebene dringend zu empfehlen ist.

Auch bei Erfüllung dieses Globalziels werden jedoch in 2020 immer noch etwa 80 % der Energie durch fossile Brennstoffe und Atomkraft bereitgestellt. Ein Quotenmodell würde dieses Verhältnis zementieren und einen größerer Anteil und ein stärkeres Marktwachstum, auch wenn dieser als wünschenswert angesehen würde, verhindern. Außerdem ist auch bei einem EE-Anteil von 20 % noch nicht klar, ob zu diesem Zeitpunkt eine gezielte Transformation des Energiesystems in Richtung eines effizienten, dezentralen und umweltfreundlichen Systems eingeleitet sein wird. Die gemeinsame Energiestrategie der Kommission, aber auch die Ankündigungen der G8 stellen eine Vielzahl von Strategien vor, die im Gegenteil eher für eine weitere Stärkung des fossilen, zentralistischen Energiesystems sprechen (Europäische Kommission 2007a; Bundesregierung 2007g). Hierzu gehört die massive Förderung der CCS- und der Fusionstechnologie, deren beider Einsatz in ökonomischer und ökologischer Hinsicht unklar und umstritten ist, die stärkere Nutzung der Atomkraft sowie eine Fülle von Maßnahmen zur Erhöhung der Versorgungssicherheit mit fossilen Brennstoffen. Angesichts der hohen Importabhängigkeit von Energierohstoffen und der unsicheren Versorgungslage sowohl in Bezug auf Verfügbarkeits- als auch Versorgungsrisiken ist diese längerfristige Fokussierung ebenfalls als Risikostrategie zu bewerten. Dies gilt selbst für eine kaufkräftige und einflussreiche Industrieregion wie die EU.

Vorteilhafte Vorreiterstrategien

Demgegenüber zeigt gerade das deutsche Beispiel der konsequenten Einführung erneuerbarer Energien im Strommarkt, dass durch die Schaffung eines einheimischen Lead-Marktes und unterstützende, aktive Maßnahmen zur Schaffung von Auslandsmärkten die Vorinvestitionen durch die First-Mover-Vorteile mehr als aufgewogen werden können. Während die bisherige Markteinführung vorrangig durch den Ausbau auf dem deutschen Markt getragen wurde, gewinnen in Zukunft verstärkt Exporte an Bedeutung, auch weil es beispielsweise bei der Onshore-Windenergie-, der Wasserkraft- oder der Biomassenutzung Grenzen des Ausbaus im Inland gibt. Damit es hier nicht zu einem Fadenriss für die deutsche EE-

Branche kommt, ist eine kontinuierliche Entstehung weiterer Auslandsmärkte erforderlich. Dies zu unterstützen sollte daher ein Ziel deutscher EE-Politik auf internationaler Ebene sein.

Mit dem renewables-Prozess hat die rot-grüne Regierung einen Beitrag zu diesem Ziel geleistet. Der renewables-Prozess bzw. die aus ihm hervorgegangenen Strukturen (Nachfolgekonferenzen, Internationales Aktionsprogramm und REN21) tragen bis heute zur Verbreitung des Themas erneuerbare Energien bei. Damit stützt die deutsche Regierung auch ihre eigene nationale EE-Politik und das EEG, das ebenfalls Verbreitung erfährt. Die Wirkung des Prozesses und seiner Strukturen lässt jedoch stark nach. Dies kann im Wesentlichen darauf zurückgeführt werden, dass eine zu schnelle Rückbettung in den UN-Prozess sowie eine enge Anbindung an UN-Institutionen und die IEA erfolgt ist. Bereits die Verhandlungen der CSD-15 im Mai 2007, auf der die Themen Energie und erneuerbare Energien behandelt wurden, und auf die viele der renewables-Akteure große Hoffnungen gesetzt hatten, enttäuschten auf ganzer Linie. Das dort erzielte Verhandlungsergebnis war so wenig aussagekräftig, dass Bundesumweltminister Sigmar Gabriel als Vertreter der deutschen EU-Ratspräsidentschaft das vorgelegte Abschlussdokument ablehnte.[638] Die Verhandlungen zeigten zudem die „traditionelle" energie- und klimapolitische Konstellation zwischen der EU auf der einen und den USA sowie der Mehrzahl der G77-Länder - inklusive China - auf der anderen Seite (Nachhaltigkeitsrat 2007). Dieses Ereignis, das nur wenige Wochen vor dem G8-Gipfel in Heiligendamm stattfand, belegt ebenfalls das hohe Risiko einer primär auf den multilateralen Prozess angelegten Klimaschutzstrategie.

Vor diesem Hintergrund erscheint es ratsam, seitens der Bundesregierung eine erneute Vorreiterinitiative zu erwägen, die nicht den UN-Zwängen folgt. Mögliche institutionelle Keimzellen wie REN21 (Nähe zu IEA und UN-System) oder die Feed-in Kooperation (ausschließlicher Fokus auf Einspeisevergütungssysteme) erscheinen hier jedoch wenig geeignet. So könnte die Wiederbelebung der Idee einer internationalen EE-Organisation hier eine Lösung bieten, denn nach wie vor gibt es im Unterschied zur Atomenergie (IAEO) und der konventionellen Energietechnik (IEA) keine entsprechende politische Organisation auf internationaler Ebene.[639] Da der bisherige Ansatz jedoch weder international noch national eine

---

[638]   In Bezug auf erneuerbare Energien fasste der Chairmen der CSD-15, Abdullah Bin Hamad Al-Attiyah (Qatar), die Differenzen wie folgt zusammen: "While a number of countries stressed the need to substantially increase the global share of renewable energy sources with the objective of increasing its contribution to total energy supply, they also wanted to go beyond simply recognizing the role of national and voluntary regional targets and initiatives, and to establish time bound targets in this regard. The mention of time bound targets proved to be one of the areas where agreement could not be reached." (Al-Attiyah 2007: 3)

[639]   Die Bundesregierung suchte nach eigenen Angaben zur Mitte des Jahres 2006 auf diplomatischem Wege bereits nach internationalen Partnern für eine solche Initiative (Bundesregierung 2006a). Das Anliegen der Gründung einer IRENA steht allerdings bereits seit drei Legislaturperioden in den je-

ausreichende Unterstützerkoalition gefunden hat, ist hier nach neuen Wegen der Umsetzung zu suchen. Ein Ausweg könnte beispielsweise die Schaffung branchenbezogener internationaler EE-Politik-Netzwerke sein, da in Bezug auf die einzelnen erneuerbaren Energien unterschiedliche Länderpotenziale und –Präferenzen sowie Unternehmen und Interessengruppen existieren.

Von EEG- zu einer Transformationspolicy

Die Ergebnisse der Multi-Level Policy-Analyse der deutschen EE-Politik im Strombereich deuten darauf hin, dass ein Fortbestand des EEG und seiner wesentlichen Regelungen für die kurze bis mittlere Frist als wahrscheinlich angesehen werden kann. Die Gewähr eines längerfristig höheren Anteils am Energieversorgungssystem oder gar eine Transformation des Energiesystems ist damit aber nicht verbunden. Ein signifikanter Wandel des bisherigen EE-Policy-Pfades könnte durch die Änderung einzelner der oben genannten zentralen Faktoren erfolgen, wie beispielsweise ein Umschwung in der öffentlichen Akzeptanz oder ein Regierungswechsel, bei dem die Gegner eines stärkeren und konsequenten Ausbaus erneuerbarer Energien größere Entscheidungsmacht erhalten würden.[640] Außerdem hat die Analyse gezeigt, dass die Energiekonzerne, die den Erzeugungsmarkt dominieren und maßgebliche Teile des Stromnetzes besitzen, über viele Möglichkeiten der politischen Einflussnahme und der Wettbewerbsgestaltung verfügen, auch wenn eine Reihe von für sie tendenziell ungünstigen Regulierungen gegen ihren Willen eingeführt werden konnten.

Das EEG ist hier jedoch, wie Hennicke und Müller (2005: 146) formulierten, ein „überzeugendes Beispiel" und „der Beweis dafür, dass die nationale Politik in die Energieversorgung gestaltend eingreifen kann". Mit dem EEG wurde eine erfolgreiche Politik zur Einspeisung von dezentralen, umweltfreundlichen Technologien implementiert. Die nächste Aufgabe sollte in der gezielten Gestaltung einer stärker auf Nachhaltigkeit und Dezentralität ausgerichteten Transformation des bestehenden Energiesystems liegen. Erneuerbare Energien bieten hierfür nach gegenwärtigem Stand die einzige zuverlässige Option für eine dauerhafte Energieversorgungssicherheit.

---

weiligen Koalitionsverträgen auf der Agenda (siehe Kapitel 3 und Abschnitt 6.4.1).

[640] So hat beispielsweise der Regierungswechsel in Dänemark ncah dem Sieg der konservativen Partei 2001 zu einer Verschlechterung der Bedingungen für erneuerbare Energien geführt (vgl. hierzu Jacobsson/ Lauber 2006: 272f).

7.4   Zum analytischen Mehrwert und Theoriebeitrag der Multi-Level Policy-Analyse

Mit dem hier verfolgten Ansatz einer Multi-Level Policy-Analyse wurde das Vorgehen einer Policy-Analyse, die im überwiegenden Fall nationalstaatlich fokussiert ist, mit dem expliziten Blick in das politisch relevante Mehrebenensystem verknüpft. Dabei wurde davon ausgegangen, dass es Entwicklungen und Bezüge zwischen Ereignissen und Akteuren im Mehrebenensystem gibt, die für die Erklärung des nationalen Policy-Prozesses von hoher Bedeutung sind. Berücksichtigt wurden dabei auf der einen Seite vertikale, politisch-räumliche Bezüge zu den sub- und supranationalen Ebenen, auf der anderen Seite Bezüge zu horizontal und funktional eng verflochtenen Politikbereichen. Um eine höhere analytische Tiefe der Prozesse auf den gemäß der Vorüberlegungen in Kapitel 1 identifizierten, prioritären Ebenen zu erhalten, wurden für die Policy-Prozesse auf diesen Ebenen jeweils separate Analysen durchgeführt, die am Ende zu einem Gesamtbild verdichtet wurden.

Für die Untersuchung der Grundfragestellung sowie der These zunehmender Bedeutung der internationalen Ebenen für die nationale Policy-Entwicklung (vgl. Kapitel 1) wurde auf *Multi-Level Governance-Ansätze* zurückgegriffen, in denen die Analyse derartiger Wechselwirkungen im politischen Mehrebenensystem explizit im Vordergrund steht (vgl. Abschnitt 2.2). Gleichzeitig wird in diesen Ansätzen die hohe Bedeutung der Interaktion zwischen staatlichen und nicht-staatlichen Akteuren und ihr Agieren in netzwerkartigen Gebilden betont. Dies verweist wiederum auf den zweiten Ansatz, der im Rahmen dieser Arbeit angewendet wurde, den *Advocacy-Koalitionsansatz*, in dem ebenfalls explizit Mehrebenenzusammenhänge berücksichtigt werden (vgl. Abschnitt 2.3). Die Anwendung des Advocacy-Koalitionsansatzes ermöglicht es darüber hinaus, die erhöhte Komplexität einer Mehrebenenanalyse durch die Bündelung von Akteuren in Koalitionen mit gleicher Überzeugung vorzunehmen, denen eine zentrale Rolle im Policy-Prozess zugesprochen wird. Beide Ansätze lieferten zudem eine Reihe von vertiefenden, und in analytischer Hinsicht orientierenden Hypothesen für die Arbeit, die sich zum einen auf Eigenschaften von politischen Mehrebenensystemen, zum anderen auf das Verhalten und die Möglichkeiten von Akteuren in solchen Systemen beziehen.

Differenzierte Betrachtung von Schlüsselakteuren

Als ein besonderer Mehrwert des gewählten Ansatzes ist hervorzuheben, dass es durch die differenzierte Analyse der Vorgänge auf mehreren Ebenen erforderlich wird, auch eine *differenziertere Betrachtung von Schlüsselakteuren* vorzunehmen. Bereits Renate Mayntz und Fritz Scharpf verwiesen darauf, dass „weder das nationale politische System im Ganzen noch der Staatsapparat als monolithischer, aus einheitlicher Orientierung heraus handelnder Akteur konzeptualisiert werden kann", da gerade in der Bundesrepublik z.B. das Ressortprinzip, Koalitionsregierungen, föderale Politikverflechtung oder Verfassungsgerichtsbarkeit „für eine besonders starke Fragmentierung politischer Handlungskompetenzen" sorgen (Mayntz/ Scharpf 1995b: 10). In ähnlicher Weise ist diese Erkenntnis auf andere Ebenen zu übertragen. Beispielsweise ist es aufgrund der Initiativfunktion der EU-Kommission sowie mit der zunehmenden Bedeutung des Europäischen Parlaments aufgrund der Aufwertung des Mitentscheidungsverfahrens von hoher Bedeutung, die EU-Organe zu differenzieren. Die vorliegende Analyse legt jedoch nah, dass es insbesondere für die Erklärung von längeren Policy-Entwicklungen und Policy-Wandel erforderlich sein kann, darüber hinaus auch eine Differenzierung von komplexen kollektiven und korporativen Akteuren vorzunehmen, die im Prozess ein besonders wichtige Rolle eingenommen haben.

Dies kann insbesondere für komplexe Schlüsselakteure im Mehrebenensystem bzw. auf internationalen Ebenen von Relevanz sein, da deren Einflusswirkung in der Regel bei nationalstaatlich fokussierten Analysen als „externer Faktor" und damit vereinfachend als monolithischer, homogener Akteur konzeptualisiert wird. Beispielsweise war es im Rahmen der Analyse des Policy-Prozesses der EG-Richtlinie erforderlich, eine differenzierte Betrachtung eines komplexen Akteurs wie der EU-Kommission vorzunehmen, wodurch die innere Dynamik und zentrale Triebkräfte der nach außen homogen wirkenden Position der Kommission identifiziert werden konnten. Erst durch die Erkenntnis der inneren Spannungen und des Machtgefüges ist es letztlich möglich, Einschätzungen zum zukünftigen Verhalten eines solchen heterogenen Akteurs zu geben. Dies gilt in gleicher Weise für alle größeren und heterogenen Organisationen, die mehrere Teilgruppen mit gegensätzlichen Positionen vereinen, z.B. große Parteien.

Identifikation zentraler Akteure in der Advocacy-Koalition

Darüber hinaus können im Rahmen der Mehrebenenanalyse *zentrale Akteure* identifiziert werden, deren Rolle entweder durch den Fokus auf die nationale Ebene nicht erkannt wurde, oder deren entscheidende Wirkung im Policy-Prozess oder Stellung innerhalb einer Advocacy-Koalition bekräftigt wird. Ein Beispiel hierfür ist das BMU als Schlüsselakteur der EE-Koalition, der durch die deutliche Zunahme seiner energiepolitischen Kompetenzen beispielsweise im EnWG-Prozess eine zentrale Rolle innehatte und stellvertretend für die EE-Koalition agierte. Darüber hinaus hat das BMU mit dem renewables-Prozess in maßgeblicher Weise einen spezifischen EE-Politikprozess auf internationaler Ebene gestaltet, der auch die deutsche EE-Politik und -Branche stärken sollte.

Strategische Ebenenwechsel, Ressourcenstärke und Koppelgeschäfte

Das Beispiel BMU verweist auch auf eine wichtige Erkenntnis in Bezug auf die neuen strategischen Möglichkeiten, die sich mit der Existenz von Mehrebenensystemen und den darin gegebenen Verflechtungen politischer Arenen für staatliche, aber auch für nicht-staatliche Akteure ergeben. Sie können beispielsweise ihre Interessen von der für sie blockierten auf eine andere Ebene verlagern, um dadurch wiederum Einfluss auf eine nationale Policy zu nehmen. So haben beispielsweise einige Energiekonzerne und ihre Lobbyverbände durch Einschaltung der EU-Kommission, der Gerichte und später auch des EuGH versucht, gegen das Stromeinspeisungsgesetz vorzugehen, nachdem dies auf der nationalen Ebene nur eingeschränkt möglich bzw. nicht erfolgreich war. Während das Beispiel des Ebenenwechsels der Energiekonzerne die These von Sabatier (1998) bestätigt, dass ein Wechsel in der Regel von der unterlegenen Koalition vorgenommen wird, steht das BMU-Beispiel dieser Aussage entgegen. Das BMU hat versucht, mit den zusätzlichen Möglichkeiten, die das Mehrebenensystem bietet, die Policy der dominierenden Koalition zu stabilisieren und seine institutionellen Kompetenzen auszuweiten.[641]

Aber auch die These von der erforderlichen *Ressourcenstärke* (Grande 2000), die für einen Ebenenwechsel erforderlich ist, muss vor dem Hintergrund der Analyse relativiert werden, da am Beispiel des deutschen Windenergieverbands (BWE) zu erkennen war, dass ein Ebenenwechsel auch mit geringen Ressourcen und Kapazitäten erfolgreich – im Sinne der Schaffung von effektiven Lobbystrukturen, Netzwerken und der Rolle im Policy-Prozess – sein kann, wenn die Notwendigkeit dafür hoch eingeschätzt wird.[642] Dennoch bestätigt dieses Beispiel im Grundsatz die Tendenz der These, da es den anderen EE-Verbänden, die jeweils über noch weniger Kapazitäten als der BWE verfügten, diesen Schritt damals nicht gehen konnten und der BWE damit eine zentrale Rolle der europäischen EE-Koalition übernahm.

Eine weitere strategische Option, die sich insbesondere im *funktional verknüpften Mehrebenensystem* ergibt, sind *Tausch- und Koppelgeschäfte*. Im Rahmen der Analyse konnten eine Reihe von derartigen Verhandlungslösungen identifiziert werden, die entweder erst durch den Blick auf andere Ebenen aufgedeckt wurden oder deren Bedeutung für den EE-Policy-Prozess durch die Analyse auf anderen Ebenen genauer herausgearbeitet werden konnte (Beispiel EEG-Härtefallregelung).

---

[641]   Die Erkenntnis, dass Ebenenwechsel auch von der dominierenden Koalition wahrgenommen werden, wurde auch von Bandelow (1996: 34) im Rahmen einer empirischen Fallstudie bestätigt.

[642]   Grande formulierte mit Blick auf einen solchen Vorgang treffend: „Die Durchsetzungsfähigkeit von Akteuren hängt in Mehrebenesystemen weniger von formaler Autorität, Sachkompetenz oder Medienpräsenz ab, wichtiger sind andere Fertigkeiten: Verhandlungsgeschick; die Fähigkeit, zwischen divergierenden Interessen zu vermitteln; die kommunikative Kompetenz, Unterstützung zu mobilisieren und Koalitionen zu schmieden, und anderes mehr (Grande 2000: 20).

Bedeutung von Advocacy-Koalitionen

In Bezug auf die *Rolle und Bedeutung von Advocacy-Koalitionen* im Policy-Prozess ist zunächst zu konstatieren, dass in nahezu allen untersuchten Prozessen solche stabilen Koalitionen identifiziert werden konnten und diese eine wichtige, treibende Rolle gespielt haben. Allerdings zeigte sich auch, dass es in analytischer Hinsicht wichtig ist - entgegen einer diesbezüglichen Annahme von Sabatier (1993: 130) - zwischen den dauerhaften, auf gemeinsamen Überzeugungen basierenden *Advocacy-Koalitionen und kurzfristigeren Interessenkoalitionen* zu unterscheiden. Wie sich beispielsweise im EnWG-Prozess zeigte, spielte letztlich die sehr heterogene Interessenkoalition, die sich für mehr Regulierung und Wettbewerb einsetzte, die entscheidende Rolle als Gegenpart zur Advocacy-Koalition der konventionellen Energiewirtschaft. Diese Koalition wird voraussichtlich auch über längere Zeit - so lange das Problem bestehen bleibt - Bestand haben. Darüber hinaus ist bei der Zuordnung von Akteuren zu Advocacy-Koalitionen die oben angesprochen *Differenzierung der Akteure* zu beachten. Demzufolge sind heterogene Schlüsselakteure entsprechend ihrer für den Prozess relevanten divergierenden Positionen den unterschiedlichen Koalitionen zuzuordnen.

Multi-Level Governance und Transformation von Staatlichkeit

Die Analyse hat bestätigt, dass aufgrund der zum Teil engen Wechselbeziehungen von staatlichen und nicht-staatlichen Akteuren im Mehrebenensystem mit Blick auf den Prozess von *Multi-Level Governance* gesprochen werden kann. Dabei ist in Bezug auf das in der Literatur sehr heterogene Verständnis des Governance-Begriffs explizit darauf hinzuweisen, dass dies hier auch die vergleichsweise hierarchischen Steuerungsinstrumente mit einbezieht (vgl. auch Abschnitt 2.3). In diesem Zusammenhang ist auf das Beispiel der EnWG-Novelle zu verweisen, bei dem von der freiwilligen Verbändevereinbarung zum Modell des regulierten Netzzugangs mit einer staatlichen Behörde als Kontrollinstanz übergegangen wurde. Die Analyse des EnWG-Prozesses hat klar gezeigt, dass trotz dieses Wechsels zu einer vergleichsweise hierarchischen Steuerungsform sowohl im Prozess wie im auch im Ergebnis eine hohe Gestaltungsmacht der „negativ betroffenen" EVU zu konstatieren war.

Das Beispiel zeigt auch auf, dass bei einem reduzierten Blick auf die Steuerungsform und Vernachlässigung der Prozessanalyse die Gefahr von Fehlschlüssen bezüglich der Rolle und Kompetenz der Akteure sowie der potenziellen Wirkung eines Instruments besteht.[643] Auch wenn der Gesetzgeber sowohl in Bezug auf den Ausbau erneuerbarer Energien und KWK-Anlagen als auch bei der Frage des Netzzugangs zunächst auf freiwillige Vereinbarungen der Privatwirtschaft – die

---

[643] Dieses Problem verweist auch auf den von Mayntz und Scharpf thematisierten „Problemlösungsbias" (Scharpf 2000a; Mayntz 2004).

jeweils mit einem „Schatten der Hierarchie" (Scharpf 1993b), also der Ankündigung einer Regulierung im Falle des Scheiterns versehen waren – gesetzt hatte, so bewirkte bisher lediglich die eingeführte EE-Policy die angestrebte Wirkung, nicht jedoch die Regulierungen der KWK und des Strommarktes. Die Frage der Macht im politischen Prozess spielt insofern eine wichtige, nicht zu vernachlässigende Rolle und muss daher, ausgehend von der Identifizierung der Advocacy-Koalitionen und zentraler Akteure in der Analyse berücksichtigt werden.

In Bezug auf die Erweiterung der Handlungsmöglichkeiten des Staates durch Mehrebenensysteme (Souveränitätsgewinn), aber auch bezüglich einer Begrenzung seiner Möglichkeiten durch eine Zunahme von top-down-Regulierungen (Souveränitätsverlust) hat sich ein unterschiedliches Bild gezeigt. Zwar kann auf der Basis der Analyse eine Bedeutungszunahme der EU bestätigt werden, allerdings wurde sie auch in mehreren Fällen von Akteuren, die auf der nationalen Ebene blockiert waren, aktiv eingeschaltet und unterstützt (Beispiel Liberalisierungsrichtinie im Energiemarkt). Die deutsche EE-Policy ist zudem ein Gegenbeispiel für einen „Bedeutungsverlust des Staates" (Zürn 1998), da in diesem Fall weitgehend unabhängig von einer übergeordneten Regulierung und Instanz eine Vorreiterpolitik implementiert wurde, die parallel auf europäischer Ebene verteidigt und später auf der internationalen Ebene im Rahmen eines selbst initiierten Prozesses verbreitet wurde.[644] Allerdings ist die EE-Policy, wie oben dargestellt, im Vergleich zu vielen anderen energiepolitischen Entwicklungen eher ein Ausnahmefall. Auch die übergeordneten energie- und klimapolitischen Entwicklungen sprechen für eine weitere Bedeutungszunahme der internationalen Ebene – ohne dass dies jedoch zwingend mit einem Bedeutungsverlust des Nationalstaates gleichzusetzen wäre.

---

[644] So auch Achim Brunnengräber (2007a: 339): „Der zunehmende Einfluss europäischer und internationaler Politik kann also nicht ohne weiteres mit einem staatlichen Macht- oder Souveränitätsverlust gleichgesetzt werden."

8 Anhang

8.1 Abbildungsverzeichnis

8.2   Tabellenverzeichnis

8.3 Abkürzungsverzeichnis

ACORE	American Council On Renewable Energy
AdR	Ausschuss der Regionen
AEBIOM	Association Européenne pour la Biomasse
AFM+E	Außenhandelsverband für Mineralöl und Energie
AG	Aktiengesellschaft
AGEE-Stat	Arbeitsgruppe Erneuerbare Energien-Statistik
AGFW	Arbeitsgemeinschaft für Wärme und Heizkraftwirtschaft
AHK	Deutsche Auslandshandelskammer
ALTENER	Alternative Energy Programme of the European Commission
AOSIS	Alliance of Small Island States
AP	Associated Press
APPA	Asociación de Productores de Energías Renovables
ARE	Arbeitsgemeinschaft regionaler Energieversorgungsunternehmen
Art.	Artikel
AT	Austria
BASD	Business Action for Sustainable Development
BaWü	Baden-Württemberg
BBK	Bundesverband Biogene und Regenerative Kraft- und Treibstoffe
BDE	Bund der Energieverbraucher
BDI	Bundesverband der Deutschen Industrie
BE	Belgium
BEE	Bundesverband Erneuerbare Energie e.V
BET	Büro für Energiewirtschaft und technische Planung GmbH
bfai	Bundesagentur für Außenwirtschaft
BfN	Bundesamt für Naturschutz
BGH	Bundesgerichtshof
BGR	Bundesanstalt für Geowissenschaften und Rohstoffe
BHKW	Blockheizkraftwerk
BioKraftQuG	Biokraftstoffquotengesetz
BIREC	Beijing International Renewable Energy Conference
B.KWK	Bundesverband Kraft-Wärme-Kopplung
BMELV	Bundesministerium für Ernährung, Landwirtschaft und Verbraucherschutz (bis 2005 BMVEL)
BMF	Bundesministerium für Finanzen
BMFT	Bundesministerium für Forschung und Technik
BMU	Bundesministerium für Umwelt, Naturschutz und Reaktorsicherheit
BMVEL	Bundesministerium für Ernährung, Landwirtschaft und Verbraucherschutz
BMWA	Bundesministerium für Wirtschaft und Arbeit
BMWi/ BMWT	Bundesministerium für Wirtschaft und Technologie
BMZ	Bundesministerium für wirtschaftliche Zusammenarbeit und Entwicklung
BNetzA	Bundesnetzagentur
BNE	Bundesverband neuer Energieanbieter e.V.
BP	British Petroleum Company
BSW	Bundesverband Solarwirtschaft
BtL	Biomass-to-liquid
BUND	Bund für Umwelt- und Naturschutz Deutschland
BVerfGE	Bundesverfassungsgericht
BVMW	Bundesverband mittelständische Wirtschaft

BWE	Bundesverband Windenergie
BWG	Bundesverband der deutschen Gas- und Wasserwirtschaft
CAN	Climate Action Network
CCS	Carbon Capture and Storage
CDM	Clean Development Mechanism
CDU	Christlich Demokratische Union
CER	Certified Emission Reductions
CEER	Council of European Energy Regulators
CEO	Chief Executive Officer
CERT	Committee for Energy Research and Technology
CGIAR	Consultative Group on International Agricultural Research
CH_4	Methan
CNE	Comisión Nacional de Energía
CO_2	Kohlenstoffdioxid
COGEN	The European Association for the Promotion of Cogeneration
COP	Conference of the Parties
CORDIS	Community Research & Development Information Service
CPR	Commitment Period Reserve
CSD	Committee on Sustainable Development
CSU	Christlich Soziale Union
CURES	Citizens United for Renewable Energy and Sustainability
DBB	Deutscher Beamtenbund und Tarifunion
DDR	Deutsche Demokratische Republik
DEHSt	Deutsche Emissionshandelsstelle
dena	Deutsche Energie-Agentur GmbH
DFS	Deutscher Fachverband Solarenergie
DGB	Deutscher Gewerkschaftsbund
DG TREN	Directorate-General Energy and Transport
DIHK	Deutsche Industrie- und Handelskammer
DIW	Deutsches Institut für Wirtschaftsforschung
DK	Denmark
DLR	Deutsches Zentrum für Luft- und Raumfahrt
DNR	Deutscher Naturschutzring e.V.
dpa	Deutsche Presse Agentur GmbH
DtA	Deutsche Ausgleichsbank
DUH	Deutsche Umwelthilfe
ECA	Export Credit Agency
ECU	European Currency Unit
EdF	Electricité de France
EE	erneuerbare Energien
EEA	European Environment Agency
EEG	Erneuerbare-Energien-Gesetz
EEX	European Energy Exchange
EFA	Europäische Freie Allianz
EG	Europäische Gemeinschaft
EGKS	Europäische Gemeinschaft für Kohle und Stahl
EGV	Europäischer Gemeinschaftsvertrag
EH	Euler Hermes Kreditversicherung
EIR	Extractive Industries Review
EIT	Economies in Transition
EnBW AG	Energie Baden-Württemberg AG

Enel	Ente Nazionale per l'Energia eLettrica
EnergieStG	Energiesteuergesetz
EnWG	Energiewirtschaftsgesetz
E.ON	Energiekonzern E.ON AG
EP	Europäisches Parlament
EPIA	European Photovoltaic Industries Association
EREC	European Renewable Energy Council
EREF	European Renewable Energies Federation
ERU	Emission Reduction Units
ES	Spain
ESD	Energy for Sustainable Development
ETS	Electronic Transfer System
EU	Europäische Union
EUA	EU-Allowance
EUFORES	European Forum for Renewable Energy Sources
EuGH	Europäischer Gerichtshof
EURATOM	Europäische Atomenergiegemeinschaft
Eurostat	Statistisches Amt der Europäischen Gemeinschaften
EVP	Europäische Volkspartei
EVU	Energieversorgungsunternehmen
EWEA	European Wind Energy Association
EWG	Europäische Wirtschaftsgemeinschaft
EWI	Energiewirtschaftliches Institut der Universität Köln
EWSA	Europäischer Wirtschafts- und Sozialausschuss
ExternE	External Costs of Energy (EU-Projekt)
FAO	Food and Agriculture Organization
FAZ	Frankfurter Allgemeine Zeitung
FDP	Freie Demokratische Partei
FEDV	Freier Energiedienstleister-Verband
FEE	Fördergesellschaft Erneuerbare Energien
FFU	Forschungsstelle für Umweltpolitik
FGW	Fördergesellschaft Windenergie e.V.
FI	Finnland
FKW	Fluorkohlenwasserstoffe
FNB	Fernleitungsnetzbetreiber
FNE	fossil nuklearer Energiemix (Szenariobezeichnung)
FR	France
FR	Frankfurter Rundschau
FTD	Financial Times Deutschland
FuE/ F&E	Forschung und Entwicklung
G8	Gruppe der Acht führenden Industrieländer
GATT	General Agreement on Tariffs and Trade
GCC	Global Climate Coalition
GD	Generaldirektion
GDP	gross domestic product
GEF	Global Environment Facility
GESTA	Informationssystem "Stand der Gesetzgebung des Bundes"
GJ	GigaJoule
Gm³	Giga-Kubikmeter
GNESD	Global Network on Energy for Sustainable Development
GR	Greece

GREEN	Group of Renewable and Efficient Energy Nations
GROWIAN	Große Windkraftanlage
GtV	Geothermische Vereinigung
GTZ	Gesellschaft für Technische Zusammenarbeit
GuD	Gas- und Dampfkraftwerk
GVEP	Global Village Energy Partnership
GW	Gigawatt
GWh	Gigawattstunde
GW$_p$	Gigawattpeak
GWS	Gesellschaft für wirtschaftliche Strukturforschung
HEW	Hamburgische Elektrizitäts-Werke AG
HFC	Hydrofluorocarbon
H-FKW	teilhalogenierte Flurkohlenwasserstoffe
Hib	Heute im Bundestag (Pressedienst des Deutschen Bundestages)
HLG	High Level Group
HMWVL	Hessisches Ministerium für Wirtschaft, Verkehr u. Landesentwicklung
HTDP	Hunderttausend-Dächer-Solarstrom-Förderprogramm
IAEO/ IAEA	Internationale Atomenergieorganisation/ International Atomic Energy Agency
IAG	International Advisory Group
IAP	Internationales Aktionsprogramm
ICC	International Chamber of Commerce
IEA	Internationale Energieagentur
IEE	Intelligente Energie – Europa
IET	International Emission Trading
IFC	International Finance Corporation
IFEM	Institut für empirische Medienforschung
IFI	International Financial Institution
IFIEC	International Federation of Industrial Energy Consumers
IG BCE	Industriegewerkschaft Bergbau, Chemie, Energie
IGO	Intergovernmental Organisation
IISD	International Institute for Sustainable Development
IÖW	Institut für ökologische Wirtschaftsforschung
IPCC	Intergovernmental Panel on Climate Change
IPF	Internationales Parlamentarier Forum
IRENA	International Renewable Energy Agency
IRN	International Rivers Network
ISC	International Steering Committee
ISET	Institut für Solare Energieversorgungstechnik
IT	Italy
ITER	International Thermonuclear Experimental Reactor
IWR	Internationales Wirtschaftsforum Regenerative Energien
JI	Joint Implementation
JREC	Johannesburg Renewable Energy Coalition
KfW	Kreditanstalt für Wiederaufbau
KMU	Kleine und mittlere Unternehmen
kW	Kilowatt
kWh	Kilowattstunde
KWK	Kraft-Wärme-Kopplung
KWKG	Kraft-Wärme-Kopplung-Modernisierungsgesetz
LG	Landesgericht
LPX	Leipzig Power Exchange

LU	Luxembourg
LULUCF	Land Use, Land-Use Change and Forestry
m²	Quadratmeter
MAP	Marktanreizprogramm
MdB	Mitglied des Deutschen Bundestages
MdEP	Mitglieder des Europäischen Parlaments
MDG	Millenium Development Goals
MEDREP	Mediterranean Renewable Energy Programme
Mio.	Million
MITYC	Ministerio de Industria Turismo y Comercio
Mrd.	Milliarde
MSD	Multi-Stakeholder-Dialog
Mt.	Megatonne
MVV	Mannheimer Versorgungs- und Verkehrsgesellschaft
MW	Megawatt
MWh	Megawattstunde
MW_p	Megawattpeak
N_2O	Distickstoffoxid/ Lachgas
NABU	Naturschutzbund Deutschland e.V.
NAP	Nationaler Allokationsplan
NATTA	Network for Alternative Technology and Technology Assessment
NaWaRo	nachwachsende Rohstoffe
NBK	Nationaler Begleitkreis
NGO	Non-Governmental Organization
NIMBY	not in my backyard
NL	Netherlands
NO_X	Sammelbezeichnung für die gasförmigen Oxide des Stickstoffs
NPT	Non-Proliferation Treaty
NRO	Nichtregierungsorganisation
NRW	Nordrhein-Westfalen
ODA	Official Development Assistance
OECD	Organisation for Economic Cooperation and Development
OLG	Oberlandesgericht
OPEC	Organization of the Petroleum Exporting Countries
OTC	Over the Counter Clearing
PDS	Partei des Demokratischen Sozialismus
Phelix	Physical electricity index
PJ	Peta-Joule
POI	Plan of Implementation
PPP	Public Private Partnership
PrepCom	Prepatory Commitee
PT	Portugal
PV	Photovoltaik
PWC	Price Waterhouse Coopers
RAG	Ruhrgas AG
RD&D	Research, Development and Demonstration
REALISE	Renewable Energy and Liberalisation in Selected Electricity markets (EU-Projekt)
RECS	Renewable Energy Certificate System
REEEP	Renewable Energy and Energy Efficiency Partnership
REF	Referenzszenario
REFIT	Renewable feed-in tariff

REGPN	Renewable Energy Global Policy Network
RegTP	Regulierungsbehörde für Telekommunikation und Post
REN21	Renewable Energy Policy Network for the 21st Century
RNE	Rat für Nachhaltige Entwicklung
RWE AG	Rheinisch-Westfälische Elektrizitätswerk AG
SAVE	multiannual EU-programme for the promotion of energy efficiency
SE	Sweden
SF_6	Schwefelhexafluorid
SFV	Solarenergie-Förderverein Deutschland e.V.
SIDS	Small Island Developing States
SKE	Steinkohleeinheiten
SNA	subnational authority
SO_2	Schwefeldioxid
SPD	Sozialdemokratische Partei Deutschlands
SPE	Sozialdemokratische Partei Europas
SRU	Sachverständigenrat für Umweltfragen
STEER	EU-Förderprogramm der Energieeffizienz im Verkehrswesen
StMWIVT	Staatsministerium für Wirtschaft, Infrastruktur, Verkehr und Technologie
StrEG	Stromeinspeisegesetz
StromNEV	Stromnetzentgeltverordnung
StromNZV	Stromnetzzugangsverordnung
StromStG	Stromsteuergesetz
SZ	Süddeutsche Zeitung
TAB	Büro für Technikfolgen-Abschätzung beim Deutschen Bundestag
TEHG	Treibhausgas-Emissionshandelsgesetz
TERES	The European Renewable Energy Study
TGC	Tradable Green Certificates
THG	Treibhausgas
TWh	Terawattstunde
UBA	Umweltbundesamt
UCTE	Union for the Co-ordination of Transmission of Electricity
UK	United Kingdom
UN	United Nations
ÜNB	Übertragungsnetzbetreiber
UNCED	United Nations Conference on Environment and Development
UNDESA	United Nations Department of Economic and Social Affairs
UNDP	United Nations Development Programme
UNEP	United Nations Environment Programme
UNESCO	United Nations Educational, Scientific and Cultural Organization
UNFCCC	United Nations Framework Convention on Climate Change
UNIDO	United Nations Industrial Development Organization
UNO	United Nations Organisation
USA	United States of America
UWE	Umwandlungseffizienz-Szenario
VCI	Verband der Chemischen Industrie e.V.
VDEW	Verband der Elektrizitätswirtschaft
VDMA	Verband Deutscher Maschinen- und Anlagenbau e.V.
VDN	Verband der Netzbetreiber
VEA	Bundesverband der Energieabnehmer
VEAG	Vereinigte Energiewerke AG
VEBA	Vereinigte Elektrizitäts- und Bergwerks AG

ver.di	Vereinte Dienstleistungsgewerkschaft
VEW	Vereinigte Elektrizitätswerke Westfalen AG
VIAG	Vereinigte Industrieunternehmen AG
VIK	Verband der Industriellen Energie- und Kraftwirtschaft
VKU	Verband kommunaler Unternehmen
VNB	Verteilernetzbetreiber
VRE	Verband der Verbundunternehmen und regionalen Energieversorgern
VV	Verbändevereinbarung
VW	Volkswagen
VZBV	Verbraucherzentrale Bundesverband e.V.
WBCSD	World Business Council for Sustainable Development
WBGU	Wissenschaftl. Beirat der Bundesregierung Globale Umweltveränderungen
WCED	World Commission on Environment and Development
WCRE	World Council for Renewable Energy
WEHAB	Water, Energy, Health, Agriculture, Biodiversity
WEO	World Energy Outlook
WHO	World Health Organization
WIREC	Washington International Renewable Energy Conference
WMO	World Meteorological Organization
WREN	World Renewable Energy Network
WRRL	Wasserrahmenrichtlinie
WSSD	World Summit for Sustainable Development
WTO	World Trade Organization
WVM	Wirtschaftsvereinigung Metalle
WVW	Wirtschaftsverband Windkraftwerke
WWF	World Wide Fund
ZIP	Zukunftsinvestitionsprogramm
ZSW	Zentrum für Sonnenenergie- und Wasserstofforschung Baden-Württemberg

9 Literatur, Dokumente, Rechtsvorschriften und Quellen

ACORE [American Council On Renewable Energy] (2007): Washington International Renewable Energy Conference ("WIREC 2008") - Request for Sponsorship Proposals; Washington, www.acore.org (2.5.2007).

AdR [Ausschuss der Regionen, Europäische Union] (2004): Geschäftsordnung (Beschluss vom 18. November 1999 in der Fassung vom 11. Februar 2004); CdR 1/2004 (DE) mm; www.cor.europa.eu (12.3.2007).

AEBIOM [Association Européenne pour la Biomasse] (1998): Position Paper of AEBIOM on the White Paper on renewable energy sources and AGENDA 2000 (March 1998). www.ecop.ucl.ac.be (17.08.2006).

AEE [Aktionsbündnis Erneuerbare Energien] (2004): Positionen zur Weltkonferenz Renewables2004; www.aktionsbuendnis-ee.de (25.4.2007).

AFM+E/ BNE/ DIHK/ VEA/ VIK [Außenhandelsverband für Mineralöl und Energie, Bundesverband neuer Energieanbieter, Deutscher Industrie- und Handelskammertag, Bundesverband der Energieabnehmer, Verband der Industriellen Energie- und Kraftwirtschaft] (2004): Stellungnahme zum Entwurf des Bundesministeriums für Wirtschaft und Arbeit zur Neufassung des Energiewirtschaftsrechts (EnWG-Novelle) vom 26.02.2004; Berlin, Essen, Hamburg, Hannover, 15. März 2004, www.raepower.de (2.11.2006).

Aitken, Donald W. (2003): Transitioning to a Renewable Energy Future; International Solar Energy Society (ISES) (Hrsg.): White Paper, Freiburg, www.whitepaper.ises.org (7.4.2007).

Al-Attiyah, Abdullah Bin Hamad (2007): Chairman's Summary, Fifteenth Session of the Commission on Sustainable Development: Policy Options and practical measures to expedite implementation of energy for sustainable development, industrial development, air pollution/atmosphere and climate change; www.un.org (15.6.2007).

Altvater, Elmar (2006): Das Ende des Kapitalismus, wie wir ihn kennen. Eine radikale Kapitalismuskritik; 3. unveränderte Auflage; Münster.

Amery, Carl/ Cornelius, Mayer-Tasch Peter/ Meyer-Abich, Klaus Michael (1978): Energiepolitik ohne Basis. Vom bürgerlichen Ungehorsam zu einer neuen Energiepolitik; fischer alternativ, Frankfurt am Main.

AP/ Reuters (2007): Gabriel: EZB soll Emissionshandel beaufsichtigen. "Selbst Monopoly ist transparenter" - Umweltminister der G8 treffen sich in Potsdam. In: Handelsblatt, 16-18.3.2007, Nr. 54, S. 6.

ARGE Monitoring PV-Anlagen [Bosch & Partner, Zentrum für Sonnenenergie- und Wasserstoff-Forschung, Solar Engineering Decker & Mack, Institut für Energetik und Umwelt, Rechtsanwaltskanzlei Bohl & Coll] (2006): Monitoring zur Wirkung des novellierten EEG auf die Entwicklung der Stromerzeugung aus Solarenergie, insbesondere der Photovoltaik-Freiflächen. 2. Zwischenbericht, 31.01.2006; Im Auftrag des Bundesministeriums für Umwelt, Naturschutz und Reaktorsicherheit, Hannover, www.erneuerbare-energien.de (4.6.2007).

Atomgesetz (2002): Gesetz zur geordneten Beendigung der Kernenergienutzung zur gewerblichen Erzeugung von Elektrizität, vom 22.4.2007; Bundesgesetzblatt Jg. 2002 Teil I Nr. 26, ausgegeben zu Bonn am 26.4.2002, S. 1351-1359; www.bmwi.de (12.3.2007).

Ausschuss für Wirtschaft und Arbeit (2005): Beschlussempfehlung und Bericht des Ausschusses für Wirtschaft und Arbeit (9. Ausschuss), a) zu dem Gesetzentwurf der Bundesregierung - Entwurf eines Zweiten Gesetzes zur Neuregelung des Energiewirtschaftsrechts, Deutscher Bundestag, Drucksache 15/5268, 13.04.2005; http://.dip.bundestag.de (12.3.2007).

Auswärtiges Amt (2006): G8 - Gruppe der Acht. Stand 15.11.2006, www.auswaertiges-amt.de (26.2.2007).

Auswärtiges Amt (2007): Der Frühjahrsgipfel des Europäischen Rats: Integrierte Klimaschutz-und Energiepolitik, Fortschritte bei der Lissabonstrategie. Pressemitteilungen, 12.03.2007, www.eu2007.de (23.3.2007).

B.KWK [Bundesverband Kraft-Wärme-Kopplung] (2004a): Aktualisierung der Position des BKWK zum EnWG. Stand 22.12.2004. www.bkwk.de (20.10.2006).

B.KWK [Bundesverband Kraft-Wärme-Kopplung] (2004b): Stellungnahme zum Referentenentwurf des neuen EnWG. www.bkwk.de (20.10.2006).

Bach, Stefan/ Kohlhaas, Michael/ Praetorius, Barbara (2001): Wirkungen der ökologischen Steuerreform in Deutschland. In: Wochenbericht des DIW Berlin, Nr. 14/01, S. 220-225.

Bache, Ian/ Flinders, Mattew (2004a): Multi-Level Governance: Conclusions and Implications. In: Bache, Ian/ Flinders, Mattew (Hrsg.): Multi-Level Governance; Oxford; S. 195-206.

Bache, Ian/ Flinders, Mattew (2004b): Themes and Issues in Multi-Level Governance. In: Bache, Ian/ Flinders, Mattew (Hrsg.): Multi-Level Governance; Oxford; S. 1-11.

Bachram, Heidi/ Bekker, Jessica/ Clayden, Lisa/ Hotz, Christina/ Ma'anit, Adam (2003): The Sky is Not the Limit: The Emerging Market in Greenhouse Gases; Carbon Trade Watch/ The Transnational Institute: TNI Briefing Series No. 1/2003, Amsterdam, www.carbontradewatch.org (25.3.2007).

Bals, Christoph (2007): Bali wird zur Nagelprobe von Heiligendamm. Eine Analyse der Klimarelevanz des G8-Gipfels 2007; Germanwatch Hintergrundpapier Juli 2007, Bonn, Berlin, www.germanwatch.org (20.7.2007).

Bandelow, Nils C. (1996): Politische Maßnahmen zum Schutz vor Risiken der Gentechnologie: Nutzen und Grenzen des Advocacy-Koalitionenrahmens zur Erklärung politischen Wandels im Mehrebenensystem Bundesländer, Bund und EU; Beitrag für den Workshop "Aktuelle Arbeitsvorhaben im Bereich Politik und Technik" des Arbeitskreises Politik und Technik der DVPW am 5./6. Juli 1996, Hagen.

Bandelow, Nils C. (2003): Lerntheoretische Ansätze in der Policy-Forschung. In: Maier, Matthias L./ Hurrelmann, Achim et al. (Hrsg.): Politik als Lernprozess? Wissenszentrierte Ansätze in der Politikanalyse; Opladen; S. 98-122.

Bard, Jürgen (2002): Wasserkraft. In: Hirschl, Bernd/ Hoffmann, Esther et al. (Hrsg.): Markt- und Kostenentwicklung erneuerbarer Energien. 2 Jahre EEG - Bilanz und Ausblick; Berlin; S. 181-194.

Bartelt, Heinrich (1998): Parlamentarischer Abend am 27.10.1998 in Brüssel: Untergräbt EU-Kommission Weißbuch und Stromeinspeisegesetz? Unveröffentlichter Artikel, Osnabrück.

Bartelt, Heinrich (2006): Interview 6, Policy Analyse EU Richtlinie zur Förderung erneuerbarer Energien; 13.6.2006, telefonisches Interview.

Baumann, Michael (2002): Weltgipfel in Johannesburg 2002: Die wichtigsten Ergebnisse und ihre Bewertung aus Sicht von Germanwatch. www.germanwatch.org (10.5.2006).

Baumann, Toralf/ Becker, Ralf (2005): Das neue Energiewirtschaftsgesetz - Rechtsrahmen für einen regulierten Zugang zu den Energieversorgungsnetzen. In: Sachsenlandkurier, Nr. 7-8/05, S. 292-298.

BBK [Bundesverband Biogene und Regenerative Kraft- und Treibstoffe] (2007): Aktueller Status Quo April 2007: Lagebericht der deutschen Biodiesel und Pflanzenölbranche & des nachgelagerten Transportsektors; Newsletter, Berlin/ Erkner, www.biokraftstoffe.org (7.6.2007).

BCSE [Australian Business Council for Sustainable Energy] (Hrsg.) (2006): Show me the money. An assessment of the opportunities for sustainable energy businesses created by current international mechanisms designed to fund projects that reduce greenhouse gas emissions. BCSE report, May 2006.

BDE [Bund der Energieverbraucher] (2001): Verbändevereinbarung VVII+ aus Verbrauchersicht. Seite 371: Energiebezug/ Strom/ Verbändevereinbarung, Pressemitteilung, www.energieverbraucher.de (10.10.2006).

BDE [Bund der Energieverbraucher] (2004a): Energierecht und Watchdogs. Seite 1248: Energiebezug/ Strom/ Ihr gutes Recht/ Energierechtsnovelle 2004/5/6, 27. September 2004, www.energieverbraucher.de (10.11.2006).

BDE [Bund der Energieverbraucher] (2004b): Fahrplan für das EnWG - Stand 13.11.04. Seite 1248: Strom/ Energiebezug/ Energierechtsnovelle 2004/5/6, www.energieverbraucher.de (10.11.2006).

BDE [Bund der Energieverbraucher] (2004c): Öffentliche Anhörung vor dem Wirtschaftsausschuss des Bundestages. Seite 1248: Strom/ Energiebezug/ Energierechtsnovelle 2004/5/6, 29. August 2006, www.energieverbraucher.de (10.11.2006).

BDE [Bund der Energieverbraucher] (2004d): Renewables 2004. Rubrik Erneuerbare Energien, Seite 1311, www.energieverbraucher.de (26.4.2007).

BDE [Bund der Energieverbraucher] (2005a): Die Einigung im Detail. Details der EnWG-Einigung. Seite 1248: Strom/ Energiebezug/ Energierechtsnovelle 2004/5/6, 16. Juni 2005, www.energieverbraucher.de (10.11.2006).

BDE [Bund der Energieverbraucher] (2005b): Energieverbraucher warnen vor maroden Stromnetzen: Gesetzliche Regelung erforderlich. Seite 1248: Strom/ Energiebezug/ Energierechtsnovelle 2004/5/6, 26. Januar 2005, www.energieverbraucher.de (10.11.2006).

BDE [Bund der Energieverbraucher] (2005c): Keine Luftbuchung bei Netzentgelten - Sachsen-Anhalt will Strom-Regulierung einschränken. Seite 1404: Umwelt und Politik/ Energie- und Verbraucherpolitik/ Deutschland/ Machtkartell der Energiewirtschaft, 30. Juni 2005, www.energieverbraucher.de (3.10.2006).

BDE [Bund der Energieverbraucher] (2005d): Neues Energiewirtschaftsgesetz. In: Energiedepesche, Nr. 3, September 2005, S. 32-34.

BDE [Bund der Energieverbraucher] (2006a): Das Machtkartell der Energiewirtschaft. Seite 1404: Umwelt und Politik/ Energie- und Verbraucherpolitik/ Deutschland/ Machtkartell der Energiewirtschaft, www.energieverbraucher.de (10.10.2006).

BDE [Bund der Energieverbraucher] (2006b): Stellungnahme zum Entwurf eines Berichts der Bundesnetzagentur zur Anreizregulierung (Stand 2.5.2006). 30.05.2006, www.bundesnetzagentur.de (10.11.2006).

BDE [Bund der Energieverbraucher] (2006c): Stromwirtschaft von den Big Four fast übernommen. Seite 356: Energiebezug/ Strom/ Stromwirtschaft, 15. März 2006, www.energieverbraucher.de (10.10.2006).

BDI [Bundesverband der deutschen Industrie] (2000): Vereinbarung zwischen der Regierung der Bundesrepublik Deutschland und der deutschen Wirtschaft zur Klimavorsorge; www.bdi-online.de (12.3.2007).

BDI [Bundesverband der deutschen Industrie] (2002): BDI-Vorschläge zur Novellierung des Gesetzes für die Förderung erneuerbarer Energien (Erneuerbare-Energien-Gesetz – EEG). Positionspapier, 25.11.2002, www.bdi-online.de (26.6.2007).

BDI [Bundesverband der Deutschen Industrie] (2004): Erneuerbare Energien sind kein Wundermittel. Pressemitteilung 56/04, 3.6.2004, www.bdi-online.de (26.4.2007).

BDI [Bundesverband der Deutschen Industrie] (2007): Energiegipfel legt Messlatte auf Weltrekordniveau. Pressemitteilung 71/2007, 3.7.2007, www.bdi-online.de (4.7.2007).

BDI/ Henkel, Hans-Olaf (1997): Durchbruch in Kyoto doch noch gelungen. BDI-Präsident Hans-Olaf Henkel: Ein wichtiger erster Schritt, um mögliche Klimaänderungen realistisch anzugehen! Pressemitteilung, Nr. 128/97, 11.12.1997, www.bdi-online.de (21.3.2007).

BDI/ VDEW/ VIK [Bundesverband der Deutschen Industrie, Verband der Elektrizitätswirtschaft, Verband der Industriellen Energie- und Kraftwirtschaft] (1998): Verbändevereinbarung über Kriterien zur Bestimmung von Durchleitungsentgelten vom 22.5.1998.

BDI/ VIK/ VDEW [Bundesverband der Deutschen Industrie, Verband der Industriellen Energie- und Kraftwirtschaft, Verband der Elektrizitätswirtschaft] (1999): Verbändevereinbarung über

Kriterien zur Bestimmung von Netznutzungsentgelten für elektrische Energie vom 13. Dezember 1999.

BDI/ VIK/ VDEW/ VDN/ ARE/ VKU [Bundesverband der Deutschen Industrie, Verband der Industriellen Energie- und Kraftwirtschaft, Verband der Elektrizitätswirtschaft, Verband der Netzbetreiber, Arbeitsgemeinschaft regionaler Energieversorgungs-Unternehmen, Verband kommunaler Unternehmen] (2001): Verbändevereinbarung über Kriterien zur Bestimmung von Netznutzungsentgelten für elektrische Energie und über Prinzipien der Netznutzung vom 13. Dezember 2001; www.vdn-berlin.de (12.5.2007).

BDI/ VIK/ VDEW/ VDN/ ARE/ VKU [Bundesverband der Deutschen Industrie, Verband der Industriellen Energie- und Kraftwirtschaft, Verband der Elektrizitätswirtschaft, Verband der Netzbetreiber, Arbeitsgemeinschaft regionaler Energieversorgungs-Unternehmen, Verband kommunaler Unternehmen] (2002): Verbändevereinbarung über Kriterien zur Bestimmung von Netznutzungsentgelten für elektrische Energie und über Prinzipien der Netznutzung vom 13. Dezember 2001 und Ergänzung vom 23. April 2002 - Preisfindungsprinzipien (Anlage 3); www.vdn-berlin.de (12.5.2007).

BDZ/ BV Glas/ VCI/ vdp/ WVM/ Wirtschaftsvereinigung Stahl [Bundesverband der Deutschen Zementindustrie, Bundesverband Glasindustrie, Verband der Chemischen Industrie, Verband Deutscher Papierfabriken, WirtschaftsVereinigung Metalle, Wirtschaftsvereinigung Stahl] (2004): Energiewirtschaftsgesetz muss für mehr Wettbewerb sorgen. Position der energieintensiven Industrien zur Novellierung des Energiewirtschaftsgesetzes und dem künftigen Ordnungsrahmen für die Strom- und Gasmärkte in Deutschland, 27.Oktober 2004. www.trimet.ssp-kk.de (20.10.2006).

Bechberger, Mischa (2000): Das Erneuerbare-Energien-Gesetz (EEG): Eine Analyse des Politikformulierungsprozesses; Forschungsstelle für Umweltpolitik (FFU) an der Freien Universität Berlin (Hrsg): FFU-Report 00-06, Berlin, web.fu-berlin.de (17.6.2007).

Bechberger, Mischa (2001): Das Erneuerbare-Energien-Gesetz (EEG): Eine Analyse des Politikformulierungsprozesses. In: Vorgänge, Nr. 1/2001, S. 28-35.

Bechberger, Mischa/ Körner, Stefan/ Reiche, Danyel (2003): Erfolgsbedingungen von Instrumenten zur Förderung Erneuerbarer Energien im Strommarkt; FFU-Report 03-2001, Berlin, web.fu-berlin.de (22.12.2006).

Bechberger, Mischa/ Reiche, Danyel (2005): Europa setzt auf feste Tarife. In: Neue Energie, Nr. 2/2005, Europa, S. 12-15.

Bechberger, Mischa/ Reiche, Danyel (2006a): Diffusion von Einspeisevergütungsmodellen in der EU-25 als instrumenteller Beitrag zur Verbreitung erneuerbarer Energien. In: Bechberger, Mischa/ Reiche, Danyel (Hrsg.): Ökologische Transformation der Energiewirtschaft - Erfolgsbedingungen und Restriktionen; Berlin; S. 199-217.

Bechberger, Mischa/ Reiche, Danyel (Hrsg.) (2006b): Ökologische Transformation der Energiewirtschaft - Erfolgsbedingungen und Restriktionen; Reihe Initiativen zum Umweltschutz, Band 65; Berlin.

Becker, Peter (2005a): Wer ist der Gesetzgeber im Energiewirtschaftsrecht. In: Zeitschrift für neues Energierecht ZNER, Nr. 2, S. 108-118.

Becker, Peter (2005b): Zu den Aussichten des Energiewirtschaftsgesetzes nach der Anhörung im Wirtschaftsausschuss. In: Zeitschrift für neues Energierecht ZNER, Nr. 4, S. 325-328.

BEE [Bundesverband Erneuerbare Energien] (2001): Bahnbrechendes Urteil für den Vorrang erneuerbarer Energien; Pressemitteilung BEE, 13.3.2001, Paderborn.

BEE [Bundesverband Erneuerbare Energien] (2004a): Bundesverband Erneuerbare Energie (BEE) zu Gutachten des Clement Beirates: Alle Annahmen falsch. 04.03.2004, www.eco-world.de (29.6.2007).

BEE [Bundesverband Erneuerbare Energien] (2004b): Schriftliche Stellungnahme zur öffentlichen Anhörung am 29. November 2004 in Berlin. In: Deutscher Bundestag (Hrsg.): Materialien zur öffentlichen Anhörung in Berlin am 29. November 2004, Zusammenstellung der schriftlichen

Stellungnahmen, Ausschussdrucksache 15(9)1511, Ausschuss für Wirtschaft und Arbeit, 26. November 2004; S. 109-117.

BEE [Bundesverband Erneuerbare Energien] (2004c): Vermittlungsergebnis zum Erneuerbare-Energien-Gesetz (EEG) / BEE: Investitionsbremse endlich gelöst. Pressemitteilung, 18.06.2004, www.verbaende.com (29.6.2007).

BEE [Bundesverband Erneuerbare Energien] (2006): Klimaschutzziel 2012 allein mit Erneuerbaren Energien zu erreichen; Informationskampagne für Erneuerbare Energien: Hintergrundinformation, 18.12.2006, www.energie-antworten.de (24.3.2007).

BEE [Bundesverband Erneuerbare Energien] (2007): BEE zu Regierungserklärung Klimaschutz: Erneuerbaren Energien können mehr! Potenzial für Klimaschutz größer als Bundesregierung meint. Pressemitteilung, 26.04.07, www.bee-ev.de (8.6.2007).

Behrendt, Dieter (2002): Bündnis für Arbeit und Umwelt - Umweltschutz und erneuerbare Energien als Beschäftigungsmotor. In: WSI-Mitteilungen, Nr. 8/2002, S. 474-478.

Behrens, Maria (2003): Quantitative und qualitative Methoden der Politikfeldanalyse. In: Schubert, Klaus/ Bandelow, Nils C. (Hrsg.): Lehrbuch der Politikfeldanalyse; München, Wien; S. 203-234.

Bein, Hans-Willy/ Kramer, Wieland [Süddeutsche Zeitung] (2005): Regulierer verspricht sinkende Preise. Matthias Kurth im SZ-Gespräch: Erste Schritte spätestens im Mai 2006. In: Süddeutsche Zeitung, 13.7.2005, S. 3.

Beise, Marian/ Blazejczak, Jürgen/ Edler, Dietmar/ Haum, Rüdiger/ Jacob, Klaus/ Jänicke, Martin/ Loew, Thomas/ Petschow, Ulrich/ Rennings, Klaus (2005): Lead Markets of Environmental Innovations; ZEW Economic Studies, Vol. 27; Heidelberg, New York.

Beisheim, Marianne (2004): Fit für Global Governance? Transnationale Interessengruppenaktivitäten als Demokratisierungspotenzial - am Beispiel Klimapolitik; Wiesbaden.

Beisheim, Marianne (2005): NGOs und die (politische) Frage nach ihrer Legitimation. Das Beispiel Klimapolitik. In: Brunnengräber, Achim/ Klein, Ansgar et al. (Hrsg.): NGOs im Globalisierungsprozess. Mächtige Zwerge - umstrittene Riesen; Bonn und Wiesbaden; S. 242-265.

Benz, Arthur (1998): Politikverflechtung ohne Politikverflechtungsfalle - Koordination und Strukturdynamik im europäischen Mehrebenensystem. In: Politische Vierteljahresschrift, Nr. 39:3, S. 558-589.

Benz, Arthur (2004a): Einleitung: Governance - Modebegriff oder nützliches sozialwissenschaftliches Konzept? In: Benz, Arthur (Hrsg.): Governance - Regieren in komplexen Regelsystemen. Eine Einführung; Wiesbaden; S. 11-28.

Benz, Arthur (2004b): Multilevel Governance - Governance in Mehrebenensystemen. In: Benz, Arthur (Hrsg.): Governance - Regieren in komplexen Regelsystemen. Eine Einführung; Wiesbaden; S. 125-146.

Benz, Arthur/ Scharpf, Fritz W./ Zintl, Reinhard (1992): Horizontale Politikverflechtung: zur Theorie von Verhandlungssystemen; Max-Planck-Institut für Gesellschaftsforschung, Frankfurt a.M.

Benze, Christoph (2006): Interview 10, Policy-Analyse EnWG und erneuerbare Energien; 24. März 2006, Berlin.

Bergius, Susanne (2007): Die Versicherer ziehen vorsichtig nach Marktlücke bei Angeboten für Offshore-Windräder und Geothermie. In: Handelsblatt, 18.6.2007, S. 8.

Bettzieche, Jochen (2007): Große Bandbreite. Die Jahresbilanzen 2006: Biodieselhersteller leiden, Windturbinenbauer verdienen gut und im Solarbereich gibt es nicht nur Gewinner. In: Neue Energie, Nr. 5/2007, S. 70-75.

Bilek, Arno [RWE Westfalen-Ems] (2004): Strompreisentwicklung - Perspektiven zwischen Wettbewerb und Standortverantwortung; IHK-Informationsveranstaltung, 27. Oktober 2004, Bochum, www.bochum.ihk.de (19.11.2006).

BINE Informationsdienst [Fachinformationszentrum (FIZ) Karlsruhe] (Hrsg.) (2003): Geothermische Stromerzeugung in Neustadt-Glewe; Projektinfo 9/03, Bonn.

BINE Informationsdienst [Fachinformationszentrum (FIZ) Karlsruhe] (Hrsg.) (2005): Wärme und Strom speichern; basisEnergie 19.

BioKraftQuG (2006): Gesetz zur Einführung einer Biokraftstoffquote durch Änderung des Bundes-Immissionsschutzgesetzes und zur Änderung energie- und stromsteuerrechtlicher Vorschriften (Biokraftstoffquotengesetz) vom 18.12.2006; Bundesgesetzblatt Jg. 2006 Teil I Nr. 62, ausgegeben zu Bonn am 21.12.2006, S. 3180-3188; 217.160.60.235/BGBL (9.6.2007).

BiomasseV (2001): Verordnung über die Erzeugung von Strom aus Biomasse (Biomasseverordnung - BiomasseV) vom 21. Juni 2001 (BGBl. I Nr. 29 vom 27. Juni 2001 Seite 1234); www.erneuerbare-energien.de (12.3.2007).

BiomasseV (2005): Verordnung über die Erzeugung von Strom aus Biomasse (Biomasseverordnung - BiomasseV) vom 21. Juni 2001 (BGBl. I Nr. 29 vom 27. Juni 2001 Seite 1234), zuletzt geändert durch die 1. Verordnung zur Änderung der Biomasseverordnung vom 9. August 2005 (BGBl. I Nr. 49 vom 17. August 2005, S. 2419); www.erneuerbare-energien.de (12.3.2007).

BIREC [Beijing International Renewable Energy Conference 2005] (2005): Beijing declaration on renewable energy for sustainable development; www.birec2005.cn (1.5.2007).

Bischof, Ralf [Geschäftsführer des Bundesverbands WindEnergie] (2006): Interview 8, Policy-Analyse EnWG und erneuerbare Energien; 21. März 2006, Berlin.

BKWK [Bundesverband Kraft-Wärme-Kopplung] (2005): Wirtschaftsministerium blockiert Energieeffizienz. B.KWK und Umweltverbände fordern raschen Ausbau der Kraft-Wärme-gekoppelten Energieerzeugung und beklagen unbekümmerten Umgang der Regierung mit dem Gesetz. Pressemitteilung, 27.04.2005, www.bkwk.de (10.10.2006).

BKWK [Bundesverband Kraft-Wärme-Kopplung] (2006): Bundesregierung kündigt Novellierung des KWK- Gesetzes an. Pressemitteilung vom 27.09.2006, www.bkwk.de (10.10.2006).

BMF [Bundesministerium der Finanzen] (2006): 20. Subventionsbericht - Bericht der Bundesregierung über die Entwicklung der Finanzhilfen des Bundes und der Steuervergünstigungen für die Jahre 2003 bis 2006; www.bundesfinanzministerium.de (13.6.2007).

BMF [Bundesministerium für Finanzen] (2007): Energiesteuer. Stand: 3.5.2007, www.zoll.de (9.6.2007).

BMU [Bundesministerium für Umwelt, Naturschutz und Reaktorsicherheit] (2000a): Begründung zum EEG 2000; www.eech-ag.de (25.6.2007).

BMU [Bundesministerium für Umwelt, Naturschutz und Reaktorsicherheit] (2000b): Nationales Klimaschutzprogramm; Bundesministerium für Umwelt, Naturschutz und Reaktorsicherheit Umwelt 11/2000, Sonderteil, Berlin, www.bmu.de (12.5.2007).

BMU [Bundesministerium für Umwelt, Naturschutz und Reaktorsicherheit] (2001): EU-Richtlinie zur Förderung der Erneuerbaren Energien ist in Kraft getreten (Stand: Dezember 2001); www.erneuerbare-energien.de (12.1.2007).

BMU [Bundesministerium für Umwelt, Naturschutz und Reaktorsicherheit] (2002a): BMU-Hintergrundpapier zum Weltgipfel für Nachhaltige Entwicklung in Johannesburg (26.8. bis 4.9.2002). 28.8.2002, www.bmu.de (12.08.2005).

BMU [Bundesministerium für Umwelt, Reaktorsicherheit und Naturschutz] (2002b): EEG und Biomasseverordnung auf Erfolgskurs - Bundesregierung legt Erfahrungsbericht vor; Hintergrundpapier, www.erneuerbare-energien.de (12.1.2007).

BMU [Bundesministerium für Umwelt, Naturschutz und Reaktorsicherheit] (2002c): Trittin will sich in Johannesburg für weltweiten Ausbau der erneuerbaren Energien einsetzen. Bundesumweltminister reist zum Weltgipfel. Pressearchiv, 208/02, 28.08.2002, www.bmu.de (17.4.2007).

BMU [Bundesministerium für Umwelt, Naturschutz und Reaktorsicherheit] (2003a): Eckpunkte zur Novellierung des Gesetzes für den Vorrang Erneuerbarer Energien (EEG), Berlin.

BMU [Bundesministerium für Umwelt, Naturschutz und Reaktorsicherheit] (2003b): Novelle des Erneuerbare-Energien-Gesetzes. Wesentliche Eckpunkte der Ressorteinigung beim EEG. In: Umwelt, Nr. 12/2003, S. 670-671.

BMU [Bundesministerium für Umwelt, Naturschutz und Reaktorsicherheit] (2004a): Abschätzung der Entwicklung der Stromerzeugung aus erneuerbaren Energien bis 2020 und finanzielle Auswirkungen. Referat Z III 1, Stand Juli 2004, www.unendlich-viel-energie.de (3.7.2007).

BMU [Bundesministerium für Umwelt, Naturschutz und Reaktorsicherheit] (2004b): A Call for Action and Commitments. Towards an International Action Program for Renewable Energies; Bonn.

BMU [Bundesministerium für Umwelt, Naturschutz und Reaktorsicherheit] (2004c): Internationale Feed-in Cooperation (angemeldete Aktivität zum Internationalen Aktionsprogramm der renewables2004); www.feed-in-cooperation.org (17.1.2007).

BMU [Bundesministerium für Umwelt, Naturschutz und Reaktorsicherheit] (2004d): Internationale Konferenz für erneuerbare Energien eröffnet. Pressearchiv, Nr. 155/04, 1.6.2004, www.bmu.de (25.4.2007).

BMU [Bundesministerium für Umwelt, Naturschutz und Reaktorsicherheit] (2004e): Konsolidierte Fassung der Begründung zu dem Gesetz für den Vorrang Erneuerbarer Energien (Erneuerbare-Energien-Gesetz – EEG) vom 21. Juli 2004, BGBl. 2004 I S. 1918; www.erneuerbare-energien.de (23.6.2007).

BMU [Bundesministerium für Umwelt, Naturschutz und Reaktorsicherheit] (2004f): Novelle des Erneuerbare-Energien-Gesetzes (EEG) - Überblick über die Regelungen des neuen EEG vom 21. Juli 2004; BMU, Z III 1, Juli 2004, Berlin, www.erneuerbare-energien.de (29.6.2007).

BMU [Bundesministerium für Umwelt, Naturschutz und Reaktorsicherheit] (2004g): "renewables 2004 ist ein voller Erfolg". Bundesregierung erfreut über positive Konferenzergebnisse. Pressearchiv, Nr. 163/04, 4.6.2004, www.bmu.de (25.4.2007).

BMU [Bundesministerium für Umwelt, Naturschutz und Reaktorsicherheit] (2004h): Trittin kritisiert "provinzielles Ränkespiel der Union". Bundesrat verzögert Novelle des Erneuerbare-Energien-Gesetz. Pressemitteilung Nr. 135/04, 14.5.2004, www.bmu.de (29.6.2007).

BMU [Bundesministerium für Umwelt, Naturschutz und Reaktorsicherheit] (2005a): Klimaschutzpolitik in Deutschland. BMU, Klimaschutz, Stand: August 2005, www.bmu.de (30.8.2006).

BMU [Bundesministerium für Umwelt, Naturschutz und Reaktorsicherheit] (Hrsg.) (2005b): Nationales Klimaschutzprogramm 2005. Sechster Bericht der Interministeriellen Arbeitsgruppe „CO2-Reduktion"; Umweltpolitik, Berlin.

BMU [Bundesministerium für Umwelt, Naturschutz und Reaktorsicherheit] (2005c): renewables2004: Ein Jahr danach. Umsetzung der Ergebnisse macht Fortschritte. In: Umwelt, Nr. 7-8/2005, S. 413-416.

BMU [Bundesministerium für Umwelt, Naturschutz und Reaktorsicherheit] (2006a): Erneuerbare Energien - Innovationen für die Zukunft; www.bmu.de (1.12.2006).

BMU [Bundesministerium für Umwelt, Naturschutz und Reaktorsicherheit] (2006b): Erneuerbare Energien in Zahlen - nationale und internationale Entwicklung. Stand: Mai 2006; Reihe Umweltpolitik, www.erneuerbare-energien.de (30.08.2006).

BMU [Bundesministerium für Umwelt, Naturschutz und Reaktorsicherheit] (2006c): Erneuerbare Energien: Arbeitsplatzeffekte. Wirkungen des Ausbaus erneuerbarer Energien auf den deutschen Arbeitsmarkt. Kurzfassung; Berlin, www.erneuerbare-energien.de (23.2.2007).

BMU [Bundesministerium für Umwelt, Naturschutz und Reaktorsicherheit] (2006d): Innovation durch Forschung. Jahresbericht 2005 zur Forschungsförderung im Bereich der erneuerbaren Energien; Bonn, www.bmu.de (9.6.2007).

BMU [Bundesministerium für Umwelt, Naturschutz und Reaktorsicherheit] (2006e): IPCC verabschiedet neue Richtlinien für Treibhausgasinventare und bereitet Veröffentlichung des 4. Sachstandsberichts in 2007 vor. In: Umwelt, Nr. 6/2006, S. 330-331.

BMU [Bundesministerium für Umwelt, Naturschutz und Reaktorsicherheit] (2006f): Startschuss für ein nationales energiepolitisches Gesamtkonzept bis 2020. Ergebnisse des Energiegipfels vom 3.4.2006; Umwelt Nr. 5/2006, Sonderteil, Berlin, www.bmu.de (4.7.2007).

BMU [Bundesministerium für Umwelt, Naturschutz und Reaktorsicherheit] (2006g): Umwelt - Innovation - Beschäftigung. Schwerpunkte der EU-Ratspräsidentschaft; November 2006; www.bmu.de (21.1.2007).

BMU [Bundesministerium für Umwelt, Naturschutz und Reaktorsicherheit] (2006h): Umweltpolitik ist Innovationspolitik; Pressemitteilung 05.07.2006; www.bmu.de (28.6.2006).

BMU [Bundesministerium für Umwelt, Naturschutz und Reaktorsicherheit] (2006i): Was Strom aus Erneuerbaren Energien wirklich kostet; www.bmu.de (11.11.2006).

BMU [Bundesministerium für Umwelt, Naturschutz und Reaktorsicherheit] (2007a): Beitrag der erneuerbaren Energien zur Energiebereitstellung in Deutschland 2006. Internetupdate, Stand: 30.6.2007, www.erneuerbare-energien.de (3.7.2007).

BMU [Bundesministerium für Umwelt, Naturschutz und Reaktorsicherheit] (2007b): Erfahrungsbericht 2007 zum Erneuerbaren-Energien-Gesetz (EEG) gemäß § 20 EEG - BMU-Entwurf - Kurzfassung, 5.7.2007; Berlin, www.bmu.de (10.7.2007).

BMU [Bundesministerium für Umwelt, Naturschutz und Reaktorsicherheit] (2007c): Erneuerbare Energien in Zahlen – nationale und internationale Entwicklung. Stand: Januar 2007 (Internet-Update); Umweltpolitik, Berlin, www.erneuerbare-energien.de (1.2.2007).

BMU [Bundesministerium für Umwelt, Naturschutz und Reaktorsicherheit] (2007d): Gabriel: Klimaschutz bedeutet Umbau der Industriegesellschaft. 8-Punkte-Plan zur Senkung der Treibhausgas-Emissionen um 40 Prozent bis 2020. Pressemitteilung Nr. 116/07, 26.4.2007, www.bmu.de (23.7.2007).

BMU [Bundesministerium für Umwelt, Naturschutz und Reaktorsicherheit] (2007e): Informationen zur Anwendung von § 16 EEG (Besondere Ausgleichsregelung) für das Jahr 2007, einschl. der rückwirkenden Anwendung des 1. EEG-Änderungsgesetz (Wegfall der sog. Deckelregelungen) für 2006; Stand: 4.1.2007, Berlin, www.erneuerbare-energien.de (3.7.2007).

BMU [Bundesministerium für Umwelt, Naturschutz und Reaktorsicherheit] (2007f): Innovation durch Forschung. Jahresbericht 2006 zur Forschungsförderung im Bereich der erneuerbaren Energien; Bonn, www.erneuerbare-energien.de (9.6.2007).

BMU [Bundesministerium für Umwelt, Naturschutz und Reaktorsicherheit] (2007g): Klug: Nutzung der Erdwärme schützt das Klima und trägt zur sicheren Energieversorgung bei. Pressemitteilungen, Nr. 151/07, 30.5.2007, www.bmu.de (8.6.2007).

BMU [Bundesministerium für Umwelt, Naturschutz und Reaktorsicherheit] (2007h): Kurzüberblick zur Biomassenutzung in Deutschland. www.erneuerbare-energien.de (7.6.2007).

BMU [Bundesministerium für Umwelt, Naturschutz und Reaktorsicherheit] (2007i): Obergrenze für CO2-Ausstoß wird abgesenkt. Bundesumweltministerium überarbeitet Allokationsplan. Pressemitteilungen, Nr. 040/07, 09.02.2007, www.bmu.de (26.3.2007).

BMU [Bundesministerium für Umwelt, Naturschutz und Reaktorsicherheit] (2007): Michael Müller: Mit kommunalem Engagement das Zwei-Grad-Ziel erreichen. Pressemitteilung Nr. 172/07, 15.06.2007, www.bmu.de (26.6.2007).

BMU/ AGEE-Stat [Bundesministerium für Umwelt, Naturschutz und Reaktorsicherheit, Arbeitsgruppe Erneuerbare Energien-Statistik] (2007): Entwicklung der erneuerbaren Energien im Jahr 2006 in Deutschland. Stand: 21. Februar 2007; Berlin, www.erneuerbare-energien.de (7.6.2007).

BMU/ BMWi [Bundesministerium für Umwelt, Naturschutz und Reaktorsicherheit, Bundesministerium für Wirtschaft und Technologie] (2006): Energieversorgung für Deutschland. Statusbericht für den Energiegipfel am 3. April 2006; Berlin, www.bmu.de (6.6.2007).

BMU/ BMZ [Bundesministerium für Umwelt, Naturschutz und Reaktorsicherheit, Bundesministerium für wirtschaftliche Zusammenarbeit und Entwicklung] (2003a): First Meeting of the International Steering Committee (ISC), Minutes, 11-12.6.2003; International Conference for Renewable Energies, Bonn, www.renewables2004.de (25.4.2007).

BMU/ BMZ [Bundesministerium für Umwelt, Naturschutz und Reaktorsicherheit, Bundesministerium für wirtschaftliche Zusammenarbeit und Entwicklung] (2003b): Second Meeting of the International Steering Committee, Minutes, 15-16.12.2003; International Conference for Renewable Energies, Berlin, www.renewables2004.de (25.4.2007).

BMU/ BMZ [Bundesministerium für Umwelt, Naturschutz und Reaktorsicherheit, Bundesministerium für wirtschaftliche Zusammenarbeit und Entwicklung] (2003c): Zusammenfassung 1. Sitzung des Nationalen Begleitkreises, 26. Mai 2003; Internationale Konferenz für Erneuerbare Energien, BMZ, Dienststelle Berlin, www.renewables2004.de (25.4.2007).

BMU/ BMZ [Bundesministerium für Umwelt, Naturschutz und Reaktorsicherheit, Bundesministerium für wirtschaftliche Zusammenarbeit und Entwicklung] (2003d): Zusammenfassung 2. Sitzung des Nationalen Begleitkreises, 3. Dezember 2003; Internationale Konferenz für Erneuerbare Energien, Bundespresseamt, Berlin, www.renewables2004.de (25.4.2007).

BMU/ BMZ [Bundesministerium für Umwelt, Naturschutz und Reaktorsicherheit, Bundesministerium für wirtschaftliche Zusammenarbeit und Entwicklung] (2004a): 3rd Meeting of the International Steering Committee (ISC), Minutes, 1-2.4.2004; International Conference for Renewable Energies, Eltville, www.renewables2004.de (25.4.2007).

BMU/ BMZ [Bundesministerium für Umwelt, Naturschutz und Reaktorsicherheit, Bundesministerium für wirtschaftliche Zusammenarbeit und Entwicklung] (2004b): Conference Issue Paper; renewables 2004 – International Conference for Renewable Energies, 1–4.6.2004, Bonn, Germany, www.renewables2004.de (25.4.2007).

BMU/ BMZ [Bundesministerium für Umwelt, Naturschutz und Reaktorsicherheit, Bundesministerium für wirtschaftliche Zusammenarbeit und Entwicklung] (2004c): Hintergrund. Renewables 2004 - Die Konferenz, www.renewables2004.de (25.4.2007).

BMU/ BMZ [Bundesministerium für Umwelt, Naturschutz und Reaktorsicherheit, Bundesministerium für wirtschaftliche Zusammenarbeit und Entwicklung] (2004d): ISC Members, Stand: 9.1.2004. www.renewables2004.de (25.4.2007).

BMU/ BMZ [Bundesministerium für Umwelt, Naturschutz und Reaktorsicherheit, Bundesministerium für wirtschaftliche Zusammenarbeit und Entwicklung] (2004e): Renewables 2004 - Die Konferenz. Internetseiten der Internationalen Konferenz für Erneuerbare Energien, 1.-4.6.2004 in Bonn, www.renewables2004.de (25.4.2007).

BMU/ BMZ [Bundesministerium für Umwelt, Naturschutz und Reaktorsicherheit, Bundesministerium für wirtschaftliche Zusammenarbeit und Entwicklung] (2004f): Zusammenfassung 3. Sitzung des Nationalen Begleitkreises, 17.3.2004; Internationale Konferenz für Erneuerbare Energien, Berlin, www.renewables2004.de (25.4.2007).

BMU/ FFU [Bundesministerium für Umwelt, Naturschutz und Reaktorsicherheit, Forschungsstelle für Umweltpolitik, FU Berlin] (2006): Energiepolitik 20 Jahre nach Tschernobyl. Dokumentation der Tagung "Tschernobyl 1986-2006: Erfahrungen für die Zukunft", 24-25. April 2006, Berlin; BMU (Hrsg.): Reihe Umweltpolitik, Berlin.

BMU/ MITYC [Bundesministerium für Umwelt, Naturschutz und Reaktorsicherheit, Ministerium für Industrie, Fremdenverkehr und Handel des Königreichs Spanien] (2005): Gemeinsame Erklärung zwischen dem Ministerium für Industrie, Fremdenverkehr und Handel des Königreichs Spanien und dem Bundesministerium für Umwelt, Naturschutz und Reaktorsicherheit der Bundesrepublik Deutschland über die Zusammenarbeit bei der Entwicklung und Förderung eines Einspeisungssystems zur intensiveren Nutzung erneuerbarer Energiequellen bei der Stromerzeugung; www.feed-in-cooperation.org (17.1.2007).

BMU/ Stiftung Offshore Windenergie [Bundesministerium für Umwelt, Naturschutz und Reaktorsicherheit, Stiftung der deutschen Wirtschaft zur Nutzung und Erforschung der Windenergie auf See] (2007): Entwicklung der Offshore-Windenergienutzung in Deutschland; www.erneuerbare-energien.de (7.6.2007).

BMWA [Bundesministerium für Wirtschaft und Arbeit] (2003): Bericht des Bundesministeriums für Wirtschaft und Arbeit an den Deutschen Bundestag über die energiewirtschaftlichen und wettbewerblichen Wirkungen der Verbändevereinbarungen (Monitoring-Bericht). Berlin, 31. August 2003; www.bmwi.de (31.10.2006).

BMWA [Bundesministerium für Wirtschaft und Arbeit] (2004a): Entwurf eines Gesetzes zur Neufassung des Energiewirtschaftsrechts, 25.2.2004; www.iwr.de (2.11.2006).

BMWA [Bundesminsterium für Wirtschaft und Arbeit] (2004b): Neues Energiewirtschaftsrecht - Kabinett beschließt Gegenäußerung zu Stellungnahme des Bundesrates. Pressemitteilung, 27.10.2004, (3.11.2006).

BMWi [Bundesministerium für Wirtschaft und Technologie] (2002): Bericht über den Stand der Markteinführung und der Kostenentwicklung von Anlagen zur Erzeugung von Strom aus erneuerbaren Energien (Erfahrungsbericht zum EEG). Unterrichtung durch die Bundesregierung; Deutscher Bundestag Drucksache 14/9807, 16.7.2002; dip.bundestag.de (16.6.2007).

BMWi [Bundesministerium für Wirtschaft und Technologie] (2006a): Die Mittelstandsinitiative der Bundesregierung; www.bmwi.de (20.9.2006).

BMWi [Bundesministerium für Wirtschaft und Technologie] (2006b): Indikatoren des Energieverbrauchs, letzte Änderung: 22.08.2006. Energiestatistiken, Internationaler Energiemarkt, www.bmwi.de (1.3.2007).

BMWi [Bundesministerium für Wirtschaft und Technologie] (2006c): Primärenergieverbrauch nach Ländern und Regionen, Letzte Änderung: 22.08.2006. Energiestatistiken, Internationaler Energiemarkt, www.bmwi.de (1.3.2007).

BMWi [Bundesministerium für Wirtschaft und Technologie] (2007a): Exportkreditgarantien der Bundesrepublik Deutschland - Hermesdeckungen. Jahresbericht 2006; Berlin, www.agaportal.de (15.6.2007).

BMWi [Bundesministerium für Wirtschaft und Technologie] (2007b): Kohlepolitik - Braunkohle. www.bmwi.de (13.6.2007).

BMWi [Bundesministerium für Wirtschaft und Technologie] (2007c): Kohlepolitik - Steinkohle. www.bmwi.de (13.6.2007).

BMWi [Bundesministerium für Wirtschaft und Technologie] (2007d): Ziele der Energiepolitik - Politik für Energie. www.bmwi.de (14.6.2007).

BMWT/ BMU [Bundesministerium für Wirtschaft und Technologie, Bundesministerium für Umwelt, Naturschutz und Reaktorsicherheit] (2006): Zwischenüberprüfung des Kraft-Wärme-Kopplungsgesetzes; www.bmwi.de (10.10.2006).

BMZ [Bundesministerium für wirtschaftliche Zusammenarbeit und Entwicklung] (2004): Erneuerbare Energien. BMZ Materialen, Nr. 127, www.bmz.de (12.5.2007).

BMZ [Bundesministerium für wirtschaftliche Zusammenarbeit und Entwicklung] (2006): Medienhandbuch Entwicklungspolitik 2006/2007. www.bmz.de (12.5.2007).

BMZ [Bundesministerium für wirtschaftliche Zusammenarbeit und Entwicklung] (2007): Erneuerbare Energien in der deutschen Entwicklungszusammenarbeit. BMZ Materialen, Nr. 158, www.bmz.de (5.7.2007).

BNE [Bundesverband neuer Energieanbieter] (2004): Schriftliche Stellungnahme zur öffentlichen Anhörung am 29. November 2004 in Berlin. In: Deutscher Bundestag (Hrsg.): Materialien zur öffentlichen Anhörung in Berlin am 29. November 2004, Zusammenstellung der schriftlichen Stellungnahmen, Ausschussdrucksache 15(9)1511, Ausschuss für Wirtschaft und Arbeit, 26. November 2004; S. 63-69.

BNE [Bundesverband neuer Energieanbieter] (2005): Netzbetreiberlobby torpediert politischen Kompromiss zu Netzentgeltverordnungen. Presseinformation, 29.6.2005, www.neue-energieanbieter.de (8.11.2006).

BNetzA [Bundesnetzagentur] (2005): Zuständigkeit der Bundesnetzagentur und Aufgabenabgrenzung. Allgemeine Informationen, 7.12.2005, www.bundesnetzagentur.de (8.11.2006).

BNetzA [Bundesnetzagentur] (2006a): Bericht der Bundesnetzagentur nach § 112a EnWG zur Einführung der Anreizregulierung nach § 21a EnWG, 30.06.2006. www.bundesnetzagentur.de (18.11.2006).

BNetzA [Bundesnetzagentur] (2006b): Konsultation zum Konzept der Übertragungsnetzbetreiber zur Ausschreibung von Minutenreserveleistung. www.bundesnetzagentur.de (8.11.2006).

BNetzA [Bundesnetzagentur] (2006c): Weitere Entscheidungen zu Gas- und Stromnetzentgelten. Pressemitteilung, 08.11.2006, www.bundesnetzagentur.de (18.11.2006).

BNetzA/ Länderregulierungsbehörden [Bundesnetzagentur] (2006): Leitfaden - Gemeinsame Auslegungsgrundsätze der Regulierungsbehörden des Bundes und der Länder zu den Entflechtungsbestimmungen in §§ 6-10 EnWG. www.bundesnetzagentur.de (8.11.2006).

Böhling, Andree/ Commerell, Susanne (2007): Schwarzbuch Klimaschutzverhinderer. Verflechtungen zwischen Politik und Energiewirtschaft; Greenpeace (Hrsg); Stand: 02/2007, Hamburg, www.greenpeace.de (15.7.2007).

Bohne, Eberhard (1995): Grundzüge einer wettbewerbs- und umweltorientierten Reform des energierechtlichen Ordnungsrahmens der Stromwirtschaft. In: Hoffmann-Riem, Wolfgang/ Schneider, Jens-Peter (Hrsg.): Umweltpolitische Steuerung in einem liberalisierten Strommarkt; Baden-Baden; S. 140–206.

Bohnenschäfer, Werner/ Hirschhausen, Christian von/ Ströbele, Wolfgang/ Treusch, Joachim/ Wagner, Ulrich (2005): Nachhaltige Energiepolitik für den Standort Deutschland. Anforderungen an die zukünftige Energiepolitik; Studie im Auftrag des Bundesverbands der Deutschen Industrie e. V. - BDI, Berlin, www.bdi-online.de (8.6.2007).

Böhret, Carl/ Jann, Werner/ Kronenwett, Eva (1988): Innenpolitik und politische Theorie; Opladen.

Bojanowski, Axel (2007): Der Klimabasar. In: Die Zeit, Wissen, 1.02.2007, Nr. 06, S. 5, www.zeit.de (23.3.2007).

Böll-Stiftung [Heinrich-Böll-Stiftung] (2004): Weltbank-Kredite für Kohle und Öl vor dem Ende? Der Extractive Industries Review. www.boell.de (1.9.2006).

Bonde, Bettina (2001): Deregulierung und Wettbewerb in der Elektrizitätswirtschaft; Frankfurt a.M.

Booz Allen Hamilton (2007): Internationaler Gasmarkt: Wachstumsprognosen zu optimistisch. Pressemitteilungen, 3.05.2007, www.boozallen.de (14.6.2007).

Bösl, Bernhard (2001): Energie und Nachhaltige Entwicklung auf der CSD-9. In: Forum 44 (GTZ Abteilung 44), Nr. 4/01, S. 16.

bpd [Bundeszentrale für politische Bildung / Statistisches Bundesamt] (2005): Deutschland auf einen Blick. Das Land in Daten. www.bpb.de (28.7.2006).

Brandt, Ruth (2005): Energieszenarien. In: Reiche, Danyel (Hrsg.): Grundlagen der Energiepolitik; Frankfurt am Main; S. 207-218.

Bräuer, Wolfgang (2002): Ordnungspolitischer Vergleich von Instrumenten zur Förderung erneuerbarer Energien im deutschen Stromsektor. In: ZfU - Zeitschrift für Umweltpolitik & Umweltrecht, Nr. 1/2002, S. 61-103.

Bräuer, Wolfgang/ Kühn, Isabel (2001): Hoheitliche Instrumente zur Förderung erneuerbarer Energien. In: Rentz, O./ Wietschel, M. et al. (Hrsg.): Neue umweltpolitische Instrumente im liberalisierten Strommarkt; S. 9-71.

Braunberger, Gerald (2004): Kommentar: Clement unter Strom. In: Frankfurter Allgemeine Sonntagszeitung, Nr. 45, 07.11.04, S. 36.

Breuer, Rüdiger (2004): Umsetzung der EG-Richtlinien im neuen Energiewirtschaftsrecht. In: Neue Zeitschrift für Verwaltungsrecht (NVwZ), Nr. 5, Jg. 23, S. 520-530.

Bricke, Mona (2006): Zurück in die Zukunft. G8 forcieren Ausbau von Atomkraft und fossilen Brennstoffen. In: Rundbrief Forum Umwelt und Entwicklung, Nr. 2/2006. Visionen und Alpträume - Energiepolitik im Widerstreit, S. 7.

Bröer, Guido (2004a): Aufbruchstimmung in Bonn. In: Solarthemen, Nr. 185, 10.6.2004, S. 1.

Bröer, Guido (2004b): EEG-Novelle: Länder reden mit. In: Solarthemen, Nr. 177, 12.2.2004, S. 2.

Bröer, Guido (2004c): Keine Wertschätzung für´s EEG. In: Solarthemen, Nr. 179, 11.3.2004, S. 1.

Bröer, Guido (2004d): Verzicht auf Führungsrolle. In: Solarthemen, Nr. 185, 10.6.2004, S. 7.

Brummer, Klaus/ Weiss, Stefani (2007): Europa im Wettlauf um Öl und Gas. Leitlinien einer europäischen Energieaußenpolitik; Bertelsmann Stiftung, Mai 2007, Gütersloh, www.bertelsmannstiftung.de (16.6.2007).

Brunnengräber, Achim (2007a): Multi-Level-Governance. Neue (Forschungs-)Perspektiven für die Politik- und Sozialwissenschaften. In: Brunnengräber, Achim/ Walk, Heike (Hrsg.): Multi-Level-Governance. Klima-, Umwelt-, und Sozialpolitik in einer interdependenten Welt. Schriften zur Governance-Forschung, Band 9; Baden-Baden; S. 333-343.

Brunnengräber, Achim (2007b): The Political Economy of the Kyoto Protocol. In: Socialist Register, Nr. 43, S. 210-230.

Brunnengräber, Achim/ Dietz, Kristina/ Weber, Melanie (2004a): Ratifizierung des Kyoto-Protokolls: Doch was bleibt übrig vom Klimaschutz? In: Informationsbrief Weltwirtschaft und Entwicklung (W & E), Nr. 11/2004, S. 3-4.

Brunnengräber, Achim/ Hirschl, Bernd/ Dietz, Kristina/ Walk, Heike (2004b): Interdisziplinarität in der Governance-Forschung; Diskussionspapier 1/04 des Projektes "Global Governance und Klimawandel", Berlin.

Brunnengräber, Achim/ Klein, Ansgar/ Walk, Heike (Hrsg.) (2005): NGOs im Globalisierungsprozess. Mächtige Zwerge - umstrittene Riesen; Bonn und Wiesbaden.

Brunnengräber, Achim/ Walk, Heike (Hrsg.) (2007): Multi-Level-Governance. Klima-, Umwelt-, und Sozialpolitik in einer interdependenten Welt; Schriften zur Governance-Forschung, Band 9, Baden-Baden.

BSE/ DFS/ DGS/ UVS [Bundesverband Solarenergie, Deutscher Fachverband Solarenergie, Deutschen Gesellschaft Sonnenenergie, Unternehmensverband Solarwirtschaft] (1999): Gemeinsames Positionspapier zur Novellierung des StrEG: Regierungsziele für Solarstrom nur mit zusätzlichen Maßnahmen erreichbar.; 8.11.1999, Freiburg, Berlin.

BSW [Bundesverband Solarwirtschaft] (2006): Solarstrom erstmals preiswerter als Atom-, Gas- und Kohlestrom. www.unendlich-viel-energie.de (28.7.2006).

BSW [Bundesverband Solarwirtschaft] (2007a): Kapitalmärkte honorieren Wachstumsstrategien deutscher Solarunternehmen. Experten von Ernst & Young erwarten 2007 Verdreifachung des Finanzierungsvolumens. Pressemitteilung, 13.6.2007, www.solarwirtschaft.de (10.7.2007).

BSW [Bundesverband Solarwirtschaft] (2007b): Solarwirtschaft: Hände weg vom Innovationsmotor EEG! Bundesverband Solarwirtschaft warnt vor zu schneller Absenkung der Solarstromförderung. Pressemitteilung, 5.7.2007, www.solarwirtschaft.de (10.7.2007).

BSW [Bundesverband Solarwirtschaft] (2007c): Statistische Zahlen der deutschen Solarwirtschaft. Stand: Juni 2007; Berlin, www.solarwirtschaft.de (17.6.2007).

Büchner, Jens/ Türkucar, Tuncay (2005): Optionen zur Weiterentwicklung der Regelenergiemärkte in Deutschland. In: ew, Nr. 1/2, S. 54-57.

BUND [Bund für Umwelt und Naturschutz Deutschland] (2007a): BUND-Übersicht: 27 neue Kohlekraftwerke in Deutschland. www.vorort.bund.net (12.6.2007).

BUND [Bund für Umwelt und Naturschutz Deutschland] (2007b): Bundeswirtschaftsminister Glos dünnt EU-Energiekonzept aus. Pressemitteilung, 15.02.2007, www.bund.net (23.3.2007).

BUND [Bund für Umwelt und Naturschutz Deutschland] (2007c): Europa setzt sich verbindliche Ziele für den Klimaschutz und den Ausbau der erneuerbaren Energien. BUND-Bewertung der Beschlüsse des EU-Energie-Frühjahrsgipfels. Stand: 23. März 2007, Berlin, www.bund.net (24.3.2007).

BUND [Bund für Umwelt und Naturschutz Deutschland] (2007d): "Kein Klima-Allheilmittel" - BUND fordert Ökostandards für Bioenergie. ngo-online, 11.04.2007, www.ngo-online.de (7.6.2007).

Bundesnetzagenturgesetz (2005): Gesetz über die Bundesnetzagentur für Elektrizität, Gas, Telekommunikation, Post und Eisenbahnen - Artikel 2 des Zweiten Gesetzes zur Neuregelung des Energiewirtschaftsrechts vom 7.7.2005, BGBl I, Nr. 42, S. 2009-2012, Inkraftgetreten am 13.7.2005; http://bundesrecht.juris.de (7.6.2007).

Bundesrat (2000): Beschluss des Bundesrates zum Gesetz für den Vorrang Erneuerbarer Energien; Drucksache 109/00 (Beschluss), 17.3.2000; www.landtag.nrw.de (25.6.2007).

Bundesrat (2004a): Stellungnahme des Bundesrates - Entwurf eines Zweiten Gesetzes zur Neuregelung des Energiewirtschaftsrechts; Drucksache 613/04 (Beschluss), 803. Sitzung, 24.09.04; www.bundesrat.de (12.3.2007).

Bundesrat (2004b): Stellungnahme des Bundesrates zum Entwurf eines Gesetzes zur Änderung des Erneuerbare-Energien-Gesetzes; Drucksache 611/04 (Beschluss), 803. Sitzung, 24.09.04; www.bundesrat.de (7.6.2007).

Bundesrat (2005a): Anrufung des Vermittlungsausschusses. Zweites Gesetz zur Neuregelung des Energiewirtschaftsrechts - Drucksachen 15/3917, 15/4068, 15/5268 - Unterrichtung durch den

Bundesrat. Deutscher Bundestag Drucksache 15/5429, 04.05.2005; http://dip.bundestag.de (7.6.2007).

Bundesrat (2005b): Plenarprotokoll 812. Sitzung, Stenografischer Bericht, 17. Juni 2005, Berlin; http://dip.bundestag.de (12.3.2007).

Bundesrat UA Wi [Unterausschuss des Wirtschaftsausschusses des Bundesrats] (2004): Niederschrift, UA Wi 3/04, 02.09.04, Einziger Tagesordnungspunkt: Entwurf eines Zweiten Gesetzes zur Neuregelung des Energiewirtschaftsrechts (Drucksache: 613/04), Beteiligung: Wi - A - In - R - U - Wo.

Bundesrat Wi [Wirtschaftsausschuss des Bundesrates] (2004a): Empfehlungen der Ausschüsse (Wi - A - In - R - U - Wo) zur 803. Sitzung des Bundesrates am 24. September 2004 zum Entwurf eines Zweiten Gesetzes zur Neuregelung des Energiewirtschaftsrechts; Drucksache 613/1/04, 13.09.04; www.bundesrat.de (12.3.2007).

Bundesrat Wi [Wirtschaftsausschuss des Bundesrats] (2004b): Niederschrift 725. Sitzung des Wirtschaftsausschusses (Beteiligung: Wi - A - In - R - U - Wo), 09.09.04, TOP 19: Entwurf eines Zweiten Gesetzes zur Neuregelung des Energiewirtschaftsrechts (Drucksache: 613/04), S. 123ff; www.raepower.de (3.11.2006).

Bundesregierung (2002): Perspektiven für Deutschland. Unsere Strategie für eine nachhaltige Entwicklung; www.bundesregierung.de (7.6.2007).

Bundesregierung (2004a): Auswirkung des Emissionshandels auf die Förderung der erneuerbaren Energien. Antwort der Bundesregierung auf die Kleine Anfrage der Abgeordneten Dr. Peter Paziorek et al. und der Fraktion der CDU/CSU (Drucksache 15/2778); Deutscher Bundestag Drucksache 15/3144, 14.5.2004; dip.bundestag.de (29.6.2007).

Bundesregierung (2004b): Entwurf eines zweiten Gesetzes zur Neuregelung des Energiewirtschaftsrechts. Gesetzentwurf der Bundesregierung, Bundesrat Drucksache 613/04, 13.8.04; www.bundesrat.de (12.3.2007).

Bundesregierung (2004c): Fortschrittsbericht 2004. Perspektiven für Deutschland. Unsere Strategie für eine nachhaltige Entwicklung; www.bundesregierung.de (12.3.2007).

Bundesregierung (2004d): Gegenäußerung der Bundesregierung zu der Stellungnahme des Bundesrates zum Entwurf eines Zweiten Gesetzes zur Neuregelung des Energiewirtschaftsrechts (Drucksache 15/3917), Deutscher Bundestag Drucksache 15/4068, 28. 10. 2004; http://dip.bundestag.de (7.6.2007).

Bundesregierung (2004e): Zweites Gesetz zur Neuregelung des Energiewirtschaftsrechts, Kabinettsentwurf vom 28.7.2004, Berlin; www.bmwi.de (12.3.2007).

Bundesregierung (2005a): Energiepreisentwicklung in Deutschland. Antwort der Bundesregierung auf die Kleine Anfrage der Fraktion der CDU/CSU (Drucksache 15/5160); Deutscher Bundestag Drucksache 15/5212, 7.4.2005; dip.bundestag.de (9.6.2007).

Bundesregierung (2005b): Wegweiser Nachhaltigkeit 2005 – Bilanz und Perspektiven, Kabinettsbeschluss von 10.08.2005.; Bundesregierung Nachhaltigkeitsstrategie für Deutschland, www.bundesregierung.de (7.6.2007).

Bundesregierung (2006a): Antwort der Bundesregierung auf die Kleine Anfrage der Fraktion Bündnis 90/Die Grünen - Internationale Agentur für erneuerbare Energien; Deutscher Bundestag, Drucksache 16/1577, 22.05.2006; http://dip.bundestag.de (3.5.2007).

Bundesregierung (2006b): Ergebnisse des zweiten Energiegipfels - Vorschläge für die internationale Energiepolitik und ein Aktionsprogramm Energieeffizienz. 9. Oktober 2006; www.bundesregierung.de (4.7.2007).

Bundesregierung (2006c): Föderalismusreform tritt in Kraft; Regierung online, 1.09.2006; www.bundesregierung.de (14.6.2007).

Bundesregierung (2006d): Milliardeninvestitionen für die Energie der Zukunft. REGIERUNGonline, 3.04.2006, www.bundesregierung.de (4.7.2007).

Bundesregierung [G8-Vorsitz] (2007a): G8-Gipfel am 8.6.2007 in Heiligendamm - Zusammenfassung des Vorsitzes; www.g-8.de (5.7.2007).

Bundesregierung [G8-Vorsitz] (2007b): G8 – Herausforderungen und Erfolge. Presse- und Information-samt der Bundesregierung, www.g-8.de (26.2.2007).

Bundesregierung [G8-Vorsitz] (2007c): Gipfelschwerpunkte von 1999 bis 2006. www.g-8.de (1.3.2007).

Bundesregierung [G8-Vorsitz] (2007d): Schwerpunkte der deutschen G8-Präsidentschaft. Presse- und Informationsamt der Bundesregierung, www.g-8.de (26.2.2007).

Bundesregierung [G8-Vorsitz] (2007e): Wachstum und Verantwortung – Leitmotiv der deutschen G8-Präsidentschaft; www.g-8.de (1.3.2007).

Bundesregierung (2007f): Weichenstellungen für Energie und Klima bis 2020. REGIERUNGonline, 3.07.2007, www.bundesregierung.de (4.7.2007).

Bundesregierung [G8-Vorsitz](2007g): Zusammenfassung des Vorsitzes, G8-Gipfel Heiligendamm, 8.6.2007; www.g-8.de (20.7.2007).

Bündnis 90/Die Grünen [Bundestagsfraktion] (1999): Kostenorientierte Vergütung für Photovoltaik vereinbart. Pressemitteilung, 23.11.1999, www.solarenergie.com (14.6.2007).

Bündnis 90/Die Grünen [Bundestagsfraktion] (2005): Das Energiewirtschaftsgesetz kommt. Pressemit-teilung Nr. 496, 10. Juni 2005, www.gruene-bundestag.de (8.11.2006).

Bündnis 90/Die Grünen [Bundestagsfraktion] (2006a): Energiewirtschaftsgesetz beginnt zu greifen. Pressemitteilung Nr. 748, 8. Juni 2006, www.gruene-bundestag.de (8.11.2006).

Bündnis 90/Die Grünen [Bundestagsfraktion] (2006b): Erneuerbare-Energien-Gesetz gesichert; Pres-semitteilung Nr. 818, 21.12.2000, Berlin.

Busch, Per-Olof (2003): Die Diffusion von Einspeisevergütungen und Quotenmodellen: Konkurrenz der Modelle in Europa; Forschungsstelle für Umweltpolitik FFU, FU Berlin (Hrsg): Report 03-2003, Berlin.

Büsgen, Uwe (2006): Next steps of the International Feed-in Cooperation; Presentation, 3rd Workshop of the International Feed-In Cooperation, Nov. 2006, Madrid, www.feed-in-cooperation.org (17.1.2007).

Bush, George W. (2001): Letter from the President to Senators Hagel, Helms, Craig, and Roberts. The White House, Office of the Press Secretary, March 13, 2001, www.whitehouse.gov (3.3.2007).

BVerfGE [Bundesverfassungsgericht] (1994a): BVerfGE 91, 186 - Kohlepfennig - Beschluß des Zweiten Senats vom 11. Oktober 1994 - 2 BvR 633/86 - in dem Verfahren über die Verfassungsbesch-werde des Herrn K. gegen das Urteil des Amtsgerichts Moers vom 28. April 1986 - 6 C 757/85 -.

BVerfGE [Bundesverfassungsgericht] (1994b): BVerfGE 91, 186 - Kohlepfennig, Beschluß des Zweiten Senats vom 11. Oktober 1994 (2 BvR 633/86) in dem Verfahren über die Verfassungsbesch-werde des Herrn K. gegen das Urteil des Amtsgerichts Moers vom 28. April 1986 (6 C 757/85).

BWE [Bundesverband Windenergie] (2001): Neuer Schub für erneuerbare Energien. Ökostromrichtlinie vom Europaparlament verabschiedet. Pressemitteilung vom 4.07.2001, www.eco-world.de (12.1.2007).

BWE [Bundesverband WindEnergie] (2004a): Position des Bundesverbands WindEnergie zur Novelle des Energiewirtschaftsgesetzes. Positionspapier, Stand: 07.09.2004, www.wind-energie.de (3.11.2006).

BWE [Bundesverband WindEnergie] (2004b): Stellungnahme zu dem Artikel "Die große Luftnummer" im SPIEGEL Nr. 14/2004. Pressemitteilung vom 28.3.2004, www.wind-energie.de (20.04.2006).

BWE [Bundesverband WindEnergie] (2005): Regelenergie und Windkraft. Hintergrundinformation, www.wind-energie.de (21.10.2006).

BWE [Bundesverband WindEnergie] (2006a): Exportschlager Windkraft. Hintergrundinformation. www.wind-energie.de (12.3.2007).

BWE [Bundesverband WindEnergie] (2006b): Zukunftsmarkt: Offshore. www.wind-energie.de (1.9.2006).

BWE [Bundesverband Windenergie] (2007): Suzlon übernimmt Repower. News vom 25.5.2007, www.wind-energie.de (4.7.2007).

Campell, John L./ Hollingworth, J. Rogers/ Lindberg, Leon N. (1991a): Economic Governance and the Analysis of Structural Change in the American Economy. In: Campell, John L./ Hollingworth, J. Rogers et al. (Hrsg.): Governance of the American Economy; Cambridge; S. 3-34.

Campell, John L./ Hollingworth, J. Rogers/ Lindberg, Leon N. (Hrsg.) (1991b): Governance of the American Economy; Structural Analysis in the Social Sciences, Cambridge.

Capgemini (2005): Studie: Steigende Energiepreise lassen die Fusionswelle im Energiemarkt weiter rollen. Pressemitteilung zur Studie "European Energy Markets Observatory 2005" vom 3. November 2005, Berlin, www.de.capgemini.com (12.10.2006).

CDU/CSU [Bundestagsfraktion] (2002): Die Schöpfung bewahren, entwicklungsorientiert handeln: Weltgipfel in Johannesburg muss neue Impulse für globale, nachhaltige Entwicklung setzen. Antrag; Deutscher Bundestag, Drucksache 14/9025, 14.5.2002; http://dip.bundestag.de (17.4.2007).

CDU/CSU [Bundestagsfraktion] (2005): Ergebnisse des Vermittlungsausschusses. Pressemitteilung, 16. Juni 2005, www.cducsu.de (8.11.2006).

CDU/CSU/ SPD (2005): Gemeinsam für Deutschland – mit Mut und Menschlichkeit. Koalitionsvertrag zwischen CDU, CSU und SPD; www.bundesregierung.de (12.3.2007).

CDU/CSU/ SPD [Bundestagsfraktionen] (2007): Energie- und Entwicklungspolitik stärker verzahnen – Synergieeffekte für die weltweite Energie- und Entwicklungsförderung besser nutzen. Antrag an den Deutschen Bundestag, 16. Wahlperiode, Drucksache 16/4045, 17.01.2007; http://dip.bundestag.de (12.3.2007).

Christmann, Ralf (2006): Roadmap für den Ausbau solarthermischer Kraftwerke beschlossen. Forschung und Unternehmen steckten die Ziele zukünftiger Forschungsförderung ab. In: Umwelt, Nr. 6, S. 335-336.

Cohn-Bendit, Daniel (2006): Verheugens Anti-Klimaschutz Brief: "Verheugen hat ein überholtes Konzept der Wettbewerbsfähigkeit". Pressemitteilung, 24.11.2006, www.greens-efa.org (22.1.2007).

Cordes, Renée (1999): De Palacio forced to revise renewables plan. EuropeanVoice.com, Vol. 5, No. 41, 11 November 1999, www.europeanvoice.com (7.1.2007).

CORDIS [Community Research & Development Information Service] (2007): Budget breakdown of the Seventh Framework Programme of the European Community (EC) (2007-2013) and Euratom (2007-2011) (in EUR million). Understand FP7, http://cordis.europa.eu (22.1.2007).

Corporate Watch (2005): Bringing the G8 home: Corporate involvement in and around the G8 in Scotland 2005; May 2005, Oxford, www.corporatewatch.org.uk (17.4.2007).

Cronenberg, Martin (1995): Notwendigkeit der Liberalisierung des Strommarktes aus der Sicht des Bundeswirtschaftsministeriums. In: Hoffmann-Riem, Wolfgang/ Schneider, Jens-Peter (Hrsg.): Umweltpolitische Steuerung in einem liberalisierten Strommarkt; Baden-Baden; S. 123-143.

CSD [United Nations, Economic and Social Council, Commission on Sustainable Development] (2001): Report on the Ninth session, 5 May 2000 and 16-27 April 2001; E/2001/29, E/CN.17/2001/19; www.un.org (4.7.2007).

CURES [Citizens United for Renewable Energy and Sustainability] (2003): Die Zukunft ist erneuerbar. Erklärung zur Konferenz für Erneuerbare Energien "Renewables 2004" Bonn; www.boell.de (24.4.2007).

CURES [Citizens United for Renewable Energy and Sustainability] (2004): Die Bonner Konferenz muss die Bedingungen für eine nachhaltige Energie-Zukunft schaffen. Pressemitteilung, 1.6.2004, www.ee-netz.de (26.4.2007).

DBB [Deutscher Beamtenbund und Tarifunion] (2005): Die europäische Gesetzgebung. dbb Europathemen, Nr. 12, September 2005, www.dbb.de (22.11.2006).

de Moor, André (2001): Towards a grand deal on Subsidies and Climate Change. In: Natural Resources Forum JNRF, Nr. 25, S. 167-176.

DEBRIV [Bundesverband Braunkohle] (2007): Braunkohle ist ein unverzichtbarer, umweltverträglicher, wettbewerbsfähiger und subventionsfreier Energieträger. Pressemitteilung, 7.02.2007, www.presseportal.de (15.6.2007).

Dehmer, Dagmar (2002): Ausgebremst: Weltgipfel in Johannesburg verpasst die Chance, den Ausbau der Ökoenergien voranzutreiben. In: Neue Energie, Nr. 12/2002, Heft 10, S. 6-7.

DEHSt [Deutsche Emissionshandelsstelle] (2005): Ein Jahr Emissionshandel für den Klimaschutz. Positive Bilanz für das erste Jahr. UBA, Pressemitteilung 077/2005, www.dehst.de (2.4.3.2007).

DEHSt [Deutsche Emissionshandelsstelle] (2006): Unternehmen haben im Jahr 2005 CO2-Emissionen um 9 Mio. Tonnen reduziert. UBA, Pressemitteilung 030/2006, www.dehst.de (2.4.3.2007).

DEHSt [Deutsche Emissionshandelsstelle] (2007): Emissionshandel: CO2-Emissionen 2006 - Auswertung der Ist-Emissionen des Emissionshandelssektors im Jahr 2006 in Deutschland. Umweltbundesamt, Stand: 14.05.2007, www.dehst.de (24.5.2007).

Del Rio, Pablo (2005): A European-wide harmonised tradable green certificate scheme for renewable electricity: is it really so beneficial? In: Energy Policy, Nr. 33 (July 2005), S. 1239-1250.

dena [Deutsche Energie Agentur] (Hrsg.) (2005): Zusammenfassung der wesentlichen Ergebnisse der Studie "Energiewirtschaftliche Planung für die Netzintegration von Windenergie in Deutschland an Land und Offshore bis zum Jahr 2020" (dena-Netzstudie); Berlin.

dena [Deutsche Energie-Agentur] (2006): Exportinitiative Erneuerbare Energien. Export steigern – Zukunft sichern (Kurzdarstellung Flyer); Berlin, www.exportinitiative.de (4.7.2007).

dena [Deutsche Energie-Agentur] (2007): Bericht der Deutschen Energie-Agentur GmbH (dena) über die Exportinitiative Erneuerbare Energien für das Jahr 2005. Deutscher Bundestag, Drucksache 16/5016.

Der Tagesspiegel (2007): Globale Erwärmung: USA erkennt Notwendigkeit von Klimaschutz an. Online Ausgabe, 30.04.2007, www.tagesspiegel.de (15.5.2007).

Deregulierungskommission (1991): Marktöffnung und Wettbewerb. 2. Bericht; Stuttgart.

Deutsche Bundesbank (2005): Basel II - Die neue Baseler Eigenkapitalvereinbarung. www.bundesbank.de (28.9.2006).

Deutsche Umwelthilfe (2006): Lebendige Flüsse & Kleine Wasserkraft - Konflikt ohne Lösung? Berlin, www.duh.de (6.7.2007).

Deutscher Bundestag [Ausschuss für Wirtschaft und Technologie] (2000a): Beschlussempfehlung und Bericht des Ausschusses für Wirtschaft und Technologie (9. Ausschuss) zu dem Gesetzentwurf der Fraktionen SPD und BÜNDNIS 90/DIE GRÜNEN – Drucksache 14/2341 – Entwurf eines Gesetzes zur Förderung der Stromerzeugung aus erneuerbaren Energien (Erneuerbare-Energien-Gesetz – EEG) sowie zur Änderung des Mineralölsteuergesetzes; Drucksache 14/2776, 23.02.2000; http://dip.bundestag.de (6.7.2007).

Deutscher Bundestag (2000b): Beschlussempfehlung und Bericht des Ausschusses für Wirtschaft und Technologie (9. Ausschuss) zu der Unterrichtung durch das Europäische Parlament (Drucksache 14/3428 Nr.1.9, Entschließung des Europäischen Parlaments zu Elektrizität aus erneuerbaren Energieträgern und zum Elektrizitätsbinnenmarkt, SEK(1999) 470, C5-0342/1999, 2000/2002 (COS), EuB-EP 615); Drucksache 14/4339 (18.10.2000); http://dip.bundestag.de (22.09.2006).

Deutscher Bundestag [Ausschuss für Wirtschaft und Technologie] (2000c): Wortprotokoll der öffentlichen Anhörung zum Entwurf eines Gesetzes zur Förderung der Stromerzeugung aus erneuerbaren Energien (Drucksache 14/2341), 14.2.2000.

Deutscher Bundestag (2004a): Gesetz zur Neuregelung des Rechts der Erneuerbaren Energien im Strombereich - Gesetzesbeschluss des Deutschen Bundestages; Bundesrat Drucksache 290/04, 23.4.2004, U-Wi; http://dip.bundestag.de (29.6.2007).

Deutscher Bundestag (2004b): Materialien zur öffentlichen Anhörung in Berlin am 29. November 2004, Zusammenstellung der schriftlichen Stellungnahmen, Ausschussdrucksache 15(9)1511, Ausschuss für Wirtschaft und Arbeit, 26. November 2004; www.bundestag.de (20.10.2006).

Deutscher Bundestag (2004c): Plenarprotokoll 15/115, Stenografischer Bericht 115. Sitzung, Berlin, 18.6.2004; http://dip.bundestag.de (29.6.2007).

Deutscher Bundestag (2004d): Plenarprotokoll 15/129, Stenografischer Bericht, 129. Sitzung, Donnerstag, 30. September 2004, Berlin; http://dip.bundestag.de (6.7.2007).

Deutscher Bundestag (2004e): Plenarprotokoll 15/135, Stenografischer Bericht, 135. Sitzung, Donnerstag, 28. Oktober 2004, Berlin; http://dip.bundestag.de (6.7.2007).

Deutscher Bundestag (2005a): Plenarprotokoll 15/170, Stenografischer Bericht, 170. Sitzung, 15. April 2005, Berlin; http://dip.bundestag.de (12.3.2007).

Deutscher Bundestag (2005b): Zweites Gesetz zur Neuregelung des Energiewirtschaftsrechts. Gesetzesbeschluss des Deutschen Bundestages; Bundesrat Drucksache 248/05, 15.04.2005, http://dip.bundestag.de (6.7.2007).

DG TREN/ Eurostat [European Commission, Directorate-General for Energy and Transport in Cooperation with Eurostat] (2005): European Union - Transport & Energy in Figures 2005; http://ec.europa.eu (30.08.2006).

Di Nucci, Maria Rosaria (2006): Summary of the highlights and activities of Realise Forum; Presentation, Final Conference REALISE-Forum, November 2, 2006, Berlin, www.realise-forum.net (18.1.2007).

Di Nucci, Maria Rosaria/ Mez, Lutz/ Reiche, Danyel/ Bechberger, Mischa (2007): Country report: Germany; (ed.), Environmental Policy Research Centre (FFU) at Freie Univiersität Berlin Workpackage 3, Project Realise-Forum, Berlin, www.realise-forum.net (11.6.2007).

Die Welt (2003): Clement lehnt eigene Behörde für Strom- und Gasmarkt ab. Verband der Elektrizitätswirtschaft warnt vor marodem Stromnetz bei Neuorganisation. Autor: AP, Artikel erschienen am 01.04.2003, www.welt.de (31.10.2006).

Die Zeit (2006): Staatssekretär Adamowitsch verlässt das Wirtschaftsministerium. ots-Pressemitteilung, 7.6.2006, Text der Zeit Nr. 24, www.presseportal.de (22.11.2006).

Dieckhaus, Barbara/ Dietz, Kristina (2004): Öffentliche Dienstleistungen unter Privatisierungsdruck. Folgen von Privatisierung und Liberalisierung öffentlicher Dienstleistungen in Europa; WEED Arbeitspapier, Berlin, www.weed-online.org (1.2.2006).

Diekmann, Jochen/ Horn, Manfred (2007): Bestandsaufnahme und methodische Bewertung vorliegender Ansätze zur Quantifizierung der Förderung erneuerbarer Energien im Vergleich zur Förderung der Atomenergie in Deutschland; Bundesministerium für Umwelt, Naturschutz und Reaktorsicherheit Berlin, www.bmu.de (22.7.2007).

DNR [Deutscher Naturschutzring] (2007a): Gewerkschafter gegen Klimaschutzpolitik - Ver.di demonstriert gegen "unfaire" Auflagen beim Emissionshandel. DNR Deutschland-Rundbrief Ausgabe 03.07, www.dnr.de (13.6.2007).

DNR [Deutscher Naturschutzring] (2007b): Nationale Allokationspläne müssen nachgebessert werden. EU-Kommission weist Pläne von zehn Mitgliedstaaten zurück. DNR EU-Rundschreiben, Ausgabe 12.06/01.07, www.dnr.de (24.3.2007).

Dobelmann, Jan Kai (2004): Der Tag der Techniker - Positionsfindung für den Regierungsteil. Rubrik Erneuerbare Energien, Seite 1311, www.energieverbraucher.de (26.4.2007).

Dohmen, Frank/ Hornig, Frank (2004): Die große Luftnummer. Titelstory zur Ausgabe "Der Windmühlen-Wahn. Vom Traum umweltfreundlicher Energie zur hoch subventionierten Landschaftszerstörung". In: Der Spiegel, 29.03.2004, S. 80-96.

Dow Jones Energy Weekly (2006): Bundesministerien streiten um „kleine EEG-Novelle". 31.3.2006, www.ensys.de (3.7.2007).

Dowding, Keith (1995): Model or Metaphor? A Critical Review of the Policy Network Approach. In: Political Studies, Nr. XLIII, S. 136-158.

dpa [Deutsche Presse Agentur] (1999): Chronik der Krise der EU-Kommission. In: Süddeutsche Zeitung, 16.3.1999, Verfügbar unter: www.uni-muenster.de (31.10.2006).

dpa [Deutsche Presse Agentur] (2003): Regulierungsbehörde für Strom kommt bis Juli 2004. dpa-Meldung unter Verivox Nachrichten, 25.03.2003, www.verivox.de (31.10.2006).

dpa [Deutsche Presse Agentur] (2004a): E.ON, RWE, Vattenfall - Stromriesen drehen an der Preiss-
    chraube. dpa-Meldung unter Verivox Nachrichten, 30.08.2004, www.verivox.de (2.11.2006).

dpa [Deutsche Presse Agentur] (2004b): Neues EnWG birgt Zündstoff: Ex-ante oder Ex-post Regul-
    ierung? dpa-Meldung unter Verivox Nachrichten, 21.09.2004, www.verivox.de (20.10.2006).

dpa [Deutsche Presse Agentur] (2005): Habemus EnWG. dpa-Meldung unter Verivox Nachrichten,
    15.06.2005, www.verivox.de (31.10.2006).

Drasdo, Peter/ Lindenberger, Dietmar/ Schulz, Walter (2001): Belastungen der deutschen Industrie
    durch das Erneuerbare-Energien-Gesetz - Untersuchung zu den Auswirkungen auf die interna-
    tionale Wettbewerbsfähigkeit am Beispiel der Aluminiumindustrie; Gutachten im Auftrag der
    VAW aluminium AG, 19.11.2001, Köln.

Drücke, Olivier/ Nurr, Marco/ Freitag, Margit/ Stryi-Hipp, Gerhard (2004): Kurzstudie Solarinitiativen
    in Deutschland; Hrsg: RegioSolar c/o Bundesverband Solarindustrie (BSi), Berlin,
    www.regiosolar.de (2.7.2005).

DUH [Deutsche Umwelthilfe] (2006): Zuspruch für Ökostrom wächst weiter. Pressemeldung,
    15.11.2006, www.duh.de (26.6.2007).

DUH [Deutsche Umwelthilfe] (2007a): Koalition muss bei CO2-Verschmutzungsrechten dem Druck der
    Kohle-Lobby widerstehen. Pressemitteilung, 18.06.2007, www.duh.de (17.6.2007).

DUH [Deutsche Umwelthilfe] (2007b): Kohleprivilegien führen Klimaziele ad absurdum. Presse-
    meldung, 18.4.2007, www.duh.de (12.6.2007).

Durstewitz, Michael/ Hoppe-Kilpper, Martin (2002): Windenergie. In: Hirschl, Bernd/ Hoffmann,
    Esther et al. (Hrsg.): Markt- und Kostenentwicklung erneuerbarer Energien. 2 Jahre EEG - Bi-
    lanz und Ausblick; Berlin; S. 155-180.

Durstewitz, Michael/ Hoppe-Kilpper, Martin (2005): Teilgutachten Windenergie ISET; Institut für
    Solare Energieversorgungstechnik e. V. (ISET) unveröffentlichte Studie im Auftrag des IÖW,
    Kassel.

E.ON (2005): E.ON verkauft Ruhrgas Industries für 1,5 Mrd EUR an CVC Capital Partners. Pressemit-
    teilung, www.eon.com (16.06.2005).

E.ON (2006a): Geschäftsbericht 2005 - One E.ON; Düsseldorf, www.eon.com (26.6.2007).

E.ON (2006b): Stellungnahme der E.ON AG zum Berichtsentwurf "Anreizregulierung" der Bundesnet-
    zagentur; www.bundesnetzagentur.de (18.11.2006).

E.ON (2007): E.ON erhöht Angebotspreis für Endesa. Einmalige Chance für Endesa-Aktionäre.
    Pressemitteilung, 3. Februar 2007, www.eon.info (13.2.2007).

Eberlein, Burkard (2000): Institutional change and continuity in German Infrastructure Management:
    The Case of Electricity Reform. In: German Politics, Nr. 9 (3), S. 81-104.

Ebrecht, Caspar (2001): Neuer Gemeinschaftsrahmen für staatliche Umweltschutzbeihilfen in Kraft.
    Vorteile für Beihilfen für die Bereiche Energieeinsparung und Erneuerbare Energieträger; Insti-
    tut für Energie und Wettbewerbsrecht in der kommunalen Wirtschaft, EWeRK (Hrsg.): Rubrik
    2: Bundesnetzagentur, BKartA, Kommission, www.ewerk.hu-berlin.de (2.11.2006).

Edelmann, Helmut (2006): Energiemix 2020. Szenarien für den deutschen Stromerzeugungsmarkt bis
    zum Jahr 2020; Ernst & Young AG (Hrsg.), www.de.ey.com.

Edler, Dietmar/ Blazejczak, Jürgen/ Walz, Rainer/ Ostertag, Katrin/ Eichhammer, Wolfgang/ Angerer,
    Gerhard/ Sartorius, Christian/ Doll, Claus/ Büchele, Ralph/ Henzelmann, Torsten/ Zelt,
    Thilo (2007): Wirtschaftsfaktor Umweltschutz. Vertiefende Analyse zu Umweltschutz und In-
    novation; UBA/BMU (Hrsg.): Reihe Umwelt, Innovation, Beschäftigung, Nr. 01/07, Dessau /
    Berlin, www.umweltdaten.de (12.7.2007).

ee07 [Jahreskonferenz Erneuerbare Energie 2007] (2007): Erneuerbare Energien schaffen 15.000 neue
    Jobs. Pressemitteilung, 15.3.2007, www.wind-energie.de (3.7.2007).

EEA [European Environment Agency] (2004): Energy subsidies in the European Union: A brief
    overview; Technical report 1/2004; http://reports.eea.europa.eu (12.3.2007).

EEA [European Environment Agency] (2006): Greenhouse gas emission trends and projections in
    Europe 2006; EEA Report No 9/2006; http://reports.eea.europa.eu (23.3.2007).

EEG [Erneuerbare-Energien-Gesetz] (2000): Gesetz für den Vorrang Erneuerbarer Energien (Erneuerbare-Energien-Gesetz) vom 29. März 2000 (BGBl. I S. 305); http://bundesrecht.juris.de (3.7.2007).

EEG [Erneuerbare-Energien-Gesetz] (2003a): Erstes Gesetz zur Änderung des Erneuerbare-Energien-Gesetzes. Veröffentlicht im Bundesgesetzblatt Jahrgang 2003 Teil I Nr. 36, ausgegeben zu Bonn am 21. Juli 2003, Seite 1459.

EEG [Erneuerbare-Energien-Gesetz] (2003b): Zweites Gesetz zur Änderung des Erneuerbare-Energien-Gesetzes. Veröffentlicht im Bundesgesetzblatt Jahrgang 2003 Teil I Nr. 68, ausgegeben zu Bonn am 31. Dezember 2003, Seite 3074.

EEG [Erneuerbare-Energien-Gesetz] (2004): Gesetz für den Vorrang Erneuerbarer Energien (Erneuerbare-Energien-Gesetz - EEG) vom 21. Juli 2004 (BGBl. I S. 1918), zuletzt geändert durch Artikel 1 des Gesetzes vom 7. November 2006 (BGBl. I S. 2550); http://bundesrecht.juris.de (12.3.2007).

EEG [Erneuerbare-Energien-Gesetz] (2006): Erstes Gesetz zur Änderung des Erneuerbare-Energien-Gesetzes; BGBl Jg. 2006, Teil I Nr. 52, ausgegeben zu Bonn am 15.11.2006, S. 2550-2552; www.bgblportal.de (12.3.2007).

EG-Verordnung (2003): Verordnung (EG) Nr. 1228/2003 des Europäischen Parlaments und des Rates vom 26. Juni 2003 über die Netzzugangsbedingungen für den grenzüberschreitenden Stromhandel (Text von Bedeutung für den EWR), Amtsblatt der Europäischen Union, L 176/1, 15.7.2003.

EH/ PWC [Euler Hermes Kreditversicherung, PriceWaterhouseCoopers] (2005): Exportkreditgarantien des Bundes - Hermesdeckungen. Exportkredit- und Investitionsgarantien für Erneuerbare Energie-Projekte; www.agaportal.de (15.6.2007).

Eising, Rainer (2000): Liberalisierung und Europäisierung: die regulative Reform der Elektrizitätsversorgung in Großbritannien, der Europäischen Gemeinschaft und der Bundesrepublik Deutschland; Gesellschaftspolitik und Staatstätigkeit, Nr. 20, Opladen.

Eising, Rainer (2004): Multilevel Governance and Business Interests in the European Union. In: Governance. An International Journal of Policy, Administration and Institutions, Nr. 17, S. 211-245.

Eising, Rainer/ Jabko, Nicolas (2001): Moving targets: national interests in EU electricity liberalization. In: Comparative Political Studies, Nr. 7/34, S. 742-767.

Elliesen, Tillmann (2007): Reformbedarf beim Emissionshandel. Stanford-Wissenschaftler sorgt mit einer Kosten-Nutzen-Analyse für Aufsehen in der klimapolitischen Debatte. In: Frankfurter Rundschau, S. 5.

EnBW [Energie Baden-Württemberg AG] (2003): Ein Stück aus dem Tollhaus. EnBW Chef Goll: CDU-Kritik an Regulierungsbehörde ist opportunistisch. Pressemitteilung vom 26. März 2003, www.enbw.com (1.11.2006).

EnBW [Energie Baden-Württemberg AG] (2004): EnBW begrüßt die geänderte Auffassung des Bundeskabinetts zur EnWG-Novelle. Pressemitteilung, 27. Oktober 2004, www.enbw.com (1.11.2006).

EnBW [Energie Baden-Württemberg AG] (2005a): Die EnBW Energie Baden-Württemberg AG und die Erneuerbaren Energien - Positionspapier Oktober 2005. Pressemitteilung, 9.11.2005, www.enbw.com (4.7.2007).

EnBW [Energie Baden-Württemberg AG] (2005b): EnBW begrüßt geplante Einigung der Bundesregierung zum Energiewirtschaftsgesetz. Pressemitteilung, 10. März 2005, www.enbw.com (1.11.2006).

EnBW [Energie Baden-Württemberg AG] (2006): Geschäftsbericht 2005 - Mit Energie zum Erfolg; Karlsruhe, www.enbw.com (26.6.2007).

Ender, Carsten (2001): Windenergienutzung in der Bundesrepublik Deutschland - Stand 30.06.2001. In: DEWI-Magazin, Nr. 19, August 2001, S. 33-43.

Energiedepesche (2004): Bonn-Konferenz für Erneuerbare. In: Energiedepesche, Nr. 3, September 2004, S. 10-11.

Energieportal24 (2003): Vier Verbände wehren sich gegen Strompreiserhöhungen. Thema Erneuerbare Energie vom 09.12.2003, www.energieportal24.de (20.10.2006).

EnergieStG (2006): Energiesteuergesetz vom 15. Juli 2006 (BGBl. I S. 1534), geändert durch Artikel 1 des Gesetzes vom 18. Dezember 2006 (BGBl. I S. 3180); http://bundesrecht.juris.de (3.7.2007).

Energiewirtschaftsrecht (2005): Zweites Gesetz zur Neuregelung des Energiewirtschaftsrechts vom 7.7.2005, Inkraftgetreten am 13.7.2005; BGBl I, Nr. 42, www.bgblportal.de (3.7.2007).

Energy Watch Group (2007): Coal: Resources and Future Production. Background paper prepared by the Energy Watch Group; EWG-Paper No. 1/07, 28.3.2007, Ottobrunn, www.energywatchgroup.org (14.6.2007).

Enquete-Kommission (1980): Bericht der Enquete-Kommission "Zukünftige Kernenergie-Politik"; Deutscher Bundestag Drucksache 8/4341; www.landtag.nrw.de (4.7.2007).

Enquete-Kommission (1990): Schutz der Erde - Eine Bestandsaufnahme mit Vorschlägen zu einer neuen Energiepolitik. Dritter Bericht der Enquete-Kommission „Vorsorge zum Schutz der Erdatmosphäre" des 11. Deutschen Bundestages; Deutscher Bundestag, Bonn.

Enquete-Kommission (1998): Abschlußbericht der Enquete-Kommission "Schutz des Menschen und der Umwelt - Ziele und Rahmenbedingungen einer nachhaltig zukunftsverträglichen Entwicklung" des 13. Deutschen Bundestages: Konzept Nachhaltigkeit. Vom Leitbild zur Umsetzung; Deutscher Bundestag Drucksache 13/11200, Bonn, www.bundestag.de (3.7.2007).

Enquete-Kommission (2002): Schlussbericht der Enquete-Kommission Nachhaltige Energieversorgung unter den Bedingungen der Globalisierung und der Liberalisierung; Deutscher Bundestag, Drucksache 14/9400; www.bundestag.de (7.6.2007).

EnWG [Energiewirtschaftsgesetz] (1998): Gesetz über die Elektrizitäts- und Gasversorgung - Artikel 1 des Gesetzes zur Neuregelung des Energiewirtschaftsrechts vom 24. April 1998, BGBl Jg. 1998, Teil I, Nr. 23, S. 730-734, Inkraftgetreten am Tage nach der Verkündung.

EnWG [Energiewirtschaftsgesetz] (2005): Gesetz über die Elektrizitäts- und Gasversorgung (Energiewirtschaftsgesetz - EnWG) - Artikel 1 des Zweiten Gesetzes zur Neuregelung des Energiewirtschaftsrechts vom 7.7.2005, BGBl I, Nr. 42, S. 1970, Inkraftgetreten am 13.7.2005; http://bundesrecht.juris.de (3.7.2007).

EREF (2000): Press release by EREF regarding the Diretive of the European Parliament and of the Council on the promotion of electricity from renewable energy sources in the internal electricity market, 11.05.2000.

ESD et al. [Energy for Sustainable Development] (1994): The European Renewable Energy Study (TERES). Prospects for renewable energy in the European Community and Eastern Europe up to 2010. Main Report; Studie im Rahmen des ALTENER-Programms im Auftrag der Europäischen Kommission, Luxembourg.

ESD et al. [Energy for Sustainable Development] (1997): The European Renewable Energy Study II (TERES II). Energy for the Future. Meeting the Challenge; Studie im Rahmen des ALTENER-Programms im Auftrag der Europäischen Kommission.

Espey, Simone (2001): Internationaler Vergleich energiepolitischer Instrumente zur Förderung von regenerativen Energien in ausgewählten Industrieländern; Bremer Energie Institut, Bremen.

EUFORES [The European Forum for Renewable Energy Sources] (o.J.): President and Vice-Presidents. www.eufores.org (22.12.2006).

EuGH [Europäischer Gerichtshof] (2001): Urteil vom 13.03.2001 in der Rechtssache C-379/98 (PreußenElektra vs. Schleswag), "Elektrizität - Erneuerbare Energieträger - Nationale Regelung, durch die Elektrizitätsversorgungsunternehmen eine Pflicht zur Abnahme von Strom zu Mindestpreisen auferlegt wird und durch die damit verbundene Belastungen zwischen diesen Unternehmen und den Betreibern der vorgelagerten Netze aufgeteilt werden - Staatliche Beihilfe - Vereinbarkeit mit dem freien Warenverkehr"; http://curia.europa.eu (3.7.2007).

EUR-Lex [Internetdatenbank zu Rechtsvorschriften der Europäischen Union] (2006): Organe und Verfahren. http://eur-lex.europa.eu (28.11.2006).

Eurelectric (1998): Position Paper on "Energy for the Future: Renewable Sources of Energy - White Paper for a Community Strategy and Action Plan"; March 1998, http://public.eurelectric.org (16.08.2006).

Eurelectric (2000a): New EURELECTRIC report analyses market mechanisms for supporting renewable sources of energy. Press release, 25th July 2000, http://public.eurelectric.org (12.1.2007).

Eurelectric (2000b): Position Paper on the proposed Directive of the European Parliament and of the Council on the promotion of electricity from renewable energy sources in the internal electricity market, October 2000; Brüssel, www.eurelectric.org (22.09.2006).

Eurelectric/ RECS [Union of the Electricity Industry, Renewable Energy Certificate System] (2004): Integrating Renewable Energy Sources into the Competitive Electricity Market -a Shared Vision. Common Position, November 2004, http://public.eurelectric.org (18.1.2007).

Eurobarometer (2006): Special Eurobarometer - Attitudes towards energy; European Commission Special Eurobarometer 247, Wave 64.2, TNS Opinion & Social, http://ec.europa.eu (3.7.2007).

Eurobarometer (2007): Attitudes on issues related to EU Energy Policy; The Gallup Organization, Hungary: Flash Eurobarometer 206a, http://ec.europa.eu (23.3.2007).

Eurochambres [Association of European Chambers of Commerce and Industry] (2004): Promotion of renewable energies in the European Union. Promoting competitiveness is the key to real sustainability; Position Paper, January 2004, Brussels, www.eurochambres.be (21.1.2007).

EUROPA [Webseiten der Europäischen Union] (2006): Die EU im Überblick: Verträge und Recht. http://europa.eu (28.11.2006).

Europäische Kommission (1988): Der Binnenmarkt für Energie; KOM (88) 238, endg., 2.5.1988, Brüssel.

Europäische Kommission (1991a): Eine Gemeinschaftsstrategie für weniger Kohlendioxidemissionen und mehr Energieeffizienz; SEK(91) 1744 endg. vom 14. 10. 1991.

Europäische Kommission (1991b): Vorschlag für eine Richtlinie des Rates betreffend gemeinsame Vorschriften für den Elektrizitätsbinnenmarkt (SYN 384); Vorschlag für eine Richtlinie des Rates betreffend gemeinsame Vorschriften für den Erdgasbinnenmarkt (SYN 385); KOM (91) 548, endg., 21.2.1992, Brüssel.

Europäische Kommission (1995): Eine Energiepolitik für die Europäische Union (Weißbuch); KOM(95)682, Dezember 1995.

Europäische Kommission (1996): Energie für die Zukunft: Erneuerbare Energiequellen (Grünbuch); KOM(96) 576 vom 20.11.1996.

Europäische Kommission (1997a): Energie für die Zukunft: Erneuerbare Energieträger. Weißbuch für eine Gemeinschaftsstrategie und Aktionsplan; KOM(97) 599; http://ec.europa.eu (12.3.2007).

Europäische Kommission (1997b): Geänderter Vorschlag für eine Richtlinie des Europäischen Parlaments und des Rates zur Förderung der Stromerzeugung aus erneuerbaren Energiequellen im Elektrizitätsbinnenmarkt; KOM/2001/0884 endg. - COD 2000/0116, ABl. C 154E vom 29.5.2001, S. 89-103; http://europa.eu.int (12.3.2007).

Europäische Kommission (1998): Bericht an den Rat und an das Europäische Parlament über den Harmonisierungsbedarf - Richtlinie 96/92/EG betreffend gemeinsame Vorschriften für den Elektrizitätsbinnenmarkt; DE/17/97/04310300.W00 (EN) DG; http://ec.europa.eu (22.12.2006).

Europäische Kommission (1999a): Elektrizität aus erneuerbaren Energieträgern und der Elektrizitätsbinnenmarkt; Arbeitspapier der Europäischen Kommission, SEK(1999) 470 endg.

Europäische Kommission (1999b): Mitteilung der Kommission an den Rat und das Europäische Parlament - "Vorbereitungen für die Umsetzung des Kyoto- Protokolls"; KOM/99/0230 endg., Brüssel.

Europäische Kommission (1999c): Staatliche Beihilfen - Aufforderung zur Abgabe einer Stellungnahme gemäß Artikel 88 Absatz 2 EG-Vertrag zur staatlichen Beihilfe C 63/99 (ex NN 84/99), Deutschland, Auswirkung der neuen Stromsteuer auf die nach dem Stromeinspeisungsgesetz zu zahlende Einspeisungsvergütung; Amtsblatt vom 23.10.1999 (1999/C 306/04); http://eur-lex.europa.eu (12.3.2007).

Europäische Kommission (2000a): Geänderter Vorschlag für eine Richtlinie des Europäischen Parlamentes und des Rates zur Förderung der Stromerzeugung aus erneuerbaren Energiequellen im Elektrizitätsbinnenmarkt (gemäß Artikel 250, Absatz 2 des EG-Vertrages von der Kommission vorgelegt), Brüssel, den 28.12.2000; KOM(2000) 884 endgültig, 2000/0116 (COD); http://eur-lex.europa.eu (28.09.2006).

Europäische Kommission (2000b): Hin zu einer europäischen Strategie für Energieversorgungssicherheit; KOM(2000) 769 endg.; http://ec.europa.eu (21.1.2007).

Europäische Kommission (2000c): Vorschlag für eine Richtlinie des Europäischen Parlamentes und des Rates zur Förderung der Stromerzeugung aus erneuerbaren Energiequellen im Elektrizitätsbinnenmarkt; KOM(2000) 279 endgültig, 2000/0116 (COD), 10.5.2000, Brüssel; http://eur-lex.europa.eu (22.09.2006).

Europäische Kommission (2001a): 10 Jahre nach Rio: Vorbereitung auf den Weltgipfel für nachhaltige Entwicklung im Jahr 2002. Mitteilung der Europäischen Kommission an den Rat und das Europäische Parlament; KOM(2001) 53 endgültig, 6.2.2001, Brüssel; http://eur-lex.europa.eu (14.4.2007).

Europäische Kommission (2001b): Gemeinschaftsrahmen für staatliche Umweltschutzbeihilfen (Mitteilung der Kommission); Amtsblatt C 37 vom 03.02.2001, S. 3-15, Brüssel; http://eur-lex.europa.eu (22.09.2006).

Europäische Kommission (2002): Zweiter Benchmarkingbericht über die Vollendung des Elektrizitäts- und Erdgasbinnenmarktes. Arbeitsunterlage der Kommissionsdienststellen, Brüssel, 1 Oktober 2002, SEK(2002) 1038; http://ec.europa.eu (12.3.2007).

Europäische Kommission (2004a): Der Anteil erneuerbarer Energien in der EU. Bericht der Kommission gemäß Artikel 3 der Richtlinie 2001/77/EG, Bewertung der Auswirkung von Rechtsinstrumenten und anderen Instrumenten der Gemeinschaftspolitik auf die Entwicklung des Beitrags erneuerbarer Energiequellen in der EU und Vorschläge für konkrete Maßnahmen. Mitteilung der Kommission an den Rat und das Europäische Parlament; KOM(2004) 366 endg., SEK(2004) 547, Brüssel, 26.5.2004; http://eur-lex.europa.eu (12.3.2007).

Europäische Kommission (2004b): Die Entflechtungsregelung. Vermerk der GD Energie und Verkehr zu den Richtlinien 2003/54/EG und 2003/55/EG über den Elektrizitäts- und Erdgasbinnenmarkt. Rechtlich nicht bindendes Kommissionspapier, 16.1.2004; http://europa.eu.int (12.3.2007).

Europäische Kommission (2004c): Rolle der Regulierungsbehörden. Vermerk der GD Energie und Verkehr zu den Richtlinien 2003/54/EG und 2003/55/EG über den Elektrizitäts- und Erdgasbinnenmarkt. Rechtlich nicht bindendes Kommissionspapier, 14.1.2004; http://europa.eu.int (12.3.2007).

Europäische Kommission (2005a): Aktionsplan für Biomasse (Mitteilung der Kommission); KOM(2005) 628 endgültig, SEK(2005) 1573, 7.12.2005, Brüssel; http://ec.europa.eu (14.1.2007).

Europäische Kommission (2005b): Bericht über die Fortschritte bei der Schaffung des Erdgas- und Elektrizitätsbinnenmarktes. Mitteilung der Kommission an den Rat und das Europäische Parlament; KOM(2005) 568 endgültig, SEK(2005) 1448, Brüssel, den 15.11.2005; http://ec.europa.eu (12.3.2007).

Europäische Kommission (2005c): Energy markets: five Member States to be taken before the Court of Justice. IP/05/853, 6 Juli 2005, Brüssel, http://europa.eu (18.11.2006).

Europäische Kommission (2005d): Förderung von Strom aus erneuerbaren Energiequellen (Mitteilung der Kommission); KOM(2005) 627 endg., SEK(2005) 1571, Brüssel, 7.12.2005; http://eur-lex.europa.eu (12.3.2007).

Europäische Kommission (2005e): Öffnung der Energiemärkte: zehn Mitgliedstaaten müssen die neuen europäischen Rechtsvorschriften noch in nationales Recht umsetzen; IP/05/319, 16. März 2005, Brüssel; http://europa.eu (12.3.2007).

Europäische Kommission (2006a): Eine europäische Strategie für nachhaltige, wettbewerbsfähige und sichere Energie (Grünbuch); KOM(2006) 105, SEK(2006) 317, 8.3.2006, Brüssel; http://ec.europa.eu (12.3.2007).

Europäische Kommission (2006b): Energy, environment, competitiveness: Commission launches high level group; Press release, IP/06/226, Brussels, 24.2.2005; http://europa.eu (22.1.2007).

Europäische Kommission (2006c): EU-Emissionshandelssystem liefert erste überprüfte Emissionsdaten für Anlagen. Pressemitteilung, IP/06/612, 15.05.2006, http://europa.eu (24.3.2007).

Europäische Kommission (2006d): Provisional Work Programme 2007 - Cooperation - Theme 5 Energy; C(2006) 6839; http://cordis.europa.eu/fp7 (21.1.2007).

Europäische Kommission (2007a): Eine Energiepolitik für Europa (Mitteilung der Kommission an den Europäischen Rat und das Europäische Parlament); KOM(2007) 1 endgültig, SEK(2007) 12, 10.1.2007, Brüssel; http://ec.europa.eu/energy (16.1.2007).

Europäische Kommission (2007b): Eine Energiepolitik für Europa: Kommission stellt sich den energiepolitischen Herausforderungen des 21. Jahrhunderts; MEMO/07/7, 10.1.2007, Brüssel; http://europa.eu (19.1.2007).

Europäische Kommission (2007c): Fahrplan für erneuerbare Energien - Erneuerbare Energien im 21. Jahrhundert: Größere Nachhaltigkeit in der Zukunft (Mitteilung der Kommission an den Rat und das Europäische Parlament); KOM(2006) 848 endgültig, SEK(2006) 1719, SEK(2006) 1720, SEK(2007) 12, 10.1.2007, Brüssel; http://ec.europa.eu/energy (20.1.2007).

Europäische Union (1992): Vertrag über die Europäische Union; Amtsblatt Nr. C 191 vom 29. Juli 1992; http://eur-lex.europa.eu (12.3.2007).

Europäische Union (1997): Vertrag von Amsterdam zur Änderung des Vertrags über die Europäische Union, der Verträge zur Gründung der Europäischen Gemeinschaften sowie einiger damit zusammenhängender Rechtsakte; Amtsblatt Nr. C 340 vom 10. November 1997; http://eur-lex.europa.eu (12.3.2007).

Europäische Union (2002): Konsolidierte Fassung des Vertrags zur Gründung der Europäischen Gemeinschaft; Amtsblatt Nr. C 325 vom 24. Dezember 2002, S. 39ff; http://europa.eu.int (27.12.2006).

Europäischer Bürgerbeauftragter (1998): Entscheidung des Europäischen Bürgerbeauftragten zu Beschwerden 1086/96/VK, 1092/96/VK, 1095/96/VK u.a. gegen die Europäische Kommission; Straßburg, 16. Juli 1998; www.euro-ombudsman.eu.int (10.09.2006).

Europäischer Rat (2007): Schlussfolgerungen des Vorsitzes des Europäischen Rates (Tagung vom 8. / 9. März 2007 in Brüssel); 7224/07, CONCL 1, 9. März 2007, Brüssel; www.consilium.europa.eu (23.3.2007).

Europäisches Parlament (1993a): Entschließung des Rates und der im Rat vereinigten Vertreter der Regierungen der Mitgliedstaaten vom 1. Februar 1993 über ein Gemeinschaftsprogramm für Umweltpolitik und Maßnahmen im Hinblick auf eine dauerhafte und umweltgerechte Entwicklung - Ein Programm der Europäischen Gemeinschaft für Umweltpolitik und Maßnahmen im Hinblick auf eine dauerhafte und umweltgerechte Entwicklung; Amtsblatt Nr. C 138 vom 17/05/1993 S. 0001 - 0004; http://eur-lex.europa.eu (12.3.2007).

Europäisches Parlament (1993b): Entschließung zur Förderung erneuerbarer Energiequellen; Amtsblatt Nr. C 042 vom 15.02.1993, S. 31.

Europäisches Parlament (1996): Entschließung zu einem gemeinschaftlichen Aktionsplan für erneuerbare Energiequellen; Amtsblatt Nr. C 211 vom 22.07.1996, S. 27; http://eur-lex.europa.eu (12.3.2007).

Europäisches Parlament (1997a): Bericht über die Mitteilung der Kommission über Energie für die Zukunft: Erneuerbare Energiequellen - Grünbuch für eine Gemeinschaftsstrategie (KOM(96)0576 - C4-0623/96), Ausschuß für Forschung, technologische Entwicklung und Energie, Berichterstatterin: Frau Mechtild Rothe, 12. Mai 1997; A4-0168/97; www.europarl.europa.eu (07.08.2006).

Europäisches Parlament (1997b): Entschließung zur Mitteilung der Kommission über Energie für die Zukunft: Erneuerbare Energiequellen - Grünbuch für eine Gemeinschaftsstrategie (KOM(96)0576 C4-0623/96); Amtsblatt Nr. C 167 vom 02/06/1997 S. 160; http://europa.eu.int (12.3.2007).

Europäisches Parlament (1998a): Bericht über die Mitteilung der Kommission über Energie für die Zukunft: Erneuerbare Energieträger - Weißbuch für eine Gemeinschaftsstrategie und Aktionsplan (KOM (97)0599 - C4-0047/98). Ausschuß für Forschung, technologische Entwicklung und Energie. Berichtserstatterin: Mechthild Rothe, 29. Mai 1998; A4-0207/98; www.europarl.europa.eu (07.08.2006).

Europäisches Parlament (1998b): Verhandlungen des Europäischen Parlaments, Sitzungsbericht der Sitzung am Dienstag, den 16. Juni 1998, Punkt 13: Energie für die Zukunft - Elektrizität aus erneuerbaren Energiequellen; www.europarl.europa.eu (08.08.2006).

Europäisches Parlament (1999): Antworten von Frau Loyola de Palacio, designiertes Kommissionsmitglied und designierte Vizepräsidentin der Kommission, zuständig für die Bereiche Beziehungen zum Europäischen Parlament, Energie und Verkehr; Ausschuss für Regionalpolitik, Verkehr und Fremdenverkehr, www.europarl.europa.eu (21.09.2006).

Europäisches Parlament (2000a): Bericht über den Vorschlag für eine Richtlinie des Europäischen Parlaments und des Rates zur Förderung der Stromerzeugung aus erneuerbaren Energiequellen im Elektrizitätsbinnenmarkt (Ausschuss für Industrie, Außenhandel, Forschung und Energie, Berichterstatter: Mechtild Rothe); KOM(2000) 279 - C5-0281/2000 - 2000/0116(COD), A5-0320/2000 (endgültig); www.europarl.europa.eu (22.09.2006).

Europäisches Parlament (2000b): Bericht über Elektrizität aus erneuerbaren Energieträgern und der Elektrizitätsbinnenmarkt (SEK(1999) 470 - C5-0342/1999 - 2000/2002 (COS)), Ausschuß für Industrie, Außenhandel, Forschung und Energie, Berichterstatter: Claude Turmes, 23. März 2000; A5-0078/2000/Korr.1; www.europarl.europa.eu (22.09.2006).

Europäisches Parlament (2000c): Entschließung des Europäischen Parlaments zu Elektrizität aus erneuerbaren Energieträgern und zum Elektrizitätsbinnenmarkt; SEK(1999) 470 - C5-0342/1999 - 2000/2002(COS); www.europarl.europa.eu (12.1.2007).

Europäisches Parlament (2000d): Plenardebatte am 15.11.2000 in Straßburg: Stromerzeugung aus erneuerbaren Energiequellen; www.europarl.europa.eu (29.09.2006).

Europäisches Parlament (2001a): Empfehlung für die zweite Lesung betreffend den Gemeinsamen Standpunkt des Rates im Hinblick auf den Erlass der Richtlinie des Europäischen Parlaments und des Rates zur Förderung der Stromerzeugung aus erneuerbaren Energiequellen im Elektrizitätsbinnenmarkt, 5583/1/2001 - C5-0133/2001 - 2000/0116(COD); Ausschuss für Industrie, Außenhandel, Forschung und Energie; Berichterstatterin: Mechtild Rothe, 22. Juni 2001; A5-0227/2001 (endgültig); www.europarl.europa.eu (28.09.2006).

Europäisches Parlament (2001b): Legislative Entschließung des Europäischen Parlaments zu dem Gemeinsamen Standpunkt des Rates im Hinblick auf den Erlass der Richtlinie des Europäischen Parlaments und des Rates zur Förderung der Stromerzeugung aus erneuerbaren Energiequellen im Elektrizitätsbinnenmarkt, 5583/1/2001 - C5-0133/2001 - 2000/0116(COD); www.europarl.europa.eu (29.09.2006).

Europäisches Parlament (2002): Entschließung des Europäischen Parlaments zu der Mitteilung der Kommission an den Rat und das Europäische Parlament - 10 Jahre nach Rio: Vorbereitung auf den Weltgipfel für nachhaltige Entwicklung im Jahr 2002 (KOM(2001) 53 - C5-0342/2001 - 2001/2142(COS)); Amtsblatt Nr. C 180 E vom 31/07/2003 S. 0507 - 0517; www.europarl.europa.eu (17.4.2007).

Europäisches Parlament (2004a): Erneuerbare Energien: Entschließung des Europäischen Parlaments zur Internationalen Konferenz für Erneuerbare Energien im Juni 2004 in Bonn; P5_TA(2004)0276; www.europarl.europa.eu (25.4.2007).

Europäisches Parlament (2004b): Vermittlungsverfahren und Mitentscheidung. Ein Leitfaden zur Arbeit des Parlaments als Teil der Rechtssetzungsinstanz. November 2004, DV/547830DE.doc; www.europarl.europa.eu (01.09.2006).

Europäisches Parlament (2005a): Bericht über den Anteil der erneuerbaren Energieträger in der EU und Vorschläge für konkrete Maßnahmen (2004/2153(INI)); Ausschuss für Industrie, Forschung und Energie, Berichterstatter: Claude Turmes, A6-0227/2005, endg., 6.7.2005; www.europarl.europa.eu (3.7.2007).

Europäisches Parlament (2005b): Entschließung des Europäischen Parlaments zu dem Anteil der erneuerbaren Energieträger in der EU und Vorschlägen für konkrete Maßnahmen (2004/2153(INI)); P6_TA(2005)0365; www.europarl.europa.eu (13.1.2007).

European Commission (1996): Communication from the Commission - Energy for the Future: Renewable Sources of Energy - Green Paper for a Community Strategy; COM(96) 576, November 1996.

European Commission (2003): External Costs. Reseach results on socio-environmental damages due to electricity and transport; [European Commission/ Directorate-General for research.]: EUR20198; Brüssel.

European Commission (2004): Third benchmarking report on the implementation of the internal electricity and gas market; DG TREN Draft working paper, 01.03.2004, Brüssel, http://ec.europa.eu (20.11.2006).

European Commission (2005): Annex to the Communication from the Commission: The support for electricity from renewable energy sources - Impact assessment; Commission staff working document, KOM(2005) 627 final, SEC(2005) 1571, Brussels, 7.12.2005; http://ec.europa.eu/energy (12.3.2007).

Europressedienst (2006): Energieversorger lehnen Zertifikateversteigerung ab. Pressemeldung 27.10.2006, www.umweltdialog.de (13.6.2007).

EUROSOLAR [Europäische Vereinigung für Erneuerbare Energien] (1996): Entwurf für eine EU-Richtlinie über gemeinsame Regelungen für Einspeisevergütungen von Strom aus Erneuerbaren Energien. In: Solarzeitalter, Nr. 4/1996, S. 13-15.

EUROSOLAR [Europäische Vereinigung für Erneuerbare Energien] (1997a): Eurosolar-Memorandum zum Greenpaper der EU-Kommission "Energy for the Future: Renewable Sources of Energy". In: Solarzeitalter, Nr. 1/97, S. 3-7.

EUROSOLAR [Europäische Vereinigung für Erneuerbare Energien] (1997b): Weißbuch für Erneuerbare Energien der EU-Kommission bestätigt Stromeinspeisungsgesetz für Erneuerbare Energien und Masseneinführungsprogramm für Photovoltaik; Pressemitteilung, 27.11.1997, Bonn.

EUROSOLAR [Europäische Vereinigung für Erneuerbare Energien] (2001a): Draft-Statute of the International Renewable Energy Agency (IRENA); www.world-renewable-energy-forum.org (17.4.2007).

EUROSOLAR [Europäische Vereinigung für Erneuerbare Energien] (2001b): Memorandum zur Einrichtung einer Internationalen Agentur für Erneuerbare Energien (IRENA). Zusammenfassung; www.hermannscheer.de (12.3.2007).

Eurostat [Statistisches Amt der Europäischen Gemeinschaften] (2006a): Bruttostromerzeugung insgesamt (GWh). Daten Umwelt und Energie, Energie, Elektrizitätserzeugung, http://epp.eurostat.ec.europa.eu (4.12.2006).

Eurostat [Statistisches Amt der Europäischen Gemeinschaften] (2006b): Datenbank zu Umwelt und Energie; http://epp.eurostat.ec.europa.eu (20.11.2006).

EWEA/ Greenpeace [Europäische Windenergievereinigung, Greenpeace e.V.] (2004): Windstärke 12: Wie es zu schaffen ist, bis zum Jahr 2020 12 % des weltweiten Elektrizitätsbedarfs durch Windenergie zu decken; Mai 2004, www.wind-energie.de (25.4.2007).

EWSA [Europäischer Wirtschafts- und Sozialausschuss] (2004): Der EWSA: Brücke zwischen Europa und der organisierten Zivilgesellschaft; CESE-2004-09-DE, www.esc.eu.int (12.3.2007).

Fabeck, Wolf von (2006): Ein Stromspeichergesetz für Jedermann löst das Stromspeicherproblem. In: Solarbrief, Nr. 2/06, S. 10-12.

Fachverband Biogas (2003): Energie aus Biogas droht herber Rückschlag - Fachverband kritisiert scharf die EEG-Novelle im Bundeskabinett. Pressemitteilung, 17.12.03, www.eco-world.de (29.6.2007).

FAS [Frankfurter Allgemeine Sonntagszeitung] (2004): Clement on Tour für neue Heilserwartungen: Clement will billigen Strom - Treffen mit den Chefs der Energieversorger. In: Frankfurter Allgemeine Sonntagszeitung, Nr. 45, 07.11.04, S. 35.

Faust, Jörg/ Vogt, Thomas (2002): Politikfeldanalyse und Internationale Kooperation. In: Lauth, Hans-Joachim (Hrsg.): Vergleichende Regierungslehre. Eine Einführung; Wiesbaden; S. 419-450.

FAZ [Frankfurter Allgemeine Zeitung] (2004): Clement überarbeitet die Energienovelle. In: Frankfurter Allgemeine Zeitung, Wirtschaft, 08.11.04, S. 15.

FAZ [Frankfurter Allgemeine Zeitung] (2005): Der Staat regiert die Energiepreise. Frankfurter Allgemeine Zeitung, FAZ.net, 10. März 2005, www.faz.net (8.11.2006).

FAZ [Frankfurter Allgemeine Zeitung] (2006): E.ON greift nach Endesa. Gegenwind aus Spanien, Konkurrenz aus Italien. 22. Februar 2006, www.faz.net (21.3.2007).

FDP [Freie Demokratische Partei] (o.J.): Energiepolitisches Programm der FDP; www.fdp-fraktion.de (8.6.2007).

FEE [Fördergesellschaft Erneuerbare Energien] (2004): Energiewirtschaftsgesetz: FEE sieht Vorrang erneuerbarer Energien bedroht. Pressemitteilung vom 24.03.2004, www.solarserver.de (2.11.2006).

Fell, Hans-Josef (2000): Europäische Kommission stärkt Erneuerbare-Energien-Gesetz den Rücken. Richtlinie für Erneuerbare Energien ist ein Meilenstein in der Energiepolitik. Pressemitteilung 19/00, von Bündnis 90/ Die Grünen, 10.5.2000, www.sfv.de (12.1.2007).

Fell, Hans-Josef (2001): EU-Parlament stärkt Erneuerbare-Energien-Gesetz – Richtlinie für Erneuerbare Energien verabschiedet. Pressemitteilung der Bundestagsfraktion Bündnis 90/ Die Grünen, 04.07.2001. www.geothermie.de (12.1.2007).

Fell, Hans-Josef (2002): Ein Tag für die Sonne. Steuerbefreiung von Biokraftstoffen und Verbesserung des EEG. Pressemitteilung, Bundestagsfraktion von Bündnis 90/Die Grünen, 5. Juni 2002, www.berlinews.de (3.7.2007).

Fell, Hans-Josef (2007): Europa der erneuerbare Energien, statt Euratom. Pressemitteilung Nr. 0360 der Bundestagsfraktion Bündnis 90/Die Grünen, 26.3.2007, www.gruene-bundestag.de (7.4.2007).

Fell, Hans-Josef/ Pfeiffer, Carsten (Hrsg.) (2006): Chance Energiekrise. Der solare Ausweg aus der fossil-atomaren Sackgasse, Berlin.

Fenhann, Jorgen (2007a): CDM-Projekt-Pipeline. UNEP Risoe Centre, Projekt Capacity Development for CDM (CD4CDM), Stand 1.4.2007, www.cd4cdm.org (6.4.2007).

Fenhann, Jorgen (2007b): JI-Projekt-Pipeline. UNEP Risoe Centre, Stand 1.4.2007, www.cd4cdm.org (6.4.2007).

Fickel, Karl (2006): Informationen zum Kapitalmarkt Erneuerbare Energien als Segment des Sustainability/ Nachhaltigkeit Investments. Competence Site, NetSkill AG, Virtual Roundtable, www.competence-site.de (1.8.2006).

Finon, Dominique/ Midttun, Atle (Hrsg.) (2004): Reshaping European gas and electricity industries. Regulation, Markets and Business Strategies; Oxford.

Finon, Dominique, Atle/ Omland, Terje/ Mez, Lutz/ Ruperez-Micola, Augusto/ Nucci, Rosaria di/ Soares, Isabel/ Thomas, Steve (2004): Strategic configuration: A casuistic approach. In: Finon, Dominique/ Midttun, Atle (Hrsg.): Reshaping European gas and electricity industries. Regulation, Markets and Business Strategies; Amsterdam; S. 297-353.

Fischedick, Manfred/ Esken, Andrea/ Pastowski, Andreas/ Schüwer, Dietmar/ Supersberger, Nikolaus/ Nitsch, Joachim/ Viebahn, Peter/ Bandi, Andreas/ Zuberbühler, Ulrich/ Edenhofer, Ottmar (2007): RECCS - Strukturell-ökonomisch-ökologischer Vergleich regenerativer Energietechnologien (RE) mit Carbon Capture and Storage (CCS); Forschungsvorhaben im Auftrag des BMU, Wuppertal, Stuttgart, Potsdam, www.dlr.de (8.6.2007).

Flasbarth, Jochen (2002): Weltgemeinschaft hat globale Herausforderung für Umwelt und Entwicklung noch nicht angenommen. „Gipfel der Schadensbegrenzung". In: Rundbrief Forum Umwelt und Entwicklung, Nr. 3/2002, S. 7-8.

Forsa (2005): Sonntagsfrage: Linkspartei bei elf Prozent. 29.6.2005, http://de.wikinews.org (3.7.2007).

Forum-UE/ EE-Netz [Forum Umwelt & Entwicklung, Netzwerk Erneuerbare Energien Nord-Süd] (Hrsg.) (2002): Das war der Gipfel. Rundbrief 3/2002; Bonn.

Forum-UE/ EE-Netz [Forum Umwelt & Entwicklung, Netzwerk Erneuerbare Energien Nord-Süd] (2004): Deutsche NGOs: Jetzt ist Zeit zu handeln! Pressemitteilung, 3.6.2004, www.forum-ue.de (26.4.2007).

Fouquet, Dörte/ Grotz, Claudia/ Sawin, Janet/ Vassilakos, Nikos (2005): Reflections on a possible unified EU financial support scheme for renewable energy systems (RES): A comparison of minimum-price and quota systems and an analysis of market conditions. EREF's position regarding enactment of a unified financial support scheme for the promotion of renewable energies in the "Europe-25"- With analysis and contributions from the Worldwatch Institute; Janurar 2005, Brussels, Washington, www.wind-energie.de (17.1.2007).

FR [Frankfurter Rundschau] (2005): Streit über Förderung von Öko-Strom. Minister Trittin lehnt Vorstoß des Verbands der Elektrizitätswirtschaft ab / Windenergie-Lobby übt scharfe Kritik. In: Frankfurter Rundschau, 3.5.2005, S. 18.

FR [Frankfurter Rundschau] (2006a): Geballte Kraft. FR-Info-Grafik. In: Frankfurter Rundschau, Nr. 58, 9.3.2006, S. 10.

FR [Frankfurter Rundschau] (2006b): Industriestaaten setzen auf Atomkraft. In: Frankfurter Rundschau, Nr. 163, 17.7.2006, S. 1.

FR [Frankfurter Rundschau] (2006c): Madrid träumt vom nationalen Energieriesen. In: Frankfurter Rundschau, Nr. 58, 9.3.2006, S. 10.

FR [Frankfurter Rundschau] (2006d): Wolfgang Clement: Umtriebig. In: Frankfurter Rundschau, Autor: Mbe, 19.10.2006, S. 2.

Franken, Marcus (2007): Kohlekraft? Nein Danke! In: Neue Energie, Nr. 5/2007, S. 19-22.

Franken, Marcus/ Methling, Wolfgang (2005): "Das EEG ist das Beste, was Rot-Grün gemacht hat". Wolfgang Methling, Umwelt-Experte der Linkspartei, lobt das Einspeisegesetz und formuliert ehrgeizige Ziele. In: Neue Energie, Nr. 8/05, S. 30-31.

Franken, Markus/ Köpke, Ralf (2003a): "Ich bin kein Freund von Deckel-Konstruktionen". Interview mit Bundesumweltminister Jürgen Trittin über die Novelle des EEG, den Ausbau der Ökoenergien sowie die Zukunft der Windkraft. In: Neue Energie, Nr. 5/2003, S. 26-29.

Franken, Markus/ Köpke, Ralf (2003b): Worte! Worte! Keine Taten! In: Neue Energie, Nr. 5/2003, S. 20-23.

Frey, Barbara (2004): Katalog der guten Taten. In: Solarthemen, Nr. 185, 10.6.2004, S. 3.

Frey, Martin (2006): Tiefen-Geothermie vor dem Durchbruch. In: Solarthemen, Nr. 244, 23.11.2006, S. 8-9.

Friberg, Lars/ Benecke, Gudrun/ Schröder, Miriam (2006): The Role of the Clean Development Mechanism - Now and in the Future; KyotoPlus-Paper zur Konferenz „KyotoPlus – Wege aus der Klimafalle", 28. / 29.9.2006, Berlin, www.kyotoplus.org (6.4.2007).

Friege, Henning/ Geßner, Michael (2006): Die KWK-Regelung - Sichtweise eines kommunalen Betreibers. In: Schwanhold, Ernst/ Kummer, Beate (Hrsg.): Nachhaltige Energiepolitik - Herausforderungen der Zukunft. Versorgungssicherheit, Umweltverträglichkeit, Wirtschaftlichkeit; Bad Honnef; S.

Fritsch, Michael/ Wein, Thomas/ Ewers, Hans-Jürgen (2005): Marktversagen und Wirtschaftspolitik: mikroökonomische Grundlagen staatlichen Handelns; 6. Auflage, München.

Fritsche, Uwe R. (2007): Treibhausgasemissionen und Vermeidungskosten der nuklearen, fossilen und erneuerbaren Strombereitstellung; Arbeitspapier, Darmstadt, www.bmu.de (14.6.2007).

Fritsche, Uwe R. et al. (2004): Stoffstromanalyse zur nachhaltigen energetischen Nutzung von Biomasse, Endbericht; BMU Verbundprojekt gefördert vom BMU im Rahmen des ZIP, Darmstadt, Berlin, Oberhausen, Leipzig, Heidelberg, Saarbrücken, Braunschweig, München.

Fritsche, Uwe R./ Kristensen, Sidse (2005): Content Analysis of the International Action Programme of the International Conference for Renewable Energies, renewables2004 Bonn, 1-4.6.2004; BMU/ BMZ (ed.); www.renewables2004.de (25.4.2007).

Fritsche, Uwe R./ Matthes, Felix Chr. (2003): Changing Course. A contribution to a Global Energy Strategy (GES); Heinrich Böll Foundation World Summit Papers of the Heinrich Böll Foundation, No. 22, Berlin, www.boell.de (1.3.2007).

Frondel, Manuel/ Hillebrand, Bernard (2004): Reform der Ökologischen Steuerreform: Harmonisierung mit dem Emissionshandel. In: Energiewirtschaftliche Tagesfragen (ET), Nr. 5, Jg. 54, S. 330-332.

Frondel, Manuel/ Ritter, Nolan/ Schmidt, Christoph M. (2007): Photovoltaik: Wo viel Licht ist, ist auch viel Schatten; RWI: Positionen 18, 25. April 2007, www.rwi-essen.de (7.6.2007).

G8 [Gruppe der Acht] (2005): Aktionsplan von Gleneagles. Klimawandel, saubere Energie und nachhaltige Entwicklung; www.fco.gov.uk (22.2.2007).

G8 [Gruppe der Acht] (2006): Aktionsplan zur Globalen Energiesicherheit - Globale Herausforderungen im Bereich Energie (Arbeitsübersetzung). St. Petersburg, 17. Juli 2006; www.bundesregierung.de (23.2.2007).

G8 Environment Ministers (2001): Communiqué G8 Environment Ministers' Meeting in Trieste, 2-4 March 2001; www.env.go.jp (22.2.2207).

G8 Renewable Energy Task Force (2001): Chairmen's Report. July, 2001; www.g7.utoronto.ca (24.2.2007).

Gabler (Hrsg.) (1988): Gabler Wirtschafts-Lexikon; 12. Auflage, Wiesbaden.

Gabriel, Sigmar (2005): Der globale Ausbau erneuerbarer Energien - ein Weg zu mehr Gerechtigkeit. Rede zur Eröffnung der WREA, 26.11.2005. www.bmu.de (3.5.2007).

Gabriel, Sigmar (2006): Wir müssen dem Klimawandel entschlossenes Handeln entgegensetzen. Rede des Bundesumweltministers zu Beginn der Ministerberatungen in Nairobi. BMU-Pressedienst Nr. 295/06, 15.11.2006, www.bmu.de (5.4.2007).

Gailfuß, Markus (2000): Das KWK-Vorschalt-Gesetz - Hilfe für die Kraft-Wärme-Kopplung? Rastatt, BHKW-Infozentrum, www.bhkw-infozentrum.de (10.10.2006).

Gammelin, Cerstin (2005a): Ausgezählte Verbraucher. Noch ist die Union nicht an der Macht. Doch am neuen Energierecht hat sie schon mitgeschrieben. Das Ergebnis: Strom und Gas bleiben teuer. Die Zeit, Nr.26, 23.06.2005, www.zeit.de (3.11.2006).

Gammelin, Cerstin (2005b): Gut vernetzt. Die großen Stromversorger nutzen ihre blendenden Kontakte zur Politik und schaden ihren Kunden. Die Zeit, Nr.34, 18.08.2005, www.zeit.de (11.11.2006).

Gammelin, Cerstin/ Hamann, Götz (2005): Die Strippenzieher. Manager, Minister, Medien - wie Deutschland regiert wird; Berlin.

Gaserow, Vera (2004): Schlacht der Gutachter. Clement und Trittin streiten weiter über Erneuerbare Energien. In: Frankfurter Rundschau, 18.3.2004, S. 10.

Gaßner, Hartmut (2004): Schriftliche Stellungnahme zur öffentlichen Anhörung am 29. November 2004 in Berlin. In: Deutscher Bundestag (Hrsg.): Materialien zur öffentlichen Anhörung in Berlin am 29. November 2004, Zusammenstellung der schriftlichen Stellungnahmen, Ausschussdrucksache 15(9)1511, Ausschuss für Wirtschaft und Arbeit 26. November 2004, 15. Wahlperiode; S. 204-210.

Geitmann, Sven (2005): Erneuerbare Energien & alternative Kraftstoffe. Mit neuer Energie in die Zukunft; Kremmen.

Genoud, Christophe/ Finger, Matthias/ Arentsen, Maarten (2004): Energy Regulation: Convergence through Multilevel Technocracy. In: Finon, Dominique/ Midttun, Atle (Hrsg.): Reshaping European gas and electricity industries. Regulation, Markets and Business Strategies; Amsterdam; S. 111-128.

Gent, Kai, S.854ff. (1999): Deutsches Stromeinspeisungsgesetz und Europäisches Wettbewerbsrecht. In: Energiewirtschaftliche Tagesfragen (ET), Nr. 12, Jg. 49, S. 854-858.

GEODE [Groupement Européen d'Organisations d'Entreprises de Distribution d'Energie - Verband der unabhängigen Energieversorger] (2004): Erste Stellungnahme der GEODE zum Entwurf eines Gesetzes zur Neufassung des Energiewirtschaftsrechts, 17. März 2004; Berlin, (26.10.2006).

George, Stephen (2004): Multi-Level Governance and the European Union. In: Bache, Ian/ Flinders, Matthew (Hrsg.): Multi-Level Governance; Oxford; S. 107-126.

Georgi, Hanspeter (2003a): Perspektiven der Energienetzregulierung in Deutschland. Vortrag zum Kongress "Wettbewerb auf den Energiemärkten", 6. Oktober 2003, Kongresshalle Saarbrücken; www.izes.de (12.3.2007).

Georgi, Hanspeter (2003b): Positionspapier des saarländischen Wirtschaftsministers Dr. Hanspeter Georgi zur Regulierung des Netzzugangs bei Strom und Gas, 16.06.2003. www.energiedepesche.de (1.11.2006).

Gerling, Peter/ Rempel, Hilmar/ Schwarz-Schampera, Ulrich/ Thielemann, Thomas (2007): Reserven, Ressourcen und Verfügbarkeit von Energierohstoffen 2005 - Kurzstudie; Hrsg.: Bundesanstalt für Geowissenschaften und Rohstoffe, Überarbeitete Fassung Stand: 21. Februar 2007, Hannover, www.bgr.bund.de (6.6.2007).

Germanwatch (2006): Klimaschutz in der Koalitionsvereinbarung. Klimaschutz als Aufgabenfeld der Entwicklungspolitik (PowerPoint-Foliensatz), www.germanwatch.org (1.9.2006).

Germanwatch (2007): Der halbe Durchbruch: Ein starkes UN-Mandat, aber USA und Russland blockieren noch das notwendige Reduktionsziel. Kurzanalyse der G8-Klimaeinigung. Pressemitteilung, 7.6.07, www.germanwatch.org (20.7.2007).

GESTA [Stand der Gesetzgebung des Bundes] (2003): Dokumentation zum Verlauf der Gesetzgebung zu: Erstes Gesetz zur Änderung des Gesetzes zur Neuregelung des Energiewirtschaftsrechts; E011; http://dip.bundestag.de (12.3.2007).

Gillett, William (2006): The support of electricity from renewable energy sources; Presentation, Final Conference "Renewable Energy and Liberalisation in Electricity Markets: Lessons and Recommendations for Policy", November 2-3, 2006, Berlin, www.realise-forum.net (13.1.2007).

Goerten, John/ Clement, Emmanuel (2006): Indikatoren für die Liberalisierung des europäischen Strommarkts 2004-2005. In: Eurostat: Statistik kurz gefasst, Umwelt und Energie, Nr. 6/2006, Energie, S. 1-8.

Golbach, Adi [Geschäftsführer Bundesverband Kraft-Wärme-Kopplung] (2006): Interview 7, Policy-Analyse EnWG und erneuerbare Energien; 10. März 2006, Berlin.

Görlach, Benjamin/ Meyer-Ohlendorf, Nils (2003): Energy Policy in the Constitutional Treaty. Future Options for a European Energy Policy and Implications for the Environment; R. Andreas Kraemer/ Müller-Kraenner, Sascha Ecologic Briefs - A Sustainable Constitution for Europe, Berlin, www.ecologic.de (12.3.2007).

Grande, Edgar (2000): Multi-Level Governance: Institutionelle Besonderheiten und Funktionsbedingungen des europäischen Mehrebenensystems. In: Grande, Edgar/ Jachtenfuchs, Markus (Hrsg.): Wie problemlösungsfähig ist die EU? Regieren im europäischen Mehrebenensystem; Baden-Baden; S. 11-30.

Grande, Edgar/ Eberlein, Burkhard (2000): Der Aufstieg des Regulierungsstaates im Infrastrukturbereich. In: Czada, Roland/ Wollmann, Helmut (Hrsg.): Von der Bonner zur Berliner Republik. 10 Jahre deutsche Einheit. Leviathan-Sonderheft 19; Opladen; S. 631-650.

Grande, Edgar/ Risse, Thomas (2000): Bridging the Gap. Konzeptionelle Anforderungen an die politikwissenschaftliche Analyse von Globalisierungsprozessen. In: ZIB Zeitschrift für Internationale Beziehungen, Nr. 7:2, S. 235-266.

Gras, Sebastian (2005): Die Entflechtung nach §§ 6-10 EnWG. Präsenation, 27. Oktober 2005, Bonn, www.bundesnetzagentur.de (8.11.2006).

Greenpeace (1997): Greenpeace welcomes EU renewable energy blueprint. EU Kyoto position strength-ened. Climate Press Releases, 26 November 1997, Brussels, http://archive.greenpeace.org (22.12.2006).

Greenpeace (2001): G8 leaders could sink their own global blueprint for renewable energy. Climate Press Release, 21.07.2001, http://archive.greenpeace.org (25.2.2007).

Greenpeace (2002): Bewertung der Ergebnisse des Weltgipfels von Johannesburg 2002. Beitrag vom 26.10.2002, www.greenpeace.de (19.4.2007).

Greenpeace (2004a): Bonn-Konferenz bringt kleinen Fortschritt für Klimaschutz. Konsens-Strategie der Bundesregierung verhinderte Durchbruch. Pressemitteilung, 4.6.2004, www.greenpeace.de (28.4.2007).

Greenpeace (2004b): Schriftliche Stellungnahme zur öffentlichen Anhörung am 29. November 2004 in Berlin. In: Deutscher Bundestag (Hrsg.): Materialien zur öffentlichen Anhörung in Berlin am 29. November 2004, Zusammenstellung der schriftlichen Stellungnahmen, Ausschussdrucksa-che 15(9)1511, Ausschuss für Wirtschaft und Arbeit, 26. November 2004; S. 174-179.

Greenpeace (2007): Greenpeace nennt Merkels Klimaschutzziele eine Mogelpackung. Wuppertal-Studie: Europa macht halbherzige Klimschutzversprechungen. Presseerklärung, 08.03.2007, www.greenpeace.de (23.3.2007).

Greenpeace/ WWF/ COGEN/ EWEA/ CNE/ Earth, Friends of the/ E5/ FGW/ BWE (1999): Principles for a Renewable Energy Directive in the European Union, April 1999. http://archive.greenpeace.org (28.12.2006).

Greenpeace/ WWF/ Watch, ECA (2001): G8 Plan for Africa pointless without renewable energy support. Joint statement, 22.07.2001, http://archive.greenpeace.org (23.2.2007).

Greenpeace energy (2003): Teuer und chaotisch: Monitoringbericht zum Energiemarkt legt Defizite im liberalisierten Strommarkt offen. Greenpeace energy: Regulierungsbehörde muss sofort eingerichtet werden. 03.09.2003, www.greenpeace-energy.de (1.11.2006).

Greenpeace Magazin (2004): So grün ist Deutschland. Repräsentative Umfrage des Emnid-Instituts. www.greenpeace-magazin.de (20.04.2006).

Greger, Nika/ Damm, Tile von (2002): Augen zu und durch? Positionen vor dem Weltgipfel für Nach-haltige Entwicklung; PerGlobal Analyse, August 2002, Berlin, www.perglobal.org (18.4.2007).

Gröner, Helmut (1965): Ordnungspolitik in der Elektrizitätswirtschaft. In: ORDO (Hrsg.): Jahrbuch für die Ordnung von Wirtschaft und Gesellschaft; Stuttgart; S. 333-412.

Grosse, Angela (2006): Der Ausstieg war ein Kurzschluß. Hamburger Abendblatt, 10.1.2006, www.abendblatt.de (14.6.2007).

Grotelüschen, Manfred/ Grave, Joachim (1994): Einspeisegesetz ist zu pauschal. Elektrizitätswirtschaft zieht frei vereinbartes Vergütungsmodell vor. In: VDI-Nachrichten, Nr. 25, 4.7.1994, S. 18.

GTZ/ dena [Deutsche Gesellschaft für Technische Zusammenarbeit, Deutsche Energie Agentur] (2004): 'Business Forum Renewables' von dena und GTZ präsentiert Spitzentechnologien der Erneuer-baren-Energie-Branche. www.gtz.de (2.5.2007).

Haas, Peter M. (1992): Banning CFC - Epistemic Community Efforts to Protect Stratospheric Ozone. In: International Organization, Nr. 46/1, S. 187-224.

Haas, Reinhard/ Faber, Thomas/ Green, John/ Gual, Miguel/ Huber, Claus/ Resch, Gustav/ Ruijgrok, Walter/ Twidell, John (2000): Promotion Strategies for Electricity from Renewable Energy Sources in EU Countries; Reinhard Haas (ed.): Review Report, compiled within the cluster "Green electricity" co-financed under the 5th framework programme of the European Com-mission, Wien, www.eeg.tuwien.ac.at (25.06.2006).

Haas, Reinhard/ Resch, Gustav/ Huber, Claus/ Faber, Thomas (2005): Experiences of GREEN-X, FORRES, OPTRES – lessons learned for policy; "Green Power Markets, Future Energy Poli-cies, and Emission Trading Schemes in Comparison", 10th meeting of the Reform Group, Sep-tember 26–30, 2005, Salzburg, www.eeg.tuwien.ac.at (21.1.2007).

Hack, Martin (2004): Synopse zum geplanten und geltenden Energiewirtschaftsrecht, im Auftrag von Greenpeace e.V., Stand 6.12.2004; Hamburg, www.greenpeace.de (2.11.2006).

Hagem, Cathrine/ Holtsmark, Bjart (2001): From small to insignificant: Climate impact of the Kyoto Protocol with and without US; CICERO Policy Note 2001:1, www.duo.uio.no (22.3.2007).

Hajer, Maarten A. (1993): Discourse Coalitions and the Institutionalizations of Practise: The Case of Acid Rain in Great Britain. In: Fischer, Frank/ Forester, John (Hrsg.): The Argumentative Turn in Policy Analysis and Planning; Durham; S. 43-76.

Handelsblatt (2003): Clement lehnt Energie-Regulierer ab. Wirtschaftsminister verteidigt auf Handelsblatt-Tagung deutschen Sonderweg - Die Branche klatscht Beifall. In: Handelsblatt, Nr. 10, 15.01.03, S. 11.

Hantsch, Stefan (2000): Lobbyarbeit in Brüssel. In: Windenergie, Zeitschrift der IG Windkraft Österreich, Nr. 15/ März 2000, S. 6-7.

Haus & Energie (2006): Neue Energiekonzepte - von der Nordsee bis zum Bodensee. Spezial Starke Netze. In: Haus & Energie, Nr. 7-8 2006, S. 56-85.

Heclo, Hugh (1978): Issue Networks and the Executive Establishment. In: King, Anthony (Hrsg.): The New American Political System; Washington D.C.; S. 87-124.

Hein, Wolfgang (2001): Die Aktivitäten der Vereinten Nationen für Erneuerbare Energien in den neunziger Jahren. In: Solarzeitalter, Nr. 2/2001, S. 25-27.

Heinrich-Böll-Stiftung (Hrsg.) (2006): Mythos Atomkraft. Ein Wegweiser; Berlin.

Heinrich-Böll-Stiftung/ Forum Umwelt und Entwicklung/ WWF (2004): Erneuerbare Energien: Europa muss vorangehen. Gemeinsame Presseerklärung, 18.1.2004, www.boell.de (24.4.2007).

Hemmelskamp, Jens (1999): Umweltpolitik und technischer Fortschritt; Heidelberg.

Hempelmann, Rolf (2005): Das neue Energiewirtschaftsgesetz - Ergebnisse des Vermittlungsausschusses. www.rolfhempelmann.de (5.11.2006).

Hennicke, Peter/ Müller, Michael (2005): Weltmacht Energie. Herausforderung für Demokratie und Wohlstand; Stuttgart.

hib [heute im Bundestag] (2003a): FDP fordert Verzicht auf eine Regulierungsbehörde für Energiemärkte. hib-Meldung, Wirtschaft und Arbeit/Antrag, 14.04.2003, 084/2003, www.bundestag.de (31.10.2006).

hib [heute im Bundestag] (2003b): Härtefallregelung zum Erneuerbare-Energien-Gesetz angenommen (Ausschuss für Umwelt, Naturschutz und Reaktorsicherheit). hib-Meldung 120/2003, 4.6.2003, http://webarchiv.bundestag.de (26.6.2007).

Hillebrand, Bernhard/ Knieper, Onke/ Schmidt, Gerhard/ Schmidt, Hans-Werner (1991): Auswirkungen des EG-Binnenmarktes für Energie auf Verbraucher und Energiewirtschaft in der Bundesrepublik; Rheinisch-Westfälisches Institut für Wirtschaftsforschung: Untersuchungen des RWI: Heft 1, Essen.

Hinrichs-Rahlwes, Rainer (2007): Interview 17, nationale und internationale EE-Politik; 24. Mai 2007, Berlin.

Hinsch, Christian (2000): Europe: Brussels in motion. In: New Energy, Nr. 3, 2000, S. 6-9.

Hirschl, Bernd (2002a): Die deutsche Photovoltaik-Industrie - Branchenreport 2002; im Auftrag der Unternehmensvereinigung Solarwirtschaft UVS, Berlin.

Hirschl, Bernd (2002b): Marktentwicklung Ökostrom. In: Hirschl, Bernd/ Hoffmann, Esther et al. (Hrsg.): Markt- und Kostenentwicklung erneuerbarer Energien. 2 Jahre EEG - Bilanz und Ausblick; Berlin; S. 223-243.

Hirschl, Bernd (2002c): Photovoltaik. In: Hirschl, Bernd/ Hoffmann, Esther et al. (Hrsg.): Markt- und Kostenentwicklung erneuerbarer Energien. 2 Jahre EEG - Bilanz und Ausblick; Berlin; S. 13-52.

Hirschl, Bernd (2004): Die deutsche Photovoltaik-Industrie - Branchenreport 2003/2004; im Auftrag der Unternehmensvereinigung Solarwirtschaft UVS, Berlin.

Hirschl, Bernd (2005): Acceptability of Solar Power Systems - A Study on Acceptability of Photovoltaics with Special Regard to the Role of Design; IÖW [Institut für ökologische Wirtschaftsforschung]: Schriftenreihe Nr. 180/05, Berlin.

Hirschl, Bernd (2006): Heilsversprechen von Klimasündern. CO_2-Speicherung als pfadverlängernde Technologie der fossilen Energiewirtschaft? In: Ökologisches Wirtschaften, Nr. 4/2006, S. 11.

Hirschl, Bernd/ Hoffmann, Esther (2003): Zukunftstechnologie Brennstoffzelle? Diffusionsbedingungen und sozial-ökologische Forschungsempfehlungen unter besonderer Berücksichtigung dezentraler Energieversorgung; IÖW [Institut für ökologische Wirtschaftsforschung]: Schriftenreihe Nr. 165/03, Berlin.

Hirschl, Bernd/ Hoffmann, Esther (2005): Countdown für Wärme aus erneuerbaren Energien? In: GAiA. Ökologische Perspektiven für Wissenschaft und Gesellschaft, Nr. 3/2005, S. 219-223.

Hirschl, Bernd/ Hoffmann, Esther/ Zapfel, Björn/ Durstewitz, Michael/ Hoppe-Kilpper, Martin/ Bard, Jürgen (2002): Markt- und Kostenentwicklung erneuerbarer Energien. 2 Jahre EEG - Bilanz und Ausblick; Beiträge zur Umweltgestaltung, Band A 151; Berlin.

Hirschl, Bernd/ Liesenfeld, Joachim/ Paul, Gerd (2006): Export von Umwelt-Dienstleistungen. In: Streich, Deryk/ Wahl, Dorothee (Hrsg.): Moderne Dienstleistungen. Impulse für Innovation, Wachstum und Beschäftigung. Beiträge der 6. Dienstleistungstagung des BMBF; Frankfurt a.M.; S. 165-176.

Hirschl, Bernd/ Walk, Heike (2002): Der Geist von Rio unter Privatisierungsdruck. In: Rundbrief Forum Umwelt und Entwicklung, Nr. 3/2002, S. 23-24.

Hirschl, Bernd/ Zapfel, Björn (2002): Geothermische Stromerzeugung. In: Hirschl, Bernd/ Hoffmann, Esther et al. (Hrsg.): Markt- und Kostenentwicklung erneuerbarer Energien. 2 Jahre EEG - Bilanz und Ausblick; Berlin; S. 195-221.

HMWVL [Hessisches Ministerium für Wirtschaft, Verkehr und Landesentwicklung] (2005): Hessisches Wirtschaftsministerium: "Eventuellen Klagen von Stromunternehmen sehen wir gelassen entgegen". Pressemitteilung, 22.12.2005, www.wirtschaft.hessen.de (18.11.2006).

Hoffmann, Esther (2002): Bioenergie. In: Hirschl, Bernd/ Hoffmann, Esther et al. (Hrsg.): Markt- und Kostenentwicklung erneuerbarer Energien. 2 Jahre EEG - Bilanz und Ausblick; Berlin; S. 53-154.

Hoffmann, Esther/ Hirschl, Bernd/ Nill, Jan/ Hohmeyer, Olav/ Brandt, Edmund (2004): Marktdurchdringung erneuerbarer Energien im Wärmemarkt; unveröffentlichter Endbericht, Umweltforschungsplan des Bundesministeriums für Umwelt, Naturschutz und Reaktorsicherheit, Berlin.

Hohensee, Jens (1996): Der erste Ölpreisschock 1973/74. Die politischen und gesellschaftlichen Auswirkungen der arabischen Erdölpolitik auf die Bundesrepublik Deutschland und Westeuropa; Historische Mitteilungen, Beihefte Band 17; Stuttgart.

Hohmeyer, Olav (2002): Vergleich externer Kosten der Stromerzeugung in Bezug auf das Erneuerbare Energien Gesetz; Umweltbundesamt UBA-Texte, 06/02; Berlin.

Höhn, Bärbel (2007): Klimaschutz mit EON, RWE & Co.? In: Blätter für deutsche und internationale Politik, Nr. 7/2007, S. 777-780.

Höhne, Niklas (2004): Forschungsbedarf - Internationale Klimapolitik nach 2012. Vortrag, Workshop "Internationale Klimapolitik nach 2012: Herausforderungen für Politikberatung und Forschung", Wuppertal, November 2004, www.wupperinst.org (22.3.2007).

Höhne, Niklas/ Phylipsen, Dian/ Ullrich, Simone/ Blok, Kornelis (2005): Options for the second commitment period of the Kyoto Protocol; Umweltbundesamt (Hrsg.): Climate Change, Nr. 02/2005, Berlin, www.umweltdaten.de (22.3.2007).

Holschumacher, Ralf/ Rentz, Otto (1995): Emissionsarme Energieerzeugung in Kohlekraftwerken: Determinanten der Entwicklung und Ausbreitung von Emissionsminderungstechnologien; ein internationaler Vergleich; Luftreinhaltung in Forschung und Praxis, Bd. 6; Berlin.

Hooghe, Liesbet/ Marks, Gary (2001): Multi-Level Governance and European Integration; Lanham.

Hooghe, Liesbet/ Marks, Gary (2003): Unravelling the Central State, but How? Types of Multi-Level Governance. In: American Political Science Review, Nr. 97:2, S. 233-243.

Horn, Manfred/ Wernicke, Ingrid/ Ziesing, Hans-Joachim (2007): Primärenergieverbrauch in Deutschland nur wenig gestiegen. In: DIW Wochenbericht, Nr. 8/2007, 74. Jg, 21.2.2007, S. 105-118.

Houghton, J.T./ Jenkins, G.J./ Ephraums, J.J. (Hrsg.) (1990): Scientific Assessment of Climate change - Report of Working Group I; IPCC First Assessment Report 1990, Volume 1/3, Cambridge.

Howlett, Michael/ Ramesh, M. (2003): Studying public policy: policy cycles and policy subsystems. Second Edition; Toronto.

Hübner, Rainer (2007): Emissionshandel - Deutsche Politik ein kostspieliges Desaster. capital.de, Pressemeldungen, 02.07.2007, www.capital.de (20.7.2007).

Hustedt, Michaele (2005): Systemwechsel in der Energiewirtschaft. Bewertung der Energiewirtschaftsnovelle nach der dritten Lesung im Bundestag, 10. März 2005. Bundestagsfraktion Bündnis 90 / Die Grünen, www.gruene.landtag.nrw.de (6.11.2006).

Hvelplund, Frede (2001): Political prices of political quantities. In: New Energy, Nr. 5/ 2001, S. 18-23.

IAEA/ OECD [International Atomic Energy Agency, OECD Nuclear Energy Agency] (2004): IAEA Red Book - Uranium 2003: Resources, Production, and Demand: Uranium 2003; OECD Publishing, Paris.

ICC [International Chamber of Commerce] (2002): Energy for Sustainable Development. Business Recommendations and Roles; ICC - The world business organization, Department of Policy and Business Practices, presented by the ICC Energy Committee Paris, http://basd.free.fr (17.4.2007).

IEA [International Energy Agency] (2002): Renewable Energies ... into the Mainstream; Hrsg: Novem/ Netherlands www.iea.org (7.4.2007).

IEA [International Energy Agency] (2003): Beyond Kyoto. Ideas for the Future; www.iea.org (22.3.2007).

IEA [International Energy Agency] (2004a): Renewable Energy - Markets and Policy Trends in IEA Countries. Press releases, (04)12, 1.6.2004, www.iea.org (2.3.2007).

IEA [International Energy Agency] (2004b): Renewable Energy. Market & Policy Trends in IEA Countries; Paris.

IEA [International Energy Agency] (2005a): Climate Change, Clean Energy and Sustainable Development. G8 Gleneagles Programme.

IEA [International Energy Agency] (2005b): Key World Energy Statistics 2005; Agency, International Energy Key World Energy Statistics, www.iea.org (12.3.2007).

IEA [International Energy Agency] (2007): Executive Office. www.iea.org (1.3.2007).

IEA [International Energy Agency] (o.J.): IEA - An overview. www.iea.org (26.2.2007).

IFC [International Finance Corporation, World Bank Group] (2004): Extractive Industries Review: Verwaltungsrat der Weltbank beschliesst künftige Schritte nach Vorlage des Berichts über die Rohstoffindustrien. Pressemitteilung 3. August 2004, www.ifc.org (1.9.2006).

IFEM [Institut für empirische Medienforschung] (2007): Klimaschutz erneut Topthema der Fernsehnachrichten. Informationsdienst POLIXEA Portal, InfoMonitor März 2007, im Auftrag der ARD/ZDF-Medienkommission, www.polixea-portal.de (14.5.2007).

IFIEC Europe [International Federation of Industrial Energy Consumers] (2003): Renewable Energy in the EU - The Promotion of Wind Power in the European Union; Position Paper, 11.02.2003, Brussels, www.ifieceurope.org (21.1.2007).

IG BCE [Industriegewerkschaft Bergbau, Chemie, Energie] (2007): Hubertus Schmoldt zum Energiegipfel: Energiepolitik für Standort Deutschland. Pressemitteilung XI/38, 3.07.2007, www.igbce.de (6.7.2007).

IISD [International Institute for Sustainable Development] (2002a): Earth Negotiations Bulletin. A Reporting Service for Environment and Development Negotiations; Vol. 22 No. 19, Monday, 11 February 2002, www.iisd.ca (17.4.2007).

IISD [International Institute for Sustainable Development] (2002b): Earth Negotiations Bulletin. A Reporting Service for Environment and Development Negotiations; Vol. 22 No. 41 Monday, 10 June 2002, www.iisd.ca (17.4.2007).

IISD [International Institute for Sustainable Development] (2002c): WSSD 2, Vol. 22 No. 43, 27.8.2002; Earth Negotiations Bulletin. A Reporting Service for Environment and Development Negotiations, www.iisd.ca (17.4.2007).

IISD [International Institute for Sustainable Development] (2002d): WSSD 3, Vol. 22, No. 44, 28.8.2002; Earth Negotiations Bulletin. A Reporting Service for Environment and Development Negotiations, www.iisd.ca (17.4.2007).

IISD [International Institute for Sustainable Development] (2002e): WSSD 5, Vol. 22, No. 46, 30.8.2002; Earth Negotiations Bulletin. A Reporting Service for Environment and Development Negotiations, www.iisd.ca (17.4.2007).

IISD [International Institute for Sustainable Development] (2002f): WSSD 7, Vol. 22, No. 48, 2.9.2002; Earth Negotiations Bulletin. A Reporting Service for Environment and Development Negotiations, www.iisd.ca (17.4.2007).

IISD [International Institute for Sustainable Development] (2002g): WSSD 8, Vol. 22, No. 49, 3.9.2002; Earth Negotiations Bulletin. A Reporting Service for Environment and Development Negotiations, www.iisd.ca (17.4.2007).

IISD [International Institute for Sustainable Development] (2002h): WSSD Final, Vol. 22, No. 51, 6.9.2002; Earth Negotiations Bulletin. A Reporting Service for Environment and Development Negotiations, www.iisd.ca (17.4.2007).

IISD [International Institute for Sustainable Development] (2004a): renewables 2004 Bulletin. A Daily Report from the International Conference for Renewable Energies, Volume 95, No. 1, 1.6.2004; www.renewables2004.de (20.4.2007).

IISD [International Institute for Sustainable Development] (2004b): renewables 2004 Bulletin. A Daily Report from the International Conference for Renewable Energies, Volume 95, No. 2, 2.6.2004; www.renewables2004.de (20.4.2007).

IISD [International Institute for Sustainable Development] (2004c): renewables 2004 Bulletin. A Daily Report from the International Conference for Renewable Energies, Volume 95, No. 4, 4.6.2004; www.renewables2004.de (20.4.2007).

IISD [International Institute for Sustainable Development] (2004d): renewables 2004 Bulletin. A Daily Report from the International Conference for Renewable Energies, Volume 95, No. 5, 7.6.2004; www.renewables2004.de (20.4.2007).

IKEE [Information und Kommunikation für Erneuerbare Energien] (2005): Erneuerbare Energien: Deutsche Technologie und Know-how in China gefragt. Informationskampagne Erneuerbare Energien (Hrsg.), Pressemeldungen, 7.11.2005, www.unendlich-viel-energie.de (2.5.2007).

Iken, Jörn (2006): Offshore-Windenergie: Den Projekten läuft die Zeit davon. In: Sonne Wind & Wärme, Nr. 9/2006, S. 98-103.

Iken, Jörn (2007): Das große Geld bewegt die Branche. In: Sonne Wind & Wärme, Nr. 1/2007, S. 40-44.

Informationskreis Kernenergie (2007): Gute Gründe für die Kernenergie. Stand: Mai 2007, www.kernenergie.de (14.6.2007).

Infrastrukturbeschleunigungsgesetz (2006): Gesetz zur Beschleunigung von Planungsverfahren für Infrastrukturvorhaben; BGBl Jg. 2006 Teil I Nr. 59, ausgegeben zu Bonn am 16.12.2006, S. 2833-2853; www.bgblportal.de (12.3.2007).

International Feed-in Cooperation (o. J.): The Cooperation. www.feed-in-cooperation.org (18.1.2007).

IPCC [Intergovernmental Panel on Climate Change] (1990): The IPCC Response Strategies – Report of Working Group III; IPCC First Assessment Report 1990, Covelo, CA.

IPCC [Intergovernmental Panel on Climate Change] (1995a): Climate Change 1995: Impacts, Adaptations and Mitigation of Climate Change: Scientific-Technical Analyses; R.T.Watson, M.C.Zinyowera, R.H.Moss (Eds): Contribution of Working Group II to the Second Assessment of the IPCC, Cambridge.

IPCC [Intergovernmental Panel on Climate Change] (1995b): IPCC Second Assessment: Climate Change 1995; WMO/ UNEP IPCC reports, Geneva, www.ipcc.ch (20.3.2007).

IPCC [Intergovernmental Panel on Climate Change] (1995c): Summary for Policymakers: Scientific-Technical Analyses of Impacts, Adaptations and Mitigation of Climate Change - IPCC Working Group II; www.ipcc.ch (24.3.2007).

IPCC [Intergovernmental Panel on Climate Change] (2000): Land Use, Land-Use Change, and Forestry. Special Report of the Intergovernmental Panel on Climate Change; Robert T. Watson, Ian R. Noble, Bert Bolin, N. H. Ravindranath, David J. Verardo and David J. Dokken (ed.), Cambridge.

IPCC [Intergovernmental Panel on Climate Change] (2001a): Climate Change 2001: Synthesis Report. A contribution of Working Groups I, II and III to the Third Assessment Report; Cambridge.

IPCC [Intergovernmental Panel on Climate Change] (2001b): Climate Change 2001: Working Group III: Mitigation; www.grida.no (25.3.2007).

IPCC [Intergovernmental Panel on Climate Change] (2005): Carbon Dioxide Capture and Storage. Summary for Policymakers and Technical Summary; www.ipcc.ch (22.2.2007).

IPCC [Intergovernmental Panel on Climate Change] (2007a): Climate Change 2007: Impacts, Adaptation and Vulnerability - Working Group II Contribution to the IPCC Fourth Assessment Report - Summary for Policymakers; formally approved at the 8th Session, April 2007, Brussels, www.ipcc.ch (22.7.2007).

IPCC [Intergovernmental Panel on Climate Change] (2007b): Climate Change 2007: Mitigation of Climate Change - Contribution of Working group III to the IPCC Fourth Assessment Report of IPCC - Summary for Policymakers; B. Metz, O. R. Davidson, P., R. Bosch, R. Dave, L. A. Meyer (eds), Cambridge and New York, www.ipcc.ch (22.5.2007).

IPCC [Intergovernmental Panel on Climate Change] (2007c): Climate Change 2007: The Physical Science Basis - Contribution of Working Group I to the Fourth Assessment Report of the IPCC - Summary for Policymakers; Solomon, S., D. Qin, M. Manning, Z. Chen, M. Marquis, K.B. Averyt, M.Tignor and H.L. Miller (eds.), Cambridge and New York, www.ipcc.ch (22.3.2007).

IPF [International Parliamentary Forum on Renewable Energies, Bonn 2004] (2004): Erneuerbare Energien – die Jahrhundertherausforderung. Resolution des Internationalen Parlamentarier-Forums über Erneuerbare Energien, 2. Juni 2004. www.ipf-renewables2004.de (26.4.2007).

ISET [Institut für solare Energieversorgungstechnik] (2005): Optimal eingespeist – ISET präsentiert Ergebnisse des Forschungsprojektes DINAR. ISET, Pressemitteilung vom 10. November 2005, www.iset.uni-kassel.de (1.8.2006).

ITAS [Institut für Technikfolgenabschätzung und Systemanalyse] (1998): Enquete-Kommission "Schutz des Menschen und der Umwelt" legt Abschlußbericht vor. In: TA-Datenbank-Nachrichten, Nr. 3-4, 7. Jahrgang, S. 46-50.

IWR [Internationales Wirtschaftsforum Regenerative Energien] (2005): Einigung: Neues EnWG-Gesetz kommt zum 1. Juli. IWR-News, 10.06.2005, www.iwr.de (3.11.2006).

Jachtenfuchs, Markus/ Kohler-Koch, Beate (2004): Governance in der Europäischen Union. In: Benz, Arthur (Hrsg.): Governance - Regieren in komplexen Regelsystemen. Eine Einführung; Wiesbaden; S. 77-101.

Jacobs, Francis G. (2000): Schlussanträge des Generalanwalts Francis G. Jacobs vom 26. Oktober 2000, Rechtssache C-379/98, PreussenElektra AG gegen Schleswag AG unterstützt durch: Windpark Reussenköge III GmbH und Land Schleswig-Holstein (Vorabentscheidungsersuchen des Landgerichts Kiel); http://curia.europa.eu (12.3.2007).

Jacobsson, Staffan/ Bergek, Anna (2004): Transforming the Energy Sector: The Evolution of Technological Systems in Renewable Energy Technology. In: Jacob, Klaus/ Binder, Manfred et al. (Hrsg.): Governance for Industrial Transformation. Proceedings of the 2003 Berlin Conference on the Human Dimensions of Global Environmental Change; Berlin; S. 208 - 236.

Jacobsson, Staffan/ Lauber, Volkmar (2006): The politics and policy of energy system transformation - explaining the German diffusion of renewable energy technology. In: Energy Policy, Nr. 34 (3), S. 256-276.

Jäger, Gerd/ Weis, Michael (2004): Forschungsförderung Kernenergie 1956 bis 2002: Anschubfinanzierung oder Subvention? In: atw - Internationale Zeitschrift für Kernenergie, Nr. 1/Januar, 49. Jg., S. 8-10.

Jänicke, Martin (2002): The Political System's Capacity for Environmental Policy: The Framework for Comparison. In: Weidner, Helmut/ Jänicke, Martin (Hrsg.): Capacity Building in National Environmental Policy. A Comparative Study of 17 Countries; Berlin, Heidelberg, New York etc.; S. 1-18.

Jänicke, Martin/ Kunig, Philip/ Stitzel, Michael (2003): Umweltpolitik. Lern- und Arbeitsbuch; 2. Auflage, Bonn.

Jänicke, Martin/ Reiche, Danyel/ Volkery, Axel (2002): Rückkehr zur Vorreiterrolle? Umweltpolitik unter Rot-Grün. In: Vorgänge. Zeitschrift für Bürgerrechte und Gesellschaftspolitik, Nr. 157, Jg. 41, H. 1, S. 50-61.

Jänicke, Martin/ Weidner, Helmut (1997): Germany (National Environmental Policies). In: Jänicke, Martin/ Weidner, Helmut (Hrsg.): National Environmental Policies. A Comparative Study of Capacity-Building; Berlin, Heidelberg, New York u.a.; S. 133-155.

Janzing, Bernward (2005): Ein Quotenmodell als Investitionsbremse. Diese Zahlen entlarven, was Eon und Co tatsächlich wollen. In: die tageszeitung (taz), 8.6.2005, S. www.taz.de (3.7.2007).

Jenkins-Smith, Hank/ Sabatier, Paul A. (1994): Evaluating the Advocacy Coalition Framework. In: Journal of Public Policy, Nr. 14, S. 175-203.

Jensen, Dierk (2006): Die Allianzen-Schmiedin. Interview mit Michaele Hustedt. In: Neue Energie, Nr. 05/2006, S. 104-105.

Jessop, Bob (2004): Multi-Level Governance and Multi-Level Metagovernance. In: Bache, Ian/ Flinders, Matthew (Hrsg.): Multi-Level Governance; Oxford; S. 49-74.

Jordan, Andrew (2001): The European Union: an evolving system of multi-level governance. or government? In: Policy and Politics, Nr. 29:2, S. 193-208.

JREC [The Johannesburg Renewable Energy Coalition] (2002): Declaration on The Way Forward on Renewable Energy. Johannesburg, September 2002; http://ec.europa.eu (20.4.2007).

JREC [The Johannesburg Renewable Energy Coalition] (2006): Objectives and Members. http://ec.europa.eu (24.4.2007).

Kaltschmitt, Martin/ Andreas, Wiese/ Streicher, Wolfgang (Hrsg.) (2003): Erneuerbare Energien - Systemtechnik, Wirtschaftlichkeit, Umweltaspekte; 3. Auflage; Berlin, Heidelberg, New York.

Kanngießer, Antje (2005): Bedeutung des novellierten EnWG für die erneuerbaren Energien. In: Energie-Impulse, Nr. 1/2005, S. 12.

Kavalov, B./ Peteves, S.D. (2007): The Future of Coal; DG JRC, Institute for Energy EUR 22744 EN, February 2007, Petten (NL), http://ie.jrc.cec.eu.int (16.6.2007).

Keating, Michael/ Hooghe, Liesbet (1996): By-passing the nation-state? Regions and the EU policy process. In: Richardson, Jeremy (Hrsg.): European Union: Power and Policy-Making; London/ New York; S. 216-229.

Kemfert, Claudia (2005): Weltweiter Klimaschutz – Sofortiges Handeln spart hohe Kosten. In: DIW Wochenbericht, Nr. 12-13/2005, S. 209-215.

Kemfert, Claudia/ Dieckmann, Jochen (2006): Perspektiven der Energiepolitik in Deutschland. In: DIW Wochenbericht, Nr. 3/2006, 18. Januar 2006, S. 29-42.

Kemfert, Claudia/ Diekmann, Jochen (2005): Erneuerbare Energien: Weitere Förderung aus Klimaschutzgründen unverzichtbar. In: DIW Wochenbericht, Nr. 29/2005, 20.7.2005, S. 439-449.

Kemfert, Claudia/ Diekmann, Jochen (2006): Europäischer Emissionshandel: auf dem Weg zu einem effizienten Klimaschutz. In: DIW Wochenbericht, Nr. 46/2006, S. 661-669.

Kent, Jennifer/ Myers, Norman (2001): Perverse Subsidies: How Tax Dollars Can Undercut the Environment and the Economy; Washington DC.

Kern, Kristine (2000): Institutionelle Arrangements und Formen der Handlungskoordination im Mehrebenensystem der USA. In: Prittwitz, Volker von (Hrsg.): Institutionelle Arrangements in der Umweltpolitik. Zukunftsfähigkeit durch innovative Verfahrenskombinationen? Opladen; S. 41-64.

Kern, Kristine/ Koenen, Stephanie/ Löffelsend, Tina (2003): Die Umweltpolitik der rot-grünen Koalition - Strategien zwischen nationaler Pfadabhängigkeit und globaler Politikkonvergenz; Wissenschaftszentrum Berlin für Sozialforschung - WZB (Hrsg.): Discussion Paper Nr. SP IV 2003-103, Berlin, http://bibliothek.wz-berlin.de (16.6.2007).

Kirton, John/ Sunderland, Laura [G8 Research Group] (2005): The G8 Summit Communiqués on Energy, 1975-2005; November 2005, www.g7.utoronto.ca (25.2.2007).

Kjellingbro, Peter Marcus/ Skotte, Maria (2005): Environmentally Harmful Subsidies. Linkages between subsidies, the environment and the economy; Kopenhagen.

Klauer, Stefan (2004): Energiewirtschaft - Kabinettsentwurf der EnWG-Novelle. In: Linklaters Oppenhof & Rädler - Energierecht in Deutschland, Nr. 16, September 2004, S. 1-3.

Klenk, Tanja (2005): Governance-Reform und Identität: Zur Mikropolitik von Governance-Reformen. In: Oppen, Maria/ Sack, Detlef et al. (Hrsg.): Abschied von der Binnenmodernisierung? Kommunen zwischen Wettbewerb und Kooperation; Berlin; S. 31-52.

Klinski, Stefan (2000): Strom aus erneuerbaren Energien. Förderrichtlinie der EU vor der Verabschiedung. In: UmweltMagazin, Nr. 9, Bd. 30, September 2000, S. 27-28.

Klinski, Stefan (2005): Zur Vereinbarkeit des EEG mit dem Elektrizitätsbinnenmarkt - Neubewertung unter Berücksichtigung der Richtlinien 2003/54/EG und 2001/77/EG. In: Zeitschrift für Neues Energierecht (ZNER), Nr. 3, S. 207-215.

Klöppel, Tobias (2003): Klima im Wandel: die G8-Klimapolitik als Energiepolitik. In: Gstöhl, Sieglinde (Hrsg.): Global Governance und die G8; Münster, Hamburg, London; S. 239-264.

Knauf, Gerald (2006): Initiativen für erneuerbare Energien auf dem Vormarsch. Bioenergie Schwerpunkt beim ,Partnerschaftsmarkt' der CSD14. In: Rundbrief Forum Umwelt & Entwicklung, Nr. 2/2006; Visitionen und Alpträume - Energiepolitik im Widerstreit, S. 4-5.

Knodt, Michèle/ Große-Hüttmann, Martin (2005): Der Multi-Level Governance-Ansatz. In: Bieling, Hans-Jürgen/ Lerch, Marika (Hrsg.): Theorien der europäischen Integration; Wiesbaden; S. 223-248.

Koch, Hannes (2005): Die Umweltlobby schlägt zurück. Dem Angriff der Stromkonzerne auf die bisherige Förderung von Ökostrom pariert der Bundesverband Erneuerbare Energien zusammen mit der Nord-CDU. In: taz, 7.6.2005, S. 5.

Koenemann, Detlef/ Oelker, Jan (2006): Windenergie überwand alle Widerstände. In: Nr. 12/2006, S. 70-78.

Kohler-Koch, Beate (1999): The Evolution and Transformation of European Governance. In: Kohler-Koch, Beate/ Eising, Rainer (Hrsg.): The Transformation of Governance in the European Union; London; S. 14-35.

Kooiman, Jan (2002): Governance: A Social-Political-Perspective. In: Grote, Jürgen R./ Gbikpi, Bernard (Hrsg.): Participatory Governance. Political and Societal Implications; Opladen; S. 71-96.

Köpke, Ralf (2003): Falsches Spiel. In: Neue Energie, Nr. 7/2003, S. 17-20.

Köpke, Ralf (2004a): Gelungener Kraftakt. Die EEG-Novelle ist geschafft. Die Windenergie hat am schlechtesten abgeschnitten. In: Neue Energie, Nr. 5/2004, S. 14-22.

Köpke, Ralf (2004b): Wie auf dem Basar. Viele Details für das neue EEG sind auch nach der 1. Lesung offen. In: Neue Energie, Nr. 1-2/2004, S. 14-15.

Köpke, Ralf (2005a): "Ich erwarte harsche Kritik" Die Europaabgeordnete Mechthild Rothe über die Chancen eines EU-weiten EEG-Modells. In: Photon, Nr. 10/2005, S. 14.

Köpke, Ralf (2005b): Jeder wie er mag. Keine Harmonisierung der EU-Förderpolitik in Sicht. In: Photon, Nr. 10/2005, S. 10.

Kopp, Gudrun (2005): Rot-Grün orientierungslos in der Energiepolitik. Presseinformation Nr. 52, 18. Januar 2005, www.gudrun-kopp.de (19.11.2006).

Kords, Udo (1993): Die Entstehungsgeschichte des Stromeinspeisungsgesetzes vom 05.10.1990. Freie Universität Berlin, Fachbereich für Politische Wissenschaft, Berlin.

Körner, Stefan (2005): Windenergie. In: Reiche, Danyel (Hrsg.): Grundlagen der Energiepolitik; Frankfurt am Main; S. 143-153.

Kortlüke, Norbert/ Nitzschke, Milan (2006): Stellungnahme zum NAP II. Anforderungen an einen Nationalen Allokationsplan II unter Gesichtspunkten der klimapolitischen und ökonomischen Effizienz; Bundesverband Erneuerbare Energien, 27.06.2006, Berlin, www.bee-ev.de (6.4.2007).

Krägenow, Timm (2005): Union und FDP streiten über Ökostrom. In: Financial Times Deutschland (FTD), 7.6.2005, S. 6.

Krawinkel, Holger (2006): Glasnost in der Energiepolitik. In: Frankfurter Rundschau, Gastbeitrag, 23.10.2006, S. 13.

Krewitt, Wolfram/ Nast, Michael/ Nitsch, Joachim (2005): Energiewirtschaftliche Perspektiven der Fotovoltaik. Langfassung; DLR [Deutsches Zentrum für Luft- und Raumfahrt e.V.]: Institut für Technische Thermodynamik, Abteilung Systemanalyse und Technikbewertung, Stuttgart.

Krewitt, Wolfram/ Schlomann, Barbara (2006): Externe Kosten der Stromerzeugung aus erneuerbaren Energien im Vergleich zur Stromerzeugung aus fossilen Energieträgern; Gutachten im Auftrag des BMU, Stuttgart, www.erneuerbare-energien.de (14.6.2007).

Kristof, Kora (1992): Dezentralisierung in der Elektrizitätswirtschaft; Reihe Wirtschaft und Gesellschaft, Frankfurt, New York.

Kuckarts, Udo/ Rheingans-Heintze, Anke (2004): Umweltbewusstsein in Deutschland 2004. Ergebnisse einer repräsentativen Bevölkerungsumfrage; Bundesministerium für Umwelt, Naturschutz und Reaktorsicherheit Umweltpolitik, Berlin.

Kuckartz, Udo/ Rheingans-Heintze, Anke/ Rädiker, Stefan (2007): Klimawandel im Bewusstsein. Klimawandel aus der Sicht der deutschen Bevölkerung; Projekt „Umweltbewusstsein in Deutschland", 02/2007, Marburg, www.umweltbewusstsein.de (23.3.2007).

Kurth, Matthias (2005a): Konzept und erste Erfahrungen mit der Netzregulierung, Prioritäten der BNetzA. Präsentation zur Informationsveranstaltung der Bundesnetzagentur, 27.10.2005, Bonn. www.bundesnetzagentur.de (30.01.2005).

Kurth, Matthias (2005b): Ziele und Aufgaben der Energieregulierung. In: InfoBrief der Bundesnetzagentur, Nr. 1/2005, S. 1-4.

KWKG [Kraft-Wärme-Kopplungsgesetz] (2000): Gesetz zum Schutz der Stromerzeugung aus Kraft-Wärme-Kopplung (Kraft-Wärme-Kopplungsgesetz) vom 12. Mai 2000, Bundesgesetzblatt Jahrgang 2000 Teil I Nr. 22, ausgegeben zu Bonn am 17. Mai 2000.

KWKModG [KWK-Modernisierungsgesetz] (2002): Gesetz für die Erhaltung, die Modernisierung und den Ausbau der Kraft-Wärme-Kopplung vom 19. März 2002; BGBl I 2002, 1092 ab 1. 4.2002, zuletzt geändert durch Art. 3 G v. 22. 9.2005 I 2826.

Kyoto-Protokoll (1997): Protokoll von Kyoto zum Rahmenübereinkommen der Vereinten Nationen über Klimaänderungen. Deutsche Fassung; www.bmu.de (20.3.2007).

Lackmann, Johannes [Präsident des Bundesverbands erneuerbare Energien] (2006): Interview 2, Policy-Analyse EnWG und erneuerbare Energien; 14. März 2006, Berlin.

Lange, Matthias (2004): Virtuelle Kraftwerke. Präsentation auf dem Genossenschaftstag greenpeace energy, 15.-16.10.2004, www.genossenschaftstag.greenpeace-energy.de (9.6.2007).

Lauber, Volkmar (2001): Regelung von Preisen und Beihilfen für Elektrizität aus erneuerbaren Energieträgern (EEE) durch die Europäische Union. In: Zeitschrift für Neues Energierecht (ZNER), Nr. 1 / 2001, S. 35-43.

Lauber, Volkmar (2002): The Different Concepts of Promoting Res-Electricity and their Potential Careers. In: Biermann, Frank/ Brohm, Rainer et al. (Hrsg.): Proceedings of the 2001 Berlin Conference on the Human Dimensions of Global Environmental Change "Global Environmental Change and the Nation State"; Potsdam; S. 296-304.

Lauber, Volkmar (2004): REFIT and RPS: options for a harmonised Community framework. In: Energy policy, Nr. 12, Vol. 32, S. 1405-1414.

Lauber, Volkmar (2005): Renewable energy at the level of the European Union. In: Reiche, Danyel (Hrsg.): Handbook of Renewable Energies in the European Union; Frankfurt a.M.; S. 39-53.

Lauber, Volkmar (2006): Interview 15, Policy-Analyse EU-Richtlinie zur Förderung erneuerbarer Energien; telefonisches und schriftliches Interview, 19.05.2006 und 2.3.2007.

Lauber, Volkmar/ Mez, Lutz (2004): Three decades of renewable electricity policies in Germany. In: Mez, Lutz (ed.): Green Power Markets. History and Perspectives. Special Issue of Energy & Environment, Nr. Vol. 15, Nr. 4, S. 599-623.

Lauber, Volkmar/ Pesendorfer, Dieter (2004): Success through continuity: Renewable electricity policies in Germany. In: Lovinfosse, Isabelle de/ Varone, Frédéric (Hrsg.): Renewable Electricity Policies in Europe: Tradable Green Certificates in Competitve Markets; Louvain; S. 121-182.

Lauber, Volkmar/ Toke, David (2005): Einspeisetarife sind billiger und effizienter als Quoten-/Zertifikatssysteme. Der Vergleich Deutschland-Großbriatnnien stellt frühere Erwartungen auf den Kopf. In: Zeitschrift für Neues Energierecht (ZNER), Nr. 2/2005, S. 132-139.

Lechtenböhmer, Stefan/ Kristof, Kora/ Irrek, Wolfgang (2004): Braunkohle - ein subventionsfreier Energieträger? Kurzstudie um Auftrag des Umweltbundesamtes, Berlin, www.umweltdaten.de (13.6.2007).

Leprich, Uwe (2004): Schriftliche Stellungnahme zur öffentlichen Anhörung am 29. November 2004 in Berlin. In: Deutscher Bundestag (Hrsg.): Materialien zur öffentlichen Anhörung in Berlin am 29. November 2004, Zusammenstellung der schriftlichen Stellungnahmen, Ausschussdrucksache 15(9)1511, Ausschuss für Wirtschaft und Arbeit, 26. November 2004; S. 198-203.

Leprich, Uwe (2005): Ein Paradigmenwechsel ist notwendig. In: ifo Schnelldienst, Zur Diskussion gestellt, Nr. 4/2005, 58. Jahrgang, S. 15-18.

Leprich, Uwe (2006): Interview 5, Policy-Analyse EnWG und erneuerbare Energien; 16. März 2006, telefonisches Interview.

Leuschner, Udo (1995a): Landgericht hält Stromeinspeisungsgesetz für verfassungswidrig. Energie-Chronik, September 1995, 950901, www.udo-leuschner.de (17.6.2007).

Leuschner, Udo (1995b): Stromversorger wollen Musterprozeß um Stromeinspeisungsgesetz erreichen. Energie-Chronik, Mai 1995, 950501, www.udo-leuschner.de (02.05.2007).

Leuschner, Udo (1996a): Auswirkungen des Stromeinspeisungsgesetzes vor dem Wirtschaftsausschuß des Bundestags. Energie-Chronik, März 1996, 960305, www.udo-leuschner.de (20.6.2007).

Leuschner, Udo (1996b): BGH rechtfertigt Stromeinspeisungsgesetz mit monopolistischer Struktur der Stromwirtschaft. Energie-Chronik, Oktober 1996, 961005, www.udo-leuschner.de (20.6.2007).

Leuschner, Udo (1996c): Bundesregierung stellt der EU-Kommission Kürzungen beim Windstrom in Aussicht. Energie-Chronik, November 1996, 961121, www.udo-leuschner.de (20.6.2007).

Leuschner, Udo (1996d): Gesetzentwurf soll "Härteklausel" im Stromeinspeisungsgesetz genauer fassen. Energie-Chronik, Juni 1996, 960613, www.udo-leuschner.de (20.6.2007).

Leuschner, Udo (1996e): Vorerst kein verfassungsgerichtliches Urteil zum Stromeinspeisungsgesetz. Energie-Chronik, Januar 1996, 960101, www.udo-leuschner.de (20.6.2007).

Leuschner, Udo (1997a): Differenzen um das Stromeinspeisungsgesetz zwischen BDI und Anlagenbauern. Energie-Chronik, Januar 1997, 970118, www.udo-leuschner.de (20.6.2007).

Leuschner, Udo (1997b): Regierung will an Einspeisevergütung für Windstrom vorläufig nichts ändern. Energie-Chronik, Oktober 1997, 971018, www.udo-leuschner.de (20.6.2007).

Leuschner, Udo (1998): PreussenElektra bereitet Verfassungsklage gegen das Stromeinspeisungsgesetz vor. Energie-Chronik, April 1998, 980402, www.udo-leuschner.de (20.6.2007).

Leuschner, Udo (1999a): Brüssel überprüft Stromeinspeisungsgesetz. Energie-Chronik, Juli 1999, 990738, www.udo-leuschner.de (20.6.2007).

Leuschner, Udo (1999b): Härteklausel im Stromeinspeisungsgesetz soll noch in diesem Jahr geändert werden. Energie-Chronik, Mai 1999, 990520, www.udo-leuschner.de (20.6.2007).

Leuschner, Udo (1999c): Müller will Einspeisevergütungen von fallenden Strompreisen abkoppeln. Energie-Chronik, Oktober 1999, 991023, www.udo-leuschner.de (20.6.2007).

Leuschner, Udo (2002a): E.ON darf Ruhrgas unter Auflagen übernehmen - Gericht stoppt Vollzug der Genehmigung. Energie-Chronik, Juli 2002, 020701, www.udo-leuschner.de (1.11.2006).

Leuschner, Udo (2002b): EU öffnet Märkte für Strom und Gas bis 2007 vollständig. Energie-Chronik, November 2002, www.udo-leuschner.de (01.06.2006).

Leuschner, Udo (2002c): Fusion E.ON/Ruhrgas unter Verschärfung der Auflagen erneut genehmigt. Energie-Chronik, September 2002, 020901, www.udo-leuschner.de (1.11.2006).

Leuschner, Udo (2002d): Vollzugsverbot für Fusion E.ON/Ruhrgas bleibt in Kraft. Energie-Chronik, Dezember 2002, 021201, www.udo-leuschner.de (1.11.2006).

Leuschner, Udo (2003a): Bundesregierung plant "EEG-Härtefallregelung" für stromintensive Unternehmen. Energie-Chronik, www.udo-leuschner.de (02.05.2006).

Leuschner, Udo (2003b): E.ON übernimmt Ruhrgas nach außergerichtlicher Einigung. Energie-Chronik, Januar 2003, 030101, www.udo-leuschner.de (1.11.2006).

Leuschner, Udo (2005a): Clement will Netznutzungsentgelte für Großstromverbraucher halbieren. Energie-Chronik, Januar 2005, 050103, www.udo-leuschner.de (5.11.2006).

Leuschner, Udo (2005b): Die Strom-Landschaft beim Inkrafttreten der Liberalisierung 1998. Energiewissen - Vom Monopol zum Wettbewerb, www.udo-leuschner.de (15.7.2007).

Leuschner, Udo (2005c): Mit Mängeln behaftet: Das Energiewirtschaftsgesetz von 1998. Energie-Wissen, www.udo-leuschner.de (12.3.2007).

Leuschner, Udo (2005d): Neues Wasserkraftwerk Rheinfelden bis 2011 am Netz. Energie-Chronik, Juli 2005, 050710, www.udo-leuschner.de (29.6.2007).

Levy, David L./ Egan, Daniel (2003): A Neo-Gramscian Approach to Corporate Political Strategy: Conflict and Accommodation in the Climate Change Negotiations. In: Journal of Management Studies, Nr. 40 (4), S. 803-829.

LichtBlick (2003): Entscheidung des OLG Düsseldorf im Verfahren des Bundeskartellamtes gegen RWE: Grundlegende Weichenstellung für Liberalisierung des Zähl- und Messwesens im Strommarkt. Pressemitteilung von LichtBlick, Hamburg, 29.12.2003, www.neue-energieanbieter.de (21.10.2006).

LichtBlick (2005): Impuls für mehr Wettbewerb: LichtBlick begrüßt Inkrafttreten des neuen Energiewirtschaftsgesetzes. LichtBlick-News, 12. Juli 2005, www.lichtblick.de (6.11.2006).

LichtBlick (2007): Immer mehr Bürger ziehen Konsequenzen aus der Klimadebatte und wechseln zu Ökostrom. LichtBlick-News, 6.4.2007, www.lichtblick.de (26.6.2007).

Lindenberger, Dietmar/ Schulz, Walter (2003): Entwicklung der Kosten des Erneuerbare-Energien-Gesetzes. Kurzgutachten im Auftrag der Hydro Aluminium GmbH; Energiewirtschaftliches Institut an der Universität zu Köln (EWI), 10.01.2003, Köln, www.ewi.uni-koeln.de (29.6.2007).

Lohmann, Larry (2006): Carbon Trading. A Critical Conversation on Climate Change, Privatisation and Power; Dag Hammarskjold Foundation, Durban Group for Climate Justice and The Corner House Development dialogue, No. 48, Upsala, www.thecornerhouse.org.uk (21.3.2007).

Lonker, Oliver (2007): Segel setzen. In: Neue Energie, Nr. 1/2007, S. 40-43.

Luhmann, Hans-Jochen/ Sterk, Wolfgang (2007): Klimaschutzziel für Deutschland. Kurzstudie für Greenpeace Deutschland; Wuppertal, www.greenpeace.de (24.3.2007).

Maier, Jürgen (2001a): Festgefahrene Fronten bei der CSD-9. Nachhaltige Energiewirtschaft nicht konsensfähig. In: Forum Umwelt & Entwicklung Rundbrief, Nr. II/2001, S. 28.

Maier, Jürgen (2001b): Transparenz oder Lobby hinter den Kulissen? Zum Einfluss privater Akteure in der Klimapolitik. In: Debiel, Tobias/ Hamm, Brigitte et al. (Hrsg.): Die Privatisierung der Weltpolitik. Entstaatlichung und Kommerzialisierung im Globalisierungsprozess; Bonn; S. 282-298.

Maier, Jürgen (2002a): Die EU und Erneuerbare Energien nach Johannesburg: Wegweisende Initiative oder PR-Luftnummer? In: Forum Umwelt und Entwicklung - Rundbrief: Erneuerbare Energien - Schlüsselfrage nachhaltiger Entwicklung, Nr. 4/2002, S. 3.

Maier, Jürgen (2002b): Editorial. In: Forum Umwelt und Entwicklung - Rundbrief: Erneuerbare Energien - Schlüsselfrage nachhaltiger Entwicklung, Nr. 4/2002, S. 2.

Maier, Jürgen (2002c): Johannesburg-Gipfel: Mehr war nicht drin. In: Rundbrief Forum Umwelt & Entwicklung, Nr. 3/2002, S. 3-5.

Maier, Jürgen (2004): Kommentar zur Renewables 2004. Netzwerk erneuerbare Energien Nord-Süd (Hrsg.), www.ee-netz.de (27.4.2007).

Maier, Jürgen (2005): China wird Schrittmacher für erneuerbare Energien. Erfolgreiche Erneuerbare-Energien-Konferenz in Beijing; Evangelischer Entwicklungsdienst (EED), www.eed.de (1.5.2007).

Maier, Jürgen/ Knauf, Gerald (2006): Weltmarkt für Bioenergie zwischen Klimaschutz und Entwicklungspolitik. Eine NRO-Standpunktbestimmung; Forum Umwelt & Entwicklung (Hrsg.): Globale Gerechtigkeit ökologisch gestalten, Bonn, www.forum-ue.de (12.3.2007).

Manager Magazin (2006): Koch will Option für neue Kernkraftwerke. Beitrag zur Atomenergie, 08.01.2006, www.manager-magazin.de (14.6.2007).

Mangels-Voegt, Birgit (2004): Erneuerbare Energien - Erfolgsgaranten einer nachhaltigen Politik? Die Novelle des EEG im Zeichen der Nachhaltigkeit. In: Aus Politik und Zeitgeschichte, Beilage zur Wochenzeitung "Das Parlament", Nr. B 37/2004, 6. September 2004, S. 12-18.

Marin, Bernd/ Mayntz, Renate (Hrsg.) (1991): Policy Networks. Empirical Evidence and Theoretical Considerations; Frankfurt a.M., Boulder/Co.

Marks, Gary (1993): Structural Policy and Multilevel Governance in the EC. In: Cafruny, Alan W./ Rosenthal, Glenda G. (Hrsg.): The State of the the European Community: The Maastricht Debates and Beyond; Boulder/Co; S. 391-410.

Marks, Gary/ Hooghe, Liesbet (2004): Contrasting Visions of Multi-Level Governance. In: Bache, Ian/ Flinders, Mattew (Hrsg.): Multi-Level Governance; Oxford; S. 15-30.

Marks, Gary/ Hooghe, Liesbet/ Blank, Kermit (1996): European Integration since the 1980s: State-Centric vs. Multi-Level Governance. In: Journal of Common Market Studies, Nr. 34:3, S. 341-378.

Massarrat, Mohssen (2006): Über Kioto I hinaus. Neuer Schub für Klimaschutzpolitik. In: Forum Wissenschaft, Nr. 4/2006, S. 38-42.

Matthes, Felix Chr./ Harthan, Ralph O./ Groscurth, Helmuth-M./ Boßmann, Tobias (2007): Klimaschutz und Stromwirtschaft 2020/2030 - Technologien, Emissionen, Kosten und Wirtschaftlichkeit eines klimafreundlichen Stromerzeugungssystems; Endbericht für Umweltstiftung WWF Deutschland und Deutsche Umwelthilfe, Berlin/Hamburg, Juni 2007, www.wwf.de (15.7.2007).

Matthes, Felix Christian (Hrsg.) (2000a): Stromwirtschaft und deutsche Einheit. Eine Fallstudie zur Transformation der Elektrizitätswirtschaft in Ost-Deutschland; Edition Energie und Umwelt, Nr. 1; Berlin.

Matthes, Felix Christian (2000b): Stromwirtschaft und deutsche Einheit. Eine Fallstudie zur Transformation der Elektrizitätswirtschaft in Ost-Deutschland; Edition Energie und Umwelt, Nr. 1; Berlin.

Matthes, Felix Christian (2006): Atomenergie und Klimawandel. In: Heinrich-Böll-Stiftung (Hrsg.): Mythos Atomkraft. Ein Wegweiser; Berlin; S. 315-374.

May, Hanne (2004): Rendite mit Energie. In: Neue Energie, Nr. 11/04, S. 56-61.

May, Hanne (2005): Die große Preisdebatte. Um das "richtige" Vergütungssystem für Regenerativstrom in Deutschland ist eine Debatte entbrannt. In: Neue Energie, Nr. 7/2005, S. 12-19.

May, Hanne (2006a): Auf Augenhöhe bei Angela. Energiegipfel unter Bundeskanzlerin Angela Merkel, erstmals mit Vertretern der erneuerbaren Energien. Merkel scheint die grüne Energie angesichts angekündigter Milliarden-Investitionen zu akzeptieren. In: Neue Energie, Nr. 5/2006, S. 14-18.

May, Hanne (2006b): Die im Dunkeln sitzen. In: Neue Energie, Nr. 2/2006, S. 80-83.

May, Hanne (2006c): Ende der Theoriedebatten. In: Neue Energie, Nr. 1/2006, S. 12 - 17.

May, Hanne (2007): Projekt 2020. In: Neue Energie, Nr. 1/2007, S. 16-21.

Mayntz, Renate (2001): Zur Selektivität der steuerungstheoretischen Perspektive. In: Burth, Hans-Peter/ Görlitz, Axel (Hrsg.): Politische Steuerung in Theorie und Praxis; Baden-Baden; S. 17-28.

Mayntz, Renate (2004): Governance im modernen Staat. In: Benz, Arthur (Hrsg.): Governance - Regieren in komplexen Regelsystemen. Eine Einführung; Wiesbaden; S. 65-76.

Mayntz, Renate (2005): Governance Theory als fortentwickelte Steuerungstheorie? In: Schuppert, Gunnar Folke (Hrsg.): Governance-Forschung. Vergewisserung über Stand und Entwicklungslinien; Baden-Baden; S. 11-20.

Mayntz, Renate/ Scharpf, Fritz W. (1995a): Der Ansatz des akteurzentrierten Institutionalismus. In: Mayntz, Renate/ Scharpf, Fritz W. (Hrsg.): Gesellschaftliche Selbstregelung und politische Steuerung; Frankfurt a.m.; S. 39-72.

Mayntz, Renate/ Scharpf, Fritz W. (1995b): Steuerung und Selbstorganisation in staatsnahen Sektoren. In: Mayntz, Renate/ Scharpf, Fritz W. (Hrsg.): Gesellschaftliche Selbstregelung und politische Steuerung; Frankfurt a.M.; S. 9-38.

McCright, Aaron M./ Dunlap, Riley E. (2003): Defeating Kyoto: The Conservative Movement's Impact on U.S. Climate Change Policy. In: Social Problems, Nr. 50, S. 348-373.

Meadows, Dennis/ Meadows, Donella/ Zahn, Erich/ Milling, Peter (1972): Die Grenzen des Wachstums. Bericht des Club of Rome zur Lage der Menschheit; München.

Menges, Roland (2004): Moralisch korrekter Strom. Die psychologischen und ökonomischen Hürden beim Stromanbieterwechsel. In: Politische Ökologie, Nr. 87/88, S. 74-76.

Mertens, Jens/ Sterk, Wolfgang (2002): Multilateralismus zwischen Blockadepolitik und Partnerschaftsrhetorik. Der Gipfel von Johannesburg - Eine Bilanz; Weltwirtschaft, Ökologie & Entwicklung (weed) weed Arbeitspapier, Bonn, www.weed-online.org (18.4.2007).

Messner, Dirk (1995): Die Netzwerkgesellschaft. Wirtschaftliche Entwicklung und internationale Wettbewerbsfähigkeit als Probleme gesellschaftlicher Steuerung; DIE-Schriftenreihe, Bd. 108; Köln.

Messner, Dirk/ Nuscheler, Franz (2003): Das Konzept Global Governance: Stand und Perspektiven; Duisburg-Essen, Institut für Entwicklung und Frieden der Universität INEF-Report 67, Duisburg, http://inef.uni-due.de (21.3.2007).

Meyer, Bettina (2005a): Subventionen und Regelungen mit subventionsähnlichen Wirkungen im Energiebereich - Zusammenfassung und Thesen, BAG Energie Bündnis 90/ Die Grünen, 12. April 2005; www.basis.gruene.de/bag.energie (1.6.2007).

Meyer, Nils I. (2003): European schemes for promoting renewables in liberalised markets. In: Energy Policy, Nr. 31/2003, S. 665-676.

Meyer, Nils I. (2005b): Importance of national energy policy for the penetration of renewables; Presentation, REALISE-Forum workshop, Salzburg, 26-27.09.05, www.realise-forum.net (18.1.2007).

Mez, Lutz (1995): Reduction of Exhaust Gases at Large Combustion Plants in the Federal Republic of Germany. In: Jänicke, Martin/ Weidner, Helmut (Hrsg.): Successful Environmental Policy. A critical Evaluation of 25 Cases; Berlin; S. 173-186.

Mez, Lutz (1997): The German Electricity Reform Attempts: Reforming Co-optive Networks. In: Midttun, Atle (Hrsg.): European Electricity Systems in Transition. A comparative analysis of policy and regulation in Western Europe; London; S. 231-252.

Mez, Lutz (1998): Die Verflechtung von Umwelt- und Energiepolitik in Deutschland. In: Breit, Gotthard (Hrsg.): Politische Bildung; S. 24-39.

Mez, Lutz (1999): Staat im Staat. Strategien der deutschen Stromwirtschaft. In: Politische Ökologie, Nr. 17:61, S. 21-23.

Mez, Lutz (2001): Fusionen: Das große Fressen. In: Energiedepesche, Nr. 2, Jg. 15, S. 34-35.

Mez, Lutz (2002): Braucht Deutschland einen Megaplayer? Warum die Übernahme von Ruhrgas durch E.ON den Wettbewerb verhindert. In: Energiedepesche, Nr. Jg. 16, Nr. 2, S. 8-11.

Mez, Lutz (2003): Ökologische Modernisierung und Vorreiterrolle in der Energie- und Umweltpolitik? Eine vorläufige Bilanz. In: Egle, Christopf/ Ostheim, Tobias et al. (Hrsg.): Das rot-grüne Projekt. Eine Bilanz der Regierung Schröder 1998-2002; Wiesbaden; S. 329-350.

Mez, Lutz (2007): Zukunft der Atomenergienutzung in Deutschland. In: fundiert - Wissenschaftsmagazin der Freien Universität Berlin, Nr. 01/2007, S. 107-113.

Mez, Lutz/ Osnowski, Rainer (1996): RWE. Ein Riese mit Ausstrahlung; Köln.

Mez, Lutz/ Piening, Annette (2001): Kraft-Wärme-Kopplung und ökologische Modernisierung des Energiesektors - lassen sich Erfahrungen aus Vorreiterstaaten für Deutschland nutzen? In: vorgänge, Nr. 1, Jg. 40, S. 46-56.

Michaelowa, Axel (2001): Rio, Kyoto, Marrakesh – groundrules for the global climate policy regime; (HWWA), Hamburgisches Welt-Wirtschafts-Archiv Discussion paper Nr. 152, Hamburg.

Michaelowa, Axel (2004): The German wind energy lobby: how to promote costly technological change successfully; HWWA [Hamburgisches Welt-Wirtschafts-Archiv] Discussion Paper 296, Hamburg, www.hwwa.de (11.09.2006).

Michaelowa, Axel (2005a): CDM: current status and possibilities for reform; Hamburg Institute of International Economics HWWI Research, Paper No. 3 by the HWWI Research Programme International Climate Policy, Hamburg, www.hwwi.org.

Michaelowa, Axel (2005b): The German wind energy lobby: how to promote costly technological change successfully. In: European Environment, Nr. 15 (2005), Issue 3, S. 192 - 199.

Michaelowa, Axel (2007): CDM Highlights 45; GTZ Climate Protection Programme (CaPP): Newsletter, February 2007, www.gtz.de (5.4.2007).

Michaelowa, Axel/ Jotzo, Frank (2005): Transaction costs, institutional rigidities and the size of the clean development mechanism. In: Energy Policy, Nr. 33, Issue 4, March 2005, S. 511-523.

Milke, Klaus/ Bals, Christoph (2004): Energiewende in China? Die Renewables 2004 erweist sich als Aufwindkraftwerk auf dem Weg ins Solarzeitalter. Germanwatch, Kommentar zur Erneuerbaren-Konferenz 2004, Juni 2004, www.germanwatch.org (29.4.2007).

Ministerium für Finanzen und Energie des Landes Schleswig-Holstein (1999): Energiebericht Schleswig-Holstein 1999 (Stand April 1999); http://landesregierung.schleswig-holstein.de (28.12.2006).

Mitchell, Catherine/ Bauknecht, Dierk/ Connor, Peter M. (2005): Effectiveness through Risk Reduction: A Comparison of the Renewable Obligation in England and Wales and the Feed-In System in Germany. In: Energy Policy, Nr. 3, Vol. 34, S. 297-305.

Mittler, Daniel (2002): Einen Fuß in der Tür? Globale Unternehmensverantwortung – Überraschungsthema von Johannesburg. In: Rundbrief Forum Umwelt und Entwicklung, Nr. 3/2002, S. 21-22.

Monopolkommission (1977): Hauptgutachten I: (1973/1975): Mehr Wettbewerb ist möglich. 2. Auflage; Baden-Baden.

Monopolkommission (1994): Hauptgutachten X: (1992/1993): Mehr Wettbewerb auf allen Märkten; Baden-Baden.

Monopolkommission (2004a): Hauptgutachten XV (2002/2003). Wettbewerbspolitik im Schatten "Nationaler Champions"; Bundestag, Deutscher: Drucksache 15/3610, 14.07.2004.

Monopolkommission (2004b): Pressemitteilung zum fünfzehnten Hauptgutachten "Wettbewerbspolitik im Schatten "nationaler Champions"", 9. Juli 2004. www.monopolkommission.de (2.11.2006).

Monopolkommission (2004c): Wettbewerbspolitik im Schatten "nationaler Champions". Fünfzehntes Hauptgutachten der Monopolkommission gemäß § 44 Abs. 1 Satz 1 GWB, 2002/2003, Kurzfassung; www.monopolkommission.de (12.3.2007).

Monopolkommission (2005): Hauptgutachten XV (2002/2003). Wettbewerbspolitik im Schatten "Nationaler Champions"; Baden-Baden.

Monopolkommission (2006): Mehr Wettbewerb auch im Dienstleistungssektor! Sechzehntes Hauptgutachten der Monopolkommission gemäß § 44 Abs. 1 Satz 1 GWB (2004/2005); Kurzfassung, 5. Juli 2006, www.monopolkommission.de (3.7.2007).

Monstadt, Jochen (2003): Netzgebundene Infrastrukturen unter Veränderungsdruck - Sektoranalyse Stromversorgung; Deutsches Institut für Urbanistik: netWORKS - Papers, Berlin, www.networks-group.de (12.3.2007).

Monstadt, Jochen (2004): Die Modernisierung der Stromversorgung. Regionale Energie- und Klimapolitik im Liberalisierungs- und Privatisierungsprozess; Berlin.

Moravcsik, Andrew (1998): The Choice for Europe. Social Purpose and State Power from Messina to Maastricht; London.

Morris, Craig (2005): "Wir haben immer einen differenzierten Blick auf die Technik gehabt". Energiepolitik in der Bundestagswahl 2005: Interview mit Michaele Hustedt (Bündnis 90/Die Grünen), 17.08.2005. Telepolis, Wissenschaft, Zukunftsenergien, www.heise.de (13.2.2007).

644   9 Literatur, Dokumente, Rechtsvorschriften und Quellen

Mühlstein, Jan (2003): Vermiedene Netznutzungsentgelte der dezentralen Einspeisung; Kurzgutachten im Auftrag des Bundesverbandes Kraft-Wärme-Kopplung und anderen, www.synergietec.de (18.11.2006).

Müller-Kraenner, Sascha (2007): Energiesicherheit. Die neue Vermessung der Welt; München.

Müller, Friedemann (2004): Klimapolitik und Energieversorgungssicherheit. Zwei Seiten derselben Medaille; Stiftung Wissenschaft und Politik, Deutsches Institut für Internationale Politik und Sicherheit (Hrsg.): SWP-Studie 2004/S 14, April 2004, Berlin, www.swp-berlin.org (22.3.2007).

Müller, Ulrich (2007): Lobbyismus: Gut bezahlter Widerspruch. Die Klimapolitik muss sich damit auseinandersetzen, mit welchen Strategien Machteliten sie beeinflussen. In: Punkt.um, Nr. 03/2007, S. 2-3.

Münchenberg, Jörg (2005): Aufsicht unter Strom. Der Energiemarkt wird reguliert. Deutschlandfunk, Hintergrund Wirtschaft, 26.06.2005, www.dradio.de (8.11.2006).

Munsberg, Hendrik/ Schulte, Ewald (2004): Stromkonzerne weisen Kritik an Preisen zurück. In: Berliner Zeitung, 09.09.2004, S. 11, www.berlinonline.de (2.11.2006).

Musiol, Frank (2004): Fischhäckselanlagen und Vogelschreddermaschinen. Streit über erneuerbare Energien bei den Umweltverbänden. In: Ökologisches Wirtschaften, Nr. 5/2004, S. 15-16.

Musiol, Frank/ Kias, Monika (2006): Leitfaden Erneuerbare Energien. Konflikte lösen und vermeiden; Herausgeber NABU Naturschutzbund Deutschland e.V., www.nabu.de (12.3.2007).

n-tv.de (2006): Acciona will mehr Endesa - E.ON soll draußen bleiben. Freitag, 29. September 2006, www.n-tv.de (12.10.2006).

NABU [Naturschutzbund Deutschland] (2003): NABU fordert Ende der Diskussionen um erneuerbare Energien. Tschimpke: Mit einem „Basta" die unsinnige Debatte beenden. Pressemitteilung, 4.09.2003, www.nabu.de (29.6.2007).

NABU [Naturschutzbund Deutschland] (2005): NABU kritisiert Kompromiss beim Energiewirtschaftsgesetz. Tschimpke: Beschränkung von Stromkennzeichnung zum Nachteil der Verbraucher. NABU-Pressedienst, 15.06.2005, www.nabu.de (11.11.2006).

NABU [Naturschutzbund Deutschland] (2007): Akzeptanz für Erneuerbare Energien fördern. NABU stellt neue Faltblattserie vor und leistet weiterhin Aufklärungsarbeit vor Ort. www.nabu.de (17.6.2007).

Nachhaltigkeitsrat [Rat für nachhaltige Entwicklung] (2007): UN-Kommission für Nachhaltige Entwicklung droht Lähmung. Newsletter, 15.05.2007, www.nachhaltigkeitsrat.de (25.5.2007).

Nagel, Bernhard (2000): Die Vereinbarkeit des Gesetzes für den Vorrang Erneuerbarer Energien (EEG) mit dem Beihilferecht der EG. In: Zeitschrift für Neues Energierecht (ZNER), Nr. 2, Jg. 2000, S. 100-111.

Nailis, Dominic (2006): Steht der Regelenergiemarkt vor dem Umbruch? Auswirkungen des EnWG und der Netzzugangsverordnung auf Regel- und Ausgleichsenergie. In: ET. Energiewirtschaftliche Tagesfragen, Nr. 1-2, Vol. 56, S. 56-60.

NATTA [Network for Alternative Technology and Technology Assessment] (1998): After Kyoto. EC White Paper on Renewables. RENEW On-Line 13, issue 112 (March-April 1998), http://eeru.open.ac.uk (06.09.2006).

Neij, Lena/ Andersen, Per Dannemand/ Durstewitz, Michael/ Helby, Peter/ Hoppe-Klipper, Martin/ Morthorst, Poul Erik (2003): Experience Curves: A Tool for Energy Policy Assessment (EXTOOL); IMES/IESS Report No. 40, Lund, (9.8.06).

NetSkill [NetSkill AG] (2006): Virtual Roundtable "Informationen zum Kapitalmarkt Erneuerbare Energien als Segment des Sustainability/ Nachhaltigkeit Investments". AG, NetSkill, Competence site, www.competence-site.de (12.3.2007).

Netzzeitung (2004a): Eklat beim "Spiegel": Redakteur Schumann wehrt sich gegen Aust. Erscheinungsdatum: 5.4.2004. www.netzeitung.de (20.04.2006).

Netzzeitung (2004b): Energiegipfel beim Kanzler geplatzt. Wirtschaftspolitik, 01. Okt 2004 11:51, ergänzt 12:08, www.netzeitung.de (3.11.2006).

Neue Energie (2001): EU-Parlament billigt neue Richtlinie für Ökostrom. In: Neue Energie, Nr. 8/2001, S. 20.

Neue Energie (2004): Neues Märchen aus Bremen. In: Neue Energie, Nr. 1-2/2004, S. 8.

Neue Energie (2005): Neue Förderziele für Ökoenergien. In: Neue Energie, Nr. 1/2005, News, S. 8.

Neue Energie (2007): EU fordert mehr Wettbewerb. In: Neue Energie, Nr. 01/2007, S. 10.

Newell, Peter (2000): Climate for change. Non-state actors and the global politics of the greenhouse; Cambridge.

Nitsch, Joachim (2007): Leitstudie 2007 - „Ausbaustrategie Erneuerbare Energien". Aktualisierung und Neubewertung bis zu den Jahren 2020 und 2030 mit Ausblick bis 2050; Untersuchung im Auftrag des Bundesministerium für Umwelt, Naturschutz und Reaktorsicherheit, Februar 2007, www.bmu.de (3.6.2007).

Nitsch, Joachim/ Fischedick, Manfred/ Allnoch, Norbert/ Baumert, Martin/ Langniß, Ole/ Nast, Michael/ Staiß, Frithjof/ Staude, Uta (1999): Klimaschutz durch Nutzung erneuerbarer Energien; Studie im Auftrag des Bundesministeriums für Umwelt, Naturschutz und Reaktorsicherheit und des Umweltbundesamtes, Berlin.

Nord-Süd-Kommission (1980): Das Überleben sichern. Gemeinsame Interessen der Industrie- und Entwicklungsländer (Brandt-Report). Im Auftrag der Vereinten Nationen, 12.2.1980, New York.

Norwegian Ministry of petroleum and Energy (2006): Mutual green certificate market will not be established – too expensive for Norwegian customers. Press release No. 26/06E, 27.02.2006, www.regjeringen.no (18.2.2007).

Oberthür, Sebastian/ Ott, Hermann E. (2000): Das Kyoto-Protokoll. Internationale Klimapolitik für das 21. Jahrhundert; Opladen.

Oberthür, Sebastian/ Pfahl, Stefanie/ Tänzler, Dennis (2004): Die internationale Zusammenarbeit zur Förderung erneuerbarer Energien. In: Aus Politik und Zeitgeschichte, Beilage zur Wochenzeitung "Das Parlament", Nr. B 37/2004, 6. September 2004, S. 6-11.

OECD [Organisation for Economic Co-operation and Development] (2003): Environmentally Harmful Subsidies. Policy Issues and Challenges; Proceedings of OECD Workshop, November 2002, OECD Publishing.

OECD/ IEA [Organisation for Economic Co-operation and Development, International Energy Agency] (2006a): Energy Technology Perspectives 2006. Szenarien & Strategien bis 2050. Zur Unterstützung des G8-Aktionsplans. Zusammenfassung und Implikationen für Energie- und Umweltpolitik; Paris, www.iea.org (3.3.2007).

OECD/ IEA [Organisation for Economic Co-operation and Development, International Energy Agency] (2006b): Reported government energy RD&D budgets in IEA member countries, 1974-2003. www.iea.org (2.3.2007).

OECD/ IEA [Organisation for Economic Co-operation and Development, International Energy Agency] (2006c): World Energy Outlook 2006. Summary and Conclusions; Paris, www.iea.org (3.3.2007).

OECD/ IEA [Organisation for Economic Co-operation and Development, International Energy Agency] (2007a): Energiepolitik der IEA-Länder Deutschland - Prüfung 2007; deutsche Zusammenfassung, www.oecd.org (4.7.2007).

OECD/ IEA [Organisation for Economic Co-operation and Development, International Energy Agency] (2007b): Renewables in Global Energy Supply. An IEA Fact Sheet; January 2007, www.iea.org (3.3.2007).

Ohlhorst, Dörte (2006): The Innovation of Wind Energy in Germany: Interplay of Different Driving Forces. Talk Manuskript for the international conference on "Climate Protection, Energy Policies, and Wind Power Innovation Courses in Comparison", Schloss Leopoldskron, Salzburg, Austria, August 28 - September 1, 2006-09-05; www.konstellationsanalyse.de (17.6.2007).

Oppermann, Klaus (2006): CDM programs and the promotion of renewable energies in developing countries; Side Event "Clean Development Mechanism und Erneuerbare Energien" auf der Tagung der Nebenorgane der Klimarahmenkonvention (SB 24), 22. Mai 2006, Bonn, www.wupperinst.org (12.3.2007).

Organizing Committee REGPN (2004): Renewable Energy Global Policy Network (REGPN): Consultation Report – Unofficial non-paper; www.ren21.net (2.5.2007).

Organizing Committee REGPN (2005): Preparatory Workshop Renewable Energy Global Policy Network, 18-19 October 2004, Berlin - Meeting Summary (Feb. 10, 2005); www.ren21.net (2.5.2007).

Ortlieb, Birgit (2004): Entwurf des Gesetzes zur Neufassung des Energiewirtschaftsrechts; EWeRK [Institut für Energie und Wettbewerbsrecht in der kommunalen Wirtschaft] (Hrsg.): Energiepolitik, www.ewerk.hu-berlin.de (2.11.2006).

Oschmann, Volker (2000): Gesetz für den Vorrang Erneuerbarer Energien (Erneuerbare-Energien-Gesetz - EEG). Synoptische Gegenüberstellung des Stromeinspeisungsgesetzes 1998, des Gesetzentwurfs vom Dezember 1999 und des endgültigen Gesetzestextes. In: Zeitschrift für Neues Energierecht (ZNER), Nr. 1/2000, S. 7-15.

Oschmann, Volker (2002): Strom aus erneuerbaren Energien im Europarecht. Die Richtlinie 2001/77/EG des Europäischen Parlaments und des Rates zur Förderung der Stromerzeugung aus erneuerbaren Energiequellen im Elektrizitätsbinnenmarkt; Forum Energierecht, Band 4; Baden-Baden.

Oschmann, Volker (2006): Interview 9, Policy-Analyse EU-Richtlinie zur Förderung erneuerbarer Energien; 27.6.2006, telefonisches Interview.

Ostermann, Dietmar (2005): Washingtons lautes Nein. In: Frankfurter Rundschau, Nr. 39, 16.2.2005, S. 2.

Ott, Hermann E. (1997): Das internationale Regime zum Schutz des Klimas. In: Gehring, Thomas/ Obertür, Sebastian (Hrsg.): Internationale Umweltregime: Umweltschutz durch Verhandlungen und Verträge; Opladen; S. 201-218.

Ott, Hermann E. (2004): Klimapolitik ohne (Ex-) Supermächte. Die Zukunft des Kioto-Protokolls. In: Ökologisches Wirtschaften, Nr. 1/2004, S. 8-9.

Pappi, Franz Urban (1993): Policy-Netze: Erscheinungsform moderner Politiksteuerung oder methodischer Ansatz? In: Politische Vierteljahresschrift, Nr. Sonderheft 24, S. 884-894.

Parlasca, Susanne (2004): Regulierung der Regelenergiemärkte. Vortrag auf dem Symposium der Prognoseforum GmbH zum Thema: Der Regelenergiemarkt - Ein Hemmnis für die Weiterentwicklung des Stromhandels in Deutschland? Leipzig, 13. September 2004; www.prognoseforum.de (21.10.2006).

Paziorek, Peter (2004): EEG-Novelle so nicht zustimmungsfähig. Pressemitteilung CDU/CSU-Fraktion, 16.01.2004, www.pressrelations.de (29.6.2007).

Pershing, Jonathan/ Mackenzie, Jim (2004): Removing Subsidies. Leveling the Playing Field for Renewable Energy Technologies; Secretariat of the International Conference for Renewable Energies (Hrsg.): Thematic Background Paper, Bonn, www.renewables2004.de (3.3.2007).

Peters, B. Guy/ Pierre, Jon (2004): Multi-Level Governance and Democracy: A Faustian Bargain? In: Bache, Ian/ Flinders, Mattew (Hrsg.): Multi-Level Governance; Oxford; S. 75-92.

Pfaffenberger, Wolfgang/ Nguyen, Khanh/ Gabriel, Jürgen (2003): Ermittlung der Arbeitsplätze und Beschäftigungswirkungen im Bereich Erneuerbare Energien; Bremer Energie Institut, im Auftrag der Hans-Böckler-Stiftung, Dezember 2003, Bremen.

Pfahl, Stefanie/ Oberthür, Sebastian/ Tänzler, Dennis/ Kahlenborn, Walter/ Biermann, Frank (2005): Der globale Ausbau erneuerbarer Energien - Die internationalen institutionellen Rahmenbedingungen; Bundesministerium für Umwelt, Naturschutz und Reaktorsicherheit (Hrsg.): Reihe Umweltpolitik, Stand März 2005, Berlin, www.bmu.bund.de (5.4.2007).

Philibert, Cédric / Reinaud, Julia (2004): Emissions Trading: Tacking Stock and Looking Forward; OECD/IEA [Organisation for Economic Co-operation and Development, International Energy Agency]: Information papers for the Annex I Expert Group on the UNFCCC, COM/ENV/EPOC/IEA/SLT(2004)3, www.iea.org (3.7.2007).

Piebalgs, Andris (2005): Herausforderungen für die europäische Energiepolitik der nächsten Jahre - Eine andere Zukunft im Energiebereich; VDEW-Kongress "Nachhaltigkeit oder Ökologisierung in der Energiepolitik?" 9.6.2005, Berlin, www.unendlich-viel-energie.de (18.1.2007).

Piria, Raffaele (2000): The Process of Policy Formulation in the European Commission. A Case Study on the Directive on Renewable Energy Sources in the Internal Energy Market. Dissertation, London School of Economics and Political Science, Department of Government, London.

Prittwitz, Volker von (1994): Politikanalyse; Opladen.

Prognos [Prognos AG] (1999): Möglichkeiten der Marktanreizförderung für erneuerbare Energien auf Bundesebene unter Berücksichtigung veränderter wirtschaftlicher Rahmenbedingungen; Studie im Auftrag des Bundesministeriums für Wirtschaft, Berlin.

Puhe, Henry (2005): Windkraftanlagen und Tourismus. Repräsentative Bevölkerungsumfrage 2005; Bielefeld, www.soko-institut.de/ (17.6.2007).

Punkt.um (2003): Erneuerbare Energien: Ausbaugesetz ausbaufähig. In: Punkt.um: der Informationsdienst für Umwelt und Nachhaltigkeit, Nr. 12/01, S. 22-23.

Radgen, Peter/ Cremer, Clemens/ Warkentin, Sebastian/ Gerling, Peter/ May, Franz/ Knopf, Stephan (2006): Verfahren zur CO2- Abscheidung und -Speicherung; Umweltbundesamt (Hrsg.): Reihe Climate Change Nr. 07/2006, Abschlussbericht, Berlin.

Ragwitz, Mario (2005a): Effektivität und ökonomische Effizienz von Instrumenten zum Ausbau der Erneuerbaren Energien im Strombereich. Vortrag im Rahmen des Symposium der Informationakampagne erneuerbare Energien „Förderinstrumente für Erneuerbare Energien", Berlin, 20.10.2005, (28.12.2006).

Ragwitz, Mario (2005b): Zusammenfassende Analyse zu Effektivität und ökonomischer Effizienz von Instrumenten zum Ausbau der Erneuerbaren Energien im Strombereich; Zwischenergebnisse aus dem UFO-Plan Forschungsvorhaben „Monitoring und Fortentwicklung nationaler und europäischer Instrumente zur Marktdurchdringung erneuerbarer Energiequellen im Strommarkt", 26.7. 2005, Karlsruhe, www.erneuerbare-energien.de (28.12.2006).

Ragwitz, Mario/ Huber, Claus (2005): Feed-In Systems in Germany and Spain and a comparison; www.feed-in-cooperation.org (17.1.2007).

Ragwitz, Mario/ Resch, Gustav/ Faber, Thomas/ Huber, Claus (2005): Monitoring and evaluationv of policy instruments to support renewable electricity in EU Member States (Summary report); Projektbericht, Gefördert vom BMU, Karlsruhe, www.feed-in-cooperation.org (17.12007).

Rat der Europäischen Gemeinschaften (1988): Empfehlung des Rates vom 9. Juni 1988 zur stärkeren Nutzung erneuerbarer Energien in der Gemeinschaft; Nr. 88/349/EWG, Amtsblatt Nr. L 160 vom 28/06/1988 S. 0046 - 0048; http://europa.eu.int (25.11.2006).

Rat der Europäischen Gemeinschaften (1993): Entscheidung des Rates vom 13. September 1993 zur Förderung der erneuerbaren Energieträger in der Gemeinschaft (ALTENER-Programm); Nr. 93/500/EWG, Amtsblatt L 235 vom 18.09.1993, S. 41–44; http://eur-lex.europa.eu (12.3.2007).

Rat der Europäischen Gemeinschaften (1998): Entschließung des Rates vom 8. Juni 1998 über erneuerbare Energieträger; Amtsblatt Nr. C 198 vom 24/06/1998; http://europa.eu.int (10.10.2006).

Rat der Europäischen Union (1997): Entschließung des Rates vom 27. Juni 1997 über erneuerbare Energiequellen; Amtsblatt Nr. C 210 vom 11/07/1997 S. 1-2 (97/C 210/01); http://eur-lex.europa.eu (12.03.2007).

Rat der Europäischen Union (1999a): 2230. Tagung des Rates - Energie, Brüssel, 2. Dezember 1999; 13685/99 (Presse 388 - G); www.consilium.europa.eu (22.09.2006).

Rat der Europäischen Union (1999b): Schlussfolgerungen 8013/99 der 2176. Tagung des Rates der Europäischen Union zum Thema Energie am 11. Mai, Brüssel.

Rat der Europäischen Union (2001): Gemeinsamer Standpunkt (EG) Nr. 18/2001 vom Rat, festgelegt am 23. März 2001 im Hinblick auf den Erlass der Richtlinie 2001/./EG des Europäischen Parlaments und des Rates vom. zur Förderung der Stromerzeugung aus erneuerbaren Energiequellen im Elektrizitätsbinnenmarkt; 2001/C 142/02, Amtsblatt vom 15.05.2001; http://eur-lex.europa.eu (22.09.2006).

Rat der Europäischen Union (2002): 2447. Tagung des Rates - Allgemeine Angelegenheiten und Außen-beziehungen - am 22. Juli 2002 in Brüssel. Darin: Vorbereitung des Weltgipfels für nachhaltige Entwicklung. Schlussfolgerungen des Rates; C/02/210 10945/02, PRES/02/210, 1.8.2002; http://europa.eu (18.4.2007).

Reiche, Danyel (2001): Bürgerengagement für erneuerbare Energien. In: Vorgänge. Zeitschrift für Bürgerrechte und Gesellschaftspolitik, Nr. 1/2001, S. 36-43.

Reiche, Danyel (2004): Rahmenbedingungen für erneuerbare Energien in Deutschland - Möglichkeiten und Grenzen einer Vorreiterpolitik; Frankfurt am Main.

Reiche, Danyel (2005a): Geschichte der Energie. In: Reiche, Danyel (Hrsg.): Grundlagen der Energiepo-litik; Frankfurt am Main; S. 11-35.

Reiche, Danyel (Hrsg.) (2005b): Grundlagen der Energiepolitik; Frankfurt am Main.

Reiche, Danyel (Hrsg.) (2005c): Handbook of Renewable Energies in the European Union. Case Studies of the EU-15 States; 2. Auflage, Frankfurt a. M.

Reiche, Danyel (2005d): Kohle. In: Reiche, Danyel (Hrsg.): Grundlagen der Energiepolitik; Frankfurt am Main; S. 87-98.

Reiche, Danyel (2005e): Überblick über die Fördersysteme für Erneuerbare Energien in Europa – Erfahrungen und Perspektiven. Vortrag im Rahmen des Symposium der Informationakam-pagne erneuerbare Energien „Förderinstrumente für Erneuerbare Energien", Berlin, 20.10.2005, (28.12.2006).

Reiche, Danyel (2007): Erneuerbare Energien. Es ist noch viel zu tun. In: fundiert - Wissenschaftsmaga-zin der Freien Universität Berlin, Nr. 1/2007, S. 115-119.

Reiche, Danyel/ Krebs, Carsten (1999): Der Einstieg in die ökologische Steuerreform. Aufstieg, Restrik-tionen und Durchsetzung eines umweltpolitischen Themas; Frankfurt a.M.

Reichmuth, Matthias/ Bohnenschäfer, Werner/ Daniel, Jaqueline/ Fröhlich, Nicolle/ Lindner, Klaus/ Müller, Markus/ Weber, Andreas/ Witt, Janet/ Seefeldt, Friedrich/ Kirchner, Almut/ Michel-sen, Christian [Institut für Energetik und Umwelt, Prognos AG] (2006): Auswirkungen der Änderungen des Erneuerbare-Energien-Gesetzes hinsichtlich des Gesamtvolumens der Förderung, der Belastung der Stromverbraucher sowie der Lenkungswirkung der Fördersätze für die einzelnen Energiearten. Endbericht; im Auftrag des BMWi, Leipzig, Basel, www.bmwi.de (4.7.2007).

Reimer, Nick (2003): Wolfgang Clement will mithelfen. In: Die Tageszeitung (taz), 04.09.2003, S. 9.

Reimer, Nick (2005): Ziel: Marktmacht erhalten. Stromkonzerne sind nur scheinbar solidarisch mit grüner Energie. In: taz, 3.5.2005, www.taz.de (3.7.2007).

REN21 [Renewable Energy Policy Network for the 21st Century] (2005): Conferences - Beijing Interna-tional Renewable Energy Conference (BIREC) 2005. www.ren21.net (1.5.2007).

REN21 [Renewable Energy Policy Network for the 21st Century] (2006): Globaler Statusbericht 2006 erneuerbare Energien; REN21 Sekretariat und Worldwatch Institute, Paris und Washington (DC), www.ren21.net (2.3.2007).

REN21 [Renewable Energy Policy Network for the 21st Century] (2007): Summary of REN21 Work-shop, 13-14.12.2006, Paris; www.ren21.net (15.4.2007).

REN21/ REEEP/ GVEP/ JREC/ MEDREP/ GBEP (2006): Joint letter in response to UNDESA's call for major group's inputs to the Secretary-General's reports for CSD-15. www.ren21.net (20.12.2006).

REN21/ Worldwatch Institute [Renewable Energy Policy Network, Worldwatch Institute] (2005): Globaler Statusbericht 2005 Erneuerbare Energien; Washington, www.ren21.net (2.5.2007).

REN21 Interim Steering Committee (2005a): First Meeting of the REN21 Interim Steering Committee 14-15 February 2005, Hotel Farah, Casablanca; www.ren21.net (15.4.2007).

REN21 Interim Steering Committee (2005b): First Meeting of the REN21 Interim Steering Committee, 14-15 February 2005, Casablanca; www.ren21.net (2.5.2007).

REN21 Secretariat (2006a): International Voluntary Non-Binding Commitments - Features, Feasibility, Cost, and Merits. Lessons from the International Action Programme for Renewable Energy Promotion and the Follow Up; December 2006, Paris, www.ren21.net (2.5.2007).

REN21 Secretariat (2006b): Report on the Implementation of the International Action Programme of the International Conference for Renewable Energies, 1-4 June 2004, Bonn, Germany; 30.11.2006, Paris, www.ren21.net (2.5.2007).

REN21 Secretariat (2007): Fifth Meeting of the REN21 Steering Committee, 31 Jan – 1 Feb 2007, Brussels; www.ren21.net (2.5.2007).

REN21 Steering Committee (2005): Second Meeting of the REN21 Steering Committee, 2-3 June 2005, Copenhagen; www.ren21.net (2.5.2007).

REN21 Steering Committee (2006): Fourth Meeting of the REN21 Steering Committee, 6-7 May 2006, New York; www.ren21.net (2.5.2007).

renewables [International Conference for Renewable Energies] (2004a): International Action Programme, 30.8.3004; www.renewables2004.de (27.4.2007).

renewables [Internationale Konferenz für Erneuerbare Energien] (2004b): Politische Erklärung, 4. Juni 2004, Bonn; www.renewables2004.de (27.4.2007).

Renz, Thomas (2001): Vom Monopol zum Wettbewerb. Die Liberalisierung der deutschen Stromwirtschaft; Opladen.

Reuters (1999): EU says renewable energy law must be flexible. Nachricht vom 3.12.1999, www.planetark.org (7.1.2007).

REW [Renewable Energy World Online] (2001): EU Renewables Directive in place at last. Renwable Energy World News Online, July-August 2001, http://jxj.base10.ws (12.1.2007).

Rhodes, Rod A. W. (1996): The new governance: governing without governance. In: Political Studies, Nr. 44:4, S. 652-667.

Richmann, Alfred [Geschäftsführer VIK] (2005): Der neue Ordnungsrahmen, Entwicklung der Energiepreise und Auswirkungen auf die deutsche Wirtschaft, Vortrag; Symposium „Günstige Energie für die Zukunft", 31. Januar 2005, IHK Region Stuttgart, www.vik.de (19.11.2006).

Richtlinie (1996): Richtlinie 96/92/EG des Europäischen Parlaments und des Rates vom 19. Dezember 1996 betreffend gemeinsame Vorschriften für den Elektrizitätsbinnenmarkt, Amtsblatt Nr. L 027 vom 30/01/1997 S. 0020 - 0029; http://eur-lex.europa.eu (12.3.2007).

Richtlinie (2001): Richtlinie 2001/77/EG des Europäischen Parlaments und des Rates vom 27. September 2001 zur Förderung der Stromerzeugung aus erneuerbaren Energiequellen im Elektrizitätsbinnenmarkt; Amtsblatt der Europäischen Gemeinschaften, L 283/33, 27.10.2001, Brüssel; http://europa.eu (12.3.2007).

Richtlinie (2003a): Richtlinie 2003/54/EG des Europäischen Parlaments und des Rates vom 26. Juni 2003 über gemeinsame Vorschriften für den Elektrizitätsbinnenmarkt und zur Aufhebung der Richtlinie 96/92/EG, Amtsblatt der Europäischen Union, L 176/37, 15.7.2003; http://eur-lex.europa.eu (3.7.2007).

Richtlinie (2003b): Richtlinie 2003/55/EG des Europäischen Parlaments und des Rates vom 26. Juni 2003 über gemeinsame Vorschriften für den Erdgasbinnenmarkt und zur Aufhebung der Richtlinie 98/30/EG, Amtsblatt der Europäischen Union, L 176/57, 15.7.2003; http://europa.eu.int (3.7.2007).

Richtlinie (2003c): Richtlinie 2003/87/EG des Europäischen Parlaments und des Rates vom 13. Oktober 2003 über ein System für den Handel mit Treibhausgasemissionszertifikaten in der Gemeinschaft und zur Änderung der Richtlinie 96/61/EG des Rates; ABl. L 275, 25.10.2003, S. 32–46; http://eur-lex.europa.eu (12.3.2007).

Richtlinie (2003d): Richtlinie 2003/96/EG des Rates vom 27. Oktober 2003 zur Restrukturierung der gemeinschaftlichen Rahmenvorschriften zur Besteuerung von Energieerzeugnissen und elektrischem Strom; http://eur-lex.europa.eu (3.7.2007).

Richtlinie (2003e): Richtlinie 2003/96/EG des Rates vom 27. Oktober 2003 zur Restrukturierung der gemeinschaftlichen Rahmenvorschriften zur Besteuerung von Energieerzeugnissen und elektrischem Strom (Text von Bedeutung für den EWR); Amtsblatt der Europäischen Union L 283/51, 31.10.2003, http://europa.eu.int (3.7.2007).

Riegert, Bernd (2007): Neue EU-Pläne zu Abgasvorschriften. Deutsche Welle, Themen/Europa, 07.02.2007, www.dw-world.de (24.3.2007).

Ringel, Marc (2006): Fostering the use of renewable energies in the European Union: the race between feed-in tariffs and green certificates. In: Renewable energy, Nr. 1/2006, Vol. 31, S. 1-17.

Ristau, Oliver (2007): Solarthermische Kraftwerke kommen jetzt. In: Solarthemen, Nr. 247, 18.1.2007, S. 8-9.

Ritz, Hauke (2005): Die wunderbare Ölvermehrung. In: taz, 4.11.2005, S. 5, www.taz.de (3.3.2007).

RNE [Rat für Nachhaltige Entwicklung] (2003): Perspektiven der Kohle in einer nachhaltigen Energiewirtschaft. Leitlinien einer modernen Kohlepolitik und Innovationsförderung. Texte Nr. 4, www.nachhaltigkeitsrat.de (3.7.2007).

RNE [Rat für Nachhaltige Entwicklung] (2006): Auftrag an den Rat für Nachhaltige Entwicklung. www.nachhaltigkeitsrat.de (3.7.2007).

Röpcke, Ina (2006): Vom Weltall auf die Erde. In: Sonne Wind & Wärme, Nr. 12/2006, S. 58-68.

Rosenau, James N. (1992): Governance, Order and Change in World Politics. In: Rosenau, James N./ Czempiel, Ernst-Otto (Hrsg.): Governance without government: order and change in world politics; Cambridge; S. 1-29.

Rosenau, James N. (2004): Strong Demand, Huge Supply: Governance in an Emerging Epoche. In: Bache, Ian/ Flinders, Mattew (Hrsg.): Multi-Level Governance; Oxford; S. 31-48.

Rosenau, James N./ Czempiel, Ernst-Otto (Hrsg.) (1992): Governance without government: order and change in world politics; Cambridge.

Rosenkranz, Gerd (2006): Mythos Atomkraft. Über die Risiken und Aussichten der Atomenergie. In: Heinrich-Böll-Stiftung (Hrsg.): Mythos Atomkraft. Ein Wegweiser; Berlin; S. 11-57.

Roth, Wolfgang (2005): Das Versagen der Reichen. Klima-Konferenz in Montreal. In: Süddeutsche Zeitung, S. 3, www.sueddeutsche.de (24.3.2007).

Rothe, Mechthild/ Schäfer, Oliver/ Nitzschke, Milan (2002): Europas Weg in die Zukunft - Erneuerbare Energien; Fraktion der Sozialdemokratischen Partei Europas, SPE (Hrsg.): Thema Europa, 02/2002, Brüssel, www.spd-europa.de (29.11.2006).

Rowlands, Ian H. (2005): Global Climate Change and Renewable Energy: Exploring the Links. In: Lauber, Volkmar (Hrsg.): Switching to Renewable Power. A Framework for the 21st Century; London; S. 62-82.

Rühling Anwälte (2004): EnWG-Fahrplan: 1. April angepeilt. Mitteilung vom 29.10.2004, www.raepower.de (26.10.2006).

Rühling Anwälte (2006): Infothek - Historie der EnWG-Novelle 2005. www.raepower.de (26.10.2006).

RWE [Rheinisch-Westfälisches Elektrizitätswerk AG] (2005): Weltenergiereport 2005. Bestimmungsgrößen der Energiepreise; RWE Weltenergiereport, Essen, www.rwe.com (17.08.06).

RWE (2006a): Geschäftsbericht 2005; Essen, www.rwe.com (18.11.2006).

RWE (2006b): RWE-Stellungnahme zum Entwurf eines Berichts der BNetzA zur Einführung der Anreizregulierung vom 2. Mai 2006; 31. Mai 2006; www.bundesnetzagentur.de (18.11.2006).

Sabatier, Paul A. (1987): Knowledge, Policy-Oriented Learning, and Policy Change: An Advocacy Coalition Framework. In: Knowledge: Creation, Diffusion, Innovation, Nr. 8, S. 649-692.

Sabatier, Paul A. (1993): Advocacy-Koalitionen, Policy-Wandel und Policy-Lernen: Eine Alternative zur Phasenheuristik. In: Héritier, Adrienne (Hrsg.): Policy-Analyse. Kritik und Neuorientierung (PVS-Sonderheft 24), Nr. S. 116-148.

Sabatier, Paul A. (1998): The advocacy coalition framework: revisions and relevance for Europe. In: Journal of European Public Policy, Nr. 5:1, S. 98-130.

Sabatier, Paul A. (Hrsg.) (2000): Theories of the Policy Process; Boulder, Co.

Sabatier, Paul A./ Jenkins-Smith, Hank (Hrsg.) (1993): Policy Change and Learning: An Advocacy Coalition Approach; Boulder/Co.

Sachs, Wolfgang (2001): Das Kyoto-Protokoll: Lohnt sich seine Rettung? In: Blätter für deutsche und internationale Politik, Nr. 7/2001, S. 847-856.

Salim, Emil (2003): Striking a better Balance. The World Bank Group and Extractive Industries. The Final Report of the Extractive Industries Review; Volume I, December 2003, Jakarta, Washington, http://iris36.worldbank.org (16.6.2007).

Schaeffer, G.J./ Alsema, E./ Seebregts, A./ Beurskens, L./ de Moor, H./ van Sark, W./ Durstewitz, M./ Perrin, M./ Boulanger, P./ Laukamp, H./ Zuccaro, C. (2004): Learning from the Sun. Analysis of the use of experience curves for energy policy purposes: The case of photovoltaic power. Final report of the Photex project.; ECN ECN-C-04-035, Petten.

Schäfer, Oliver (2006): Interview 3, Policy-Analyse EU-Richtlinie zur Förderung erneuerbarer Energien; 24.5.2006, telefonisches Interview.

Schalast, Christoph (2001): Umweltschutz und Wettbewerb als Wertwiderspruch im deregulierten deutschen und europäischen Elektrizitätsmarkt; Frankfurt a.M.

Schallaböck, Karl Otto/ Luhmann, Hans-Jochen (2007): Mildernde Umstände? Zur Debatte um die Minderungsverpflichtungen der PKW-Hersteller. Pressemitteilung des Wuppertal Institut für Klima, Umwelt, Energie, 01.02.2007, www.wupperinst.org (22.3.2007).

Schaller, Markus (2005): Subventionierung von erneuerbarer Energie. Eine industrieökonomische Analyse des strategischen Wettbewerbs in der Erneuerbaren-Energieindustrie bei unterschiedlichen staatlichen Regulierungen. Inaugural Dissertation, Universität Heidelberg, http://deposit.d-nb.de (20.1.2007).

Scharpf, Fritz (1985): Die Politikverflechtungs-Falle. Europäische Integration und deutscher Föderalismus im Vergleich. In: Politische Vierteljahresschrift, Nr. Heft 4, S. 323-356.

Scharpf, Fritz (1993a): Autonomieschonend und gemeinschaftsverträglich: Zur Logik einer europäischen Mehrebenenpolitik. In: Scharpf, Fritz (Hrsg.): Optionen des Föderalismus in Deutschland und Europa; Frankfurt a.M./ New York; S. 131-155.

Scharpf, Fritz W. (1993b): Positive und negative Koordination in Verhandlungssystemen. In: Héritier, Adrienne (Hrsg.): Policy-Analyse. Kritik und Neuorientierung; Politische Vierteljahresschrift, Sonderheft 24; Opladen; S. 57-83.

Scharpf, Fritz W. (2000a): Interaktionsformen. Akteurzentrierter Institutionalismus in der Politikforschung; Opladen.

Scharpf, Fritz W. (2000b): Notes Toward a Theory of Multilevel Governing in Europe; MfPlfG Discussion Paper 00/5, Köln.

Scheer, Hermann (1998): EU Feed-in Directive and Feed-in Legislation for Electricity Generated with Renewable Energy Sources vesus Introduction Ratios. Legal, energy and environmental issues in market access for renewable energy sources. www.hermann-scheer.de (27.12.2006).

Scheer, Hermann (2001a): Abkommen von den Abkommen. Warum die Weltklimakonferenzen auf der Stelle treten. In: Solarzeitalter, Nr. 2/01, S. 3-5.

Scheer, Hermann (2001b): Kyoto-Kompromiss ein Pyrrhus-Sieg? Editorial. In: Solarzeitalter, Nr. 2/01, S. 1-2.

Scheer, Hermann (2002): Nach Johannesburg: Für ein Staatenbündnis zur Bekämpfung des Weltkriegs gegen die Natur. In: Solarzeitalter, Nr. 3/2002, S. 2-4.

Scheer, Hermann (2003): Das Weltprojekt der IRENA im Spannungsfeld zwischen politischem Uni- und Multilateralismus. In: Solarzeitalter, Nr. 2/2003, S. 2-4.

Scheer, Hermann (2004a): Die Lähmung globaler ökologischer Konsensstrategien. Warum auch die Internationale Konferenz über Erneuerbare Energien am entscheidenden Momentum versagte. In: Solarzeitalter, Nr. 2/2004, S. 5-8.

Scheer, Hermann (2004b): Kommerzieller Kurzschluss. In: die tageszeitung (taz), Nr. 7538, 13.12.2004, S. 11.

Scheer, Hermann (2004): Fahrlässige Umweltpolitik: IAEA und IRENA. In: taz, S. 10.

Scheer, Hermann (2005): Energieautonomie. Eine neue Politik für erneuerbare Energien; München.

Schellenberger, Rouven (2002): Prodi dringt auf Öffnung des Strommarktes. Regierungen sollen auf EU-Gipfel Stichtag nennen. Berliner Zeitung Online, Textarchiv, Meldung vom 14.03.2002, Wirtschaft, Seite 35, www.berlinonline.de (01.06.2006).

Schlemmermeier, Ben/ Klebsch, Ralph [LDB-Beratungsgesellschaft mbH] (2005): Angemessenheit der Netznutzungsentgelte der Übertragungsnetzbetreiber; im Auftrag von BNE und VIK, Berlin, www.vik.de (6.6.2007).

Schlemmermeier, Ben/ von Hammerstein, Christian (2004): Nettosubstanzerhaltung, Realkapitalerhaltung und Effizienz. In: VIK-Mitteilungen, Nr. 4-2004, S. 78-80.

Schlumberger, Andreas (2006): Die Debatte muss geführt werden. Eine Studie des Bundesumweltministeriums heizt die Kostendebatte an. In: Photon, Nr. 4/2006, S. 10-13.

Schmela, Michael (1998): Genug Geld für alle. Eine europäische Stromeinspeiserichtlinie soll den Ausbau erneuerbarer Energien beschleunigen. Photon Online, News: November 1998, www.photon.de (22.12.2006).

Schmela, Michael (2000): Europa gegen Deutschland. Photon Online, www.photon.de (12.1.2007).

Schmidt, Susanne K. (2006): "Governance of Industries" - die Transformation staatsnaher Wirtschaftssektoren im Zuge von Liberalisierung und Europäisierung. In: Lütz, Susanne (Hrsg.): Governance in der politischen Ökonomie. Struktur und Wandel des modernen Kapitalismus; Wiesbaden; S. 167-217.

Schneider, Jens-Peter (1999): Liberalisierung der Stromwirtschaft durch regulative Marktorganisation. Eine vergleichende Untersuchung zur Reform des britischen, US-amerikanischen, europäischen und deutschen Energierechts; Baden-Baden.

Schneider, Volker (2003): Akteurkonstellationen und Netzwerke in der Politikentwicklung. In: Schubert, Klaus/ Bandelow, Nils C. (Hrsg.): Lehrbuch der Politikfeldanalyse; München, Wien; S. 107-145.

Schönwandt, Christoph (2004): Sustainable Entrepreneurship im Sektor Erneuerbare Energien; Jürgen Freimann (Hrsg.): Schriften zur nachhaltigen Unternehmensentwicklung, Band 3; München und Mering.

Schott AG (2005): SCHOTT AG jetzt Alleingesellschafter der früheren RWE SCHOTT Solar GmbH. Pressemitteilung, 18.11.2005, www.schott.com (26.6.2007).

Schröder, Gerhard (2002): Rede von Bundeskanzler Schröder auf dem Weltgipfel für nachhaltige Entwicklung in Johannesburg, Mo, 02.09.2002. http://archiv.bundesregierung.de (18.4.2007).

Schröder, Gerhard (2004): Rede von Bundeskanzler Schröder anlässlich der internationalen Konferenz für Erneuerbare Energien (Mitschrift). Plenumssitzung, 3.6.2004, www.renewables2004.de (26.4.2007).

Schrooten, Mechthild/ König, Philipp (2006): Exportnation Deutschland - Zukunftsfähigkeit sichern. In: DIW Wochenbericht, Nr. 41/2006, 73 Jg., Oktober 2006, S. 545-551.

Schubert, Klaus (1991): Politikfeldanalyse; Opladen.

Schubert, Klaus/ Bandelow, Nils C. (2003): Politikdimension und Fragestellungen der Politikfeldanalyse. In: Schubert, Klaus/ Bandelow, Nils C. (Hrsg.): Lehrbuch der Politikfeldanalyse; München, Wien; S. 1-21.

Schumann, Diana/ Bandelow, Nils C./ Widmaier, Ulrich (2005): Administrative Interessenvermittlung durch Koppelgeschäfte: Der Fall der europäischen Elektrizitätspolitik. In: Eising, Rainer/ Kohler-Koch, Beate (Hrsg.): Interessenpolitik in Europa; Baden-Baden; S. 227-250.

Schwarz, Eike (2005): Dezentrale Energieerzeugung und Versorgungssicherheit im neuen Energiewirtschaftsgesetz. In: Solarzeitalter 01/2005, Nr. S. 12-16.

Schwarz, Eike [Eurosolar/ BEE] (2006): Interview 1, Policy-Analyse EnWG und erneuerbare Energien; 9. März 2006, Berlin.

Scott, Richard (1994): Volume I: Origins and structures of the IEA; IEA The history of the International Energy Agency - The first twenty years, Paris, www.iea.org (25.2.2007).

Seiter, Robert/ Stephan, Hubertus/ Mildenberger, Paulina (2006): TransAction Erneuerbare Energien. Marktüberblick und M&A-Aktivitäten 2001-2006; Ernst & Young Transaction Advisory Service, November 2006, Berlin.

SFV [Solarenergie-Förderverein Deutschland] (2004): Solarenergie-Förderverein zum EnWG-Entwurf: Demokratische Kontrolle erschwert. Pressemitteilung vom 09.03.2004, www.solarserver.de (2.11.2006).

SFV/ NABU [Solarenergie-Förderverein Deutschland, Naturschutzbund Deutschland] (1997): NABU Deutschland spricht Klartext. Aus der Stellungnahme des NABU vom 4.4.1997 zur Novellierung des StrEG. www.sfv.de (10.2.2006).

Sieferle, Rolf Peter (1987): Energie. In: Brüggemeier, Franz-Josef/ Rommelsbacher, Thomas (Hrsg.): Besiegte Natur. Geschichte der Umwelt im 19. und 20. Jahrhundert; München; S. 20-41.

Siemer, Jochen (2005): Kampf der Systeme. Streit um europäische Ökostromförderung. In: Photon, Nr. 2/2005, S. 10.

Sohre, Annika (2005): Meeresenergien. In: Reiche, Danyel (Hrsg.): Grundlagen der Energiepolitik; Frankfurt am Main; S. 181-190.

Solarthemen (2005): EEG-Umlage: Fast 300 Betriebe befreit. In: Solarthemen, Nr. 199, 13.1.2005, S. 3.

SolarWorld AG (2006): SolarWorld expandiert weltweit durch Übernahme der kristallinen Solaraktivitäten von Shell. Pressemitteilung, 2.2.2006, www.solarworld.de (26.6.2007).

Sötebier, Jan (2003): Die Richtlinie zur Förderung der Stromerzeugung aus erneuerbaren Energiequellen im Elektrizitätsbinnenmarkt - eine rechtliche Analyse. In: Zeitschrift für Umweltrecht (ZUR), Nr. 2/2003, 13. Jg., S. 65-73.

SPD-Bundestagsfraktion (2007): Klimaschutz und nachhaltige Energiepolitik. Eckpunkte für die Umsetzung der europäischen Ziele in der Klimaschutz- und Energiepolitik in Deutschland. Beschluss der SPD-Bundestagsfraktion vom 22. Mai 2007; www.spdfraktion.de (14.6.2007).

SPD/ Bündnis 90/Die Grünen (1998): Aufbruch und Erneuerung – Deutschlands Weg ins 21. Jahrhundert. Koalitionsvereinbarung zwischen der Sozialdemokratischen Partei Deutschlands und BÜNDNIS 90/DIE GRÜNEN. Bonn, 20. Oktober 1998; http://archiv.gruene-partei.de (20.6.2007).

SPD/ Bündnis 90/Die Grünen [Bundestagsfraktionen] (1999): Gesetzentwurf der Fraktionen SPD und Bündnis 90/Die Grünen. Entwurf eines Gesetzes zur Förderung der Stromerzeugung aus erneuerbaren Energien (Erneuerbare-Energien-Gesetz – EEG) sowie zur Änderung des Mineralölsteuergesetzes; Deutscher Bundestag Drucksache 14/2341, 13.12.99; http://dip.bundestag.de (25.6.2007).

SPD/ Bündnis 90/Die Grünen (2002a): Erneuerung – Gerechtigkeit – Nachhaltigkeit Für ein wirtschaftlich starkes, soziales und ökologisches Deutschland. Für eine lebendige Demokratie; Koalitionsvertrag, 16. Oktober 2002; http://archiv.bundesregierung.de (15.6.2007).

SPD/ Bündnis 90/Die Grünen [Bundestagsfraktionen] (2002b): Weltgipfel für Nachhaltige Entwicklung in Johannesburg 2002: Der nachhaltigen Entwicklung zum Durchbruch verhelfen. Antrag; Deutscher Bundestag, Drucksache 14/9052, 15.05.2002; http://dip.bundestag.de (17.4.2007).

SPD/ Bündnis 90/Die Grünen [Bundestagsfraktionen] (2003a): Antrag: Internationale Konferenz für Erneuerbare Energien; Deutscher Bundestag: Drucksache 15/807, 08.04.2003, Berlin; http://dip.bundestag.de (12.3.2007).

SPD/ Bündnis 90/Die Grünen [Bundestagsfraktionen] (2003b): Eckpunkte zur Ausrichtung des energierechtlichen Ordnungsrahmens auf Wettbewerb im Bereich der leitungsgebundenen Energieträger, 24. März 2003; www.vre-online.de (1.11.2006).

SPD/ Bündnis 90/Die Grünen [Bundestagsfraktionen] (2003c): Eckpunkte zur Einführung einer Härtefallregelung im EEG, 24. März 2003; www.vre-online.de (1.11.2006).

SPD/ Bündnis 90/Die Grünen [Bundestagsfraktionen] (2003d): EEG-Härtefallregelung kommt – Wettbewerb und Verbraucherschutz werden gestärkt. Die Koalition hat sich auf die Eckpunkte für eine Härtefallregelung im EEG und die Intensivierung des Wettbewerbs und Verbraucherschutzes geeinigt; Mitteilung des stellvertretenden Fraktionsvorsitzenden AG Energie, 25. März 2003 - 0268, www.spdfraktion.de (1.11.2006).

SPD/ Bündnis 90/Die Grünen [Bundestagsfraktionen] (2003e): Initiative zur Gründung einer Internationalen Agentur zur Förderung der Erneuerbaren Energien (International Renewable Energy

Agency - IRENA). Antrag der Fraktionen von SPD und Bündnis 90/Die Grünen; Deutscher Bundestag, Drucksache 15/811; http://dip.bundestag.de (5.4.2007).

SPD/ Bündnis 90/Die Grünen [Bundestagsfraktionen] (2004): Gesetzentwurf der Fraktionen SPD und BÜNDNIS 90/DIE GRÜNEN - Entwurf eines Gesetzes zur Neuregelung des Rechts der Erneuerbaren-Energien im Strombereich; Deutscher Bundestag Drucksache 15/2327, 13.01.2004; http://dip.bundestag.de (12.3.2007).

Spiegel online (2007a): Energiestreit: Russland pumpt wieder Erdöl durch die Druschba-Pipeline. Wirtschaft, 11.1.2007, www.spiegel.de (19.1.2007).

Spiegel online (2007b): Geplatzte Endesa-Übernahme. E.on will anderswo zukaufen. 3.4.2007, www.spiegel.de (3.7.2007).

Springmann, Jens-Peter (2005): Förderung erneuerbarer Energieträger in der Stromerzeugung - Ein Vergleich ordnungspolitischer Instrumente; Wiesbaden.

SRU [Rat von Sachverständigen für Umweltfragen] (2002a): Für eine Stärkung und Neuorientierung des Naturschutzes - Sondergutachten des SRU. Unterrichtung durch die Bundesregierung; Deutscher Bundestag Drucksache 14/9852, Berlin, www.umweltrat.de (3.7.2007).

SRU [Rat von Sachverständigen für Umweltfragen] (2002b): Umweltgutachten 2002 des Rates von Sachverständigen für Umweltfragen. Für eine neue Vorreiterrolle; Deutscher Bundestag Drucksache 14/8792, 14. Wahlperiode, Berlin, www.umweltrat.de (3.7.2007).

SRU [Rat von Sachverständigen für Umweltfragen] (2004): Umweltpolitische Handlungsfähigkeit sichern. Umweltgutachten 2004 des Rates von Sachverständigen für Umweltfragen; Deutscher Bundestag Drucksache 15/3600, 2.7.2004; www.umweltrat.de (12.6.2007).

Staiß, Frithjof (2000): Jahrbuch Erneuerbare Energien 2000; Hrsg: Stiftung Energieforschung Baden-Württemberg, Radebeul.

Staiß, Frithjof] (2001): Jahrbuch Erneuerbare Energien 2001; (Hrsg.), Stiftung Energieforschung Baden-Württemberg: Jahrbuch Erneuerbare Energien, Radebeul.

Staiß, Frithjof (2007): Jahrbuch Erneuerbare Energien 2007; Stiftung Energieforschung Baden-Württemberg (Hrsg.), Radebeul.

Stakeholder Forum [Stakeholder Forum for Our Common Future] (2004): Multi-Stakeholder Dialogue comparative analysis of stakeholder position papers; www.renewables2004.de (25.4.2007).

Statistisches Bundesamt (2002): Klassifikation der Wirtschaftszweige, Ausgabe 2003 (WZ 2003); Wiesbaden, www.statistik-portal.de (8.6.2007).

Statistisches Bundesamt (2007): Bruttoinlands-Produkt 2006 für Deutschland. Informationsmaterialien zur Pressekonferenz am 11. Januar 2007 in Frankfurt a.M.; Wiesbaden, www.destatis.de (11.7.2007).

Steenblik, Ronald (2005): Liberalisation of Trade in Renewable-Energy Products and Associated Goods: Charcoal, Solar Photovoltaic Systems, and Wind Pumps and Turbines; OECD Trade and Environment Working Paper No. 2005-07, COM/ENV/TD(2005)23/FINAL, Paris, www.oecd.org (24.5.2007).

Steiner, Achim/ Wälde, Thomas/ Bradbrook, Adrian (2004): International Institutional Arrangements Bundling the Forces – but how? International Conference for Renewable Energies Secretariat (ed.): Thematic Background Paper, www.renewables2004.de (17.5.2006).

Steinmeier, Frank-Walter (2007): Kooperative Strategien zur globalen Energiesicherung. Rede anlässlich der Eröffnung der Reihe "Energiesicherheit und internationale Beziehungen" des Auswärtigen Amts und des Veranstaltungsforums der Verlagsgruppe Georg von Holtzbrinck im Auswärtigen Amt; 16.02.2007, Berlin, www.auswaertiges-amt.de (24.2.2007).

Sterk, Wolfgang (2006): Can Sectoral Approaches to the CDM Promote Renewable Energy Technologies? Side Event "Clean Development Mechanism und Erneuerbare Energien" auf der Tagung der Nebenorgane der Klimarahmenkonvention (SB 24), 22. Mai 2006, Bonn, www.wupperinst.org (12.3.2007).

stern (2004): Der Strom-Markt. Eine Auswertung aus TrendProfile 10/04 mit Daten aus TrendProfile 10/02 und 05/01; Stern Trendprofile, www.gujmedia.de (12.3.2007).

stern (2006a): TrendProfile 03/06 – Energieversorger; Gruner&Jahr, Stern Trendprofile, www.gujmedia.de (12.3.2007).

Stern, Nicholas (2006b): Stern Review on the Economics of Climate Change. Executive Summary; www.hm-treasury.gov.uk (22.3.2007).

Stier, Bernhard (1999): Staat und Strom - Die politische Steuerung des Elektrizitätssystems in Deutschland 1890 - 1950; Ubstadt-Weiher.

StMWIVT [Bayrisches Staatsministerium für Wirtschaft, Infrastruktur, Verkehr und Technologie] (2003): Wiesheu: "Clement knickt vor Trittin ein". Bayerns Wirtschaftsminister kritisiert Kursschwenk der Bundesregierung. Pressemitteilung vom 28. März 2003, München, (20.5.2004).

Stollberger, Thomas (2003): CDU/ CSU kritisiert Regulierung auf dem Strommarkt. Verivox Nachrichten, 25.03.2003, www.verivox.de (31.10.2006).

Streeck, Wolfgang/ Schmitter, Philippe C. (1996): Gemeinschaft, Markt, Staat - und Verbände? In: Kenis, Patrick/ Schneider, Volker (Hrsg.): Organisation und Netzwerk. Institutionelle Steuerung in Wirtschaft und Politik; Frankfurt a.M.; S. 123-164.

StrEG (1990): Gesetz über die Einspeisung von Strom aus erneuerbaren Energien in das öffentliche Netz (Stromeinspeisungsgesetz) vom 7. Dezember 1990, BGBl. I S. 2633; 1994: S. 1618; 1998: S. 730; www.gesetzesweb.de (3.7.2007).

StrEG (1998): Änderung des Stromeinspeisegesetzes gemäß Artikel 3 Änderung sonstiger Gesetze des Gesetzes zur Neuregelung des Energiewirtschaftsrechts vom 24.4.1998; BGBl Jg. 1998, Teil I, Nr. 23.

StromStG (2006): Stromsteuergesetz vom 24. März 1999 (BGBl. I S. 378), zuletzt geändert durch Artikel 2 des Gesetzes vom 18. Dezember 2006 (BGBl. I S. 3180); http://bundesrecht.juris.de.

Stubner, Heiko (2006): Interview 8, Policy-Analyse EU-Richtlinie zur Förderung erneuerbarer Energien; 11.6.2006, telefonisches Interview.

Stumpf, Cordula/ Gabler, Andreas (2005): Netzzugang, Netznutzungsentgelte und Regulierung in Energienetzen nach der Energierechtsnovelle. In: Neue Juristische Wochenschrift NJW, Nr. 44, S. 3174-3179.

Suck, André (2002): Renewable Energy Policy in the United Kingdom and in Germany; Max-Planck-Projektgruppe Recht der Gemeinschaftsgüter (Hrsg.): Preprints 2002/15, Bonn, www.coll.mpg.de (16.6.2007).

Supersberger, Niko/ Esken, Andrea/ Fischedick, Manfred/ Schüwer, Dietmar (2006): Carbon Capture and Storage - Solution to Climate Change? KyotoPlus - Papers, www.kyotoplus.org (22.2.2007).

SZ [Süddeutsche Zeitung] (2005): Modell von E.ON. In: Süddeutsche Zeitung, 13.7.2005, S. 3.

TAB [Büro für Technikfolgen-Abschätzung beim Deutschen Bundestag] (2000): Instrumente zur Förderung regenerativer Energien für die Stromerzeugung. In: TAB-Brief, Nr. 19, Dezember 2000, S. 22-24.

tagesschau.de (2006a): Deutschland und EU reagieren erleichtert - Russland und Ukraine beenden Gasstreit. Wirtschaft, Stand: 05.01.2006, www.tagesschau.de (19.1.2007).

tagesschau.de (2006b): Konflikt über Energieversorgung - Putin will der EU keine Garantien geben. Wirtschaft, Stand: 21.10.2006, www.tagesschau.de (19.1.2007).

tagesschau.de (2006c): Übernahmepoker E.ON/Endesa - EU-Kommission verschärft Gangart gegen Spanien. www.tagesschau.de (18.10.2006).

tagesschau.de (2007): Energiegipfel ohne gemeinsame Beschlüsse. Regierung hält am Atomausstieg fest. Rubrik Wirtschaft, 3.7.2007, www.tagesschau.de (4.7.2007).

taz (1996): Gefahr aus Brüssel für erfolgreiche Windstromer. taz Hannover, 02.11.1996, www.wendland-net.de (20.12.2006).

TEHG (2004): Gesetz über den Handel mit Berechtigungen zur Emission von Treibhausgasen, BGBl I 2004, 1578, 8. Juli 2004; http://bundesrecht.juris.de (3.7.2007).

Teller, Edward (1981): Energie für ein neues Jahrtausend: eine Geschichte über die Energie, von ihren Anfängen vor 15 Milliarden Jahren bis zu ihrem heutigen Zustand der Adoleszenz: unruhig, verheissungsvoll, schwierig und hilfsbedürftig; Berlin, Wien u.a.

Tentscher, Wolfgang (2005): Forderungen nicht erfüllt. Mitte Juli ist das novellierte Energiewirtschafts-gesetz (EnWG) in Kraft getreten. Für die Biogaseinspeisung ist das Gesetz kein wirklicher Er-folg. In: Biogas Journal, Nr. 1/05, 8. Jg., S. 38-39.

Tesnière, Lucie (2005): Multi-Level Lobbying: National Interest Groups go European? The Case of the German Wind Energy Association (1998-2001). Master Dissertation. Euromaster-Programme 2004/05, Berlin Graduate School of Social Sciences (BGSS), Humboldt-University, Berlin.

Thie, Hans/ Scheer, Hermann (2006): Verlogene Argumente, vergiftete Köder - Im Gespräch: Hermann Scheer über den geplanten Durchmarsch der Energiewirtschaft, naive Politiker und parlamenta-rischen Widerstand. Freitag: Die Ost-West-Wochenzeitung, 07.04.2006, www.freitag.de (16.6.2007).

Thomas, Steve (2006): Die Wirtschaftlichkeit der Atomenergie. In: Heinrich-Böll-Stiftung (Hrsg.): Mythos Atomkraft. Ein Wegweiser; Berlin; S. 247-311.

Thöring, Claudia (2007): Strompreise steigen um bis zu 34 Prozent: "Preiserhöhungen nicht hinnehmen". tagesschau.de, 29.6.2007, www.tagesschau.de (29.6.2007).

Timpe, Christof/ Bergmann, Heidi/ Klann, Uwe/ Langniß, Ole/ Nitsch, Joachim/ Cames, Martin/ Voß, Jan-Peter (2001): Umsetzungsaspekte eines Quotenmodells für Strom aus erneuerbaren Energien; Studie im Auftrag des Ministeriums für Umwelt und Verkehr Baden-Württemberg, Freiburg, Stuttgart, Heidelberg, www.um.baden-wuerttemberg.de (28.12.2006).

Tödtmann, Ulrich/ Schauer, Michael (2005): Die Stromkennzeichnungspflicht nach § 42 EnWG-E. In: Zeitschrift für neues Energierecht ZNER, Nr. 2, S. 118-124.

Töller, Annette Elisabeth (2005): Energiepolitische Steuerung durch kooperatives Staatshandeln. Eine Untersuchung zu den Entstehungsbedingungen der KWK-Vereinbarung zwischen der deutschen Energiewirtschaft und der Bundesregierung vom Juni 2001; DVPW (Hrsg.): FoJuS-Diskussionspapiere, Nr. 6/2005, http://users.ox.ac.uk (3.7.2007).

Traube, Klaus (1999): Die Kraft-Wärme-Kopplung - ein deutsches Trauerspiel. In: WSI-Mitteilungen, Nr. 09/1999, 52. Jg., S. 600-604.

Treber, Manfred/ Bals, Christoph/ Kier, Gerold (2003): Warten auf die Ratifizierung Russlands. Ein Resümee der Zwischenrunde der Klimaverhandlungen in Bonn (4.-13.6.2003). Internationale Klimapolitik, 19.6.03, www.germanwatch.org (22.3.2007).

Treber, Manfred/ Bals, Christoph/ Milke, Klaus (2000): Klima, Politik und Wissenschaft - der interna-tionale Klimaverhandlungsprozeß und der Beitrag der Wissenschaften. www.germanwatch.org (3.7.2007).

Trimet Aluminium (2007): Statement zum Ergebnis des 3. Energiegipfels vom 2. Juli 2007 - Energiein tensive Industrie bangt weiter um ihre Zukunft. Pressemeldung der Trimet Aluminium AG, 10.07.2007, www.presseportal.de (11.7.2007).

Trittin, Jürgen (2004a): Globale Allianzen für erneuerbare Energien bilden. Trittin: Europa muss weiter voran schreiten. Bundesministerium für Umwelt, Naturschutz und Reaktorsicherheit, Pressearchiv, Nr. 003/04, 15.01.2004, www.erneuerbare-energien.de (23.4.2007).

Trittin, Jürgen (2004b): Schlussrede von Jürgen Trittin, Bundesminister für Umwelt, Naturschutz und Reaktorsicherheit, Bundesrepublik Deutschland, auf der renewables 2004, 4.6.2004; Bonn, www.renewables2004.de (26.4.2007).

Trittin, Jürgen (2005): Beijing International Renewable Energy Conference 2005 - A Step to better Future. Abschlussrede BIREC 2005. 08.11.2005, Peking, www.bmu.de (1.5.2007).

Tugendreich, Bettina/ von Hammerstein, Christian (2005): Die Liberalisierung des Messwesens. In: E/M/W - Zeitschrift für Energie, Markt, Wettbewerb, Nr. 5/05, Special Stadtwerke, S. 14-17.

Turmes, Claude (2006): Interview 6, Policy-Analyse EU-Richtlinie zur Förderung erneuerbarer Energien; 6.7.2006, telefonisches Interview.

UBA [Umweltbundesamt] (2006): Technische Abscheidung und Speicherung von CO2 − nur eine Übergangslösung. Mögliche Auswirkungen, Potenziale und Anforderungen. Kurzfassung, Au-gust 2006; Berlin, www.umweltbundesamt.de (25.3.2007).

UBA [Umweltbundesamt] (2007a): Emissionshandel: Kohlendioxidausstoß 2006 ebenfalls leicht gestiegen. Umweltbundesamt zur Veröffentlichung der Europäischen Kommission vom 2. April 2007. Presse-Information 017/2007, www.umweltbundesamt.de (4.4.2007).

UBA [Umweltbundesamt] (2007b): Klimaschutz: Windkraft braucht mehr Rückenwind. Potenziale an Land und auf See lassen sich besser nutzen. Presse-Information 038/2007, www.umweltbundesamt.de (5.7.2007).

Umweltausschuss [Ausschuss für Umwelt, Naturschutz und Reaktorsicherheit] (2004): Korrigiertes Wortprotokoll: Öffentliche Anhörung zu dem Gesetzentwurf der Fraktionen SPD und Bündnis 90/Die Grünen (Drucksache 15/2327), 33. Sitzung, Montag, 08. März 2004; Deutscher Bundestag, Protokoll Nr. 15/33; www.bundestag.de (29.6.2007).

Umweltausschuss [Ausschuss für Umwelt, Naturschutz und Reaktorsicherheit] (2007): Beschlussempfehlung und Bericht zu der Unterrichtung durch die Bundesregierung: Bericht der Deutschen Energie-Agentur GmbH (dena) über die Bestandsaufnahme und den Handlungsbedarf bei der Förderung des Exportes Erneuerbarer-Energien-Technologien 2003/2004 (Drucksache 15/5938); Deutscher Bundestag, Drucksache 16/4962, 3.4.2007; http://dip.bundestag.de (8.6.2007).

UN [United Nations] (2005): The Energy Challenge for Achieving the Millennium Development Goals; UN-Energy, http://esa.un.org/un-energy (3.7.2007).

UNEP/ IEA [United Nations Environment Programme, International Energy Agency] (2002): Reforming energy subsidies; United Nations Publication, Oxford, www.uneptie.org (2.3.2007).

UNFCCC [United Nations Framework Convention on Climate Change] (2006): National greenhouse gas inventory data for the period 1990-2004 and status of reporting; FCCC/SBI/2006/26, 19 October 2006; http://unfccc.int (6.4.2007).

United Nations (1972): Action Plan for the Human Environment. B - Recommendations for action at the international level. Action taken by the United Nations Conference on the Human Environment, Stockholm; www.unep.org (8.4.2007).

United Nations (1981): General Assembly: United Nations Conference on New and Renewable Sources of Energy, A/RES/36/193, 17.12.1981; www.un.org (14.2.2007).

United Nations (2000): United Nations Millennium Declaration. Resolution adopted by the General Assembly, Fifty-fifth session, Agenda item 60 (b), A/RES/55/2, 18 September 2000; Assembly, General, www.un.org (12.3.2007).

United Nations (2002): Plan of Implementation of the World Summit on Sustainable Development; www.un.org (4.4.2007).

United Nations (2005): The Energy Challenge for Achieving the Millennium Development Goals; UN-Energy, http://esa.un.org (12.3.2007).

Unmüßig, Barbara (2004): Internationale Konferenz für Erneuerbare Energien ein Erfolg. Bilanz zur renewables 2004 in Bonn. Heinrich-Böll-Stiftung, Juni 2004, www.boell.de (29.4.2007).

Urbach, Matthias (1997): Gesetzentwurf "ein Triumph der Stromkonzerne". taz Berlin, 17.4.1997, www.wendland-net.de (20.12.2006).

van der Velden, Alwin/ Dielmann, Klaus-Peter (2003): Virtuelle Kraftwerke - neue Perspektive für die Energieversorgung? Präsentation beim Institut für Elektrische Anlagen und Energiewirtschaft, Februar 2003, www.nowum-energy.com (9.6.2007).

VDEW [Verband der Elektrizitätswirtschaft] (2003): Verbraucher mit Wettbewerb zufrieden. Pressemitteilung, 03.02.2003, www.strom.de (20.11.2006).

VDEW [Verband der Elektrizitätswirtschaft] (2004): Schriftliche Stellungnahme zur öffentlichen Anhörung am 29. November 2004 in Berlin. In: Deutscher Bundestag (Hrsg.): Materialien zur öffentlichen Anhörung in Berlin am 29. November 2004, Zusammenstellung der schriftlichen Stellungnahmen, Ausschussdrucksache 15(9)1511, Ausschuss für Wirtschaft und Arbeit, 26. November 2004; S. 32-55.

VDEW [Verband der Elektrizitätswirtschaft] (2005a): Bewährungsprobe für das Energiewirtschaftsgesetz. VDEW zum Kompromiss im Vermittlungsausschuss. Pressemitteilung, 15.06.2005, www.strom.de (12.3.2007).

VDEW [Verband der Elektrizitätswirtschaft] (2005b): Das VDEW-Integrationsmodell: Ausbau Erneuerbarer Energien effizient gestalten. Stand: Oktober 2005, www.strom.de (6.7.2007).

VDEW [Verband der Elektrizitätswirtschaft] (2005c): Diskussionsvorschlag zur künftigen Förderung Erneuerbarer Energien: „Ausbauziele effizient erreichen". Stand: Juni 2005, www.fdp-umwelt.de (6.7.2007).

VDEW [Verband der Elektrizitätswirtschaft] (2005d): VDEW zur Verabschiedung der EnWG-Novelle: Hängepartie jetzt beenden. Die Stromwirtschaft braucht dringend positive Signale. Pressemitteilung, 14.04.2005, www.strom.de (6.11.2006).

VDEW [Verband der Elektrizitätswirtschaft] (2006): Strompreise in Deutschland. Präsentation des VDEW, Stand Februar 2006, www.vdew-bw.de (20.11.2006).

VDEW [Verband der Elektrizitätswirtschaft] (2007a): BGW, VDEW, VDN und VRE unterzeichnen Verschmelzungsurkunde - Bundesverband der Energie- und Wasserwirtschaft (BDEW) gegründet. Pressemitteilung, 19.6.2007, www.strom.de (17.7.2007).

VDEW [Verband der Elektrizitätswirtschaft] (2007b): VDEW zum Energiegipfel und Energiewirtschaftlichen Gesamtkonzept: Strombranche fordert realistische Annahmen für künftige Energiepolitik. Steigerung der Energieeffizienz um zwei Prozent pro Jahr könnte machbar sein. Pressemitteilung, 2.7.2007, www.strom.de (4.7.2007).

VDEW/ VDN/ VRE [Verband der Elektrizitätswirtschaft, Verband der Netzbetreiber, Verband der Verbundunternehmen und Regionalen Energieversorger in Deutschland] (2004): Stellungnahme zum Entwurf eines Gesetzes zur Neufassung des Energiewirtschaftsrechts, 15.3.2004; Berlin, www.raepower.de (1.11.2006).

VDEW/ VDN/ VRE [Verband der Elektrizitätswirtschaft, Verband der Netzbetreiber, Verband der Verbundunternehmen und Regionalen Energieversorger in Deutschland] (2006): Stellungnahme der Elektrizitätswirtschaft zum Entwurf des Berichts der Bundesnetzagentur nach § 112a EnWG zur Einführung der Anreizregulierung nach § 21a EnWG, Teil A, 16. Juni 2006; Berlin, www.bundesnetzagentur.de (18.11.2006).

VDEW/ VRE/ VKU/ VDN [Verband der Elektrizitätswirtschaft, Verband der Verbundunternehmen und Regionalen Energieversorger in Deutschland, Verband kommunaler Unternehmen, Verband der Netzbetreiber] (2003): Teil 1 des Zwischenberichtes der Verbände VDEW, VRE, VKU und VDN zum Stand des verhandelten Netzzugangs in Deutschland, 05. Dezember 2003; http://vre-online.de (1.11.2006).

VDN [Verband der Netzbetreiber beim VDEW] (2006): Stromnetze in Deutschland 2006 - Daten und Fakten; Berlin, www.vdn-strom.de (22.11.2006).

Vereinte Nationen (1992a): Agenda 21 (deutsche Fassung); Konferenz der Vereinten Nationen für Umwelt und Entwicklung, Rio de Janeiro, Juni 1992, www.un.org (5.4.2007).

Vereinte Nationen (1992b): Rahmenübereinkommen der Vereinten Nationen über Klimaänderungen. Deutsche Übersetzung; http://europa.eu (12.3.2007).

Vereinte Nationen (2002): Bericht des Weltgipfels für nachhaltige Entwicklung, Johannesburg (Südafrika), 26. August - 4. September 2002 (auszugsweise Übersetzung); A/CONF.199/20; www.bmu.de (17.4.2007).

Verheugen, Günter (2006): Brief von Günter Verheugen an Manuel Barroso, Subject: Climate change, energy and competitiveness, 21.11.2006; Brussels, download unter www.hans-josef-fell.de (22.1.2007).

Vermittlungsausschuss (2005): Beschlussempfehlung des Vermittlungsausschusses zu dem Zweiten Gesetz zur Neuregelung des Energiewirtschaftsrechts (Drucksachen 15/3917, 15/4068, 15/5268, 15/5429), Deutscher Bundestag Drucksache 15/5736 (neu), 15.06.2005; http://dip.bundestag.de (12.3.2007).

Vigotti, Roberto (2005): A world energy perspective: scenarios and policies to accelerate renewables (presentation); Renewable Energy for Europe – Research in Action, European Commission, Brussels, 21-22.11.2005, http://ec.europa.eu (1.3.2007).

VIK [Verband der Industriellen Energie- und Kraftwirtschaft] (2002): Energiepolitische Herausforderungen der neuen Legislaturperiode. Zusammenfassung der Diskussionsinhalte der Podiumsdiskussion; 55. VIK-Jahrestagung, 7. November 2002, Berlin.

VIK [Verband der industriellen Energie- und Kraftwirtschaft] (2003a): Durchbruch beim Energiewirtschaftsgesetz; Pressemitteilungen, 10.06.05, Essen, www.vik-online.de (10.11.2006).

VIK [Verband der industriellen Energie- und Kraftwirtschaft] (2003b): VIK-Eckpunktepapier - Wettbewerbsbehörde Strom und Erdgas, 7. Juli 2003; Essen, http://vre-online.de (1.11.2006).

VIK [Verband der Industriellen Energie- und Kraftwirtschaft] (2004): Schriftliche Stellungnahme zur öffentlichen Anhörung am 29. November 2004 in Berlin. In: Deutscher Bundestag (Hrsg.): Materialien zur öffentlichen Anhörung in Berlin am 29. November 2004, Zusammenstellung der schriftlichen Stellungnahmen, Ausschussdrucksache 15(9)1511, Ausschuss für Wirtschaft und Arbeit 26. November 2004, 15. Wahlperiode; S. 70-86.

VIK [Verband der industriellen Energie- und Kraftwirtschaft] (2005a): Bundeskartellamt soll steigende Strom- und CO2-Preise prüfen. Pressemitteilungen, 17.08.05, www.vik-online.de (13.11.2006).

VIK [Verband der industriellen Energie- und Kraftwirtschaft] (2005b): Erneuerbare-Energien-Gesetz paradox: Neue Härtefallregelung steigert Last energieintensiver Unternehmen. Pressemitteilungen, 6.1.05, www.vik-online.de (3.7.2007).

VIK [Verband der industriellen Energie- und Kraftwirtschaft] (2006): 1 Jahr neues Energiewirtschaftsgesetz: Gaswettbewerb imSchneckentempo – Energiepreise auf Rekordhöhe. Pressemitteilungen, 25.10.06, www.vik-online.de (13.11.2006).

VKU [Verband kommunaler Unternehmen] (2004a): Anhörung zum Energiewirtschaftsgesetz - VKU: Netzzugangsmodell und Netzentgelte müssen im Gesetz geregelt werden, gravierender Korrekturbedarf auch beim Unbundling. Pressemitteilung, 18.03.2004, Berlin (ots), www.presseportal.de (2.11.2006).

VKU [Verband kommunaler Unternehmen] (2004b): Schriftliche Stellungnahme zur öffentlichen Anhörung am 29. November 2004 in Berlin. In: Deutscher Bundestag (Hrsg.): Materialien zur öffentlichen Anhörung in Berlin am 29. November 2004, Zusammenstellung der schriftlichen Stellungnahmen, Ausschussdrucksache 15(9)1511, Ausschuss für Wirtschaft und Arbeit, 26. November 2004; S. 6-31.

VKU [Verband kommunaler Unternehmen] (2005): Schwere Kost. Verabschiedung des Energiewirtschaftsgesetzes. Pressemitteilung Nr. 05/05, 17.06.2005, www.presseportal.de (8.11.2006).

Vogel, Michael (2005): Akzeptanz von Windparks in touristisch bedeutsamen Gemeinden der deutschen Nordseeküstenregion. Eine empirische Untersuchung; Hochschule Bremerhaven Studien des Instituts für Maritimen Tourismus, Bremerhaven, www.cim.hs-bremerhaven.de (12.3.2007).

Volpi, Giulio (2000): Taking the road to renewables? Strengths and weaknesses of the draft European Renewables Directive. Renewable Energy World Online, Nov.-Dec. 2000, http://jxj.base10.ws (12.1.2007).

Volpi, Giulio (2006): Interview 4, Policy-Analyse EU-Richtlinie zur Förderung erneuerbarer Energien; 6.06.2006, telefonisches Interview.

von Fabeck, Wolf (2006): Die kostendeckende Vergütung - Eine Idee geht um die Welt. Solarenergie-Förderverein Deutschland - SFV, Artikel vom 12.12.2006, www.sfv.de (15.6.2007).

von Fabeck, Wolf (1998): Van Miert verlangt Reformen im Stromeinspeisungsgesetz. KV könnte das Ergebnis sein. In: Solarbrief, Nr. 4/98, S. Online-Version ohne Seitenangabe.

Voogt, M. H./ Uyterlinde, M. A. (2006): Cost effects of international trade in meeting EU renewable electricity targets. In: Energy policy, Nr. 3, Vol. 34, Renewable energy policies in the European Union, S. 352-364.

Vorholz, Fritz (2004): Geballte Ladung. Mangelhafter Terror-Schutz der Kernkraftwerke, Streit um die Kohlesubventionen und den Export der Hanauer Atomfabrik: Die Zukunft von Rot-Grün entscheidet sich auch mit ihrer Energiepolitik. In: Die Zeit, 11.03.2004, Nr.12, S. 1-5 (online), www.zeit.de (12.3.2007).

Vorholz, Fritz (2005): Schwarz-gelber Mix. Auch Angela Merkel könnte nicht auf Sonnen- und Windenergie verzichten. In: Die Zeit, S. 10-11, www.zeit.de (3.7.2007).

Voß, Alfred/ Dicke, Norbert/ Rath-Nagel, Stefan (2000): Konzeption eines effizienten und marktkonformen Fördermodells für erneuerbare Energien. Gutachten im Auftrag des Wirtschaftsministeriums Baden-Württemberg; Stuttgart, http://elib.uni-stuttgart.de (22.1.2007).

Voß, Jan-Peter (2000): Institutionelle Arrangements zwischen Zukunfts- und Gegenwartsfähigkeit: Netzregulierung im liberalisierten deutschen Stromsektor. In: Prittwitz, Volker v. (Hrsg.): Institutionelle Arrangements in der Umweltpolitik; Opladen; S. 227-254.

VRE [Verband der Verbundunternehmen und Regionalen Energieversorger in Deutschland] (2004a): Schriftliche Stellungnahme zur öffentlichen Anhörung am 29. November 2004 in Berlin. In: Deutscher Bundestag (Hrsg.): Materialien zur öffentlichen Anhörung in Berlin am 29. November 2004, Zusammenstellung der schriftlichen Stellungnahmen, Ausschussdrucksache 15(9)1511, Ausschuss für Wirtschaft und Arbeit, 26. November 2004; S. 255-261.

VRE [Verband der Verbundunternehmen und Regionalen Energieversorger in Deutschland] (2004b): Stellungnahme zum Entwurf eines zweiten Gesetzes zur Neuregelung des Energiewirtschaftsrechts (Regierungsentwurf), 23. November 2004. www.vre-online.de (22.10.2006).

VZBV [Verbraucherzentrale Bundesverband] (2004): Kernregelungen eines Gesetzes zur Neuregelung des Energiewirtschaftsgesetzes aus Verbrauchersicht. Stellungnahme des vzbv, 25.10.2004, www.energieverbraucher.de (22.10.2006).

VZBV [Verbraucherzentrale Bundesverband] (2005): Energiewirtschaftsgesetz im Vermittlungsausschuss: Gemischte Gefühle. vzbv fordert verbraucherfreundliches Signal zur Belebung des Wettbewerbs und der Konjunktur. Pressemitteilung, 03.06.2005, www.vzbv.de (22.11.2006).

Waarden, Frans van (1992): Dimensions and types of policy networks. In: European Journal of Political Research, Nr. 21/1992, S. 29-52.

Wagner, Andreas (1996): Einspeisebedingungen für Erneuerbare Energien in der Europäischen Union. Zusammenfassung einer Eurosolar-Studie für die EU-Kommission. In: Solarzeitalter, Nr. 4/1996, S. 4-12.

Wagner, Andreas (2000): Tauziehen um europäische Stromrichtlinie. In: Photon, Nr. 1 (Januar-Februar 2000), S. 16.

Wagner, Ralf/ Dudenhausen, Roman (2005): Anreizregulierung - cui bono? ConEnergy (Hrsg.): CE-Research, 14. März 2005, Essen.

Wagner, Wolfgang (2005): Der akteurzentrierte Institutionalismus. In: Bieling, Hans-Jürgen/ Lerch, Marika (Hrsg.): Theorien der Europäischen Integration; Wiesbaden; S. 249-270.

Waldermann, Anselm (2005): Gegen den Wind. Bei den alternativen Energien könnte man 5,5 Mrd. Euro sparen, sagt eine Studie der Stromfirmen - Kritiker bezweifeln die Zahl. In: Der Tagesspiegel, 9.10.2005, S. 5, www.tagesspiegel.de (4.7.2007).

Waldmeir, Patti/ Luce, Edward (2007): Oberster Gerichtshof kritisiert Bushs Klimapolitik. Financial Times Deutschland (FTD), 03.04.2007, www.ftd.de (15.5.2007).

Walk, Heike/ Brunnengräber, Achim (2000): Die Globalisierungswächter. NGOs und ihre transnationalen Netze im Konfliktfeld Klima; Münster.

WamS [Welt am Sonntag] (2004): Stromregulierung kommt später. Grüne und Union stoppen Wirtschaftsminister Clement. 12. September 2004, www.wams.de (3.11.2006).

Wara, Michael (2007): Is the global carbon market working? In: Nature, Nr. 445, S. 595-596.

WBGU [Wissenschaftlicher Beirat der Bundesregierung Globale Umweltveränderungen] (2003a): Sondergutachten an die Bundesregierung übergeben. Über Kioto hinaus denken: Klimaschutzstrategien für das 21. Jahrhundert. Presseerklärung, Berlin, 25. November 2003, www.wbgu.de (3.7.2007).

WBGU [Wissenschaftlicher Beirat der Bundesregierung Globale Umweltveränderungen] (2003b): Über Kioto hinaus denken – Klimaschutzstrategien für das 21. Jahrhundert. Sondergutachten 2003; Berlin, www.wbgu.de (22.3.2007).

WBGU [Wissenschaftlicher Beirat der Bundesregierung Globale Umweltveränderungen] (2003c): Welt im Wandel – Energiewende zur Nachhaltigkeit; Berlin, Heidelberg.

WBGU [Wissenschaftlicher Beirat der Bundesregierung Globale Umweltveränderungen] (2004): Erneuerbare Energien für eine nachhaltige Entwicklung – Impulse für die renewables 2004; Politikpapier 3, Berlin, www.wbgu.de (22.4.2007).

WBGU [Wissenschaftlicher Beirat der Bundesregierung Globale Umweltveränderungen] (2007a): Neue Impulse für die Klimapolitik: Chancen der deutschen Doppelpräsidentschaft nutzen; Politikpapier 5, Berlin, www.wbgu.de (22.2.2007).

WBGU [Wissenschaftlicher Beirat der Bundesregierung Globale Umweltveränderungen] (2007b): Welt im Wandel – Sicherheitsrisiko Klimawandel. Zusammenfassung für Entscheidungsträger; Berlin, www.wbgu.de (16.6.2007).

WCED [World Commission on Environment and Development] (1987): Unsere gemeinsame Zukunft. Der Brundtland-Bericht der Weltkommission für Umwelt und Entwicklung; Hauff, Volker: Deutsche Fassung des Brundtland-Berichts "Our Common Future"; Greven.

WCRE [World Council for Renewable Energy] (2002a): Aktionsplan für die globale Verbreitung Erneuerbarer Energien; Bonn, www.world-renewable-energy-forum.org (17.4.2007).

WCRE [World Council for Renewable Energy] (2002b): Formation of the Group of Renewable and Efficient Energy Nations (GREEN Nations); Bonn, www.world-renewable-energy-forum.org (17.4.2007).

WCRE [World Council for Renewable Energy] (2005): Pekinger Konferenz für Erneuerbare Energien: Das Muster "global reden, national aufschieben" muss endlich durchbrochen werden. Pressemitteilung, 10.11.2005, www.eurosolar.de (2.5.2007).

WCRE [World Council for Renewable Energy] (o. J.): Why a World Council for Renewable Energy? WCRE: About us - Organisation, www.wcre.de (11.4.2007).

wdr.de (2005): Rüttgers setzt auf Offenheit. Voraussichtlich vorgezogene Bundestagswahl im Herbst. Landtagswahl NRW, 23.05.2005, www.wdr.de (3.7.2007).

WEHAB Working Group (2002): A Framework for Action on Energy; August 2002, www.un.org (16.4.2007).

Weigt, Jürgen (2005): Die Zukunft der erneuerbaren Energien im Elektrizitätsbinnenmarkt. In: Energiewirtschaftliche Tagesfragen (et), Zeitschrift für Energiewirtschaft, Recht, Technik und Umwelt, Nr. 9, Bd. 55, S. 656-662.

Weizsäcker, Carl Christian von/ Breyer, Friedrich/ Hax, Herbert/ Sievert, Olaf (2004): Zur Förderung erneuerbarer Energien; Gutachten des Wissenschaftlichen Beirats beim Bundesministerium für Wirtschaft und Arbeit, Köln, www.bmwi.de (29.6.2007).

Welch, Stephen/ Kennedy-Pipe, Caroline (2004): Multi-Level Governance and International Relations. In: Bache, Ian/ Flinders, Matthew (Hrsg.): Multi-Level Governance; Oxford; S. 127-146.

Weltbank (1992): Governance and Development; Bank, World: New York.

Wenzel, Bernd/ Diekmann, Jochen (2006): Ermittlung bundesweiter, durchschnittlicher Strombezugskosten von Elektrizitätsversorgungsunternehmen; Gutachten im Auftrag des Bundesministeriums für Umwelt, Naturschutz und Reaktorsicherheit, Berlin, www.erneuerbare-energien.de (3.7.2007).

Wessels, Wolfgang (2004): Gesetzgebung in der EG. Geschriebene und gelebte Regeln in der dreipoligen institutionellen Architektur. Beitrag zum Sammelband von Wolfgang Ismayr (Hrsg.): Die politischen Systeme Westeuropas (im Erscheinen); www.politik.uni-koeln.de, (1.08.2006).

Wetzel, Daniel (2004): Union will Energiemarkt-Gesetz verschärfen. Die Welt, 1.9.2004, www.welt.de (3.11.2006).

Wetzel, Daniel (2006): Stromversorger fürchten hohe Umsatzverluste. Konzerne beklagen "harten Einschnitt" der Bundesnetzagentur. E.on kündigt Stellenabbau an. Die Welt, 31.08.2006, www.welt.de (18.11.2006).

Wieczorek-Zeul, Heidemarie (2002): Erneuerbare Energien - Agenda 1 der Agenda 21. Rede beim ersten Weltforum Erneuerbare Energien: Politik und Strategien am 13.06.2002, Berlin. www.world-council-for-renewable-energy.org (25.2.2007).

Wieczorek-Zeul, Heidemarie (2004): Pressekonferenz zu International Conference for Renewable Energies (Renewables 2004) am 18.5.2004 in Berlin, Sprechzettel Bundesentwicklungsministerin Heidemarie Wieczorek-Zeul; Bundesministerium für wirtschaftliche Zusammenarbeit und Entwicklung: Pressemitteilung Entwicklungspolitik, Berlin.

Wieland, Wolfgang (2006): Abschied von der Föderalismusreform - Blockierer haben sich durchgesetzt. Pressemitteilung Nr. 0885 der Bundestagsfraktion Bündnis 90/Die Grünen, 7.7.2006, www.gruene-bundestag.de (14.6.2007).

Wille, Joachim (2004): Warnung vor dem Blackout. Energiekonzern E.on tritt bei Ökostrom auf die Bremse / Korrektur des EEG gefordert. In: Frankfurter Rundschau, 9.3.2004, S. 8.

Wille, Joachim (2005): Feiertag für das Klima. Das Kyoto-Abkommen tritt in Kraft - doch Forscher warnen, dass dem Sekt schon bald der Kater folgen könnte. In: Frankfurter Rundschau, Nr. 39, 16.2.2005, S. 4.

Williamson, Oliver E. (1979): Transaction cost economics: The governance of contractual relations. In: Journal of Law and Economics, Nr. 22, S. 233-261.

Willke, Gerhard (2003): Neoliberalismus; Frankfurt/M.

Windhoff-Héritier, Adrienne (1987): Policy-Analyse. Eine Einführung; Reihe Campus Studium, Band 570; Frankfurt, New York.

Winter, Fred (2007): Energy Watch Group warnt: Auch Uran wird knapp. In: Sonnenenergie, Nr. 1/2 2007, S. 22-25.

Wirtschaftsministerium BaWü [Baden-Württemberg] (2005): Energiewirtschaftsgesetz im Vermittlungsausschuss. Meldung vom 11.05.2005, www.baden-wuerttemberg.de (19.11.2006).

Witt, Andreas (2004): Entwurf für Energierecht. In: Solarthemen, Nr. 179, 11.3.2004, S. 2.

Witt, Andreas (2005a): EEG 2007 wieder auf dem Prüfstand? In: Solarthemen, Nr. 221, 8.12.2005, S. 4.

Witt, Andreas (2005b): Parlamentarier wollen 100 Prozent Erneuerbare. In: Solarthemen, Nr. 218, 27.9.2005, S. 2.

Witt, Andreas (2006a): Kommissar Verheugen ignoriert Erneuerbare. In: Solarthemen, Nr. 227, 9.3.2006, S. 3.

Witt, Andreas (2006b): Vorstöße für klare Ziele in Europäischer Union. In: Solarthemen, Nr. 246, 21.12.2006, S. 2.

Witt, Andreas (2007a): EU auf unklarem Kurs. In: Solarthemen, Nr. 247, 18.1.2007, S. 2.

Witt, Andreas (2007b): Glos treibt EEG-Novelle mit eigenem Gutachten. In: Solarthemen, Nr. 254, 26.4.2007, S. 3.

World Bank (2005): World Bank Lending to Renewable Energy. Facts and figures. http://web.worldbank.org (17.5.2006).

World Economic Forum (2005): Statement of G8 Climate Change Roundtable, convened by the World Economic Forum, in collaboration with her majesty's Government; United Kingdom, 9.06.2005, www.weforum.org (24.3.2007).

Worldwatch/ Germanwatch (2004): Hohe Erwartungen an die Renewables 2004. Worldwatch und Germanwatch betonen die Wichtigkeit der Umsetzung von Beschlüssen und eines Nachfolgeprozesses. Pressemitteilung, 1.6.2004, www.germanwatch.org (25.4.2007).

Worldwatch/ Germanwatch/ Pachauri, Rajendra K. (2004): Hohe Erwartungen an die Renewables 2004. Worldwatch und Germanwatch betonen die Wichtigkeit der Umsetzung von Beschlüssen und eines Nachfolgeprozesses. Pressemitteilung, 1.6.04, www.germanwatch.org (3.7.2007).

Wortmann, David (2003): Erneuerung der internationalen Energiepolitik. Die Internationale Agentur für erneuerbare Energien (IRENA) und die Internationale Konferenz für Erneuerbare Energien - Entwicklung und Stand der Dinge. In: Solarzeitalter, Nr. 1/2003, S. 14-16.

Wortmann, David (2006): Ein starker internationaler Akteur. In: Fell, Hans-Josef/ Pfeiffer, Carsten (Hrsg.): Chance Energiekrise. Der solare Ausweg aus der fossil-atomaren Sackgasse; Berlin; S. 147-158.

Wüstenhagen, Rolf/ Bilharz, Michael (2006): Green Energy Market Development in Germany: Effective Public Policy and Emerging Customer Demand. In: Energy Policy, Nr. 34, S. 1681-1696.

Wüstneck, Sonja (2004): Expertenanhörung zum EnWG-Entwurf im Ausschuss für Wirtschaft und Arbeit des Deutschen Bundestages am 29. November 2004; EWeRK - Energiepolitik, www.ewerk.hu-berlin.de (7.11.2006).

WVM [WirtschaftsVereinigung Metalle] (2006): Keine Abschwächung der Kartellnovelle. Katalog der Stromkonzerne: ernst gemeint oder politisches Manöver? Stärkung der Kartellbehörden unverzichtbar. Pressemitteilung, 15. November 2006, www.wvmetalle.de (18.11.2006).

WVW [Wirtschaftsverband Windkraftwerke] (2005): Koalitionsvertrag sichert politische Kontinuität für Windkraft. Pressemitteilung, 14.11.2005, www.wvwindkraft.de (3.7.2007).

WWF [World Wildlife Fund] (2004): Internationale Konferenz für erneuerbare Energien-Renewables: Mehr als Zukunftsmusik. WWF will Chancen für nachhaltige Energieversorgung nutzen. Pressemitteilung, 01.06.04, www.wwf.de (25.4.2007).

WWF [World Wildlife Fund] (2005): 9 Steps to make Kyoto a Success. WWF backgrounder regarding the entry-into-force of the Kyoto Protocol. www.panda.org (22.3.2007).

Zängl, Wolfgang (1989): Deutschlands Strom. Die Politik der Elektrifizierung von 1866 bis heute; Frankfurt a.M.

Zayer, Peter (2005): Liberalisierung des Messwesens. In: Energiewirtschaftliche Tagesfragen et, Nr. 4/2005, 55. Jg., Special, S. 22-28.

Ziesing, Hans-Joachim (2003): Treibhausgas-Emissionen nehmen weltweit zu - Keine Umkehr in Sicht. In: DIW Wochenbericht, Nr. 39, S. 577-587.

Ziesing, Hans-Joachim (2006a): CO2-Emissionen in Deutschland im Jahr 2005 deutlich gesunken. In: DIW Wochenbericht, Nr. 12/2006, S. 153-162.

Ziesing, Hans-Joachim (2006b): Trotz Klimaschutzabkommen: Weltweit steigende CO2-Emissionen. In: DIW Wochenbericht, Nr. 35/2006, S. 485-499.

Ziesing, Hans-Joachim/ Matthes, Felix Christian (2003a): Energiepolitik und Energiewirtschaft vor großen Herausforderungen. In: DIW Wochenbericht, Nr. 48/2003, S. 763-773.

Ziesing, Hans-Joachim/ Matthes, Felix Christian (2003b): Energiepolitik und Energiewirtschaft vor großen Herausforderungen. In: Wochenbericht des DIW Berlin, Nr. 48/2003, S. 763-773.

Zittel, Werner (2007): Die Reichweite der Kohle wird deutlich überschätzt. Pressemitteilung der Energy Watch Group vom 3.4.2007 (Langfassung), www.energywatchgroup.org (14.6.2007).

Zittel, Werner/ Schindler, Jörg (2006): Uranium Resources and Nuclear Energy. Background paper prepared by the Energy Watch Group; EWG-Series No 1/2006, December 2006, www.lbst.de (25.3.2007).

Zürn, Michael (1998): Regieren jenseits des Nationalstaates. Globalisierung und Denationalisierung als Chance; Frankfurt a. M.

Zuteilungsgesetz (2007): Gesetz über den nationalen Zuteilungsplan für Treibhausgas-Emissionsberechtigungen in der Zuteilungsperiode 2005 bis 2007 (Zuteilungsgesetz 2007 - ZuG 2007) vom 26. August 2004 (BGBl. I S. 2211), geändert durch Artikel 8 des Gesetzes vom 22. Dezember 2004 (BGBl. I S. 3704); http://bundesrecht.juris.de (15.6.2007).

The manufacturer's authorised representative in the EU is Springer
Nature Customer Service Centre GmbH, Europaplatz 3, 69115 Heidelberg,
Germany. If you have any concerns regarding our products, please
contact ProductSafety@springernature.com

Printed and bound by CPI Group (UK) Ltd, Croydon, CR0 4YY
24/04/2026
02096312-0009